JN409718

디지털 시스템의
해석과 설계

Analysis and Design of DIGITAL SYSTEM

디지털 시스템의 해석과 설계

Analysis and Design of DIGITAL SYSTEM

정차근 | 조경록 지음

| 저자소개 |

정차근

- 일본 동경대학 대학원 전기공학과 (공학박사)
- LG전자 종합기술원 (책임연구원)
- 일본 동경대학 대학원 신영역연구과 (초빙교수)
- University of Illinois at Urbana Champaign (UIUC) 객원연구원
- 현 호서대학교 공과대학 로봇자동화공학과 교수
- 연구분야 : 영상신호처리, 디지털통신, 지능형시스템, 디지털시스템 설계

조경록

- 일본 동경대학 대학원 전자공학과 (공학박사)
- (주) 금성사 구미연구소 (책임연구원)
- Oregon State University (객원교수)
- 현 충북대학교 전자정보대학 정보통신공학과 교수
- 연구분야 : 통신용 ASIC 설계, 마이크로프로세서 설계, 저전력설계

디지털 시스템의 해석과 설계

(Analysis and Design of Digital System)

발 행 일 2015년 3월 15일

저 자 정차근, 조경록

발 행 인 현영덕

펴 낸 곳 도서출판 YOUNG

등록번호 105-90-67568

주 소 경기도 고양시 일산동구 호수로 358-25
동문굿모닝타워2차 1005호

전화번호 031) 904-7905~6

팩스번호 031) 904-7907

E-mail youngpub@naver.com

ISBN 978-89-92843-78-2 93560 **정가 36,000원**

이 도서의 국립중앙도서관 출판예정도서목록(CIP)은 서지정보유통지원시스템 홈페이지(http://seoji.nl.go.kr)와 국가자료공동목록시스템(http://www.nl.go.kr/ko-lisnet)에서 이용하실 수 있습니다.(CIP제어번호: CIP2015006170)

머리말

반도체 집적회로 기술의 발달과 더불어 정보화 사회로의 진전이 급속히 이루어지고 있다. 이에 따라 오디오/비디오를 중심으로 한 가정용기기와 컴퓨터, 통신 등 각각 개별적으로 발전해 온 이들 시스템들이 디지털화 및 네트워크화의 진전과 함께 성능향상이나 새로운 기능의 추가 또는 개념을 달리 하는 새로운 디지털 시스템의 개발이 촉진되고 있다. 또한, 만물인터넷(Internet of Things)의 발전에서 보는 바와 같이 기능의 융·복합화와 더불어 지능화된 디지털 시스템의 개발을 통해 다양한 정보의 제공을 가능케 하는 멀티미디어 디지털 정보화 사회가 더욱 심화되어 갈 것이 예상된다.

본서는 이와 같은 사회·문화적인 변화의 추세에 따라 다양한 기능을 구현하게 하고 통합화되어 가는 일반적인 디지털 시스템을 분석하고 설계하는데 필요한 디지털 회로 전반에 관한 기초지식을 배양하고 응용능력을 갖추도록 하는데 그 목적이 있다. 이를 위해, 각종 디지털 논리에 관한 기본적인 개념을 철저하게 이해할 수 있도록 하는데 중점을 두고, 다양한 예제와 연습문제를 통해 충분한 응용능력을 가질 수 있도록 했다. 또한 컴퓨터, 통신, 제어, 전기 및 전자 등의 전공을 포함해서, 기계, 항공 등 다른 분야의 공학을 전공하는 사람들도 쉽게 이해할 수 있도록 했다.

디지털 시스템이나 논리회로의 설계 및 해석에 관한 교재는 원서를 포함해서 저서나 번역서의 출판이 수십 종에 이르고 있다. 그러나 기존에 출판된 많은 교재들은 단지 TTL이나 CMOS 게이트의 응용에 중점을 두거나 HDL 언어에 의한 회로설계 분야만을 다루고 있는 경우가 대부분이다. 따라서 디지털 논리회로의 해석 및 설계에 대한 기술이 부족하거나, 디지털 논리 시스템에 관한 기본적인 개념을 파악하게 함과 동시에 충분한 응용능력을 가질 수 있도록 체계적으로 기술된 저술은 많지 않다. 이 점이 본서를 집필하게 된 직접적인 동기의 하나이다.

본 교재에서는 디지털 논리의 기본개념에 관해서 명확하게 이해하게 하고, 이를 통해 디지털 시스템의 분석 및 최적 회로의 설계, MSI 게이트의 응용을 가능하게 하도록 했다. 본서의 전체적인 구성은 크게 제2장에서 기술되는 수 체계, 제3장에서 제6장까지의 조합논리회로의 해석과 설계, 제7장에서 제9장까지의 순서논리회로의 해석과 설계, 제10장의 CMOS 및 Bi-Polar 반도체에 의한 디지털 IC 내부회로의 특성, 제11장의 메모리 IC 및 제12장의 아날로그 시스템과의 인터페이스를 위한 A/D, D/A 변환기 부분으로 이루어져 있다.

먼저, 제2장에서는 디지털 시스템에서 필요로 하는 수 체계와 수의 표현에 관해 2진수 체계를 중심으로 8진수 및 16진수, 다양한 수 체계 간의 변환방법을 기술하고, 정보의 가공과 변환에 요구되는 보수에 의한 부호를 갖는 수의 표현과 BCD 코드 등의 정보처리에 사용되는 다양한 코드들을 소개하고 있다.

다음으로, 제3장에서는 디지털 논리회로의 구성에 가장 기본이 되는 기본 게이트와 부울대수 및 그 정리에 관해 상세한 설명과 함께 핵심적인 내용을 정리해 두었다. 게이트의 일반성 및 논리 게이트 심볼의 표현방법에 대한 학습을 통해 기본적인 논리회로를 구성하고 이를 해석할 수 있도록 했다. 또한 범용 게이트를 중심으로 디지털 집적회로의 기본특성을 파악할 수 있도록 했다.

제4장에서는 가장 경제적인 조합논리회로를 설계하기 위한 기본으로 논리 표현식의 표준형과 조합 논리회로를 간략화하는 방법들을 소개하고, 카르노 맵과 QM법을 중심으로 부울함수식으로 주어진 디지털 시스템을 최소 비용으로 설계하는 방법을 다루고 있다.

제5장에서는 디지털 시스템에서 취급되는 산술연산을 위한 기본인 전가산기의 구조와 구성에 관해서 기술하고, 리플 캐리 가산기, 부호를 갖는 수의 연산과 가감산기 및 곱셈과 배열 구조 승산기, 비교기의 구조와 특징 등의 원리와 MSI IC에 의한 구성 등을 기술하고 있다. 또한, 이들을 이용한 논리회로 구성과 연산논리장치에 관해서 상술하고 있다.

그리고 제6장에서는 일반적인 조합논리회로를 설계하기 위한 과정을 제시하고, 대표적인 조합논리회로인 디코더 및 멀티플렉서를 중심으로 범용 조합논리회로의 구성과 특성들을 다루고 있다.

제7장은 순서회로의 메모리 기능을 갖는 기본소자인 래치 및 각종 플립플롭의 구성과 특징, 동작원리 등을 중심으로 기술한다. 동기식 순서회로에서 가장 중요한 입력 클럭의 스위칭 타이밍의 문제와 노이즈 및 스큐와 같은 순서회로의 해석과 설계에서 고려해야 할 문제점 등을 다루었다. 또한 슈미트 트리거 입력 특성과 멀티바이브레이터에 의한 타이밍의 발생과 제어 등을 기술했다

제8장에서는 각종 타이밍의 발생과 제어신호의 생성에 널리 사용되는 카운터 회로의 기본구성 및 동작원리를 철저하게 이해할 수 있도록 하는데 중점을 두고, 다양한 종류의 비동기식 및 동기식 카운터의 해석과 설계가 가능하도록 했다. 그리고 일시적인 메모리나 버퍼 또는 데이터 송수신 등 다양한 부분의 디지털 회로에 사용되는 레지스터의 구성과 동작, 설계 등에 관해서 상술하고, 카운터 및 레지스터의 응용에 관해 간략히 다루었다.

제9장에서는 일반적인 순서회로의 모델인 밀리머신 및 무어머신에 관해 기술하고, 클럭 신호에 관한 제반 조건을 취급해서 디지털 회로에서 발생할 수 있는 문제점을 다루고 있다. 다음으로 동기식 순서회로를 해석하는 과정과 방법을 기술하고, 회로설계의 기본이 되는

상태 감소 및 상태 할당의 방법들을 이해하기 쉽도록 기술했다. 그리고 일반적인 동기식 순서회로를 설계하는 과정을 제시하고 설계 예를 통해 기본원리와 응용능력을 갖도록 했다. 뿐만 아니라, 비동기식 순서회로의 해석과 설계에 관한 문제도 취급함으로서 모든 순서회로의 해석과 설계가 가능하도록 했다.

제10장은 디지털 IC를 제작하는 회로기술로서 가장 많이 사용되는 CMOS기술을 소개하고 인버터, NAND/NOR 등의 기본게이트의 동작을 트랜지스터 레벨에서 다루고 있다. 또한 TTL, ECL 회로의 동작을 설명하고 회로의 특징, 응용 시 주의 할 점을 다루고 서로 다른 회로 간의 인터페이스, 즉 TTL-CMOS, TTL-ECL 등의 신호레벨과 연결에 방법에 대해서도 언급하여 설계 시 참고가 되도록 하였다.

제11장은 메모리회로로 RAM/ROM의 기본동작을 소개하고, 메모리 엑세스 시의 제어 신호와 타이밍을 다룬다. 그리고 PC 메모리의 중심인 DRAM에 대하여 보다 구체적인 소개를 하고 게이트 및 소자를 이용한 프로그래머블소자(PLD)에 대해서도 기술한다.

제12장에서는 디지털회로가 시스템에 동작할 때 아날로그회로와 연결되는 것이 필수이므로 여기서는 D/A, A/D의 동작을 설명하고, 실제 응용회로를 예로 들어 이해를 쉽게 하도록 했다.

이상 본서에서는 다양한 디지털시스템을 보다 체계적으로 설계하고 해석할 수 있는 능력을 배양할 수 있도록 했으나, VHDL이나 Verilog 등과 같은 CAD 툴(tool)을 이용한 시스템 설계에 관한 부분의 기술이 지면부족으로 누락되어 있다. 또한, 저자의 일천한 지식과 짧은 소견으로 디지털시스템의 모든 문제들을 취급하는 내용과는 거리가 먼 부분도 남아 있어, 교재의 완성도 면에서 부족한 부분이 많이 있을 것임에 틀림없다. 앞으로 이들을 보완해서 보다 이해하기 쉽고 충실한 내용의 교재로 만들어 갈 예정이다. 끝으로 본서의 출판을 허락해준 도서출판 영의 현영덕사장과 편집에 노고를 아끼지 않은 직원들에게 심심한 사의를 표한다.

2015년 2월

목차

제1장 디지털 시스템의 기본개념 1

1-1 디지털 시스템 ······ 2
1-2 디지털 정보의 표현 ······ 4
1-3 디지털 집적회로 ······ 7

제2장 수 체계와 수의 표현 9

2-1 수 체계 ······ 10
2-1-1 10진수(Decimal Number) ······ 10
2-1-2 2진수(Binary Number) ······ 12
2-1-3 8진수(Octal Number) ······ 14
2-1-4 16진수(Hexadecimal Number) ······ 15
2-1-5 진수 ······ 15
2-2 수 체계의 변환 ······ 16
2-2-1 10진수-2진수로의 변환 ······ 16
2-2-2 2진수-10진수로의 변환 ······ 22
2-2-3 2진수-8진수로의 상호변환 ······ 22
2-2-4 2진수-16진수로의 상호변환 ······ 23
2-2-5 기수변환 알고리즘 ······ 24
2-3 수의 표현 ······ 26
2-3-1 부호를 갖는 정수의 표현 ······ 27
2-3-2 소수(fractional number)의 표현 ······ 34
2-4 코드 ······ 36
2-4-1 BCD 코드 ······ 36
2-4-2 가중치를 갖는 BCD 코드 ······ 37
2-4-3 비 가중치 코드(Non-weighted Code) ······ 39
2-4-4 알파뉴메릭(Alpha Numeric) 코드 ······ 40
2-4-5 패리티 코드 ······ 43

제3장 논리 게이트와 부울대수 49

3-1 2진 논리와 게이트 ···· 50
3-2 진리표 ···· 53
3-3 2진 논리게이트 ···· 54
3-3-1 논리합(OR) 연산과 OR 게이트 ···· 54
3-3-2 논리곱(AND) 연산과 AND 게이트 ···· 58
3-3-3 보수(complement)와 NOT 게이트 ···· 60
3-3-4 NOR 게이트 ···· 62
3-3-5 NAND 게이트 ···· 64
3-3-6 Exclusive-OR (XOR) 게이트 ···· 67
3-3-7 Exclusive-NOR(XNOR) 게이트 ···· 70
3-3-8 Tri-state 버퍼 ···· 72
3-4 부울대수와 정리 ···· 73
3-4-1 부울대수 ···· 73
3-4-2 부울대수의 정리 ···· 75
3-4-3 드 모르강(DeMorgan)의 정리 ···· 81
3-4-4 부울대수식에 의한 논리회로의 표현과 회로구성 ···· 85
3-5 NAND 게이트와 NOR 게이트의 일반성(Universality) ···· 87
3-5-1 NAND 게이트의 일반성 ···· 88
3-5-2 NOR 게이트의 일반성 ···· 89
3-6 논리게이트 심볼의 다른 표현 ···· 92
3-7 논리게이트의 IEEE/ANSI 심볼 ···· 97
3-8 디지털 집적회로의 기본특성 ···· 98
3-8-1 TTL/CMOS 계열의 표준 ICs ···· 99
3-8-2 디지털 IC의 특성 ···· 101
3-8-3 각종 게이트의 표준 IC ···· 103

제4장 조합 논리회로의 간략화 111

4-1 조합논리회로 ···· 112
4-2 논리표현식의 표준형 ···· 113
4-2-1 곱의 합(Sum of Product: SOP) 형식 ···· 113
4-2-2 합의 곱(Product of Sum :POS) 형식 ···· 116

4-2-3 Minterm(최소항) ······ 118
4-2-4 Maxterm(최대항) ······ 121
4-3 조합논리회로의 간략화 방법 ······ 126
4-4 부울대수에 의한 간략화 ······ 128
4-5 카르노 맵에 의한 방법 ······ 130
4-5-1 K-map의 구성방법 ······ 130
4-5-2 K-map에 의한 논리함수의 간략화 ······ 135
4-5-3 POS 형식의 간략화 ······ 146
4-5-4 무상관(don't care) 조건 ······ 150
4-6 퀸 맥클라스키(Quine-McClusky)에 의한 방법 ······ 153
4-7 다중출력의 논리함수 ······ 160
4-8 다중 레벨의 논리회로 ······ 163
4-8-1 다중 레벨의 논리 ······ 163
4-8-2 NAND와 NOR 게이트에 의한 다중레벨 논리의 구성 ······ 166

제 5 장 디지털 산술연산과 논리회로 177

5-1 양수의 덧셈 (Addition)과 전가산기 (Full Adder) ······ 178
5-2 Binary Ripple Carry Adder ······ 182
5-3 부호(sign)가 있는 수의 연산 ······ 183
5-3-1 2의 보수에 의한 덧셈 ······ 184
5-3-2 2의 보수에 의한 감산 ······ 186
5-4 덧셈과 뺄셈의 논리회로 (가감산기) ······ 189
5-5 Carry Look-Ahead Adder ······ 190
5-5 BCD Adder ······ 197
5-5-1 BCD Addition ······ 197
5-5-2 BCD Adder ······ 200
5-6 곱셈과 배열구조 승산기 (Array Multiplier) ······ 202
5-6-1 곱셈 (Multiplication) ······ 202
5-6-2 배열구조 승산기 ······ 204
5-8 Binary Comparator ······ 206
5-9 연산논리장치(Arithmetic Logic Unit : ALU) ······ 211

제 6 장 조합논리회로의 해석과 설계 215

6-1 조합논리회로 설계의 일반 ··· 216
6-2 Decoder ··· 220
6-3 Encoder ··· 229
6-4 Multiplexer ··· 232
6-5 DeMultiplexer ··· 238
6-6 코드변환기(Code Converter) ··· 240

제 7 장 플립플롭(Flip/Flop) 249

7-1 SR(SET-RESET) 래치와 D 래치 ··· 252
7-1-1 NAND 래치 ··· 253
7-1-2 S-R NOR 래치 ··· 258
7-1-3 인에이블(Enable: EN)을 갖는 S-R 래치 ··· 260
7-1-4 D 래치 ··· 262
7-2 클럭 신호와 플립플롭 ··· 264
7-2-1 SR 플립플롭 ··· 266
7-2-2 D 플립플롭 ··· 269
7-2-3 JK 플립플롭 ··· 271
7-2-4 T 플립플롭 ··· 273
7-3 플립플롭의 비동기 제어입력 ··· 274
7-3-1 프리세트와 리셋 입력 ··· 274
7-3-2 비동기 제어 입력의 표기법 ··· 276
7-4 플립플롭의 스위칭 타이밍 ··· 277
7-4-1 셋업시간과 홀드시간 ··· 277
7-4-2 전반지연시간 ··· 279
7-4-3 최대 클럭 주파수() ··· 279
7-4-4 클럭 펄스의 듀티 사이클 ··· 280
7-4-5 타이밍 문제 ··· 281
7-5 마스터/슬레이브 플립플롭 ··· 282
7-6 플립플롭의 여기표(Excitation Table) ··· 285
7-6-1 SR 플립플롭의 여기표 ··· 286
7-6-2 JK 플립플롭의 여기표 ··· 287

7-6-3 D 플립플롭의 여기표 ··· 287
7-6-4 T 플립플롭의 여기표 ··· 287
7-7 슈미트 트리거 입력 ··· 288
7-8 멀티바이브레이터 ··· 290
7-8-1 단안정 멀티바이브레이터 ··· 291
7-7-2 비안정 멀티바이브레이터 ··· 295

제8장 카운터 및 레지스터와 응용 305

8-1 비동기식 카운터 ··· 306
8-1-1 업 카운터 ··· 307
8-1-2 다운 카운터 ··· 309
8-1-3 Modulo-N 비동기 카운터 ··· 311
8-1-4 리셋형 비동기 카운터 ··· 315
8-1-5 비동기 카운터의 전반지연시간과 최대 입력 주파수 ··· 320
8-1-6 비동기 카운터의 MSI IC ··· 323
8-2 동기식 카운터 ··· 325
8-2-1 동기식 업 카운터 ··· 325
8-2-2 동기식 다운 카운터 ··· 326
8-2-3 동기식 업/다운 카운터 ··· 327
8-2-4 프리세트 가능한 동기식 카운터 ··· 328
8-2-5 리플캐리 카운터 ··· 330
8-2-6 동기식 N진 카운터 ··· 330
8-2-7 동기식 MSI IC 카운터 ··· 333
8-3 쉬프트 카운터 ··· 337
8-3-1 링 카운터 ··· 337
8-3-2 존슨 카운터 ··· 339
8-4 데이터의 저장과 전송 ··· 341
8-4-1 병렬 데이터 전송 ··· 343
8-4-2 직렬 데이터 전송 ··· 344
8-5 카운터 및 레지스터의 응용 ··· 346
8-5-1 주파수 분주기 ··· 346
8-5-2 디지털 시계 ··· 347

8-5-3 시간지연 회로 ····· 348
8-6 회로의 고장과 시험 ····· 349
8-6-1 시험 과정 ····· 349
8-6-2 고장 원인 ····· 350
8-6-3 시험 단계 ····· 351
8-6-4 고장 모델링 ····· 351
8-6-5 단일 고장선의 시험 ····· 352
8-6-6 회로의 시험 ····· 353
8-6-7 시험 패턴 집합 최소화 ····· 355
8-7 테스트 패턴 생성 ····· 356
8-7-1 경로 감지 ····· 357
8-7-2 예시 ····· 358
8-7-3 DA-알고리즘 ····· 360
8-7-4 D-알고리즘 ····· 361

제 9 장 순서회로의 해석과 설계 369

9-1 순서논리회로의 모델 ····· 370
9-1-1 무어모델 머신 ····· 371
9-1-2 밀리모델 머신 ····· 373
9-1-3 무어회로와 밀리회로의 비교 ····· 374
9-2 순서회로와 클럭신호 ····· 377
9-2-1 클럭의 사용에 의한 글리치 제거 ····· 377
9-2-2 1차 출력제어 ····· 378
9-2-3 지연시간과 클럭 ····· 379
9-3 동기식 순서회로의 해석 ····· 381
9-3-1 상태와 상태변수 ····· 381
9-3-2 상태 천이도와 상태표 ····· 382
9-3-3 동기식 순서회로의 해석 ····· 385
9-4 상태 감소와 상태 할당 ····· 390
9-4-1 상태 감소(State Reduction) ····· 390
9-4-2 상태 할당 ····· 398
9-5 동기식 순서회로의 설계 ····· 404
9-5-1 무어회로의 설계 ····· 405

9-5-2 밀리회로의 설계 ············ 412
9-6 해저드와 순서회로 ············ 419
9-6-1 정적 해저드 ············ 420
9-6-2 동적 해저드 ············ 422
9-6-3 해저드의 제거 ············ 423
9-7 비동기 순서회로 ············ 424
9-7-1 비동기 회로 모드 ············ 425
9-7-2 비동기 회로의 안정상태와 불안정 상태 ············ 426
9-7-3 레이스 ············ 427
9-7-4 비동기 회로의 해석 ············ 429
9-7-5 비동기 회로의 설계 ············ 431

제 10장 논리회로 패밀리 443

10-1 MOS 트랜지스터 ············ 444
10-1-1 MOS 트랜지스터 스위칭동작 ············ 445
10-2 MOSFET 디지털 회로 ············ 446
10-3 CMOS 회로 ············ 448
10-3-1 CMOS 인버터 ············ 448
10-3-2 CMOS NAND/NOR 게이트 ············ 448
10-3-3 RS 플립플롭 ············ 450
10-4 CMOS 논리게이트의 특징 ············ 450
10-4-1 잡음여유(Noise Margins) ············ 450
10-4-2 동작속도(Switching Speed) ············ 451
10-4-3 전력 소비(Power Dissipation) ············ 452
10-4-4 래치-업(Latch-Up) ············ 454
10-4-5 팬-아웃(Fan-Out) ············ 455
10-5 CMOS 전송게이트 ············ 456
10-6 TTL 회로 ············ 457
10-6-1 LOW 상태의 회로 동작 ············ 458
10-6-2 HIGH 상태의 회로 동작 ············ 459
10-6-3 전류싱크(Sink)와 소스(Source) ············ 460
10-6-4 토템 폴(totem-pole) 출력회로 ············ 461
10-7 TTL 논리계열 ············ 462

10-7-1 전압레벨 ··· 462
10-7-2 전력소모(power dissipation) ··· 463
10-8 TTL 계열의 팬-아웃 ··· 463
10-9 오픈 컬렉터회로 ··· 464
10-9-1 오픈컬렉터 출력 ··· 466
10-9-2 오픈컬렉터 드라이버 ··· 467
10-10 이미터 결합(ECL)회로 ··· 468
10-10-1 ECL 기본회로 ··· 468
10-10-2 ECL OR/NOR 게이트 ··· 470
10-10-3 ECL OR/NOR 회로 ··· 471
10-10-4 ECL계열 ··· 472
10-11 인터페이스 회로 ··· 473
10-11-1 TTL 구동 CMOS ··· 474
10-11-2 CMOS 구동 TTL ··· 475

제 11 장 메모리 소자 479

11-1 개 론 ··· 480
11-2 메모리 설계 요소 ··· 482
11-2-1 메모리 비용 ··· 482
11-2-2 메모리 억세스 시간 ··· 483
11-2-3 억세스 방식 ··· 484
11-2-4 저장의 불변성 ··· 485
11-2-5 사이클 시간과 데이터 전송률 ··· 485
11-2-6 메모리 기술 용어 ··· 485
11-3 일반 메모리 동작 ··· 489
11-3-1 어드레스 입력 ··· 490
11-3-2 R/$\overline{W}$ 입력 ··· 491
11-3-3 메모리 인에이블(Memory Enable) ··· 492
11-4 CPU-메모리 인터페이스 ··· 492
11-4-1 읽기 동작 ··· 493
11-4-2 쓰기 동작 ··· 493
11-5 메모리 계층 구조 ··· 494

11-5-1 캐쉬 메모리 ········· 496
11-5-2 보조 기억 장치 ········· 500
11-6 읽기 전용 메모리(ROM) ········· 501
11-6-1 ROM 구조 ········· 503
11-6-2 ROM 타이밍 ········· 504
11-6-3 ROM의 종류 ········· 505
11-7 프로그램 가능 논리 배열(PLA) ········· 512
11-8 플래쉬 메모리 ········· 514
11-9 반도체 RAM ········· 518
11-9-1 RAM의 구조 ········· 519
11-9-2 동적 RAM (DRAM) ········· 521
11-9-3 DRAM 구조와 동작 ········· 522
11-9-4 DRAM 읽기 / 쓰기 사이클 ········· 526
11-10 워드 크기와 용량 확장 ········· 528
11-10-1 워드 크기 확장 ········· 528
11-10-2 용량 확장 ········· 529

제 12장 아날로그와 디지털 인터페이스 535

12-1 아날로그와 디지털 인터페이스 ········· 536
12-1-1 아날로그 신호와 디지털 신호 ········· 536
12-1-2 일반적인 아날로그와 디지털 인터페이스 구조 ········· 537
12-2 샘플-홀드 회로(Sample-and-Hold Circuit) ········· 537
12-2-1 샘플-홀드 회로의 원리 ········· 537
12-2-2 실제적인 샘플-홀드 회로 ········· 539
12-2-3 신호의 양자화 ········· 539
12-3 D/A 변환 ········· 540
12-3-1 D/A 변환의 개념 ········· 540
12-3-2 4-비트 D/A 변환기의 동작 원리 ········· 541
12-3-3 입력 가중치 ········· 542
12-3-4 분해능 또는 해상도(Resolution : step size) ········· 542
12-3-5 백분율 분해능(Percentage Resolution) ········· 543
12-3-6 바이폴라 D/A 변환기 ········· 544
12-4 D/A 변환기 회로 ········· 544

12-4-1 이진-가중치 저항을 이용한 N-비트 D/A 변환기 ·· 544
12-4-2 4비트 D/A 변환기 ······ 546
12-4-3 변환 정밀도(conversion accuracy) ······ 547
12-4-4 전류 출력 D/A 변환기 ······ 548
12-4-5 R-2R 래더(ladders) ······ 549
12-5 D/A 변환기의 특성 변수들 ······ 550
12-5-1 분해능 ······ 550
12-5-2 오프셋 전압 ······ 550
12-5-3 정주시간(settling time) ······ 551
12-6 A/D 변환기 ······ 551
12-6-1 샘플링 이론 ······ 551
12-6-2 Feedback 형태의 A/D 변환기 ······ 553
12-6-3 플래시 A/D 변환기 ······ 553
12-6-4 2-step 플래시 구조 ······ 556
12-6-5 일반적인 파이프라인형 A/D 변환기의 구조 ······ 557
12-6-6 스위치-커패시터(SC) 회로 ······ 558
12-6-7 연속근사 A/D 변환기 ······ 559
12-6-8 그 밖의 A/D 변환방법 ······ 562
12-7 대표적인 D/A 변환기와 A/D 변환기 ICs ······ 564
12-7-1 집적회로 D/A 변환기 ······ 564
12-7-2 연속근사 A/D 변환기(ADC0804) ······ 565
12-8 A/D 변환기와 D/A 변환기의 응용 ······ 569
12-8-1 디지털 전압측정기 ······ 569
12-8-2 디지털 저장 오실로스코프 ······ 572

연습문제 해답 577

참고문헌 646

찾아보기 647

제 1 장

디지털 시스템의 기본개념

디지털 시스템은 오늘날 전자산업의 핵심이 되는 부분으로, 반도체 집적회로 기술의 눈부신 발전과 시스템 기술의 발전에 힘입어 방송, 통신, 컴퓨터의 융합에 의한 정보화 사회로의 진전에 커다란 역할을 수행하고 있다.

본 장은 이와 같은 디지털 시스템의 기본 개념과 특성을 고찰하고, 디지털 정보의 표현에 관해서 간략히 기술하고 있다. 본 장에서 설명하고 있는 기본 개념과 정의는 본서 전체를 통해서 사용되고, 디지털 시스템의 해석과 설계는 본서를 통해 학습하는 최종의 목표이다. 또한, 디지털 집적회로 기술 발전을 개괄하고 향후 전망에 관해서도 간단히 언급하고 있다.

1-1 | 디지털 시스템

오늘날 정보통신의 혁명이라고도 할 정도로 멀티미디어에 의한 디지털 정보화 사회로의 진전이 급속히 이루어지고 있다. 이와 같은 정보통신의 눈부신 발전을 가져온 핵심기술은 집적회로 기술을 중심으로 한 반도체 기술, 컴퓨터 네트워크를 중심으로 한 유무선 인터넷이나 통신기술, 컴퓨터의 하드웨어나 소프트웨어 기술 등이다. 특히, 정보의 디지털화는 여러 분야의 기술발전을 촉진시키는 계기가 되었으며, 단순한 산업기술의 혁신뿐만 아니라, 교육, 의료, 금융 등 우리들의 일상생활의 모든 부분에 커다란 영향을 미치고 있다.

그림 1-1(a)에 나타낸 것처럼, 디지털화 된 정보를 가공하고, 처리해서 최종의 목적으로 하는 정보를 출력하는 모든 형태의 장치들을 디지털 시스템이라 한다. 원래 시스템이란 임의의 종합된 형태의 작업이나 기능을 수행하기 위한 일정한 체계를 가진 기기의 집합체로 정의된다. 이와 같은 디지털 시스템은 간단한 산술연산을 수행하는 단순한 장치에서부터, 디지털 컴퓨터나 방송, 통신 시스템과 같은 매우 복잡하고 대형 시스템에 이르기까지 다양하게 정의될 수 있다. 디지털화 된 정보란 1-2절에서 설명하고 있는 것처럼 수치나, 문자, 그림 등 모든 데이터를 이산적으로 나타낸 것이다. 따라서 이산적인 정보를 입력받아 이를 가공하고 처리한 정보를 이산적으로 출력하는 모든 시스템은 디지털 시스템인 것이다.

아날로그 시스템은 디지털 시스템에 대응되는 것으로, 그림 1-1(b)와 같이 연속인 정보를 입력받아 처리해서 연속인 출력을 내는 시스템으로 정의되고, 오늘날과 같이 디지털화가 발전하기 전의 대부분의 장치들은 아날로그 시스템이었다. 기온이나 압력의 변화, 자동차의 속도, 음성이나 영상신호 등 우리들 주변의 물리적인 양의 대부분은 그림 1-2와 같이 연속적으로 변화하는 특성을 가진 아날로그 형태의 정보이다.

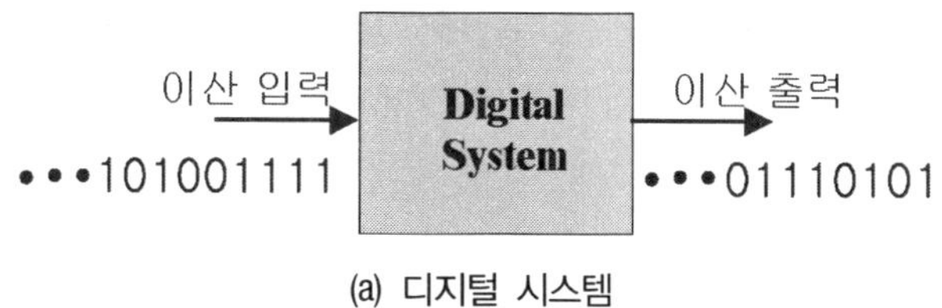

(a) 디지털 시스템

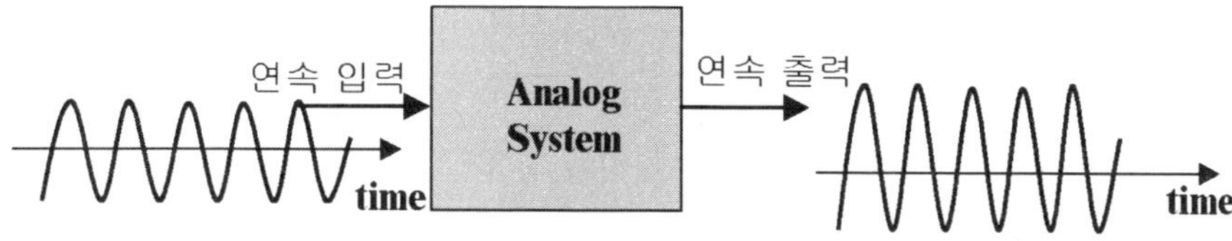

그림 1-1 디지털 시스템과 아날로그 시스템

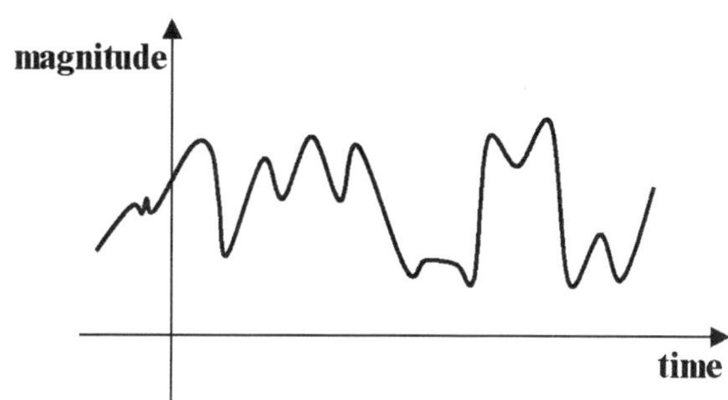

그림 1-2 아날로그 신호의 예

연속적으로 변화하는 다양한 정보를 이산 정보로 변환하기 위해서는 아날로그-디지털 변환기(Analog-to-Digital Converter, ADC)를 사용하고, 디지털 정보를 나타내기 위한 수 체계(number system)는 2장에서 기술하게 될 2진수 체계를 사용한다. 이와 같이 아날로그 정보를 디지털로 변환해서 처리하는 디지털 시스템은 다음과 같은 장점을 갖는다.

먼저, 디지털 시스템은 내·외부 잡음의 영향에 강하다. 일반적으로 대부분의 아날로그 전기시스템은 펄스형태의 외부잡음이나, 온도의 변화, 사용된 부품의 경년 변화 등에 민감하게 반응하는데 반해, 디지털 시스템에서의 전기신호는 이산 정보를 사용하기 때문에 내·외부 잡음의 영향을 줄일 수 있다.

두 번째로 디지털 시스템은 설계하기가 간단하다. 즉 디지털 시스템에서 사용되는 회로는 ON/OFF와 같은 스위칭회로이기 때문에 전압이나 전류의 정확한 값보다 일정한 범위 내의 값이면 충분한 경우가 대부분이다. 뿐만 아니라, 디지털 시스템은 보다 규모가 작은 서브시스템으로 분해하는 것이 가능하고, 높은 레벨에서 낮은 레벨에 이르기까지 다양한 시스템 모델로 나타낼 수 있으며 계층구조의 시스템 설계가 가능하다.

세 번째로 디지털 시스템은 프로그래밍으로 전체 시스템의 제어가 가능하므로 사양이나 규격의 변경에 쉽게 대응할 수 있어 기능 구현의 유연성을 높일 수 있고, 개발기간을 단축시킬 수 있다.

네 번째로, 디지털 시스템에서는 정보를 저장하거나 가공하기가 쉽다. 이는 디지털 정보의 이산적인 특성에 기인하는 것이다.

다섯 번째로, 디지털 시스템에서는 정보처리의 정확성과 정밀도를 높일 수 있으며, 아날로그 시스템으로는 다루기 어려운 비선형 처리나 다중화 처리 등도 가능하다.

여섯 번째로 디지털 시스템은 전체 시스템 구성을 소형화와 저가격화할 수 있다. 이는 여러 가지의 디지털 회로나 기능을 하나의 칩에 집적화할 수 있으며 이로 인해 인쇄회로기판(Printed Circuit Board, PCB)의 사이즈나 사용하는 부품 수를 줄일 수 있기 때문이다. 위에서 열거한 디지털 시스템의 많은 장점으로 인해, 기존 아날로그 시스템이나 새로운 시스템의 대부분은 디지털 시스템으로 구성되지만, 시스템에서 관측되고, 동작, 제어되는 정보의 물리적인 양의 대부분은 본래 아날로그이다. 우리들 인간은 아날로그 정보의 물리적인 양에 보다 익숙해져 있으므로 디지털 시스템으로 처리된 정보라 하더라도 궁극적으로는 아날로그 형태의 정보가 되어야 한다. 이를 위한 장치가 디지털-아날로그 변환기(Digital-to-Analog Converter, DAC)이다. 이와 같이 디지털 시스템은 아날로그와 인터페이스를 필요로 하고, 전체 시스템을 효율적으로 구축하기 위해서는 아날로그 신호의 본질이나 그 특성을 보다 철저하게 이해하는 것은 매우 중요한 부분이다.

1-2 | 디지털 정보의 표현

디지털 시스템에서 사용되는 정보를 특히 신호라 부르고, 전기신호는 일반적으로 전압이나 전류의 크기로 나타난다. 이와 같은 디지털 정보를 표현하기 위해 사용하는 수 체계는 2진수 체계이고, 이는 "0"과 "1"만의 2종류의 디지트를 사용하기 때문에 정보를 가장 간단하게 나타낼 수 있기 때문이다.

그림 1-3은 디지털 시스템의 입출력에서 전압의 레벨에 따라 2진의 디지털 정보를 나타내는 예를 보인 것이다. 출력신호의 전압이 4 ~ 5 [V]의 범위에 있으면 HIGH 레벨 즉 2진수의 "1"로 나타내고, 0 ~ 0.8 [V}의 범위에 있으면 LOW 레벨 즉 2진수의 "0"로 나타낸다.

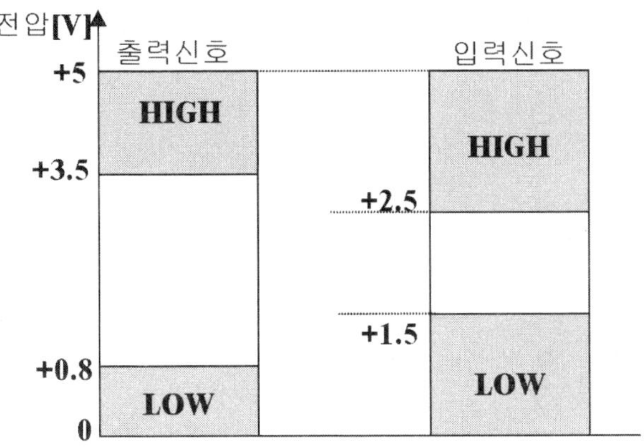

그림 1-3 입출력 전압레벨에 따른 2진 상태의 표현

이와 마찬가지로 입력신호도 그림에서 나타낸 것처럼 전압의 레벨에 따라 HIGH, LOW 또는 "1", "0"의 2진수로 표현된다. 이 때 입력신호 전압의 변동범위가 출력신호 전압의 변동범위보다 더 큰 것은, 신호의 전송과정 중에 발생하는 잡음에 보다 강인하게 하도록 하기 위함이다.

디지털 정보의 표현에 사용되는 2진 상태를 나타내기 위한 방법으로 "1", "0" 또는 HIGH, LOW 이외에도 스위칭 트랜지스터의 ON, OFF, 전기스위치의 CLOSE, OPEN, 논리학에 사용되는 TRUE, FALSE 등 여러 가지의 표현이 같은 의미로 사용되고 있다.

디지털 시스템에서 "0"과 "1"의 2진 상태의 표현을 전기회로의 사용으로 구현하는 방법은 주로 Bipolar 트랜지스터나 MOS(Metal Oxide Semiconductor) 트랜지스터를 사용한다. 그림 1-4(a)는 Bipolar 트랜지스터에 의한 2진 상태의 표현으로 입력전압 V_B의 값에 따라 출력전압 V_O의 레벨이 결정되는 것을 나타낸 것이고, 그림 1-4(b)는 NMOS에 의한 2진 상태의 스위칭 논리를 나타낸 것이다.

정보의 디지털화에 사용되는 2진수의 디지트 하나를 특히 비트(bit)라 하고, 수치뿐만 아니라 문자, 그래픽, 음성이나 영상 등 모든 정보는 디지털 시스템에서 비트의 그룹으로 표시된다. 디지털 정보를 표현하는데 사용되는 비트 그룹을 비트 스트링(bit string)이라고도 하며, 정보는 비트 그룹의 단위로 디지털 시스템 내에서 처리되거나 전송 또는 저장된다. 2진수에 의한 디지털 정보를 나타내는 다른 방법으로 그림 1-5와 같은 타이밍도를 이용하기도 한다. 타이밍도는 시간의 변화에 따른 디지털 정보의 상태변화를 나타낸 것이고, 사용되는 파형은 구형파(square wave) 또는 펄스파형(pulse wave)이다.

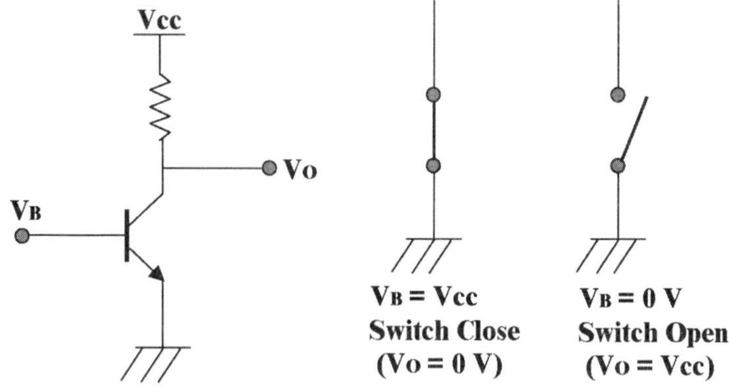

(a) Bipolar Transistor에 의한 스위칭

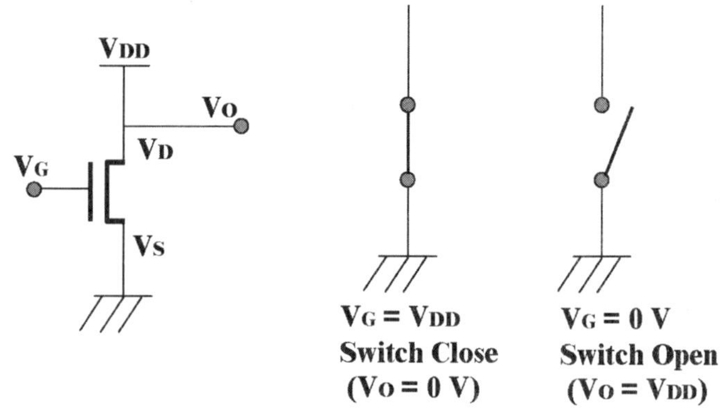

(b) NMOS Transistor에 의한 스위칭

그림 1-4 스위칭 트랜지스터에 의한 2진 상태의 표현

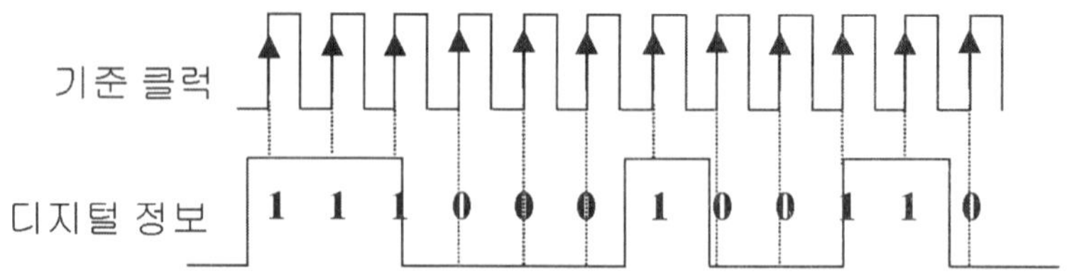

그림 1-5 타이밍도에 의한 디지털 정보의 표현

1-3 | 디지털 집적회로

디지털 정보를 처리하는 디지털 시스템의 하드웨어를 특히 디지털 회로라 한다. 즉 디지털 회로는 입력신호의 2진 상태와 회로를 구성하는 논리에 따라 반응해서 2진 상태의 출력신호를 내는 것이다. 이와 같이 디지털 회로가 입력신호에 반응하는 형태는 내부 회로구성의 논리에 의존하기 때문에 디지털 회로를 논리회로라 부르기도 한다. 이에 따라 본서에서는 디지털 하드웨어, 디지털 회로, 논리회로 등을 특별히 구별하지 않고 사용할 것이다.

논리회로는 입출력의 정보를 일시적으로 기억시켜 입력신호의 일부분으로서 사용하기 위한 메모리의 유무에 따라 조합논리회로(combinational logic circuit)와 순서논리회로(sequential logic circuit)로 분류된다. 먼저 조합논리회로는 기본 게이트의 조합으로 구성되는 논리회로이다. 이 때, 게이트는 트랜지스터, 다이오드, 저항 등의 소자로 구성되어 기본적인 논리연산을 수행하는 논리소자이다. 다음으로, 순서논리회로는 조합논리회로에 입출력의 신호를 기억하는 플립플롭(Flip-Flop) 또는 메모리를 덧붙인 논리회로로서 논리신호의 발생이 시간적으로 순서화된다.

1960년대의 논리회로는 트랜지스터, 다이오드, 저항 등과 같은 부피가 큰 개별 부품으로 구성되었으나, 집적회로(Integrated Circuit, IC) 기술의 진전으로 여러 개의 트랜지스터를 하나의 칩에 통합할 수 있게 되었다. 여기서 집적회로라고 하는 것은 한 개의 작은 실리콘 칩 위에 트랜지스터, 다이오드, 저항, 콘덴서 등의 전자부품들을 통합시킨 것을 의미하고, 칩(chip)은 실리콘 반도체를 말한다.

최초의 집적회로 기술이 개발된 이래, IC 제조기술은 눈부시게 발전했으며, 칩 소요면적의 소형화뿐만 아니라 제조기술의 발달로 1990년대에는 수백만 개의 트랜지스터가 집적된 마이크로프로세서(microprocessor)가 등장했으며, 2001년 현재 수천만 개의 트랜지스터를 집적할 수 있게 되었다. MOS 게이트의 길이로 계측되는 트랜지스터의 사이즈도 1999년 $0.14\mu m$에서 2014년에는 $0.02\mu m$ 이하의 반도체 공정기술이 개발되어 상용화되고 있으며, 이에 따라 1억 개 이상의 트랜지스터를 1칩 위에 집적이 가능한 상태이다.

집적회로 기술의 비약적인 발전으로,

- 디지털 시스템의 소형화 및 경량화
- 생산가격의 저렴화
- 소비전력의 저감
- 디지털 시스템 신뢰도의 향상과 동작속도의 고속화

등의 장점을 갖는 다양한 디지털 시스템을 구축하는 것이 가능하게 되었다.

이와 같은 집적회로는 집적되는 소자 또는 게이트의 수에 따라 SSI(small scale integrated circuit), MSI(medium scale integrated circuit), LSI(large scale integrated circuit), VLSI (very large scale integrated circuit), UVLSI(Ultra very large scale integrated circuit) 등으로 분류되고, 이들에 관한 보다 자세한 내용은 3-8절에서 취급한다.

일반적인 디지털 시스템을 집적한 디지털 LSI는 표 1-1에 나타낸 것처럼 논리 LSI와 메모리 LSI로 나누어 생각할 수 있다. 여기서 논리 LSI는 설계할 때에 사용자측에서 어느 정도의 자유도를 가질 수 있느냐에 따라 Customized LSI, Semi-customized LSI, 범용 LSI 등으로 분류할 수 있다. SSI나 MSI 규모로 표준화된 논리 칩도 있으나, 시스템 사이즈가 커지고, 시스템의 기능이 고정되어 변경할 수 없는 단점으로 인해, 그 사용이 급격히 감소하고 있는 추세이다.

이에 반해, Semi-customized LSI는 프로그램 가능한 논리소자(Programmable Logic Device, PLD)라고 하는 것으로 프로그램 가능한 스위칭 결선의 선택으로 목적하는 디지털 시스템을 구성할 수 있게 한다. 이와 같은 PLD의 대표적인 것으로 CPLD(Complex Programmable Logic Device)나 FPGA(Field Programmable Gate Array)가 있다. PLD의 낮은 칩 사용효율과 동작속도의 제한 등의 단점이 있어, 이를 해소하기 위한 방법으로, Customized LSI는 비록 사용자측에서의 자유도는 거의 없으나 고유의 성능이나 기능의 구현, 빠른 처리속도 등의 장점을 갖는다.

표 1-1 디지털 LSI의 분류

구 분	사용자측의 자유도	주요제품 및 특징
논리 LSI	Custom LSI	전용설계(대규모 게이트, 높은 성능)
	Semi-custom LSI	Gate Array, PLD(중간 정도의 회로 규모와 성능)
	범용 LSI	Microprocessor, 승산기
메모리 LSI	Semi-custom LSI	Mask ROM
	범용 LSI	DRAM, SRAM, PROM 등

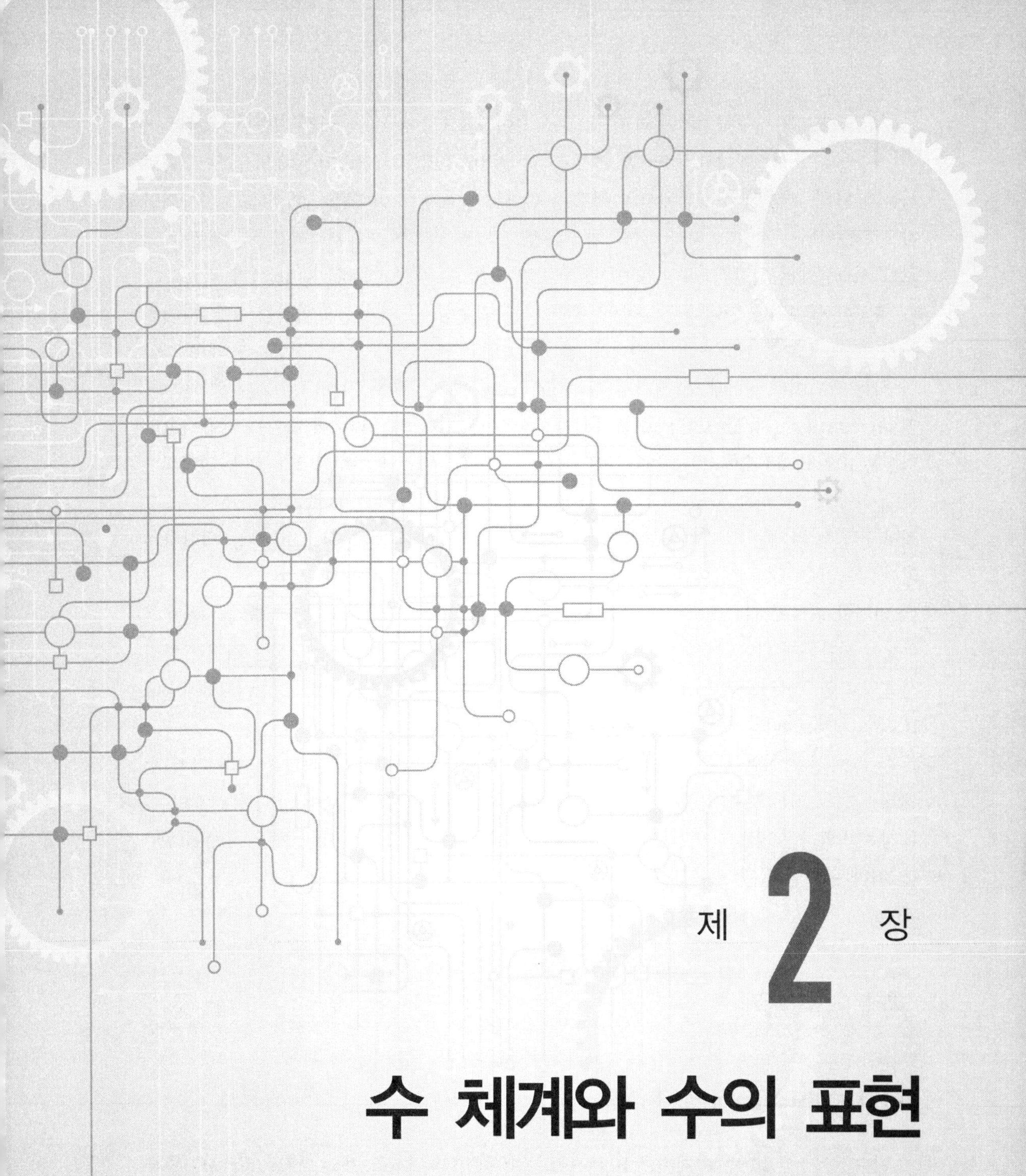

제 2 장

수 체계와 수의 표현

아날로그와 디지털 시스템과의 가장 큰 차이점은 1장에서도 간단히 기술한 것처럼 아날로그 시스템에서는 연속인 정보를 입력받아 처리해서 연속인 상태의 값으로 출력하는데 반해, 디지털 시스템에서의 정보는 이산적인 형태로 입력되어 처리되고 이산적인 값으로 출력되는 것이다. 따라서 디지털 시스템으로 필요한 정보를 처리하기 위해서는 아날로그 시스템에서 일반적으로 다루어 왔던 것과 다른 수 체계(number system)가 필요하다.

다양한 물리적인 양이나 값을 10진수와 다른 기수의 수 체계로 표현하는 것은 디지털 시스템으로 정보를 쉽고 보다 간단하게 처리하기 위해 필요한 데이터를 적합한 형태로 정량화 하는 방법이다. 이 때 여러 가지 수 체계의 표현에 사용되는 기호 또는 숫자의 개수를 기수(radix) 또는 기저(base)라 한다. 즉, 10진수에서는 10개의 아라비아 숫자를 사용하므로 기수는 10이고, 2진수에서는 2개의 숫자만으로 표현되기 때문에 기수는 2가 된다. 일반적으로 우리들이 익숙하게 취급해왔던 수 체계는 10진수 체계(decimal number system)이다. 그러나 10진수 체계는 디지털 시스템으로 정보나 데이터를 처리하고 취급하기에는 적합하지 않다.

디지털 회로에서는 10진수 체계보다 2진수 체계로 처리하는 것이 알고리즘이나 회로의 구성이 간단하게 된다. 이로 인해, 오늘날 대부분의 디지털 시스템에서는 2진수 체계가 널리 사용되고 있으며, 그 외에도 수 표현의 식별을 쉽게 하고 간단하게 나타내기 위해 8진수나 16진수 체계도 널리 사용되고 있다.

본 장에서는 이와 같은 10진수 체계를 포함해서 디지털 시스템에 적합한 여러 가지 수 체계 구성의 기본 구조와 특성에 관해서 기술한다. 또한, 임의의 기수에서 다른 기수의 수 체계로 변환하는 방법을 설명하고, 부호(sign)를 갖는 수의 표현방법이나 보수(complement)를 취하는 방법에 관해서도 소개한다.

2-1 | 수 체계

2-1-1 10진수(Decimal Number)

기수 r 이 $r = 10$ 인 수 체계를 10진수 또는 10진법이라 하고, 기본 디지트(digit)의 종류로 0, 1, 2, 3, 4, 5, 6, 7, 8, 9의 10개의 아라비아 숫자를 사용한다. 예로 256_{10} 의 수에 대해, 우리들은 이백(200) 오십(50) 육(6)이라 읽는다. 이를 수식으로 나타내 보면, 식 (2-1)

과 같이 표현되고

$$256_{10} = (2 \times 10^2) + (5 \times 10^1) + (6 \times 10^0) \tag{2-1}$$

기본 디지트의 위치에 따라 가중치, 즉 곱해지는 10의 지수함수의 값이 달라지는 수 체계이다. 10의 지수함수가 0으로 시작되는 점을 기준점(reference point) 또는 10진수에서는 소수점(decimal point)이라 하고, 정수인 경우에는 우측 끝에 있는 것으로 가정해서 이를 생략하고 나타내는 것이 일반적이다.

각 디지트의 위치에서 곱해지는 가중치는 기준점으로부터 10의 멱승인 값을 갖는다. 우리들이 잘 알고 있는 것처럼, 기준점에서 좌측에 위치한 디지트는 0부터 시작되는 양(+)의 지수함수의 값을 갖고, 기준점에서 우측에 위치한 디지트는 −1에서 시작되는 음(−)의 지수함수의 값을 갖는다. 또한 임의의 수 체계에 의한 수 표현에서 가중치가 가장 큰 디지트를 MSD(Most Significant Digit), 가장 적은 것을 LSD(Least Significant Digit)라 한다. 따라서 디지트의 위치에 따라 가중치의 값이 비례하는 수 체계에서, MSD는 가장 좌측의 디지트가 되고, LSD는 가장 우측의 디지트가 된다. 예로 256_{10}에서 MSD는 2이고 LSD는 6이다. 소수점을 갖는 다음과 같은 7자리의 10진수 N_{10}은

$$\begin{aligned} N_{10} &= d_3\, d_2\, d_1\, d_0 \,.\, d_{-1}\, d_{-2}\, d_{-3} \\ &= d_3 \times 10^3 + d_2 \times 10^2 + d_1 \times 10^1 + d_0 \times 10^0 \\ &\quad + d_{-1} \times 10^{-1} + d_{-2} \times 10^{-2} + d_{-3} \times 10^{-3} \end{aligned} \tag{2-2}$$

와 같이 표현되고, MSD는 d_3, LSD는 d_{-3}이다. 예로 $N_{10} = 256.379_{10}$는

$$\begin{aligned} N_{10} &= 256.379_{10} \\ &= (2 \times 10^2) + (5 \times 10^1) + (6 \times 10^0) + (3 \times 10^{-1}) + (7 \times 10^{-2}) + (9 \times 10^{-3}) \end{aligned}$$

이므로 MSD와 LSD는 각각 2와 9이다.

정수부분 n개의 디지트, 소수점 이하 m개의 디지트를 갖는 10진수 N_{10}은

$$N_{10} = \sum_{k=-m}^{n-1} d_k\, 10^k \tag{2-3}$$

로 표현되는 수이고, d_k는 0 ~ 9의 기본 디지트의 값을 갖는다.

3 디지트로 표현되는 10진수는 0에서 999까지 1000개의 다른 종류의 수를 나타낼 수 있고, 표현할 수 있는 가장 큰 수는 $10^3 - 1 = 1000 - 1 = 999$이다. 이와 같이 일반적으로

N 개 디지트의 10진수에서는

- 다른 종류의 수 즉, 계수의 범위 : 10^N개
- 표현할 수 있는 가장 큰 수는 $10^N - 1$

이 된다.

2-1-2 2진수(Binary Number)

기본 디지트로 0과 1, 2개만을 갖는 기수가 $r = 2$인 수를 2진수라 한다. 디지트의 종류가 2개이므로 이를 binary digit, 줄여서 비트(bit)라 한다. 이와 같은 2진수도 10진수 체계처럼 가중치가 위치에 따라 비례하는 수 체계이다. 특히, 기본 디지트가 0과 1뿐이므로 디지트의 값이 1이면 그 위치의 가중치가 더해지고, 0이면 그 위치에서의 가중치는 무시된다. 예로 $B_2 = 10101_2$은

$$
\begin{aligned}
B_2 &= 10101_2 \\
&= 1\times 2^4 + 0\times 2^3 + 1\times 2^2 + 0\times 2^1 + 1\times 2^0 \\
&= 16 + 4 + 1 = 21_{10}
\end{aligned} \tag{2-4}
$$

와 같이 비트가 1인 위치의 가중치의 값을 더하면 10진수의 값으로 변환된다.

소수값(fractional value)을 갖는 2진수도 10진수의 경우와 같다. 다만, 디지트의 위치에 따른 가중치의 계산에서 기수 $r = 10$ 대신에 $r = 2$를 사용하는 점이 다르다. 즉, 정수부분의 디지트가 n 비트, 소수부분의 디지트가 m 비트인 2진수 B_2를 10진수의 값으로 나타내면

$$
\begin{aligned}
B_2 &= b_{n-1} b_{n-2} \cdots b_1 b_0 \,.\, b_{-1} b_{-2} \cdots b_{-m} \\
&= \sum_{k=-m}^{n-1} b_k\, 2^k
\end{aligned} \tag{2-5}
$$

이고, 여기서 b_k 는 0 또는 1의 기본 디지트의 값을 갖는다. 이 때, 가장 큰 가중치의 비트 b_{n-1}을 MSB(Most Significant Bit), 가장 작은 가중치의 비트 b_{-m}을 LSB(Least Significant Bit)라 한다.

예제 2-1

$B_2 = 1001101.101_2$를 10진수의 값으로 나타내어라.

풀이 : $B_2 = 1001101.101_2$
$= 1\times 2^6 + 0\times 2^5 + 0\times 2^4 + 1\times 2^3 + 1\times 2^2 + 0$
$\times 2^1 + 1\times 2^0 + 1\times 2^{-1} + 0\times 2^{-2} + 1\times 2^{-3}$
$= 64 + 8 + 4 + 1 + 0.5 + 0.125$
$= 77.625_{10}$

예제 2-2

$B_2 = 110010.011_2$을 10진수의 값으로 나타내어라.

풀이: $B_2 = 110010.011_2$
$= 1\times 2^5 + 1\times 2^4 + 1\times 2^1 + 1\times 2^{-2} + 1\times 2^{-2}$
$= 32 + 16 + 2 + 0.25 + 0.125$
$= 50.375_{10}$

2진수 B_2로 표현할 수 있는 종류 즉 계수범위(counting range)와 표현할 수 있는 가장 큰 수를 알아보자. 예로 3비트의 수 $B_2 = (b_2 b_1 b_0)_2$에서 각 비트의 값에 대응하는 10진수의 값을 나타낸 것이 그림 2-1이다.

2진수 B_2			**10진수**
b2	**b1**	**b0**	N_{10}
0	0	0	0
0	0	1	1
0	1	0	2
0	1	1	3
1	0	0	4
1	0	1	5
1	1	0	6
1	1	1	7

그림 2-1 3비트의 2진수와 10진수의 관계

그림 2-1에서 알 수 있는 것처럼, 3비트의 2진수로 표현할 수 있는 종류는 0 ~ 7의 8가지이고, 나타낼 수 있는 가장 큰 수는 7이다. 이를 N비트인 2진수의 경우로 일반화시켜 보면

- 계수범위(counting range) : 2^N
- 표현되는 값의 범위 : $0 \sim (2^N - 1)$
- 표현할 수 있는 가장 큰 수 : $2^N - 1$

가 된다. 이 때 2진수는 부호(sign)를 갖지 않는 양의 정수인 것으로 가정했다. 예로 $N = 6$인 6비트로 주어진 2진수로 표현할 수 있는 값의 범위는 $000000_2 \sim 111111_2$의 64종류이고, 나타낼 수 있는 가장 큰 수는 $2^6 - 1 = 63_{10}$이 된다.

예제 2-3

10비트의 2진수로 나타낼 수 있는 계수범위와 가장 큰 수를 구하여라.

풀이: 계수의 범위 즉 표현할 수 있는 종류는 $2^{10} = 1024$이고, 가장 큰 수는 $2^{10} - 1 = 1024 - 1 = 1023_{10}$이다.

2-1-3 8진수(Octal Number)

기수 r이 $r = 8$이고, 0, 1, 2, 3, 4, 5, 6, 7의 기본 디지트를 사용하는 수 체계이다. 각 디지트의 위치에 따라 8의 지수함수의 가중치를 갖는 점 외에는 기본적인 특성이 10진수나 2진수 체계와 동일하다. 예로 $O_8 = 536.412_8$의 수는

$$\begin{aligned} O_8 &= 536.412_8 \\ &= 5\times8^2 + 3\times8^1 + 6\times8^0 + 4\times8^{-1} + 1\times8^{-2} + 2\times8^{-3} \\ &= 350.5214844_{10} \end{aligned}$$

와 같이 10진수로 변환된다.

2-1-4 16진수(Hexadecimal Number)

16진수는 10(decimal)과 6(hex)의 조합으로 구성된 수 체계라는 것을 의미하고 기수r 이 $r=16$인 수 체계로, 기본 디지트는 0, 1, 2, 3, …, 8, 9, A, B, C, D, E, F 와 같이 10개의 숫자와 6개의 문자를 사용해서 전체 16종류를 갖는다. 이 때 문자는 대문자 또는 소문자 양쪽 모두 사용할 수 있고, 이는 10진수의 10, 11, 12, 13, 14, 15에 각각 대응하는 디지트이다. 16진수의 경우도 기본적인 수 체계의 특성은 다른 수 체계와 동일하고, 다른 점은 기수가 16이므로 각 디지트의 위치에 따라 16의 지수함수의 가중치를 갖는 것뿐이다. 예를 들어 $H_{16}=BF1.09A_{16}$로 주어진 수는,

$$\begin{aligned} N_{16} &= BF1.09A_{16} \\ &= 11\times16^2+15\times16^1+1\times16^0+0\times16^{-1}+9\times16^{-2}+10\times16^{-3} \\ &= 2832.037598\cdots_{10} \end{aligned}$$

와 같이 기준점을 중심으로 디지트의 위치에 따라 가중치가 16의 멱승으로 주어진다.

이와 같은 16진수는 컴퓨터나 디지털 통신, Micro-controller에 의한 디지털 제어시스템 등 많은 디지털 시스템에 널리 사용되고 있다. 이는 후술하는 바와 같이 2진수와의 변환이 간단하고 적은 디지트로 큰 수를 나타낼 수 있기 때문이다.

2-1-5 r 진수

기수가 임의의 정수 r인 r진수는, 기본 디지트의 수는 r개를 갖고, 기준점으로부터 각 디지트의 위치에 따라 r의 지수함수를 갖는 수 체계가 된다. 정수부분에 n개의 디지트, 소수부분에 m개의 디지트를 갖는 r 진수를 10진수의 값으로 변환시키는 식은 다음과 같다.

$$\begin{aligned} N_{10} &= d_{n-1}r^{r-1}+d_{n-2}r^{n-2}\cdots+d_0r^0+d_{-1}r^{-1}+\cdots+d_{-m}r^{-m} \quad (2\text{-}6) \\ &= \sum_{i=-m}^{n-1} d_i\,r^i \end{aligned}$$

여기서 d_i 는 기본 r 디지트 중의 하나이다.

예로 $r=6$인 6진수의 경우에서는 기본 디지트의 종류는 0, 1, 2, 3, 4, 5의 6개이다. $N=2145.03_6$을 10진수의 값으로 변환시키면,

$$\begin{aligned} N &= 2145.03_6 \\ &= 2\times6^3+1\times6^2+4\times6^1+5\times6^0+0\times6^{-1}+3\times6^{-2} \\ &= 497.027777\cdots_{10} \end{aligned}$$

가 된다.

2-2 | 수 체계의 변환

2진수는 디지털 시스템에 의한 각종 데이터의 전송이나, 저장, 처리 등을 용이하게 하고 이를 위한 회로를 간단하게 구성할 수 있게 하지만, 우리들 인간은 10진수 체계의 사용에 익숙해져 있어, 10진수로 각종 데이터를 취급하는 것이 간편하다. 디지털 시스템의 입출력은 사람을 대상으로 하는 경우가 많고, 이 경우 디지털 시스템의 2진수 체계에서 10진수 체계로의 변환이나 또는 그 역변환이 필요하다.

또한, 2진수에 의한 수의 표현은 사용 비트 수가 많아져 비트 길이가 길어지게 되고, 이로 인해 사람이 사용하거나 2진수로 표현된 정보를 이해하는 것이 어렵다. 따라서 디지털 시스템에서 사용되는 수의 표현을 보다 간편하게 하는 수 체계, 즉 8진수나 16진수 체계의 사용이 필요하다. 특히, 이들 수 체계는 2진수와의 변환관계가 매우 간단하게 이루어지는 특징이 있다. 그 외에도 목적으로 하는 시스템에 따라 서로 다른 기수를 갖는 수 체계의 변환이 필요한 경우도 있다. 본 절에서는 이와 같은 상이한 기수를 갖는 수 체계간의 변환에 관해서 설명한다.

2-2-1 10진수-2진수로의 변환

가. 정수의 변환

정수인 10진수를 2진수로 변환하는 방법에는 2의 급수 표현을 사용하는 방법과 반복 나눗셈을 사용하는 방법의 2가지가 있다.

(1) 2의 급수표현에 의한 방법

정수인 10진수를 2의 급수로 나타내고, 2의 급수를 갖는 위치에는 1, 그렇지 않으면 0으로 나타내서 변환하는 방법이다. 예를 들어 10진수 53_{10}을 2의 급수에 의한 합의 형태로 나타내보면, 2의 멱승 중에서 53에 가장 가까운 값은 $2^6 = 64$이지만, 이는 53을 넘는 값이다. 이로 인해, 64보다 작은 다음의 값은 $2^5 = 32$이고, 이는 53보다 작은 값이다. 따라서 5번째 비트의 위치를 1로 하고, 나머지 $53_{10} - 32_{10} = 21_{10}$이므로, 이 수에 대해서도 같은 과정을 반복한다. 이런 방법을 거듭하면,

$$\begin{aligned} 53_{10} &= 32 + 16 + 0 + 4 + 0 + 1 \\ &= 1 \times 2^5 + 1 \times 2^4 + 0 \times 2^3 + 1 \times 2^2 + 0 \times 2^1 + 1 \times 2^0 \\ &= 110101_2 \end{aligned}$$

와 같이 표현되는 것을 알 수 있다.

또 다른 예로 10진수 315_{10}를 급수표현의 방법을 사용해서 2진수로 변환시켜 보면,

$$\begin{array}{r} 315 \\ -256 = 2^8 \\ \hline 59 \\ -32 = 2^5 \\ \hline 27 \\ -16 = 2^4 \\ \hline 11 \\ -8 = 2^3 \\ \hline 3 \\ -2 = 2^1 \\ \hline 1 \\ -1 = 2^0 \\ \hline 0 \end{array}$$

따라서 $315_{10} = 100111011_2$로 변환된다.

이와 같이 2의 급수 표현을 이용하기 위해서는 표 2-1과 같은 대표적인 2의 멱승과 이에 대응하는 10진수의 값을 기억해 두면 여러 가지의 응용에 편리하다.

표 2-1 2의 멱승에 대한 10진수의 값

2의 멱승	10진수의 값	2의 멱승	10진수의 값
2^{-4}	0.0625	2^5	32
2^{-3}	0.125	2^6	64
2^{-2}	0.25	2^7	128
2^{-1}	0.5	2^8	256
2^0	1	2^9	512
2^1	2	2^{10}	1024(1K)
2^2	4	2^{11}	2048(2 x 1K = 2K)
2^3	8	2^{20}	1024 x 1024 = 1K x 1K =1M
2^4	16	2^{30}	1M x 1K = 1G

예제 2-4

다음의 10진수의 값을 2의 급수표현법을 사용해서 2진수로 나타내어라.

(1) 625_{10} (2)1356_{10}

풀이: (1) $625_{10} = 512 + 64 + 32 + 16 + 1$
$= 2^8 + 2^6 + 2^5 + 2^4 + 2^0$
$= 101110001_2$

(2) $1356_{10} = 1024 + 256 + 64 + 8 + 4$
$= 2^{10} + 2^8 + 2^6 + 2^3 + 2^2$
$= 10101001100_2$

(2) 반복 나눗셈에 의한 방법

2로 반복해서 나누는 방법으로, 임의 10진수의 정수를 2로 계속 나누어, 그 몫이 1이하가 될 때까지 계속한다. 이 때 나누어 떨어지면 0, 그렇지 않으면 1이 되는 나머지가 2진수 표현이 되고, 첫 번째 나머지를 LSB(Least Significant Bit)로 하고, 맨 마지막 나머지를 MSB(Most Significant Bit)로 해서 변환한다. 예로 53_{10}를 반복 나눗셈을 사용해서 2진수로 나타내 보면,

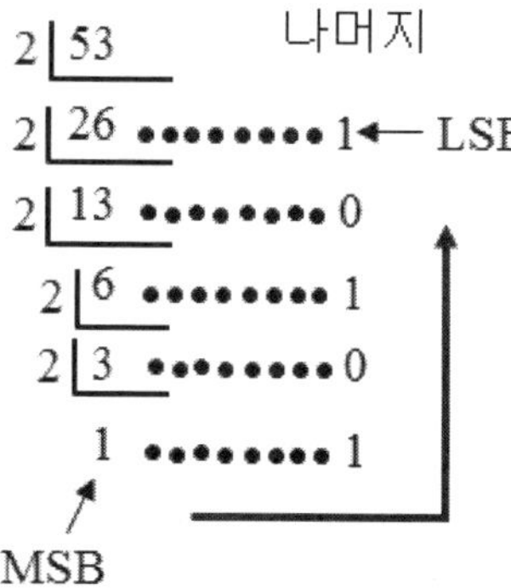

따라서 2의 급수표현으로 구한 것과 같은 $53_{10} = 110101_2$이 된다.

예제 2-5

다음의 정수를 반복 나눗셈으로 2진수로 변환하여라.

(1) 67_{10} (2)755_{10}

풀이: (1) (2)

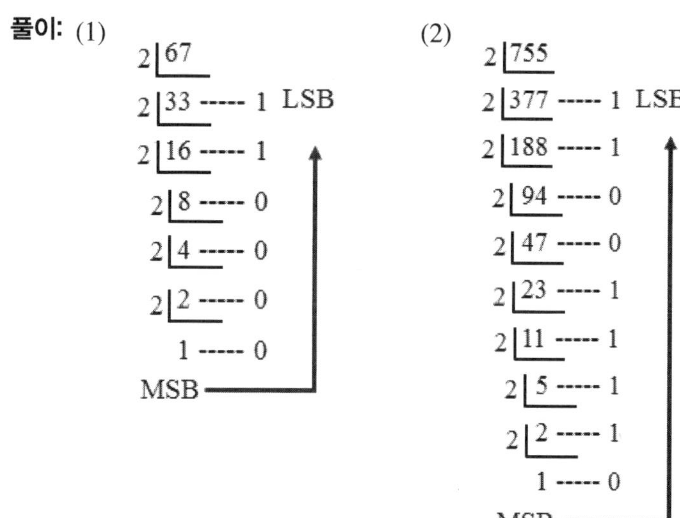

따라서 $67_{10} = 1000011_2$이고, $755_{10} = 1011110011_2$로 주어진다.

나. 소수점 이하의 값을 갖는 10진수의 변환

1보다 작은 소수점 이하의 값을 갖는 10진수를 2진수로 변환하는 방법도 정수의 변환과 같이 다음의 2가지 방법을 사용할 수 있다.

(1) 2의 급수표현을 이용한 방법

1보다 작은 10진수를 2의 음의 급수의 합으로 나타내고, 값을 갖는 경우에는 1, 그렇지 않으면 0으로 나타낸다. 예로 0.71875_{10}는

$$\begin{aligned} 0.71875_{10} &= 0.5+0.0+0.125+0.0625+0.03125 \\ &= 1\times 2^{-1}+0\times 2^{-2}+1\times 2^{-3}+1\times 2^{-4} \\ &= 0.10111_2 \end{aligned}$$

이 된다.

(2) 반복곱셈에 의한 방법

반복곱셈에 의한 방법은 소수점 이하의 10진수를 2로 반복해서 곱하는 것으로, 2로 곱해서 소수점 이하의 값이 0이 될 때까지 계속한다. 곱한 결과, 1보다 큰 값의 정수가 얻어지면 그 위치의 비트 값을 1로 하고, 그렇지 않으면 0으로 한다. 이 때 0이 아닌 정수는 다음의 곱셈에서 무시하고 소수점이하의 값에 대해서만 곱한다. 이렇게 구한 값으로부터 2진수의 표현은 첫 번째 정수부를 MSB로, 마지막 정수부를 LSB로 해서 나타내면 된다. 10진수 0.71875_{10}를 반복곱셈에 의한 2진수의 표현을 구하면 다음과 같다.

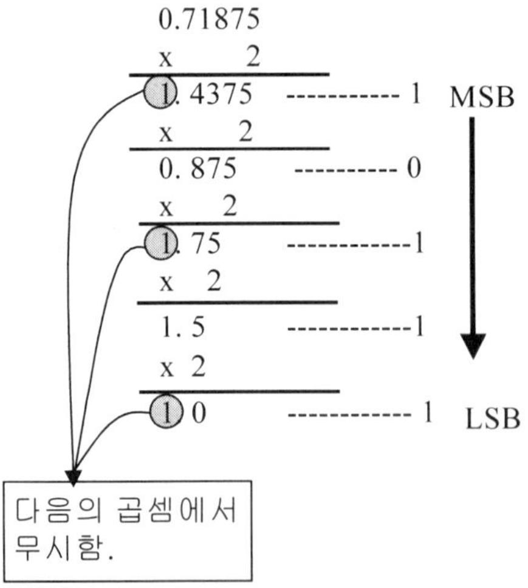

다음으로 0.7_{10}을 반복곱셈의 방법을 사용해서 2진수로 나타내 보자.

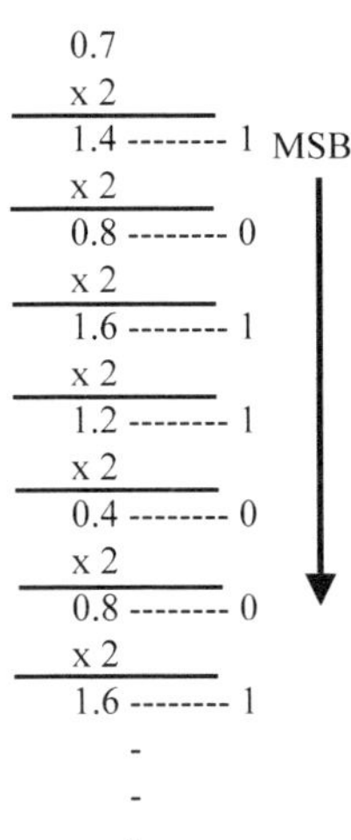

2의 곱셈을 반복해도 소숫점 이하의 값이 0이 되지 않고, 곱셈을 거듭해야 되는 것을 알 수 있다. 즉, $0.7_{10} = 0.101100110011 \cdots_2$이다. 이와 같이 소숫점 이하의 10진수를 2진수로 변환하는데 있어, 한정된 비트로 표현할 수 없는 경우가 있다. 0.7_{10}의 2진수 표현에서 0.10110011_2와 같이 소숫점 이하 8비트로 한정시키면, 이 값은 0.69921875_{10}가 되고, 0.00078125_{10}의 오차가 발생한다. 이 오차를 트란케이션 에러(truncation error)라 하고, 한정된 비트를 사용해서 아날로그의 값을 디지털로 변환시키는 과정에서 발생할 수 있는 오류 중의 하나이다. 당연히, 사용 비트 수를 증가시키면 이와 같은 오차는 적어지게 된다.

예제 2-6

다음의 10진수를 2진수의 표현으로 변환시켜라.

(1) 43.375_{10}　(2) 513.75_{10}　(3) 2152.6875_2

풀이: 10진수를 정수부와 소숫점부로 나누어 변환하면 된다.

$$
\begin{aligned}
(1)\ 43.375_{10} &= 43_{10} + 0.375_{10} \\
&= 32 + 8 + 2 + 1 + 0.25 + 0.125 \\
&= 101011.011_2
\end{aligned}
$$

$$\begin{aligned}(2)\ 513.75_{10} &= 513+0.75\\ &= 512+1+0.5+0.25\\ &= 1000000001.11_2\end{aligned}$$

$$\begin{aligned}(3)\ 2152.6875_2 &= 2152+0.6875\\ &= 2048+64+32+8+0.5+0.125+0.0625\\ &= 100001101000.1011_2\end{aligned}$$

2-2-2 2진수-10진수로의 변환

2진수의 값을 10진수로 변환하는 것은 이미 2-1-2절의 식 (2-2)로 나타낸 것처럼, 비트의 상대적인 위치의 값에 따라 가중치를 더하면 된다. 간단한 예를 들어 2진수 $B_2 = 10110.1101_2$을 10진수로 변환하면 다음과 같다.

$$\begin{aligned}B_2 &= 10110.1101_2\\ &= 16+4+2+0.5+0.25+0.0625\\ &= 22.8125_{10}\end{aligned}$$

2-2-3 2진수-8진수로의 상호변환

8진수로 표현된 하나의 디지트는 3비트의 2진수에 대응한다. 즉, $O_8 = 675_8$는 $110\ 111\ 101_2$과 같고, $O_8 = 41.23_8$는 $100\ 001.010\ 011_2$이다. 또한, 2진수로 주어진 값을 8진수로 변환하는 것은 2진수를 3비트씩 끊어서 이에 대응하는 8진수로 나타내면 된다. 이때 기준점은 2진 소수점(binary point)이 되고, 2진 소수점을 중심으로 2진수 3비트씩 할당해야 된다. 또한, 소수점의 값은 좌측에서부터 3비트씩 할당해서 3비트가 되지 않는 경우에는 0을 채워 넣어서 변환해야 된다. 예로 2진수$B_2 = 1100110.0111_2$을 8진수로 변환해 보자. 2진 소수점을 중심으로 좌, 우측으로 3비트씩 나누어 8진수로 나타내면,

$$\begin{aligned}B_2 &= 1100110.0111_2\\ &= 1\ 100\ 110\ .\ 011\ 1\underline{00}_2\\ &= 146.34_8\end{aligned}$$

→ 채워 넣은 비트

이 된다.

예제 2-7

다음의 8진수는 2진수로, 2진수는 8진수로 변환시켜 나타내어라.

(1) 6134.05_8　　　(2) 754.24_8

(3) 1001011.10111_2　　(4) 100011.1111_2

풀이: (1) $6134.05_8 = 110\,001\,011\,100 . 000\,101_2$

(2) $754.24_8 = 111\,101\,100 . 010\,1_2$

(3) $1001011.10111_2 = 1\ 001\ 011\ .\ 101\ 110_2 = 113.56_8$

(4) $100011.1111_2 = 100\ 011\ .\ 111\ 100_2 = 43.74_8$

2-2-4 2진수-16진수로의 상호변환

8진수의 경우와 마찬가지로, 16진수 디지트 하나는 2진수의 4비트에 대응한다. 따라서 16진수의 표현된 수를 2진수로 변환하는 것은 16진수 한 디지트를 4비트의 2진수로 나타내면 된다. 예로 16진수 $H_{16} = A98.7B_{16}$를 2진수로 변환시키면,

$$H_{16} = A98.7B_{16} = 1010\,1001\,1000 . 0111\ 1011_2$$

이다.

역으로 2진수를 16진수로 변환시키기 위해서는 2진수-8진수 변환에서와 같이 2진 소수점을 중심으로 2진수 4비트씩 할당해서 각각을 하나의 16진수 디지트에 대응시키면 된다. 물론 이 때도 소수점이하의 값을 변환시킬 때는 좌측에서부터 4비트씩 할당해서 4비트가 되지 않는 경우에는 0을 채워 넣어서 변환해야 된다. 예로 $B_2 = 1011101.011011_2$을 16진로의 변환은

$$\begin{aligned} B_2 &= 1011101.011011_2 \\ &= 101\ 1101\ .\ 0110\ 11\,0\,0 \\ &= 5D.6C_{16} \end{aligned}$$

(채워 넣은 비트: 마지막 두 개의 0)

이 된다.

4비트의 2진수에 대한 8진수 및 16진수의 상호관계를 표 2-2에 나타낸다.

표 2-2 4비트의 2진수에 대한 8진수 및 16진수의 관계

10진수	2진수	8진수	16진수
0	0 0 0 0	0	0
1	0 0 0 1	1	1
2	0 0 1 0	2	2
3	0 0 1 1	3	3
4	0 1 0 0	4	4
5	0 1 0 1	5	5
6	0 1 1 0	6	6
7	0 1 1 1	7	7
8	1 0 0 0	10	8
9	1 0 0 1	11	9
10	1 0 1 0	12	A
11	1 0 1 1	13	B
12	1 1 0 0	14	C
13	1 1 0 1	15	D
14	1 1 1 0	16	E
15	1 1 1 1	17	F

2-2-5 기수변환 알고리즘

지금까지 주로 10진수와 2진수를 중심으로 한 기수변환의 방법에 관해서 상세하게 기술했다. 임의의 어떤 기수로 주어진 수를 다른 기수의 수로 변환하는 것도 같은 방법을 사용함으로서 가능하다. 즉, 임의의 기수를 갖는 수 N을 기수 r의 수 N_r 로의 변환은 먼저 식 (2-3)을 사용해서 10진수 N_{10} 으로 변환시킨 후, 정수부분에 대해서는 반복 나눗셈을 사용하고, 소숫점 부분에 대해서는 반복곱셈을 적용해서 이루어진다. 이를 알고리즘화시켜 컴퓨터에 의한 프로그램으로 자동변환을 수행할 수도 있다.

먼저, 정수부분을 변환시키는 방법을 생각해보자. 정수부분은 반복 나눗셈에 의해서 변환시킬 수 있으므로, 변환 알고리즘의 순서도(flow chart)를 나타내면 그림 2-2와 같다. 여기서 Q_i 는 10진수 N_{10} 을 기수 r 로 반복해서 나누었을 때의 몫이고, R_i 는 그 때의 나머지이다. 따라서 R_i 는 기수 r 의 값보다 적은 정수로 주어지고, 이것이 기수 r 의 각 디지트가 된다. 첫 번째 나눗셈의 결과, 얻어지는 나머지R_0 가 LSD가 되고, 맨 마지막에 얻어지는 R_i 가 MSD가 된다. 또한, 기수 r 의 디지트 수를 ND개로 제한하는 것도 가능하다.

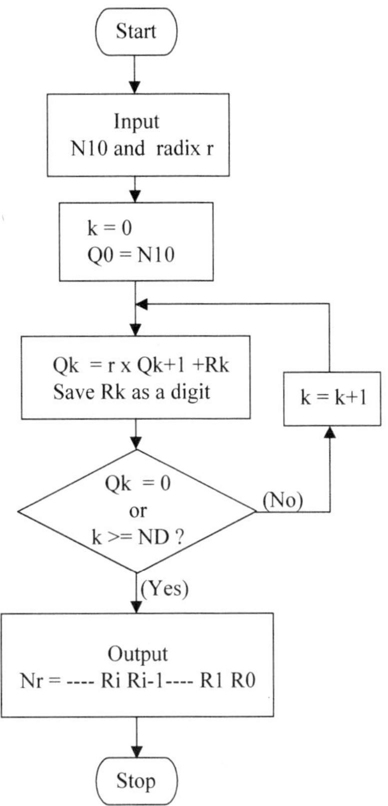

그림 2-2 정수부분의 기수변환을 위한 알고리즘의 순서도

다음으로 소숫점 부분은 반복곱셈의 방법을 사용함으로서 변환이 가능하다. 소숫점 이하의 수 N_f 를 기수 r 의 N_{fr} 로 변환하기 위해서는 N_f 를 r 로 곱해서, 정수부분의 값을 디지트로 취하면 된다. 정수부분을 제외한 소숫점 이하의 값을 곱해서 0이 될 때까지 반복시킨다. 이 때, 첫 번째의 정수값 I_0 을 MSD로 하고, 마지막의 정수값 I_k을 LSD로 해서 출력시키면 구하고자 하는 N_{fr} 이 되는 것이다. 그림 2.-3은 반복곱셈에 의한 변환 과정의 순서도를 나타낸 것이다.

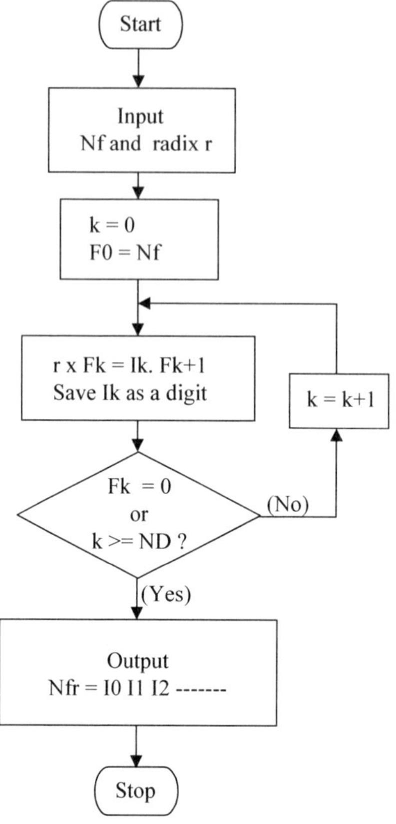

그림 2-3 소숫점 부분의 기수변환 알고리즘의 순서도

2-3 수의 표현

2진수 표현에 의한 덧셈, 뺄셈, 곱셈, 나눗셈 등과 같은 산술연산을 수행하기 위해서는 정수나 소수에 대한 기술 이외에 양수(positive number)나 음수(negative number)와 같은 부호(sign)를 나타내는 것도 필요하다. 부호를 갖지 않는 수를 부호가 없는 수(unsigned number)라 하고, +/−와 같은 부호를 특별히 명기한 수를 부호를 갖는 수(signed number)라 한다. 부호를 갖지 않는 수에 대해서는 지금까지 기술해왔던 방법을 그대로 적용하면 되지만, 부호를 갖는 수는 그 표현 방법에 여러 가지가 있다.

2-3-1 부호를 갖는 정수의 표현

일반적으로 부호를 갖는 수를 표현하는 방법에는 부호 절대값(signed magnitude) 표현, 보수를 이용하는 방법으로 부호와 1의 보수(signed 1's complement)에 의한 표현, 부호화 2의 보수(signed 2's complement)에 의한 표현 등과 같은 3가지가 있다.

가. 부호 절대값 표현

양수와 음수 모두 그 크기의 절대값은 동일하게 나타내며, 부호(sign)를 나타내는 비트를 따로 두어 표시하는 방법이다. 즉, 그림 2-4와 같이 음수의 경우에는 부호 비트의 값을 1로 하고, 양수의 경우는 부호 비트의 값을 0으로 한다. 따라서 부호 비트를 포함하여 N비트로 이루어진 2진수 데이터는 $\pm(2^{N-1}-1)$의 범위의 값을 나타낼 수 있다.

예로, 부호 비트를 포함한 N=8비트에서 $+56_{10}$과 -56_{10}을 부호 절대값으로 나타내면, 각각의 부호 비트는 0과 1이고 절대값의 크기는 동일한 7비트의 값을 갖는다.

$$+56_{10} = \boxed{0}\,0111000_2$$

부호비트

$$-56_{10} = \boxed{1}\,0111000_2$$

부호비트

부호 절대값에 의한 수의 표현은 0에 대한 표현이 $+0$ 및 -0와 같이 두 가지로 표현되므로 디지털 시스템에서 이를 구별해야하는 단점이 있다. 또한 두 수를 더하는 덧셈에서 결과의 부호를 결정하기 위해 두 수의 크기를 먼저 비교해야 되는 문제점과 뺄셈의 경우를 위해 별도의 감산회로가 부가되어야 하는 난섬이 있다. 이로 인해 디지털 하드웨어에서 연산을 위한 회로구성이 복잡해지기 때문에 디지털 시스템에는 거의 사용하지 않는다.

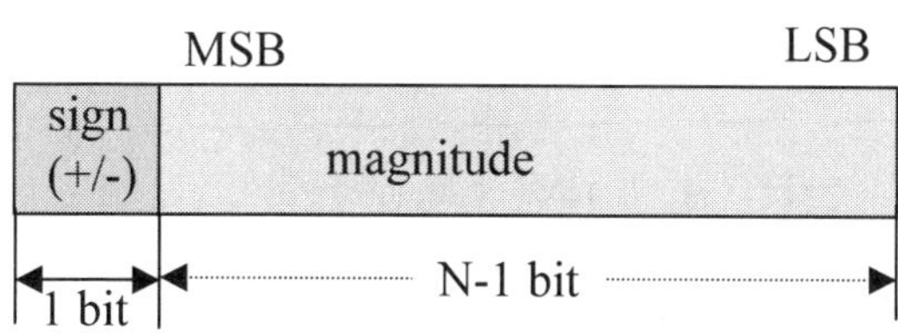

그림 2-4 부호 절대값에 의한 수의 표현

나. 보수(complement)에 의한 표현

보수에 의한 수의 표현을 구하기 위해, 임의의 기수 r의 수 N_r에 대한 보수를 구하는 방법을 설명하고, 그 다음에 보수에 의한 부호를 갖는 수의 표현에 대해 기술한다. 기수(radix) r인 수 N_r의 보수에는 $(r-1)$의 보수와 r의 보수 2종류가 있다.

(1) (r-1)의 보수

기수 r인 n디지트의 수 N_r에 대한 $(r-1)$의 보수는

$$N_r\text{의 } (r-1)\text{의 보수} = (r^n - 1) - N_r \tag{2-7}$$

으로 주어진다.

구체적으로 $(r-1)$의 보수를 구해보자. 먼저 $r=10$인 10진수의 N_{10}의 $(r-1) = (10-1) = 9$의 보수는

$$\begin{aligned} \text{10진수 N의 9의 보수} &= (10^n - 1) - N_{10} \\ &= 999 \cdots 9 - N_{10} \end{aligned}$$

가 된다. 따라서 10진수 N_{10}에 대한 9의 보수는 N_{10}의 각 디지트를 9에서 뺀 것과 같다. 예로 $N_{10} = 34567_{10}$의 9의 보수는

$$99999_{10} - 34567_{10} = 65432_{10}\text{이고,}$$

$N_{10} = 987000_{10}$의 9의 보수는

$$999999_{10} - 987000_{10} = 12999_{10}$$

이다.

다음으로 2진수 B_2에 대한 $(r-1) = (2-1) = 1$의 보수를 구하면 다음과 같다. n 비트의 2진수 B_2에 대한 1의 보수(one's complement)는

$$\begin{aligned} &n\text{비트의 2진수 } B_2\text{에 대한 1의 보수} \\ &= (2^n - 1) - B_2 \\ &= (111 \cdots 11)_2 - B_2 \end{aligned} \tag{2-8}$$

이다.

따라서 2진수 B_2의 1의 보수는 B_2의 각 비트를 1에서 뺀 것과 같다. B_2의 각 비트는 1 또는 0이므로, B_2에 대한 1의 보수는 각 비트가 1이면 0으로, 0이면 1로 변환시킴으로서 구해진다.

예로, $B_2 = 101110001_2$의 1의 보수 $\overline{B_2}$는

$$\begin{aligned}\overline{B_2} &= 111111111_2 - 101110001_2 \\ &= 010001110_2\end{aligned}$$

이다.

예제 2-8

다음의 2진수에 대한 1의 보수를 구하여라.

(1) 00011010_2　　　　(2)0001111_2

풀이: (1) $B_2 = 00011010_2$에 대한 1의 보수 $\overline{B_2}$는

$$\overline{B_2} = 11100101_2$$

(2) $B_2 = 0001111_2$에 대한 1의 보수$\overline{B_2}$도

$$\overline{B_2} = 1110000_2$$

(2) r의 보수

기수가 r인 n디지트의 수 N_r에 대한 r의 보수(r's complement)는

$$n\text{디지트의 수 } N_r\text{에 대한 } r\text{의 보수} = \begin{cases} r^n - N_r, & \text{for } \mathrm{N_r} \neq 0 \\ 0, & \text{for } \mathrm{N_r} = 0 \end{cases} \tag{2-9}$$

와 같이 정의된다. 따라서 $N_r \neq 0$ 경우의 r의 보수는

$$r^n - N_r = [(r^n - 1) - N_r] + 1$$

와 같이 고쳐 쓸 수 있으므로,

$$r\text{의 보수} = (r-1)\text{의 보수} + 1$$

가 되는 것을 알 수 있다.

따라서 먼저 $r=10$인 0이 아닌 10진수 N_{10}에 대한 10의 보수는

$$10^n - N_{10} = (999 \cdots 9 - N_{10}) + 1$$

와 같이 9의 보수에 1을 더한 것과 같다. 예를 들어보면

$$\begin{aligned} N_{10} &= 2389_{10}\text{의 10의 보수} \\ &= (9999_{10} - 2389_{10}) + 1 = 7610_{10} + 1_{10} = 7611_{10} \end{aligned}$$

$$\begin{aligned} N_{10} &= 2467000_{10}\text{의 10의 보수} \\ &= (9999999_{10} - 2467000_{10}) + 1 = 75329999 + 1 = 75330000_{10} \end{aligned}$$

다음으로, $r=2$인 0이 아닌 2진수B_2에 대한 2의 보수(2's complement)는

$$2^n - B_2 = (111 \cdots 111 - B_2) + 1 \quad (2\text{-}10)$$

과 같이 1의 보수를 구한 결과에 1을 더한 것과 같다. 예를 들어보면

$B_2 = 10110101_2$에 대한 2의 보수는

$= (11111111_2 - 10110101_2) + 1 = 01001010_2 + 1 = 01001011_2$

$B_2 = 10110000_2$에 대한 2의 보수는

$= (11111111_2 - 10110000_2) + 1 = 01001111_2 + 1 = 01010000_2$

$B_2 = 01101100_2$에 대한 2의 보수는

$= (11111111_2 - 01101100_2) + 1 = 10010011_2 + 1 = 10010100_2$

이상의 예를 고찰해보면 2의 보수를 구할 때, 1의 보수를 구한 결과에 1을 더하면 된다. 또한, LSB에서 처음으로 1이 되는 비트까지는 그대로 가져오고 그 다음 비트부터 "0"은 "1"로, "1"은 "0"으로 변경시키면 되는 것을 알 수 있다. 즉, LSB에서 0으로 계속되는 비트와 첫 번째 1인 비트는 변화되지 않으며 그 다음의 비트들은 1의 보수를 구한 것이 2의 보수가 된다.

예제 2-9

다음으로 주어진 수에 대한 r의 보수를 구하여라.

(1) 678000_{10}

(2) 1011000_{2}

(3) 0101011_{2}

(4) 1000100_{2}

풀이: (1) 678000_{10}의 10의 보수는 $(999999-678000)+1=322000_{10}$

(2) 1011000_{2}의 2의 보수는 $(1111111-1011000)+1=0101000_{2}$

(3) 0101011_{2}의 2의 보수는 $(1111111-0101011)+1=1010101_{2}$

(4) 1000100_{2}의 2의 보수는 $(1111111-1000100)+1=0111100_{2}$

(3) 부호와 1의 보수(signed 1's complement)에 의한 표현

부호를 갖는 수 N의 1의 보수에 의한 표현은 양수의 경우는 부호 절대값에 의한 표현과 동일하게 표현되나, 음수의 경우는 부호 비트를 1로 하고, 크기를 나타내는 수의 비트들을 1의 보수로 표현하는 것이다. 예로 $+56_{10}$과 -56_{10}에 대해서 부호를 포함한 8비트를 사용한 1의 보수에 의한 표현은 그림 2-5와 같다.

부호를 갖는 수에 대한 1의 보수에 의한 표현은 부호 절대값에 의한 수의 표현에서와 같이 0에 대해 $+0$와 -0의 2가지로 표현된다. 이로 인해 부호 비트를 포함해서 n 비트를 사용한 1의 보수에 의한 수 표현의 범위는 $-(2^{n-1}-1) \sim +(2^{n-1}-1)$가 된다.

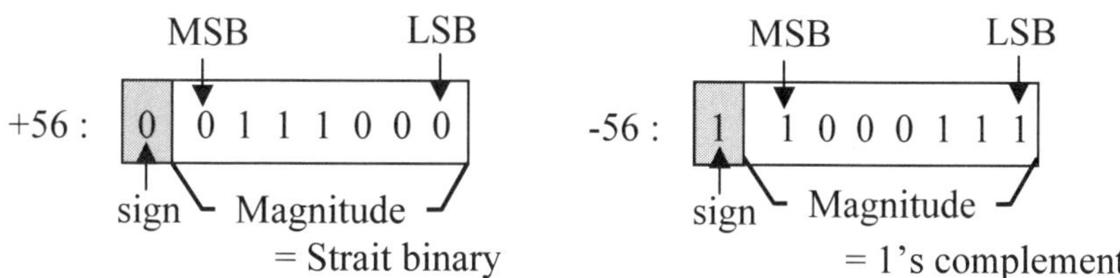

그림 2-5 1의 보수에 의한 $\pm 56_{10}$의 표현

(4) 부호와 2의 보수(signed 2's complement)에 의한 표현

부호를 갖는 2의 보수에 의한 수의 표현에서는 양수인 경우에는 1의 보수표현이나 부호 절대값에 의한 표현과 같다. 그러나 음수의 경우 부호 비트를 1로 하고 크기를 나타내는 비트들을 2의 보수로 표현하는 방법이다. 즉, $+56_{10}$과 -56_{10}에 대해서 부호를 포함해서 8비트를 사용한 2의 보수에 의한 표현은 다음과 같다.

$$\begin{aligned} +56 &= \boxed{0}\,0111000_2 \\ -56 &= \boxed{1}\,\boxed{1001000_2} \end{aligned}$$

(부호비트)(2의 보수)

따라서 부호 절대값 표현이나 1의 보수 표현에서 0을 $+0$와 -0로 2중으로 표현한 것에 반해, 2의 보수 표현에서는 0은 $+0$ 하나만으로 표현된다. 이로 인해, 2의 보수 표현에서 n 비트에 의한 수 표현의 범위는 $-2^{n-1} \sim +(2^{n-1}-1)$로 주어진다.

표 2-3은 부호를 포함 4비트 2진수에 대해, 지금까지 기술한 수 표현 기법들을 사용해서 나타낸 것이다.

표 2-3 4비트 2진수에 의한 부호를 갖는 수의 표현

Binary b3 b2 b1 b0	Sign and Magnitude	1's complement	2's complement
0 1 1 1	+7	+7	+7
0 1 1 0	+6	+6	+6
0 1 0 1	+5	+5	+5
0 1 0 0	+4	+4	+4
0 0 1 1	+3	+3	+3
0 0 1 0	+2	+2	+2
0 0 0 1	+1	+1	+1
0 0 0 0	+0	+0	+0
1 0 0 0	-0	-7	-8
1 0 0 1	-1	-6	-7
1 0 1 0	-2	-5	-6
1 0 1 1	-3	-4	-5
1 1 0 0	-4	-3	-4
1 1 0 1	-5	-2	-3
1 1 1 0	-6	-1	-2
1 1 1 1	-7	-0	-1

예제 2-10

다음으로 주어진 수에 대해, 부호를 포함해서 8비트를 사용해서 (a) 부호 절대값 표현, (b) 1의 보수 표현, (c) 2의 보수 표현으로 나타내어라.

(1) $+99_{10}$

(2) -110_{10}

(3) -76_{10}

풀이: (1) 3 종류의 표현 모두 $+99_{10} = 0\ 1100011_2$이 된다.

(2) (a) 부호 절대값 표현 $-110_{10} = 1\ 1101110_2$

(b) 1의 보수 표현 $-110_{10} = 1\ 0010001_2$

(c) 2의 보수 표현 $-110_{10} = 1\ 0010010_2$

(3) (a) 부호 절대값 표현 $-76_{10} = 1\ 1001100_2$

(b) 1의 보수 표현 $-76_{10} = 1\ 0110011_2$

(c) 2의 보수 표현 $-76_{10} = 1\ 0110100_2$

예제 2-11

2의 보수 표현으로 주어진 부호를 갖는 다음의 2진수 부호를 포함한 10진수로 나타내어라.

(1) 01100001_2

(2) 01001111_2

(3) 11101110_2

(4) 11111111_2

풀이: (1) $01100001_2 = 64+32+1 = +97_{10}$

(2) $01001111_2 = 64+8+4+2+1 = +79_{10}$

(3) 부호비트(MSB)가 1이므로 음수이고, 크기를 나타내는 비트1101110_2의 2의 보수를 구하면 $001\ 0010_2$이므로,

$$11101110_2 = -18_{10}$$

(4) 크기를 나타내는 비트에 대해 2의 보수를 구하면 0000001_2, 따라서

$$11111111_2 = -1_{10}$$

2-3-2 소수(fractional number)의 표현

디지털 하드웨어에서, 정수뿐만 아니라 소수점 이하의 값을 갖는 수치를 다룰 경우, 소수점을 표시하는 기호가 없으므로 소수점의 위치를 미리 약속해 두는 것이 필요하다. 소수점의 위치를 나타내는 방법에 따라 고정소수점(fixed point) 표현 방법과 부동소수점(floating point) 표현 방법이 있다.

가. 고정소수점 표현

소수점의 위치를 특정위치에 고정시켜 표시하는 방법이다. 소수점의 위치가 정수를 취급할 경우에는 오른쪽 끝에 위치한 것으로 가정하고, 절대값이 1보다 적은 수를 취급할 경우에는 왼쪽 끝에 위치한 것으로 가정해서 사용한다. 즉, 소수점의 위치는 수의 표현에 실제로 나타나지 않고, 다만 수치를 정수로 할 것인지 소수로 할 것인지에 따라 소수점의 위치가 오른쪽 끝 또는 왼쪽 끝에 위치하는 것으로 가정해서 사용하는 것이다. 이로 인해 수치표현의 범위가 사용 비트 수에 따라 일정한 크기의 값으로 제한된다. 즉, 2-3-1절에서 기술한 것처럼 부호(sign) 비트를 포함한 K 비트로 주어진 수 표현의 범위는

(i) 부호 절대값 표현과 1의 보수표현 : $\pm(2^{(K-1)}-1)$
(ii) 2의 보수표현 : $(-2^{K-1}) \sim (+2^{K-1}-1)$

으로 제한된다.

나. 부동소수점 표현

수치 중에서 소수점이 특정 위치로부터 어느 정도 이동하고 있는지를 나타내는 값을 사용하여 소수점의 위치를 가변시켜 사용하는 방법이다. 따라서, 과학계산에서 필요로 하는 매우 큰 수나 작은 수의 표현을 가능케 한다. 부동소수점의 표현은 부호를 포함해서 고정소수점으로 표현되는 가수(mantissa : 소수 또는 정수) 부분과 소수점의 위치를 나타내는 지수(exponent) 부분으로 구성된다. 이 때, 가수 부분은 절대값의 크기를 나타내는 것이고, 지수 부분은 소수점의 위치를 나타낸다. 예로, $+1234.56789_{10}$의 부동 소수점 표현은

가수부분	지수부분
$+.123456789$	$+04$

로 주어지고, 이는 $+0.123456789\times10^{+4}$의 값을 의미한다.

2진수에 대한 부동소수점의 표현도 10진수와 같은 성질을 갖는다. 즉, $+1001.101_2$를 부호를 포함한 8비트의 가수와 6비트의 지수에 의한 부동소수점으로 나타내면,

가수부분	지수부분
$0\,1001101_2$	$0\,00100$

이고, 이는 $+0.1001101\times2^{+4}=+1001.101_2$을 나타내는 것이다.

이와 같이 기수가 r인 수치 N_r의 부동소수점에 의한 표현은

$$N_r = m\times r^e \tag{2-11}$$

의 형식을 갖고, 부호를 포함한 m과 e를 나타내는 디지트로 표현되고, m은 가수부분을, e는 지수부분을 나타낸다. 예로, $+6132.789_{10}$는

$$+6132.789_{10} = 06132789+\ \ 04$$

이고, $+1011.11_2$를 8비트의 가수와 6비트의 지수로 나타내면,

$$+1011.11_2 = 01011110_2+\ \ 000100_2$$

으로 주어진다. 이와 같은 부동소수점 표현은 한정된 비트로 광범위한 수치의 표현이 가능하나, 수치를 처리하기 위한 하드웨어가 고정소수점 표현보다 복잡하게 되는 단점이 있다.

대부분의 컴퓨터에서 사용되는 부동소수점에 의한 2진수의 표현은 IEEE(Institute of Electrical and Electronics Engineers)에 의해 표준화된 single precision 32비트 포맷이나 double precision 64비트 포맷을 사용한다.

Single precision 32비트 포맷은 그림 2-6과 같이 1비트의 부호(sign) 비트, 8비트의 지수, 23비트의 가수 부분으로 구성되어 있다. 8비트의 지수 e는 excess-127의 2진수 즉, 지수부분의 값은

$$\text{지수} = e-127$$

이고, 지수 값의 범위는 $-126\sim+127$ $(e=1\sim254)$로 주어진다. $e=0$는 0이 값인을,

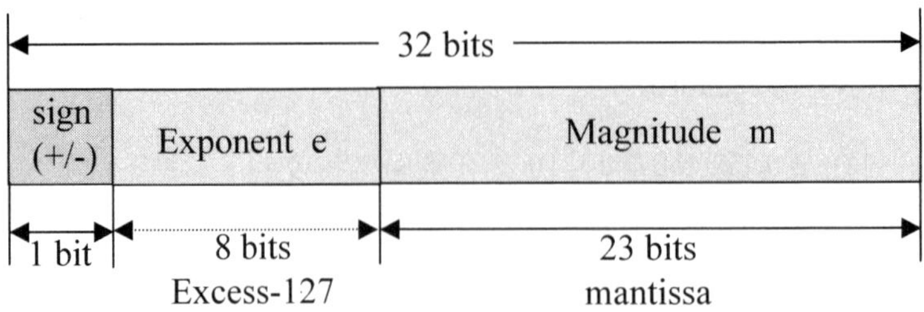

그림 2-6 Single precision 32비트 부동 소수점 포맷

$e = 255$는 무한대의 수를 나타낸다. 따라서 지수와 가수부분의 비트로 표현할 수 있는 수의 범위는 $\pm 1.m \times 2^{e-127}$가 된다.

Double precision 64비트 포맷의 구성은 지수부분과 가수부분의 비트 수가 각각 11비트와 52비트로 확장되고, 지수부분이 excess-1023인 것 외에는 single precision 32비트 포맷과 동일하다. 64비트 포맷으로 나타낼 수 있는 값의 범위는 $\pm 1.m \times 2^{e-1023}$이다.

2-4 | 코드

코드(code)는 정보를 나타내기 위한 임의의 문자나 기호들로 구성된 심볼이나 그 심볼들의 집합으로 디지털 시스템에서는 2진 비트들을 사용한다. 따라서 2진수의 비트는 10진수나 문자 등의 데이터를 나타내기 위한 일종의 코드라 할 수 있다. 이와 같은 코드는 디지털 시스템간 정보의 교환이나 시스템 내에서의 정보처리 또는 입출력 등을 간단하게 하거나 디지털 산술연산의 회로구성을 복잡하지 않게 한다.

2-4-1 BCD 코드

우리들 사람은 2진수 표현에 의한 비트들의 나열보다 10진수 체계에 더 익숙해져 있다. 따라서, 10진수 형태의 데이터를 변환시켜 정보의 입출력을 간단하게 한 것으로, 4비트의 2진수를 하나의 10진수에 대응시킨 코드가 BCD(Binary Coded Decimal) 코드이다. 예로, 812_{10}를 BCD 코드로 나타내면 각각의 10진 디지트를 4비트의 2진수로 변환시켜 $1000\ 0001\ 0010_{BCD}$의 코드가 된다. 이와 같이 코드변환이 간단해, 디지털 시스템에서 정보의 입출력에 주로 사용된다. 표 2-3에 10진수와 BCD 코드간의 대응관계를 나타낸다.

표 2-3 10진수와 BCD코드

Decimal	BCD
0	0 0 0 0
1	0 0 0 1
2	0 0 1 0
3	0 0 1 1
4	0 1 0 0
5	0 1 0 1
6	0 1 1 0
7	0 1 1 1
8	1 0 0 0
9	1 0 0 1

BCD 코드의 특징으로는, BCD 코드는 수 체계가 아니고 부호화 기법의 하나이고, 일반적인 수 체계에서의 법칙을 따르지 않는다. 또한, 3비트의 2진수에 의한 표현 가능한 최대의 크기는 $2^3 - 1 = 7$이기 때문에 16진수와 함께 10진수의 디지트 하나에 반드시 4비트를 사용해서 표현한다. 즉, 10진수 109_{10}의 BCD 코드는 $0001\ 0000\ 1001_{BCD}$와 같이 12비트를 사용해야 된다. 이 때 4비트의 조합 중, $1010_2 \sim 1111_2$는 BCD 코드에서는 사용하지 않고, 이를 사용이 금지된 코드(prohibited code)라고 한다. 이와 같은 성질의 BCD 코드는 같은 10진수를 표현하는데 2진수에 의한 표현보다 많은 수의 비트를 필요로 한다. 즉, 12_{10}를 2진수로 나타내면 1100_2의 4비트로 충분한데 반해, BCD 코드는 $0001\ 0010_{BCD}$와 같이 8비트를 사용한다.

2-4-2 가중치를 갖는 BCD 코드

가중치를 갖는 코드(weighted code)는 2진수로 부호화 했을 때, 각각의 비트 위치에 적당한 가중치(weight)를 부여한 코드를 말하며, 가중치를 갖지 않는 코드를 비가중치 코드(non-weighted code)라 한다. 가중치를 갖는 코드는 BCD 코드 표현의 다른 형태에 지나지 않는다.

예를 들어 8421 코드는 부호화된 2진 디지트를 b_3, b_2, b_1, b_0라 했을 때, 10진 N_{10}을

$$N_{10} = w_3 \times b_3 + w_2 \times b_2 + w_1 \times b_1 + w_0 \times b_0$$

의 표현에서 $(w_3, w_2, w_1, w_0) = (8, 4, 2, 1)$의 가중치를 부여한 코드이다. 이는 10진수의 각 디지트를 2진수로 변환시킨 BCD 코드와 같다. 이와 같은 가중치를 다르게 부여한 코드로서,

- Excess-3 코드 :$(w_3, w_2, w_1, w_0) = (8, 4, 2, 1) + 3$
- 7421 코드 : $(w_3, w_2, w_1, w_0) = (7, 4, 2, 1)$
- 2421 코드 : $(w_3, w_2, w_1, w_0) = (2, 4, 2, 1)$
- 5421 코드 : $(w_3, w_2, w_1, w_0) = (5, 4, 2, 1)$
- 84-2-1 코드 : $(w_3, w_2, w_1, w_0) = (8, 4, -2, -1)$

등이 있다. 이들 모든 코드는 4비트의 비트 조합 중에서 10개만을 사용하고 6개는 사용하지 않는다. 표 2-4는 가중치 코드의 예를 나타낸 것이다.

가중치를 갖는 BCD 코드에서 2421 코드나, Ex-3 코드, 84-2-1코드에서, 각 코드의 보수 (complement: 0을 1로, 1을 0으로 바꾸는 것)를 취하면, 다음과 같은 관계의 코드로 변환되는 것을 알 수 있다.

0 ⟷ 9
1 ⟷ 8
2 ⟷ 7
3 ⟷ 6
4 ⟷ 5

표 2-4 여러 가지 가중치를 갖는 코드

10진수	8421	7421	5421	2421	Ex-3	84-2-1
0	0 0 0 0	0 0 0 0	0 0 0 0	0 0 0 0	0 0 1 1	0 0 0 0
1	0 0 0 1	0 0 0 1	0 0 0 1	0 0 0 1	0 1 0 0	0 1 1 1
2	0 0 1 0	0 0 1 0	0 0 1 0	0 0 1 0	0 1 0 1	0 1 1 0
3	0 0 1 1	0 0 1 1	0 0 1 1	0 0 1 1	0 1 1 0	0 1 0 1
4	0 1 0 0	0 1 0 0	0 1 0 0	0 1 0 0	0 1 1 1	0 1 0 0
5	0 1 0 1	0 1 0 1	1 0 0 0	1 0 1 1	1 0 0 0	1 0 1 1
6	0 1 1 0	0 1 1 0	1 0 0 1	1 1 0 0	1 0 0 1	1 0 1 0
7	0 1 1 1	1 0 0 0	1 0 1 0	1 1 0 1	1 0 1 0	1 0 0 1
8	1 0 0 0	1 0 0 1	1 0 1 1	1 1 1 0	1 0 1 1	1 0 0 0
9	1 0 0 1	1 0 1 0	1 1 0 0	1 1 1 1	1 1 0 0	1 1 1 1

즉, 0와 9, 1과 8, 2와 7 등의 코드로 상호 변환된다. 이런 성질을 갖는 코드를 자기보수 코드 (Self complementing code)라 한다.

2-4-3 비가중치 코드(Non-weighted Code)

각각의 비트 위치에 가중치를 갖지 않는 코드로서 대표적으로 그레이 코드(Gray code)가 있다. 그레이 코드는 인접된 코드 사이에 단 하나의 비트만이 다른 값을 갖는 코드로, 다양한 물리적인 값을 Analog-to-Digital(A/D) 변환기로 읽어들일 때 발생할 수 있는 오류를 줄이도록 한다. 이런 성질로 인해, 그레이 코드는 A/D 변환기의 출력이나 입출력 장치의 데이터 입출력에 주로 사용된다. 표 2-5는 3비트 및 4비트의 그레이 코드를 나타낸 표이다.

그레이 코드와 2진 코드간의 변환은 다음과 같이 간단하게 이루어진다. 먼저, 그레이 코드로부터 2진 코드로의 변환은 그레이 코드의 MSB g_{MSB} 는 2진 코드의 MSB b_{MSB} 로 사용하고, 다음에 계속되는 그레이 코드 g_{i-1} 이 1이면, 현재 2진 코드 b_i 을 반전해서 다음 2진 코드 b_{i-1} 로 하고, 0이면 현재 2진 코드 b_i 를 그대로 다음 2진 코드 b_{i-1} 로 하면 된다. 이 과정을 식으로 나타내면,

표 2-5 3비트 및 4비트의 그레이 코드

10진수	3비트 gray code	4비트 gray code	4비트 binary code
0	0 0 0	0 0 0 0	0 0 0 0
1	0 0 1	0 0 0 1	0 0 0 1
2	0 1 1	0 0 1 1	0 0 1 0
3	0 1 0	0 0 1 0	0 0 1 1
4	1 1 0	0 1 1 0	0 1 0 0
5	1 1 1	0 1 1 1	0 1 0 1
6	1 0 1	0 1 0 1	0 1 1 0
7	1 0 0	0 1 0 0	0 1 1 1
8		1 1 0 0	1 0 0 0
9		1 1 0 1	1 0 0 1
10		1 1 1 1	1 0 1 0
11		1 1 1 0	1 0 1 1
12		1 0 1 0	1 1 0 0
13		1 0 1 1	1 1 0 1
14		1 0 0 1	1 1 1 0
15		1 0 0 0	1 1 1 0

$$b_{MSB} = g_{MSB}$$
$$b_{i-1} = g_{i-1} \oplus b_i$$

여기서 기호 $\oplus$는 두 비트의 값이 같으면 0, 서로 다르면 1을 취하는 연산을 나타내는 논리이다. 예로 4비트 그레이 코드 $g_{gray} = 1101_{gray}$를 2진 코드로 변환시켜보자.

$$\begin{aligned}
b_{MSB} &= g_{MSB} = 1 \\
b_2 &= b_{MSB} \oplus g_2 = 1 \oplus 1 = 0 \\
b_1 &= g_1 \oplus b_2 = 0 \oplus 0 = 0 \\
b_0 &= g_0 \oplus b_1 = 1 \oplus 0 = 1
\end{aligned}$$

따라서 2진 코드는 1001이 되고, 이는 표 2-5와 일치한다.

다음에 2진 코드를 그레이 코드로 변환시켜 보자. 2진 코드의 MSB b_{MSB}는 그대로 그레이 코드의 MSB g_{MSB}로 하고, 나머지 그레이 코드 g_{i-1}은

$$g_{i-1} = b_i \oplus b_{i-1}$$

의 과정으로 변환된다. 예로 2진 코드 1011_2을 그레이 코드로 변환시키면,

$$\begin{aligned}
g_{MSB} &= b_{MSB} = 1 \\
g_2 &= b_{MSB} \oplus b_2 = 1 \oplus 0 = 1 \\
g_1 &= b_2 \oplus b_1 = 0 \oplus 1 = 1 \\
g_0 &= b_1 \oplus b_0 = 1 \oplus 1 = 0
\end{aligned}$$

따라서 그레이 코드는 1110_{grey}이다.

2-4-4 알파뉴메릭(Alpha Numeric) 코드

키보드 등으로부터 정보의 입력이나 디스플레이 또는 프린터 등으로의 출력을 위한 영문 알파벳트, 숫자나 특수문자 등을 부호화 한 알파 뉴메릭 코드는 10개의 10진 디지트, 26개의 영문 알파벳 문자, &, #, % 와 같은 특수문자 등을 2진수로 부호화 한 것이다. 따라서 알파뉴메릭 코드 수는 최소한 36개 이상이므로 이들을 2진수로 부호화하기 위해서는 최소 6비트 $(2^6 = 64)$로 구성되어야 함을 알 수 있다. 이와 같이 6비트로 구성된 알파뉴메릭 코드를 8진 알파뉴메릭 코드 또는 내부(internal) 코드라 한다. 그러나 6비트에 의한 64종류의 코드로는 현재 사용되고 있는 여러 가지 특수 기호들을 전부 나타낼 수 없어, 특수한 경우를 제외하고는 현재 거의 사용되고 있지 않다.

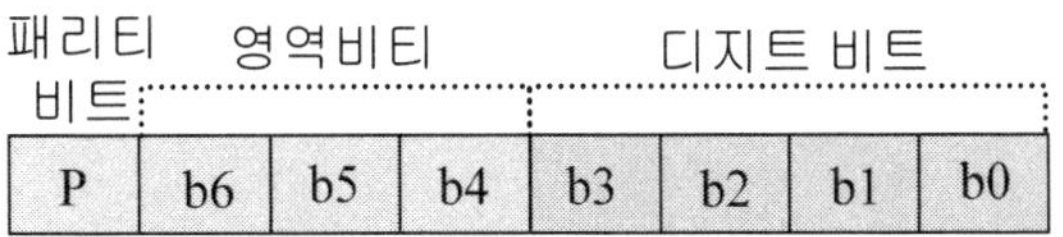

그림 2-7 ASCII 코드의 구성

영어의 대소문자, 10개의 10진 디지트, 디지털 정보전송을 위한 특수제어 문자 등을 포함하는 64 종류 이상을 나타내기 위해서는 7비트 또는 8비트로 확장된 알파 뉴메릭 코드를 사용해야 된다. ASCII(American Standard Code for Information Interchange) 코드는 미국 표준협회에서 제정한 7비트 전체 128종류의 기호들을 부호화해서 표시한 대표적인 알파뉴메릭 코드로 가장 광범위하게 사용되고 있다. ASCII 코드는 그림 2-7과 같이 3비트의 영역비트, 4비트의 디지트 비트, 1비트의 패리티 비트로 이루어져 전체 8비트 1 바이트 단위로 구성되어 있다. 예로 영역비트 100_2는 영문 대문자 A~O의 코드를 나타내고 있다.

표 2-6에 ASCII 코드 전체를 나타낸다. 이 표로부터 Hex(16진)로 30H에서 39H까지는 숫자 0~9를, 41H에서 5AH 까지는 영문 대문자 A~Z를 코드화 한 것을 알 수 있다. ASCII 코드는 통신의 시작과 종료, 프린트의 라인 피드(line feed : LF) 등의 제어조작을 표시할 수 있어 데이터 통신에 널리 사용되고 있다. BCD 코드를 확장시킨 것으로 EBCDIC (Extended BCD Interchange Code)가 있다. 이 코드는 8비트(256 종류)의 데이터 비트와 1비트의 패리티 비트로 구성되어 있다. 데이터 비트는 4비트의 영역비트와 4비트의 디지트 비트로 나누어진다. 이 때, 8비트의 2진 코드로 구성된 데이터를 특히 바이트(byte)라 한다. 따라서 ASCII 코드는 1바이트의 코드이다.

EBCDIC 코드는 대부분의 IBM 계열의 대형 컴퓨터와 다수의 다른 컴퓨터에서 자주 사용되는 코드이며, ASCII 코드에서 사용되는 모든 종류의 기호들을 나타낼 수 있을 뿐만 아니라, 특수기호나 명령 등이 확장되는 경우에 대응 할 수 있는 여분을 가진 코드이다.

표 2-6 7비트 ASCII 코드 표

b6	0	0	0	0	1	1	1	1
b5	0	0	1	1	0	0	1	1
b4	0	1	0	1	0	1	0	1
b3,b2,b1,b0								
0 0 0 0	NUL	DLE	SP	0	@	P	'	p
0 0 0 1	SCH	DC1	!	1	A	Q	a	q
0 0 1 0	STX	DC2	"	2	B	R	b	r
0 0 1 1	ETX	DC3	#	3	C	S	c	s
0 1 0 0	EOT	DC4	$	4	D	T	d	t
0 1 0 1	ENQ	NAK	%	5	E	U	e	u
0 1 1 0	ACK	SYN	&	6	F	V	f	v
0 1 1 1	BEL	ETB	'	7	G	W	g	w
1 0 0 0	BS	CAN	(	8	H	X	h	x
1 0 0 1	HT	EM	)	9	I	Y	i	y
1 0 1 0	LF	SUB	*	:	J	Z	j	z
1 0 1 1	VT	ESC	+	;	K	[	k	{
1 1 0 0	FF	FS	,	〈	L	\	l	|
1 1 0 1	CR	GS	-	=	M	]	m	}
1 1 1 0	SO	RS	.	〉	N	^	n	~
1 1 1 1	SI	US	/	?	O	_	o	DEL

NUL : Null/Idle
ETX : End of Text
ENQ : Enquiry
BEL : Bell Signal
HT : Horizontal tab
LF : Line feed
CR : Carriage return
SI : Shift in
DC1 - DC4 : Device control
SYN : Synchronous idle
CAN : Cancel
SUB : Special sequence
FS : File separator
RS : Record separator
DEL : Delete

SOH : Start of Text
EOT : End of Text
ACQ : Acknowledgement
BS : Back space
VT : Vertical tab
FF : Form feed
SO : Shift out
DLE : Data link escape
NAK : Negative acknowledgement
ETB : End of transmitted block
EM : End of medium
ESC : Escape
GS : Group separator
US : Unit separator

2-4-5 패리티 코드

디지털 통신에서, 데이터를 유선이나 무선 채널을 사용해서 대량의 정보를 송수신하는 과정에 주위의 전송환경이나 조건에 따라 비트 오류가 발생할 가능성이 많다. 예를 들어 1을 송신측에서 전송했는데, 수신측에서는 1이 아닌 0을 수신한다든지, 또는 그 역의 과정이 발생할 수 있다. 이와 같은 전송에러를 완전히 제거하는 것은 불가능하지만, 여분의 비트를 사용해서 에러 발생을 검출하거나 간단한 경우에는 에러를 정정할 수도 있다.

패리티 비트는 이와 같은 전송에러의 검출을 위해 전송되는 코드에 덧붙여 보내는 보조 비트로서 1비트의 에러 검출이 가능하다. 전송되는 코드에 패리티 비트를 덧붙이는 방법에는 다음의 2가지가 있다.

먼저, 짝수 패리티 비트의 방법으로, 패리티 비트를 포함해서 전송되는 데이터 중의 1의 개수를 짝수개가 되도록 패리티 비트를 조절해서 덧붙이는 방법이다. 예를 들어, 7비트의 데이터 1011101_2에 1비트의 짝수 패리티 비트를 덧붙여 8비트를 보내는 경우, 데이터 코드에서 1의 개수가 5개로 홀수개이므로, 패리티 비트P를 $P=1$로 해서

$$\textcircled{1}1011101_2$$

짝수패리티 비트

의 데이터를 전송하는 것이다. 또 다른 예로 1001011_2의 데이터의 경우에는 1의 개수가 4개로 짝수개이다 따라서 패리티 비트P는$P=0$가 되고, 데이터는

$$\textcircled{0}1001011_2$$

짝수패리티 비트

가 된다.

다음으로 홀수 패리티 비트의 방법이 있다. 이는 패리티 비트를 포함해서 전송 데이터 중의 1의 개수가 홀수개가 되도록 패리티 비트를 조절해서 덧붙이는 방법이다. 예로 1011101_2의 데이터는 1의 개수가 홀수개이므로 홀수 패리티 비트에 의한 전송 데이터는

$$\textcircled{0}1011101_2$$

홀수패리티 비트

가 되고, 1001011_2의 데이터의 경우는 1의 개수가 짝수개이다. 따라서 홀수 패리티에 의한

전송 데이터는

$$\textcircled{1}1001011_2$$

홀수패리티 비트

이다.

다음의 데이터에 패리티 비트를 덧붙여 8비트의 데이터를 구성하여라. 단 MSB를 패리티 비트로 사용한다.

(1) 1000100 (짝수 패리티)

(2) 1001001 (홀수 패리티)

(3) 1000101 (짝수 패리티)

(4) 1010101 (홀수 패리티)

풀이: (1) [0] 1000100

(2) [0] 1001001

(3) [1] 1000101

(4) [1] 1010101

패리티 비트

연습문제

2-1 다음의 2진수를 10진수로 변환하여라.

(a) 101010_2 (b) 110110011_2

(c) 01100011_2 (d) 100010011_2

(d) 011101.1011_2 (e) 1111.11101_2

2-2 다음의 10진수를 2진수로 변환하여라.

(a) 205.5_{10} (b) 352.625_{10} (c) 720.125_{10} (d) 1920.75_{10}

2-3 다음의 8진수를 2진수와 10진수로 변환하여라.

(a) 743_8 (b) 257_8 (c) 1204_8 (d) 367_8

2-4 다음의 16진수를 2진수와 8진수, 10진수로 변환하여라.

(a) $1A6_H$ (b) $FFEE_H$ (c) $7FF_H$ (d) $10D5_H$ (e) $B6C_H$

2-5 다음의 2진수를 8진수와 16진수로 변환하여라.

(a) 100011101.1101_2 (b) 0110110.11111_2

(c) 0111000.0001_2 (d) 101010011.01111_2

2-6 16비트의 2진수로 나타낼 수 있는 계수범위와 가장 큰 수의 값을 구하여라.

2-7 24비트의 2진수를 16진수로 나타내기 위해 필요한 16진 디지트의 개수를 구하고, 가장 큰 수의 값을 16진수로 나타내어라.

2-8 다음으로 주어진 크기의 DRAM 반도체 메모리의 데이터를 다루기 위해 요구되는 정확한 비트 수를 구하여라.

(1) 128 Mega bits DRAM (2) 256 Mega bits DRAM

2-9 다음의 10진수에서 10의 보수를 구하여라.

(a) 12345_{10} (b) 16789000_{10} (c) 213359_{10} (d) 990000_{10}

2-10 다음의 2진수를 1의 보수와 2의 보수를 구하여라.

(a) 10101110_2 (b) 00001111_2

(c) 10000000_2 (d) 01101011_2

2-11 다음의 10진수를 2진수로 변환하고, 1의 보수와 2의 보수를 각각 구하여라.

(a) 620 (b) 68 (c) 512 (d) 356

2-12 다음의 10진수의 값을 12비트를 사용하여 (1)부호와 크기 표현, (2) 1의 보수에 의한 표현, (3) 2의 보수에 의한 표현으로 각각 나타내어라.

(a) 73 (b) 1209 (c) −127 (d) −1920

2-13 다음의 1의 보수 표현으로 주어진 부호를 갖는 수치를 10진수의 값으로 나타내어라.

(a) 0111011110_2

(b) 1011100111_2

(c) 1111111110_2

2-14 다음의 2의 보수 표현으로 주어진 부호를 갖는 수치를 10진수의 값으로 나타내어라.

(a) 0111011110_2

(b) 1011100111_2

(c) 1111111110_2

2-15 다음의 10진수를 BCD 코드로 변환하여라.

(a) 1204_{10} (b) 5679_{10} (c) 100.73_{10} (d) 2789.014_{10}

2-16 다음의 BCD 코드를 16진수로 변환하여라.

(a) 1001010110000011_{BCD}

(b) $0010010001100111.0001_{BCD}$

(c) $100000000101.00101001_{BCD}$

2-17 다음의 10진수를 BCD 코드로 사용해서 나타내는 경우와 2진수로 나타내는 경우, 각각의 표현에서 필요한 비트 수를 구하여라.

(a) 64_{10} (b) 255_{10} (c) 1023_{10} (d) 4095_{10}

2-18 다음의 그레이 코드를 2진 코드로 변환하여라.

(a) 100100111110

(b) 011110101011

(c) 101111011010

2-19 다음의 2진 코드를 그레이 코드로 변환하여라.

(a) 10011110

(b) 11111111

(c) 01100101

(d) 00111110

2-20 "DIGITAL DESIGN"의 문자데이터 전송하기 위한 1바이트 ASCII 코드를 구하여라. 단 MSB는 짝수 패리티 비트이다.

2-21 문제 2-15의 BCD 코드에서 LSB를 패리티 비트로 사용해서 덧붙일 경우의 코드를 구하여라.

2-22 다음의 등식이 성립하도록 기수 r 을 구하여라.

(a) $B1_r = 144_{10}$ (a) $436_r = 357_{10}$

제 3 장

논리 게이트와 부울대수

부울대수는 0과 1의 값을 갖는 상수와 변수를 사용해서 디지털 시스템의 입력과 출력의 관계를 기술하는 함수이고, 모든 디지털 시스템의 해석과 설계에 기본이면서도 핵심적인 역할을 한다. 부울대수에 의해 주어지는 논리적 연산을 수행하는 기본 소자를 게이트라 하며, 기본 게이트로 AND, OR, NOT 게이트가 있다. 이와 같은 기본 게이트로 구성된 디지털 시스템을 해석하거나, 여러 가지의 응용에 적합한 논리회로를 구성하는데 필요한 기본 이론이 부울대수의 정리이다.

본 장에서는 2진 논리와 게이트의 기본 개념으로부터 기본 게이트 이외에 NAND, NOR, XOR, XNOR 등 각종 게이트의 특성을 고찰하고, 각종 부울대수의 정리에 관해서 학습하도록 한다.

3-1 | 2진 논리와 게이트

디지털회로는 2진 정보를 처리하는 하드웨어이고, 0과1의 두 가지 상태 즉 2진 논리만을 취급하기 때문에 사용이 쉽고 회로구성이 간단하게 되는 특성으로 인해 대부분의 디지털 시스템에서 널리 사용되고 있다.

2진 상태를 구성하는 방법에는 간단하게 ON/OFF 개폐 스위치와 같은 기계적인 장치에서 시작하여 초기에는 주로 진공관이나 릴레이 등으로 구성되었으나, 트랜지스터의 개발과 반도체 집적기술의 발전으로 오늘날에는 저항과 콘덴서, 트랜지스터 등의 조합으로 구성된 전자식이 대부분이다.

이들 디지털 논리회로에 사용되는 기본회로를 특히 논리 게이트라 하고, 이는 하나 이상의 입력과 이들 입력의 함수로 주어지는 출력으로 구성된다. 간단한 스위치에 의한 전등을 제어하는 예를 들어 논리게이트 동작의 기본 원리를 설명하면 다음과 같다.

예제 3.1

간단한 스위치에 의한 전등을 끄고 켜는 전원시스템을 생각해보자. 그림 3-1(a)와 같이 스위치(SW)의 개폐는 입력 X에 의해 제어된다. 즉, $X=1$이면 스위치가 닫혀 전등이 켜지고, $X=0$이면 스위치가 열려 전등이 끄지는 것으로 하면, 입력 X의 2진 논리 0과1에 따라 전등이 제어되는 것을 알 수 있다. 입력 X에 따라 개폐되는 스위치를 그림 3-1(b)와 같은 기호로 나타내면 전체 시스템은 그림 3-1(c)와 같이 되고 전등을 출력으로 하면 입력과 출력

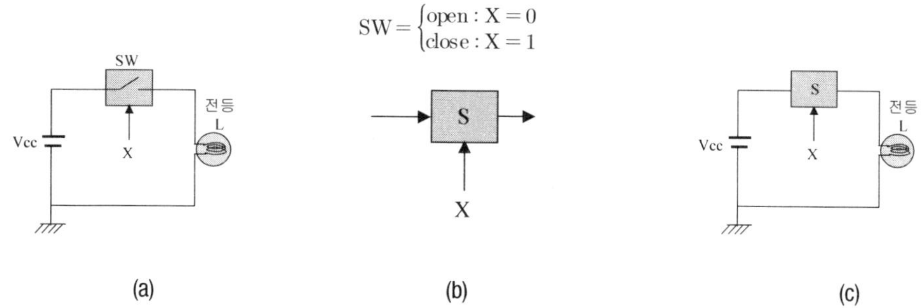

그림 3-1 스위치에 의한 전등의 구동

의 관계는 $X = 1$ 이면 $L = 1$(ON), $X = 0$ 이면 $L = 0$(OFF)이므로

$$L(X) = X \tag{3-1}$$

와 같이 함수의 형태로 나타낼 수 있다. 식 (3-1)과 같이 입력의 함수로서 출력을 나타내는 것을 시스템의 논리표현이라 한다.

일반적으로 디지털 시스템의 해석과 설계를 간단하게 하기 위해, 트랜지스터를 기반으로 한 전자회로를 논리게이트로 모델링해서 사용한다. 이 경우, 각각의 게이트는 특정한 논리연산을 수행하고, 이들 게이트 각각에 관한 내부동작이나 특성에 상관없이, 외부의 입출력 특성만을 파악해도 많은 논리 게이트의 조합으로 구성되는 디지털 하드웨어를 설계하는데 충분하다.

다양한 디지털회로의 연산특성을 기술하거나, 디지털 시스템을 해석하고 설계하기 위해서는 각 게이트의 연산을 나타내는 수학적인 도구나 기호가 필요하고, 일반적으로 부울대수(Boolean Algebra)라 부르는 수학이 사용된다.

가. 2진 논리

2진 논리는 두 가지 서로 다른 값만을 취하는 2진 변수를 다루고, 이들 변수에 적용되는 수학적 논리의 연산을 취급하는 것이다. 두 가지 서로 다른 값을 나타내는 방법에는 여러 가지가 있을 수 있으며 이들을 정리해서 나타내면 표 3-1과 같다.

부울대수는 논리회로의 입출력 관계를 기술하는 대수학으로, 논리적으로 "0"과 "1"인 값만을 갖는 상수와 변수로 이루어진 함수이다. 이 때 변수를 특히, 부울변수라 하고, 이는 논리회로의 입력과 출력단자의 신호 즉 전압이나 전류의 레벨을 나타내는데 사용된다.

표 3-1 2진 논리의 표현

논리 1	논리 0
HIGH	LOW
TRUE	FALSE
ON	OFF
CLOSE	OPEN
YES	NO
1	0
Vcc	GND(Ground)

나. 논리게이트

논리게이트는 논리연산을 수행하는 소자로, 다이오드, 트랜지스터, 저항, 콘덴서 등으로 구성된 전자회로이다. 논리게이트에서는 전압이나 전류와 같은 전기신호로 논리레벨을 나타내고, 디지털 시스템에서는 "0"과 "1"의 2레벨 중 하나만이 존재하게 된다. 논리게이트의 입력에서 이들의 레벨은 정해진 범위 내에서의 값을 갖는다. 이 때 그림 3-2(a)와 같이 높은 전압레벨을 논리 1로, 낮은 전압레벨을 논리 0으로 하는 논리게이트를 정논리 게이트(positive logic gate)라 하고, 이와는 반대로 그림 3-2(b)와 같이 높은 전압레벨을 논리 0, 낮은 전압레벨을 논리 1로 하는 논리게이트를 부논리 게이트(negative logic gate)라 한다.

기본 논리게이트는 논리적(Logic AND), 논리합(Logic OR), 부정(NOT 또는 INVERTER) 등이고, 그 외에 널리 사용되는 게이트로서 NOR (Not OR), NAND (Not AND), XOR (Exclusive OR), Exclusive-NOR 등과 Tri-state 버퍼가 있다.

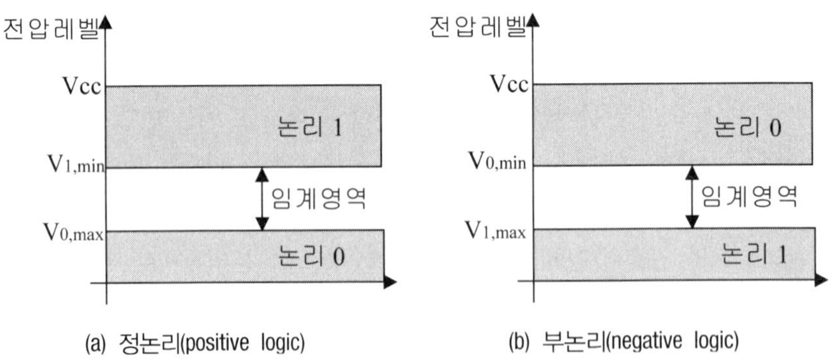

(a) 정논리(positive logic)　　(b) 부논리(negative logic)

그림 3-2 전압레벨에 따른 정논리와 부논리

3-2 | 진리표

입력변수의 논리상태 조합에 따른 논리회로 출력의 변화를 나타내는 표를 진리표(truth table)라 하고, 논리회로의 출력이 입력의 논리상태(logic state)에 따라 좌우되는 관계를 기술하는 것이다. 이와 같은 진리표의 구성은 입력변수를 좌측 행에 나열하고 그에 대응하는 출력을 우측 행에 나열하는 것이 일반적이다. 예로 예제 3-1의 전등 제어시스템을 그림 3-3(a)와 같이 2개를 병렬로 구성하면, 스위치의 어느 하나가 닫혀도 전등은 온 상태가 된다. 따라서, 2개 스위치의 제어입력 X, Y에 따라 전등이 온/오프 되는 출력 L의 논리상태는 그림 3-3(b)와 같이 정리할 수 있다.

일반적으로 진리표에서 항 즉 열의 개수는 입력변수의 수에 따라 결정된다. 상기 예에서와 같이 입력변수가 2개인 경우, 입력의 가능한 조합의 수는 $2^2 = 4$가 된다. 따라서 입력변수의 수가 N개인 경우에는 입력변수의 가능한 조합의 개수는 2^N개가 되므로 진리표상의 열의 개수도 2^N개가 된다. 이로 인해 입력변수의 개수가 많아지게 되면 진리표를 사용해서 이들 전부를 나타내는 것은 어려워진다. 그리고 진리표에서 열을 나열시키는 입력변수에 대한 조합의 순서는 2진의 크기를 0에서부터 증가시키는 순으로 하면 간편하다. 즉, 입력변수의 열에서 좌측 끝의 행은 MSB처럼, 우측 끝의 행은 LSB처럼 취급해서 나열시키면 된다. 예로 3개의 입력변수 A, B, C에 대한 진리표는 변수A를 MSB로, 변수C를 LSB로 취급해서 진리표를 구성하면 그림 3-4와 같다.

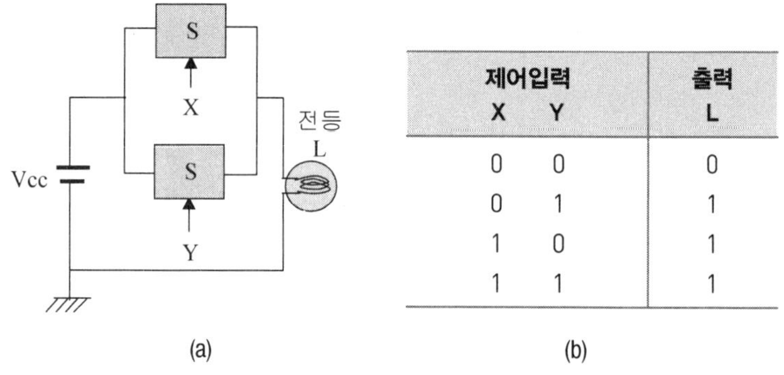

제어입력 X	제어입력 Y	출력 L
0	0	0
0	1	1
1	0	1
1	1	1

그림 3-3 스위치의 병렬연결에 의한 전등 제어시스템 (a)과 진리표 (b)

입력변수 A B C	출력
0 0 0	
0 0 1	
0 1 0	
0 1 1	
1 0 0	
1 0 1	
1 1 0	
1 1 1	

그림 3-4 3개의 입력변수에 대한 진리표

3-3 | 2진 논리게이트

3-3-1 논리합(OR) 연산과 OR 게이트

두 입력변수 A, B에서 A나 B중 어느 하나의 논리가 참(true)이 되면 출력이 참이 되게 하는 논리함수이다. 이와 같은 논리함수의 연산을 논리합(OR)이라 하고, 기호는 + 또는 ∨ 로 나타낸다. 이 때 기호 +는 대수학에서 사용되는 덧셈이 아니고 OR 연산을 의미하는 것임에 주의해야 한다.

2개의 독립된 입력 논리변수 A, B에 대한 OR 연산의 결과 Y는

$$Y = A + B \tag{3-2}$$

와 같이 나타낸다. 그림 3-5(a)는 이 연산에 대한 진리표이다. 진리표에서 알 수 있는 바와 같이 OR 연산의 결과는 입력 논리변수 중에서 어느 하나라도 논리 "1" 이면, 출력이 논리 "1"이 된다.

OR 게이트는 2개 이상의 입력변수를 갖고 출력이 입력의 OR 연산의 결과가 되게 하는 논리회로를 말한다. 그림 3-5(b)는 $Y = A + B$의 OR 연산에 대한 게이트의 표준 심볼을 나타낸 것이다. 타이밍도에 의한 OR 게이트의 동작을 그림 3-5(c)에 나타낸다.

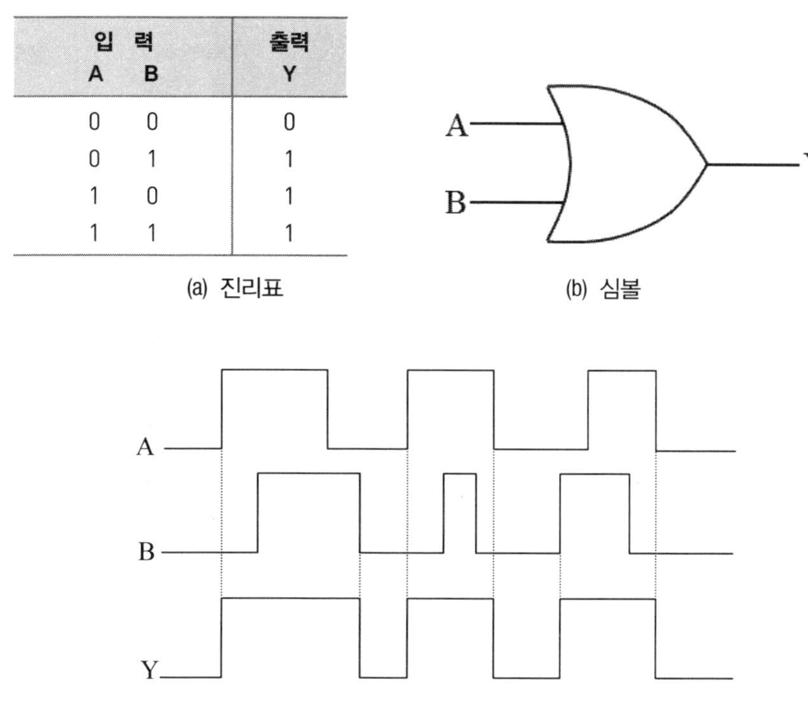

입 력 A	B	출력 Y
0	0	0
0	1	1
1	0	1
1	1	1

(a) 진리표 (b) 심볼

(c) 타이밍도

그림 3-5 2입력 OR 게이트의 진리표와 심볼 및 타이밍도

그 외에도 3입력과 4입력변수에 대한 OR 게이트의 심볼과 진리표를 그림 3-6과 그림 3-7에 나타낸다.

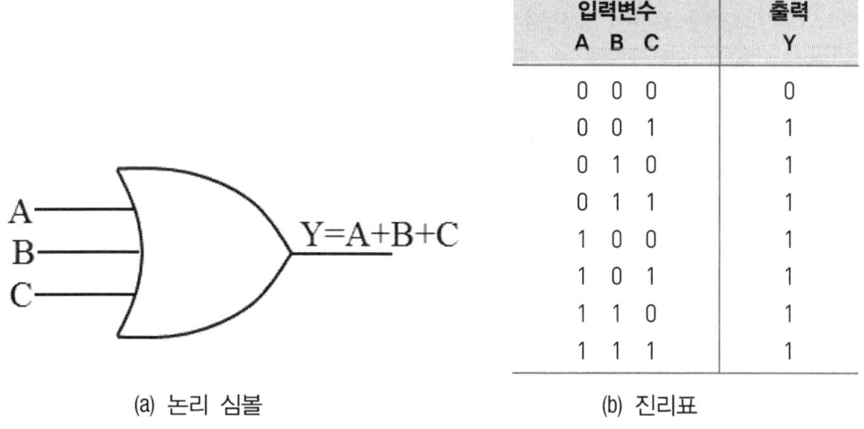

입력변수 A	B	C	출력 Y
0	0	0	0
0	0	1	1
0	1	0	1
0	1	1	1
1	0	0	1
1	0	1	1
1	1	0	1
1	1	1	1

(a) 논리 심볼 (b) 진리표

그림 3-6 3입력 OR 게이트

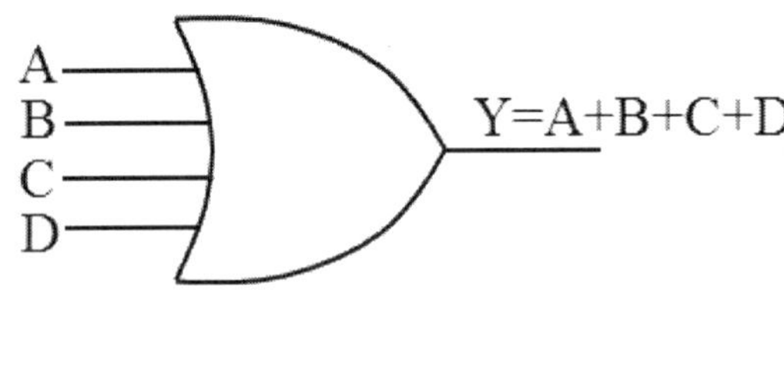

(a) 논리심볼

입력변수 A	B	C	D	출력 Y
0	0	0	0	0
0	0	0	1	1
0	0	1	0	1
0	0	1	1	1
0	1	0	0	1
0	1	0	1	1
0	1	1	0	1
0	1	1	1	1
1	0	0	0	1
1	0	0	1	1
1	0	1	0	1
1	0	1	1	1
1	1	0	0	1
1	1	0	1	1
1	1	1	0	1
1	1	1	1	1

(b) 진리표

그림 3-7 4입력 OR게이트

예제 3-2

모터 구동회로에서 과전류가 흐르거나 일정속도 이상의 rpm으로 회전하게 되면 모터가 과열되어 타버리거나 고장을 일으켜 치명적인 결과를 초래할 수도 있다. 따라서 일정한 값 이상의 전류가 흐르거나 규정속도 이상으로 회전하는 경우를 검출해서 전원을 차단시키거나 경고음 발생장치를 동작시켜, 이상상태를 알리는 디지털 시스템을 OR 게이트를 이용해서 구성해보자. 그림 3-8은 경고음을 발생시키는 디지털 회로 구성의 개념도를 나타낸 것이다. 즉, 모터를 구동시키는 회로로부터 과전류 검출기를 사용하여 기준전류 이상의 값이 되면 I_T를 출력시키고, 회전속도 검출기로부터는 규정속도 이상이 되면 R_T를 출력하도록 한다. 이들의 출력을 OR 게이트를 사용하여 경고음 구동회로에 입력시키면, I_T가 출력되거나 R_T가 출력되는 경우에는 경고음이 출력된다.

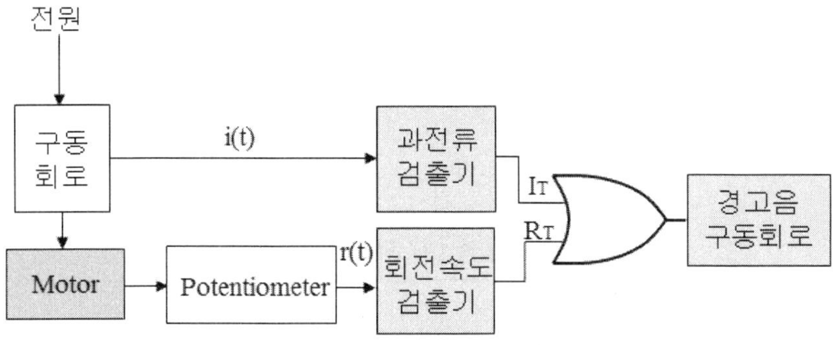

그림 3-8 OR 게이트를 응용한 경고음 발생장치

예제 3-3

그림 3-9와 같은 파형을 갖는 2입력 OR 게이트의 출력 Y의 파형을 구해보자.

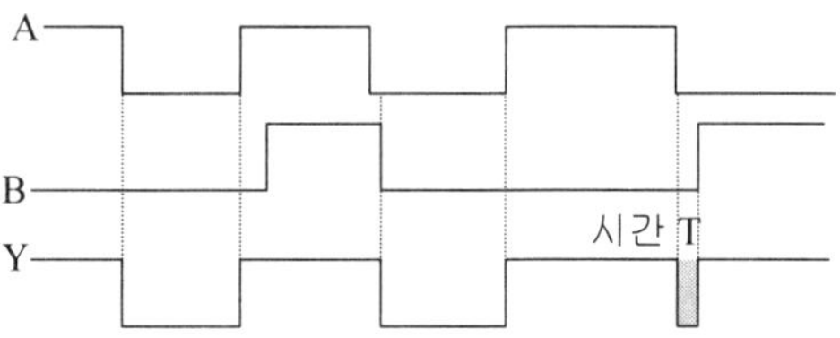

그림 3-9 2입력 OR 게이트 출력의 파형

풀이: 2입력 OR 게이트는 어느 입력 하나라도 HIGH이면, 그 출력이 HIGH가 된다. 따라서 시간 T에서와 같이 2입력의 변화 시간이 극히 짧은 경우, 파형의 간격이 짧은 펄스형태의 출력이 얻어진다. 따라서 이 출력 파형을 다른 디지털회로에의 입력으로 사용하는 경우, 시간 T에서는 정상적인 회로의 동작이 수행되지 않게 되는 문제가 발생한다. 이런 펄스 형태의 파형을 스파이크(spike) 또는 glitch라 한다.

3입력 OR 게이트를 사용해서, 2입력의 변화가 극히 짧은 경우, 나머지 다른 하나의 입력을 일정시간 이상 HIGH 상태의 파형을 갖도록 하면 그림 3-10과 같이 glitch 문제를 해결할 수 있다.

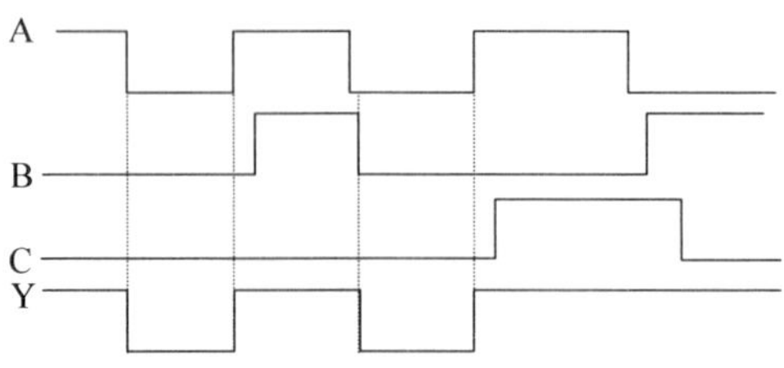

그림 3-10 3입력 OR 게이트 출력의 파형

3-3-2 논리곱(AND) 연산과 AND 게이트

두 입력변수 A, B에서 A나 B 중 어느 하나의 논리라도 거짓(false)이 되면 출력이 거짓이 되는 논리함수이다. 이와 같은 논리함수를 수행하는 연산을 논리곱(AND) 연산이라 하고, 기호는 · 또는 ∧로 나타낸다.

독립인 2입력 논리변수 A, B에 대한 AND 연산의 결과 Y는

$$Y = A \cdot B = AB \tag{3-3}$$

와 같이 나타내고, 이 때 · 기호를 생략해서 나타낼 수도 있다. 그림 3-11(a)는 2 입력변수에 대한 AND 연산의 진리표이다.

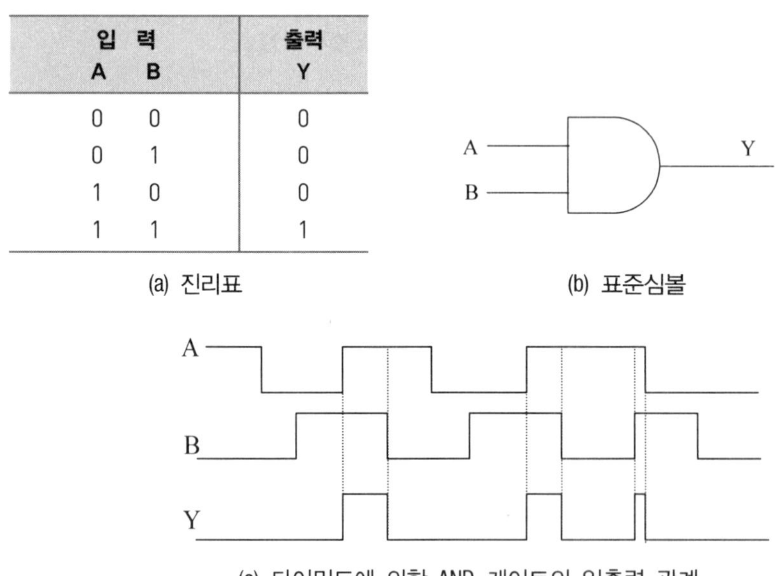

입력 A	입력 B	출력 Y
0	0	0
0	1	0
1	0	0
1	1	1

(a) 진리표

(b) 표준심볼

(c) 타이밍도에 의한 AND 게이트의 입출력 관계

그림 3-11 2입력 AND 게이트의 진리표와 심볼 및 타이밍도

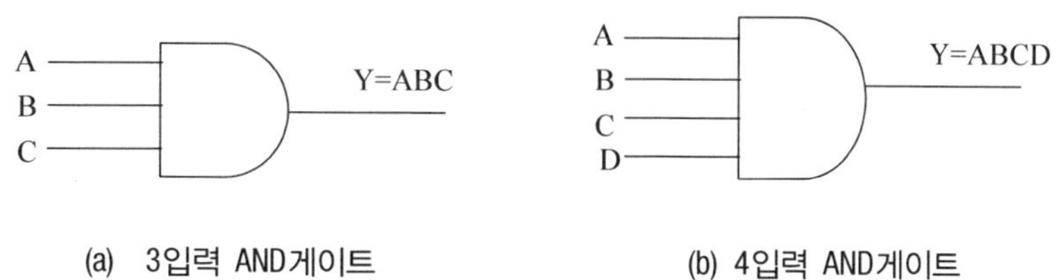

(a) 3입력 AND게이트 (b) 4입력 AND게이트

그림 3-12 : 3입력 및 4입력변수에 대한 표준 AND게이트

AND 연산은 진리표에서 알 수 있는 바와 같이 입력변수가 모두 “1”이 되는 경우에만 그 출력이 “1”이 된다. 즉, 입력변수 중 어느 하나라도 “0”이면 출력이 “0”이 되는 것으로 이는 일반 대수학에서의 곱셈과 같은 성질인 것을 알 수 있다.

AND 게이트는 AND 연산을 수행하는 논리회로이고, 2입력변수에 대한 표준 심볼을 그림 3-11(b)에 나타낸다. 그림 3-11(c)는 AND 게이트 동작의 예를 파형으로 나타낸 것이다.

입력변수의 개수가 2개 이상인 경우에도 AND 연산의 성질은 그대로 성립한다. 그림 3-12에 입력변수의 수가 3개 및 4개의 경우에 대한 표준 AND 게이트의 심볼을 도시한 것이다.

예제 3-4

입력된 주기적 파형을 정해진 어느 시간동안에만 출력으로 내보내는 회로를 구성해보자. 그림 3-13은 그림 3-12(b)의 AND 게이트의 입력으로 A에는 주기적 구형파를 입력시키고, B에는 정해진 시간에만 논리 “1”이 되도록 해서 입력시키면, 출력 Y는 2입력의 논리가 “1”이 되는 경우에 논리 “1”이 된다. 따라서 입력 B가 “1”이 되는 시간에서만 입력파형이 출력에 나타나게 된다. 이 경우, 입력 B는 A의 입력파형을 출력에 내보내거나 (B=1), 또는 출력을 내보내지 않게 (B=0) 할 수 있다. 이와 같은 기능의 입력을 Enable(EN) 입력이라 한다.

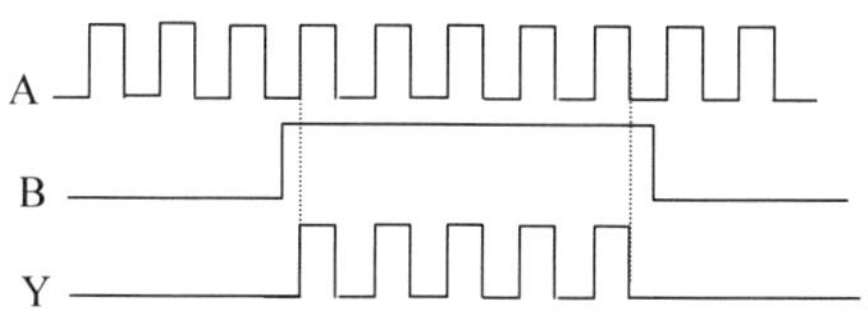

그림 3-13 예제 3-4의 파형

3-3-3 보수(complement)와 NOT 게이트

NOT 연산은 OR 연산이나 AND 연산과는 달리 하나의 입력변수로 수행되는 연산으로, 역 (INVERSE) 또는 보수 (complement) 연산이라고도 한다. NOT 연산의 기호는 오브 바 (-) 또는 프라임 (′)으로 나타낸다. 예로 입력변수 A에 대한 NOT 연산의 결과 Y는

$$Y = \overline{A} = A' \tag{3-4}$$

와 같이 나타내며, 그림 3-14(a)는 NOT 연산의 진리표를 나타낸 것이다. 이와 같이 NOT 연산은 A의 역은 Y이거나 또는 A의 보수는 Y라고 하는 것이다.

NOT 연산을 수행하는 논리회로를 NOT 게이트 또는 INVERTER라고도 한다. 그림 3-14(b)는 NOT 게이트의 표준 심볼을 도시한 것이다. 이 그림에서와 같이 NOT 게이트에서는 입력과 출력의 개수가 항상 하나이다. 타이밍도에 의한 NOT게이트의 입출력의 관계를 나타낸 것이 그림 3-14(c)이다.

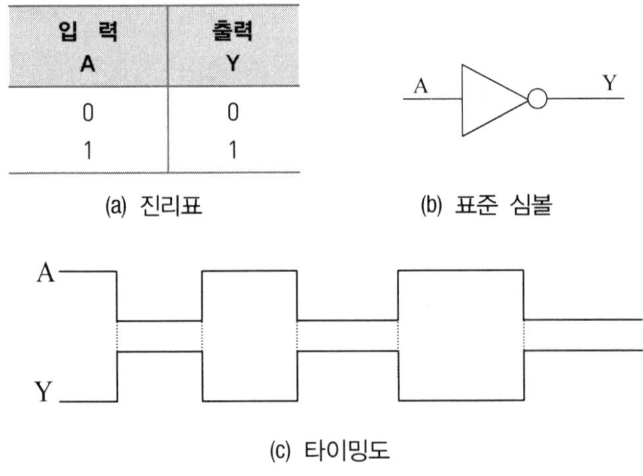

입 력 A	출력 Y
0	0
1	1

(a) 진리표 (b) 표준 심볼

(c) 타이밍도

그림 3-14 NOT 게이트의 진리표와 심볼

예제 3-5

다음의 그림 3-15로 주어진 논리회로의 입출력 관계를 진리표를 사용하여 나타내어라.

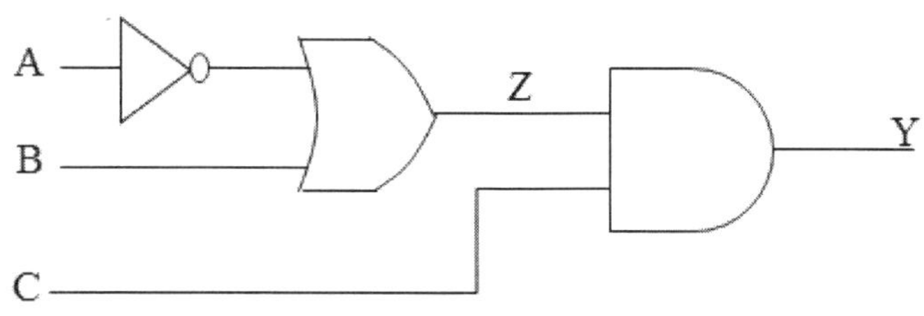

그림 3-15 예제 3-5의 논리회로

풀이: 출력 Y를 구하기 위해, 각 게이트에의 입력을 먼저 구하도록 한다. OR 게이트의 입력은 NOT 게이트를 통과한 것과 입력 B이다. 따라서 OR 게이트의 출력은 $Z = \overline{A} + B$ 이다. 한편, AND 게이트의 입력은 OR 게이트의 출력 Z와 입력 C로 이루어져 있다. 그러므로 전체 논리회로의 출력 Y는

$$\begin{aligned} Y &= ZC \\ &= (\overline{A} + B)C \end{aligned}$$

이고, 이들의 관계를 진리표를 사용해서 나타내면 그림 3-16과 같다.

입력변수 A B C	A'+B	출력 Y=(A'+B)C
0 0 0	1	0
0 0 1	1	1
0 1 0	1	0
0 1 1	1	1
1 0 0	0	0
1 0 1	0	0
1 1 0	1	0
1 1 1	1	1

그림 3-16 그림 3-15 논리회로의 진리표

3-3-4 NOR 게이트

OR 게이트에 인버터를 접속시킨 것으로 OR-INVERTER 게이트의 조합으로 구성된 게이트이다. 그림 3-17은 2입력에 대해 이들의 관계를 도시하고 NOR 게이트의 표준 심볼을 나타낸 것이다. 출력측에 있는 작은 원은 부정 또는 보수를 나타낸다.

따라서 입력변수 A, B에 대한 NOR 게이트 회로의 출력 Y는 그림 3-17의 구성에서

$$Y = \overline{A + B} \tag{3-5}$$

와 같이 된다. 그러므로 2 입력 NOR 게이트에 대한 진리표를 구성하면 그림 3-18과 같다. 진리표로부터 알 수 있는 바와 같이 NOR 게이트는 하나의 입력이라도 논리 "1"이 되면 그 출력은 논리 "0"가 된다.

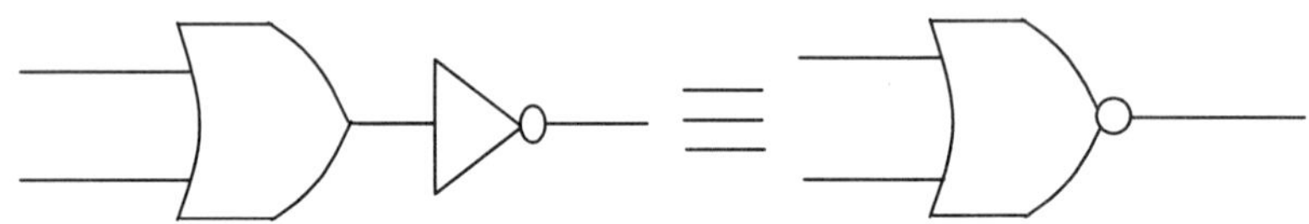

그림 3-17 NOR 게이트의 구성과 표준 심볼

입력 A	입력 B	출력 Y
0	0	1
0	1	0
1	0	0
1	1	0

그림 3-18 2입력 NOR 게이트 입출력 관계의 진리표

예제 3-6

그림 3-19와 같이 주어진 A, B의 파형을 NOR 게이트의 입력파형으로 사용할 경우의 출력 Y의 파형을 그려라.

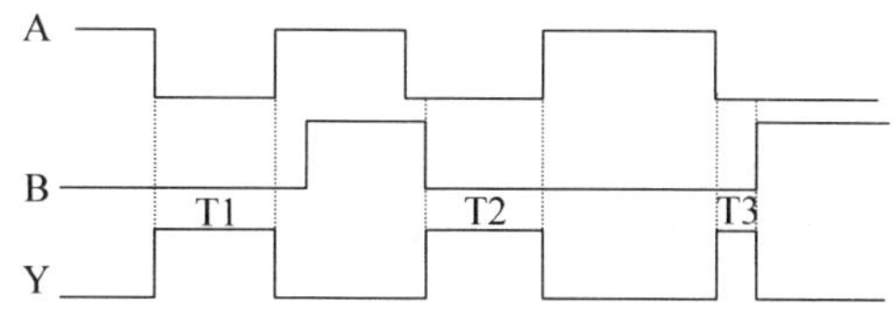

그림 3-19 예제 3-6의 파형

풀이: NOR 게이트의 출력은 모든 입력이 LOW 상태인 경우에만 HIGH가 출력되므로, 이를 만족하는 구간은 T_1, T_2, T_3 이다. 따라서, 입력파형에 대한 출력의 파형은 그림 3-19의 Y와 같다.

예제 3-7

다음의 그림 3-20의 논리회로의 출력이 HIGH가 되는 입력의 조건을 진리표를 사용해서 구하여라.

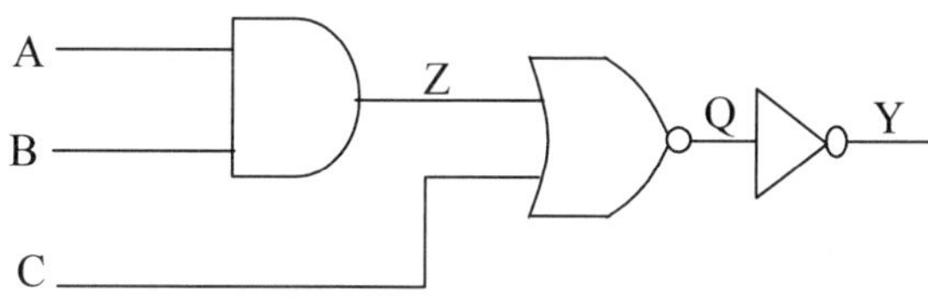

그림 3-20 예제 3-7의 논리회로

풀이: 각 게이트에 입출력되는 변수들의 관계는 다음과 같다. 먼저, AND 게이트의 출력 Z는 Z=AB이고, NOR 게이트의 출력 Q는

$$Q = \overline{Z + C}$$

이다. 따라서, 출력 Y는 Q의 보수이므로

$$\begin{aligned} Y &= \overline{Q} \\ &= \overline{\overline{Z+C}} \\ &= AB+C \end{aligned}$$

이다. 여기서 부정의 부정은 긍정이라는 명제를 사용했다. 즉, NOT 게이트 2개를 통과한 후의 출력은 원래의 입력과 같다. 진리표를 구성하면 그림 3-21과 같고,

입력변수 A B C	AB	출력 Y=AB+C
0 0 0	0	0
0 0 1	0	1
0 1 0	0	0
0 1 1	0	1
1 0 0	0	0
1 0 1	0	1
1 1 0	1	1
1 1 1	1	1

그림 3-21 그림 3-20 논리회로의 진리표

출력 Y가 HIGH가 되는 조건은 입력 C가 HIGH이거나 A와 B가 동시에 HIGH 일 때이다.

3-3-5 NAND 게이트

AND 게이트에 인버터를 접속시킨 것으로 AND-INVERTER 게이트의 조합으로 구성된 게이트이다. 그림 3-22는 이들의 관계를 도시하고, NAND 게이트의 표준 심볼을 나타낸 것이다.

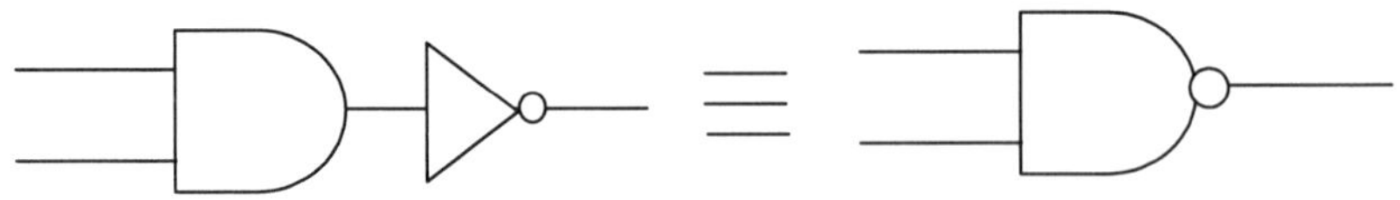

그림 3-22 NAND 게이트의 구성과 표준 심볼

따라서 입력변수 A, B에 대한 NAND 게이트의 출력 Y는 그림 3-22에서

$$Y = \overline{A \cdot B} \qquad (3\text{-}6)$$

임을 알 수 있고, 이에 대한 진리표를 그림 3-23에 나타낸다. 따라서 NAND 게이트는 NOR 게이트와는 반대로 모든 입력이 논리"1"이 되면 출력이 논리"0"이 되고, 그 이외의 경우에는 전부 출력이 논리"1"이 된다.

입 력 A	B	출력 Y
0	0	1
0	1	1
1	0	1
1	1	0

그림 3-23 NAND 게이트의 진리표

예제 3-8

파형에 의한 NAND 게이트의 입출력 관계를 조사해보자. 그림 3-24의 주어진 입력 A, B의 파형에 대한 NAND 게이트의 출력 Y의 파형을 구하여라.

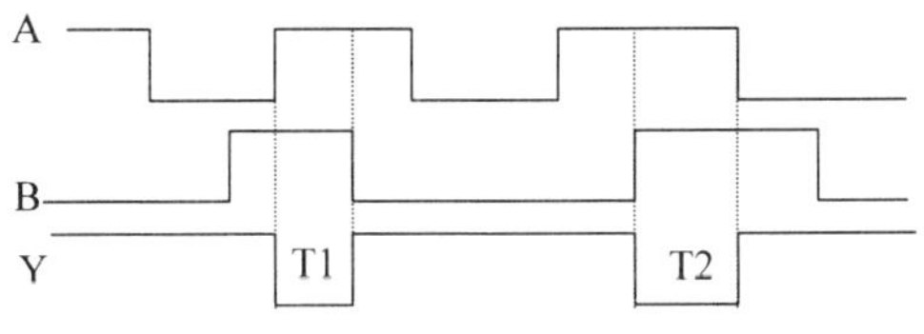

그림 3-24 예제 3-8의 파형

풀이: NAND 게이트의 출력은 모든 게이트 입력이 HIGH가 되는 경우에만 LOW가 되고, 그 이외의 경우에는 전부 HIGH가 된다. 따라서, 그림 3-24의 파형에서, 2 입력이 동시에 HIGH가 되는 시구간은 T_1, T_2 이므로, 이 구간에서는 LOW의 파형이 되고, 그 이외에는 전부 HIGH의 출력 파형이 된다.

예제 3-9

그림 3-25로 주어진 논리회로의 출력이 HIGH가 되는 입력의 조건을 구하여라.

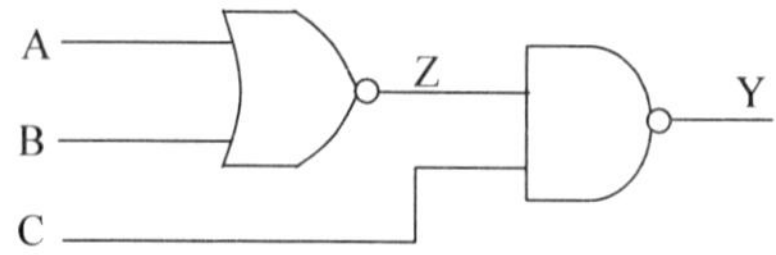

그림 3-25 예제 3-9의 파형

풀이: 각 게이트의 출력을 식으로 나타내면

$$Z = \overline{A + B}$$
$$Y = \overline{ZC} = \overline{\overline{A + B}\,C}$$

가 되는 것을 알 수 있다. 따라서, 이들에 관한 진리표를 구성하면 그림 3-26과 같다.

입력변수 A B C	Z = (A+B)'	출력 Y=(ZC)'
0 0 0	1	1
0 0 1	1	0
0 1 0	0	1
0 1 1	0	1
1 0 0	0	1
1 0 1	0	1
1 1 0	0	1
1 1 1	0	1

그림 3-26 그림 3-25 논리회로의 진리표

따라서 논리회로의 출력 Y는 $(A\ B\ C) = (0\ 0\ 1)$의 경우를 제외한 나머지 모든 입력 조건에서는 전부 HIGH가 되는 것을 알 수 있다.

3-3-6 Exclusive-OR (XOR) 게이트

입력변수 중 홀수개의 입력이 논리 "1"일 때, 그 출력이 논리 "1"이 되는 논리함수이고, 이 논리함수에 대한 논리회로를 XOR(Exclusive OR) 게이트라 한다. "exclusive"이라고 하는 명칭은 짝수개의 입력이 논리"1"이 되는 논리함수가 배제된다고 하는 것에서 연유된 것이다.

2 입력변수 A, B에 대한 XOR 게이트 회로의 출력 Y는

$$Y = A \oplus B \tag{3-7}$$

와 같이 ⊕의 기호를 사용해서 나타내며, 이 게이트의 논리연산에 대한 진리표와 심볼을 그림 3-27에 나타낸다.

3개 이상의 입력 변수에 대한 XOR 연산의 결과도 2입력변수의 경우와 동일하며 그림 3-28은 3개의 입력변수에 대한 진리표와 심볼을 나타낸 것이다. 이 때 출력 Y는

$$Y = A \oplus B \oplus C \tag{3-8}$$

로 표시된다.

그림 3-28(b)의 진리표에서 알 수 있는 바와 같이 XOR게이트로 논리 "1"이 되는 입력의 개수가 홀수개이면 "1"이 출력되고, 짝수개이면 "0"이 출력된다. XOR게이트의 이런 성질을 이용해서 2-4-5절에서 기술한 패리티 비트를 전송할 입력데이터에 간단하게 첨가시킬 수 있다.

입력 A	입력 B	출력 Y
0	0	0
0	1	1
1	0	1
1	1	0

(a) XOR 연산의 진리표

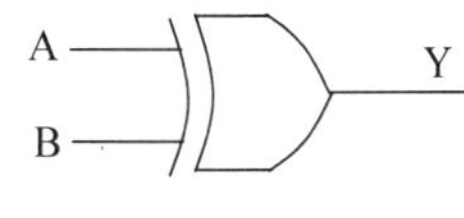

(b) XOR 게이트의 표준 심볼

그림 3-27 XOR 연산의 진리표와 게이트의 표준 심볼

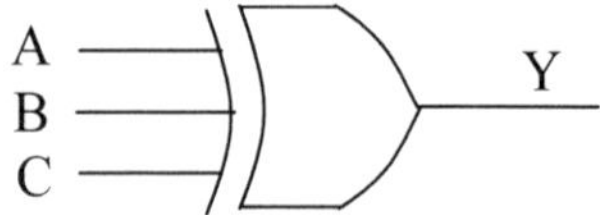

(a) 3입력 XOR 게이트의 심볼

입력변수 A	B	C	출력 Y
0	0	0	0
0	0	1	1
0	1	0	1
0	1	1	0
1	0	0	1
1	0	1	0
1	1	0	0
1	1	1	1

(b) 3입력 XOR 연산의 진리표

그림 3-28 3입력 XOR 게이트의 심볼과 연산의 진리표

예제 3-10

2입력 A, B에 대한 XOR 게이트의 출력 Y에 관한 식 (3-7)은 다음의 논리식과 같음을 진리표를 사용해서 확인하고, 기본 게이트 즉, AND, OR, NOT 게이트를 이용해서 논리회로를 구성하여라.

$$Y = A \oplus B = A'B + AB'$$

풀이: 입력변수 A, B의 조합에 대한 $A'B$와 AB', 출력 Y에 관한 진리표를 구성하면, 그림 3-29와 같다.

입력 A	입력 B	A'B	AB'	출력 Y=A'B+AB'
0	0	0	0	0
0	1	1	0	1
1	0	0	1	1
1	1	0	0	0

그림 3-29 $Y = A'B + AB$의 진리표

그림 3-29의 출력 Y는 그림 3-27(a)의 출력 Y와 같음을 알 수 있다. 따라서, XOR 연산 $A \oplus B$는 $A'B + AB'$과 같다. 3개의 기본 게이트를 사용해서 논리회로를 구성한 것이 그림 3-30이다.

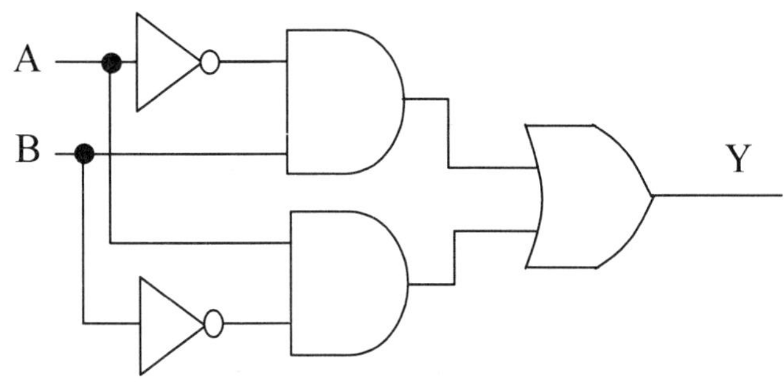

그림 3-30 기본 게이트를 사용한 XOR 연산의 회로구성

예제 3-11

그림 3-31의 입력파형 A, B, C에 대한 3입력 XOR 연산 출력 Y의 파형을 그려라.

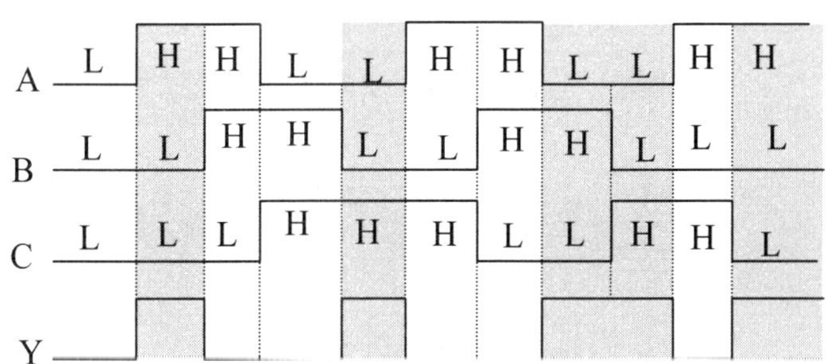

그림 3-31 3입력 XOR 연산의 파형

풀이: 3입력 XOR 연산은 HIGH 상태를 갖는 입력의 개수가 홀수개인 경우, 그 출력이 HIGH가 되게 하는 연산이다. 따라서, 입력되는 파형을 조사해서 홀수개의 HIGH 상태가 되는 구간과 그렇지 않은 구간으로 나누어 출력 파형을 각각 HIGH와 LOW로 하면 된다.

3-3-7 Exclusive-NOR(XNOR) 게이트

Equivalence 게이트라고도 하는 것으로, 입력변수 중 짝수개의 입력이 서로 같은 논리상태이면 그 출력을 논리 "1"이 되게 하는 논리함수이다. 즉, XNOR 논리함수는 XOR 논리함수와는 반대가 되는 것으로, XOR에 NOT 연산을 결합시킨 논리함수와 같은 것임을 알 수 있다.

XNOR 게이트는 XNOR 연산을 수행하는 논리회로로서 2개의 입력변수 A, B에 대한 XNOR 게이트 회로의 출력 Y는

$$Y = \overline{A \oplus B} = A \odot B \tag{3-9}$$

와 같이 XOR 부울 대수식을 인버팅한 것과 같다. XNOR 게이트의 심볼과 진리표를 그림 3-32에 나타낸다.

입 력 A	B	출력 Y
0	0	1
0	1	0
1	0	0
1	1	1

(a) XNOR 연산의 진리표

A, B, Y ≡ A, B, Y

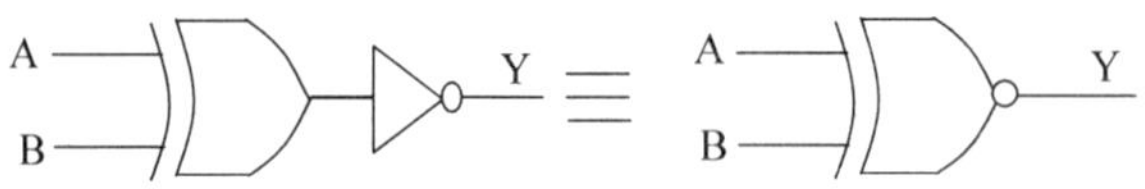

(b) XNOR 게이트의 표준 심볼

그림 3-32 2입력 XNOR 연산의 진리표와 표준 심볼

예제 3-12

예제 3-10의 XOR 연산과 같이, 2입력 A, B에 대한 XNOR 연산도 다음의 논리식으로 나타낼 수 있다. 진리표를 사용해서 이를 확인하고, AND, OR, NOT의 기본 게이트를 사용해서 XNOR 연산의 논리회로를 구성하여라.

$$Y = A \odot B = A'B' + AB$$

풀이: 입력변수 A, B의 조합에 대한 $A'B'$ 와 AB, 출력 Y에 관한 진리표를 구성하면, 그림 3-33과 같다.

입력 A	입력 B	A'B'	AB	출력 Y=A'B'+AB
0	0	1	0	1
0	1	0	0	0
1	0	0	0	0
1	1	0	1	1

그림 3-33 $Y = A'B' + AB$의 진리표

그림 3-33의 출력 Y는 그림 3-32(a)의 출력 Y와 같음을 알 수 있다. 따라서, XNOR 연산 $A \odot B$는 $A'B' + AB$와 같다. 3개의 기본 게이트를 사용해서 논리회로를 구성하면 그림 3-34와 같다.

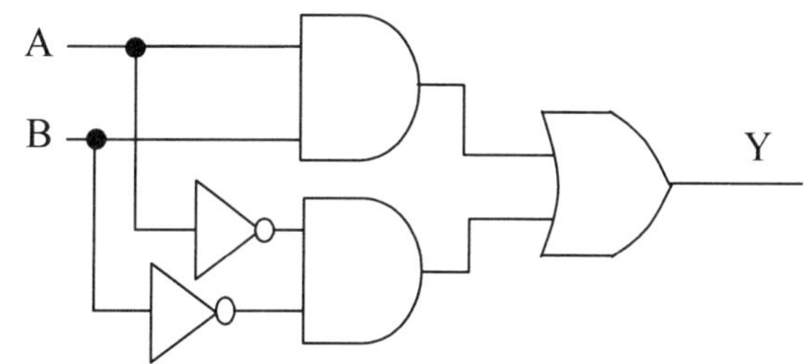

그림 3-34 기본 게이트를 사용한 XNOR 연산의 회로구성

예제 3-13

그림 3-35의 입력파형 A, B에 대한 2입력 XNOR 연산의 출력 Y의 파형을 그려라.

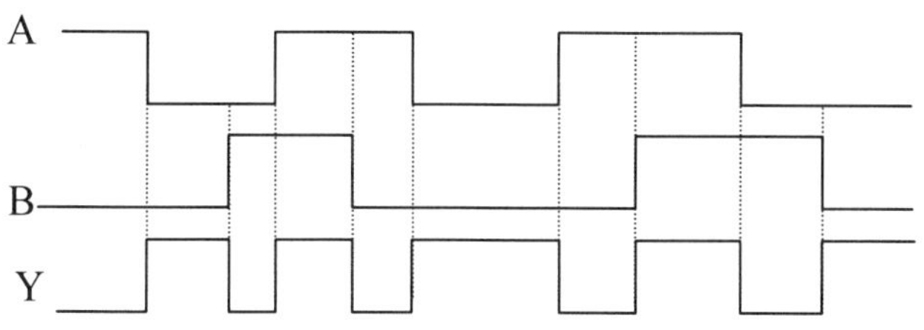

그림 3-35 문제 3-13의 파형

풀이: XNOR 게이트의 연산은 2입력의 논리레벨이 같은 경우에는 HIGH의 출력을, 서로 다를 경우에는 LOW의 출력을 갖는다. 따라서, 입력파형으로부터 출력파형을 구하면 그림 3-35의 Y의 파형이 된다.

예제 3-14

2입력 XOR 게이트 2개를 사용해서 2입력 XNOR 연산을 수행하는 논리회로를 구성하여라.

풀이: 그림 3-27(a)의 진리표에서 2입력 중 하나가 논리 1일 때, 출력은 다른 한 입력의 NOT와 같음을 알 수 있다. 즉, $A \oplus 1 = A'$가 성립한다. 2입력 A, B의 XNOR 연산은 XOR-INVERTER 이므로, 2입력 XOR 게이트 2개를 사용한 XNOR의 논리회로는 그림 3-36과 같은 구성이다.

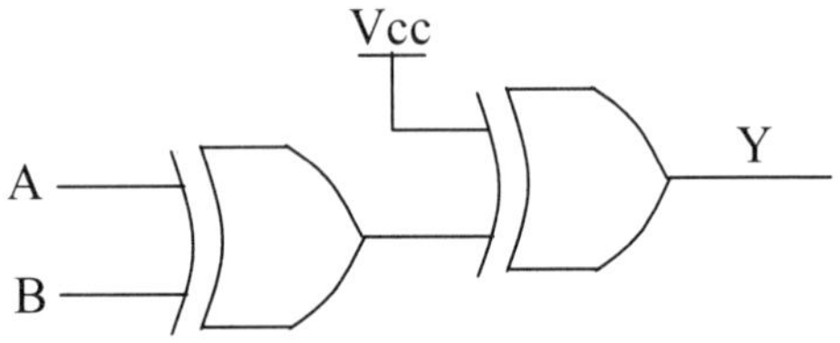

그림 3-36 2입력 XOR 게이트에 의한 XNOR 연산의 논리회로

3-3-8 Tri-state 버퍼

하나의 제어신호를 사용해서 입력에서 출력으로의 논리신호 흐름을 제어하는 논리회로로서, 하나의 입력 A과 출력 Y, 그리고 "Enable"이라 부르는 제어입력 E로 구성된다. 이때 Enable 입력은 Tri-state 버퍼에서 신호를 출력시킬 것인가의 여부를 결정하는데 사용된다. 즉, $E = 0$이면 그림 3-37(a)와 같이 버퍼는 Hi-Impedance 상태(Hi-Z로 나타내기도 하고, 이는 개방된 상태와 거의 같음)가 되고, 출력이 입력으로부터 접속이 끊어져 입력이 출력되지 않게된다. 이와 반대로 $E = 1$이면 그림 3-37(b)와 같이 회로는 단락상태가 되고 입력이 출력에 그대로 전송된다. 그림 3-37(c)는 이와 같이 동작을 수행하는 Tri-state 버퍼의 심볼을 나타낸 것이고, 그림 3-37(d)는 그 진리표이다. Tri-state 즉 3가지 상태는 $E = 0$에서의 Hi-Z 상태, $E = 1$에서 입력의 논리 상태에 따른 HIGH 또는 LOW 상태를 나타내는 것이다.

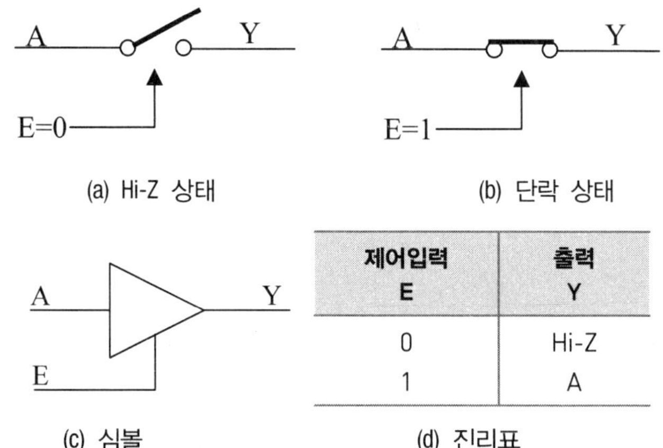

제어입력 E	출력 Y
0	Hi-Z
1	A

그림 3-37 Tri-state 버퍼의 기능과 심볼 및 진리표

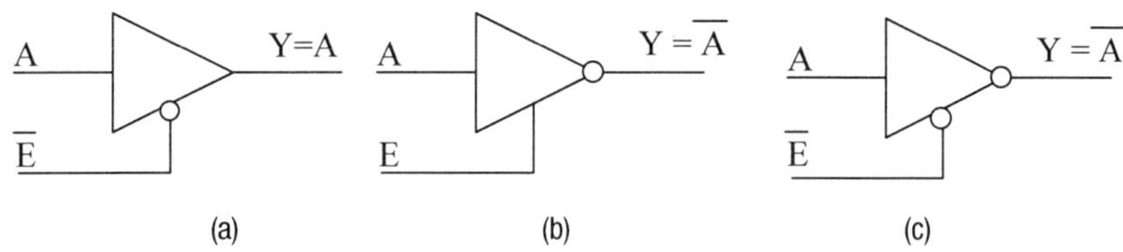

그림 3-38 Enable 입력과 출력의 논리가 다른 Tri-state 버퍼

Enable 입력의 레벨을 인버팅한 것 즉, $E=0$이면 입력이 출력되고, $E=1$이면 Hi-Z 상태가 되는 Tri-state 버퍼나, 입력을 인버팅해서 출력시키는 Tri-state 버퍼 등 다양한 종류가 있다. 그림 3-38은 이들 Tri-state 버퍼들의 심볼은 나타낸 것이다.

3-4 | 부울대수와 정리

3-4-1 부울대수

가. 부울상수와 변수

부울상수와 변수는 부울대수에서 사용되는 상수와 변수로서, 일반 대수학에서의 상수와 변수의 역할과 동일하지만, 이들이 취하는 값은 2진 논리 값 즉, 논리 "1" 과 "0"의 값만을 갖는 점이 다르다. 따라서 부울상수는 "0" 또는 "1"이다.

실제의 논리회로에서 사용되는 부울변수의 값은 회로의 입출력단자에 나타나는 전압레벨에 따라 결정되는 논리상태에 의해 좌우된다. 이와 같은 부울변수는 일반적으로 영문의 대소문자 즉, A, B, C, D, x, y, z , X, Y, Z 등으로 나타내고, 논리회로의 입출력의 값을 표시하는데 주로 사용된다.

나. 부울대수

2진 논리를 갖는 부울변수와 상수를 사용해서 논리연산을 취급하는 대수이고, 논리회로를 해석하거나 설계할 때 수식으로 그 동작의 관계를 나타내는데 유용하다. 부울변수에 의한 논리변수와 논리기호로 기술된 함수를 논리함수(logic function), 부울함수(Boolean function), 또는 부울식(Boolean equation)이라 한다. 따라서, 부울함수식이나 논리함수식 또는 논리식은 디지털 시스템의 디지털 논리회로를 기술하는 같은 표현이다.

부울대수식의 표시는, 부울변수 A, B에 대한 논리합의 연산을 예로 들어 나타내면 다음과 같다.

$$f(A,B) = A + B$$

또는

$$f = A + B$$

여기서 A, B는 부울 또는 논리변수, + 는 논리기호, = 은 좌변과 우변의 논리관계가 등가인 것을 나타내는 기호이다. 일반적인 부울함수의 표현은 다음의 예와 같이 기능이나 등가기호, 논리변수로 구성된 대수적 표현이나 논리상수 “0”과 “1”, 또는 논리연산의 기호, 괄호 등이 사용된다.

$$Y = A + \overline{B}\,C$$
$$f = (x + \overline{y}\,)(\,\overline{z} + w)$$

이와 같이 부울함수는 논리변수들 사이의 논리관계를 기술하는 함수로서, 진리표를 사용해서 이들 변수들간의 관계를 나타낼 수도 있고, 논리변수에 의한 대수 표현식으로부터 여러 가지의 게이트를 사용해서 논리회로를 구성하는 것도 가능하다. 그림 3-39는 $Y = A + \overline{B}\,C$ 논리함수에 대한 진리표와 기본게이트를 사용해서 논리회로로 나타낸 것이다.

입력변수 A B C	B'C	출력 Y
0 0 0	0	0
0 0 1	1	1
0 1 0	0	0
0 1 1	0	0
1 0 0	0	1
1 0 1	1	1
1 1 0	0	1
1 1 1	0	1

(a) 진리표

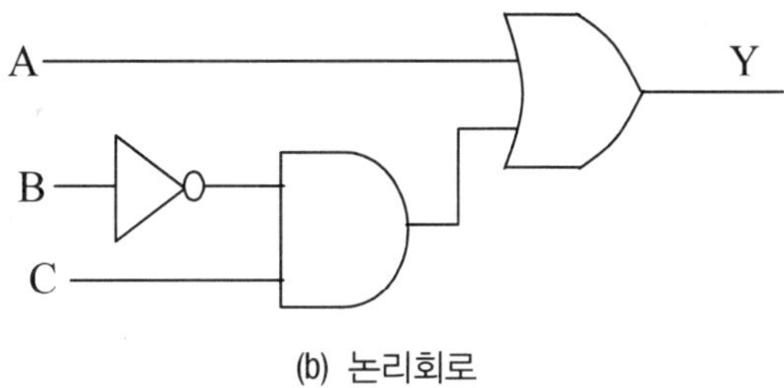

(b) 논리회로

그림 3-39 $Y = A + \overline{B}\,C$에 대한 진리표(a)와 논리회로(b)

3-4-2 부울대수의 정리

논리회로를 해석하거나 설계하는데 유용한 부울대수는 기본적으로 몇 가지의 기본공리로부터 유도되는 규칙이다. 부울대수에서 사용되는 모든 변수는 “1”이나 “0”의 2진 값을 갖는 부울 또는 논리변수임에 주의해야 된다. 부울대수의 정리는 논리회로를 나타내는 논리함수 식을 간략화해서 회로를 간단하게 구성하게 하거나, 주어진 논리회로의 동작을 분석하는데 유용하게 사용된다.

가. 기본공리

부울대수에서 사용되는 기본적인 공리는 다음과 같다.

$0+0=0, \quad 0 \cdot 0=0$
$1+1=1, \quad 1 \cdot 1=1$
$1+0=0+1=1, \quad 1 \cdot 0=0 \cdot 1=0$
$X=0$이면 $\overline{X}=1$
$X=1$이면 $\overline{X}=0$

나. 단일 부울변수와 부울상수 {0,1}에 대한 정리

(1) $X+0=X$

(2) $X+1=1$

(3) $X \cdot 0=0$

(4) $X \cdot 1=X$

이들 4개의 정리는 변수X가 취하는 값이 0과 1의 2진수임을 고려하면, 양변의 관계가 성립하는 것은 기본공리로부터 간단하게 유도된다. 그림 3-40은 표준 게이트 심볼을 사용해서 이들의 관계를 도시한 것이다.

그림 3-40(a)는 정리 (1)을 나타낸 것으로 입력의 하나가 접지(논리 "0")에 접속된 OR 게이트의 출력은 남은 입력의 논리상태와 동등하다. 정리 (2)는 그림 3-40(b)과 같이 입력의 하나가 전원(Vcc)과 접속된 경우의 OR 게이트의 출력은 남은 입력변수의 논리상태와 상관없이 항상 논리 HIGH가 된다. 정리 (3)과 (4)는 그림 3-40(c)와 (d)에 나타낸 것처럼 각각 입력의 하나가 접지에 접속된 경우와 전원에 접속된 경우의 AND 게이트의 출력은 입력에 상관없이 항상 논리 LOW 상태이거나, 입력이 그대로 출력되는 것을 나타내고 있다.

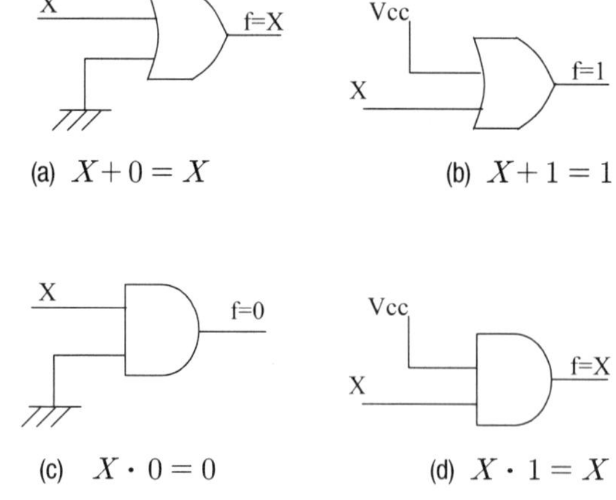

그림 3-40 단일 부울변수와 상수에 대한 정리

다. 항등의 정리

(5) $X + X = X$

(6) $X \cdot X = X$

이들의 관계는 스위치의 개폐관계를 이용하여 간단히 확인할 수 있다. 즉, 그림 3.41(a)와 같이 두 개의 스위치가 직렬로 연결되어 입력X에 의해 동시에 개폐가 제어되는 경우는 스위치가 하나인 것과 동일하다. 마찬가지로 그림 3.41(b)와 같이 동일한 스위치 2개가 병렬로 연결되어 입력 X에 의해 제어되는 경우에도 하나의 스위치에 의한 제어와 같다.

이들 항등의 법칙은 같은 입력 2개에 의한 논리합(OR)이나 논리곱(AND)은 하나의 입력에 의한 것과 같음을 의미하고 있다. 이 성질은 2개 이상의 경우에도 성립한다.

그림 3-42는 표준 게이트를 사용해서 항등의 법칙 관계를 나타낸 것이다.

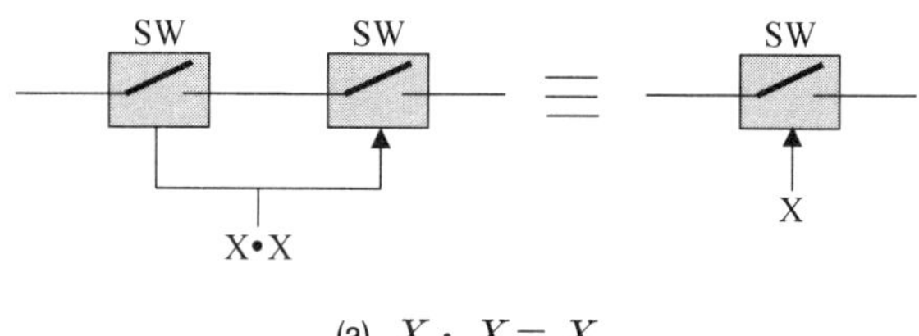

(a) $X \cdot X = X$

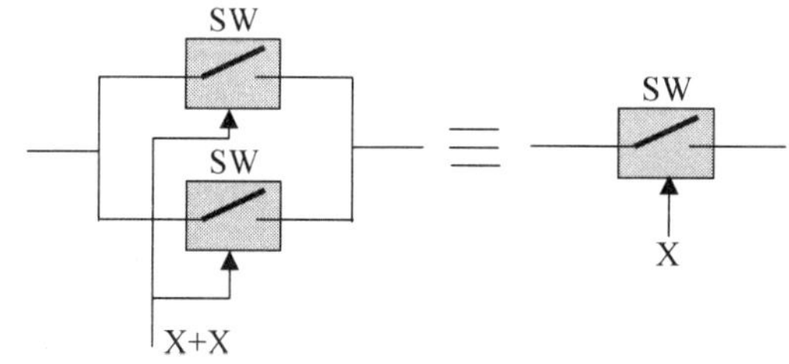

(b) $X + X = X$

그림 3-41 스위치를 이용한 항등의 정리

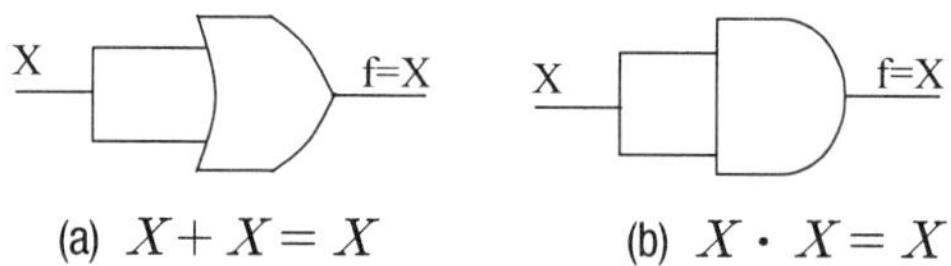

(a) $X + X = X$ (b) $X \cdot X = X$

그림 3-42 표준 게이트에 의한 항등의 정리

라. 보수의 법칙

(7) $X+\overline{X}=1$

(8) $X\cdot\overline{X}=0$

(9) $\overline{\overline{X}}=X$

정리 (7)과 (8)은 논리변수 X가 0 또는 1이면 그 보수 $\overline{X}$는 1 또는 0이므로 기본공리로부터 이들이 성립하는 것은 쉽게 증명이 된다. 또한, 정리(9)는 부정의 부정은 긍정이라는 기본명제로부터 간단히 유도된다. 그림 3-43은 표준게이트에 의한 이들의 관계를 나타낸 것이다.

마. 교환법칙

(10) $X+Y=Y+X$

(11) $XY=YX$

이들 교환법칙은 논리합이나 논리곱의 연산은 입력변수의 순서에 무관함을 나타내고 있다.

바. 결합법칙

(12) $X+(Y+Z)=(X+Y)+Z$

(13) $X(YZ)=(XY)Z$

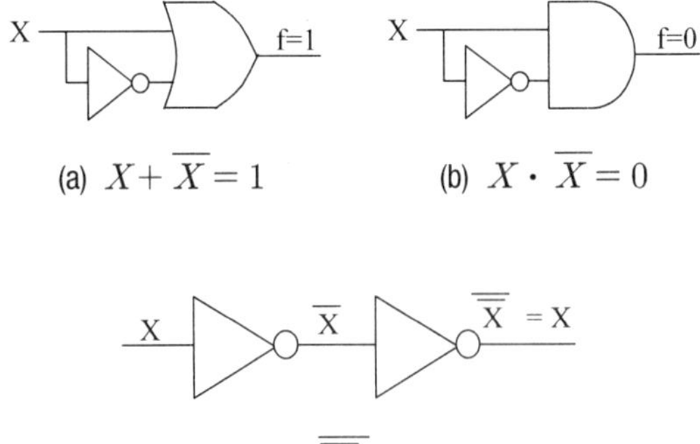

그림 3-43 기본 게이트에 의한 보수의 법칙

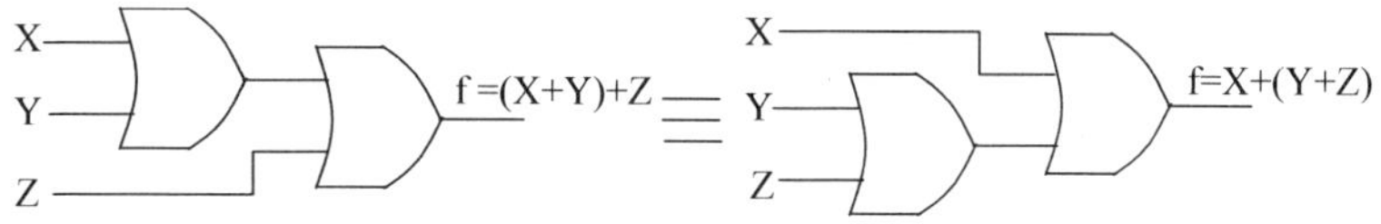

X
Y
Z
f =(X+Y)+Z
≡
X
Y
Z
f=X+(Y+Z)

(a) $X+(Y+Z)=(X+Y)+Z$

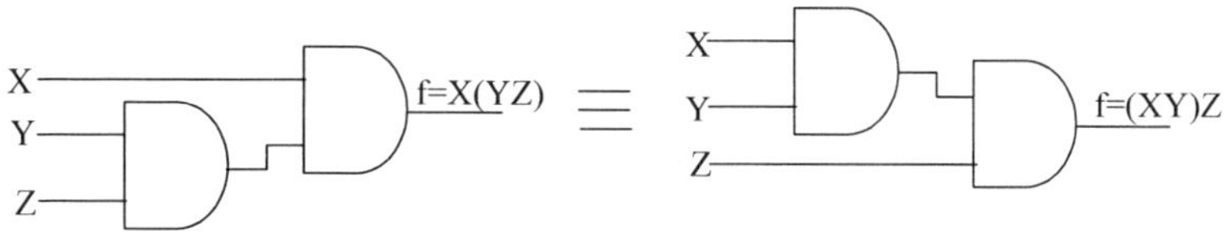

X
Y
Z
f=X(YZ)
≡
X
Y
Z
f=(XY)Z

(b) $X(YZ)=(XY)Z$

그림 3-44 2입력 게이트에 의한 결합법칙

2변수 이상의 입력변수에 대한 결합법칙은 논리합이나 논리곱의 연산에서 출력은 결합되는 입력변수의 순서에 관계하지 않음을 나타낸다. 그림 3-44는 2입력 OR-AND 게이트로서 결합법칙의 정리를 나타낸 것이다.

사. 분배법칙

(14) $X(Y+Z)=XY+XZ$

(15) $(X+Y)(X+Z)=X+YZ$

정리(14)는 2개 이상의 항이 곱의 형식으로 주어진 논리식은 이들 각각을 전개시켜 합의 형식으로 나타낼 수 있고, 또 그 역은 하나 이상의 공통의 논리변수를 갖는 논리식은 이들 공통변수를 묶을 수 있음을 의미한다. 예로 다음의 논리식 f 에서

$$f=X\overline{Y}Z+X\overline{Y}\,\overline{Z}+XZ$$

공통변수를 묶어 보수의 법칙을 적용시키면,

$$\begin{aligned} f &= X\overline{Y}Z+X\overline{Y}\,\overline{Z}+XZ \\ &= X\overline{Y}(Z+\overline{Z})+XZ \\ &= X\overline{Y}+XZ \\ &= X(\overline{Y}+Z) \end{aligned}$$

와 같은 논리식이 얻어진다. 이들 논리식으로 표현된 함수를 기본 게이트를 사용해서 논리회로를 구성한 것이 그림 3-45(a)와 (b)이나.

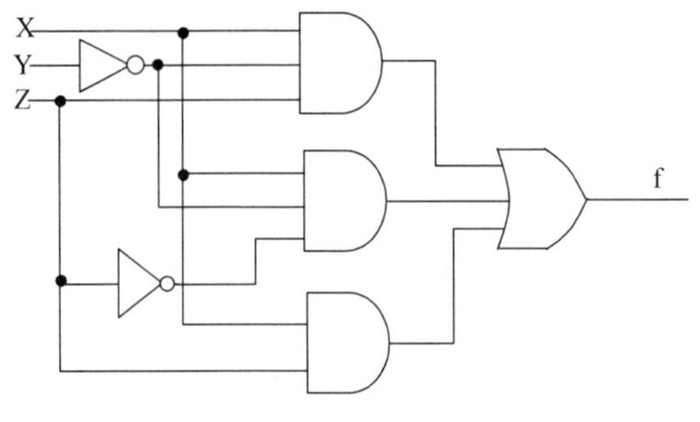

(a) $f = X\overline{Y}\ Z + X\ \overline{Y}\ \overline{Z} + XZ$

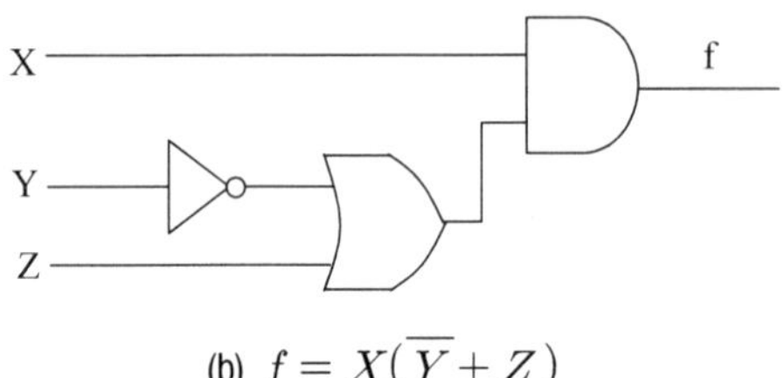

(b) $f = X(\overline{Y} + Z)$

그림 3-45 기본 게이트를 사용한 함수의 논리회로 구성

정리(15)는 좌변을 전개시키면,

$$\begin{aligned}(X+Y)(X+Z) &= XX+XZ+XY+YZ \\ &= X(1+Z+Y)+YZ \\ &= X+YZ\end{aligned}$$

가 되어 성립한다.

아. 기타

(16) $X + XY = X$

(17) $XY + X\overline{Y} = X$

(18) $X + \overline{X}\ Y = X + Y$

정리(16)과 (17)은 공통변수X를 묶고, 정리(2)와 정리(7)에 의해 성립한다.

$$X + XY = X(1+Y) = X$$

$$XY + X\overline{Y} = X(Y + \overline{Y}) = X$$

정리 (18)의 증명은 다음과 같다.

$$\begin{aligned} X+\overline{X}\ Y &= X+XY+\overline{X}\ Y \quad \text{정리(16)의 사용} \\ &= X+(X+\overline{X}\ )Y \quad \text{정리(14)의 사용} \\ &= X+Y \quad \text{정리(7)의 사용} \end{aligned}$$

3-4-3 드 모르강(DeMorgan)의 정리

논리함수의 표현을 다른 형태로 변환시키는 유용한 정리로서, 논리합이나 논리곱으로 주어진 부울대수식을 서로 바꾸어 표시할 수 있게 하고, 논리회로를 간단화 시키는데 매우 유용하게 사용된다.

가. 2변수에 대한 정리

(19) $\overline{X+Y}=\overline{X}\cdot\overline{Y}$

(20) $\overline{XY}=\overline{X}+\overline{Y}$

정리(19)는 두 논리변수 X, Y의 논리합을 부정한 것은 각 변수를 부정해서 논리곱 한 것과 같음을 의미하고 있다. 이와 마찬가지로 정리(20)은 두 논리변수 X, Y의 논리곱을 부정한 것은 각 변수를 부정해서 논리합의 연산과 같음을 나타내고 있다. 이들의 관계를 진리표를 사용해서 확인하면 그림 3-46과 같이 성립함을 알 수 있다. 또한 그림 3-47은 게이트의 표준 심볼을 사용하여 이들 정리의 관계를 도시한 것이다.

X	Y	X'	Y'	X+Y	XY	(X+Y)'	X'Y'	(XY)'	X'+Y'
0	0	1	1	0	0	1	1	1	1
0	1	1	0	1	0	0	0	1	1
1	0	0	1	1	0	0	0	1	1
1	0	0	0	1	1	0	0	0	0

그림 3-46 2변수에 대한 드 모르강의 정리의 진리표

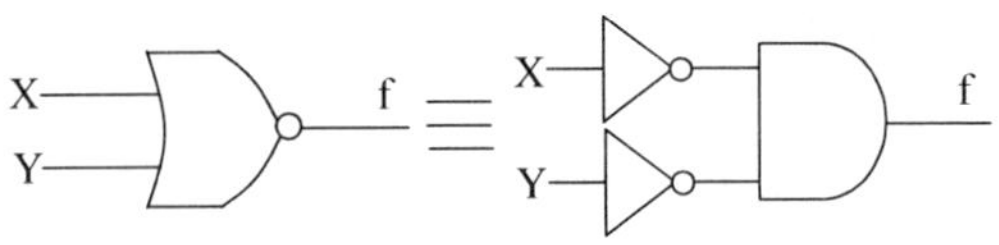

(a) $\overline{X+Y}=\overline{X}\cdot\overline{Y}$ 의 논리회로

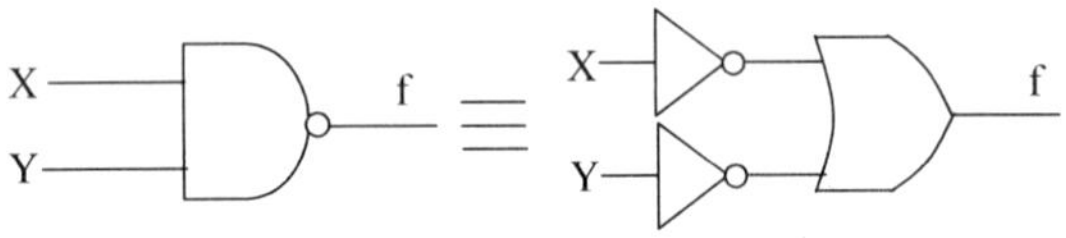

(b) $\overline{XY}=\overline{X}+\overline{Y}$ 의 논리회로

그림 3-47 2변수에 대한 드 모르강 정리의 회로구성

예제 3-15

다음의 논리식을 간단한 식으로 나타내어라.

$$f=\overline{\overline{X\overline{Y}}+Z}$$

풀이: 드 모르강의 정리를 사용해서 전개시키고, 부울대수의 정리를 이용하면,

$$\begin{aligned} f &= \overline{\overline{X\overline{Y}}+Z} \\ &= \overline{\overline{X\overline{Y}}}\cdot\overline{Z} \\ &= X\overline{Y}\,\overline{Z} \end{aligned}$$

이다. 이 때, 두 번째 행에서 부정의 부정은 긍정이라는 명제를 이용했다.

예제 3-16

다음의 논리식을 간단한 식으로 나타내어라.

$$f=\overline{(\overline{x}+y)(z+\overline{w})}$$

풀이: 드 모르강의 정리를 사용하면,

$$\begin{aligned} f &= \overline{(\overline{x}+y)(z+\overline{w})} \\ &= \overline{(\overline{x}+y)}+\overline{(z+\overline{w})} \\ &= \overline{\overline{x}}\,\overline{y}+\overline{z}\,\overline{\overline{w}} \\ &= x\overline{y}+\overline{z}w \end{aligned}$$

이다.

예제 3-17

다음 논리식 f 의 부정 $\overline{f}$ 를 구하여라.

$$f = AB' + A'B$$

풀이: 논리식 f 의 부정 $\overline{f}$ 는 전체를 부정하는 것이므로

$$\begin{aligned}
\overline{f} &= \overline{A\overline{B} + \overline{A}B} \\
&= \overline{A\overline{B}} \cdot \overline{\overline{A}B} \\
&= (\overline{A} + \overline{\overline{B}})(\overline{\overline{A}} + \overline{B}) \\
&= (\overline{A} + B)(A + \overline{B}) \\
&= \overline{A}A + \overline{A}\,\overline{B} + AB + B\overline{B} \\
&= \overline{A}\,\overline{B} + AB
\end{aligned}$$

가 된다.

나. 3변수 이상에 대한 정리

2변수에 대한 드 모르강의 정리는 3개 이상의 변수에 대해서도 같은 성질이 성립한다. 먼저 3개의 변수에 대한 드 모르강의 정리는

$$\overline{X + Y + Z} = \overline{X} \cdot \overline{Y} \cdot \overline{Z}$$

$$\overline{XYZ} = \overline{X} + \overline{Y} + \overline{Z}$$

가 되고, 이를 n개 변수의 경우까지 확장시키면 다음의 드 모르강의 정리에 대한 일반형이 구해진다.

$$\overline{X_1 + X_2 + \cdots + X_n} = \overline{X_1} \cdot \overline{X_2} \cdots \overline{X_n} \qquad \left(\overline{\bigcup_{i=1}^{n} X_i} = \bigcap_{i=1}^{n} \overline{X_i}\right)$$

$$\overline{X_1 X_2 \cdots X_n} = \overline{X_1} + \overline{X_2} + \cdots + \overline{X_n} \qquad \left(\overline{\bigcap_{i=1}^{n} X_i} = \bigcup_{i=1}^{n} \overline{X_i}\right)$$

표 3-1은 지금까지 기술한 부울대수에 관한 정리를 요약해서 나타낸 것이다.

표 3-1 부울대수의 정리

정리	비고
(1) $X+0=X$ (2) $X+1=1$ (3) $X\cdot 0=0$ (4) $X\cdot 1=X$	부울상수 {0.,1}에 대한 정리
(5) $X+X=X$ (6) $X\cdot X=X$	항등의 정리
(7) $X+\overline{X}=1$ (8) $X\cdot\overline{X}=0$ (9) $\overline{\overline{X}}=X$	보수의 법칙
(10) $X+Y=Y+X$ (11) $XY=YX$	교환법칙
(12) $X+(Y+Z)=(X+Y)+Z$ (13) $X(YZ)=(XY)Z$	결합법칙
(14) $X(Y+Z)=XY+XZ$ (15) $(X+Y)(X+Z)=X+YZ$	분배법칙
(16) $X+XY=X$ (17) $XY+X\overline{Y}=X$ (18) $X+\overline{X}Y=X+Y$	기타
(19) $\overline{X+Y}=\overline{X}\cdot\overline{Y}$ (20) $\overline{XY}=\overline{X}+\overline{Y}$	드 모르강의 법칙

예제 3-18

다음으로 주어진 논리함수의 보수(complement)를 취한 논리식을 구하여라.

(1) $f_1 = A'BC' + A'B'C + ABC'$

(2) $f_2 = (x+y'+z)(x'+y+z)(x+y'+z')$

풀이: (1) 논리함수 f_1의 보수 $\overline{f_1}$는

$$
\begin{aligned}
\overline{f_1} &= \overline{\overline{A}\;B\;\overline{C}+\overline{A}\;\overline{B}\;C+A\,B\,\overline{C}} \\
&= \overline{(\overline{A}\;B\;\overline{C}\;)}\cdot\overline{(\overline{A}\;\overline{B}\;C)}\cdot\overline{A\,B\,\overline{C}} \\
&= (\overline{\overline{A}}\;+\overline{B}+\overline{\overline{C}}\;)(\overline{\overline{A}}\;+\overline{\overline{B}}\;+\overline{C})(\overline{A}+\overline{B}+\overline{\overline{C}}\;) \\
&= (A+\overline{B}+C)(A+B+\overline{C}\;)(\overline{A}+\overline{B}+C)
\end{aligned}
$$

(2) 논리함수 f_2의 보수 $\overline{f_2}$ 는

$$
\begin{aligned}
\overline{f_2} &= \overline{(x+y'+z)(x'+y+z)(x+y'+z')} \\
&= \overline{(x+y'+z)}+\overline{(x'+y+z)}+\overline{(x+y'+z')} \\
&= x'\,y\,z'+x\,y'\,z'+x'\,y\,z
\end{aligned}
$$

이다.

3-4-4 부울대수식에 의한 논리회로의 표현과 회로구성

가. 논리회로의 부울대수식에 의한 표현

디지털 하드웨어의 디지털 회로의 기능을 이해하고 해석하기 위해서는, 입출력의 관계를 나타내는 논리함수를 구하고 입력들의 조건에 따라 논리회로의 출력이 어떻게 동작하는가를 나타내는 진리표를 구성하면 된다. 예를 들어 그림 3-48과 같은 논리회로의 동작을 해석해서, 출력 f가 HIGH 상태가 되는 입력의 조건을 구해보자.

회로의 출력 f를 입력변수들의 논리식으로 나타내면,

$$f=\overline{X+\overline{\overline{Y}\;Z}}$$

가 되고, 이를 드 모르강의 법칙을 사용해서 전개시키면

$$
\begin{aligned}
f &= \overline{X+\overline{\overline{Y}\;Z}} \\
&= \overline{X}\;\cdot\;\overline{\overline{\overline{Y}}\;Z} \\
&= \overline{X}\,(Y+\overline{Z})
\end{aligned}
$$

이다. 다음으로 논리함수에 대한 진리표를 구성하면 그림 3-49와 같다.

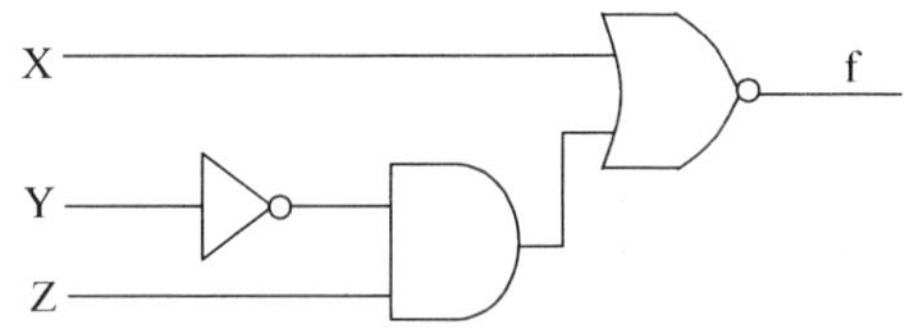

그림 3-48 논리회로 구성의 예

입력변수 X Y Z	Y+Z'	출력 f=X'(Y+Z')
0 0 0	1	1
0 0 1	0	0
0 1 0	1	1
0 1 1	1	1
1 0 0	1	0
1 0 1	0	0
1 1 0	1	0
1 1 1	1	0

그림 3-49 $f=\overline{X}(Y+\overline{Z})$의 진리표

따라서 출력 f가 HIGH가 되는 입력의 조건은 (0, 0, 0), (0, 1, 0), (0, 1, 1)의 3가지 조합이 되는 것을 알 수 있다.

이와 같이 논리회로로부터 논리함수식을 구하고, 진리표에 의한 입출력 관계를 조사함으로서 디지털 회로의 정상적인 동작을 위한 입력변수의 논리를 구하거나, 고장의 진단, 논리회로 구성을 변경하는데 이용할 수 있다. 그림 3-48의 논리회로를 $f=\overline{X}(Y+\overline{Z})$의 논리함수를 사용해서 구성하면 그림 3-50과 같이 AND, OR, NOT의 기본 게이트만의 회로가 된다.

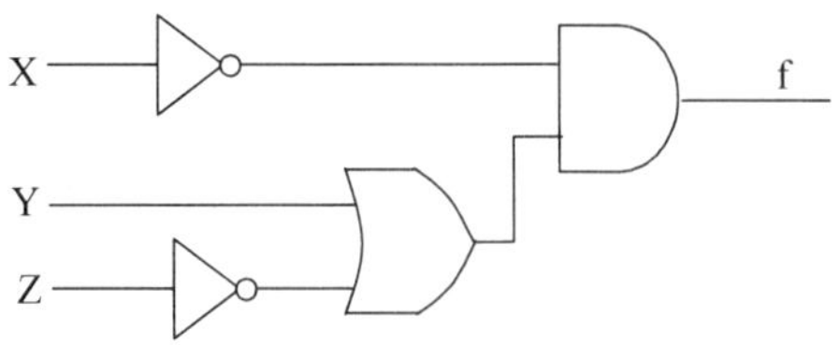

그림 3-50 $f=\overline{X}(Y+\overline{Z})$의 논리회로

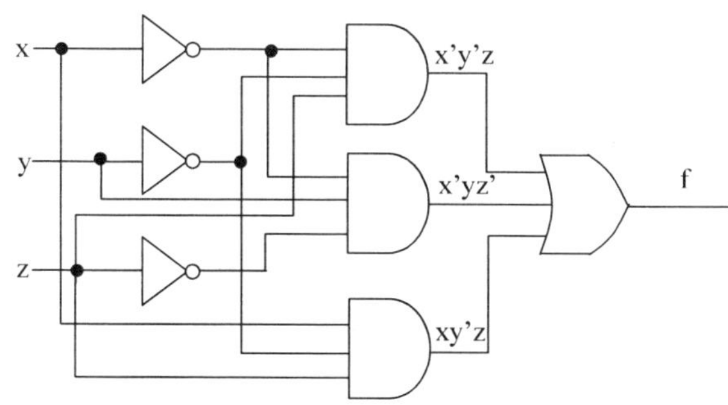

그림 3-51 $f = x'y'z + x'yz' + xy'z$의 회로 구성

나. 논리함수의 회로구성

부울대수에 의한 논리함수로 주어진 디지털 시스템의 논리회로를 구성하기 위해서는 먼저, 디지털 하드웨어의 구성에 적합한 논리함수의 부울대수식을 구한 후, 게이트를 사용해서 논리회로를 구성하면 된다. 이 때, 회로의 구성과 관련된 각종 게이트의 배치를 고려해서 논리함수를 논리 게이트의 심볼로 바꾸는 과정이 필요하다. 또한, 게이트 입력선의 수, 시간 지연, 접속선의 길이 등 여러 가지 요소를 고려하는 것이 필요하지만, 여기서는 주어진 논리함수를 게이트의 표준 심볼을 사용해서 어떻게 구성하면 되는지에 관해서만 취급한다. 예로 다음의 논리함수를 논리회로로 구성해보자.

$$f = x'y'z + x'yz' + xy'z$$

입력변수가 $x,\ y,\ z$ 3개이고, 각 입력변수의 보수를 취하기 위한 3개의 NOT 게이트, 3입력 AND 게이트 3개, 3입력 OR게이트 하나로 구성할 수 있고, 그 구성을 그림 3-51에 나타낸다.

3-5 | NAND 게이트와 NOR 게이트의 일반성(Universality)

부울대수식과 논리회로 구성과의 상호관계는 어느 한쪽이 주어지면 다른 하나는 쉽게 구현할 수가 있음을 3-4-4절에서 살펴보았다. 이 때 논리회로는 기본 논리게이트인 AND, OR, NOT만의 조합으로도 구성할 수 있다.

그러나 한정된 웨이퍼 위에 여러 종류의 게이트를 설계하는 것은 사용효율을 저하시키고, 칩의 집적도가 낮아질 가능성도 있다. 따라서, 어느 한 종류의 게이트만으로 디지털 하드웨어의 구성이 가능하게 되면 하드웨어 칩의 집적도를 높여 크기를 줄일 수 있을 뿐만 아니라 가격도 저하시킬 수 있다.

NAND나 NOR 게이트는 이들의 적절한 조합으로 AND, OR, INVERTER 등의 기본게이트를 구성할 수 있다. 이 성질이 성립하는 것을 NAND 게이트와 NOR 게이트의 일반성 또는 보편성이라 한다. 이와 같은 NAND 게이트나 NOR 게이트의 일반성을 이용함으로서 모든 종류의 디지털 논리회로를 NAND 게이트 또는 NOR 게이트만을 사용해서 구성할 수 있다.

3-5-1 NAND 게이트의 일반성

NAND 게이트의 정의와 기본 성질에 관해서는 3-2절에서 기술했다. 즉, 2입력 A, B에 대한 NAND 게이트의 출력 Y는 $Y=\overline{AB}$ 이므로 드 모르강의 법칙을 사용하면

$$Y=\overline{AB}=\overline{A}+\overline{B}$$

이다. 따라서 NAND 게이트에 의한 INVERTER는 입력을 $A=B$ 으로 하면 간단히 구성된다. 즉,

$$Y=\overline{AA}=\overline{A}+\overline{A}=\overline{A}$$

다음으로 AND 게이트의 구성은 부정의 부정은 긍정이라는 기본명제를 이용하면,

$$Y=\overline{\overline{AB}}=AB$$

와 같이 주어진다.

끝으로 OR게이트의 구성은

$$Y=\overline{\overline{A}\cdot\overline{B}}=\overline{\overline{A}}+\overline{\overline{B}}=A+B$$

와 같이 함으로서 구성되는 것을 볼 수 있다. 그림 3-52는 NAND 게이트에 의한 AND-OR-INVERTER의 구성을 나타낸 것이다.

(a) NOT 게이트의 구성

(b) AND 게이트의 구성

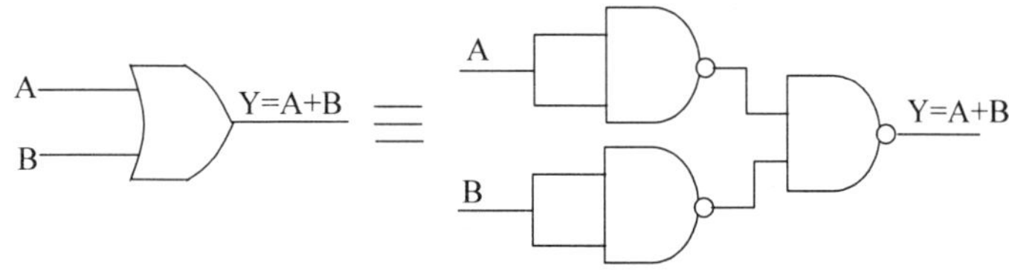

(c) OR 게이트의 구성

그림 3-52 NAND 게이트의 일반성

3-5-2 NOR 게이트의 일반성

NOR 게이트의 경우도 NAND 게이트와 비슷한 고정으로 AND, OR, INVERTER를 구성할 수 있다. 2입력 A, B에 대한 NOR 게이트의 출력 Y는 $Y=\overline{A+B}$ 이므로, 드 모르강의 법칙으로부터

$$Y=\overline{A+B}=\overline{A}\cdot\overline{B}$$

이다. 따라서 NOT 연산의 구성은 $A=B$로 하면,

$$Y=\overline{A+A}=\overline{A}\cdot\overline{A}=\overline{A}$$

되고, 이는 NOT 연산이다.

다음으로 AND 연산은

$$Y=\overline{\overline{A}+\overline{B}}=\overline{\overline{A}}\cdot\overline{\overline{B}}=AB$$

이고, OR 연산은

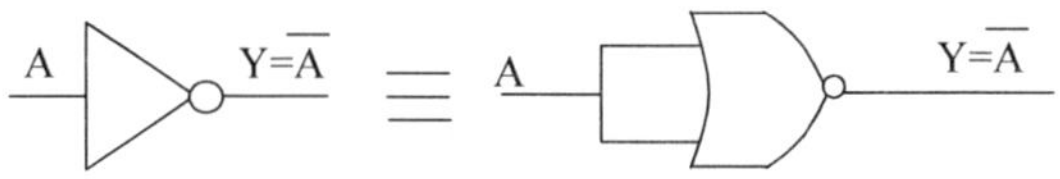

(a) NOT 게이트의 구성

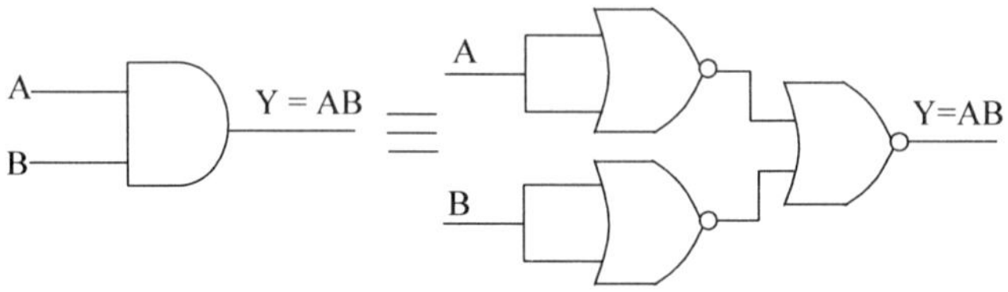

(b) AND 게이트의 구성

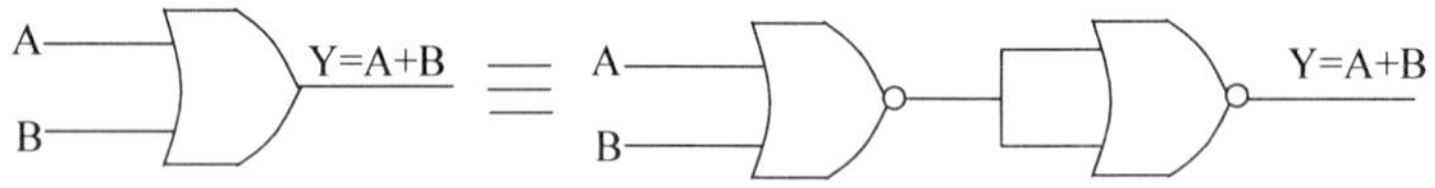

(c) OR 게이트의 구성

그림 3-53 NOR 게이트의 일반성

$$Y = \overline{\overline{A+B}} = A+B$$

와 같이 구성된다. 그림 3-53은 NOR 게이트만을 사용한 이들 기본 게이트의 구성을 나타낸 것이다.

예제 3-20

다음의 XOR 연산의 논리함수를 NAND 게이트만을 사용한 논리회로를 구성하여라.

$$f = x \oplus y = x'\,y + x\,y'$$

풀이: $A = x'\,y,\ B = x\,y'$라 두면,

$$\begin{aligned} f &= x'\,y + x\,y' = A + B \\ &= \overline{\overline{A}\ \overline{B}} = \overline{\overline{x'\,y} \cdot \overline{x\,y'}} \end{aligned}$$

와 같이 되고, NAND 게이트를 사용해서 구성한 것이 그림 3-54이다.

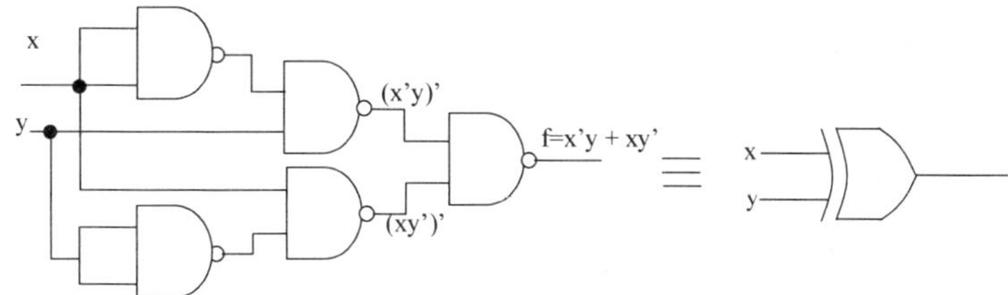

그림 3-54 NAND 게이트에 의한 XOR 게이트의 구성

예제 3-21

다음의 논리함수를 NOR 게이트만을 사용하여 논리회로를 구성하여라.

$$f = (x' + y)(x + y')$$

풀이: 논리함수 $f = (x' + y)(x + y')$를 전개하면,

$$f = x'\,y' + x\,y = x \odot y$$

즉 XNOR 연산이다. $A = (x' + y)$, $B = (x + y')$이라 두면,

$$\begin{aligned} f &= (x' + y)(x + y') = AB = \overline{\overline{A} + \overline{B}} \\ &= \overline{\overline{(\overline{x} + y)} + \overline{(x + \overline{y}\ )}} \end{aligned}$$

이다. 따라서 NOR 게이트만을 사용해서 XNOR 연산의 논리회로를 구성하면 그림 3-55와 같다.

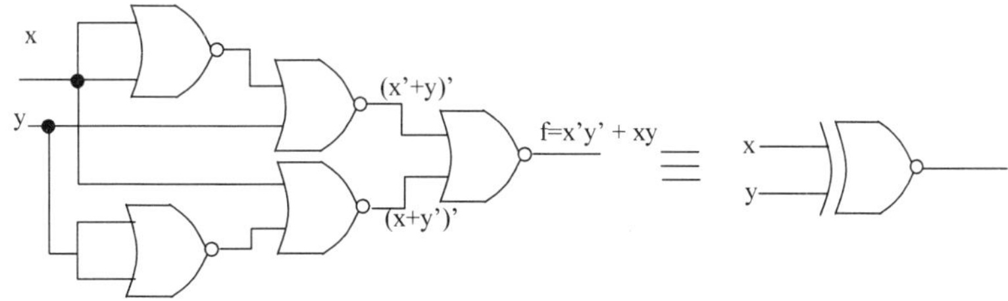

그림 3-55 NOR 게이트에 의한 XNOR 게이트의 회로구성

3-6 | 논리게이트 심볼의 다른 표현

5 종류의 기본 게이트인 AND, OR, NOT, NOR, NAND에 대한 표준 심볼뿐만 아니라 실제의 디지털 회로에서는 이와는 다른 심볼들도 많이 사용되고 있다. 이와 같은 기본 게이트들의 표준 심볼과는 다른 심볼은 드 모르강의 정리를 사용하면 간단하게 구해진다.

입력변수 A, B, 출력 Y에 대해, OR 게이트의 출력 Y는 $Y = A + B$이고, 부정의 부정은 원래의 논리상태가 되므로

$$Y = A + B = \overline{\overline{A+B}} = \overline{\overline{A} \cdot \overline{B}}$$

와 같이 보수를 취한 입력의 NAND 게이트 출력과 같다.

동일한 방법을 적용해서 AND, NOR, NAND, NOT 게이트들의 출력을 구하면 다음과 같다.

AND 게이트의 출력 Y

$$Y = AB = \overline{\overline{AB}} = \overline{\overline{A} + \overline{B}}$$

NOR 게이트의 출력 Y

$$Y = \overline{A+B} = \overline{A} \cdot \overline{B}$$

NAND 게이트의 출력 Y

$$Y = \overline{AB} = \overline{A} + \overline{B}$$

NOT 게이트는

$$Y = \overline{A}$$

등으로 주어진다. 그림 3-56은 이들의 관계를 나타낸 것이다.

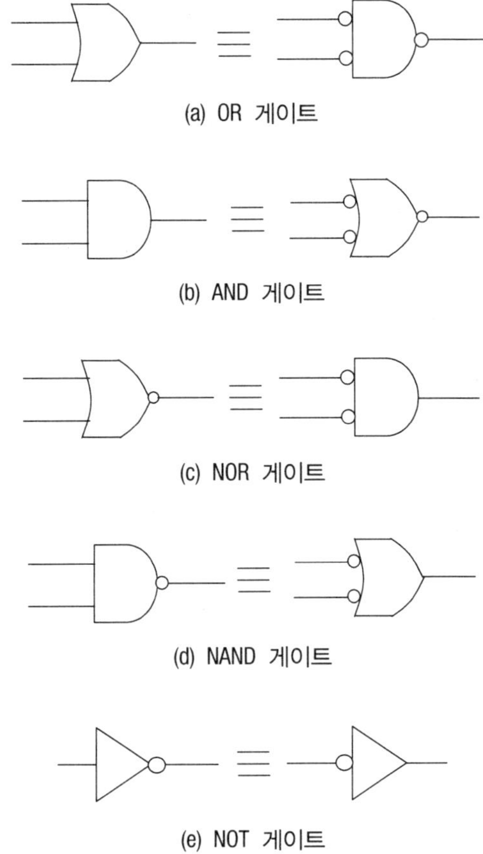

그림 3-56 각종 게이트의 표준 심볼과 다른 심볼

이 그림에서 알 수 있는 바와 같이 게이트들의 표준 심볼과 다른 심볼을 얻는 것은,

1. 표준 심볼의 입력과 출력을 각각 부정을 나타내는 작은 원을 사용해서 보수를 취한다. 이 때 작은 원이 2개 겹치는 경우는 부정의 부정인 논리에 해당되므로 작은 원을 제거한다.
2. AND 게이트의 심볼은 OR 게이트의 심볼로, OR 게이트의 심볼은 AND 게이트의 심볼로 변환시킨다.

의 2가지의 간단한 동작으로 구해지는 것을 알 수 있다.

이와 같은 기본 게이트에 대한 표준 심볼 및 변형된 심볼의 특징은,

1. 심볼의 변환은 입력변수의 개수에 상관없이 동일하게 적용된다.

2. 표준 심볼에서는 입력변수에 부정의 기호인 작은 원을 갖지 않지만, 변형된 심볼에서는 입력변수에 작은 원이 존재한다.
3. 동일한 게이트에 대한 심볼의 표현이 다를 뿐, 두 심볼간에 회로구성상의 차이는 없다.
4. NAND 및 NOR 게이트는 출력의 보수가 취해지는 게이트로서 표준 심볼이나 변형된 심볼의 표현에서 작은 원이 입력이나 출력의 어느 한쪽에만 존재한다.
5. AND 및 OR 게이트는 출력의 보수가 취해지지 않는 비부정(Non-inverting)의 게이트로서 변형된 심볼의 표현에서는 입력 및 출력 모두에 작은 원이 존재한다.

변형된 게이트 심볼의 적절한 사용은 복잡한 논리회로의 동작을 보다 분명하게 하는 경우가 있다. 따라서 디지털회로의 동작을 보다 이해하기 쉽게 하기도 한다. 이로 인해 여러 가지의 조건에 적합한 출력을 얻기 위한 입력변수의 논리상태를 어떻게 해야 하는지를 간단하게 파악하거나, 이와는 반대로 주어진 입력변수의 논리상태에 따라 출력의 논리상태를 즉시 알 수 있게 하는데 사용한다.

일반적으로 게이트 심볼의 사용은 디지털회로의 구성이나 사용목적에 따라 모두 다르지만, 인버트 출력은 인버트 입력과 연결하고, 인버트되지 않은 출력은 인버트되지 않은 입력과 연결되도록 게이트 심볼을 선택해서 사용하는 것이 좋다.

예제 3-22

다음의 논리함수를 게이트의 표준 심볼을 사용하여 논리회로를 구성하고, 각 게이트의 변형된 심볼의 논리회로로 변환시켜라.

$$f = a'b'c + a'bc' + ab'c' + abc$$

풀이: NOT 게이트, 3입력의AND 게이트, 4입력의 OR 게이트를 사용하여 논리함수를 구성하면 그림 3-57(a)와 같다. 이 결과로부터, 앞에서 기술된 과정으로 각 게이트들의 다른 심볼을 사용해서 회로를 구성하면 그림 3-57(b)와 같다. NOT 게이트를 부정을 의미하는 작은 원으로 바꾸고, 동일선상에서 작은 원2개가 겹치면 이는 부정의 부정에 해당되므로 작은 원을 소거시킬 수 있다. 이와 같이해서 얻어진 회로가 그림 3-57(c)이다.

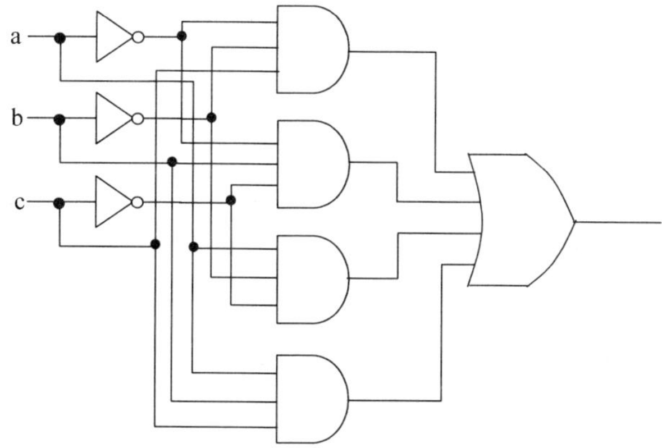

(a) 게이트의 표준 심볼을 사용한 논리회로

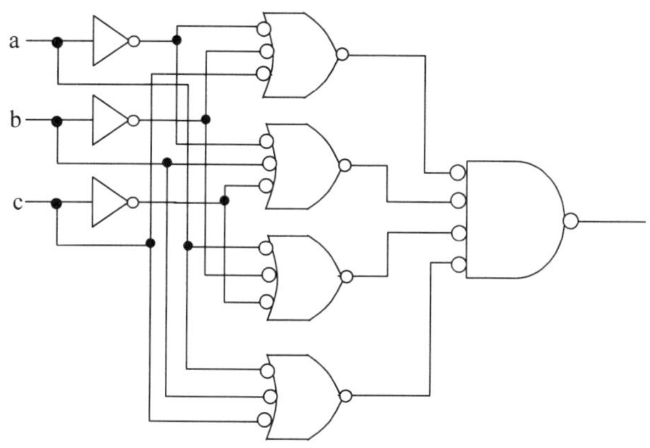

(b) 게이트의 변형된 심볼을 사용한 논리회로

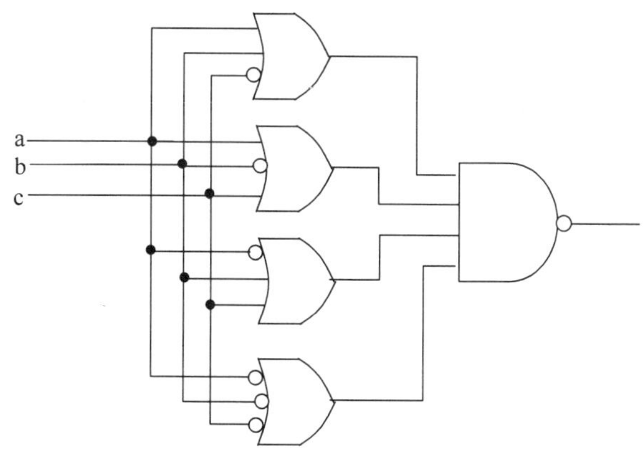

(c) 겹치는 작은 원을 소거한 논리회로

그림 3-57 논리함수 $f = a'b'c + a'bc' + ab'c' + abc$의 논리회로 구성

논리 심볼의 해석

논리회로에서 입출력 변수의 값이 논리 1이나 논리 0의 어느 값을 가질 수 있다. 이 때, 입출력 변수의 값이 참(true)이 되는 상태, 즉 논리회로에 영향을 주어 어떤 동작을 일으키는 논리상태가 되는 입출력의 신호레벨을 활성상태(active state)라 하고, 그렇지 않은 경우의 신호레벨을 비활성상태(inactive state)라 한다. 활성상태가 되는 신호레벨이 논리 1의 경우를 Active-HIGH 라하고, 보통 논리회로에서 부정(NOT)을 나타내는 작은 원을 갖지 않는다. Active-HIGH와는 반대로, 활성상태가 되는 신호레벨이 논리 0의 경우를 Active-LOW라하고, 논리회로의 입력이나 출력선에 부정을 나타내는 작은 원을 갖는다.

예로 그림 3-58은 NAND 게이트를 표준 심볼과 변형된 심볼을 사용하여 나타낸 것이다. 그림 3-58(a)의 표준 심볼의 경우, 입력 A와 B는 작은 원을 갖지 않으므로 활성상태는 Active-HIGH가 되고, 출력 Y는 작은 원을 포함하고 있다. 따라서, 출력 Y의 활성상태는 Active-LOW가 된다. 이는 입력 A, B가 모두 HIGH인 경우에만, 출력 Y는 LOW 상태가 되는 것을 의미하는 것이다.

그림 3-58(b)의 변형된 심볼의 NAND 게이트는 입력 A, B에 작은 원을 갖고, 출력 Y에는 없다. 따라서, 표준 심볼의 경우와는 반대로 입력 A, B의 활성상태는 Active-LOW가 되고, 출력 Y의 활성상태는 Active-HIGH가 된다. 즉, 출력 Y는 입력 A, B에 대한 OR 게이트의 출력이므로 입력 A, B 어느 것이라도 활성상태가 되면 출력 Y는 활성상태가 되는 것을 의미한다.

그림 3-58(a)나 (b)에 의한 입출력의 활성상태는 결국 같은 NAND 게이트의 논리를 사용하는 것이다. 즉, 출력이 Active-LOW인 경우에는 출력이 논리 0가 되는 입력의 조건만을 사용하는 것이고, Active-HIGH인 경우에는 출력이 논리 1이 되는 조건을 이용하는 것이다. 활성상태의 선택은 디지털회로의 사용목적이나 전체 회로구성에 좌우 될 뿐이다. 특히, 활성상태의 신호레벨을 asserted level이라고도 하고, 비활성상태의 신호레벨을 unasserted 레벨이라고도 한다.

A
B
Y=$\overline{AB}$
Active-LOW State
Active-HIGH State

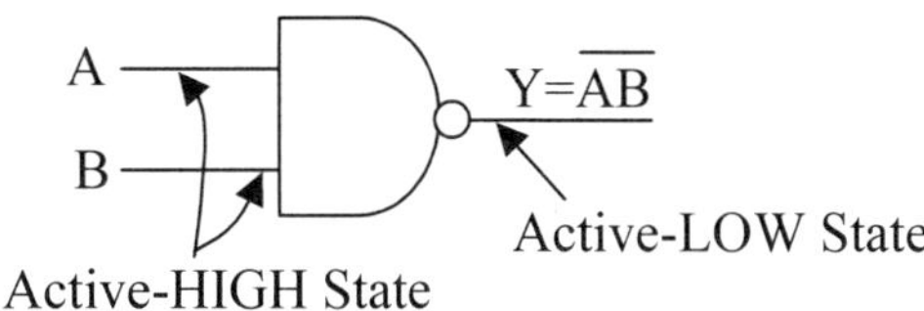

(a) 표준 심볼의 NAND 게이트

A
B
Y = $\overline{A}+\overline{B}$
Active-HIGH state
Active-LOW state

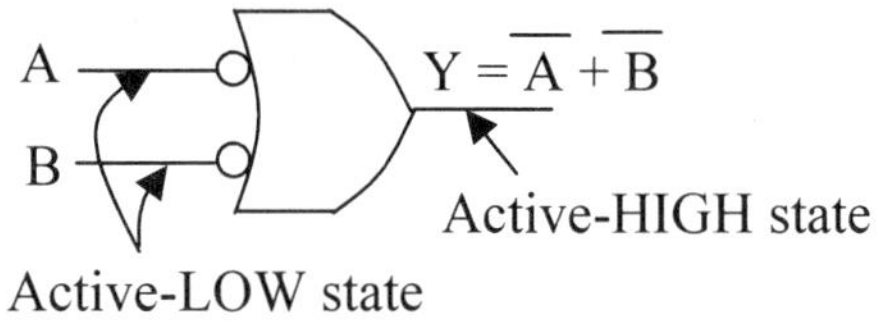

(b) 변형된 심볼의 NAND 게이트

그림 3-58 NAND 게이트에 대한 입출력의 활성상태

3-7 | 논리게이트의 IEEE/ANSI 심볼

각종 게이트에 대한 표준 심볼은 각 게이트마다 고유의 심볼을 정의해서 사용하는 것은 지금까지 설명한 바와 같다. 설계할 디지털 하드웨어가 간단한 경우에는 게이트의 표준 심볼을 사용해서 논리회로를 나타내도 문제되지 않지만, 회로가 복잡한 경우에는 논리회로의 구성이 복잡해질 가능성이 있다 따라서, 여러 가지의 논리소자들을 보다 통일되고 간단한 도형으로 나타내기 위해 1984년 IEEE/ANSI(American National Standard Institute: 미국표준협회)의 표준 91-1984에서 새로운 표준 심볼을 제정하여 도입한 것이 IEEE 게이트 심볼이다. 각종 게이트에 대한 표준 심볼과 IEEE 게이트 심볼과의 차이점은 다음과 같다.

1. 게이트나 논리소자들마다 서로 다른 모양의 심볼을 사용하는 대신 모든 논리소자에 공통인 사각형 심볼을 사용한다.
2. AND에 대한 기호는 & 기호를 사용한다. 이는 모든 입력이 논리 HIGH일 때 그 출력이 논리 HIGH가 되는 것을 의미한다.
3. OR에 대한 기호는 ≧ 1 기호를 사용한다. 이는 입력변수 중, 하나이상의 변수가 논리 HIGH이면 그 출력이 논리 HIGH가 되는 것을 의미한다.
4. 논리상태의 역은 작은 원(○) 대신 삼각형(△)의 기호를 사용해서 나타낸다.
5. 하나의 입력변수를 가진 논리소자 즉, NOT 게이트는 "1"로 나타낸다.

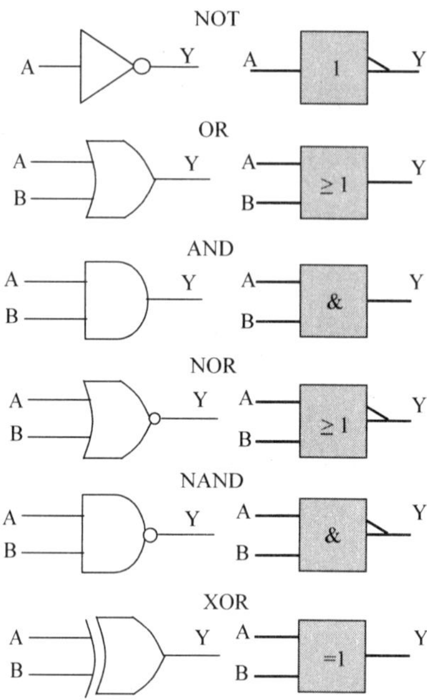

그림 3-59 각종 게이트의 표준 심볼과 IEEE 심볼

6. XOR 연산의 기호는 "=1"로 나타낸다.

그림 3-59는 각종 논리게이트에 대한 IEEE/ANSI 심볼을 도시한 것이다.

3-8 | 디지털 집적회로의 기본특성

반도체 기판(substrate) 위에 다이오드, 저항, 콘덴서, 트랜지스터 등의 회로소자를 통합시켜 집적한 것을 집적회로(Integrated Circuits, ICs) 또는 IC칩(chip)이라 한다. 실리콘 기판상에 다수의 회로를 배열한 모놀리딕 집적회로(Monolithic IC)는 bipolar형과 P- 또는 N-MOS에 의한 unipolar형으로 나뉘어지고, 게이트가 주로 디지털 집적회로의 기본단위로 사용한다.

집적회로에서 집적의 정도는 기판에 구성한 게이트의 수로 나타내고,

- SSI (Small Scale Integration) : 10개 이하의 게이트
- MSI (Medium Scale Integration) : 10 ~ 100개 정도의 게이트
- LSI (Large Scale Integration) : 10^4개 이하의 게이트
- VLSI (Very Large Scale Integration) : $10^4 \sim 10^5$개 정도의 게이트

- ULSI (Ultra Large Scale Integration) : $10^5 \sim 10^6$개 정도의 게이트
- GSI (Giga Scale Integration) : 10^6개 이상의 게이트

등으로 분류한다.

디지털 논리소자는 회로구성에 사용되는 소자의 주요 형태에 따라 RTL (Resistor Transistor Logic), DTL (Diode Transistor Logic), TTL (Transistor Transistor Logic), ECL (Emitter Coupled Logic), MOS (Metal Oxide Semiconductor) Logic, CMOS (Complementary MOS) Logic 등으로 분류되고 있으나, 대부분의 디지털 논리 게이트는 bipolar형인 TTL과 unipolar형인 CMOS 논리가 사용된다.

3-8-1 TTL/CMOS 계열의 표준 ICs

30년 이상 bipolar 디지털 IC의 표준으로 사용된 TTL 계열의 IC는 평균전달 지연시간과 평균전력소모량에 따라 여러 가지가 존재한다. 동작온도의 범위에 따라 54의 군용제품을 목적으로 한 $-55 \sim 125$°C, 74의 민수용의 것을 목적으로 한 $0 \sim 70$°C로 분류된다. 그 외 제조회사의 식별, 지연시간과 소비전력에 따른 분류, 게이트의 종류, 특성개선의 정도 등에 따른 표준 TTL IC는 그림 3-60과 같이 표기에 따라 분류된다.

그림 3-60 TTL IC 게이트의 표기

표 3-2 IC 제조회사와 표시기호

기 호	제 조 회 사
SN	Texas Instrument
DM	National
P	Intel
F	Fairchild
MC	Motorola
H	Harris
AM	Advanced Microdevices

첫 영문자 SN은 제조회사의 표시로서 Texas Instrument (TI)사를 나타낸다. 대표적인 제조회사는 표 3-2와 같다.

다음으로 74 또는 54는 정상적인 동작온도 범위를 나타내는 것으로 74 계열은 0 ~ 70°C로 민수용으로 사용되고, 54 계열은 −55 ~ 125°C로 군사용으로 주로 사용된다.

TTL 게이트의 소비전력과 동작 스위칭속도에 따라 다음의 표 3-3과 같이 분류된다.

다음의 숫자는 게이트 종류를 나타내는 것으로 2자리 또는 3자리수의 10진수를 사용한다. 예로 00은 2입력 NAND 게이트, 04는 NOT 게이트 08은 2입력 AND 게이트, 32는 2입력 OR게이트 등을 나타낸다.

다음의 영문자 A는 특성이 개선되었음을 의미하는 것으로 표시가 없을 때는 일반형을 나타낸다.

마지막 하나의 영문자는 게이트 재질을 나타내는 것으로 J는 Ceramic DIP(Dual In-line Package) 타입, N은 Plastic DIP 타입 등을 의미한다.

CMOS 계열의 IC는 초기에 TTL과 핀간 호환이 되지 않는 4000-series가 개발되어 사용되었나 오늘 대부분의 CMOS IC는 TTL과 호환이 되는 74-series가 많이 사용되고 있다. 스위칭 속도나 TTL 단자와의 호환성 여부에 따른 CMOS 계열 IC는 다음의 표 3-4와 같이 분류된다.

표 3-3 TTL 분류기호와 특성

TTL 분류 기호	특 성	
	전반지연시간[ns]	소비전력[mW]
무표시	10	10
L(Low power)	33	1
H(High speed)	6	22
S(Schottky)	3	20
LS(Low Power Schottky)	9.5	2
AS(Advanced Schottky)	1.7	8
ALS(Advanced Low power Schottky)	4	1.2

표 3-4 CMOS 계열 IC의 분류와 특성

게이트 분류	특 성
40	Metal-gate CMOS
74C	Metal-gate, TTL 단자와의 호환가능
74HC	Silicon-gate, 고속이고 TTL 단자와의 호환가능
74HCT	Silicon-gate, 고속이고 TTL과 단자간 및 전기적으로 호환가능
74AC	성능개선된 CMOS이나 TTL과 단자간 및 전기적 호환 불가능
74ACT	성능개선된 CMOS이고, TTL과 단자간 호환성은 없으나 전기적 호환성은 보유

3-8-2 디지털 IC의 특성

가. 전기적 특성

TI(Texas Instrument)사의 표준 TTL SN54/7432 Quadruple 2-input positive OR 게이트의 전기적 특성표를 참조하여, 각종 전기적 특성 파라미터를 살펴보면 다음과 같다.

- V_{CC} : 외부에서 공급되는 전압을 나타내고 TTL 계열인 경우, 일반적으로 $V_{CC} = 5$[V]이다.
- V_{IH} : HIGH 레벨시의 입력전압으로 입력이 HIGH가 되는 것을 보장하는 최저전압(V_{IHmin})을 나타내고, 모든 TTL 계열의 IC에서는 $V_{INmin} = 2$[v]이다.
- V_{IL} : LOW 레벨시의 입력전압으로 입력이 LOW가 되는 것을 보장하기 위한 최대전압(V_{ILmax})를 나타내고, 모든 TTL 계열의 IC에서는 $V_{ILmax} = 0.8$[V]이다.
- V_{OH} : HIGH 레벨시의 출력전압으로 출력이 HIGH가 되는 것을 보장하기 위한 최저전압으로 표준은 3.4[V]이지만 적어도 2.5[V]가 유지되는 것을 의미한다.
- V_{OL} : LOW 레벨시의 출력전압으로 출력이 LOW가 되는 것을 보장하기 위한 최대전압(V_{OLmax})로서 표준은 0.25[V]이지만, 최악의 조건에서도 0.4[V] 이상은 되지 않는다는 것을 의미한다.
- I_{IH} : HIGH 레벨시의 입력전류로, 입력이 HIGH일Eo 신호원으로부터 입력단자에 유입되는 전류의 최대값이 I_{IHmax}로서 표준 TTL에서는 $I_{IHmax} = 20\mu A$이다.
- I_{IL} : LOW 레벨시의 입력전류로서 입력이 LOW일 때, 입력단자에서 신호원으로 유출되는 전류의 최대값이 I_{ILmax}이고, 표준 TTL에서는 $I_{ILmax} = 1.6mA$이다. 마이너스 부호의 표시는 IC에서 외부로 전류가 흘러나가는 것을 의미한다.

- I_{OH} : HIGH 레벨시의 출력전류로서, 출력이 HIGH일 때 출력단자에서 외부의 부하로 공급되는 전류의 최대값이 I_{OHmax}이다. 표준 TTL에서는 대략 0.4 mA 정도이다.
- I_{OL} : LOW 레벨시의 출력전류로서, 출력이 LOW일 때, 부하에서 출력단자로 유입되는 전류의 최대값이 I_{OLmax}이다. 표준 TTL에서는 대략 16 ma 정도이다.
- I_{CCH} 및 I_{CCL} : 게이트 출력이 HIGH 레벨일 때 한 패키지의 평균 소비전류를 I_{CCH}라 하고, 게이트 출력이 LOW일 때의 것을 I_{CCL}이라 한다. I_{CC}는 출력의 duty 비가 50%일 때의 게이트 당 평균 소비전류로서 $I_{CC} = (I_{CCH} + I_{CCL})/(2K)$가 되고, K는 IC내 게이트 수이다.
- t_{PD} : 신호가 입력에서 출력으로 전달되는 평균 지연시간으로 LOW의 입력이 HIGH의 출력으로 전달도리 때의 지연시간을t_{PLH}, 그 반대의 것을 t_{PHL}이라 한다. 평균지연시간 t_{PD}는 $t_{PD} = (t_{PLH} + t_{PHL})/2$로 정의되고, 그 값은 패키지의 종류에 따라 다양하게 주어진다.

나. 팬 인(fan-in)

한 게이트가 허용할 수 있는 최대 입력수를 팬 인이라 하고, 이는 논리게이트의 구성방법에 따라 전파지연시간이나 잡음여유 등을 고려해서 일정한 수로 제한된다.

다. 팬 아웃(fan-out)

게이트의 정상적인 동작에 영향을 미치지 않으면서 게이트의 출력단자에 접속시킬 수 있는 표준부하의 최대 개수이다. 이 때 표준부하라고 하는 것은 같은 계열의 게이트 입력이 필요로 하는 전류의 크기를 말한다. 따라서, 팬 아웃은 어떤 한 게이트가 구동할 수 있는 동일계열 다른 게이트의 수가되고, 허용한도 이상의 게이트를 임의의 한 게이트의 출력단자에 접속하게 되면, 그 게이트는 정상적인 동작을 할 수 없게 된다.

라. 전력소모(power dissipation)

게이트가 정상적인 동작을 수행하는데 필요한 전력의 크기로, 평균 소비전력은 $P_D = I_{CC} \times V_{CC}$ (mW)로 주어진다.

마. 잡음 여유도(noise margin)

출력의 논리상태에 영향을 미치지 않는 범위에서 입력으로 인가할 수 있는 최대 전압의

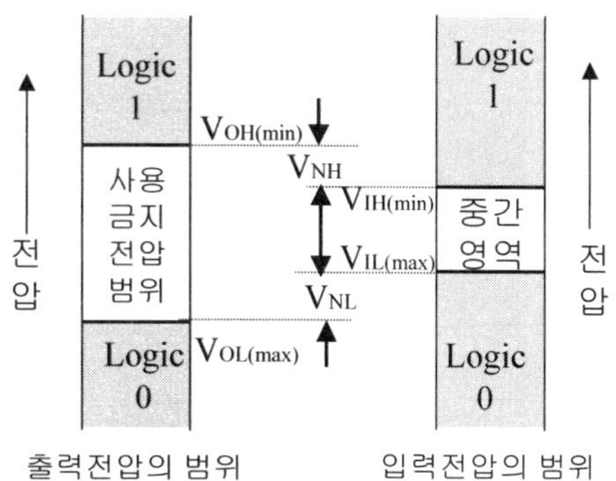

그림 3-61 잡음 여유도

범위를 잡음 여유도라 하고, 그 단위는 [V]이다. 그림 3-61은 논리게이트의 입출력 전압의 범위를 나타낸 것이다. 임의 게이트의 출력을 다른 게이트의 입력으로 사용해서 구동시키는 경우를 생각해보자. 먼저, 논리 HIGH 상태 입출력의 경우, HIGH인 게이트 출력의 최저전압 V_{OHmin}이 다른 게이트에 입력되어 HIGH로 인식되기 위해서는 그 게이트 입력의 최저전압 V_{IHmin} 보다 높거나 같아야 한다. 따라서, 신호가 전송되는 도중에 허용할 수 있는 잡음의 여유 V_{NH}는

$$V_{NH} = V_{OHmin} - V_{IHmin}$$

이 되고, 이것이 HIGH 입출력의 잡음 여유도가 된다.

이와 마찬가지로, LOW 상태 입출력의 경우도, 잡음 여유도 V_{NL}은

$$V_{NL} = V_{ILmax} - V_{OLmax}$$

로 주어지는 것을 알 수 있다.

3-8-3 각종 게이트의 표준 IC

그림 3-62는 본 장에서 다루었던 각종 게이트의 표준 ICs를 정리한 것이다. 단자번호는 1번에서 반시계 방향으로 붙여지고, 대부분의 TTL ICs에서는 가장 큰 단자번호가 공급전압원 V_{CC}이고, 대각선 반대방향의 단자가 접지(GND)이다.

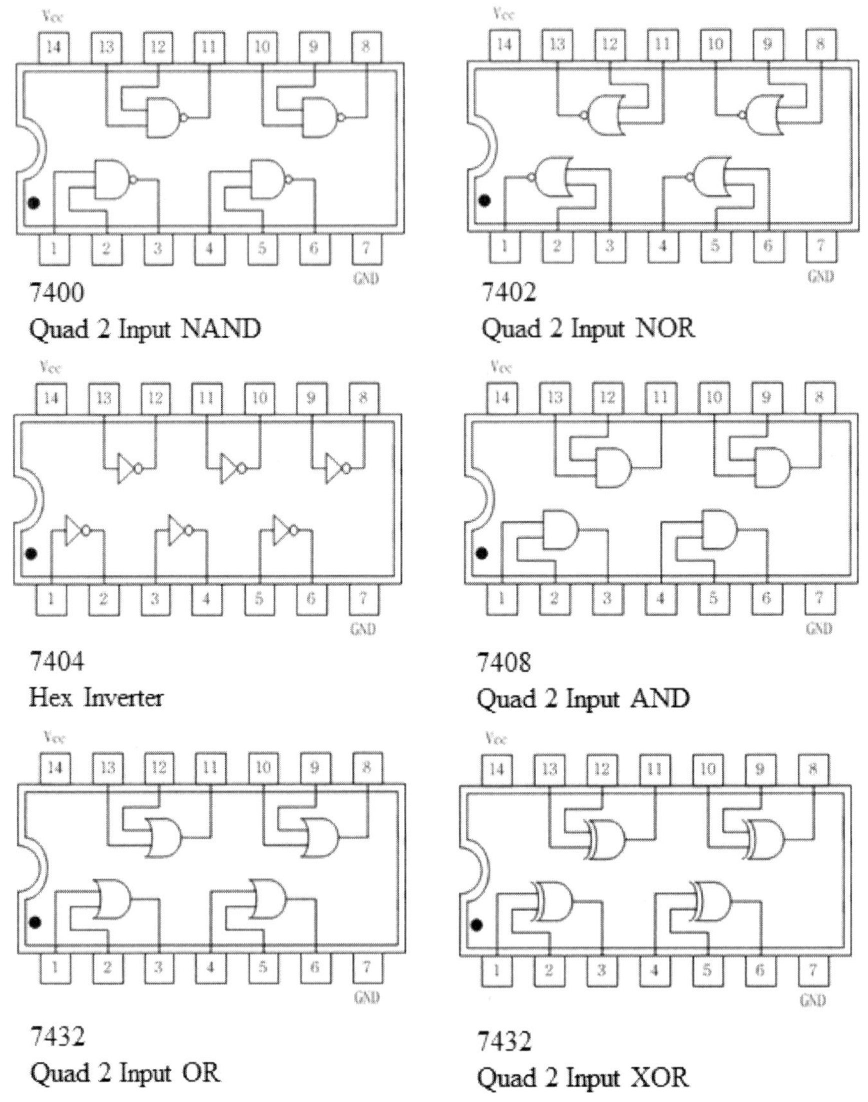

그림 3-62 TTL 표준 게이트 ICs의 예

연습문제

3-1 4개의 입력이 x_1, x_2, x_3, x_4이고, $x_1 = x_2$이거나 $x_3 = x_4$일 때, 출력이 HIGH가 되는 논리함수의 진리표를 작성하여라.

3-2 다음의 OR 게이트에서

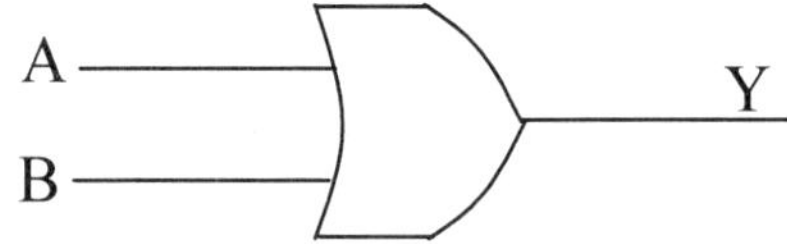

(a) 입력 A가 GND(ground)에 접속되어 있을 때, 입력 B에 대한 출력 Y를 구하여라.
(b) 입력 A가 전원(Vcc)에 접속되어 있을 때, 입력 B에 대한 출력 Y를 구하여라.

3-3 그림 3-63(a)의 회로에서 그림 3-63(b)의 입력 파형에 대한 출력 Y의 파형을 구하여라.

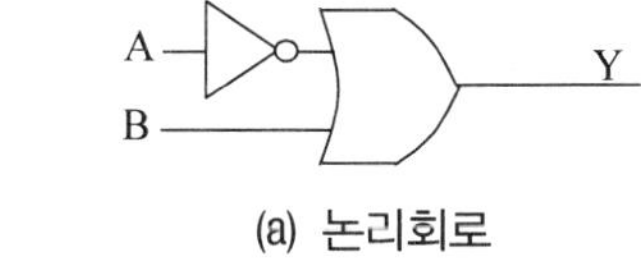

(a) 논리회로

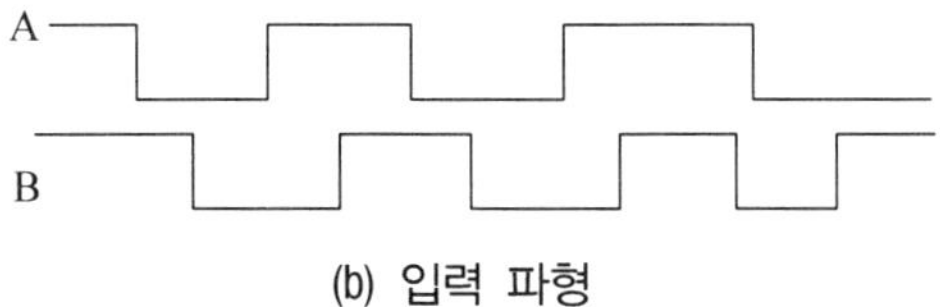

(b) 입력 파형

그림 3-63 문제 3-3의 논리회로와 입력파형

3-4 다음 AND 게이트에 대해 문제 3-2를 반복하여라.

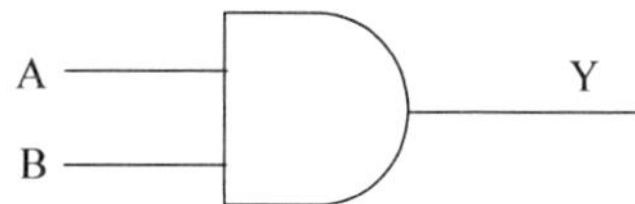

3-5 문제 3-4의 AND 게이트에서 입력A와 출력 Y의 파형이 그림 3-64와 같이 주어진 경우, 입력 B의 파형을 구하여라.

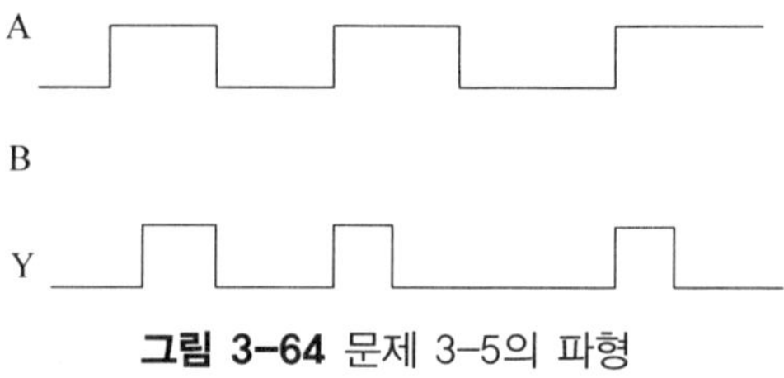

그림 3-64 문제 3-5의 파형

3-6 그림 3-65의 논리회로에서 출력 Y가 HIGH가 되는 입력의 조건을 구하여라.

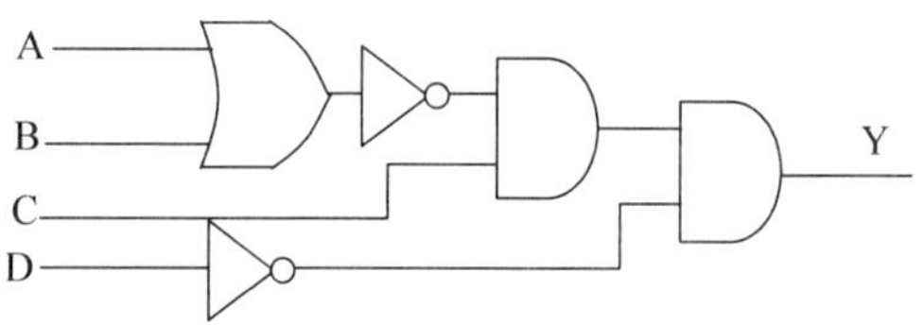

그림 3-65 문제 3-6의 논리회로

3-7 그림 3-66의 입력파형에 대한 NAND 게이트 및 NOR 게이트이 출력 Y의 파형을 구하여라.

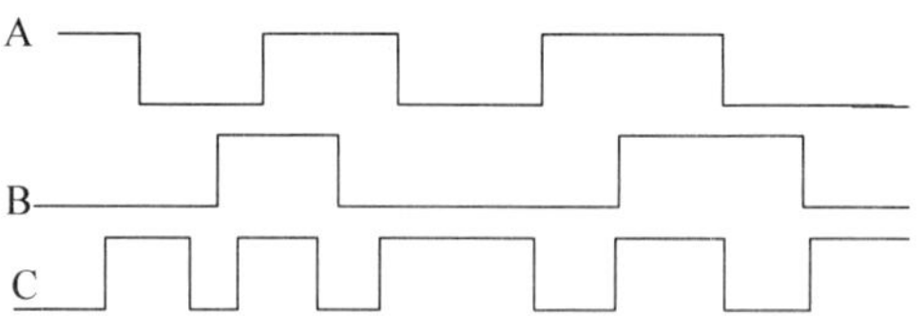

그림 3-66 문제 3-7의 파형

3-8 다음 논리회로의 출력 Y에 대한 논리식을 구하고, 출력이 HIGH가 되는 입력의 조건을 구하여라.

(a)

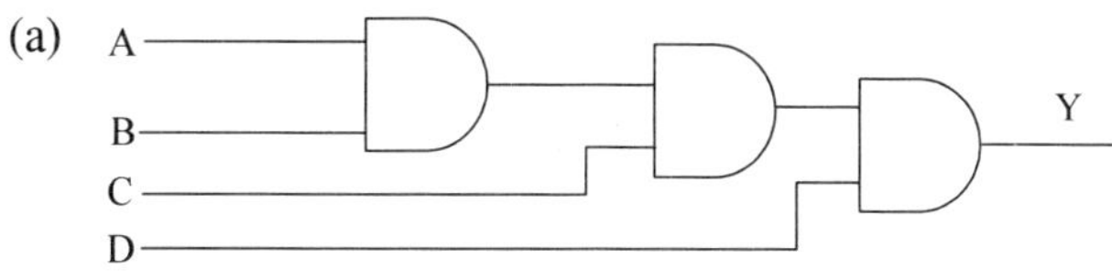

(b)

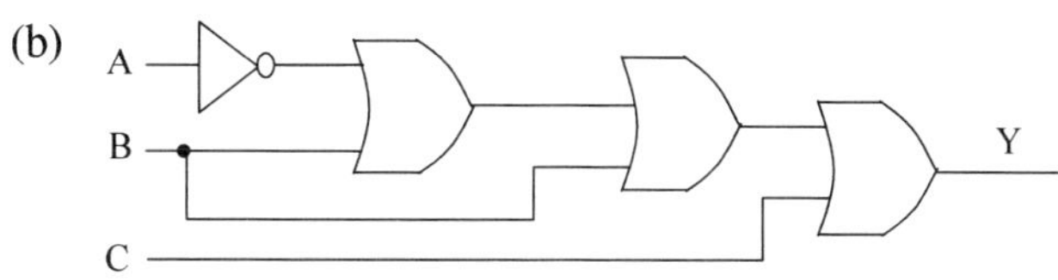

3-9 다음 논리회로의 출력 Y에 대한 논리식을 구하고, 입출력의 관계를 나타내는 진리표를 구하여라.

(a)

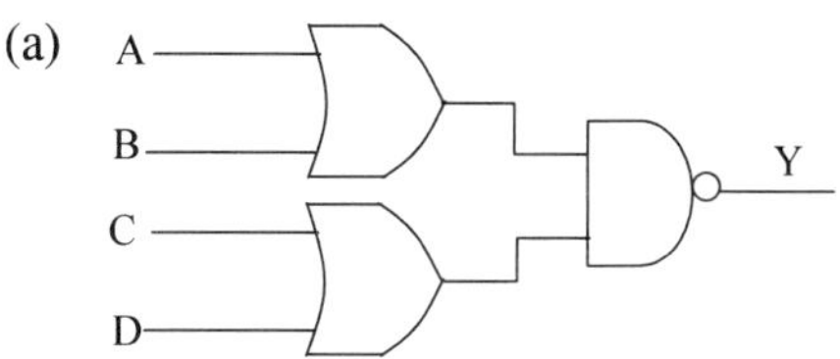

(b)

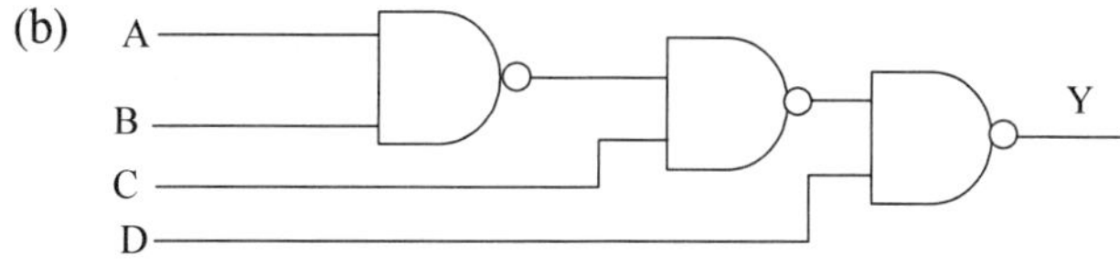

(c)

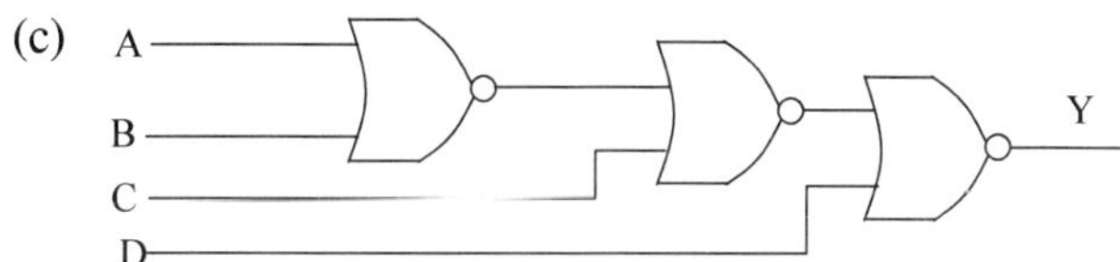

(d)

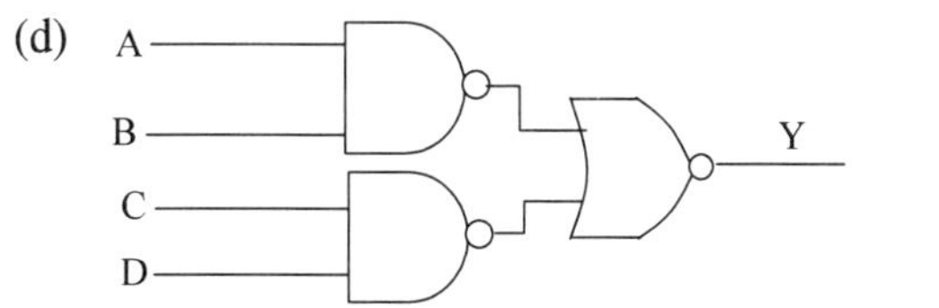

3-10 다음 논리식을 AND, OR, NOT 게이트를 사용하여 논리회로를 구성하여라.

(a) $Y=\overline{AB(C+D)}$

(b) $Z=\overline{(x_1+x_2+\overline{x_3}\ x_4)}+\overline{x_2}\ x_3\ \overline{x_4}$

(c) $F=(a+b)'(a'+b')'$

(d) $f=x'y'z'+x'y'z+xy'z'+xyz$

(e) $P=\overline{AB(C+\overline{D})}$

(f) $Q=AB+AB'C'+BC$

3-11 문제 3-9 논리회로의 논리식을 드 모르강의 정리를 사용하여 다른 표현의 논리식을 구하여라.

3-12 다음의 등식을 증명하여라.

(a) $A+X\overline{X}=(A+X)(A+\overline{X})$

(b) $AB+A\overline{B}+\overline{A}\ \overline{B}=A+\overline{B}$

(c) $a'+ab+ac'+ab'c'=a'+b+c'$

(d) $yz'+x'z'+x'y'=yz'+x'y'$

3-13 다음 논리식의 부정을 구하고, 드 모르강의 정리를 사용하여 간략화된 논리식을 구하여라.

(a) $ab'+a'b$

(b) $(x'y+z)w+v'$

(c) $(a+b'+c)(a'b'+c)(a+b'c')$

(d) $wx(y'z+yz')+w'x'(y'+z)(y+z)$

3-14 2입력 NAND 게이트를 사용하여 2입력 NOR 연산의 논리회로를 구성하여라.

3-15 2입력 NOR 게이트를 사용하여 2입력 NAND 연산의 논리회로를 구성하여라.

3-16 논리식 $Y=AB'+CD$를

(a) AND, OR, NOT 게이트를 사용하여 회로를 구성하여라.

(b) NAND 게이트만을 사용하여 회로를 구성하여라.

(c) NOR 게이트만을 사용하여 회로를 구성하여라.

3-17 부울대수의 정리를 사용하여 간략화된 논리식을 구하여라.

(a) $ABC + AB\overline{C} + \overline{A}\ B$

(b) $(\overline{A+B})(\overline{A}+\overline{B})$

(c) $\overline{A}\ BC + AC$

(d) $A\overline{B} + \overline{A}\ \overline{C}\ \overline{D} + \overline{A}\ \overline{B}\ D + \overline{A}\ \overline{B}\ C\overline{D}$

3-18 다음의 논리식을 NAND 게이트만을 사용하여 회로를 구성하여라.

(a) $ab + cd$

(b) $x(y+z')'$

(c) $x'y'z + x'yz'$

(d) $a'b + bd + cd'$

(e) $yz' + x'y$

3-19 문제 3-18의 논리식을 NOR 게이트만을 사용한 논리회로를 구성하여라.

3-20 4비트 데이터 b_3, b_2, b_1, b_0가 한번에 한 비트씩 패리티 발생기에 직렬로 입력되어 패리티 비트를 발생시키고, 이를 수신하여 1비트 에러의 발생을 점검하는 디지털 회로를 구성하고자 한다. XOR 게이트를 사용하여 짝수 패리티 발생기와, 1비트 에러 발생의 유무를 수신기에서 검사하는 논리회로를 구성하여라.

제 4 장

조합 논리회로의 간략화

3장에서 취급한 기본 게이트, 즉 AND, OR, NOT, NAND, NOR 등의 게이트만으로 구성되는 논리회로를 조합논리회로(combinational logic circuit)라 한다. 조합논리회로는 그 출력이 입력변수의 논리상태에 따라 순시적으로 결정되는 특성을 갖는다.

본 장에서는 이와 같은 조합논리회로를 해석하고 설계하는데 필요한 기본 지식을 습득하도록 한다. 먼저, 입출력 관계를 기술하는 논리함수의 두 가지 표준형인 곱의 합 형식과 합의 곱 형식을 다루고, 이와 관련된 minterm과 maxterm의 용어를 정의한다.

다음으로, 논리함수의 표준형식의 표현으로부터 논리회로의 구성을 최소화할 수 있도록 하기 위한 논리식의 간략화에 관한 제반 기법들을 다룰 것이다. 이는 조합논리회로의 해석이나 설계에 중심적인 역할을 수행하는 기법이 된다. 부울대수의 정리를 이용한 간략화나 카르노 맵을 이용한 방법, 퀸 맥클라스키의 방법들을 소개하고 다양한 예제들을 통해 그 내용을 충분히 이해할 수 있도록 한다.

4-1 | 조합논리회로

조합논리회로(combinational logic circuit)는 AND, OR, NOT, NOR, NAND 등과 같은 기본 게이트들만의 조합으로 구성된 논리회로이다. 회로내부에 메모리와 같은 기억장치를 포함하지 않고 출력이 회로의 입력으로 궤환되지 않으므로 임의 시간에서의 출력이 입력변수의 논리상태에 따라 순시적으로 결정된다.

일반적인 조합논리회로의 구성은 입력변수와 출력변수, 기본 게이트와 이들의 상호 접속으로 이루어진다. 즉, 그림 4-1과 같이 입력이 m개의 변수 $X=\{x_1, x_2, \cdots, x_m\}$이고, 출력이 n개의 변수 $Y=\{y_1, y_2, y_3, \cdots, y_n\}$로 이루어진 경우, 각 출력마다 고유의 논리함수를 사용해서 나타내는 것이 가능하다. 따라서 전체 논리회로는 출력수에 해당되는 n개의 논리함수식이 존재하게 된다. 이 때 각각의 부울 표현식은 2^m개의 입력변수의 조합에 의한 다음과 같은 형태로 주어진다.

$$Y=f(X) \tag{4-1}$$

여기서, $f(\cdot)$는 입력 X의 조합에 따르는 논리함수를 나타낸 것이다.

그림 4-1 조합 논리회로의 블록도

입력변수와 출력변수간의 관계인 조합논리회로를 나타내는 방법에는, 3장에서도 기술한 바와 같이 논리함수에 의한 부울대수 식으로의 표현, 진리표를 사용해서 입력과 출력 간의 가능한 모든 관계를 표로 나타내는 방법, 각종 게이트를 사용하여 논리회로로 나타내는 방법 등이 있다. 진리표를 사용하는 방법이나, 논리회로를 구성해서 나타내는 방법은 취급하는데 한계가 있고 입력변수의 개수가 많아지거나, 회로규모가 커지게 되면 다룰 수 없게 된다. 따라서 일반적인 조합논리 회로는 논리함수에 의한 방법을 사용해서 나타내는 것이 대부분이다.

4-2 | 논리표현식의 표준형

디지털회로의 출력을 논리함수 식으로 표현하는 것은 논리회로를 해석해서 그 동작특성을 파악하거나 응용에 적합한 디지털 시스템을 최적으로 설계하기 위해 주어진 논리식을 간소화하거나 필요한 논리함수를 구하기 위함이다.

이와 같은 논리함수를 나타내는 방법은 크게 논리식의 각 변수들의 항을 합의 형식으로 나타내는 것과 곱의 형식으로 나타내는 것 2종류로 분류된다.

4-2-1 곱의 합(Sum of Product: SOP) 형식

하나 이상의 논리변수로 이루어진 논리 표현식이 2개 이상의 “AND” 항들이 “OR”로 구성되어 있는 논리 표현식으로, 다수의 논리곱의 항들이 논리합으로 표현되는 형식이다. 예를 들어

$$f_1(A,B,C) = A + \overline{A}\,B + BC$$

는 논리변수 A, B, C의 논리함수로 하나 이상의 변수들의 곱이 합의 형태로 주어진 SOP 형식이다. 그림 4-2는 이 논리함수를 기본 게이트들을 사용해서 구성한 논리회로이다.

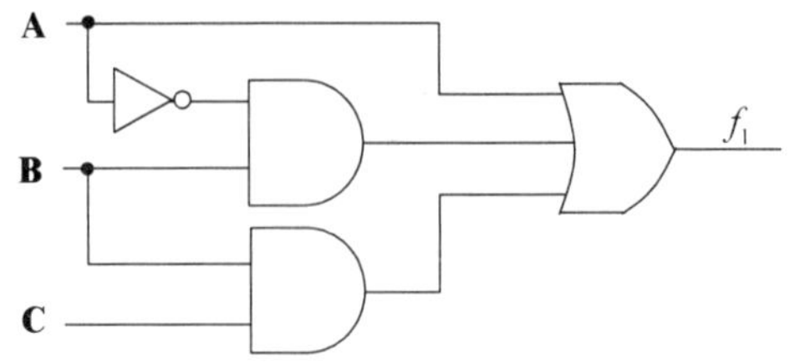

그림 4-2 $f_1(A,B,C) = A + \overline{A}\,B + BC$의 논리회로

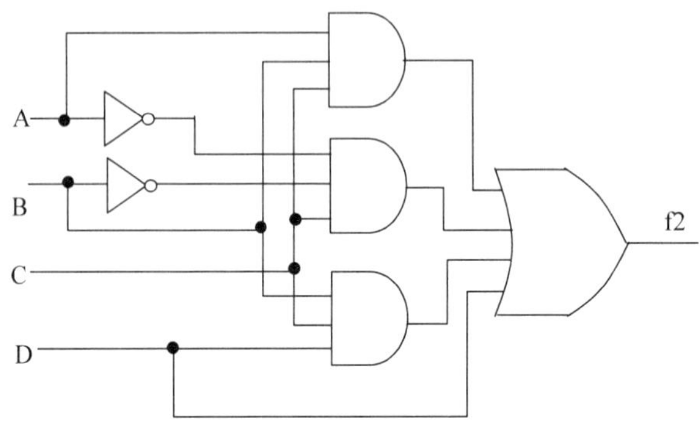

그림 4-3 $f_2 = D + ABC + \overline{A}\ \overline{B}\ C + BCD$의 논리회로

다른 예를 살펴보자. 다음의 논리함수 f_2 도 하나 또는 3개 변수의 곱의 항들이 합으로 주어진 SOP 형식으로 표현된 논리함수이고, 논리회로를 구성해서 나타낸 것이 그림 4-3이다.

$$f_2 = D + ABC + \overline{A}\ \overline{B}\ C + BCD$$

또 다른 예를 들어보자. 다음의 논리함수 f_3는 입력변수 $x,\ y,\ z$의 함수이고, 3개의 변수들의 곱이 합으로 주어진 SOP 형식이다. 여기서 사용된 프라임 (′)의 기호는 부정(NOT)을 나타낸다. 그림 4-4는 이 함수의 논리회로의 구성이다.

$$f_3(x,y,z) = x'yz + xy'z + yz'$$

논리 함수식은 예제의 $f_1(A,B,C)$나 $f_3(x,y,z)$와 같이 논리식에서 사용되는 입력변수를 포함해서 기술할 수도 있으며, f_2와 같이 변수를 포함시키지 않고 기술할 수도 있다. 논리식에서 사용되는 인버트 기호(overbar (-) 또는 프라임(′))는 다음의 예와 같이 하나의 논리변수에만 사용해야 된다.

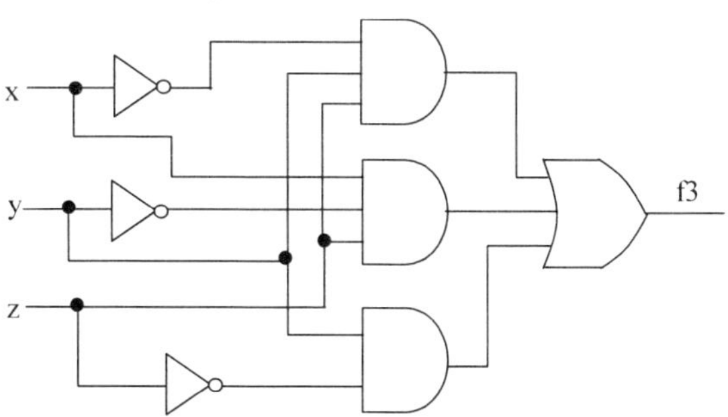

그림 4-4 $f_3(x,y,z) = x'yz + xy'z + yz'$ 의 논리회로

$$f = \overline{A}\ \overline{B}\ \overline{C}$$

만약 $f = \overline{ABC}$ 와 같이 overbar 기호가 2변수 이상에 걸쳐 사용되는 경우에는 드 모르강의 정리에 의해서 $f = \overline{A} + \overline{B} + \overline{C}$ 의 형태로 변환될 수 있으므로 주의해야 한다. 또한, 예를 든 3개의 논리함수를 논리회로로 구성한 그림 4-2에서 그림 4-4에서 나타낸 것처럼 입력변수의 보수항을 취하기 위한 NOT게이트를 고려하지 않으면, SOP 형식의 논리함수는 AND 게이트와 OR 게이트의 조합으로 구성되는 것을 알 수 있다. 따라서 SOP 형식의 논리함수를 AND-OR 조합형이라고도 한다.

예제 4-1

다음의 논리함수를 곱의 합 형태인 SOP 형식으로 나타내어라.

$$f(x_1, x_2, x_3) = \overline{x_1}\,(x_2 + \overline{x_3})(x_1 + \overline{x_2} + x_3)$$

풀이: 주어진 논리함수를 전개시키면,

$$\begin{aligned} f(x_1, x_2, x_3) &= \overline{x_1}\,(x_2 + \overline{x_3})(x_1 + \overline{x_2} + x_3) \\ &= \overline{x_1}\,(x_1x_2 + x_2\overline{x_2} + x_2x_3 + x_1\overline{x_3} + \overline{x_2}\ \overline{x_3} + x_3\overline{x_3}\,) \end{aligned}$$

이고, 부울대수의 정리에서 보수의 정리인 $X \cdot \overline{X} = 0$를 이용하면

$$f(x_1, x_2, x_3) = \overline{x_1}\,x_2x_3 + \overline{x_1}\ \overline{x_2}\ \overline{x_3}$$

의 SOP 형식을 얻는다.

예제 4-2

드 모르강의 정리를 이용하여 다음의 논리식을 SOP 형식으로 나타내어라.

$$f = \overline{(A\overline{B}+C)(B+C\overline{D})}$$

풀이: 드 모르강의 정리를 사용해서 전개시키면,

$$\begin{aligned} f &= \overline{(A\overline{B}+C)(B+C\overline{D})} \\ &= \overline{(A\overline{B}+C)}+\overline{(B+C\overline{D})} \\ &= \overline{A\overline{B}}\cdot\overline{C}+\overline{B}\cdot\overline{C\overline{D}} \\ &= (\overline{A}+B)\overline{C}+\overline{B}(\overline{C}+D) \\ &= \overline{A}\,\overline{C}+B\overline{C}+\overline{B}\,\overline{C}+\overline{B}D \end{aligned}$$

의 SOP 형식이 된다. 이 함수를 부울대수의 정리를 사용해서 간단하게 나타내면,

$$\begin{aligned} f &= \overline{A}\,\overline{C}+B\overline{C}+\overline{B}\,\overline{C}+\overline{B}D \\ &= \overline{C}(\overline{A}+B+\overline{B})+\overline{B}D \\ &= \overline{C}(\overline{A}+1)+\overline{B}D \\ &= \overline{C}+\overline{B}D \end{aligned}$$

4-2-2 합의 곱(Product of Sum: POS) 형식

하나 이상의 논리변수로 이루어진 논리표현식이 두 개 이상의 “OR” 항들이 “AND”로 묶여 구성되는 논리표현식으로, 다수의 논리합의 항들이 논리곱으로 표현되는 형식이다. 예를 들어 다음의 논리함수 f 는 3개의 변수 A, B, C가 논리합의 곱으로 주어진 POS 형식이고, 그림 4-5는 이 함수의 논리회로이다.

$$f = (A+\overline{B}+C)(A+B)$$

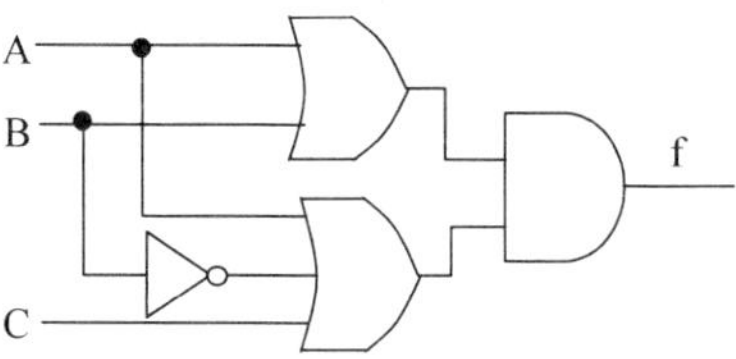

그림 4-5 $f = (A + \overline{B} + C)(A + B)$의 논리회로

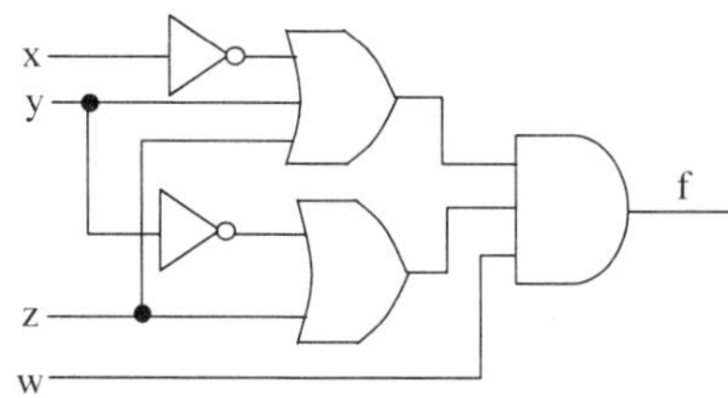

그림 4-6 $f(x, y, z, w) = (x' + y + z)(y' + z)w$의 논리회로

또 다른 예로 다음의 논리함수는 4개의 변수로 이루어진 POS 형식이고,

$$f(x, y, z, w) = (x' + y + z)(y' + z)w$$

그림 4-6은 이 함수의 논리회로이다.

POS 형식의 논리함수식도 AND 게이트와 OR 게이트의 조합으로 구성되지만, 그림 4-5와 그림 4-6에서 볼 수 있는 것처럼 SOP 형식과 달리, 첫 번째 단계에서 OR 게이트가 사용되고 2번째 단계에서 AND 게이트가 사용된다. 이로 인해, POS 형식의 논리함수를 OR-AND 조합형이라고도 한다.

예제 4-3

다음의 논리식을 드 모르강의 정리를 사용하여 POS 형식의 논리함수의 식으로 고치고, AND, OR, NOT 게이트를 사용하여 논리회로를 구성하여라.

$$f(x, y, z) = \overline{\overline{x}\, y\, z + x\, \overline{y}}$$

풀이: 드 모르강의 정리를 사용하여 전개하면

$$\begin{aligned} f(x, y, z) &= \overline{\overline{x}\, y\, z + x\, \overline{y}} \\ &= \overline{\overline{x}\, y\, z} \cdot \overline{x\, \overline{y}} \\ &= (\overline{\overline{x}} + \overline{y} + \overline{z})(\overline{x} + \overline{\overline{y}}) \\ &= (x + \overline{y} + \overline{z})(\overline{x} + y) \end{aligned}$$

의 POS 형식의 논리함수 식이 되고, AND, OR, NOT 게이트를 사용하여 논리회로를 구성하면 그림 4-7과 같다.

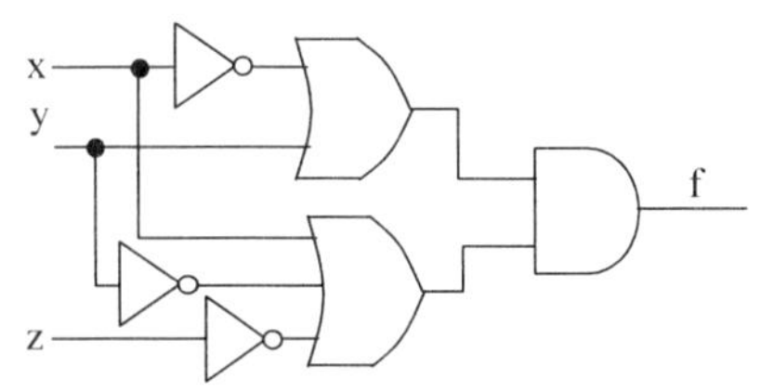

그림 4-7 $f(x,y,z) = \overline{\overline{x}\ y\,z + x\,\overline{y}}$ 의 논리회로

4-2-3 Minterm(최소항)

진리표의 각 열을 입력변수의 논리곱(product)으로 나타내고, 이들 하나하나를 minterm(최소항)이라 한다. 따라서 minterm은 진리표의 각 열에 일대일로 대응된다. 이 때, 입력변수가 논리 "0"이면 보수항의 변수를 사용하고, 논리 "1"이면 비보수항을 사용해서 표기한다. minterm의 표기는 보통 m_i (i = 입력변수의 2진 값을 2진수로 간주하고 이를 10진수로 변환시켰을 때의 값)와 같은 기호를 사용해서 나타낸다. 입력변수의 수가 2개 및 3개의 경우에 대한, 입력변수의 조합에 따른 minterm을 나타낸 것이 그림 4-8(a)와 (b)이다.

입력변수		minterm	
a	b	항	표기
0	0	a'b'	m0
0	1	a'b	m1
1	0	ab'	m2
1	1	ab	m3

(a) 2 입력변수의 경우

입력변수			minterm	
a	b	c	항	표기
0	0	0	a'b'c'	m0
0	0	1	a'b'c	m1
0	1	0	a'bc'	m2
0	1	1	a'bc	m3
1	0	0	ab'c'	m4
1	0	1	ab'c	m5
1	1	0	abc'	m6
1	1	1	abc	m7

(b) 3 입력변수의 경우

그림 4-8 진리표와 minterm

입력변수			출력	minterm	
a	b	c	f	항	표기
0	0	0	1	a'b'c'	m0
0	0	1	0	a'b'c	m1
0	1	0	1	a'bc'	m2
0	1	1	0	a'bc	m3
1	0	0	1	ab'c'	m4
1	0	1	1	ab'c	m5
1	1	0	1	abc'	m6
1	1	1	0	abc	m7

그림 4–9 논리함수f 의 진리표와 minterm

그림 4-9와 같은 3 입력변수 (a,b,c)와 출력 f가 주어진 논리함수가 주어졌다고 한다. 출력 f가 논리 1 즉, $f=1$이 되는 입력변수의 조합은 그림 4-9에서 다음과 같다.

$$f = a'b'c' + a'bc' + ab'c' + ab'c + abc'$$

이들을 우변의 minterm의 항으로 고쳐 쓰면

$$f(a,b,c) = m_0 + m_2 + m_4 + m_5 + m_6$$
$$= \sum m(0,2,4,5,6)$$

가 되는 것을 확인할 수 있다. 이 때 합의 기호 $\sum$는 괄호 속에 있는 minterm (m)들의 논리합이라는 것을 의미한다.

이와 같이 논리함수의 출력 값이 "1"이 되는 minterm을 합의 형식으로 나타낸 것을 표준 곱의 합 (canonical sum of product) 형식 또는 이를 줄여서 표준 SOP 형식이라 한다. 즉, 표준 SOP 형식의 논리함수는 출력의 논리상태가 HIGH가 되는 모든 minterm들의 논리합으로 표시된다. 이를 일반화시켜 식으로 나타내면, 출력 f는

$$f = \sum_i m(\{i \mid f(i) = 1\}) \tag{4-2}$$

의 SOP 형식이 되고, 이는 $f(i)=1$이 되는 모든 minterm m_i 들의 논리합이라는 것을 의미한다.

SOP 형식으로 주어진 논리함수식을 표준 SOP 형식으로 변환하기 위해서는, $x+x'=1$과 $x \cdot 1 = x$의 부울대수의 정리를 사용하여, 논리함수식의 곱의 항에서 생략된 입력변수를 전부 환원시켜 표시하면 된다. 예로 다음의 논리함수 f는

$$f = a + a'b + bc$$

입력변수 a, b, c의 함수이다. 따라서 처 번째 항에서 생략된 입력변수는 b와 c이고, 두 번째와 세 번째 항에서는 각각 c와 a이다. 이들 생략된 입력변수를 전부 환원시켜 전개시키고, $x+x=x$의 부울대수 정리를 사용하면

$$\begin{aligned} f &= a(b+b')(c+c') + a'b(c+c') + (a+a')bc \\ &= abc + abc' + ab'c + ab'c' + a'bc + a'bc' + abc + a'bc \\ &= abc + abc' + ab'c + ab'c' + a'bc + a'bc' \end{aligned}$$

와 같이 표준 SOP형으로 전개된다.

예제 4-4

다음의 논리식을 표준 SOP 형식으로 고쳐라

$$f(x_1, x_2, x_3) = \overline{x_2}\, x_3 + x_1 \overline{x_3}$$

풀이: 주어진 논리식에서 생략된 입력변수를 환원시키면,

$$\begin{aligned} f(x_1, x_2, x_3) &= \overline{x_2}\, x_3 + x_1 \overline{x_3} \\ &= (x_1 + \overline{x_1})\overline{x_2}\, x_3 + x_1(x_2 + \overline{x_2})\overline{x_3} \\ &= x_1 \overline{x_2}\, x_3 + \overline{x_1}\; \overline{x_2}\; x_3 + x_1 x_2 \overline{x_3} + x_1\; \overline{x_2}\; \overline{x_3} \end{aligned}$$

의 표준 SOP 형식의 논리식이 얻어지고, 이를 minterm의 항으로 나타내면

$$\begin{aligned} f(x_1, x_2, x_3) &= m_1 + m_4 + m_5 + m_6 \\ &= \sum m\,(1,4,5,6) \end{aligned}$$

이 된다.

4-2-4 Maxterm(최대항)

진리표를 구성하는 입력변수 전체가 포함된 각 항을 합(sum)의 형태로 표현한 것을 maxterm(최대항)이라 한다. 이와 같은 maxterm도 minterm과 같이 진리표의 각 열에 일대일로 대응된다. 다만, 입력변수의 표기에서 minterm과 달리, 입력변수가 논리 "0"이면 입력변수를 비보수항으로 하고, 논리 "1" 이면 입력변수의 보수항을 사용해서 나타낸다. 이와 같은 maxterm은 M_j 의 기호를 사용하여 나타내기로 한다. 이 때 첨자 j 는 minterm에서와 같이 입력변수의 2진 값을 2진수로 간주하고 이를 10진수로 변환시켰을 때의 값이다. 2입력 및 3입력변수에 대한 변수의 조합에 따른 maxterm을 나타낸 것이 그림 4-10(a)와 (b)이다.

그림 4-10에서 알 수 있는 바와 같이 각 항의 maxterm은 minterm의 보수가 된다. 즉, 그림 4-8(a)와 그림 4-10(a)의 2입력변수에 대한 진리표에서, 첫 번째 열은 드 모르강의 정리에 의해 $(a+b)' = a'b'$ 이 되고, 이는 $\overline{M_0} = m_0$ 이 성립하는 것이다. 진리표의 다른 모든 열에 대해서도 같은 성질이 성립하므로

$$\overline{M_j} = m_j \text{ 또는 } \overline{m_j} = M_j \qquad (4\text{-}3)$$

의 관계를 갖는다. 예로 그림 4-8(b)와 그림 4-10(b)의 3입력변수의 진리표에서 $m_6 = abc'$ 의 보수 $\overline{m_6}$ 는

$$\overline{m_6} = \overline{a\,b\,\overline{c}} = a' + b' + c = M_6$$

입력변수		maxterm	
a	b	항	표기
0	0	a+b	M0
0	1	a+b'	M1
1	0	a'+b	M2
1	1	a'+b'	M3

(a) 2입력의 maxterm 표기

입력변수			maxterm	
a	b	c	항	표기
0	0	0	a+b+c	M0
0	0	1	a+b+c'	M1
0	1	0	a+b'+c	M2
0	1	1	a+b'+c'	M3
1	0	0	a'+b+c	M4
1	0	1	a'+b+c'	M5
1	1	0	a'+b'+c	M6
1	1	1	a'+b'+c'	M7

(b) 3입력의 maxterm 표기

그림 4-10 진리표와 maxterm

가 성립하는 것을 볼 수 있다.

Maxterm 항에 의한 논리식의 표현을 구해보자. 그림 4-9의 예에서 $f=0$가 되는 maxterm 항은 M_1, M_3, M_7 이므로

$$\begin{aligned} f &= M_1 \cdot M_3 \cdot M_7 \\ &= (a+b+c')(a+b'+c')(a'+b'+c') \end{aligned}$$

이와 같이 논리 출력의 값이 "0"이 되는 maxterm을 곱의 형식으로 나타낸 것을, 표준 합의 곱(canonical product of sum) 형식 또는 이를 줄여서 표준 POS 형식이라 한다. 즉, 표준 POS 형식의 논리함수는 출력이 LOW가 되는 maxterm 항을 곱으로 표시한 것이다. 이를 일반화시켜 식으로 나타내면, 출력 f의 표준 POS 형식은

$$f = \prod_j M(\{j \mid f(j)=0\}) \tag{4-4}$$

이고, 이는 $f(j)=0$이 되는 maxterm M_j 들의 논리곱($\prod$)이라는 것을 의미한다. 그림 4-8의 출력 f에 대한 표준 POS 형식은 다음과 같다.

$$f = \prod M(1,3,5)$$

표준형인 아닌 POS 논리식을 표준 POS 형식의 논리식으로 고치기 위해서는 $x \cdot x' = 0$의 부울대수의 정리를 사용하여 논리식에서 누락된 변수를 찾아 확장시키면 된다. 이 때 식 (4-5)의 논리식

$$z + xx' = (z+x)(z+x') \tag{4-5}$$

이 성립하는 성질을 이용하면 간단하게 전개시킬 수 있다.

예로 다음의 POS의 논리식 $f(x_1, x_2, x_3)$을

$$f(x_1, x_2, x_3) = (x_1 + x_3)(\overline{x_2} + \overline{x_3})$$

표준 POS 형식 논리식으로의 표현은

$$\begin{aligned} f(x_1,x_2,x_3) &= (x_1+x_3)(\overline{x_2}+\overline{x_3}) \\ &= ((x_1+x_3)+x_2)((x_1+x_3)+\overline{x_2}) \\ &\cdot ((\overline{x_2}+\overline{x_3})+x_1)((\overline{x_2}+\overline{x_3})+\overline{x_1}) \\ &= (x_1+x_2+x_3)(x_1+\overline{x_2}+x_3) \\ &\cdot (x_1+\overline{x_2}+\overline{x_3})(\overline{x_1}+\overline{x_2}+\overline{x_3}) \end{aligned}$$

가 되고, 이는

$$f(x_1,x_2,x_3) = M_0 \cdot M_2 \cdot M_3 \cdot M_7 = \prod M(0,2,3,7)$$

과 같이 표현된다.

예제 4-5

다음의 입출력 관계를 갖는 진리표로부터 출력 f를 표준 SOP 형식과 표준 POS 형식의 논리식으로 나타내어라.

입력 w	x	y	z	출력 f
0	0	0	0	0
0	0	0	1	1
0	0	1	0	1
0	0	1	1	0
0	1	0	0	0
0	1	0	1	1
0	1	1	0	1
0	1	1	1	0
1	0	0	0	1
1	0	0	1	0
1	0	1	0	0
1	0	1	1	0
1	1	0	0	0
1	1	0	1	1
1	1	1	0	1
1	1	1	1	1

그림 4-11 예제 4-5의 진리표

풀이: (1) 그림 4-11에서 출력 f가 $f=1$이 되는 minterm의 항은 1, 2, 5, 6, 8, 13, 14, 15이므로

$$\begin{aligned} f &= m_1+m_2+m_5+m_6+m_8+m_{13}+m_{14}+m_{15} \\ &= \sum m(1,2,5,6,8,13,14,15) \end{aligned}$$

이다. 따라서 입력 변수를 사용해서 나타내면

$$\begin{aligned} f = & \, w'x'y'z+w'x'yz'+w'xy'z+w'xyz' \\ & + wx'y'z'+wxy'z+wxyz'+wxyz \end{aligned}$$

의 표준 SOP 형식의 논리식이 된다.

(2) 출력 f가 $f=0$이 되는 maxterm의 항은 0, 3, 4, 7, 9, 10, 11, 12이므로

$$\begin{aligned} f &= M_0M_3M_4M_7M_9M_{10}M_{11}M_{12} \\ &= \prod M(0,3,4,7,9,10,11,12) \end{aligned}$$

이고, 이를 입력변수를 사용해서 나타내면,

$$\begin{aligned} f = & \, (w+x+y+z)(w+x+y'+z')(w+x'+y+z) \\ & \cdot (w+x'+y'+z')(w'+x+y+z')(w'+x+y'+z) \\ & \cdot (w'+x+y'+z')(w'+x'+y+z) \end{aligned}$$

의 표준 POS 형식의 논리식이 된다.

예제 4-6

다음의 논리식을 표준 POS 형식의 논리식으로 변경하여라.

$$f(a,b,c,d)=(a'+b+c)(b'+c+d')(c+d)$$

풀이: 첫 번째 항에서는 입력변수 d, 두 번째 항에서는 변수 a, 세 번째 항에서는 변수 a, b가 누락되어 있다. 따라서 이들을 전부 포함시켜 전개하면,

$$\begin{aligned} f(a,b,c,d) &= (a'+b+c)(b'+c+d')(c+d) \\ &= (a'+b+c+d)(a'+b+c+d')(a+b'+c+d') \\ & \quad \cdot (a'+b'+c+d')(a+b+c+d)(a+b'+c+d) \\ & \quad \cdot (a'+b'+c+d) \end{aligned}$$

의 표준 POS 형식의 논리식이 되고, maxterm의 항들을 나열해서 나타내면,

$$f(a,b,c,d) = M_0\, M_4\, M_5\, M_8\, M_9\, M_{12}\, M_{13} \\ = \prod M(0,4,5,8,9,12,13)$$

으로 주어진다.

예제 4-7

다음의 진리표 나타낸 논리함수에서, 출력 Y와 그 보수 Y′을 표준 SOP 형식과 표준 POS 형식의 항으로 나열하여라.

입력변수			출력	
a	b	c	Y	Y′
0	0	0	1	0
0	0	1	0	1
0	1	0	1	0
0	1	1	1	0
1	0	0	0	1
1	0	1	0	1
1	1	0	0	1
1	1	1	1	0

그림 4-12 예제 4-7의 진리표

풀이: 그림 4-12의 진리표로부터,

(1) 출력 Y에 대한 표준 SOP 형식과 표준 POS 형식

(i) 표준 SOP 형식은 $Y=1$이 되는 minterm 들의 합이므로

$$Y = m_0 + m_2 + m_3 + m_7 = \sum m\,(0,2,3,7)$$

(ii) 표준 POS 형식은 $Y=0$인 maxterm 들의 곱이므로

$$Y = M_1\, M_4\, M_5\, M_6 = \prod M\,(1,4,5,6)$$

(2) 출력 $\overline{Y}$ 에 대한 표준 SOP 형식과 표준 POS 형식

(i) 표준 SOP 형식은 $\overline{Y}=1$인 minterm들의 합이므로

$$\overline{Y} = m_1 + m_4 + m_5 + m_6 = \sum m\,(1,4,5,6)$$

(ii) 표준 POS 형식 $\overline{Y} = 0$인 maxterm들의 곱이므로

$$\overline{Y} = M_0\, M_1\, M_2\, M_7 = \prod M\,(0,2,3,7)$$

4-3 | 조합논리회로의 간략화 방법

디지털 하드웨어를 구현함에 있어, 비록 기능이 동일하다 하더라도 논리회로는 구성방법이 유일하지 않고, 여러 가지 다른 방법으로 논리회로를 구성할 수 있다. 즉, 진리표에 의한 입출력의 관계는 설계하고자 하는 디지털 시스템에서 하나만이 존재하지만, 이를 논리함수로 나타내는 방법은 하나가 아니고 많은 대수적 표현방법이 있다.

예를 들어 그림 4-9의 진리표로 주어진 논리출력 f 를 갖는 논리함수는 표준 SOP 형식의 논리식은

$$\begin{aligned} f(a,b,c) &= \sum m\,(0,2,4,5,6) \\ &= a'b'c' + a'bc' + ab'c' + ab'c + abc' \end{aligned}$$

이고, 동일한 출력을 갖는 표준 POS 형식의 논리식은

$$\begin{aligned} f(a,b,c) &= M_1 \cdot M_3 \cdot M_7 \\ &= (a+b+c')(a+b'+c')(a'+b'+c') \end{aligned}$$

과 같은 다른 형태의 논리함수가 된다.

따라서 같은 기능을 가지면서 논리회로의 입력변수의 개수와 소요되는 게이트를 줄임으로서 회로구성의 복잡도를 낮추어 하드웨어의 비용을 최소화시키는 것은 회로설계의 중요한 목적 중의 하나이다.

논리함수를 구성하는데 소요되는 게이트 수는 디지털 회로의 대수적 표현과 직접적인 관계를 갖고 있다. 본 절에서 논의되는 논리회로의 간략화(simplification)는 불필요한 논리변수나 함수를 제거해서 간결한 형태의 논리 표현식을 구하는 방법이다. 이를 통해, 최소비용의 논리회로를 구성하고, 잠재적인 고장의 원인요소를 최소화해서 회로의 신뢰도를 개선시키도록 한다.

간략화된 논리표현식을 구함으로서 논리회로 구성의 복잡도가 어떻게 줄어드는가를 보

여주는 예로 그림 4-9의 논리함수를 생각해보자. 출력 $f=1$인 minterm의 항으로 구성된 표준 SOP 형식의 논리식은

$$f(a,b,c) = a'b'c' + a'bc' + ab'c' + ab'c + abc'$$

가 되는 것은 이미 기술했다. 부울대수의 정리나 후술할 그래프적인 방법을 사용해서 간략화 시키면

$$f(a,b,c) = c' + ab'$$

가 얻어진다. 그림 4.-13(a)는 표준 SOP 형식의 논리식을 구성한 논리회로이고, 간략화시킨 후의 논리식에 대한 논리회로가 그림 4-13(b)이다. 그림 4-13(b)의 논리회로는 그림 4-13(a)의 논리회로보다 사용된 게이트나 연결 접속점의 수가 많이 줄어들어 있음을 볼 수 있다.

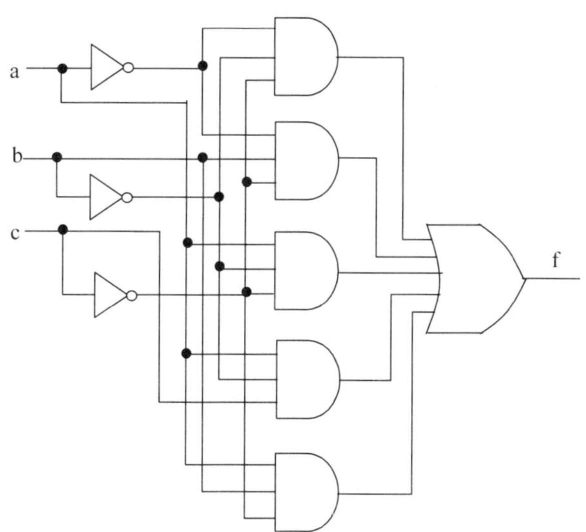

(a) 간략화 전 논리함수 $f(a,b,c)$의 논리회로

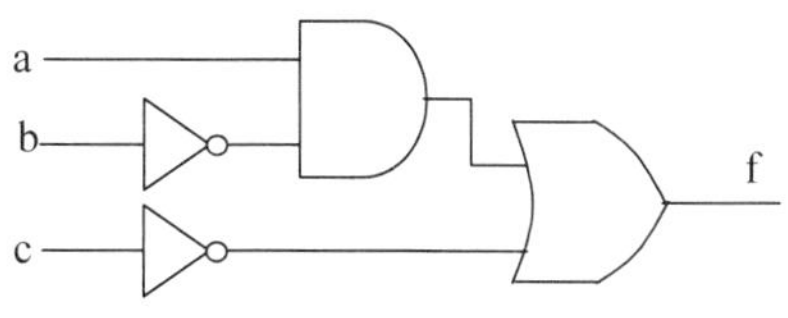

(b) 간략화 후의 논리회로

그림 4-13 논리식의 간략화 전후 논리회로의 비교

논리회로의 복잡성의 정도를 비교하는 평가척도는 회로를 구형하는 방법이나 응용 시스템에 따라 조금씩 다를 수 있지만, 일반적으로 논리회로의 구현에 소요되는 게이트 수와 각 게이트에 입력되는 입력선의 수의 합으로 나타낼 수 있다. 그림 4-13(a)의 논리회로에서는 3개의 NOT 게이트를 포함해서, 3입력 AND게이트 5개, 5입력 OR 게이트 1나로 구성되어 있다. 그러므로 게이트 수와 각 게이트에 입력되는 입력선 수의 전체 합은 32가 된다. 이에 반해 그림 4-13(b)의 논리회로는 2개의 NOT 게이트, 2입력 AND 게이트 및 OR 게이트 하나로서 구성되므로, 전체 합은 10으로 줄어들어 있음을 볼 수 있다.

이와 같이 주어진 출력함수의 논리함수를 간략화는 방법으로는,

- 부울대수의 각종 정리를 사용하는 방법 (부울대수 전개 방법)
- 그래프적인 방법 (K-map)
- Table을 이용하는 방법 (Quine McClusky의 방법)
- Cubic에 의한 도식적인 방법 (Cubic 표현)

등이 있다. 본서에서는 이 중에서 Cubic에 의한 도식적인 방법을 제외한 나머지 간략화 방법에 관해 다음절 이후에서 자세히 기술한다.

4-4 | 부울대수에 의한 간략화

부울 대수이론과 관련된 정리들을 이용하여 디지털 회로의 논리함수를 간략화하는 방법으로, 간단한 형태로 주어진 논리함수의 경우에는 간단하게 간략화된 논리함수를 구할 수 있다. 즉, 주어진 논리함수를 SOP 형식으로 나타내고, $AX+AX'=A(X+X')=A$의 부울정리를 사용해서 간략화하는 방법이다. 예로, 부울대수의 정리를 이용하여 그림 4-9의 출력 f를 간략화 해보자. 출력 f의 표준 SOP 형식의 논리식은

$$f(a,b,c)=a'b'c'+a'bc'+ab'c'+ab'c+abc'$$

이므로, $X+X=X$의 부울대수의 정리를 이용하고 공통항을 묶으면

$$
\begin{aligned}
f(a,b,c) &= a'b'c' + a'bc' + ab'c' + ab'c + abc' \\
&= a'c'(b+b') + ac'(b+b') + ab'(c+c') \\
&= a'c' + ac' + ab' \\
&= c'(a'+a) + ab' \\
&= c' + ab'
\end{aligned}
$$

와 같이 간략화된 논리식이 얻어진다. 이 때 $ab'c'$의 항을 두 번 이용했다.

그러나 일반적으로 부울대수의 정리를 이용한 간략화의 방법은

- 간략화를 위해 어떤 정리를 어떻게 이용해야 하는지 명확하게 정리된 이론이 없음.
- 간략화된 표현식이 최적인지의 여부를 판단할 수 있는 알고리즘이 없음.
- 간략화를 수행해서 얻은 식이 이를 수행하기전의 식보다 오히려 더 복잡해질 가능성도 있음.
- 시행착오의 과정을 거치게 되고, 많은 경험을 필요로 하게 됨.

등의 단점이 있다. 또한, 시행착오를 거듭하게 되고 직관과 경험에 의존하는 바가 크기 때문에, 간단한 논리함수를 제외하고 부울대수의 정리만을 사용해서 논리함수를 간략화 하는 것에는 한계가 있어 거의 사용되지 않는다.

예제 4-8

부울대수의 정리를 사용하여 다음의 논리식을 간략화 하여라.

(1) $Y = AB + A'BC' + BC$

(2) $f(x_1, x_2, x_3) = x_1x_3 + x_1x'_2 + x'_1x_2x_3 + x'_1x'_2x'_3$

풀이: (1) 주어진 논리식에서 공통항인 B를 묶어내고, $A + A'B = A + B$의 부울대수의 정리를 사용하면,

$$
\begin{aligned}
Y &= AB + A'BC' + BC \\
&= B(A + A'C') + BC \\
&= B(A + C') + BC \\
&= B(A + C' + C) \\
&= B(A+1) = B
\end{aligned}
$$

가 된다.

(2) 논리식을 표준 SOP 형식으로 고쳐 쓰면,

$$f(x_1, x_2, x_3) = x_1 x_3 + x_1 x'_2 + x'_1 x_2 x_3 + x'_1 x'_2 x'_3$$
$$= x_1 x_2 x_3 + x_1 x'_2 x_3 + x_1 x'_2 x'_3 + x'_1 x_2 x_3 + x'_1 x'_2 x'_3$$

가 된다. 이 식으로부터, 1항과 2항, 1항과 4항, 3항과 5항 간의 공통변수를 묶어 부울대수의 정리 $x + x' = 1$를 이용하면,

$$f(x_1, x_2, x_3) = x_1 x_2 x_3 + x_1 x'_2 x_3 + x_1 x'_2 x'_3 + x'_1 x_2 x_3 + x'_1 x'_2 x'_3$$
$$= x_1 x_3 (x_2 + x'_2) + x_2 x_3 (x_1 + x'_1) + x'_2 x'_3 (x_1 + x'_1)$$
$$= x_1 x_3 + x_2 x_3 + x'_2 x'_3$$

과 같이 간략화 된다.

4-5 | 카르노 맵에 의한 방법

카르노(Karnaugh) 맵(map) 또는 K-map은 논리함수의 minterm이나 maxterm을 나타내는 사각형 셀(cell)들로 구성된 2차원 배열로 이루어진 것으로, 주어진 논리식을 체계적으로 간소화시키거나, 진리표에 의한 입출력의 함수를 간소화된 논리회로로 변환하는데 사용되는 그래프적인 방법이다.

어떠한 논리함수도 minterm에 의한 표준 SOP 형식이나 maxterm에 의한 표준 POS 형식으로 나타낼 수 있으므로, 이들 함수들은 K-map과 일대일의 대응관계를 갖는다. 따라서, K-map을 사용해서 간략화된 논리함수는 SOP 형식이나 POS 형식의 논리식이 된다. 이와 같은 카르노 맵은 이론적으로는 많은 변수를 가진 경우에도 사용할 수 있으나, 수작업으로 취급할 수 있는 최대 입력변수의 수는 6개 변수의 경우가 한계이다.

4-5-1 K-map의 구성방법

먼저, K-map을 구성하는 과정을 기술하고, 구체적인 예를 통해 구성방법을 이해할 수 있도록 한다.

1. 입력변수의 조합과 같은 수의 사각형 셀을 구성하고, 행과 열에 해당하는 수직축과 수평축을 따라 입력변수를 할당한다. 이 경우 변수들은 수직과 수평 어느 쪽에 위치시키든 결과는 동일하다. 즉, 행과 열의 어느 쪽을 진리표상에서 MSB나 LSB로 작용하

는 변수로 할당해도 상관없다.

2. 진리표상의 각 항(열)은 입력변수의 조합에 따른 minterm이나 maxterm에 해당되므로, 이들 각 minterm이나 maxterm을 K-map내 하나의 셀에 대응시키다.
3. 수평과 수직으로 인접한 셀의 입력변수의 논리상태를 한 비트만이 다른 논리상태가 되도록 라벨링 한다. 이 경우, map의 가장 아래측과 위측, 좌측끝단과 우측 끝단도 인접한 셀이 되는 점에 유의해야 된다.
4. 출력의 논리상태에 따라 각 minterm의 값을 K-맵의 각 셀 값으로 대응시킨다. 즉, minterm의 값이 "1"이면, K-map의 셀도 "1"로 하고, minterm의 값이 "0"이면 K-map의 셀을 "0"으로 한다.
5. "0"과 "1"의 값으로 채워진 K-map에서, "1"의 값을 갖는 셀들의 minterm을 OR 게이트로 조합하면 SOP 형식의 논리함수가 구해지고, "0"의 값을 갖는 셀들의 maxterm을 AND 게이트로 조합하면 POS 형식의 논리함수가 구해지게 된다.

이상의 K-map 구성의 과정을 참조해서 입력변수가 2개, 3개, 4개인 경우의 K-map을 구성하고, 각 셀에 minterm을 배치시킨 것이 그림 4-14~그림 4-16이다.

가. 입력변수가 A, B 2개인 경우의 K-map

입력변수의 개수가 2개이므로 진리표와 minterm의 개수는 $2^2 = 4$개가 되고, 따라서, K-map의 셀도 4개이다. K-map의 구성에서 첫 번째 열(row)은 입력변수 A가 0가 되는 2개의 minterm (m_0, m_1)이, 두 번째 열은 A=1에 해당하는 2개의 minterm (m_2, m_3)이 배치된다. 또한, 첫 번째 행(column)은 입력변수 B=0의 minterm (m_0, m_2)이, 두 번째 행은 B=1인 minterm (m_1, m_3)이 배치되는 것을 알 수 있다.

입력변수 A	입력변수 B	minterm
0	0	m0
0	1	m1
1	0	m2
1	1	m3

(a) 진리표와 minterm

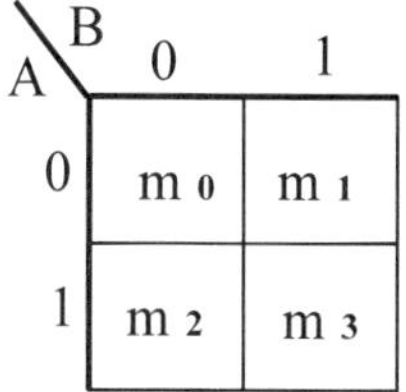

(b) K-map

그림 4-14 2입력변수의 경우에 대한 진리표와 K-map

나. 입력변수가 A, B, C 3개인 경우의 K-map

입력변수 A B C	minterm
0 0 0	m0
0 0 1	m1
0 1 0	m2
0 1 1	m3
1 0 0	m4
1 0 1	m5
1 1 0	m6
1 1 1	m7

(a) 진리표와 minterm

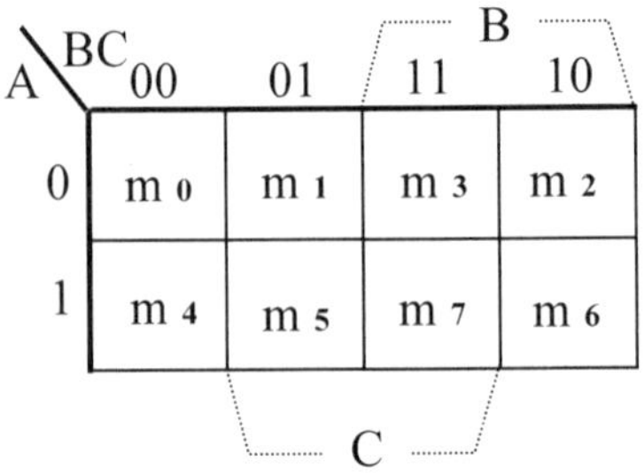

A \ BC	00	01	11	10
0	m_0	m_1	m_3	m_2
1	m_4	m_5	m_7	m_6

(B: 11, 10 열 / C: 01, 11 열)

(b) K-map

그림 4-15 3입력변수에 대한 진리표와 K-map

입력변수가 3개이므로 K-map 셀은 진리표의 열의 개수와 같은 $2^3 = 8$개가 된다. 그림 4-15(b)는 MSB에 해당하는 변수 A를 수직으로. 나머지 변수 B, C를 수평으로 나열해서 K-map을 구성한 경우이다. 첫 번째와 두 번째 열은 변수 A가 각각 0와 1의 값을 갖는 것은 2입력 변수의 경우와 같다. 행(column)의 각각은 변수 (B,C)의 값이 (0,0), (0,1), (1,1), (1,0)의 값에 해당하고, 인접한 행은 한 비트만이 다르게 되도록 배치되어 있다. 이로 인해 점선으로 표시해두고 있는 것처럼 3번째와 4번째 행의 4개의 셀은 전부 B=1에 해당되고, 2번째와 3번째 행의 4개의 셀은 전부 C=1에 대응하는 minterm 들이다.

다. 입력변수가 A, B, C, D 4개인 경우의 K-map

입력변수가 4개이므로 K-map의 셀은 $2^4 = 16$개가 된다. K-map에서 입력변수의 배치는 MSB에 해당하는 A, B를 수직으로, LSB에 해당하는 C, D를 수평으로 배치하고, 열과 행에서 비트의 배치는 그림 4-16(b)와 같다. 따라서, 행과 열에서 각 변수들이 1의 값을 갖는 minterm들은 점선으로 나타낸 것과 같이 8개씩이 된다. 즉, 3번째와 4번째 열 전부의 8개 셀은 A=1에 해당하는 것이다. 다른 변수 B, C, D에 대해서도 같은 성질을 갖는다.

입력변수 A B C D	minterm
0 0 0 0	m0
0 0 0 1	m1
0 0 1 0	m2
0 0 1 1	m3
0 1 0 0	m4
0 1 0 1	m5
0 1 1 0	m6
0 1 1 1	m7
1 0 0 0	m8
1 0 0 1	m9
1 0 1 0	m10
1 0 1 1	m11
1 1 0 0	m12
1 1 0 1	m13
1 1 1 0	m14
1 1 1 1	m15

(a) 진리표와 minterm

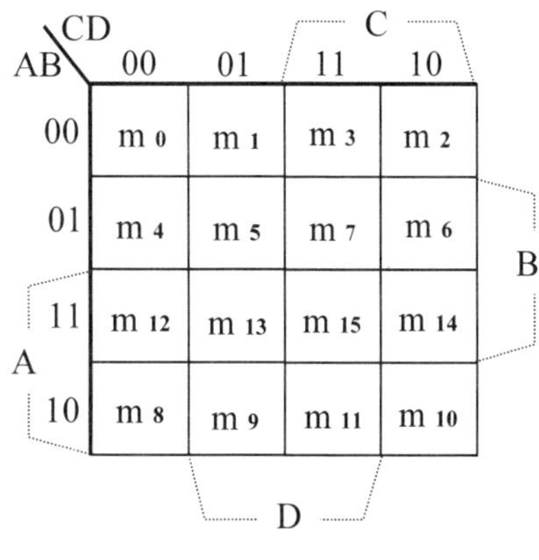

(b) K-map

그림 4-16 4 입력변수에 대한 진리표와 K-map

예제 4-9

그림 4-17의 진리표로 주어진 출력 f 에 대한 K-map을 구성하여라.

입력변수 a	b	출력 f
0	0	0
0	1	1
1	0	1
1	1	0

그림 4-17 예제 4-9의 진리표

풀이: 입력변수가 a, b 2개이므로 K-map 셀의 개수는 4개이고, 출력 f의 값을 K-map에 대응시킨 것이 그림 4-18이다.

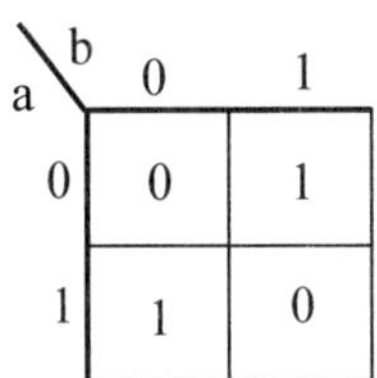

그림 4-18 그림 4-17의 K-map

예제 4-10

다음과 같이 표준 SOP 형식으로 주어진 논리식의 K-map을 구성하고, K-map의 각 셀에 출력의 값을 표기하여라.

$$f(x,y,z) = \sum m\ (0,1,3,6,7)$$

풀이: 입력변수는 x, y, z 3개이고, 출력이 1이 되는 minterm이 0, 1, 3, 6, 7이므로, 이에 대응하는 K-map은 그림 4-19로 주어진다.

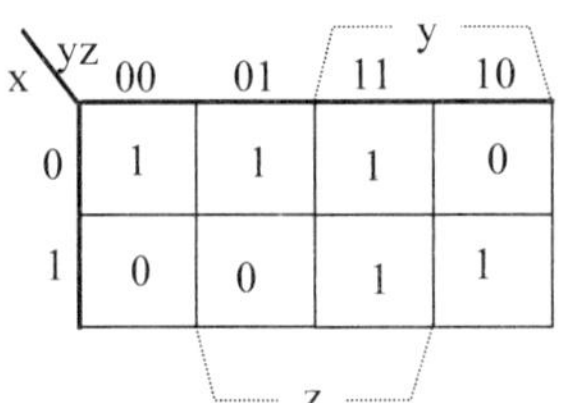

그림 4-19 예제 4-10의 K-map

예제 4-11

다음의 SOP 형식으로 주어진 논리식의 K-map을 구성하고, 출력이 1인 K-map의 셀을 표기하여라.

$$f(a,b,c,d) = ad + a'cd' + a'b'c$$

풀이: 입력변수가 4개이므로 K-map은 16개의 셀로 구성된다. 주어진 논리식이 일반적인 SOP 형식이므로, 출력 f가 $f = 1$인 K-map의 셀을 구하기 위해서는 생략된 변수를 전부 복원하여 표준 SOP 형식의 논리식을 먼저 구해야 된다. 주어진 논리식으로부터 표준 SOP의 논리식을 구하면,

$$
\begin{aligned}
f(a,b,c,d) &= ad + a'cd' + a'b'c \\
&= a(b+b')(c+c')d + a'(b+b')cd' + a'b'c(d+d') \\
&= a'b'cd' + a'b'cd + a'bcd' + ab'c'd \\
&\quad + ab'cd + abc'd + abcd \\
&= \sum m\,(2,3,6,9,11,13,15)
\end{aligned}
$$

그림 4-20은 이상의 표준 SOP의 논리식으로부터 구성한 K-map이다.

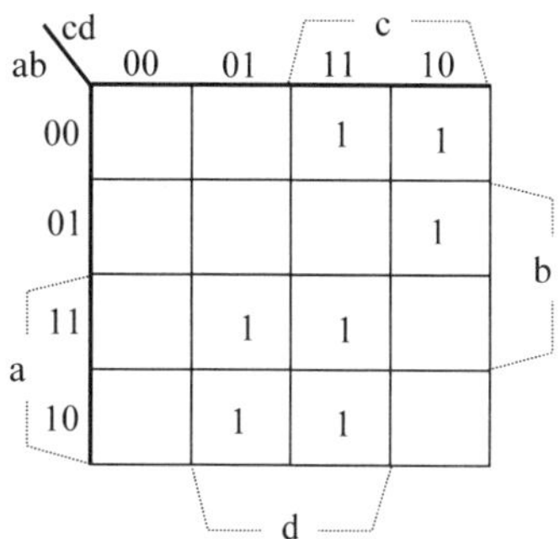

그림 4-20 예제 4-11의 K-map

4-5-2 K-map에 의한 논리함수의 간략화

K-map을 이용해서 논리함수식을 간략화하는 기본은 minterm의 값이 1인 인접한 셀들을 최대한 크게 하나로 결합시켜 그룹화해서 보수항과 비보수항으로 중복되는 변수들을 소거하는 것이다.

1이나 0의 같은 값을 갖는 인접한 셀들을 그룹화하는 것을 묶음(looping)이라고도 한다. 그룹화하는 과정에서 임의의 정수 개수를 포함하는 그룹은 의미가 없으며, 2개 셀의 묶음(pairs), 4개 셀의 묶음(quads), 8개 셀의 묶음(octets) 등과 같이 2^n개 단위의 묶음만이 간략화의 과정에서 유용하게 사용된다.

보수항과 비보수항 양쪽에서 중복되는 변수가 소거되는 기본원리는

$$Ax + Ax' = A(x + x') = A$$

의 부울대수의 정리에 다름 아니다. 즉, 어떤 변수의 보수항과 보수가 아닌 항이 하나의 그룹으로 묶이게 되는 모든 변수는 소거되는 것이다. 그러나 보수항이나 비보수항 어느 쪽의 셀에 공통적으로 나타나는 변수는 소거되지 않고 최종의 논리식에 남는다. 이와 같은 K-map에 의한 논리함수의 간략화의 방법을 다음의 예제들을 통해 이해하도록 해보자.

예제 4-12

다음의 그림 4-21으로 주어진 K-map에서 간략화된 논리함수를 구해보자.

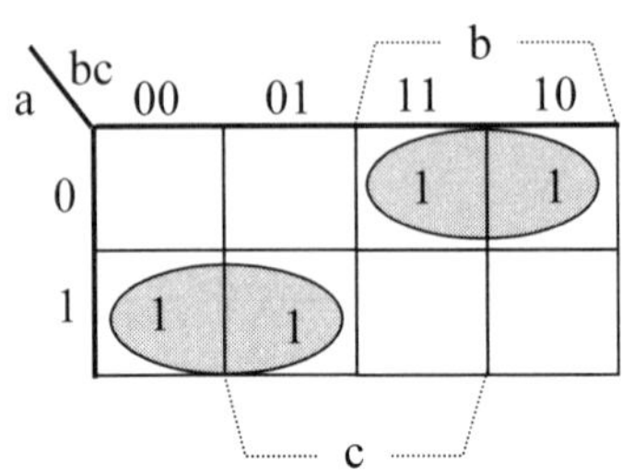

그림 4-21 예제 4-12의 K-map

풀이: 그림 4-21과 같이, 서로 인접한 2개 셀의 묶음이 2개가 존재한다. 각 묶음에서 변수 c는 $c = 1$(비보수항)과 $c = 0$(보수항) 양쪽에 모두 나타나므로 소거된다. 따라서 간략화된 논리식은

$$f(a,b,c) = ab' + a'b$$

이다.

예제 4-13

그림 4-22의 K-map에서 간략화된 논리함수를 구하여라.

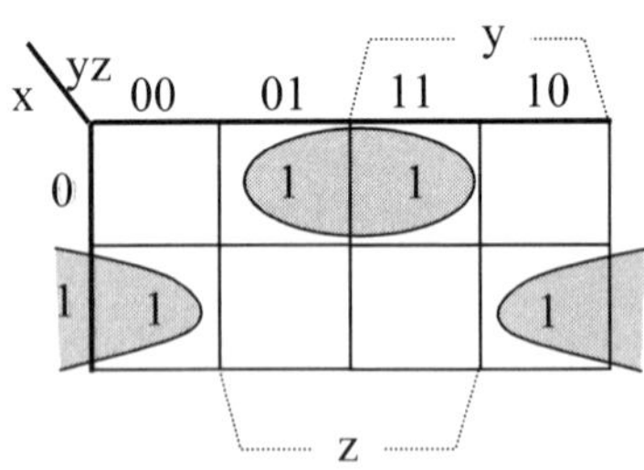

그림 4-22 예제 4-13의 K-map

풀이: 그림 4-22에서 보는 것처럼, 서로 인접한 2개 셀의 묶음이 2개가 있다. 여기서 좌측

끝단과 우측 끝단도 서로 인접한 셀임에 주목해야 된다. 2종류의 묶음에서 변수 y가 y=0 및 y=1에 걸쳐 있어 소거된다. 따라서 간략화된 논리식은

$$f(x,y,z) = x'z + xz'$$

으로 주어진다.

예제 4-14

그림 4-23로 주어진 K-map에 간략화된 논리식을 구하여라.

풀이: 그림 4-23의 K-map에서도 서로 인접한 2개 셀의 묶음이 3개가 있다. 여기서는 우측상단과 우측하단도 서로 인접한 셀이 되는 성질을 이용했다. 좌측 상단의 묶음에서 보수항과 비보수항 모두에 나타나는 변수는 b 이므로, 이 변수는 소거되고 남은 변수에 의한 논리식은 $a'c'd'$ 이다. 다음으로 중간 아래쪽의 묶음에서는 변수 c가 중복되어 나타나므로 소거되고 나머지 변수에 의해 abd의 논리식이 된다. 끝으로 우측 상하단의 묶음에서는 변수 a가 보수항과 비보수항 양쪽에 나타나므로 소거되고, $b'cd'$의 논리식이 얻어진다. 따라서 이들 3개의 묶음에서 얻어진 논리식을 모두 합치면

$$f(a,b,c,d) = a'c'd' + abd + b'cd'$$

의 논리함수 식이 구해진다.

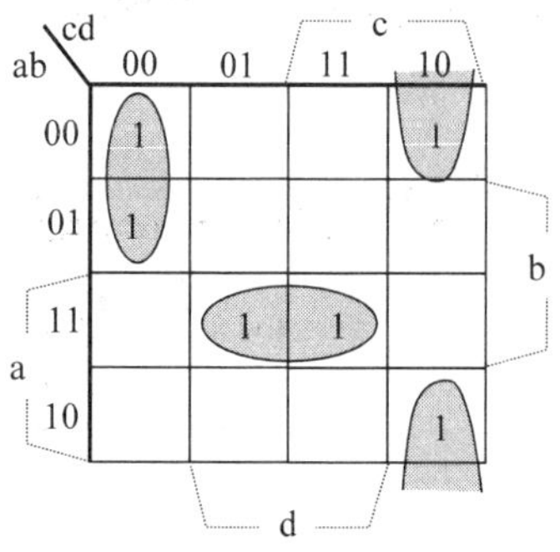

그림 4-23 예제 4-14의 K-map

이상의 예제 4-12부터 예제 4-14까지에서 알 수 있는 바와 같이 2개의 인접한 셀의 묶음에서는 보수항과 비보수항 양쪽에 나타나는 하나의 변수가 소거된다.

예제 4-15

그림 4-24의 K-map에서 간략화된 논리식을 구하여라.

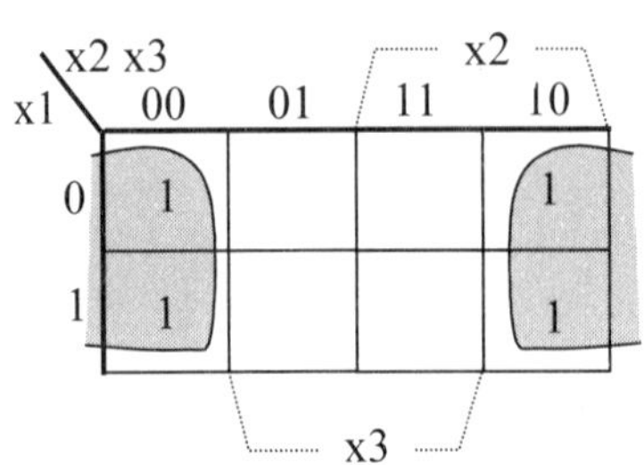

그림 4-24 예제 4-15의 K-map

풀이: 그림 4-24와 같이 좌우측 4개의 셀이 서로 인접해 있다. 따라서 이들을 4개의 셀을 함께 묶을 수 있고, 보수항과 비보수항 양쪽에 나타나는 변수는 x_1과 x_2이다. 따라서 이들 변수들은 소거되고 남은 변수에 의한 논리식은

$$f(x_1, x_2, x_3) = \overline{x_3}$$

이다.

예제 4-16

그림 4-25의 K-map의 간략화된 논리식을 구하여라.

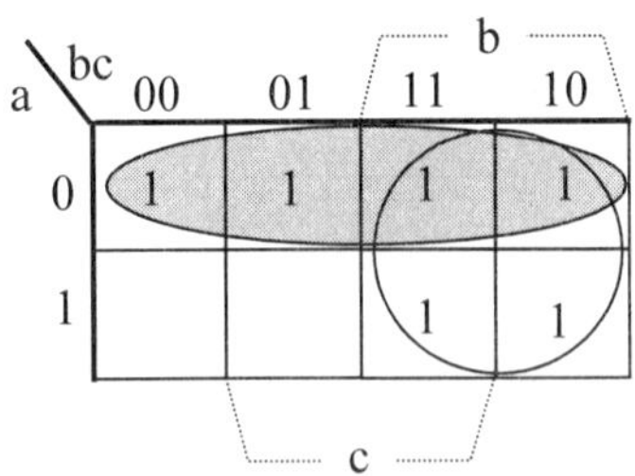

그림 4-25 예제 4-16의 K-map

풀이: 그림 4-25에서 보는 것처럼 4개의 셀이 서로 인접해 있어, 4개 셀의 묶음이 2개 있다.

이 때, 어느 하나의 묶음에서 사용한 셀도 다른 묶음에서 중복해서 이용할 수 있다. 다만, 묶음내의 모든 셀이 타 묶음에서 사용된 경우의 묶음은 의미가 없다. 이는 묶음내의 minterm 모두가 이미 사용된 것을 의미한다. 그림 4-25에서는 4개 셀의 묶음에서 2개의 셀이 공통으로 사용되고, 나머지 2개는 각각 서로 다른 묶음에 포함되어 있으므로, 모두 유효한 묶음이다. 상단 열의 묶음에서 변수 b 와 c 가 소거되고, 우측의 묶음에서는 변수 a와 c 가 소거된다. 따라서 남은 변수에 의한 논리식은

$$f(a,b,c) = a' + b$$

이다.

예제 4-17

그림 4-26로 주어진 K-map에서 간략된 논리식을 구하여라.

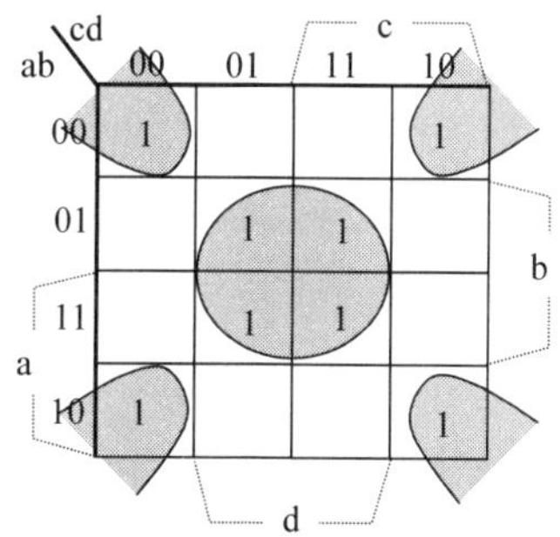

그림 4-26 예제 4-17의 K-map

풀이: 그림 4-26에서 보는 것처럼 4개의 셀이 서로 인접한 묶음이 2개 있다. 이 때, 각 모서리 4개의 셀도 상하 좌우로 인접한 것을 사용하고 있으며, 변수 a 와 c가 소거되고 $b'd'$ 의 논리식이 얻어진다. 다음으로 중앙의 묶음에서도 변수 a 와 c가 소거되고 $b\,d$ 의 논리식이 구해진다. 따라서 전체의 논리식은

$$f(a,b,c,d) = b\,d + b'\,d'$$

이 된다.

예제 4-18

그림 4-27의 K-map에서 간략화된 논리식을 구하여라.

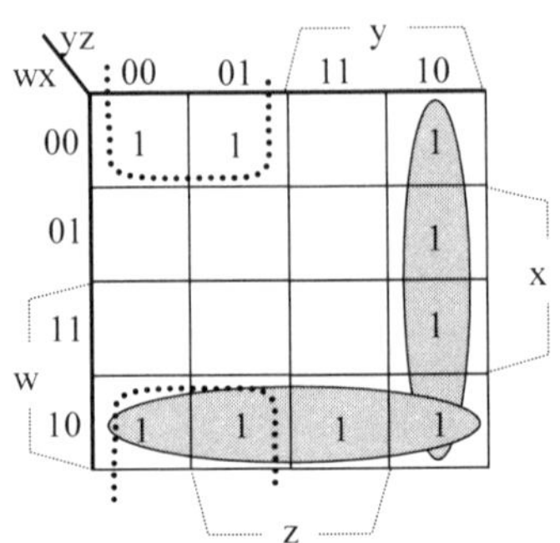

그림 4-27 예제 4-18의 K-map

풀이: 그림 4-27과 같이 4개 셀의 3묶음이 가능하다. 이 묶음으로부터 보수항과 비보수항에 공통으로 나타나는 변수를 소거하고 남은 변수에 의한 논리식은

$$f(w,x,y,z) = w\,x' + y\,z' + x'y'$$

이 된다. 이 때, 그림 4-26과 같이 4개의 모서리에 있는 4개의 셀도 서로 인접해 있으므로 묶음이 가능하나, 전술한 바와 같이 그림 4-27에서 보는 것처럼 이 묶음은 다른 묶음에 모든 셀들이 이미 포함되어 있다. 따라서, 이 묶음에 의한 논리식은 중복된 표현이 되어 버린다.

이상의 예제 4-15~예제 4-18의 예제들에서 확인한 것처럼, 인접한 4개 셀의 묶음에서는 보수항과 비보수항 양쪽에 나타나는 2개의 변수가 소거된다. 또한, 이미 어떤 한 묶음에서 사용한 셀이라 하더라도 다른 묶음에 포함되지 않는 하나 이상의 셀을 포함하는 경우 중복해서 이용할 수 있다.

예제 4-19

그림 4-28의 K-map에서 간략화된 논리식을 구하여라.

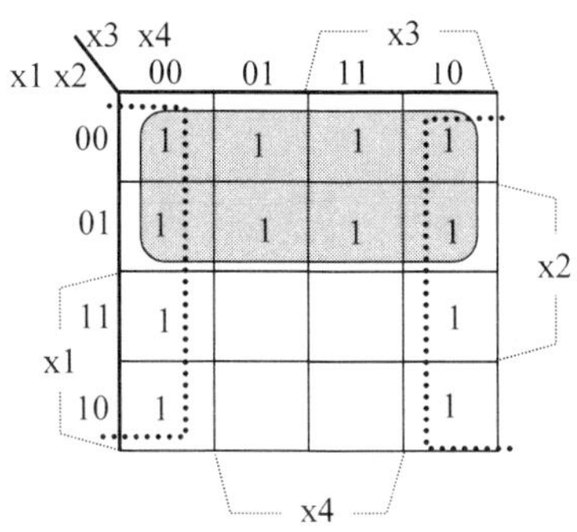

그림 4-28 예제 4-19의 K-map

풀이: 그림 4-28에서 보는 것처럼, 8개의 셀이 인접한 묶음이 2개 존재한다. 상단 2개 열의 묶음에서 변수 x_2, x_3, x_4가 보수항과 비보수항 양쪽에 나타나므로 소거되고, 남은 변수에 의한 논리식은 $\overline{x_1}$ 이다. 다음으로 좌우측 행에 의한 묶음에서는 변수 x_1, x_2, x_3가 소거되고, 남은 항은 $\overline{x_4}$ 이다. 따라서 간략화된 논리식은

$$f(x_1, x_2, x_3, x_4) = \overline{x_1} + \overline{x_4}$$

이다.

예제 4-19는 8개의 인접한 셀의 묶음에서는 3개의 변수가 소거되는 것을 보이고 있다. 예제 4-12에서 예제 4-19까지의 결과를 종합해보면, K-map에 의한 논리식의 간략화는

- 2개 셀의 묶음 : 1개 변수의 소거
- 4개 셀의 묶음 : 2개 변수의 소거
- 8개 셀의 묶음 : 3개 변수의 소거
- 2^K개 셀의 묶음 : K개 변수의 소거
- 소거되는 변수는 묶음에서 보수항과 비보수항 양쪽에 나타남

의 과정으로 얻어지는 것이다.

K-map에 의한 간략화 과정의 체계화

K-map을 이용해서 구한 간략화된 논리함수는 단 하나만 존재하는 것이 아니라 같은 기능을 수행하고, 게이트의 수나 각 게이트에의 입력선의 수의 합이 같은 다수개의 논리함수가 존재는 경우도 있다. 이 경우, 어느 쪽을 이용해도 동일한 비용의 논리함수가 된다. 예로 다음과 같은 표준 SOP 형식으로부터 간략화된 논리식을 구해보자.

$$f(a,b,c) = \sum m(1,2,3,4,5)$$

그림 4-29는 주어진 논리식으로부터 구성한 K-map이다.

그림 4-29와 같이 2개의 인접한 셀의 묶음이 4개가 가능하다. 다른 묶음에 셀이 모두 포함되지 않는 가능한 묶음으로 ①번, ②번, ④번의 그룹과, ①번, ③번, ④번의 그룹이 있다. 따라서 이들 그룹의 간략화된 논리식은

$$f(a,b,c) = ab' + b'c + a'b \text{ 또는 } f(a,b,c) = ab' + a'c + a'b$$

가 구해진다. 이들 각 식은 NOT 게이트를 무시하면 2입력 AND게이트 3개, 3입력 OR게이트 1개, 각 게이트의 입력선은 9개로 모두 동일하다.

이와 같이 간단한 논리함수의 경우에는 그룹화 및 변수의 소거를 통해 간략화된 논리함수를 구하는 것이 용이하지만, 변수의 개수가 많아지거나 복잡한 논리함수의 경우에는 최적의 그룹화 및 간략화된 논리식을 얻는 것이 간단하지 않는 경우도 있다. 따라서 이를 해결할 수 있는 보다 체계적인 과정이 필요하고, 간략화를 위한 체계적인 방법을 기술하기 위해 다음과 같은 용어를 정의한다.

- **리터럴(literal)** : 논리함수의 논리곱(product term)은 여러 개의 변수로 구성되고, 각 변수는 보수항과 비보수항 중 하나가 사용된다. 이 때, 논리곱의 각 항에 사용되는 변수를 "literal"이라 한다. 예로, $ab'c$는 3개의 literal a, b', c로 구성된 논리곱이고,

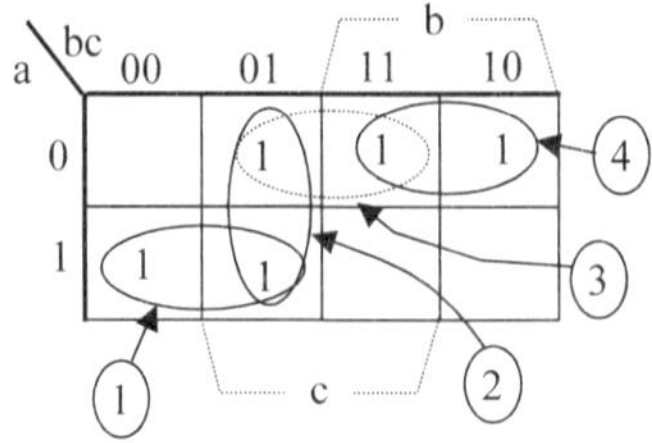

그림 4-29 $f(a,b,c) = \sum m(1,2,3,4,5)$의 K-map

$x_1\overline{x_3}\ x_4\overline{x_5}$는 4개의 literal x_1, $\overline{x_3}$, x_4, $\overline{x_5}$를 갖는 논리곱이다.

- **임플리컨트(Implicant)** : 출력함수가 1이 되는 minterm의 가능한 모든 조합을 임플리컨트라 한다. K-map에서 고립된 하나의 minterm이나 그룹으로 묶여질 수 있는 모든 minterm은 임플리컨트가 된다. 그림 4-30의 K-map에서 가능한 임플리컨트의 수는 전체 11개가 된다. 즉,
  - $2^0 = 1$개의 각 minterm 5개 : a'b'c', a'b'c, ab'c', ab'c, abc
  - $2^1 = 2$개 셀의 가능한 묶음 5개 : a'b', b'c', ab', b'c, ac
  - $2^2 = 4$개 셀의 가능한 묶음 1개 : b'

의 임플리커트가 존재한다.

- **주 임플리컨트(Prime Implicant : PI)** : 가장 적은 수의 literal로 표현되고, 다른 임플리컨트에 K-map의 셀이 전부 결합되지 않는 임플리컨트를 주 임플리컨트(PI)라 한다. 즉, PI는 다른 minterm이나 그들의 그룹에 결합되지 않는 하나 또는 복수개의 minterm이다. 따라서, PI내에서 literal의 수는 더 이상 줄어들지 않는다. 그림 4-30의 예에서는 b'과 ac의 2개의 PI가 존재한다.
- **핵심 주 임플리컨트(Essential Prime Implicant : EPI)** : 다른 PI에 포함되지 않는 출력을 1로 하는 최소 하나 이상의 minterm을 갖는 PI를 핵심 주 임플리컨트(EPI)라 한다. 그림 4-30의 K-map의 PI는 각각의 PI가 다른 PI에 포함되지 않는 하나 이상의 minterm을 포함하고 있으므로 전부 EPI이다. 또 다른 예로 그림 4-29의 K-map을 고려해보자. 이들의 묶음을 PI와 EPI로 구분해서 나타낸 것이 그림 4-31이다. 이 그림에서 EPI가 아닌 PI는 점선의 묶음이다. 실선의 묶음이 EPI가 되는 것은 다른 PI에 포함되지 않는 셀(minterm m_2와 m_4)을 각각 포함하고 있기 때문이다.

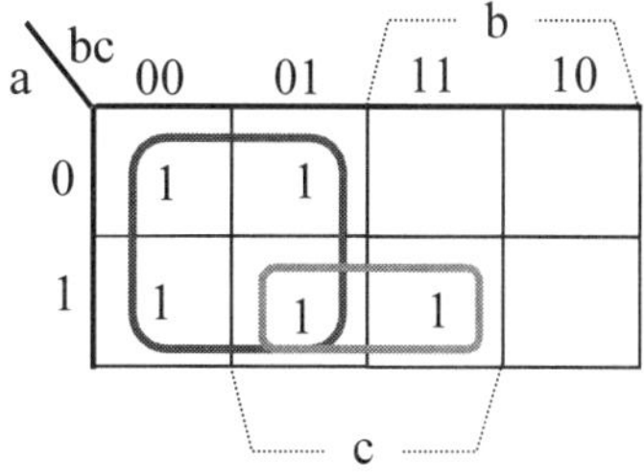

그림 4-30 함수 $f(a,b,c) = \sum m\ (0,1,4,5,7)$의 K-map

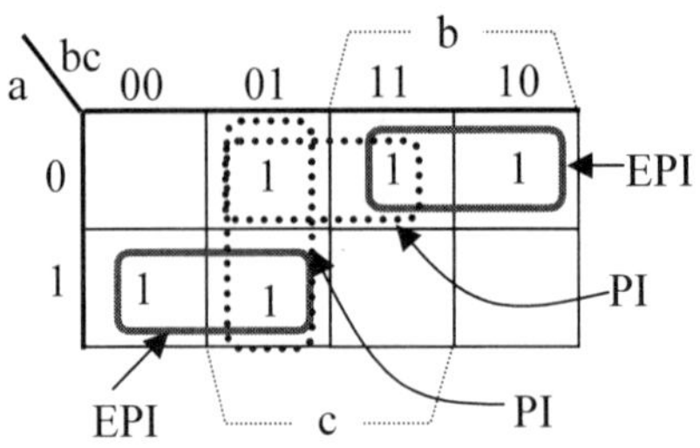

그림 4-31 그림 4-29의 PI와 EPI

EPI는 다음의 2가지 과정으로 간단하게 구할 수 있다.

- 가장 큰 minterm의 그룹으로 묶여진 PI를 구한다.
- 최소한 하나의 minterm이 다른 PI에 포함되지 않는 PI를 찾아서 이를 EPI로 정한다.

이상으로 정의된 용어와 K-map을 사용해서 최적의 간략화된 논리함수를 구하는 과정은 다음과 같다.

1. 주어진 진리표나 논리함수로부터 PI를 구한다.
2. EPI의 집합을 구한다.
3. EPI의 집합이 주어진 논리함수의 출력을 1로 하는 모든 minterm을 포함하고 있으면, 이들 EPI를 논리합으로 나타낸 논리식이 최적으로 간략화된 SOP 형 논리함수이다.
4. EPI의 집합이 주어진 논리함수의 출력을 1로 하는 모든 minterm을 포함하지 못하면, 최적의 논리식이 되도록 EPI가 아닌 PI 항들을 EPI에 첨가시켜 논리합으로 나타내면 된다.

예제 4-20

다음의 논리함수를 K-map을 이용해서 간략화된 논리식을 구하여라.

$$f(a,b,c,d) = \sum m\ (5,7,8,9,10,11,12,13,14)$$

풀이: 표준 SOP 형식의 논리함수를 K-map으로 구성해서 나타내면 그림 4-32와 같다.

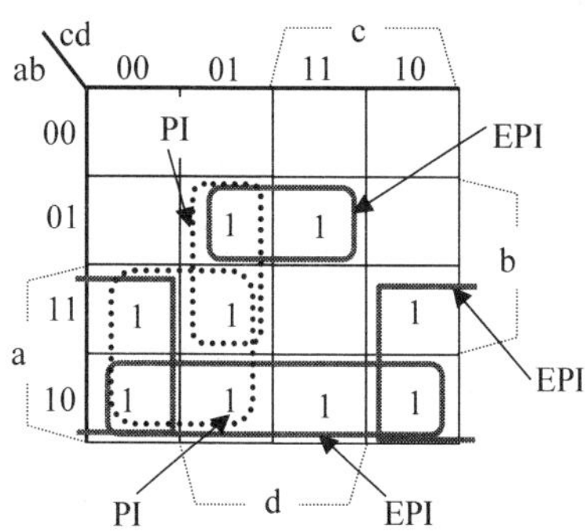

그림 4-32 $f(a,b,c,d) = \sum m\ (5,7,8,9,10,11,12,13,14)$의 K-map

이 그림으로부터 ab′, ad′, ac′, bc′d, a′bd의 5개 묶음이 PI가 된다. 이 중에서 EPI는 ab′(minterm m_{11}로 인해), ad' (minterm m_{14}로 인해), a′bd(minterm m_7로 인해)의 3개이다. 이 3개의 EPI에 의해서 m_{13}을 제외한 모든 minterm을 포함하므로, m_{13}을 포함하는 PI 중에서 입력변수의 수가 적은 PI는 ac′이다. 따라서 최적으로 간략화된 논리식은

$$f(a,b,c,d) = ab' + ad' + ac' + a'bd$$

가 된다.

예제 4-21

다음의 논리함수를 K-map을 이용해서 간략화된 논리식을 구하여라.

$$f(w,x,y,z) = \sum m\ (2,4,5,6,7,10,13,14,15)$$

풀이: 논리함수의 K-map은 그림 4-33과 같다. 이 그림에서 실선으로 묶여진 그룹은 전부 EPI이고, 점선으로 묶여진 그룹은 PI이다. 3개의 EPI에 의해서 논리함수의 minterm이 전부 포함되므로 간략화된 논리식은

$$f(w,x,y,z) = w'x + xz + yz'$$

이 된다.

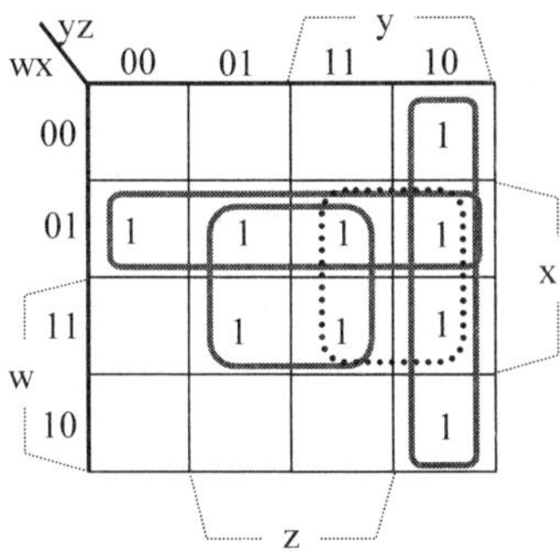

그림 4-33 $f(w,x,y,z) = \sum m\ (2,4,5,6,7,10,13,14,15)$의 K-map

4-5-3 POS 형식의 간략화

4-5-2절에서 기술한 SOP 형식의 간략화된 논리식을 구하는 과정과 동일한 방법을 사용하고, 쌍대성의 원리(principle of duality)를 적용함으로서 최적으로 간략화된 POS 형식의 논리식을 구성할 수 있다.

출력 $f = 0$인 maxterm의 셀을 가능한 큰 그룹으로 묶어 POS의 합(sum term)에 포함되는 변수의 수를 최소화시키는 방법으로도 간략화된 POS 형식의 논리식을 구할 수 있지만, 4-5-2절의 간략화 방법을 사용하고, 드 모르강의 정리를 적용해서 구하는 것이 보다 간편하다. 즉, 주어진 논리함수나 진리표로부터 최적으로 간략화된 POS 형식의 논리함수를 구하는 방법은 다음과 같다.

1) 논리함수의 출력 f가 $f = 0$가 되는 minterm들을 대상으로 최소비용의 SOP 형식의 논리함수를 구한다.
2) $f = 0$ 의 minterm들을 사용했기 때문에 출력 f가 $f = 1$이 되는 입력변수의 조건을 만족시키기 위해서는 1)에서 구한 논리함수의 보수를 취하고, 드 모르강의 정리를 이용해서 전개시키면, 최적으로 간략화된 POS 형식의 논리함수가 된다.

예로 예제 4-13의 K-map으로부터 간략화된 POS 형식의 논리식을 구해보자. 그림 4-34는 그림 4-21의 K-map을 $f = 0$의 셀을 중심으로 나타낸 것이다.

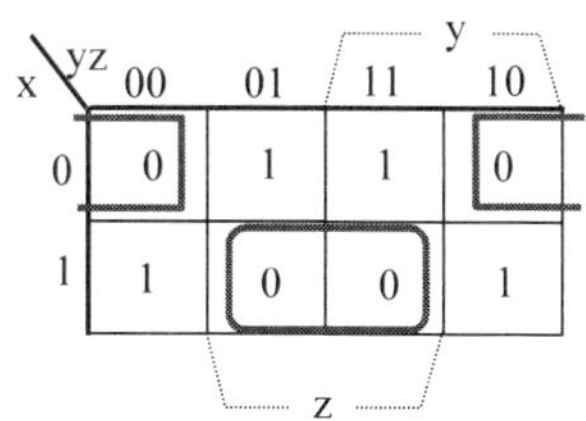

그림 4-34 POS 형식의 간략화

$f = 0$인 셀을 중심으로 SOP 형식의 간략화 과정을 이용하면,

$$\overline{f} = xz + x'z'$$

가 된다. 따라서 드 모르강의 정리를 적용하면

$$\begin{aligned} f = \overline{\overline{f}} &= (xz + x'z')' \\ &= (xz)'(x'z')' \\ &= (x' + z')(x + z) \end{aligned}$$

의 간략화된 POS 형식의 논리식이 얻어지고, 이를 구성하기 위해서는 2입력 OR게이트 2개, 2입력 AND 게이트 1개로 NOT 입력이 주어지는 경우를 가정하면 게이트 수와 각 게이트 입력선의 수를 합하면 $3 + 6 = 9$가 된다. 한편, 예제 4-13에서 SOP 형식의 논리식을 구성하기 위해서는 2입력 AND 2개, 2입력 OR 게이트 1개, 각 게이트 입력선의 수 6개, 합이 9로 POS 형식으로 구한 논리식이나 SOP 형식으로 구한 논리식 모두 같은 값이다.

그러나 예제 4-20으로 주어진 논리함수로부터 간략화된 POS 형식의 논리식을 구해보자. 그림 4-35는 그림 4-32의 K-map을 출력이 0인 셀을 중심으로 다시 나타낸 것이다.

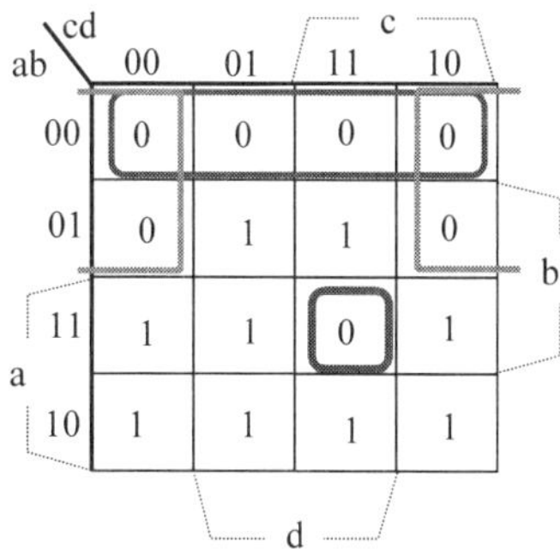

그림 4-35 POS 형식의 간략화

$f=0$인 셀을 중심으로 SOP 형식의 간략화 과정으로부터,

$$\overline{f}=a'b'+a'd'+abcd$$

따라서 POS 형식의 출력 f는

$$\begin{aligned} f=\overline{\overline{f}} &= (a'b'+a'd'+abcd)' \\ &= (a'b')'(a'd')'(abcd)' \\ &= (a+b)(a+d)(a'+b'+c'+d') \end{aligned}$$

이다.

예제 4-20에서 구한 SOP 형식의 논리식과 여기에서 구한 POS 형식의 논리식을 구성할 때 소요되는 게이트와 입력선의 수의 합을 비교해보자. 그림 4-36은 SOP 형식의 논리식과

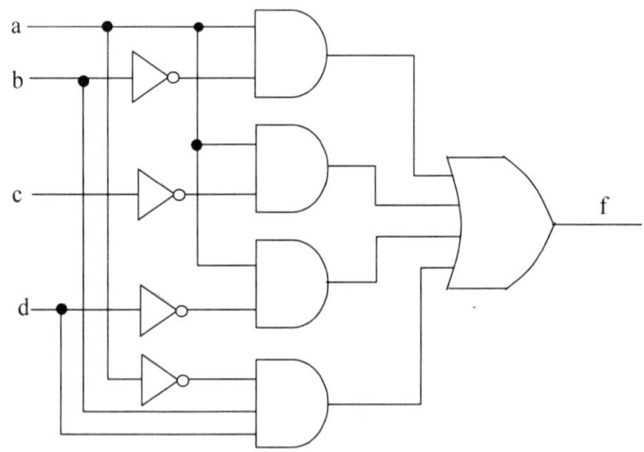

(a) SOP 형식 논리식의 구성

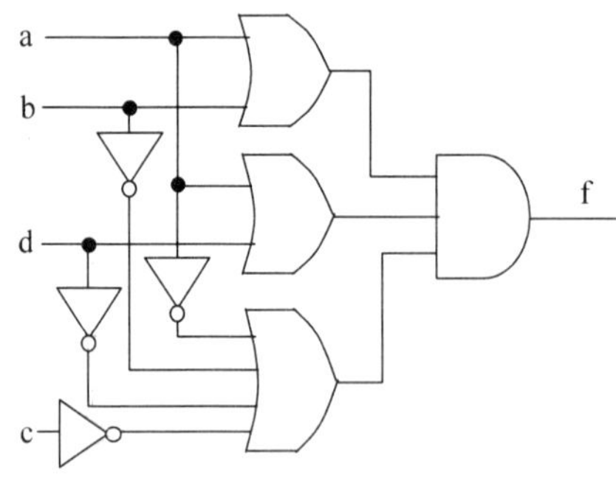

(b) POS 형식 논리식의 구성

그림 4-36 논리함수 $f(a,b,c,d)=\sum m\,(5,7,8,9,10,11,12,13,14)$의 회로구성의 비교

POS 형식의 논리식을 기본 게이트를 사용해서 구성한 것이다. NOT 게이트의 영향을 무시하면, 그림 4-36(a)의 SOP 형식의 논리회로에서는 게이트 5개, 입력선의 수 14, 전체 $5+14=19$인 반면, 그림 5-36(b)의 POS 형식의 논리회로에서는 게이트 4개, 입력선의 수 11, 전체 $4+11=15$이다. 따라서 이 경우의 논리함수는 SOP 형식보다 POS 형식의 간략화가 회로구성에 더 유리한 것을 알 수 있다.

결론적으로, SOP 형식의 논리식이나 POS 형식의 논리식이 어느 쪽이 일방적으로 유리한 경우는 없으며, 주어진 논리함수의 형태에 따라 최적의 논리식을 구해서 사용해야 한다.

예제 4-22

다음으로 주어진 논리함수의 간략화된 POS 형식의 논리식을 구하여라.

$$f(w,x,y,z)=\prod M(0,1,2,3,7,11,12,13,15)$$

풀이: 논리함수의 식으로부터 K-map을 구성하면 그림 4-37과 같다. 따라서, $f=0$인 maxterm의 묶음에 의한 간략화된 논리식은 그림 4-37로부터

$$f(w,x,y,z)=(x+w)(y'+z')(w'+x'+y)$$

또는, $f=0$인 minterm의 SOP 형식을 구하면

$$\overline{f}=w'x'+yz+wxy'$$

그러므로

$$\begin{aligned} f=\overline{\overline{f}} &= (w'x'+yz+wxy')' \\ &= (w'x')'(yz)'(wxy')' \\ &= (w+x)(y'+z')(w'+x'+y) \end{aligned}$$

직접 구한 것과 같은 간략화된 POS 형식의 논리식이 구해진다.

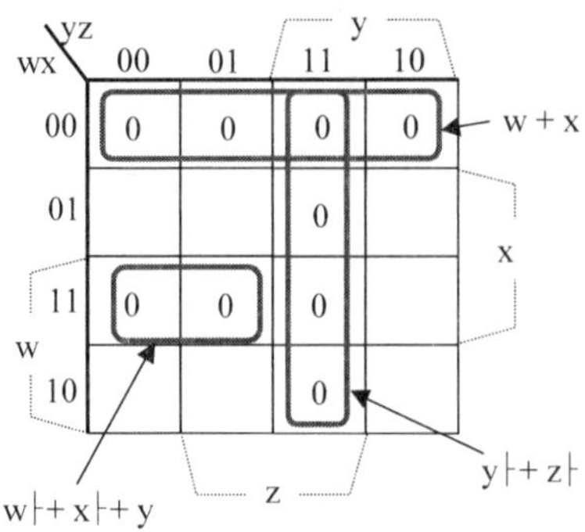

그림 4-37 $f(w,x,y,z)=\prod M(0,1,2,3,7,11,12,13,15)$의 K-map

4-5-4 무상관(don't care) 조건

디지털 시스템의 설계에서 입력변수의 가능한 모든 조합에서 발생하지 않는 것이나, 출력에 전혀 영향을 주지 않는 입력의 조건이 발생할 수도 있으며, 이를 무상관 조건(don't care condition) 또는 불완전하게 정의된 조건이라 하고 K-map내에서 "d"로 표시하고, 이들의 조합을

$$\sum d(\mathrm{i} \mid \mathrm{f}(\mathrm{i})=1 \text{ 또는 } 0) \tag{4-6}$$

로 나타낸다. 예로 BCD 코드에서 2진수 $1010_2, \cdots, 1111_2$ 의 6개의 입력조건은 출력에 나타나지 않음으로 이들은 전부 무상관 조건이 되고, 다음과 같이 나타낸다.

$$\sum d(10,11,12,13,14,15)$$

이와 같이 정의되지 않은 입력의 조건은 출력의 논리상태와는 아무런 관계가 없으므로, 그 조건에 대한 minterm의 값은 "1" 또는 "0"으로 할 수 있다. 따라서 이를 논리함수의 간략화에 적절히 이용함으로서 논리회로를 보다 더 간소화시킬 수 있는 경우가 많이 있다.

무상관 조건을 논리식의 간략화에 이용하는 방법은 다음과 같다.

1. SOP 형식의 간략화된 논리함수를 구하기 위해서는 그룹화의 과정에서 묶음의 단위가 무상관 조건을 포함시킬 경우 더 크게 할 수 있는 경우, 무상관 조건의 값을 1로 해서 사용하고, 이와는 반대로 POS 형식의 논리함수를 구하는데 이용하기 위해서는 무상관 조건의 값을 0으로 취급해서 사용한다.
2. 다만, 무상관 조건만으로 그룹화된 PI는 출력에 영향을 미치지 않는 변수들만의 조합

이 되므로, 최종의 논리함수에 포함시킬 수 없다.

예제 4-23

다음의 무상관 조건을 갖는 논리함수에 대해,

$$f(a,b,c,d) = \sum m\,(2,4,5,6,10)$$
$$d(a,b,c,d) = \sum m\,(12,13,14,15)$$

(1) 무상관 조건을 이용하지 않았을 때의 SOP 형식과 POS 형식의 간략화된 논리식을 구하여라.

(2) 무상관 조건을 이용한 경우의 SOP 형식과 POS 형식의 간략화된 논리식을 구하여라.

풀이: 그림 4-38은 무상관 조건을 포함해서 논리함수의 K-map이다.

(1) 무상관 조건을 이용하지 않았을 때의

- SOP 형식의 논리식:

$$f(a,b,c,d) = a'bc' + a'cd' + b'cd'$$

- POS 형식의 논리식 :

$$f(a,b,c,d) = (b+c)(a+c'+d')(a'+b+d')$$

(2) 무상관 조건을 이용한 경우

- SOP형식의 논리식 (가는 실선에 의한 묶음):

$$f(a,b,c,d) = bc' + cd'$$

- POS 형식의 논리식 (굵은 실선에 의한 묶음):

$$f(a,b,c,d) = (b+c)(c'+d')$$

무상관 조건을 이용함으로서 보다 간략화된 논리식이 되는 것을 볼 수 있다.

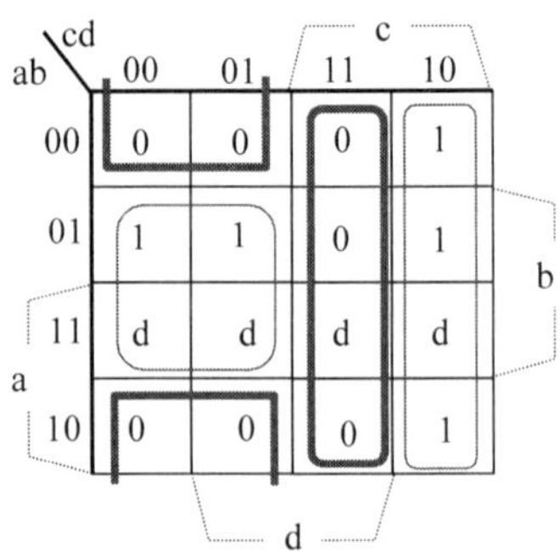

그림 4-38 예제 4-23의 K-map

예제 4-24

다음의 무상관 조건을 갖는 논리함수의 SOP 형식과 POS 형식의 간략화된 논리식을 구하여라.

$$f(w,x,y,z) = \sum m\,(0,1,2,3,7,8,10)$$
$$d(w,x,y,z) = \sum m\,(5,6,11,15)$$

풀이: 그림 4-39는 무상관 조건을 포함한 논리함수의 K-map이다. 따라서

- SOP 형식의 논리식 (가는 실선에 의한 묶음) :

$$f(w,x,y,z) = w'x' + w'y + x'z'$$

- POS 형식의 논리식 (굵은 실선에 의한 묶음) :

$$f(w,x,y,z) = (x' + y)(w' + x')(w' + z')$$

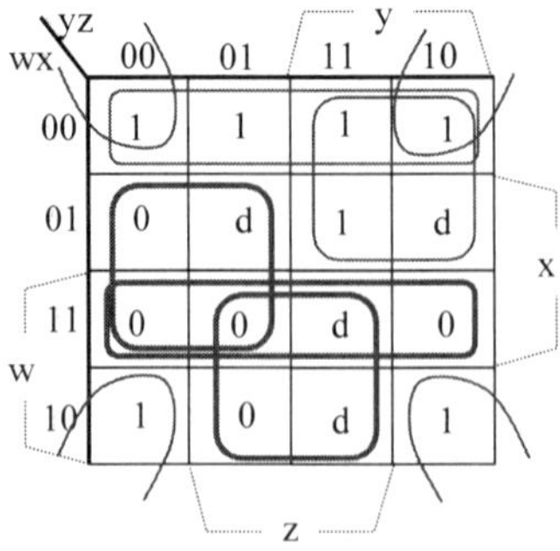

그림 4-39 예제 4-24의 K-map

4-6 | 퀸 맥클라스키(Quine-McClusky)에 의한 방법

K-map에서는 변수가 6개 이상이 되면 취급이 곤란하게 되므로, 간략화를 위한 보다 체계적인 방법이 요구된다. 퀸 맥클라스키(QM)의 간략화의 방법은 기본적으로 K-map에 의한 방법과 같은 원리를 사용하지만, K-map과 달리, 표(table)를 이용한 보다 체계적인 방법이다. 따라서 변수가 많은 경우에도 컴퓨터에 의한 프로그램으로 용이하게 간략화 할 수 있는 방법이다.

QM법에 의한 간략화의 기본적인 원리는 K-map에서 인접된 2개의 셀을 그룹화하면, 보수항과 비보수항 양쪽에 나타나는 변수가 소거되는 원리를 반복해서 적용하는 것이다. 즉 부울대수의 정리로부터

$$Ax + Ax' = A(x + x') = A$$

와 같이 변수x가 소거되는 원리를 반복적으로 사용하는 것이다.

예를 통해 QM법의 원리를 설명하기 위해, 다음의 논리함수를 간략화시켜 보자.

$$f(w, x, y, z) = \sum m\,(0,\ 1,\ 2,\ 3,\ 6,\ 7,\ 8,\ 9,\ 14,\ 15)$$

1. 표 4-1과 같이 1의 개수가 같은 minterm을 10진수에 대응시킨 값이 증가하는 순으로 나열한다. 표 4-1에서 그룹 0은 1을 하나도 갖지 않는 minterm이고, 그룹 1은 1의 개수가 하나인 minterm의 그룹으로 이루어져 있어, 그룹 K의 경우에는 1이 K개인 minterm들을 모아놓은 것이 된다.
2. 그룹 n과 그룹 $n+1$에서 각 minterm의 비트 값이 한 비트에서만 서로 다른 값을 갖는 minterm들을 묶어 2번째의 새로운 표를 구한다. 즉, 그룹 0의 minterm m_0와 그룹 1의 minterm m_1, m_2, m_8의 각각은 한 비트위치의 값만이 다르므로 묶을 수 있다. 동일하게 그룹 1의 m_1과 그룹 2의 m_3도 함께 묶을 수 있다. 이와 같이 묶여진 minterm은 "#"로 표기해 둔다.

   이를 보다 일반화시켜 보면, 그룹 $n+1$과 그룹 n의 각 minterm들을 10진수로 대응시켰을 때, 그 값의 차가 $2^p\,(p = 0, 1, 2, \cdots)$이 되는 minterm들을 하나로 묶는 것에 대응한다. 즉,

표 4-1 1의 개수에 따른 minterm의 그룹화

Group	Minterm	입력변수 w x y z
0	m0	0 0 0 0 #
1	m1	0 0 0 1 #
	m2	0 0 1 0 #
2	m8	1 0 0 0 #
	m3	0 0 1 1 #
	m6	0 1 1 0 #
	m9	1 0 0 1 #
3	m7	0 1 1 1 #
	m14	1 1 1 0 #
4	m15	1 1 1 1 #

- 그룹 0과 그룹 1 :

$$(m_0, m_1) = 1 - 0 = 2^0,$$

$$(m_0, m_2) = 2 - 0 = 2^1,$$

$$(m_0, m_8) = 8 - 0 = 2^3$$

- 그룹 1과 그룹 2 :

$$(m_1, m_3) = 3 - 1 = 2^1$$

$$(m_1, m_9) = 9 - 1 = 2^3$$

$$(m_2, m_3) = 3 - 2 = 2^0$$

$$(m_2, m_6) = 6 - 2 = 2^2$$

$$(m_8, m_9) = 9 - 8 = 2^0$$

등등

이와 같이 단 하나의 변수만이 다른 minterm들을 묶어서 새로운 표를 만드는 것은 부울대수의 정리 중에서 $ab' + ab = a$와 같이 다른 값을 갖는 변수 b를 소거할 수 있는

원리를 이용해서 보다 간략화된 논리함수의 식을 구하는 것과 같다. 삭제된 변수의 비트 위치를 "−"로 나타내기로 한다. 표 4-2는 이상의 과정을 통해 새롭게 작성된 표이다.

모든 그룹에 대해 이상의 과정을 적용해서, 더 이상 다른 그룹과 묶여질 수 없는 것이 발생하면 이는 PI(Prime Implicant)가 되는 인접한 minterm이 없는 고립된 minterm임을 의미한다.

3. 3번째 이상의 새로운 표를 작성하는 과정은 다음과 같다.

먼저, 인접한 두 그룹 간에 생략된 변수의 위치 ("−")가 같아야 하고, 다음으로 두 번째의 표를 생성할 때와 같이 하나의 비트 위치에서만 서로 다른 값을 갖는 것들을 묶어 보다 더 큰 그룹의 표를 만든다. 이는 K-map에서 보다 많은 셀들을 한데 묶음으로서 여러 개의 변수를 동시에 소거하는 것에 대응하는 것이다. 두 번째 그룹을 생성할 때와 마찬가지로 보다 큰 그룹에 묶여지지 않는 항들은 PI가 된다. 표 4-3은 이 과정을 통해 3번째의 표이다.

표 4-2 2개 minterm 그룹의 생성

Group	Minterm	입력변수 w	x	y	z
0	m0, m1	0	0	0	-
	m0, m2	0	0	-	0
	m0, m8	-	0	0	0
1	m1, m3	0	0	-	1
	m1, m9	-	0	0	1
	m2, m3	0	0	1	-
	m2, m6	0	-	1	0
	m8, m9	1	0	0	-
2	m3, m7	0	-	1	1
	m6, m7	0	1	1	-
	m6, m14	-	1	1	0
3	m7, m15	-	1	1	1
	m14, m15	1	1	1	-

표 4-3 4개 minterm 그룹의 생성

Group	Minterm	입력변수 w x y z
0	m0, m1, m2, m3 m0, m1. m8, m9	0 0 - - - 0 0 -
1	m2, m6, m3, m7	0 - 1 -
2	m6, m7, m14, m15	- 1 1 -

4. 단계 3의 과정을 반복 적용해서 더 이상 큰 그룹으로 묶여지는 그룹이 없을 때까지 같은 과정을 반복한다.
5. EPI가 되는 그룹을 찾아내기 위해, 다음과 같은 PI의 표를 작성한다.
   첫 번째 행(column)에 PI들을 나타내는 minterm의 번호를 나열하고,
   두 번째 행에는 PI들을 나타내는 변수들을 나열한다. 그리고,
   세 번째 행에는 출력을 1로 하는 minterm들의 번호를 나열하고, 그 바로 밑에 PI를 형성하는 minterm마다 마크(*X*)를 붙인다.

이 때 단 한번만 마크된 minterm을 ⊗ 로 표시하고, 이를 포함하는 PI는 EPI가 되는 것이다. 즉, 하나의 PI에만 속하는 minterm을 보유한 PI는 EPI인 것이다. 표 4-4는 단계 5의 과정을 통해 생성된 표이다.

간략화된 논리함수의 식은 함수의 출력을 1로 하는 모든 minterm을 한번 이상은 포함시켜야 함으로, 먼저 EPI가 되는 그룹을 선택하고, 다음으로 PI 중에서 최소비용이 되게 하는 것을 선택해서 최종의 논리식으로 하면 된다.

표 4-4 PI 테이블

PI terms	Maxterm의 번호	출력값이 1인 maxterm									
		0	1	2	3	6	7	8	9	14	15
w'x'	0, 1, 2, 3	X	X	X	X						
x'y'	0, 1, 8, 9	X	X					⊗	⊗		
w'y	2, 3, 6, 7			X	X	X	X				
xy	6, 7, 14, 15					X	X			⊗	⊗

표 4-4의 PI 테이블에서 간략화된 SOP 형식의 논리식은 다음과 같다.

$$f(w,x,y,z) = x'y' + xy + w'y \quad \text{또는} \quad f(w,x,y,z) = x'y' + xy + w'x'$$

가 얻어지고, 2 논리식 중 어느 것을 선택해도 결과는 같게 된다.

가. QM법에 의한 논리함수의 간략화 과정(SOP 형식)

이상, 예를 통해 설명한 QM법에 의한 논리함수의 간략화 과정을 요약하면 다음과 같다.

1. 논리함수의 출력을 1로 하는 minterm에 의한 임플리컨트로 구성되는 표를 작성한다. 이 때, 각 minterm에서 1의 개수에 따라 minterm들을 그룹화해서 나열한다.
2. 인접한 그룹에서 각 minterm의 비트값이 한 비트에서만 다른 값을 갖는 임플리컨트들을 묶고, 다른 값을 갖는 임플리컨트의 변수를 소거한다. 인접한 그룹 간에 묶이는 임플리컨트는 마크해 두고, 변수가 줄어든 새로운 표를 작성한다. 이 과정에서 묶이지 않는 임플리컨트는 주 임플리컨트(PI)이다.
3. 단계 2의 과정을 반복해서 그룹 내에 포함되는 임플리컨트의 수를 가능한 크게 한다.
4. PI 표를 작성해서, EPI가 되는 PI 그룹을 찾는다.
5. EPI 내에 임플리컨트 전부가 포함되면 EPI 그룹에 의한 논리식을 구하면 되고, 그렇지 않으면, PI 중에서 최소비용이 되게 하는 것을 찾아 EPI 그룹에 덧붙여 최종의 논리식으로 한다.

나. QM법에 의한 POS 형식의 간략화

K-map에서와 같이 SOP와 POS간의 관계를 QM법에서도 그대로 적용할 수 있다. QM법으로 POS 논리식을 구하기 위해서는, 출력을 1로 하는 minterm 대신 0로 하는 maxterm으로부터 0의 개수에 따라 표를 만들고, SOP 형식의 논리식을 구하는 것과 동일한 과정으로 간략화된 POS 형식의 논리식을 구할 수 있다. 또한, 출력을 0으로 하는 minterm을 대상으로 해서 SOP 형식의 최종 논리식을 구한 다음, 보수를 취해서 드 모르강의 법칙을 적용해서 전개시켜도 같은 POS 형식의 논리식이 된다.

예로 다음의 논리함수로부터 QM법을 사용해서 간략화된 POS 형식의 논리식을 구해보자.

$$f(a,b,c,d) = \prod M(0,1,3,7,8,9,10,11,15)$$

논리함수가 maxterm의 곱으로 주어져 있으므로, 0의 개수에 따른 임플리컨트 표를 구하면 표 4-5와 같다.

표 4-5 임플리컨트의 표

Group	Maxterm	입력변수 a b c d –
4	M0	0 0 0 0 #
3	M1 M8	0 0 0 1 # 1 0 0 0 #
2	M3 M9 M10	0 0 1 1 # 1 0 0 1 # 1 0 1 0 #
1	M7 M11	0 1 1 1 # 1 0 1 1 #
0	M15	1 1 1 1 #

표 4-6 임플리컨트의 그룹화

Group	Maxterm	입력변수 a b c d –
3	M0, M1 M0, M8	0 0 0 - # - 0 0 0 #
2	M1, M3 M1, M9 M8, M9 M8, M10	0 0 - 1 # - 0 0 1 # 1 0 0 - # 1 0 - 0 #
1	M3, M7 M3, M11 M9, M11 M10, M11	0 - 1 1 # - 0 1 1 # 1 0 - 1 # 1 0 1 - #
0	M7, M15 M11, M15	- 1 1 1 # 1 - 1 1 #

인접 그룹간에 한 비트에만 서로 다른 값을 갖는 임플리컨트들을 묶고, 관련된 변수를 소거해서 "-"로 표기한 것이 표 4-6이다. 또한, 표 4-5에서 그룹으로 묶인 임플리컨트의 입력 변수 측에 "#"로 마크했다.

인접한 그룹간에 "-"의 위치가 서로 일치하고, 비트 하나의 값이 다른 PI들을 묶어서 변수를 줄인 것이 표 4-7이다.

표 4-7 PI들의 그룹화

Group	Maxterm	입력변수 a b c d
0	M0,M1,M8,M9 (M0,M8,M1,M9)	- 0 0 -
1	M1,M3,M9,M11 (M1,M9,M3,M11) M8,M9,M10,M11 (M8,M10,M9,M11)	- 0 - 1 1 0 - -
0	M3,M7,M11,M15 (M3,M11,M7,M15)	- - 1 1

표 4-8 PI 테이블

PI terms	Maxterm의 번호	출력값이 0인 maxterm								
		0	1	3	7	8	9	10	11	15
b+c	0, 1, 8, 9	⊗	X			X	X			
b+d'	1, 3, 9, 11		X	X			X		X	
a'+b	8, 9, 10, 11					X	X	⊗	X	
c'+d'	3, 7, 11, 15			X	⊗				X	⊗

표 4-7의 결과는 인접 그룹간에 더 이상 묶을 수 없는 것을 보여주고 있다. 따라서 최종의 간략화된 논리식을 얻기 위해 PI표를 만들면 표 4-8과 같다.

표 4-8의 PI 테이블에서 ⊗ 로 마크된 PI는 EPI이므로 최종의 논리식에 이들을 포함시키도록 한다. 그런데, 표 4-8에서 알 수 있는 것처럼 3개의 EPI에 의해 출력값이 0인 maxterm 전부를 포함하고 있다. 따라서, 나머지 하나의 PI는 고려할 필요가 없다. 이상으로부터 구한 최종의 POS 형식의 논리식은

$$f(a,b,c,d) = (b+c)(a'+b)(c'+d')$$

이 된다.

4-5-3절에서 학습했던 K-map을 이용해서 QM법으로 구한 결과를 검증해 볼 수 있다. 이는 독자의 연습으로 남긴다.

4-7 | 다중출력의 논리함수

디지털 논리회로에서 같은 입력변수에 의한 다수의 출력을 갖는 논리함수가 필요한 경우도 있다. 이 경우, 지금까지 다루어 온 단일출력의 논리함수처럼, 각 출력함수를 개별적으로 취급해서 최적의 논리식으로 논리회로를 구성하는 것보다 공통의 기능을 갖는 게이트를 공유할 수 있도록 논리회로를 구성하는 것이 더욱 경제적인 시스템 구성이 될 수도 있다. 예를 들어 다음의 논리함수를 간략화해서 논리회로를 구성해보자.

$$f_1(a,b,c,d) = \sum m\,(2,3,5,6,7,8,9,12,13)$$
$$f_2(a,b,c,d) = \sum m\,(2,3,6,7,8,9,12,13,15)$$

그림 4-40(a)와(b)는 이들 함수에 대한 K-map이다. 각 함수를 간략화시키면,

$$f_1(a,b,c,d) = ad' + a'c + a'bd$$
$$f_2(a,b,c,d) = ad' + a'c + abd$$

의 논리식이 각각 구해진다. 이들 두 논리식을 개별적으로 구성하면 각각이 2입력 AND 게이트 2개, 3입력 AND게이트 1개, 3입력 OR 게이트 1개씩이 소요된다. 그러나 두 논리식에서 ad'과 $a'c$가 공통항으로 사용되고 있으므로, 이들을 공유시켜 회로를 구성하면 그림 4-41과 같이 필요한 게이트 수를 줄일 수 있다.

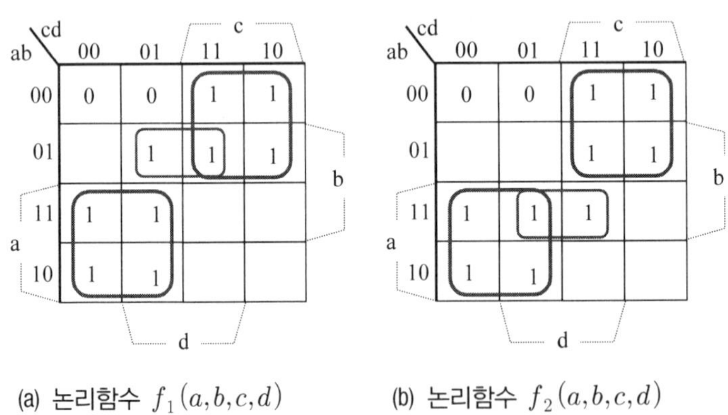

(a) 논리함수 $f_1(a,b,c,d)$ (b) 논리함수 $f_2(a,b,c,d)$

그림 4-40 다중 출력 논리함수의 예

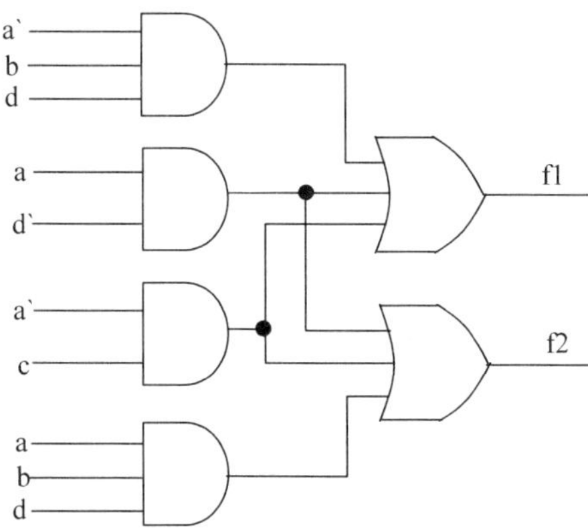

그림 4-41 다중 출력 $f_1(a,b,c,d)$와 $f_2(a,b,c,d)$의 회로구성

이 예에서는 각 논리함수를 개별적으로 간략화해도 두 함수에서 공유할 수 있는 공통항을 갖고 있어, 이를 공유시킴으로써 게이트 수를 간단하게 줄일 수 있었다.

다음의 예를 생각해보자.

$$f_1(x,y,z) = \sum m\ (4,5,7)$$
$$f_2(x,y,z) = \sum m\ (1,3,7)$$

그림 4-42는 이들 두 함수의 K-map이고, 각 함수를 간략화시킨 최적의 논리식은

$$f_1(x,y,z) = x\,y' + x\,z$$
$$f_2(x,y,z) = x'z + y\,z$$

이다. 이들 두 논리식에서는 공유되는 공통항이 존재하지 않는다. 따라서 논리회로의 구성은 그림 4-43과 같이 개별적인 논리회로가 되고, 각 논리회로에서 2입력 AND 게이트 2개, 2입력 OR게이트 1개, 6선의 입력선의 수로 구성되므로 두 논리식 전체로 $2 \times (2+1+6) = 18$이 된다.

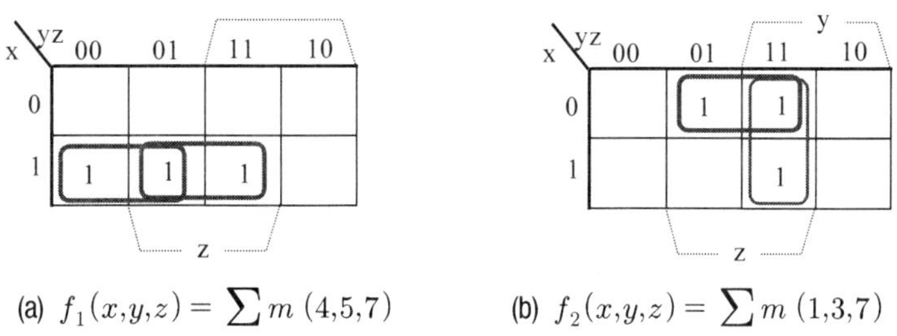

(a) $f_1(x,y,z) = \sum m\ (4,5,7)$ (b) $f_2(x,y,z) = \sum m\ (1,3,7)$

그림 4-42 2 출력함수의 K-map

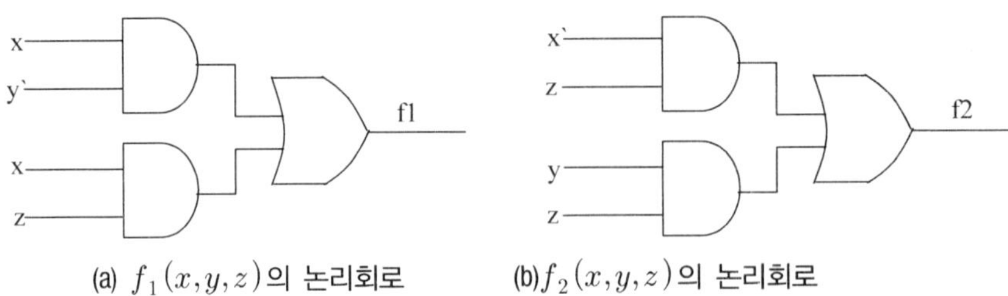

(a) $f_1(x,y,z)$의 논리회로 (b) $f_2(x,y,z)$의 논리회로

그림 4-43 함수의 개별 논리회로 구성

그러나 minterm m_7이 두 함수식에서 공통항이므로 이를 활용하기 위해 각 논리식의 간략화를 위해 그림 4-44의 K-map을 사용하면, 논리식은

$$f_1(x,y,z) = xy' + xyz$$
$$f_2(x,y,z) = x'z + xyz$$

가 되고 xyz가 공통항으로 작용한다. 따라서 이를 공유시켜 논리회로를 구성하면 그림 4-45와 같이 되고, 5개의 게이트, 11선의 입력선으로 전체 16의 비용이 된다.

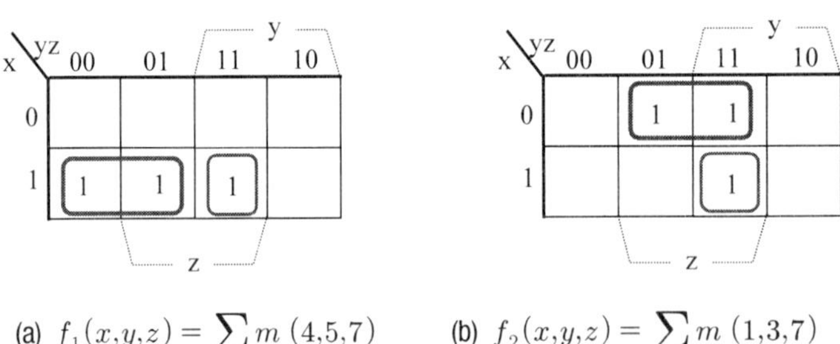

(a) $f_1(x,y,z) = \sum m\ (4,5,7)$ (b) $f_2(x,y,z) = \sum m\ (1,3,7)$

그림 4-44 2개 출력함수 K-map의 공통항의 묶음

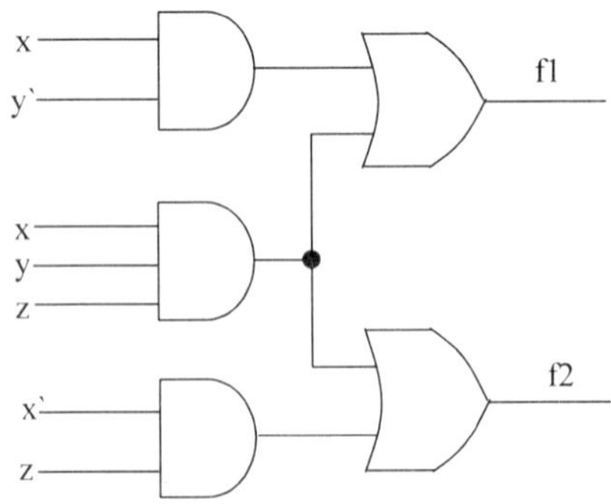

그림 4-45 공통항을 사용한 2 논리함수의 논리회로

4-8 | 다중 레벨의 논리회로

4-8-1 다중레벨의 논리

변수의 보수항과 비보수항을 동시에 이용할 수 있는 경우, 논리식의 회로구성에서 NOT 게이트는 고려하지 않아도 된다. 이 때, 4-2절에서 기술한 것처럼 SOP 형식의 논리식은 AND-OR 게이트의 조합으로 구성되고, 첫 번째 레벨에서는 AND 게이트가, 2번째 레벨에서는 OR 게이트가 사용되는 2레벨의 논리회로이다. 또한, POS 형식의 논리식은 OR-AND 게이트의 조합으로 구성되고, 첫 번째 레벨에서는 OR 게이트가, 2번째 레벨에서는 AND 게이트가 사용되는 2레벨의 논리회로가 된다. 이와 같은 2레벨의 논리회로는 입력변수가 적고, 회로가 간단한 시스템에서는 매우 유용한 회로구성이 되지만, 변수의 수가 증가하게 되면 게이트의 fan-in(한 게이트가 받아들일 수 있는 최대 입력의 수) 문제로 인해 회로구성에 제약을 받는다.

따라서 한 게이트에 입력되는 변수나 기능을 분할해서 구성하는 것이 필요하고, 이 경우의 논리회로는 2레벨 이상의 다중레벨의 회로구성이 된다. 2레벨의 논리회로를 다중레벨의 회로로 구성하는 방법은 SOP 형식이나 POS 형식의 논리식에서 공통항을 묶는 팩토링(factoring)의 방법이나, 회로의 기능을 소기능별로 분할해서 구성하는 기능분할의 방법이 있다. 여러 가지의 예제를 통해서 이들을 이해할 수 있도록 한다.

예제 4-25

4개의 입력 a, b, c, d 에서 다음의 조건을 만족하는 출력 f_1과 f_2의 논리회로를 2입력 AND 게이트와 OR게이트, 그리고 NOT 게이트를 사용하여 구성하여라.

- 출력 f_1

$a = b = 1$ 이고, c 또는 d 가 어느 하나라도 1일 때, $f_1 = 1$

$c = d = 0$ 이고, a 또는 b 가 어느 하나라도 1일 때, $f_1 = 1$

- 출력 f_2

$a = b = 0$ 이거나 $c = d = 0$ 인 경우를 제외한 모든 경우에 $f_2 = 1$

풀이: 주어진 조건을 만족하는 입력과 출력 f_1과 f_2의 진리표를 구성하면 그림 4-46과 같다.

이 진리표로부터 K-map을 이용하여 간략화된 논리식을 구하면,

$$f_1 = ab + c'd'(a+b)$$

$$f_2 = (a+b)(c+d)$$

의 논리식이 된다. 출력 f_1과 f_2의 공통항을 묶어내기 위해서 f_1의 논리식을 다음과 수정하면,

$$f_1 = ab + c'd'(a+b) = a'b + (c+d)'(a+b)$$

$(a+b)$ 및 $(c+d)$는 f_2와 공통항으로 함께 이용할 수 있게 된다. 그림 4-47은 이들의 논리식을 구성한 논리회로이다.

입력변수				출 력	
a	b	c	d	f1	f2
0	0	0	0	0	0
0	0	0	1	0	0
0	0	1	0	0	0
0	0	1	1	0	0
0	1	0	0	1	0
0	1	0	1	0	1
0	1	1	0	0	1
0	1	1	1	0	1
1	0	0	0	1	0
1	0	0	1	0	1
1	0	1	0	0	1
1	0	1	1	0	1
1	1	0	0	1	0
1	1	0	1	1	1
1	1	1	0	1	1
1	1	1	1	1	1

그림 4-46 예제 4-25 함수 f_1 및 f_2의 진리표

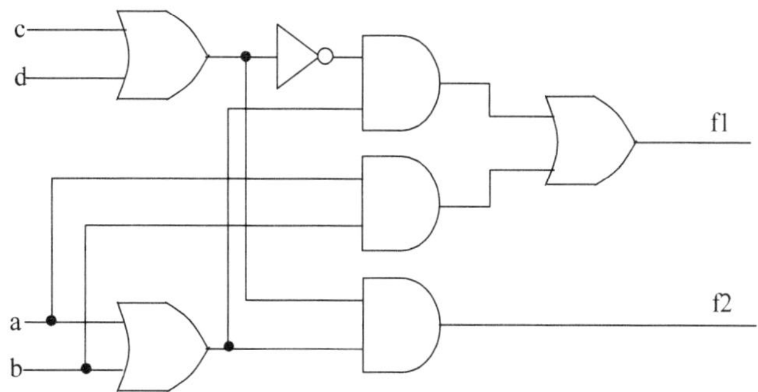

그림 4-47 공통항을 이용한 함수 f_1과 f_2의 회로구성

예제 4-26

다음의 논리식을 2레벨 AND-OR 회로구성과 2입력 AND-OR 다중레벨 회로를 구성하고 회로구성의 비용을 비교하여라.

$$f(x_4, x_3, x_2, x_1) = \overline{x_1}\ x_2 x_3 + x_1 \overline{x_2}\ x_3 + x_1 x_2 x_4 + \overline{x_1}\ \overline{x_2}\ x_4$$

풀이: NOT 게이트를 포함해서 2레벨 AND-OR 논리회로를 구성하면 그림 4-48(a)와 같다. 다중레벨의 AND-OR 논리회로를 구성하기 위해 주어진 논리식을 다음과 같이 변경시켜 보자.

$$\begin{aligned} f(x_4, x_3, x_2, x_1) &= \overline{x_1}\ x_2 x_3 + x_1 \overline{x_2}\ x_3 + x_1 x_2 x_4 + \overline{x_1}\ \overline{x_2}\ x_4 \\ &= x_3(\overline{x_1}\ x_2 + x_1 \overline{x_2}\ ) + x_4(x_1 x_2 + \overline{x_1}\ \overline{x_2}\ ) \end{aligned}$$

따라서 $y = \overline{x_1}\ x_2 + x_1 \overline{x_2} = x_1 \oplus x_2$라 하면,

$$f = x_3 y + x_4 \overline{y}$$

이 논리식을 구성한 것이 그림 4-48(b)이다. 그림 4-48의 (a)와 (b)의 논리회로를 비교해보면, (a)에서는 18개의 입력, 3입력 AND 게이트 4개, 4입력 OR 게이트 1개, NOT 게이트 2개로 비용함수의 값은 25가 된다. 이에 반해 (b)의 다중레벨의 회로에서는 15개의 입력, 2입력 AND게이트 4개, 2입력 OR게이트 2개, NOT 게이트 3개로 전체 비용함수의 값은 24로 줄어든다.

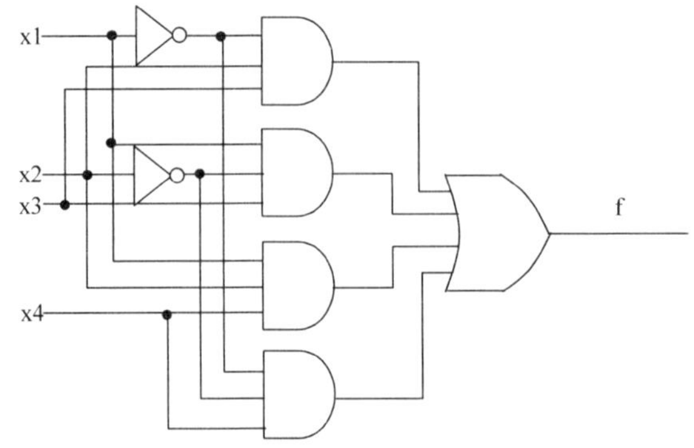

(a) 2레벨 AND-OR 논리회로

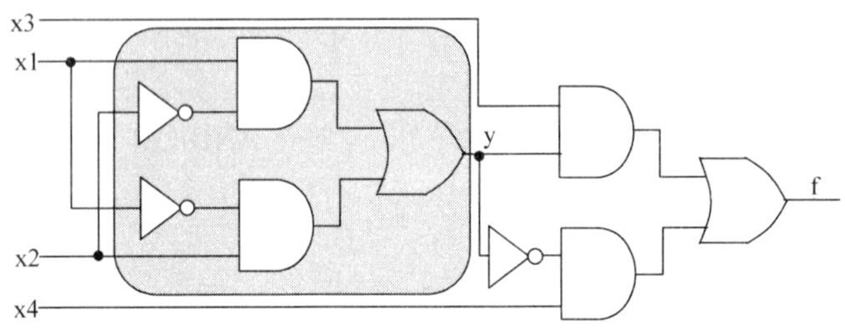

(b) 다중레벨 AND-OR 논리회로

그림 4-48 $f(x_4, x_3, x_2, x_1) = \overline{x_1}\ x_2 x_3 + x_1 \overline{x_2}\ x_3 + x_1 x_2 x_4 + \overline{x_1}\ \overline{x_2}\ x_4$의 논리회로

4-8-2 NAND와 NOR 게이트에 의한 다중레벨 논리의 구성

NAND 게이트나 NOR 게이트만으로 다른 기본 게이트를 구성할 수 있는 일반성에 관해서 3-5절에서 자세히 다루었다. 또한, 각 논리 게이트 심볼의 다른 표현을 구하는 방법을 3-6절에서 설명했다. 본 절에서는 이들의 성질을 이용해서 다중레벨의 논리회로를 NAND 게이트나 NOR 게이트만으로 구성하는 방법을 소개한다. SOP 형식의 AND-OR 회로는 NAND-NAND 회로로 구성되고, POS 형식의 OR-AND 회로는 NOR-NOR 회로로 구성되는 것을 여러 가지 예를 통해 확인하도록 한다.

예제 4-27

다음의 2입력 XOR 연산의 논리회로를 NAND 게이트만으로 구성하여라.

$$f = x \oplus y$$

풀이: 2입력 XOR 연산에 대한 AND-OR 논리회로는 3-3-6절의 그림 3-30으로 구성된다. NAND 게이트만의 회로로 구성하기 위해서 함수 f 를 다음과 같이 수정해보자. 드모르강의 정리를 이용하면 함수 f 는

$$\begin{aligned} f &= x \oplus y = x'y + xy' \\ &= \overline{(\overline{(x\overline{y})} \cdot \overline{(\overline{x}\ y)}} \end{aligned}$$

이 되고,

$$\overline{(x\overline{y})} = \overline{x(\overline{x} + \overline{y})} = \overline{x(\overline{xy})}$$

$$\overline{(y\overline{x})} = \overline{y(\overline{x} + \overline{y})} = \overline{y(\overline{xy})}$$

이므로, 이를 이용한 XOR 연산의 NAND 게이트에 의한 구성은 그림 4-49이다.

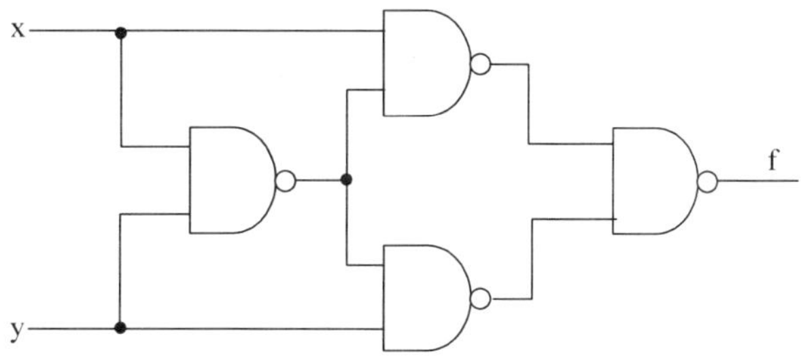

그림 4-49 2입력 XOR 연산의 $f = x \oplus y$ NAND 게이트에 의한 회로구성

예제 4-28

다음의 논리식을 2입력 NAND 게이트를 사용한 논리회로를 구성하여라.

$$f = (ab + c')d + e'$$

풀이: 주어진 논리식을 AND-OR-INVERTER를 사용하여 구성하면 그림 4-50(a)와 같다. 그림 4-50(b)와 같이 AND 게이트의 출력과 OR 게이트의 입력에 부정을 의미하는 작은 원을 붙이고 3-6절에서 다루었던 논리 심볼의 다른 표현을 사용하면 그림 4-50(c)의 NAND-NAND 논리회로가 얻어진다.

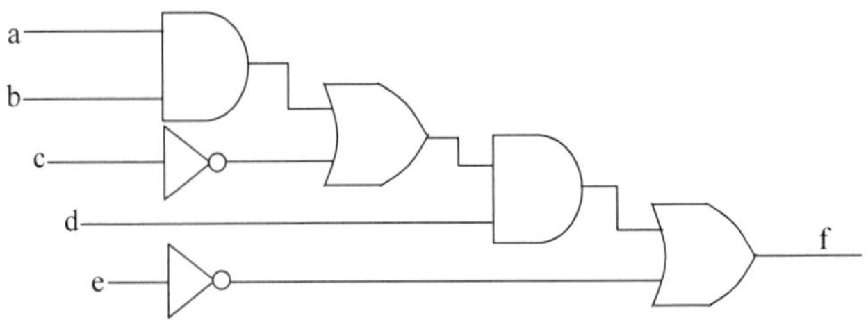

(a) AND-OR-INVERTER 논리회로

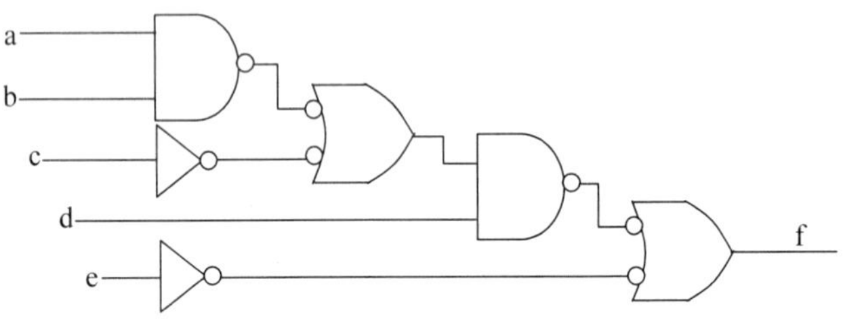

(b) AND-OR 심볼의 변경

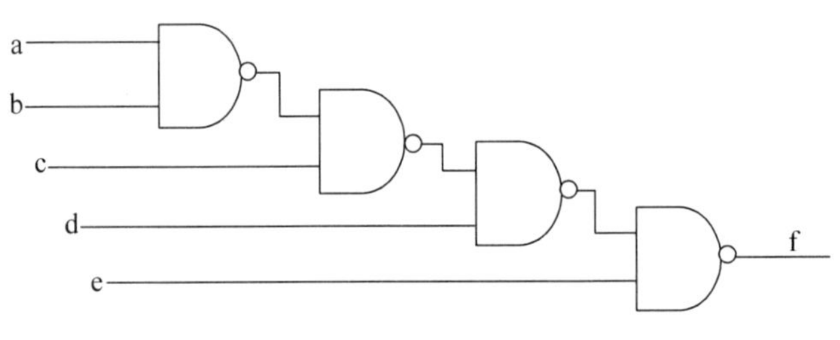

(c) NAND-NAND 논리회로

그림 4-50 $f = (a\,b + c')d + e'$의 다중레벨 논리회로

예제 4-29

다음의 논리식을 다중레벨의 NOR-NOR 논리회로로 구성하여라.

$$f = ((a + b)c' + d)e'$$

풀이: AND-OR-INVERTER를 사용한 회로구성은 그림 4-51(a)와 같고, 그림 4-51(b)와 같이 OR-게이트의 출력과 AND 게이트의 입력에 작은 원을 덧붙이고, 논리 심볼의 다른 표현을 이용하면 그림 4-51(c)의 NOR-NOR 다중레벨의 회로구성이 된다.

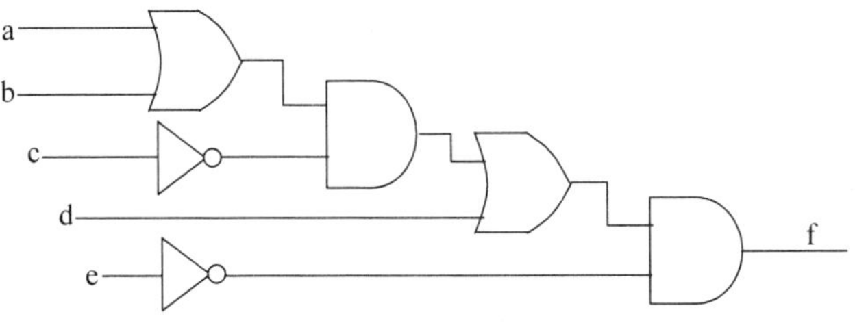

(a) OR-AND-INVERT 회로구성

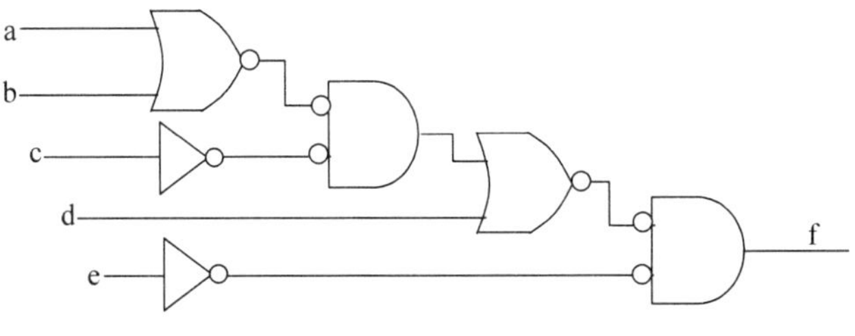

(b) OR-AND 심볼의 변경

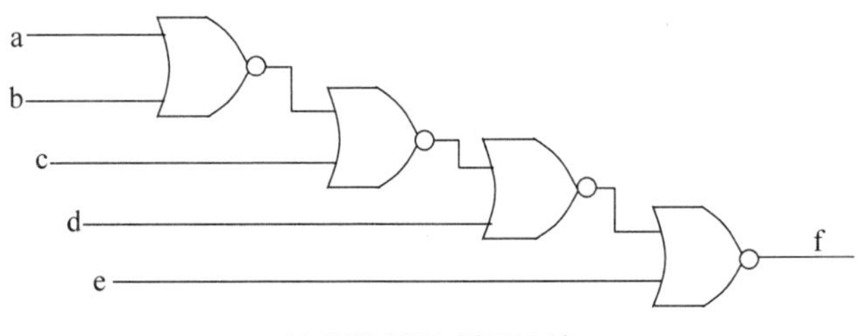

(c) NOR-NOR 회로구성

그림 4-51 $f = ((a+b)c' + d)e'$의 다중레벨 회로구성

연습문제

4-1 다음의 논리식을 괄호속의 지정된 표준형으로 고쳐라.

(a) (SOP) $f = xyz + xy'z + x'$

(b) (SOP) $f = \overline{abc}\ (\overline{a+b+c})$

(c) (SOP) $f = (\overline{A+B})(\overline{A} + \overline{B})$

(d) (POS) $y = (a' + b)(c + d')$

(e) (POS) $y = (\overline{AB})(\overline{CD})$

4-2 그림 4-52의 진리표에서 각 출력을 표준 SOP 형식과 표준 POS 형식으로 나타내어라. 입력변수를 사용한 것과 minterm이나 maxterm의 번호를 사용해서 각각 표시하여라.

입력변수				출력변수			
w	x	y	z	f1	f2	f3	f4
0	0	0	0	1	0	0	1
0	0	0	1	0	1	1	0
0	0	1	0	1	1	0	0
0	0	1	1	1	0	1	1
0	1	0	0	0	0	0	0
0	1	0	1	1	0	1	1
0	1	1	0	0	1	1	0
0	1	1	1	1	0	0	0
1	0	0	0	0	0	0	1
1	0	0	1	1	1	1	1
1	0	1	0	0	0	1	0
1	0	1	1	0	1	1	1
1	1	0	0	0	1	0	0
1	1	0	1	1	0	1	0
1	1	1	0	1	0	1	1
1	1	1	1	0	1	0	1

그림 4-52 문제 4-2의 진리표

4-3 부울대수의 정리를 사용하여 문제 4-1의 논리식을 간략화 하여라.

4-4 부울대수의 정리를 사용하여 다음의 논리함수를 간략화 하여라.

(a) $f = a'b'c' + a'bc + abc + ab'c' + ab'c$

(b) $f = (b + c')(b' + c) + (a' + b + c')'$

(c) $f = y'z + w'xy' + w'xy + xy'z$

(d) $Y = (\overline{C + D}) + \overline{A}\ C\overline{D} + A\overline{B}\ \overline{C} + A\,C\overline{D}$

(e) $Y = (A + \overline{B} + A\overline{B})(AB + \overline{A}\ C + BC)$

4-5 그림 4-53의 진리표로 주어진 출력 X, Y에 대해,

(a) X와 Y를 표준 SOP 형식으로 나타내어라

(b) 부울대수의 정리를 사용하여 X와 Y의 간략화된 논리식을 구하여라.

(c) X와 Y의 논리회로를 그려라.

(d) $\overline{X}$ 와 $\overline{Y}$ 에 대해, (a)~(c)의 과정을 반복하여라.

입 력 변 수			출력변수	
x	y	z	X	Y
0	0	0	1	0
0	0	1	1	0
0	1	0	1	1
0	1	1	0	1
1	0	0	0	0
1	0	1	1	0
1	1	0	1	1
1	1	1	0	1

그림 4-53 문제 4-5의 진리표

4-6 K-map을 이용하여 다음의 간략화된 논리식을 구하여라.

(a) $f(a,b,c) = \sum m\,(0,1,2,4,6)$

(b) $f(x,y,z) = \sum m\,(0,3,4,5,7)$

(c) $f(x_1,x_2,x_3) = \prod M(0,1,2,3,4,6)$

(d) $f(a,b,c) = \prod M(0,2,4,5,6)$

4-7 K-map을 이용하여 다음의 간략화된 논리식을 구하여라.

(a) $f(a,b,c,d) = \sum m\ (1,3,4,6,7,13,15)$

(b) $f(w,x,y,z) = \sum m\ (0,1,2,5,8,10,11,13)$

(c) $Y(A,B,C,D) = \sum m\ (0,2,4,6,7,8,10,13,15)$

(d) $Y(W,X,Y,Z) = \sum m\ (1,3,9,11,12,13,14,15)$

4-8 K-map을 이용하여 다음의 간략화된 논리식을 구하여라.

(a) $f(a,b,c,d) = bd + abc' + a'c'd + a'bc + acd$

(b) $f(w,x,y,z) = w'xy + wz' + xyz'$

(c) $f(a,b,c,d) = (a'+b'+d')(a+b'+c')(a'+b+d')(b+c'+d')$

(d) $f(w,x,y,z) = (w'+x'+z)(w'+z')(w+x+z')(w+x'+y+z)$

4-9 무상관 조건을 포함한 다음의 함수를 K-map을 이용해서 간략화 하여라.

(a) $f(a,b,c) = \sum m\ (0,1,2,4,5) \quad d(a,b,c) = \sum m\ (3,6,7)$

(b) $f(x,y,z) = \sum m\ (3,5,6) \quad d(x,y,z) = \sum m\ (0,7)$

(c) $f(x_1,x_2,x_3) = \sum m\ (1,4,7) \quad d(x_1,x_2,x_3) = \sum m\ (2,5)$

4-10 무상관 조건을 포함한 다음의 함수를 K-map을 이용해서 간략화 하여라.

(a) $f(a,b,c,d) = \sum m\ (0,2,8,9,10,15)$
$d(a,b,c,d) = \sum m\ (1,3,6,7)$

(b) $f(w,x,y,z) = \sum m\ (0,2,4,5,8,14,15)$
$d(w,x,y,z) = \sum m\ (7,10,13)$

(c) $f(a,b,c,d) = \sum m\ (4,6,7,812,15)$
$d(a,b,c,d) = \sum m\ (2,3,5,10,11,14)$

4-11 5개 변수에 대한 K-map을 그리고, 다음의 함수에 대한 간략화된 논리식을 구하여라.

(a) $f(a,b,c,d,e) = \sum m\ (0,1,3,4,6,8,9,11,13,14,16,19,20,21,22,24,25)$
$d(a,b,c,d,e) = \sum m\ (5,7,12,15,17,23)$

(b) $f(a,b,c,d,e) = \sum m\ (1,4,6,7,9,10,12,20,23,24,25,26,27,28,30,31)$
$d(a,b,c,d,e) = \sum m\ (8,15,16,17,19,21,22)$

4-12 다음의 함수를 K-map을 이용해서 간략화된 POS 형식의 논리식을 구하여라.

(a) $f(a,b,c,d) = \prod M(1,3,4,6,9,11,12,14)$

(b) $f(w,x,y,z) = \prod M(1,3,5,6,7,9,10,11,14)$

4-13 다음의 논리함수에 대해,

$f(a,b,c,d) = \sum m\ (0,2,6,7,8,10,13)$

(a) K-map에 함수 f 의 minterm을 나타내어라.

(b) 모든 임프리커트, 주 임플리커트(PI), 핵심 주 임플리컨트(EPI)를 구하여라.

(c) (b)의 결과를 이용해서 간략화된 논리식을 구하여라.

4-14 다음의 논리함수에 대해, 문제 4-13의 모든 물음에 답하여라.

$$f(w,x,y,z) = \sum m\ (5,6,7,12,13,14)$$

4-15 다음의 논리함수에 대해,

$$f(a,b,c,d) = \sum m\ (4,5,7,8,11,12,15)$$

(a) 간략화된 SOP 형식의 논리식을 구하고, 논리회로를 구성하여라.

(b) 간략화된 POS 형식의 논리식을 구하고, 논리회로를 구성하여라.

(c) (a)와 (b)의 논리회로 중에서 보다 경제적인 회로구성은 어느 것인가? 해답에 대한 이유를 상세히 기술하여라.

4-16 4비트 2진수 입력(b_3, b_2, b_1, b_0)을 10진수로 변환했을 때의 값이 짝수인지 홀수인지를 구별해서 그림 4-54와 같은 표시장치에 나타내고사 한다. 즉, 입력값이 짝수이면 “E”가 표시되도록 표시장치의 f_1, f_2, f_3, f_5 의 출력을 HIGH로 하고, 홀수이면 ”O"가 표시되도록 표시장치의 f_1, f_2, f_3, f_4 의 출력을 HIGH가 되도록 하는 디지털 회로를 구성하고자 한다.

(a) 입출력의 관계를 나타내는 진리표를 작성하여라.

(b) 각 출력에 대한 표준 SOP 형식의 논리식을 구하여라.

(c) 각 출력에 대한 간략화된 논리식을 구하고, 논리회로를 구성하여라.

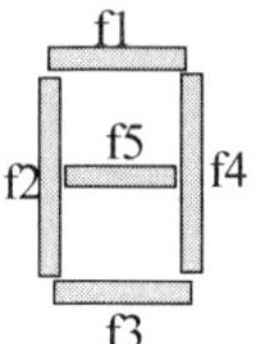

그림 4-54 문제 4-16의 표시장치

4-17 다음의 논리함수에 대해,

$$f(a,b,c,d,e) = \sum m\ (2,4,5,7,10,11,21,28)$$
$$d(a,b,c,d,e) = \sum m\ (3,18)$$

(a) 임플리컨트 테이블을 구성하여라.

(b) 퀸 맥클라스키(QM) 방법으로 간략화된 논리식을 구하여라.

4-18 문제 4-11의 논리함수를 문제 4-17의 방법으로 간략화된 논리식을 구하여라.

4-19 다음의 출력 f_1과 f_2는 입력을 공통으로 하는 함수이다.

$$f_1(a,b,c,d) = \sum m\ (2,3,4,8,9,10,11)$$
$$f_2(a,b,c,d) = \sum m\ (3,4,7,8,9)$$

(a) 출력 f_1과 f_2의 각각을 독립적으로 간략화된 논리식을 구하고, 논리회로를 구성하여라.

(b) 출력 f_1과 f_2의 공통항을 최대한 이용할 수 있도록 하는 형태의 간략화된 논리식을 구하고, 논리회로를 구성하여라.

(c) (a)와 (b)의 회로구성에 필요한 입력선의 수, 게이트 수 등을 구하고 어느 것이 보다 더 경제적인 것인지를 판단하여라.

4-20 다음의 공통입력의 출력함수 f 와 g 에 대해, 문제 4-19의 물음에 답하여라.

$$f(x_1,x_2,x_3,x_4) = \sum m\ (0,2,4,6,7,9) + d(10,11)$$
$$g(x_1,x_2,x_3,x_4) = \sum m\ (2,4,9,10,15) + d(0,13,14)$$

단 $d(\cdot)$는 무상관 조건의 minterm 항이다.

4-21 다음의 함수에 대해,

$$f(a,b,c,d) = \sum m\,(0,3,4,7,9,10,13,14)$$

(a) 간략화된 논리식을 구하여라.
(b) 2입력의 AND, OR 게이트 및 NOT 게이트를 이용하여 회로를 구성하여라.
(c) 2입력의 NAND 게이트만을 이용하여 회로를 구성하여라.

4-22 그림 4-48(b)의 회로를 NAND 게이트만을 사용한 회로를 구성하여라.

4-23 다음의 논리함수에 대해,

$$f(a,b,c,d = \sum m\,(3,6,7,9,11,12,13) + d(14,15)$$

(a) 간략화된 논리식을 구하여라.
(b) 2입력의 AND, OR 게이트 및 NOT 게이트를 이용한 논리회로를 구성하여라.
(c) 2입력의 NAND 게이트만을 이용한 논리회로를 구성하여라.
(d) 2입력의 NOR 게이트만을 이용한 논리회로를 구성하여라.

제 5 장

디지털 산술연산과 논리회로

2진수에 의한 산술연산은 모든 디지털 시스템에서 사용되는 산술연산의 기본이자 핵심이다. 디지털 시스템에서 수치계산에 필요한 각종 산술연산은 연산논리장치(Arithmetic Logic Unit)에서 처리되고, 효율적인 수행과 빠른 연산을 위해 매우 복잡한 구조의 논리회로로 구성된다.

본 장에서는 디지털 산술연산의 원리를 이해하고, 기본적인 산술연산을 위한 시스템을 설계할 수 있도록 하는데 중점을 두고 있다. 이를 위해, 캐리를 갖는 2비트의 덧셈과정과 전가산기의 논리를 설명하고, 이를 이용한 n비트 가산기의 문제점을 기술한다. 다음으로 2의 보수에 의한 10진수의 덧셈과 뺄셈을 수행하는 방법과 이를 위한 가감산기의 논리회로의 설계를 다룬다.

덧셈기의 연산속도를 개선하기 위한 방법으로 carry look-ahead 구조의 가산기에 관해 상술하고, MSI 가산기를 이용한 가감산기를 구현하는 문제를 취급한다. 그리고 BCD 코드에 의한 덧셈과 논리회로의 구성, 2진수에 의한 곱셈과 배열구조의 승산기의 구조, 비교기 등에 관해서 기술하고, MSI 연산논리장치의 예를 통해 일반의 ALU 동작의 원리를 이해하도록 한다.

5-1 양수의 덧셈(Addition)과 전가산기(Full Adder)

2진수의 덧셈은 연산의 결과로 인한 각 디지트의 값이 0 또는 1이 되는 것을 제외하고 10진수에 의한 덧셈 과정과 동일하다. 다만, 10진수에서는 두 디지트의 합이 9를 초과하면 다음 자릿수로 자리올림을 갖게 되는데 반해, 2진수의 덧셈에서는 두 비트의 합이 1을 초과할 때 다음 자릿수로 1이 자리올림 되는 점이 다르다. 이 때, 다음 자릿수로의 자리올림을 캐리(carry)라 한다.

예로 1비트인 두 수 x와 y의 덧셈을 수행하면, 그림 5-1(a)와 같이 4가지의 가능한 경우가 발생하고, 그 결과를 나타내기 위해서는 합을 나타내는 변수 S와 캐리를 나타내는 변수 C의 2비트가 필요하다.

$x+y=(S,C)$

$0+0=(0,0)$

$0+1=(1,0)$

$1+0=(1,0)$

$1+1=(0,1)$

(a)

x	y	S	C
0	0	0	0
0	1	1	0
1	0	1	0
1	1	0	1

(b) 반가산기(Half Adder)의 진리표

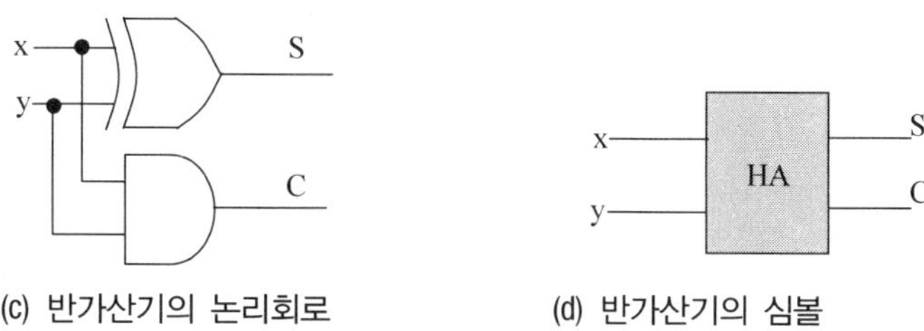

(c) 반가산기의 논리회로　　(d) 반가산기의 심볼

그림 5-1 1비트의 덧셈과 반가산기

그림 5-1(b)의 진리표로부터 합 S는 x 와 y 의 XOR이고, 캐리 C는 두 수의 AND임을 알 수 있다

$$S = x \oplus y\ ,\ \ C = x\,y \tag{5-1}$$

따라서 이를 수행하는 논리회로는 그림 5-1(c)와 같이 구성되고, 이를 반가산기(Half Adder: HA)라 하고, 그림 5-1(d)의 심볼로 나타낸다.

2비트 이상을 갖는 보다 큰 두 수 X 와 Y 의 덧셈을 구하는 과정도 동일하지만, i 번째의 비트 위치의 두 수 x_i, y_i 를 더하기 위해서는 비트 위치 $i-1$ 번째 위치에서의 연산결과로부터 발생하는 캐리 C_{i-1} 을 반영해서 계산해야 된다. 예로 두 수 X, Y 가 6비트로 표현된 $X = x_5x_4x_3x_2x_1x_0 = 010101_2$ 와 $Y = y_5y_4y_3y_2y_1y_0 = 011110_2$ 의 덧셈을 구해보면 그림 5-2에서 나타낸 바와 같이 낮은 비트의 위치에서 발생한 캐리는 바로 다음 비트 위치의 덧셈에서 함께 더해져야 된다.

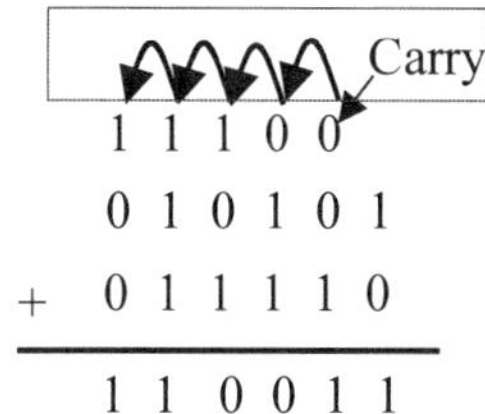

그림 5-2 6비트씩인 X 와 Y 의 덧셈

이상의 덧셈 과정을 일반화시키면 다음과 같다. 즉, 비트 위치 i 에서의 두 수의 각 비트 x_i, y_i 와 캐리 C_i 를 함께 더하면

$$x_i + y_i + C_i = (S_i, C_{i+1}) \tag{5-2}$$

와 같이 합(S_i)와 캐리(C_{i+1})로 주어진다. 1비트인 3변수의 합의 결과가 0에서 3까지이므로 2비트만으로 충분히 나타낼 수 있는 것이다. 그림 5-3(a)는 3비트의 합에 대한 진리표를 나타낸 것이다

x_i	y_i	C_i	S_i	C_{i+1}
0	0	0	0	0
0	0	1	1	0
0	1	0	1	0
0	1	1	0	1
1	0	0	1	0
1	0	1	0	1
1	1	0	0	1
1	1	1	1	1

(a) 3비트 x_i, y_i, C_i 합의 진리표

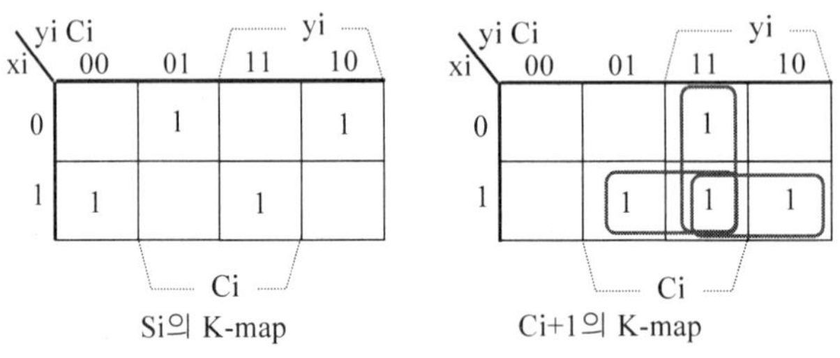

(b) 합 S_i 및 캐리 C_{i+1}의 K-map

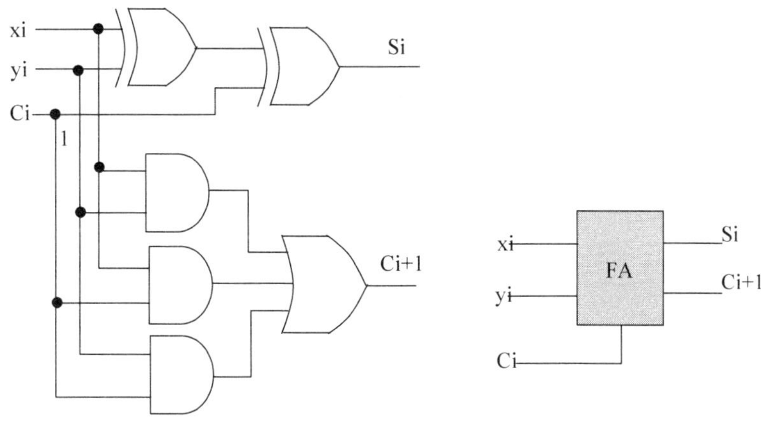

(c) 전가산기 (FA)의 논리회로 (d) 전가산기 (FA)의 심볼

그림 5-3 전가산기 (Full Adder, FA)의 진리표 및 논리회로

그림 5-3(b)의 K-map으로부터 캐리 C_{i+1} 은 간략화시키면

$$C_{i+1} = x_i y_i + x_i C_i + y_i C_i \tag{5-3}$$

의 SOP 논리함수가 된다.

그러나 합 S_i 는 더 이상 간략화되지 않고

$$S_i = \overline{x_i} y_i C_i + x_i \overline{y_i} \overline{C_i} + \overline{x_i} \overline{y_i} C_i + x_i y_i C_i \tag{5-4}$$

가 된다. 이 논리함수를 다음과 같이 변화시키면 XOR 게이트만을 사용해서 구성할 수 있다.

$$\begin{aligned} S_i &= (\overline{x_i} y_i + x_i \overline{y_i})\overline{C_i} + (\overline{x_i} \overline{y_i} + x_i y_i) C_i \\ &= (x_i \oplus y_i)\overline{C_i} + \overline{(x_i \oplus y_i)} C_i \\ &= (x_i \oplus y_i) \oplus C_i \end{aligned} \tag{5-5}$$

그림 5-3(c)는 이상의 논리함수의 전개식을 근거로 구성한 논리회로를 나타낸 것이다. 이와 같이 1비트의 2진수 3개를 더하는 논리회로를 전가산기(Full Adder: FA)라 하고 그림 5-3(d)와 같은 심볼로 나타낸다.

한편 캐리 C_{i+1} 에 대한 논리표현의 식 (5-3)을 다음 식 (5-6)과 같이 수정하면,

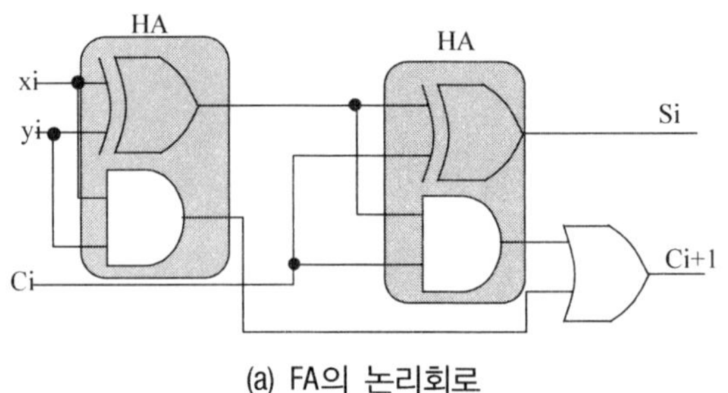

(a) FA의 논리회로

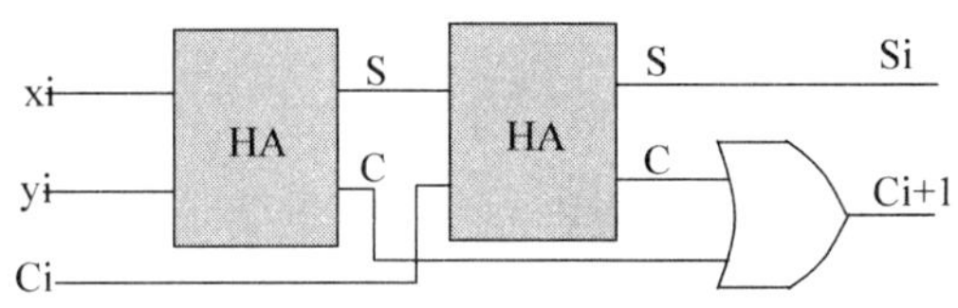

(b) HA에 의한 FA의 구성

그림 5-4 FA의 논리회로와 HA간의 관계

$$C_{i+1} = x_i y_i + C_i (\overline{x_i}\, y_i + x_i \overline{y_i}) \quad (5\text{-}6)$$

$$= x_i y_i + C_i (x_i \oplus y_i)$$

그림 5-4(a)와 같은 논리회로로 구성되고, 이는 그림 5-4(b)에 나타낸 것처럼 FA는 2개의 HA와 하나의 OR 게이트를 사용해서 구성하는 것과 같음을 알 수 있다.

5-2 | Binary Ripple Carry Adder

n비트를 갖는 두 수 X, Y를 더하기 위해서는 n개의 FA를 그림 5-5와 같이 직렬로 접속하면 된다. 즉, 두 수 X, Y의 LSB x_0와 y_0를 가장 우측의 FA를 사용해서 덧셈을 수행하고, 그 결과 발생되는 합 S_0는 출력시키고, 캐리 C_1은 다음 단 FA의 캐리 입력으로 사용하도록 한다. 이 때 양수(positive number)를 더하는 경우, 캐리 C_0는 $C_0 = 0$로 하면 된다. 다음 단의 FA에서는 캐리 C_1과 x_1, y_1의 덧셈을 수행해서 합 S_1과 캐리 C_2를 발생시킨다. 이와 같은 과정을 반복하면 n 비트인 두 수 X, Y의 합을 구할 수 있다. LSB의 비트 위치에서 MSB의 비트 위치로 캐리가 전파되는 모양이 마치 물결이 전파되는 것과 비슷함으로 인해, 직렬로 FA를 접속시킨 덧셈기를 리플 캐리 덧셈기(Ripple Carry Adder)라 한다.

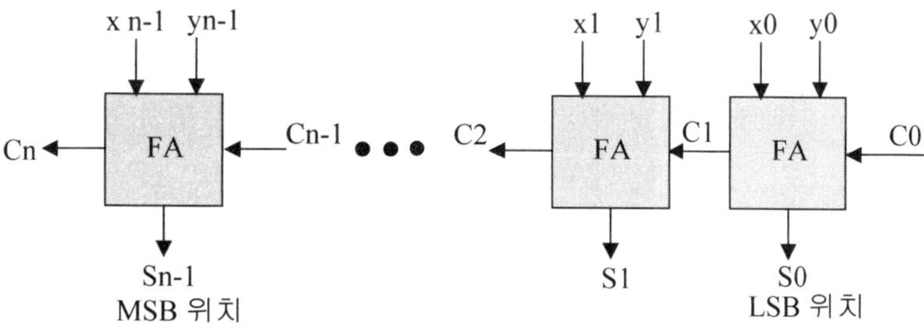

그림 5-5 n비트 리플 캐리 덧셈기 (n bit Ripple Carry Adder)

그러나 리플 캐리 덧셈기에서는, 각 FA에서 덧셈의 연산을 수행해서 MSB에서의 합 S_{n-1}과 캐리 C_n의 결과를 출력하기까지는 어느 정도의 처리시간이 소요된다. 각 FA에서 소요되는 시간은 일정한 것으로 가정하고 이를 Δt로 나타내면, n비트 덧셈 연산인 경우 전체 시간은 $(n-1)\Delta t$의 시간이 소요되고, MSB의 FA에서 결과가 출력되기 위해서는 이 시간만큼 지연된다. 따라서 비트 수 n의 값이 커지는 경우, 연산을 위한 지연시간이 늘어나는 문제가 발생한다. 이를 해결하기 위해서는 덧셈기의 구조를 바꾸는 것이 필요하고, 그 해결방법의 하나가 Carry Look-Ahead 덧셈기로 5-5절에서 자세히 기술된다.

5-3 | 부호(sign)가 있는 수의 연산

부호를 가진 수를 표현하는 방법으로 부호와 크기에 의한 표현, 1의 보수에 의한 표현 그리고 2의 보수에 의한 표현 등 3종류에 대해 2-4절에서 상세히 기술했다.

부호를 가진 두 수가 양수인 경우에는 수 표현의 방법에 관계없이 5-1절에서 기술했던 것과 동일한 방법으로 덧셈 연산을 수행할 수 있다. 그러나 음수(negative number)를 포함하는 경우에는 수 표현의 방법에 따라 논리회로 구성이 다르게 되고, 처리나 회로의 복잡성이 크게 좌우된다.

대부분의 디지털 시스템에서 부호와 크기에 의한 수의 표현이나 1의 보수에 의한 수의 표현은 처리 및 논리회로 구성이 복잡하게 되기 때문에 사용하지 않고, 2의 보수에 의한 수의 표현을 사용해서 각종 연산을 수행하는 것이 일반적이다. 따라서 본서에서는 2의 보수에 의한 연산만을 취급하기로 한다.

5-3-1 2의 보수에 의한 덧셈

연산의 과정을 이해하기 쉽게 설명하기 위해, 간단한 두 수의 합을 구하는 방법에 관해 설명한다. 부호를 갖는 수의 연산에서는 부호를 나타내는 비트도 다른 비트와 마찬가지로 동일하게 취급해서 덧셈을 수행하면 된다.

가. 양수인 두 수의 합

예를 들어 부호 비트를 포함한 5비트로 표현된 $+9$와 $+5$의 합을 구해보자. 두 수 모두 양수이므로 이들의 부호 비트는 모두 0이 되고, 2진수로 나타내면 다음과 같다.

$$+9 = \boxed{0}\,1001_2$$
$$+5 = \boxed{0}\,0101_2$$

부호비트

2진수로 표현된 이들의 각 비트를 더하면 합 S는

$$S = \boxed{0}\ 1110_2$$

부호비트

이 되고, 부호 비트가 0이므로 양수임을 의미하고, 그 값은 $S = +14_{10}$이다.

나. 양수와 크기가 작은 음수의 합

5비트로 표현된 $+9$와 -5의 합을 구해보자. 이들 두 수에 대한 2의 보수 표현은 다음과 같다.

$$+9 = \boxed{0}\,1001_2$$
$$-5 = \boxed{1}\ 1011_2 \quad \text{(2의 보수표현)}$$

부호비트

-5는 음수이므로, $+5 = 0\ \ 0101_2$을 2의 보수표현으로 나타낸 것이다. 이들의 각 비트를 더하면 합 S는

$$S = \textcircled{1}\ \boxed{0}\ 0100_2$$

캐리　부호비트

이 되고, 부호 비트의 연산에서 발생되는 캐리는 무시한다. 그 결과, 부호 비트는 0이고 따라서 연산의 결과는 양수임을 나타내고, 그 크기는 $S=+4_{10}$이다.

다. 양수와 절대치가 더 큰 음수의 합

5비트로 표현된 -9와 $+5$의 합을 구해보자. 이들에 대한 2의 보수표현은

$$\begin{aligned} -9 &= \boxed{1}\ 0111_2 \quad \text{(2의 보수표현)} \\ +5 &= \boxed{0}\ 0101_2 \end{aligned}$$

부호비트

이들 각 비트를 더하면, 합S는

$$S = \boxed{1}\ 1100_2$$

부호비트

이고, 부호 비트가 1이므로 연산의 결과는 음수임을 나타내고 있으므로 이는 2의 보수로 표현된 것이다. 따라서 크기를 나타내는 비트들의 2의 보수를 구하면 구하고자 하는 합 S의 절대치는

$$0100_2 = 4$$

가 되고 결국 이 연산의 결과는 $S=-4_{10}$가 된다.

라. 음수와 음수의 합

5비트로 표현된 -9와 -5의 합을 구해보자. 이들 두 수는 음수이므로 각각의 2진수 표현은

$$\begin{aligned} -9 &= \boxed{1}\ 0111_2 \quad \text{(2의 보수표현)} \\ -5 &= \boxed{1}\ 1011_2 \quad \text{(2의 보수표현)} \end{aligned}$$

부호비트

와 같이 2의 보수표현으로 주어진다. 이들 각 비트의 합을 구하면, 합 S는

$$S = \textcircled{1}\ \boxed{1}\ 0010_2$$

캐리 부호비트

이다. 발생된 캐리는 무시한다. 부호 비트가 1이므로 그 값은 음수이고, 크기를 나타내는 비트는 2의 보수로 표현된 것이다. 따라서 비트 0010_2에 대한 2의 보수를 구하면 1110_2가 되고 이는 $S = -14_{10}$가 되는 것을 알 수 있다.

마. 부호가 다르고 절대치의 크기가 같은 두 수의 합

5비트로 표현된 +5와 −5의 두 수를 더하는 경우를 생각해보자. 이들의 2의 보수에 의한 표현은

$$
\begin{array}{rl}
+5 = & \boxed{0}\ 0101_2 \\
-5 = & \boxed{1}\ 1011_2 \quad \text{(2의 보수표현)} \\
\textcircled{1} & \boxed{0}\ 0000_2
\end{array}
$$

캐리 부호비트

부호 비트에서 발생된 캐리를 무시하면, 연산의 결과는 0이 되는 것을 알 수 있다.

5-3-2 2의 보수에 의한 감산

부호를 포함해서 같은 비트 수로 표현된 두 수 A와 B의 뺄셈을 수행하는 연산의 경우를 다루어 보자. 즉,

$$Y = A - B \tag{5-7}$$

이 때 A를 피감수(minuend), B를 감수(subtrahend)라 한다.

이들 두 수를 2의 보수표현에 의한 감산의 과정은 다음과 같다.

(a) 감수 B에 대해 부호 비트를 포함한 2의 보수를 구한다.

(b) 이를 피감수 A에 더한다.

Y = A + (B의 2의 보수)

(c) 덧셈의 결과, 부호 비트가 0이면 A-B는 양수임을 나타내고, 부호 비트를 제외한 비트의 값이 연산의 결과이다. 부호 비트가 1이면 A-B는 음수이고, 부호 비트를 제외한 비트들에 대해 2의 보수를 취한 것이 음수에 대한 절대값의 크기가 된다.

예로 $A = +9 = 0\ 1001_2$, $B = +5 = 0\ \ 0101_2$인 경우의 감산 $Y = A - B$를 구해보자.

부호 비트를 포함한 B에 대한 2의 보수를 구하면, $1\ 1011_2$이므로,

$$\begin{aligned} Y &= A - B \\ &= 0\ 1001_2 + 1\ 1011_2 \\ &= 0\ 0100_2 \end{aligned}$$

부호 비트에서 발생되는 캐리는 무시했다. 따라서, 부호 비트가 0이고 그 값은 $+4$가 된다.

다음으로, $A = -9 = 1\ 0111_2$이고, $B = +5 = 0\ 0101_2$인 경우의 감산 $Y = A - B$는

$$\begin{aligned} Y &= A - B \\ &= 1\ 0111_2 + 1\ 1011_2 \\ &= 1\ 0010_2 \end{aligned}$$

이다. 이 경우에도 부호 비트에서 발생되는 캐리는 무시했다. 연산의 결과, 부호 비트가 1이므로 감산의 결과는 음수로, 그 크기는 부호 비트를 제외한 나머지 비트들에 대해 2의 보수를 취하면 1110_2이므로, -14의 결과를 얻게 된다.

이상의 과정을 종합해보면, 2의 보수에 의한 연산에서 감수(subtrahend)에 대한 2의 보수를 취하는 것을 제외하고, 덧셈이나 뺄셈을 위한 연산이 동일한 과정으로 수행되는 것을 알 수 있다. 따라서 전가산기(FA)를 이용해서 뺄셈이나 덧셈의 연산을 동시에 수행할 수 있다.

Arithmetic Overflow

덧셈이나 뺄셈에서 연산의 결과를 나타내는데 사용되는 유효 비트의 개수가 충분한 경우에는 문제가 발생하지 않는다. 일반적으로, n 비트를 사용해서 부호를 가진 수를 2의 보수로 나타내면, 표현할 수 있는 수의 범위는 -2^{n-1} 에서 $+2^{n-1}-1$까지가 된다. 따라서 산술연산의 결과가 이 범위를 벗어나게 되면 소위 arithmetic overflow라고 하는 문제가 발생하게 되고, 잘못된 연산의 결과가 얻어지게 된다. 이로 인해 디지털 연산을 위한 대부분의 디지털 시스템에서는 오브플로의 발생을 검출하는 논리회로가 있다.

부호 비트를 포함한 5비트로 크기가 9와 8인 두 수의 2의 보수에 의한 그림 5-6과 같은 4가지 연산을 수행해보자. 여기서 알 수 있는 바와 같이 두 수의 부호가 서로 다를 때는 오브플로가 발생하지 않고 연산의 결과가 정확하다. 그러나 두 수의 부호가 같을 때는, 연산의 결과가 $+17$ 또는 -17이 되어 4비트에 의한 표현 범위를 벗어나게 되어 정확한 연산의 결과를 반영하고 있지 못하다.

$$
\begin{array}{rr}
(+9) & 0\ 1\,0\,0\,1 \\
+(+8) & +\ 0\ 1\,0\,0\,0 \\
\hline
(+17) & 1\ 0\,0\,0\,1
\end{array}
\qquad
\begin{array}{rr}
(-9) & 1\ 0\,1\,1\,1 \\
+\ (+8) & +\ 0\ 1\,0\,0\,0 \\
\hline
(-1) & 1\ 1\,1\,1\,1
\end{array}
$$

$C_5 = 0$ $\qquad$ $C_5 = 0$

$C_4 = 1$ $\qquad$ $C_4 = 0$

$$
\begin{array}{rr}
(+9) & 0\ 1\,0\,0\,1 \\
+(-8) & +\ 1\ 1\,0\,0\,0 \\
\hline
(+1) & 0\ 0\,0\,0\,1
\end{array}
\qquad
\begin{array}{rr}
(-9) & 1\ 0\,1\,1\,1 \\
+\ (-8) & +\ 1\ 1\,0\,0\,0 \\
\hline
(-17) & 0\ 1\,1\,1\,1
\end{array}
$$

$C_5 = 1$ $\qquad$ $C_5 = 1$

$C_4 = 1$ $\qquad$ $C_4 = 0$

그림 5-6 2의 보수에 의한 가감산에서 Overflow 발생의 예

그림 5-6으로부터 MSB 비트 위치에서의 캐리(C_{MSB})의 발생과 부호 비트에서의 캐리 (C_{SIGN})의 발생이 서로 같지 않으면 오브플로가 발생된 것을 알 수 있다. 즉, 그림 5-6에서 (C_5, C_4)가 $(0,0)$ 또는 $(1,1)$이 아니면 오브플로가 발생된 것이다. 따라서 오브플로의 발생은

$$
\begin{aligned}
\text{Overflow} &= C_{MSB}\,\overline{C_{SIGN}} + \overline{C_{MSB}}\,C_{SIGN} \\
&= C_{MSB} \oplus C_{SIGN}
\end{aligned}
\tag{5-8}
$$

와 같이 MSB와 부호 비트에서 발생되는 캐리를 점검, 이를 활용함으로써 쉽게 확인할 수 있다. 그림 5-7은 부호를 포함한 n 비트 FA에서 오브플로의 발생을 자동으로 점검하는 논리회로의 구성이다.

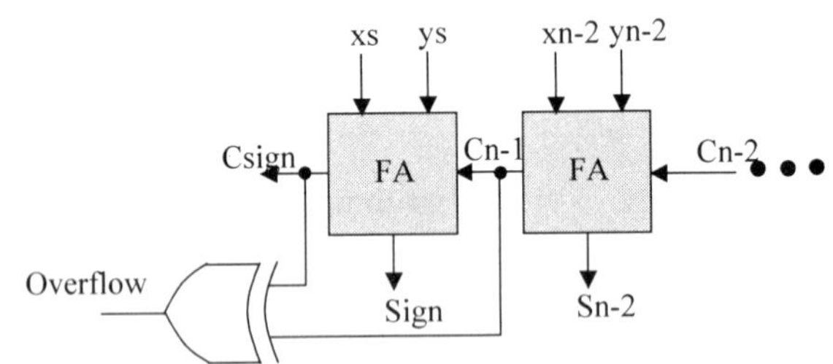

그림 5-7 n비트 FA의 Overflow 발생점검을 위한 논리회로

5-4 | 덧셈과 뺄셈의 논리회로(가감산기)

덧셈과 뺄셈의 연산에서 차이가 있는 부분은 감산을 하기 위해서 감수(subtrahend)에 대한 2의 보수를 취하는 것뿐이다. 2의 보수를 구하는 것은 각 비트의 보수를 구한 후, LSB 비트에 1을 더하면 된다. 또한, 비트의 보수를 구하는 것은 INVERTER를 사용하면 되고, LSB에 1을 더하는 것은 LSB의 캐리 C_0 를 $C_0 = 1$로 하면 된다.

입력을 x, y 로 하는 2 입력 XOR 게이트는 입력 중 하나를 제어신호로 이용하는 경우, 입력신호를 그대로 또는 그 보수값을 출력으로 내보낼 수 있다. 즉, 두 입력에 대한 XOR의 출력을 f 로 하면 $f = x'y + xy'$ 이므로, 만약 $x = 0$ 이면 $f = y$가 되고, $x = 1$이면 $f = y'$ 이 된다. 따라서 이 성질을 이용해서 전가산기(FA) 논리회로에 XOR 게이트를 접속시키면 덧셈과 뺄셈을 동시에 수행할 수 있는 가감산기(Adder and Subtractor)의 논리회로를 구성할 수 있다. 그림 5-8은 n 비트의 덧셈과 뺄셈을 동시에 수행하는 $S = A \pm B$의 논리회로 구성을 나타낸 것이다. 제어신호 $\overline{ADD}/\mathrm{SUB}$의 비트 값에 따라 B의 각 비트 값이 그대로 입력되거나 또는 보수가 취해진 값이 입력된다. 즉, $\overline{ADD}/\mathrm{SUB} = 0$이면 B의 각 비트 값은 그대로 가산기에 입력되어, 연산은 덧셈 $S = A + B$의 결과를 출력한다. 이와 반대로 $\overline{ADD}/\mathrm{SUB} = 1$이 되면 LSB의 캐리 C_0도 $C_0 = 1$이 되고, XOR 게이트는 INVERTER로 작용하게 되어, 결과적으로 B의 2의 보수가 가산기에 입력되어, 연산은 뺄셈 $S = A - B$의 결과를 출력하게 되는 것이다.

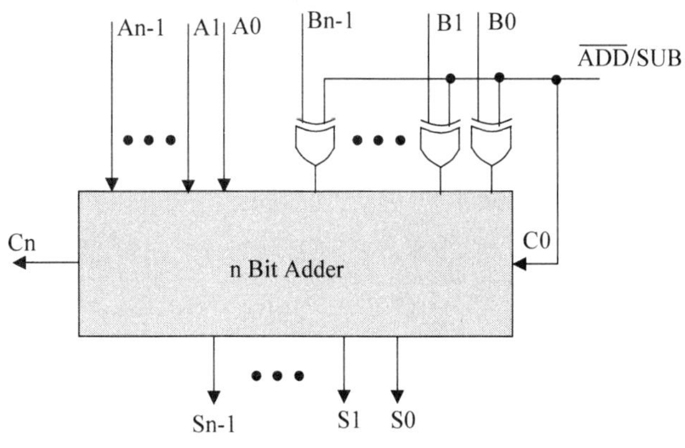

그림 5-8 n 비트 가감산기(n-Bit Adder and Subtractor)

5-5 | Carry Look-Ahead Adder

5-2절에서 기술한 바와 같이 Binary Ripple Carry Adder는 비록 그 구조가 간단하지만, LSB에서 MSB에 이르는 캐리 전송에 기인한 연산의 지연이 문제가 된다. 통상, 디지털 시스템의 성능은 다양한 기능을 수행하는 논리회로의 처리속도에 크게 좌우되므로, 시스템의 성능을 개선하기 위해서는 가능한 처리속도를 높이는 것이 필요하다. 따라서 산술연산의 속도를 개선하기 위한 Ripple Carry Adder의 연산시간을 줄이는 연구가 시도되었다. 그 중의 대표적인 것이 Carry Look-Ahead Adder이다. Carry Look-Ahead Adder에서는 앞단 즉, LSB 측에서 전송되는 캐리 값의 계산을 빠르게 처리하기 위해, 캐리 연산에 관련된 논리회로의 구조를 변경시킨 것이다.

FA로 구성된 가산기에서 단계 i에서의 캐리 출력 C_{i+1}은 5-1절의 식 (5-3)에서

$$C_{i+1} = x_i\, y_i + x_i\, C_i + y_i\, C_i \tag{5-9}$$

으로 주어진다. 이와 같은 캐리 출력의 논리함수를 다음 식 (5-10)과 같이 바꾸고,

$$C_{i+1} = x_i\, y_i + C_i\,(x_i + y_i) \tag{5-10}$$

새로운 변수 G_i 와 P_i 를 도입해서 사용하면 C_{i+1}은 다음 식으로 나타낼 수 있다.

$$C_{i+1} = G_i + P_i\, C_i \tag{5-11}$$

여기서 G_i와 P_i는 각각 $G_i = x_i\, y_i$, $P_i = x_i + y_i$에 해당된다. 따라서 G_i 는 입력되는 캐리 C_i 의 값에 상관없이 x_i 와 y_i 가 동시에 1이 되는 경우에만 그 값이 1로 주어진다. 그에 따라 출력되는 캐리 C_{i+1} 의 값도 캐리 C_i 의 값에 상관없이 1이 된다. 이런 이유로 G_i 를 캐리발생함수(carry generation function)라 한다. 한편 P_i 는 x_i 와 y_i 중 어느 하나라도 1이 되면 $P_i = 1$이 되고, 캐리 C_i 의 값에 따라 캐리 출력 C_{i+1} 의 값이 정해진다. 즉, $C_i = 1$로 입력되는 캐리가 다음 단으로 전파되는 것이다. 따라서 P_i 를 캐리전파함수(carry propagation function)라 한다.

Stage $i-1$에서의 캐리 출력 C_i 도 동일한 과정을 거치면

$$C_i = G_{i-1} + P_{i-1}\, C_{i-1} \tag{5-12}$$

이므로, 이를 논리식 (5-11)에 대입하면 C_{i+1}은

$$C_{i+1} = G_i + P_i (G_{i-1} + P_{i-1} C_{i-1}) \quad (5\text{-}13)$$
$$= G_i + P_i G_{i-1} + P_i P_{i-1} C_{i-1}$$

이 된다. 이를 Stage 0까지 확장시키면 C_{i+1}은

$$C_{i+1} = G_i + P_i G_{i-1} + P_i P_{i-1} G_{i-2} + \cdots P_i P_{i-1} \cdots P_2 P_1 G_0 + P_i P_{i-1} \cdots P_1 P_0 C_0 \quad (5\text{-}14)$$

으로 주어지는 것을 알 수 있다. 결국, C_{i+1}은 2레벨 AND-OR 논리회로로 구성되고 캐리 출력의 값을 보다 빨리 계산할 수 있게 된다.

Carry Look-Ahead Adder에 의해 연산속도의 개선에 기여하는 영향을 구체적으로 분석하기 위해, 논리회로를 구성해서 Ripple Carry Adder와 비교해보자. 분석을 간단히 하기 위해, 2단으로 구성된 Adder를 고려해보자. 그림 5-9는 $A = (a_1, a_0)$와 $B = (b_1, b_0)$를 더하는 Ripple Carry Adder의 내부 논리회로의 구성을 나타낸 것으로, 합 S_i는 논리식 (5-5)를 사용하고, 캐리의 연산은 다음의 논리식 (5-15)을 사용해서 이루어지도록 했다.

$$C_1 = a_0 b_0 + (a_0 + b_0) C_0 = G_0 + P_0 C_0 \quad (5\text{-}15)$$
$$C_2 = a_1 b_1 + (a_1 + b_1) C_1 = G_1 + P_1 C_1$$

캐리 C_2의 출력은 첫 번째 전가산기의 입력(a_0, b_0)에서 시작하여 OR-AND-OR-AND-OR로 구성되는 전체 5개의 게이트를 통과한 후에 출력된다. 따라서 캐리출력에 소요되는 지연시간은 $5 \times t_{PD}$로 주어진다. 이를 일반화시켜 n 비트 가산기의 경우, 캐리 출력에 필요한 전체 지연시간은 $(2n+1) \times t_{PD}$가 되는 것을 알 수 있다. 여기서 t_{PD}는 한 게이트의 전반지연시간이다. 이와 같이 Ripple Carry Adder에서 발생되는 시간지연은 캐리의 연산을 위해 많은 게이트를 거쳐야 하는데 기인하는 것이다.

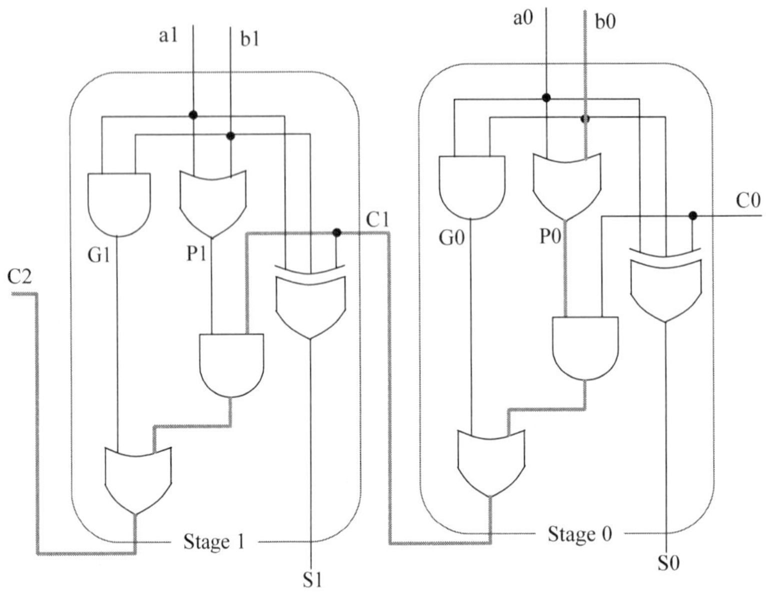

그림 5-9 2단 Ripple Carry Adder의 회로구성

그림 5-10은 같은 2단의 Carry Look-Ahead Adder의 내부 논리회로 구성을 나타낸 것이다. 캐리의 연산은

$$C_1 = G_0 + P_0 C_0 \tag{5-16}$$

$$C_2 = G_1 + P_1 G_0 + P_1 P_0 C_0$$

의 논리식에 의해 수행된다. 따라서 논리식과 그림 5-10으로부터 알 수 있는 것처럼 캐리 C_2나 C_1의 출력에 소요되는 전체 게이트는 OR-AND-OR의 3개이다. 이 성질은 n 비트 Adder의 경우에도 성립하고, Ripple Carry Adder와는 달리 캐리 C_n 의 출력에 3개의 게이트만이 소요된다. 이는 Adder의 각 단에서 출력되는 캐리의 연산을 위한 논리식이 2레벨 AND-OR 구조로 되어 있기 때문이다. 또한, Adder의 각 단에서 출력되는 합 S_i 는 전단의 캐리 C_{i-1}을 입력받아 XOR 게이트를 거쳐서 출력되므로, 가산에 소요되는 전체 게이트는 캐리 연산을 위한 3개의 게이트에 XOR 게이트 하나를 더해서 전체 4개가 되고, 따라서 전체 지연시간은 $4t_{PD}$가 된다. 예로 $n = 32$인 32비트의 가산기에서 지연시간을 비교해보면, Ripple Carry Adder에서는 $65t_{PD}$ 인데 반해, Carry Look-Ahead Adder에서는 $4t_{PD}$이 지나지 않는다.

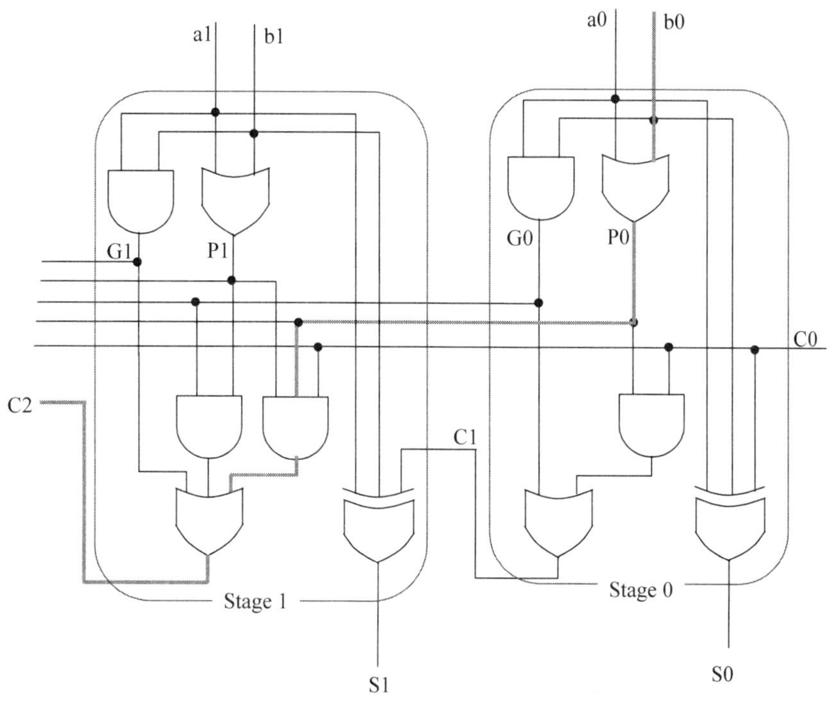

그림 5-10 2단 Carry Look-Ahead Adder의 회로구성

이상과 같이, Carry Look-Ahead Adder는 연산 비트의 수가 증가해도 지연시간이 일정하게 되는 이점이 있으나, 그림 5-9와 그림 5-10에서도 알 수 있는 것처럼 캐리의 연산을 위한 논리회로의 복잡성이 증대하게 되는 문제가 있다. 특히, 대부분의 논리소자는 하나의 게이트에 입력되는 비트 수 즉, 팬인(fan-in)이 제한된다. 이로 인해, Carry Look-Ahead Adder의 캐리 연산을 위한 논리회로를 2레벨의 AND-OR 구조로만 구성할 수 없고, 하나의 게이트에 입력되는 비트 수가 제한된 범위를 벗어나게 되면 이를 분할해서 다중레벨의 논리회로 구조로 변경해야 된다.

가. 계층구조의 Carry Look-Ahead Adder

Carry Look-Ahead Adder에서 비트 수가 증가함에 따라 발생하는 회로의 복잡성이나 fan-in의 문제를 해결하기 위한 방법으로 전체를 하나의 Adder에서 처리하는 것이 아니라, 적당한 크기의 비트로 분할해서 block 단위로 adder를 구성하는 것이 계층구조의 Carry Look- Ahead Adder이다. 예를 들어 16비트의 adder를 구성하는 문제를 생각해보자. 16비트 전체를 하나의 adder로 구성하기 위해서는, 최대 17비트의 입력을 갖는 게이트가 필요하게

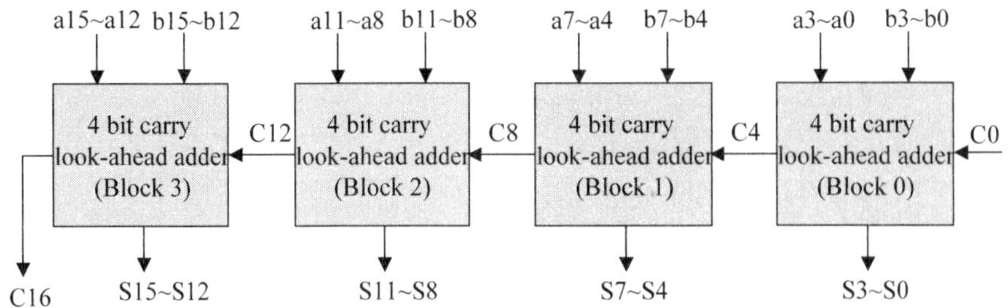

그림 5-11 16비트 Ripple Carry Adder와 혼합한 계층구조의 Carry Look-Ahead Adder

되고, 많은 경우 팬인의 문제로 인해 회로구성이 곤란하게 된다.

따라서 16비트를 4개의 4비트 $(a_0 \sim a_3,\, b_0 \sim b_3)$, $(a_4 \sim a_7,\, b_4 \sim b_7)$, $(a_8 \sim a_{11},\, b_8 \sim b_{11})$, $(a_{12} \sim a_{15},\, b_{12} \sim b_{15})$의 block으로 나누어 구성해보자. 첫 번째로 생각할 수 있는 것은 각 block은 4비트 Carry Look-Ahead Adder로 구성하고, block과 block 간은 Ripple Carry Adder로 구성하는 방법이다. 그림 5-11에 이와 같은 구성의 16비트 adder를 나타낸다.

두 번째로, 2레벨 구조의 Carry Look-ahead Adder를 구성하는 방법이다. 즉, block과 block 간을 Ripple Carry Adder로 구성하는 대신에 4비트 구조의 Carry Look-Ahead Adder로 구성하는 방법이다. 이 경우, 첫 번째 레벨도 sub-block 내에서 4비트 구조의 Carry Look-Ahead Adder이므로, 2레벨 모두 같은 구조의 Adder가 된다. 각 block의 캐리발생함수와 캐리전달함수를 각각 G_{ii}, P_{ii} 라 하면, block 0에서 발생되는 캐리 C_4 는 식 (5-14)로부터

$$C_4 = G_3 + P_3G_2 + P_3P_2G_1 + P_3P_2P_1G_0 + P_3P_2P_1P_0C_0 \tag{5-17}$$

이고, block 0의 캐리전달함수 P_{00} 와 캐리발생함수 G_{00} 는

$$P_{00} = P_3P_2P_1P_0 \tag{5-18}$$

$$G_{00} = G_3 + P_3G_2 + P_3P_2G_1 + P_3P_2P_1G_0 \tag{5-19}$$

가 되므로, 식 (5-17)을 이들 두 함수로 대체시키면, 캐리 C_4 는

$$C_4 = G_{00} + P_{00}C_0 \tag{5-20}$$

가 된다. 이들 전개식을 다른 block에도 적용시키면, 각 block에서 발생되는 캐리는 다음의 논리식으로 주어진다.

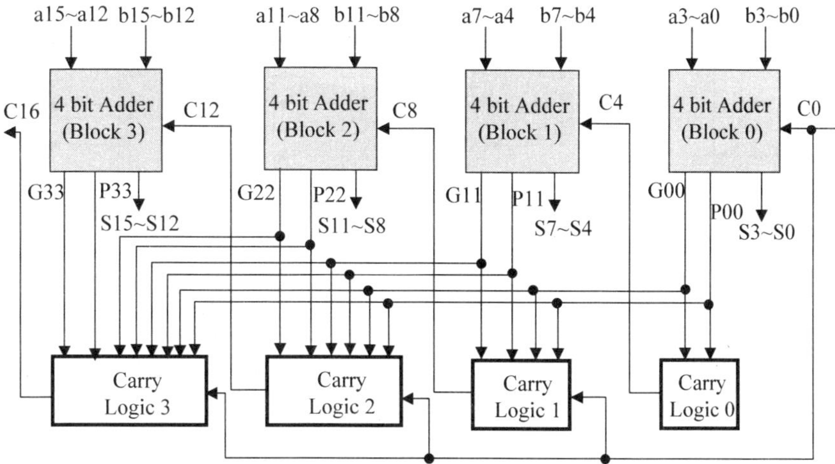

그림 5-12 2레벨 계층구조의 carry look-ahead adder

$$\begin{aligned} C_8 &= G_{11} + P_{11}C_4 & (5\text{-}21) \\ &= G_{11} + P_{11}G_{00} + P_{11}P_{00}C_0 \\ C_{12} &= G_{22} + P_{22}C_8 & (5\text{-}22) \\ &= G_{22} + P_{22}G_{11} + P_{22}P_{11}G_{00} + P_{22}P_{11}P_{00}C_0 \\ C_{16} &= G_{33} + P_{33}C_{12} & (5\text{-}23) \\ &= G_{33} + P_{33}G_{22} + P_{33}P_{22}G_{11} + P_{33}P_{22}P_{11}G_{00} + P_{33}P_{22}P_{11}P_{00}C_0 \end{aligned}$$

그림 5-12는 이들 4개의 식 (5-20)에서 식 (5-23)까지를 각 Carry Logic 0 ~Carry Logic 3으로 해서 구성한 것이다.

나. MSI Adder

표 5-1은 ICs로 집적된 가산기의 종류를 정리한 것이다.

표 5-1 집적화된 가산기의 종류

IC 명칭	기 능
7482	2 bit Full Adder
74183	Dual Independent 2 bit Full Adder
7483	4 bit Full Adder with Look-Ahead Carry Output
74283	4 bit Full Adder with Look-Ahead Carry Output
74182	Look-ahead Carry Generator

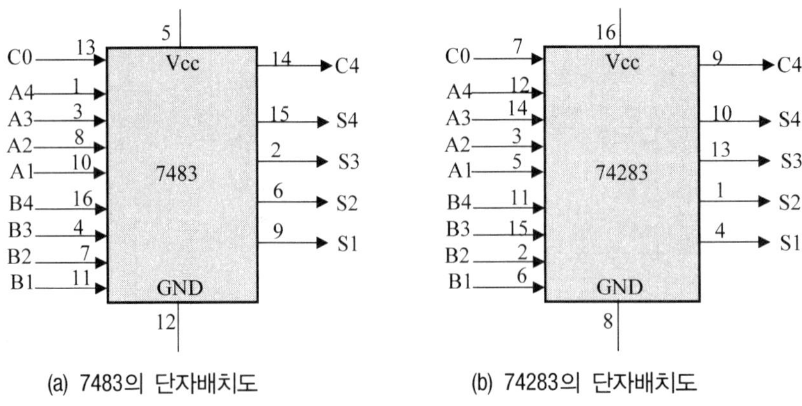

그림 5-13 4비트 전가산기 7483과 74283의 단자배치도

7483과 74283은 전원(Vcc)과 접지(GND) 단자의 배치가 다른 점을 제외하고 같은 4비트 Ripple Carry Adder이며, 최종의 캐리출력 C_4 만은 Carry Look-Ahead의 논리구조를 사용해서 출력된다. 이는 이 IC를 이용해서 4비트 이상의 연산을 수행할 때 캐리 계산에 따르는 시간 지연을 최소화할 수 있도록 한 것이다. 그림 5-13에 7483과 74283의 단자 배치를 나타낸다.

그림 5-13에서 숫자는 각 IC의 단자 번호를 나타낸다. LSB는 A_1, B_1 이고, MSB는 A_4, B_4 이다.

4비트 이상의 가감산 연산을 수행하고자할 때는 7483이나 74283을 여러 개 종속으로 접속해서 사용하면 된다. 이 때, 캐리출력 C_4 는 상단의 캐리입력으로 접속시키면 된다. 예를 들어 고속 CMOS 4비트 가산기인 74HC283 2개를 접속시켜 8비트 덧셈기를 구성하면 그림 5-14와 같다.

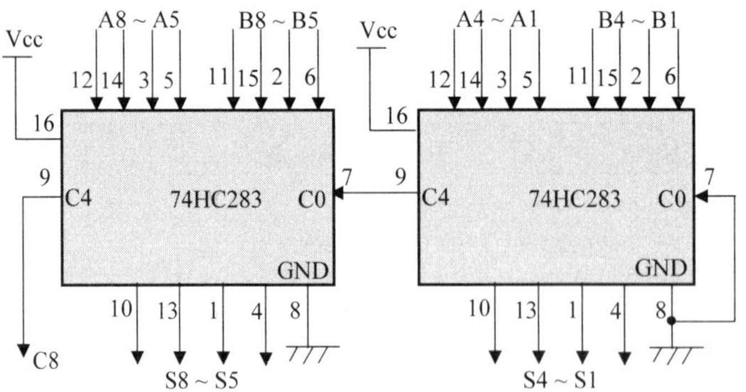

그림 5-14 74HC283의 종속접속에 의한 8비트 가산기

예제 5-1

74HC283 가산기를 이용하여 8비트인 두 수 $A = (A_7A_6A_5A_4A_3A_2A_1A_0)$와 $B = (B_7B_6B_5B_4B_3B_2B_1B_0)$의 감산 $Y = A - B$을 수행하는 논리회로를 구성하여라.

풀이: 5-4절의 그림 5-8에서 나타낸 것처럼 $Y = A - B$의 감산은 B의 2의 보수를 취해서 더하면 되므로, 감산을 위한 회로구성은 그림 5-15와 같다. 하위 4비트 가산기의 캐리 입력 C_0를 Vcc에 접속시켜 $C_0 = 1$로 한 것은 B의 2의 2의 보수를 구하기 위한 것이다.

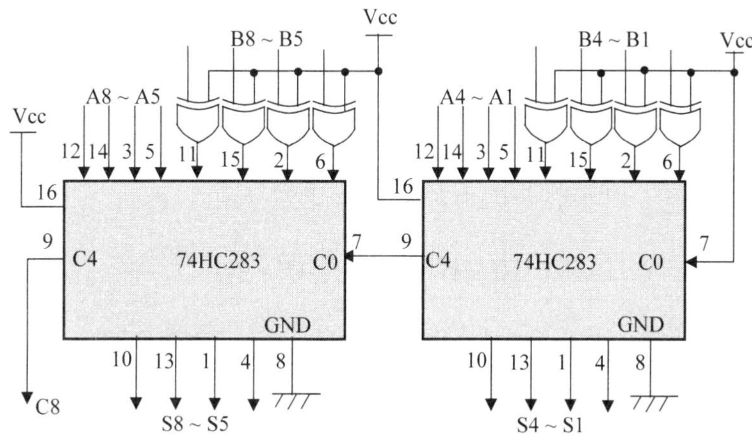

그림 5-15 74HC283을 이용한 8비트 감산기

5-5 | BCD Adder

5-5-1 BCD Addition

BCD의 각 디지트는 4비트의 2진수로 표현되므로, BCD 코드의 덧셈을 수행하기 위해서는 BCD의 각 디지트마다 4비트 가산기를 사용해야 된다. 또한, 4비트의 2진수에서 $1010_2 \sim 1111_2$는 BCD 코드에서 사용이 금지되어 있으므로 BCD 코드의 덧셈에서 그 합이 9를 넘지 않는 경우는 문제가 일어나지 않지만, 9를 넘게 되면 합을 나타내는데 문제가 발생하므로, 이를 검출해서 수정하는 것이 필요하다.

4비트로 이루어진 1 디지트의 두 BCD 코드A, B를 더하는 경우를 생각해보자. BCD 코드 A, B는 다음과 같이 4비트로 표현된 것이다.

$$A = a_3\, a_2\, a_1\, a_0\,, \quad B = b_3\, b_2\, b_1\, b_0$$

두 BCD 코드의 합을 S로 하고, $S = s_3\, s_2\, s_1\, s_0$ 으로 나타낸다. 우선, $C = A + B$라 하고,

(i) $C \leqq 9$ 이면, $S = C$가 되고, BCD 코드의 덧셈은 4비트의 2진수 덧셈과 같다
(ii) $C > 9$ 이면, $S \neq C$가 되고, 덧셈의 결과를 적절한 BCD 코드로 대응시킬 수 있도록 수정해야 되고, 2개의 BCD 디지트를 사용해서 합 S를 나타내야 한다.

구체적인 예로 먼저, $A = 3 = 0011_2$와 $B = 5 = 0101_2$의 BCD 코드의 합을 구해보자.

$$A + B = 0011_2 + 0101_2 = 1000_2 = 8_{BCD}$$

다음으로 $A = 9 = 1001_2$와 $B = 5 = 0101_2$인 경우에는

$$A + B = 1001_2 + 0101_2 = 1110_2$$

$C = A + B = 14 > 9$ 이므로 하나의 BCD 디지트로서는 표현할 수 없고, 2개의 디지트가 필요하다.

마지막으로, $A = 9 = 1001_2$와 $B = 8 = 1000_2$인 경우에는

$$A + B = 1001_2 + 1000_2 = \boxed{1}\,0001_2$$

캐리

즉, $C = A + B = 17 > 9$ 이고, 캐리가 발생하는 것을 알 수 있다.

두 번째와 세 번째의 예는 $C > 9$가 되어, 연산의 결과가 정확한 BCD 코드를 나타내지 못하는 것을 볼 수 있다. 이를 수정하기 위해서는 $C > 9$ 이면, C에서 10_{10}을 빼내고, 캐리를 발생시켜 이를 다음 BCD 디지트의 값으로 나타내도록 하면 된다. 즉, 14_{10}는 다음 디지트를 위한 캐리와 $14_{10} - 10_{10} = 4_{10}$으로부터 4_{BCD}의 결과를 얻을 수 있도록 수정하면 된다. BCD 연산의 결과 X가 9보다 더 큰 값이면

$$\begin{aligned} X - 10_{10} &= X + (10_{10}\text{의 16의보수}) \\ &= X + 0110_2 \end{aligned} \tag{5-24}$$

와 같은 연산을 거치도록 한다. 이는 4비트의 연산은 16진수의 연산이고 BCD 코드의 연산은 10진수의 연산이기 때문이다.

BCD 덧셈의 연산에서 정확한 BCD 코드를 얻기 위한 과정을 정리해보면,

(i) $C \leqq 9$이면, $S = C$이고 캐리는 발생하지 않음.

(ii) $C > 9$이면, $S = C + 6$의 2번째 덧셈을 수행해서, 캐리를 발생시켜 두 개의 BCD 디지트로 나타내도록 한다.

먼저 $A = 9 = 1001_2$와 $B = 5 = 0101_2$인 경우를 다시 생각해보자.

$C = A + B = 14 > 9$ 이므로, C에 6을 더해주면

$$1110_2 + 0110_2 = \boxed{1}\,0100 = 1\,4_{BCD}$$

캐리

다음으로 $A = 9 = 1001_2$와 $B = 8 = 1000_2$인 경우에도 6을 더해주면, 그 결과는

$$1\,0001_2 + 0110_2 = \boxed{1}\,0111 = 1\,7_{BCD}$$

캐리

따라서 정확한 BCD 코드가 구해진다.

예제 5-2

다음의 BCD 코드 덧셈의 결과를 구하여라.

$$2\,9_{BCD} + 6\,6_{BCD}$$

풀이: 각 디지트를 4비트로 나타내고, 연산을 수행하면

$$\begin{array}{rr} & 2\,9_{BCD} = 0010\ 1001 \\ + & 6\,6_{BCD} = 0110\ 0110 \\ \hline & 10001111 \\ + & 0110 \\ \hline & 9\,5_{BCD} = 10010101 \end{array}$$

의 결과가 된다.

5-5-2 BCD Adder

그림 5-16은 5-5-1절에서 기술한 BCD 덧셈과정을 1디지트의 BCD 코드에 대한 회로구성의 블록도이다. BCD의 덧셈은 합이 9를 초과하는지의 여부를 검출하기 위한 검출부와, 이 검출부에서 출력되는 제어신호를 사용해서 0110_2과 0000_2 중 하나를 선택해서 2번째의 덧셈을 수행하도록 하는 2개의 가산기로 구성된다.

그림 5-17의 진리표와 같이 첫 번째 가산기의 합$C = c_3 c_2 c_1 c_0$에서 사용이 금지된 코드 $1010_2 \sim 1111_2$가 발생하거나 캐리C_{out}이 발생하면, 그 연산의 합이 9를 초과한 경우가 된다. 따라서 그림 5-18의 K-map으로부터 검출부의 논리함수는

$$CS = c_3 c_2 + c_3 c_1 \tag{5-25}$$

이 되고, 캐리 출력 신호를 OR 하면, 첫 번째 가산기로부터의 연산의 합이 9를 초과한 모든 경우를 검출할 수 있다. 검출부의 최종 논리식은

$$CS = c_3 c_2 + c_3 c_1 + C_{out} \tag{5-26}$$

가 된다.

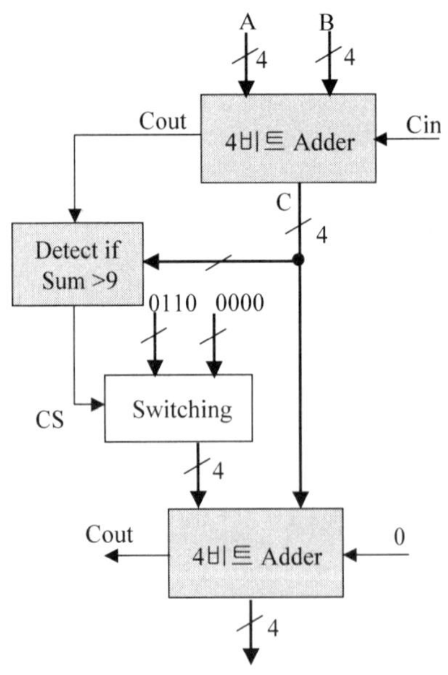

그림 5-16 1디지트 BCD Adder의 블록도

c_3	c_2	c_1	c_0	CS
0	0	0	0	0
0	0	0	1	0
0	0	1	0	0
0	0	1	1	0
0	1	0	0	0
0	1	0	1	0
0	1	1	0	0
0	1	1	1	0
1	0	0	0	0
1	0	0	1	0
1	0	1	0	1
1	0	1	1	1
1	1	0	0	1
1	1	0	1	1
1	1	1	0	1
1	1	1	1	1

그림 5-17 BCD Adder 검출부의 진리표

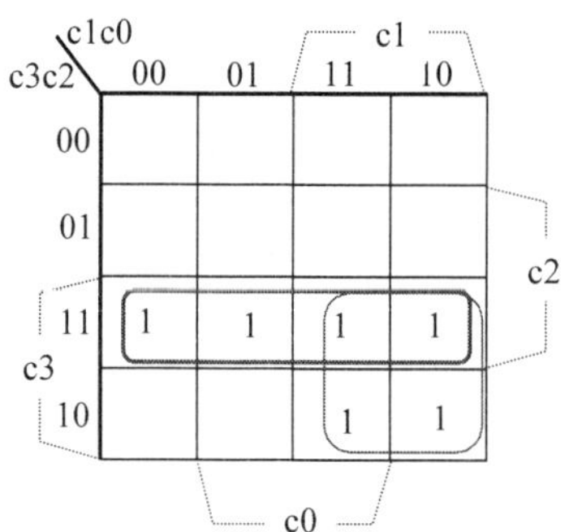

그림 5-18 BCD Adder 검출부의 K-map

그림 5-19는 74HC283을 이용한 4비트 Binary Adder 2개와 초과 신호 검출부의 논리식 (5-26)의 회로로 구성된 BCD 코드의 덧셈을 위한 논리회로를 나타낸 것이다. 2번째 4비트 Binary Adder에서는 0110_2이나 0000_2을 신호 검출부의 결과에 따라 자동으로 선택되어 더해지는 것을 알 수 있다.

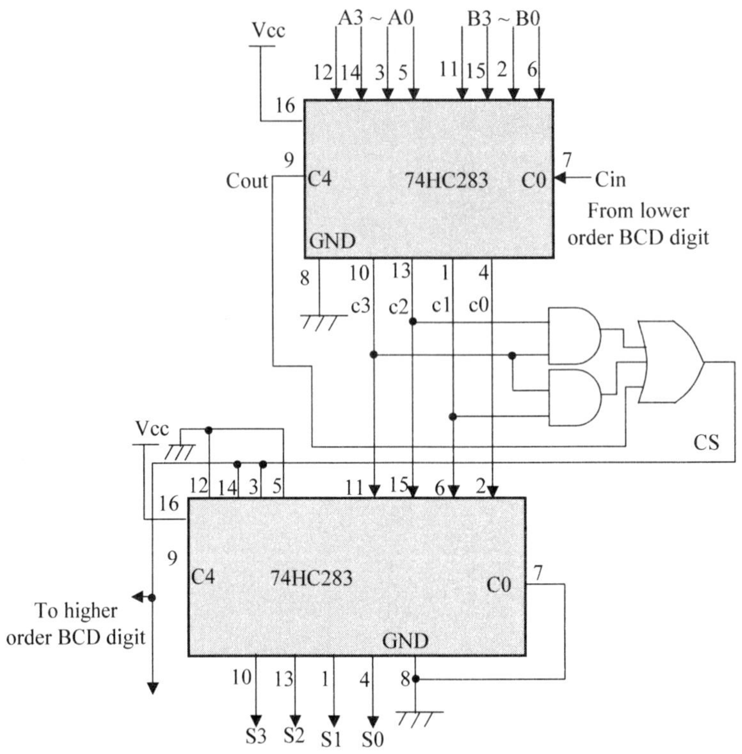

그림 5-19 74HC283을 이용한 1 디지트 BCD Adder의 구성

5-6 | 곱셈과 배열구조 승산기(Array Multiplier)

5-6-1 곱셈(Multiplication)

부호(sign)를 갖지 않는 2진수 $B = b_{n-1}\,b_{n-2} \cdots\ b_2\,b_1\,b_0$를 2의 배수에 의한 곱셈과 나눗셈을 수행시켜보자. 먼저, 2배 즉 2를 곱하는 것은 B의 각 비트를 좌측으로 이동시키고, 이동된 비트의 위치에 0을 삽입하는 것으로 이루어진다. 예로 2배와 4배로 하는 것은

$$2 \times B = b_{n-1}\,b_{n-2} \cdots\ b_1\,b_0\,0$$
$$4 \times B = b_{n-1}\,b_{n-2} \cdots\ b_1\,b_0\,0\,0$$

이고, 따라서 2^k 배하는 것은 k비트만큼 좌측으로 이동시키는 것과 같다.

다음으로 2를 나누는 것은 2를 곱하는 것과 반대로 B의 각 비트를 우측으로 이동시키고, 이동된 비트의 위치에 0을 삽입하는 것과 같다. 즉,

$$B \div 2 = 0\, b_{n-1}\, b_{n-2} \cdots\ b_1$$
$$B \div 4 = 0\, 0\, b_{n-1}\, b_{n-2} \cdots\ b_3\, b_2$$

이 때 LSB의 위치를 벗어나는 비트는 무시된다.

구체적인 예로 $B = 011000_2 = 24_{10}$의 경우,

$$2 \times B = 110000_2 = 48_{10}$$
$$B \div 2 = 001100_2 = 12_{10}$$
$$B \div 4 = 000110_2 = 6_{10}$$

와 같이 되고 $4 \times B$를 구하기 위해서는, 1비트 추가되어 7비트로 나타내야 한다.

일반적인 2진수로 표현된 두 수의 곱셈은 취급하는 대상이 2진수인 것 외에는 10진수의 곱셈과정과 동일하다. 부호를 갖지 않는 다음과 같은 4비트의 두 수 M과 N의 곱셈 $P = M \times N$을 구해보자. 이 때, $M = m_3\, m_2\, m_1\, m_0$울 피승수(multiplicand)라 하고, $N = n_3\, n_2\, n_1\, n_0$ 을 승수(multiplier)라 한다. 구체적인 예를 들어 곱셈의 과정을 조사해보자. $M = 1101_2\ (13_{10})$이고,

$N = 1011_2 (11_{10})$일 때, 곱셈의 결과 P 는

```
multiplicand :  M = 1 1 0 1
multiplier   :  N = 1 0 1 1
                -----------
                    1 1 0 1
                  1 1 0 1
                0 0 0 0
              1 1 0 1
          -----------------
          P = 1 0 0 0 1 1 1 1   (143₁₀)
```

곱셈의 과정은 승수(multiplier)의 비트가 1이면, 그 비트 위치만큼 피승수(multiplicand)를 이동시켜 더하면 되고, 승수의 비트가 0이면 곱셈의 결과도 0가 되므로 다음 비트를 처리하면 된다.

4비트인 두 수에 대한 곱셈의 결과를 나타내기 위해서는 8비트가 필요한 것처럼, 일반적으로 m비트의 M과 n비트인 N의 곱셈 $P = M \times N$을 나타내기 위해서는 $m+n$ 비트가

필요하다.

5-6-2 배열구조 승산기

비트 수가 많은 큰 두 수의 곱셈은 처리시간이 길어지고, 그에 따른 지연시간이 문제가 된다. 따라서 보다 빠른 곱셈의 연산을 수행하기 위해 곱셈기의 구성을 배열구조로 하는 것이 일반적이다. 4비트의 두 수 M, N의 곱셈을 다음과 같이 구해보자.

```
                    Multiplicand : M = 1 1 0 1
                    Multiplier :   N = 1 0 1 1
Partial Product 0                      1 1 0 1
                                   + 1 1 0 1
Partial Product 1                    1 0 0 1 1
                                 + 0 0 0 0
Partial Product 2                  0 1 0 0 1
                               + 1 1 0 1
                                 1 0 0 0 1 1 1 1
```

일반화시켜보면, $M = m_3 m_2 m_1 m_0$과 $N = n_3 n_2 n_1 n_0$에서 부분곱 P_0(Partial Product 0)는

$$P_0 = (P_{30}, P_{20}, P_{10}, P_{00}) = (m_3 n_0,\ m_2 n_0,\ m_1 n_0,\ m_0 n_0)$$

와 같이 M의 각 비트와 n_0와의 논리곱(AND)으로 주어지는 각 비트 단위 곱셈의 결과이다.

이와 마찬가지로, 부분곱 P_1은

$$\begin{array}{lccccc} P_0: & 0 & P_{30} & P_{20} & P_{10} & P_{00} \\ & +\ m_3 n_1 & m_2 n_1 & m_1 n_1 & m_0 n_1 & 0 \\ \hline P_1: & P_{41} & P_{31} & P_{21} & P_{11} & P_{01} \end{array} \tag{5-27}$$

와 같이 M의 각 비트와 n_1와의 논리곱(AND)으로 주어진 각 비트에 부분곱 P_0를 더한 것과 같다. 부분곱 P_2도 이와 비슷한 방법으로 구해지고, 더많은 비트를 갖는 수의 곱셈도 같은 과정을 반복함으로서 처리할 수 있다. 따라서 부분곱 P_i의 j번째 항 P_{ij}에 관한 논리식은 $P_{ij} = P_{ij-1} + m_{i-1} n_j + C_{i-1}$가 된다.

이상의 과정을 회로로 구성하면 그림 5-20과 같은 배열구조가 되고, 대부분의 승산기는

주로 배열구조로 구성되므로 승산기라 하면 배열구조의 승산기를 의미한다. 그림 5-20(b)는 최상층 열의 block 내부의 논리회로이고, 그림 5-20(c)는 나머지 두 열에 대한 각 block 내부의 논리회로를 나타낸 것이다.

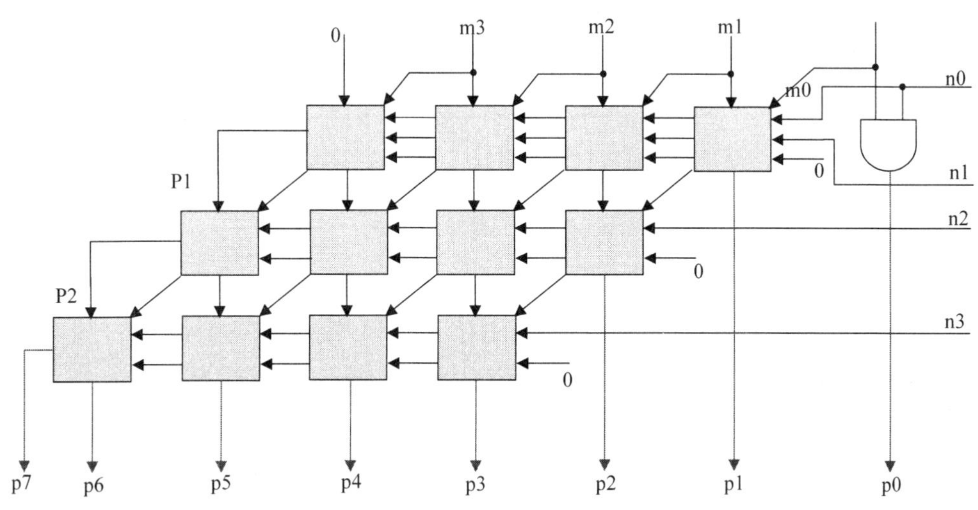

(a) 배열구조 승산기의 논리회로

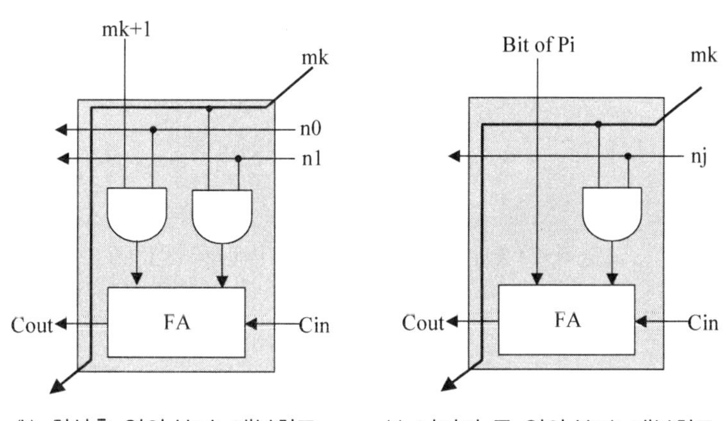

(b) 최상층 열의 block 내부회로 (c) 나머지 두 열의 block 내부회로

그림 5-20 4×4 배열구조 승산기의 회로구성

5-8 | Binary Comparator

입력되는 두 2진수의 값을 비교해서 그 상대적인 크기에 따라 3가지 종류의 정보를 출력하는 논리회로로서 Binary Magnitude Comparator라고도 한다. 단일 비트 2진수로 입력되는 두 수를 A, B라 하자. 그림 5-21은 이들의 값에 따른 크기 비교의 결과를 나타낸 진리표이다.

이 진리표로부터 각 출력에 대한 논리함수 식은 다음과 같다.

$$\begin{aligned} Q_{A=B} &= \overline{A}\ \overline{B} + AB = \overline{A \oplus B} \\ Q_{A>B} &= A\ \overline{B} \\ Q_{A<B} &= \overline{A}\ B \end{aligned} \tag{5-28}$$

그림 5-22(a)는 논리식 (5-28)을 회로로 구성한 것으로, 이를 가산기에서와 같이 반비교기(Half Comparator, HC)라 부르기로 하고, 그림 5-22(b)와 같이 나타낸다.

Inputs		Outputs		
A	B	$Q_{A=B}$	$Q_{A>B}$	$Q_{A<B}$
0	0	1	0	0
0	1	0	0	1
1	0	0	1	0
1	1	1	0	0

그림 5-21 단일 비트 2진수의 크기 비교의 진리표

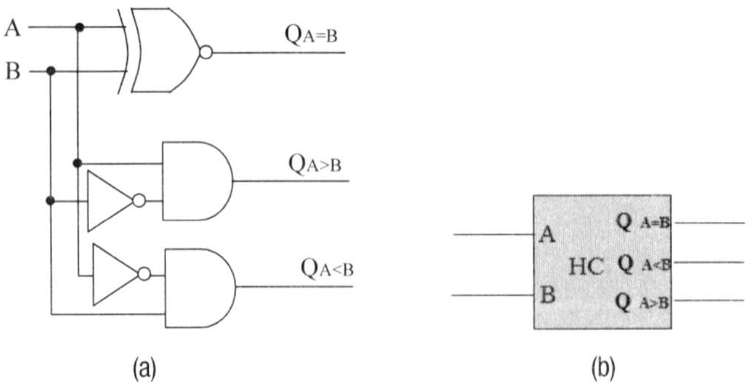

그림 5-22 (a) 반비교기의 논리회로와 (b) 회로기호

Inputs				Outputs		
a3, b3	a2, b2	a1, b1	a0, b0	$Q_{A>B}$	$Q_{A<B}$	$Q_{A=B}$
a3>b3	X	X	X	1	0	0
a3<b3	X	X	X	0	1	0
a3=b3	a2>b2	X	X	1	0	0
a3=b3	a2<b2	X	X	0	1	0
a3=b3	a2=b2	a1>b1	X	1	0	0
a3=b3	a2=b2	a1<b1	X	0	1	0
a3=b3	a2=b2	a1=b1	a0>b0	1	0	1
a3=b3	a2=b2	a1=b1	a0<b0	0	1	0
a3=b3	a2=b2	a1=b1	a0=b0	0	0	1

그림 5-23 4비트 크기 비교를 위한 비교기의 진리표

1비트에 대한 비교기의 결과를 조금 확장해서 4비트인 두 수의 크기를 비교하는 경우를 고려해 보자. 두 수를 각각 $A = a_3\, a_2\, a_1\, a_0$ 및 $B = b_3\, b_2\, b_1\, b_0$ 로 두면, 이들 각 비트의 크기에 따른 비교기의 출력은 그림 5-23과 같은 진리표를 구성할 수 있다. 진리표로부터, 임의의 두 수를 비교해서 상대적인 크기에 관한 정보를 출력하는 경우, 각 MSB를 먼저 비교하고 마지막으로 LSB를 비교해서 처리하면 된다.

그림 5-23으로 주어진 크기 비교에 대한 조건을 만족하는 논리함수식을 구하기 위해 $a_i = b_i$이면 $e_i = 1$이 되는 $e_3,\ e_2,\ e_1,\ e_0$를 정의하면, 1비트의 크기 비교에서 유도한 바와 같이

$$e_i = \overline{a_i \oplus b_i}$$

로 주어진다.

따라서 비교기로부터 출력되는 각 함수는, 그림 5-23의 조건으로부터

$$\begin{aligned} Q_{A=B} &= e_3\, e_2\, e_1\, e_0 \\ Q_{A>B} &= a_3 \overline{b_3} + e_3\, a_2\, \overline{b_2} + e_3\, e_2\, a_1\, \overline{b_1} + e_3\, e_2\, e_1\, a_0\, \overline{b_0} \\ Q_{A<B} &= \overline{Q_{A=B} + Q_{A>B}} \end{aligned} \tag{5-29}$$

와 같은 논리함수식을 전개할 수 있다. 이들의 논리식을 회로로 구성한 것이 그림 5-24이다.

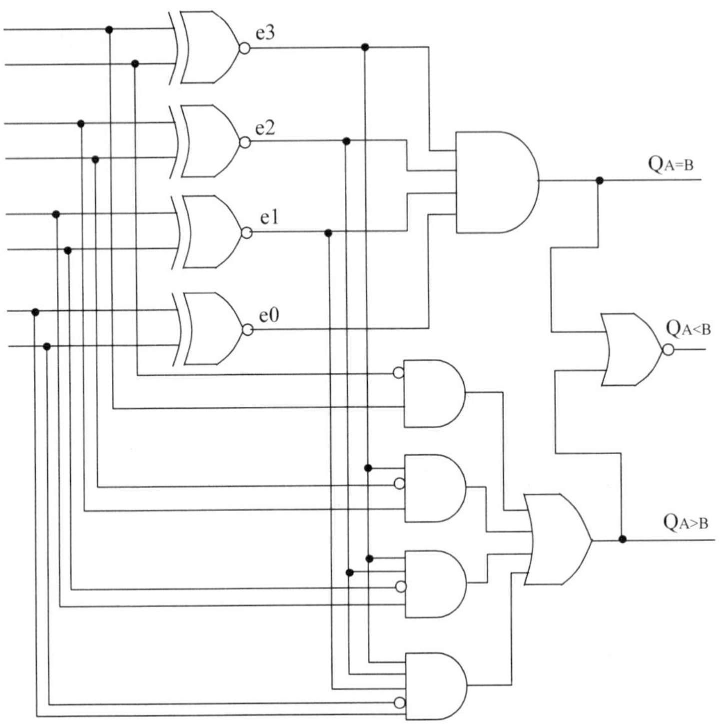

그림 5-24 4비트 비교기의 논리회로 구성

이상과 같은 n비트의 비교기는 반비교기(HC)를 이용해서 간단히 구성할 수도 있다. 이를 위해 먼저 2비트 $A=(A_1, A_0)$, $B=(B_1, B_0)$의 비교기를 구성해 보자. 그림 5-25는 이의 논리회로 구성을 나타낸 것이다. 이 때, "COMP"의 블록은 입력 비트의 상위비트와 하위비트에 대한 비교기 출력을 사용해서 2비트 비교기의 최종 비교결과를 결정하는 부분에 해당한다. 그림 5-23에서와 같이, "COMP" 블록의 출력에 대한 논리식은 다음 식 (5-30)과 같이 주어진다.

$$Q2_{A>B} = Q1_{A>B} \text{ OR } (Q1_{A=B} \text{ AND } Q0_{A>B}) \tag{5-30}$$

$$Q2_{A<B} = Q1_{A<B} \text{ OR } (Q1_{A=B} \text{ AND } Q0_{A<B})$$

$$Q2_{A=B} = Q1_{A=B} \text{ AND } Q0_{A=B}$$

그림 5-26은 이상의 논리식을 회로로 구성한 것으로, 그림 5-25 "COMP" 블록의 논리구성에 해당한다. 그림 5-26에 나타낸 것처럼 하나의 반비교기와 "COMP" 블록으로 구성되는 회로를 전비교기(Full Comparator, FC)라 부르기로 하고, 그 회로기호를 그림 5-27에 나타낸다.

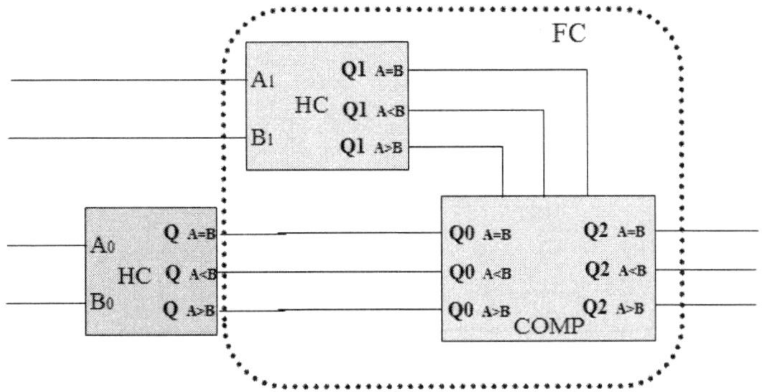

그림 5-25 반비교기에 의한 2비트 비교기의 구성

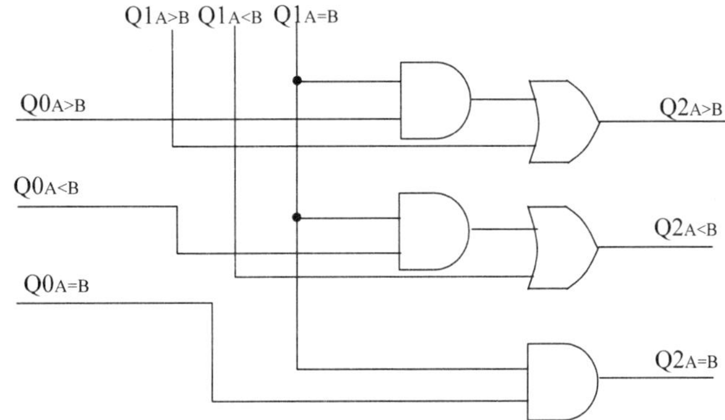

그림 5-26 2비트 비교기에서의 "COMP"블록의 회로구성

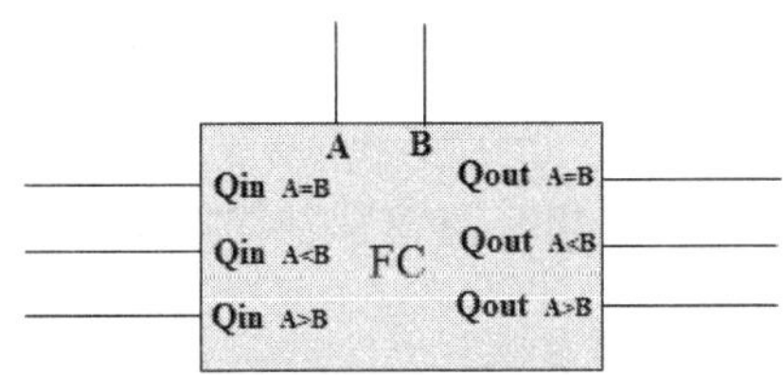

그림 5-27 전비교기(Full Comparator, FC)의 회로기호

그림 5-23의 4비트 비교기를 그림 5-26의 전비교기를 가산기에서와 같이 직렬로 접속해서 구성하면 그림 5-28과 같은 회로구성이 된다. 이 때, 최하위 비트의 입력은 $Q_{\text{in A = B}} = 1$, $Q_{\text{in A > B}} = Q_{\text{in A < B}} = 0$으로 고정되어야 한다. 지연시간을 무시할 수 있다면, 이와 같은 전비교기의 직렬접속으로 임의의 n비트의 비교기도 간단히 구성할 수 있다.

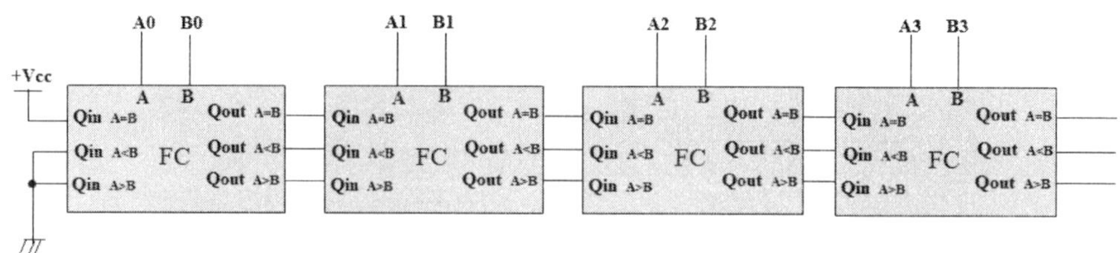

그림 5-28 전비교기의 직렬접속에 의한 4비트 비교기의 구성

MSI 비교기(Comparator)

MSI로 집적화된 비교기 ICs는 그림 5-27의 전비교기를 직렬로 접속시킨 것으로, 4비트 비교기의 7485, 8비트 비교기의 74682 등이 있다. 그림 5-29는 7485의 논리 심볼을 나타낸 것으로, 입력으로 2개의 부호(sign)를 갖지 않는 4비트 2진수와 4비트 이상으로 확장해서 사용할 수 있도록 한 3비트의 크기 비교 입력과 Active-HIGH인 3비트의 출력으로 이루어져 있다.

그림 5-30과 같이 CMOS의 4비트 비교기 74HC85 IC 2개를 사용해서 종속 접속하면 8비트 비교기가 간단하게 구성된다.

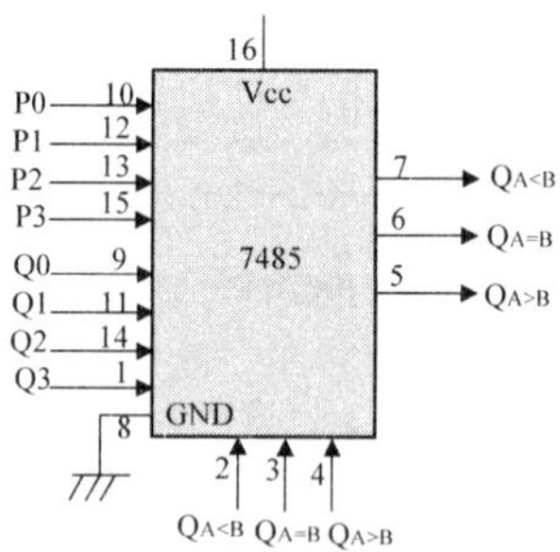

그림 5-29 4비트 비교기 7485의 논리 심볼

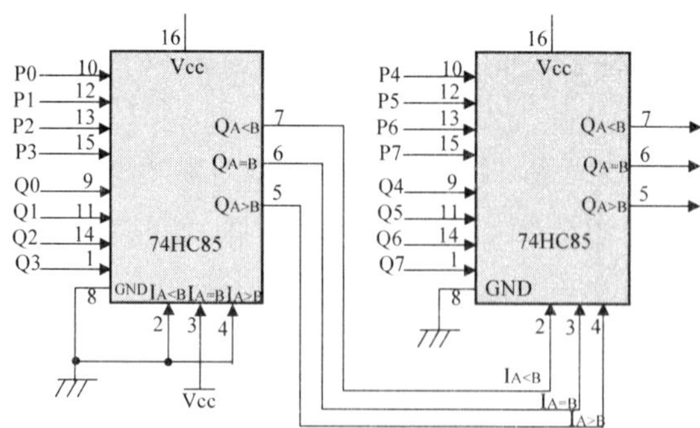

그림 5-30 4비트 비교기의 종속접속에 의한 8비트 비교기의 확장

5-9 | 연산논리장치(Arithmetic Logic Unit : ALU)

가산이나 감산, 보수(complement) 등과 같은 다양한 산술 및 논리 연산의 기능을 처리할 수 있도록 구성된 디지털 시스템을 연산논리장치(Arithmetic Logic Unit, ALU)라 한다. 보통, 컴퓨터에서 사용되는 ALU는 복잡하고 다양한 산술 및 논리연산의 기능을 처리할 수 있도록 구성되어 있다. 이들을 설계하고, 그 기능을 자세하게 기술하는 것은 본서의 범위를 벗어나는 내용이고, 본서에서는 ALU의 기능과 동작을 이해하는데 목적을 두고, MSI로 패키지된 비교적 간단한 4비트 ALU와 함수발생기의 기능을 갖는 74181을 예로 들어 설명한다. 그림 5-31은 74181의 논리 심볼이다.

4비트의 기능선정 입력 (S_0 ~ S_3)과 1비트의 모드 선정 비트(M) 등으로 총 32종류의 기능의 구현이 가능한 칩이다. 그 외 입출력 단자로,

- 2개의 4비트 데이터 Active-LOW 입력 비트($\overline{A_3}$ ~ $\overline{A_0}$, $\overline{B_3}$ ~ $\overline{B_0}$)
- 4비트 Active-LOW 기능 출력 비트 ($\overline{F_3}$ ~ $\overline{F_0}$)
- 산술 연산을 위한 캐리 입력($C_{\in}$)과 캐리 출력(C_{out}), 고속 Carry Look-Ahead 출력 비트 ($\overline{P}$, $\overline{G}$)
- 2개의 4비트 데이터가 동일함을 나타내는 출력 $Q_{A=B}$ 단자

등 전원(Vcc)와 접지(GND)를 포함해서 총 24핀의 칩이다.

모드 및 기능선정 비트에 따라 수행되는 기능을 그림 5-32에 나타낸다. 기능은 크게 산술연산과 논리연산으로 나누어지고, 산술연산은 캐리가 0인 경우($C_{in}=0$: Carry Inactive)와 캐리가 1 ($C_{in}=1$: Carry Active)인 경우로 분류된다.

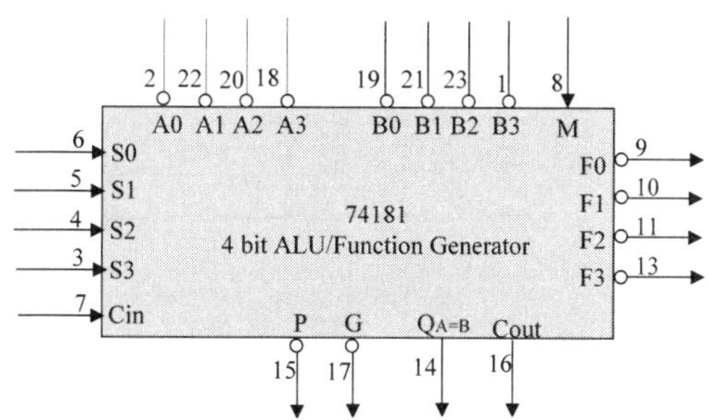

그림 5-31 4비트 ALU/함수발생기 74181의 논리 심볼

Function Selection				Active HIGH Data		
				M = HIGH : 논리연산	M = LOW : 산술연산	
S3	S2	S1	S0		Cin' = HIGH (no carry)	Cin' = LOW (with carry)
0	0	0	0	F = A'	F = A	F = A plus 1
0	0	0	1	F = (A+B)'	F = A + B	F = (A+B) plus 1
0	0	1	0	F = A'B	F = A + B'	F = (A+B') plus 1
0	0	1	1	F = 0	F = -1 (2의보수)	F = zero
0	1	0	0	F = (AB)'	F = A plus AB'	F = A plus AB' plus 1
0	1	0	1	F = B'	F = (A+B) plus AB'	F=(A+B)plusAB' plus 1
0	1	1	0	$F = A \oplus B$	F = A-B-1	F = A-B
0	1	1	1	F = AB'	F = AB'-1	F = AB'
1	0	0	0	F = A' + B	F = A plus AB	F = A plus AB plus 1
1	0	0	1	$F = \overline{A \oplus B}$	F = A plus B	F = A plus B plus 1
1	0	1	0	F = B	F = (A+B') plus AB	F=(A+B')plusAB plus 1
1	0	1	1	F= AB	F = AB-1	F = AB
1	1	0	0	F = 1	F = A plus A'	F = A plus A' plus 1
1	1	0	1	F = A + B'	F = (A+B') plus A	F=(A+B')plus A plus 1
1	1	1	0	F = A + B	F = (A+B) plus A	F=(A+B) plus A plus 1
1	1	1	1	F = A	F = A-1	F = A

그림 5-32 74181 ALU의 기능

연습문제

5-1 NAND 게이트만을 사용해서 그림 5-4(a)의 전가산기(FA)의 논리회로를 구성하여라.

5-2 전감산기(Full Subtractor)를 설계하기 위해,

(a) 진리표를 구성하여라.

(b) 간략화된 논리식을 구하고, 이의 논리회로를 구성하여라.

5-3 74283 4비트 전가산기를 이용하여, 32비트 가감산을 위한 회로를 구성하여라.

5-4 n비트 부호를 갖는 수의 덧셈에서

$$\text{Overflow} = C_n \oplus C_{n-1}$$

로 주어지는 것을 증명하여라.

5-5 3비트인 두 수 $A=(A_2, A_1, A_0)$와 $B=(B_2, B_1, B_0)$의 덧셈을 carry look-ahead adder로 수행시킬 경우, MSB의 덧셈에서 발생되는 최종단의 캐리 C_3를 캐리발생함수 G_i와 캐리전파함수 P_i를 사용한 논리식을 구하고, 논리회로를 구성하여라. 단 LSB의 케리입력은 C_0이다.

5-6 n비트 carry look-ahead adder를 AND, OR, XOR 게이트로 구성하는 경우, 필요한 게이트는 전체로 얼마인지를 구하여라. 단, 각 게이트의 팬 인 문제는 없는 것으로 가정한다.

5-7 8비트 carry look-ahead adder를 구성하기 위해 필요한 게이트 수를 구하여라. 단, 각 게이트 최대 팬 인(fan-in)은 4인 것으로 가정한다.

5-8 2비트 block의 계층구조를 사용하여 2레벨 4비트 carry look-ahead adder의 전체 논리회로를 구성하여라.

5-9 2의 보수를 이용해서 다음의 연산을 구하여라. 단, 각 수치는 부호(sign)를 포함하여 8비트로 표현된 것으로 한다.

(a) $(+14)+(-17)$ (b) $(+47)-(+51)$

(c) $(+19)+(-17)$ (d) $(-36)-(-15)$

(e) $(-45)+(-80)$ (f) $(+15)-(-17)$

5-10 문제 5-8과 같은 조건에서 다음의 연산을 구하고, 오브플로 발생을 확인해보라.

(a) $(+47)+(+95)$ (b) $(+47)-(-95)$

5-11 다음의 10진수를 BCD 코드로 변환하고, 덧셈을 구하여라.

(a) $58+37$ (b) $23+678$

(c) $12+45$ (d) $147+380$

(e) $13+765$ (f) $34+567$

5-12 74283 4비트 전가산기를 이용한 2디지트 BCD 덧셈기를 설계하여라.

5-13 7485 4비트 비교기를 이용하여 16비트의 비교기를 구성하여라.

5-14 그림 5-28 74181 ALU에서 $A=1011_2$, $B=0111_2$일 때, 다음의 경우에 대한 출력 $F=F_3F_2F_1F_0$의 값을 구하여라.

(a) M=H, $S_3S_2S_1S_0=0000$, $C_n=H$

(b) M=L, $S_3S_2S_1S_0=1111$, $C_n=H$

(c) M=L, $S_3S_2S_1S_0=1011$, $C_n=L$

(d) M=H, $S_3S_2S_1S_0=1001$, $C_n=L$

5-15 2비트의 2진수 $A=(A_1A_0)$의 2승 $Y=(Y_3Y_2Y_1Y_0)=A^2$을 구하는 논리회로를 설계하여라.

5-16 4비트의 두 2진수 X, Y에서 $X=Y$이면 출력 $f=1$이 되고, 그렇지 않으면 $f=0$가 되는 논리회로를 설계하여라.

제 6 장

조합논리회로의 해석과 설계

메모리를 갖지 않고 게이트만으로 구성되는 조합논리회로는 각종 디지털 시스템에서 널리 응용되고 있다. 여러 가지의 제약조건 하에서 적합한 기능의 출력을 요구하는 조합논리는 문장의 형태로 주어지는 경우가 많다. 따라서 본 장에서는 이들의 정확히 해석하고, 입출력의 조건을 만족하는 논리회로를 설계하는 기본과정을 학습하도록 한다.

다음으로, 다양한 디지털 시스템에서 공통으로 많이 사용되는 조합논리로서, 디코더, 인코더, 멀티플렉서, 디멀티플렉서, 코드 변환기 등에 관한 기본원리와 논리구조, 관련 MSI 칩을 소개하고, 이들의 응용에 관해서 다룬다.

6-1 | 조합논리회로 설계의 일반

일반적으로 논리회로의 설계는 문장으로 기술되는 경우가 많다. 따라서 서술적으로 기술된 문제를 정확하게 해석해서 적확한 논리식으로 표현하는 것은 매우 중요하다. 조합논리회로의 설계과정을 요약하면 다음과 같다.

1. 서술적으로 기술된 설계문제에서 필요한 입력과 출력에 해당하는 논리변수의 수를 정하고, 각각의 변수에 적당한 기호를 부여한다.
2. 입력과 출력간의 관계를 정의하는 진리표를 구성한다. 이는 모든 입력변수의 조건에 따라 출력의 레벨을 정의하는 것이다. 이와 같이 문장의 형태로 기술된 설계사양으로부터 입출력의 정확한 관계를 나타내는 진리표를 구성하는 것은 매우 중요한 설계단계의 하나이다.
3. 모든 출력에 대해, 입력변수의 함수로서 논리 표현식을 구한다. 이는 출력을 회로구성에 필요한 논리식으로 나타내는 것으로, 표준 SOP형식이나 표준 POS형식의 논리함수가 된다.
4. 논리 표현식을 논리회로가 단순화되는 형태로 간략화한다.
5. 각종 게이트를 사용해서 논리회로를 구성한다.

간략화된 논리식을 사용해서 논리회로를 실제로 설계하는 경우,

- 사용할 수 있는 게이트의 수
- 하나의 게이트에서 사용할 수 있는 최대 입력의 수(fan-in)
- 전반지연시간의 최대 허용 값

■ 각 게이트의 팬 아웃(fan-out)

등의 각종 물리적인 제약을 받는다. 그러므로 설계목적에 따라 최적인 논리식을 구하는 것이 필요하다.

논리회로를 설계하는 구체적인 예를 들어보자. 먼저, 3입력변수 가운데서 최소한 2개 이상의 입력이 HIGH가 되면 출력이 HIGH가 되는, 소위 majority function의 조합논리회로를 설계해보자. 단 게이트는 2입력 NAND 게이트만을 사용하는 것으로 한다. 그림 6-1(a)의 진리표와 같이 입력변수를 x_1, x_2, x_3라 하고, 출력을 $f(x_1, x_2, x_3)$라 하면, 그림 6-1(b)의 K-map으로부터 출력 $f(x_1, x_2, x_3)$는 논리식 (6-1)과 같이 나타낼 수 있다.

$$f(x_1, x_2, x_3) = x_1 x_3 + x_1 x_2 + x_2 x_3 \tag{6-1}$$

이를 2입력 AND-OR 게이트에 의한 논리회로를 구성하면 그림 6-2(a)와 같이 3레벨의 논리회로가 된다. 3-5절에서 기술한 NAND 게이트의 일반성과 3-6절의 논리 게이트의 다른 표현법을 사용하면 그림 6-2(b)로부터 그림 6-2(c)의 4레벨 NAND-NAND 논리회로가 얻어진다.

입력변수			출력
x_1	x_2	x_3	$f(x_1, x_2, x_3)$
0	0	0	0
0	0	1	0
0	1	0	0
0	1	1	1
1	0	0	0
1	0	1	1
1	1	0	1
1	1	1	1

(a) 진리표

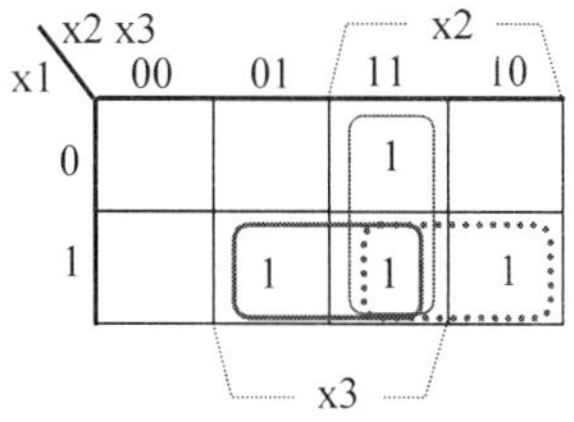

x1 \ x2 x3	00	01	11	10
0			1	
1		1	1	1

(b) K-map

그림 6-1 3 입력 majority function의 진리표와 K-map

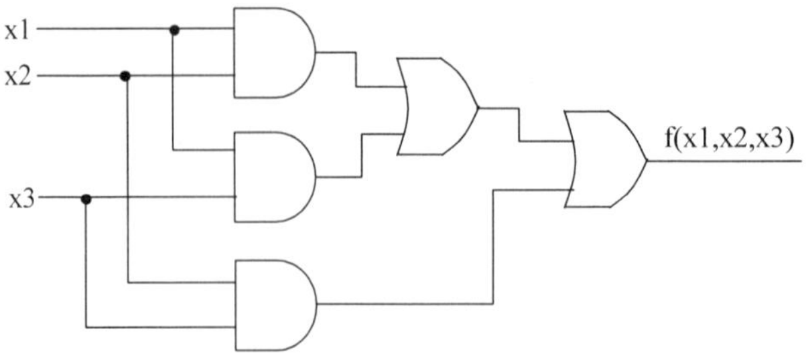

(a) 3 level AND-OR 논리회로

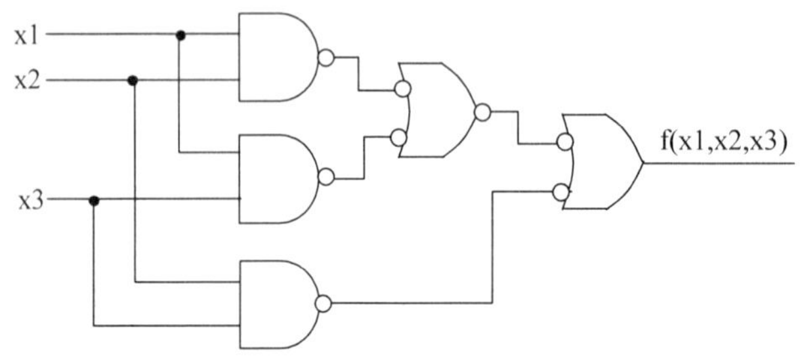

(b) AND-OR 게이트의 표현의 변경

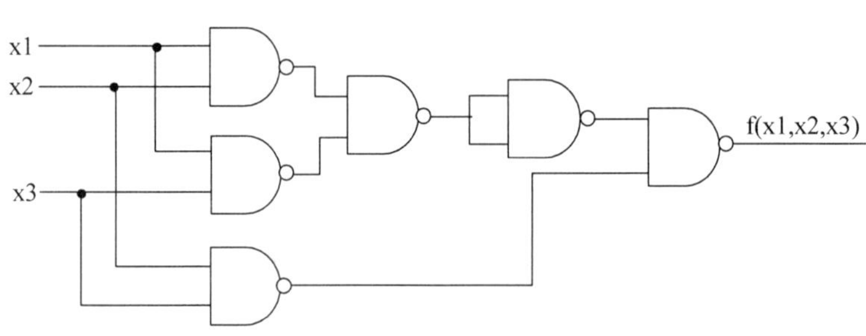

(c) 4 레벨 NAND-NAND 논리회로

그림 6-2 3입력 majority function의 논리회로 구성

예제 6-1

자동차의 전자제어 시스템에서 운전자의 부주의에 의한 오동작을 막기 위해 여러 가지 자동 경고음 발생장치가 구축되어 있다. 즉, 자동차 키가 삽입되어 있는 상태에서 문의 잠김을 방지한다든지, 전등이 ON 되어 있는 상태에서 키의 탈거를 방지하도록 한다. 다음의 조건이 만족되면 자동으로 경고음을 울리도록 하는 조합논리회로를 설계하여라.

- 자동차 키가 삽입되어 있는 상태에서 차 문이 닫힐 때

■ 전등이 켜져 있는 상태에서 자동차 키가 탈거될 때

풀이: 논리회로를 설계하기 위해, 입출력의 변수를 다음과 같이 할당한다.

- A : 자동차 키의 삽입 상태를 나타내는 변수 (삽입되어 있으면 A=1)
- B : 차 문의 개폐상태를 나타내는 변수 (차 문이 닫히면 B=1)
- C : 전등의 ON/OFF 상태를 나타내는 변수 (전등이 ON이면 C=1)
- Y : 출력을 나타내는 변수

이상의 변수들에 대해, 주어진 조건을 만족하는 진리표를 구성하면 그림 6-3(a)와 같다. 따라서 그람 6-3(b)와 같은 K-map으로부터 출력 Y를 간략화된 논리식으로 나타내면 다음의 논리식 (6-2)와 같이 구해지고,

$$Y(A,B,C) = AB + A'C \qquad (6\text{-}2)$$

AND-OR-INVERTER를 사용한 논리회로의 구성이 그림 6-3(c)이다.

입력변수			출력
A	B	C	Y
0	0	0	0
0	0	1	1
0	1	0	0
0	1	1	1
1	0	0	0
1	0	1	0
1	1	0	1
1	1	1	1

(a) 진리표

A \ BC	00	01	11	10
0		1	1	
1			1	1

(b) K-map

(c) 논리회로

그림 6-3 예제 6-1의 진리표, K-map 및 논리회로

6-2 | Decoder

2진수로 부호화된 정보를 입력받아 이를 인식할 수 있는 정보로 변환시켜 출력하는 조합 논리회로를 디코더(decoder)라 한다. 즉, 디코더는 부호화된 2진 정보를 복호(decoding)하는 조합논리회로이다.

일반적으로 2진 디코더 (binary decoder)는 N비트의 입력에 대해, M비트의 출력과 전체 회로의 동작을 제어하는 입력(이를 Enable(EN) 입력이라 한다)으로 구성된다. 이 경우, N비트로 부호화된 정보의 종류는 최대 2^N 개 되므로, 출력 M은 $M \leqq 2^N$ 의 관계를 만족해야 된다. 출력은 M비트 중에서 입력에 따라 단 하나의 출력만이 Active 레벨이 되고 나머지는 Inactive 레벨을 유지하게 된다. 이와 같은 디코더를 N-to-M 또는 $N \times M$(이를 N by M 이라 읽음) 디코더라 한다. 그림 6-4는 $N \times M$ 디코더의 구성을 나타낸 블록도이다.

그림 6-5는 EN 입력을 갖는 2×4 디코더를 나타낸 것이다. 그림 6-5(a)의 진리표로부터 EN 입력이 Active 모드 즉 EN=1일 때, 입력 A_1, A_0 에 따라 4개의 출력 중 하나의 출력이 Active-HIGH가 된다. $(A_1, A_0) = (0,0)$ 이면 출력 Y_0 만이 HIGH, $(A_1, A_0) = (0,1)$ 이면, Y_1 만이 HIGH의 상태를 유지하는 동작을 하는 것이다. 그림 6-5(b)와 (c)에 이와 같은 디코더의 심볼과 내부회로를 각각 나타낸다. 출력의 논리식은 그림 6-5(a)의 진리표로부터 다음 식으로 주어지는 것을 알 수 있다.

$$
\begin{aligned}
Y_0 &= EN \cdot \overline{A_1}\ \overline{A_0} \\
Y_1 &= EN \cdot \overline{A_1}\ A_0 \\
Y_2 &= EN \cdot A_1\ \overline{A_0} \\
Y_3 &= EN \cdot A_1\ A_0
\end{aligned}
\qquad (6\text{-}3)
$$

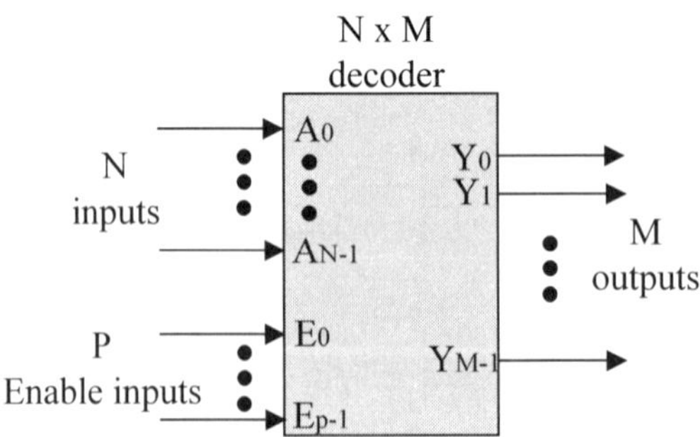

그림 6-4 N-to-M 2진 디코더의 구성

74139는 2개의 독립된 2-to-4 decoder를 내장한 MSI IC이다. 다만, EN 입력과 출력이 Active-HIGH 모드가 아니고, 모두 Active-LOW 모드로 동작하는 것만이 다를 뿐이다. 그림 6-6은 74139의 논리 심볼을 나타낸 것이다.

입력변수			출력			
EN	A_1	A_0	Y_0	Y_1	Y_2	Y_3
1	0	0	1	0	0	0
1	0	1	0	1	0	0
1	1	0	0	0	1	0
1	1	1	0	0	0	1
0	x	x	0	0	0	0

(a) 진리표

Inputs

A_0

A_1

2 x 4 decoder

Enable inputs

EN

Outputs

Y_0 Y_1 Y_2 Y_3

(b) 심볼

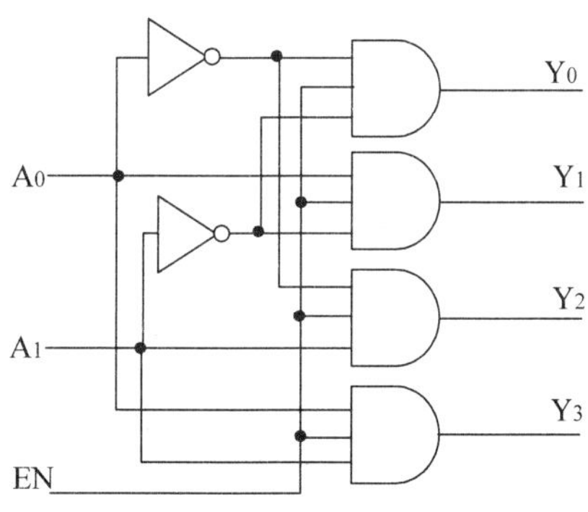

(c) 논리회로

그림 6-5 2-to-4 decoder

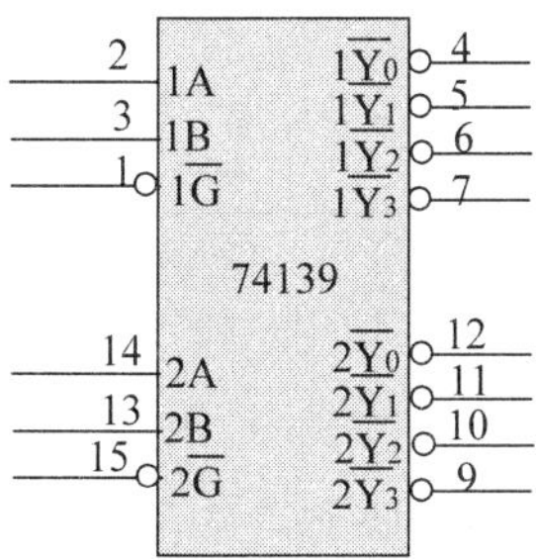

그림 6-6 74139 2×4 디코더의 논리심볼

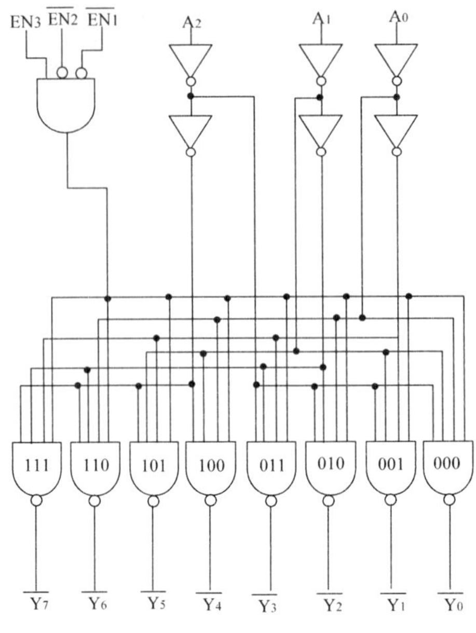

(a) 논리회로

EN_3	$\overline{EN_2}$	$\overline{EN_3}$	출력(Outputs)
0	0	1	$A_2A_1A_0$의 값에 따라 응답
1	x	x	Disabled - all HIGH
x	1	x	Disabled - all HIGH
x	x	0	Disabled - all HIGH

(b) 진리표

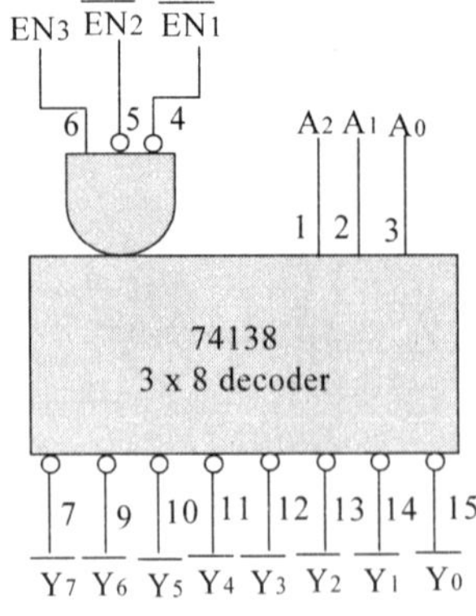

(c) 논리 심볼

그림 6-7 3-to-8 (3×8) Decoder (74138)

그림 6-7(a)는 3비트의 EN 입력을 갖는 3×8 디코더 74138의 내부구조와 진리표, 논리 심볼을 나타낸 것이다. 3비트의 2진 코드는 하나의 8진 코드에 해당되므로 3×8 디코더를 특히 Binary-to-Octal 디코더라고도 한다. 구성은 NOT 게이트와 NAND 게이트로 이루어져 있고, 출력은 $\overline{Y_0}$, $\overline{Y_1}$,··· 등과 같은 Active-LOW 모드로 동작한다. 이와 같이 표준 MSI 논리회로로 구성된 대부분의 디코더는 Active-LOW 모드의 출력을 갖는다. 이는 입력의 조건으로부터 선정된 출력은 LOW 상태가 되고, 그렇지 않은 출력들은 전부 HIGH 상태가 되는 것이다. 3비트로 부호화된 데이터는 A_2, A_1, A_0 (A_2 가 MSB)를 통해서 입력되고, 3비트의 EN 입력($\overline{EN_1}$, $\overline{EN_2}$, EN_3)은 AND 게이트를 사용해서 결합되어 출력의 각 NAND 게이트에 입력된다. 따라서 디코더를 정상적으로 동작시키기 위해서는 이 AND 게이트의 출력이 HIGH 상태가 되어야 한다. 이는 $\overline{EN_2} = \overline{EN_1} = 0$, 그리고 $EN_3 = 1$의 EN 입력조건을 만족시켜야 함을 의미한다. 3비트의 EN 입력 중 어느 하나라도 active 상태가 되지 않으면 디코더는 정상적인 동작을 하지 않고, 모든 출력이 HIGH 상태가 된다. 이와 같이 여러 개의 EN 입력을 사용하는 것은 디코더를 보다 다양한 용도에 응용할 수 있도록 하기 위한 것이다.

가. 디코더 확장

입출력 비트가 제한된 MSI 디코더를 사용해서 보다 많은 입출력을 갖는 디코더를 간단하게 구성할 수 있다. 예를 들어 74138 3×8 디코더 2개를 사용해서 4×16의 디코더를 구성해보자. 그림 6-8은 그 구성의 한 예를 보인 것이다. 4비트 입력 A, B, C, D 에서 A, B, C 는 2개 디코더의 입력으로 사용하고, MSB 입력인 D 는 3개의 EN 입력 중 하나에 연결시킴으로서 $D = 0$ 인 경우에는 우측의 디코더가 정상으로 동작하고, $D = 1$ 인 경우에는 좌측의 디코더가 정상적으로 동작하도록 한다. 사용되지 않는 나머지 2개의 EN 입력은 그림과 같이 접속시킴으로서 하나의 $\overline{\mathrm{EN}}$ 입력으로 2개 디코더 전체의 동작을 제어할 수 있다.

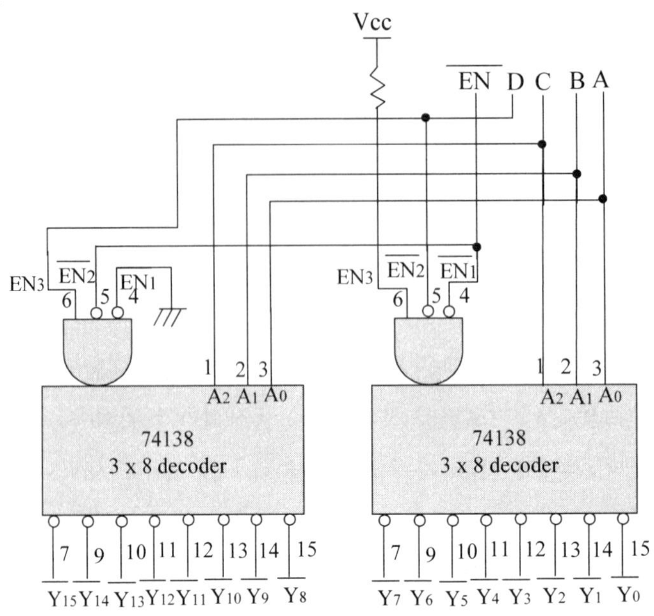

그림 6-8 3×8 디코더 74138 2개를 사용한 4×16 디코더의 확장

나. 일반 논리회로 구성에의 응용

그림 6-5(c)나 그림 6-7(a)와 같이 디코더 구성에 사용되는 AND 게이트나 NAND 게이트는 논리식 일반의 minterm을 나타내는데 사용할 수 있다. 따라서 이를 이용함으로써 임의의 SOP 형식의 논리함수로 주어진 디지털 시스템을 MSI 디코더를 이용하여 논리회로를 구성할 수도 있다. 예를 들어 다음으로 주어진 논리함수 $f(x_2,x_1,x_0)$를 3×8 디코더 74138을 이용해서 구성해보자.

$$f\ (x_2, x_1, x_0) = \sum m\ (0,3,5,6,7)$$

논리함수의 각 minterm을 식으로 고쳐 쓰면, $f(x_2,x_1,x_0)$는

$$f(x_2,x_1,x_0) = x'_2 x'_1 x'_0 + x'_2 x_1 x_0 + x_2 x'_1 x_0 + x_2 x_1 x'_0 + x_2 x_1 x_0$$

이다. 이 논리식을 74138 MSI 디코더를 이용해서 구성한 것이 그림 6-9이다.

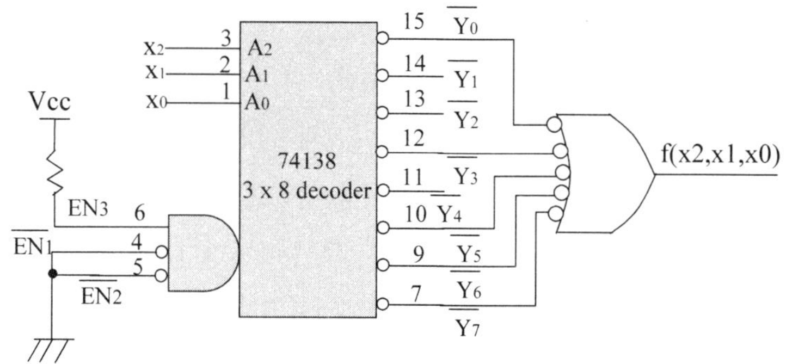

그림 6-9 74138을 사용한 논리식 $f(x_2, x_1, x_0) = \sum m\,(0,3,5,6,7)$의 구성

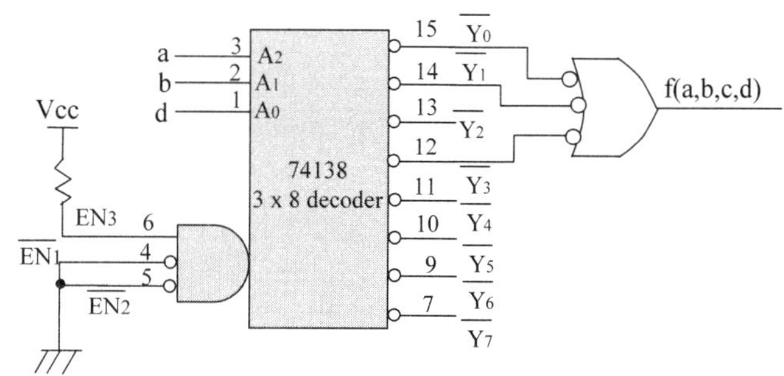

그림 6-10 74138을 이용한 $f(a,b,c,d) = \sum m\,(0,1,2,3,5,7)$의 회로구성

또 다른 예로 다음의 논리함수도 MSI 3×8 디코더 74138을 사용해서 구성할 수 있다.

$$f(a,b,c,d) = \sum m\,(0,1,2,3,5,7)$$

K-map을 이용해서 논리식을 간략화하면, 함수 $f(a,b,c,d)$는

$$f(a,b,c,d) = a'b' + a'd$$

가 되고, 변수 c는 함수의 출력에 영향을 끼치지 못한다. 따라서 변수 a, b, d에 의한 minterm의 식으로 고쳐 쓰면

$$f(a,b,c,d) = a'b'd' + a'b'd + a'bd$$

가 되므로 74138을 이용한 회로구성은 그림 6-10과 같다.

다. BCD-to-Decimal 디코더

7442는 BCD 코드 입력으로부터 대응하는 10진수의 정보를 복원하는 조합논리회로로서 4비트의 BCD 코드입력 단자(A_3, A_2, A_1, A_0)와 10개의 10진수 디지트의 출력 ($\overline{Y_9}$, ⋯ , $\overline{Y_0}$) 단자로 구성된 4 × 10 디코더이다. 논리회로의 구성과 진리표, 논리 심볼을 그림 6-11에 나타낸다. 출력은 Active- LOW 모드로 동작하며, EN 입력 단자가 없어 MSB 입력단자 (A_3)를 EN 입력으로 사용해서 3 × 8 디코더로 사용할 수도 있다.

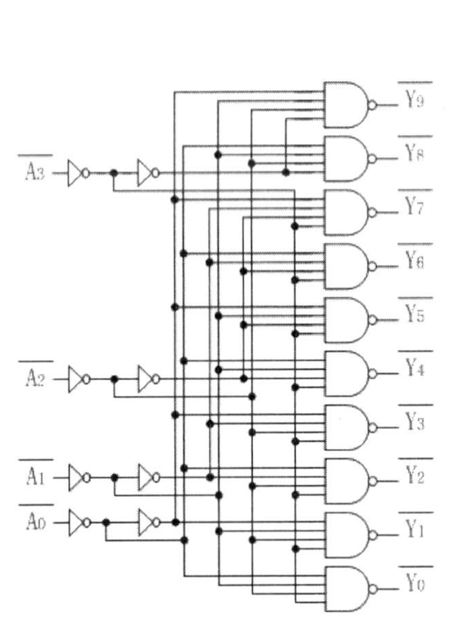

(a) 논리회로

Input				Active Outputs
A_3	A_2	A_1	A_0	
0	0	0	0	$\overline{Y_0}$
0	0	0	1	$\overline{Y_1}$
0	0	1	0	$\overline{Y_2}$
0	0	1	1	$\overline{Y_3}$
0	1	0	0	$\overline{Y_4}$
0	1	0	1	$\overline{Y_5}$
0	1	1	0	$\overline{Y_6}$
0	1	1	1	$\overline{Y_7}$
1	0	0	0	$\overline{Y_8}$
1	0	0	1	$\overline{Y_9}$
1	0	1	0	None
1	0	1	1	None
1	1	0	0	None
1	1	0	1	None
1	1	1	0	None
1	1	1	1	None

(c) 진리표

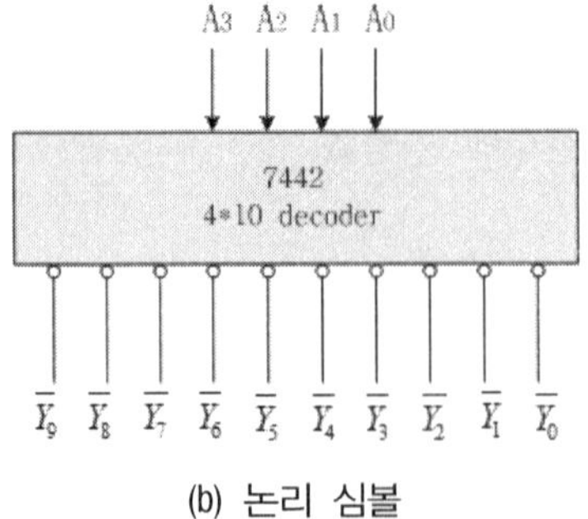

(b) 논리 심볼

그림 6-11 7442 BCD-to-Decimal 디코더

7445는 BCD-to-Decimal 디코더의 기능은 7442와 같으나, 디코더와 동시에 드라이버(driver)의 기능을 갖는 IC이다. 드라이버의 기능은 출력단자가 open collector 상태로, 정상적인 게이트 출력의 레벨보다 높은 전압이나 전류를 구동하는 경우에 사용할 수 있도록 한 것이다. 즉, LOW 상태에서 80 mA까지의 전류나 HIGH 상태에서 30V까지의 전압 구동을 가능케 한다. 따라서 많은 전류의 흐름이 요구되는 LED(Light Emitting Diode)나 램프, relay, 직류전동기 등의 구동을 가능하게 한다.

라. BCD-to-7 세그먼트 디코더

LED는 갈륨비소 인(GaAsP)과 같은 화합물 반도체를 사용해서 만든 pn 접합 다이오드의 일종으로 수 mA에서 30 mA 정도의 순방향 전류를 흘리면 발광하는 소자이다. 이와 같은 LED는 반도체의 일종이므로 필라멘트가 단선되거나 낮은 소비전력으로 열을 발생시키지 않고 응답속도가 빠른 특징으로 인해 각종 디스플레이용의 소자로서 널리 사용되고 있다.

LED의 발광색은 적색, 녹색, 청색, 오렌지색 등 첨가되는 불순물의 농도에 따라 결정되고, 주로 적색의 LED가 가장 많이 사용되고 있다. LED의 밝기는 LED와 직렬로 연결된 저항을 사용하여 전류를 제어함으로서 변화시킬 수 있고, 이 저항을 전류제어용 저항이라 한다. 가령 그림 6-12와 같은 트랜지스터의 ON/OFF로 LED를 제어하는 회로에서, LED의 정상적인 발광을 위해서는 약 10 mA의 전류의 흐름과 2.7V정도의 전압강하가 LED 양단에서 필요한 경우, 적절한 저항 값 R은

$$R = \frac{V_{cc} - V_F - V_{CE}}{I} = \frac{5\,V - 2.7\,V - 0.2\,V}{10\text{ mA}} = 210\ \Omega$$

가 된다.

7 세그먼트 LED는 개별 LED를 7개 사용해서 10종류의 10진 디지트를 표시할 수 있도록 한 칩 형태의 소자로 다양한 전자장치에서 광범위하게 사용되고 있다. 그림 6-13은 14핀 7세그먼트의 공통 애노드 타입의 구성을 나타낸 것이다. 여기서 dp는 소수점(decimal point)을 나타내는 것이고, 표시되지 않은 번호의 핀은 정의되지 않은 것으로 통상 누락되어 있다. 공통 애노드 타입은 7개 LED의 애노드(anode)측을 통합하여 하나로 한 것으로 대부분의 응용에서 사용된다. 그 외에도 LED의 각 캐소우드(cathode) 측을 공통으로 한 공통 캐소우드 타입이 있으나 구동 IC의 전류제한으로 인해 사용되는 경우가 적다.

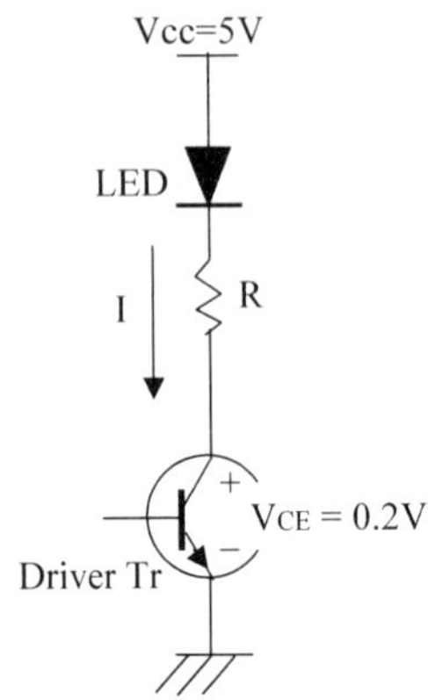

그림 6-12 트랜지스터에 의한 LED의 구동

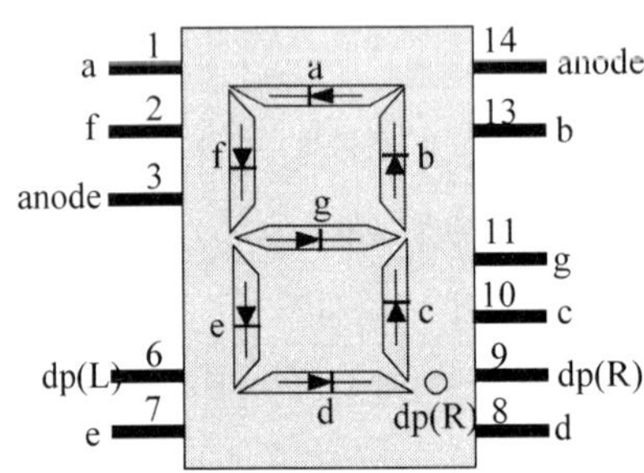

그림 6-13 공통 애노드 타입의 7 세그멘트 LED 소자

BCD 코드를 입력받아 7세그먼트 LED를 구동하는 전용 MSI IC로 7446과 7447이 있다. 어느 것이나 출력은 open collector의 구조로 되어 있어 40 mA의 싱크전류를 흘릴 수 있고, 단만 7446은 내압이 30V이고, 7447은 15V로 제한되어 있는 점만이 다르다.

그림 6-14는 이들 MSI IC를 사용해서 공통 애노드 타입의 7 세그먼트 LED를 구동하는 회로의 구성을 나타낸 것이다. 따라서 각 LED의 애노드(그림 6-13의 단자 14 또는 3)를 공통으로 묶어 전원측에 연결하고, 전류를 제한하기 위한 전류제어용 저항이 각 LED에 직렬로 접속된다. 7446이나 7447에는 BCD 코드의 입력이나 10진 정보의 출력 외에 7 세그먼트 LED의 테스트를 위한 $\overline{LT}$ 입력 ($\overline{LT}=0$이면 모든 LED가 ON 됨), 블랭킹 제어를 위한 $\overline{RBO}$, $\overline{RBI}$ 등의 입출력 단자도 있다. $\overline{RBI}=0$이면 입력이 0일 때, "0" 표시가 소멸되고, $\overline{RBO}=0$이면 모든 LED의 표시를 소거했다는 것을 알리는 출력단자이다. 이들 블랭킹 입출력 단자는 2 디지트 이상을 7 세그먼트 LED를 이용해서 표시할 경우, 하위 자리만의 숫자일 때 0인 상위 자리의 7 세그먼트 LED의 표시를 삭제하거나 할 때 사용한다.

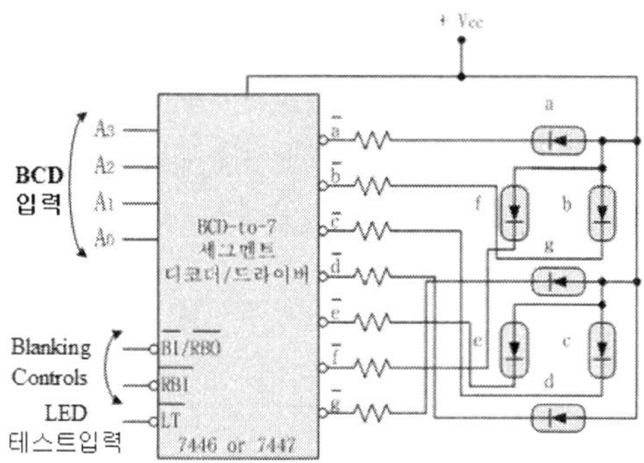

그림 6-14 BCD-to-7 세그먼트 디코더/드라이버에 의한 공통 애노드 타입의 7 세그먼트 LED의 구동

6-3 | Encoder

2진수의 입력정보로부터 부호화된 출력을 발생시키는 조합논리회로를 인코더(encoder)라 하고, 이는 디코더와는 정반대의 동작을 수행하는 것이다. 디코더와 마찬가지로 다수의 입력과 출력, 그리고 전체출력을 제어하는 EN 입력으로 구성되지만, 디코더와 달리 출력 비트 수가 입력 비트 수보다 적다. 즉, 그림 6-15와 같이 입력비트 수가 2^N 비트 일 때, 출력비트 수는 N비트가 되고, 이를 2^N-to-N 또는 $2^N \times N$ 인코더라 한다.

간단한 예로 Active-HIGH인 입출력을 갖는 4-to-2 인코더를 구성해보자. 그림 6-16(a)의 진리표에서 출력 Y_1과 Y_0의 논리식은 각각 다음과 같이 주어지므로

$$Y_1 = A_3 + A_2,\ \ Y_0 = A_3 + A_1$$

회로를 구성하면 그림 6-16(b)가 된다.

다른 예로 Active-LOW 모드의 입출력을 갖는 8×3 인코더를 설계해보자. 특히, 이 인코더를 octal-to-binary 인코더라고도 한다. 그림 6-17(a)는 진리표를 나타낸 것이다. 이 진리표로부터 출력의 논리식은

$$\begin{aligned} Y_2 &= \overline{A_4} + \overline{A_5} + \overline{A_6} + \overline{A_7} \\ Y_1 &= \overline{A_2} + \overline{A_3} + \overline{A_6} + \overline{A_7} \\ Y_0 &= \overline{A_1} + \overline{A_3} + \overline{A_5} + \overline{A_7} \end{aligned}$$

이고, 이들 식을 회로로 구성하면 그림 6-17(b)가 된다. 입력 A_0는 출력의 논리식에 관계하

지 않는 것을 알 수 있다.

인코더는 주어진 정보의 표현에 필요한 비트의 수를 줄이는데 주로 이용된다. 즉, 디지털 시스템에서 정보를 전송하거나 저장하는 경우에 필수적으로 사용되고, 인코더를 사용함으로서 전송에 필요한 전송선의 수를 줄일 수가 있다.

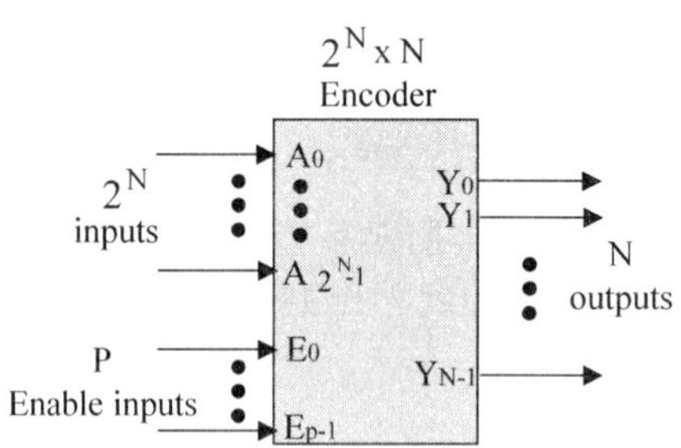

그림 6-15 $2^N \times N$ 인코더의 구성

입력				출력	
A3	**A2**	**A1**	**A0**	**Y1**	**Y0**
0	0	0	1	0	0
0	0	1	0	0	1
0	1	0	0	1	0
1	0	0	0	1	1

(a) 진리표

(b) 논리회로

그림 6-16 Active-HIGH 모드의 4×2 인코더

입력								출력		
A7	**A6**	**A5**	**A4**	**A3**	**A2**	**A1**	**A0**	**Y2**	**Y1**	**Y0**
1	1	1	1	1	1	1	0	0	0	0
1	1	1	1	1	1	0	1	0	0	1
1	1	1	1	1	0	1	1	0	1	0
1	1	1	1	0	1	1	1	0	1	1
1	1	1	0	1	1	1	1	1	0	0
1	1	0	1	1	1	1	1	1	0	1
1	0	1	1	1	1	1	1	1	1	0
0	1	1	1	1	1	1	1	1	1	1

(a) 진리표

(b) 논리회로

그림 6-17 8×3 Active-LOW 인코더

Priority Encoder

하나 이상의 입력이 active 상태가 될 때, 미리 정해진 우선순위에 따라 출력이 active 모드가 되도록 한 인코더이다. 즉, priority 인코더에서 각 입력은 사전에 부여된 우선순위를 갖고 있어, 우선순위가 높은 신호가 입력되면 이보다 낮은 우선순위의 모든 입력은 무시된다.

74148은 EN입력을 갖는 8 × 3 priority 인코더이다. 그림 6-18에 논리 심볼과 진리표를 나타낸다. GS는 priority 인코더에 입력 데이터가 입력되어 인코더가 active 모드가 되면 Active-LOW의 출력을 내는 신호로, 다른 제어 시스템 논리에서 이를 이용해 입력신호를 제어할 수 있게 한다. 그리고 EO는 인코더를 확장해서 사용할 때 priority가 낮은 인코더의 EN 신호로서 사용된다.

입력									출력				
EI	I7	I6	I5	I4	I3	I2	I1	I0	A2	A1	A0	GS	EO
1	x	x	x	x	x	x	x	x	1	1	1	1	1
0	1	1	1	1	1	1	1	1	1	1	1	1	0
0	1	1	1	1	1	1	1	0	1	1	1	0	1
0	1	1	1	1	1	1	0	x	1	1	0	0	1
0	1	1	1	1	1	0	x	x	1	0	1	0	1
0	1	1	1	1	0	x	x	x	1	0	0	0	1
0	1	1	1	0	x	x	x	x	0	1	1	0	1
0	1	1	0	x	x	x	x	x	0	1	0	0	1
0	1	0	x	x	x	x	x	x	0	0	1	0	1
0	0	x	x	x	x	x	x	x	0	0	0	0	1

(a) 진리표

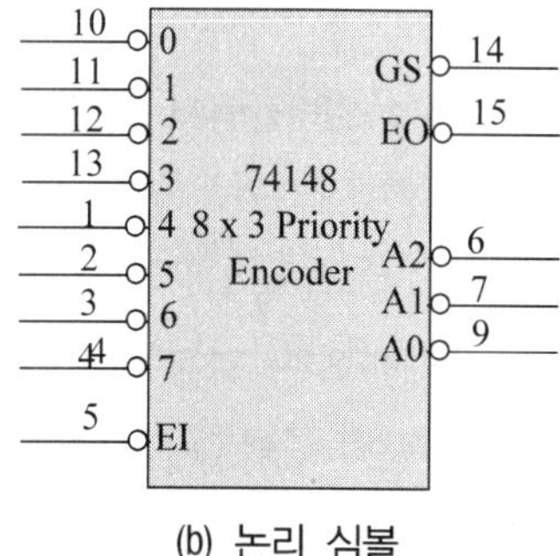

(b) 논리 심볼

그림 6-18 74148 8 × 3 Priority Encoder with EN input

74147은 Decimal-to-BCD Priority Encoder로서 높은 숫자일수록 우선순위가 높은 인코더이다. 입력은 9비트의 Active-LOW, 출력은 BCD 코드를 나타내는 4비트이고, 반전(invert)된 값이 출력된다.

6-4 | Multiplexer

디지털 멀티플렉서는 아날로그 선택 스위치와 같은 역할을 수행하는 조합논리회로로서 데이터 selector 또는 MUX라고도 한다. 하나 이상의 디지털 데이터를 입력받아 그 중 하나를 제어입력으로 선택해서 출력으로 내보낸다.

MUX의 일반적인 구조는 2^N 라인의 입력 비트와, 한 라인의 출력, N비트의 제어입력 라인으로 구성되고, $2^N \times 1$ MUX 또는 2^N-to-1 MUX라고 부른다. 그림 6-19는 이와 같은 구조의 MUX를 나타낸 블록도이다.

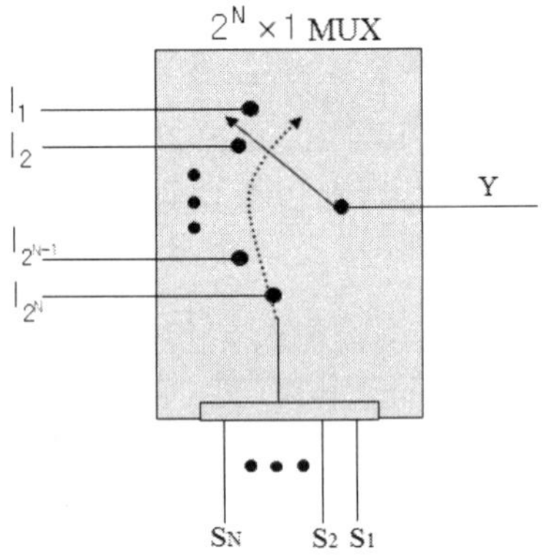

그림 6-19 $2^N \times 1$ 멀티플렉서 (MUX)의 구성도

가. 2 x 1 MUX

2비트의 입력을 갖는 MUX를 생각해보자. 그림 6-20은 2×1 MUX의 심볼과 진리표, 논리회로의 구성을 나타낸 것이다. 2비트의 입력 $(x_{2,}\, x_1)$이므로 제어(selector) 입력은 1비트 (s)가 된다. 진리표로부터 출력 Y는 다음의 논리식으로 나타낼 수 있다.

$$Y = s'x_1 + s\,x_2$$

따라서 논리회로는 그림 6-20(c)와 같이 AND-OR-INVERTER의 기본 게이트만을 사용해서 구성할 수 있다.

74157은 2×1 MUX 4개를 내장시킨 IC이다. 그림 6-21은 74157의 내부 회로구성과 심볼 및 진리표를 나타낸 것이다. Active-LOW 모드의 EN 입력으로 전체 MUX의 동작을 제어하고, selector 입력 S에 따라, 2개의 4비트 데이터 중 하나가 선택된다. 즉, $s=1$이면 출력 Y는 $Y=A$이고, $s=0$이면 $Y=B$이므로, 입력이 각각 4비트씩인 2입력 중 하나를 선택해서 출력으로 내보낼 때 사용한다.

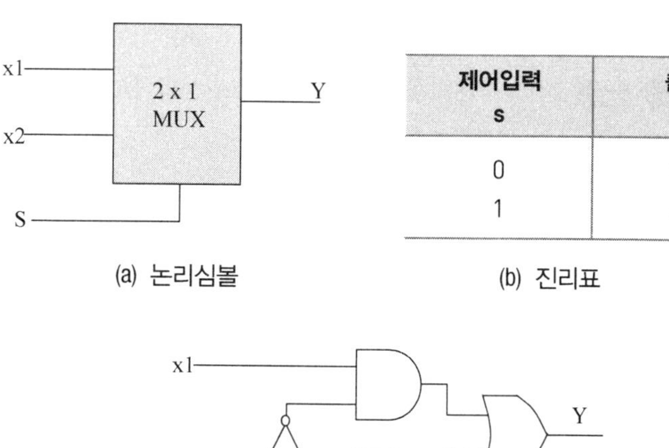

(a) 논리심볼

제어입력 s	출력 Y
0	x_1
1	x_2

(b) 진리표

(c) 논리회로

그림 6-20 2 × 1 MUX의 심볼, 진리표 및 논리회로

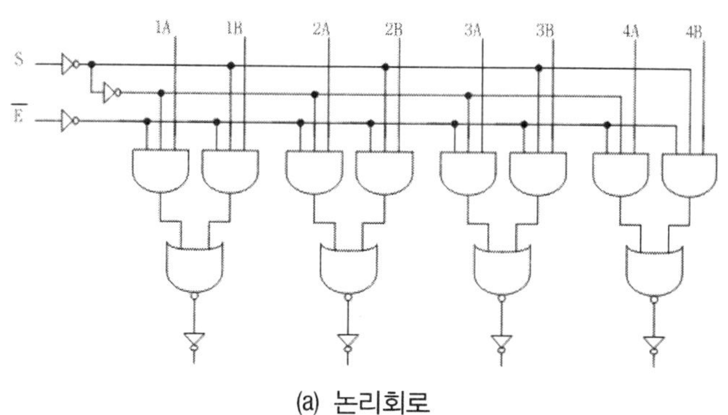

(a) 논리회로

그림 6-21 74157 4개의 2×1 MUX의 회로구성과 진리표 (계속)

$\overline{E}$	s	4Y	3Y	2Y	1Y
1	x	0	0	0	0
0	0	4A	3A	2A	1A
0	1	4B	3B	2B	1B

(b) 진리표

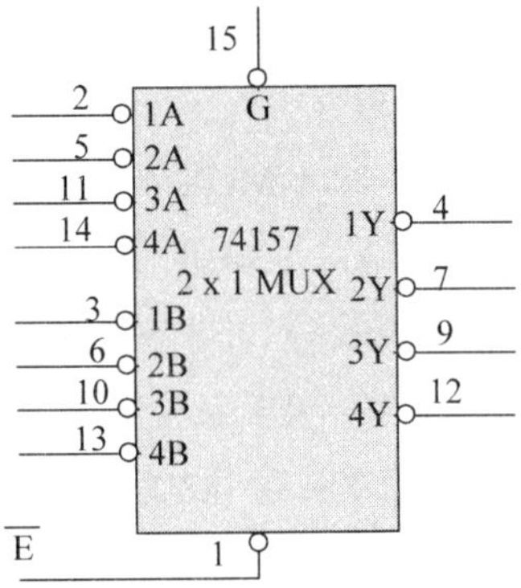

(c) 논리 심볼

그림 6-21 74157 4개의 2×1 MUX의 회로구성과 진리표

나. 4 × 1 MUX

4 × 1 MUX의 경우도 2×1 MUX와 크게 달라지는 것은 없고, 다만 4비트의 입력이므로 selector 입력이 2비트 s_1, s_0가 된다. 출력 Y는 selector 입력에 따라 4비트의 입력 중 한 비트가 되고, 이를 논리식으로 나타내면

$$Y = \overline{s_1}\ \overline{s_0}\, x_0 + \overline{s_1}\, s_0 x_1 + s_1 \overline{s_0}\, x_2 + s_1 s_0 x_3$$

이다. 그림 6-22는 4 × 1 MUX의 심볼과 진리표, 회로구성을 나타낸 것이다. 74153은 이와 같은 4 × 1 MUX 2개를 집적시킨 IC이다.

입력 비트 수가 많은 MUX도 2 × 1이나 4 × 1MUX와 같은 방법을 사용함으로써 구성할 수 있다. 74151은 8×1 MUX이고, 74150은 16× 1 MUX의 IC이다. 또한, 적은 입력의 MUX를 종속으로 연결해서 많은 입력을 갖는 MUX를 설계하는 것, 즉 하나의 MUX를 확장해서 사용할 수도 있다. 예로 8×1 MUX 74151 2개를 사용해서 16× 1 MUX를 구성한 것이 그림 6-23이다. Selector 입력의 MSB S_3를 EN 신호로 사용하기 때문에 $S_3 = 0$이면 위의 MUX가, $S_3 = 1$이면 아래의 MUX가 선택된다.

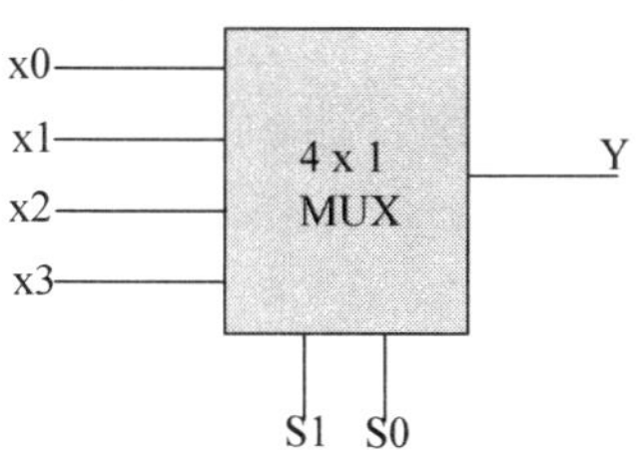

(a) 논리 심볼

제어입력 s1	제어입력 s0	출력 Y
0	0	x_0
0	1	x_1
1	0	x_2
1	1	x_3

(b) 진리표

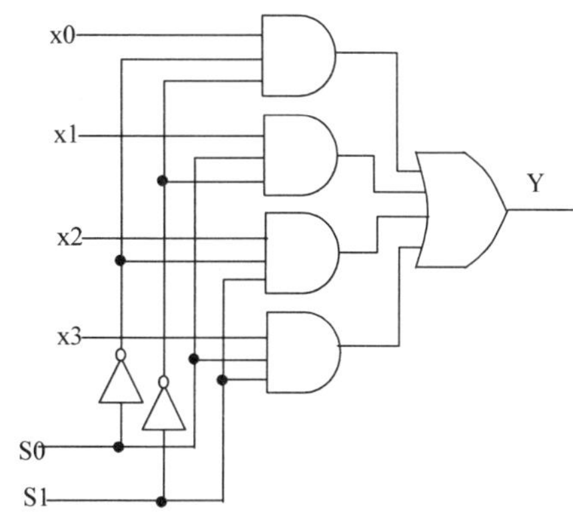

(c) 논리회로

그림 6-22 4×1 MUX의 심볼, 진리표 및 회로구성

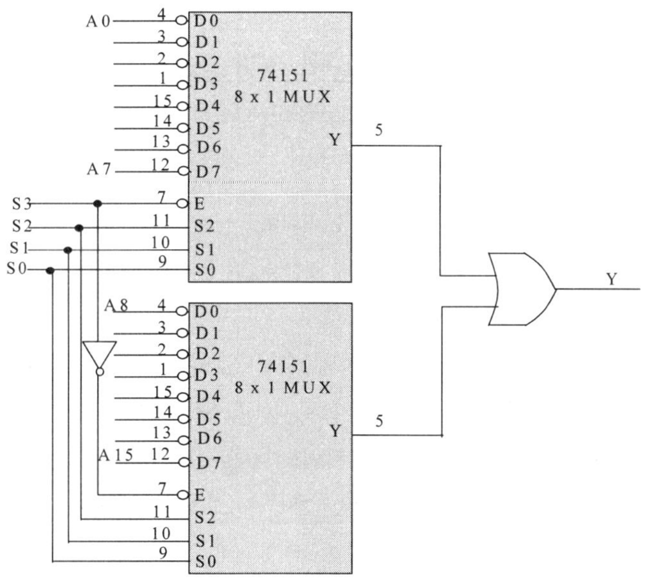

그림 6-23 74151 8×1 MUX 2개를 사용한 16×1 MUX의 구성

다. MUX의 응용

다음의 XOR의 논리함수를 MUX를 이용해서 구성하는 것을 생각해보자.

$$Y = x_1 \oplus x_2 = x'_1 x_2 + x_1 x'_2$$

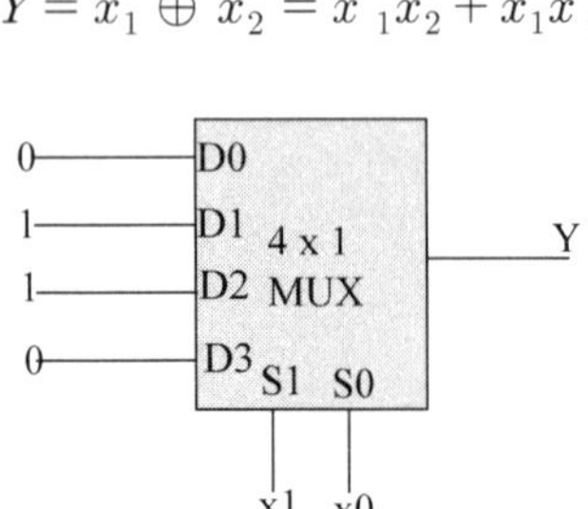

그림 6-24 4×1 MUX에 의한 XOR 논리함수의 구성

x1	x0	Y
0	0	0
0	1	1
1	0	1
1	1	0

x1	Y
0	x0
1	x0'

(a) XOR 함수의 진리표

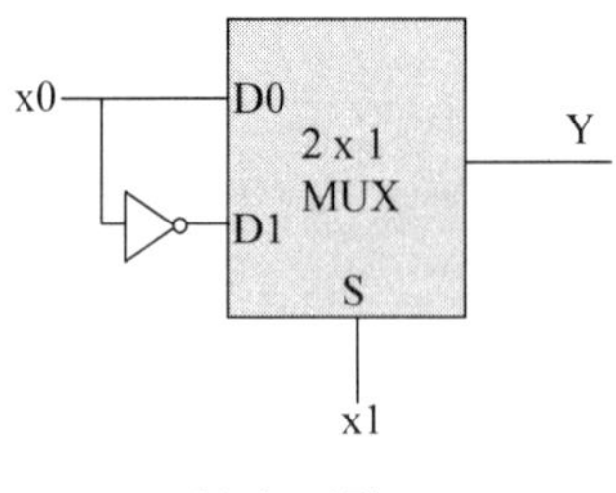

(b) 논리회로

그림 6-25 2×1 MUX에 의한 XOR 논리함수의 구성

AND-OR-INVERTER를 사용해서 구성할 수도 있으나, 4×1 MUX를 사용해서 그림 6-24와 같이, MUX의 입력을 2진 상수 값으로 하고, Selector 입력으로 변수 x_1과 x_2 를 사용해서 구성해도 XOR의 논리 기능이 구현되는 것을 알 수 있다. 또한, 이를 그림 6-25(a)와 같이 진리표를 변경시키면, 그림 6-25(b)와 같이 보다 간단한 형태의 2×1 MUX에 의해서도 구성된다.

MUX에 의한 일반의 논리함수를 구성하는 다른 예로

$$Y = x_1 \oplus x_2 \oplus x_3$$

의 논리함수를 2×1 MUX 2개를 사용한 논리회로를 구성해보자. 3입력의 XOR의 출력 Y를 다음의 논리식으로 전개하면

$$\begin{aligned} Y &= x_1 \oplus x_2 \oplus x_3 \\ &= (\overline{x_1 \oplus x_2})\, x_3 + (x_1 \oplus x_2) x'_3 \end{aligned}$$

이다. 따라서 그림 6-25의 결과를 이용하면 2×1 MUX에 의한 3입력 XOR 논리함수의 구성은 그림 6-26과 같다.

n 개의 논리변수를 갖는 임의의 논리함수 $f(x_1, x_2, \cdots, x_n)$는 임의의 변수x_i 에 대해

$$\begin{aligned} f(x_1, x_2, \cdots, x_{i-1}, x_i, x_{i+1}, \cdots, x_n) &= \overline{x_i} \cdot f(x_1, x_2, \cdots, x_{i-1}, 0, x_{i+1}, \cdots, x_n) \\ &\quad + x_i \cdot f(x_1, x_2, \cdots, x_{i-1}, 1, x_{i+1}, \cdots, x_n) \end{aligned}$$

와 같은 형태로 고쳐 쓸 수 있고, 이를 Shannon의 확장이론이라 한다. 예로 3입력에서 2개 이상의 입력이 HIGH이면 출력이 HIGH가 되는 소위 3입력 majority 기능의 논리함수를 생각해보자. 그림 6-27(a)의 진리표로부터 간략화된 논리식 $f(x_3, x_2, x_1)$은 다음과 같다.

$$f(x_3, x_2, x_1) = x_3 x_1 + x_3 x_2 + x_2 x_1$$

이를 Shannon의 확장이론을 사용해서 전개시키면 다음과 같은 논리식이 된다.

$$\begin{aligned} f(x_3, x_2, x_1) &= x_3 x_1 + x_3 x_2 + x_2 x_1 \\ &= x_1 (x_2 x_3) + x_1 (x_2 + x_3 + x_2 x_3) \\ &= \overline{x_1} (x_2 x_3) + x_1 (x_2 + x_3) \end{aligned}$$

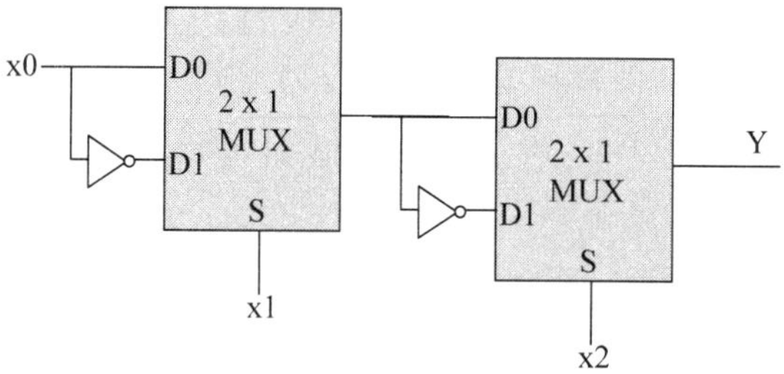

그림 6-26 2×1 MUX에 의한 3입력 XOR 함수의 구성

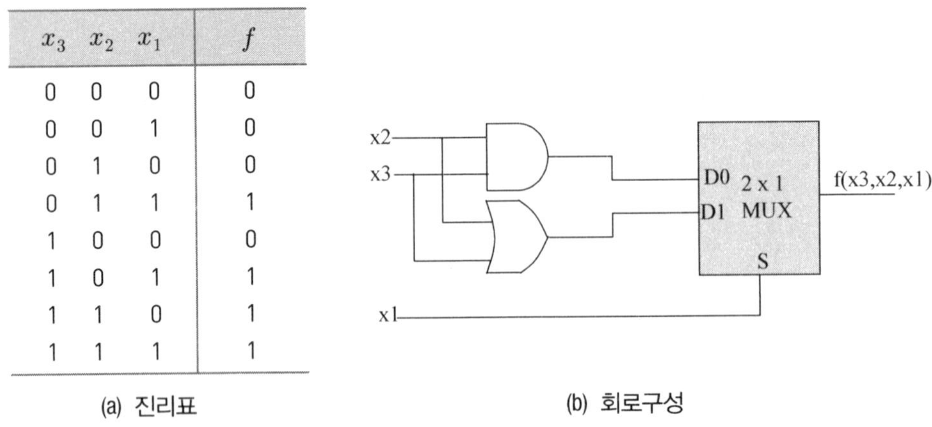

x_3	x_2	x_1	f
0	0	0	0
0	0	1	0
0	1	0	0
0	1	1	1
1	0	0	0
1	0	1	1
1	1	0	1
1	1	1	1

(a) 진리표　　　　(b) 회로구성

그림 6-27 MUX에 의한 3입력 majority 논리함수

따라서 입력 x_1을 selector 입력으로 사용하고, 2×1 MUX에 의한 회로를 구성하면 그림 6-27(b)와 같은 회로로 이루어진다.

6-5 | DeMultiplexer

MUX와 정반대의 동작을 수행하는 것으로, 입력을 Selector의 논리상태에 따라 출력에 분배하는 동작을 수행하는 조합논리회로이고, 줄여서 DeMUX라고도 한다. DeMUX의 일반적인 구조는 하나의 입력과, $N=2^n$ 출력 및 n개의 Selector 입력으로 구성되고 이를 1×N DeMUX 또는 1-to-N DeMUX라 한다. 그림 6-28에 DeMUX의 일반적인 구조를 나타낸다.

예로 하나의 입력 정보를 8개의 출력에 배분하는 1×8 DeMUX를 생각해보자. 그림 6-29(a)는 내부 논리회로를 나타낸 것으로 입력 I는 모든 AND 게이트에 접속되어 있어 어느 출력에도 입력정보가 전달될 수 있다. 입력이 어느 출력으로 연결될 것인가 하는 것은 Selector 입력 s_2, s_1, s_0 의 논리상태에 의해 결정된다. 즉, $s_2 s_1 s_0 = 001$ 이면 AND 게이트 001만이 정상적인 동작을 하게 되어 출력 $Y_2 = I$가 된다. 이와 같이 Selector 입력에 따른 입출력의 관계를 진리표로 나타내면 그림 6-29(b)와 같다.

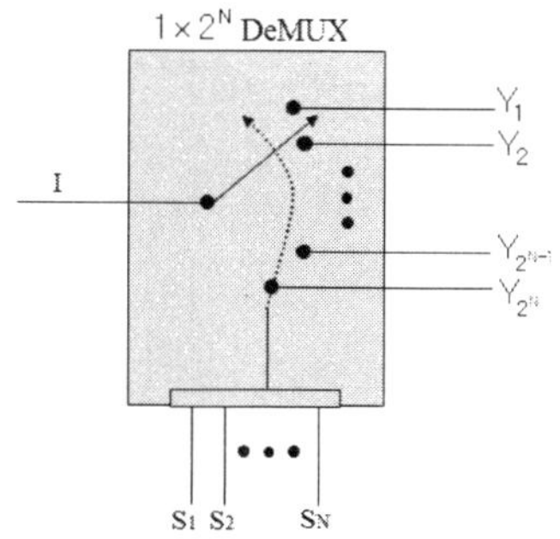

그림 6-28 DeMUX의 일반구조

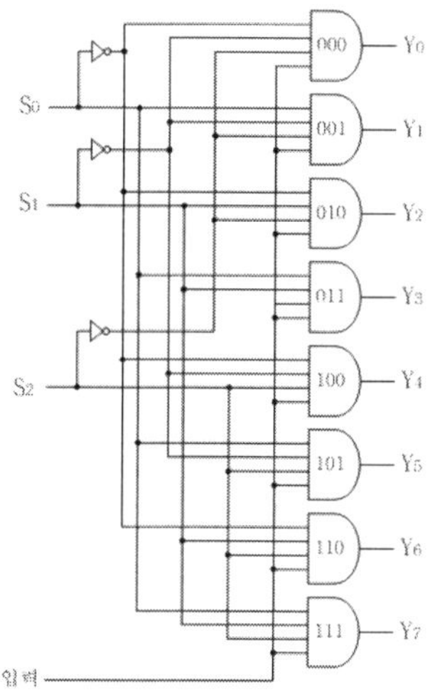

(a) 논리회로

Selector 입력			출 력							
S2	S1	S0	Y7	Y6	Y5	Y4	Y3	Y2	Y1	Y0
0	0	0	0	0	0	0	0	0	0	I
0	0	1	0	0	0	0	0	0	I	0
0	1	0	0	0	0	0	0	I	0	0
0	1	1	0	0	0	0	I	0	0	0
1	0	0	0	0	0	I	0	0	0	0
1	0	1	0	0	I	0	0	0	0	0
1	1	0	0	I	0	0	0	0	0	0
1	1	1	I	0	0	0	0	0	0	0

(I 는 입력정보를 나타내는 것임)

(b) 진리표

그림 6-29 1×8 DeMUX의 논리회로와 진리표

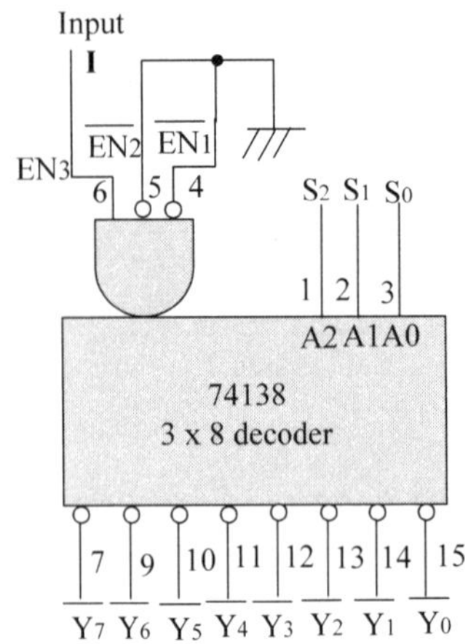

그림 6-30 74138 3×8 디코더에 의한 1×8 DeMUX의 구성

그림 6-29(a) DeMUX의 회로와 그림 6-5(c) 디코더의 회로를 비교해보면, 회로의 구성은 같고, 다만 디코더의 입력이 DeMUX에서는 Selector 입력으로 사용되고, 디코더의 EN 입력을 DeMUX의 입력으로 사용하면 디코더는 아무런 회로수정 없이 DeMUX로 사용할 수 있음을 볼 수 있다. 예로 1×8 DeMUX는 EN 입력을 갖는 3×8 디코더 74138을 사용해서 구성할 수 있다. 즉, EN 입력을 DeMUX의 외부입력으로 사용하고, 디코더의 외부입력을 Selector 입력으로 사용하면 3×8 디코더 74138은 1×8 DeMUX가 된다. 그림 6-30은 이를 나타낸 것이다.

6-6 | 코드변환기(Code Converter)

어떤 한 형태의 2진 코드를 다른 타입의 2진 코드로 변환하는 논리를 코드변환(Code Converter)라 한다. 앞에서 기술한 여러 가지 형태의 디코더나 인코더도 코더변환기의 한 형태라 할 수 있다. 즉 BCD-to-Decimal 디코더는 4비트로 표현된 BCD 코드 데이터로부터 각 비트 값의 조합에 따라 다른 타입의 10비트의 2진 데이터로 출력하는 코드변환기에 다름 아니다. 물론 이 경우, 출력되는 10비트 중에서 하나의 비트만이 다른 값을 가져, 입력되는 BCD 코드의 내용을 알 수 있게 한다.

정보를 교환하는 여러 가지의 디지털 시스템간에 서로 다른 코드체계를 사용하는 경우, 교환된 정보를 해석하고 각 시스템에 적합한 처리를 수행하기 위해서는 코드변환기를 사용해서 각 시스템의 체계에 맞는 타입의 코드로 변환시켜야 한다.

예를 들어, BCD로 입력된 정보를 디스크 메모리에 저장하는 경우를 생각해보자. BCD 코드 그대로 디스크 메모리에 기록할 수도 있지만, 저장의 효율성을 높일 수 있고, 저장과 복원 시 발생할 수 있는 에러에 보다 강한 형태의 코드로 변환해서 저장하는 것이 유리할 것이다. 이와 같은 타입의 코드로 그레이(gray) 코드가 있다. 따라서 BCD 코드를 그레이 코드로 변환시켜 보기로 하자.

BCD 코드로 입력되는 데이터를 $A = a_3 a_2 a_1 a_0$라 하고, 이에 대응되는 4비트 그레이 코드를 $B = b_3 b_2 b_1 b_0$라 하고 두 데이터 간의 대응되는 관계를 진리표로 나타내면 그림 6-31과 같다. 진리표로부터 그레이 코드의 각 비트 b_i 에 대한 논리식은 다음과 같다.

$$
\begin{aligned}
b_3(a_3, a_2, a_1, a_0) &= \sum m(5,6,7,8,9) \\
b_2(a_3, a_2, a_1, a_0) &= \sum m(4,5) \\
b_1(a_3, a_2, a_1, a_0) &= \sum m(2,3,4,5,6,7) \\
b_0(a_3, a_2, a_1, a_0) &= \sum m(1,2,7,8) \\
d(a_3, a_2, a_1, a_0) &= \sum m(10,11,12,13,14,15)
\end{aligned}
$$

BCD Code				Gary Code			
a3	a2	a1	a0	b3	b2	b1	b0
0	0	0	0	0	0	0	0
0	0	0	1	0	0	0	1
0	0	1	0	0	0	1	1
0	0	1	1	0	0	1	0
0	1	0	0	0	1	1	0
0	1	0	1	1	1	1	0
0	1	1	0	1	0	1	0
0	1	1	1	1	0	1	1
1	0	0	0	1	0	0	1
1	0	0	1	1	0	0	0
1	0	1	0	x	x	x	x
1	0	1	1	x	x	x	x
1	1	0	0	x	x	x	x
1	1	0	1	x	x	x	x
1	1	1	0	x	x	x	x
1	1	1	1	x	x	x	x

그림 6-31 BCD 코드와 그레이 코드의 진리표

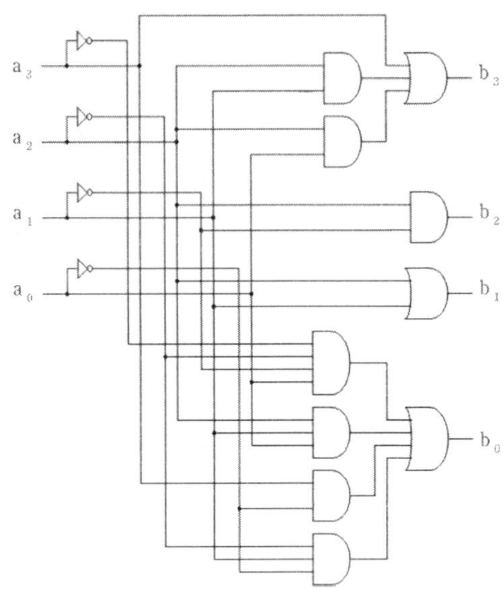

그림 6-32 BCD 코드에서 그레이 코드로의 코드변환기의 논리회로

무상관 조건(don't care condition)은 4비트 모두에 공통이므로, 각 비트 b_i 의 K-map을 구해서, 그레이 코드 각 비트에 대한 간략화된 논리식을 구하면

$$
\begin{aligned}
b_3 &= a_3 + a_2 a_1 + a_2 a_0 \\
b_2 &= a_2 \overline{a_1} \\
b_1 &= a_2 + a_1 \\
b_0 &= \overline{a_3}\ \overline{a_2}\ \overline{a_1}\ a_0 + a_2 a_1 a_0 + a_3 \overline{a_0} + \overline{a_2}\ a_1 \overline{a_0}
\end{aligned}
$$

으로 주어진다. 그림 6-32는 이들 논리식을 사용해서 구성한 논리회로이다.

예제 6-2

BCD-to-Binary Converter

2개의 디지트를 갖는 BCD 코드를 7비트의 2진 코드로 변환하는 코드 변환기를 4비트 가산기 74283 2개를 이용하여 구성해보자.

풀이: 2디지트의 BCD 코드를 $(A_1, A_0) = (A_{13}A_{12}A_{11}A_{10},\ A_{03}A_{02}A_{01}A_{00})$로 두면, 디지트 A_1은 10^1 자리의 값을 나타내고, A_0는 10^0 자리의 값을 나타낸다. 다음으로 7비트의 2진수 코드를 $B = (b_6, b_5, b_4, b_3, b_2, b_1, b_0)$로 두면, 2디지트의 BCD 코드를 7비트의

2진수 코드로 변환하는 디지털 시스템은 그림 6-33과 같은 것이 된다. 이들의 관계를 진리표로 나타내면 그림 6-34가 되고, 진리표로부터 변환을 위한 산술연산은 다음과 같다.

$b_0 = A_{00}$

$b_1 = A_{01} + A_{10}$

$b_2 = A_{02} + A_{11}$

$b_3 = A_{03} + A_{10} + A_{12}$

$b_4 = A_{11} + A_{13}$

$b_5 = A_{12}$

$b_6 = A_{13}$

이들의 산술연산에서 하위 비트에서 발생하는 캐리는 상위비트의 연산에 더해 주어야 한다. 따라서 74283 4비트 가산기를 이용해서 코드 변환기를 구성하면 그림 6-35와 같은 구조가 된다.

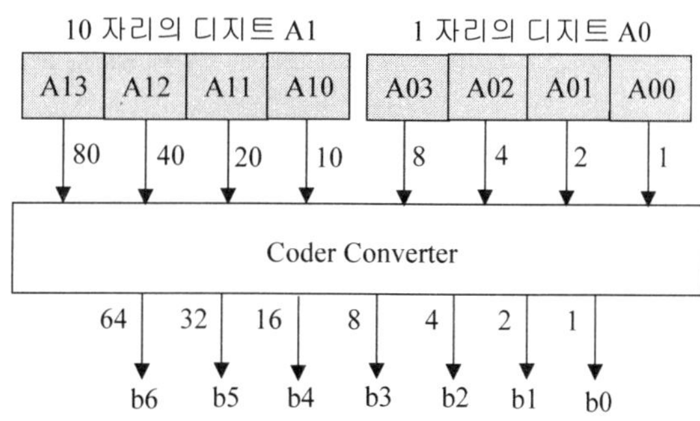

그림 6-33 BCD-to-Binary 코드 변환의 관계

BCD Digit	Bimary Bit						
	b6	b5	b4	b3	b2	b1	b0
A00	0	0	0	0	0	0	1
A01	0	0	0	0	0	1	0
A02	0	0	0	0	1	0	0
A03	0	0	0	1	0	0	0
A10	0	0	0	1	0	1	0
A11	0	0	1	0	1	0	0
A12	0	1	0	1	0	0	0
A13	1	0	1	0	0	0	0

그림 6-34 BCD-to-Binary 코드 변환기의 진리표

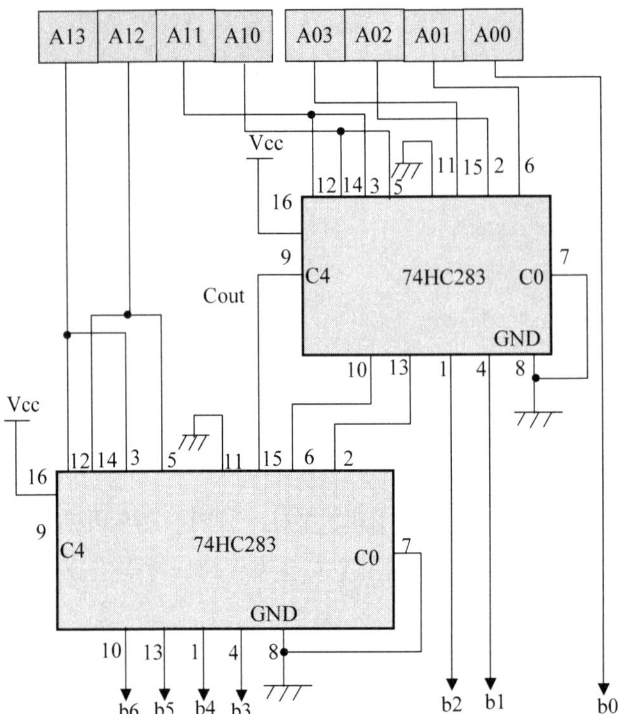

그림 6-35 74HC283을 이용한 BCD-to-Binary 코드 변환기

연습문제

6-1 4비트의 입력에서 1의 개수가 0의 개수보다 많으면 그 출력이 1이고, 그렇지 않으면 0인 논리회로를 설계하여라.

6-2 4비트 2진수에 대한 2의 보수를 구하는 논리회로를 설계하기 위해,
(a) 진리표를 구성하여라.
(b) 간략화된 논리식을 구하고, 논리회로를 구성하여라.

6-3 10진수를 BCD 코드로 나타내는 논리회로에서 BCD 코드의 오류를 점검하기 위한 방법으로 사용이 금지된 비트의 조합이 포함되면 그 출력을 1로 하면 된다. 이를 위한 논리회로를 설계하여라.

6-4 제어입력 A와 B가 서로 같지 않은 논리레벨일 때 신호 Z가 전달되고, 서로 같은 경우에는 LOW를 출력하는 논리회로를 설계하여라.

6-5 다음의 조건을 만족하는 논리회로를 설계하여라.
- 제어입력 A, B, C 중 2개의 입력이 HIGH일 때, 출력 Y는 입력 S와 같다.
- 위의 조건이 만족되지 않으면 출력 Y는 LOW이다.

6-6 74138 3-to-8 디코더 4개와 74139 2-to-4 디코더 1개를 사용하여 5-to-32 디코더를 구성하여라.

6-7 BCD-to-7 세그먼트 디코더의 내부 논리회로를 설계하여라.

6-8 인에이블(EN) 입력을 갖는 2×4 디코더를 NOR 게이트 및 NOT 게이트만을 이용하여 설계하여라.

6-9 74138 3×8 디코더와 OR 게이트를 이용하여 다음 논리함수의 논리회로를 구성하여라.

$$f(x_3, x_2, x_1) = \sum m\,(0,2,3,4,5,7)$$

6-10 다음의 논리함수를 NAND 게이트 구성된 디코더와 별도의 NAND 게이트를 사용한 논리회로를 구성하여라.

$$f_1(a,b,c) = \sum m\,(1,5,7)$$
$$f_2(a,b,c) = \sum m\,(2,3,6)$$

6-11 그림 6-14의 BCD-to-7 세그멘트 LED 구동회로에서, 다음의 숫자를 표시하기 위한 입력의 조건을 각각 구하여라.

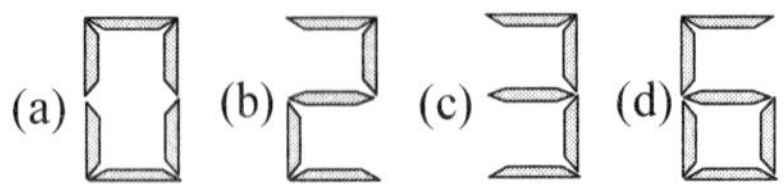

6-12 74147 Decimal-to BCD Priority Encoder의 내부 논리회로를 구성하여라.

6-13 그림 6-18의 인에이블(EN) 입력을 갖는 8×3 Priority 인코더에서, 우선순위가 그림 6-18(a)와 반대가 되도록 하는, 즉 I_0가 가장 높은 우선순위이고, I_7이 가장 낮은 우선순위의 논리회로를 설계하여라.

6-14 다음 그림 6-36에서 출력 Y 및 Z에 대한 진리표를 작성하여라.

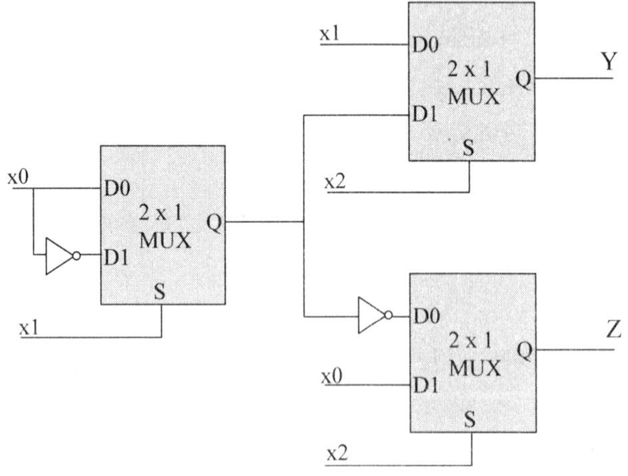

그림 6-36 문제 6-14의 논리회로

6-15 74151 8×1 MUX를 사용하여 64-to-1 MUX를 구성하고자 한다.

(a) 필요한 74151 IC의 개수는 얼마인가?

(b) 64-to-1 MUX를 구성하여라.

6-16 74157 Quad 2-to-1 MUX를 사용하여 2개의 8비트 $A=(a_7a_6a_5a_4a_3a_2a_1a_0)$와 $B=(b_7b_6b_5b_4b_3b_2b_1b_0)$중 하나를 선택하는 MUX를 구성하여라.

6-17 4-to-1 MUX를 사용하여 Binary Adder를 구성하여라.

6-18 다음의 논리함수를 8-to-1 MUX를 사용하여 구성하여라.

(a) $f(A,B,C,D)=\sum m\,(2,3,5,6,8,912,14)$

(b) $f(w,x,y,z)=\sum m\,(1,4,5,7,8,12,13,15)$

6-19 다음의 논리함수를 2-to-1 MUX를 사용하여 구성하여라.

(a) $f=\overline{x_1}\ \overline{x_3}+x_2\,\overline{x_3}+\overline{x_1}\ x_2$

(b) $y=b'c'+ab$

제 7 장

플립플롭(Flip/Flop)

지금까지 다루어 온 조합논리회로는, 임의 시간에서의 출력값은 현재 입력값의 레벨변화에 의해 결정되는 회로이다. 즉 조합논리회로는 회로 자체에 메모리 기능이 없기 때문에, 현재 시간 이전의 입력은 출력에 영향을 끼치지 않는다. 예를 들어 2입력 AND 게이트의 출력은 두 입력의 현재 논리레벨이 1인 경우 논리 1을 출력하며, 이는 이전의 입력 및 출력값과는 무관하고 단지 현재의 입력값의 레벨에 좌우되어 그 출력값이 결정된다. 그러나 많은 경우의 디지털 시스템에서는 현재 입력값 뿐만 아니라 과거 입력으로 인한 회로의 현재 상태값에 따라 내부적인 연산을 거쳐 출력값이 결정된다. 이를 위해서는 내부 조합회로의 출력값을 입력으로 궤환(feedback)시켜 회로의 현재상태로 저장한 후, 다음 시간의 입력 인가 시간에서 회로의 상태 및 입력값의 변화에 따라 출력값이 결정되도록 하는 것이 필요하다.

그림 7-1은 메모리 소자와 조합회로로 결합되어 있는 일반적인 디지털 시스템의 구성을 나타낸 것이다. 외부입력과 궤환된 메모리 소자의 출력이 조합회로의 입력으로 사용된다. 조합회로에서는 이들 신호들로부터 논리회로의 구성에 따라 여러 가지 출력을 만들게 되고, 이 출력 중 일부는 메모리 소자에 저장될 이진 값을 결정하기도 한다. 메모리 소자의 출력은 일정한 제어신호에 따라 순서적으로 조합회로에 궤환되는 것이 일반적이다. 따라서 디지털 시스템의 출력은 외부입력과 메모리 소자에 저장되는 정보에 따라 결정된다. 이와 같이 조합회로의 출력이 외부입력 뿐만 아니라 메모리 소자의 출력에 따라 결정되는 논리회로를 순서논리회로(Sequential Logic Circuit) 또는 순서회로라 부른다.

일반적인 순서회로에 사용되는 가장 기본적인 메모리 소자는 논리 게이트의 조합으로 구성되는 플립플롭(Flip/Flop) 또는 래치(Latch)이다. 그림 7-2는 플립플롭 또는 래치의 심볼을 나타낸 것으로, 정상출력 Q와 반전출력 $\overline{Q}$, 제어입력(S, R) 및 비동기 입력(PRESET, RESET)과 클럭(CLK)으로 구성된다. 이 때, 정상출력 Q와 반전출력 $\overline{Q}$는 서로 반대되는 출력레벨을 가져야 한다. 즉, 플립플롭이 HIGH 상태의 출력인 경우에는 $Q=1$, $\overline{Q}=0$를 의미하고, 이를 세트상태(Set State)라 한다. 이와는 반대로 플립플롭이 LOW 상태의 출력인 경우에는 $Q=0$, $\overline{Q}=1$의 출력을 의미하고 이를 리셋상태(Reset State) 또는 클리어 상태라 한다.

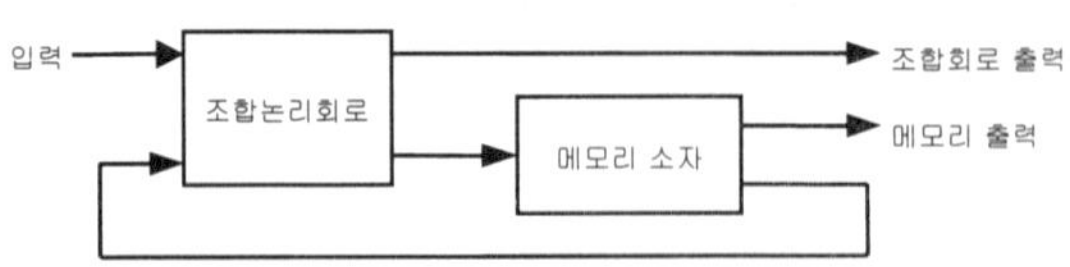

그림 7-1 일반적인 디지털 시스템 구성도

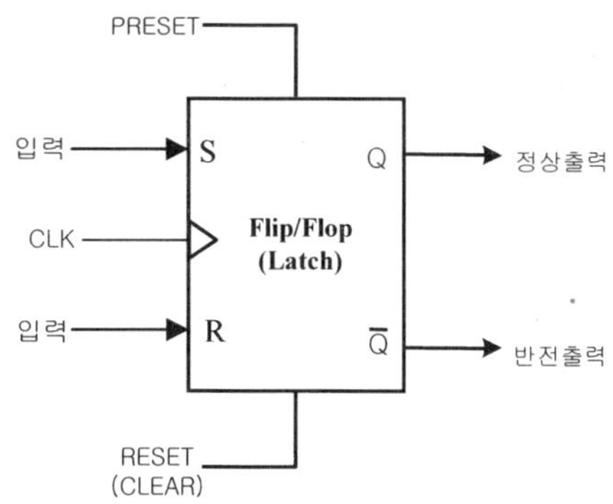

그림 7-2 일반적인 플립플롭(또는 래치)의 심볼

대부분의 동기식 디지털 시스템에서 플립플롭은 외부에서 인가한 클럭에 따라 동작하며, 초기 플립플롭 내부의 값을 LOW 또는 0의 상태로 만들기 위해 리셋 혹은 클리어라 불리는 신호를 인가한다. 리셋을 인가하면 플립플롭의 출력은 $Q=0$, $\overline{Q}=1$의 리셋상태가 된다. 이와 반대로 리셋의 동작과는 달리 플립플롭의 상태를 HIGH 또는 1 상태 ($Q=1$, $\overline{Q}=0$)로 만드는 프리셋(PRESET)을 이용하기도 한다. 이를 플립플롭의 셋팅(setting)이라 부른다. 프리세트와 클리어 (또는 리셋) 입력 이외에, 플립플롭은 하나 이상의 제어입력을 가질 수 있으며, 이들 입력에 의해 플립플롭의 출력값이 결정된다. 또한, 특정한 시간에서만 플립플롭 출력의 상태가 변화되도록 하기 위해 클럭이라 부르는 입력펄스를 사용한다.

이 장에서는 순서논리회로에서 입력을 인가한 시점의 논리상태를 저장하는 래치와 플립플롭의 기본적인 구성, 그리고 시간 함수로서 나타낼 때의 타이밍 및 제반 특성에 관해서 기술한다. 플립플롭 및 래치는 두개의 안정된 상태 중 하나를 갖는 1비트 메모리 소자이며 플립플롭은 클럭 신호에 의해 정해진 시점의 입력을 샘플링하여 출력하는 동기식 소자이고, 래치는 클럭 신호에 관계없이 입력레벨의 변화에 따라 출력을 변화시키는 비동기식 소자이다. 이 장에서는 이들의 래치와 RS, D, JK, T 등의 플립플롭 회로구성과 입출력 특성, 타이밍, 특성방정식을 중심으로 기술하고, 이들의 동작을 철저히 이해할 수 있도록 한다. 또한, 슈미트 트리거 입력을 갖는 소자와 타이밍 제어, 멀티 바이브레이터의 동작과 특성에 관해서도 설명하고, 다양한 디지털 시스템의 파형을 발생시키고 제어할 수 있도록 한다.

7-1 | SR(SET-RESET) 래치와 D 래치

순서논리회로의 출력은 조합 논리회로의 경우와는 달리 현재의 입력값 뿐만 아니라 회로가 저장하고 있는 내부 상태값의 공통함수이다. 이 때, 순서회로의 출력이 외부에서 인가되는 클럭에 의해 변화되는 회로를 동기식 순서회로(Synchronous Sequential Circuit)라고 하고, 동기화를 위한 클럭을 사용하지 않는 순서회로를 비동기식 순서회로(Asynchronous Sequential Circuit)라 한다.

순서회로는 이전 입력에 의해 저장된 현재 회로상태를 기억하기 위해 저장 기능을 갖는 회로를 사용하는 것이 필요하다. 이와 같은 저장기능을 논리 게이트로 구현하는 가장 기본적인 방법은, 그림 7-3에 나타낸 것처럼, 출력을 입력측에 궤환시킴으로서 현재상태의 출력을 지속적으로 유지하도록 하는 것이다. 즉, 그림 7-3과 같이 2개의 NAND 게이트 혹은 2개의 NOR 게이트를 사용해서 구성함으로서 가장 간단한 메모리 기능을 실현할 수 있다. 그림 7-3에서 S 입력이 1을 유지하는 동안 R 입력에 0을 인가함으로써 출력을 0으로 만들거나, R 입력이 1을 유지하는 동안 S 입력에 0을 인가하여 출력을 1로 만들 수 있다. 또한 회로 내부의 연산을 마친 출력 함수 y(t)는 회로 외부로 출력되거나 첫 번째 NAND 게이트의 입력으로 궤환되어 △t 시간지연 후 R 혹은 S 입력이 변화할 때 출력에 영향을 준다.

순서회로에서 클럭 신호로 동기화하여 출력을 변화시킴으로써 입력신호의 변화에 따라 출력이 즉시 변하는 단점을 극복할 수 있다. 이와 같이 클럭 신호에 동기화되어 출력이 변화되는 메모리 회로를 특히 플립플롭이라 한다. 따라서 플립플롭에서는 입력 조건과 클럭 신호의 천이가 발생하기 전까지 0이나 1의 출력을 연속적으로 생성하여 단일 비트의 정보를 저장하는 기능을 갖는다.

게이트에 의한 기본적인 메모리의 구성은 그림 7-3과 같은 SR(Set-Reset) 래치이다. 이 경우 회로는 2개의 NAND 게이트 또는 2개의 NOR 게이트로 구성할 수 있으며, 이등 각각을 NAND 래치 및 NOR 래치라 한다.

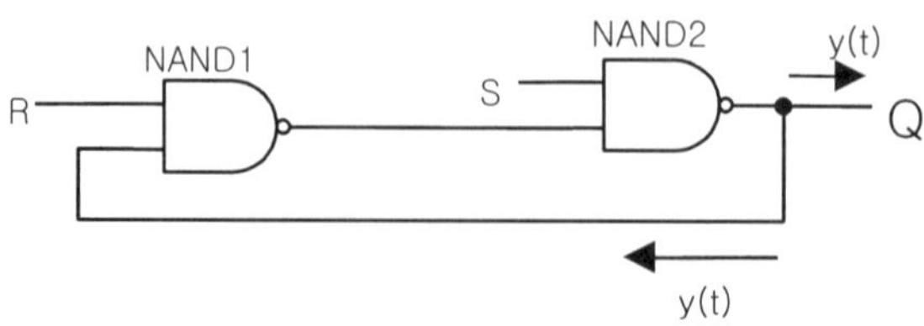

그림 7-3 NAND 게이트에 의한 메모리의 기본 구성

7-1-1 $\overline{S}-\overline{R}$ NAND 래치

그림 7-3과 같이 2개의 NAND 게이트를 사용하여 한쪽의 출력을 다른 게이트의 입력으로 연결시킨 회로를 특히 $\overline{S}-\overline{R}$ NAND 래치라 한다. 그림 7-4(a)는 그림 7-3의 메모리의 기본 구성을 조금 다르게 나타낸 것으로, 오브 바(over-bar)는 신호의 활성상태(Active State)가 LOW 즉 Active-LOW 모드임을 의미한다. 그림 7-4(b)는 $\overline{S}-\overline{R}$ NAND 래치의 심볼이다.

$\overline{S}-\overline{R}$ NAND 래치의 동작을 분석해 보자. 이 회로는 Active-LOW 모드의 논리회로이므로 초기상태는 세트($\overline{S}$)와 리셋($\overline{R}$) 입력 모두 HIGH 상태라 가정하고, 출력을 변화시키고자 할 때 두 입력 중 하나에 LOW 펄스를 인가하는 것으로 한다.

(1) ($\overline{S}=1$, $\overline{R}=1$) : 현재 출력상태 유지

첫 번째의 경우로서 $\overline{S}=1$, $\overline{R}=1$일 때 현재 출력의 상태를 유지하는 동작을 기술한다. 그림 7-5(a)는 이를 나타낸 것으로, 시간 t_0에서 $\overline{S}$와 $\overline{R}$ 입력에 각각 0과 1이 인가되었다고 한다. NAND 게이트는 두 입력이 모두 1인 경우만 0을 출력하고, 그렇지 않은 경우 1을 출력하므로, NAND1 게이트의 출력은 $Q(t_0)=1$이 되고, 이는 다시 NAND2 게이트의 입력으로 피드백되어 NAND2 게이트는 두 입력 모두 1의 값을 가지므로 $\overline{Q(t_0)}=0$가 되어 NAND1 게이트의 입력으로 피드백된다. 따라서 $Q(t_0)$는 1의 상태가 되고 $\overline{Q(t_0)}$는 0의 상태가 된다. 다음으로, 시간 t_1에서 $\overline{S}$와 $\overline{R}$ 입력으로 1을 인가하게 되면, NAND1 게이트의 경우 $\overline{S}$ 입력 1과 피드백된 $\overline{Q(t_0)}$의 값 0에 의해 $Q(t_1)=1$의 출력상태를 유지하고 이를 NAND2 게이트로 피드백한다. NAND2 게이트는 피드백된 $Q(t_0)=1$과 $\overline{R}=1$의 입력에 의해 $\overline{Q(t_0)}=0$의 출력을 유지하면서 이를 NAND1 게이트의 입력으로 피드백 한다. 즉 시간 t_1에서 래치의 출력 $Q(t_1)$은 1의 상태를 유지하고, 래치의 반전출력 $\overline{Q(t_1)}$은 0의 상태를 유지한다. 이상의 동작은 $Q(t_0)$와 $\overline{Q(t_0)}$의 초기값이 반전되는 경우에도 동일하다.

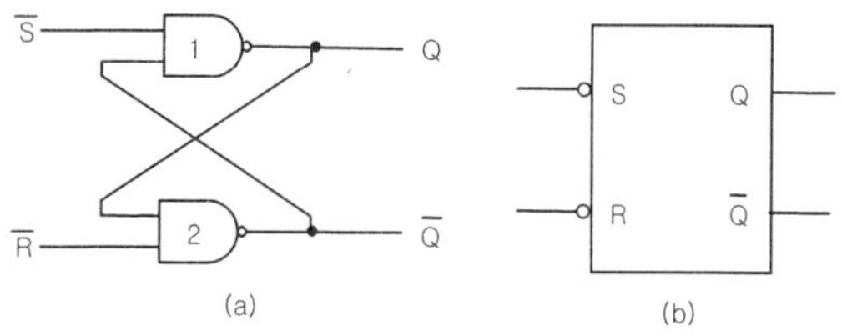

그림 7-4 (a) $\overline{S}-\overline{R}$ NAND형 래치 (b) $\overline{S}-\overline{R}$ 래치의 심볼

따라서 $\overline{S}$와 $\overline{R}$ 입력으로 모두 1을 인가하면 그림 7-5(a)와 같이 정상 출력 Q와 반전 출력 $\overline{Q}$는 이전의 출력값을 유지한다.

(2) ($\overline{S}=1$, $\overline{R}=0$) : 출력 $Q=0$, $\overline{Q}=1$의 리셋 상태

$\overline{S}-\overline{R}$ NAND 래치의 두 번째 동작으로 $\overline{S}$에 1의 입력을, $\overline{R}$에 0의 입력을 인가했을 때를 살펴보자. 시간 t_0에서 $\overline{S}$와 $\overline{R}$ 입력에 모두 1이 인가되었다고 하면 앞에서 설명한 것처럼 이전의 출력값 즉 t_0 이전의 출력값을 유지한다. $Q(t_0)=1$, $\overline{Q(t_0)}=0$의 출력상태를 가정한다. 시간t_1에서 $\overline{S}=1$, $\overline{R}=0$ 이 인가되면, NAND2 게이트의 입력은 피드백된 1과 $\overline{R}$ 입력이 0이므로 $\overline{Q(t_1)}=1$이 됨과 동시에 NAND1 게이트로 피드백된다. NAND1 게이트는$\overline{S}$ 입력 1과 피드백된 1의 값으로부터 0의 값, 즉 $Q(t_1)=0$이 되면서 NAND2 게이트로 피드백된다. 그림 7-5(b)는 이상의 동작을 나타낸 것이다. 따라서 $\overline{S}=1$, $\overline{R}=0$의 입력은 $Q(t_1)=0$, $\overline{Q(t_1)}=1$의 출력상태가 되게 한다. 이 상태를 리셋상태라 한다.

(3) ($\overline{S}=0$, $\overline{R}=1$) : 출력 $Q=1$, $\overline{Q}=0$의 세트 상태

$\overline{S}-\overline{R}$ NAND 래치의 세 번째 동작으로$\overline{S}$에 0의 입력을, $\overline{R}$에 1의 입력이 인가된 경우를 조사해 보자. $\overline{S}$와 $\overline{R}$ 입력이 모두 1의 상태에서, 시간 t_1에서 $\overline{R}=1$의 상태를 유지시키고 $\overline{S}$ 입력만을 0으로 변화시킨다. 이 경우 NAND1 게이트는 피드백된 반전출력 $\overline{Q(t_0)}=1$의 값과$\overline{S}=0$이 입력되어 $Q(t_1)=1$을 출력한다. 이 값이 NAND2 게이트로 피드백되어 $\overline{R}=1$의 입력과 함께 NAND2 게이트는 0을 출력하게 되므로 반전출력$\overline{Q(t_1)}=0$의 상태가 된다. 그림 7-5(c)는 이상과 같은 $\overline{S}=0$, $\overline{R}=1$이 때 $Q(t_1)=1$,$\overline{Q(t_1)}=0$인 세트상태의 동작을 나타낸 것이다.

(4) ($\overline{S}=0$, $\overline{R}=0$) : 출력 $Q=1$, $\overline{Q}=1$의 금지모드

$\overline{S}-\overline{R}$ NAND 래치의 마지막 동작으로 $\overline{S}$ 및 $\overline{R}$ 모두의 입력으로 0을 인가한 경우를 설명해 보자. 이 경우, NAND 게이트의 입력으로 0이 인가되므로, 피드백되는 입력에 상관없이 1을 출력하게 된다. 따라서 정상출력과 반전출력 모두 1 즉, $Q=1$, $\overline{Q}=1$의 상태가 된다. 이는 래치 동작의 기본 정의에 위배되는 것으로, 일반적인 디지털 시스템에서 사용할 수 없는 입력조건이고 이를 부정상태라 한다.

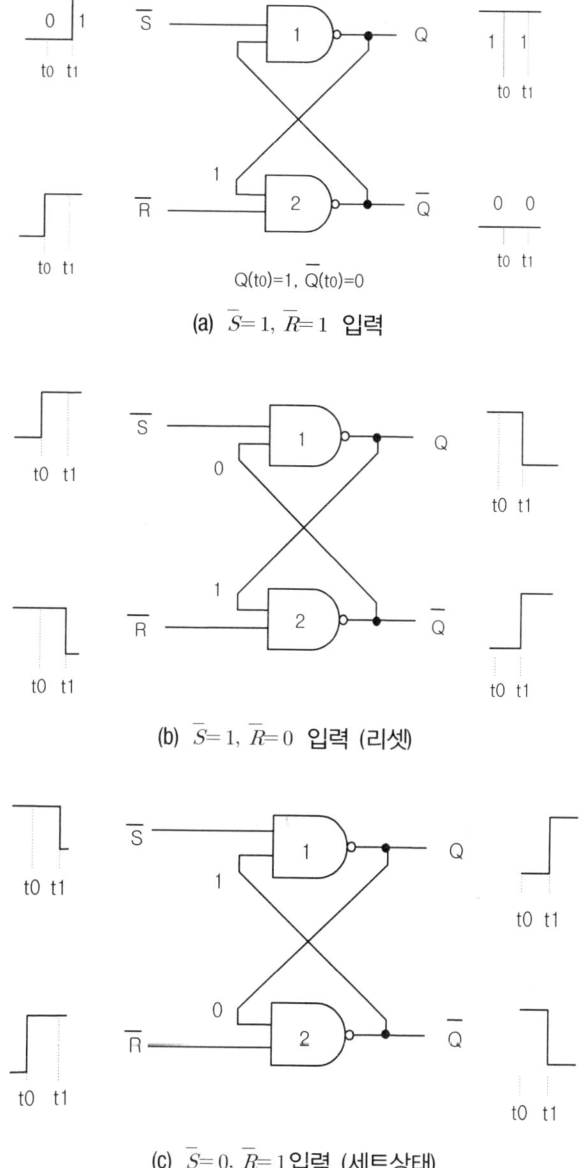

(a) $\overline{S}=1$, $\overline{R}=1$ 입력

(b) $\overline{S}=1$, $\overline{R}=0$ 입력 (리셋)

(c) $\overline{S}=0$, $\overline{R}=1$입력 (세트상태)

그림 7–5 $\overline{S}-\overline{R}$ NAND 래치의 동작

이상과 같은 4가지 동작모드의 해석을 통해$\overline{S}-\overline{R}$ NAND 래치의 동작을 요약하면 표 7-1과 같은 진리표가 얻어진다.

표 7-1 $\overline{S}-\overline{R}$ NAND 래치 진리표

$\overline{S}$	$\overline{R}$	Q(t+1)	
1	1	Q(t)	이전상태 유지
0	1	1	세트
1	0	0	리셋
0	0	×	금지입력

따라서 $\overline{S}-\overline{R}$ NAND 래치의 동작을 구분하면 이전상태의 유지와 세트 및 리셋상태의 세 가지로 구분할 수 있다. $\overline{S}$ 와 $\overline{R}$ 입력이 모두 1의 상태에서, 세트 입력 $\overline{S}$ 를 임의의 시각 t_0 에서 $\overline{S}=0$ 으로 변화시키면 래치의 출력은 1로 세트된다. $\overline{S}$ 입력이 t_1 시간에 1로 복귀되어도 NAND1의 출력은 HIGH 상태를 유지하고, NAND2의 출력은 LOW 상태를 유지한다. 따라서 $\overline{S}$ 입력에 LOW 펄스가 인가되면, 항상 NAND 래치의 Q는 Q = 1이 된다. 이와 같은 동작을 래치 혹은 플립플롭에서 세트라 한다.

$\overline{S}$ 가 HIGH를 유지하는 동안 $\overline{R}$ 입력에 LOW 펄스가 인가되면, 표 7-1에서와 같이 Q 출력은 0이 되면서 NAND2로 피드백되므로 NAND2의 출력은 HIGH 상태가 된다. 또 한, $\overline{R}$ 의 LOW 펄스 발생 직전에 Q가 1인 경우에도 t_0 시간에 $\overline{R}=0$ 가 인가되면 $\overline{Q}$ 는 HIGH가 되고, 이의 피드백으로 Q는 LOW 상태를 유지한다. 따라서 $\overline{R}$ 입력에 LOW 펄스를 인가하면 항상 래치는 $Q=0$ 를 출력하게 된다. 이와 같은 동작을 래치의 리셋 혹은 클리어라 한다.

$\overline{S}$ 와 $\overline{R}$ 입력 모두 1을 인가하면 출력 상태에 아무런 영향을 미치지 않는다. 즉 입력이 인가되기 전 시간 t_0 의 출력이 입력 인가 후의 시간 t_1 에도 그대로 유지된다.

마지막으로 $\overline{S}$ 와 $\overline{R}$ 입력에 모두 0이 인가되는 경우, $Q=1$, $\overline{Q}=1$ 이 출력되므로 이를 부정상태라 하고, 기본 정의에 위배되는 입력으로 사용이 금지된다. 또한, 세트와 리셋이 1로 바뀌었을 경우 어떤 입력이 먼저 1의 값을 가졌는가에 따라 결과가 바뀌게 되므로 출력 값을 예측할 수 없다.

그림 7-6은 $\overline{S}-\overline{R}$ NAND 래치가 동작하는 예를 파형으로 나타낸 타이밍도이다.

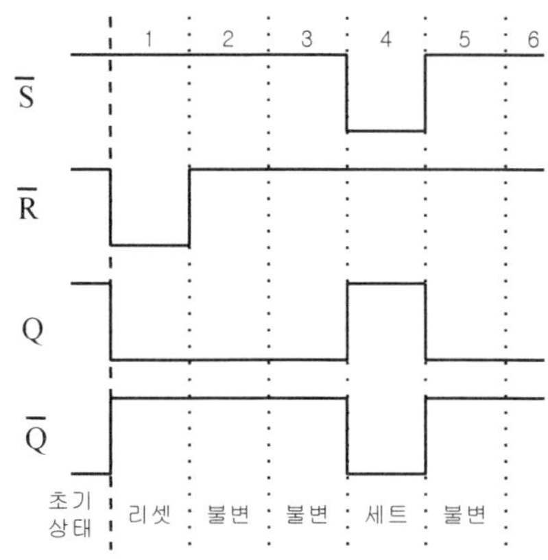

그림 7-6 $\overline{S}-\overline{R}$ NAND 래치의 타이밍도

예제 7-1

다음 그림 7-7(a)로 주어진 회로에 그림 7-7(b)의 파형을 입력시킬 경우, 출력Q의 파형을 그려라. 단 초기값 Q는 Q = 0로 가정한다.

풀이: $\overline{S}=X+E$, $\overline{R}=Y+E$ 이므로 X = E = LOW일 때 세트상태, Y = E = LOW일 때 리셋 상태가 되고 그 이외의 입력에서는 현재 출력상태를 유지한다. 따라서 입력 E가 LOW일 때, 입력 X, Y의 LOW 레벨에 따라 세트 및 리셋 동작을 수행한다. 출력 Q의 파형은 그림 7-7(b)에 나타낸 타이밍도와 같다.

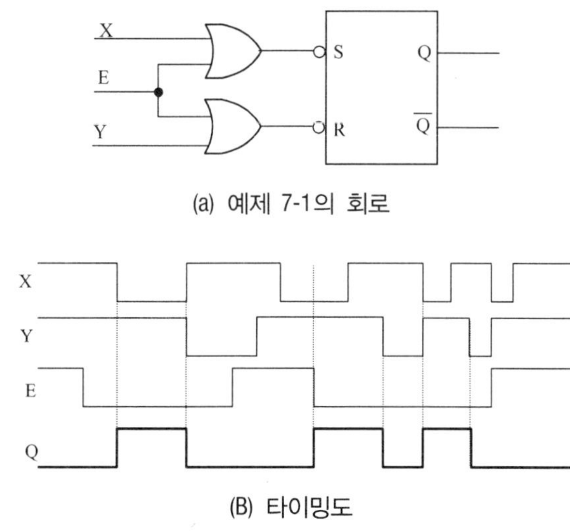

(a) 예제 7-1의 회로

(B) 타이밍도

그림 7-7 예제 7-1의 회로구성과 동작 타이밍도

7-1-2 S-R NOR 래치

그림 7-4(a)에 나타낸 $\overline{S}-\overline{R}$ NAND 래치와 동일한 동작을 하는 회로를 NOR 게이트를 이용해서 구성할 수도 있다. 그림 7-8(a)에 나타낸 것처럼 2개의 NOR 게이트를 사용하여 한 쪽의 출력을 다른 쪽의 입력으로 각각 피드백 시킨 회로로 구현되고, 이를 S-R NOR 래치라 한다. S-R NOR 래치는 출력 Q와 $\overline{Q}$의 위치가 바뀌어 있는 점을 제외하고 그 동작은 NAND 게이트로 구현된 $\overline{S}-\overline{R}$ 래치와 동일하다. 다만, NAND 게이트에 의한 래치에서는 입력이 Active-LOW 모드로 동작하는 반면에 NOR 게이트에 의한 래치에서는 Active-HIGH 모드로 동작한다. 따라서 NAND 래치에서 입력의 보수를 취한 상태에서의 출력이 NOR 래치에서의 출력과 같다. 그림 7-8(b)에 나타낸 NOR 래치의 심볼에서도 이를 반영하기 위해 Active-LOW 모드를 의미하는 작은 원을 표시하지 않는다. 따라서 S-R NOR 래치의 진리표는 표 7-1의 NAND 래치에서 보수를 취함으로써 간단히 얻어지고, 이를 나타낸 것이 그림 7-8(c)이다.

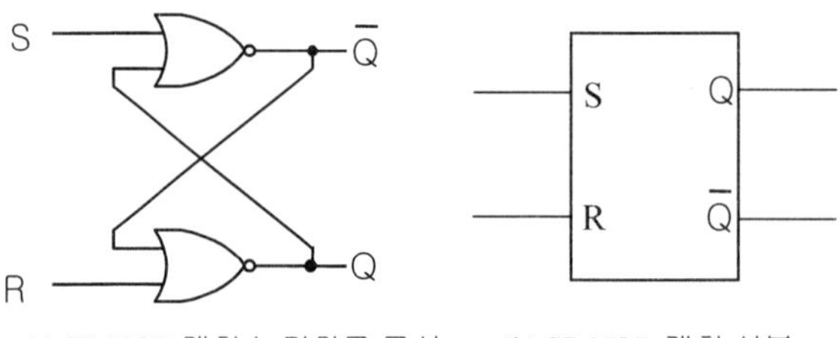

(a) SR NOR 래치 논리회로 구성 (b) SR NOR 래치 심볼

S	R	Q(t+1)	
0	0	Q(t)	이전상태 유지
0	1	0	리셋
1	0	1	세트
1	1	×	금지입력

(c) 진리표

그림 7-8 S-R NOR 래치

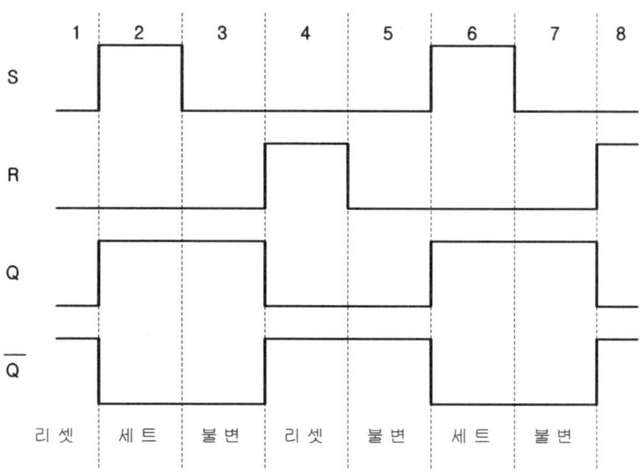

그림 7-9 S-R NOR 래치의 타이밍도

그림 7-9는 S-R NOR 래치의 동작을 타이밍도로 나타낸 예이다. 세트와 리셋 입력이 시간에 따라 변화될 때 초기상태에서 래치 출력 Q가 0이라는 가정 하에서 Q와 $\overline{Q}$의 변화를 나타내고 있다. 즉, 그림 7-9에서 리셋상태에서 시작하여 시간 2와 6에서 세트상태, 시간 4와 8에서 리셋상태, 그리고 시간 3, 5, 7의 시간 구간에서 리셋과 세트 입력 모두 0이므로 이전의 상태를 유지하고 있음을 확인할 수 있다.

예제 7-2

그림 7-10(a)의 회로에서 스위치 SW의 동작에 의해 S-R 래치의 S 입력은5V 와 GND에 접속되어 각각 논리 1과 0의 레벨을 갖는다. 초기치 Q = 0를 가정하고 그림 7-10(b)에 주어진 파형에 대한 출력 Q의 파형을 구하여라.

풀이: 그림 7-10(a)의 회로는 스위치나 키 입력 시, 기계적인 진동에 의해 그림 7-10(b)의 S 입려 파형과 같이 일정시간 1과 0의 반복 후에 정상적인 레벨의 신호가 된다. S-R NOR 래치는 이와 같은 진동에 의한 비정상적인 입력을 차단하는 디바운싱(debouncing)에 사용할 수 있다. R 입력 단자가 0 레벨을 유지하고 있으므로 S가 1의 논리 레벨이 되는 첫 번째 파형에서부터 Q = 1의 레벨을 유지f하게 된다. 그림 7-10(b)의 Q 파형은 이를 반영하고 있다.

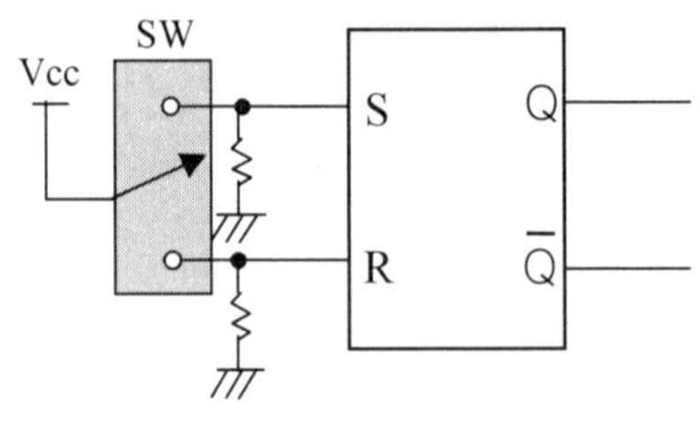

(a) 예제 7-2의 회로 구성

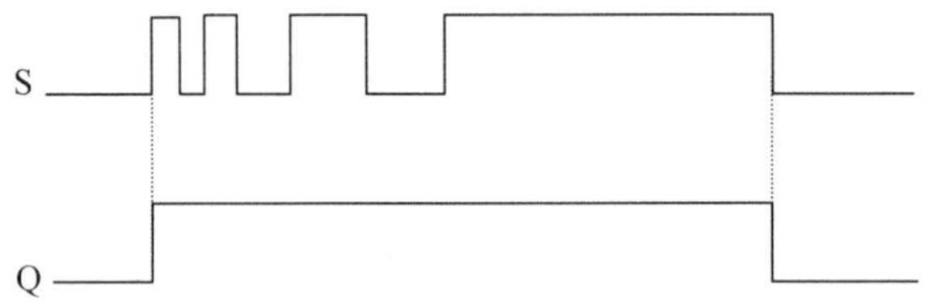

그림 7-10 예제 7-2의 회로 구성과 타이밍도

7-1-3 인에이블(Enable: EN)을 갖는 S-R 래치

앞에서 SR 래치는 유용한 메모리 소자로 사용할 수 있음을 살펴보았다. 즉, $\overline{S}-\overline{R}$ NAND 래치에서는 $\overline{S}=\overline{R}=1$일 때, S-R NOR 래치에서는 $S=R=1$일 때 현재 상태의 출력을 유지하고 그 이외의 입력에서는 입력의 변화에 따라 출력의 상태가 변화되는 것을 알 수 있었다. 그러나 이와 같은 SR 타입의 래치는 원하는 시간에만 출력의 변화를 가져올 수 있도록 제어할 수 있는 방법이 없다. 따라서 출력의 변화를 적절히 제어할 수 있도록 하기 위해서는 기본적인 SR 래치의 논리회로를 수정하는 것이 필요하다.

그림 7-11은 그림 7-4(a)의 $\overline{S}-\overline{R}$ NAND 래치를 수정해서 나타낸 것으로, 출력의 변화를 제어할 수 있는 래치이다. 출력상태를 적절히 제어하기 위해 2개의 NAND 게이트가 추가되어 있고, 제어신호 "EN"이 덧붙여져 있음을 볼 수 있다. 제어신호 "EN"은 인에이블(Enable)의 약어로, 입력신호의 변화에 따른 출력을 제어한다. 즉, 2입력 NAND 게이트에서 하나의 입력이 HIGH이면 그 출력은 다른 입력의 보수와 같음으로, EN=1이면 $S_1=\overline{S}$, $R_1=\overline{R}$이므로 $\overline{S}-\overline{R}$ 래치로 작용하고, EN=0이면 S 및 R의 변화에 상관없이 $S_1=R_1$ $=1$이므로 현재의 출력상태를 그대로 유지하게 된다. 이상과 같은 S-R 래치를 인에이블을 갖는 SR 래치 또는 게이티드(gated) SR 래치라 한다. 그림 7-11(b) 및 (c)는 심볼과 진리표를 각각 나타낸 것이다.

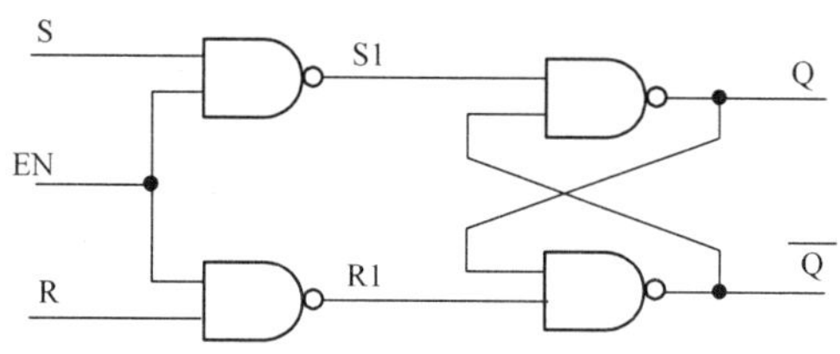

(a) EN을 갖는 S-R 래치의 회로구성

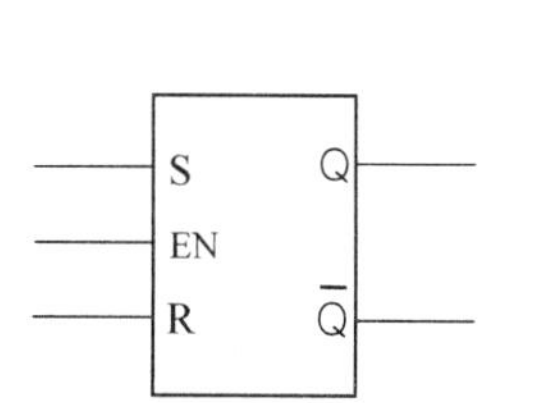

(b) EN을 갖는 SR 래치의 심볼

EN	S	R	Q(t+1)	
0	x	x	Q(t)	이전상태 유지
1	0	0	Q(t)	이전상태 유지
1	0	1	0	리셋
1	1	0	1	세트
1	1	1	×	금지입력

(c) 진리표

그림 7-11 EN을 갖는 S-R 래치의 회로와 심볼 및 진리표

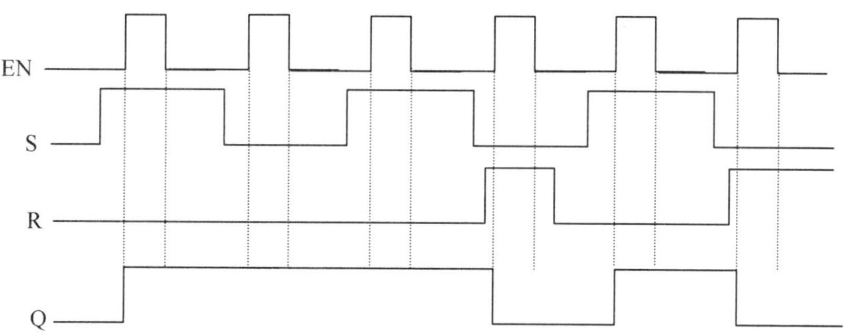

그림 7-12 EN을 갖는 SR 래치의 타이밍도

이상과 같은 EN을 갖는 SR 래치가 동작하는 예를 타이밍도로 나타낸 것이 그림 7-12이다. 이 그림으로부터 EN이 LOW일 때 현재 출력의 상태를 그대로 유지하고, EN이 HIGH일 때는 일반적인 SR 래치와 같은 동작을 수행하는 것을 알 수 있다. SR NOR 래치를 사용해도 인에이블을 갖는 SR 래치도 가능하다. 이에 대한 회로의 구성과 동작에 관해서는 연습문제 7-2를 참조하기 바란다.

7-1-4 D 래치

SR 래치는 세트 및 리셋 입력을 독립적으로 조절할 수 있으므로 주어진 조건에 따라 제어신호를 세트하고, 조건이 변화되면 리셋하는 분야의 응용에 유용하다. 그러나 1비트의 정보를 단순히 일시적으로 저장해서 출력하는 경우 SR 래치의 사용은 주변회로의 구성을 다소 복잡하게 할 가능성이 있다. 이로 인해 SR 래치에서 $R=\overline{S}$ 로 해서, 래치의 출력이 S 입력과 동일한 값을 갖도록 회로를 구성한 것이 D 래치이다. 이는 그림 7-13(a)에 나타낸 것처럼 하나의 D(데이타) 입력으로부터 S 및 R 입력을 공급하기 위해 인버터가 추가되어 있는 구성이다.

그림 7-13(a)의 EN을 갖는 D 래치의 동작은 기본적으로 EN을 갖는 SR 래치와 유사하지만, 입력이 하나뿐이므로 EN이 HIGH 일 때 출력은 D 입력과 동일한 값을 갖고, EN이 LOW 일 때 출력은 현재상태를 그대로 유지한다. 그림 7-13(b)는 Active-HIGH 모드의 EN을 갖는 D 래치의 심볼을 나타낸 것이고, 동작의 특성을 나타내는 진리표는 그림 7-13(c)에 주어져 있다. Active-LOW 모드의 EN을 갖는 D 래치도 가능하고, 이의 동작은 EN이 LOW 일 때 출력 Q가 D 입력과 일치된 값을 갖는 점을 제외하고 Active-HIGH 모드의 EN을 갖는 D 래치와 같다. 그림 7-14는 Active-HIGH 모드의 EN을 갖는 D 래치의 동작을 나타낸 타이밍도의 예이다. 출력 Q는 EN이 HIGH일 때 입력 D와 동일한 레벨이 되는 것을 확인할 수 있다.

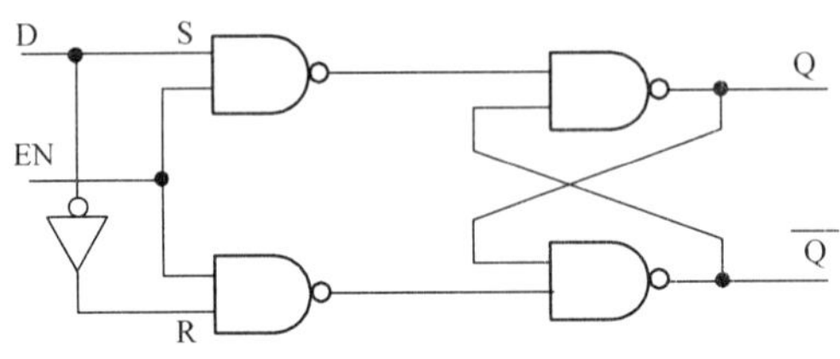

(a) 논리회로의 구성

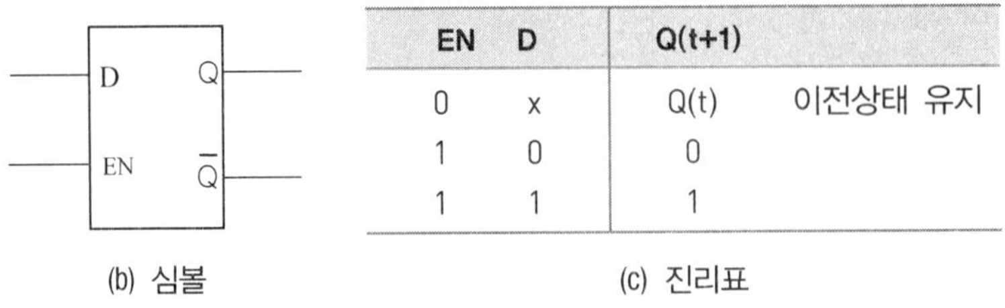

EN	D	Q(t+1)	
0	x	Q(t)	이전상태 유지
1	0	0	
1	1	1	

(b) 심볼 (c) 진리표

그림 7-13 EN을 갖는 D 래치

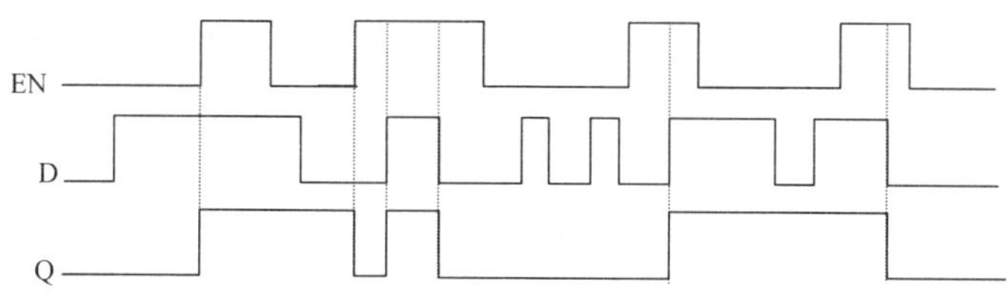

그림 7-14 EN을 갖는 D 래치의 타이밍도

예제 7-3

그림 7-15(a) Active-LOW 모드의 인에이블을 갖는 D 래치에 대한 그림 7-15(b)의 타이밍도에 대한 출력 Q의 파형을 그려라. 단, 초기치 Q = 0이다.

풀이: 인에이블 입력이 Active-LOW 모드이므로 EN = 0 레벨에서 출력이 D 입력과 동일하게 된다. 따라서 출력 Q의 파형은 그림 7-15(b)와 같다.

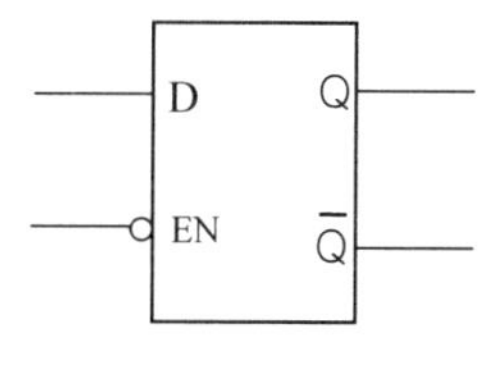

(a) Active-Low EN D 래치

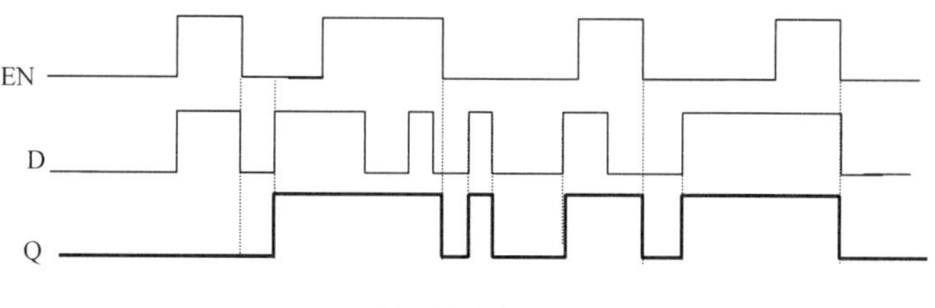

(b) 타이밍도

그림 7-15 예제 7-3의 회로 구성과 동작 타이밍도

7-2 | 클럭 신호와 플립플롭

디지털 시스템은 동기모드 혹은 비동기 모드로 동작될 수 있다. 비동기 모드 시스템에서는 임의의 시간에서 입력값이 하나만 변화되어도 논리회로의 출력값이 변화한다. 7-1절에서 기술한 EN을 갖지 않는 래치는 비동기 모드 논리회로의 대표적인 예라 할 수 있다. 이와는 달리, 동기모드의 시스템에서는 클럭이라고 하는 신호의 일정한 시간에서만 입력 신호에 따라 출력의 변화가 결정된다. 클럭 신호는 그림 7-16에서와 같이 보통 비대칭형과 대칭형의 펄스 파형이다. 대부분의 디지털 회로의 입력 클럭은 HIGH 레벨과 LOW 레벨의 펄스폭이 같은 대칭형 펄스를 사용된다.

동기모드 디지털 시스템에서는 클럭 신호가 시스템 내의 모든 메모리 소자에 입력되어 입출력의 신호를 제어한다. 이 때 출력신호의 논리가 변화되는 시점은 클럭의 레벨변화가 아니라, 상승 또는 하강에지에서 이루어지도록 한다. 그림 7-16(a)에 나타낸 바와 같이 클럭 펄스가 상승 또는 하강하는 것을 천이(혹은 에지)라 한다. 클럭 신호가 0에서 1로 변화되는 시각을 클럭의 상승에지(rising-edge) 또는 정 에지(positive edge)라 하고, 반대로 클럭이 1에서 0으로 변화되는 시각을 하강에지(falling-edge) 또는 부 에지(negative edge)라 한다. 대부분의 디지털 시스템에서는 회로 설계와 고장 점검이 용이한 동기모드 시스템을 주로 사용한다. 이는 시스템의 출력을 클럭 펄스를 사용해서 제어할 수 있기 때문이다.

래치는 클럭 신호와 관계없이 입력의 변화에 따라 출력상태가 변화되는 비동기 모드의 메모리 소자이다. 이에 반해, 클럭 신호의 일정한 시간 간격에 따라 입력을 표본(sampling)하여 출력상태를 변화시키는 동기식 래치를 특히 플립플롭(Flip-Flip)이라 한다. 또한, 플립플

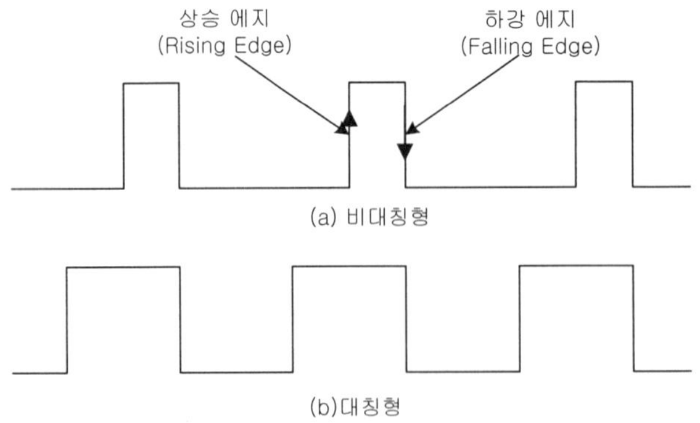

그림 7-16 클럭 신호 펄스

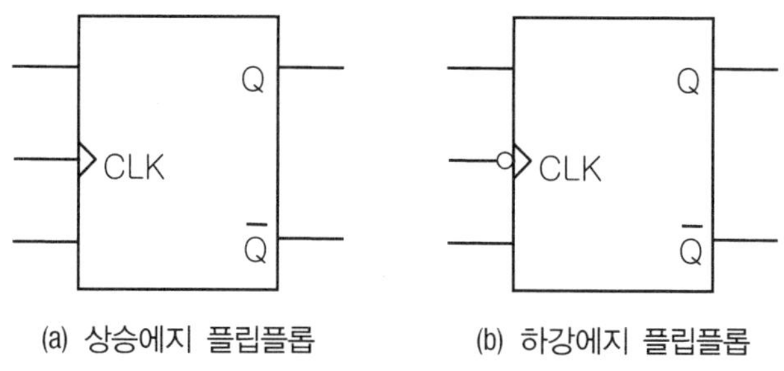

(a) 상승에지 플립플롭 (b) 하강에지 플립플롭

그림 7-17 에지 트리거 플립플롭의 심볼

롭에서는 인에이블 신호와 같이 제어신호의 레벨 변화에 따라 동작되도록 하기보다, 클럭 신호에 따라 출력이 변화되는 시각을 일정하도록 하기 위해 클럭의 레벨이 변화되는 순간 즉, 에지에서 동작되도록 한다. 따라서 CLK 또는 CK의 레이블을 갖는 클럭 입력의 에지에서 트리거(trigger)되고, 이 순간의 데이터가 래치에 입력된다.

그림 7-17(a)의 플립플롭 심볼은 상승에지 트리거 타입, 그림 7-17(b)의 플립플롭 심볼은 하강에지 트리거 타입을 나타낸 것이다. 하강에지에서 트리거되는 플립플롭은 CLK 입력에 반전(negate) 표시로 하강에지 트리거 타입임을 나타낸다. 이는 인버트된 클럭 입력을 의미한다.

상승 및 하강에지의 검출은 게이트의 지연시간을 이용하면 간단히 검출할 수 있다. 그림 7-18(a)는 상승 에지를 검출하기 위한 회로의 예로, NOT 게이트의 지연시간을 Δt 라 하면 AND 게이트 출력의 펄스폭은 클럭 신호의 상승 에지에서 Δt 가 된다. 하강 에지의 검출도 그림 7-18(b)와 같이 AND 게이트 대신 NOR 게이트를 사용함으로서 간단히 검출할 수 있다.

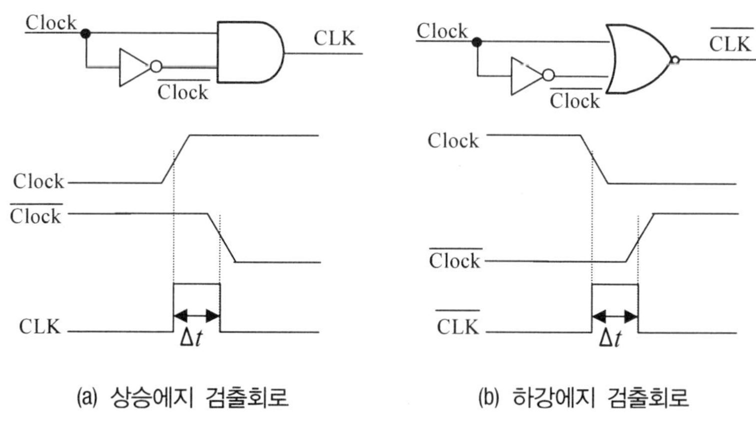

(a) 상승에지 검출회로 (b) 하강에지 검출회로

그림 7-18 에지 검출 회로

7-2-1 SR 플립플롭

SR 플립플롭의 동작은 입력 클럭펄스가 변화되는 순간, 즉 클럭의 상승에지나 하강에지에서 동작되는 점을 제외하고, 7.1.3절에서 기술한 인에이블을 갖는 SR 래치와 동일하다. 따라서 논리회로 구성은 그림 7-19(a)에 나타낸 것처럼 인에이블 신호가 인가되는 부분에 클럭의 에지를 검출하는 회로 ED(Edge Detector)가 부가되고 나머지는 그림 7-11(a)의 인에이블을 갖는 SR 래치의 회로와 같다.

그림 7-19(a)는 상승에지 트리거인 SR 플립플롭의 회로구성으로 입력클럭 CLK이 0에서 1로 변화되는 순간 S 입력이 1일 때 출력을 1로 세트하고, 반면에 R 입력이 1일 때 출력은

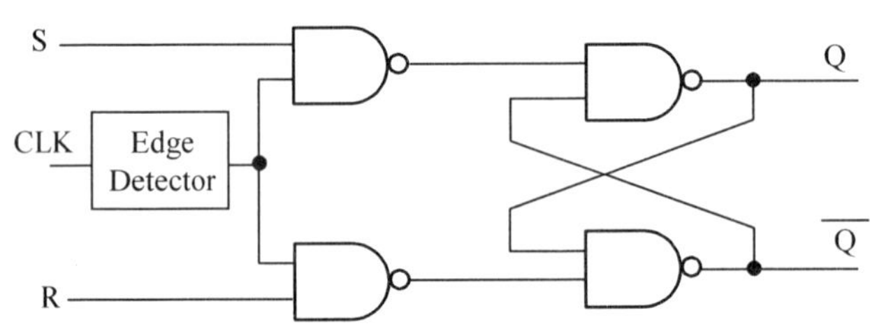

(a) SR 플립플롭의 회로구성

CLK	S	R	Q(t+1)	
-	x	x	Q(t)	이전상태 유지
⬇	0	0	Q(t)	이전상태 유지
⬇	0	1	0	리셋
⬇	1	0	1	세트
⬇	1	1	x	금지입력

(b) 상승에지 SR 플립플롭의 진리표

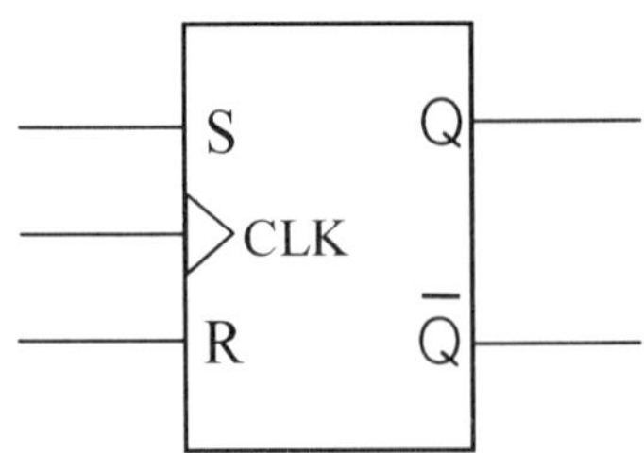

(c) 상승에지 SR 플립플롭의 심볼

그림 7-19 상승에지 SR 플립플롭

0으로 리셋한다. 클럭 천이가 발생하기 전에는 비록 S와 R 입력이 변화해도 출력은 변화되지 않는다.

SR 플립플롭의 동작을 진리표로 나타낸 것이 그림 7-19(b)이다. 여기서 $Q(t)$는 클럭 천이가 발생하기 전의 Q값이고, $Q(t+1)$은 클럭 천이가 발생된 후의 Q값을 표시한다. X는 무정의(indeterminate) 출력, 즉 무상관 입력을 나타낸다. 플립플롭에서 클럭천이 후의 출력과 입력간의 관계를 나타내는 논리식을 특히 특성방정식(Characteristic Equation)이라 한다. 그림 7-20과 같이 K-map을 사용해서 SR 플립플롭의 특성방정식을 구하면 다음 식 (7-1)과 같다.

$$Q(t+1) = Q(t)\overline{R} + S \tag{7-1}$$

그림 7-21은 하강에지 SR 플립플롭의 심볼을 나타낸 것으로, CLK 입력의 반전표시에 의해 클럭신호의 하강에지에서 트리거되는 것을 나타낸다. 즉, CLK 입력단의 반전입력은 CLK 입력이 1에서 0 상태로 천이(falling edge)될 때만 플립플롭이 트리거됨을 의미한다. 이는 클럭 펄스의 하강에지에서 출력의 논리상태가 변화되는 것을 제외하고, 상승에지 클럭 펄스에 의해 동작되는 SR 플립플롭과 동일하다.

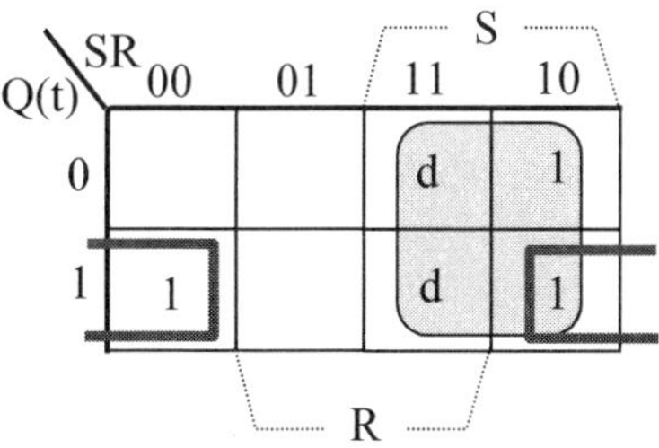

그림 7-20 SR 플립플롭의 K-map

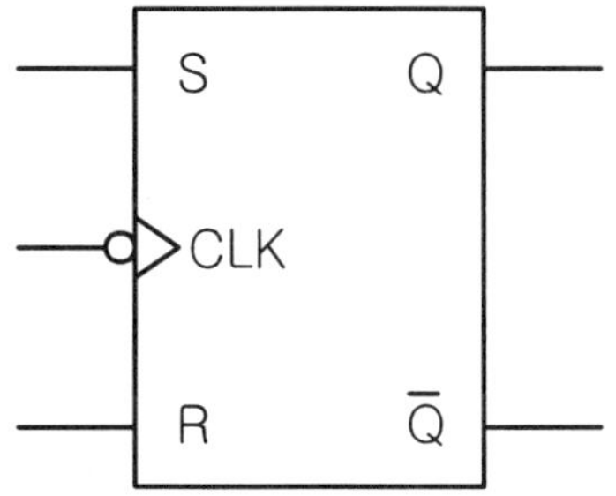

그림 7-21 하강에지 SR 플립의 심볼

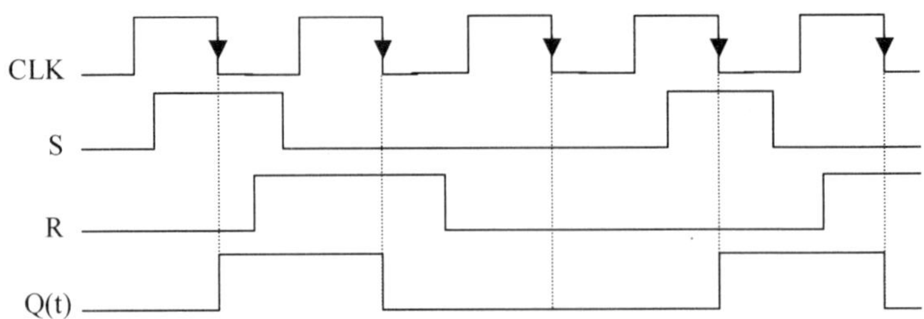

그림 7-22 하강에지 트리거 SR 플립플롭 동작의 타이밍도

그림 7-22는 하강에지 SR 플립플롭 동작의 예를 타이밍도를 나타낸 것이다. 여기서, 플립플롭내 게이트의 전반지연시간이 없는 것으로 가정했다. 그러나 실제 플립플롭에서는 게이트의 전반지연시간이 존재하므로 출력은 클럭펄스의 하강에지 시간보다 지연되어 나타나게 된다. 이와 같은 전반지연시간의 영향에 관해서는 7.4절에서 상세히 기술한다.

예제 7-4

그림 7-23의 파형을 상승에지 SR 플립플롭으로 동작시킬 경우의 출력 $Q(t)$의 파형을 그려라.

풀이: 클럭의 상승에지에서 S와 R의 레벨에 따라 그림 7-23의 파형의 출력이 얻어지는 것을 알 수 있다.

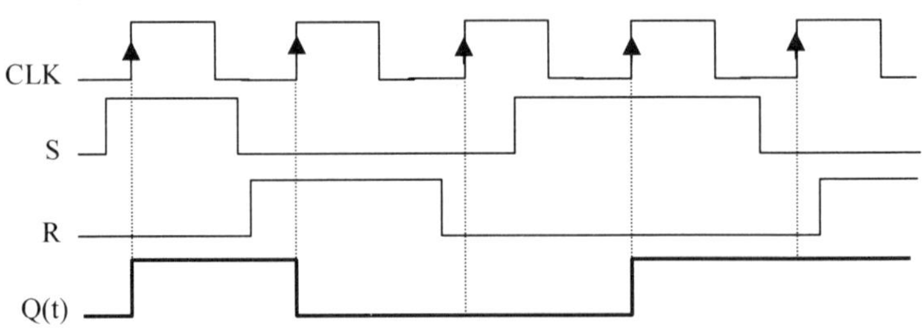

그림 7-23 상승에지 트리거 SR 플립플롭의 동작 타이밍도

7-2-2 D 플립플롭

7-1-3절에서 기술한 인에이블을 갖는 D 래치에서 인에이블(EN) 신호대신, 클럭의 천이 시간에만 동작하도록 한 것이 D 플립플롭이다. 따라서 D 플립플롭은 D 래치와 같이 하나의 입력단자를 가지며, 클럭천이 시 입력값과 동일한 출력을 갖는다. 그림 7-24(a)는 D 플립플롭의 내부회로 구성을 나타낸 것이고, 상승에지의 D 플립플롭의 심볼을 그림 7-24(b)에 나타낸다.

그림 7-24(b)의 상승에지 D 플립플롭의 동작은 CLK이 0에서 1로 변화되는 순간, 출력 Q는 클럭이 변화되기 전의 입력 D와 같게 된다. 즉 입력 D가 1이었을 경우 클럭이 0에서 1로 천이한 후 출력 Q는 그 이전 상태와는 상관없이 1상태를 갖게 된다. 따라서 비트 정보의 데이터를 일시적으로 저장하거나 전송되는 신호를 한 클럭 시간 지연시켜 동기를 일치시키거나, 한 클럭 주기내의 존재하는 잡음의 제거, 쉬프트 레지스터 등을 구성하는데 널리 사용된다.

D 플립플롭에 대한 특성 방정식은 그림 7-24(c)의 진리표로부터 다음 상태의 출력 $Q(t+1)$이 입력 D와 같으므로 논리식은 식 (7-2)가 되는 것을 알 수 있다.

$$Q(t+1) = D \tag{7-2}$$

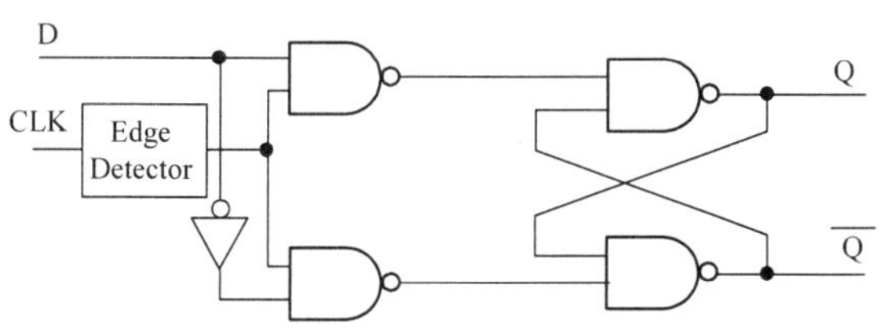

(a) D 플립플롭의 회로구성

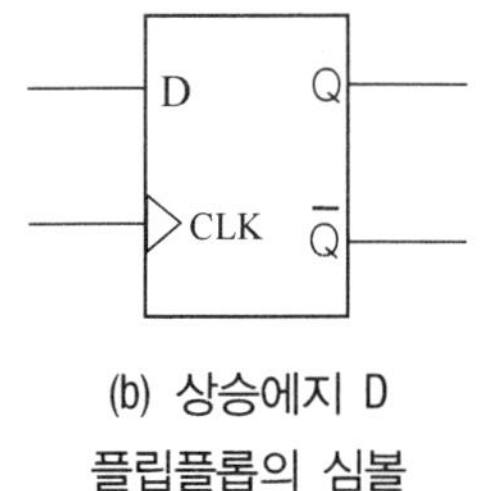

(b) 상승에지 D 플립플롭의 심볼

CLK	D	Q(t+1)	
-	x	Q(t)	불변
⬇	0	0	리셋
⬇	1	1	세트

(c) 상승에지 D 플립플롭의 진리표

그림 7-24 상승에지 D 플립플롭

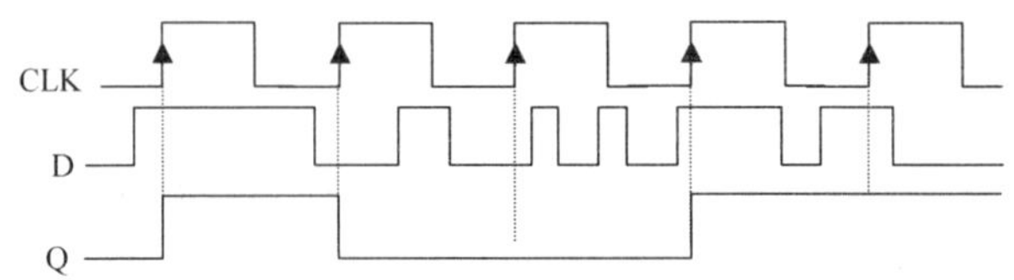

그림 7-25 타이밍도에 의한 상승에지 D 플립플롭의 동작 예

그림 7-25는 상승에지 D 플립플롭의 동작의 예를 나타낸 것으로, 그림 7-14의 EN을 갖는 D 래치와 달리, 클럭이 0에서 1로 변화되는 순간의 D 입력이 출력으로 나타나고, 한 클럭내의 입력 변화에 대해서는 출력이 반응하지 않는 것을 볼 수 있다.

예제 7-5

그림 7-26(a)로 주어진 EN을 갖는 D 래치와 하강에지 D 플립플롭에 대해, 그림 7-26(b)의 입력파형 X와 클럭(Clock)에 대한 출력 Q_1과 Q_2의 파형을 그려라. 단 초기상태는 0으로 리셋되어 있다고 가정한다.

풀이: Active-HIGH 인에이블의 D 래치의 출력 Q_1은 Clock = HIGH일 때 입력 X에 반응하고, D 플립플롭의 출력 Q_2는 클럭의 하강에지의 순간 입력 X 레벨에 따라 반응한다. 각 출력의 파형을 그림 7-26(b)에 나타낸다.

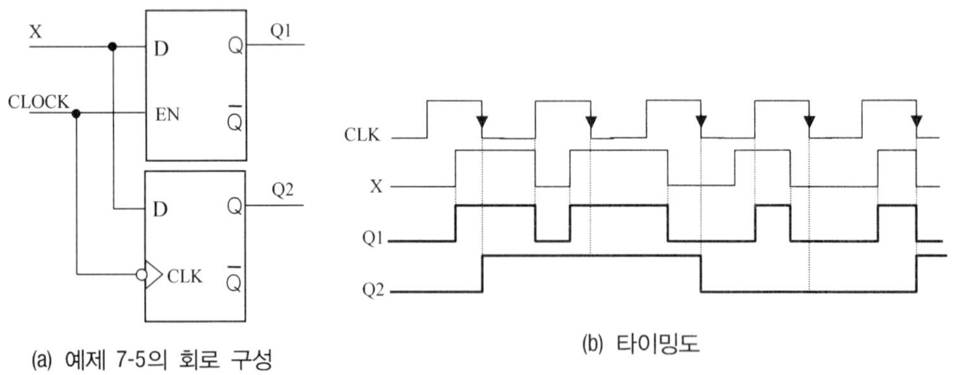

(a) 예제 7-5의 회로 구성

(b) 타이밍도

그림 7-26 예제 7-5의 D 래치와 하강에지 D 플립플롭에 대한 출력 파형

7-2-3 JK 플립플롭

SR 플립플롭에서는 $S=R=1$과 같이 두 입력이 동시에 1인 경우 정상출력 Q와 반전출력 $\overline{Q}$가 동시에 1이 출력되는 정의할 수 없는 상태가 된다. 이를 금지입력이라 해서 사용할 수 없는 조건으로 정의했다. JK 플립플롭은 이와 같은 SR 플립플롭의 금지입력의 모드의 문제점을 해결한 것으로, 회로 구성은 그림 7-27(a)와 같이 정상출력 Q와 반전출력 $\overline{Q}$를 입력으로 피드백시킨 것이다. 따라서 JK 플립플롭에서 J=1, K=1인 경우, 출력 $Q(t)$의 상태에 따라 다음상태의 출력 $Q(t+1)$은 $Q(t)$가 반전되어 나타난다. 즉, 클럭천이에 따라 출력 $Q(t)$가 1이면 $Q(t+1)$은 0을 출력하고, 반대로 $Q(t)$가 0 이면 $Q(t+1)$은 1을 출력하는 동작을 통해 $Q(t)$의 상태에 따라 $Q(t+1)$ 출력이 반전되어 SR 플립플롭과 같은 모호한 출력의 논리상태가 나타나지 않는다. 이와 같이 다음상태의 출력 $Q(t+1)$이 현재상태의 출력 $Q(t)$를 반전해서 출력하는 것을 토글(Toggle)이라 한다. 따라서 JK 플립플롭은 SR 플립플롭의 부정 상태를 정의하여 사용 가능토록 한 것으로 하강에지 JK 플립플롭의 심볼과 동작에 대한 진리표를 각각 그림 7-27(b) 및 (c)에 나타낸다.

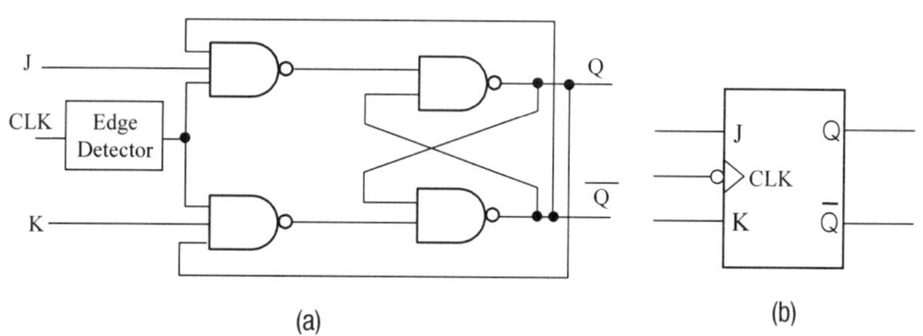

CLK	J	K	Q(t+1)	
-	x	x	$Q(t)$	이전상태 유지
⬇	0	0	$Q(t)$	이전상태 유지
⬇	0	1	0	리셋
⬇	1	0	1	세트
⬇	1	1	$\overline{Q(t)}$	금지입력

(c)

그림 7-27 (a) JK 플립플롭 내부회로도 (b) 하강에지 JK 플립플롭의 심볼
(c) 하강에지 JK 플립플롭의 진리표

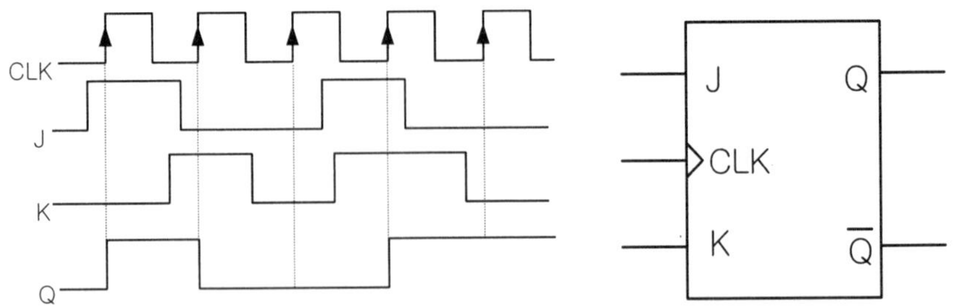

그림 7-28 (a) 상승에지 JK 플립플롭의 타이밍도 (b) 상승에지 JK 플립플롭의 심볼

JK 플립플롭의 동작은 이전 상태 $Q(t)$가 0인 경우 J 입력이 1이면 출력 $Q(t+1)$가 1로 세트되고 이전 상태 $Q(t)$가 1이면 K 입력이 1일 때 출력 $Q(t+1)$을 0으로 리셋시킨다. 만약에 입력이 $J=1$, $K=1$인 경우 플립플롭은 클럭펄스 이후 이전상태의 반대가 되는 상태변화 즉 토글동작을 수행한다. 이와 같은 입력에 따른 JK 플립플롭의 동작상태는 그림 7-27(c)의 진리표로부터 다음 식 (7-3)의 특성방정식으로 나타낼 수 있다.

$$Q(t+1) = \overline{K}\,Q(t) + J\,\overline{Q(t)} \tag{7-3}$$

그림 7-28(a)는 그림 7-28(b)의 상승에지 JK 플립플롭에 대한 동작을 타이밍도로 나타낸 것으로, 첫 번째 CLK에서 $J=1$, $K=0$, $Q=0$이므로 출력은 0에서 1로 변화되고, 다음 클럭에서 $J=0$, $K=1$, $Q=1$이므로 출력은 1에서 다시 0으로 변화되는 것을 알 수 있다. 그리고 다음 클럭에서는 $J=0$, $K=0$이므로 출력은 불변이고 다음 클럭에서 $J=1$, $K=1$이므로 출력이 토클(toggle)되었음을 알 수 있다.

예제 7-6

그림 7-27(b)의 하강에지 JK 플립플롭에서 J와 K 입력을 J = K = 1로 했을 경우, 그림 7-29로 주어진 클럭에 대한 출력 Q의 파형을 그려라. 단 초기상태 Q = 0으로 가정한다.

풀이: J = K = 1이므로 클럭의 하강 에지점에서 토글모드로 동작한다. 따라서 출력 Q는 입력 클럭의 주파수를 2분주 $(\frac{1}{2})$한 결과가 된다. 예를 들어 입력 클럭의 주파수가 2MHz라고 하면, 출력의 Q의 주파수는 1MHz가 된다. 결과는 그림 7-29에 주어져 있다.

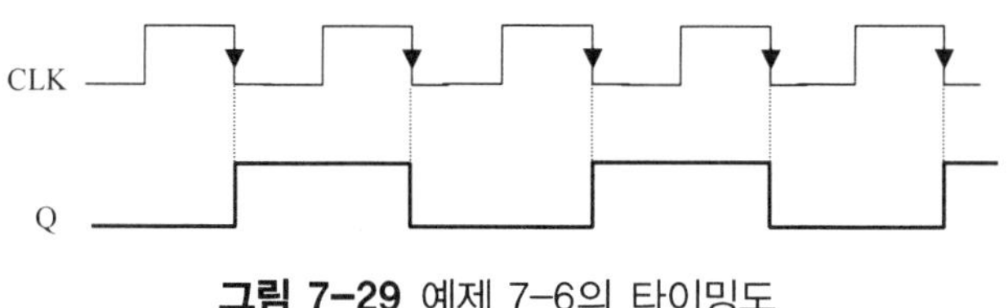

그림 7-29 예제 7-6의 타이밍도

7-2-4 T 플립플롭

JK 플립플롭에서 J와 K입력을 묶어 하나의 입력으로 하면, $J=K=0$ 또는 $J=K=1$의 두 가지 상태만이 존재하게 된다. 이 경우의 입력변수를 T(Toggle)라 하면, 플립플롭의 동작은 그림 7-27(c)의 JK 플립플롭의 진리표에서 알 수 있는 바와 같이 $T=J=K=0$이면, $Q(t+1)=Q(t)$ 즉 다음상태의 출력 $Q(t+1)$은 현재상태의 출력 $Q(t)$가 그대로 유지되고, $T=J=K=1$이면 $Q(t+1)=\overline{Q(t)}$ 와 같이 다음상태는 반전된 현재상태의 값을 출력하게 된다. 이와 같은 플립플롭을 T 플립플롭이라 하고, 입력과 출력의 동작상태를 기술하는 특성방정식은 다음 식 (7-4)로 주어진다.

$$Q(t+1)=T\,\overline{Q(t)}+\overline{T}\,Q(t)=T\oplus Q(t) \qquad (7\text{-}4)$$

그림 7-30에 하강에지 T 플립플롭의 심볼과 진리표, 동작의 예를 나타내는 타이밍도를 나타낸다. T 플립플롭의 토글특성은 8장에서 기술하게 될 카운터 회로를 간단하게 구성할 수 있으므로 주파수 분주회로나 여러 가지 카운터의 구성에 주로 사용된다.

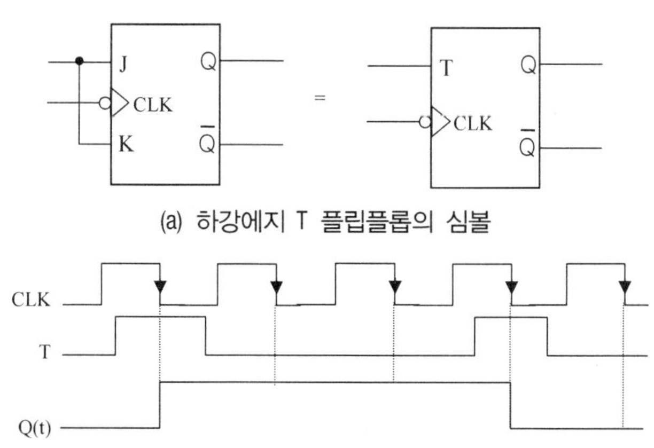

(a) 하강에지 T 플립플롭의 심볼

(b) 타이밍도에 의한 하강에지 T 플립플롭의 동작 예

그림 7-30 하강에지 T 플립플롭의 심볼과 타이밍도

7-3 | 플립플롭의 비동기 제어입력

지금까지 설명한 클럭 인가 혹은 에지 트리거 플립플롭에서 S, R, J, K, D 및 T 입력들은 클럭의 천이에 따라 출력상태를 변화시키므로 이들을 특히 플립플롭의 제어입력이라 한다. 또한, 이들 입력들은 CLK 입력과 함께 플립플롭을 동기화시키기 때문에 이들은 동기입력이라고도 한다. 즉, 동기식 제어입력들은 플립플롭을 트리거하기 위하여 클럭 신호와 결합되어 사용된다. 그러나 실용화되어 있는 대부분의 플립플롭에서는 그 출력을 제어하기 위해 동기식 제어입력 외에 프리셋과 클리어와 같이 클럭의 변화와 상관없이 출력상태를 변화시킬 수 있는 비동기 제어입력을 갖는다.

7-3-1 프리세트와 리셋 입력

프리세트와 리셋 입력은 임의의 시간에 클럭이나 제어입력의 조건과 무관하게 플립플롭을 1이나 0의 상태로 세트 및 클리어시키기 위하여 사용된다. 그림 7-31은 프리세트과 클리어로 표시된 2개의 제어입력을 가진 상승에지 JK 플립플롭의 심볼이다. 프리세트와 클리어 입력의 반전표시(negate)는 LOW 인에이블 입력임을 나타낸다. 이들의 입력조건에 따른 플립플롭의 동작은 다음과 같다.

- $\overline{\text{PRESET}} = \overline{\text{CLEAR}} = 1.$

  LOW 인에이블이므로 이 상태에서는 비동기 입력은 어떤 역할도 수행하지 못한다. 따라서 플립플롭은 J, K, CLK 신호 등에 의하여 정상적으로 동작하는 클럭모드의 상태이다.
- $\overline{\text{PRESET}} = 0;\ \overline{\text{CLEAR}} = 1.$

  $\overline{\text{PRESET}}$ 은 활성상태(Acitve State)이고, Q는 J, K, CLK 등의 입력과는 상관없이 출력은 즉시 1로 세트된다. 즉, $\overline{\text{PRESET}} = 0$ 인 동안에는 CLK 입력은 플립플롭에 아무런 영향도 미치지 못한다.
- $\overline{\text{PRESET}} = 1;\ \overline{\text{CLEAR}} = 0.$

  $\overline{\text{CLEAR}}$ 은 활성상태이고, Q는 J, K, CLK 등의 입력에 상관없이 출력은 즉시 0으로 클리어 또는 리셋된다. 따라서 $\overline{\text{CLEAR}} = 0$ 인 동안에는 CLK 입력은 플립플롭에 아무런 영향도 미치지 못한다.

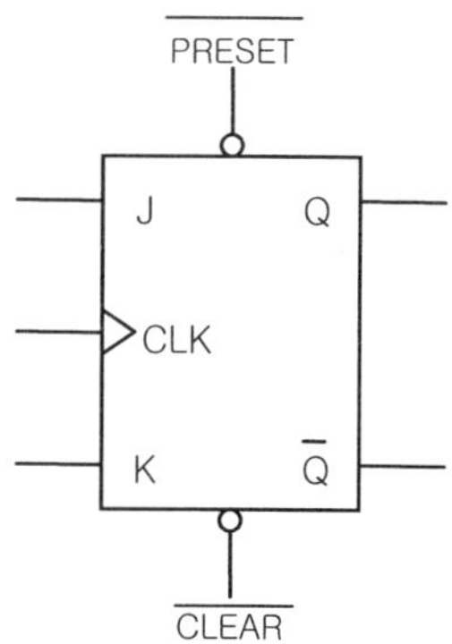

그림 7-31 비동기 제어입력을 가진 JK 플립플롭

- $\overline{\text{PRESET}} = \overline{\text{CLEAR}} = 0$.

  이 상태에서는 프리세트와 클리어 입력이 동시에 활성상태가 되므로 안정된 출력을 얻을 수 없는 상태가 되고, 결과를 예측할 수 없는 출력이 발생되므로 사용할 수 없는 모드이다.

이상과 같은 비동기 입력들은 입력 신호의 레벨변화에 응답한다. 즉, $\overline{\text{PRESET}}$ 입력에 LOW 레벨이 인가되면, 다른 입력에 상관없이 $Q = 1$인 상태로 되고, $\overline{\text{CLEAR}}$ 입력에 LOW 레벨이 인가되는 즉시 플립플롭의 출력 Q는 0 상태가 된다. 이와 같이 비동기 입력은 원하는 순간에 플립플롭의 출력을 특정상태의 값으로 유지시킬 수 있다. 즉, 일시적인 비동기 입력 펄스에 의하여 플립플롭을 원하는 상태로 세트 또는 클리어 할 수 있다. 이 특성은 플립플롭을 카운터의 구성에 사용할 때 대단히 유용하다. 대부분의 디지털 회로에서 프리세트와 리셋 입력의 활성상태는 Active-Low 모드로 작용하지만, 응용에 따라 Active-HIGH 모드인 활성상태를 채택하기도 한다.

예제 7-7

그림 7-32(a)와 같은 Active-LOW 모드의 프리세트와 클리어 비동기 입력을 갖는 상승에지 D 플립플롭에서, 그림 7-32(b)의 입력에 대한 출력 Q의 파형을 구하여라.

풀이: 출력 파형의 결과를 그림 7-32(b)에 나타낸다.

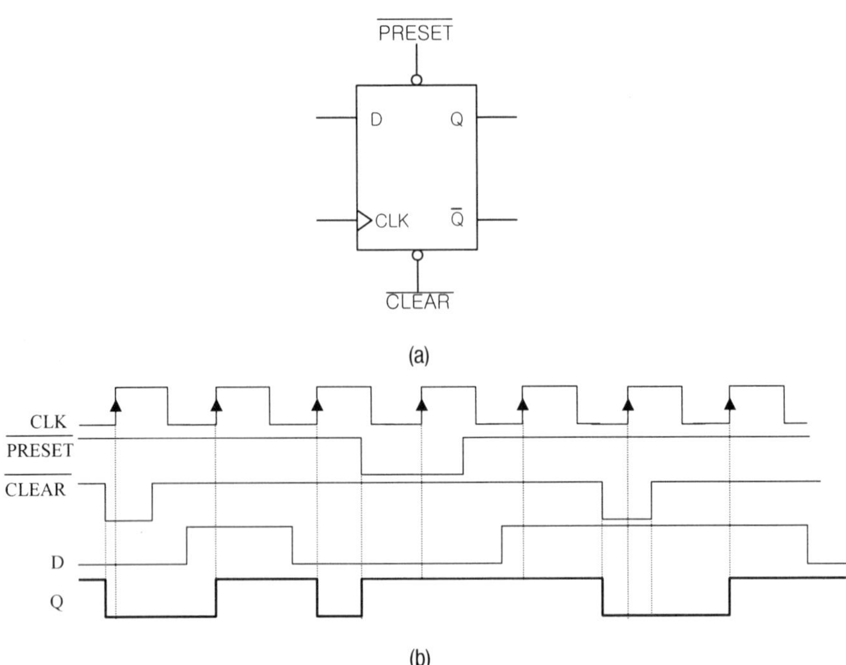

그림 7-32 (a) 프리세트와 리셋 입력을 갖는 D 플립플롭과 (b) 타이밍도

7-3-2 비동기 제어 입력의 표기법

비동기 제어입력의 표기에 대해 IC 제조업체들 간에 일치를 보지 못하고 있다. 대부분의 공통 호칭은 PRE(PRESET을 줄여)과 CLR(CLEAR를 줄여)이다. 또한 SD(DC SET)과 RD(DC RESET)로 사용되기도 한다. 이 책에서는 비동기 입력에 가장 많이 사용하는 PRE와 CLR로 나타낼 것이다. 이들 제어 입력이 LOW 인에이블일 때 LOW 인에이블 상태를 가리키는 오버바(overbar) 즉, $\overline{\mathrm{PRE}}$ 와 $\overline{\mathrm{CLR}}$ 와 같은 표기를 사용한다.

대부분 IC화된 플립플롭에는 적어도 1개 이상의 제어입력을 갖고 있지만, 실제 응용에서는 사용하지 않는 경우도 많다. 이런 경우에는 제어 입력이 비활성상태(Inactive State)의 레벨을 유지하게 된다. 따라서 이후 취급되는 순서 논리회로에서 제어입력을 표시하지 않는 플립플롭은 이들 비동기 제어입력이 비활성 상태의 논리값을 유지하고 있다고 가정한다.

7-4 | 플립플롭의 스위칭 타이밍

동기식 플립플롭의 동작에서 회로 전체의 타이밍은 각 플립플롭이 정확한 동작을 수행하도록 할 뿐만 아니라 고장 점검을 위해서도 꼭 필요하다. 이 절에서는 플립플롭의 응용에서 중요하게 작용하는 타이밍 관련 각종 파라미터와 특성에 대해 설명한다. MSI IC로 상용화된 플립플롭의 규격표에는 클럭 펄스의 폭, 전파지연시간 및 셋업 시간 그리고 홀드 시간과 같은 타이밍에 관한 정보를 제공하고 있다. 이들 타이밍 파라미터들에 관한 기본적인 정의와 전반지연시간의 영향에 의한 플립플롭에서의 타이밍 문제 등에 관해 기술한다.

7-4-1 셋업시간과 홀드시간

그림 7-33(a)에서와 같이 상승에지 트리거의 D 플립플롭을 예로 들어 셋업시간(Setup Time)과 홀드시간(Hold Time)을 설명한다. 먼저, 셋업시간은 클럭신호의 동적천이(Dynamic Transition)가 검출되기 이전에 제어입력이 검출 가능한 레벨 이상으로 유지되어야 하는 시간 t_S 를 의미한다. 이는 그림 7-33(a)에서 알 수 있는 것처럼 클럭 천이에 앞서 제어입력 D가 LOW에서 HIGH로 안정을 유지해야 하는 시간 $t_S(H)$ 또는 클럭 천이에 앞서 HIGH에서 LOW로 안정을 유지해야 하는 시간인 $t_S(L)$로 정의되는 시간이다.

홀드시간은 셋업시간과는 반대로 클럭신호의 동적천이가 진행되기 위해서 제어입력 D가 적절한 레벨로 유지되어야 하는 대기시간 t_H 를 가리킨다. 그림 7-33(b)에서와 같이 클럭의 천이 후 제어입력 D가 HIGH에서 LOW로 천이할 때 안정을 유지해야 하는 시간인 $t_H(H)$, 또는 클럭 천이 후 제어입력 D가 LOW에서 HIGH로 천이할 때 안정을 유지해야 하는 시간인 $t_H(L)$로 정의되는 시간을 홀드시간이라 한다.

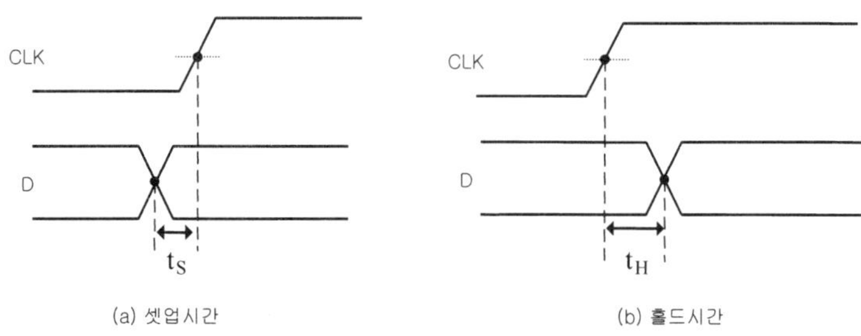

그림 7-33 셋업시간과 홀드시간의 정의

이와 같이 클럭천이가 발생했을 때 클럭 인가된 플립플롭이 정상적으로 동작하기 위해서는 동기화된 제어입력(S, R, J, K, D, T)은 클럭천이 전 최소로 t_S 시간 전에, 클럭 천이 후에는 적어도 t_H 시간 동안 안정적인 신호레벨을 유지해야 한다.

셋업시간과 홀드시간을 고려한 상승에지 트리거 D 플립플롭의 동작의 예를 나타낸 것이 그림 7-34(a) 이다. 클럭 펄스가 0에서 1로 변화되기 전에, D 입력은 셋업시간 이상의 시간동안 안정적인 레벨을 유지하는 것이 요구된다. 즉, 클럭천이에 앞서 최소한 셋업시간 이전에 데이터가 유효한 값을 유지해야 하는 것을 의미한다. 또한, 클럭펄스가 상승천이 한 직후 홀드시간 이상으로 D 입력값이 변화되지 않아야 한다. 클럭의 상승에지 시간을 중심으로 이들의 시간을 나타내면 그림 7-34(b)와 같다. 따라서 $t_S + t_H$ 시간동안 D 입력의 안정적인 레벨을 유지해야 되는 것을 의미한다. 에지 트리거 형의 플립플롭을 사용할 때는 반드시

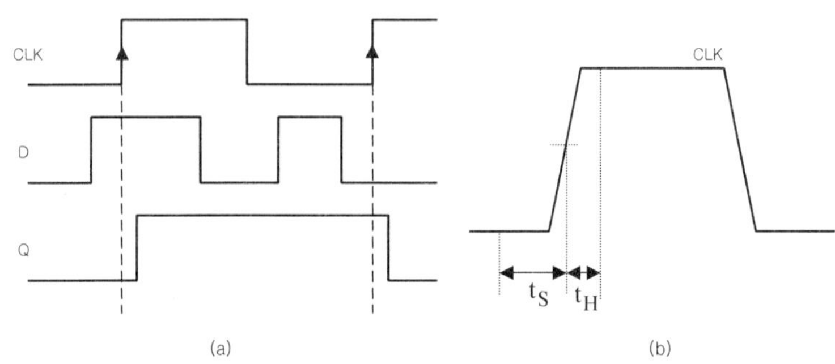

그림 7-34 상승에지 트리거 D 플립플롭의 셋업시간 및 홀드시간의 파형

표 7-2 스위칭 타이밍과 동작 조건 (74LS74A)

Item		Symbol	min	typ	max	Unit
Clock Frequency		f_{clock}	0	-	25	MHz
Pulse width	Clock High	t_W	25	-	-	ns
	Clear, Preset		25	-	-	
Setup time	"H" data	t_{su}	20	-	-	ns
	"L" data		20	-	-	
Hold time		t_H	5	-	-	ns
Propagation delay time		t_{PLH}	-	13	25	ns
		t_{PHL}	-	25	40	ns

셋업시간과 홀드시간을 고려해야 한다. 표 7-2는 74LS74A D 플립플롭 IC의 스위칭 타이밍과 권장 동작 조건을 나타낸 표이다. 이 표에서 최소 셋업시간은 20 ns, 홀드시간은 5 ns로 주어져 있다. 안정적인 동작을 위해서 D 입력이 레벨을 유지해야 하는 최소시간은 25 ns가 된다.

7-4-2 전반지연시간

입력신호의 변화가 출력신호의 변화를 가져오는데 걸리는 시간지연의 평균치를 전반지연시간(Propagation Delay Time)이라 한다. 그림 7-35에 나타낸 바와 같이, 지연시간은 입력신호 레벨의 50% 지점에서 출력신호 레벨의 50% 지점까지의 시간으로 정의되고, 상승 지연시간 t_{PLH}과 하강 지연시간 t_{PHL}으로 정의된다. 일반적으로 전반지연시간은 이들 값의 평균값 $t_{PD} = (t_{PLH} + t_{PHL})/2$으로 주어진다. 표 7-2에서 최대 전반지연시간은 각각 $t_{PLH} = 25\ \text{ns}$, $t_{PHL} = 40\ \text{ns}$로 주어져 있으므로, $t_{PD} = (25 + 40)/2 = 32.5\ \text{ns}$가 된다.

디지털 회로에서 지연시간이 적을수록 고속 동작이 가능하다. 일반적으로 게이트 출력의 상승시간이 하강시간보다 길다. 그 이유는 출력이 LOW에서 HIGH로 변할 때 출력측의 부유용량이 큰 저항을 통하여 충전되므로 시정수(Time Constant)가 커지기 때문이다.

7-4-3 최대 클럭 주파수(f_{MAX})

동기식 디지털 회로는 클럭에 의해서 동작을 하게 되며, 최대 클럭 주파수는 플립플롭의 클럽 입력이나 트리거 신호로 사용할 수 있는 최대 주파수로 정의되고 f_{MAX}로 표기한다. 디지털 회로에서 f_{MAX} 이상의 클럭을 사용하게 되면 클럭 스큐(Clock Skew)로 인해서

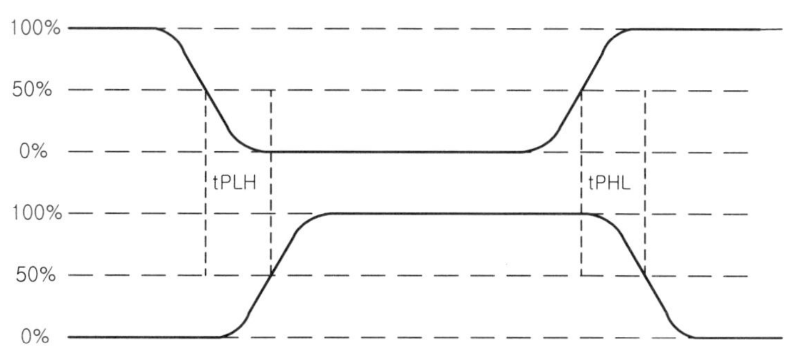

그림 7-35 전반지연시간의 정의

정상적이 못한 출력이나 예상치 못한 동작이 발생할 수 있다. f_{MAX}는 각 디지털 소자마다 다르며, IC를 제조하는 메이커에 따라서도 상이한 값을 갖는다. 따라서 디지털 회로의 설계에 이용하기 위해서는 각 메이커에서 제공하는 데이터시트를 참조하는 것이 필요하다.

7-4-4 클럭 펄스의 듀티 사이클

모든 동기 순서회로를 제어하는 신호는 클럭이다. 그림 7-36은 클럭파형의 예를 나타낸 것이다. 일반적으로 플립플롭이나 동기식 순서회로에 사용되는 클럭은 반복되는 주기적인 형태의 신호이고, T를 주기 혹은 사이클이라고 부른다. 에지 트리거의 디지털 회로는 클럭의 상승 혹은 하강에지에서 회로를 동작하게 한다. 그림 7-36의 클럭 사이클 T 는 하강에지에서 다음 하강에지까지의 시간으로 주어지는 값이고, $t_w(H)$는 HIGH 레벨 펄스폭의 시간, $t_w(L)$은 LOW 레벨 펄스폭의 시간이다. 따라서 주기T 는 $T = t_w(H) + t_w(L)$로 주어진다. 주기T 에 대한 $t_w(H)$ 비를 클럭의 듀티비(Duty Ratio)이라 하고, 이를 다음과 같이 백분율(%)로 나타내어 사용하는 것이 일반적이다.

$$\text{Duty 비(\%)} = \frac{t_w(H)}{T} \times 100\ (\%) \qquad (7\text{-}5)$$

대부분의 디지털 시스템에서 사용되는 클럭은 듀티비가 50% 즉, $t_w(H)$와 $t_w(L)$이 같은 값이 되도록 한다.

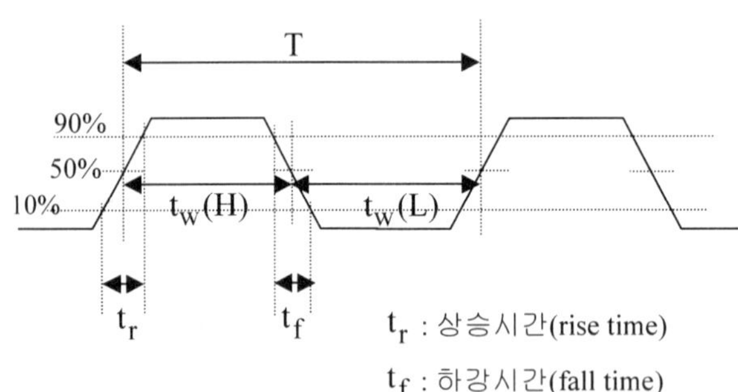

그림 7-36 클럭신호의 파형

7-4-5 타이밍 문제

동기식 디지털 시스템 내에서 사용되는 플립플롭들은 외부에서 인가되는 하나의 클럭신호를 사용해서 트리거 되도록 구성하는 것이 일반적이다. 이 때, 클럭신호는 듀티 사이클에 반응하여 잘 정의된 하나의 상태천이가 되도록 함으로써 시스템 내부의 모든 플립플롭이 새로운 입력신호에 응답하는데 동기가 일치하도록 활성화되어야 한다.

플립플롭이 너무 오랫동안 활성화되거나, 임의의 다른 플립플롭이 너무 일찍 변화된 출력을 내보내면, 이들 출력신호들은 새로운 조합회로를 통과하거나, 다시 플립플롭에 되돌아올 수도 있어, 이 플립플롭에서는 한 클럭 주기에서 두 번째 상태천이를 발생시킬 수 있다. 이는 메모리 소자의 출력에서 그 입력까지의 귀환 경로가 상대적으로 짧은 경우 발생하는 것으로, 이를 레이스(race)라 부르며, 이의 자세한 내용과 해결 방법은 9장에서 기술된다.

두개의 플립플롭을 직렬로 연결하였을 때, 배선 지연이나 다른 문제로 두 번째 플립플롭에 인가되는 클럭이 홀드시간보다 작게 되면, 두 번째 플립플롭은 정상적인 데이터를 저장하지 못하고 현재 상태를 그대로 유지하는 문제가 발생한다. 이와 같이 지연에 의해 2개 클럭 펄스간의 시간지연을 클럭 스큐(Clock Skew)라 하고, 클럭의 최대 주파수 f_{MAX} 부근에서 동작하게 하는 경우 디지털 시스템의 정상적인 동작을 방해하는 요인이 된다.

하강에지 트리거 D 플립플롭을 사용한 그림 7-37(a)의 순서회로의 예를 들어, 순서회로 내에서 클럭스큐의 영향을 조사해보자. 먼저, 클럭 발생기로부터 임의의 지연시간 Delay1과 Delay2의 시간이 동일한 경우, CLK1과 CLK2의 타이밍은 일치하게 되고, 이 클럭에 의해 그림 7-37(a)의 AND 게이트의 출력 Y는 그림 7-37(b)와 같은 파형이 된다. 이에 반해, 어떤 원인에 의해 지연시간 Delay2가 Delay1보다 길어지는 경우 CLK1과 CLK2는 일치하지 않게 되고, 그림 7-37(c)와 같은 클럭 스큐가 발생한다. 이로 인해, 출력 Y는 그림 7-37(b)와는 달리 LOW 레벨만의 출력이 되는 것을 알 수 있다.

이와 같이 클럭 스큐가 발생하면, 입력의 변화에 따라 플립플롭 내부의 상태가 변화되지 못하므로 잘못된 결과나 동작을 수행하게 된다. 이러한 문제를 해결하기 위해 클럭의 HIGH 및 LOW 상태를 유지하는 시간을 길게 만들어 주거나, 플립플롭의 각 단을 상승에지 및 하강에지에서 동작하도록 회로를 구성하는 즉, 마스터/슬레이브 방식으로 동작시켜 해결한다.

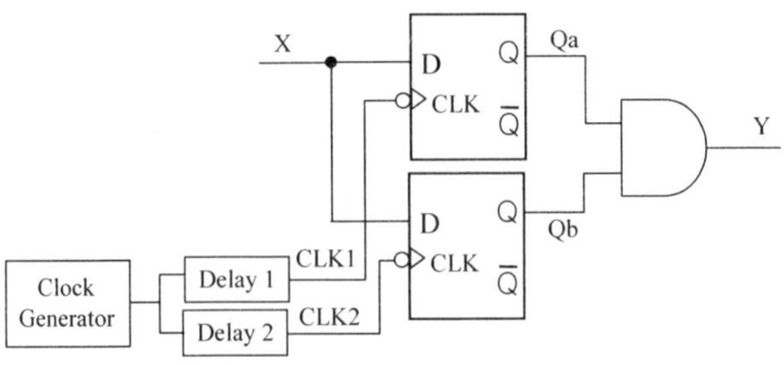

(a) 하강에지 트리거 D 플립플롭에 의한 순서회로의 예

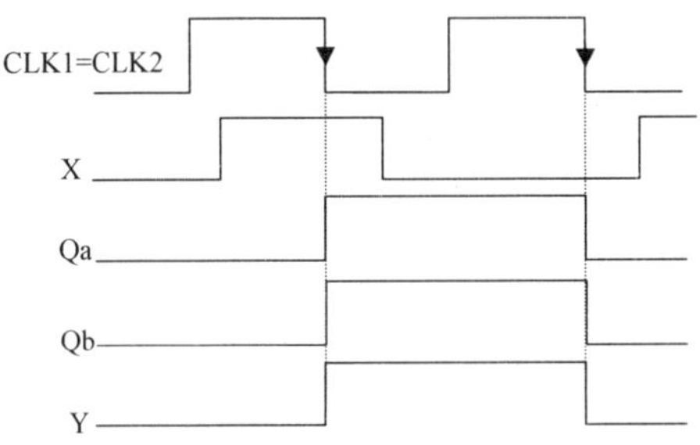

(b) 클럭 스큐가 없는 경우

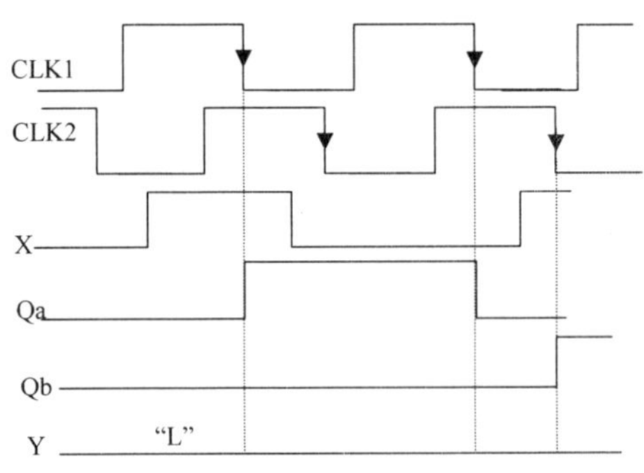

(c) 클럭 스큐가 있는 경우

그림 7-37 순서회로에서의 클럭 스큐의 영향

7-5 | 마스터/슬레이브 플립플롭

두개의 래치를 직렬로 연결하여 홀드시간과 무관하게 동작시킬 수 있는 플립플롭을 마스터/슬레이브 플립플롭이라 한다. 이 때, 첫 번째를 주(master) 래치라 하고 클럭이 HIGH 레벨일 때 동작하여 입력값을 저장한다. 두 번째를 종(slave) 래치라 하며 클럭이 LOW 레벨

일 때 동작하여 첫 번째 래치의 출력을 입력으로 사용해서 그 값을 출력한다. 이와 같은 마스터/슬레이브 플립플롭은 홀드시간의 문제를 해결할 뿐만 아니라 제어입력의 글리치에 의해 발생되는 예기치 않은 출력의 변화를 방지할 수 있다. 회로의 기본 구성은 SR 래치를 기본으로 SR, JK, D 등의 마스터/스레이브 플립플롭을 구현할 수 있다.

2개의 인에이블을 갖는 D 래치를 직렬로 연결한 마스터/슬레이브 D 플립플롭의 회로 구성을 그림 7-38(a)에 나타낸다. 이 그림에서 보는 바와 같이 마스터와 슬레이브 래치 동작의 분리는 인버터를 사용해서 클럭펄스의 서로 다른 레벨에서 동작하도록 함으로써 이루어진다. 즉, 그림 7-38(b)의 타이밍도에 의한 예에서 알 수 있듯이 클럭펄스의 HIGH 레벨에서 마스터 래치에 의해 입력이 샘플링되고, 클럭펄스의 LOW 레벨에서 마스터 래치의 출력 Q_m 이 슬레이브 래치의 입력으로 사용되어, 최종 출력 $Q = Q_S$ 로 나타난다. 결국, 그림 7-38(a)와 같은 마스터/슬레이브 D 플립플롭은 하강에지 트리거의 D 플립플롭과 동일한 동작을 하는 것을 알 수 있다. 즉, 클럭펄스의 하강에지에서 입력을 트리거하여 이를 출력시키는 D 플립플롭과 같은 결과가 된다.

에지 트리거 플립플롭에서 홀드시간의 문제를 생각해 보자. 예로 그림 7-39(a)의 하강에지 트리거 JK 플립플롭에서, 그림 7-39(b)와 같이 하강에지의 순간에서 J 및 K 입력이 변화

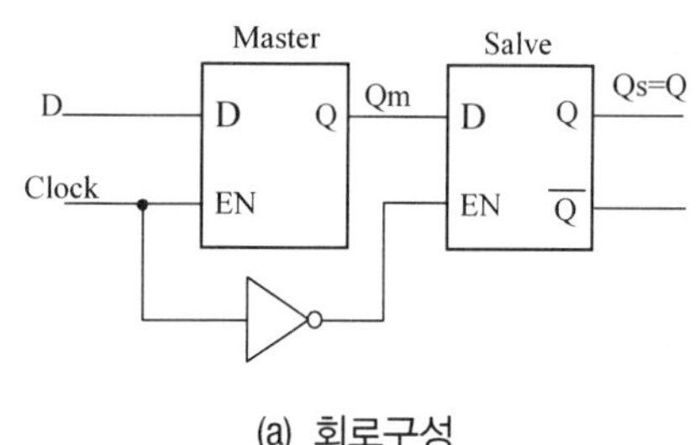

(a) 회로구성

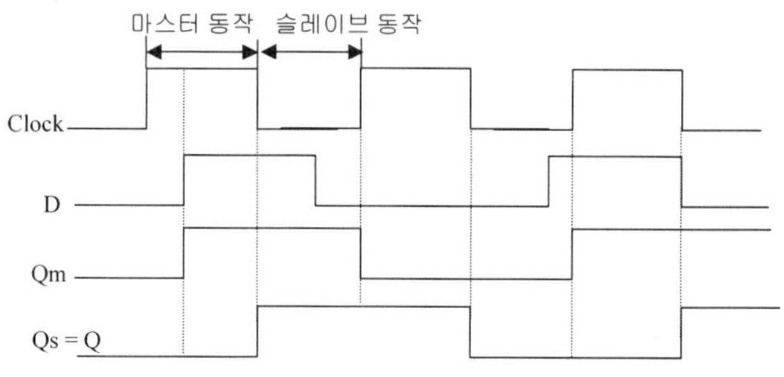

(b) 타이밍도에 의한 동작의 예

그림 7-38 마스터/슬레이브 D 플립플롭

되는 것으로 가정한다. 7.4.1절에서 설명한 것처럼 제어입력의 변화를 안정적으로 출력시키기 위한 조건은 입력레벨이 최소한 셋업시간 t_S 와 홀드시간 t_H 동안 일정한 레벨을 유지해야 된다. 그림 7-39(b)의 타이밍도에서는 홀드시간 이내에 입력이 변화되어 클럭천이 후 JK 플립플롭의 출력 Q에서 예측할 수 없는 미결정 상태가 발생한다.

이와 같은 홀드시간의 문제는 플립플롭을 래치와 같이 직렬로 접속하여 마스터/슬레이브 플립플롭으로 구성함으로서 간단히 해결할 수 있다. 그림 7-40(a)는 상승에지 트리거 JK 플립플롭에 의한 마스터/슬레이브의 구성으로, 처음 플립플롭을 마스터라 하고 이어지는 플립플롭을 슬레이브라 한다.

CLK 신호의 상승에지에서 제어 입력(J, K)의 레벨에 의해 마스터의 출력이 결정된다. 마스터의 출력은 CLK이 하강할 때 Q와 $\overline{Q}$의 출력이 슬레이브 입력으로 전달되고, 클럭의 하강에지에서 최종 출력이 된다. 따라서 JK 마스터/슬레이브 플립플롭은 클럭 신호와 동작속도의 타이밍이 적당하지 못하거나, 홀드시간을 고려하지 않고 사용할 수 있는 개선된 JK 플립플롭으로 동작되는 것을 알 수 있다. 마스터/슬레이브 플립플롭은 클럭이 HIGH인 동안 제어 입력이 안정되게 유지되어야 하는 단점을 제외하고는 하강에지 트리거 플립플롭과 동일한 동작을 수행한다.

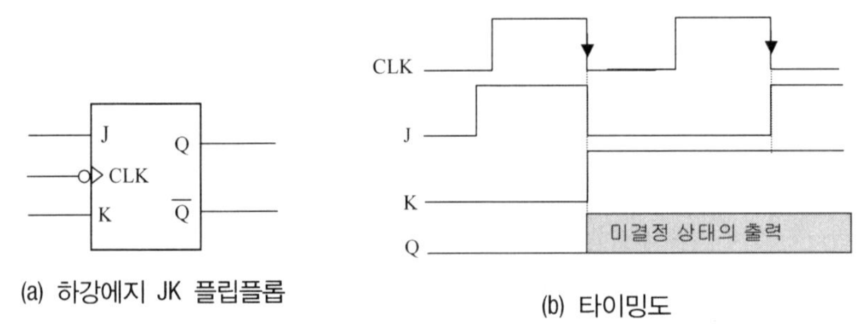

(a) 하강에지 JK 플립플롭

(b) 타이밍도

그림 7-39 하강에지 트리거 JK 플립플롭에서의 홀드시간의 영향

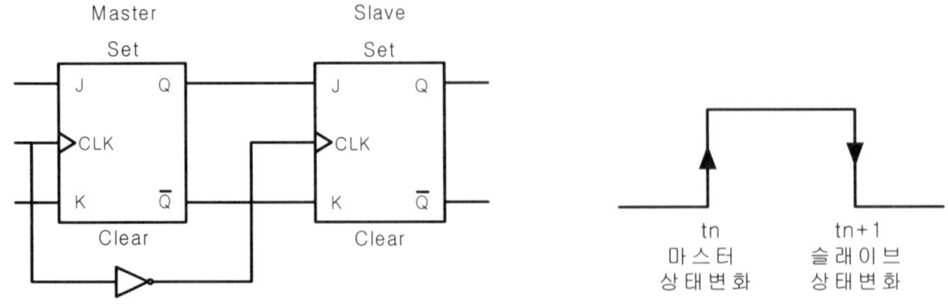

그림 7-40 (a) JK 마스터/슬레이브 플립플롭 (b) 클럭과 플립플롭 상태 변화

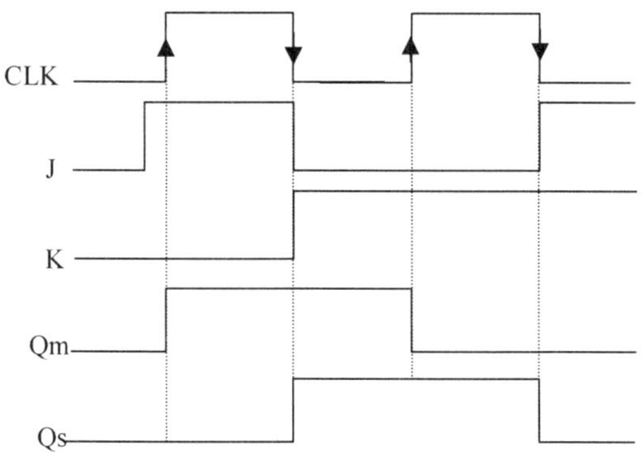

그림 7-41 JK 마스터/슬레이브 플립플롭의 동작

7-6 플립플롭의 여기표(Excitation Table)

지금까지 여러 종류의 플립플롭의 특성과 기본적인 동작에 관해서 기술했다. 이들 각 플립플롭의 동작은 간단하게 특성표 또는 진리표로 나타낼 수 있다. 표 7-3은 SR, JK, D, T 플립플롭의 특성표를 정리해서 표시한 것으로, 각 플립플롭의 다음상태 $Q(t+1)$은 제어입력(S, R, J, K, D, T)과 이전상태 $Q(t)$에 의해 결정된다. 표 7-3에서 클럭펄스의 트리거 조건은 생략되어 있음을 유의하기 바란다.

표 7-3의 특성표로무터, 현재상태의 출력 $Q(t)$가 다음상태의 출력 $Q(t+1)$로 변화되기 위한 각 플립플롭 제어입력의 조건을 구할 수 있다. 이와 같이 $Q(t)$와 $Q(t+1)$의 변화에 대한 제어입력의 조건을 구해서 나열한 표를 특히 여기표(Excitation Table)이라 한다. 여기표는 현재상태에서 다음상태로 변화되는 4 종류의 천이에 대해, 천이 조건을 만족하는 제어입력을 표 7-3의 특성표로부터 구해서 나열한 것에 지나지 않는다.

특성표는 제어입력이 변화될 때 다음상태의 출력을 알 수 있으므로, 디지털 회로를 해석하거나 그 동작을 예측하는데 매우 유용하다. 그러나 임의의 순서회로를 설계할 때와 같이 플립플롭의 현재상태와 다음상태의 출력이 주어진 경우, 특성표로부터는 이들에 대한 제어입력의 조건을 즉시 결정할 수 없는 단점이 있다. 그러나 여기표는 이들에 대한 정보를 제공하는 것으로 8장 이후에서 논의하게 될 순서회로의 설계에 대단히 중요한 역할을 하게 된다.

표 7-3 플립플롭의 특성표

S	R	Q(t+1)
0	0	Q(t)
0	1	0
1	0	1
1	1	x

SR 플립플롭

J	K	Q(t+1)
0	0	Q(t)
0	1	0
1	0	1
1	1	$\overline{Q(t)}$

JK 플립플롭

D	Q(t+1)
0	0
1	1

D 플립플롭

T	Q(t+1)
0	Q(t)
1	$\overline{Q(t)}$

T 플립플롭

표 7-4 플립플롭의 여기표

Q(t)	Q(t+1)	S	R
0	0	0	x
0	1	1	0
1	0	0	1
1	1	×	0

SR 플립플롭

Q(t)	Q(t+1)	J	K
0	0	0	x
0	1	1	x
1	0	x	1
1	1	×	0

JK 플립플롭

Q(t)	Q(t+1)	D
0	0	0
0	1	1
1	0	0
1	1	1

D 플립플롭

Q(t)	Q(t+1)	T
0	0	0
0	1	1
1	0	1
1	1	0

T 플립플롭

7-6-1 SR 플립플롭의 여기표

SR 플립플롭의 여기표에서 첫 번째 열은 시간 t 에서 플립플롭이 0 상태를 나타낸다. 이 조건에서 클럭펄스가 발생하면 다음상태로 천이하게 된다. 특성표에서 $S=R=0$일 때는 상태가 변화되지 않는다. 따라서 표 7-4의 여기표에서 첫째 열의 조건은 S, R 입력 모두 반드시 0이 되어야 한다. 그러나 특성표에서 $S=0$일 때 R은 1이 되어도 다음상태는 0으로 리셋이 되므로 R은 무상관 조건 X로 나타낼 수 있다. 0 상태에서 1 상태로 변화되기 위해서는 특성표로부터 $S=1$, $R=0$가 유일한 조건이다. 그리고 플립플롭이 1 상태에서 0 상태로 천이하기 위해서는 $S=0$, $R=1$의 입력조건이 요구된다. 표 7-4의 SR 플립플롭에 대한 여기표는 이상과 같은 조건을 정리해서 나열한 것이다.

7-6-2 JK 플립플롭의 여기표

JK 플립플롭에 대한 여기표를 구해보자. 먼저 현재상태와 다음상태가 0 상태일 조건은 $J=0$이고, K는 0 혹은 1이 되어도 된다. 이와 마찬가지로 현재상태와 다음상태가 1 상태가 되는 조건은 $K=0$이어야 하고, J는 0이거나 1 중 어느 값이 되어도 상관없다. 따라서 이 경우에는 $K=0$, $J=X$의 조건이 된다. 또한, 플립플롭이 0 상태에서 1 상태로 변화되기 위해서는 세트조건을 만족하기 위한 J 입력은 J = 1이 되어야 하고, K는 1 또는 0이어야 한다. 표 7-4의 JK 플립플롭에 대한 여기표는 이상을 정리한 것으로, 이는 JK 플립플롭을 이용해서 순서회로를 설계하는데 활용할 수 있다.

7-6-3 D 플립플롭의 여기표

표 7-3의 특성표로부터, D 플립플롭의 다음상태는 현재상태와는 상관없이 항상 제어입력 D와 동일함을 알 수 있다. 따라서 D는 다음상태 $Q(t+1)$과 같다. 즉, $Q(t+1)=D$이고 다음상태의 값이 D 입력이 된다.

7-6-4 T 플립플롭의 여기표

T 플립플롭은 토글 동작을 수행하는 플립플롭이므로 현재상태와 다음상태가 동일할 때는 T=0, 서로 다른 값을 갖는 경우에는 T=1이 되어야 한다.

7-7 | 슈미트 트리거 입력

그림 7-42(a)는 슈미트 트리거 입력을 갖는 인버터에 대한 입력전압과 출력전압과의 관계를 나타낸 그래프이고, 그림 7-42(b)는 이에 대한 심볼이다. 그림 7-42(a)에서 보는 것과 같이 입력 전압이 0V에서 증가하여 상위 임계점 3.1V가 되었을 때 인버터의 출력은 HIGH에서 LOW로 변화된다. 그리고 입력전압이 5V까지 상승했다가 다시 상위 임계전압 3.1V가 되어도 출력은 변화되지 않고, 입력전압이 하위 임계전압 1.8V가 되어야만 출력이 HIGH 상태로 변화된다. 이와 같이 슈미트 트리거 입력을 갖는 소자는 출력의 변화를 야기하는 문턱전압(threshold voltage)의 차이가 히스테리스(hyteresis) 특성을 갖도록 한 회로이다.

슈미트 트리거 회로는 입력 신호에 대하여 미리 상하위 임계 기준전압을 설정하여 두고, 입력 신호가 기준전압을 초과하는 경우에만 출력이 변화되도록 한다. 따라서 출력은 입력 신호의 특성과 관계없이 빠른 천이시간을 갖는다. 슈미트 트리거의 이러한 특성은 잡음이 많은 신호나 입력의 변화가 매우 느린 신호를 처리하는데 널리 사용된다. 또한, 정현파나 불규칙한 파형을 정형화해서 펄스 형태의 신호를 발생시키는 목적으로도 많이 이용되고 있다. 그림 7-43은 그림 7-42(b)의 슈미트 트리거 입력의 인버터를 사용해서 정현파를 펄스 파형으로 변환시키는 예이다.

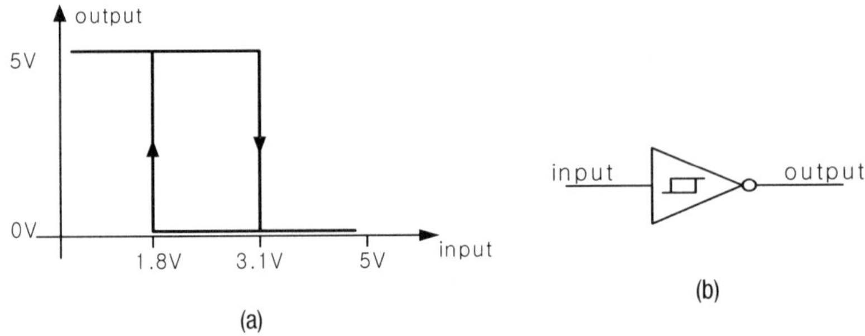

그림 7-42 (a) 슈미트트리거 입력을 갖는 TTL의 입출력 특성 (b) 심볼

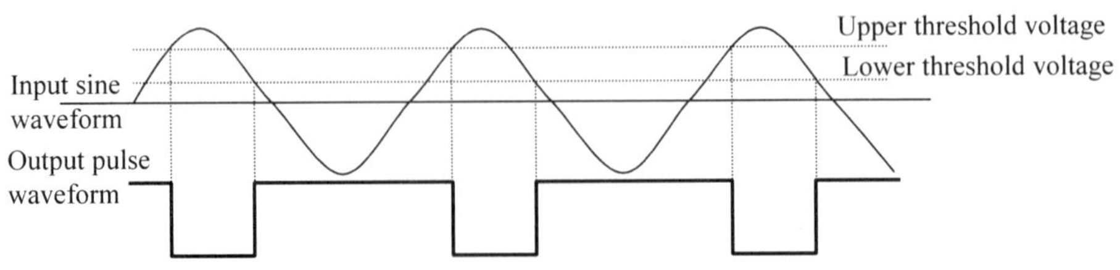

그림 7-43 슈미트 트리거 인버터에 의한 정현파의 구형파로의 변환

다른 슈미트 트리거 입력의 응용으로 입력 신호 레벨의 변화가 느리거나, 키 입력 신호에서 나타나는 바운싱(bouncing) 신호를 제거하는 예를 들어 보자. 그림 7-44(a)는 진동하면서 전압 레벨이 변화되는 슈미트 트리거 인버터의 입력이고, 그림 7-44(b)는 이 입력 신호를 일반의 인버터를 통과시켰을 때의 출력 파형이다. 이에 반해, 그림 7-44(c)는 슈미트 트리거 인버터를 통과한 출력을 나타낸 것으로, 그림 7-44(b)의 경우는 2.5V 부근에서의 잡음이 그대로 출력에서 나타나는 반면, 그림 7-44(c)의 경우에는 잡음이 출력에 나타나지 않는 것을 볼 수 있다. 이는 히스테리시스 특성을 갖는 문턱전압의 차이 때문에 중간에 잡음이 있어도1.8V 이하의 신호 레벨이나 3.1V를 초과하는 입력의 레벨에 대해서는 출력이 반응하지 않기 때문이다.

슈미트 트리거 입력을 갖는 MSI IC는 인버터뿐만 아니라, 다양한 게이트나 래치, 플립플롭 등이 상용화되어 있다. 이들 소자에 대해서는 부록 A의 TTL 매뉴얼 일람표를 참조하기 바란다.

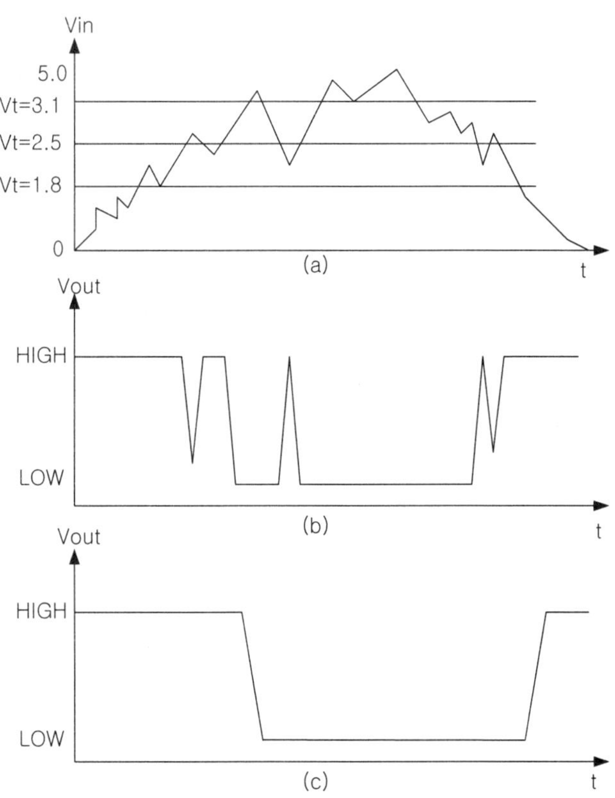

그림 7-44 잡음이 섞인 신호에 대한 슈미트리거 입력을 갖는 인버터의 입출력특성

7-8 | 멀티바이브레이터

디지털 시스템에서 펄스 파형을 발생시키는 소자를 특히 멀티바이브레이터(multivibrator)라 하고, 파형 발생의 상태에 따라 다음 세 가지 종류로 분류할 수 있다.

1. Astable multivibrator(비안정 멀티바이브레이터)
2. Monostable multivibrator(단안정 멀티바이브레이터)
3. Bistable multivibrator(쌍안정 멀티바이브레이터)

먼저, 비안정 멀티 바이브레이터는 출력상태가 HIGH 또는 LOW 어느 쪽에서도 안정적이지 못하고 그림 7-45(a)와 같이 외부 트리거 펄스가 인가되지 않아도 지속적으로 두 상태가 변화되는 것을 말한다. 이와 같은 비안정 멀티 바이브레이터는 발진기(oscillator)라고도 하며 대표적인 회로는 크리스탈(Crystal)에 의한 발진기나 인버터 및 RC 회로로 구성되는 발진기, 타이머 555 소자 등 여러 가지가 있으며, 클럭 발생기는 모두 비안정 멀티바이브레이터이다.

다음으로 단안정 멀티바이브레이터는 하나의 안정된 상태를 가지기 때문에 One-shot 멀티 바이브레이터라고도 하며, 그림 7-45(b)와 같이 입력으로 트리거 신호가 인가되면 출력으로 일정한 폭을 갖는 하나의 구형 펄스가 발생된다. 이 때, 정상출력 $Q=0$, 반전출력 $\overline{Q}=1$의 상태를 안정상태(stable state)라 하고, 그 역의 상태 즉, $Q=1, \overline{Q}=0$인 상태를 준안정상태(quasi-stable state)라 한다. 따라서 단안정 멀티바이브레이터는 외부 트리거 신호에 의해 나온 출력은 준안정상태(quasi-stable)를 일정시간 유지한 후 다시 안정된 상태로 되돌아간다. 이와 같은 회로는 고속의 디지털 시스템에서 글리치(glitch)를 검출하거나, 제어신호의 발생, 발진회로의 구성, 주파수 변별기, 일정시간 펄스의 지연 등 다양한 목적으로 사용된다.

마지막으로 쌍안정 멀티바이브레이터는 그림 7-45(c)와 같이 HIGH 또는 LOW 어느 상태의 출력도 안정적으로 정의되는 것으로, 지금까지 다루어 온 플립플롭이나 래치는 전부 쌍안정 멀티 바이브레이터에 해당한다. 따라서 자체적으로 출력의 상태를 제어하거나 변화시킬 수 없으며, 한 번의 트리거 입력에 의해 변화된 출력은 그 상태를 영속적으로 유지하게 된다.

그림 7-46은 이상 3가지 종류의 멀티바이브레이터의 개념을 파형으로 나타낸 것이다.

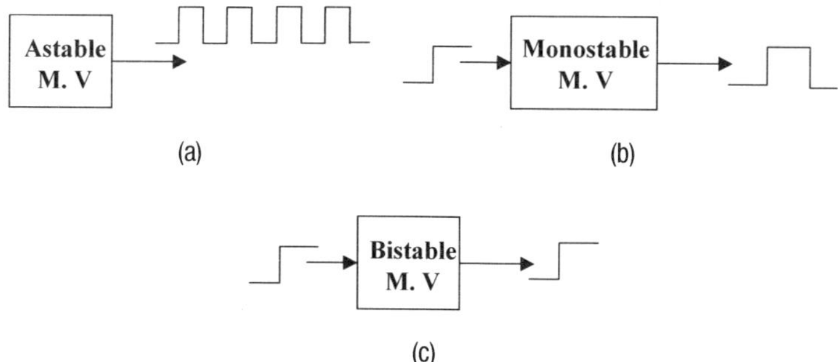

그림 7-45 멀티바이브레이터의 개념적 정의 (a) 비안정 멀티바이브레이터, (b) 단안정 멀티바이브레이터, (c) 쌍안정 멀티바이브레이터

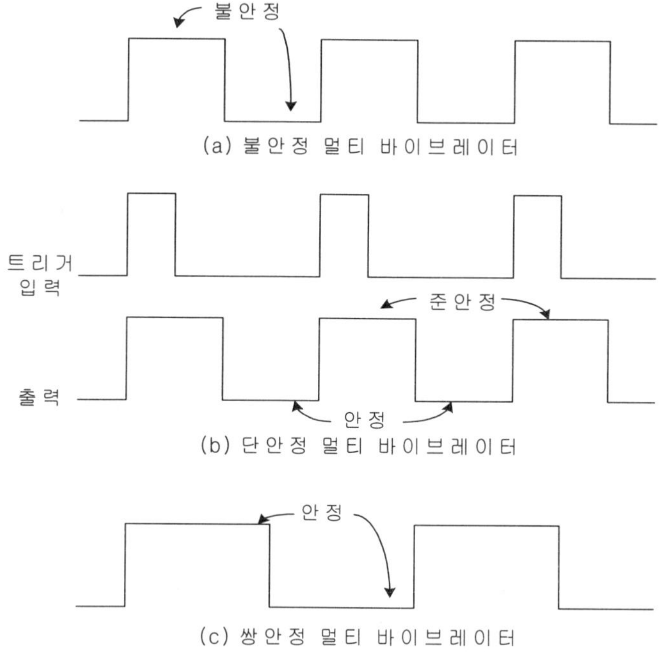

그림 7-46 각종 멀티바이브레이터

7-8-1 단안정 멀티바이브레이터

그림 7-47은 단안정 멀티바이브레이터의 블록도와 트리거 펄스 T에 의한 펄스폭의 발생을 나타낸 것이다. 준안정 상태의 펄스폭 t_P 는 단안정 멀티바이브레이터의 내부회로와 외부에 인가되는 저항 R_T 및 커패시터 C_T 의 값에 의해 결정되고, 개략적인 펄스폭은 다음 식

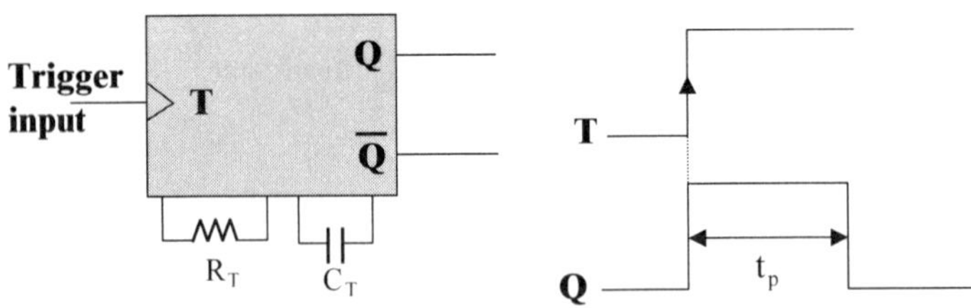

그림 7-47 단안정 멀티바이브레이터의 블록도와 펄스폭

(7-6)으로 주어진다.

$$t_P \simeq 0.7 R_T C_T \quad (7\text{-}6)$$

이와 같은 단안정 멀티바이브레이터의 종류는 재트리거할 수 없는 것과 재트리거할 수 있는 것으로 분류된다.

가. 재트리거 할 수 없는 단안정 멀티바이브레이터

그림 7-48의 파형은 트리거 입력이 발생될 때 트리거되고 준안정 상태에 있는 동안 트리거가 입력되어도 다시 트리거 할 수 없는 단안정 멀티바이브레이터의 동작을 나타낸다. 위치 a, b, c, e에서 트리거가 발생하면 단안정 멀티바이브레이터는 t_P 시간동안 준안정 상태의 출력을 발생하고, t_P 시간 후에는 안정상태로 복귀하게 되는데, 이 때 단안정 멀티바이브레이터가 이미 준안정 상태에 있는 d와 f위치에서 트리거가 입력되어도 출력에는 영향이 없다. 따라서 단안정 멀티바이브레이터의 출력 펄스폭은 입력 펄스폭에 무관하게 항상 같다.

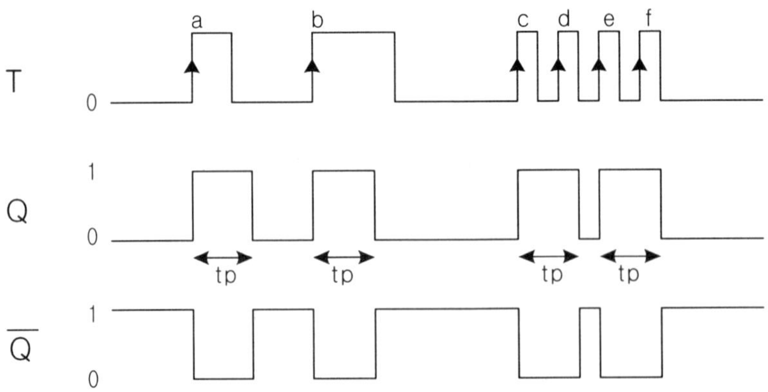

그림 7-48 재트리거 할 수 없는 단안정 멀티 바이브레이터의 출력 파형

재트리거할 수 없는 단안정 멀티바이브레이터 MSI IC의 대표적인 것이 74121과 74221이다. 74221은 두 개의 멀티바이브레이터를 포함시킨 것 외에는 기본적인 동작은 74121과 같다. 그림 7-49(a)는 회로의 내부구성을 나타낸 논리심볼이다. 숫자는 IC의 핀 번호이고, 생략되어 있는 번호는 내부적으로 연결되지 않는 핀 번호이다. 트리거 입력 T는 하강에지 타입이고, T의 제어를 다양하게 하기 위한 목적으로 다음의 논리식으로 구성된 3개의 입력 단자 A_1, A_2, B를 갖고 있다.

$$T = \overline{A_1 A_2} \cdot B = \overline{A_1} \cdot B + \overline{A_2} \cdot B$$

따라서 하강에지 트리거가 발생할 수 있는 조건은

$B = A_2 = 1$일 때 $A_1 = 1 \rightarrow 0$
$B = A_1 = 1$일 때 $A_2 = 1 \rightarrow 0$
$A_2 = 0$ 또는 $A_1 = 0$일 때 $B = 1 \rightarrow 0$

등이고, 그 외에는 출력 Q는 항상 $Q = 0$의 안정상태를 유지한다. 그림 7-49(b)는 이와 같은 펄스 발생의 조건을 나열한 것이다. 입력 B는 슈미트 트리거 입력으로 되어 있어, 7.7절에서 기술한바와 같이 특수한 입력용으로 사용할 수 있다. 출력 펄스의 폭 t_P는 IC 외부에 부착할 수 있는 저항 R_{ext}와 커패시터 C_{ext}, 내부 고유의 저항 R_{int}에 의해 결정된다. 이 때, C_{ext}는 그림 7-50에 나타낸 것처럼 단자 11번과 10번 사이에 접속해야 한다. 펄스폭 t_P를 증가시키기 위해서는 용량이 큰 C_{ext}를 사용하면 된다. 내부 저항 R_{int}만을 사용할 경우에는 단자 9번을 Vcc와 연결시키고, 외부저항 R_{ext}를 사용할 경우에는 그림 7-50과 같이 연결해서 사용하면 된다. 이 때 내부저항 단자 9번은 사용하지 않고 오픈(open)상태로 해 두어야 한다.

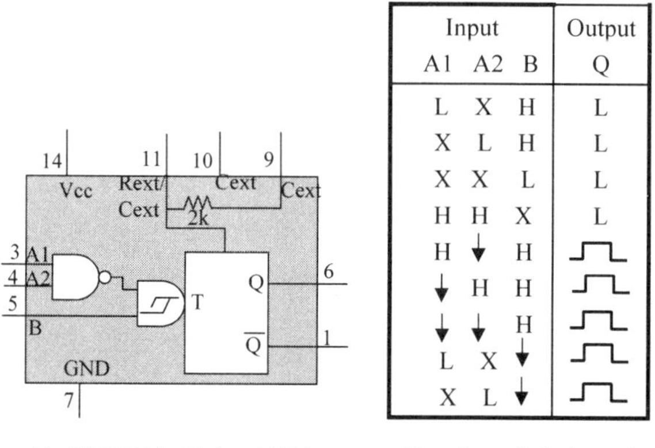

Input A1	A2	B	Output Q
L	X	H	L
X	L	H	L
X	X	L	L
H	H	X	L
H	↓	H	⎍
↓	H	H	⎍
↓	↓	H	⎍
L	X	↓	⎍
X	L	↓	⎍

(a) 회로구성 및 논리심볼　　(b) 펄스 발생의 조건

그림 7-49 74121 단안성 멀티바이브레이터 MSI IC

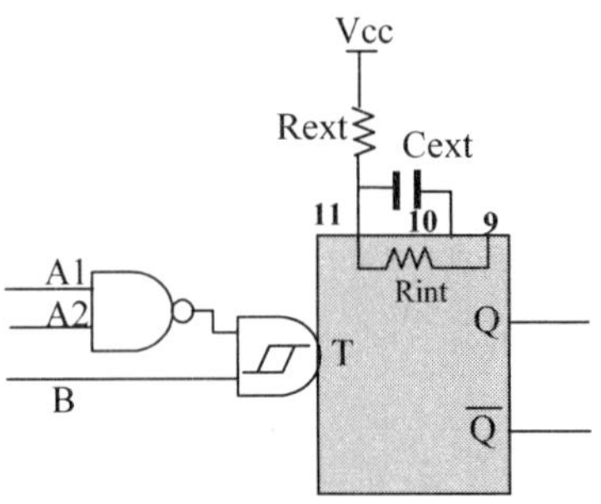

그림 7-50 74121 단안정 멀티바이브레이터의 외부저항과 커패시터에 의한 펄스폭 제어

74121의 단안정 멀티바이브레이터에서 연속적인 트리거 펄스를 사용해서 원하는 형태의 파형을 발생시키는 경우, 발생된 파형의 듀티비를 고려해야 한다. 즉, 내부저항만을 사용하는 경우 대략 67% 정도의 듀티비, 외부저항을 이용하는 경우 최대 90%까지의 듀티비가 허용된다. 따라서 트리거 펄스는 이 듀티비를 허용하는 범위보다 펄스 간격이 좁아지게 되면, 발생되는 펄스폭이 불안정하게 되어 이른바 지터(jitter)가 야기될 가능성이 높아진다.

나. 재트리거할 수 있는 단안정 멀티 바이브레이터

재트리거할 수 있는 단안정 멀티 바이브레이터는 준안정 상태 동안 재트리거 되면, 출력이 새로운 t_P 시간 동안 준안정 상태를 유지하는 차이점을 제외하고는 재트리거할 수 없는 단안정 멀티바이브레이터와 같은 동작을 한다. 그림 7-51(a)는 2ms 의 t_P 를 사용하여 두 형태의 단안정 멀티바이브레이터의 응답을 비교해서 나타낸 것이다.

첫 번째 트리거가 입력된 후에는 두 종류의 멀티바이브레이터 모두 2ms 동안 HIGH상태를 유지한다. 그러나 두 번째 트리거가 입력된 다음에는 1ms 후에 세 번째 트리거가 발생할 경우에는 서로 다른 출력을 나타내게 된다. 재트리거할 수 없는 단안정 멀티바이브레이터는 그 전에 준안정 상태로 되어 있었기 때문에 세 번째 트리거는 아무런 영향을 주지 못하게 된다. 하지만 재트리거할 수 있는 단안정 멀티바이브레이터는 그 전 상태와는 무관하게 재트리거 되므로 그 시점으로부터 2ms 동안 HIGH 상태에 머무르게 된다. 결과적으로 재트리거할 수 있는 단안정 멀티바이브레이터는 출력의 상태와는 상관없이 트리거 펄스가 인가되는 각 시간마다 t_P 간격으로 HIGH 상태를 유지한다. 사실 트리거 펄스는 t_P 간격의 끝이 되기 전에 단안정 멀티바이브레이터가 항상 재트리거될 수 있을 정도로 충분히 빠르게 인가된다면 출력 Q는 계속 HIGH로 유지된다. 이것을 그림 7-51(b)에 나타내었다. 여기서 8개의 펄스는 매 1ms 당 인가된다. Q는 마지막 트리거 펄스 후의 2ms 까지는 LOW로 다시 돌아오지 않는다.

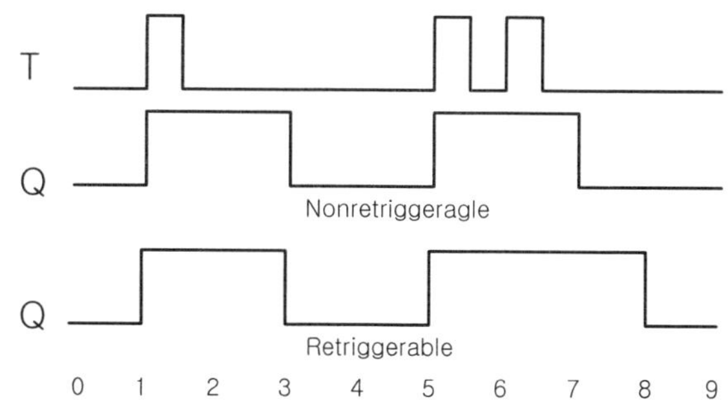

(a) $t_P = 20ms$ 일 때 재트리거할 수 있는 것과 재트리거할 수 없는 단안정 멀티바이브레이터 응답의 비교

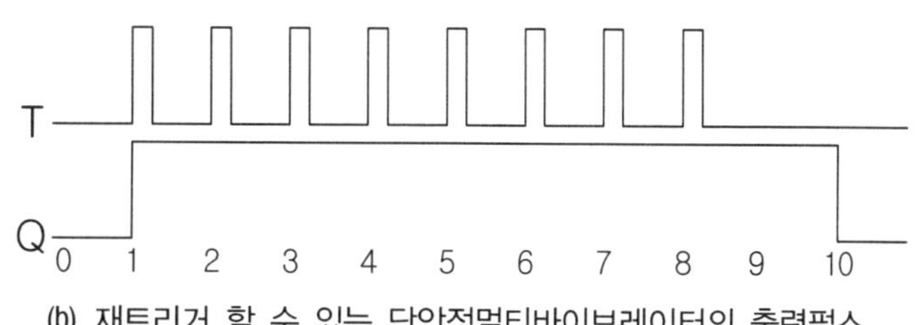

(b) 재트리거 할 수 있는 단안정멀티바이브레이터의 출력펄스

그림 7-51 단안정 멀티바이브레이터의 응답

재트리거할 수 있는 단안정 멀티바이브레이터 MSI IC로 74122와 74123이 있다. 74122는 하나의 재트리거 멀티바이브레이터를, 74123는 2개의 재트리거 멀티바이브레이터를 갖고 있다. 기본적인 동작은 74121에서 설명한 것과 유사하다. 다만, 74122가 74121에 비해 발생되는 펄스의 듀티 비에 제한이 없어 연속적인 트리거 펄스의 간격이 좁아도 되는 점과, 클리어 입력단자를 별도로 보유하고 있어 동작을 리셋시킬 수 있어 응용의 유연성이 높다.

7-7-2 비안정 멀티바이브레이터

멀티바이브레이터의 세 번째 타입은 안정상태가 없는 것으로, 이를 비안정(astable) 또는 free running 멀티 바이브레이터라고 한다. 이러한 형태의 논리 회로는 2개의 비안정 출력 상태 사이에서 발진하며 보통 디지털 회로에 동기 클럭 신호를 인가하는데 사용된다. 비안정 멀티바이브레이터에는 여러 가지가 있지만 여기서는 두 가지의 동작에 대해서만 간략히 기술한다.

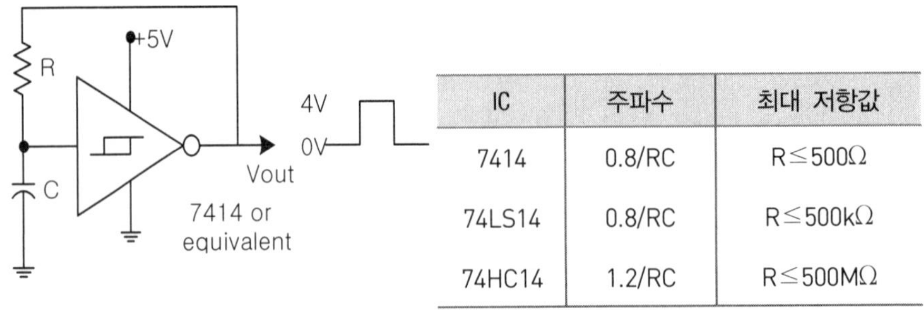

IC	주파수	최대 저항값
7414	0.8/RC	R≤500Ω
74LS14	0.8/RC	R≤500kΩ
74HC14	1.2/RC	R≤500MΩ

그림 7-52 (a) 7414를 사용한 슈미트트리거 발진기 (b) 각 IC별 저항의 최대값

가. 슈미트 트리거 발진기

그림 7-52(a)에 슈미트 트리거 인버터를 사용해서 구현한 발진기를 나타내었다. 파형은 R과 C의 값에 의해 구형파로 출력이 나타나게 된다. 주파수와 R, C 값 사이의 관계를 그림 7-52(b)에 나타내었으며, 세 종류의 슈미트 트리거 인버터의 차이점도 나타내고 있다.

나. 비안정 멀티 바이브레이터를 이용한 555 타이머

555 타이머 IC는 여러 가지 방식으로 동작할 수 있는 TTL계열 소자이다. 그림 7-53은 555를 외부 소자와 어떻게 연결하는가에 따라 555의 동작이 free running 발진을 할 수 있음을 나타내고 있다. 555의 출력 값은 R과 C값에 따라, 각 논리가 시간적 간격을 두고 2개의 논리 형태로 스위칭 되는 구형파가 반복하여 나타나게 된다.

전체 주기가 T인 시간간격은 $T = t_1 + t_2$로 주어지고, 발진주파수는 물론 T도 외부 정항과 커패시터에 의해 결정된다. t_1과 t_2 값은 R_a 값을 아무리 작게 하여도 이 IC에 과전류를 부가하지 않는 이상은 같게 할 수 없다. 따라서 정확한 50%의 듀티 사이클 구형파를 얻는

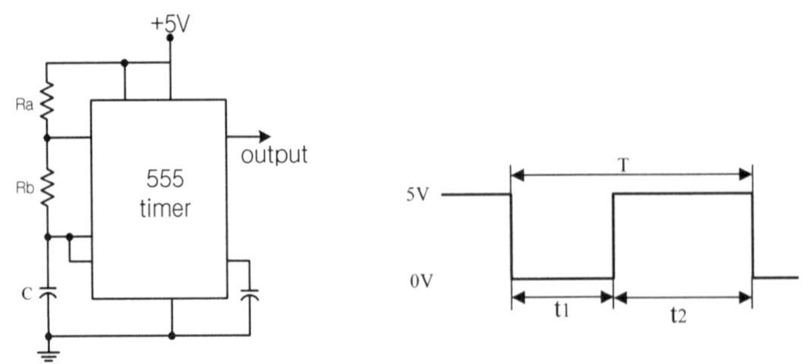

그림 7-53 비안정 멀티 바이브레이터를 이용한 555 타이머

것은 불가능하지만, 50%에 근접한 듀티 사이클은 $R_b \gg R_a$ $(R_a \gg 1k\Omega)$ 함으로써 $t_1 \approx t_2$가 되게 할 수 있다. 이 때 $t_1 = 0.693R_bC$, $t_2 = 0.693(R_a + R_b)$의 근사식으로 주어진다. 단, 외부 저항과 커패시터의 값에 대한 조건은 다음과 같다.

$$R_a \geq 1k\Omega,\ R_a + R_b \leq 6.6M\Omega,\ C \geq 500pF \tag{7-7}$$

다. Crystal Controlled 클럭 발생기

거의 모든 디지털 시스템에서 클럭이 쓰인다. 이러한 클럭은 HIGH레벨 전압과 LOW레벨 전압이 안정해야 하고 상승 시간과 하강 시간이 짧아야 하며, 주파수가 안정해야 한다. 하지만 일반 클럭 발생 회로로부터 나온 신호의 출력 주파수는 R과 C값이 온도나 노화에 의해 그 값이 변화되고, 또한 저항값의 흔들림이 클럭 발생기의 조정되었던 주파수를 변화시키기 때문에 그리 정확하거나 안정되지 못하다.

클럭 발생의 요구 조건을 잘 만족시키는 것이 크리스탈-제어된(Crystal Controlled) 클럭 발생기이다. 이것은 높은 안정성과 정확도를 가지며 수정 발진기라고도 불린다. 수정 발진기는 온도와 노화에 매우 안정적인 정확한 주파수에서 크기와 각이 정확하게 발진할 수 있다. 주파수는 10kHz ~ 80MHz까지 쉽게 발진되고, 크리스탈 발진기의 발생주파수는 크리스탈편의 고유진동수에 의해서 결정된다. 수정 발진기 회로는 모든 마이크로프로세서의 기본 시스템과 마이크로컴퓨터에 쓰인다. 그리고 클럭 신호가 정확한 시간 간격으로 발진되어야 하는 다른 응용분야에서도 사용된다.

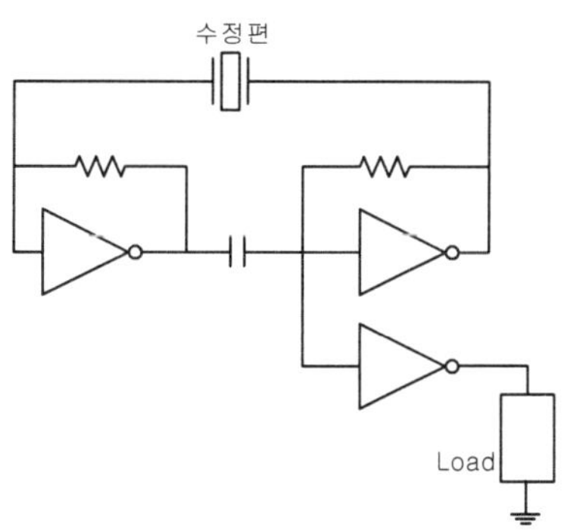

그림 7-54 Crystal_controlled 클럭 발생기

연습문제

7-1 $\overline{S}-\overline{R}$ NAND 래치를 사용해서 예제 7-2와 디바운싱을 위한 회로를 구성하고, 그림 7-10(b)의 파형에 대한 출력 파형을 그려라.

7-2 그림 7-8의 S-R NOR 래치를 사용해도 인에이블(EN)을 갖는 SR 래치의 구성이 가능하다.

(a) 회로를 구성하여라.

(b) 진리표를 작성하고, 그림 7-12의 파형에 대한 출력 파형을 구하여라.

7-3 그림 7-55(a)로 주어진 회로에서, 그림 7-55(b)의 입력 파형에 대한 출력 Q의 파형을 그려라. 단 출력의 초기값은 Q = 0로 가정한다.

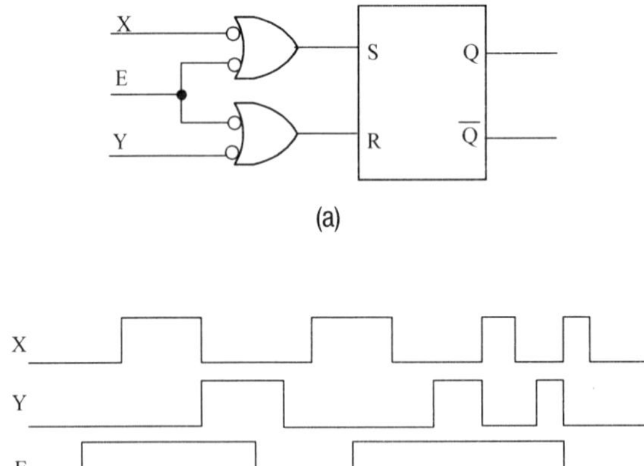

그림 7-55 문제 7-3의 회로와 파형

7-4 그림 7-11의 인에이블(EN)을 갖는 SR 래치에서 S = R = 1은 예측할 수 없는 출력이 되므로 금지입력의 조건이었다. 이를 해결하기 위한 하나의 방법으로 S = R = 1이면 강제로 세트 또는 리셋의 출력이 얻어지도록 회로를 수정하는 것이다.

(a) S = R = 1일 때 자동으로 세트상태의 출력이 되는 인에이블(EN)을 갖는 SR 래치 회로를 구성하여라.

(b) S = R = 1일 때 자동으로 리셋상태의 출력이 되는 인에이블(EN)을 갖는 SR 래치 회로를 구성하여라.

7-5 다음 그림 7-56(a)의 EN을 갖는 D 래치, 상승에지 트리거 D 플립플롭, 하강에지 트리거 D 플립플롭에서 그림 7-56(b)로 주어진 파형에 대한 각각의 출력 Q_1, Q_2, Q_3의 파형을 그려라.

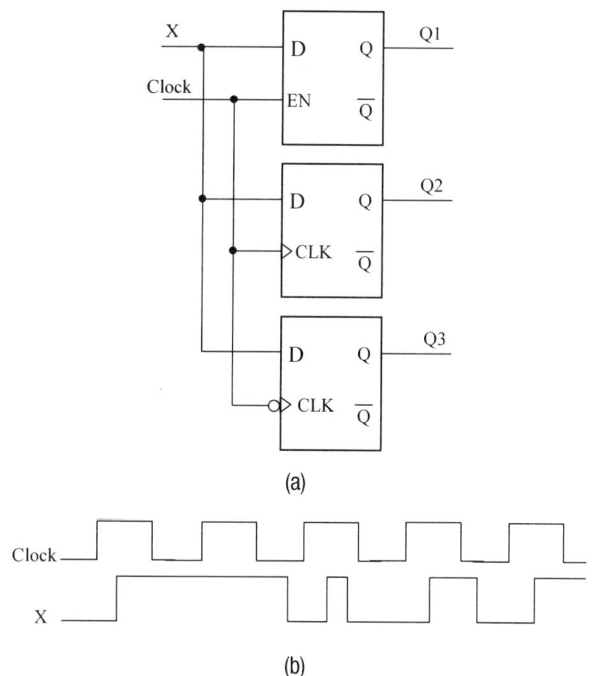

그림 7-56 문제 7-4의 회로와 파형

7-6 다음 물음에 답하여라.

(a) JK 플립플롭이 토글 모드로 동작되는 것을 보이고, 입력에 10 kHz의 정현파가 인가될 경우의 출력 파형을 구하여라. 단 초기상태는 0으로 리셋되어 있고, 하강 에지에서 트리거 된다고 가정한다.

(b) 플립플롭의 출력 Q를 J=K=1인 두 번째 J-K플립플롭의 CLK입력에 연결하였다. 두 번째 플립플롭의 출력에 나타나는 파형의 주파수를 구하여라.

7-7 에지 트리거 D 플립플롭을 사용하여 에지 트리거 SR 플립플롭을 구성하고자 한다.

(a) S, R 및 현재 출력 $Q(t)$의 변수를 사용하여 D에 관한 논리식을 구하여라.

(b) (a)의 논리식을 사용하여 에지 트리거 D 플립프롭을 사용한 에지 트리거 SR 플립플롭의 회로를 구성하여라.

7-8 (a) 마스테/슬레이브 SR 플립플롭을 구성하여라.

(b) (a)에서 구성한 마스터/슬레이브 SR 플립플롭을 사용하여 상승에지 JK 플립플롭의 회로를 구성하여라.

(c) 그림 9-28(a)의 타이밍도를 사용하여 (b)의 회로 동작을 검증하여라.

7-9 다음 그림 7-57로 주어진 회로구성과 클럭 펄스(CLK)에 대해,

(a) 클럭 펄스에 대한 출력 Q_0와 Q_1에 대한 파형을 그려라.

(b) 클럭 펄스의 주파수가 1MHz 라고 하면, 출력 Q_0와 Q_1의 주파수를 구하여라.

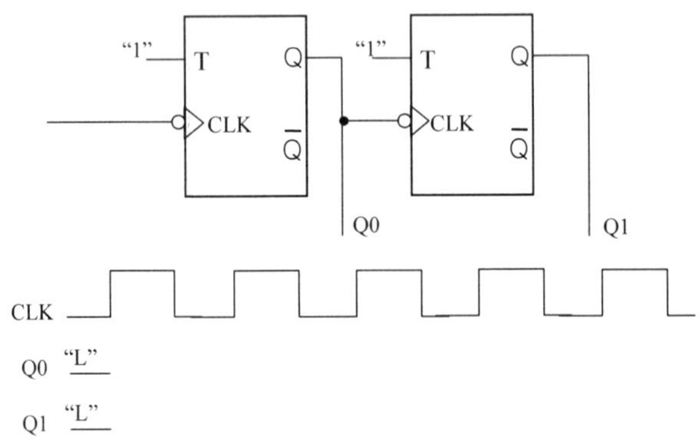

그림 7-57 문제 7-9의 회로 구성과 파형

7-10 그림 7-58의 프리세트와 리셋의 비동기 제어입력을 갖는 하강에지 트리거 JK 플립플롭과 입력 파형에 대한 출력 파형을 그려라.

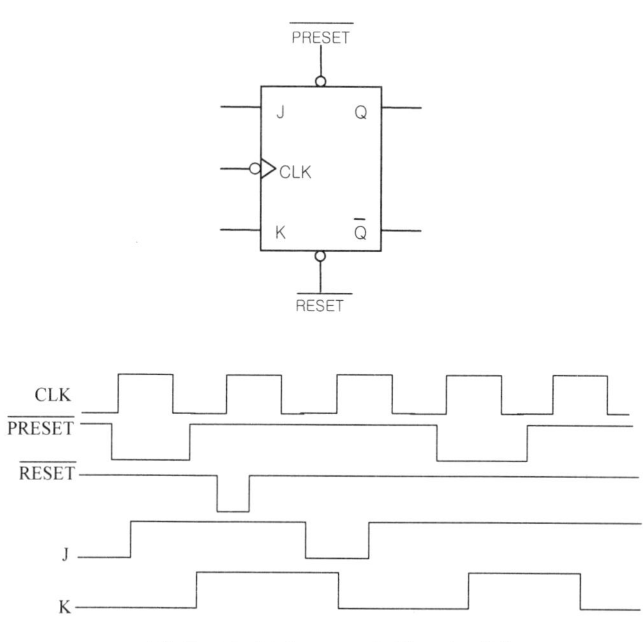

그림 7-58 문제 7-10의 회로와 파형

7-11 그림 7-59의 회로구성과 클럭 입력에 대한 출력 Q의 파형을 구하여라. 단 초기값 Q는 Q = 0로 리셋되어 있다고 가정한다.

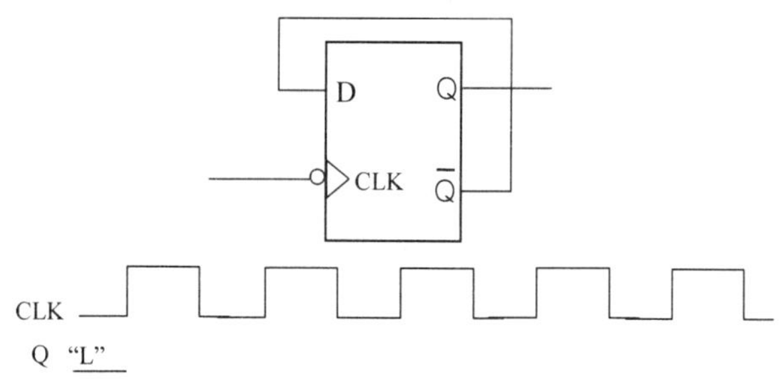

그림 7-59 문제 7-11의 회로 구성과 클럭입력

7-12 그림 7-60으로 구성된 회로에서 데이터 입력X 와 클럭에 대한 출력 Z 의 파형을 구하고, 데이터 입력X 와 출력Z 사이의 관계를 구하여라. 단 D 플립플롭의 홀드시간 t_H 는 $t_H = 0$ 으로 간주한다.

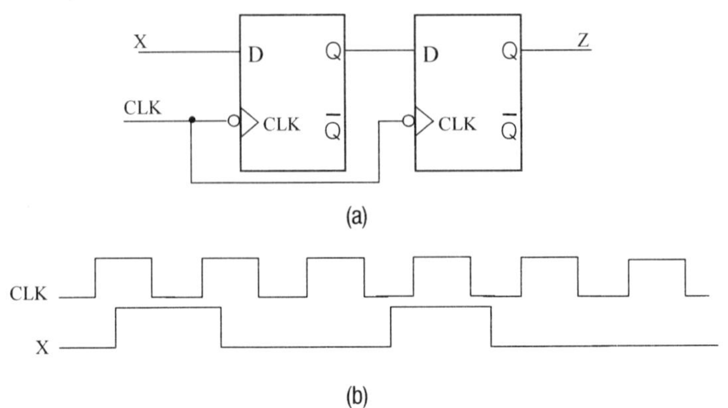

그림 7-60 문제 7-12의 회로구성과 클럭 및 데이터 파형

7-13 그림 7-61로 주어진 회로 구성에서,

(a) 클럭 CLK가 주파수10 kHz, 듀티비 50%인 펄스일 때, 출력 CLK1과 CLK2의 파형을 구하여라.

(b) CLK1과 CLK2의 주파수와 듀티비를 구하여라.

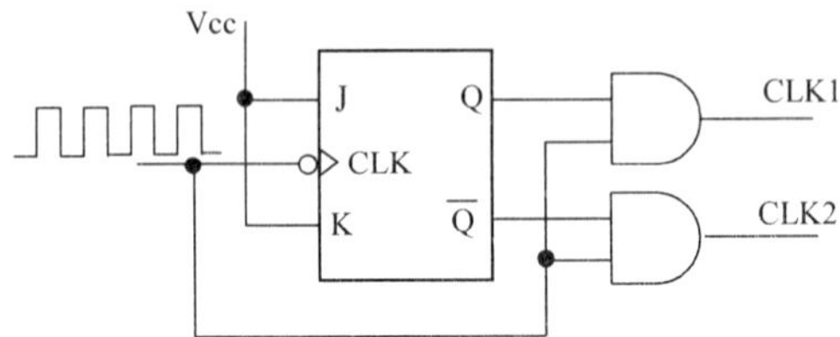

그림 7-61 문제 7-13의 회로구성

7-14 그림 7-62의 회로와 (b)의 파형에 대해, 현재 시간의 출력을Q(t)라하고, D 입력에 관한 논리식을 구하여라.

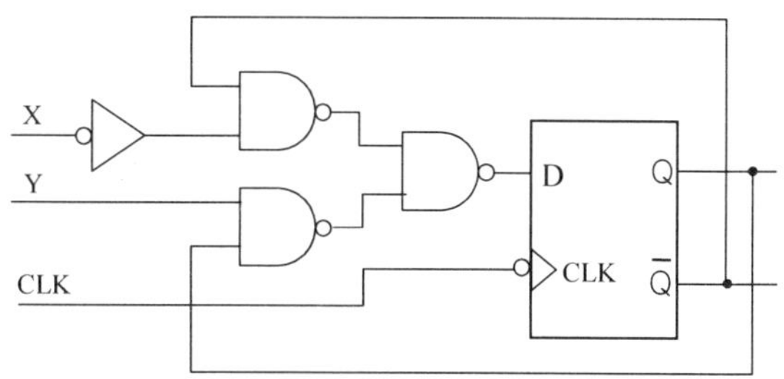

그림 7-62 문제 7-14의 회로구성

7-15 74123는 재트리거할 수 있는 단안정 멀티바이브레이터 2개를 가진 MSI IC이다. 그림 7-63은 그 중 하나를 사용해서 제어입력 E에 따라 발진회로를 구성하는 예를 나타낸 것이다. 외부 트리거에 의해 발생하는 준안정 상태의 펄스폭 t_P는

$$t_P = 0.28R_{ext}C_{ext}(1 + \frac{0.7}{R_{ext}})$$

로 주어진다. $R_{ext} = 10k\Omega, C_{ext} = 2000pF$라 하고, 데이터시트를 참조해서 그림과 같은 EN 입력 파형에 대한 준안정 상태의 펄스폭을 계산하고 출력 Q의 파형을 구하여라. 단, 외부 NAND게이트 및 내부 게이트의 지연시간은 50ns라 가정한다.

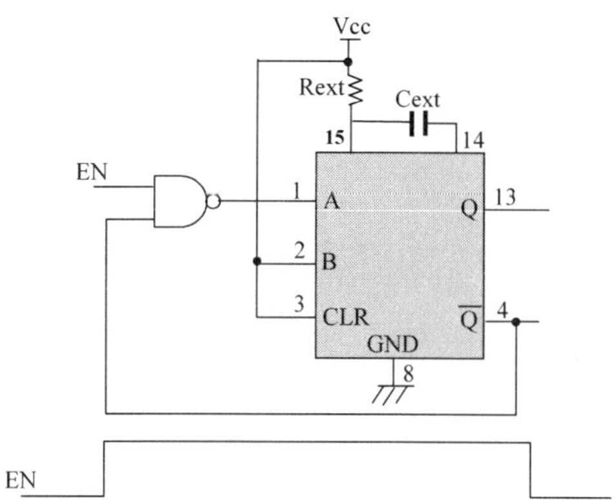

그림 7-63 74123 재트리거 가능하는 단안정 멀티바이브레이터

7-16 그림 7-64의 회로에서 OS는 재트리거 가능한 단안정 멀티바이브레이터이고, 준안정 상태의 펄스폭 t_P는 $t_P = 1\,\mathrm{ms}$라 한다. 단 플립플롭의 초기상태는 리셋상태이다.

(a) 입력 펄스의 주파수가 1 kHz 이상일 때의 출력 Z의 파형을 그려라.

(b) 입력 펄스의 주파수가 1 kHz 이하일 때의 출력 Z의 파형을 그려라.

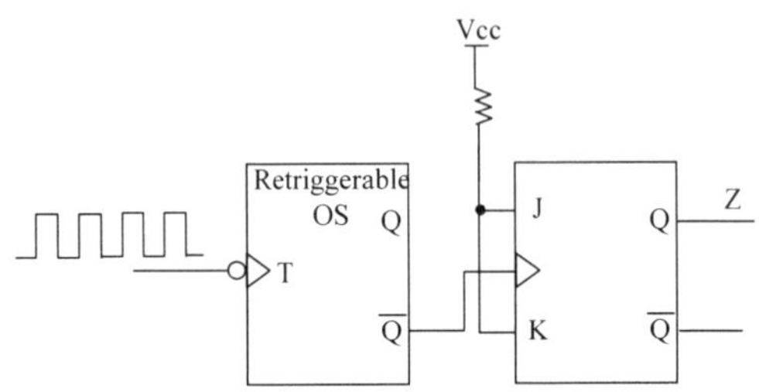

그림 7-64 문제 7-16의 회로구성

7-17 그림 7-52(a)의 슈미트 트리거에 의한 발진회로에서,

(a) $V_{cc} = 5\mathrm{V}$라 하고 슈미트 트리거 입력 V_{in}에 관한 식을 구하고, 파형을 구하여라.

(b) V_{out}을 다시 슈미트 트리거 입력을 갖는 인버터를 통과시켰을 때의 출력 파형을 구하여라.

7-18 클럭 스큐(skew)를 설명하고, 클럭 스큐가 발생하면 디지털 회로에서 야기되는 문제점에 관해 기술하여라.

제 8 장

카운터 및 레지스터와 응용

카운터 및 레지스터는 디지털 회로의 기본 기능을 수행하는 회로이다. 카운터는 사전에 주어진 순서에 따라 출력의 상태가 변화되도록 하는 가장 기본적인 순서회로로서 7장에서 학습한 여러 가지의 플립플롭으로 구성된다. 이와 같은 카운터 회로는 디지털 시스템 내에서 특히, 신호발생의 회수를 제어하거나 각종 디지털 시스템의 제어를 위한 타이밍 또는 필요한 주파수의 클럭 펄스를 생성하는데 널리 사용되고 있다. 레지스터도 다수의 플립플롭으로 구성된 회로로서 데이터의 일시적인 저장을 수행하는 버퍼(buffer)나 직렬 및 병렬 전송을 제어하는 역할을 수행한다.

본 장에서는 먼저, 7장에서 학습한 플립플롭에 관한 지식을 기반으로 여러 가지 종류의 비동기식 및 동기식 카운터를 해석하고 설계하는 방법을 상세히 기술한다. 즉, 임의의 시퀀스에 따라 업/다운 카운터의 기본동작과 특성을 설명하고, N진 카운터를 설계할 수 있도록 한다. 뿐만 아니라 다양한 종류의 카운터 MSI IC에 관해서도 취급함으로서 이들을 응용한 회로의 설계에 사용될 수 있도록 한다.

다음으로, 데이터의 저장과 전송에 핵심적인 역할을 수행하는 레지스터에 관해서 기술한다. 입력 데이터를 직렬 또는 병렬로 천이시키는 동작 특성으로 인해, 레지스터를 특히 쉬프트 레지스터라고도 하고 이 장에서 그 기본적인 회로구성과 응용에 관해 기술한다. 또한, 카운터 및 레지스터에 의한 응용회로의 예를 취급함으로서, 실제 시스템에서 이들을 이용한 회로설계의 능력을 배양하도록 한다. 논리회로의 고장을 시험하기 위한 기본개념과 모델링 방법에 관해서도 간략히 다루어, 디지털 시스템에서의 고장점검이 가능하도록 한다.

8-1 | 비동기식 카운터

대부분의 디지털 시스템은 클럭에 따라 동작하는 동기식 회로와 입력 제어신호만에 좌우되어 동작하는 비동기식 회로의 조합으로 구성되어 있다. 비동기식 회로는 시스템 외부에서 인가하는 클럭에 따라 동작하는 대신, 시스템 내부에서 발생하는 제어신호에 따라 동작하는 것으로, 전체 신호의 입출력을 제어하는 외부클럭에 좌우되지 않는다.

비동기식 카운터(Asynchronous Counter)는 직렬 카운터 또는 리플(ripple) 카운터라고도 하는 것으로 외부클럭에 동기되어 동시에 입출력이 응답하지 않는 비동기식 디지털 회로의 하나이다. 즉, 카운터의 동작이 외부클럭과는 무관하게 이루어진다. 이와 같은 비동기식 카운터는 다수의 플립플롭을 직렬 연결에 의한 구성이므로 그 구조가 간단하다. 그러나 각 플립플롭의 출력이 입력 클럭펄스에 동기화되지 않음으로 인해, 각 플립플롭에서의 지연시간에 의한 영향을 매우 크게 받는다. 따라서 클럭입력의 사용 가능한 최대 주파수가 제한되고, 높은 주파수의 시스템 클럭에서 동작하는 고속 카운팅에는 적당하지 못하다. 그러나 회로 구성이 복잡하지 않아 간단한 디지털 회로에 널리 사용된다.

8-1-1 업 카운터

카운터 동작이 순서적으로 증가하는 것을 업(up) 카운터라 한다. JK 플립플롭을 사용한 비동기식 카운터를 구성해 보자. JK 플립플롭은 7.2절에서 설명한 것처럼 제어입력이 $J=K=1$ 이면, 클럭이 트리거 될 때마다 출력이 반전되는 토글(toggle) 동작을 수행한다. 그림 8-1(a)는 JK 플립플롭의 이와 같은 특성을 이용해서 3개의 하강에지 트리거 JK 플립플롭만을 직렬로 연결하여 구성한 회로이다. 여기서, JK 입력은 전원(V_{CC})측에 접속되어 있는

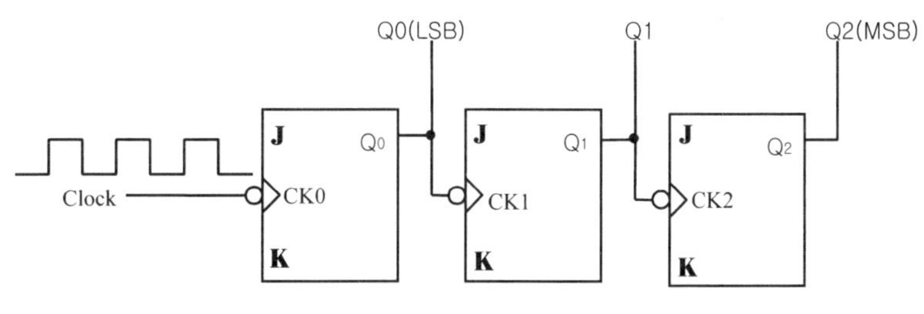

(a) 3비트 리플 업 카운터 회로 구성

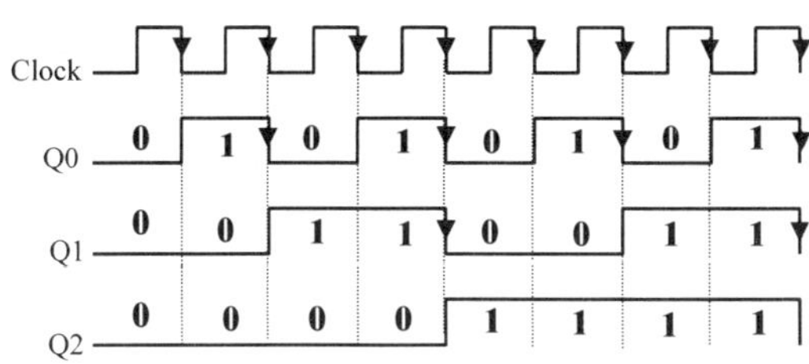

(b) 동작 타이밍도

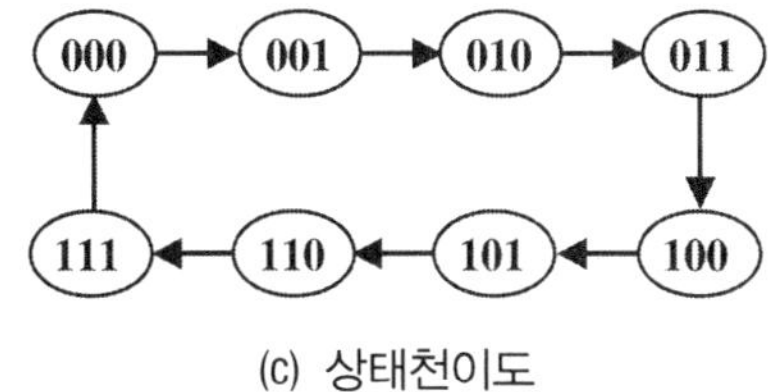

(c) 상태천이도

그림 8-1 하강에지 JK 플립플롭을 이용한 3비트 비동기 업 카운터

상태 즉, $J=K=1$을 의미하고, 이를 생략해서 나타낸 심볼이다. 카운터에 필요한 트리거 신호는 첫 번째단 플립플롭의 CLK에만 입력펄스로 사용하고, 나머지 플립플롭의 트리거 신호는 전단 플립플롭의 출력Q이 사용되고 있다. 따라서 두 번째 플립플롭은 첫 번째 플립플롭의 출력이 변화되는 경우에만 그 출력이 반전되어 나타나고, 세 번째단의 플립플롭도 두 번째단의 플립플롭 출력의 변화에 따른다.

각 플립플롭의 초기값으로 0으로 리셋되어 있다고 가정하고, 그림 8-1(a)의 각 플립플롭의 출력 파형을 나타낸 것이 그림 8-1(b)의 타이밍도이다. 외부 클럭(CLK)의 트리거 펄스 하강에지에 따라 카운터 회로의 출력 $Q_2Q_1Q_0$가 000, 001, 010, …, 110, 111, 000 …의 순, 즉, 10진수 0, 1, 2, …, 6, 7, 0, …의 순서에 따라 동작하는 것을 알 수 있다. 외부 트리거 신호에 따라 플립플롭의 출력상태가 변화되는 것을 나타낸 순서도를 상태 천이도(state transition diagram)라 한다. 그림 8-1(a)의 카운터 회로의 동작을 시간에 따른 출력의 변화를 나타낸 것이 그림 8-1(c)의 상태 천이도이다. 따라서 그림 8-1(a)의 카운터 회로는 0에서 순서적으로 증가해서 7까지 카운터할 수 있으며, 7 이후에는 다시 0으로 리셋되어 같은 동작을 반복한다.

순서 논리회로에서 플립플롭 출력의 서로 다른 상태의 개수를 특히 모드 수(MOD number)라 한다. 즉, 카운터에서 MOD 수는 서로 다른 수를 카운팅할 수 있는 개수와 같다. 따라서 그림 8-1(a)의 카운터는 8 종류의 서로 다른 플립플롭의 출력을 가지므로, MOD 수는 8이다. 일반적으로 하나의 플립플롭에 의해 2진수 1비트의 정보를 저장하거나 처리할 수 있으므로, 2진수의 비트 수와 플립플롭의 수는 서로 같게 된다. 이로 인해 3개의 플립플롭으로 구성된 카운터는 3비트 카운터라고도 한다. n 비트의 2진수는 최대 2^n-1의 10진수값과 2^n개 종류의 카운팅 수를 나타낼 수 있다. 그러므로 n 비트 카운터의 최대 MOD 수 $N_{\max}$는,

$$\text{MAX. MOD }N\text{mber N}_{\max}=2^{\text{n}} \tag{8-1}$$

의 관계를 갖는다.

그림 8-1(a)의 카운터에서 입력 클럭의 주파수가 8MHz라고 하면, 그림 8-1(b)의 타이밍도로부터 출력Q_0의 주파수는 4MHz, Q_1의 주파수는 2MHz, Q_2는 1MHz가 되는 것을 알 수 있다. 즉, 카운터의 최종단 출력 비트를 MSB라 하면 MSB 플립플롭 출력의 주파수 f_M는 입력 클럭의 주파수f_{CLK}를 MOD 수로 나눈 것과 같다.

$$f_M = \frac{f_{CLK}}{(\text{MOD } N\text{mber})} \tag{8-2}$$

예제 8-1

4비트 리플 업 카운터에서, (a) 최대 MOD 수와 (b) 1MHz의 입력 클럭에 대한 MSB 출력의 주파수를 구하여라.

풀이: (a) 4비트 카운터이므로 최대 MOD 수 $N_{\max}$는 $N_{\max} = 2^4 = 16$이다.

(b) 플립플롭 최종단 출력의 주파수 f_M는 $f_M = 1\text{MHz}/16 = 6.25\text{kHz}$이다.

8-1-2 다운 카운터

8.1.1절에서는 카운팅의 순서가 증가하는 리플 업 카운터에 관해서 설명했다. 본 절에서는 카운팅의 순서가 반대, 즉 입력 트리거 펄스에 따라 카운팅의 순서가 감소해 가는 리플 다운 카운터를 설계하고 그 특성을 조사해 보자. 회로구성을 위한 플립플롭으로 T 플립플롭의 사용한다. T 플립플롭은 T = 1인 경우, 플립플롭의 출력이 토글 동작을 수행하는 것은 7.2절에서 이미 설명한 바와 같다.

그림 8-2(a)는 상승에지 T 플립플롭 3개를 사용한 3비트 다운 카운터의 예이다. 여기서, 제어입력 T 는 $T=1$ 즉, 입력이 전원(V_{CC})측에 접속되어 있는 것을 의미한다. 3 플립플롭의 초기상태는 전부 0으로 리셋되어 있다고 가정한다.

클럭 펄스의 칫 번째 상승에지에서 출력 $Q_0(\text{CK}_1)$가 LOW에서 HIGH로 천이하고, 이 출력이 다음단 플립플롭의 트리거 신호로 사용되어 $Q_1(\text{CK}_2)$의 출력도 LOW에서 HIGH로 변화된다. 동일한 동작에 의해 Q_2도 LOW에서 HIGH로 천이된다. 이상의 과정을 입력 클럭에 따라 반복하면 각 플립플롭 출력상태($Q_2Q_1Q_0$)의 변화는 그림 8-2(b)의 타이밍도로 나타낼 수 있고, 그림 8-2(c)의 상태천이도가 얻어지는 것을 알 수 있다. 따라서 각 단의 출력상태 $Q_2Q_1Q_0$는 000, 111, 110, ⋯, 010, 001, 000, 111, ⋯, 즉 10진수로 0, 7, 6, 5, ⋯,1, 0, 7, 6, ⋯와 같이 시간에 따라 출력상태의 값이 변화되는 MOD-8의 카운터이다. 이는 8.1.1절에서 기술한 업 카운터와 정반대의 동작을 하는 카운터이다.

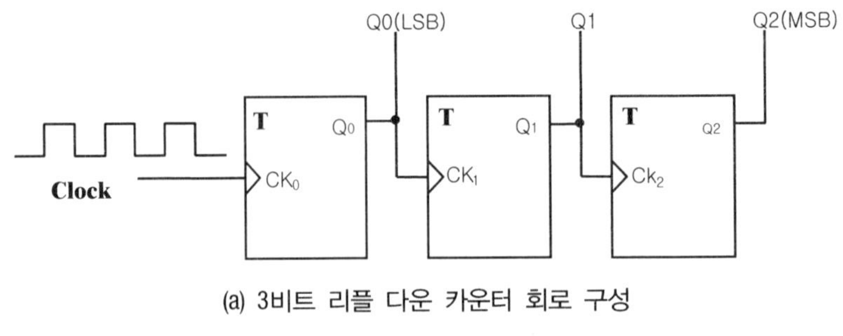

(a) 3비트 리플 다운 카운터 회로 구성

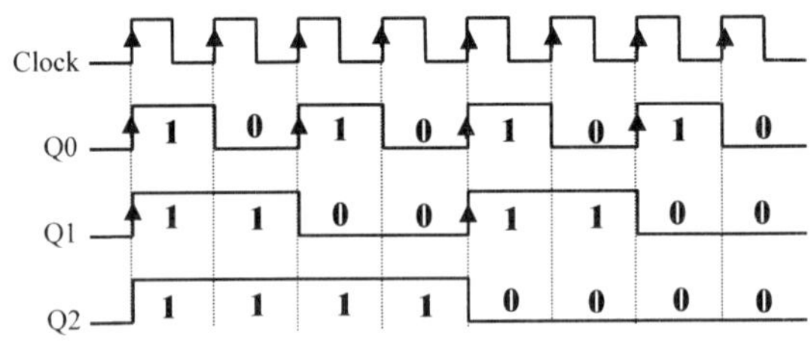

(c) 타이밍도

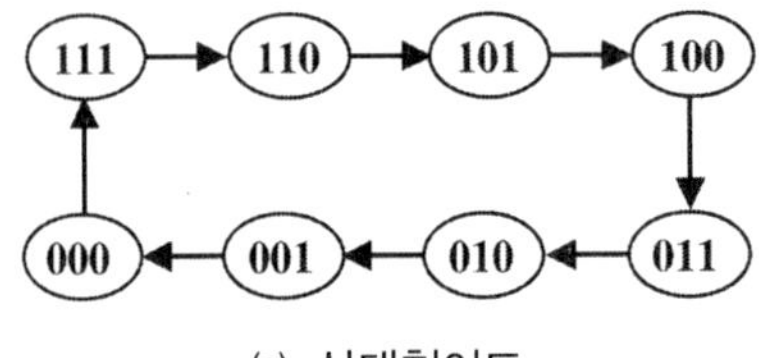

(c) 상태천이도

그림 8-2 상승에지 T 플립플롭을 이용한 3비트 리플 다운 카운터

예제 8-2

그림 8-2(b)와 같은 3비트 리플 다운 카운터를 그림 8-1(a)의 하강에지 JK 플립플롭을 사용해서 구성하고, 타이밍도로 그 동작을 확인하여라.

풀이: 하강에지 JK 플립플롭에 의한 3비트 리플 다운 카운터의 회로구성은 그림 8-3(a)와 같다. 그림 8-1(a)의 회로구성과 다른 점은 앞단 플립플롭의 정상출력 Q 대신 반전출력 $\overline{Q}$ 가 다음 단 플립플롭의 트리거 입력으로 사용되는 것이다. 따라서 카운터 동작의 타이밍도는 그림 8-3(b)와 같다.

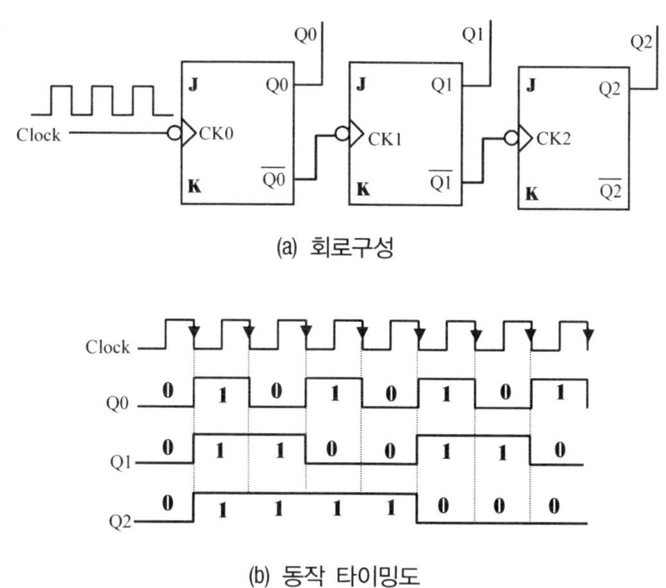

(a) 회로구성

(b) 동작 타이밍도

그림 8-3 하강에지 JK 플립플롭에 의한 3비트 리플 다운 카운터

8-1-3 Modulo-N 비동기 카운터

3비트 리플 업 및 다운 카운터는 모두 MOD-8 즉, 8진 카운터로, 0 ~ 7까지 카운트할 수 있다. n 개의 플립플롭에 의한 MOD-2^n의 카운터가 아닌 임의의 MOD 값 N을 갖는 카운터 설계의 문제를 다루어 보자. 예로 0에서 9까지 카운팅할 수 있는 MOD-10의 비동기 10진 카운터, 즉 BCD 카운터를 설계해 보자. MOD-10의 카운터를 설계하기 위해서는 $2^3 < 10 < 2^4$ 이므로, 4개의 플립플롭이 필요하다. 4개의 플립플롭에 의한 최대 MOD 수는 0에서 15까지의 16이므로, MOD-10으로 제한하기 위해서는 9(1001)까지 카운팅된 순간을 포착하여 10번째 펄스에서 자동적으로 모든 플립플롭을 리셋시키는 것이 요구된다.

그림 8-4(a)는 하강에지 JK 플립플롭을 사용한 MOD-10의 비동기 업 카운터의 회로구성을 나타낸 것이다. 제어입력 K는 HIGH 상태로 해 두고, 10번째 펄스에서 모든 플립플롭을 리셋시키기 위해서는 제어입력 J가 LOW 상태로 천이되도록 하는 것이 필요하다. 카운트 출력이 0000, 0001, 0010, ⋯, 1000 까지 진행되는 동안 출력 Q_0과 Q_3이 동시에 1이 되는 일이 없으므로 NAND 게이트의 출력 G는 HIGH 상태를 유지한다. 따라서 이 때까지 모든 플립플롭의 제어입력 J는 1이 되고, K는 1의 상태를 계속 유지하고 있으므로 JK 플립플롭은 토글동작을 수행하면서 카운터 회로는 8.1.1절에서 기술한 것과 같은 정상적인 리플 업 카운

팅 동작을 수행한다. 그러나, 9번째 펄스가 입력되는 순간, 출력은 1001이 되고, 이로 인해 NAND 게이트의 출력 G는 $G=\overline{Q_0}\cdot\overline{Q_3}=0$가 된다. 따라서 모든 플립플롭의 제어입력은 $J=0,\ K=1$의 상태가 되므로 다음 클럭펄스의 트리거에서 모든 플립플롭의 카운터 출력은 0000, 즉 리셋상태가 되고 다시 카운팅 동작을 반복 수행하게 된다. 이상의 과정을 타이밍도로 나타낸 것이 그림 8-34b)이고, 그 출력의 상태 천이도는 그림 8-4(c)와 같다.

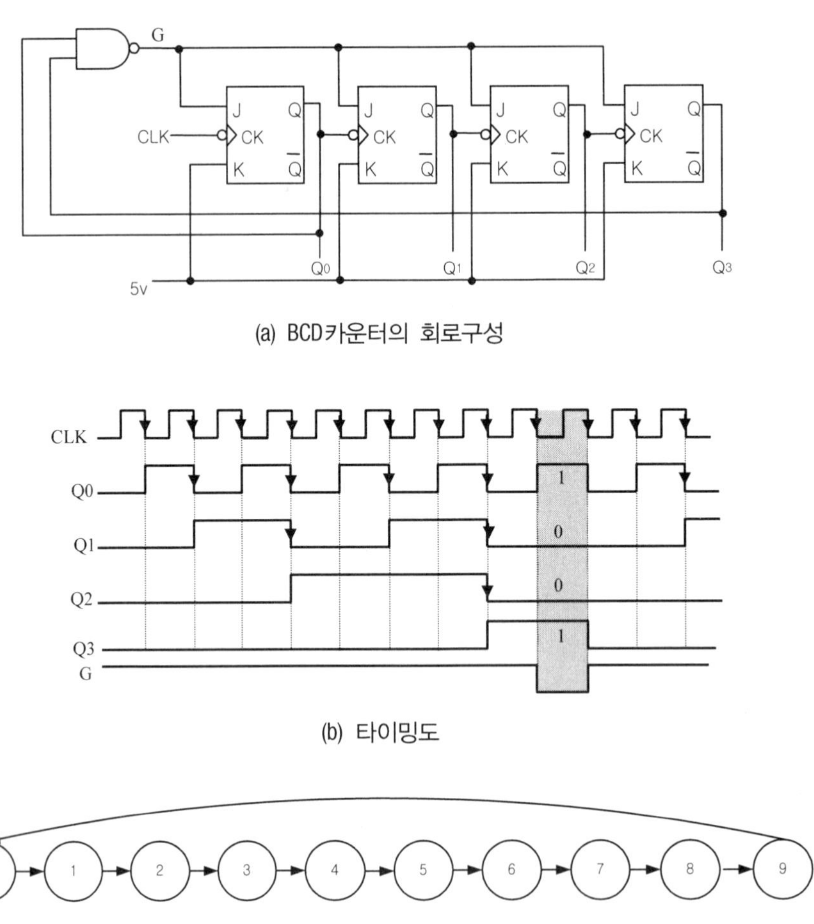

(a) BCD카운터의 회로구성

(b) 타이밍도

(c) 상태천이도

그림 8-4 하강에지 트리거 JK 플립플롭을 이용한 10진 비동기 카운터

예제 8-4

MOD-12 카운터가 되도록 그림 8-4(a)의 회로를 수정하여라.

풀이: 카운터 시퀀스 1011에서 리셋상태가 되도록 구성해야 된다. 따라서 NAND 게이트 G의 입력으로 Q_3, Q_1, Q_0가 궤환되도록 하면 되고, 회로 구성은 그림 8-5이다.

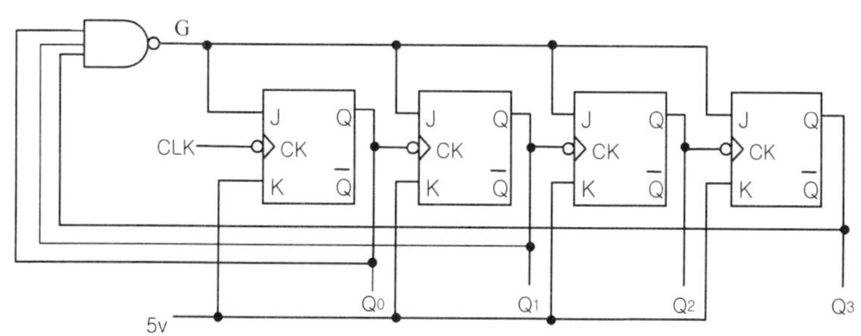

그림 8-5 MOD-12 리플 업 카운터의 회로 구성

이상과 같은 임의의 MOD 수 N을 갖는 비동기 카운터는 사용되는 모든 플립플롭이 직렬로 구성되어 있다. 이 성질로부터 MOD 수N을 다음과 두 정수의 곱으로 분할해서 각각의 카운터를 구성한 후, 이를 직렬로 연결해도 같은 결과를 얻을 수 있다. 즉, MOD 수 N을 $N = N_1 \times N_2$와 같은 두 정수 N_1과 N_2의 곱으로 분리할 수 있다고 하면, MOD 수 N_1의 카운터와 N_2의 카운터를 각각 구성한 후, 이들을 직렬로 연결함으로서 MOD-N의 카운터가 구성된다.

이에 대한 예로$N = 6$인 6진 카운터를 $N = N_1 \times N_2 = 2 \times 3$와 같이 $N_1 = 2$, $N_2 = 3$인 2진 카운터와 3진 카운터를 각각 설계하고, 이들을 직렬로 연력해서 구성해보자. 먼저 2진 카운터는 하나의 플립플롭으로 간단히 구성할 수 있다. 다음으로 3진 카운터를 그림 8-4와 다른 형태로 구성해보자. 일반적으로 MOD-N의 카운터에서 소요되는 플립플롭의 수는 MOD 수 N, 즉 계수하고자 하는 수 N보다 크거나 같은 값을 나타낼 수 있는 2^n 값으로부터 n 개를 선택한다. 이 때 최대 MOD 수 2^n으로 카운터의 MOD 수N을 감한 나머지 $2^n - N$의 값만큼 귀환시켜 MOD-N의 카운터를 구성할 수 있다. 즉, 3진 카운터는 $3 < 2^2$이므로, 2개의 플립플롭에 의한 2비트 카운터는 최대 MOD 수가 4이므로, 3진 카운터가 되기 위해서는 3개의 펄스를 카운팅 한 후, 나머지 하나의 펄스에서 0으로 리셋되도록 구성해야 된다. 강제 리셋을 위한 귀환 펄스를 단안정 멀티 바이브레이터를 이용해서 구성한다.

그림 8-6(a)는 하강에지 트리거 JK 플립플롭을 사용해서 이상과 같은 2진 카운터와 3진 카운터의 직렬연결에 의한 6진 카운터의 회로구성을 나타낸 것이다. 그림 8-6(a)에서 플립플롭 FF_A는 2진 카운터이고, 플립플롭 FF_B 와 FF_C는 3진 카운터의 구성이다. 이 때 FF_B의 트리거 입력은 FF_A의 출력 Q_A 와 단안정 멀티 바이브레이터(OS)의 출력 Q_S 의 논리합의 출력이다. 따라서 FF_B의 출력은 Q_A 나 Q_S 중, 어느 하나의 하강에지에 의해 트리거되고, FF_B와 FF_C의 출력상태를 변화시키게 된다. 단안정 멀티 바이브레이터(OS)는 플립

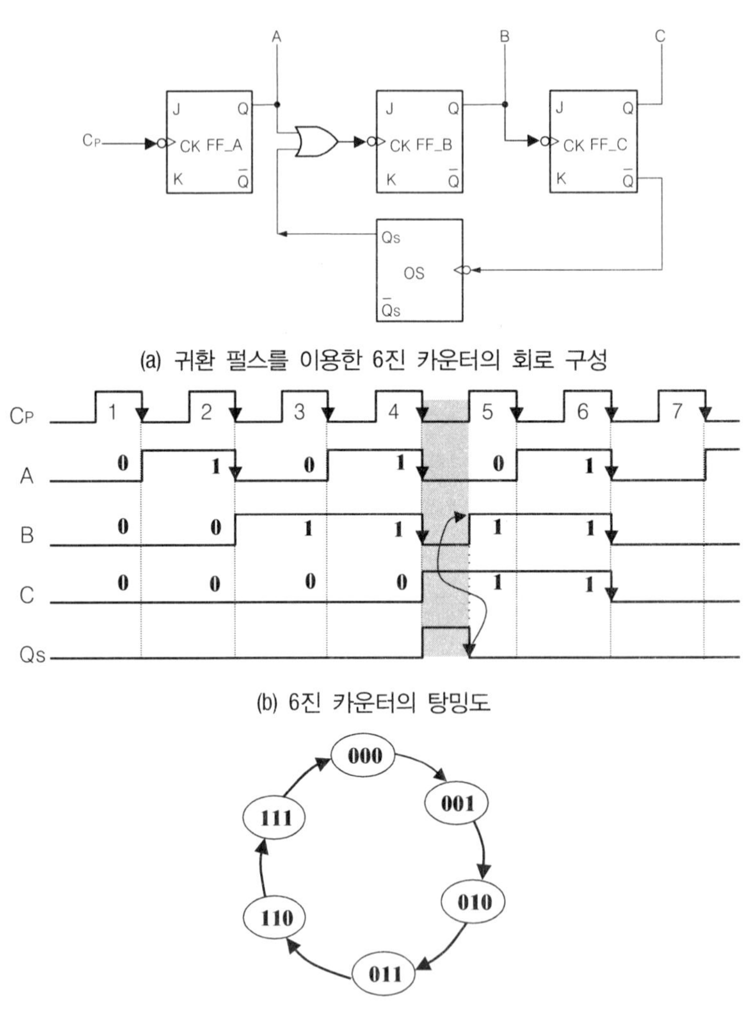

(a) 귀환 펄스를 이용한 6진 카운터의 회로 구성

(b) 6진 카운터의 탐밍도

(c) 6진 카운터의 상태천이도

그림 8-6 2진 및 3진 카운터의 직렬연결과 귀환펄스를 이용한 6진 카운터

플롭 FF_C의 반전출력$\overline{Q_C}$의 하강에지에서 트리거 되어 일정시간 준안정 상태의 출력펄스를 발생한다. 이상의 각 플립플롭 출력의 상태변화를 타이밍도로 나타낸 것이 그림 8-6(b)이다. 이 타이밍도로부터 플립플롭 FF_A는 0와 1의 2진 카운터의 동작을, 그리고 플립플롭 FF_B와 FF_C의 출력$Q_C\ Q_B$는 00, 01, 11, 00, … 의 3진 카운터의 동작을 수행하는 것을 알 수 있다. 따라서 이들의 직렬연결에 의한 카운터의 출력 $Q_C\ Q_B\ Q_A$ 는 000, 001, 010, 011, 110, 111, 000, 001, … 의 순으로 반복하면서 MOD-6의 카운터의 계수과정을 수행하는 것이다. 이 과정을 나타낸 것이 그림 8-6(c)의 상태 천이도이다.

이상과 같은 귀환형 카운터에서는 입력클럭의 최대 주파수가 단안정 멀티바이브레이터(OS)의 준안정 상태 출력Q_S의 펄스폭에 의해 제한된다. 즉, 정상적인 카운터로 동작하기 위해서는, 입력클럭의 최대 주파수에 의한 펄스 폭($t_w(L)$ 또는 $t_W(H)$)보다 짧은 폭의 펄스 출력 Q_S 가 되도록 하는 것이 요구된다. 이 조건을 만족하지 못하면, Q_S 가 HIGH인 기간 동안 플립플롭 FF_B와 FF_C의 출력이 비정상적으로 동작하게 되므로 주의가 필요하다. 예로, Q_S의 펄스폭이 1㎲라고 하면, 카운터 최대 입력클럭의 주파수는 1MHz로 제한된다.

8-1-4 리셋형 비동기 카운터

귀환형 카운터에서는 귀환 펄스가 직접 카운터의 계수를 제어하므로, 카운터의 계수과정과 입력 펄스의 수 및 카운터 출력이 정확히 대응하지 못하는 문제가 있다. 리셋형 비동기 카운터는 이와 같은 단점을 제거하기 위해 고안된 것으로 별도의 리셋 회로를 사용해서 카운터의 전체 플립플롭을 리셋시켜 원하는 카운터가 동작되도록 한 것이다. 즉, 목표로 하는 카운터 출력을 발생시킨 후, 적당한 논리회로를 사용하여 플립플롭 각 단의 출력으로부터 카운터를 리셋시키는 펄스를 발생시키는 방법이다. 이 경우, 입력펄스의 수와 2진수으로 표시된 카운터의 값이 등가적으로 일치되는 장점이 있다.

그림 8-7(a)는 이와 같은 리셋형 BCD 카운터 회로의 구성을 나타낸 것이다. 카운터의 전체 구성은 플립플롭을 리셋시키는 CLR 입력을 제외하고, 그림 8-1(a)의 비동기 업 카운터 회로구성과 같다는 것을 볼 수 있다. 각 플립플롭의 출력으로부터 NAND 게이트와 단안정 멀티 바이브레이터(OS)로부터 펄스를 발생시키고, 이를 리셋입력으로 사용한다. 카운터 출력 D, C, B, A가 모두 0 상태에서 입력 클럭펄스(C_P)에 따라 0000, 0001, …, 1000, 1001, … 의 순으로 출력을 발생시킨다. 플립플롭의 출력이 1010이 되는 순간, NAND 게이트 출력은 LOW가 되고 이는 OS의 하강에지 트리거 입력으로 사용되어 일정한 펄스폭의 반전출력

$\overline{Q_S}$가 얻어진다. 이 출력이 각 플립플롭의 CLR 입력으로 사용되므로 모든 플립플롭의 출력을 0으로 리셋시켜, 출력 D, C, B, A는 0000 상태로 변화되고, 입력 클럭펄스에 따라 같은 동작을 반복하게 된다. 이로 인해, 그림 8-7(a)의 카운터는 MOD-10의 BCD 카운터가 된다.

그림 8-7(b)는 그림 8-7(a)의 리셋형 카운터의 전체 동작과정을 타이밍도로 나타낸 것으로, 그림 8-6(b)의 귀환형 카운터에 비해 일시적인 펄스폭이 매우 좁게 나타나는 것을 확인할 수 있다. 또한, 클럭펄스 인가 수에 따른 계수 동작을 표로 나타낸 것이 표 8-1이다.

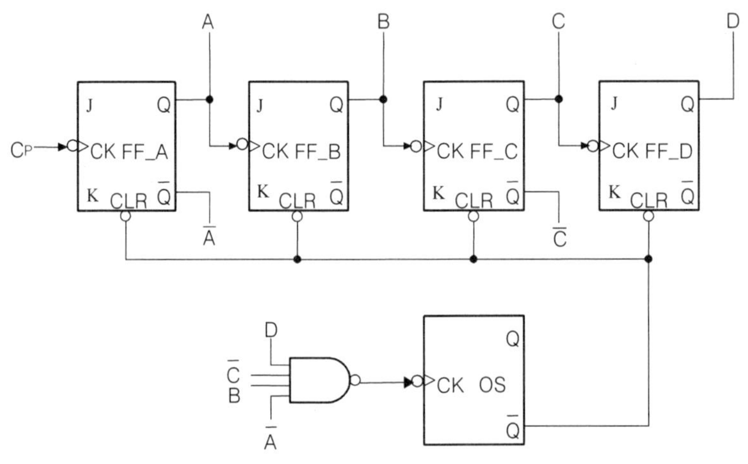

(a) 리셋형 비동기 10진 카운터의 회로 구성

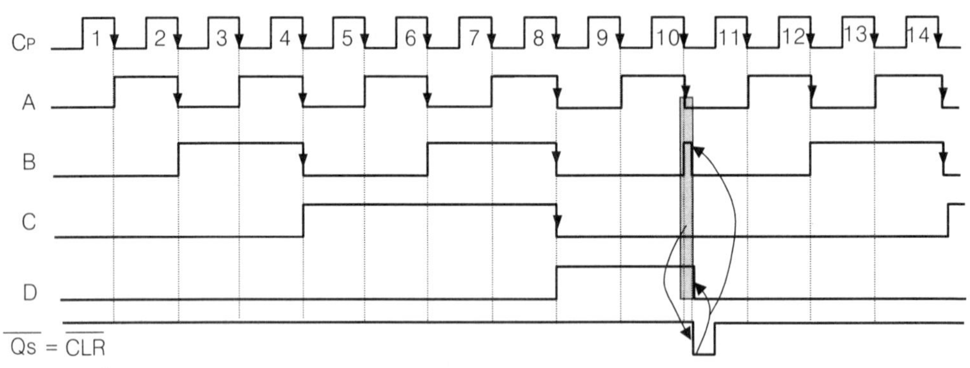

(b) 타이밍도

그림 8-7 리셋을 이용한 비동기 10진 카운터

표 8-1 리셋형 10진 카운터의 계수 동작표

CP 인가 수	D	C	B	A
0	0	0	0	0
1	0	0	0	1
2	0	0	1	0
3	0	0	1	1
4	0	1	0	0
5	0	1	0	1
6	0	1	1	0
7	0	1	1	1
8	1	0	0	0
9	1	0	0	1
10	1 ↓ 0	0 ↓ 0	1 ↓ 0	0 ↓ 0

그림 8-6의 귀환형 및 그림 8-7의 리셋형 카운터는 원하는 카운터 동작을 수행하기 위해, 플립플롭의 출력으로부터 논리회로를 사용한 펄스의 발생을 요구하고 있다. 뿐만 아니라, 발생되는 귀환 펄스나 리셋 펄스의 폭과 게이트의 지연시간으로 인해, 카운터 출력에 글리치와 같은 기생펄스가 발생되고 입력 클럭의 최대 주파수가 제한되는 단점을 갖고 있다. 이와 같은 문제점을 제거함과 동시에 카운터의 구성을 간단히 하기 위한 방법의 하나가 직접 리셋형 카운터이다. 이는 회로구성의 간단함과 기생펄스가 발생되지 않는 장점으로 인해 MSI IC 카운터 회로에도 널리 사용되고 있다.

8.1.3절에서 논의한 6진 카운터를 다시 생각해보자. 그림 8-8은 직접 리셋형 6진 카운터 회로 구성을 나타낸 것이다. 이 회로에서 플립플롭 FF_A는 입력펄스 C_P의 하강에지에서 동작하는 2진 카운터이다. 플립플롭 FF_B와 FF_C는 플립플롭 FF_A의 출력 Q_A를 공통 트리거 펄스로 사용하는 MOD-3의 카운터이다. 이와 같이 트리거 펄스로 공통 입력을 사용하는 카운터를 동기식 카운터(synchronous counter)라 하고, 이는 8.2절에서 상세히 논의하게 될 것이다. 그림 8-8의 카운터 동작을 이해하기 위해 플립플롭 FF_B와 FF_C로 구성된 동기식 카운터 회로의 동작을 분석해 보자. 그림 8-9는 이 부분만을 나타낸 회로이다. 여기서 플립플롭 FF_B의 제어입력 J_B는 플립플롭 FF_C의 반전출력 $\overline{Q_C}$의 궤환된 값이고, FF_C

의 제어입력 J_C는 FF_B의 출력 Q_B가 직접 입력되고 있고, $K_B = K_C = 1$이므로,

$$J_B = \overline{Q_C(t)}\ ,\ K_B = 1,\ J_C = Q_B(t),\ K_C = 1$$

과 같은 논리식으로 나타낼 수 있다. 이 논리식으로부터 현재상태 출력 $Q_C(t)$, $Q_B(t)$의 모든 변화에 대한 제어입력(J_B, K_B, J_C, K_C)과, 트리거 펄스 입력 시 이들 제어입력에 의한 다음상태의 출력 $Q_C(t+1)$, $Q_B(t+1)$을 나열하면 표 8-2가 얻어진다.

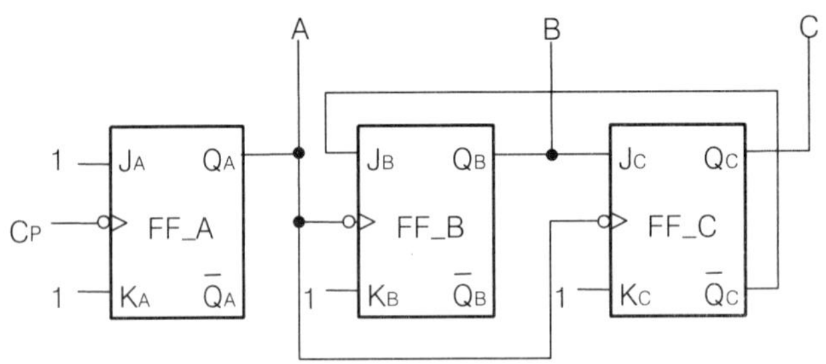

그림 8-8 직접 리셋형 6진 카운터의 회로 구성

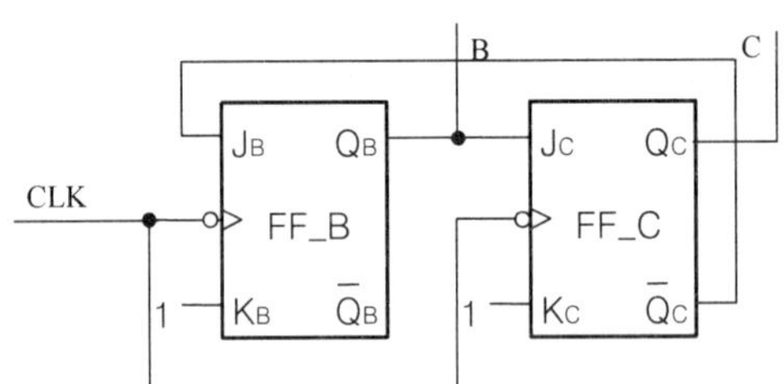

그림 8-9 6진 카운터 중 동기식 3진 카운터 부분의 회로

표 8-2 플립플롭 FF_B 및 FF_C의 현재 상태에 따른 상태천이표

현재상태 $Q_C(t)$	$Q_B(t)$	제어입력 C J_C	K_C	제어입력 B J_B	K_B	다음상태 $Q_C(t+1)$	$Q_B(t+1)$
0	0	0	1	1	1	0	1
0	1	1	1	1	1	1	0
1	0	0	1	0	1	0	0
1	1	1	1	0	1	0	0

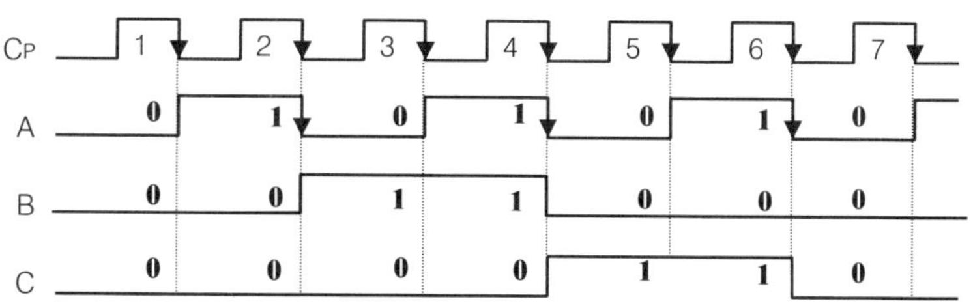

그림 8-10 직접 리셋형 6진 카운터의 타이밍도

현재상태 $Q_C(t)Q_B(t) = 00$에서 $J_C = 0$, $K_C = 1$이므로 다음상태 $Q_C(t+1) = 0$이고, $J_B = K_B = 1$이므로 토글 동작에 의해 $Q_B(t+1) = 1$이다. 따라서 표 8-2는 플립플롭 FF_B 및 FF_C의 출력 Q_C, Q_B의 상태는 현재상태가 00라고 하면, 트리거 펄스에 의한 다음상태는 01의 순으로 천이한다. 이와 같은 동작에 의해, 카운터 시퀀스는 00, 01, 10, 00, … 의 순으로 동작하는 MOD-3의 카운터가 되는 것을 알 수 있다.

이상의 2진 카운터와 3진 카운터의 직렬 결합에 의한 직접 리셋형 6진 카운터 동작의 타이밍도를 그림 8-10에 나타낸다. 출력 B와 C는 출력 A를 트리거로 사용하여 표 8-2의 동작을 반복하는 것을 볼 수 있다. 그림 8-6(b)나 그림 8-7(b)의 타이밍도에 나타나는 카운터 출력의 글리치가 완전히 제거되어 있다.

예제 8-4

그림 8-11(a)에 나타낸 카운터 회로를 분석하고, 카운터의 MOD 수를 결정하여라.

풀이: 그림 8-11의 카운터는 리셋형 카운터의 일종이다. 4번째 펄스에서 카운터 출력 $Q_C = 1$이 되면, $\overline{Q_C} = J_A = 0$이므로 5번째 펄스에서 FF_A가 리셋되도록 한다. 따라서 Q_A는 FF_B의 트리거 펄스로 사용될 수 없어 $Q_B = 0$상태를 유지하게 된다. 5번째 펄스에서 Q_C는 클럭의 하강에지에 의해 0으로 리셋된다. 따라서 그림 5-11(a)의 회로는 MOD-5의 비동기식 카운터이고, 그림 5-11(b)는 이 카운터가 동작하는 타이밍도이다.

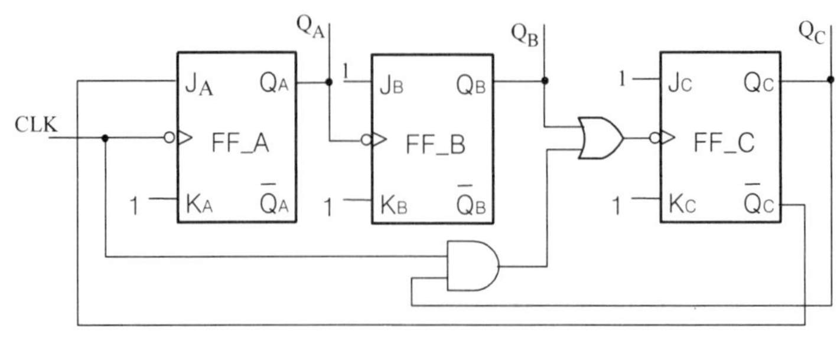

(a) 카운터 회로 구성

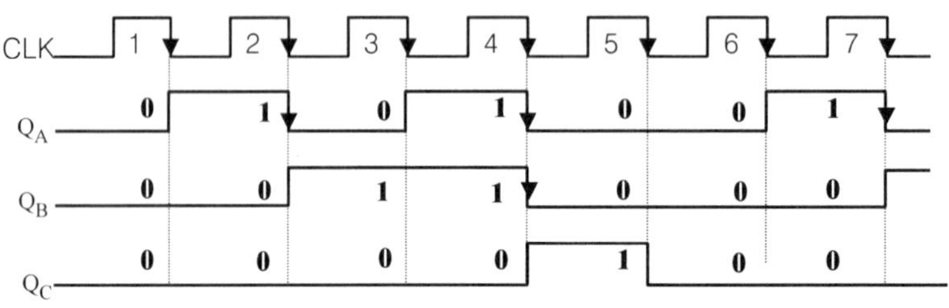

(b) 타이밍도

그림 8-11 예제 8-4의 카운터 회로 구성과 동작 타이밍도

8-1-5 비동기 카운터의 전반지연시간과 최대 입력 주파수

지금까지의 비동기식 카운터의 기술에서 플립플롭 내에서 발생하는 전반지연시간(propagation delay time)의 양을 무시하거나 0인 것으로 간주했다. 그러나 실제의 카운터 회로에서는 플립플롭 고유의 전반지연시간이 존재하고, 입력클럭 펄스의 주파수가 수십 MHz 이상의 고주파가 되면 전반지연시간의 영향으로 카운터 동작에 문제를 일으킬 수 있다. 이는 비동기식 카운터 구성의 본질적인 구조, 즉 플립플롭의 직렬연결과 트리거 펄스의 순차적인 전파에 기인한다.

그림 8-1(a)의 3비트 리플 업 카운터에서 2번째 및 3번째 플립플롭은 각각 첫 번째 및 2번째 플립플롭의 출력이 1에서 0로 변화되기 전에는 출력상태가 변화되지 않는다. 따라서 하나의 플립플롭의 전반지연시간을 t_{PD} 라고 하면, 3번째 플립플롭의 출력이 변화되기까지 전체 지연시간의 양은 $3 \times t_{PD}$가 된다. 구체적인 예로, 입력클럭의 주파수가 1MHz인 50% 듀티의 클럭이라 하고, 전반지연시간 t_{PD} 의 값이 $t_{PD} = 50$ns 라고 가정한다. 50% 듀티의 1MHz의 클럭은 펄스폭의 시간이 $t_w(L) = t_w(H) = 500$ns 이다. 따라서 첫 번째 플립플롭의 출력은 입력 펄스의 하강에지 후 50ns 뒤에 변화되고, 2번째 및 3번째 플립플롭의 출력은

각각 $2 \times 50\text{ns} = 100\text{ns}$ 및 $3 \times 50\text{ns} = 150\text{ns}$ 의 지연시간을 갖는다. 그림 8-12(a)의 타이밍도는 이와 같은 전반지연에 의한 카운터 출력에의 영향을 도식적으로 나타낸 것이다. 이 경우에는 입력클럭의 주파수가 전반지연시간 t_{PD} 에 비해 낮기 때문에 카운터의 정상적인 동작에 큰 문제가 되지 않는다.

그러나 카운터 회로를 변경함이 없이, 입력클럭의 주파수를 10MHz로 증가시켜 보자. 입력 클럭을 50% 듀티비의 펄스라 하면, 그 펄스폭의 시간은 $t_w(L) = t_w(H) = 50\text{ns}$ 의 파형이 되고, 이는 플립플롭 하나의 전반지연시간 t_{PD} 와 같은 값이 된다. 따라서 3비트 리플 카운터의 동작은 각 플립플롭의 t_{PD} 에 의해 그림 8-12(b)와 같이 비정상적인 동작을 하게 된다.

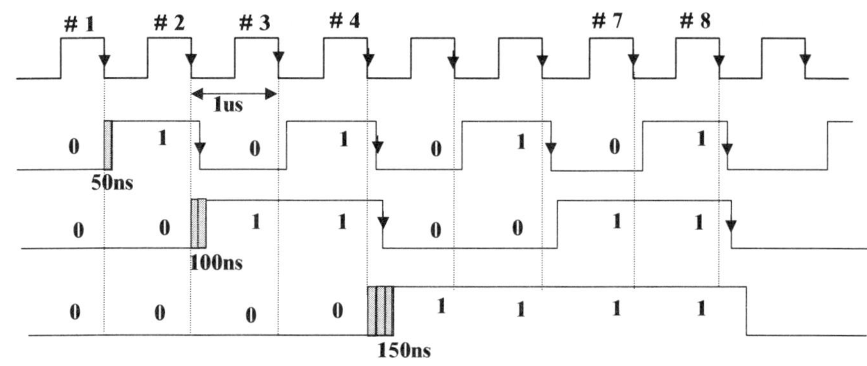

(a) 입력클럭의 주파수 1MHZ 및 $t_{PD} = 50\text{ns}$ 의 경우

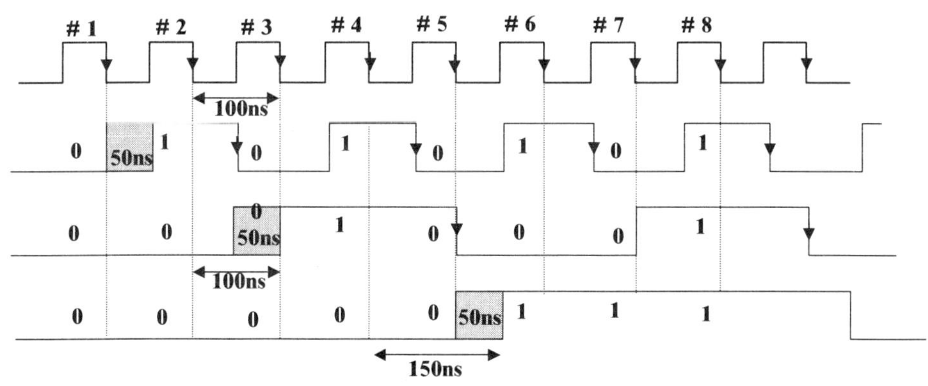

(b) 입력클럭의 주파수 10MHz 및 $t_{PD} = 50\text{ns}$ 인 경우

그림 8-12 전반지연시간 t_{PD}를 고려한 경우의 3비트 비동기 카운터의 동작 타이밍도

N비트 리플 카운터에서 최종단 플립플롭의 출력이 갖는 최대 지연시간의 양은 $N \times t_{PD}$가 된다. 따라서 정상적인 카운터 동작을 수행하기 위해서는 입력클럭 펄스폭의 최소값 $T_{\min \mathrm{CLK}}$는

$$T_{\min \mathrm{CLK}} \geqq N \times t_{PD} \tag{8-3}$$

의 조건을 만족해야 된다. 따라서 N비트 리플 카운터에서 입력클럭 펄스의 최대 주파수 f_{MAX}의 값은 다음으로 주어지는 값으로 한정된다.

$$f_{MAX} = \frac{1}{T_{\min \mathrm{CLK}}} \leqq \frac{1}{N \times t_{PD}} \tag{8-4}$$

예로 MSI IC 7473 JK 플립플롭의 최대 지연시간의 값은 $t_{PLH} = 25\mathrm{ns}$, $t_{PHL} = 40\mathrm{ns}$으로 주어진다. 그러므로 가장 나쁜 경우에서의 전반지연시간 t_{PD}는 $t_{PD} = t_{PHL} = 40\mathrm{ns}$이다. 이 플립플롭을 4개 사용해서 구성한 4비트 리플 카운터의 경우, 입력클럭의 최대 주파수 f_{MAX}는

$$f_{MAX} \leqq \frac{1}{4 \times 40\mathrm{ns}} \simeq 6.25\mathrm{MHz}$$

의 값으로 제한된다.

예제 8-5

74112 JK 플립플롭의 전반지연시간은 $t_{PLH} = 16\mathrm{ns}$, $\mathrm{t_{PHL}} = 24\mathrm{ns}$로 주어진다. 이 플립플롭을 사용해서 MOD-60의 리플 카운터를 구성할 경우, 사용 가능한 최대 클럭 주파수는 얼마인가 ?

풀이: MOD-60의 카운터이므로 사용 플립플롭의 개수는 6개이다. 따라서 사용가능한 최대 입력 클럭 주파수 f_{MAX}는

$$f_{MAX} \leqq \frac{1}{6 \times 24\,\mathrm{ns}} \simeq 6.9\mathrm{MHz}$$

이다.

8-1-6 비동기 카운터의 MSI IC

다양한 형태의 TTL과 CMOS의 비동기 카운터 MSI IC가 패키지화되어 있다. 표 8-3에 이들 MSI IC 비동기 카운터의 기능과 종류를 정리해서 나타낸다. 이들 IC 중, 74293 4비트 2진 카운터의 특성과 응용을 고려해 보자. 그림 8-13(a)는 74293의 내부 논리회로 구성이고, 그림 8-13(b)는 이를 블록도로 나타낸 심볼이다. 그림 8-13(a)에서 알 수 있듯이, 74293은 4개의 하강에지 트리거 JK 플립플롭 Q_0, Q_1, Q_2, Q_3으로 구성되어 있다. 이 중에서 플립플롭 Q_0는 나머지 플립플롭 Q_1, Q_2, Q_3과 분리되어 있고, 각각 다른 클럭 입력 $\overline{CP_0}$와 $\overline{CP_1}$의

표 8-3 비동기 카운터 MSI IC

기 능	게이트 종류(74)
4-bit binary	69/93/177/197/293
Dual 4-bit	393
Decade(BCD)	68/90/176/196/290
Dual Decade	390/490
MOD-12	92

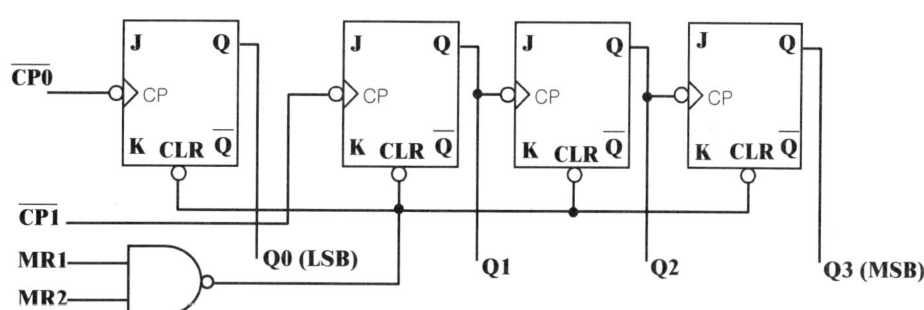

(a) 내부 논리회로 구성

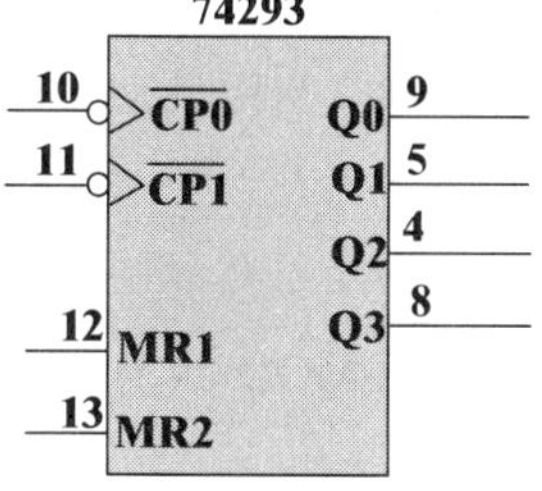

(b) 블록도에 의한 심볼

그림 8-13 74293 4비드 비동기 카운터

입력 단자를 갖고 있다. 이는 IC의 응용의 범위를 확대하기 위한 것으로, 각각 MOD-2 및 MOD-8의 독립적인 비동기 카운터로의 활용이나 이들의 직렬연결에 의한 최대 MOD-16의 비동기 카운터로의 활용도 가능하게 한다. 또한, MOD-16 이하의 MOD 수를 갖는 카운터 구성이 가능하도록 마스터 리셋 (MR_1, MR_2) 입력 단자를 갖고 있다. 이 신호들은 NAND 게이트를 거쳐 CLEAR 입력으로 사용되어 4개의 플립플롭 전부를 리셋시키는데 사용된다.

예로 74293을 사용해서 MOD-12의 비동기 카운터 구성은 그림 8-14와 같은 연결로 간단히 구성된다. 즉, MOD-16까지의 카운터가 되도록 Q_0의 출력을 $\overline{CP_1}$에 연결하고, 카운터 출력 $Q_3Q_2Q_1Q_0 = 1100$가 되는 순간, 리셋 펄스가 발생되도록 Q_3과 Q_2의 출력을 각각 마스터 리셋 입력 MR_2와 MR_1에 연결하면 된다. 따라서 입력 클럭 CLK의 주파수가 12MHz라 하면, 최종단의 출력 Q_3의 주파수는 1MHz의 펄스가 된다.

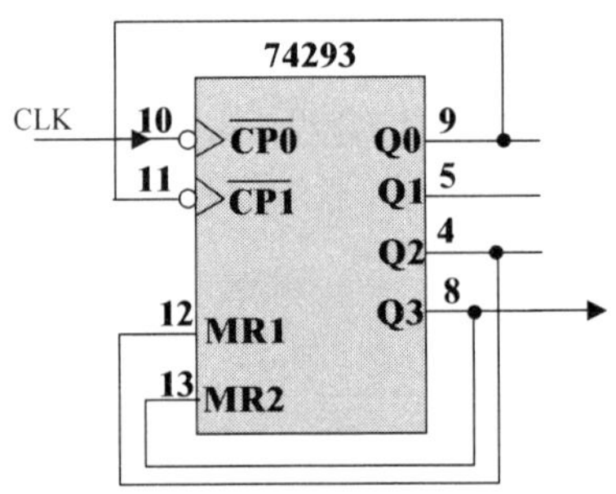

그림 8-14 74293 IC에 의한 MOD-12 비동기 카운터의 구성

예제 8-6

74293 비동기 카운터 MSI IC를 사용해서 MOD-24의 리플 카운터를 구성하여라.

풀이: MOD-24 카운터이므로 플립플롭은 5개가 필요하다. 따라서 2개의 74293 IC를 사용해서 그 중 하나는 MOD-16 카운터로, 나머지 하나는 MOD-2 카운터로 사용해서 이들을 직렬 연결하면 MOD-32의 카운터가 된다. MOD-24의 카운터가 되도록 하기 위해서는 카운터 출력이 11000 일 때 이 값을 마스터 리셋 입력 단자로 궤환되도록 해야 한다. 그림 8-15는 74293에 의한 MOD-24의 카운터이다.

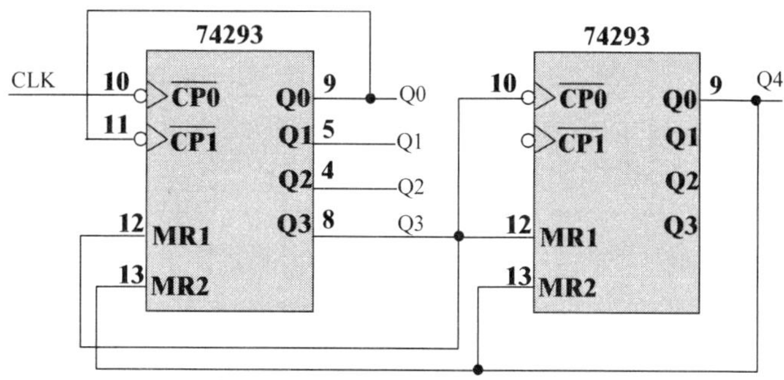

그림 8-15 74293 IC에 의한 MOD-24 카운터의 구성

8-2 | 동기식 카운터

비동기식 카운터는 전단의 출력을 다음 단의 트리거 펄스로 사용하는데 반해, 동기식 카운터(synchronous counter)에서는 하나의 클럭을 사용해서 카운터를 구성하는 모든 플립플롭을 동시에 트리거 하는 카운터이다. 따라서 동기식 카운터는 비동기식 카운터에 비해 입력신호의 전달 지연시간이 짧다. 즉, N 비트 동기식 카운터에서 모든 플립플롭의 출력이 한 플립플롭의 전반지연시간과 리셋을 위한 논리 게이트 하나의 지연시간의 합과 같다.

카운터 전반 지연시간 = 1 F/F의 지연시간 + 논리 게이트의 지연시간

따라서 동기식 카운터에서는 전반지연시간이 비동기식 카운터에 비해 문제가 되지 않아, 보다 높은 주파수의 클럭을 사용할 수 있는 이점이 있으나, 전체 카운터 회로의 구조가 다소 복잡하게 되는 단점을 갖고 있다. 이 절에서는 동기식 업 카운터, 다운 카운터, 업/다운 카운터, N진 카운터 등 다양한 동기식 카운터를 소개한다.

8-2-1 동기식 업 카운터

동기식 업 카운터는 모든 플립플롭이 동일 입력클럭 펄스에 의해 동시에 동작하는 점을 제외하고, 카운터의 동작은 비동기식 업 카운터와 동일하다. 그림 8-16(a)는 하강에지 트리거 JK 플립플롭을 사용한 4비트 동기식 업 카운터의 회로구성을 나타낸 것이다. 각 플립플롭의 클럭은 입력클럭 C_P를 공통으로 사용하고, 첫 번째단 이후의 플립플롭은 토글 동작을

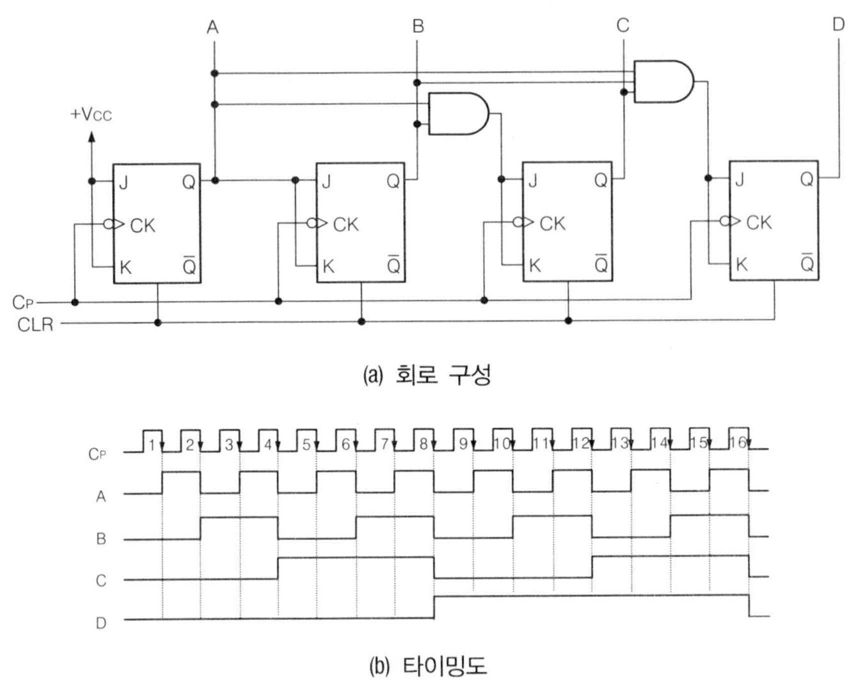

(a) 회로 구성

(b) 타이밍도

그림 8-16 하강에지 트리거 JK 플립플롭을 사용한 4비트 동기식 업 카운터

위해 앞단의 출력 Q를 모아 AND 게이트로 묶어서 다음 단의 J와 K 입력에 동시에 제공하는 구성이다. 즉, 앞단의 출력이 전부 HIGH인 경우에만 다음단의 플립플롭은 토글 모드로 동작해서 그 출력상태를 변화시킨다. 입력 클럭 펄스(CP)에 의한 플립플롭의 출력 A, B, C, D의 파형을 나타낸 것이 그림 8-16(b)의 타이밍도이다. 출력의 상태천이도는 0000에서 1111까지 순차적으로 증가하고, 1111에서 클럭입력에 의해 0000로 궤환되어 같은 동작을 반복한다.

8-2-2 동기식 다운 카운터

동기식 다운 카운터의 회로 구성도 동기식 업 카운터와 비슷하고, 그 동작은 비동기식 다운 카운터와 동일하다. 그림 8-17(a)는 JK 플립플롭에 의한 4비트 동기식 다운 카운터의 회로구성이다. 그림 8-16(a)의 동기식 다운 카운터와 다른 점은 앞단의 정상출력 Q를 사용하지 않고 앞단의 반전출력 $\overline{Q}$를 사용한 점이다. 이는 앞단의 출력이 0일 때 토글 모드로 동작하도록 함으로서 카운팅 동작이 감소하게 되도록 하기 위함이다. 이 동작을 그림 8-17(b)에 나타낸 타이밍도로 확인할 수 있다. 그림 8-17(b)는 입력 클럭 펄스(CP)의 인가에 의한 출력 A, B, C, D의 출력 파형이다.

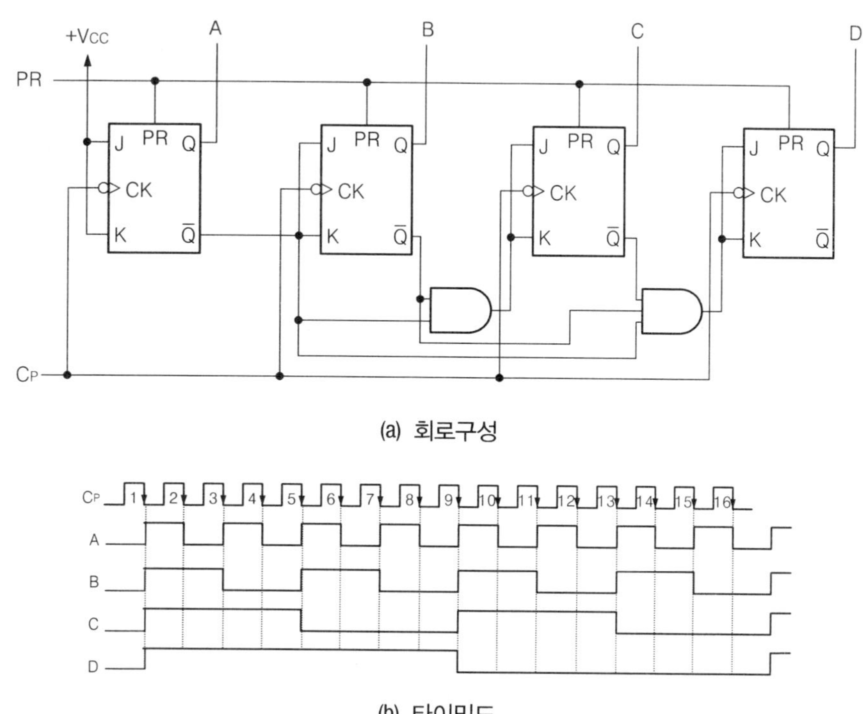

(a) 회로구성

(b) 타이밍도

그림 8–17 하강에지 트리거 JK 플립플롭을 사용한 4비트 동기식 다운 카운터

8-2-3 동기식 업/다운 카운터

동기식 업 카운터와 다운 카운터의 회로는 다음단의 JK 입력으로 앞단의 정상출력 Q (다운)와 반전출력 $\overline{Q}$ (업)이 사용되는 것만이 다를 뿐이다. 따라서 제어신호를 사용하여 이들을 하나의 카운터 회로로 통합할 수 있다. 그림 8-18(a)는 이를 나타낸 것으로 신호 $U/\overline{D}$ 에 의해 카운터 동작을 제어한다. 즉, $U/\overline{D}=$ HIGH 이면 업 카운터로 동작하고, $U/\overline{D}=$ LOW 이면 다운 카운터로 동작하게 된다. 그림 8-84(b)는 업/다운 통합 동기식 카운터의 동작을 타이밍도로 나타낸 것이다.

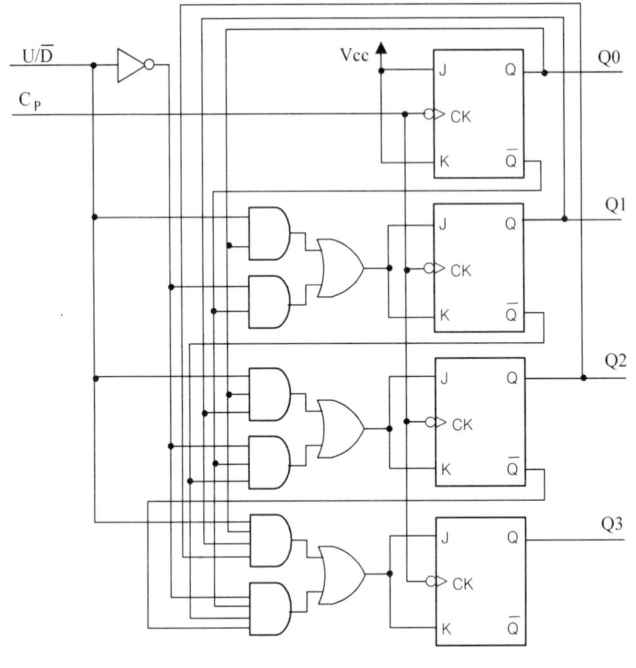

(a) 업/다운 카운터 회로 구성

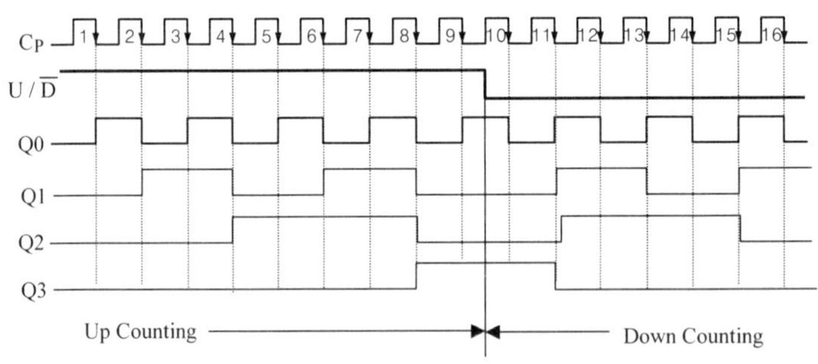

(b) 업/다운 카운터 동작 타이밍도

그림 8-18 4비트 업/다운 카운터

8-2-4 프리세트 가능한 동기식 카운터

플립플롭의 비동기 입력 프리세트과 클리어 입력을 이용해서 카운터의 동작을 임의의 초기값에서 시작하게 할 수도 있다. 이와 같은 카운터를 프리세트 가능한 카운터(presettable counter)라 한다. 프리세트 입력에 의한 초기값의 설정은 입력클럭에 동기화하거나 또는 비동기 어느쪽으로도 가능하다. 이때의 프리세트 동작을 특히 parallel loading이라고도 한다. 그림 8-19는 3비트 프리세트 가능한 동기식 다운 카운터의 회로구성이다. 프리세트 제어신

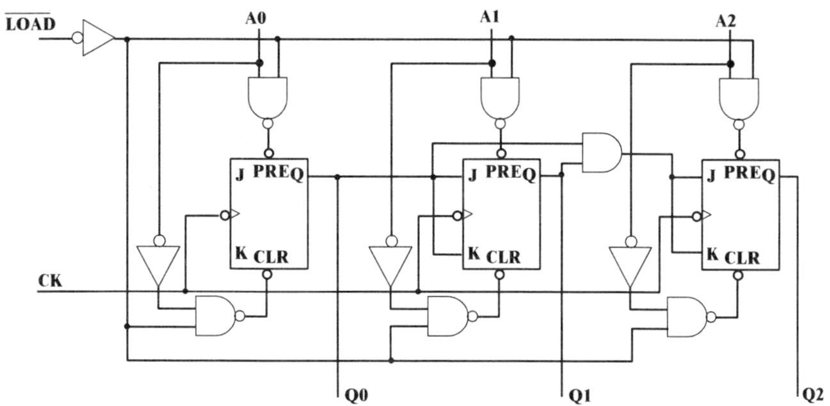

그림 8-19 프리세트 가능한 3비트 동기식 업 카운터

호 $\overline{LOAD}$가 비활성 상태 즉, $\overline{LOAD}=1$이면, 프리세트와 클리어 입력이 모두 비활성 상태가 되므로 카운터는 외부클럭 CK에 의해 정상적인 카운터 동작을 수행한다. 그러나 $\overline{LOAD}=0$가 되면, 프리세트와 클리어가 활성상태가 되고 각 플립플롭은 외부입력 A_2, A_1, A_0의 설정된 값에 따라 0과 1로 세트된다. 이 때 외부클럭은 아무런 역할을 하지 않는다. 예로 클럭입력 전에 $A_2A_1A_0=011$의 값으로 설정되고, 일정시간 $\overline{LOAD}=0$된 후, $\overline{LOAD}=1$가 됨과 동시에 클럭 CK가 입력되면, 카운터는 011, 100, 101, ⋯의 순으로 동작하게 된다. 이와 같은 동작은 클럭 CK가 입력되는 경우에도 카운터의 현재상태와 상관없이 초기값으로 세트된다.

예제 8-7

그림 8-19의 프리세트 가능한 카운터가 6진 업 카운터가 되도록 프리세트의 값과 $\overline{LOAD}$의 파형을 그려라.

풀이: 6진 업 카운터가 되기 위해서는 010→011→ ⋯ →111→010→ ⋯의 동작을 수행해야 된다. 따라서 프리세트 A_2, A_1, A_0의 값은 $A_2, A_1, A_0=010$이다. $\overline{LOAD}$의 파형은 출력 $Q_2Q_1Q_0=111$ 직후, 클럭 CK의 $t_W(L)$기간 동안 Active-LOW의 상태가 되어야 한다. 그림 8-20은 카운터 동작을 나타낸 타이밍도이다.

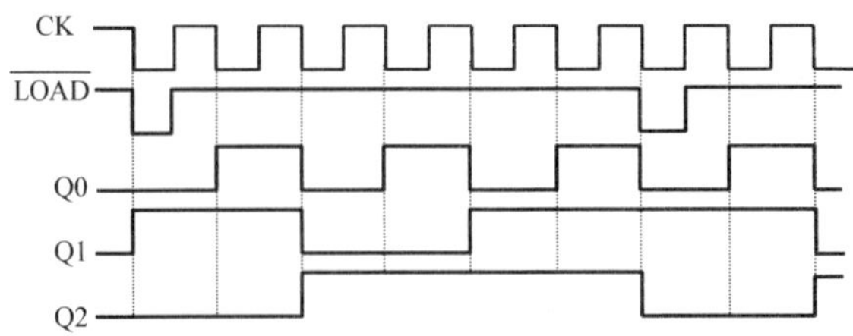

그림 8-20 프리세트 가능한 동기식 6진 업 카운터의 동작 타이밍도

8-2-5 리플캐리 카운터

그림 8-21과 같이 앞단 플립플롭의 제어입력 J, K와 출력 Q를 모아서 다음 단 플립플롭의 J, K 입력이 되도록 구성된 회로로서 순수한 동기식 카운터 회로에 비해, 2 입력 AND 게이트만으로 회로가 간소화 된다. 그러나 전송시간이 동기식 카운터 보다는 길고, 비동기식 카운터에 비해서는 짧다. 따라서 순수한 동기식 카운터의 장점을 다소 희생하면서 AND 게이트의 입력 수 증가라고 하는 단점을 보완한 절충형의 동기식 카운터이다.

8-2-6 동기식 N진 카운터

8-13절에서 임의의 MOD 수를 갖는 비동기식 카운터에 관해서 기술했다. 동기식에서도 이와 유사한 방법으로 Modulo-N의 카운터 회로를 구성할 수 있다. 그림 8-22(a)는 JK 플립

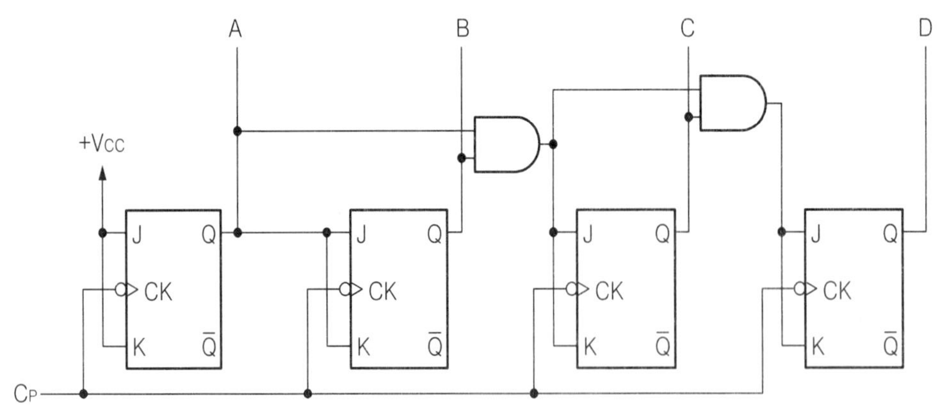

그림 8-21 리플 캐리 카운터(ripple carry counter)

플롭에 의한 MOD-7의 동기식 7진 카운터 회로의 예를 나타낸 것이다. 이 회로의 출력상태 변화를 조사하기 위해 다음과 같이 각 플립플롭의 제어입력에 대한 논리식을 전개해 보자.

$$J_A = K_A = \overline{B(t)\, C(t)}$$

$$J_B = A(t),\ \ K_B = A(t) + C(t)$$

$$J_C = A(t)B(t), K_C = B(t)$$

여기서, $A(t), B(t), C(t)$는 각각 플립플롭 출력의 현재상태를 나타낸 것으로,

$$A(t) = Q_A(t),\ B(t) = Q_B(t),\ C_{(t)} = Q_C(t)$$

를 의미한다. 이상의 논리식으로부터 출력의 동작상태표를 구성하면 표 8-4와 같고, 상태천이도는 그림 8-17(b)와 같이 구성된다.

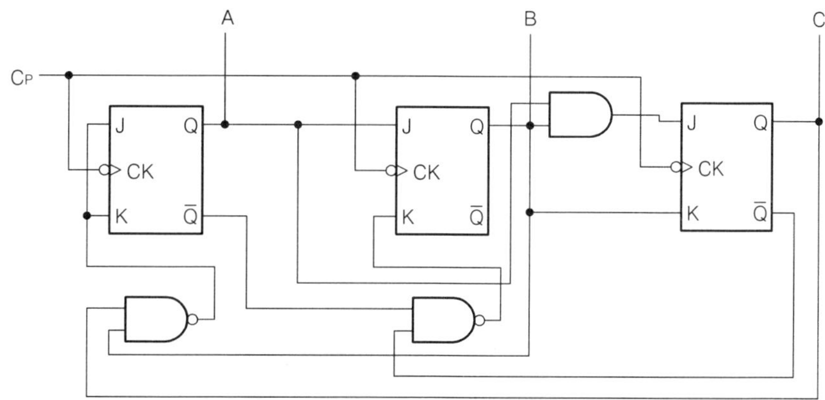

(a) 동기식 7진 카운터의 회로 구성

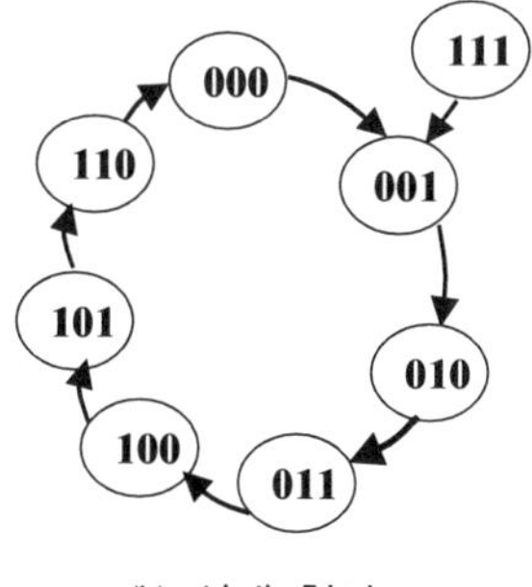

(b) 상태 천이도

그림 8-22 JK 플립플롭에 의한 동기식 7진 카운터

표 8-4 동기식 7진 카운터의 동작 상태표

C(t) B(t) A(t)	J_A K_A	J_B K_B	J_C K_C	C(t+1) B(t+1) A(t+1)
0 0 0	1 1	0 0	0 0	0 0 1
0 0 1	1 1	1 1	0 0	0 1 0
0 1 0	1 1	0 0	0 1	0 1 1
0 1 1	1 1	1 1	1 1	1 0 0
1 0 0	1 1	0 1	0 0	1 0 1
1 0 1	1 1	1 1	0 0	1 1 0
1 1 0	0 0	0 1	0 1	0 0 0
1 1 1	0 0	1 1	1 1	0 0 1

JK 플립플롭이 아닌 D, SR 등의 플립플롭을 사용해서 보다 일반적인 동기식 Modulo-N 카운터를 구성하는 것도 가능하다. 이에 관한 상세한 방법은 9장의 동기식 순서회로의 설계에서 다루게 된다.

예제 8-8

상승에지 D 플립플롭을 사용하여 동기식 4진 업 카운터를 설계하여라.

풀이: MOD-4 카운터이므로 플립플롭의 개수는 2개이어야 한다. 각각의 플립플롭의 현재 출력을 $Q_1(t), Q_0(t)$, 다음 클럭에서의 출력을 $Q_1(t+1), Q_0(t+1)$이라 하면, 이들의 관계는 그림 8-23(a)의 표와 같다. D 플립플롭에서 D 는 다음 클럭에서의 출력과 동일하므로, 각 플립플롭의 입력에 관한 논리식은 그림 8-23(a)의 표로부터 $D_1 = Q_1(t) \oplus Q_0(t), D_0 = \overline{Q_0(t)}$가 되는 것을 알 수 있다. D 플립플롭에 의한 4진 카운터 회로는 그림 8-23(b)가 된다.

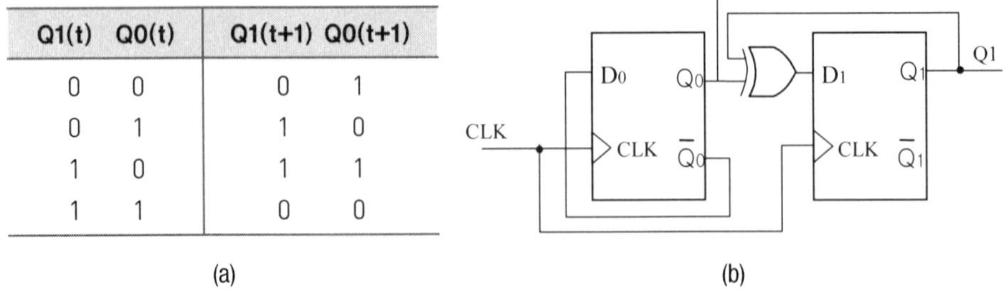

Q1(t)	Q0(t)	Q1(t+1)	Q0(t+1)
0	0	0	1
0	1	1	0
1	0	1	1
1	1	0	0

(a) (b)

그림 8-23 D 플립플롭에 의한 4진 카운터의 동작 상태표 및 회로 구성

8-2-7 동기식 MSI IC 카운터

동기식 카운터도 비동기식 카운터와 마찬가지로 다양한 종류의 카운터가 MSI IC로 패키지화되어 있다. 표 8-5는 이들 중 대표적인 2진수 카운터와 10진수(decade, BCD) 카운터 IC 이다. 이들은 모두 임의의 초기값에서 카운터를 시작할 수 있도록 프리세트 기능을 갖고 있다. 이들 IC 중 대표적인 것으로, 74193 4비트 프리세트 가능한 4비트 2진수 업/다운 카운터의 특성과 응용에 관해서 간단히 기술한다. 이 카운터의 블록도에 의한 논리 심볼과 입출력 핀 배치를 그림 8-24(a)에, 외부 제어입력에 따른 동작모드를 그림 8-24(b)에 나타낸다. 제어입력 CKU와 CKD는 각각 상승에지 트리거에서 업 카운팅과 다운 카운팅을 시작하게 하는 클럭입력이다. 이들은 독립적으로 사용할 수 있으나, 동시에 트리거 되지 않도록 해야 한다. Active-HIGH 모드의 CLR 입력으로 카운터의 출력이 0으로 리셋되고, Active-LOW 모드인 $\overline{\mathrm{LOAD}}$ 입력으로 임의의 초기값에서 카운팅이 가능하도록 프리세트 된다. 또한, 이 IC를 2개 이상 직렬연결해서 보다 많은 수를 카운팅할 수 있도록 출력 $\overline{\mathrm{CO}}$ 와 $\overline{\mathrm{BO}}$ 의 단자를 갖는다. $\overline{\mathrm{CO}}$ 는 업 카운터에서 캐리가 발생할 때, 즉 $Q_DQ_CQ_BQ_A$가 1111에서 0000로 천이되는 순간 클럭 CKU의 LOW 레벨의 폭에 해당하는 LOW 펄스가 발생한다. 이와는 반대로$\overline{\mathrm{BO}}$ 는 다운 카운터 모드로 사용할 때, 출력 $Q_DQ_CQ_BQ_A$ 이 0000에서 1111로 천이되는 순간 클럭 CKD의 LOW 레벨 폭에 해당하는 LOW 펄스가 발생된다.

그림 8-24(c)는 이상과 같이 동작하는 과정을 나타낸 타이밍도의 예이다. CLR 입력의 활성상태에 의해 카운터 출력은 전부 0으로 리셋되고, $\overline{\mathrm{LOAD}}$ 입력의 활성상태에서, 데이터 입력 $\mathrm{DCBA} = 1101$ 이 프리세트 된다. 그 후, CKU의 클럭의 상승에지에서 업 카운터의 동작을 수행하게 되고, 1111에서 0000로 천이되는 순간 $\overline{\mathrm{CO}}$ 의 펄스가 출력 된다. 다음으로 CKU=HIGH 상태에서, 클럭 CKD의 상승에지에서 다운 카운터 모드로 동작하고, 0000에서 1111로 천이되는 순간 $\overline{\mathrm{BO}}$ 에 펄스가 발생한다.

표 8-5 동기식 카운터 MSI IC

기 능	게이트 종류(74)
4-bit binary	161/163/561/669/691/693
Decade(BCD)	160/162/560/668/690/692
4-bit up/down	169/191/193/569
Up/down decade	168/190/192/568/696

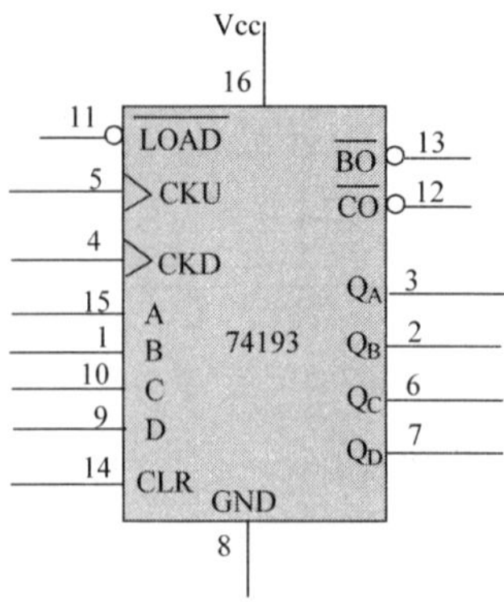

(a) 논리 심볼

CLR	$\overline{\text{LOAD}}$	CKU	CKD	Mode
H	X	X	X	비동기 리셋
L	L	X	X	비동기 프리셋
L	H	↑	H	업 카운터
L	H	H	↑	다운 카운터

(b) 동작 모드의 선택

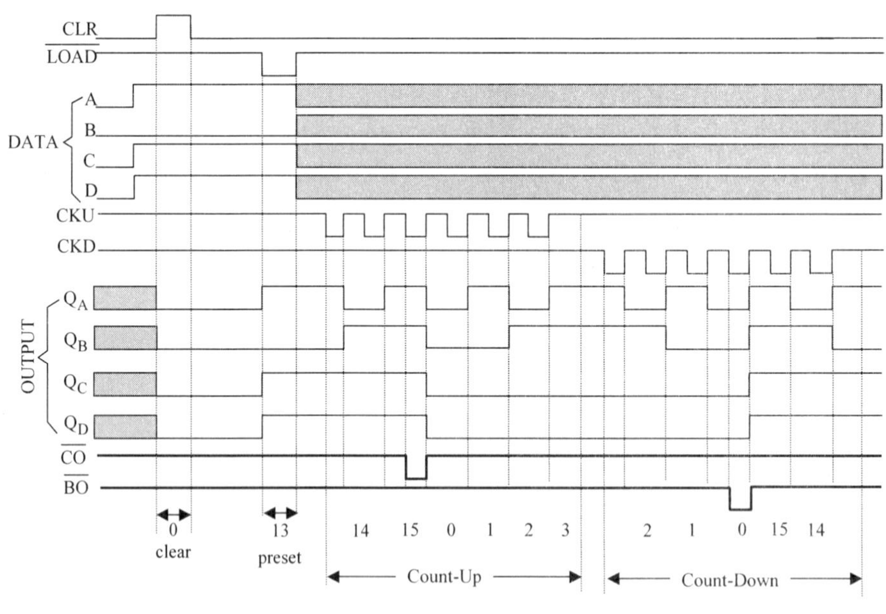

(c) 동작 타이밍도

그림 8-24 4비트 2진수 동기식 업/다운 카운터 74193 MSI IC

이상과 같이 74193은 프리세트가 가능함으로 인해, 간단히 임의의 MOD 수를 갖는 업/다운 카운터도 간단히 구성할 수 있다. 예로, 74193을 사용해서 MOD-6의 다운 카운터 회로를 구성해 보자. 그림 8-25(a)는 그림 8-24(a)의 논리심볼에 의한 회로 구성이다. 카운터의 초기값으로 외부입력 PRESET에 의해 $DCBA = 0110$ 값이 프리세트되고, 클럭 CKD의 상승에지에서 다운 카운터의 동작을 수행한다. 카운터 출력 $Q_D Q_C Q_B Q_A = 0000$ 에서 발생되는 펄스 $\overline{BO}$를 AND 게이트를 통해 $\overline{LOAD}$ 에 피드백되게 함으로서, 출력 $Q_D Q_C Q_B Q_A = 0000$ 이후 자동으로 0110 값으로 프리세트되게 하면 된다. 이상의 동작과정을 나타낸 것이 그림 8-25(b)의 타이밍도이다.

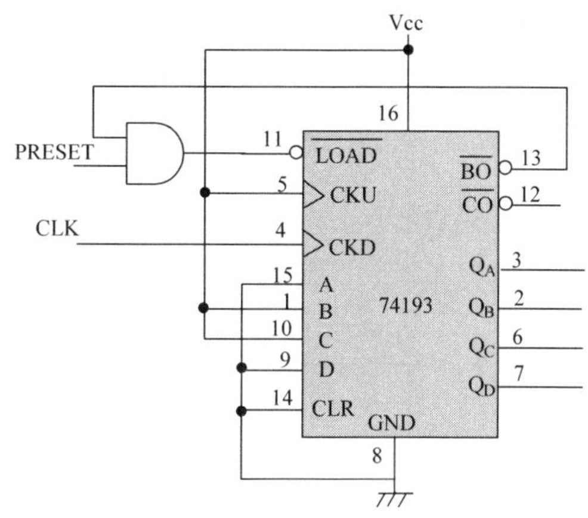

(a) MOD-6의 다운 카운터 구성

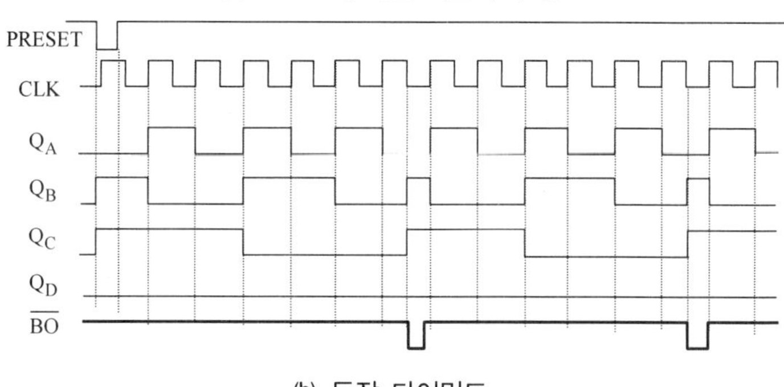

(b) 동작 타이밍도

그림 8-25 74193에 의한 MOD-6 동기식 다운 카운터

예제 8-9

74193을 사용해서 MOD-64 동기식 업 카운터 회로를 구성하여라.

풀이: MOD-64 카운터이므로, 플립플롭의 개수는 $64 = 2^6$ 로부터 6개가 필요하다. 따라서 2개의 74193 칩으로 구성된 회로에서 LSB 측 IC에서 4개의 플립플롭 (Q_3, Q_2, Q_1, Q_0), MSB측 IC에서 2개의 플립플롭(Q_4, Q_5)를 선정해서 사용하면 된다. 카운터 시퀀스는 000000에서 111111까지 카운터하고, 1000000에서 카운터를 클리어 되도록 해야 하므로, 그림 8-26과 같은 구성이 되어야 한다.

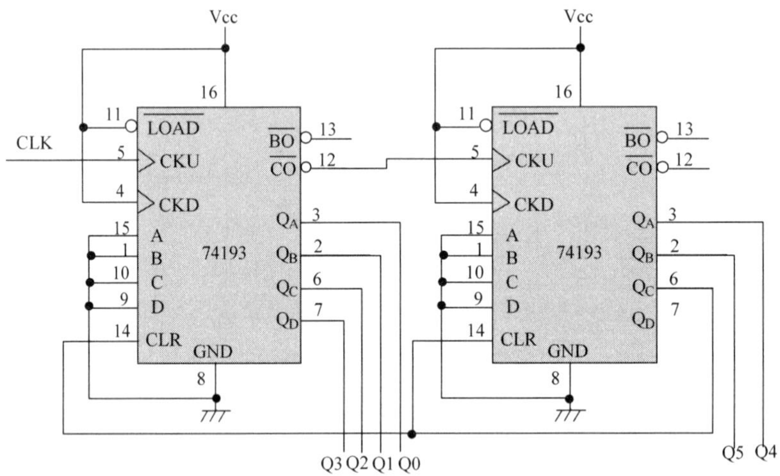

그림 8-26 74193 IC에 의한 MOD-64 동기식 업 카운터의 구성

8-3 | 쉬프트 카운터

8-3-1 링 카운터

링 카운터(ring counter)는 8.4절에서 기술되는 쉬프트 레지스터를 응용한 가장 간단한 카운터로서 그림 8-27(a)와 같이 직렬 입력, 병렬 출력 쉬프트 레지스터의 최종 출력을 다시 입력에 귀환시킨 일종의 순환 쉬프트 레지스터이다. 링 카운터는 항상 첫 번째 플립플롭의 출력 Q_0 를 1로 프리세트하고, 나머지 플립플롭은 모두 0으로 리셋시켜서 사용한다. 따라서 입력클럭 펄스 C_P 에 따라 Q_1, Q_2, Q_3 의 출력으로 논리 1이 쉬프트 된다. 이렇게 됨에 따라 다섯 번째 클럭 펄스에서 다시 처음 상태로 되돌아가서 Q_3, Q_2, Q_1, Q_0 가 0001이 된다. 그림 8-27(b)는 4비트 링 카운터의 동작을 나타낸 타이밍도이고, 표 8-6은 링 카운터의 동작상태를 나타낸 것이다. 그림 8-27(a)의 4비트 링 카운터는 최대 4까지 카운팅할 수 있는 MOD-4의 카운터로 동작하는 것을 알 수 있다. 또한, 그림 8-27(b)의 링 카운터 출력 파형에서 알 수 있듯이, 링 카운터는 플립플롭이 4개로 구성되어 있어 출력 주파수는 입력 클럭 주파수의 1/4이 된다. 출력파형에서 출력이 HIGH가 되는 펄스폭은 한 주기의 1/4, 즉 25%의 듀티 사이클을 가지고 있다.

일반적으로 N개의 플립플롭으로 구성된 링 카운터의 출력 주파수와 % 듀티 사이클은 다음과 같이 나타낸 수 있다.

$$\text{출력 주파수} f_0 = \frac{f_i}{N} \tag{8-5}$$

$$\%\ \text{듀티 사이클}\ D_0 = \frac{1}{N} \times 100 \tag{8-6}$$

그림 8-27(a)는 JK 플립플롭을 사용한 4단 링 카운터를 나타낸 것이지만, 각 단의 J와 K는 상보대칭이므로 사실상 JK 플립플롭은 D 플립플롭을 사용한 것과 동일하다. 출력 주파수를 보면 링 카운터는 어떠한 모듈도 구성할 수 있다는 것을 알 수 있으며 모듈은 단순히 플립플롭의 단수가 된다.

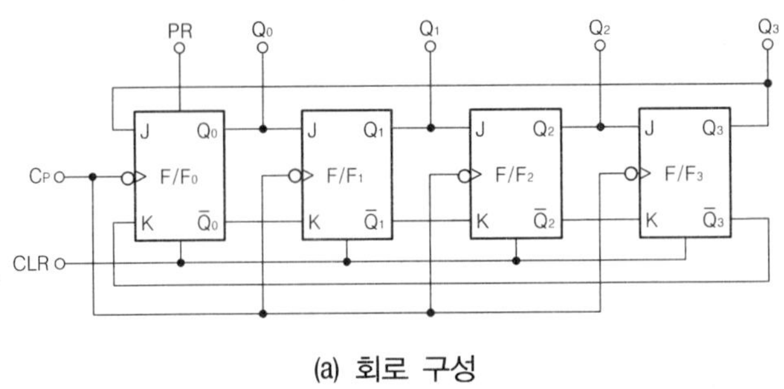

(a) 회로 구성

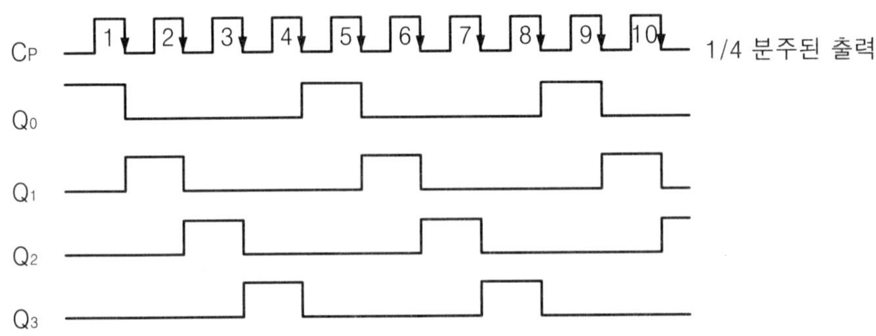

(b) 출력 파형의 타이밍도

그림 8-27 4비트 링 카운터의 회로구성과 동작의 타이밍도

표 8-6 4비트 링 카운터의 계수 동작표

CP 인가수	Q0	Q1	Q2	Q3
0	1	0	0	0
1	0	1	0	0
2	0	0	1	0
3	0	0	0	1
4(0)	1	0	0	0

그러나 일반적으로 링 카운터는 같은 모듈을 갖는 2단 카운터보다 더 많은 플립플롭 단을 필요로 한다. 예를 들면, ÷16 2진 카운터는 4개의 T 플립플롭을 필요로 하지만, ÷16 링 카운터를 구성하는 데는 16개의 D형 플립플롭이 필요하다. N개의 플립플롭으로 구성된 링 카운터는 MOD-N의 카운터로 동작한다. 이에 반해 N개 플립플롭의 일반적인 2진수(binary) 카운터의 최대 MOD 수는 2^N까지 가능하다. 그러므로 링 카운터는 일반적인 카운터 회로로

서는 극히 비효율적이나 카운터 값을 복호하기 위한 별도의 복호기가 필요하지 않는 장점이 있어, 컴퓨터의 중앙처리장치는 연산장치의 제어회로 등에 널리 사용된다.

8-3-2 존슨 카운터

존슨 카운터(Johnson counter)는 일명 트위스트 링 카운터, 워킹 링 카운터, 또는 스위치 테일 카운터(switch tail counter)라고도 한다. 그림 8-28(a)는 JK 플립플롭을 사용한 4비트 존슨 카운터 회로구성의 예이다. 이 그림으로부터 존슨 카운터는 최종 단의 출력 $\overline{Q}$와 Q가 첫 번째 단의 제어 입력 J와 K에 피드백되어 입력되는 점이 링 카운터와 다르다. 그림 8-28(b)는 4비트 존슨 카운터의 출력 파형을 나타낸 타이밍도이고, 표 8-7은 출력값을 나타낸 계수 동작표이다. 이 표로부터 4비트 존슨 카운터는 8가지 서론 다른 출력상태를 갖는 MOD-8의 카운터로 동작되는 것을 알 수 있다.

일반적으로 N단의 플립플롭을 사용한 존슨 카운터는 MOD 수가 $2N$인 출력상태를 발생시킬 수 있어, 링 카운터보다는 계수 동작에서 효율적이지만, 카운터 출력값을 파악하기 위한 복호기가 요구되는 단점을 갖고 있다. 그림 8-28(a)의 존슨 카운터 출력, 즉 0~7을 구분하기 위한 복호기는 $Q'_4 Q'_1 = 0$, $Q'_2 Q_1 = 1$, $Q'_3 Q_2 = 2$, $Q'_4 Q_3 = 3$, $Q_4 Q_1 = 4$, $Q_2 Q'_1 = 5$, $Q_3 Q'_2 = 6$, $Q_4 Q'_3 = 7$가 되도록 게이트를 사용해야 된다. 또한, 존슨 카운터는 회로구성에서 링카운터와 유사하지만, 출력 주파수는 링 카운터의 1/2이다. 따라서 N 단의 존슨 카운터의 구성에서, 그 출력 주파수는 다음과 같다.

$$\text{출력 주파수 } f_0 = \frac{f_i}{2N} \tag{8-7}$$

한편 링 카운터의 듀티 사이클은 $\frac{1}{N}$인데 반해, 그림 8-28(b)의 존슨 카운터 출력파형에서와 같이, 출력의 HIGH 및 LOW 레벨 폭이 대칭이 되므로 듀티 사이클은 50%가 된다.

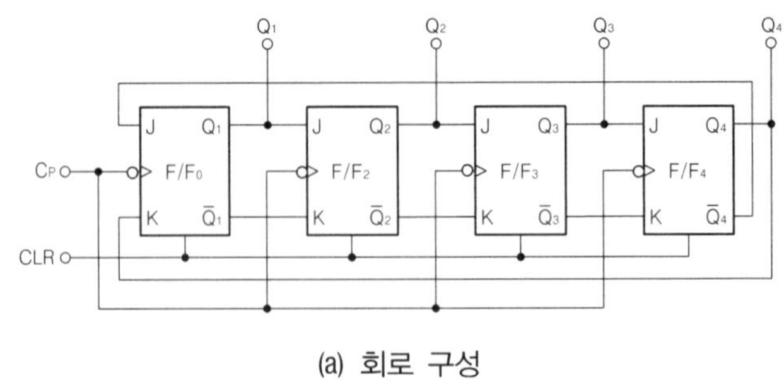

(a) 회로 구성

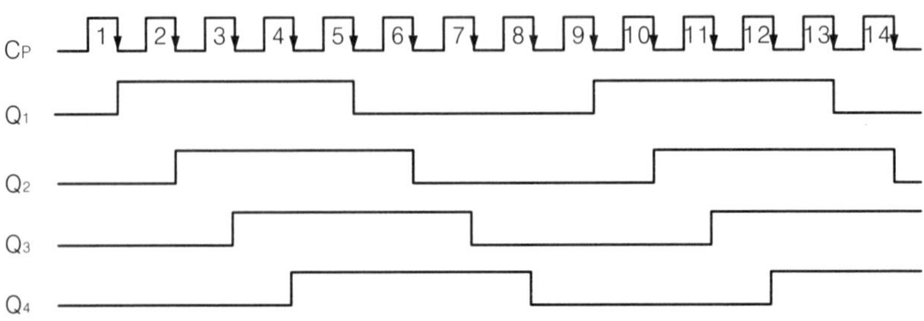

(b) 출력 파형의 타이밍도

그림 8-28 4비트 존슨 카운터

표 8-7 4비트 존슨 카운터의 계수 동작표

Cp 인가 수	Q4	Q3	Q2	Q1
0	0	0	0	0
1	0	0	0	1
2	0	0	1	1
3	0	1	1	1
4	1	1	1	1
5	1	1	1	0
6	1	1	0	0
7	1	0	0	0
8(0)	0	0	0	0

8-4 | 데이터의 저장과 전송

지금까지 플립플롭의 일반적인 특징인 정보 또는 데이터의 일시적인 저장기능을 이용하는 비동기 및 동기식 카운터의 구성과 동작에 관해서 설명했다. 그러나 한 비트의 데이터를 저장할 수 있는 플립플롭을 여러 개 사용함으로서 한 비트 이상의 데이터를 저장하거나 조작하는데도 사용할 수 있다. 이와 같이 다수의 플립플롭으로 구성되어 입력 데이터의 전송이나 처리 등에 사용되는 것을 특히 레지스터(register)라 한다. 레지스터는 플립플롭만으로 구성할 수도 있고, 부가기능을 갖도록 외부에 별도의 게이트를 플립플롭과 함께 사용해서 구성할 수도 있다. 그림 8-29는 상승에지 트리거 D 플립플롭만으로 구성된 4비트 레지스터의 예를 나타낸 것이다. D 플립플롭의 동작특성으로부터 플립플롭의 출력 Q_3, Q_2, Q_1, Q_0 은 클럭 C_P 의 상승에지에서, 그 순간의 입력 D_3, D_2, D_1, D_0 의 값이 각각 출력된다. 클리어 입력 $\overline{\mathrm{CLR}}$ 는 LOW 레벨의 활성상태에서 모든 레지스터의 출력을 0으로 리셋시킨다. 하나의 레지스터 내에 사용되는 플립플롭의 수를 조절함으로서 임의의 데이터 비트를 처리할 수도

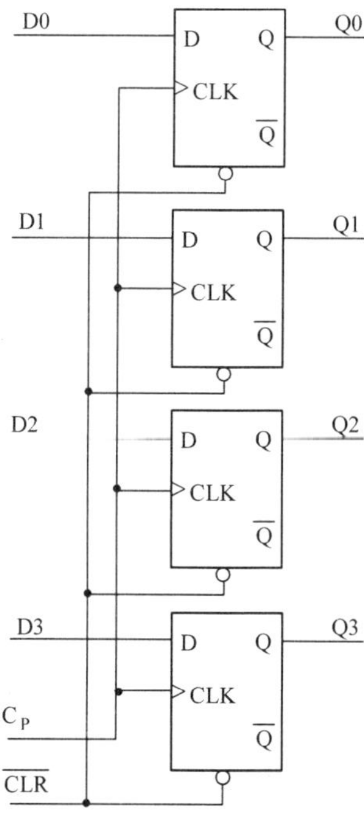

그림 8-29 4비트 병렬 레지스터의 회로구성

있다. 즉, n비트 레지스터는 n개의 플립플롭으로 구성된다. 레지스터의 주요 역할은 일시적인 데이터의 저장이나, 전송 혹은 이동을 위한 버퍼의 기능을 수행하는 것으로, 그 전송 시기와 방법을 제어할 수 있다. 레지스터에 데이터를 입·출력시킬 때 클럭이나 제어 펄스에 의해 데이터가 입력에서 출력으로 천이되므로 특히 레지스터를 쉬프트 레지스터(shift register)라고도 부른다.

이와 같은 레지스터의 기능은 크게 데이터의 병렬입력-병렬출력, 직렬입력-직렬출력, 병렬입력-직렬출력, 직렬입력-병렬출력의 4가지 기본형이 있다. 이 때 데이터의 입·출력 시프트는 클럭 펄스에 의한 동기식의 제어나 비동기 제어입력에 의한 비동기식 중 어느 것으로도 가능하다. 그림 8-30은 이들 4 종류의 기본 기능을 블록도로 나타낸 것이다. 이하 이들 각각의 회로구성과 데이터 쉬프트 방법에 관해서 간략히 기술한다.

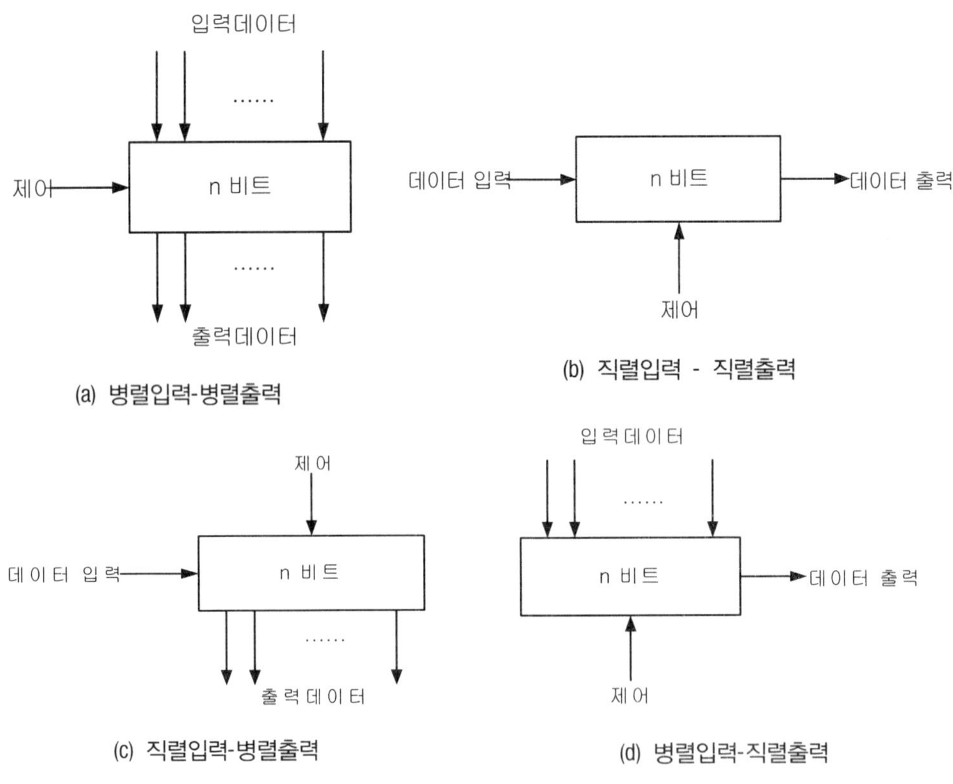

그림 8-30 레지스터의 4가지 기본 기능

8-4-1 병렬 데이터 전송

가. 병렬입력-병렬출력 레지스터

병렬(parallel) 쉬프트 레지스터라고도 하는 것으로 그림 8-31은 4비트 병렬입력-병렬출력의 레지스터의 구성을 나타낸 것으로, 이는 그림 8-29의 회로와 같다. 이 그림에서 데이터 입력을 제어하기 위한 WR은 액티브 HIGH이다. 즉 제어펄스의 상승 에지에서 각 플립플롭이 트리거되어 그 순간의 입력 데이터 {I3 I2 I1 I0}가 병렬로 입력되면 각 플립플롭의 출력으로 {Q3 Q2 Q1 Q0}에 데이터가 병렬로 나오게 된다.

그림 8-32는 데이터의 출력을 제어하는 기능을 첨가한 것으로서 제어신호 RD를 HIGH 상태가 되게하면 3상태 버퍼가 플립플롭의 출력 Q를 레지스터의 출력 {Q3 Q2 Q1 Q0}에 연결해주고, 반대로 RD가 LOW 레벨이 되면 버퍼가 HIGH-Z (하이 임피던스) 상태가 되어 양자의 연결이 완전히 끊어져, 데이터 출력에 나타나지 않는다.

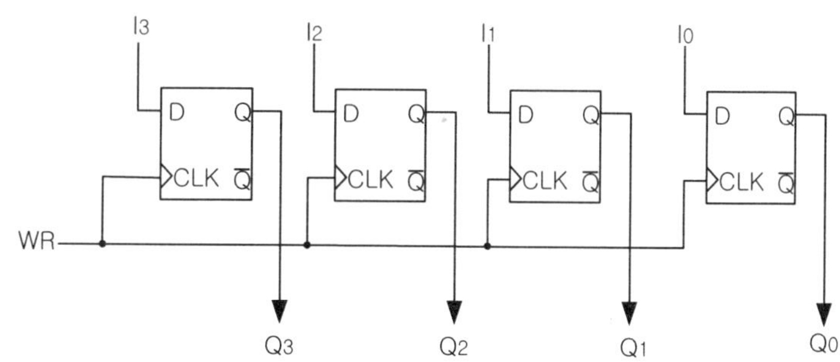

그림 8-31 4비트 병렬입력-병렬출력(PIPO) 쉬프트 레지스터

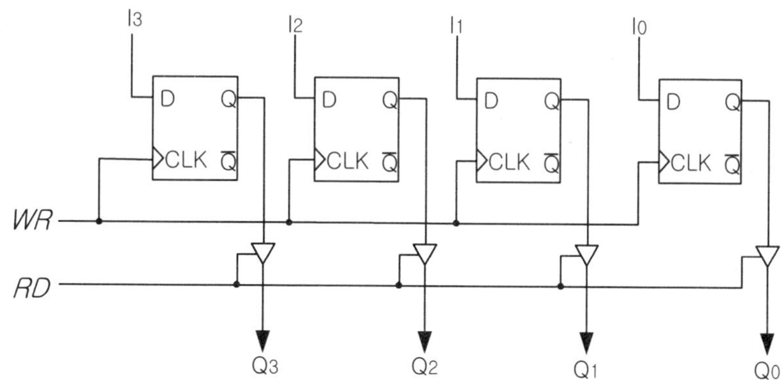

그림 8-32 출력에 3상태 버퍼를 갖는 4비트 병렬 입출력 쉬프트 레지스터

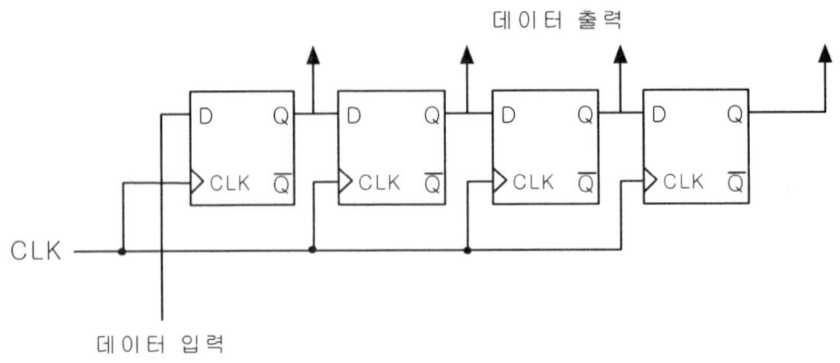

그림 8-33 4비트 직렬입력-병렬출력(SIPO) 쉬프트 레지스터

나. 직렬입력-병렬출력 레지스터

그림 8-33은 직렬입력-병렬출력 레지스터를 D 플립플롭을 이용해서 구성한 4비트 레지스터의 예를 나타낸 것이다. 외부로부터 데이터가 첫 번째 플립플롭으로 입력되어 클럭펄스의 상승에지에서 차례로 전송되어 출력으로 나타난다. 정보는 한 번에 한 비트씩 한쪽 끝에서 직렬로 입력되고 플립플롭에서 모든 비트가 동시에 병렬로 출력된다. 따라서 새로운 4비트 데이터를 레지스터에 전부 저장시켜 출력하기 위해서는 4개의 클럭펄스가 필요하다. 그러므로 직렬로 입력되는 데이터의 타이밍은 출력되는 데이터보다 4배 빠르다.

8-4-2 직렬 데이터 전송

가. 직렬입력-직렬출력 레지스터

직렬 입·출력을 위한 레지스터를 특히 직렬(serial) 쉬프트 레지스터라고 한다. 이는 플립플롭에 저장된 2진수로 된 데이터를 클럭 펄스마다 한 플립플롭에서 다른 플립플롭으로 전송하기 때문이다. 전자식 계산기에서 화면에 나오는 숫자는 새로운 숫자를 입력할 때마다 옆으로 전송되는데, 이것이 쉬프트 레지스터를 활용한 예이다. 그림 8-34는 4비트 직렬 입·출력을 위한 쉬프트 레지스터의 구성을 나타낸 것으로 하나의 데이터 입력이 첫 번째 플립플롭에 인가되면 연속적인 클럭동작으로 데이터가 오른쪽으로 하나씩 이동한다. 따라서 직렬 쉬프트 레지스터가 전부 0으로 리셋되어 있는 상태에서 1111의 데이터 전송은, 연속적인 클럭펄스에 의해 쉬프트 레지스터의 값은 1000, 1100, 1110, 1111로 변화된다. 또한, 첫 번째 클럭 동작 후에 즉시 1이 소거되고 0으로 리셋되면 레지스터의 값은 1000, 0100, 0010, 0001의 값으로 변화될 것이다.

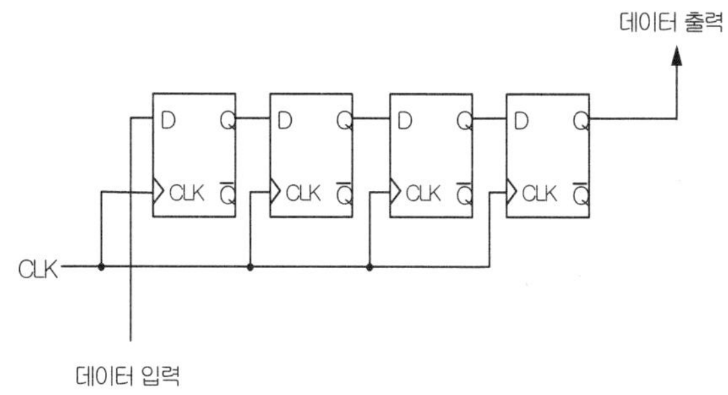

그림 8-34 4비트 직렬입력-직렬출력(SISO) 시프트 레지스터

나. 병렬입력-직렬출력 레지스터

그림 8-35(a)는 병렬입력-직렬출력을 위해 D 플립플롭을 이용한 4비트 레지스터 구성의 예를 나타낸 것이다. 멀티플렉서 MUX의 작용은 제어입력 LOAD = HIGH이면 데이터 입력 I_2, I_1, I_0 가 대응되는 각 D 플립플롭의 입력으로 연결되고 LOAD = LOW이면 앞단 플립플롭의 출력 Q가 D 플립플롭의 입력으로 접속된다. 따라서 병렬 데이터를 직렬로 출력하기 위해서는 먼저, LOAD = HIGH 레벨로 해서 병렬 데이터를 클럭 CLK의 상승에지에서 D 플립플롭내로 저장시킨다. 다음으로, LOAD = LOW 레벨로 해서 외부의 데이터 입력이 플립플롭으로 입력되는 것을 저지하고, 클럭 CLK의 상승에지에 따라 플립플롭 내에 저장된

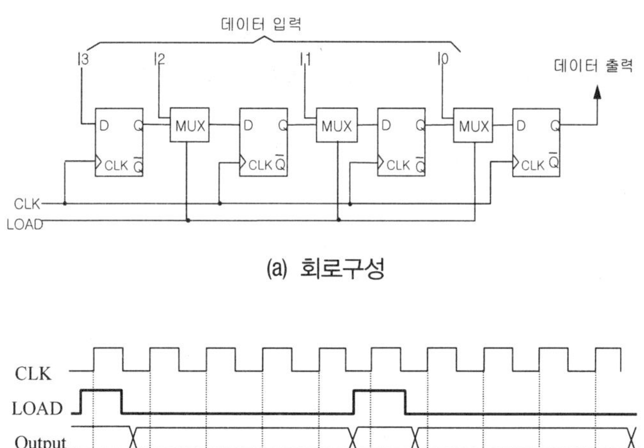

(a) 회로구성

(b) 동작의 타이밍도

그림 8-35 4비트 병렬입력-직렬출력의 쉬프트 레지스터

데이터가 I_0, I_1, I_2, I_3의 순으로 출력되도록 한다. 그림 8-35(b)는 이상과 같은 동작을 나타낸 파형으로 입력 데이터는 LOAD 펄스에 의해 4개의 클럭 펄스 후에 플립플롭 내에 저장된다.

8-5 | 카운터 및 레지스터의 응용

8-5-1 주파수 분주기

카운터를 사용해서 기본 클럭의 주파수를 분할할 수 있다. 그림 8-36은 플립플롭으로 구성한 4비트 업 카운터의 블록도이고, 동작을 나타내는 타이밍도는 그림 8-37과 같다. 출력 $Q_1Q_2Q_3Q_4$의 결과를 보면 입력클럭에 대해서 1/2, 1/4, 1/8, 1/16의 비율로 분주되는 것을 볼 수 있다. 따라서 카운터 회로의 출력은 입력클럭을 보다 낮은 주파수의 클럭으로 변화시키는 주파수 분주기로 사용하기도 한다.

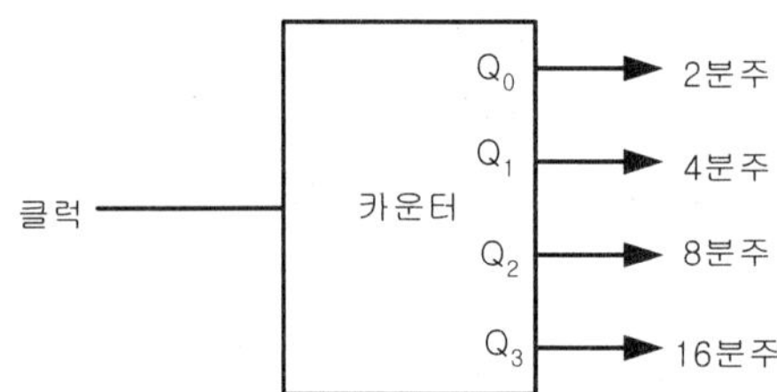

그림 8-36 4비트 업 카운터를 이용한 주파수 분주기 블록도

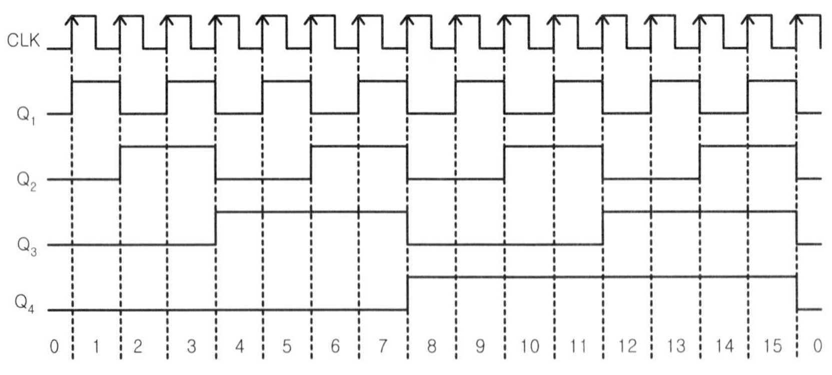

그림 8-37 카운터 회로의 타이밍도

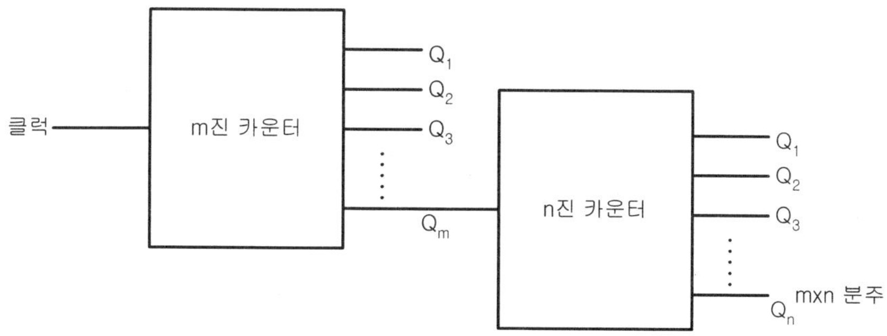

그림 8-38 m×n 주파수 분주기

일반적인 $m \times n$의 주파수 분주기를 설계하기 위해서는 그림 8-38에 블록도로 나타낸 것과 같이 MOD-m 카운터의 마지막 출력 Q_m과 MOD-n카운터의 마지막 출력 Q_n을 연결하면 $m \times n$ 주파수 분주기가 된다. 예로 60 분주를 하기 위해서는 6진 카운터와 10진 카운터의 마지막 출력을 서로 연결해서 60진 카운터를 만들 수 있다.

8-5-2 디지털 시계

디지털 시계는 실제 생활에서 가장 쉽게 접할 수 있다. 디지털 시계는 카운터와 디코더를 이용해서 만들 수 있다. 디지털 시계에서는 기준 주파수를 분주해서 시, 분, 초의 클럭을 발생시키고, 이를 카운터 복호회로를 사용해서 10진수의 단위를 LCD나 LED 등의 디스플레이 소자에 나타낸다. 먼저 적당한 주파수를 갖는 기준 클럭으로부터 카운터를 사용해서 60Hz의 주파수를 갖는 클럭을 생성하고, 이를 다시 6분주 및 10분주하여 분(min) 단위와 시(hour) 단위의 클럭을 생성해서 사용한다.

60Hz의 클럭으로부터 카운터를 써서 60분주하면 초당 1펄스 (1 pulse per second, pps)의 클럭를 얻을 수 있고, 이것을 다시 60분주하면 분당 1사이클 (1 pulse per minute)의 클럭이 얻어진다. 이 클럭을 다시 12분주하면 매시간 1사이클의 펄스를 얻을 수 있으므로 적당한 카운터를 설계하고, 그 출력을 복호하여 디스플레이 소자에 표시하면 된다.

그림 8-39는 기준 주파수 60Hz에서 1Hz의 클럭을 얻는 회로이다. 1Hz의 클럭을 가지고 10분주하여 1의 자리를 표시하고 10분주한 클럭을 다시 6분주하여 10의 자리를 표시하면 초와 분의 자릿수를 표현할 수 있게 된다. 12시간 단위의 시간을 나타내기 위해서는 00, 01, 02 …, 11까지 읽은 다음 00으로 리셋되어야 하며, 이는 12진 카운터를 사용하면 간단히 구성된다. 그림 8-40은 초(second) 단위를 나타내기 위한 구성을 블록도이다.

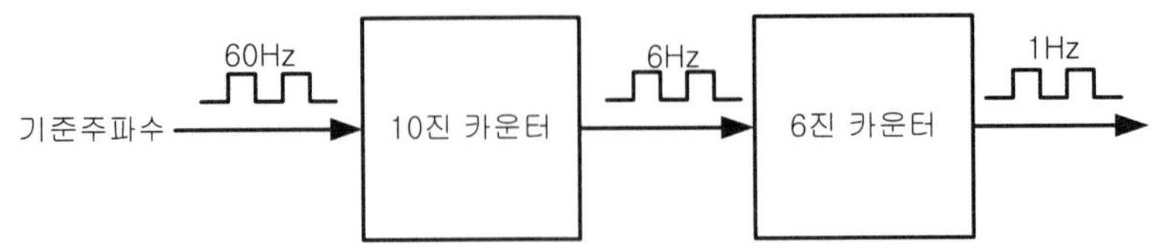

그림 8-39 기준주파수를 1Hz의 주파수로 분주 하는 회로

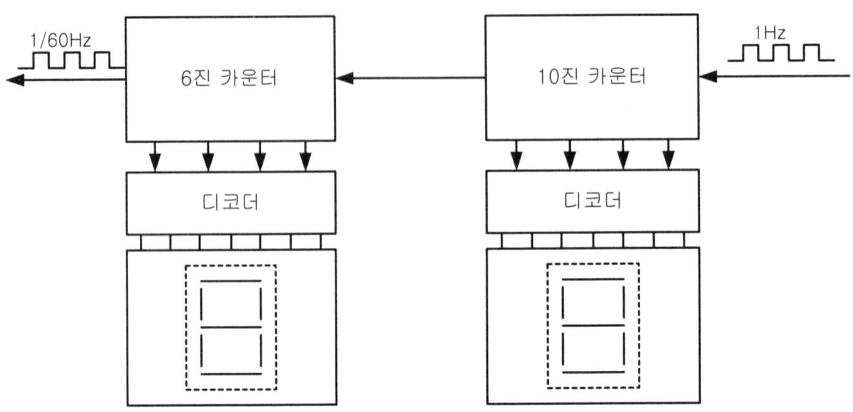

그림 8-40 디지털시계에서 초와 분을 표현하기 위한 구조

8-5-3 시간지연 회로

8.4.2절에서 기술한 n 비트 직렬입력-직렬출력 레지스터를 사용하면 입력에 가해진 펄스보다 $n-1$ 주기만큼 늦게 출력에서 펄스가 나온다. 그림 8-41(b)는 그림 8-41(a)의 직렬 4비트 쉬프트 레지스터를 사용한 경우의 입출력의 관계를 나타낸 파형이다. 예컨대 클럭 주파수가 1MHz이면 한 주기의 시간 T는 $T=1\mu s$이다. 따라서 $(4-1)\mu s$ 즉, $3\mu s$ 늦게 펄스가 나온다. 시간지연의 양을 보다 더 늘리기 위해서는 직렬 레지스터를 필요한 개수만큼 직렬연결하고, 클럭을 공통으로 사용하면 된다.

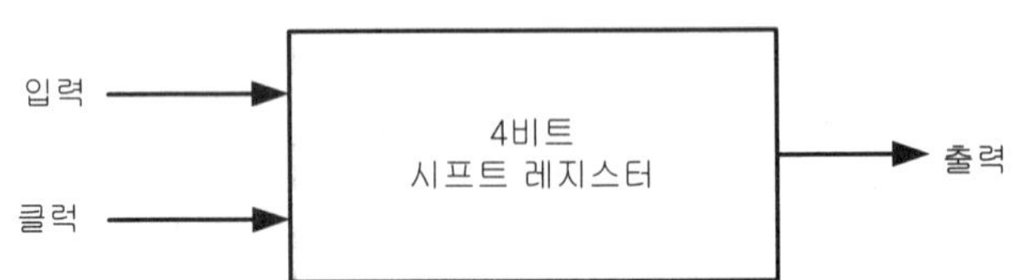

(a) 시간지연을 위한 4비트 쉬프트 레지스터의 블록도

그림 8-41 직렬 4비트 쉬프트 레지스터를 사용한 시간지연과 파형 (계속)

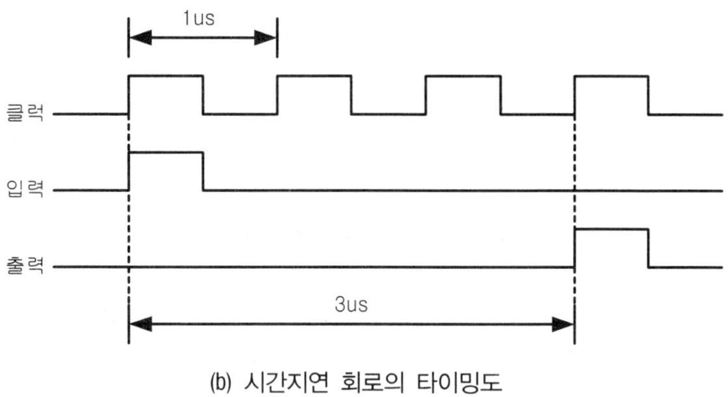

(b) 시간지연 회로의 타이밍도

그림 8-41 직렬 4비트 쉬프트 레지스터를 사용한 시간지연과 파형

8-6 | 회로의 고장과 시험

이 절에서는 논리회로의 고장을 시험하기 위한 기본 개념에 관해서 소개하고, 조합논리 회로에서 고장을 모델링하는 방법을 기술한다.

8-6-1 시험 과정

디지털 회로는 잘못 설계된 경우나 제조 및 사용 과정에서 물리적인 고장이 발생해서 오동작하게 되는 경우가 있다. 설계 잘못은 설계과정을 개선하여 고칠 수 있다. 즉 설계자가 적절하게 훈련되거나 논리 시뮬레이터나 타이밍을 검증하는 적절한 CAD 툴을 효과적으로 사용함으로서 간단히 개선할 수 있다. 그러나 이 경우 물리적인 결손은 줄어들 수 있지만 안정성 있는 부품을 사용한다고 해서 회로설계의 오류가 완전히 제거되지는 않는다. 또한, 제조과정에서 품질관리를 적절하게 하거나 사용 현장에서 적절하게 사용하더라도 오류를 완전히 제거하기는 용이하지 않다. 따라서 피할 수 없는 여러 가지 결손들은 시험과정을 통해서 고장 유무와 그 장소를 찾아내는 것이 필요하다.

그림 8-42는 디지털 회로의 시험과정을 나타낸 것으로, 점검하고자 하는 디지털 회로를 시험 대상 장치(DUT : Device Under Test)라 하고, 이는 외부에서 인가되는 회로 고장 F에 의해 그 동작이 바뀌게 된다.

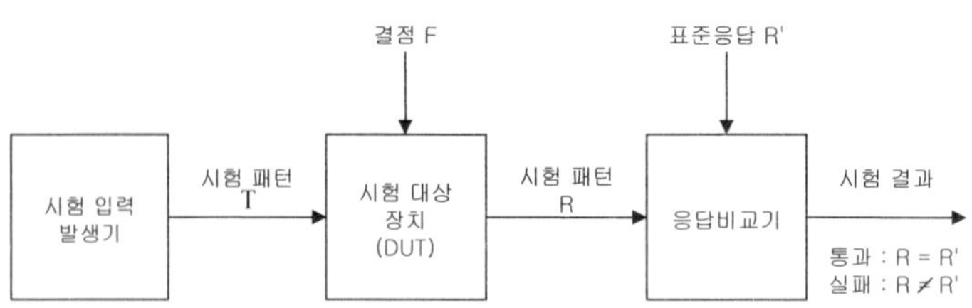

그림 8-42 디지털 회로의 시험과정

입력 조합 순서 T (시험 패턴 또는 시험 벡터)가 DUT에 인가되고 결과로 나타난 출력 신호 즉 시험 응답 R이 관찰된다. 이 R은 고장이 없는 표준 응답 R'과 비교되고 만약 $R = R'$이면 DUT는 시험이 통과된 양호한 장치이고 $R \neq R'$이면 시험은 실패이며 어떤 고장이 DUT에 존재하는 것을 알 수 있다. 만약 T가 잘 고안되면 R은 정확한 지점이나 고장 F를 제거할 수 있는 정보를 갖게 된다. 시험 입력 발생기 프로그램이 있는 CAD 툴이 T, R 및 R'을 계산하는데 많이 활용된다.

시험 데이터는 미리 계산하여 적당한 형태로 저장하고 많은 양의 시험이나 결과를 검토할 때 사용하기도 한다. 논리 회로의 설계에 따라서는 자기 자신을 시험하도록 설계되고 자체시험 내장기능(BIST : Built-In-Self-Testing)을 갖도록 설계되기도 한다.

8-6-2 고장 원인

물리적인 고장의 요인은 헤아릴 수 없이 많다. 제조 과정에서 생기는 고장은 일부가 빠지거나 결손이 있는 부품을 사용하는 경우 또는 잘못 조립하는 경우이다. IC는 청정실 유지 상태가 오염되어 먼지들이 고장을 만들어 내는 경우가 많다. 또한 부품간 연결을 위한 납땜이나 커넥터에 연결하는 과정에서 발생하는 경우도 있다. 장치를 땅에 떨어뜨려 기계적인 단절이나 전기적 고장으로 절연체 파손, 접점 불량 등도 가능하다. 연결되어야 하는 회로가 끊어지는 경우나 끊어져 있어야 하는데 연결되어 있어 오동작을 야기한다.

마지막으로 대부분의 고장 요인은 회로가 동작되는 주위환경에 의해서 영향을 받는다. 전자 회로는 정상 동작 시에도 많은 열을 발생한다. 따라서 설치 시 잘못하거나 환풍기를 적절하게 사용하지 않으면 높은 발열에 의한 고장이 생긴다. 전압이 안정하지 않은 환경에서도 회로의 고장이 발생 가능하다. 이것은 회로의 결과에 일시적인 오동작을 유발하고 발견하기가 매우 어렵다. 그 외에도 기계적인 진동이나 감속, 가속 등에 의한 결손이 가능하다.

8-6-3 시험 단계

앞서 언급한 고장들을 처리하기 위해 회로를 만드는 데서 시작해서 사용까지 계속적으로 시험이 진행된다. 집적회로 칩은 만들어지자마자 웨이퍼 상태에서 시험되고, 웨이퍼에서 분리하여 플라스틱이나 세라믹으로 패키징 되어 다시 측정된다. 또한 인쇄회로 기판에 설치한 후 보드 상태에서 시험되고 시스템 상태에서 시험된다. 여기서 주의 깊게 살펴보아야 할 것은 각 단계별로 시험하는 비용이 10배씩 증가한다는 것이다. 웨이퍼 상태에서 고장을 발견하는 데는 10원이 들면 패키징 후 100원, 인쇄회로기판 상태에서는 1,000원이 든다. 그 이후에도 시스템 상태에서 운영되면서 정기적으로 측정된다. 전기회로나 트랜지스터 단계에서 측정되는 시험은 전압의 파형이나 지연 시간 등을 측정하는 매개변수 시험이고, 논리 단계에서 회로의 논리적 동작을 측정하는 즉 시험 응답이 '0'과 '1'인 관점에서 보는 논리 시험이 있다. 우리는 주로 이 논리 시험에 대해서만 언급할 것이다.

8-6-4 고장 모델링

논리 시험의 기본적인 대상은 게이트, 래치, 플립플롭 등으로 기본 신호로는 '0'과 '1'이 사용된다. 이러한 대상에 논리 시험을 수행하기 위해서는 이러한 대상과 신호가 정의하는, 또 야기하는 모든 동작의 고장이 포함되는 논리 고장 모델이 필요하다. 앞에서 언급한 물리적 고장이 논리 수치로 나타낼 수 없는 경우도 많이 있다. 예를 들어 논리 신호 a와 b가 있어 a는 '0'이고 b는 '1'인 경우 a와 b가 연결되는 고장이라면 논리 수준을 결정할 수 없다.

단일 고장선 (SSL : Single Stuck Line)이라 알려진 고장 모델은 1950년대에 소개되었고, 오랫동안 게이트 레벨 시험에 표준으로 사용되어 왔다. 이 SSL 모델은 논리회로의 가 선 x에 대해 2종류의 고장을 정의한다. 하나는 '0'에 고정된 고장(SA-0) : Stuck-At-0 fault)과 다른 하나는 '1'에 고정된 고장 ST-1로 각각 '0'과 '1'에 영구적으로 고정된 경우다. 단지 한 선만 고장이 있고 다른 선들은 정상 동작하는 것으로 가정한다. 그림 8-43은 선a에 SSL 고장이 잇는 경우를 예시한다.

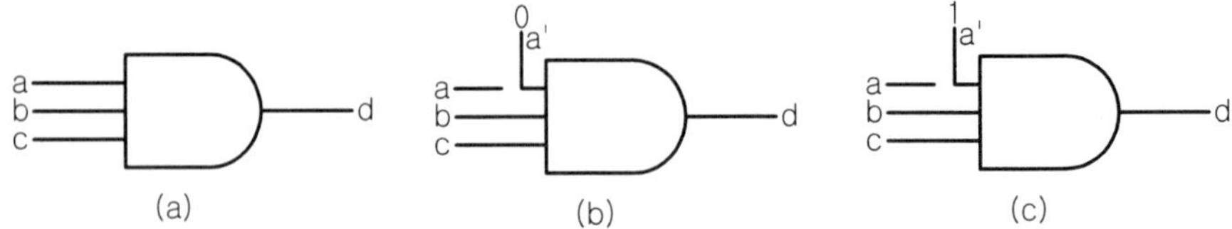

그림 8-43 (a) 정상회로 (b) a선에 SA-0 결점 (c) a선에 SA-결점

3개의 입력선이 있는 AND 게이트에서 그림 8-43(b)는 선 a에 고장이 생겨 a'에 '0'이 고정되어 출력 $d = a \cdot b \cdot c$를 항상 '0'으로 만든다. 반면 그림 8-43(c)은 a가 단락되고 a'이 '1'로 고정되어 a에 '0'을 인가하여도 출력 d 에 전달되지 못하는 경우다. 고장의 표시는 ST-0은 $a'/0$, ST-1은 $a'/1$으로 나타내고 a'은 고장이 있는 선이다.

8-6-5 단일 고장선의 시험

그림 8-43에서 $a/0$를 검출하기 위한 시험 패턴 T는 정상적 조건 하에서 a에 1을 인가하여야 한다. 또한 b 나 c 에도 적정한 값을 선정하여야 출력d 에 a 의 결과가 전달될 수 있다. b 와 c 가 1이 되어야 a 가 1인 결과가 d 에 전달된다. 즉 $d = 1 \cdot 1 \cdot 1$로 $d = 1$이 되어야 하나 $d = 0$이 되고 고장이 있음을 알 수 있다. 틀린 신호는 a'에서 게이트 G를 통해 출력 d 로 전달된다. 만약 d 가 1차 출력이면 시험 장치로 이 지점에서 감지된다. 아니면 이 오류는 적당한 출력 지점에서 관찰될 때까지 전달된다.

SSL모델은 사용하기 쉽고 상대적으로 적은 수에 적용하기 용이하다. Y 개의 서로 다른 선을 갖는 회로에서는 $2Y$ 개의 SSL 고장이 있고 시험 개수는 Y에 이해 점차 증가된다. 예를 들어 입력 NOR 게이트와 1차의 출력을 갖는 회로에 대해서 생각해 보자. 선이 4개가 있어 8개의 SSL 고장이 있게 된다. 그림 8-44에서는 $2^3 = 8$의 입력 조합수에 있을 수 있는 고장을 비교한 것이다.

이 표는 가능한 모든 입력 조합의 패턴T_i와 각 행에 고장 F_i를 나타내어 패턴T_i에 의해 찾을 수 있는 고장 F_i를 보인다. 만약 T_i가 F_i가 나타날 수 있는 것을 찾을 수 있는 경우 만나는 칸에 O표를 하였고, 이때 T_i는 F_i를 덮는다(cover)고 한다. 따라서 입력 패턴 $abc = 111$은 단지 출력 Z 가 1에 고정된 고장 SA-1을 덮고 abc 가 111인 열의 $Z/1$에 O표가 되어 있다. 그러나 $abc = 000$인 경우는 $a/1$, $b/1, c/1$및 $Z/0$인 고장을 덮는다.

시험 패턴 생성에 있어서 일반적으로 주어진 회로에서 보는 SSL고장을 덮는 적은 양의 시험 패턴을 찾고 싶다. 물론 $n-$입력 조합을 시험하기 위해 모두 2^n개의 입력 패턴을 만들

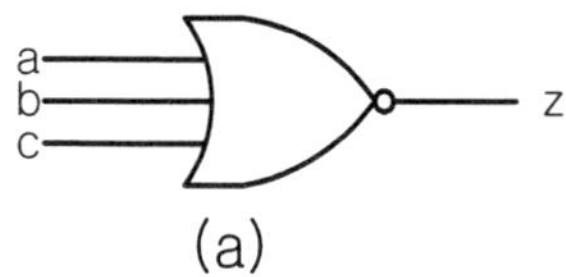

(a)

T	F							
abc	a/0	a/1	b/0	b/1	c/0	c/1	z/0	z/1
0 0 0		0		0		0	0	
0 0 1					0			0
0 1 0			0					0
0 1 1								0
1 0 0	0							0
1 0 1								0
1 1 0								0
1 1 1								0

(b)

그림 8-44 (a) 3입력 NOR 게이트 (b)결점표

면 될 것이다. 그러나 이런 조합 회로에 2^n개의 입력 패턴을 모두 다 시험하는 것은 시간 소모적 시험이라 불리고 SSL 고장 외에 훨씬 더 많은 고장을 찾는다. 그러나 이러한 지수 함수는 n 이 20을 넘어서면 그 수가 너무 많아져 시험을 하는데 너무 많은 시간을 소모해야 하고 거의 불가능해진다.

일반적으로는 적은 양의 입력 패턴으로 필요한 시험을 할 수 있다. 그림 8-44의 NOR 게이트를 보면 $a/0$인 행에는 하나의 O표만 있고 abc 는 100이다. 즉 100만이 $a/0$를 시험할 수 있다. 이런 종류의 단독 시험 패턴을 필수 시험이라고 한다. 이 표는 필수 시험이 4개가 있고 시험 집합으로 $V=\{000,001,010,100\}$이 있다. V의 원소는 NOR게이트의 모든 8개의 고장을 덮고 이 게이트에 대해서 완전히 최소화된 집합을 형성한다.

8-6-6 회로의 시험

그림 8-44와 같은 고장표는 조합 회로의 시험 패턴 집합을 도출할 수 있는 도구가 된다. n-입력, r-라인 회로의 고장표는 $2^n \times 2r$개의 고장표가 되어 구성하기에 너무 크고 지루한 작업이 된다. $n=4$이고 $r=10$인 작은 회로 C_1에 대해서 그림 8-45와 같이 SSL고장표를

만들었다. 1차 입력은a, b, c및 d이고 1차 출력은 Z 이다. 여기에는 재미있는 몇 가지 점을 발견 할 수 있다. 몇 개의 행들은 아주 동일한 행을 나타낸다. 즉 고장 경로와 동일 시험에 대해서 실패하는 것을 보여준다. 이 두 개 고장이 x/α및 x/β라고 하면 이 두 가지 고장을 서로 구분될 수 없고 동등 고장이라고 불린다. 그리고 $x/\alpha \equiv x/\beta$로 표시되고 시험 패턴

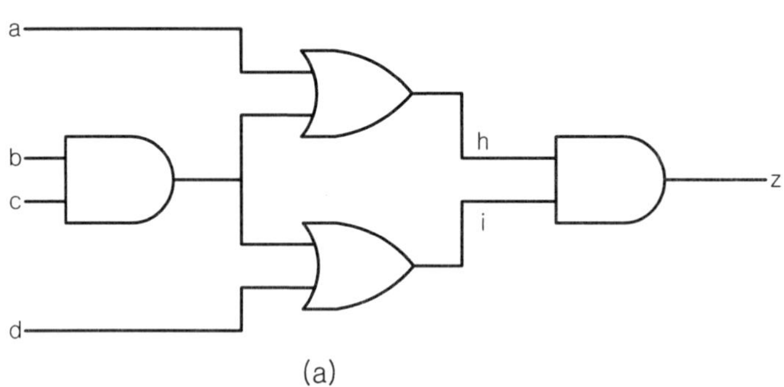

(a)

Faults

Tests abcd	a/0	a/1	b/0	b/1	c/0	c/1	d/0	d/1	e/0	e/1	f/0	f/1	g/0	g/1	h/0	h/1	i/0	i/1	z/0	z/1
0000		○										○				○				○
0001																				○
0010												○				○				○
0011		○																		○
0100												○				○				○
0101																				○
0110		x																○		○
0111													○					○		○
1000	○							○		○				○	○		○		○	
1001							○											○		○
1010								○		○							○		○	
1011	○			○			○							○	○			○		○
1100	○					○		○		○				○	○		○		○	
1101							○											○		○
1110																		○		○
1111			○		○				○				○					○		○

(b)

그림 8-45 (a) 작은 회로 (b) SSL 결점표

집합에서는 구분이 되지 않는다. 표상에서 $a/0 \equiv d/1$로 각각 3개의 열에 "0"표가 되어 있다. 순차 회로에서의 상태와 같이 고장도 동등 고장 클래스라 불리는 동등 클래스로 묶을 수 있다. 그림에서는 10개의 고장 클래스를 얻는다.

$$
\begin{array}{llll}
V_1 = \{a/0,\ d/1, e/1,\ g/1, h/0,\ i/0, z/0\} & & & \\
V_2 = \{a/1,\ f/1, h/1\}, & V_3 = \{b/0,\ c/0, e/0\} & & \\
V_4 = \{b/1\} & V_5 = \{c/1\} & V_6 = \{d/0\} & \\
V_7 = \{f/0\} & V_8 = \{g/0\} & V_9 = \{i/0\} & V_{10} = \{z/1\}
\end{array}
$$

따라서 각 클래스를 대표할 수 있는 것 하나만 남기고 나머지는 지워도 문제가 되지 않는다.

그림 8-45에서 고장 $f/0$는 좀 특이한 성질을 가지고 있다. 고장표당 해당 행과 열에 아무런 "0"표시가 없다. 이것은 시험 패턴을 찾을 수 없다는 것을 의미하며 검출 불가고장이라 한다. $f/0$를 검출 할 수 없다는 것은 다음과 같이 설명된다. 무고장 회로에 $f=1$을 가정하고 $f/0$를 시험하기 위한 모든 시험 패턴에 $f=1$이 되어야 한다. 이것은 $e=g=1$을 의미하고 $g=1$이면 NOR게이트 출력 $i=0$이 된다. 따라서 1차 출력 $Z=0$이 되어 f를 거쳐 h로 전달되는 신호에 관계없이 Z가 0이 되어 고장의 유무가 전달되지 않는다.

C_1과 같은 회로는 검출불가고장 SSL이 한 개 이상 여러 개를 포함하고 이 경우를 여분회로 (Redundant Circuit)라 하고 검출불가 고장을 가는 선이나 그 선과 연결되어 있는 일부 회로를 제거하여도 회로의 정상 동작에 영향을 주지 않게 된다. 예를 들어 선 f가C_1에서 제거 될 수 있다. 아울러 게이트 G_2가 1개의 입력과 출력을 갖게 되어 제거 가능하고 $h=a$인 하나의 선으로 줄일 수 있다. 즉 a를 바로 게이트 G_4의 입력으로 사용 가능하다. 따라서 선f와 G_2는 회로 상에서 필요 없는 요소이다. 회로의 가격만 올라가고 필요 없는 복잡한 시험을 하게 하는 등$f/0$같은 검출불가고장을 위해 시험 패턴을 찾는데 많은 시간을 허비하게 된다.

8-6-7 시험 패턴 집합 최소화

만약 고장표가 있으면 시험 집합의 도출을 체계적으로 할 수 있다. 그림 8-46은 그림 8-45(a)의 C_1의 축소된 고장표이다. 앞에서 보인 동등 클래스에서 맨 처음 원소만 사용하고 집합의 나머지는 제거하였다. 검출불가고장 $f/0$도 제거되었다. 남은 고장 중 $b/0,\ b/1$과 $c/0$은 행에 0표가 하나밖에 없어 필수 고장이다. 이에 해당되는 시험 패턴 1010, 1100 및 1110은 필수 시험 항목으로 C_1을 시험하는데 반드시 들어가야 한다. 이제 이 3개의 열이 덮는 행을 조사하여 별표를 한다. $a/1$과 $d/0$는 아직 덮이지 않았다. $a/1$은 0000, 0010 또는 0100중

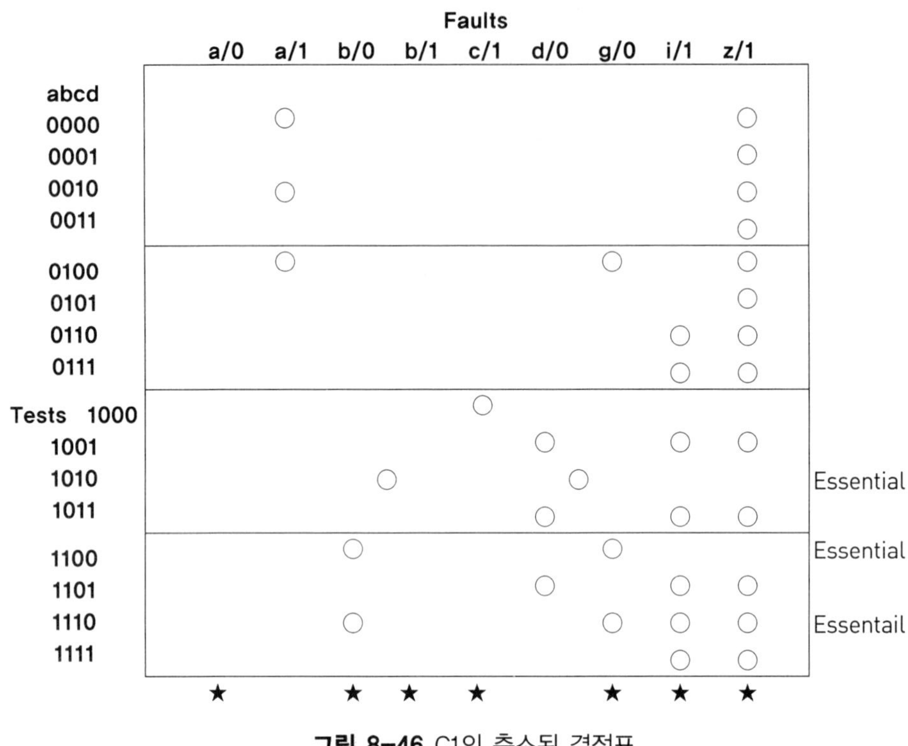

그림 8-46 C1의 축소된 결점표

어느 하나로 $d/0$는 1001, 1011 또는 1110중 어느 하나로 덮인다. 따라서 임의로 처음 것을 선정하여 시험 패턴을 만들면 $V_{C1} = \{1011,\ 1100,\ 1110,\ 0000,\ 1001\}$이다. 이것은 최소화된 시험 패턴 집합이다.

8-7 | 테스트 패턴 생성

이제까지 언급한 시험 벡터 생성 방법들은 회로가 커지면 계산량이 엄청나게 늘어나 실질적이 되지 못한다. 이에 웬만큼 큰 조합 회로는 순차 회로에서도 활용이 가능한 SSL 고장을 위한 시험 벡터 생성 방법에 대해서 살펴보기로 한다.

실제에 있어서는 조합 회로 C에 있는 모든 SSL고장을 찾기 위한 V_C의 집합은 우리가 회로 구조를 직접적으로 면밀히 분석해서 얻을 수 있다. 시험기는 단지 입력 선들과 출력 선들만 물려서 측정할 수 있다고 가정한다. 일부는 시험기의 프로브로 측정 가능한 내부

회로도 특별히 언급하면 가능한 것으로 한다. 실제에 있어 G의 입력과 출력이 회로 C의 입력이나 출력이 되는 경우는 많지 않다. 결국 V_C의 시험 패턴을 G의 입력으로 될 수 있도록 하기 위해서는, C에 대한 시험 패턴 V를 우리가 원하는 데로 G의 입력 신호로 조절(제어)가능하도록 만들어야 한다.

이러한 것을 제어성 문제라고 한다. 한편 시험 패턴은 에러 신호를 포함 G의 응답이 잘 전달되어 C의 1차 출력으로 보내고 출력 측에서 관찰이 용이해야 한다. 이러한 문제를 관찰성 문제라고 한다. 특정한 게이트의 제어성과 관찰성은 회로의 장소나 복잡도에 따라 많이 달라진다. 이것이 회로가 커지면 시험 패턴 집합을 생성하기 어려운 이유이다.

8-7-1 경로 감지

조합 회로의 여러 가지 실질적인 시험 패턴 생성 방법을 다음에 기록한다. 시험 패턴 V를 필요로 하는 SSL고장 F를 선정한다. 그리고 경로 P가 F에서 시작하여 관측 가능한 출력으로 연결되는 회로를 따라 추적한다. 경로 P에 걸친 각각의 게이트 G에 대하여 게이트의 입력치가 계산되고 에러 신호가 입력에서 출력으로 전송되고 따라서 에러가 출력 쪽에 한 단계씩 가까워지게 된다. 일단 P를 따라 전송된 F에 의해 에러를 유발한 게이트 상의 P와 신호들이 결정되면 이때 P를 감지 경로라 칭한다. 이 시점에서 경로 P에 있는 게이트들에 적용된 모든 감지 신호를 만들어 낼 필요가 있는 아직 결정되지 않은 신호들의 값을 회로의 역 방향으로 거슬러 올라가면서 정할 필요가 있다. 이 과정을 검증(justification) 이라 한다. 최종적으로 원하는 시험 패턴 V가 얻어지고 경로 감지와 검증을 통해 1차 입력 신호에 적당한 값이 주어진다.

검증 과정에서 모순되는 상황을 만날 수도 있다. 예를 들어 P를 구축하는 동안 NAND게이트의 출력이 0으로 정하여 지고 몇몇 입력에는 0이 필요한 경우가 있을 수 있다. 이것은 NAND 동작에 위배된다. 이러한 문제를 해결하기 위해 이미 정해진 앞서의 결정 과정으로 돌아가 다른 값으로 바꾸는 것이다. 예를 들어 NAND게이트에 인가하는 신호를 조정해서 모두 1이 되도록 하거나 문제가 되는 NAND 게이트를 피한 새로운 경로 P를 선정하는 것이다. 수만 개의 게이트를 사용하는 회로에서는 선택의 수가 수없이 많아진다. 또한 감지 경로 선택 과정은 모든 고장을 적절하게 덮을 수 있도록 수 없이 반복해야 하 때도 있다. 결과적으로 시험 패턴 생성은 엄청난 계산이 필요하고 컴퓨터로 수행되어야 한다. 자동 시험 패턴 생성에 관한 CAD툴이 논이 설계에는 중요한 도구가 된다.

8-7-2 예시

경로 감지로 시험 패턴 생성하는 것을 보기 위해 그림 8-47(a)를 예로 든다. 고장 클래스를 모른다고 가정하고 10개의 선에 의한 20개의 SSL 고장에 대해 고려한다. 고장 $b/0$에 대한 시험을 생각해 보자. 그림 8-47(a)에서처럼 G_1에 $b=11$을 인가하여야 AND게이트의 입력에 있는 SA-0 고장을 찾을 수 있다. 선 e에 1이 만들어지게 되나 $b/0$고장이 나타나면 e 는 0으로 된다. e 는 f 와 g 둘로 나누어지고 1차 출력 Z에 이르는데 2가지 선택이 가능하다. 임으로 위의 경로 OR게이트 G_2를 선정한다. G_2의 f 에 1이 인가되므로 G_2의 다음 입력 a에는 0의 신호를 넣어야 하고 이 결과 f 에 나타나는 값이 게이트를 통해 h 에 전달될 수 있다. $a=1$로 정하면 h 는 항상 1이 되어 f 의 값에 관계가 없게 된다. $a=0$으로 정하면 h 는 f 에 감지하여 f 가 1에서 0으로 바뀌면 h 도 1에서 0으로 바뀐다. 이렇게 하여 얻어진 그림 8-47(b)의 굵은 선은 b에서 Z까지 감지 경로의 일부가 얻어진 것을 보이다. 아직 두 번째 AND게이트 G_4에서 Z까지 이르는 부분적 감지 경로를 확대해야 한다. G_4의 입력 i 에 1을 넣어야 한다. 여기에 0을 넣으면 Z가 0으로 굳어져 h 에 무관하게 된다.

이제 원하는 감지 경로 $P=b\ \ e\ \ f\ \ h\ \ z$가 결정된 것처럼 보이나 P 를 결정하는 과정에서 정해진 NOR게이트 G_3의 입출력은 모순되게 할당되어져 있다. 그러나 이 경로를 따르면 G_1, G_2, G_4의 값이 이렇게 정해져야 하기 때문에 이 경로를 사용하면 모순을 벗어날 수가 없다. 따라서 다수 후퇴하여 다른 경로를 찾기로 하고 $P'=b\ \ e\ \ gi\ \ z$를 이용 G_2대신 G_3를 이용하기로 한다. 이때도 물론 모든 게이트에 특정한 값으로 할당되어야 한다. 다행히 이번에는 모순이 없는 $V(a,b,c,d)=1110$을 얻고 그림 8-47(d) 와 같이 나타난다. 경로 $b\ \ e\ \ g\ \ i\ \ z$에 고장이 없는 경우 11100이 나타난다. 만약 $b/0$이면 이 신호에 의해 00011이 되고 Z에 원하는 에러 신호가 생성된다. 원하는 에러 신호가 생성된다. 그림 8-47(d)의 경우는 $V=1110$에 의해 $b/0$고장뿐 아니고 $e/0$, $g/0, i/1$과 $z/0$도 $P'=b\ \ e\ \ gi\ \ z$에 의해 감지되었기 때문에 관측이 가능하다. 이 방식의 장점중 하나이다.

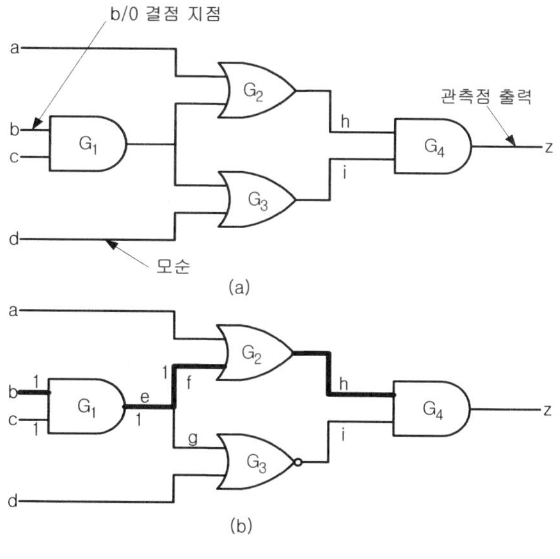

(a) G_1의 감음　　　　(b) G_2를 통한 경로 확장

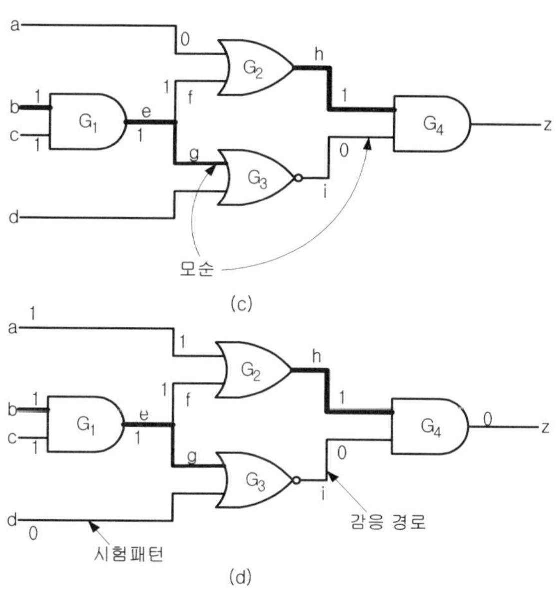

(c) 모순 발생 경로　　　　(d) C3을 통한 성공적 감응경로 선정

그림 8-47 b/0 결점 찾기

8-7-3 *D*A-알고리즘

D **표시** : 앞서 언급한 경로 감지에는 여러 가지 어려운 점이 있다. 예를 들어 동시에 여러 경로를 살펴야 하는 등 복잡하다. 이론적으로 완벽하게 경로 감지를 할 수 있는 *D*-알고리즘이 1960년대에 J. P. Roth에 의해 개발되었고 이제껏 많은 시험 패턴 생성 프로그램들의 근간이 되고 있다.

Roth가 제안한 *D*-알고리즘에는 특수한 D(discrepancy)가 있어 고장이 없는 회로에서는 D는 1이고 고정 고장이 나타나면 0이다. $\overline{D}$는 좋은 회로에서는 0이고 고장이 있는 회로에는 1이다. 그림 8-48은 그림 8-47(d)에 기술된 것을 D표시로 나타낸 것이다. 어떻게 감지 경로가 고장 지점에서부터 1차 출력까지를 통해 D및 $\overline{D}$로 바뀌는지를 주의 깊게 살펴보기 바란다. *D*-알고리즘과 다른 시험 생성 알고리즘을 나타내는데 0, 1, D, $\overline{D}$ 및 X로 기술하는 경우가 있다. 이때 X는 미정의 또는 사용되지 않은 경우를 말한다. 차이 또는 오류치 $D/\overline{D}$는 어떠한 부울대수 f에 의해서도 연산이 가능하다. 즉 AND, OR, NOT등등 어느 게이트에도 적용이 가능하다. 예를 들어 그림 8-47(d)의 게이트 G_3의 함수는

$$\overline{D+0}=\overline{D}$$

와 같은 식으로 표시가 가능하다. 고장이 없으면 G_3는 $\overline{1+0}=0$이고 만약 $b/0$인 고장이 있으면 G_3는 $\overline{0+0}=1$이다. 식의 D표시는 2가지 계산식을 하나로 합한 것 이이다. 만약 D와 $\overline{D}$이 NOR게이트에 인가되면 결과는 $\overline{D+\overline{D}}=0$이고 고장이 없는 경우는 $\overline{1+0}=0$과 고장이 있는 경우 $\overline{0+1}=0$이 된다.

이 예는 에러 차단 또는 막음으로 하나 또는 2이상의 에러가 다음 게이트로 전달되지 못한다. don't-care와는 달리 한 회로에서의 D의 값은 모든 경우에 동일한 값이어야 함을 명심하기 바란다.

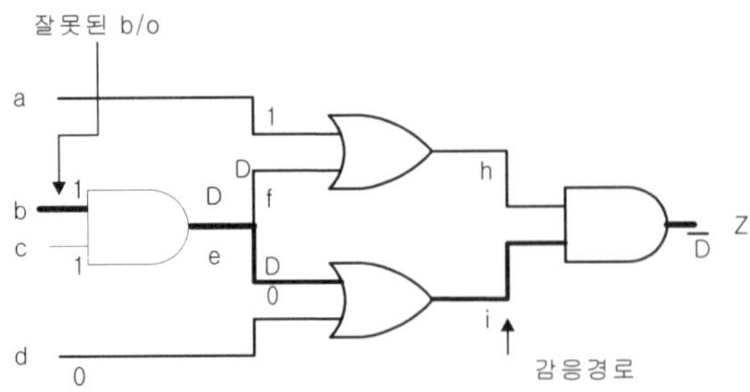

그림 8-48 Roth의 D 표시

8-7-4 D-알고리즘

원래의 D-알고리즘보다는 간략한 시험 패턴 생성 과정 DA를 기술한다. 목표는 조합 회로에서 SSL고장 F를 위한 시험 패턴을 찾는 것이다. 시험 패턴 생성은 고장 지점에서 출발하여 고장선에 적절하게 D또는 $\overline{D}$를 부여한다. 이 D와 $\overline{D}$ 신호는 계속적으로 진행하면서 값을 부여하여 1차 출력에 이르도록 한다. 이 과정 중 어느 지점에서 1차 출력에 가장 가까운 $D/\overline{D}$신호 집합 즉 1차 출력에서 게이트 레벨이 가장 적은 점을 D-전위대라 한다. 이 전위대는 출력에 이를 때까지 계속적으로 전진하여 1차 출력을 만나면 전진이 완성된다. 각 게이트 $D/\overline{D}$이 부여되고 부여되지 않은 게이트의 입력은 0이나 1로 부여된다. 이때 감은 입력 신호는 AND와 NAND 경우 1로, OR 및 NOR게이트의 경우 0으로 부여한다.

단계 3에서 현재 게이트 할당에 의해 강제로 부여된 모든 신호가 정해진다. 예를 들어 NOT게이트의 출력이 1로 정해지면 그 입력은 0이 되어야 할 것이다. 만약 모든 $D/\overline{D}$신호가 막혀서 더 이상 전송이 되지 않으면 D-알고리즘은 다시 후퇴하여 앞에서 시도되지 않은 게이트를 가지고 다시 시작한다. 가끔은 1차 출력에 D-전위대가 도착하기 전에 모든 방법을 동원해 보는 경우가 있고 이 경우는 고장을 찾을 수 없다고 결론 짓는다.

D-알고리즘(DA)

단계 1 : 초기화. 조합 회로 C와 고장 F가 주어진다. C에 잇는 각각의 신호에 “미할당”이한 표시로 X를 부여한다. 만약 고장이 SA-1(0)이면 $\overline{D}$를 고장 지점에 표시한다.

단계 2 : 전송. 만약 출력에 D또는 $\overline{D}$가 나타나면 단계 4로 가라. 아니면 D-전위대를 시도되지 않은 게이트를 골라 그 쪽을 통해 감지하라. 그리고 단계 3으로 가라. 만약 D-전위대에서 D와 $\overline{D}$이 더 이상 전송되지 않으면 후퇴하여 다른 경로를 감지하라. 만약 더 이상 시도할 경로가 없으면 실패이다.

단계 3 : 강제 부여. 현 신호 할당을 참고하여 0, 1, D 및 $\overline{D}$을 부여하라. 그리고 앞선 단계 2나 4로 가라.

단계 4 : 검증. 만약 검증되지 않은 게이트가 더 이상 없으며 성공. 아니면 J-전위대중 아진 검증되지 않은 게이트를 찾아서 거기에 아직 시도되지 않은 비 검증 게이트에 할당하라. 그리고 단계 3으로 간다. 만약 모순이 생기면 후퇴하라. 만약 시도되지 않은 검증 패턴이 더 이상 존재하지 않으며 실패이다 일단 감지 경로가 발견되면 DA의 단계 4를 실행한다. 여기서의 아이디어는 검증되지 않은 모든 게이트에 대해서 입력 값을 부여하는 식으로 역으로 작업하는 것이지만 아직도 어떤 입력은 정해지지 않은 상태이기 때문이다. 이때 1차 출력에 제일 가까운 검증되지 않은 게이트의 집합을 정하는 것이다. 이것을 *J*-전위대라고 부른다. 일반적 게이트는 여러 가지 다른 방식으로 값을 부여하며 검증될 수 있다. 예를 들어 출력이 1인 NAND게이트는 NAND의 입력에 적어도 하나의 0을 부여하는 입력 할당에 의해 검증될 수 있다. 적절한 신호를 할당하여 게이트를 검증한 후 DA는 함축 값을(강제 할당)결정한다. 만약 DA가 모순에 봉착하면 아직 시도되지 않은 검증 패턴이 있을 경우 후퇴하여 검증한다. 모든 가능한 방법을 모두 시도한 후에는 DA는 실패를 맛보고 실행을 끝낸다.

연습문제

8-1 다음 물음에 답하여라.

(a) 0에서 511까지 카운터하기 위한 2진수 카운터를 설계하는데 필요한 플립플롭의 최소 개수는 얼마인가 ?

(b) 물음 (a)의 카운터 MOD 수를 구하여라.

(c) 물음 (a)의 카운터에서 입력 클럭의 주파수가 512MHz 일 때, 카운터 최종단 플립플롭 출력을 주파수를 구하여라.

(d) 카운터의 초기값이 0일 때, 2060번째 클럭 펄스에서의 각 플립플롭 출력의 논리레벨을 구하여라.

8-2 T 플립플롭을 사용해서 그림 8-1과 같은 리플 업 카운터를 설계하고자 한다.

(a) MOD-16의 카운터를 설계하여라.

(b) 카운터의 초기값이 0110이라고 하면, 39번째 클럭 펄스에서의 각 플립플롭 출력의 논리 레벨을 구하여라.

(c) 이 플립플롭의 최대 지연시간이 $t_{PD} = 20\text{ns}$ 라 하고, 클럭 주파수가 20MHz 인 경우의 상태 천이도를 그리고 카운터되지 못하는 상태가 있으면 이를 구하여라.

(d) 물음 (c)의 조건에서 안정적으로 사용할 수 있는 입력 클럭의 최대 주파수를 구하여라.

8-3 JK 플립플롭을 사용하여 직접 리셋형 MOD-7의 비동기 업 카운터를 설계하여라.

8-4 D 플립플롭을 사용하여 3비트 리플 업 카운터를 설계하여라. 단 게이트 지연시간은 무시한다.

8-5 그림 8-49의 회로 구성에서,

(a) 클럭 펄스에 따른 플립플롭 출력 Q_C, Q_B, Q_A 의 시퀀스 파형을 구하고, 이 카운터의MOD 수를 결정하여라.

(b) 상태 천이도를 그려라.

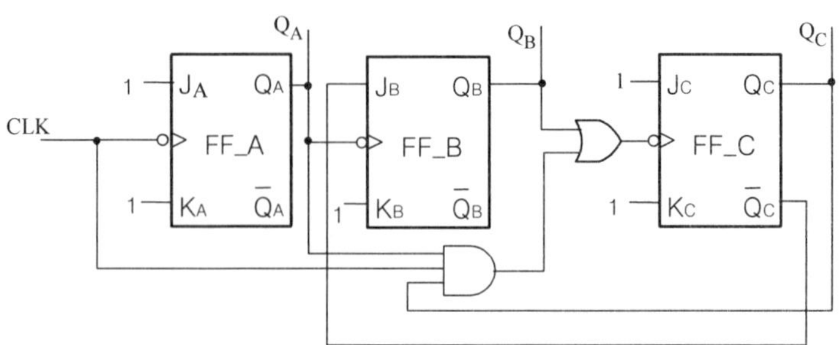

그림 8-49 문제 8-5의 카운터 회로 구성

8-6 그림 8-50의 회로에 대해, 문제 8-5의 각 물음에 답하여라.

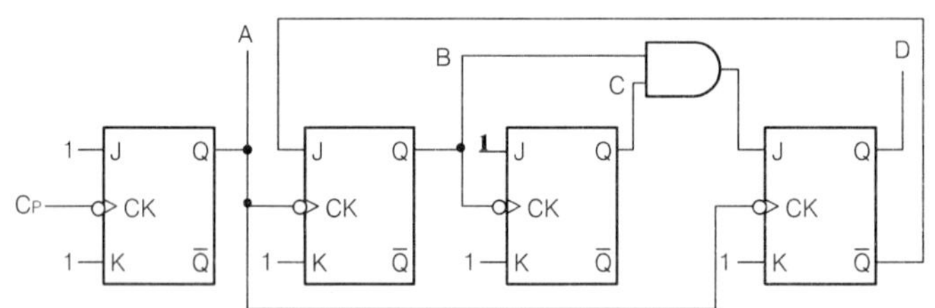

그림 8-50 문제 8-6의 카운터 회로 구성

8-7 D 플립플롭을 사용하여 4비트 동기식 업 카운터를 설계하여라.

8-8 T 플립플롭을 사용하여 3비트 동기식 업/다운 카운터를 설계하여라. 단 업/다운을 위한 제어신호는 $\overline{U}/D$ (0: 업 카운터, 1: 다운 카운터)라 한다.

8-9 1MHz의 입력 클럭으로부터 1Hz의 클럭 펄스를 생성하고자 한다.

(a) BCD 카운터를 사용할 경우, 소요되는 BCD 카운터의 개수를 구하여라.

(b) 2진수 카운터를 사용하는 경우 필요한 플립플롭의 개수를 구하여라.

8-10 JK 플립플롭을 사용해서 MOD-6의 동기식 업 카운터를 설계하여라.

8-11 그림 8-51과 같이 임의의 상태 천이도에 응답하는 카운터를 설계하고자 한다. T 플립플롭을 사용한 동기식 카운터에서 다음 물음에 답하여라. 단, 사용되지 않는 카운터 출력은 무상관 조건(don't care condition)으로 취급한다.

(a) 현재시간의 출력에 대한 다음시간의 출력간의 관계를 나타내는 표를 구하여라.

(b) 각 플립플롭의 입력에 관한 여기표(excitation table)를 구하여라.

(c) 각 플립플롭의 T 입력에 관한 논리식을 구하여라.

(d) (c)에서 구한 논리식을 사용해서 카운터 회로를 구성하여라.

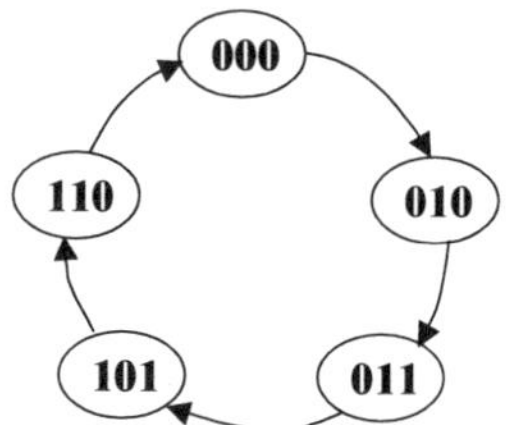

그림 8-51 문제 8-11의 상태 천이도

8-12 그림 8-22(b)의 상태 천이도와 같이 임의의 초기값에서 시작해도 정상적인 카운터 시퀀스가 될 수 있는 카운터를 특히 Self-starting 카운터라 한다. (그림 8-22(b)의 상태 천이도에서 초기값이 111인 경우에도 다음상태가 001이 되어 정상적인 7진 카운터 동작을 수행한다.) 그림 8-52로 주어진 상태 천이도의 Self-starting 카운터를 JK 플립플롭을 사용하여 설계하여라.

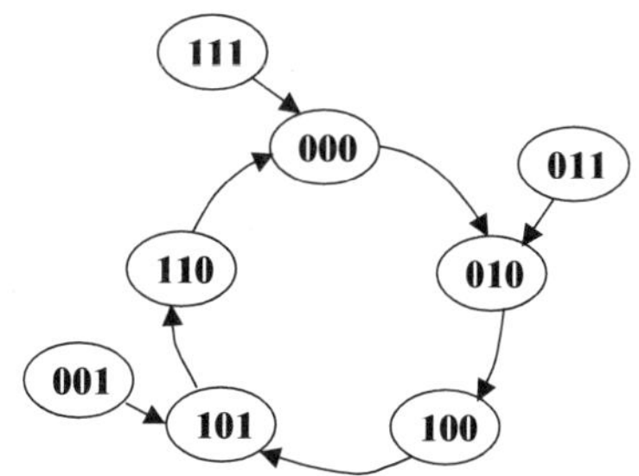

그림 8-52 문제 8-12의 상태 천이도

8-13 그림 8-53의 회로에서 출력 Z의 주파수를 구하여라.

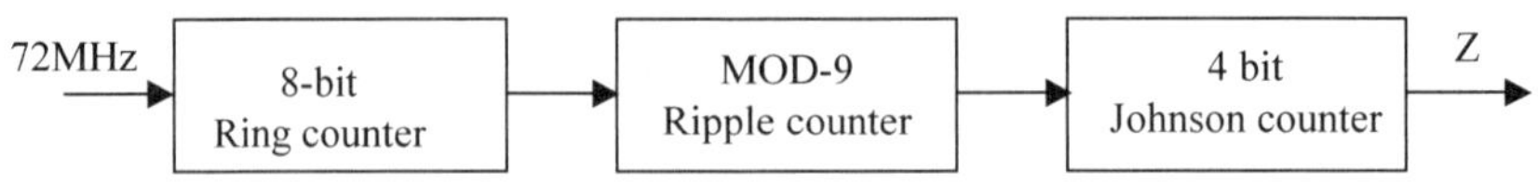

그림 8-53 문제 8-13의 카운터 회로

8-14 다음의 스위칭 파라미터를 갖는 상승에지 트리거 JK 플립플롭을 사용한 4비트 Johnson 카운터의 설계에서 다음 물음에 답하여라.

$$t_{PHL} = 40\text{ns},\ t_{PLH} = 35\text{ns},\ t_H = 5\text{ns (hold time)}$$

$$t_S = 35\text{ns (setuptime)},\ t_W = 25\text{ns},\ f_{MAX} = 25\text{MHz}$$

(a) 카운터 회로를 구성하여라.
(b) 클럭 입력에 대한 카운터 출력의 타이밍도를 그려라.
(c) 이 카운터의 최대 동작 주파수를 구하여라.

8-15 4비트 링 카운터에서 초기치 0110에 대한 카운터의 출력 타이밍도를 그려라. 단, 카운터는 상승에지 트리거라 한다.

8-16 Active-LOW의 클리어 및 프리세트 비동기 입력과 하강에지 트리거인 D 플립플롭을 사용하여, 다음의 모드 선정 비트 S_1, S_0를 갖는 4비트 레지스터를 설계하여라. 단 4비트 입력 데이터는 I_3, I_2, I_1, I_0라 한다.

Mode Selection Bit S1	S0	Register Operation
0	0	No Change
0	1	Complement output
1	0	Clear register to 0
1	1	Load parallel data

8-17 다음 그림 8-54에서 Q0의 초기값이 1로 세트되어 있는 경우,

(a) 스위치가 1의 GND에 연결되어 있을 경우의 각 플립플롭 출력의 파형을 그려라.

(b) 스위치가 2의 위치에 연결되어 있을 경우의 각 플립플롭 출력의 파형을 그려라.

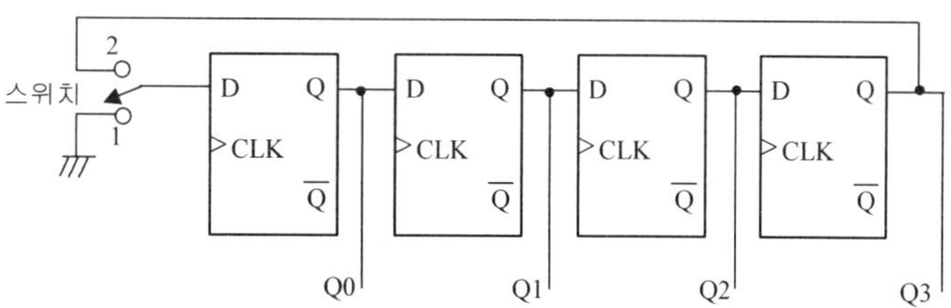

그림 8-54 문제 8-17의 회로

8-18 그림에서 나타난 회로의 $D_1/1$ 고장을 시험하기 위해 반복 어레이 모델과 D 알고리즘을 이용하여 시험 패턴을 도출하라. 초기 상태 $y_1y_2 = 00$으로 가정한다.

주요 상태	현 상태		다음 상태		주요 상태
x	y_1	y_2	y_1	y_2	z
0	0	0	0	0	0
0	0	1	0	1	0
0	1	0	1	0	0
0	1	1	1	1	1
1	0	0	0	1	0
1	0	1	1	0	0
1	1	0	1	1	0
1	1	1	1	1	1

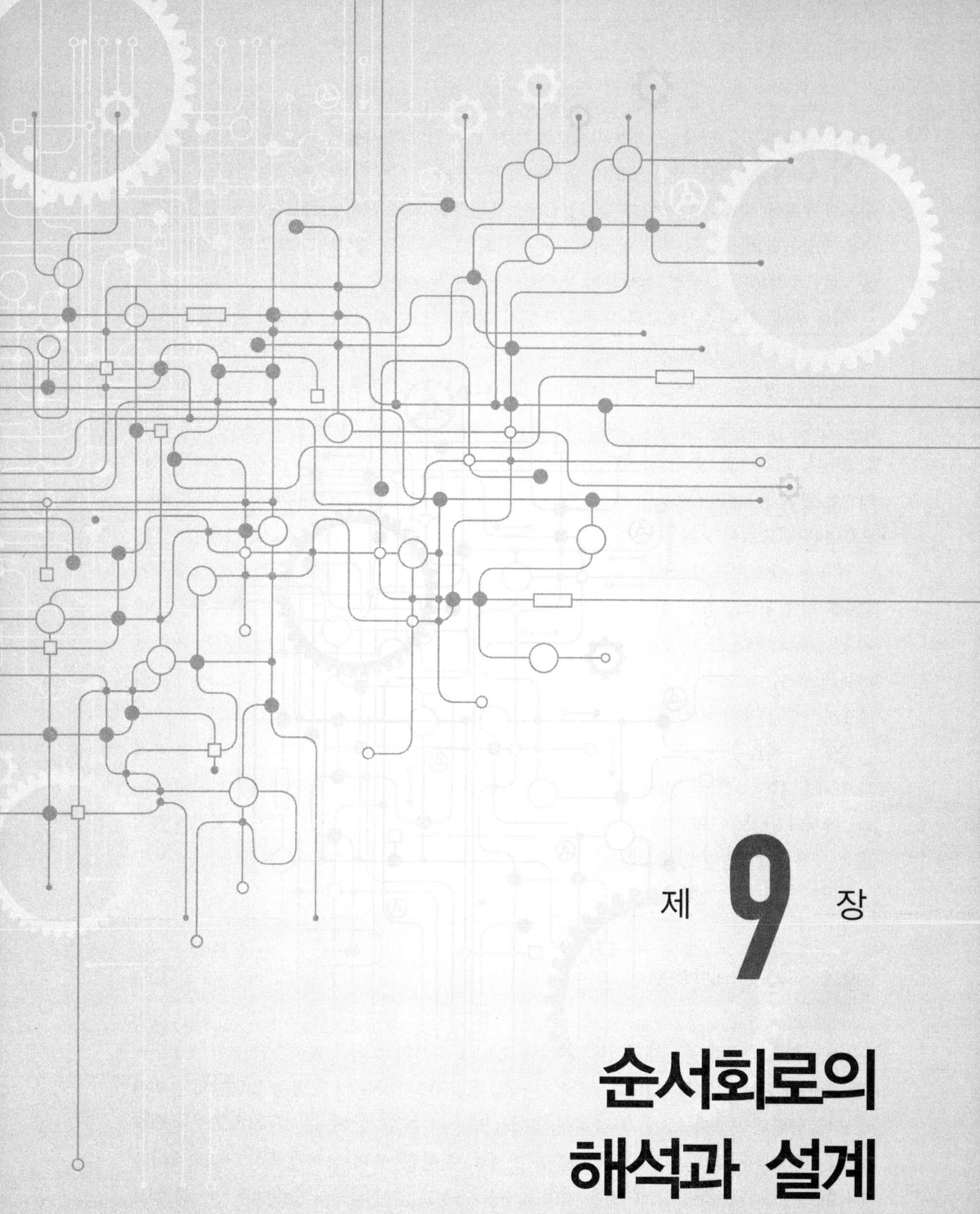

제 9 장

순서회로의 해석과 설계

지금까지 7장에서는 순서논리회로의 기본 블록인 플립플롭의 종류와 특성에 관해서, 8장에서는 기본적인 메모리 소자로서의 기능을 갖는 카운터와 레지스터의 구현과 이들의 응용에 관해서 다루었다. 본 장에서는 플립플롭 외에 게이트들로 구성된 조합논리회로를 포함한 일반적인 동기식 및 비동기식 순서회로의 동작을 해석하고, 임의의 입출력 특성을 갖는 순서논리 회로를 설계하는 방법에 대하여 논의한다.

이를 위해, 먼저 순서회로의 모델에 관해서 기술한다. 순서회로는 입력이 출력에 미치는 영향에 따라 무어모델(Moore Model)과 밀리모델(Mealy Model)로 구분된다. 무어모델은 순서회로의 출력이 플립플롭과 같은 메모리 출력만의 논리함수가 되는 회로를 말하고, 밀리모델은 순서회로의 출력이 메모리 출력의 현재상태만이 아니라 외부입력의 논리함수가 되는 회로이다. 다음으로, 순서회로에서의 타이밍 문제를 간단히 언급하고, 동기식 순서회로의 해석에 관한 논의한다. 임의의 순서회로에 대한 입력과 출력을 상태변수에 의한 논리함수식으로 나타냄으로서 회로의 동작을 이해할 수 있도록 한다.

주어진 입출력 특성을 실현하는 동기식 순서회로를 설계하기 위해, 최소 비용의 회로가 되도록 상태 감소와 상태 할당의 구체적인 방법을 기술하고, 회로설계를 위한 체계적인 방법에 관해 논의한다. 또한, 회로의 구조나 배선에 의한 전송지연이나 전반지연시간의 차이에 의해 발생하는 글리치 등으로부터 야기되는 해저드의 문제를 취급하고, 순서회로에서 이를 해결하는 기본적인 방법을 기술한다.

끝으로, 회로동작의 동기(sync)를 위한 클럭을 사용하지 않는 비동기식 순서회로의 해석과 설계를 위한 모델링 기법을 기술하고, 동기식 회로와의 차이점에 관해 설명한다. 비동기 회로에서의 안정상태의 문제와 비임계 레이스를 위한 조건 등에 관해 논의하고, 회로의 해석과 설계를 위한 방법을 제시한다.

9-1 | 순서논리회로의 모델

순서논리회로의 출력은 현재의 입력값 뿐만 아니라 과거의 입력 논리함수인 점이 조합논리회로와 구별되는 차이점이다. 즉, 6장까지 학습한 조합논리회로의 출력은 입력만의 논리함수로서, 입력의 변화에 즉시 그 출력이 영향을 받는다. 이에 반해, 순서논리회로의 출력은 7장의 그림 7-1에 나타내 것처럼 입력뿐만 아니라, 현재 및 과거 출력에 의한 논리함수이다. 순서회로는 내부에 플립플롭과 같은 기억 소자를 가지고 있어 과거의 출력에서 얻어진 정보를 저장하고 이를 현재 출력에 활용할 수 있는 회로이기 때문이다.

일반적인 순서회로는 여러 종류의 게이트와 플립플롭으로 구성된다. 7장이나 8장에서는 상태변화를 위한 입력이나 클럭 펄스만에 의해 출력이 변화되는 카운터나 레지스터와 같은 간단한 순서회로만을 다루었다. 그러나 대부분의 디지털 회로의 출력은 현재의 입력이나 과거 출력의 논리함수식으로 주어진다. 따라서 순서회로의 출력과 플립플롭의 출력은 회로에 공급되는 입력과 논리함수식에 따라 결정된다. 순서회로와 입력 시퀀스가 주어지면 체계적으로 회로를 분석함으로서 출력과 내부 메모리로 사용된 플립플롭의 출력상태를 추론할 수 있다. 복잡한 회로에서는 상태표나 상태 천이도를 작성하여 회로의 동작을 분석하는 것이 편리하며 이로부터 출력과 내부 상태를 결정할 수 있다. 순서회로의 구성에 사용되는 메모리의 양은 유한한 값으로 한정되는 것이 일반적이고, 메모리 출력의 상태를 표현하는 상태의 종류가 일정한 값으로 한정된다. 이로 인해, 순서논리회로를 유한 상태 머신(Finite State Machine: FSM)이라고도 한다.

그림 9-1은 일반적인 동기식 순서논리회로의 구조를 나타낸 것이다. 출력과 메모리의 입력으로 작용하는 다음상태는 입력과 메모리의 출력인 현재상태의 논리함수에 의한 조합논리회로로 구성된다. 플립플롭으로 구성되는 메모리 출력의 현재상태는 클럭에 의해 출력되고, 조합논리회로로 피드백되어 순서회로의 출력이나 다음상태 값의 결정에 영향을 미친다. 이와 같이 입력이 출력에 미치는 영향에 따라 순서회로는 무어모델(Moore Model)과 밀리모델(Mealy Model)로 구분할 수 있다.

9-1-1 무어모델 머신

무어모델의 순서회로는 그 출력값이 메모리 출력의 현재상태만에 의해 결정되는 회로이다. 그림 9-2는 무어모델의 일반적인 순서회로의 구조를 나타낸 것이다. 이 구조에서, 순서회로의 출력O 는 메모리M 의 출력인 현재상태 S_t 만의 논리함수인 것이다. 이 논리함수는 조합

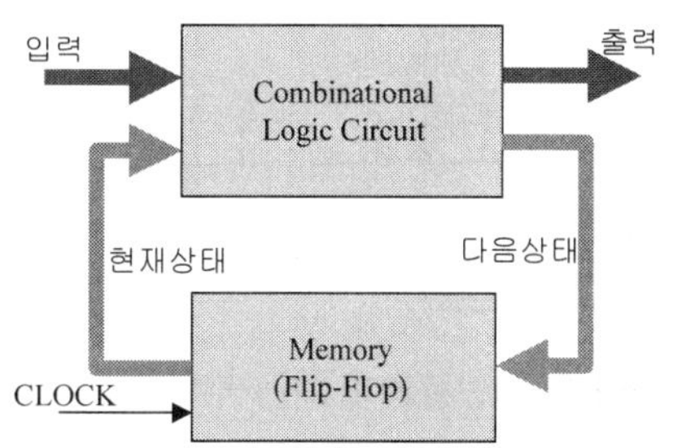

그림 9-1 일반적인 동기식 순서논리회로의 구성

논리회로 C_2에 의해 구현된다. 메모리M 의 입력E 는 입력I 와 현재상태 S_t 의 논리함수인 조합논리회로 C_1의 출력으로 클럭 CLK에 의해 메모리에 저장되고 다시 현재상태의 값으로 출력된다. 따라서 이를 다음상태 또는 여기입력 변수(excitation input variable)라고도 한다. 무어모델 회로의 입출력에 관한 논리식은 다음 식 (9-1)의 함수식으로 나타낼 수 있다.

$$S_{t+1} = E = C_1(S_t, I) \tag{9-1}$$

$$O = C_2(S_t)$$

그림 9-3은 D 플립플롭의 사용에 의한 무어모델 머신의 예를 나타낸 것으로, 2비트의 현재상태와 입력 및 출력을 갖는 회로이다. 회로의 출력 Z_1, Z_0 는 D 플립플롭의 출력인 현재상태 y_1, y_0 가 조합회로C_2에 의해 결정되는 값이고, y_1, y_0 는 클럭의 다음 활성상태 전의 데이터 값이다. 플립플롭에 인가되는 클럭 사이클은 조합회로 C_1에 입력된 모든 신호가 조합회로를 통과하는데 필요한 충분히 큰 지연시간을 가져야 한다. 그렇지 않은 경우에는 클럭 스큐가 발생해서 정상적인 출력이 얻어지지 않게 된다. 순서논리회로에서의 클럭의 문제는 9.2절에서 상세히 기술된다.

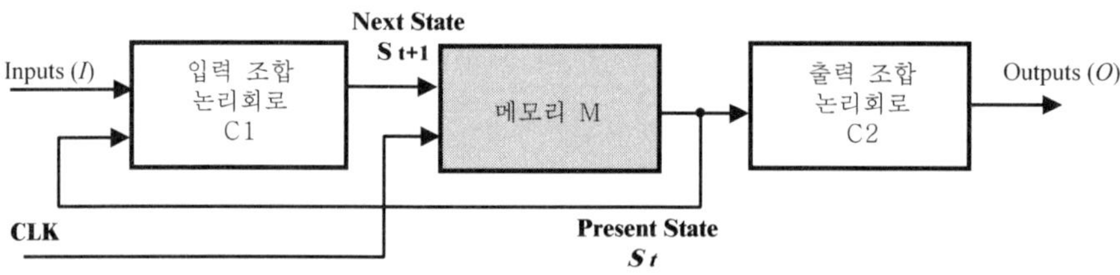

그림 9-2 무어모델 순서논리회로의 구조

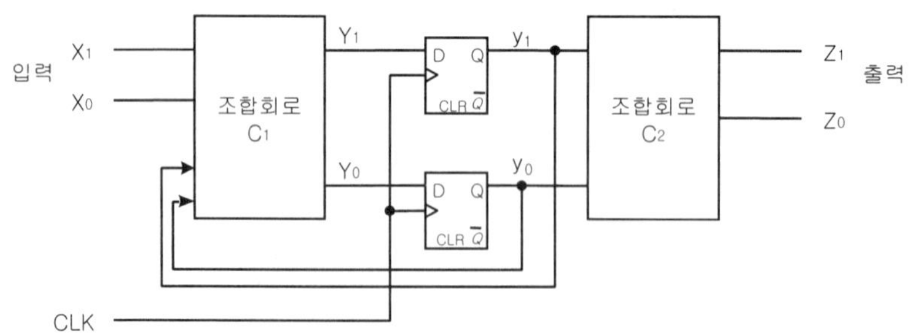

그림 9-3 D 플립플롭에 의한 무어회로 구성의 예

9-1-2 밀리모델 머신

밀리모델 순서회로의 출력은 메모리의 현재상태 S_t 만이 아니라 외부입력 I의 논리함수식으로 주어진다. 그림 9-4는 밀리모델 머신의 일반적인 회로 구성을 나타낸 것으로, 그림 9-2의 무어모델의 회로와 다르게 입력I가 직접 출력 조합논리회로 C_2에 인가되어 출력에 영향을 주고 있다. 따라서 회로의 출력과 다음상태에 관한 논리식은

$$O = C_2(S_t, I) \tag{9-2}$$

$$S_t + 1 = C_1(S_t, I)$$

로 기술된다.

그림 9-5는 그림 9-4 무어회로를 밀리회로로 수정해서 나타낸 것이다. 두 그림의 차이는 입력 X_1, X_0가 직접 출력 조합논리회로 C_2에 입력되어 출력에 영향을 미치고 있는 점이다. 따라서 입력의 상태변화는 출력에 즉각적인 변화를 야기시킨다. 이로 인해 입력값으로부터 즉시 결과에 영향을 주어야 하는 디지털 회로는 밀리모델을 사용해서 구성해야 된다.

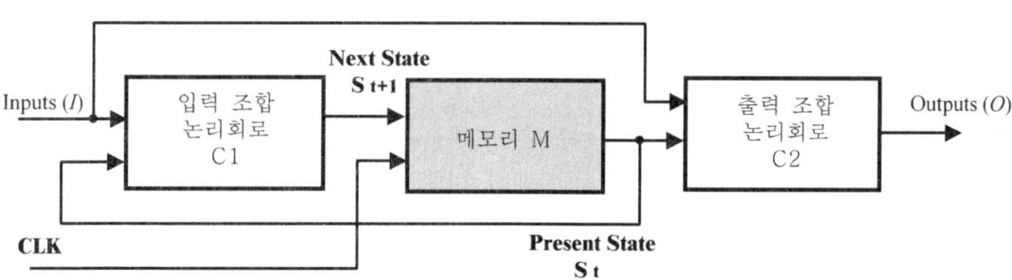

그림 9-4 밀리모델 순서논리회로의 구조

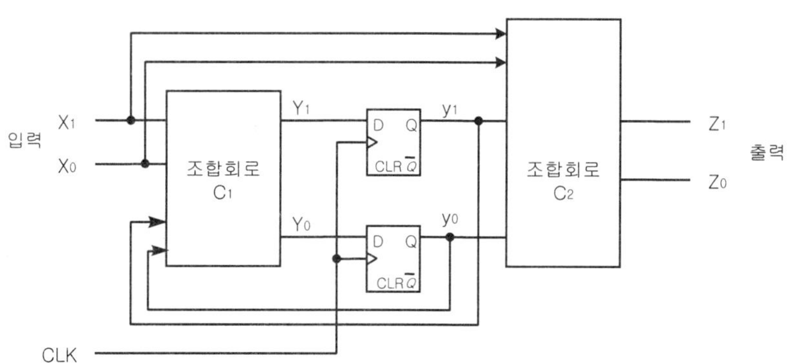

그림 9-5 D 플립플롭에 의한 밀리회로 구성의 예

9-1-3 무어회로와 밀리회로의 비교

구체적인 순서논리회로의 예를 통해 무어회로와 밀리회로의 차이점과 특성을 이해하도록 해보자. 그림 9-6(a)는 무어회로의 예를 나타낸 것이다. 입력 시퀀스 X 로 X = 10101 을 인가하고, 입력 레벨의 변화는 클럭 펄스 중간에서 변화되는 것으로 가정한다. 또한, 각 플립플롭의 출력 A와 B는 초기값 0으로 리셋되어 있다고 한다. 출력 Z는 플립플롭 B의 현재상태만의 함수이므로 플립플롭 B의 상태에 따라 변화한다. 입력 X에 1이 인가되면, 플립플롭의 제어입력 J_A, K_A, J_B, K_B가 모두 1이 되어 첫 번째 클럭 펄스 후, A와 B의 상태는 JK 플립플롭의 토글모드 동작으로 인해 모두 1로 변화한다. 그 후 X에 0이 인가되면 모든 플립플롭의 입력은 0이 되므로 두 번째 클럭 펄스가 공급되어도 상태의 변화는 발생하지 않는다. 세 번째 X 입력으로 1이 인가되면, $J_A = 1, K_A = 0,\ J_B = K_B = 1$이 되므로, 다음 클럭 펄스에서 출력 A는 1의 상태를 유지하고, B는 0으로 변화한다. 네 번째로 X에 0이 인가되고 클럭

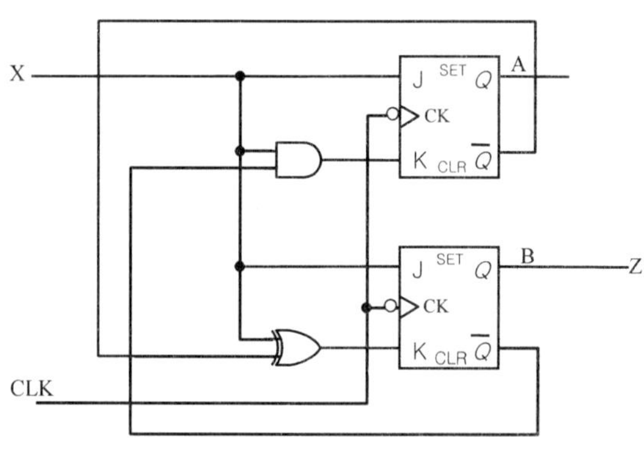

(a) 무어모델 순서회로의 예

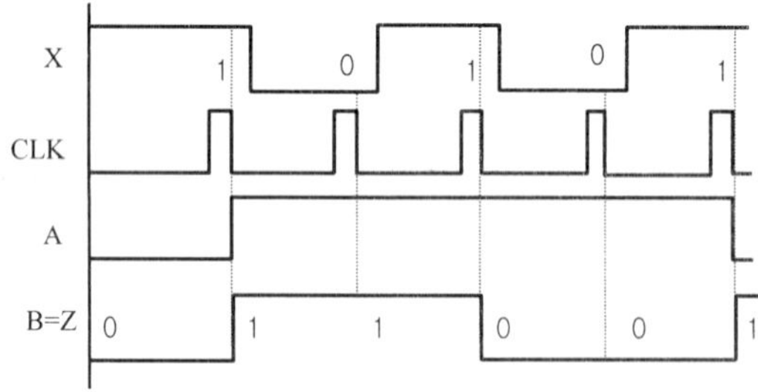

(b) 입출력 파형의 타이밍도

그림 9-6 무어모델 순서회로와 입출력 파형

천이시 출력과 상태의 변화는 없다. 마지막으로 X의 입력으로 다시 1이 인가되면, J_A, K_A, J_B, K_B가 모두 1이 되어 다섯 번째 클럭 인가시 두 플립플롭은 모두 토글 동작을 수행한다. 따라서 회로의 최종 상태는 그림 9-6(b)의 타이밍도에 나타낸 것처럼 A는 0이 되고, B는 1이 된다. 무어회로의 경우 입력이 인가되어도 그에 따른 출력은 클럭 펄스가 공급될 때까지는 나타나지 않는다는 점에 유의해야 한다.

밀리(Mealy) 회로의 출력은 플립플롭의 현재상태와 입력 모두에 좌우되는 회로이다. 이와 같은 밀리회로의 예로 그림 9-7(a)의 회로를 고려하고, 입력 시퀀스로 그림 9-6(a)의 무어회로와 같이 X = 10101을 가정한다. 입력의 변화는 무어회로의 경우에서와 같이 클럭 펄스 사이에서 변화하는 것으로 한다. 또한, 플립플롭 A, B의 초기값은 모두 0으로 리셋되어 있다고 한다.

먼저 입력 X에 1이 인가되면 입력클럭과 무관하게, 출력 $\overline{B}$의 초기값이 1이므로 출력 Z는 1이 된다. $J_B = 1, K_B = 0$이므로 첫 번째 클럭 펄스의 하강 에지에서 플립플롭 B의 출력은 1로 변화되고, $J_A = 0, K_A = 1$이므로 플립플롭 A의 출력은 변화되지 않는다. 따라서 순서회로의 출력에 사용되는 3개의 AND 게이트 출력이 전부 0이 되고, Z도 0으로 변화한다. 입력 X가 클럭의 트리거인 하강에지에 앞서 0으로 바뀌면, $\overline{X} = 1$, $\overline{A} = 1$, $B = 1$이므로, 출력 Z는 다시 1로 천이한다. 이 때, 모든 플립플롭 입력이 0이 되어 두 번째 클럭 펄스가 발생해도 플립플롭의 출력 A, B와 순서회로 출력 Z에 대한 상태의 변화는 없다. 세 번째로 X에 1이 입력되면,

$$X \cdot \overline{B} = 1 \cdot 0 = 0$$

$$X \cdot A = 1 \cdot 0 = 0$$

$$\overline{X} \cdot \overline{A} \cdot B = 0 \cdot 1 \cdot 1 \cdot = 0$$

이므로, 3개의 AND 게이트 출력이 전부 0이 되어 출력 Z는 0이 된다. 한편, $J_A = K_A = 1$, $J_B = 1, K_B = 0$이 입력상태가 되어 클럭의 하강에지에서 플립플롭의 출력은 A는 토글동작에 의해 1로 천이하고, B는 1의 상태를 계속 유지한다. 네 번째 입력 X가 다시 0으로 바뀌므로 네 번째 클럭 펄스가 공급되었을 때, 출력 Z는 0이 되고 플립플롭의 상태는 변화되지 않는다. 마지막으로 X가 다시 1이 되었을 때 Z는 1이 되고, J와 K의 모든 입력이 1이 되므로 다섯 번째 클럭 펄스에서 플립플롭의 출력은 초기상태와 같은 조건이 된다.

그림 9-7(b)는 이상의 과정으로부터 생성된 입출력의 파형을 나타낸 타이밍도이다. 밀리

회로에서는 클럭 펄스 동안의 입력값 X가 플립플롭의 다음상태를 결정하고 클럭 펄스 사이에 있는 입력은 플립플롭의 상태에는 영향을 미치지 않으나, 회로의 출력 Z에 영향을 주게 된다. 따라서 밀리회로의 출력 Z는 플립플롭의 상태가 변화된 직후에서 입력이 변화되 전까지의 짧은 기간의 펄스 출력이 나타난다. 그림 9-7(b)에서 첫 번째와 세 번째 클럭 펄스에서 이와 같은 출력이 나타나는 것을 볼 수 있다. 이를 글리치라고 부르며, 그림 9-7(b)의 타이밍도에서 1을 유지해야 하는 부분에 순간적으로 0의 출력이 그리고 0을 유지해야 하는 부분에 순간적으로 1의 출력이 나타나고 있다. 이는 밀리 머신의 경우 출력 함수의 논리함수식에 입력변수가 직접 영향을 미치기 때문이다. 밀리머신에서 이와 같은 글리치 문제는 입력 X에 클럭을 인가할 수 있으면 해결할 수 있다.

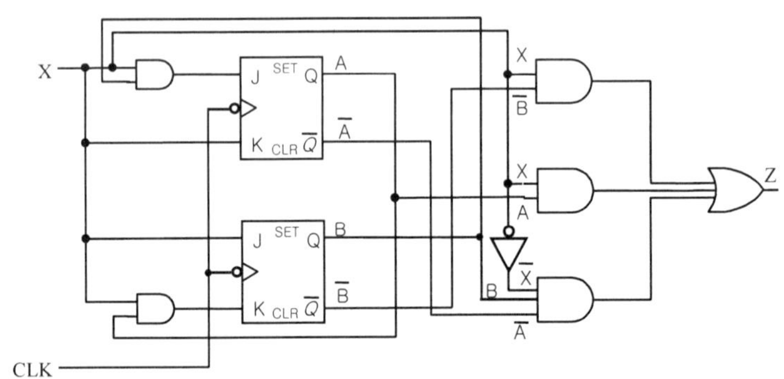

(a) 밀리모델 순서회로의 예

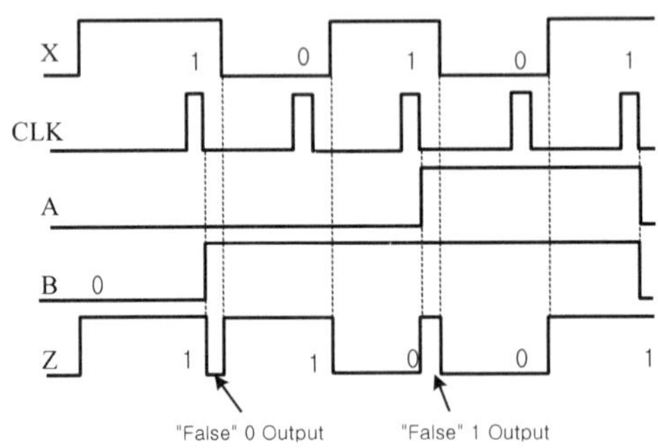

(b) 입출력 파형의 타이밍도

그림 9-7 밀리모델 순서회로와 입출력 파형

9-2 | 순서회로와 클럭신호

모든 동기식 순서회로를 제어하는 신호는 클럭이다. 클럭은 매초 반복되는 주기적인 형태의 펄스 신호이고, 7장에서 논의한 것처럼 순서회로는 클럭의 상승 혹은 하강에지에서 동작하고 출력상태를 변화시킨다. 이 절에서는 동기식 순서회로에서의 시간지연에 의한 타이밍 문제가 발생하지 않는 클럭 펄스의 주기와 파형에 관한 조건에 관해서 설명한다.

9-2-1 클럭의 사용에 의한 글리치 제거

순서회로에서 외부입력을 1차 입력, 메모리 출력의 현재상태를 2차 입력이라 부르기도 한다. 클럭에 따라 순서회로의 현재상태 및 다음상태 신호의 값이 변화되는 경우, 그 값은 1차 입력신호와 회로의 내부 전송 지연시간에 따라 달라진다. 따라서 1차 입력신호는 안정된 동작을 얻기 위해서는 원하는 출력 상태로 동작이 되는 시점에 일치시켜 변화되어야 한다. 일반적으로 회로가 원하지 않는 상태일 때 입력이 바뀌는 것은 그림 9-7(b)의 타이밍도에서와 같이 오류를 발생하게 된다. 또한 잡음 신호나 내부 지연시간에 따른 불확실한 경우도 고려되어야 안정한 회로가 된다. 동기식 회로에서는 클럭 체계를 적절히 설계함으로 이와 같은 문제를 제거하거나 최소화 할 수 있다.

순서회로에서 전송 지연시간에 의한 출력의 영향을 살펴보기 위해 그림 9-8과 같은 간단한 밀리모델을 생각한다. 조합논리회로의 전송 지연시간을 나타내고 있다. 여기서 Δt_1은 입력 X와 메모리 출력 y의 입력으로부터 1차 출력 Z가 생성되는데 소요되는 조합 논리회로에서의 지연시간이고, Δt_2는 입력 X와 메모리 출력 y의 입력으로부터 2차 출력Y가 생성되는네 소요되는 조합논리회로에서의 전송 지연시간이다. 이들 신호는 수시로 변화될 수 있고 Z와Y가 안정된 상태에 이르기 전 여러 경로를 거쳐 새로운 값으로 변화될 것이다. 각 경로마다 아주 짧은 듀티 사이클을 갖는 일시적인 값 즉, 글리치가 생겨 오동작의 요인으로 작용할 수도 있다. 그림에서 메모리를 구성하고 있는 플립플롭의 트리거 시간 전에 도착한 글리치가 출력 y에 전달되지 않도록 하면 최종적으로 오동작을 피할 수 있다. 즉 외부 클럭으로 Y가 새로운 값으로 확정된 후, 아주 짧은 시간 동안만 플립플롭을 동작하도록 하면 잡음이나 전송 지연에 따른 최악의 조건에 의해 야기된 Δt_2나 플립플롭 자체의 전송지연에 따른 영향을 받지 않도록 할 수 있다. 이점이 동기식 회로가 설계하기 쉽고 비동기회로보다 근본적으로 안정한 이유이다.

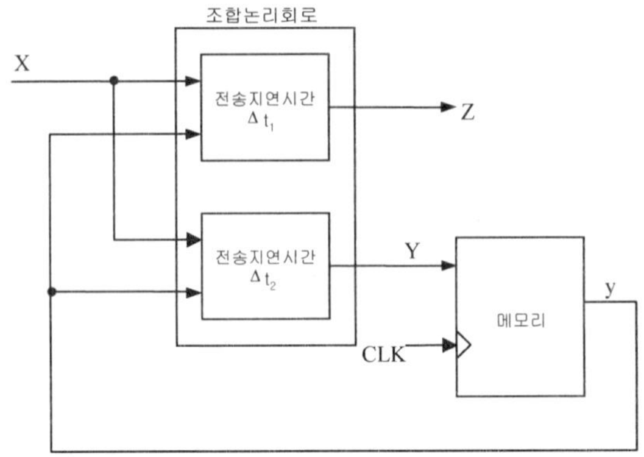

그림 9-8 순서회로의 전송 지연시간

9-2-2 1차 출력제어

그림 9-8에서 2차 출력Y와는 다르게 1차 출력 Z는 클럭으로 제어되지는 않는다. 따라서 출력측 논리에 영향을 주는 입력측 변화는 Z에 글리치를 발생시켜, 출력 Z가 다른 회로의 입력으로 사용되면 전체 디지털 시스템에 오동작을 일으킬 수도 있다. Z에 영향을 미치는 입력은 1차 입력 X 뿐만 아니고 2차 출력측의 플립플롭간 지연시간 차이로 인한 글리치 출력이 Z로 출력되는 경우도 있다. 비록 플립플롭 간 내부 지연시간을 잘 일치되게 회로를 구성해도 클럭 스큐에 의한 약간의 시간차로 내부 상태를 변화시킬 수도 있다. 클럭 스큐는 주로 클럭의 전송 경로가 달라, 지연시간의 양이 동일하지 않기 때문에 발생한다. 이와 같은 경우, 1차 출력측 Z의 글리치는 시스템 클럭에 동기화시키는 회로를 구성함으로서 간단히

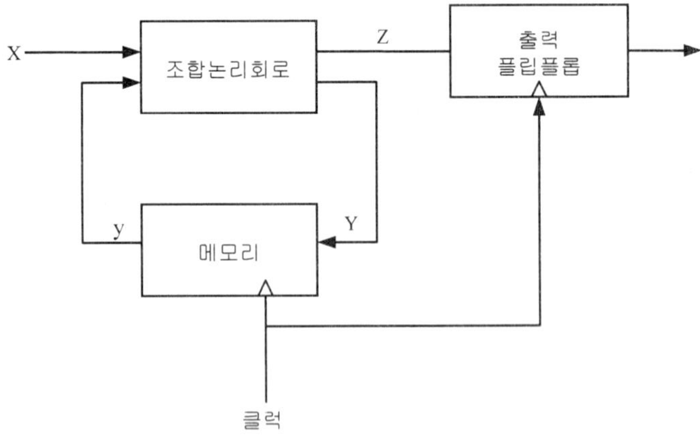

그림 9-9 시스템 클럭의 플립플롭 사용에 의한 1차 출력의 글리치 제거

제거된다. 그림 9-9는 이를 위한 기본적인 방법을 나타낸 회로구성이다. 글리치는 플립플롭을 사용해서 출력 Z를 제어함으로서 제거할 수 있다. 즉, 시스템 클럭의 타이밍을 적절히 조절함으로서 출력 플립플롭이 트리거 되는 시점에 글리치의 영향이 나타나지 않도록 하면, 최종 출력에는 글리치가 제거된 출력을 얻을 수 있다.

9-2-3 지연시간과 클럭

조합 회로의 동작 속도는 주로 1차 입력과 1차 출력 경로를 따라 전송되는 지연시간에 좌우된다. 실제로 디지털 시스템에서 다양한 지연시간의 정확한 값을 아는 것은 어려운 문제이다. 따라서 순서회로 설계에서 필요한 것은 안정된 출력을 얻을 수 있는 최대 및 최소값 사이로 지연시간이 되도록 하는 것이다. 이때 회로의 최대 동작 속도는 회로에서 발생할 수 있는 가장 나쁜 지연시간(t_{max})에 의해 결정된다. 이는 한 클럭 사이클내 최소 주기 T_{min}을 결정하고 회로가 안정적으로 동작될 수 있는 최대 속도가 된다.

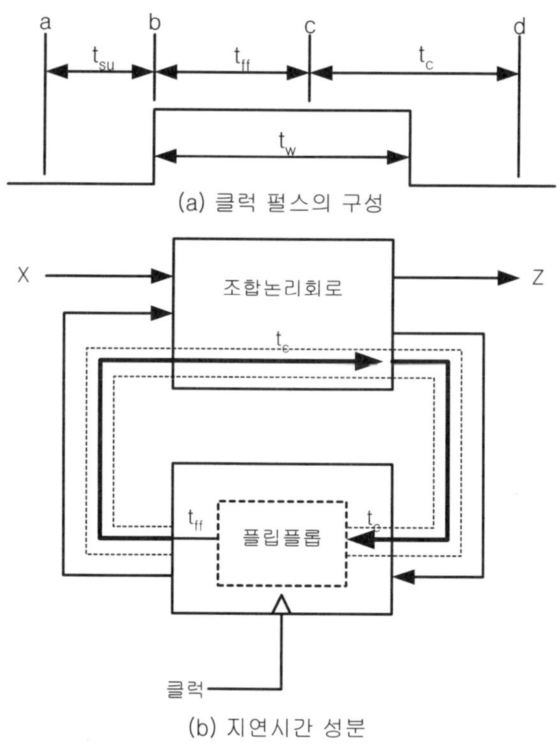

그림 9-10 순서회로의 지연시간과 클럭

그림 9-10(a)는 상승에지 트리거 플립플롭을 사용한 회로의 동작에 필요한 클럭과 지연시간에 대한 성분들을 나타낸 것이다. 위치 a는 플립플롭의 클럭 입력단자에 클럭 신호가 인가되기 전 입력 신호가 안정적으로 유지되어야 하는 초기 시점이다. 위치 b는 셋업이 끝나고 플립플롭이 트리거되는 시점으로 플립플롭의 출력신호가 안정화되기 위한 시작점이다. d는 플립플롭의 출력신호가 안정화되는데 필요한 시간으로 플립플롭의 전송 지연시간 t_{ff}가 되고 또한 조합회로의 출력신호가 안정화되는 시점이다. 따라서 클럭 펄스폭 t_w는 전송지연시간 t_{ff} 보다 길어야 한다.

그림 9-10(b)는 플립플롭의 출력이 회로의 궤한 루프를 따라 동일 또는 다른 플립플롭의 입력으로 사용되는 경우의 논리회로 구성이다. 따라서 전체 지연시간은 t_{su}, t_{ff} 및 t_c의 합이 된다. 이 때, 클럭 신호의 주기 T는 루프를 형성하면서 지연되는 시간보다 길어야 한다. 이로 인해, 클럭의 주기 T는 다음과 같은 조건을 만족해야 된다.

$$\mathrm{T} > \mathrm{t}_{ff}^{max} + \mathrm{t}_{c}^{max} + \mathrm{t}_{su}^{max} \tag{9-3}$$

만약 클럭이 너무 빨라서 이 조건을 만족하지 못할 경우, 회로의 전단 출력이 도착되기 전에 미리 플립플롭이나 다른 회로를 트리거하여 잘못된 결과를 얻게 될 가능성이 많다. 따라서 T가 주어진 회로이면, 제약 조건에 맞게 t_c^{max}의 값이 설계되어야 하고, 반대로 t_c^{max}가 주어진 경우에는 안정한 클럭의 주파수가 되도록 해야 된다. 이와는 반대로 입력 신호가 너무 빨리 도착하거나 클럭이 너무 느려서 아직 클럭 유지시간 t_w에 새로운 데이터가 도착해도 문제가 발생한다. 이러한 것을 피하기 위한 제약 조건은 다음과 같다.

$$t_w^{min} < t_{ff}^{min} + t_c^{min} \tag{9-4}$$

따라서 t_w시간보다 t_{ff} 및 t_c의 합이 더 큰 경우에만 입력 신호가 안정하게 전달된다. 그러므로 동기식 순서회로에서 요구되는 클럭신호는 다음의 조건을 만족하는 주기 T가 되어야 한다.

$$T = t_{ff}^{max} + t_c^{max} + t_{su}^{max} + E \tag{9-5}$$

여기서 E는 조합회로와 메모리의 지연시간의 여유를 두기 위한 값으로 클럭 스큐의 가능성을 허용하는 성분이다. 지연 시간 t_{ff}^{max}는 사용된 플립플롭에서 지연시간이 가장 큰 값을 선정하고, t_{su}^{max}도 여러 개의 플립플롭의 최소 셋업시간 중 최대인 값을 선정해야 된다.

9-3 | 동기식 순서회로의 해석

동기식 순서회로에서 메모리 소자로 플립플롭을 사용해서 구성하는 것이 일반적이다. 이 경우, 순서회로의 출력이나 플립플롭의 제어입력은 외부입력이나 플립플롭 출력의 논리함수가 되는 것은 9.1절에서 기술한 것과 같다. 따라서 동기식 순서회로의 동작은 입력, 출력, 플립플롭의 현재출력 등에 의해 결정된다. 임의의 입출력 특성을 갖는 동기식 순서회로를 설계하는 문제를 다루기 전에, 주어진 동기식 회로나 다른 사람이 설계한 회로를 검증하고 그 동작 특성을 분석하기 위해서는, 시간의 변화에 따라 변화되는 회로의 입출력 특성을 파악하는 것이 중요하다. 본 절에서는 동기식 순서회로를 해석하는데 요구되는 기본적인 용어들을 정의하고, 회로 분석을 위한 체계적인 방법을 제시한다.

9-3-1 상태와 상태변수

순서회로에서 메모리 또는 플립플롭의 출력값을 상태(state)라 하고, 이를 논리변수로 나타낸 것을 상태변수(state variable)이라 한다. 2진수로 표시되는 하나의 논리변수는 0과 1의 2가지 논리상태를 가질 수 있으므로, 상태변수와 상태간에 다음의 관계가 성립한다. 상태변수의 개수를 N라 할 때, 표시할 수 있는 상태의 최대 개수 S는 $S=2^N$이 된다. 따라서 2개의 상태변수N_1, N_0 즉, 2개의 플립플롭으로 구성되는 순서회로에서 서로 다른 상태는 00, 01, 10, 11의 4가지 종류가 된다.

플립플롭의 출력은 클럭의 트리거에서 제어입력 (R, S, J, K, D, T)에 따라 변화된다. 제어입력은 외부입력과 현재상태의 논리함수식으로 주어지고, 클럭과 함께 플립플롭의 출력을 변화시킨나. 이로 인해 변수로 나타낸 제어입력을 특히 여기입력변수(excitation input variable)라고도 한다. 따라서 특정한 시간t를 기준점으로 해서 상태를 나타내는 것이 순서회로의 해석이나 설계에 편리하다. 이 때 임의의 기준 시간 t에서의 상태를 특히 현재상태(present state) $S(t)$로 나타낸다. 기준시간 t 이후에 클럭의 트리거 시점 $t+1$에서의 상태를 다음상태(next state)라 한다. 모든 동기식 회로에서 시간의 단위는 클럭의 1 주기에 해당하는 시간T이다. 따라서 현재상태에서 다음상태까지의 시간은 주기 T 에 해당된다. 그림 9-11은 시스템 클럭에 의한 과거상태 $S(t-1)$, 현재상태 $S(t)$, 다음상태 $S(t+1)$의 관계식을 나타낸 것이다.

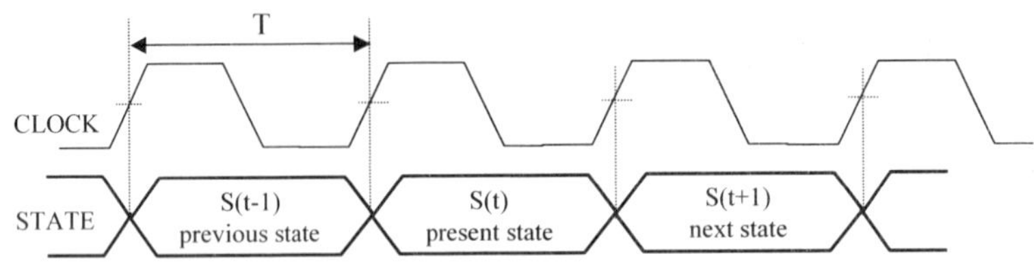

그림 9-11 시스템 클럭에 의한 현재상태와 다음상태

9-3-2 상태 천이도와 상태표

가. 상태 천이도(state transition diagram)

상태도라고도 하며 순서회로 동작상태의 변화를 노드나 방향성을 갖는 호를 사용해서 그림으로 나타낸 그래프를 상태 천이도(state transition diagram)라 한다. 순서회로 설계의 기초단계가 되고, 해석의 마지막 과정이 되기도 한다. 상태 천이도의 구성은 다음과 같다.

- 상태 : 노드 또는 원으로 나타내고, 내부에 상태를 식별하는 심볼이나 2진수 값을 표시함.
- 상태와 상태간의 변화 : 화살표 또는 방향성을 갖는 호(arc)로 나타냄.
- 입력 : 상태간의 변화를 야기 시키는 입력은 방향성을 갖는 호에 인접하게 나타냄.
- 출력 : 순서회로의 최종 출력은 밀리모델의 회로는 입력과 같은 위치에 나타내고, 무어 모델의 회로에서는 출력이 현재상태와 동일하므로 상태를 나타내는 원 안에 표시함.

그림 9-12(a)는 2개의 상태 A, B 및 하나의 입력 x과 출력 z를 갖는 밀리회로에 대한 상태 천이도의 예를 나타낸 것이다. 입출력 변수의 표기에서 프라임(′)을 갖지 않는 것은 “1”을 의미하고, 그렇지 않는 것은 “0”의 값을 의미한다. 따라서 초기상태가 A라고 하면 $x=0$에서 상태변화가 없으며 출력은 $z=1$이 된다. 다음으로 $x=1$이 되면, 다음상태는 B로 천이하고 출력은 $z=0$가 되는 것을 의미하고 있다. 상태 B에서도 이와 유사하게 동작한다. 즉, 상태 B에서 입력 $x=1$이면 상태 B를 유지하고 $z=0$가 출력된다. 또한, 상태 B에서 $x=0$이면 상태 A로 천이하고 출력은 $z=1$이 된다. 그림 9-1(a)는 입력과 클럭에 의해 이상과 같은 동작을 반복하는 순서회로이다.

그림 9-12(a)와 동일한 상태 및 입출력을 갖는 무어회로의 상태 천이도를 나타낸 것이다. 무어회로에서는 출력이 현재상태와 동일함으로 출력을 원 내에 상태와 함께 표시한다. 따라서 상태 A는 $A=z'$이고, 상태 B는 $B=z$가 된다. 입력 x 에 따라 상태가 천이되는 동작은 그림 9-12(a)의 경우와 동일하다.

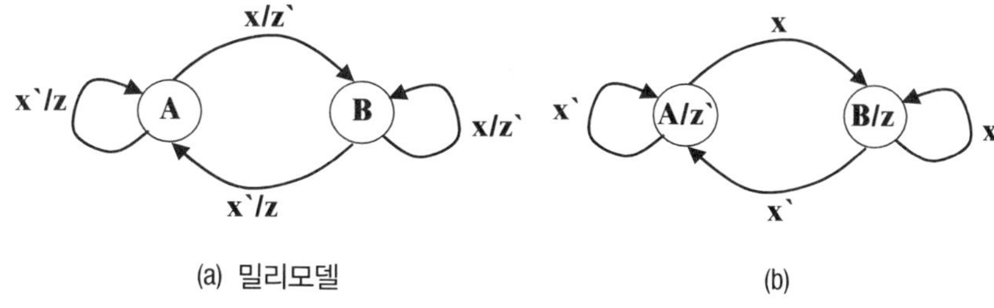

(a) 밀리모델 (b)

그림 9-12 하나의 입출력 및 2 상태를 갖는 상태 천이도

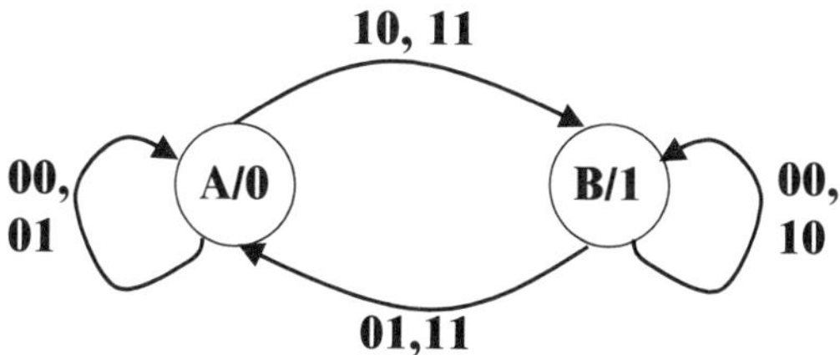

그림 9-13 하나의 JK 플립플롭에 의한 무어회로의 상태 천이도

무어회로에 대한 보다 구체적인 예로 하나의 JK 플립플롭으로 구성된 회로를 생각해 보자. 외부입력이 직접 제어입력 J 및 K에 연결되고, 출력 $z = Q(t)$, 상태 A=0, B=1이라 하면 그 상태 천이도는 그림 9-13과 같다.

그림 9-13의 상태 천이도는 JK 플립플롭의 동작특성을 그대로 나타낸 것임을 알 수 있다. 즉, A=0의 상태에서 JK의 입력이 00이나 01이면 A=0의 상태를 유지하고, 10 및 11이면 출력이 "1"이 되면서 상태 B로 천이한다. B=1의 상태에서도 JK 입력에 따라 동작하는 것은 이와 유사하다.

밀리모델의 회로에 대한 구체적인 예로 그림 9-14(a)의 회로에 대한 상태 천이도를 작성해 보자. 이 회로에서 입력 $x = D$이고, 출력 z는 $z = Q(t) \cdot x$이다. D 플립플롭 하나이므로

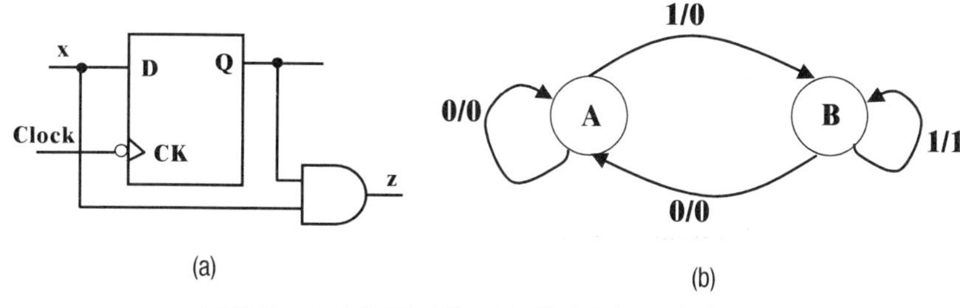

(a) (b)

그림 9-14 (a) 밀리회로의 예와 (b) 상태 천이도

상태수는 2개가 되고 이를 각각 A, B라 하고, $A = Q(t) = 0$, $B = Q(t) = 1$로 가정한다. 이 회로에 대한 상태 천이도를 나타낸 것이 그림 9-14(b)이다. D 플립플롭의 다음상태는 D 입력과 동일하므로 입력 $x = 0$이면 상태 A, $x = 1$이면 상태 B로 각각 천이하거나 유지한다.

나. 상태표(State Table)

외부입력과 상태변수에 의한 상태 및 출력의 변화추이를 표로 구성해서 나타낸 것을 상태표(state table) 또는 상태 천이표(state transition table)이라 한다. 이는, 그림으로 나타낸 상태 천이도를 표로 나타낸 것에 지나지 않는다. 표의 구성은 현재상태 및 다음상태와 입출력으로 이루어진다. 이 때 현재상태는 표의 좌측에 위치하고 순서회로의 가능한 모든 상태를 심볼이나 2진수의 상태값으로 표시한다. 다음상태는 표의 우측에 두고, 제어입력과 현재상태에 따라 변화되는 상태나 또는 그 값을 나타낸다. 이와 같은 상태표는 상태 천이도와 마찬가지로 외부입력 및 현재상태에 따라 변화되는 다음상태 및 출력에 관한 정보를 제공한다. 따라서 상태표는 상태 천이도와 마찬가지로 순서회로의 설계에 중요한 초기과정일 뿐만 아니라 순서회로 해석의 최종단계이기도하다.

그림 9-13으로 주어진 무어회로의 상태 천이도를 상태표로 나타내면 그림 9-15(a)와 같다. 현재상태 A, B와 입력 JK의 가능한 모든 조합인 00, 01, 10, 11에 대한 다음상태 및 출력

Present State	Next State				Output(z)			
	00	01	10	11	00	01	10	11
A	A	A	B	B	0	0	0	0
B	B	A	B	A	1	1	1	1

(a) 심볼에 의한 상태표

Present State Q(t)	Input J	Input K	Next State Q(t+1)	Output Z
0	0	0	0	0
0	0	1	0	0
0	1	0	1	0
0	1	1	1	0
1	0	0	1	1
1	0	1	0	1
1	1	0	1	1
1	1	1	0	1

(b) 상태할당에 의한 상태표

그림 9-15 무어회로(그림 9-13)에 대한 상태표

Present State	Next State x=0	x=1	Output, z x=0	x=1
A	A	B	0	0
B	A	B	0	1

(a) 심볼에 의한 상태표

Present State Q(t)	Input x	Next State Q(t+1)	Output Z
0	0	0	0
0	1	1	0
1	0	0	0
1	1	1	1

(b) 상태할당에 의한 상태표

그림 9-16 밀리회로(그림 9-14)에 대한 상태표

z의 값을 열거하고 있다. 이 표로부터 출력은 입력에 상관없이 현재상태의 값 $A=0$ 및 $B=1$ 로 한 것과 동일함을 알 수 있다. 그림 9-15(a)에서 심볼로 표시된 현재상태 A, B에 대해, $A=0, B=1$의 2진수 값을 할당해서, 현재상태 및 입력의 가능한 모든 조합에 대한 다음상태와 출력의 값을 표로 나타낸 것이 그림 9-15(b)이다. 이 때 입력이 플립플롭의 제어입력 J, K에 직접 연결되어 있기 때문에 별도의 입력변수를 사용하지 않고 제어입력 변수 J, K를 그대로 사용하고 있다. 이와 같이 상태의 심볼 A, B에 2진수값을 할당하는 것을 상태 할당이라 하고, 이는 순서회로 설계의 중요한 과정중의 하나이다. 이에 관해서는 9.4.2절에서 상술한다.

그림 9-14의 밀리회로의 상태 천이도에 대한 상태표가 그림 9-16(a) 및 (b)이다. 물론 그림 9-16(b)는 $A=0$, $B=1$로 상태 할당을 해서 현재상태와 입력의 가능한 모든 조합에 대한 나음상내 및 출력을 나타낸 것이다.

9-3-3 동기식 순서회로의 해석

동기식 순서회로의 해석과 설계에 필요한 순서회로의 모델과 상태 및 상태 천이도, 상태표 등의 개념과 정의에 관해서 학습했다. 이를 바탕으로 주어진 동기식 순서회로를 해석하는 방법을 설명한다. 이를 통해, 임의의 순서회로의 기능이나 동작 특성을 파악함으로서, 그 특징을 추출하고 다른 형태의 회로로 수정하거나 개선할 수 있다.

순서회로 해석의 목표는 입력과 출력 및 상태의 변화과정을 알 수 있게 하는 회로의 상태

표나 상태 천이도를 작성하고, 입출력 및 상태에 관한 타이밍도를 구성하는 것이다. 이를 위한 동기식 순서회로를 해석하는 과정은 다음과 같다.

1. 회로내 각종 입출력 및 상태에 관한 변수를 결정한다 : 입력, 출력, 상태
2. 회로에 사용된 플립플롭의 종류를 구별하고, 그에 따라 특성표(characteristic table)를 작성한다.
3. 각 플립플롭의 제어입력 (여기입력이라고도 함)에 관한 논리함수식을 구한다.
4. 회로의 출력에 관한 논리식을 구하고, 무어 또는 밀리모델의 회로 여부를 판정한다.
5. 외부입력과 현재상태의 변화에 대한 제어입력을 결정하고, 특성표로부터 각 플립플롭의 다음상태를 구한다.
6. 입력 및 현재상태에 따라 출력에 관한 논리식으로부터 그 값을 구한다.
7. 현재상태, 외부입력, 제어입력, 다음상태, 출력의 순으로 상태표를 구성한다.
8. 상태에 심볼을 할당하고, 상태표에 따른 상태 천이도 및 동작 파형의 타이밍도를 구성한다.

이상의 해석과정에 따라 동기식 순서회로의 동작을 분석해 보자. 첫 번째 예로 그림 9-17에 주어진 회로를 고려한다.

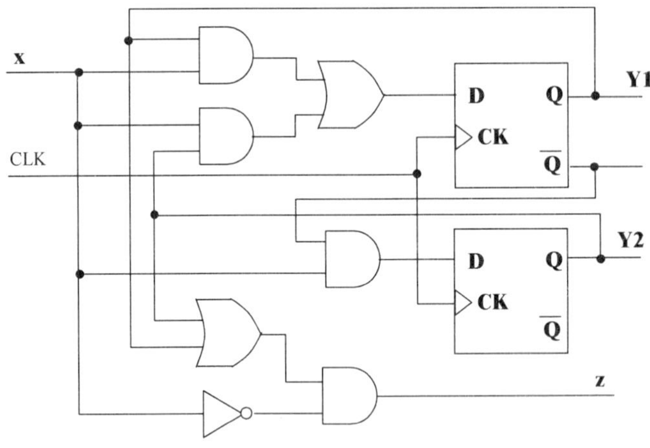

그림 9-17 동기식 순서회로의 예

1. 입출력 및 상태에 관한 변수의 할당:
   •외부입력 변수 : x
   •출력 변수 : z
   •상태변수 : Y_1, Y_2
2. 플립플롭의 종류와 특성표의 작성 :
   •플립플롭의 종류 : 상승에지 트리거 D 플립플롭
   •특성표

D	Next State, Q(t+1)
0 1	0 1

3. 제어입력에 관한 논리함수식 : $D_1 = x\,(Y_1 + Y_2)$, $D_2 = x\,\overline{Y_1}$
4. 회로출력의 논리식과 회로모델의 판정:
   •$z = (Y_1 + Y_2)\overline{x}$
   •입력이 출력에 직접 영향을 주고 있으므로 밀리모델
5. 제어입력의 결정과 플립플롭의 다음상태:
   D 플립플롭이므로 특성표로부터 다음상태는 D 입력값과 동일함.
6, 7. 출력 z 값의 결정과 상태표의 작성 :
   제어입력 및 출력에 관한 논리식으로부터 상태표를 작성한 것이 그림 9-18이다.
8. 상태 천이도 및 타이밍도 :
   그림 9-18의 상태표에서 현재상태 ($Y_2\ Y_1$)의 2진수 값, 00, 01, 10, 11을 나타내는 상태의 심볼로 S_0, S_1, S_2, S_3를 각각 할당하고 상태 천이도를 구하면, 그림 9-19가 얻어진다.

Present State Y2(t) Y1(t)	Excitation Input(D2, D1) x=0 x=1	Next State(Y2, Y1) x=0 x=1	Output z x=0 x=1
0 0	0 0 1 0	0 0 1 0	0 0
0 1	0 0 0 1	0 0 0 1	1 0
1 0	0 0 1 1	0 0 1 1	1 0
1 1	0 0 0 1	0 0 0 1	1 0

그림 9-18 그림 9-17의 순서회로의 동작 상태표

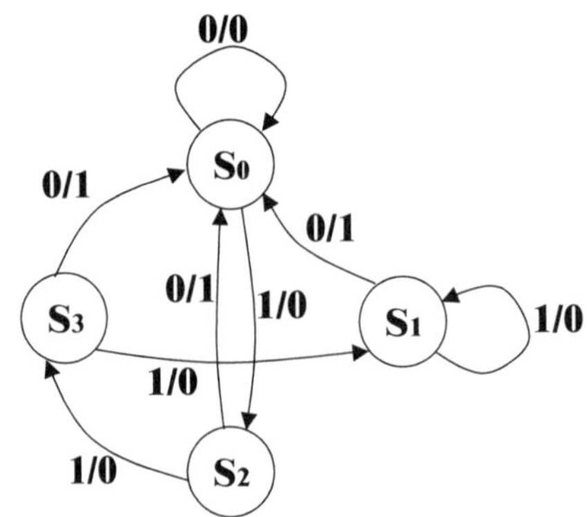

그림 9-19 그림 9-17의 순서회로의 상태 천이도

두 번째 회로 해석의 예로, 그림 9-20으로 주어진 2진수 카운터를 분석해 보자.

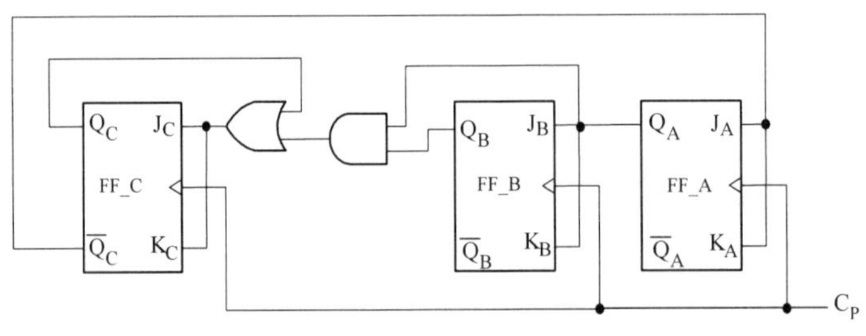

그림 9-20 카운터 회로

1. 입출력 및 상태에 관한 변수의 할당:
   - 카운터 회로이므로 입력은 없으며 출력은 상태변수와 동일함.
   - 상태 변수 : Q_C, Q_B, Q_A
2. 플립플롭의 종류와 특성표의 작성:
   상승에지 JK 플립플롭으로 특성표는 다음과 같다.

J	K	Next State, Q(t+1)
0	0	Q(t)
0	1	0
1	0	1
1	1	Q(t)

3. 제어입력에 관한 논리함수식:
   - FF_A : $J_A = K_A = \overline{Q_C}$

•FF_B : $J_B = K_B = Q_A$

•FF_C : $J_C = K_C = Q_A \cdot Q_B + Q_C$

4. 회로출력에 관한 논리식과 회로모델 :
출력은 현재상태와 동일하고 따라서 무어모델임.

5. 상태표의 작성 :
상태표를 작성함에 있어 현재 상태에서 클럭 펄스를 인가하면 제어입력에 관한 논리식으로부터 J_A, K_A와 J_B, K_B 및 J_C, K_C의 상태를 알 수 있고, 현재상태 및 제어입력의 값에 따라 특성표로부터 다음상태 Q_A, Q_B, Q_C 결과를 얻는다. 표 9-1은 그림 9-20의 회로에 대한 상태표이다.

6. 상태 심볼의 할당과 상태 천이도의 작성 :
현재상태$Q_C\,Q_B\,Q_A$ 의 값에 따라 다음과 같은 상태심볼을 할당한다.

$S_0 : Q_C\,Q_B\,Q_A = 000,\ S_1 : Q_C\,Q_B\,Q_A = 001$

$S_2 : Q_C\,Q_B\,Q_A = 010,\ S_3 : Q_C\,Q_B\,Q_A = 011$

$S_4 : Q_C\,Q_B\,Q_A = 100,\ S_5 : Q_C\,Q_B\,Q_A = 101$

$S_6 : Q_C\,Q_B\,Q_A = 110,\ S_7 : Q_C\,Q_B\,Q_A = 111$

이상과 같이 할당된 상태 심볼을 사용하여 상태 천이도를 구하면 그림 9-21(a)가 된다. 이 그림으로부터 상태 S_5, S_6, S_7 은 초기조건에서 이들 상태에 있지 않으면, 결코 이들의

표 9-1 상태표

현재상태			제어 입력						다음상태		
Q_C	Q_B	Q_A	J_C	K_C	J_B	K_B	J_A	K_A	Q_C	Q_B	Q_A
0	0	0	0	0	0	0	1	1	0	0	1
0	0	1	0	0	1	1	1	1	0	1	0
0	1	0	0	0	0	0	1	1	0	1	1
0	1	1	1	1	1	1	1	1	1	0	0
1	0	0	1	1	0	0	0	0	0	0	0
1	0	1	1	1	1	1	0	0	0	1	1
1	1	0	1	1	0	0	0	0	0	1	0
1	1	1	1	1	1	1	0	0	0	0	1

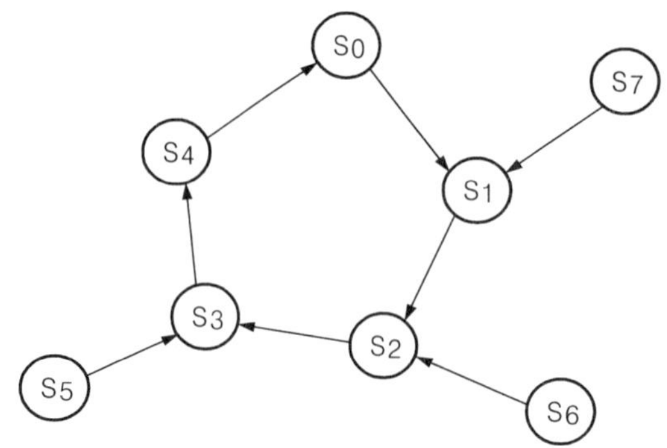

(a) 모든 상태를 갖는 상태 천이도

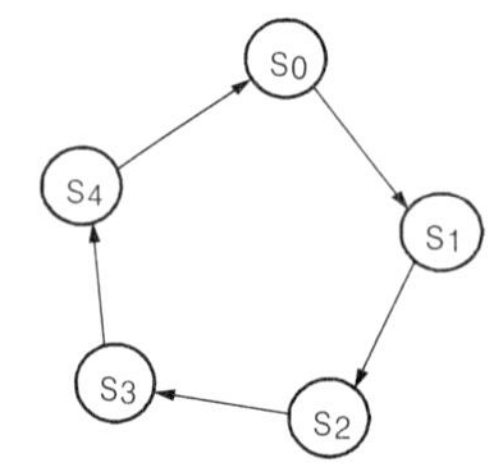

(b) 간략화된 상태 천이도

그림 9-21 그림 9-20의 카운터 회로에 대한 상태 천이도

상태로는 되돌아오지 않는 Self-starting 카운터이다. 따라서 이들 상태는 계속되는 카운터의 동작에 영향을 미치지 못하므로 생략할 수 있다. 그림 9-21(b)는 이들을 생략해서 나타낸 상태 천이도이다. 따라서, 그림 9-20의 카운터는 MOD-5의 동기식 카운터임을 알 수 있다.

9-4 | 상태 감소와 상태 할당

9-4-1 상태 감소(State Reduction)

임의의 입출력 특성을 갖는 순서회로를 설계하기 위한 첫 번째 과정으로 상태표를 유도하는 것이다. 이 상태표를 기반으로 최소 비용의 최적회로를 설계하기 위해서는 불필요한 논리 게이트나 플립플롭을 사용하지 않도록 해야 하고, 또한 그 개수를 최소화시켜야 한다. 상태 감소(state reduction)는 순서회로에 사용되는 플립플롭의 수를 줄이는 과정으로, 입출력 관계를 변경시키지 않고 순서회로의 상태 수를 줄이는 것이다. 주어진 상태표에서 상태를 감소시킴으로서 회로 구현에 필요한 논리 게이트와 플립플롭의 개수를 줄일 수 있다. 예를 들어, 9개의 상태를 갖는 순서회로를 구성하기 위해서는 최소 4개의 플립플롭을 필요로 하지만, 하나의 상태를 감소시켜 8개의 상태가 되면 필요한 플립플롭의 개수는 3개로 줄어들게 된다.

상태표를 간소화하기 위해서는 먼저 여분의 상태를 제거하는 것이 필요하다. 여분의 상태라 함은 상태등가(state equivalence)인 상태들을 말한다. 가능한 모든 입력에 대해, 회로의 출력과 다음상태가 동일한 두 상태 S_1, S_2를 등가라 한다. 즉 입력에 대한 현재상태 S_t의 다음상태를 S_{t+1}이라 하면, 두 상태에 대한 회로의 출력이 $z_1 = z_2$이고, $S_{t+1}(\mathrm{x}, \mathrm{S}_1) = \mathrm{S}_{t+1}(\mathrm{x}, \mathrm{S}_2)$가 성립하면 S_1과 S_2는 등가이고 $S_1 = S_2$이다. 여기서, x는 입력변수이다. 따라서 상태표에서 상태등가를 구하고, 이를 제거하는 것이 상태 감소의 기본적인 방법이다.

상태 감소의 방법은 크게 등가 클래스에 의한 방법과 임플리케이션(implication) 테이블을 이용하는 방법이 있다. 먼저, 등가 클래스에 의한 방법은 입력 시퀀스에 대한 출력과 다음상태에 따라 현재상태를 동일 그룹이나 클래스로 반복적으로 분리해서 상태등가를 식별하는 것이다. 다음으로 임플리케이션 테이블에 의한 방법은 그래프 기법을 사용해서 등가인 상태를 식별하는 방법으로, 각각의 클래스를 임플리케이션 테이블의 표로 분류해서 서로 다른 다음상태나 출력을 갖는 모든 상태를 식별하고 난 나머지 상태를 여분의 상태로 판단해서 제거하는 방법이다.

가. 등가 클래스에 의한 상태 감소

등가 클래스의 방법을 사용해서 상태를 감소시켜 보자. 그림 9-22는 이를 위한 FSM(Finite State Machinc, 유한 상태 머신)의 상태 천이도의 예이다. 밀리회로의 FSM으로 전체 7개의 상태로 이루어져 있다. 따라서 이를 구현하기 위해서는 3개의 플립플롭이 필요하다. 이 상태 천이도로부터 9-23과 같은 상태표를 구성할 수 있다. 여기서 x는 입력변수, z는 출력변수이다. 첫 번째 등가 클래스로 분류하기 위해서 같은 출력을 갖는 현재상태를 중심으로 각 상태를 다음의 그룹으로 분류한다.

$$G_1 = (S_1, S_2, S_3)$$

$$G_2 = (S_4, S_5, S_6, S_7)$$

여기서 G_1은 입력$\mathrm{x} = 0$ 또는 $\mathrm{x} = 1$에서 출력 $z = 0$을 갖는 현재상태이 그룹이고, G_2는

$x = 0$, $z = 0$이고 $x = 1$, $z = 1$인 현재상태의 그룹이다. 이상으로 분류된 그룹에 따라 재배치한 상태표가 그림 9-24이다. 이 때 출력 z는 그룹의 분류에 이미 사용되었으므로 표시되지 않고, 다음상태에서의 상태를 분류된 그룹에 따라 배치한 것이다.

두 번째 등가 클래스로 분류하기 위해서, 첫 번째 등가 클래스로 분류한 그룹에서 입력에 대한 다음상태가 같은 현재상태들을 동일그룹 안에서 다음과 재분류 한다.

$$G_{11} = (S_1),\ \ G_{12} = (S_2,\ S_3)$$

$$G_{21} = (S_4,\ S_6),\ \ G_{22} = (S_5,\ S_7)$$

그림 9-24에서 현재상태 S_1의 다음상태가 $x = 0$ 및 $x = 1$에서 G_1이고, S_2 및 S_3의 다음상태는 모두 $x = 0$에서 G_1, $x = 1$에서 G_2인 다음상태의 그룹으로 되어 있으므로 그룹 G_1을 G_{11}과 G_{12}로 분류하고 있다. 그룹 G_2도 동일한 방법으로 분리한 것이다. 즉, 현재상태 S_4와 S_6은 다음상태가 $x = 0$ 및 $x = 1$에서 G_2이고, S_5와 S_6은 $x = 0$에서 G_1, $x = 1$에서 G_2이다. 이와 같이 그룹을 재분류해서 상태표를 나타낸 것이 그림 9-25이다. 이 때 다음상태는 그림 9-23의 상태표에서 각 상태가 분류된 그룹에 속하는 그룹 변수명을 표기한 것이다.

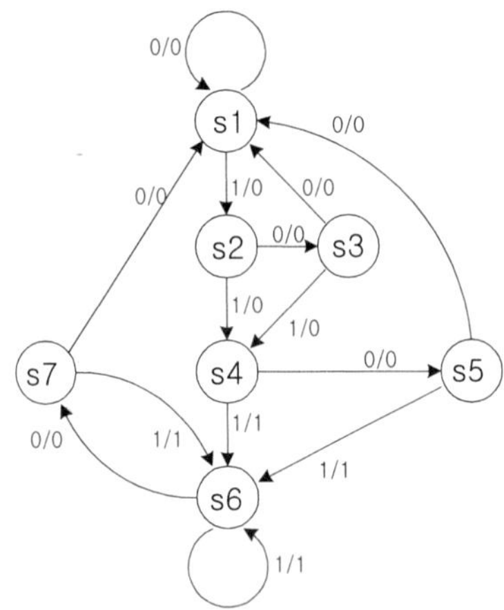

그림 9-22 상태 감소를 위한 FSM의 상태 천이도

present state	next state x=0	z	x=1	z
s1	s1	0	s2	0
s2	s3	0	s4	0
s3	s1	0	s4	0
s4	s5	0	s6	1
s5	s1	0	s6	1
s6	s7	0	s6	1
s7	s1	0	s6	1

그림 9-23 그림 9-22의 상태 천이도에 대한 상태표

Group	present state	next state x=0	x=1
G1	s1	G1	G1
	s2	G1	G2
	s3	G1	G2
G2	s4	G2	G2
	s5	G1	G2
	s6	G2	G2
	s7	G1	G2

그림 9-24 첫 번째 등가 클래스의 분류에 의한 상태표

Group	present state	next state x=0	x=1
G11	s1	G11	G12
G12	s2	G12	G21
	s3	G11	G21
G21	s4	G22	G21
	s6	G22	G21
G22	s5	G11	G21
	s7	G11	G21

그림 9-25 두 번째 등가 클래스의 분류에 의한 상태표

그림 9-25의 상태표에서, 현재상태가 2개 이상의 상태를 갖고 있는 그룹을 대상으로 세 번째 등가 클래스의 분류를 수행한다. 분류의 방법은 두 번째 등가 클래스의 분류와 같은 방법으로 진행한다. 즉, 2개 이상의 현재상태를 갖는 그룹은 G_{12}, G_{21}, G_{22}의 3개 그룹이다.

이들 그룹은 각각 2개의 현재상태를 포함하고 있다. 먼저, 그룹 G_{12}는 다음상태에 따라,

$$G_{121} = (S_2),\ G_{122} = (S_3)$$

로 분류할 수 있다. 그러나 그룹 G_{21} 및 G_{22}에 속하는 상태는 각각의 다음상태가 서로 동일하다. 즉, 그룹 G_{21}의 현재상태 S_4 및 S_6의 다음상태는 G_{22} 및 G_{21}로 서로 같으며, 그룹 G_{22}의 현재상태 S_5 및 S_7의 다음상태는 G_{11} 및 G_{21}으로 서로 같다. 따라서 이들 그룹들은 재분류되지 않는다. 그림 9-26은 세 번째 등가 클래스로의 분류에 의한 상태표이다.

그림 9-26의 상태표에서, 그룹 G_{21}의 상태 S_4와 S_6, 그룹 G_{22}의 상태 S_5 및 S_7은 입력의 모든 값에 대해 그 출력과 다음상태가 동일한 상태들이다. 따라서 이들 각각의 상태는 등가이고, $S_4 = S_6, S_5 = S_7$의 등가상태가 되어, 그림 9-27과 같이 상태 S_6을 S_4로, S_7을 S_5로 각각 대체하고 S_6, S_7은 소거해서 하나의 상태로 통합할 수 있다. 그림 9-27의 상태 감소된 상태표로부터 새로운 상태 천이도를 구성할 수 있으며, 이를 그림 9-28에 나타낸다. 그림 9-22에서 전체 7개의 상태로 이루어진 상태 천이도에서 여분의 상태 S_6, S_7을 소거함으로서 5개의 상태로 줄어드는 것을 알 수 있다.

일반적으로 m개의 플립플롭을 사용한 순서회로의 상태는 최대 2^m개만을 표시할 수 있으므로, 7개의 상태나 5개로 줄어든 경우 모두 3개 플립플롭의 사용을 필요로 한다. 따라서 플립플롭의 개수는 줄어들지 않으나, 7개의 상태를 사용하는 경우에는 7개의 상태 모두에 2진의 값을 사용해야 하지만, 5개 상태의 경우에서는 5개의 상태만이 사용되고 나머지 상태들은 이용되지 않고 여분의 조건으로 처리하게 된다. 이 때, 여분의 조건은 논리함수를 보다 더 간단하게 할 수 있다. 결국, 전체 회로 구성에서 5개의 상태를 갖는 회로가 7개의 상태를 갖는 회로보다 경제적인 회로를 구성할 수 있게 된다.

Group	present state	next state x=0	next state x=1
G11	s1	G11	G121
G121	s2	G122	G21
G122	s3	G11	G21
G21	s4	G22	G21
	s6	G22	G21
G22	s5	G11	G21
	s7	G11	G21

그림 9-26 세 번째 등아 클래스로의 분류에 의한 상태표

present state	next state			
	x=0	y	x=1	y
s1	s1	0	s2	0
s2	s3	0	s4	0
s3	s1	0	s4	0
s4	s5	0	s4	1
s5	s1	0	s4	1
~~s6~~	~~s7~~	~~0~~	~~s6~~	~~1~~
~~s7~~	~~s1~~	~~0~~	~~s6~~	~~1~~

그림 9-27 등가상태의 대체 및 상태 감소

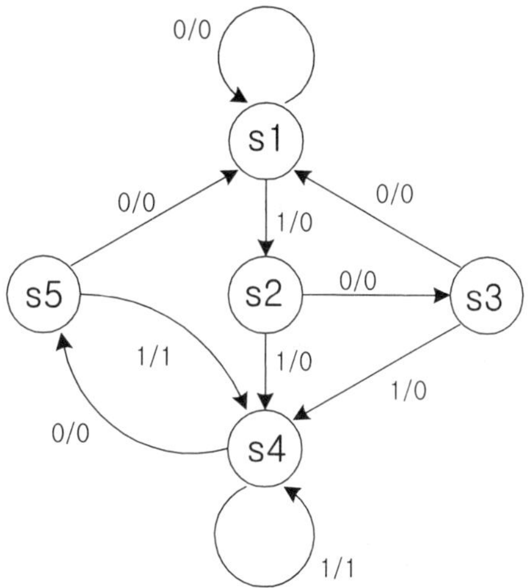

그림 9-28 FSM-1의 축소된 상태도

나. 임플리케이션 테이블(implication table)에 의한 상태 감소

여분의 상태를 식별하기 위한 그래프적인 방법으로, 모든 입력에 대해 가능한 등가 상태를 나열한 배열을 사용한다. 그래프는 마지막 상태를 제외하고 차례로 상태를 나열한 수평축과, 첫 번째 상태를 제외하고 각 상태를 차례로 나열한 수직축으로 구성된다. 그리고 수평축을 따라 상태 하나씩을 진행시켜가면서 수직축상에 나열된 상태를 하나씩 감소시켜 계단 모양의 그래프가 되도록 한다. 이 때, 수평과 수직의 교차점은 교차되는 두 상태가 등가 상태일 가능성을 암시한다. 표 9-2에 나타낸 상태표와 같이 8개의 상태 $S_0, S_1, \cdots, S_6, S_7$에 대해서 임플리케이션 테이블을 구성한 것이 그림 9-29이다.

표 9-2 임플리케이션 테이블에 의한 상태 감소를 위한 상태표

Present State	Next State x=0	Next State x=1	Output Z
S0	S1	S3	0
S1	S2	S4	0
S2	S0	S3	0
S3	S4	S5	1
S4	S3	S6	1
S5	S7	S6	1
S6	S7	S5	1
S7	S5	S7	0

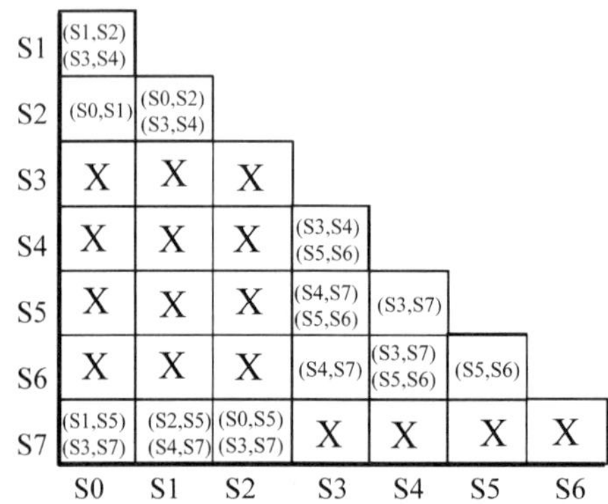

그림 9-29 표 9-2의 임플리케이션 테이블의 구성

그림 9-29의 테이블에서 교차되는 박스내의 표시는 다음과 같다.

1. 교차되는 상태의 박스에서 출력이 서로 다른 경우에는 어떤 경우에도 상태 등가가 될 수 없으므로 "X"로 마크한다. 예로 상태 S_0의 출력은 0이고, S_3, S_4, S_5, S_6의 출력은 1이므로 수평축의 S_0와 교차되는 S_3, S_4, S_5, S_6과 교차되는 박스 내부에 "X"로 마크한다. 나머지 수평축상의 상태 S_1에서 S_6까지도 같은 방법으로 처리한다.
2. 교차되는 각 상태가 동일 출력일 경우, 상태 등가가 되기 위한 각 상태간의 조건을 기입한다. 즉, 상태 S_0와 S_1은 출력이 $Z=0$으로 서로 같다. 따라서 이들 상태가 등가이기 위한 조건은 입력의 모든 값에서 동일한 다음상태가 되어야 하므로 x = 0에서 (S_1, S_2), x = 1에서 (S_3, S_4)가 등가 상태의 조건을 성립해야 한다. 이 등가의 조건을 수평축 S_0와 수직축 S_1이 교차되는 박스 안에 기입한다. 나머지 상태에 대해서도 이

과정을 반복한다.

3. 모든 상태에 대해서 과정 2를 통해 나열된 상태 등가의 조건을 시험하고, 등가 조건을 만족하지 못하는 교차점의 박스는 "X"로 마크한다. 그림 9-30은 이와 같이 모든 상태의 등가 조건을 시험하고, 등가 조건을 만족하지 못하는 박스에 "X"를 기입해서 나타낸 것이다. 예를 들어 상태 S_3과 S_7은 등가 조건이 성립하지 않아 이미 "X" 마크가 기입되어 있으므로, 이 조건을 만족해야 등가가 되는 (S_0, S_7), (S_2, S_7), (S_4, S_5), (S_4, S_6)의 박스는 "X"로 마킹한다. 또한, S_4와 S_7도 동일조건이므로, (S_1, S_7) (S_3, S_5), (S_3, S_6)의 박스에도 "X"로 마킹된다.

4. 마지막까지 "X"로 마킹되지 않은 상태의 쌍은 상태 등가로 판정한다. 따라서 그림 9-30으로부터 등가 상태는

$$S_0 = S_1, S_1 = S_2, S_0 = S_2 => \quad S_0 = S_1 = S_2$$

$$S_3 = S_4, S_5 = S_6$$

등이 성립한다.

이상의 상태 등가에 따라 표 9-2의 상태표를 수정하면 그림 9-31과 같이 된다. 따라서 상태 감소를 적용한 최종 상태의 수는 그림 9-32의 상태표와 같이 4개가 되고, 이를 상태 천이도를 나타내면 그림 9-33이다.

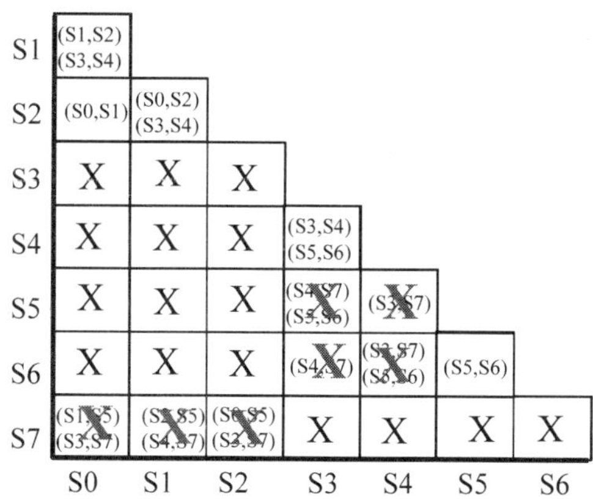

그림 9-30 등가 조건의 시험 결과에 의한 임플리케이션 테이블

Present State	Next State x=0	Next State x=1	Output Z
S0	S0	S3	0
~~S1~~	~~S2~~	~~S4~~	~~0~~
~~S2~~	~~S0~~	~~S3~~	~~0~~
S3	S3	S5	1
~~S4~~	~~S3~~	~~S6~~	~~1~~
S5	S7	S5	1
~~S6~~	~~S7~~	~~S5~~	~~1~~
S7	S5	S7	0

그림 9-31 상태 등가에 의한 잉여 상태의 제거

Present State	Next State x=0	Next State x=1	Output Z
S0	S0	S3	0
S3	S3	S5	1
S5	S7	S5	1
S7	S5	S7	0

그림 9-32 상태 감소에 의한 최종 상태표

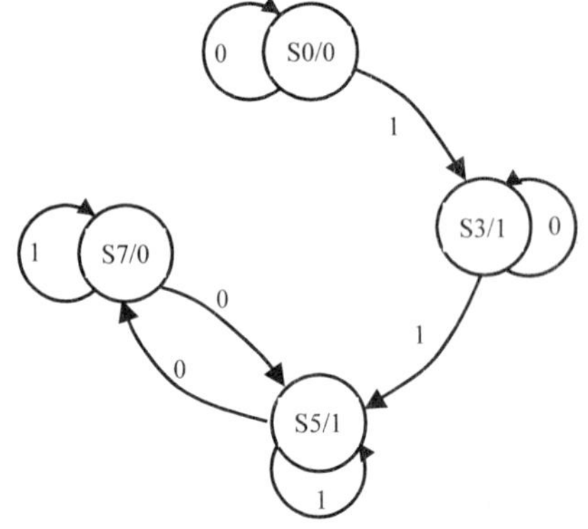

그림 9-33 상태 천이도

9-4-2 상태 할당

상태표로부터 상태 감소의 과정을 수행한 후, 플립플롭과 같은 메모리 소자의 필요한 개수를 선정해야 한다. 다음으로 이들 메모리 소자의 각 상태는 저장하고 있는 2진 코드(binary code) 이므로, 순서회로를 설계하기 위해서는 이들 각각에 고유의 2진 코드를 부여해야 된다.

이와 같이 각 상태마다 고유의 2진 코드를 할당하는 것을 상태 할당(state assignment)이라 한다. 즉, 상태 할당은 임의의 변수로 표시한 상태마다 고유의 코드를 부여해서 최소 비용의 회로가 되도록 하는 것이다. 상태 할당의 방법에 따라 구현된 회로의 하드웨어 비용이 좌우된다.

간단한 예로 그림 9-34의 상태표에 대해 적절히 각 상태에 2진 코드를 할당해서 여기입력의 구현에 필요한 회로 비용을 생각해 보자. 상태 수가 4개이므로, 이를 구현하기 위해서는 2개의 플립플롭이 필요하다. 따라서 D 플립플롭을 사용하는 것으로 하고, 이들의 제어입력 또는 여기입력을 각각 D_1과 D_2라 하고, 입력변수는 x라 한다.

첫 번째 상태 할당으로

$$a = 00, b = 01, c = 10, d = 11$$

과 같이 각 상태에 코드를 부여하고, 각 플립플롭의 출력을 나타내는 상태변수를 S_1, S_2라 한다. 그림 9-35는 그림 9-34의 상태표에 대해 이상과 같은 상태 할당과 변수를 사용한 상태표이다. 그림 9-35의 상태표로부터, 그림 9-36의 K-map을 사용해서 제어입력 D_2와 D_1에 대한 논리식을 구하면

$$D_2 = S_2' S_1 x + S_2 S_1' x'$$

$$D_1 = S_2 S_1' + S_2 x + S_1'$$

이 된다. 이들 논리식을 게이트로 구현하는 경우 그 비용은 D_1과 D_2 합해서 21이 된다.

D_2 : 8(입력선의 수) + 3 (게이트 수) = 11

D_1 : 7(입력선의 수) + 3 (게이트 수) = 10

present state	next state x=0	z	next state x=1	z
a	a	0	b	0
b	a	0	c	0
c	d	0	b	0
d	a	1	b	0

그림 9-34 상태 할당의 예를 위한 상태표

현재상태	상태변수		next state					
	S2	S1	x=0			x=1		
			D2	D1	z	D2	D1	z
a	0	0	0	0	0	0	1	0
b	0	1	0	0	0	1	0	0
c	1	0	1	1	0	0	1	0
d	1	1	0	0	1	0	1	0

그림 9-35 첫 번째 상태 할당에 의한 상태표

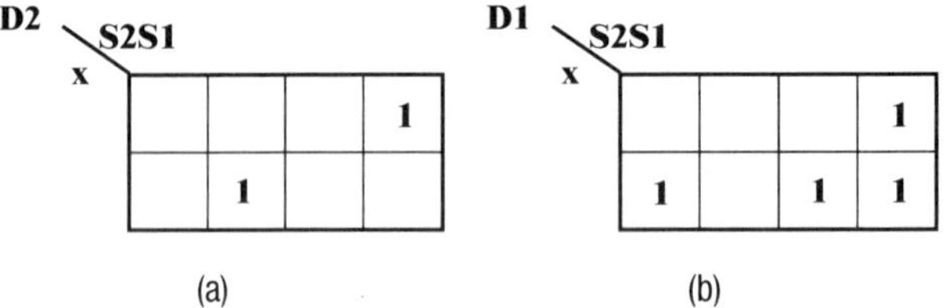

그림 9-36 D_1과 D_2의 논리식 유도를 위한 K-Map

현재상태	상태변수		next state					
	S2	S1	x=0			x=1		
			D2	D1	z	D2	D1	z
a	0	0	0	0	0	0	1	0
b	0	1	0	0	0	1	1	0
c	1	1	1	0	0	0	1	0
d	1	0	0	0	1	0	1	0

그림 9-37 두 번째 상태 할당에 의한 상태표

두 번째 상태 할당으로

$$\mathrm{a} = 00, \mathrm{b} = 01, \mathrm{c} = 11, \mathrm{d} = 10$$

와 같이 상태 c 와 d 를 바꾸어 보자. 이때의 상태표를 그림 9-37에 나타내고, 그림 9-36과 같이 K-map을 사용해서 제어입력의 논리식을 구하면 다음과 같다.

$$D_2 = S_2' S_1 x + S_2 S_1' x'$$

$$D_1 = x$$

따라서 회로구현의 비용은 12로 줄어든다. 이와 같이 상태 할당에 따라 회로 구현의 비용이 달라지고, 위의 예에서는 두 번째 상태 할당이 첫 번째 상태 할당보다 더 경제적인 구성이 되는 것을 알 수 있다.

상태 수가 크지 않을 경우 (보통 6개 이하), 가능한 모든 상태 할당을 수행해서 최소 비용의 최적 회로가 되는 상태를 선정하는 시행착오(trial and error)의 방법을 사용할 수 있다. 그러나 상태 수가 증가하게 되면 상태 할당의 종류가 방대해지고 시행착오의 방법으로는 경제적인 상태 할당을 수행할 수 없게 된다. 예로 그림 9-38과 같이 3개의 상태라고 하면, 2개의 플립플롭이 필요하며 이들의 상태변수를 각각 A, B라고 하자. 먼저, 상태 S_0 에 대해서는 4개의 코드 할당 $AB=00, AB=01, AB=10,\ AB=11$ 이 가능하다. 이 중 하나를 S_0 로 선택하면, 상태 S_1 에 대해서는 나머지 3개의 코드 중 하나를 할당된다. S_1 이 정해지면 상태 S_2 에는 나머지 2개 중 하나의 코드가 할당되고, 전체 상태 할당이 가능한 종류는 $4\times 3\times 2 = 24$ 개가 존재한다.

일반적으로 플립플롭의 개수 즉 상태변수가 N 개 이고, 상태가 S 개라 하면 가능한 상태 할당의 수 SA 는

$$SA = \frac{(2^N)!}{(2^N - S)!} \tag{9-6}$$

로 주어진다. 예로 $N=2,\ S=4$ 인 경우 $SA = 4 \neq 24$ 이다. 그러나 이와 같은 상태 할당 모두가 서로 다른 비용의 회로가 되는 것은 아니다. 동일한 비용의 회로 구현이 얻어지는 상태 할당을 상태 할당의 등가(equivalence)라 하고, 등가인 상태 할당은 어느 것을 선택해도 같은 비용의 회로가 된다. 다음의 경우에는 등가인 상태 할당이다.

- 상태 할당에서 상대변수의 열(column)을 교환해서 얻어시는 서로 다른 상태 할당
- 하나의 상태 할당이 다른 상태 할당의 보수가 되는 경우

	1	2	3	4	5	6	7	⋯	19	20	21	22	23	24
S0	00	00	00	00	00	00	01	⋯	11	11	11	11	11	11
S1	01	01	10	10	11	11	00		00	00	01	01	10	10
S2	10	11	01	11	01	10	10		01	10	00	10	00	01

그림 9-38 상태 할당의 방법

먼저, 상태 할당된 열(column)을 교환해서 얻어지는 상태 할당에서, 교환된 열은 단지 플립플롭의 변수를 다른 변수로 다시 표현한 것과 같기 때문에 회로 구현의 비용은 변화되지 않는다. 예로 그림 9-38에서 할당 3의 첫 번째 열은 할당 1의 두 번째 열과 같고, 그 역도 또한 동일하므로 할당 1과 3은 등가인 상태 할당이다. 이와 마찬가지로, 할당 2와 4 , 할당 5와 6도 등가인 상태 할당이다. 그러나 행(row)을 교환해서 얻어지는 상태 할당은 등가인 할당이 되지 않고, 회로 구현의 비용이 다르다. 즉, 할당 4와 6은 서로 다른 상태 할당이다.

다음으로, 상태 할당에서 하나 이상의 열에 보수를 취해서 얻어지는 상태 할당은 등가이다. 임의의 순서회로에서 그림 9-39(a)의 JK 플립플롭을 고려해 보자. 회로는 그대로 유지하면서 J와 K단자를 교환하고 Q 와 $\overline{Q}$ 단자를 교환하면 그림 9-39(a)는 그림 9-39(b)처럼 된다. 그림 9-39(a)의 회로가 $Q=p$에서 시작하고, 그림 9-39(b)의 회로가 $Q=\overline{p}$ 에서 시작하면, Q 값이 그림 9-39(b)의 회로에서 항상 Q 의 보수가 되는 것을 제외하고 두 회로의 동작은 동일하다. 왜냐하면 그림 9-39(a)의 회로에서 J=1일 때마다 그림 9-39(b) 회로의 K는 1이 되며 그 역 또한 마찬가지이기 때문이다. 따라서 Q 의 값이 (b)의 회로에 대해서 보수가 취해진 점을 제외하고는 두 회로의 상태표는 동일하다.

상태의 개수가 증가하게 되면 이상과 같이 모든 상태에 고유의 코드를 부여하고, 등가 할당의 여부를 조사하는 것은 효율적인 방법이 되지 못한다. 일반적인 모든 경우에 대해 가장 좋은 상태를 할당하는 방법은 현재까지 알려져 있지 않다. 그러나 최적의 방법은 아니지만 비교적 체계적인 방법으로 "Amstrong-Humphrey rule"을 사용하는 것이다. 상태 할당에 의해 회로를 간단하게 구성하기 위해서는 여기입력과 출력의 논리를 가능한 간단하게 해야 한다. 이를 위해서는 일반 논리식의 간략화를 위해 4장에서 취급했던 것처럼 K-map에서 가능한 핵심 주 임플리커트(EPI)의 그룹이 크게 되도록 각 상태에 코드를 부여하는 것이다. Amstrong-Humphrey rule은 상태표의 각 상태를 하나의 minterm으로 간주하고, 출력과 여기입력의 논리식이 간략화 되도록 상태 할당을 수행하는 방법으로, 상태 할당의 기본 규칙은 다음과 같다.

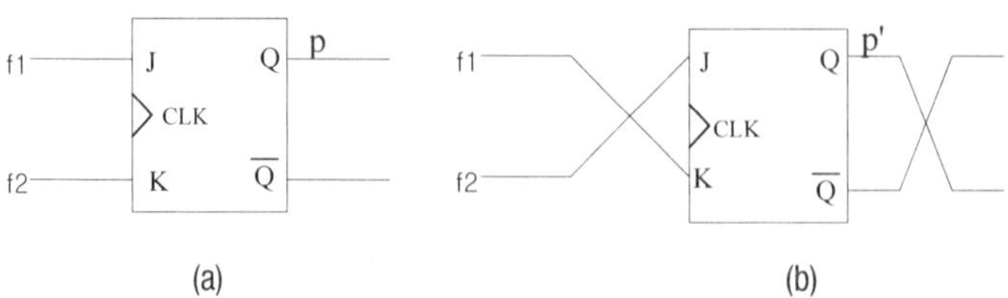

그림 9-39 보수관계의 상태 할당의 등가 회로

1. 동일한 다음상태를 갖는 상태는 인접된 minterm이 되도록 해서 하나의 PI(Prime Implicant)에 포함되도록 할당한다.
2. 하나의 현재상태로부터 천이되는 다음상태는 서로 인접하도록 배치해서 PI를 형성하도록 할당한다.
3. 같은 출력을 갖는 상태는 서로 인접하게 되도록 할당한다.

이상, 3가지 규칙이 서로 일치하지 않을 경우, 우선순위가 가장 높은 것이 규칙 1이고, 그 다음이 규칙 2, 규칙 3의 순으로 우선순위를 부여해서 상태가 서로 인접하도록 할당하면 된다.

이와 같은 규칙에 따라 상태 할당을 수행해 보자. 그림 9-40은 이를 위한 상태표의 예이다. 규칙 1에 따라, 입력 $x=0$에서 S_0와 S_5는 다음상태가 S_0로 동일하다. 따라서 이들은 K-map에서 가능한 서로 인접하도록 배치되어야 한다. 같은 원리를 $x=0$와 $x=1$에서의 다음상태가 동일한 상태를 전부 조사하면, 규칙 1에 따라 인접하게 배치되어야 하는 상태는 다음과 같다.

$$(S_0, S_5),\ (S_3, S_4), (S_0, S_3, S_4, S_5), (S_1, S_2)$$

규칙 2에 따르면, 상태 S_0로부터 천이되는 다음상태는 $x=0$에서 S_0, $x=1$에서 S_1이다, 따라서, 이들은 가능한 인접하게 배치되어야 한다. 이를 모든 상태에 적용하면, 규칙 2에 따라 인접하게 배치되어야 하는 상태는 (S_0, S_1), (S_4, S_2), (S_3, S_2), (S_5, S_1)이다.

마지막으로 규칙 3에 따라 인접하게 배치되어야 할 상태는 다음과 같다.

$$(S_0, S_1, S_2, S_4), (S_3, S_5), (S_0, S_1, S_2, S_3, S_4, S_5)$$

이상과 같이 인접해야 될 각 상태의 집합을 구한 후, 가능한 모든 조건을 만족하도록 K-map 내에 배치하면 된다. 그러나 이들 모두를 만족하도록 배치하는 것은 그렇게 간단하지 않으며 경우에 따라서는 불가능할 수도 있다. 이때에는 배치의 우선순위 즉, 규칙 1의 조건을 먼저 모두 만족하도록 배치하고, 다음에 규칙 2의 조건, 규칙 3의 조건의 순으로 수행하면 된다. 그림 9-4a(a) K-map은 이에 따른 상태 배치의 예를 나타낸 것이다. 이 배치에서는 규칙 1의 조건은 전부 만족하고, 규칙 2의 조건 중 (S_0, S_1), (S_4, S_2)는 만족하고 있으나, (S_3, S_2), (S_5, S_1)은 만족시키지 못하고 있다. 또한, 규칙 3의 조건도 첫 번째와 두 번째는 만족하고 있으나 세 번째의 조건은 만족하고 있지 못하다.

이상의 배치에서 얻어지는 각 상태의 코드는 그림 9-41(b)와 같고, 상태의 각 코드 값을 상태 심볼에 내체시켜서 얻은 상태 할당된 상태표는 그림 9-42이다.

Present state	Next state x=0	Next state x=1	Output (z) x=0	Output (z) x=1
S0	S0	S1	0	0
S1	S4	S2	0	0
S2	S3	S2	0	0
S3	S5	S1	1	0
S4	S5	S1	0	0
S5	S0	S1	1	0

그림 9-40 상태 할당의 예를 위한 상태표

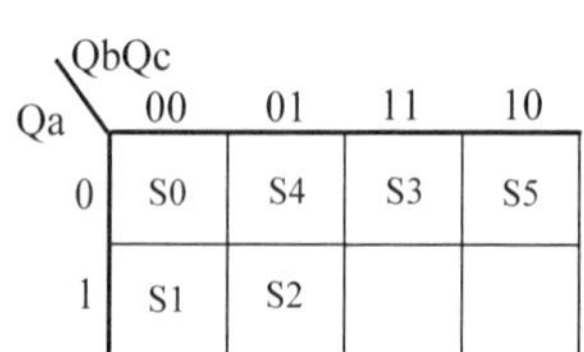

(a) 상태 할당을 위한 K-map

State	Binary code (Qa Qb Qc)
S0	000
S1	100
S2	101
S3	011
S4	001
S5	010

(b) 상태에의 코드부여

그림 9-41 상태 할당을 위한 K-map과 코드의 부여

Present state QaQbQc	Next state x=0	Next state x=1	Output (z) x=0	Output (z) x=1
000	000	100	0	0
100	001	101	0	0
101	011	101	0	0
011	010	100	1	0
001	010	100	0	0
010	000	100	1	0

그림 9-42 상태 할당된 상태표

9-5 | 동기식 순서회로의 설계

주어진 디지털 시스템의 입출력 특성을 구현하기 위해서는, 동작원리로부터 회로의 모델과 상태를 결정해야 한다. 다음으로 9.4절에서 기술한 것처럼 회로를 간략하게 구현하기 위해 상태 감소와 상태 할당 등의 과정을 수행해야 한다. 다음 설계과정의 순서는 사용할 플립플

롭의 타입을 결정하고 주어진 문제에 대한 보다 구체적인 상태 천이도와 상태표를 도출하는 것이다. 이를 바탕으로 플립플롭의 입력과 출력단의 조합회로 부분에 대한 여기입력과 회로의 출력에 관한 간략화된 논리식을 구해서, 각종 게이트로 회로를 구성하면 된다. 일반적인 설계과정은 여러 가지 방법이 있을 수 있으나, 개략적인 동기식 순서회로의 설계순서는 다음과 같다.

1. 설계할 순서회로의 동작 원리를 정확하게 정의한다. 이 과정에서 회로의 상태 천이도, 타이밍도 그리고 기타 필요한 정보를 추출한다.
2. 심볼을 사용해서 정의된 회로의 상태표를 구한다.
3. 상태 감소의 방법으로 불필요한 상태를 제거해서 최소의 상태 수가 되도록 한다.
4. 최소 비용의 상태 할당을 수행해서 각 상태에 코드를 부여한다.
5. 필요한 플립플롭의 수와 종류를 결정하고, 플립플롭의 여기표를 작성한다.
6. 현재상태와 다음상태, 플립플롭의 제어입력 등으로 구성되는 천이 상태표를 작성하고, 여기입력 및 출력에 관한 진리치표를 만든다.
7. 간략화 기법 (K-map 등)을 이용하여 출력함수와 플립플롭의 제어입력의 간략화된 논리식을 구한다.
8. 플립플롭, 게이트 등을 사용하여 논리회로를 구성한다.

무어모델의 회로와 밀리모델의 회로를 설계하는 구체적인 예를 들어, 동기식 순서회로의 설계과정을 이해할 수 있도록 해 보자.

9-5-1 무어회로의 설계

먼저, 간단한 예로 8장에서 다루었던 임의의 MOD 수를 갖는 동기식 카운터를 설계하는 문제를 다루어 보자. 임의의 MOD 수를 갖는 카운터는 다양한 방법으로 설계할 수 있지만, 본 절에서는 동기식 순서회로 설계과정에 따라 회로를 구성하도록 한다.

회로의 규격으로 JK 플립플롭을 사용한 MOD-6의 동기식 카운터를 설계하는 과제가 주어진 것으로 한다. 먼저, MOD-6의 카운터이므로 플립플롭의 개수는 $2^2 < 6 < 2^3$의 관계로부터 3개가 되어야 하고, 플립플롭의 타입은 JK 플립플롭으로 이미 주어져 있다. 3개 플립플롭의 각 상태변수를 MSB에서 LSB의 순으로 Q_c, Q_b, Q_a라 한다. 또한, 카운터이므로 회로는 무어모델이다.

다음으로 클럭입력에 따른 카운터의 동작 순서를 나타내는 상태표를 작성하고, 상태 감소 및 각 상태에 고유의 2진 코드를 할당한다. 그림 9-43(a)는 이를 나타낸 것으로, 이 설계문제에서는 상태 감소나 상태 할당을 위한 특별한 과정이 필요 없다. JK 플립플롭의 여기표는 7-6절의 표 7-2로 나타내 바와 같이, 이를 그림 9-43(b)에 다시 나타낸다.

MOD-6의 6진 카운터이므로 현재상태와 다음상태, 플립플롭의 여기표에 의한 제어입력에 관한 진리표인 천이 상태표는 그림 9-44와 같이 간단하게 작성할 수 있다. 제어입력에 관한 진리표는 그림 9-43(b)의 여기표를 사용해서 작성한 것이다. 이 때, 3개의 상태변수에 의한 8개 상태 중, 사용하지 않는 2개의 상태 110 및 111은 무상관 조건 (don't care condition)에 해당한다.

클럭 CLK	출력 Qc Qb Qa	상태할당 S
0	0 0 0	S0
1	0 0 1	S1
2	0 1 0	S2
3	0 1 1	S3
4	1 0 0	S4
5	1 0 1	S5
6	0 0 0	s0

(a)

현재 상태	다음 상태	제어입력 J K
0	0	0 x
0	1	1 x
1	0	x 1
1	1	x 0

(b)

그림 9-43 MOD-6 카운터를 위한 (a) 상태 및 상태 할당, (b) JK 플립플롭의 여기표

현재상태 Qc Qb Qa	다음상태 Qc Qb Qa	제어입력 Jc Kc Jb Kb Ja Ka
0 0 0	0 0 1	0 x 0 x 1 x
0 0 1	0 1 0	0 x 1 x x 1
0 1 0	0 1 1	0 x x 0 1 x
0 1 1	1 0 0	1 x x 1 x 1
1 0 0	1 0 1	x 0 0 x 1 x
1 0 1	0 0 0	x 1 0 x x 1
1 1 0	d d d	x x x x x x
1 1 1	d d d	x x x x x x

그림 9-44 MOD-6 카운터의 상태 천이표

다음으로 상태 천이표로부터 제어입력에 관한 논리식을 구하기 위해, 제어입력 J_c, K_c, J_b, K_b 및 J_a, K_a에 대하여 K-map을 작성하여 간략화된 논리식을 구한다. 그림 9-45는 9-44의 제어입력의 간략화를 위한 K-map이다. 따라서 각플립플롭의 제어입력에 관한 논리식은 다음으로 유도된다.

$$\mathrm{FF_a}\ ;\ J_a = K_a = 1$$

$$\mathrm{FF_b}\ ;\ J_b = K_b = \overline{Q_c} \cdot Q_a \text{ 또는 } K_b = Q_a$$

$$\mathrm{FF_C}\ ;\ J_c = Q_b \cdot Q_a,\quad K_c = Q_a$$

각 플립플롭의 제어입력에 관한 논리식을 상승에지 JK 플립플롭 및 AND 게이트를 사용해서 회로를 구성하면 그림 9-46이 된다.

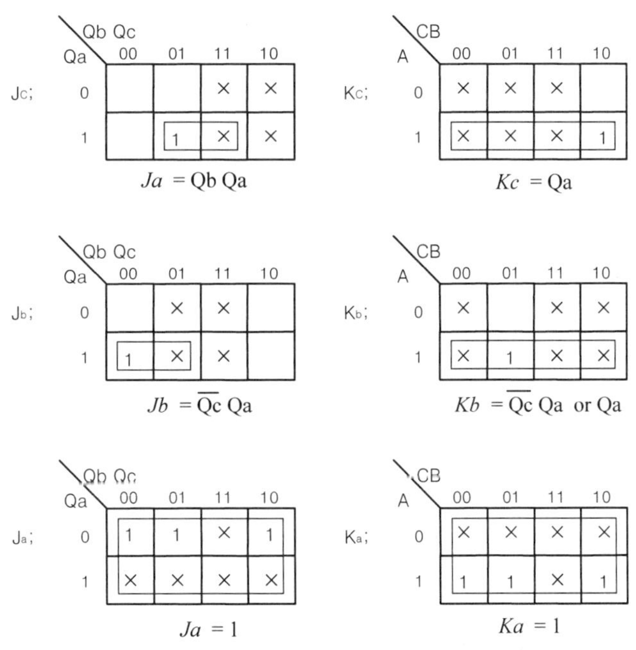

그림 9-45 제어입력의 간략화를 위한 K-map

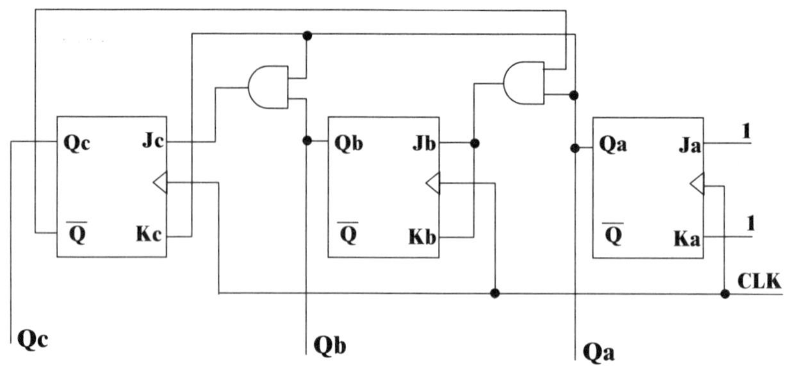

그림 9-46 JK 플립플롭에 의한 MOD-6 동기식 카운터 회로

다른 무어모델의 동기식 순서회로 설계로서 데이터 전송이나 기록을 위한 펄스 파형을 생성하는 문제를 다루어 보자. 디지털 데이터를 테이프나 디스크와 같은 자기 기록매체(magnetic recording medium)에 저장하기 위해서는 데이터 비트를 기록 매체에 적합한 파형으로 변화시키는 것이 필요하고, 이를 펄스 코딩이라 부르는 일종의 변조방법의 하나이다. 그림 9-47에 데이터 비트로부터 파형 발생을 위한 4 가지의 대표적인 코딩에 의한 펄스 파형 발생의 기법을 나타낸다. NRZ(Non-Return to Zero)는 데이터 비트의 레벨에 따라 같은 펄스의 레벨과 폭을 갖도록 하는 것으로 이를 PCM(Pulse Coded Modulation) 파형이라 한다. 즉, NRZ는 연속적으로 입력되는 2진수 데이터 비트의 시퀀스로부터 발생되는 펄스 파형이 데이터 비트의 논리 레벨과 시간 간격에 일치한다. 다음에 NRZI(Non-Return Zero Inverted) 코드는 데이터 비트가 1이면 펄스 파형의 레벨을 반전시키고, 0 이면 기존 레벨을 그대로 유지하도록 한 것이다. RZ(Return-to-Zero) 코드는 데이터 비트가 0이면 0 레벨을 그대로 유지하고, 1이면 데이터 비트 타임의 절반은 1로 하고 나머지 절반의 비트 타임 동안 0이 되도록 한 것이다. 마지막으로, 맨체스터 코드 방법은 데이터 비트 0의 신호는 비트 타임의 첫 1/2 기간 동안은 0으로 그리고 나머지 1/2의 비트 타임 동안은 1이 되도록 한다. 데이터 비트 1의 신호의 경우는 비트 타임의 첫 1/2 기간에는 1로 나머지 비트 타임동안에는 0이 되도록 한 것이다. 따라서 맨체스터 코드의 경우, 발생되는 펄스 파형이 데이터 비트 타임의 중간에서 레벨이 변화되고, 그 주파수는 데이터 비트 클럭의 2배가 된다.

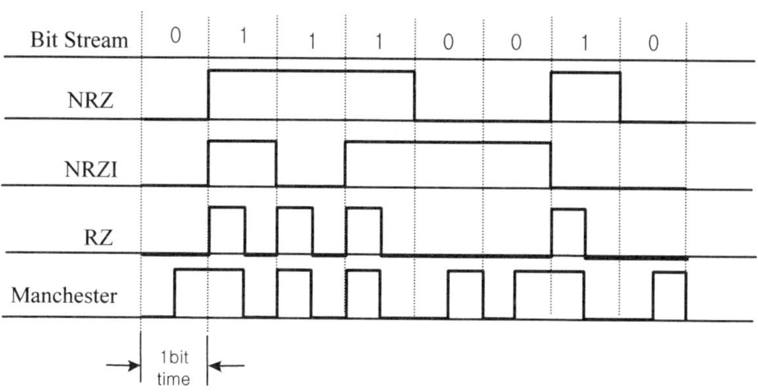

그림 9-47 데이터 비트의 자기기록을 위한 펄스 파형의 코딩

이상의 데이터 기록을 위한 펄스 발생에서 NRZ 코드 스트림을 맨체스터 코드 스트림으로 변환하는 순서회로를 구성해 보자. 그림 9-48(a)는 코드 스트림 변환을 위한 블록도이다. 데이터 비트는 D 플립플롭을 사용한 버퍼에 일시 저장되고, 버퍼에 사용되는 클럭 CLK1 보다 2배의 주파수를 갖는 클럭 CLK2를 사용해서 코드 변환을 수행하면 된다. 따라서 하나의 데이터 비트에 2개의 동일한 데이터, 즉 00나 11이 입력된다. D 플립플롭으로 코드 변환기를 설계하는 것으로 한다. 먼저, 초기 상태는 리셋 상태(S_0)라 하고, 입력 데이터X는 00과 11이 되고, Z는 각각 01과 10이 출력되어야 한다. $X=0$이면 다음상태 S_1으로 천이하고 $Z=0$을 출력한다. 다시$X=0$이 입력되므로 다음상태 S_2로 천이하면서 $Z=1$을 출력해야 한다. 이 때 중간의 상태 S_1은 $X=1$의 입력을 받을 수 없다. 다음에, 초기상태 S_0나 데이터 비트 0의 최종 상태 S_2에서 데이터 비트가 1이라고 하면, 입력 X는 두 번에 걸쳐 1이 된다. 따라서 상태 S_0에서 $X=1$이면, $Z=1$을 출력하면서 다음상태 S_3으로 천이하고, 두 번째의 $X=1$에서 $Z=0$을 출력하고 초기상태 S_0으로 되돌아가면 된다. 상태 S_2에서 데이터 비트 1이 입력되면, 첫 번째 $X=1$에서 $Z=1$을 출력하고 다음상태 S_3으로 천이하면 다음동작은 초기상태에서 시작하는 것과 동일하다. 그러므로 상태 S_3도 상태 S_1과 유사하게 $X=0$가 입력될 수는 없다. 그림 9-48(b)는 이상의 상태 천이과정을 나타낸 상태 천이도이고, 그림 9-48(c)는 상태표이다. 상태표로부터 상태 S_1과 S_3에서 천이되지 않는 다음상태는 무상관 입력조건(don't care condition)으로 취급한다.

상태 수는 더 이상 감소시킬 수 없으며, 상태 할당은 $S_0=00$, $S_1=01, S_2=10, S_3=11$로 한다. 따라서 D 플립플롭의 수는 2개가 되고, 각 상태를 Q_b, Q_a로 하고 제어입력을 D_b, D_a라 한다. 그림 9-49는 이와 같은 상태 할당에 따른 상태표이다. 한편 D 플립플롭의 다음상태는 제어입력 D와 동일함으로, 별도의 여기표는 작성하지 않아도 제어입력에 관한 논리식을 다음 상태로부터 직접 도출할 수 있다. 그림 9-50(a)와 (b)는 제어입력 D_b 및 D_a에 관한 논리식 도출을 위한 K-map이다. 이는 그림 9-49의 상태표에서 다음상태로부터 구한 K-map 이다.

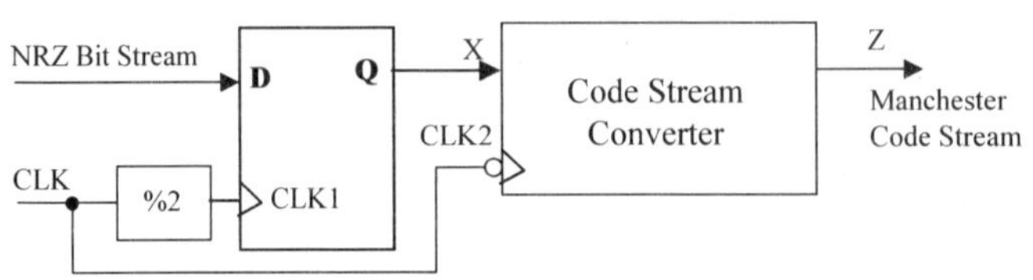

(a) 코드 스트림 변환을 위한 블록도

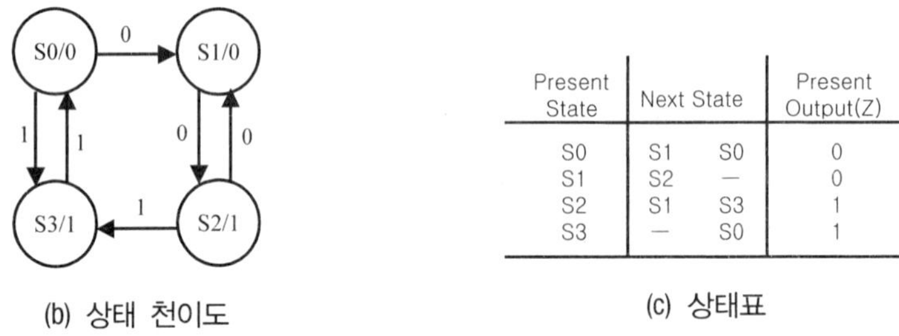

Present State	Next State		Present Output(Z)
S0	S1	S0	0
S1	S2	—	0
S2	S1	S3	1
S3	—	S0	1

(b) 상태 천이도

(c) 상태표

그림 9-48 NRZ 코드의 맨체스터 코드로의 변환을 위한 블록도 및 상태 천이도

Present state Qb Qa	Next state(Qb Qa) X=0 X=1	Output (Z)
0 0	0 1 1 1	0
0 1	1 0 x x	0
1 0	0 1 1 1	1
1 1	x x 0 0	1

그림 9-49 상태 할당에 의한 상태표

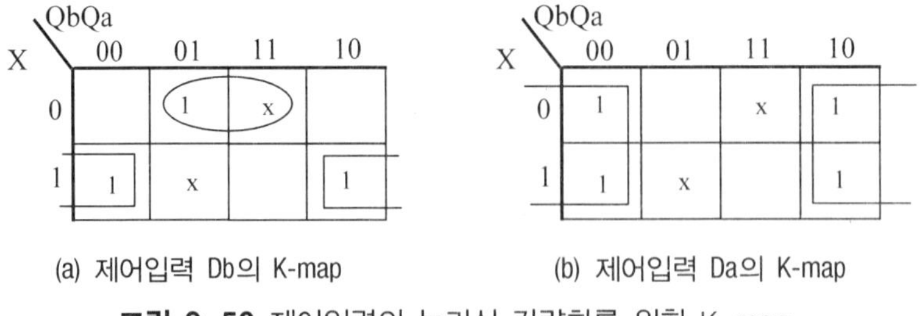

(a) 제어입력 Db의 K-map

(b) 제어입력 Da의 K-map

그림 9-50 제어입력의 논리식 간략화를 위한 K-map

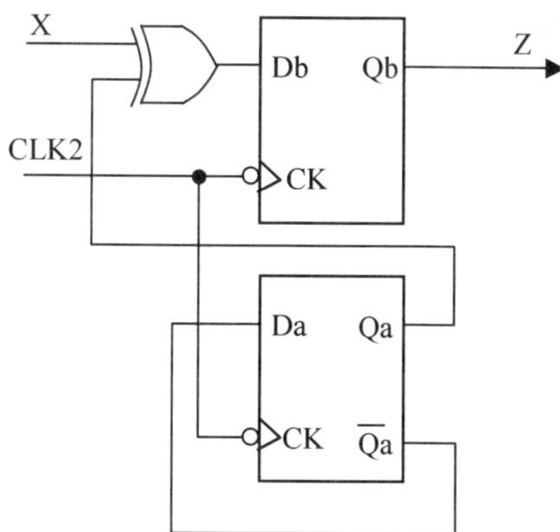

그림 9-51 NRZ 코드로부터 맨체스터 코드로의 변환을 위한 동기식 순서회로

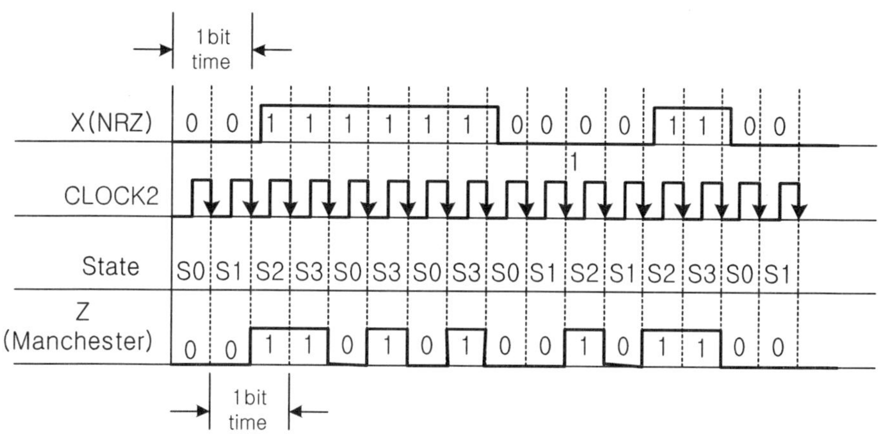

그림 9-52 코드 변환기의 타이밍도

그림 9-50의 K-map으로부터 제어입력에 관한 논리식은 각각

$$D_b = X \oplus Q_a, \quad D_a = \overline{Q_a}$$

가 되고, 이를 구성하면 그림 9-51의 논리회로가 된다.

이상으로 설계된 순서회로는 그림 9-52와 같은 타이밍도로 그 동작을 확인할 수 있다. 맨체스터 출력 Z가 NRZ 코드 입력에 한 클럭 동안 지연되어 나타나는 것을 볼 수 있다. 이는 무어회로가 클럭의 활성 에지까지 입력에 응답할 수 없어 발생하는 것으로, 무어모델 회로의 특징이다. 출력이 입력 변화에 따라 모든 입력 클럭에서 동작하는 밀리 회로와 다른 점의 하나이다.

9-5-2 밀리회로의 설계

일반적인 밀리모델의 동기식 순서회로를 설계하는 방법도 구체적인 예를 들어 설명한다. 먼저, 주어진 상태표로부터 회로를 설계하는 문제를 다루어 보자. 표 9-2로 주어진 상태표와 같이 동작하는 순서회로를 D 플립플롭을 사용해서 설계하는 것으로 한다. 상태표로부터 입력(X)과 출력(Y)은 각각 하나이고, 상태변수의 수는 A, B로 2개이다, 따라서, 상태 수는 4개가 되고, 각 상태가 2진 코드 값으로 주어져 있으므로 별도의 상태 심볼을 사용할 필요는 없다. 이와 같은, 상태표로부터 상태 천이도를 나타낸 것이 그림 9-53이다.

표 9-3 밀리회로의 설계를 위한 상태표

현재상태		입력(클럭)	다음상태		출력
A	B	X	A	B	Y
0	0	0	0	0	0
0	0	1	0	1	1
0	1	0	1	0	0
0	1	1	0	1	0
1	0	0	1	0	0
1	0	1	1	1	1
1	1	0	1	1	0
1	1	1	0	0	0

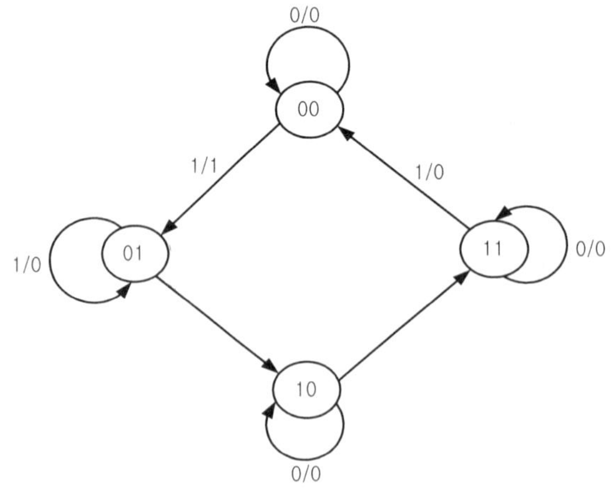

그림 9-53 표 9-2의 상태표에 대한 상태 천이도

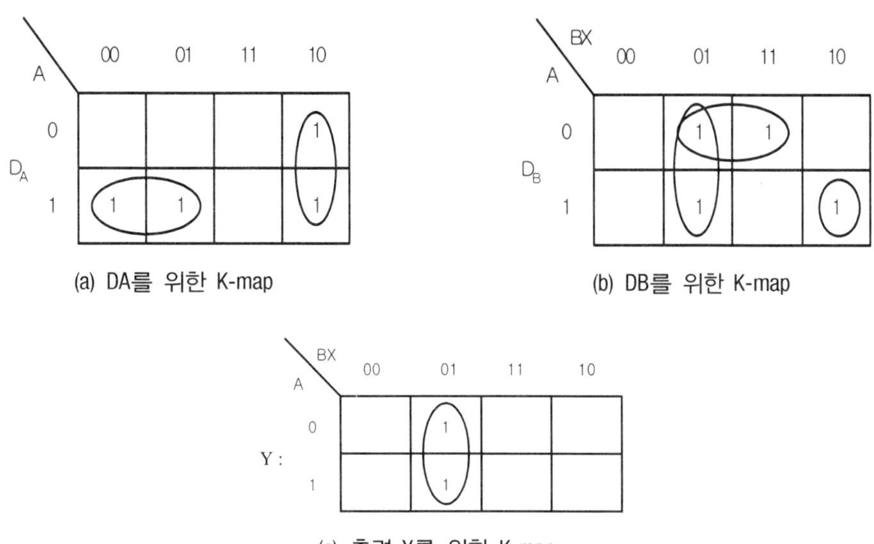

(a) DA를 위한 K-map

(b) DB를 위한 K-map

(c) 출력 Y를 위한 K-map

그림 9-54 제어입력 및 출력의 논리식을 위한 K-map

회로구성에 사용할 플립플롭이 D 플립플롭이므로 9.5.1절 매체스트 코드 스트림으로의 변환을 위한 회로 설계에서 설명한 바와 같이 여기입력을 위한 별도의 상태 천이표가 필요하지 않다. 즉, 제어입력 D_A 및 D_B에 관한 논리식은 다음상태의 상태값으로부터 직접 유도할 수 있다. 즉, 표 9-2의 상태표로부터 제어입력과 출력 Y에 관한 간략화된 논리식 도출을 위한 K-map은 9-54와 같다.

K-map으로부터 간략화된 논리식을 구하면

$$D_A = A\overline{B} + B\overline{X}$$

$$D_B = \overline{A}X + \overline{B}X + AB\overline{X}$$

$$Y = \overline{B}X$$

이 된다. 그림 9-55는 이상의 논리함수식을 구현한 순서회로이다.

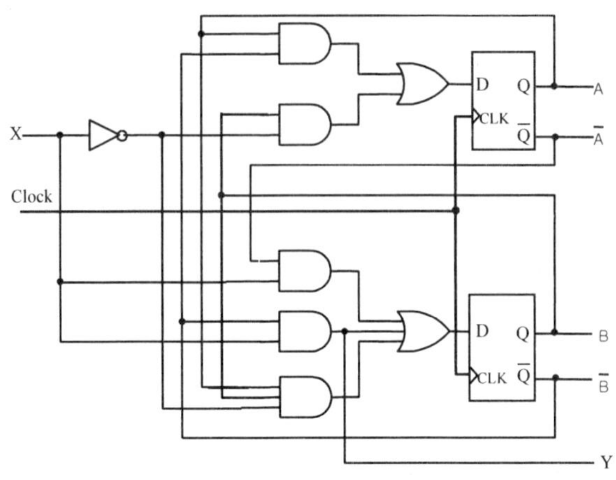

그림 9-55 설계된 밀리 순서회로의 구성

밀리모델의 순서회로 설계를 위한 다음 예제로 BCD 코드를 Excess-3 코드로 변환하는 코드 변환기를 설계해 보자. Excess-3 코드는 2.4절의 표 2-4에서 나타낸 바와 같이 하나의 4비트 BCD 코드에 0011을 더한 것으로, 표 9-3에 이들의 관계를 다시 나타낸다. 회로의 구성에서, 4비트 BCD코드 입력 $X(x_3, x_2, x_1, x_0)$ 로부터 Excess-3 코드의 출력 Z (Z_3, Z_2, Z_1, Z_0) 는 먼저 LSB의 입력 x_0가 입력되면 즉시 Z_0가 출력되고, 마지막으로 MSB x_3의 입력에 따라 Z_3가 결정되어 출력되어야 한다. 4비트가 입력되면 다음 4비트의 변환을 위해 회로는 초기 상태로 되돌아가야 한다.

표 9-4 BCD 코드와 Excess-3 코드의 대응표

X 입력 (BCD 코드)				Z 출력 (excess-3 코드)			
X3	**X2**	**X1**	**X0**	**Z3**	**Z2**	**Z1**	**Z0**
0	0	0	0	0	0	1	1
0	0	0	1	0	1	0	0
0	0	1	0	0	1	0	1
0	0	1	1	0	1	1	0
0	1	0	0	0	1	1	1
0	1	0	1	1	0	0	0
0	1	1	0	1	0	0	1
0	1	1	1	1	0	1	0
1	0	0	0	1	0	1	1
1	0	0	1	1	1	0	0

표 9-3에서 시간 t_0에서 입력이 $x_0 = 0$인 경우, 출력 Z_0는 항상 $Z_0 = 1$이고, 반대로 $x_0 = 1$인 경우 출력은 항상 $Z_0 = 0$이 되는 것을 볼 수 있다. 다음 클럭의 시간 t_1에서 출력 Z_1의 값은 다음과 같이 결정된다.

$$x_1 x_0 = 00 \ : Z_1 = 1, \quad x_1 x_0 = 10: \ Z_1 = 0$$

$$x_1 x_0 = 01 \ : Z_1 = 0, \quad x_1 x_0 = 11: \ Z_1 = 1$$

이상의 관계를 3번째 및 4번째 비트의 입력에 대한 출력도 조사해서 코드 변환기의 회로 구성을 위한 상태표를 도출해 보자. 전술한 바와 같이 Excess-3 코드는 BCD 코드에 0011을 더한 값이다. 따라서 시각 t_0 시점에서 LSB에 1을 더했을 때 $x_0 = 0$이면 캐리가 발생되지 않으면서 $Z_0 = 1$이고, $x_0 = 1$이면 캐리가 발생되면서 출력 $Z_0 = 0$이다. 이를 상태 그래프의 형태로 나타내면 그림 9-56이 된다.

S_0는 초기상태로서 리셋상태이고, $x_0 = 0$이면 캐리가 없는 S_1 상태로 천이하고, $x_0 = 1$이면 캐리가 발생하는 S_2 상태로 천이한다. 이 후 다음 클럭의 모든 시점에서 BCD 코드

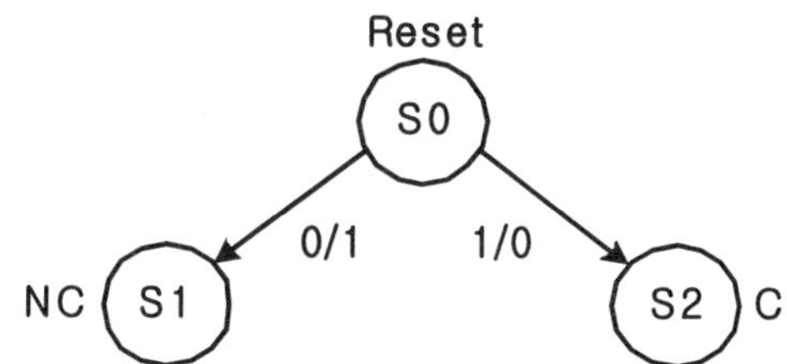

그림 9-56 초기상태에서 입력에 따른 상태 그래프

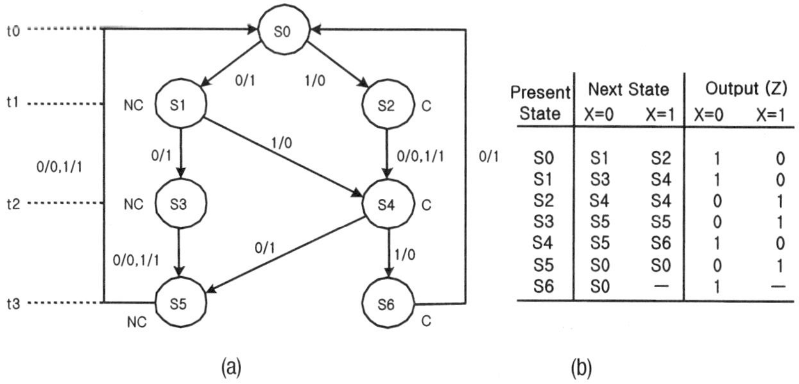

Present State	Next State X=0	Next State X=1	Output (Z) X=0	Output (Z) X=1
S0	S1	S2	1	0
S1	S3	S4	1	0
S2	S4	S4	0	1
S3	S5	S5	0	1
S4	S5	S6	1	0
S5	S0	S0	0	1
S6	S0	—	1	—

그림 9-57 Excess-3 코드 변환을 위한 (a) 상태 천이도와 (b) 상태표

비트x_1, x_2, x_3의 입력에 따라, 그림 9-56의 상태 그래프는 그림 9-57(a)와 같은 4비트 BCD 입력에 대한 Excess-3 코드의 출력을 위한 상태 천이도가 얻어진다.

시각 t_1시점에서는 입력 x_0 및 x_1에 따라 상태 S_1과 S_2에서 시작한다. 상태 S_1에서 $x_1 = 0$이면 캐리가 발생하지 않고, $Z_1 = 1$이 출력되고 다음상태 S_3으로 천이하면 된다. 반대로, $x_1 = 1$이면 캐리가 발생하고 출력 $Z_1 = 0$가 되면서 S_3과는 다른 캐리를 발생하는 다음상태 S_4로 천이한다. 상태 S_2에서는 0011을 더하는 것과 같으므로 입력 x_1에 상관없이 상태 S_2에서 발생된 캐리에 따라 캐리가 발생하는 상태 S_4로 천이하게 되고, 입출력은 $x_0 = 0 : Z_1 = 0, x_1 = 1 : Z_1 = 1$이다. 이상의 과정을 클럭 t_2 및 t_3의 시점에 적용하면 그림 9-57(a)의 상태 천이도가 얻어지는 것을 알 수 있다. 시각 t_3 시점 이후에는 다음 4비트의 변환을 위해 초기상태로 되돌아간다. 그림 9-57(a)의 상태 천이도로부터 그림 9-57(b)의 상태표가 구해진다.

그림 9-57의 상태 천이도와 상태표로부터 최소 비용의 회로를 설계하기 위해서는 여분의 상태를 감소시켜야 하고, 상태 감소된 각 상태에 최적의 상태 할당을 수행해야 한다. 그림 9-57(b)의 상태표에서 9.4.1절의에서 기술한 상태 감소의 과정을 수행해도 더 이상 상태가 감소되지 않는 것을 확인할 수 있다.

다음에 9.4.2절에서 논의한 상태 할당의 방법으로 그림 9-57(b)의 각 상태에 고유의 2진 코드를 할당해보자. 상태 할당의 규칙 1에 따라 인접하게 배치되어야 하는 상태는 다음과 같다.

$$(S_3, S_4),\ (S_5, S_6), (S_1, S_2)$$

상태 할당 규칙 2에 따라 인접하게 배치되어 하는 상태들은 규칙 1과 동일하다는 것을 알 수 있다. 즉, S_1과 S_2는 S_0의 다음상태이고, S_3과 S_4는 S_1의 다음상태이고 마지막으로 S_5와 S_6은 S_4의 다음상태이다.

상태 할당 규칙 3에 따라 인접하게 배치되어야 하는 상태들은 다음으로 주어진다.

$$(S_0, S_1, S_4, S_6),\ (S_2, S_3, S_5)$$

이상의 규칙에 따라 상태에 고유의 코드를 할당하기 위해, 회로에 사용될 플립플롭의 개수와 각 플립플롭의 상태변수를 정의한다. 전체 상태 수가 7개 이므로 플립플롭의 개수 는 3개, 이들의 상태변수를 Q_A, Q_B, Q_C라 한다. 그림 9-58(a)는 이상의 배치 규칙에 따라 각 상태를 K-map 상에 배열한 것이다. 따라서 상태의 할당은

Q_A \ Q_BQ_C	00	01	11	10
0	S0		S5	S6
1	S1	S2	S3	S4

(a)

Present state $Q_A\,Q_B\,Q_C$	Next state($Q_A\,Q_B\,Q_C$) x=0	x=1	Output (z) x=0	x=1
0 0 0	1 0 0	1 0 1	1	0
1 0 0	1 1 1	1 1 0	1	0
1 0 1	1 1 0	1 1 0	0	1
1 1 1	0 1 1	0 1 1	0	1
1 1 0	0 1 1	0 1 0	1	0
0 1 1	0 0 0	0 0 0	0	1
0 1 0	0 0 0	x x x	1	x
0 0 1	x x x	x x x	x	x

(b)

그림 9-58 Excess-3 코드로의 변환을 위한 (a) 상태 할당 및 (b) 상태표

$$S_0 = 000,\ S_1 = 100, S_2 = 101, S_3 = 111$$

$$S_4 = 110,\ S_5 = 011, S_6 = 010$$

이 되고, 그림 9-58(b)는 이 상태 할당에 따라 각 상태에 코드를 부여해서 그림 9-57(b)의 상태표를 다시 나타낸 상태표이다.

플립플롭으로 JK 플립플롭을 사용해서 이상의 코드 변환을 위한 순서회로를 설계한다. 이를 위해서는 각 JK 플립플롭의 제어입력 ($J_A, K_A, J_B, K_B, J_C, K_C$)에 대한 여기입력의 논리식과 출력 Z에 대한 논리식을 구하는 것이 필요하다. 먼저, 여기입력에 대한 논리식을 구하기 위해 그림 9-43(b)의 JK 플립플롭에 대한 여기표를 사용해서, 각 플립플롭에서의 현재상태와 다음상태로부터 여기입력의 표를 구해서 나타낸 것이 표 9-4이다.

표 9-5 여기입력의 논리식을 위한 제어입력의 변환표

Excitation input(J_A K_A) x=0	x=1	Excitation Input (J_B K_B) x=0	x=1	Excitation Input (J_C K_C) x=0	x=1
1 x	1 x	0 x	0 x	0 x	1 x
x 0	x 0	1 x	1 x	1 x	0 x
x 0	x 0	1 x	1 x	x 1	x 1
x 1	x 1	x 0	x 0	x 0	x 0
x 1	x 1	x 0	x 0	1 x	0 x
0 x	0 x	x 1	x 1	x 1	x 1
0 x	x x	x 1	x x	0 x	x x
x x	x x	x x	x x	x x	x x

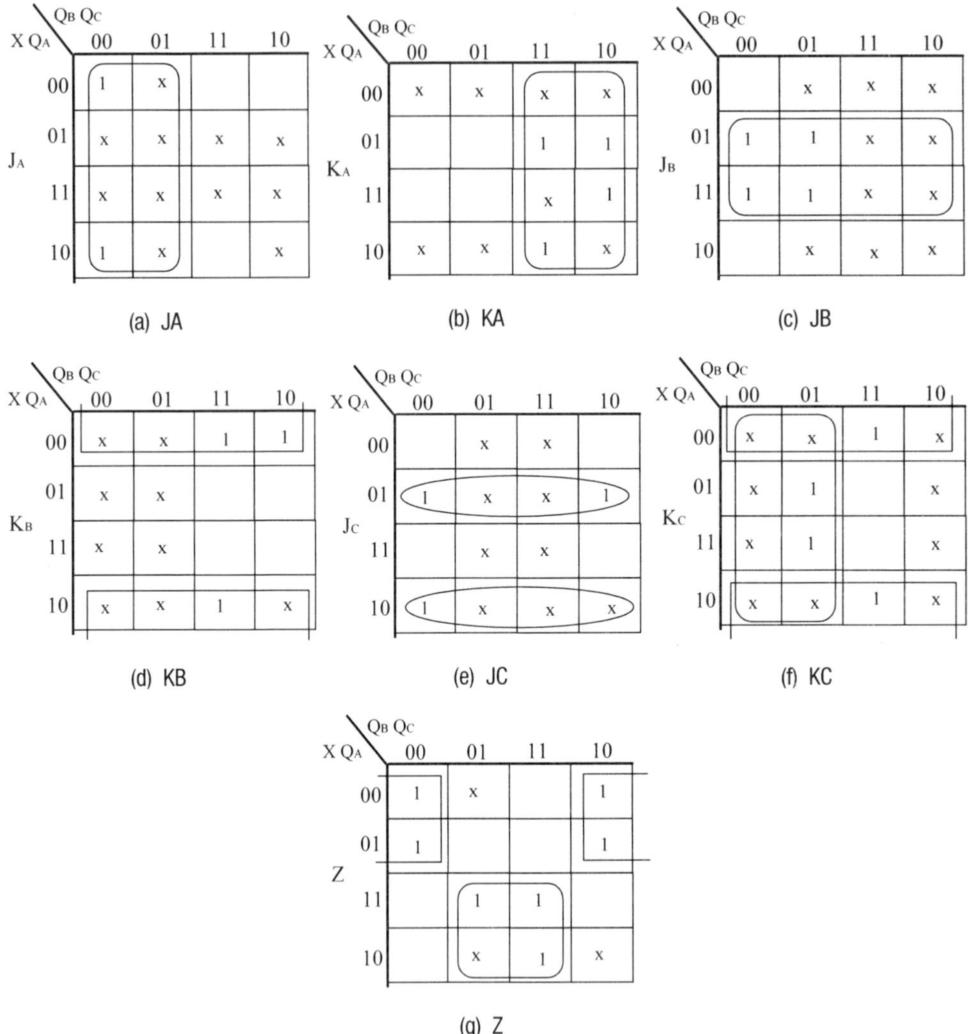

그림 9-59 제어입력 및 출력 Z의 간략화를 위한 K-map

이 표로부터 각 플립플롭의 제어입력을 K-map 상에 나타내 것이 그림 9-59이다. 따라서, 제어입력에 관한 논리식은 다음과 같다.

$$J_A = \overline{Q_B},\ K_A = Q_B$$

$$J_B = Q_A,\ K_B = \overline{Q_A}$$

$$J_C = \overline{X} \cdot Q_A + X \cdot \overline{Q_A} = X \oplus Q_A,\ K_C = \overline{Q_A} + \overline{Q_B}$$

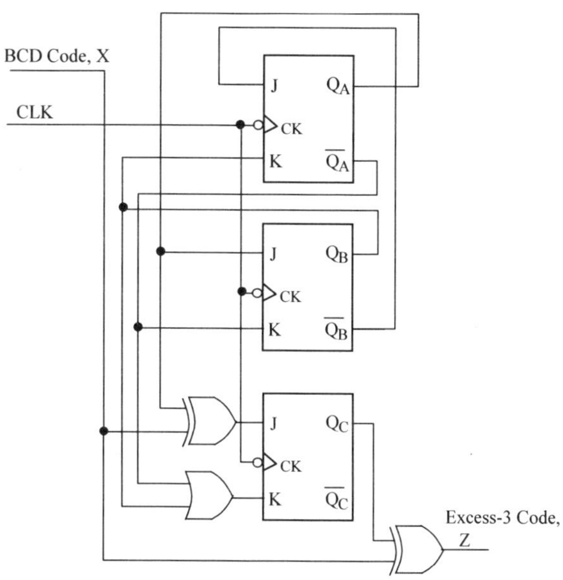

그림 9-60 BCD 코드의 입력 X에서 Excess-3 코드 출력 Z를 얻기 위한 순서회로

또한, 출력에 관한 그림 9-59(g)의 K-map으로부터 출력 Z는

$$Z = X \cdot Q_C + \overline{X} \cdot \overline{Q_C} = X \odot Q_C$$

의 논리식으로 주어진다.

그림 9-60은 이상의 제어입력과 출력에 관한 논리식을 JK 플립플롭과 게이트를 사용해서 구성한 회로이다.

9-6 | 해저드와 순서회로

일반적인 논리회로에서 입력신호의 변화에 순간적으로 반응해서 출력신호가 얻어지지 않고, 각종 게이트의 지연시간이나 배선의 길이에 따라 일정한 지연시간 후에 출력이 얻어진다. 이와 같은 지연시간이 전반지연시간(propagation delay time)으로 정의된다. 게이트의 전송지연은 유사한 게이트 지연의 함수로 생각할 수 있으나, 게이트의 종류나 메이커에 따라 지연시간의 크기에 상당히 큰 편차를 갖고 있다. 신호의 변화는 한 번에 서로 다른 경로를 통해 전파될 수 있으며, 서로 다른 시간과 방향에서 다양한 영향을 미칠 수 있다. 또한, 다수의 신호가 동시에 변화되는 것을 보증할 수 없으며, 변화의 동시성을 유지하는 것은 매우 어렵다. 따라서 어떤 한정된 범위 안에서 신호의 변화시간이 존재하는 것으로 가정하고 회로를 설계하지 않으면 안 된다.

지연시간을 고려하지 않고 회로를 임의로 설계하면, 회로는 타이밍 문제로 인해 정확한 동작을 하지 않을 수도 있다. 또한, 타이밍 문제는 불확실한 지연을 발생시키고 일시적 또는 과도적인 신호 펄스를 발생시키기도 한다. 회로구조나 배선에 기인해 발생하는 신호레벨의 전송지연이나 게이트들의 전반지연시간의 차이에 의해 발생하는 일시적인 펄스 파형을 해저드(hazards)라 하고, 기생(spurious) 펄스나 잡음신호, 글리치(glitches) 등을 총칭한다. 이와 같은 해저드는 크게 정적 해저드(static hazard)와 동적 해저드(dynamic hazard)로 구분된다.

9-6-1 정적 해저드

논리회로에서 불확실한 지연은 일시적 혹은 과도적인 신호 펄스를 발생시킬 수 있다. 따라서, 입력 신호레벨이 변화될 때, 출력신호가 일정한 논리 레벨(Logic-0, Logic-1)을 유지하지 못하고 일시적으로 다른 논리 레벨의 값을 갖는 것을 정적 해저드(static hazard)라 한다. 그림 9-61은 정적 해저드의 파형을 나타낸 것으로, 신호레벨에 따라 static-1 해저드(그림 9-61(a))와 static-0 해저드(그림 9-61(b))가 있다.

그림 9-62(a)의 K-map으로 주어진 논리회로를 이용해서 정적 해저드의 발생과정을 조사해 보자. 주어진 K-map으로부터, 4장에서 논의한 것처럼 최소 비용의 논리회로를 구성하기 위해서는 핵심 주 임플리컨트(EPI)의 그룹인 xy와 $\overline{y}\ w$의 논리합으로 출력 z의 논리식이 구성된다.

$$z = x\,y + \overline{y}\ w$$

따라서 논리회로는 그림 9-62(b)의 구성으로 주어진다. 그림 9-62(c)의 파형으로 나타낸 것처럼 입력 w, x, y에 대한 신호레벨로 w와 x 는 HIGH 상태를 유지하고, 신호 y 가 HIGH에서 LOW로 천이한다. 모든 게이트의 전반지연시간이 0이라고 하면, 출력 z 는 $z = 1$의 논리레벨을 유지하게 될 것이다. 그러나 두 AND 게이트의 전반지연시간이 t_1으로 동일한 경우에도 NOT 게이트의 전반지연시간 t_0의 영향으로 OR 게이트 입력인 두 신호 간에 t_0 시간만큼 시간차가 존재하게 되고, 이로 인해 출력 z 가 전 시간에 걸쳐 $z = 1$의 논리 레벨을 유지하지 못하고, t_0에 해당되는 펄스폭만큼 $z = 0$의 논리 레벨이 출력된다. 결국, 출력 z 의 파형에서 게이트의 지연시간의 차이로 인해 static-1 해저드가 발생하는 것을 볼 수 있다.

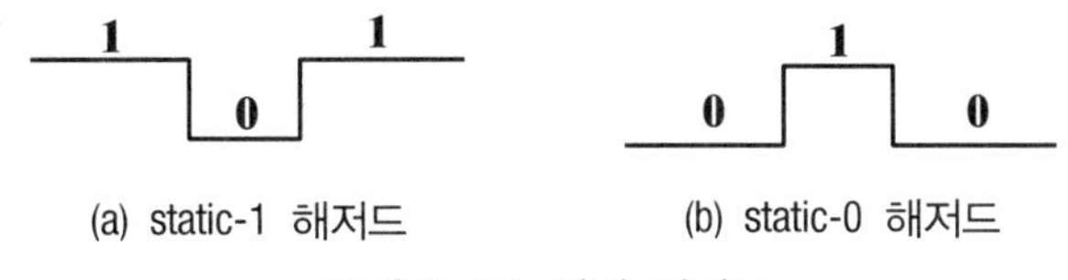

(a) static-1 해저드 (b) static-0 해저드

그림 9-61 정적 해저드

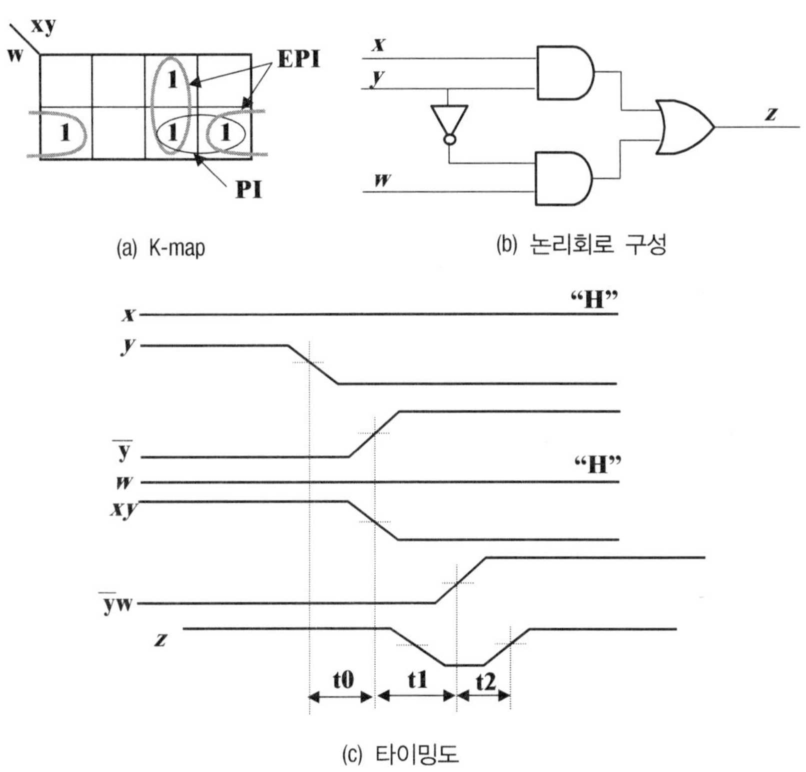

(a) K-map (b) 논리회로 구성

(c) 타이밍도

그림 9-62 Static-1 해저드 발생의 원인

해저드 발생의 공통 원인은 하나의 논리회로 내에서 임의의 두 단자 사이에 서로 다른 지연시간을 갖는 두 개 이상의 신호경로가 존재하기 때문이다. 모든 게이트의 지연시간이 비슷한 경우에도 각각의 경로들이 서로 다른 수의 게이트를 통과하는 신호는 지연시간의 양이 서로 다르게 된다. 그림 9-63은 이를 나타낸 회로의 예이다. 외부입력 $x_2(t)$는 1에서 0으로 변하고 다른 외부입력 $x_1(t), x_3(t)$ 와 $x_4(t)$는 각각 1, 1 그리고 0이 입력된다. $x_2(t)$에서 OR 게이트 G_5의 출력까지 2개의 경로가 있는데, 하나는 3개의 게이트(G_1, G_3, G_5)을 포함하고 다른 하나는 2개의 게이트(G_4, G_5)을 포함한다. 그림 9-62(b)와 같이 경로에 존재

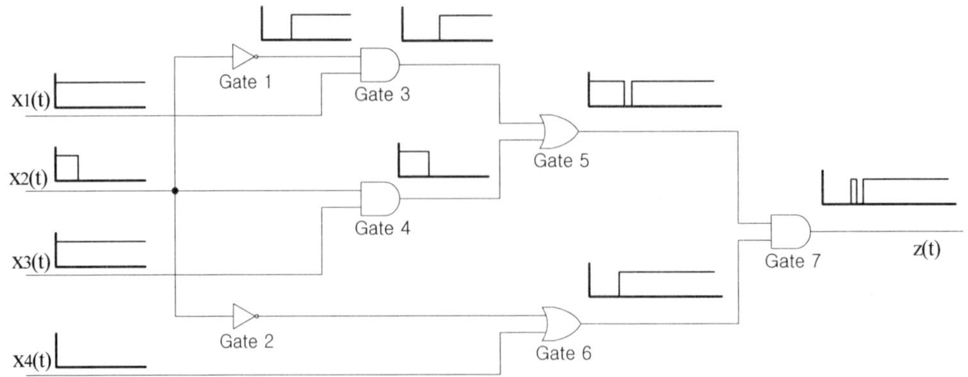

그림 9-63 해저드 발생을 나타내는 조합회로의 예

하는 인버터 G_1 으로 인해, AND 게이트 G_3와 G_4의 출력 신호가 조금 다른 시간에 변화되고, 이 때문에 OR 게이트 G_5의 출력에 정적 해저드인 글리치가 발생한다.

정적 해저드는 일반적으로 폭이 좁은 펄스이므로 종종 게이트의 관성특성이나 회로구성을 변경함으로서 제거할 수 있다. 예를 들어, 그림 9-62(a)의 K-map에서 출력 z의 논리식으로 EPI 항만으로 구성된 최소 비용의 논리함수가 아니라, 여분의 항인 핵심 임플리커트(PI) 그룹에 의한 $w\,x$ 를 포함시키면 글리치가 발생되지 않는 것을 확인할 수 있다. 이와 같이 일시적인 해저드는 K-map에서 두 개의 인접한 minterm이 하나의 독립된 항으로 취급되지 않을 때 발생하고, 이는 인접한 minterm의 쌍을 갖는 PI 항들을 최종 논리식에 포함시키면 제거된다. 또한, AND 또는 NAND 게이트의 한쪽 입력에 인가한 0레벨의 펄스는 다른 입력에서 발생하는 글리치를 막을 수 있으며, 또 OR 및 NOR 게이트의 한쪽 입력에 인가한 1레벨의 펄스는 다른 입력을 통해 발생하는 글리치의 전파를 막는다. 뿐만 아니라, 에지 트리거의 플립플롭을 사용하면, 클럭의 중간에 발생하는 글리치의 영향은 전부 제거할 수도 있다.

9-6-2 동적 해저드

정적 해저드 등에 의해 최종 출력의 신호레벨이 회로의 논리식과 무관하게 2번 이상 변화되는 현상을 동적 해저드(dynamic hazard)라 한다. Factoring이나 분할기법의 사용으로 얻어진 다중레벨의 논리회로에서 주로 많이 발생하는 것으로, 해저드의 발견과 처리가 간단치 않다. 그림 9-63의 회로에서 동적 해저드는 게이트 6의 출력신호가 0에서 1로 변한 후에 게이트 5의 출력에서 야기되는 짧은 폭의 글리치로 인해 발생한다. 게이트 7의 출력은 게이트 6에 의하여 출력을 0에서 1로 바꾸지만 게이트 5로부터의 글리치가 출력을 일시적으로 0

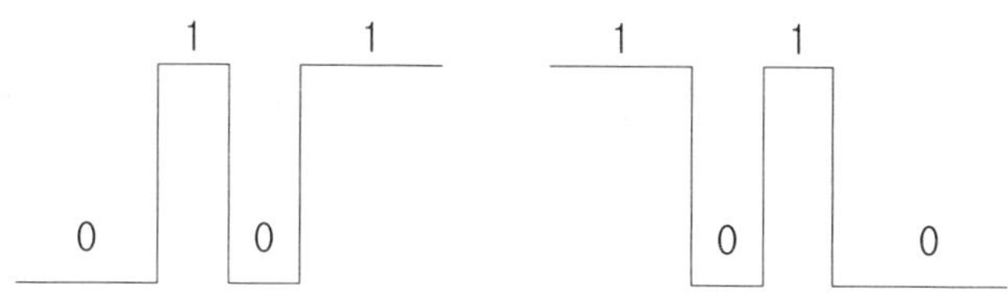

그림 9-64 동적 해저드의 유형

레벨이 되도록 한다. 그러므로 출력이 한번에 0에서 1로 변하는 대신에 출력은 0에서 1로 다시 0으로 또 1로 여러 번 변하게 된다. 또 게이트 7의 관성 지연이 게이트 5로부터 들어오는 0 펄스를 무시할 수 있으면 회로의 출력에 글리치가 나타나지 않는다. 만약 글리치가 발생하면 이는 오류를 갖는 출력 신호가 발생되는 것이다. 이와 같은 문제는 회로의 실질적인 지연과 정확한 신호 변화의 시간에 의해 결정된다. 그림 9-64는 이상과 같은 동적 해저드의 유형을 나타낸 것이다.

9-6-3 해저드의 제거

일반적으로 논리 회로에서 생성되는 해저드나 글리치의 명확한 해석과 제거는 매우 어렵다. 이는 전송 지연에 존재하는 고유의 불확실한 지연과 지연시간이 일정한 지연들에 의한 경우의 수가 너무 많이 존재하기 때문이다. 그러나 제한된 조건에서 동작하는 작은 회로에 대해서는 해저드의 해석을 하는 것이 가능하다.

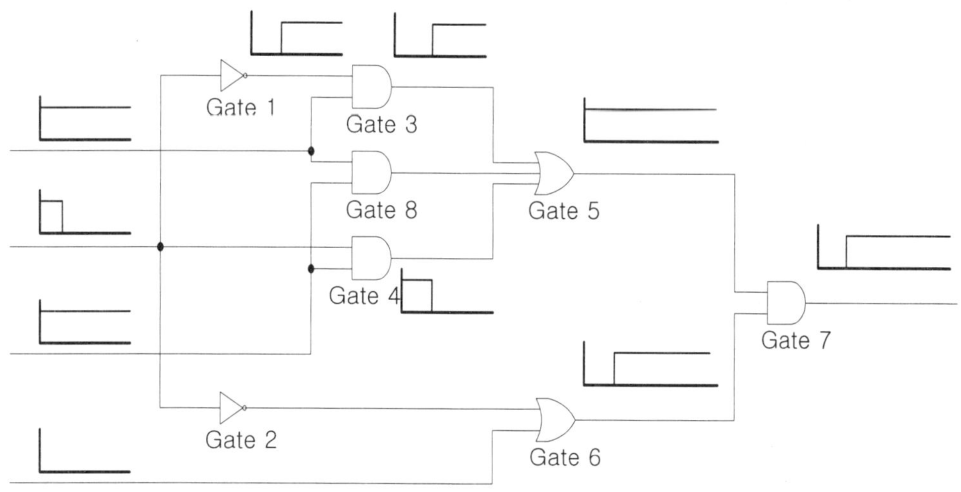

그림 9-65 해저드가 없는 조합회로

해저드를 야기시키는 글리치를 제거하는 한 가지 방법은 동시에 다수의 입력이 변화되는 것을 피하는 것이다. 그러나 이 경우에도 그림 9-63에서처럼 단일 입력 변화에 의해 글리치가 발생하는 경우에는 해저드의 완전 제거는 불가능하다. 글리치를 제거하는 또 다른 방법은 여분의 게이트로 지연을 삽입하여 글리치 발생 신호를 지연시키는 것이다. 예를 들면 적당한 크기의 게이트 지연을 그림 9-65처럼 게이트 4의 경로에 넣어주고 1에서 0으로의 천이를 충분히 늦게 하면 그것으로 게이트 5의 출력 신호에서의 글리치와 게이트 7에서의 출력 신호의 글리치를 제거할 수 있다. 그러나 이와 같은 임시적인 해결책은 게이트 3과 4의 출력 신호 천이가 변경되면 해결되지 않음으로 게이트 3의 출력 신호를 게이트 4의 출력 신호에 비례해서 늦춰야만 한다.

또 다른 해결 방법은, 9.6.1절에서 기술한 정적 해저드의 제거와 같이 인접한 여분 PI 항을 추가하는 것으로, 이는 그림 9-65에서 새롭게 추가된 게이트 8의 AND 게이트가 이 역할을 수행한다. 이 게이트의 입력은 x_1과 x_3이고 출력은 5번 게이트의 새로운 입력으로 사용한다. 이는 게이트 5의 논리함수가 $y = x_1x_2 + x_2x_3$에서 $y = x_1x_2 + x_2x_3 + x_1x_3$으로 변화하는데 이 두 식은 등가이다. 그림 9-65에서 나타난 입력 파형에 대해선, $x_1x_3 = 1$이므로 게이트 8의 출력은 게이트 5의 다른 두 입력들에 발생하는 변화들과 무관하게 게이트 5의 출력 y를 1로 유지시킨다. 따라서 게이트 8을 추가함으로서 정적 및 동적 글리치가 제거되는 것을 알 수 있다.

동기식 순서회로에서 해저드 문제는 입력 클럭의 펄스폭이나 트리거 시점을 조절함으로서 간단하게 해결할 수 있다. 즉, 글리치가 발생되는 출력에 그림 9-9와 같이 적당한 플립플롭을 사용하면 글리치가 제거된 출력을 얻을 수 있다. 그러므로 해저드의 문제는 주로 조합 논리회로만으로 구성되는 회로나, 비동기식 순서회로의 최종 출력에 영향을 미친다. 이로 인해 다음절에서 논의하게 될 비동기식 순서회로의 설계 시에는 해저드가 발생하지 않도록 적절한 조처를 강구하는 것이 필요하다.

9-7 | 비동기 순서회로

지금까지 동기식 순서회로의 동작을 분석하거나, 주어진 입출력 특성을 만족하는 회로를 설계하는 문제를 다루어 왔다. 이와 같은 동기식 회로는 외부의 입력 클럭에 동기되어 상태 및 출력이 변화되었다. 이에 반해, 비동기식 순서회로는 상태 변화를 위해 동기화 클럭을 사용하지 않고, 상태변화는 회로 고유의 지연시간에 의해 이루어진다. 따라서 회로내 모든 게이트의 정확한 지연시간을 예측하는 것이 어렵고, 원하지 않는 상태변화가 발생하지 않도록 회로를 설계하는 것이 간단하지 않다. 그러나 동기식 회로에서는 동기화 클럭의 주기가 플립플롭의 제어입력이나 회로의 출력을 위한 조합논리회로나 플립플롭 등의 내부 지연시간보다 길어야 한다. 이로 인해 회로의 최대 동작 속도가 회로 내부의 지연시간에 의해 제한된다. 반면에, 비동기 회로는 이와 같은 제한이 없어 처리속도가 빠른 회로구성이 가능하다.

동기식 회로의 구성에서는 클럭에 동기되어 동작하도록 하기 위해 메모리를 구성하는 기본소자로 에지 트리거 또는 마스터/슬레이브의 플립플롭을 사용했다. 그러나 비동기 회로에서는 시스템 클럭과 같은 동기화 클럭이 없으므로, 메모리 소자로 플립플롭 대신 래치를 사용한다. 따라서 비동기 순서회로는 내부의 상태변화가 외부입력의 변화에 직접 반응하고 모든 메모리 소자들의 상태는 각각 다른 시간에 변화될 수 있다. 대부분의 비동기회로는 기억소자의 역할을 수행하기 위하여 게이트의 경로지연(path delay)과 피드백 구조를 사용한다. 따라서 입력신호의 변화가 독립적으로 회로에 입력되고 복잡한 내부 작용이 일어나 많은 글리치를 발생할 가능성이 높아, 주의해서 회로를 설계하지 않으면 안 된다.

9-7-1 비동기 회로 모드

그림 9-66은 비동기 순서회로 또는 FSM(유한 상태 머신)의 회로 모델을 나타낸 것이다. 동기식 FSM과 마찬가지로 회로 모델은 입력 x가 출력 z에 미치는 영향에 따라 무어머신과 밀리머신으로 구분할 수 있다. 다만, 전술한 바와 같이 비동기 FSM에서는 메모리 소자가 클럭을 사용하는 플립플롭 대신 레벨 트리거의 래치나 게이트 등의 지연성분으로 대체되고, 이 지연성분이 상태변수가 된다. 이 때, 메모리 입력으로 사용되는 신호 Y를 다음상태라 하고, 메모리 출력 y를 현재상태 또는 2차 상태(secondary state)라 한다. 또한, 비동기 FSM의 안정적인 동작을 보장하기 위해, 입력 x는 회로가 안정상태에서 한 번에 하나씩 변화되어야 하는 것이 추가된다. 2개 이상의 입력이 동시에 변화되는 경우, 회로의 다양한 지연시간의 존재로 인해, 회로의 출력에 예상할 수 없는 해저드의 발생을 방지할 수 없기 때문이다.

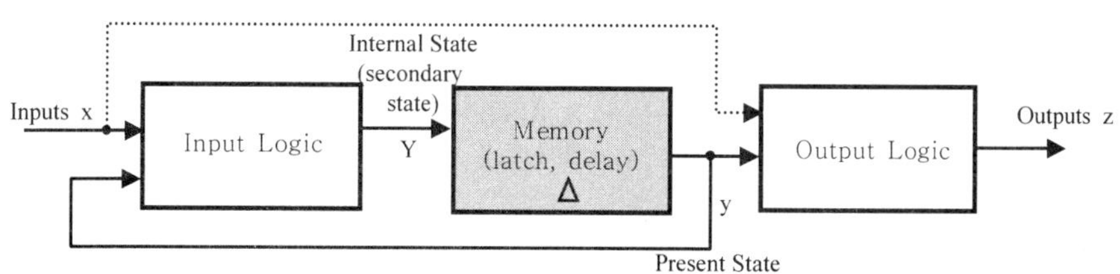

그림 9-66 비동기 FSM의 회로 모델

비동기 순서회로는 입력변수를 어떻게 취급하는가에 따라 기본모드(fundamental mode)와 펄스모드(pulse mode)로 나누어진다. 기본모드의 비동기 회로에서는 입력신호의 논리 레벨에 따라 내부상태가 결정되는 모드이다. 회로는 입력변수 x의 레벨변화에 따라 내부상태 Y가 변화되고, 일정한 지연시간 Δ 후, 현재상태 y의 천이가 일어나는 형태로 동작한다.

펄스모드의 비동기 FSM은 입력신호x를 논리 레벨의 변화가 아니라 펄스로 취급하는 회로이다. 입력의 펄스폭은 회로동작에 중요한 것으로, 회로가 입력의 변화에 반응하는데 충분해야 되고 새로운 상태가 입력측 회로에 도착하는 시간보다는 짧아야 한다. 펄스 모드 회로는 일정한 주기 동안의 펄스에 응답하도록 설계되고, 펄스와 펄스 사이의 일정한 값의 신호들은 "null"또는 "spacer" 신호로 취급하고 회로의 동작에 영향을 주지 않는다. 입력 신호의 펄스폭을 제어하는 것이 간단하지 않아 펄스 모드 회로는 거의 사용되지 않는다.

9-7-2 비동기 회로의 안정상태와 불안정 상태

비동기 FSM에서, 특정한 입력x에서 임의의 회로상태가 변화되지 않고 그 상태를 계속 유지하는 것을 안정상태(stable state)라 하고, 상태가 계속 변화되는 것을 불안정 상태(unstable state)라 한다. 따라서 안정상태에서는 y = Y이고, 불안정 상태에서는 y ≠ Y가 된다. 간단한 비동기 회로를 이용해서 이를 설명해 보자. 그림 9-67(a)는 7장의 7.1.2절에서 설명한 SR NOR 래치의 회로에서, 두 NOR 게이트의 지연시간을 Δ로 한데 모아 나타내고, NOR 게이트는 지연이 없는 이상적인 소자로 취급한 것으로, 이 지연성분이 메모리의 기능을 수행한다. 이 회로의 동작은 입력변수 S, R과 지연성분 Δ의 출력인 현재상태 y에 의해 결정된다.

입력에 따라 SR 래치가 동작하는 것을 나타내면 그림 9-67(b)의 상태표가 얻어진다. 즉, 현재상태 y = 0인 초기상태에서 입력 $S = R = 0$이면, NOR 게이트의 특성으로부터 다음상태 Y도 Y = 0의 상태를 그대로 유지한다. 이와 같은 동작은 $S = 0$, $R = 1$과 같이 입력 R 만이 변화되어도 동일하다. 다음 동작으로 R은 $R = 1$의 논리레벨을 그대로 유지하고, S를 $S = 1$로 변화시켜도 다음상태는 $Y = 0$가 된다. 따라서 이들 3가지의 입력에서는 입력이 현재의 논리레벨을 그대로 유지하는 한, y = Y 이므로 이들은 안정상태이다. 그러나 y = 0 상태에서 $S = 1$, $R = 0$이면, 다음상태 Y는 $Y = 1$로 천이하고, y ≠ Y 이므로 불안정 상태이다. 이와 같은 회로의 동작은 y = 1 상태에서도 입력 S와 R의 레벨변화에 따라 다음상태가 그림 9-67(b)로 주어지는 것을 쉽게 확인할 수 있다. 이 그림에서 원으로 마크된 다음상태는 안정상태를 나타내고 있다.

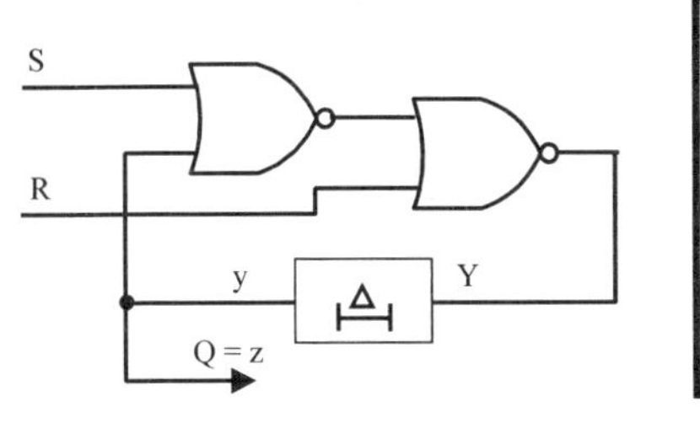

(a) SR 래치 회로

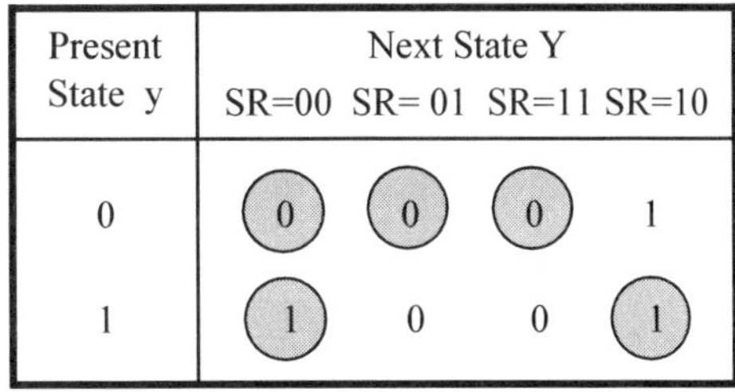

Present State y	Next State Y SR=00	SR=01	SR=11	SR=10
0	0	0	0	1
1	1	0	0	1

(b) 상태표

그림 9-67 SR 래치의 비동기 해석

Present State y	Next State Y SR=00	SR=01	SR=11	SR=10	Output Q
A	A	A	A	B	0
B	B	A	A	B	1

(a)

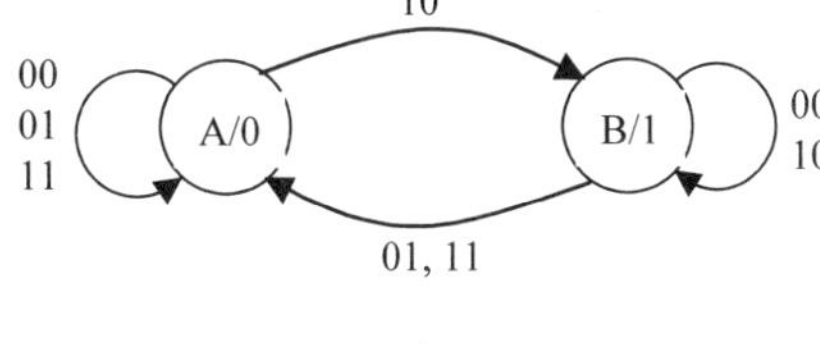

(b)

그림 9-68 SR 래치의 무어모델 비동기 FSM에 의한 (a) 상태표와 (b)상태 천이도

그림 9-67(b)의 상태표에서 현재상태를 심볼 A, B (A=0, B=1)로 나타낸 상태표와 상태 천이도를 표시한 것이 그림 9-68이다. 출력 z가 z = Q이므로 무어모델의 회로이다.

9-7-3 레이스

레이스(race)란 두 개 이상의 상태가 경합(race)에 이르게 되어 회로가 안정상태가 될 때까지 불안정 상태를 순환하는 것을 말한다. 이와 같은 레이스에는 임계 레이스(critical race)와 비임계 레이스(non-critical race)가 있다. 그림 9-69(a)는 임의의 비동기 FSM의 상태표를 나타낸 것이다. 이 그림에서 수평축은 입력 x 의 변화를 나타내고, 수직축은 현재상태 $y_1 y_2$의 변화를, 박스 내부의 값은 현재상태와 입력에 따라 천이하게 되는 다음상태 Y_1 Y_2를 표시한다.

먼저, 레이스 순환의 예를 설명해 보자. 회로가 안정상태 $x y_1 y_2 = 000$의 초기값에서, 입력 x가 x = 1로 천이되면, 다음상태 Y_1 Y_2는 00에서 10으로 천이하고, 지연시간 Δ 뒤에 현재상태 $y_1 y_2$가 00에서 10로 자동 변화된다. 다시 다음상태는 상태표에 따라 10에서 11로 변화되고, 이어서 01→00→10 ··· 의 순으로 특정한 상태에서 안정되지 못하고 끝없는 상태의 순환을 거듭하게 된다. 그림 9-69(b)는 이상의 과정을 나타내고 있다.

그림 9-69(c)에서와 같이 현재상태 $y_1 y_2 = 10$에서 입력이 $x = 1$에서 $x = 0$으로 변화되는 경우를 생각해 보자. 다음상태는 01이 된다. 이 때 메모리의 지연시간 Δ_1, Δ_2가 서로 다른 경우를 고려해보자. 지연시간이 동일한 경우에는 y_1이 1에서 0으로 변화되는 순간, y_2도 0에서 1로 변화되어, 다음에 00의 안정상태로 바로 귀착된다. 그러나 지연시간 Δ_1이 Δ_2보다 적을 경우, y_2가 0에서 1로 변화되기 전에 y_1이 1에서 0으로 먼저 변하여 순간적으로 00인 안정 상태가 된다. 그러나 반대의 경우 즉, Δ_1이 Δ_2보다 큰 값일 경우에는 y_1이 1에서 0으로 변화되기 전에 y_2가 0에서 1로 먼저 변화되어 순간적으로 11인 다음상태가 된다. 이로 인해 다음상태는 상태표에 따라 01→00의 안정상태가 된다. 이와 같이 현재상태 값의 변화순서와 상관없이 안정 상태로 귀착되는 레이스를 비임계 레이스라 한다.

이에 반해, 상태가 변화되는 순서에 따라 서로 다른 안정상태가 되는 것을 임계 레이스라 한다. 그림 9-69(d)는 이와 같은 임계 레이스 동작의 예를 나타낸 상태표이다. $x = 0$, $y_1 y_2 = 00$에서 $x = 1$로 변화되면, 두 상태의 지연시간에 따라 최종 귀착되는 안정상태가 01,11,10 등으로 다르게 되어 정확한 다음상태로 천이할 수 없게 된다.

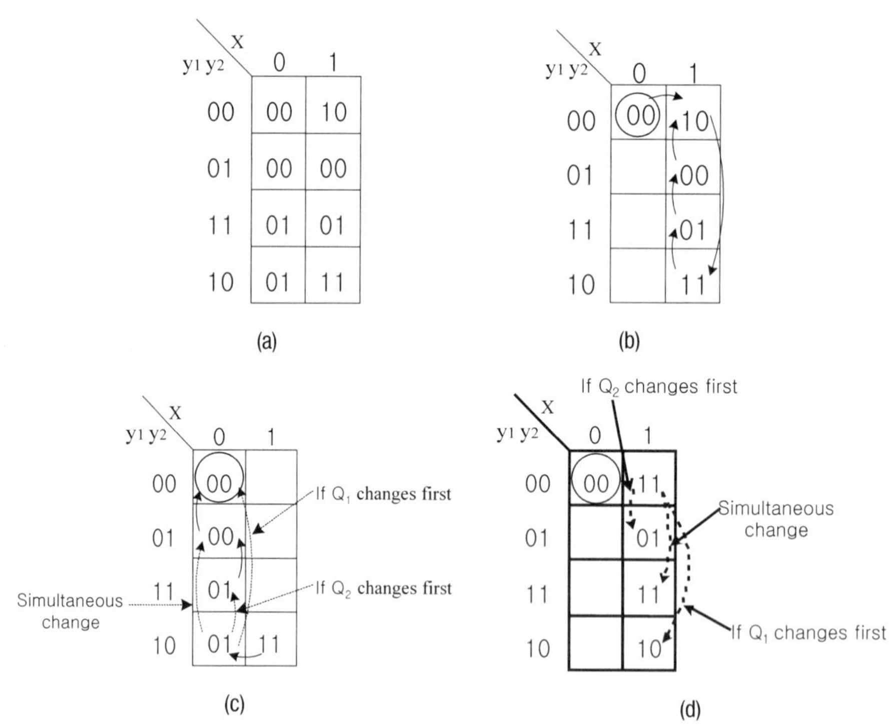

그림 9-69 레이스 : (a) 레이스 조건을 위한 상태표, (b) 레이스의 순환, (c) 비임계 레이스, (d) 임계 레이스

9-7-4 비동기 회로의 해석

일반적인 비동기 FSM의 동작 특성을 분석하기 위해서는, 먼저 그림 9-67(a)의 SR 래치와 같이 피드백 경로의 모든 전송지연을 Δ_i로 모델링해서 메모리 소자로 하고, 모든 게이트와 배선의 지연이 0인 이상적인 소자로 취급해야 된다. 모델링된 메모리 소자의 입력은 다음상태 변수가 되고, 출력은 현재상태 또는 2차 입력변수가 된다. 이 때, 경합 조건(race condition)때문에 Δ_i는 적당한 범위에서 변화될 수 있으므로 Δ_i의 실제 크기는 중요하지 않다. 비동기 순서회로 해석의 개략적인 과정은 다음과 같다.

1. 피드백 경로 각각에 적당한 지연소자 Δ_i를 두고, 이를 메모리 소자로 취급해서 입력단은 다음상태 변수 Y_i로, 출력단은 현재상태 변수 y_i로 나타낸다.
2. 각각의 다음상태 Y_i 및 출력 Z에 대한 논리식을 도출한다.
3. 각 상태에 고유의 코드가 부여된 상태표(이를 여기표(excitation table)이라 함)를 구한다.
4. 각 상태에 심볼을 사용한 상태표 (이를 흐름표(flow table) 이라 함)를 그리고, 상태 천이도를 구한다.

비동기 FSM 회로 해석의 예로 그림 9-70으로 주어진 회로를 위의 해석 과정에 따라 분석해 보자. 주어진 회로에서 피드백 경로에 이미 지연소자와 각 상태변수 및 입출력의 변수가 설정되어 있다. 따라서 다음상태 Y_1, Y_2 및 출력 Z에 대한 논리식을 구하면,

$$Y_1 = \overline{x_1}\, y_1\, y_2 + \overline{x_1}\, x_2\, \overline{y_2} + x_1\, \overline{x_2}$$

$$Y_2 = \overline{x_1}\, y_1\, y_2 + x_2$$

$$Z = x_1\, y_1\, y_2$$

이 된다. 현재상태 y_1, y_2 및 입력변수 $x_1\, x_2$의 변화에 따른 여기표를 구하면 그림 9-71이 된다. 이 표에서 상태 심볼을 다음과 같이 부여하면, 그림 9-72(a)의 흐름표(flow table)와 그림 9-72(b) 상태 천이도가 얻어진다.

$$A = 00,\ B = 01,\ C = 11,\ D = 10$$

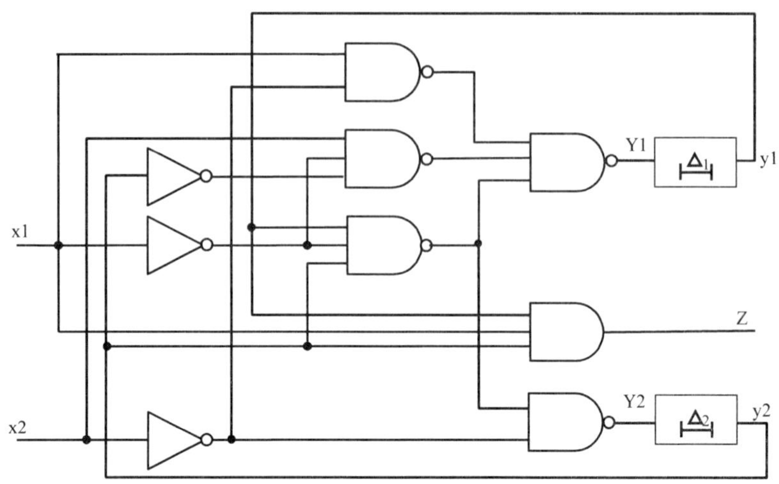

그림 9-70 비동기 FSM 회로의 예

Present State y1 y2	Next State (Y1, Y2) x1x2=00	x1x2= 01	x1x2=11	x1x2=10	Output Z x1x2=00	x1x2= 01	x1x2=11	x1x2=10
0 0	(0 0)	1 1	0 1	1 0	0	0	0	0
0 1	0 0	(0 1)	(0 1)	1 0	0	0	0	0
1 1	(1 1)	(1 1)	0 1	1 0	0	0	1	1
1 0	0 0	1 1	0 1	(1 0)	0	0	0	0

그림 9-71 비동기 FSM 회로의 여기표 (excitation table)

Present State y1 y2	Next State (Y1, Y2) x1x2=00	x1x2= 01	x1x2=11	x1x2=10	Output Z x1x2=00	x1x2= 01	x1x2=11	x1x2=10
A	(A)	C	B	D	0	0	0	0
B	A	(B)	(B)	D	0	0	0	0
C	(C)	(C)	B	D	0	0	0	0
D	A	C	B	(D)	0	0	1	1

(a) 흐름표(flow table)

그림 9-72 비동기 FSM의 흐름표 및 상태 천이도 (계속)

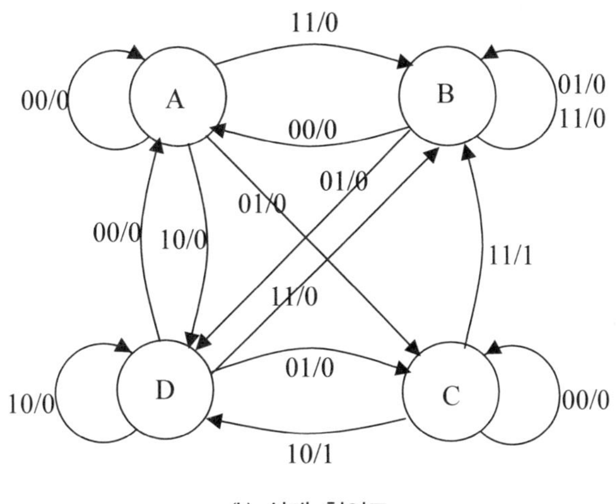

(b) 상태 천이도

그림 9-72 비동기 FSM의 흐름표 및 상태 천이도

9-7-5 비동기 회로의 설계

기본적으로 비동기 회로의 설계도 동기식 순서회로의 설계와 동일한 과정으로 이루어진다. 그러나 동기 클럭을 사용하지 않는 비동기 특성으로 인해 동기식 회로의 설계에 비해 주의해야 할 부분이 많으며, 이로 인해 비동기 회로의 설계가 동기식에 비해 어렵다. 주어진 입출력의 동작 특성을 구현하기 위한 비동기 회로의 설계에서 먼저, 적당한 기호나 심볼을 사용해서 입력, 출력, 상태변수를 나타내고, 이를 이용해서 상태 천이도를 도출해야 된다. 이 때, 안정상태의 회로에서 임계 레이스가 발생하지 않고 정확한 출력이 생성되는 것을 확인할 수 있어야 한다. 또한, 경우에 따라서 불안정 상태를 경유하는 경우에도 원하지 않는 출력이 발생하지 않도록 주의해야 한다. 비동기 순서회로의 설계를 위한 순서는 다음과 같다.

1. 주어진 입출력의 기능을 수행할 수 있는 상태 천이도 또는 흐름표를 작성한다.
2. 상태의 수를 줄이고, 각 상태에 고유의 코드를 할당한다. 회로의 간략화를 위한 동기식에서의 상태 할당과 달리, 비동기 회로에서의 상태 할당은 회로 동작의 안정성을 확보하는 것이 주요 목적이다. 즉, 상태변수의 값이 변화되는데 소요되는 시간은 회로의 지연시간에 좌우되므로, 두 개 이상의 상태가 동시에 변화되는 것을 기대할 수 없다. 따라서, 비동기 회로 동작의 신뢰성을 확보하기 위해서는, 임의의 한 상태에서 다른 상태로 천이할 때 단 하나의 상태변수만이 변화되도록 상태를 할당하지 않으면 안된다.

3. 여기표(excitation table)을 작성한다.
4. 여기표로부터 다음상태 및 출력에 관한 논리식을 구한다. 동기식에서는 K-map 등의 간략화 기법을 사용해서 최소 비용의 논리식을 구하는 것이 목적이었으나, 비동기식에서는 여분의 회로가 포함되더라도 해저드와 같은 비정상적인 신호가 발생하지 않도록 하는 것이 필요하다.
5. 논리식을 구현할 수 있는 회로를 구성한다.

비동기 회로 설계의 예로 다음과 같은 홀수 패리티 비트를 발생시키는 회로를 구성해 보자. 임의의 펄스폭을 갖는 입력x 로부터, 출력 z는

$$z = \begin{cases} 0, \text{ 펄수의 수가 짝수개} \\ 1, \text{ 펄수의 수가 홀수개} \end{cases}$$

가 되도록 무어 모델의 비동기 회로를 구성한다.

회로의 초기상태로 $x = 0$을 계속 유지하거나 펄스의 수가 짝수개일 때, $z = 0$의 출력을 유지하는 상태를 A라 한다. 상태 A에서 $x = 1$의 펄스가 입력되면, $z = 1$을 출력하고 $x = 1$이 계속되면 현 상태를 계속 유지하는 새로운 상태 B로 천이해야 한다. 다음으로 상태 B에서 $x = 0$의 입력상태가 되면, 출력은 $z = 1$을 유지해야 하므로 상태 A로 되돌아 갈 수 없다. 따라서 새로운 상태 C로의 천이가 필요하다. 상태 C에서 $x = 0$이면, $z = 1$의 출력을 유지하면서 현 상태 C가 계속되어야 한다. $x = 1$의 새로운 펄스가 입력되면, 펄스가 짝수개가 되므로 출력은 $z = 0$가 되어야 한다. 따라서 초기상태 A로 천이할 수 있으나, 입력이 $x = 1$의 레벨을 계속 유지하면 상태 B로 천이하면서 새로운 출력 $z = 1$을 발생시키므로 동작에 오류가 야기된다. 이로 인해 상태 C에서 $x = 1$이면, 새로운 상태 D로 천이하지 않으면 안 된다. 상태 D에서는 입력 $x = 1$의 값이 변화되지 않으면 상태 D를 계속 유지해야 되고, $x = 0$이면 초기상태 A로 천이해서 다음 펄스 입력에 따라 동작하도록 하면 된다. 그림 9-73(a)는 이상의 동작 순서를 나타낸 상태 천이도이고, 그림 9-73(b)는 상태 천이도에 따른 흐름표(flow table)이다.

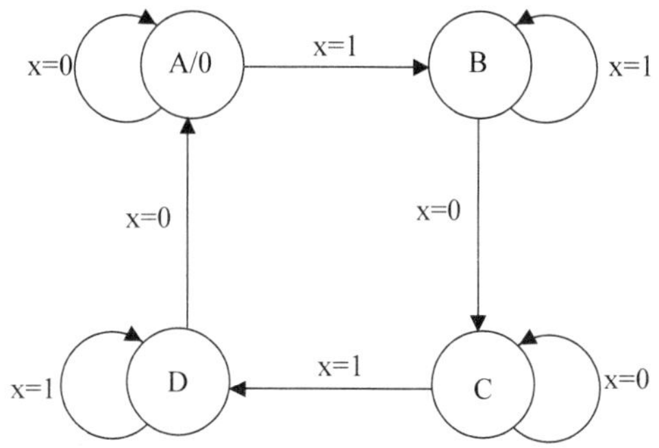

(a) 상태 천이표

Present State	Next State (Y2, Y1) x=0	Next State (Y2, Y1) x= 1	Output z
A	(A)	B	0
B	C	(B)	1
C	(C)	D	1
D	A	(D)	0

(b) 흐름표(flow table)

그림 9-73 홀수 패리티 비트 발생을 위한 비동기 회로

회로 설계의 다음 과정은 상태변수의 결정 및 적당한 변수명을 설정하고 고유의 2진 코드를 부여하는 상태 할당이다. 상태 수가 A, B, C, D의 4개이므로 상태변수의 수는 2개가 된다. 이를 y_2, y_1이라 하고, 이들 상태의 다음상태 변수를 각각 Y_2, Y_1이라 한다. 다음으로 상태 할당을 수행해 보자. 먼저, 그림 9-74(a)의 여기표(excitation table)와 같이

$$A = 00, B = 01,\ \ C = 10,\ \ D = 11$$

로 임의로 각 상태에 코드를 부여해 보자. 이 경우, 상태 B에서 C로 천이할 때, 상태변수 y_2, y_1이 각각 y_2 : $0 \rightarrow 1$, y_1 : $1 \rightarrow 0$으로 동시에 그 레벨이 변화되어야 한다. 또한 상태 D에서 A로 천이할 때도 두 상태변수의 레벨이 동시에 0에서 1로 변화되어야 한다. 전술한 바와 같이, 비동기 회로는 회로구성에 사용되는 모든 소자의 지연시간이 동일하지 않고, 또한 그 정확한 값을 알 수도 없다. 이로 인해 두 개 이상의 변수의 신호레벨이 정확히 동시에 변화되는 것을 기대할 수 없어, 안정된 상태의 회로 동작이 이루어지지 않는다. 예로, 상태 D에서 $x = 1$이면 다음상태의 값은 11이고 일정한 지연시간 후에 이들 값은 현재상태 $y_2\, y_1$의 값이

된다. 이 상태에서 $x=0$가 입력되면 어떤 값에서 최종 안정된 상태가 되는지 살펴보자. 두 상태의 신호레벨이 동시에 변화되지 않는 것으로 하고, y_1이 먼저 변화된다고 하면, $x=0$이므로 $y_2 y_1 = 10$의 값이 된다. 다음에 y_2가 먼저 변화된다고 하면, $y_2 y_1$은 11→01→10→00의 일시적인 변화과정을 거쳐 00의 값에서 안정된다. 이와 같이 지연시간의 크기, 즉 상태 변화의 순서에 따라 최종 안정되는 상태 값이 상이한 임계 레이스 조건이 발생해서 회로는 불안정 상태가 된다.

다른 종류의 상태 할당으로 그림 9-74(b)의 여기표와 같이 $A=00, B=01$, $C=11$, $D=10$의 상태 할당을 하면, 모든 상태간의 천이에서 오직 하나만의 상태 변수값이 변화되고, 임계 레이스 조건이 생성되지 않아 회로는 항상 안정 상태가 되는 것을 확인할 수 있다.

다음 설계과정으로, 그림 9-74(b)의 여기표로부터 다음상태 Y_2, Y_1 및 출력 z에 관한 논리식을 도출하기 위해 그림 9-75의 K-map을 구성하면 된다. K-map으로부터 논리식을 도출할 때, 동기식 회로에서는 해저드 발생을 동기 클럭으로 해소시킬 수 있으므로 최소

Present State y2 y1	Next State (Y2, Y1) x=0	x=1	Output z
0 0	(0 0)	0 1	0
0 1	1 0	(0 1)	1
1 0	(1 0)	1 1	1
1 1	0 0	(1 1)	0

(a) 임계 레이스를 갖는 상태 할당

Present State y2 y1	Next State (Y2, Y1) x=0	x=1	Output z
0 0	(0 0)	0 1	0
0 1	1 1	(0 1)	1
1 1	(1 1)	1 0	1
1 0	0 0	(1 0)	0

(b) 위험한 레이스가 없는 상태 할당

그림 9-74 상태 할당에 의한 여기표(excitation table)

비용의 회로가 되도록 했으나, 비동기 회로에서는 회로가 다소 복잡하게 된다 해도 해저드가 생성되지 않도록 해야 한다. 따라서 9.6절에서 기술한 것처럼 인접한 주 임플리커트(PI) 항을 포함시켜야 한다. 이를 고려해서 도출한 논리식은 다음과 같다.

$$Y_2 = y_1 y_2 + \overline{x} y_1 + x y_2$$

$$Y_1 = y_1 \overline{y_2} + \overline{x} y_1 + x \overline{y_2}$$

$$z = y_1$$

이상의 논리식을 NAND 게이트에 의한 회로 구성이 그림 9-76이다.

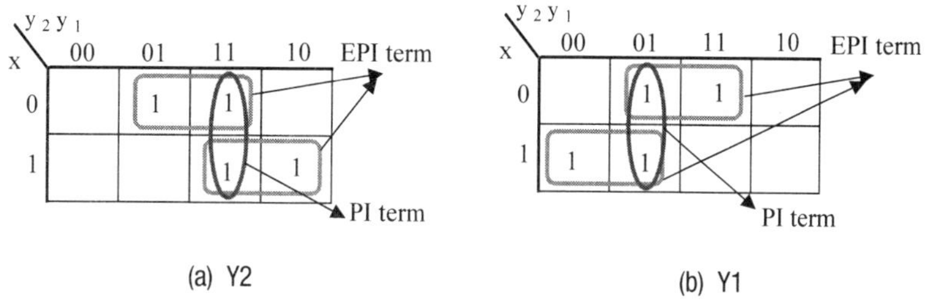

그림 9-75 다음상태의 논리식을 위한 K-map

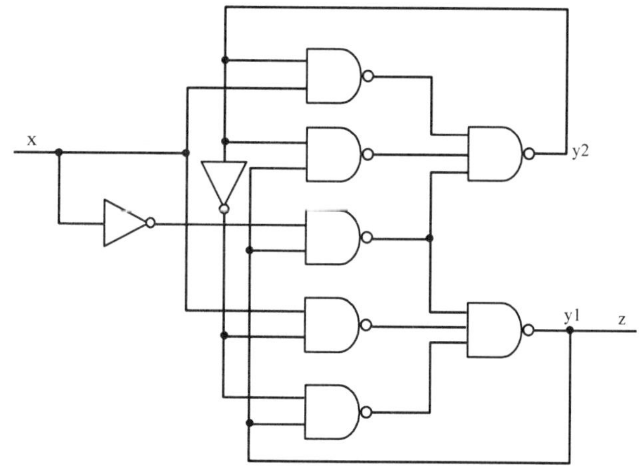

그림 9-76 홀수 패리티 비트 신호 발생을 위한 비동기 회로 구성

연습문제

9-1 그림 9-6(a)의 회로에 대해,

(a) 제어입력 (J, K) 및 출력 z에 관한 논리식을 구하여라.

(b) 입력 x와 상태 (A, B)의 레벨 변화에 대한 상태표를 작성하여라.

(c) 상태 천이도를 그리고, 그림 9-6(b)의 파형과 일치하는지 확인하여라.

9-2 그림 9-7(a)의 회로에 대해, 문제 9-1의 물음을 반복하여라.

9-3 그림 9-77의 회로에 대해,

(a) 제어입력 및 출력에 관한 논리식을 구하여라.

(b) 각 상태의 심볼 (A,B,⋯)을 부여하고 상태표 및 상태 천이도를 구하여라.

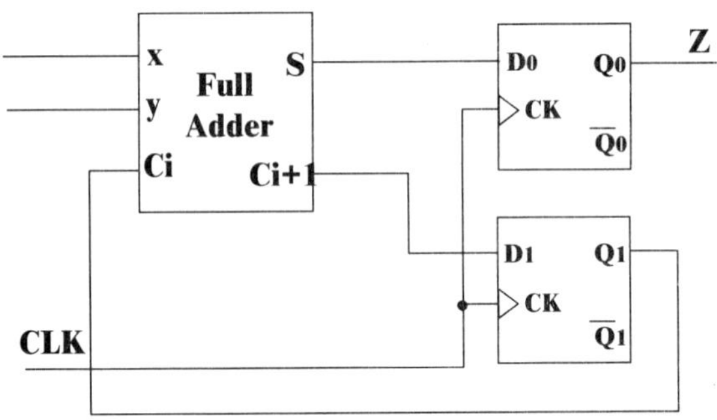

그림 9-77 문제 9-3의 회로

9-4 그림 9-78의 회로에 대해서 문제 9-3을 반복하여라.

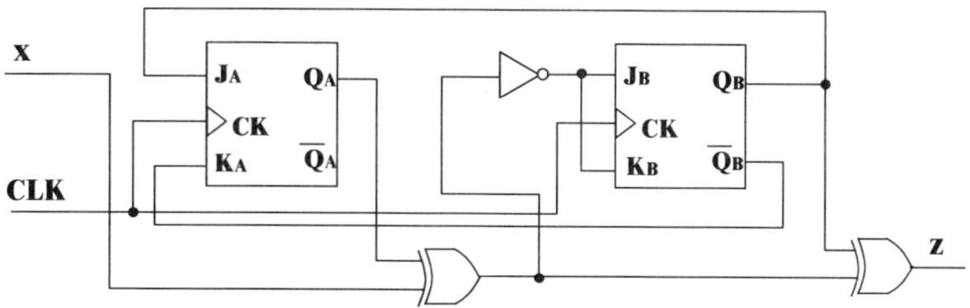

그림 9-78 문제 9-4의 회로

9-5 그림 9-79의 상태 천이도에 대해,

(a) 상태표를 작성하여라.

(b) 등가 클래스 및 임플리케이션 테이블(implication table)을 사용해서 상태를 감소시키고, 두 방법에 대한 결과가 일치하는지 확인하여라.

(c) 상태 감소된 상태표를 작성하고, 각 상태에 고유의 코드를 부여하는 상태 할당을 수행하여라.

(d) JK 플립플롭을 사용하는 경우의 제어입력 및 출력에 관한 논리식을 구하여라.

(e) 회로를 구성하여라.

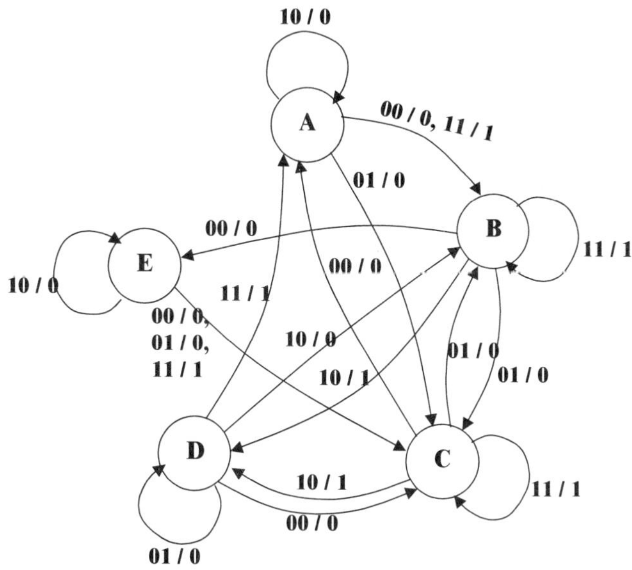

그림 9-79 문제 9-5의 상태 천이도

9-6 다음의 상태표로 주어진 동기식 순서회로에서, 상태 감소 및 상태 할당을 수행하고, D 플립플롭을 사용한 회로를 구성하여라.

현재상태	다음상태 x=0	x=1	출력 z
a	b	c	1
b	d	f	1
c	f	e	0
d	b	g	1
e	f	c	0
f	e	d	0
g	f	g	0

9-7 (a) 다음으로 주어진 상태표에서 상태를 감소시켜 최소수의 상태가 되도록 하여라.

현재상태	다음상태 x=0	다음상태 x=1	출력 z x=0	출력 z x=1
a	c	f	0	0
b	d	e	0	0
c	h	g	0	0
d	b	g	0	0
e	e	b	0	1
f	f	a	0	1
g	c	g	0	1
h	c	f	0	0

(b) 상태 감소된 회로에서 초기상태 a에서 입력순서가 x = 0111001일 경우에 다음 상태와 출력을 구하여라.

9-8 다음으로 주어진 상태표에서 상태 감소와 상태 할당을 통하여, D 플립플롭을 사용한 순서회로를 설계하여라.

현재상태	다음 상태 x=0	다음 상태 x=1	출력 z
a	e	e	1
b	c	e	1
c	i	h	0
d	h	a	1
e	i	f	0
f	e	g	0
g	h	b	1
h	c	d	0
i	f	b	1

9-9 표 9-2의 상태표로 주어진 순서회로를 JK 플립플롭을 사용하여 설계하여라.

9-10 표 9-3의 BCD 코드에서 Excess-3 코드로의 코드변환기를 D 플립플롭을 사용하여 설계하여라.

9-11 다음 순서로 진행되는 동기식 BCD 카운터를 다음의 플립플롭을 사용해서 설계하여라. 단, 사용되지 않는 상태는 전부 0000의 상태로 천이되어 정상적인 카운팅을 수행하는 Self-starting 카운터로 한다.

0000, 0001, 0010, 0011, 0100, 0101, 0110, 0111, 1000, 1001, 0000, ...

(a) JK 플립플롭의 사용.
(b) SR 플립플롭의 사용
(c) D 플립플롭의 사용.

9-12 임의의 MN 플립플롭이 다음과 같이 동작한다고 한다.

MN=00이면, 플립플롭의 다음 상태는 0이고,
MN=01이면, 플립플롭의 다음 상태는 현재의 상태와 같고,
MN=10이면, 플립플롭의 다음 상태는 현재 상태의 컴플리먼트이고,
MN=11이면, 플립플롭의 다음 상태는 1이다.

(a) MN 플립플롭에 대한 다음의 특성표를 완성하여라. (무상관 조건(don't care) 사용해도 좋음)

현재상태 Q(t)	다음상태 Q(t+1)	M N
0	0	
0	1	
1	0	
1	1	

(b) (a)에서 주어진 3개의 MN 플립플롭을 사용하여 다음으로 동작하는 최소 비용의 카운터 회로를 설계하여라.

$$ABC = 000,\ 001,\ 011, 111,\ 101, 100,\ 000, \cdots$$

9-13 4개의 플립플롭을 갖는 순서회로가 있다. 임의의 2진수 N $(0000 \le N \le 1001)$이 플립플롭에 초기값으로 저장되어 있다. 간단한 입력 신호에 의해서 레지스터에 5를 더하는 $N+0101$이 저장되어야 한다. JK 플립플롭을 사용하여 회로를 설계하여라.

9-14 입력과 출력이 각각 하나인 순서회로에서 리셋 직후 011이나 111이 입력되면 출력이 "1"이 된다. D 플립플롭과 NAND게이트만을 사용해서 설계하고자 한다. 상태표를 만들고, 여기표 및 논리회로를 구성하여라.

9-15 2개의 입력(X_1, X_2)와 하나의 출력(Z)으로 구성된 순서회로가 있다. 출력은 다음 경우에만 변화되고, 그 외의 입력 조건에서는 현재의 값을 그대로 유지한다.

1. 입력 순서 $X_1, X_2 = 00,\ 11$은 출력을 0으로,
2. 입력 순서 $X_1, X_2 = 01, 11$은 출력을 1로,
3. 입력 순서 $X_1, X_2 = 10,\ 11$은 출력이 바뀐다 (토글).

무어 모델 상태표와 상태도를 완성하라.

9-16 문제 9-13에 대해서 밀리 모델로 상태표와 상태도를 완성하라.

9-17 하나의 입력(X)와 출력(Z)를 갖는 회로가 있다. 다음 각각의 경우에 대한 밀리모델 상태 천이도를 그려라.

(a) 만약 입력에 인가된 1의 수가 4로 나눠는 경우, 출력 $Z=1$이 된다($0,4,8,12 \cdots$ 는 4로 나눔).

(b) 만약 입력에 인가된 1의 수가 4로 나누어지고 이제까지 입력된 0의 수가 홀수인 경우에 $Z=1$이 된다. (8개의 상태로 충분히 가능).

9-18 하나의 입력과 출력을 갖는 무어모델 회로에서 입력 순서가 011이 되면 출력은 1이 되고, 다시 011이 들어올 때까지 1로 남아 있다가 011이 들어오면 0이 출력되는 순서를 반복한다. D 플립플롭을 사용하여 동기식 순서회로를 설계하여라. (최소 6개 상태).

9-19 다음 그림 9-80으로 주어진 비동기 순서회로에 대해,

(a) 다음상태와 출력에 관한 논리식을 구하여라.

(b) 흐름표(flow table)와 상태 천이도를 그려라.

(c) 회로의 안정상태 여부를 판정하여라.

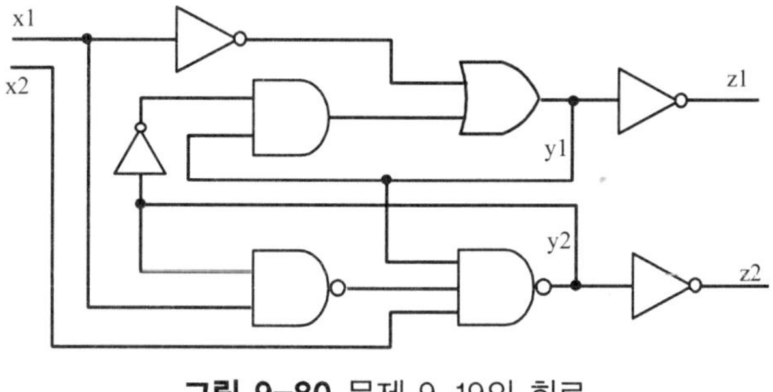

그림 9-80 문제 9-19의 회로

9-20 다음 그림 9-81의 MOD-4 비동기 카운터를 위한 여기표(excitation table)를 구하고, 비동기 순서회로를 설계하여라.

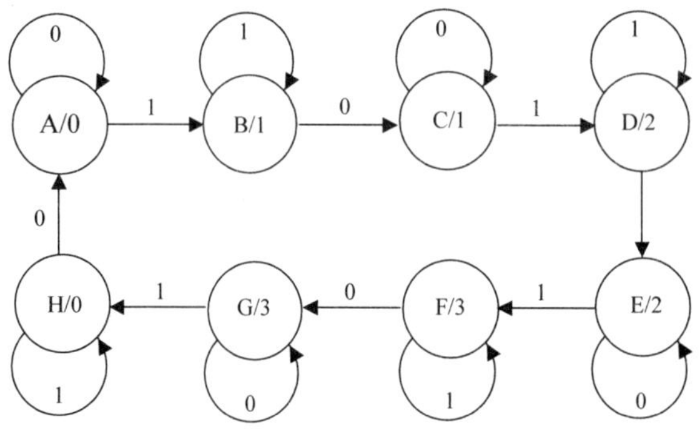

그림 9-81 문제 9-20의 상태 천이도

제 10 장

논리회로 패밀리

디지털 회로는 반도체의 집적기술이 발달함에 따라 수백만 게이트의 회로가 하나의 칩(IC: Integrated Circuit) 속에 구현되는VLSI 및 ULSI 시대에 있다. 오늘날 디지털 시스템은 작은 패키지 내에 수많은 회로를 구성할 수 있기 때문에 디지털시스템 자체가 하나의 칩으로 제작되고 이를 대량 생산해 냄으로써 비용을 크게 줄일 수 있다.

그러나 이와 같은 집적회로(VLSI)를 사용하기 전에는 모든 회로가 트랜지스터, 다이오드, 저항 등과 같은 서로 다른 소자들을 연결하여 구성하였고 이를 전자회로라 하였다. 전자회로가 IC 내에서 구현되므로 회로 보드를 제작할 때 연결선의 납땜이나 파손, 끊어짐 등 그 밖의 여러 가지 문제에서 벗어날 수 있다. IC에 의해 소형화된 회로는 개별소자를 이용하여 같은 기능을 하도록 만들어진 회로 보드에 비해서 동일한 기능을 수행하는데 필요한 전력을 크게 줄일 수 있다. 소비전력의 감소는 전력비용의 절감과 시스템의 냉각에 필요한 비용을 줄일 수 있는 효과도 가져왔다. 그러나 IC를 이용하여 인덕터, 트랜스포머, 대용량 커패시터 같은 수동소자들을 구현하기가 쉽지 않아 반도체 회로인 IC는 주로 디지털 시스템의 저전력 동작회로에 사용된다.

우리는 IC의 사용이 보편화됨에 따라 많이 사용되는 논리회로 IC들의 특성을 알고 이해할 필요가 있으며, 그들을 구성하는 회로소자에서 종류에 따라 동작이나 특성이 다르다는 것도 알아 야 한다. 즉 TTL이나 ECL은 회로의 구성요소가 바이폴라 트랜지스터를 사용하고, CMOS회로의 경우는 유니폴라인 전계 트랜지스터를 사용한다.

본 장에서는 CMOS, TTL, ECL 등의 소자로 구현하는 논리회로의 동작을 설명하고 이들의 각각의 특징과, 또 서로 다른 회로소자 간의 인터페이스레벨 및 연결시의 문제점등도 다룬다.

10-1 | MOS 트랜지스터

MOS(metal-oxide-semiconductor)기술은 반도체 기판 위에 산화 절연물을 입히고 그 위에 금속 전극을 연결한 기본구조에서 그 이름이 유래되었다. MOS 트랜지스터의 기술은 MOSFET이라고 하는 전계 효과 트랜지스터(field-effect transistor)기술을 의미한다.

MOSFET은 비교적 제작공정이 간단하고 크기가 작고 소비 전력이 낮은 장점이 있고, 바이폴라 트랜지스터 보다 적은 면적으로 구현이 가능하다. 이러한 장점을 살려 대부분의 VLSI는 MOSFET 기술로 제작이 되며, 백만 트랜지스터가 1개의 칩에 내장되어 기능도 다양하게 된다. MOS 트랜지스터 기술 발전은 다음절에 기술할 TTL 회로를 대체 하게 되었

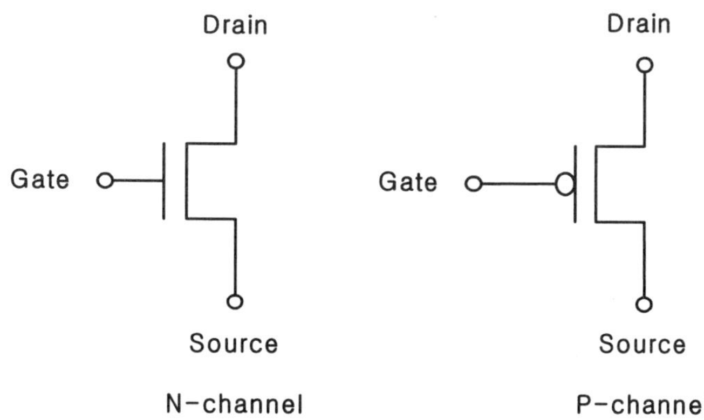

그림 10-1 증가형 MOS 트랜지스터의 심볼

으며 특히 CMOS 기술은 고속동작 및 저 전력 면에서 많이 활용되고 있다. 그러나 정전기에 민감하여 파괴되는 단점도 있다.

10-1-1 MOS 트랜지스터 스위칭동작

MOSFET에는 공핍형(depletion)과 증가형(enhancement)의 두 종류가 있으며, 증가형 MOSFET가 디지털 집적회로의 주로 사용되고 있으며, 여기서는 ON/OFF 스위칭 동작을 주로 설명하겠다. 그림 10-1은 증가형 MOS 트랜지스터의 심볼로 화살표 방향에 따라 N-채널과 P-채널을 구분하여 나타낸다.

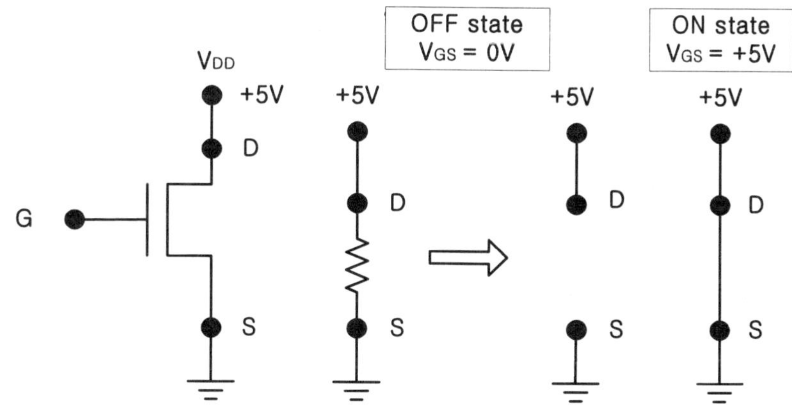

그림 10-2 N-channel MOSFET의 동작

표 10-1 MOSFET의 V_{GS} 및 V_{DS} 전압

	V_{DS}	V_{GS}	V_T
PMOS	Negative	〈 -1.0V	-1.0V
NMOS	Positive	〉 +1.0V	+1.0V

그림 10-2은 N-채널 MOSFET의 동작을 나타낸다. N-채널 트랜지스터는 게이트와 소스 사이에 양의 바이어스 된 상태에서 드레인에 양의 바이어스를 걸면 전류가 흐르게 되어 스위치가 닫힌 상태가 된다. 이때 기판(substrate)은 소스에 연결되어 있고 게이트-소스전압 V_{GS}가 입력으로 드레인과 소스저항을 제어하는데, 즉 ON, OFF를 결정한다.

먼저 NMOS의 동작을 살펴보면, $V_{GS}=0\,V$일 때 소스와 드레인 사이에는 채널이 형성되지 않아 트랜지스터가 OFF 상태이다. 이때는 드레인에 전압을 인가해도 전류가 흐르지 않는다. V_{GS}가 양의 값이고, 문턱전압(V_T)에 도달했을 때, 소스와 드레인 사이에 채널이 형성된다. 문턱 전압은 공정에 따라 달라지나, 여기서는 NMOS일 경우 $V_T=1.0\,V$이고, $V_{GS}\geqq+1.0\,V$이상이 되면 MOSFET는 채널이 형성되어 ON상태가 된다. MOSFET를 ON 시키기 위한 V_{GS}는 V_T보다 훨씬 크다. 그림 10-2(b)에서처럼 $V_{GS}=+5\,V$일 때 소스와 드레인 사이는 스위치가 닫힌 상태로 동작한다. 아무튼 MOSFET는 소스와 드레인 사이에서 열리고 닫히는 스위치로 동작한다.

P-채널 MOSFET는 반대 극성의 전압을 사용하는 것을 제외하고는 N-채널 MOSFET와 같은 원리로 동작한다. P-MOSFET의 경우에 드레인전압이 소스에 대해 $-V_{DD}$에 해당하는 음의 바이어스를 갖는다. 표 10-1은 PMOS와 NMOS의 인가 바이어스 전압을 타나낸다.

10-2 | MOSFET 디지털 회로

MOS트랜지스터를 사용하는 디지털 회로는 주로 증가형과 공핍형 NMOS를 사용하는 회로와 증가형의 NMOS와 PMOS 트랜지스터를 서로 상보동작 하도록 사용하는CMOS (complementary MOS)가 있다.

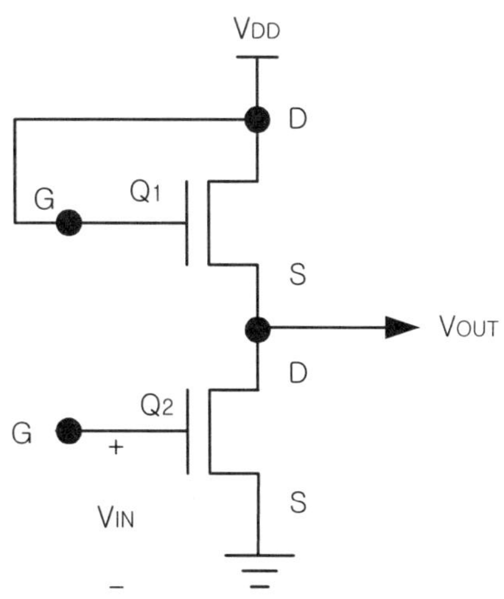

그림 10-3 NMOS를 이용한 인버터

표 10-2 그림 10-3의 진리치 표

V_{IN}	Q_1	Q_2	$V_{OUT} = \overline{V_{IN}}$
0V (LOW)	ON	OFF	+5V (HIGH)
+5V (HIGH)	OFF	ON	0V (LOW)

그림 10-3은 NMOS 인버터 회로를 나타낸다. Q_1은 풀업저항역할을 하며, Q_2 게이트 입력전압(V_{IN})따라 트랜지스터가 ON/OFF로 동작되어 응답이 VOUT에 나타난다. 즉 입력 VIN이 Low 이면 Q_2가 OFF 되어 출력은 HIGH로 나타나고 입력이 HIGH 이면 Q_2가 ON 되어 출력은 LOW가 되며, 회로가 인버터로 동작됨을 알 수 있다.

10-3 | CMOS 회로

10-3-1 CMOS 인버터

그림 10-4는 CMOS 인버터 회로를 나타내었다. CMOS 인버터는 PMOS의 소스가 V_{DD}에 연결되고 NMOS의 소스가 접지 되고 게이트는 모두 공통입력으로 연결되어있으며, 두 소자의 드레인은 공통 출력이 된다.

회로의 동작은 먼저 $V_{IN} = + V_{DD}$인 경우 NMOS는 ON이 되고 PMOS는 OFF가 되어 출력은 0V가 된다. 또한 $V_{IN} = 0\,V$인 경우에 PMOS는 $V_{GS} = 0\,V$인 동안 게이트가 소스에 대해 음전위를 갖음으로써 PMOS는 ON이 되고 NMOS가 OFF되어 출력 VOUT은 V_{DD}가 된다. 이러한 두 가지 동작상태는 논리적으로 인버터로 작동하는 회로를 나타내며 진리표는 표 10-2와 동일하다.

10-3-2 CMOS NAND/NOR 게이트

기본적인 인버터를 바탕으로 여러 가지 논리회로를 구성할 수 있다. 그림 10-5(a)는 병렬로 연결된 PMOS와 직렬의 NMOS가 합해져서 NAND게이트를 나타낸다. 이 회로는 0V

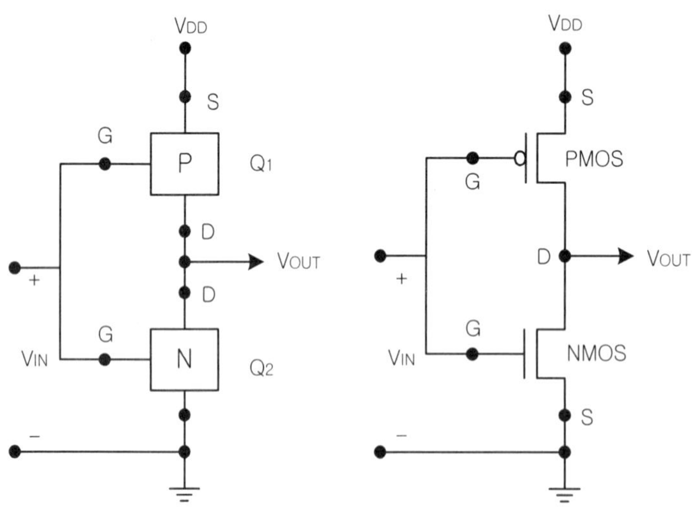

그림 10-4 CMOS인버터 회로

입력이 대응되는 PMOS를 ON으로 V_{DD} 입력에 대해서는 NMOS가 ON이 된다. 따라서 입력 A와 B가 모두 HIGH일 때만 NMOS가 ON이 되어 출력단자가 접지 되어 LOW 상태가 출력된다. 모든 다른 입력 조건에서는 적어도 하나의 PMOS가 ON이 되어 출력을 HIGH로 만든다. 그림 10-5(b)는 PMOS가 직렬로 NMOS가 병렬로 연결되어 회로가 NOR게이트로서 동작하고 AND와 OR 게이트는 NAND와 NOR 출력단에 인버터를 연결함으로써 구성할 수 있다.

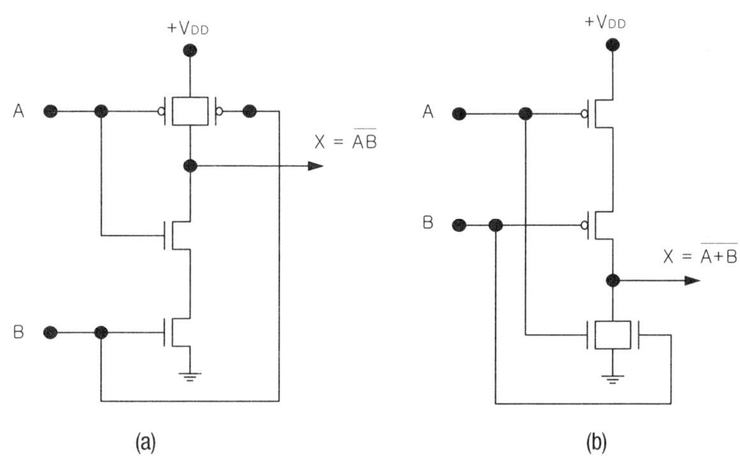

그림 10-5 CMOS NAND/NOR 회로

표 10-3 NAND/NOR 회로의 진리치 표

A	B	X=$\overline{AB}$	X=$\overline{A+B}$
LOW	LOW	HIGH	LOW
LOW	HIGH	HIGH	LOW
HIGH	LOW	HIGH	LOW
HIGH	HIGH	LOW	HIGH

10-3-3 RS 플립플롭

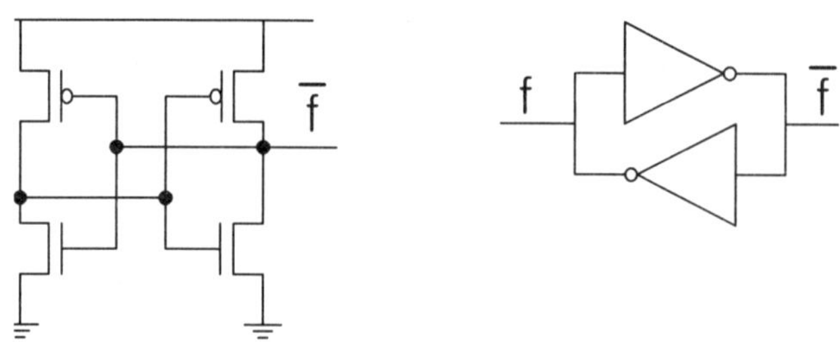

그림 10-6 크로스커플된 인버터

2개의 CMOS NOR게이트 또는 NAND게이트를 크로스오버로 연결하며 SR플립플롭을 구성할 수 있고 인버터를 크로스오버로 연결하면 간단하게 래치를 만들 수 있다. 그림 10-6은 두 개의 CMOS 인버터가 크로스 오버로 연결된 래치로 간단한 메모리 소자로 역할을 할 수 있다.

10-4 | CMOS 논리게이트의 특징

10-4-1 잡음여유(Noise Margins)

일반적으로 잡음이란 불필요한 신호를 말하며 잡음원으로는 전원의 리플, 전자파의 복사 등 여러 가지가 있다. 이렇게 존재하는 잡음에 논리게이트가 잡음의 영향을 받아 에러를 유발시키는 일이 없어야 한다. 잡음 여유(NM: noise margin)란 논리회로의 불필요한 신호에 대한 면역능력을 말한다. NM_H는 V(high)에 대한 잡음여유를 NM_L은 V(low)에 잡음여유를 나타내며 그림 10-7에서 다음의 식으로 정의되어진다.

$$NM_H = V_{OH}(\min) - V_{IH}(\min)$$

$$NM_L = V_{IL}(\max) - V_{OL}(\max)$$

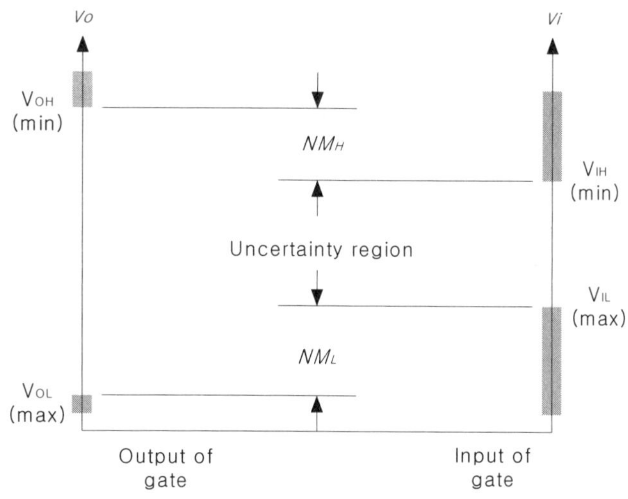

그림 10-7 잡음여유

따라서 잡음신호의 진폭이 잡음여유 NM 보다 작으면, 이 잡음에 대하여 논리상태가 변화하는 에러가 발생하지 않지만 잡음의 진폭이 NM 보다 크면 기대하지 않은 상태천이가 발생하게 된다.

10-4-2 동작속도(Switching Speed)

게이트의 동작 속도는 신호가 입력되어 출력되기까지 전파하는데 소요되는 시간을 말한다. 그림 10-8은 CMOS 인버터의 입력 및 출력 파형을 나타낸 것이다. 상승시간(rise time) t_r과 하강시간(fall time) t_f는 논리상태간의 전이시간으로 입출력의 전압이 전원전압의 10% 와 90%되는 점의 시간차로 정의한다. 실제 회로에서 상승시간과 하강시간의 전이기간은 다른 회로를 트리거 하는 시간으로 이들의 값은 대단히 중요하다.

신호의 전반지연(PD: propagation delay) t_{pd}는 그림 10-8에서 나타낸 바와 같이 입력전압과 출력전압의 값이 50%될 때의 시간차를 말하며, 이는 HIGH에서 LOW로 전이할 때 시간 t_{PHL}과 LOW에서 HIGH로 전이할 때의 시간 t_{PLH}가 반드시 똑 같지는 않다. CMOS NAND게이트는 V_{DD}=5V일 때 수십 ns의 평균 t_{pd} 를 갖고 있으며, V_{DD}가 증가됨에 따라 t_{pd}가 짧아진다. 이는 게이트의 입력전압이 높으면 채널이 크게 형성되어 MOS 트랜지스터의 ON 저항이 감소하기 때문이다. 그러므로 V_{DD}을 높이면 동작 속도는 빨라지나 소비전력이 증가한다.

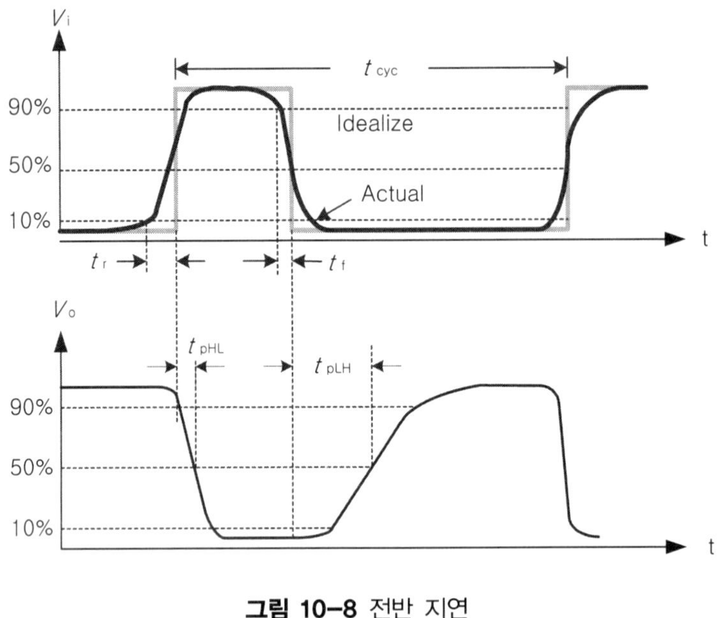

그림 10-8 전반 지연

논리회로가 계속해서 두 번 전이해서 원상태로 복귀되는 데 걸리는 시간 t_{cyc}를 사이클 시간(cycle time)이라 하고 이 t_{cyc}의 역수를 f_{clk}(clock frequency)라 한다. 또한 최대 클럭 주파수는 다음 식으로 얻어진다.

$$f_{clk} = \frac{1}{2}(t_{PHL} + t_{PLH})$$

10-4-3 전력 소비(Power Dissipation)

CMOS 논리회로는 정상상태에 있을 때, 전력소비가 적은 것이 가장 큰 장점 중에 하나이다. 출력 상태에 관계없이 전류 경로의 트랜지스터가 항상 OFF이기 때문에 V_{DD} 단자와 접지 사이에 높은 저항이 존재하여 전류가 거의 흐르지 않는다. CMOS에서 전력소모는 3가지의 유형이 있다. 첫 번째로 입력이 HIGH에서 LOW로 혹은 반대로 변화할 때 논리상태의 전이가 일어나며 이때 과도적으로 소비전력이 발생한다. 인버터에서 출력이 LOW로부터 HIGH로 스위치 될 때마다 부하 커패시턴스에 PMOS를 통하여 충전전류가 공급된다. 이때 $\frac{1}{2}CV^2$의 에너지 소비가 일어난다. 이 커패시턴스는 임의의 부하에 결합된 입력 커패시턴스와 소자 자체의 출력 커패시턴스로 구성된다. 물론 출력이 HIGH에서 LOW로 변화할 때는 커패시터에 충전되었던 전하가 방전을 하게 된다.

둘째는 신호의 전이과정에서 PMOS와 NMOS가 동시에 ON이 되어 V_{DD}와 접지사이에 전류경로가 발생할 때 전력소모가 일어난다. 이를 단락전류(short circuit current)에 대한 전력소모라 한다. 마지막으로 CMOS는 제조 공정상에서 기판과 소스나 드레인 사이에 다이오드가 존재하게 되며 바이어스를 인가하면 이 다이오드에 역방향 전류가 흘러 전력 소모가 일어난다. 실제로 역방향 전류는 $\sim \mu A$로 대단히 미세하나 각 노드마다 존재하는 다이오드의 수를 무시할 수 없다. 특히 수백만 개의 트랜지스터가 원 칩으로 되는 오늘에는 심각한 문제를 유발시킬 수 있다.

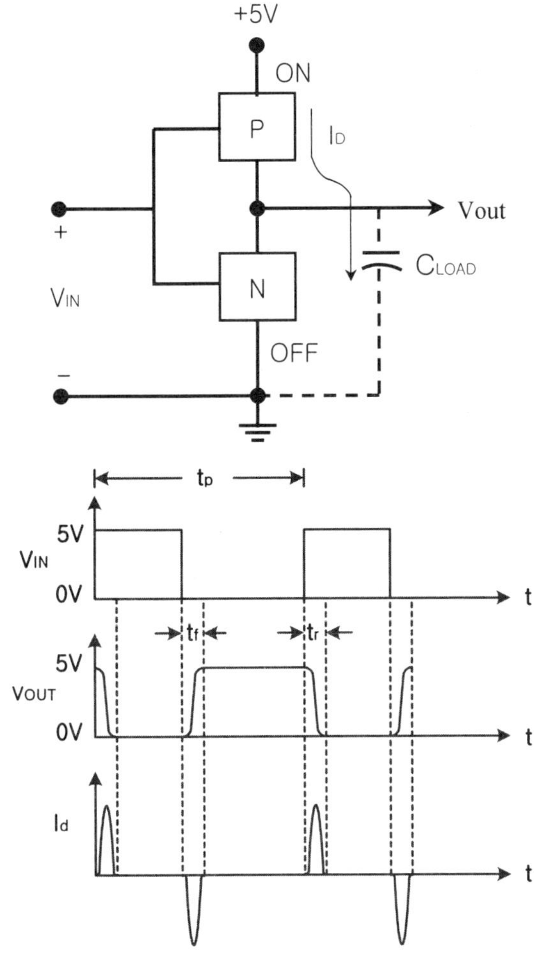

그림 10-9 CMOS 게이트의 전류흐름과 전력소모

CMOS에서 PD는 회로가 스위칭 상태일 때 주파수에 비례하여 증가하며, 신호의 전이가 없는 DC 상태를 유지하는 동안은 전력소비는 매우 낮다. 이렇게 주파수에 의존하는 이유는 그림 10-9에 나타내듯이 스위칭 주파수가 증가하면 초당 발생하는 전류스파이크는 보다 더 많아질 것이며, V_{DD}로부터 흐르는 평균 전류는 증가할 것이다. 따라서 주파수가 높아지면 CMOS는 상대적으로 다른 논리계열에 비해 장점을 잃게 된다. 여기서 언급한 전류 스파이크는 출력이 LOW에서 HIGH로 스위칭될 때 V_{DD} 공급으로부터 발생하며, 부하 커패시턴스의 충전전류에 해당한다.

10-4-4 래치-업(Latch-Up)

그림 10-10에 나타낸 CMOS 인버터의 단면도를 보면 PN 접합에 의한 트랜지스터가 기생하게 되며 그림에서 와 같이 이들이 전류를 흘리는 경로를 구성하게 된다. 이때 전류가 흐르는 것을 래치-업(latch-up)상태라 한다. CMOS 칩에서 이 기생적인 트랜지스터가 스파이크성 잡음에 의하여 트리거 하게 되면, 그들은 영구히 ON에 머무는 래치-업이 될 것이다. 그리고 누적된 전류가 흘러 IC가 파괴된다. 래치-업이 발생하는 원인은 인체에 의한 정전기 혹은 높은 스파이크성 전압이 유기 되어 IC의 입력단자로 유입되었을 때 발생된다. 이러한 발생요인을 방지하기 위해서, IC가 높은 전압과 전류가 부하에 스위칭 되는 곳 같은 환경에서 사용될 때 외부에 클래핑 다이오드를 연결하기도 한다. 최근의 CMOS 제작 기술은 래치-업에 대한 IC의 민감성을 방지하여 회로소자를 보호하도록 설계되었다.

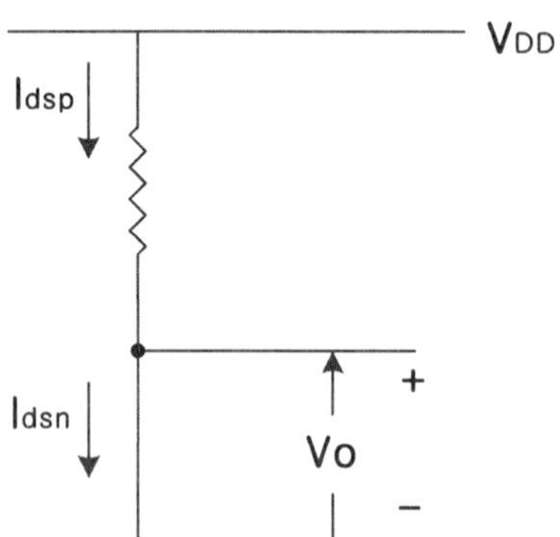

그림 10-10 ($V_{tn} \leq V_{in} < V_{DD}/2$)에서 동작하는 인버터의 등가회로

10-4-5 팬-아웃(Fan-Out)

CMOS 입력은 게이트가 다른 전극과는 절연이 되어 신호원에서 게이트로 전류의 흐름이 없을 정도로 상당히 큰 저항을 가지고 있다. 그러나 CMOS 입력은 게이트와 기판 사이에 ~pF의 커패시턴스 존재하고, 이 입력 커패시턴스는 게이트가 연속적으로 연결될 때 CMOS 출력이 구동할 수 있는 다음 단의 입력의 수를 제한한다(그림 10-11참조). CMOS출력노드에서 스위칭 시간은 구동하는 부하 수에 비례하여 증가하는데, 이때 부하는 다음 단의 모든 입력 커패시턴스의 합을 말한다. 예로, 그림 10-11에서 NAND게이트 1이 부하 없이 구동된다면 25ns의 t_{PLH}를 가질 것이나 여기에 20개의 부하가 연결되었다면 $25ns + 20(3ns) = 85ns$로 증가할 것이다. CMOS의 최대 팬-아웃의 수는 허용최대 전파지연에 따라 결정된다. 물론 동작주파수가 높아지면 팬-아웃은 보다작아지게 된다.

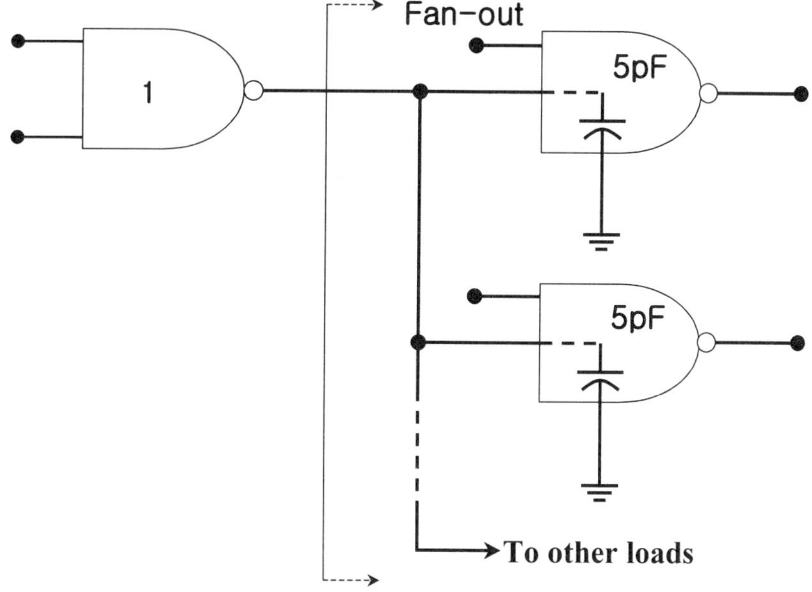

그림 10-11 팬 아웃 연결

10-5 | CMOS 전송게이트

CMOS 회로에서 신호를 전송할 때 PMOS나 NMOS 한 종류만으로 스위치동작을 시켜 신호를 전송하는 경우가 대부분이나 이때는 신호가 풀 스윙을 하지 못하는 단점이 있다. 이 문제를 해결하기 PMOS와 NMOS를 결합한 회로를 사용하게 되고 이를 전송게이트(transmission gate: TG)라 한다.

그림 10-12는 전송게이트의 기본회로이다. PMOS와 NMOS가 병렬로 연결되어 있고 각각의 게이트를 제어하는 신호가 있다. 통상적으로 PMOS의 제어신호는 NMOS 입력의 인버터를 통하여 얻어 지며, 따라서 두 개의 트랜지스터가 동시에 ON이 된다. 제어가 HIGH일 때는 두개의 트랜지스터가 모두 ON이 되어 스위치가 닫힌 상태가 된다.
게이트 입력이 LOW일 때는 두 개의 MOS 트랜지스터가 OFF되어 스위치가 열린 상태가 된다. 이상적으로 이 회로는 전기적인 장치인 릴레이와 같이 작동한다. 그러나 실제로는 스위치가 닫혀 있다하더라도 트랜지스터의 ON 저항이 작용을 하게 되며, 이 ON 저항을 줄이기 위하여 PMOS와 NMOS를 병렬로 사용한다. 이 회로는 양방향 스위치로 입력과 출력을

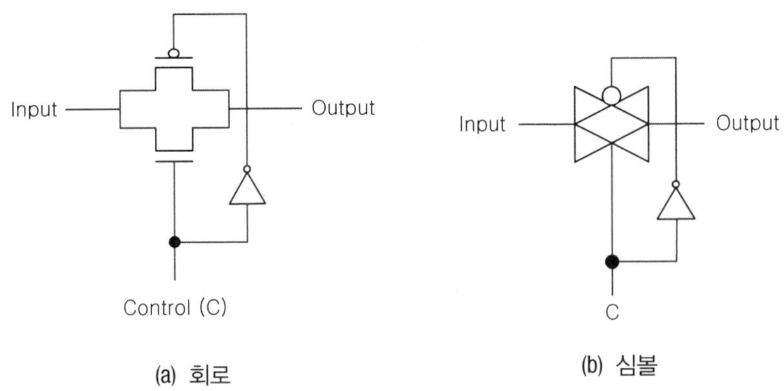

그림 10-12 CMOS 양방향(전송게이트) 스위치

표 10-3 MOS 트랜지스터 및 TG의 신호 전송능력

입력 \ 구분	NMOS	PMOS	TG
HIGH	0-4 V	OFF	ON 0-5 V
LOW	OFF	1-5 V	OFF

서로 바꾸어 사용할 수 있다. 표 10-3은 입력에 따른 PMOS, NMOS 및 TG가 출력할 수 있는 전압의 범위를 나타내었다. 이 표에서 알 수 있듯이 PMOS, NMOS의 문턱전압의 손실이 발생하여 입력전압을 그대로 출력에 전달하는 풀 스윙이 되지 않음을 알 수 있다.

10-6 | TTL 회로

TTL회로는 모든 논리회로의 설계에 사용되고 있다고 해도 과언이 아니며, 특히 디지털 시스템에서 높은 전류를 구동하기 위한 인터페이스 및 최종 출력단에 반드시 사용되고 있다. 이는 회로가 전체가 CMOS나 ECL 회로로 설계되었다 하더라도, 디지털 시스템을 설계할 시에는 TTL회로가 이용된다고 보아도 무방하다.

그림 10-13은 기본적인 NAND 게이트 TTL 회로로 트랜지스터, 저항과 다이오드로 구성되어있다. 그림 10-13회로의 입력 A, B는 트랜지스터 Q_1의 다중-이미터로 입력되어 Q_1의 베이스-이미터간 다이오드를 "ON" 상태 혹은 "OFF" 상태로 바이어스 한다.

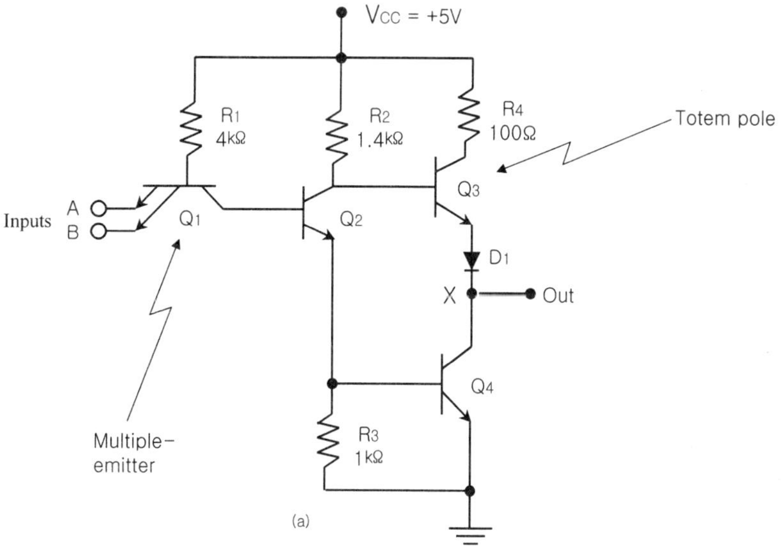

그림 10-13 기본적인 TTL NAND 게이트

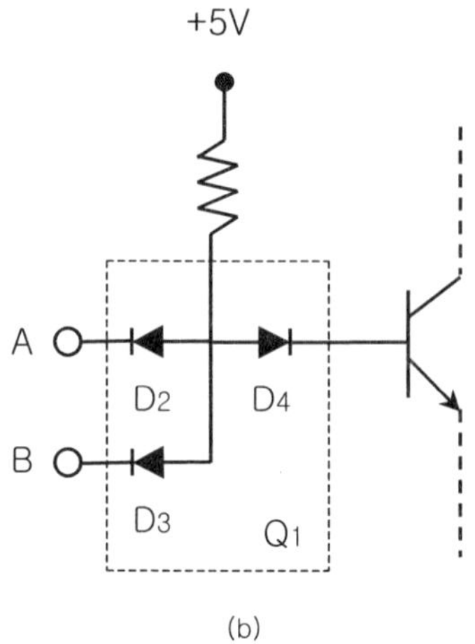

(b)

그림 10-14 등가회로

또한, 회로의 출력 측을 보면 소스 트랜지스터 Q_3와 싱크 트랜지스터 Q4가 토템폴(totem-pole) 연결되어 있다. Out에 Vcc가 출력되면 Q_3가 동작하고 이는 논리 HIGH를 나타낸다. 출력에 접지가 연결되면 Q4가 동작하고 논리 LOW를 만든다. 따라서 이 회로는 Q_3 또는 Q4가 도통상태에 따라 출력 단에 논리상태가 결정됨을 알 수 있다.

10-6-1 LOW 상태의 회로 동작

그림 10-13의 다중 이미터 입력 트랜지스터 Q_1을 그림 10-14와 같이 등가회로로 취급하면 간단히 해석할 수 있다. 다이오드 D_2와 D_3는 Q_1의 두 E-B 접합을 표현하며, D_4는 컬렉터-베이스(C-B) 접합을 나타낸다.

그림 10-13의 회로에 대해 입력 A와 B가 +5V인 경우의 동작해석을 그림 10-15에 나타내었다. D_2와 D_3 다이오드의 역방향 바이어스가 되어 "OFF" 상태로 된다. 따라서 전류가 흐르지 않으며, Vcc전원으로 인해 전류가 R1과 D_4를 통해 전류가 Q_4의 베이스로 흐르며 Q_4가 "ON"이 된다. 동시에 Q_2의 컬렉터 전류는 R2에 전압강하를 야기 시켜 Q_2의 컬렉터 전압은 약 0.9V로 감소되어 Q_3를 "ON" 시키지 못하게 된다. 왜냐하면 Q_4의 E-B 순방향 전압으로 인한 Q_2의 이미터 전압이 0.7V가 되고, Q_2는 포화상태가 되어 컬렉터는 VCE(포화) 전압으로 인해 0.2V의 전위를 갖기 때문에 Q_3의 베이스 전압 0.9V는 Q_3의 E-B 접합과 D_1 다이오드 모두를 순방향 바이어스 시키기에는 부족하며, 이때 D_1은 Q_3를 완전하게 OFF

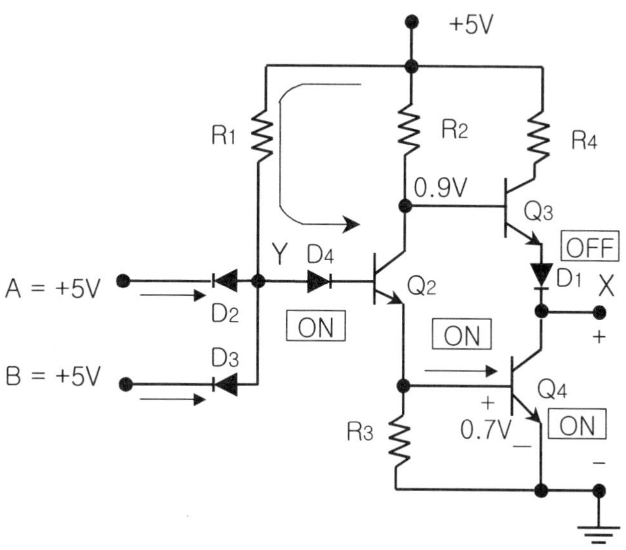

그림 10-15 LOW 출력시 동작

하기 위해 필요한 것이다.

Q_4가 "ON"되었을 때 Q_4의 ON 상태 저항이 적기 때문 출력단 X는 매우 낮은 전압에 나타낸다. 실제로 출력전압 VOL은 Q_4의 컬렉터 전류에 의해 결정된다. Q_3가 "OFF"되면 +5V 단자에서 나와 R4를 통해서 흐르는 전류는 없다.

10-6-2 HIGH 상태의 회로 동작

출력이 HIGH 상태에서의 논리회로 동작이 그림 10-16에 나타나 있다. A, B 중 어느 하나의 입력이 LOW일 때 일어나는 동작이다. 이는 D_3가 순방향 바이어스 되고, R1과 D_3를 통하여 VCC 전원으로부터 전류가 흐르게 되어 B 단자를 통하게 된다. 순방향 전압 Q_3는 근사하게 0.7V에서 Y점을 유지한다. 이 전압은 순방향 바이어스 D_4와 Q_2의 E-B 접합을 도통시키기에는 부족하다.

Q_2가 "OFF"되면 Q_4의 베이스 전류는 흐르지 않게 되고 따라서 Q_4로 "OFF"된다. Q_2의 컬렉터 전류가 흐르지 않으므로 Q_3의 베이스 전압은 Q_3와 D_1을 도통시킨다. 실제로 Q_3는 이미터 폴로워(emitter-follower)로 동작한다. 출력 단자에 부하가 걸리지 않은 상태에는 V_{OH}는 3.6~3.8V가 된다. 왜냐하면 2개의 0.7V 다이오드 전압 강하(Q_3의 E-B 접합과 D_1)를 Q_3의 베이스 전압 +5V에서 감소가 일어나기 때문이다. 그러나 부하가 걸린 상태에서

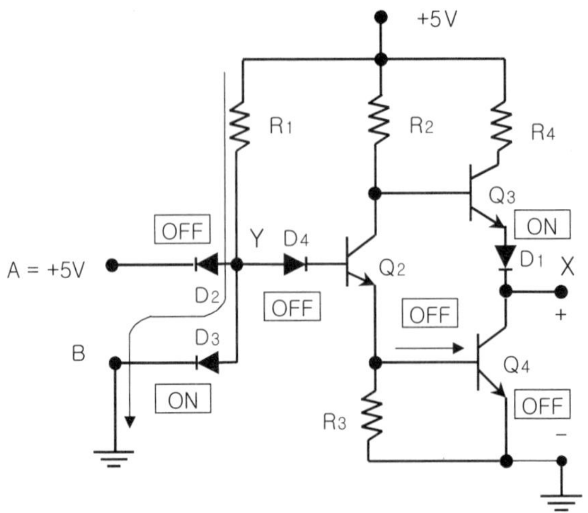

그림 10-16 HIGH 출력시 동작

이 전압은 부하가 Q_3의 이미터 전류를 흐르게 하고, 따라서 베이스 전류가 R_2를 통해 흐르게 되어 R_2 양단에 전압강하가 증가하여 줄어들게 된다.

10-6-3 전류싱크(Sink)와 소스(Source)

TTL 논리회로에서 전단의 출력회로가 다음단의 입력단(LOW 상태)으로부터 전류를 받아들이는 동작이 전류싱크 이다. 그림 10-17에서 게이트의 출력이 다른 게이트의 입력으로 구동되는 것을 보여준다. 그림 10-17(a)에서 구동 게이트의 출력이 LOW일 때 Q_4는 포화되고 Q_3는 "OFF"된다. 따라서 X에서의 LOW 전압은 다음단 Q_1의 이미터를 순방향 바이어스 시킨다. Q_1의 순방향 바이어스로 인해 전류가 Q_4를 통해 흐르게 되며 전류싱크로서 작용한다.

또한 그림 10-17(b)와 같이 출력이 HIGH 상태에서는 전류 공급원으로 동작한다. Q_3는 입력전류를 공급한다. IIH는 부하 게이트 Q_1에 흐르는 역바이어스의 누설전류이다. Q_3는 전류소스 트랜지스터 또는 풀-업(pull-up) 트랜지스터이다.

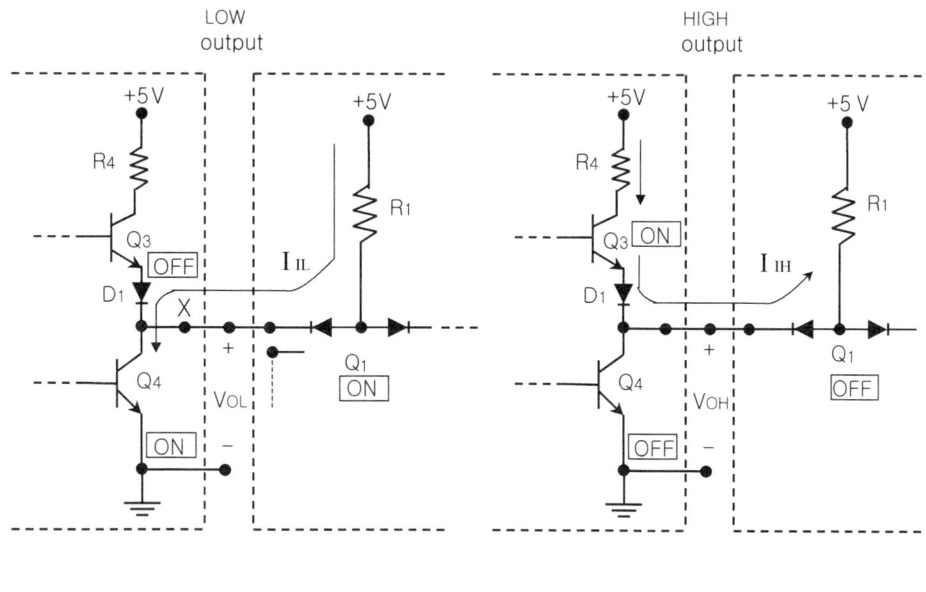

(a) 전류싱크 (b) 전류소스

그림 10-17 전류 싱크/소스 동작

10-6-4 토템 폴(totem-pole) 출력회로

그림 10-18과 같은 인버터 회로에서 출력저항 RC를 줄이면 출력의 지연시간은 줄일 수가 있지만 RC에 걸리는 전압은 V_{CC} - V_{CE}(sat) 이어서 소비전력은 증가한다. 그러나 그림 10-13의 TTL 게이트 출력단을 살펴보면 수동 풀업저항대신에 트랜지스터가 능동 풀업 회로로 작용하고 있다. 이 출력회로는 트랜지스터 Q_3가 Q_4위에 앉아 있는 형태이므로 토템폴(totem-pole)증폭기라 한다.

토템폴 회로의 장점은 출력이 HIGH 상태일 때 Q_3가 적은 출력저항을 가지고 이미터-팔로워와 같이 동작하는 것이다. 이때 낮은 출력저항은 출력 단의 용량성 부하를 빠른 시정수로 충전시킬 수 있으며, 이러한 동작은 TTL 출력 단의 파형이 빠른 상승시간을 가질 수 있게 해준다.

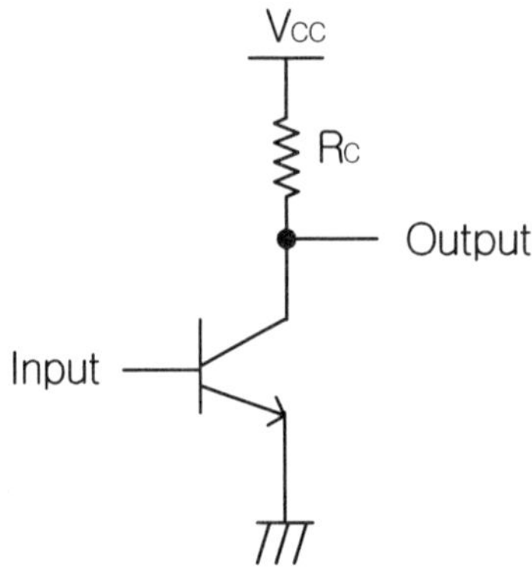

그림 10-18 인버터 회로

10-7 | TTL 논리계열

미국의 TI(Texas Instrument)사가 60년대에 처음으로 제작한 TTL IC는 54/74 시리즈로 불리는 IC계열에 광범위하게 사용되어져 왔으며, 대부분의 반도체 제조업체들은 여전히 TTL IC를 생산하고 있다. 표준화된 넘버링시스템을 사용하여 제조업체간 IC 번호를 동일하게 생산하고 있다.

74시리즈에는 쇼트키다이오드를 사용한 74S 등의 새로운 계열이 있으며 이는 소비전력은 증가하였으나 전반지연이 작아져 지연-전력의 곱이 74계열보다 개선이 되었다. 또한 저전력 쇼트기 계열 74LS와, 74ALS(Advanced Shottky) 시리즈도 있다. 54/74계열은 사용전압(Vcc)이 5V로 일반적인 사용 범위는 4.5~5.5V 사이이다. 또한 사용온도의 범위가 0~70℃이고, ALS 시리즈는 -55~125℃까지 사용된다.

10-7-1 전압레벨

54/74계열의 입력과 출력의 전압레벨은 간단하게 표 10-4에 요약을 하였으나 상세한 것은 각각의 데이터 북을 참조하여야 한다. 표 10-4를 보면 "0" 상태의 최대 출력전압 V_{OL} = 0.5V 일을 알 수 있고 이는 V_{IL} = 0.8V보다 0.3V가 적으며, 이것이 LOW 상태의 잡음여유로 나타난다.

$$NM_L = V_{IL}(\max) - V_{OL}(\max) = 0.8\,V - 0.5\,V = 0.3\,V$$

표 10-4 54/74계열의 입력과 출력의 전압레벨 비교

항목 \ IC	SN54ALS00A			SN74ALS00A			UNIT
	MIN	TYP	MAX	MIN	TYP	MAX	
Vcc	4.5	5	5.5	4.5	5	5.5	V
V_{IH}	2			2			//
V_{IL}			0.8			0.8	//
V_{OH}	2.5			2.5			//
V_{OL}		0.25	0.4		0.35	0.5	//
TA	-55		125	0		70	C

동일하게 V_{OH} = 2.5V이고 V_{IH} = 2.0V이므로 HIGH레벨의 잡음여유는 0.5V이다.

$$\mathrm{NM_H} = \mathrm{V_{OH}(min)} - V_{IH}(\mathrm{min}) = 2.5\,V - 2.0\,V = 0.5\,V$$

10-7-2 전력소모(power dissipation)

ALS계열의 TTL NAND 게이트는 2.4mW의 평균 전력을 갖는다. 이것은 I_{CCH} = 0.85 mA이고, I_{CCL} = 3 mA이다. 따라서 평균전류 ICC(avg) = 1.93 mA이고, PD(avg) = 1.93×5V = 9.65mW 이다. 칩에 4개의 게이트가 내장되어 있기 때문에 1개의 NAND 게이트가 소모하는 평균전력은 2.4mW 이다.

10-8 | TTL 계열의 팬-아웃

TTL IC의 부하구동능력을 결정하는 팬-아웃을 이해하는 것은 중요하다. 그림 10-19에서 LOW 상태의 TTL 출력이 입력에 연결회로로 트랜지스터 Q_4는 ON되고, 다음단에서 되돌아오는 전류 IIL의 합인 IOL이 싱크전류가 된다. ON-상태에서 Q_4 컬렉터-이미터 전류 IOL이 전압강하 VOL를 생성하고, 이 전압은 IC의 VOL(max) 제한치를 초과하지 않아야 한다. 따라서 싱크 전류의 제한이 부하의 수를 제한하게 된다.

이와 유사하게 그림 10-19(b)에 나타나듯이 HIGH-상태에서 Q_3는 다른 TTL 입력의 IIH

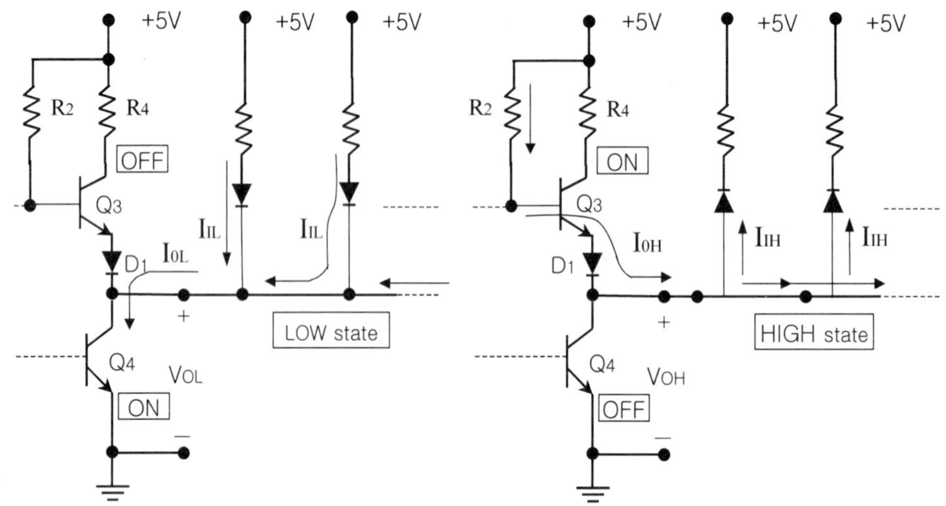

그림 10-19 TTL 출력이 여러 입력으로 동작할 때의 전류

합인 IOH를 공급하는 이미터-팔로워로 동작하고 있다. 여기서 구동하는 부하가 커지게 되면 IOH는 너무 커지고 R2, Q_3, D_1을 거쳐 큰 전압강하를 일으키게 되어 VOH를 VOH(min)이하로 낮추게 된다. 이는 HIGH-상태의 잡음여유가 감소되어 VOH가 불명확한 범위로 가는 원인이 되기 때문에 이것은 바람직하지 않다. 위에서 언급한 바와 같이 TTL회로에서는 얼마나 많은 입력과 출력을 구동할 수 있는가는 출력의 전류구동능력 I_{OL}과 I_{OH} 및 각각의 입력 구동전류(I_{IL}과 I_{IH})에 따라 결정되고 이는 설계자가 데이터 북을 참조하여야 한다.

10-9 | 오픈 컬렉터회로

버스 선과 같이 여러 개의 회로에서 신호를 공급받아 신호를 공유토록 하는 경우는 각 회로 혹은 소자들의 출력을 같은 선에 연결해야 한다는 것을 의미한다. 그러나 지금까지 다루었던 논리회로는 출력이 HIGH와 LOW의 두 가지 상태 중 어느 하나를 명확하게 나타낸다. 따라서 한곳이 LOW일 동안 다른 하나의 출력은 HIGH가 될 수 있으며, 또는 반대의 경우가 존재하여 이들이 서로 공유하는 버스 선에 연결될 때 HIGH/LOW충돌이 일어나 회로가 다운이 될 수 있다.

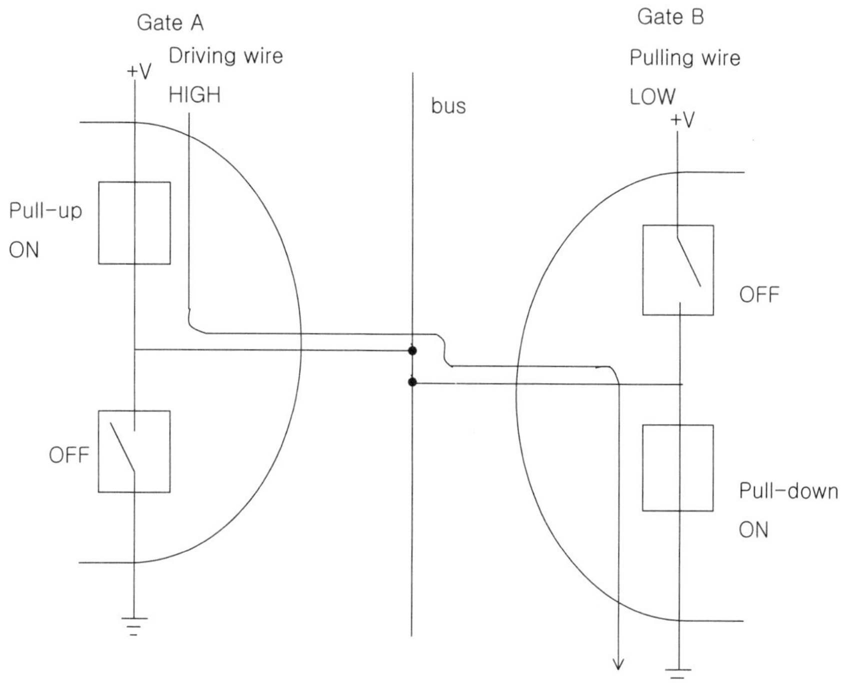

그림 10-20 공통 데이터 버스 선에 연결된 논리회로

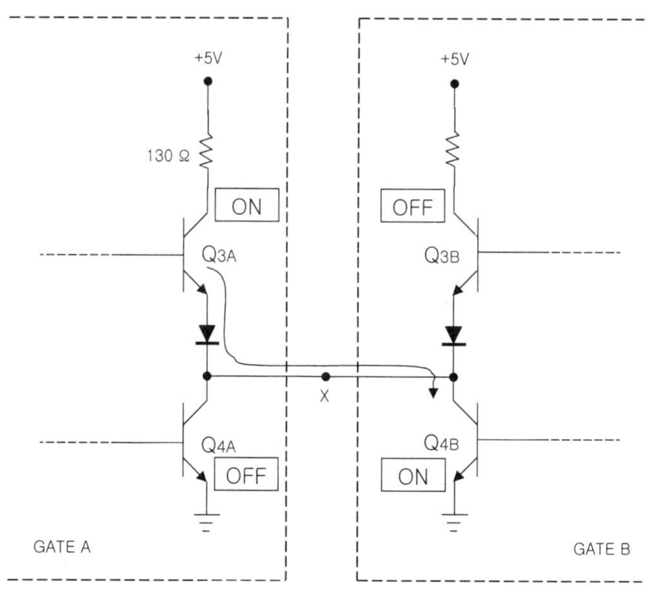

그림 10-21 TTL 토템 폴(totem-pole)출력

그림 10-20은 출력 단이 공통 데이터 버스 선에 연결되어 있는 두 개 논리회로의 일반적인 블록 다이어그램을 나타내고 있다. 만약에 두 회로가 그림 10-21에 보인 것처럼 TTL 토템폴(totem-pole)출력이라면 게이트 A의 출력이 HIGH 상태로 Q_3 ON이고 게이트 B의 출력은 LOW상태로 Q_4 ON일 때보면, Q_4와 Q_3를 통하여 접지 상태로 보다 큰 전류가 흐르게 된다. 이 전류는 시간이 흐르면서 과열로 인한 회로의 성능의 저하 및 소자의 파괴로 이어진다.

10-9-1 오픈컬렉터 출력

버스 선에 게이트의 출력을 묶는 한 가지 방법으로 각 게이트의 출력에 능동적으로 부하 역할을 하는 풀업 트랜지스터를 제거하고 컬렉터를 개방된 상태로 출력하게 두는 방법이다. 이때 게이트의 출력은 HIGH상태로 되지는 않을 것이며 이러한 회로를 오픈 컬렉터(open collector)회로라 한다.

오픈 컬렉터 회로는 토템 폴 회로에서 풀업 트랜지스터의 Q_4, D_1, 그리고 R4를 제거한 회로가 된다. Q_3가 ON이 출력이 LOW 상태이고 Q_3가 OFF 이때 출력이 HIGH 상태로 베이스 전류가 흐르지 않아 컬렉터와 에미터 사이가 개방된 상태가 된다. 이 경우는 출력이 완전하게 개방된 상태이므로 논리적으로 HIGH를 만들기 위하여 그림 10-22(b)에 보인 것처럼 출력 단에 VCC와 컬렉터 사이에 저항을 연결하며, 이를 풀업 저항이라 한다.

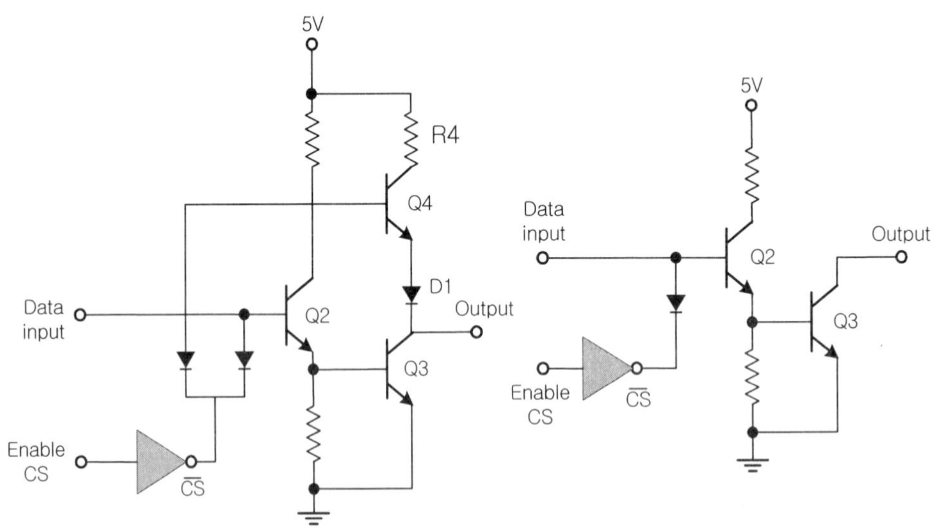

그림 10-22 (a) TTL 토템폴 회로 (b) TTL 오픈 컬렉터 회로

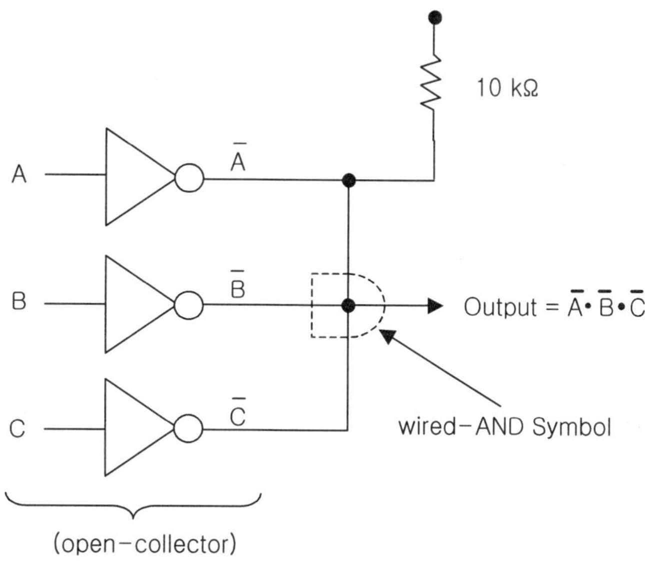

그림 10-23 오픈 컬렉터 게이트를 사용한 와이어-AND 동작

Q_4가 ON되었을 때, Q_4가 출력전압을 LOW 상태로 끌어내리지만, Q_4가 OFF일 때 RP는 게이트의 출력을 HIGH로 끌어올린다. 저항 풀업저항의 R_p 값은 보통 10kΩ로 선택하는데 이 값은 전류가 흘러 출력전압이 V_{OH}의 최소값보다 아래로 더 내려가지 않도록 해야 한다.

여러 개의 오픈 컬렉터출력이 그림 10-23에 보이는 것처럼 연결되어 있을 때, 공통 버스선은 풀업 저항에 의해 HIGH가 된다. 출력 중 어느 하나가 LOW가 되면 버스선은 LOW 상태가 되고 풀업저항 RP양단에 V_{CC}가 걸리게 된다.

오픈 컬렉터회로의 모든 출력이 HIGH상테일 때 공통비스 선은 HIGH이므로, 논리적으로 AND가 되는데 이를 wired-AND라 한다. wired-AND는 TTL이나 CMOS회로에서 오픈 컬렉터 구조로만 만들어진다.

10-9-2 오픈컬렉터 드라이버

오픈 컬렉터회로가 보다 더 일반적으로 사용되는 곳은 버퍼나 드라이버이다. 버퍼나 드라이버는 큰 부하를 구동하게 되므로 큰 출력전류/전압을 얻을 수 있도록 설계된 회로이다. 그림 10-24에 나타낸 것은 74LS112 플립플롭과 24V, 25 mA의 비율의 발광다이오드 사이에 연결된 버퍼이다. 7406은 플립플롭의 출력인 Q의 상태에 따라 램프의 ON/OFF상태를 조절하게 된다. 램프가 +24V의 전력과 이것이 개방 컬랙터 출력를 위한 풀업 저항처럼 동작한다는 것을 주목해라.

Q=1일 때 7406의 출력은 LOW가 된다. 이것의 출력 트랜지스터는 24V의 전압원에 의해 25 mA의 전류로 떨어지게 된다. 그리고 램프는 ON이 된다. Q = 0일 때, 7406 출력 트랜지스터는 OFF가 된다.

10-10 | 이미터 결합(ECL)회로

일반적으로 논리 계열 중에서 가장 속도가 빠른 것은 이미터결합(emitter coupled logic: ECL)이다. ECL은 이미터 결합 쌍으로 이루어지는 비 포화 전류 스위치를 사용하므로 속도가 빨라지게 된다. 즉 트랜지스터의 스위칭 전류 IC(sat)보다 고정 바이어스 전류가 적기 때문에 동작이 빠르게 되고, 이 스위칭은 전류모드 논리(CML:current-mode logic)동작한다.

10-10-1 ECL 기본회로

ECL 기본 회로는 그림 10-25(a)의 차동 증폭기 형태를 취하고 있다. 회로에서 전류 I_{C1}, I_{C2} 전압 V_{O1}, V_{O2}는 차 전압 $v_d = v_1 - v_2$에 따라 응답한다. 이 때 출력관계는 그림 10-25(b)에서 나타내듯이 입력전압 V_1, V_2에 관계없이 전류의 합은 $i_{C1} + i_{C2} = \alpha_F I_{EE} \simeq I_{EE}$가 된다. 또 $v_d \geq 4V_T = 100mV$ 이면 실제적으로 거의 $i_{C1} \simeq I_{EE}$, $i_{C2} \simeq 0$

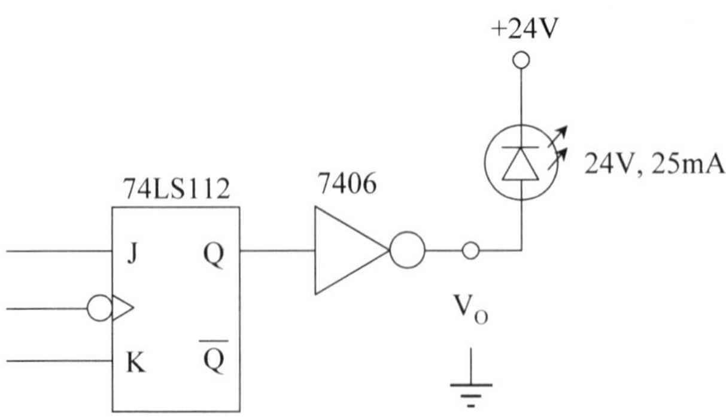

그림 10-24 오픈-컬렉터 버퍼-드라이버

가 되는 것을 알 수 있다. v_d가 음의 값으로 $|v_d| \geq 4V_T$일 때는 $i_{C2} \simeq I_{EE}$, $i_{C1} \simeq 0$ 로 반대로 동작한다. 즉 Q_1은 차단되고 모든 전류는 Q_2로 흐른다.

V_2를 기준전압 V_R로 고정하면 입력전압은 $v_i = v_1$으로 되어 V_R +0.1V에서 V_R −0.1V로 변할 때 전류는 Q_2에서 Q_1으로 전환된다. 트랜지스터가 도통할 때는 순방향 능동(forward active)에서 동작하며 v_d가 이 범위 밖의 값일 때는 Q_1 또는 Q_2중에서 하나가 거의 차단된다.

또, $|v_d| \geq 4V_T$ 이면 V_{O1}이 높고 V_{O2}가 낮거나 또는 그 반대가 되어 이들의 출력이 서로 상보적(complementary)으로 동작한다. 이미터 결합논리 회로는 출력 $\overline{Y}$ 와 Y를 동시에 제공하는 장점을 갖고 있다.

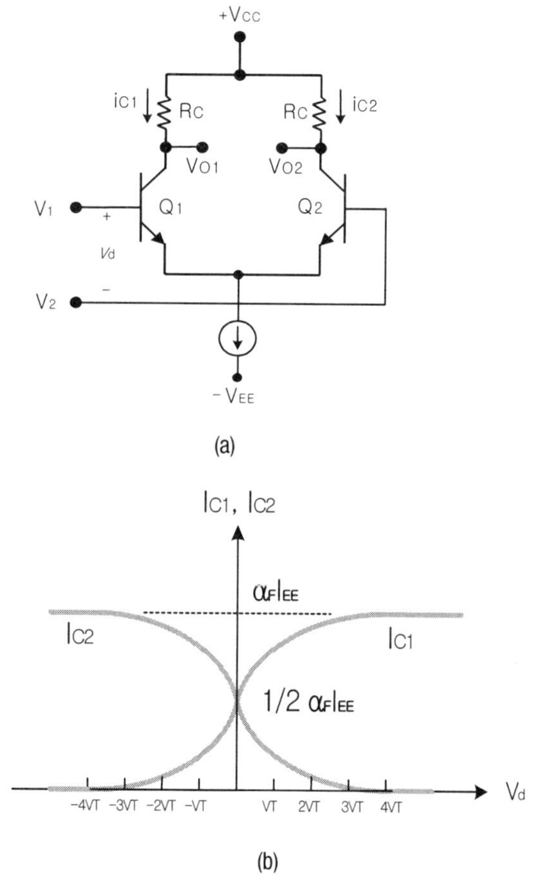

그림 10-25 (a) 기본 ECL 회로 (b) 컬렉터 전류

10-10-2 ECL OR/NOR 게이트

그림 10-26(a)는 표준적인 ECL OR/NOR 게이트의 회로구성을 나타낸다. 회로는 출력이 Y1일 때 인버터처럼 사용될 수 있다. 이 회로는 Q_3처럼 다른 입력을 가지는 병렬트랜지스터 Q_1에 추가하여 하나이상의 입력으로 확장시킬 수 있다. 회로에서 A, B 입력 중 어느 하나라도 $V(1) > V_R + 0.1$ 이 되면, 출력은 $v_{01} = V(1),\ v_{o2} = V(0)$가 된다. 물론 두 입력 모두가 VR+0.1 보다 커도$v_{01} = V(1),\ v_{o2} = V(0)$가 된다. 따라서 결과는 V_{O2}는 OR 출력 ($Y_2 = A + B \equiv Y$)이 되고 V_{O1}은 NOR 출력 ($Y_1 = \overline{(A+B)} = \overline{Y}$)가 되어, 결과적으로 논리적 NOR/OR동작이 된다. 이 NOR/OR 게이트의 기호는 그림 10-26(b)와 같이 나타내고 ECL회로의 기본 회로이다.

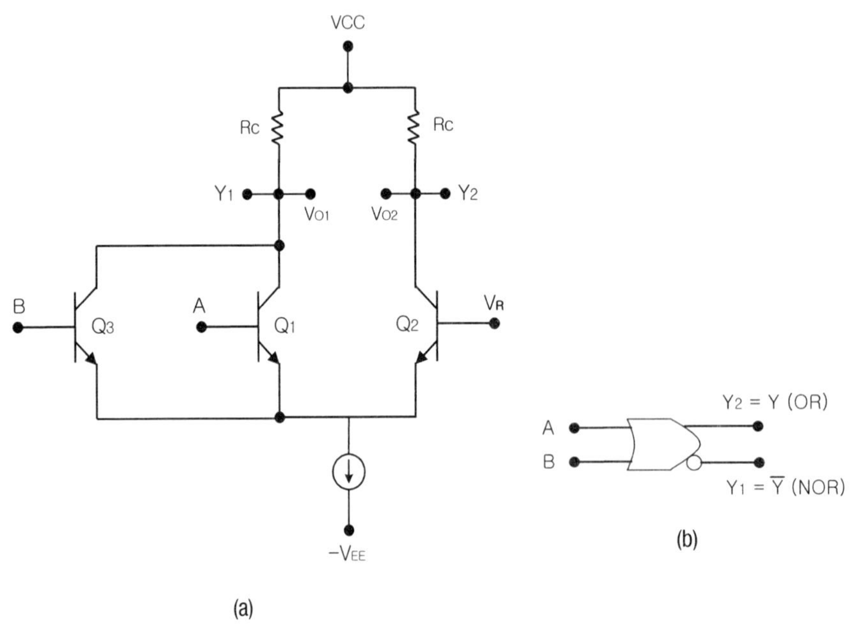

그림 10-26 (a) 표준적인 ECL OR/NOR게이트의 회로 구성
(b) 논리적 NOR/OR 게이트의 기호

10-10-3 ECL OR/NOR 회로

그림 10-27은 설명한 ECL 게이트 OR/NOR 게이트의 완전한 회로로 다음의 3가지 주요 회로로 구성되어 있다. 이는 차동 전류 스위치, 전압기준회로, 이미터폴로 출력단이고 회로의 값은 10K계열의 ECL에 사용되는 대표적인 값이다.

ECL게이트의 칩 안에는 부하가 없어 무부하일때는 Q_5, Q_6의 이미터는 개방 상태로 이미터 팔로워의 부하 저항은 다음 단 게이트의 입력저항으로 이루어진다. 따라서 입력트랜지스터와 접지사이에 들어있는 50kΩ 저항이 드라이버 출력의 부하기 될 수 있다. 입력신호가 없는 Q, B가 개방상태일 때 이 저항에 의하여 입력은 V(0)를 유지하게 된다. 따라서 ECL 게이트는 능동소자 풀업과 수동소자 풀 다운을 갖는다.

전압 기준회로는 I_{E2}를 I_{B2}보다 훨씬 크게 하므로 Q_2에 흐르는 베이스전류에 관계없이 V_R이 일정하도록 하도록 설계한다. 그러나 I_{E2}가 크다는 것은 ECL 게이트의 소비전력이 크게 되는 요인이 되기도 한다. 다이오드 D_1, D_2는 Q_4의 베이스 이미터 접합의 온도 보상용이다.

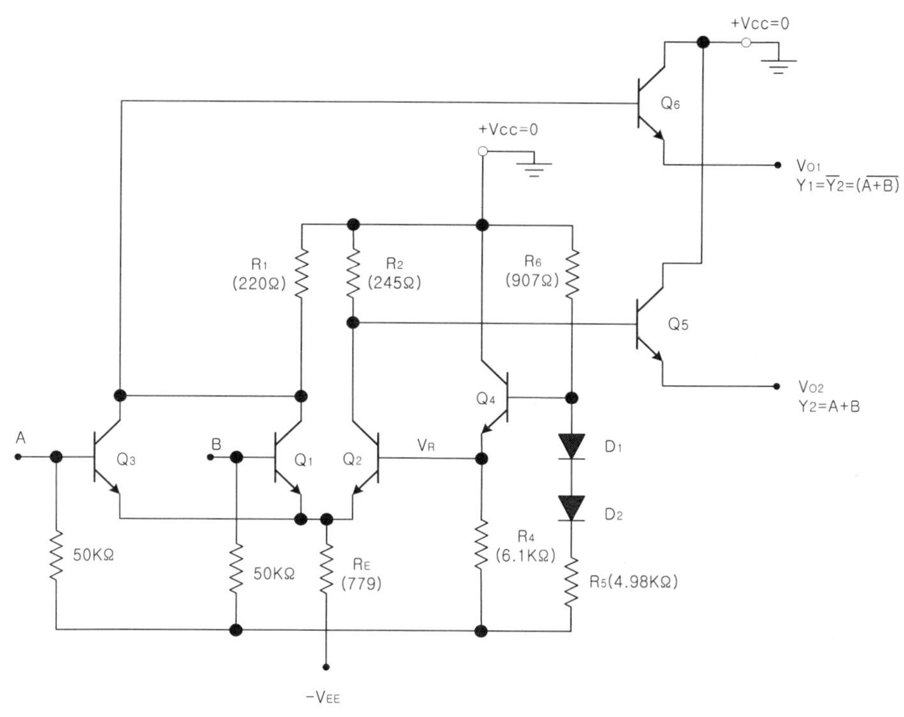

그림 10-27 ECL OR/NOR 회로(10K 시리즈)

10-10-4 ECL계열

ECL계열에서 가장 인기 있는 논리패밀리는 전반지연이 약 2ns 밖에 되지 않는 10K 계열이며, 전반지연이 적은 것은 HIGH와 LOW의 전압 스윙이 적고 비포화 스위칭이 되기 때문이다. 그러나 최근에는 모토롤라사의 ECL시리즈로 피코세컨드(10^{-9}sec)정도의 지연을 갖는 ECL패밀리도 있다.

ECL 게이트는 논리 레벨이 −0.9V와 −1.7V 사이로 스윙폭이 0.8V이며 잡음여유(noise margin)는 HIGH, LOW가 동일한 0.3V 정도이다. ECL의 낮은 잡음여유가 산업 기기에서 사용이 신뢰할 수 없도록 만든다. 또한 팬아웃은 10 이상이고 낮은 임피던스 때문에 출력회로가 이미터 팔로워(emitter follower)이다.

표 10-5 논리 패밀리 비교

Family series	TTL			CMOS		ECL	
Parameter	74LS	74AS	74ALS	74C	74HC	10K	100K
Normal supply voltage, V	5	5	5	5	5	-5.2	-4.5
Maximum VOL, V	0.5	0.5	0.5	0.4	0.4	-1.7	-1.7
Minimum VOH, V	2.7	2.7	2.7	4.2	4.2	-0.9	-0.9
Maximum VIL, V	0.8	0.8	0.8	1.0	1.0	-1.4	-1.4
Minimum VIH, V	2.0	2.0	2.0	3.5	3.5	-1.2	-1.2
NMH, V	0.7	0.7	0.7	0.7	0.7	0.3	0.3
NML, V	0.3	0.3	0.3	0.6	0.6	0.3	0.3
Logic swing, V	2.0	2.0	2.0	3.8	3.8	0.8	0.8
Power dissipation per gate, mW	2	20	1	≈0	0	24	40
Delay, ns	10	1.5	4	30	10	2	0.75
Fan-out	100	10	100	〉100	〉100	100	10

표 10-5은 TTL, CMOS 및 ECL패밀리를 비교하는 표로, 비교적 ECL의 낮은 노이즈 마진과 높은 전력소비는 TTL과 CMOS와 비교되는 단점이다. 또 다른 계열과 달리 음의 전압공급이 필요한 것이며, 이것은 TTL또는 CMOS와 결합에서 사용하는 것을 어렵게 만든다.

10-11 | 인터페이스 회로

인터페이싱(interfacing)이란 어떤 회로나 시스템의 출력을 전기적 특성에서 차이가 있는 다른 회로나 시스템의 입력에 연결함을 말한다. 출력 신호를 공급하는 구동회로와 신호를 받는 부하회로 사이의 전기적 특성이 다르기 때문에 때에 따라 직접 연결이 불가능하다. 인터페이스 회로는 구동과 부하 사이에서 연결된 회로이다. 인터페이스회로의 기능은 구동출력신호를 얻고 조절하여 부하의 요구량을 만족시키는 것이다.

다음절에서는 한 논리계열에서부터 그와 다른 논리계열에 이르기까지 인터페이싱 소자에 포함된 문제점을 알아본다. 이런 형태의 인터페이싱은 제작자들이 각 계열의 장점을 이용하기 위해 시스템에 다른 논리계열들을 이용하는 복잡한 디지털시스템에서 볼 수 있다. 예를 들어 고속의 TTL(74AS, 74S)은 높은 주파수에서 동작되는 부분에 사용되며, LS-TTL은 낮은 주파수에서 동작하는 부분에 LSI나 VLSI 부분에도 N-MOS에도 사용된다.

똑같은 논리계열의 IC들은 각 출력의 팬-아웃(fan out) 한계를 넘지 않는 범위에서 특별한 고려 없이 서로 결합할 수 있다. IC의 출력을 다른 논리계열이나 같은 논리계열 안에 있는 다른 시리즈를 연결하고자 할 때, 일반적으로 소자간의 전압/전류 파라미터를 고려해야 하고 입출력 전류/전압 파라미터 값의 소자 데이터 시트를 점검해야 한다. 우리가 사용하는 표 10-5는 다양한 IC 계열에 대한 입/출력 전압 파라미터를 나타낸다. 표 10-7은 특별한 입/출력 회로가 없는 다양한 CMOS와 TTL 계열에서 사용되는 표준 장치에 대한 입/출력 전압 파라미터를 나타낸다. 이 수치들은 더 큰 출력 전압 수용능력을 가지는 버퍼나 외부 입력이 칩 상에서 하나 이상의 게이트에 내부적으로 연결되는 IC에는 적용 될 수 없다. 이 두 표는 인터페이싱을 위한 IC들에 대한 절차와 아이디어들을 설명하는 절에서 사용될 것이다. 표 값은 대부분의 소자들에 적절하지만, IC 데이터 시트를 점검함이 바람직하다.

표 10-6 5V의 공급 전압에서 논리 패밀리의 입력/출력 전류

	CMOS				TTL				
Parmeter	4000B	74HC/ HCT	74AC/ ACT	74AHC/ AHCT	74	74LS	74AS	74ALS	74F
I_{IH}(max)	1μA	1μA	1μA	1μA	40μA	20μA	20μA	20μA	20μA
I_{IL}(max)	1μA	1μA	1μA	1μA	1.6mA	0.4mA	0.5mA	100μA	0.6mA
I_{OH}(max)	0.4mA	4mA	24mA	8mA	0.4mA	0.4mA	2mA	400mA	1.0mA
I_{OL}(max)	0.4mA	4mA	24mA	8mA	16mA	8mA	20mA	8mA	20mA

10-11-1 TTL 구동 CMOS

다른 구조의 IC와 인터페이싱할 때 구동소자가 부하소자의 전류와 전압 요구량을 만족시키는지를 맞춰봐야 한다. 표 10-7을 검토하면 CMOS의 입력 전류값이 TTL시리즈의 출력전류 용량에 비해서 상당히 낮다. 그래서 TTL은CMOS의 입력 전류 요구량을 만족시키는데 아무런 문제가 없다.

하지만 TTL의 출력전압과 CMOS 입력전압 요구량과 비교했을 때 문제가 있다. 모든 TTL시리즈의 V_{OH}(min)값이 4000B와 74HC, 74AC 시리즈의 V_{IH}(min)허용 값과 비교했을 때 너무 낮다는 것을 알 수 있다. 이러한 상황에서는 CMOS를 위한 허용수준을 위해 TTL출력 전압 상승이 행해져야 한다.

인터페이싱의 문제를 해결하기 위한 가장 일반적인 방법을 그림 10-28에 나타내었다. 이 회로는 Q_1, Q_2, Q_3 트랜지스터의 크기로 TTL 레벨 입력을 CMOS 레벨로 변환하는 버퍼이다.

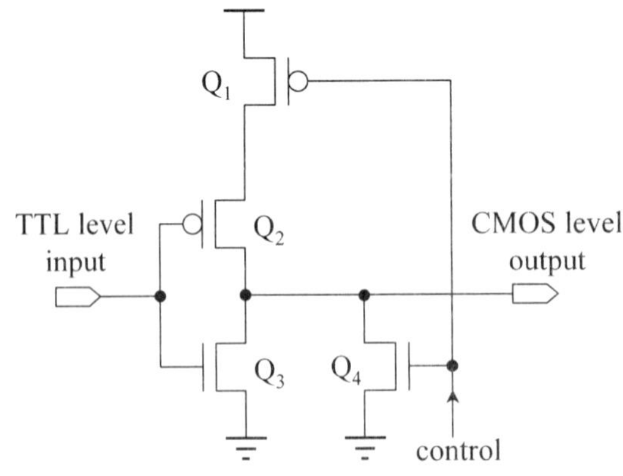

그림 10-28 TTL-CMOS 버퍼 회로

10-11-2 CMOS 구동 TTL

CMOS 출력과 TTL 입력의 인터페이싱의 문제를 다루기 전에 먼저 CMOS 회로의 출력 특성을 알아볼 필요가 있다.

그림 10-29(a)는 HIGH 상태에서의 등가출력회로로 P-MOSFET의 R_{ON}은 출력단자를 V_{DD}에 연결한다. 그래서 CMOS 출력회로는 저항 R_{ON}을 가진 V_{DD} 소스처럼 동작한다. 일반적으로 R_{ON}의 값은 수백 Ω의 범위에 있다.

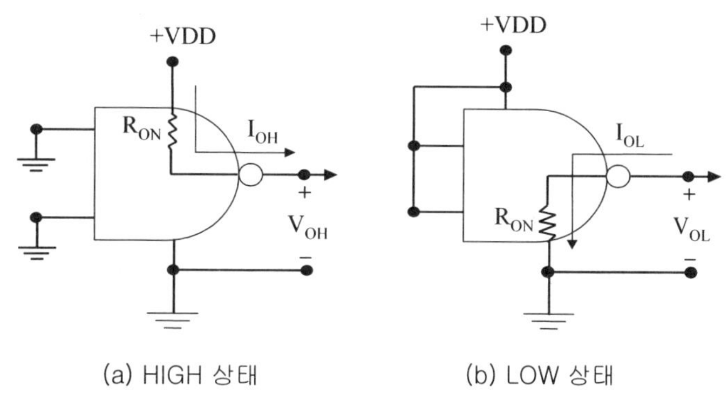

(a) HIGH 상태 (b) LOW 상태

그림 10-29 CMOS 논리 회로 출력 등가 회로

표 10-7 CMOS/TTL 접속에 대한 최악의 경우 값*

변수	CMOS			TTL			
	4000B	**74HC**	**74HCT**	**74**	**74LS**	**74AS**	**74ALS**
V_{IH}(min)	3.5V	3.5V	2.0V	2.0V	2.0V	2.0V	2.0V
V_{IL}(max)	1.5V	1.0V	0.8V	0.8V	0.8V	0.8V	0.8V
V_{OH}(min)	4.95V	4.9V	4.9V	2.4V	2.7V	2.7V	2.7V
V_{OL}(max)	0.05V	0.1V	0.1V	0.4V	0.5V	0.5V	0.4V
I_{IH}(min)	1μA	1μA	1μA	40μA	20μA	200μA	20μA
I_{IL}(max)	1μA	1μA	1μA	1.6mA	0.4mA	2mA	100μA
I_{OH}(min)	0.4mA	4mA	4mA	0.4mA	0.4mA	2mA	400μA
I_{OL}(max)	0.4mA	4mA	4mA	16mA	8mA	20mA	8mA

* 공급전원 = 5V

†CMOS입력에 CMOS구동

그림 10-29(b)은 LOW상태에서의 등가출력회로로 N-MOSFET의 R_{ON}은 출력단자를 접지에 연결시킨다. 여기서 CMOS 출력은 낮은 접지 저항으로, 전류싱크로서 작용된다.

HIGH 상태에서 CMOS 구동 TTL CMOS 출력이 HIGH 상태에서(V_{IH})에서 TTL 입력 허용값을 만족시키는 충분한 전압 (V_{OH})을 쉽게 공급할 수 있다. 또한, 표 10-7에서는 CMOS 출력이 TTL 입력 전류 요구량(I_{IH})을 만족시키기 위해 필요한 전류 (I_{OH}) 보다 더 많은 양을 공급할 수 있다는 것을 알 수 있다. 그래서 HIGH 상태를 위한 특별한 고려를 필요로 하지 않는다.

LOW 상태에서 CMOS 구동 TTL TTL 입력이 LOW 상태에서 상대적으로 높은 입력전류를 가지는 것을 알 수 있으며, 그 범위는 100㎂에서 2㎃까지이다. 74HC와 74HCT은 4㎃까지 전류를 흐르게 할 수 있다. 그래서 74HCT와 74HC는 어떤 계열의 단일 TTL을 구동시키는 데는 어려움이 없다. 그러나 4000B시리즈는 훨씬 더 제한된다. LOW I_{OL}은 74나 74AS시리즈의 1개의 입력을 구동하기에도 불충분하다. 74AHC 시리즈는 74LS와 비슷한 출력 드라이브를 가진다.

연습문제

10.1 CMOS가 일반적으로 TTL에 비해 유용한 것은 다음 중 어떤 것인가?

(a) 더 큰 패키징 밀도
(b) 보다 고속
(c) 더 큰 팬 아웃
(d) 더 낮은 출력 임피던스
(e) 간단한 구조 공정
(f) LSI에 보다 적합
(g) 더 낮은 PD(1 MHz 이하)
(h) 단자회로소자로서만 트랜지스터 사용
(i) 더 낮은 입력 커패시턴스

10-2 토템폴 출력의 장단점을 서술하라.

10-3 TTL 출력으로부터 바로 구동되는 입력을 가질 수 있는 CMOS 시리즈는 어떤 것인가?

10-4 CMOS 출력들과 TTL 입력들 사이에 하나의 버퍼가 필요한 이유는 무엇인가?

10-5 Wired-AND 동작이란 무엇인가?

10-6 풀-업 저항에 대한 값을 결정하는 데 있어 포함되는 요인들은 무엇인가?

10-7 3-상태 IC의 가능한 3개의 출력상태는 무엇인가?

10-8 TTL과 비교하여 NMOS 회로의 상대적인 장점과 단점을 비교하여라.

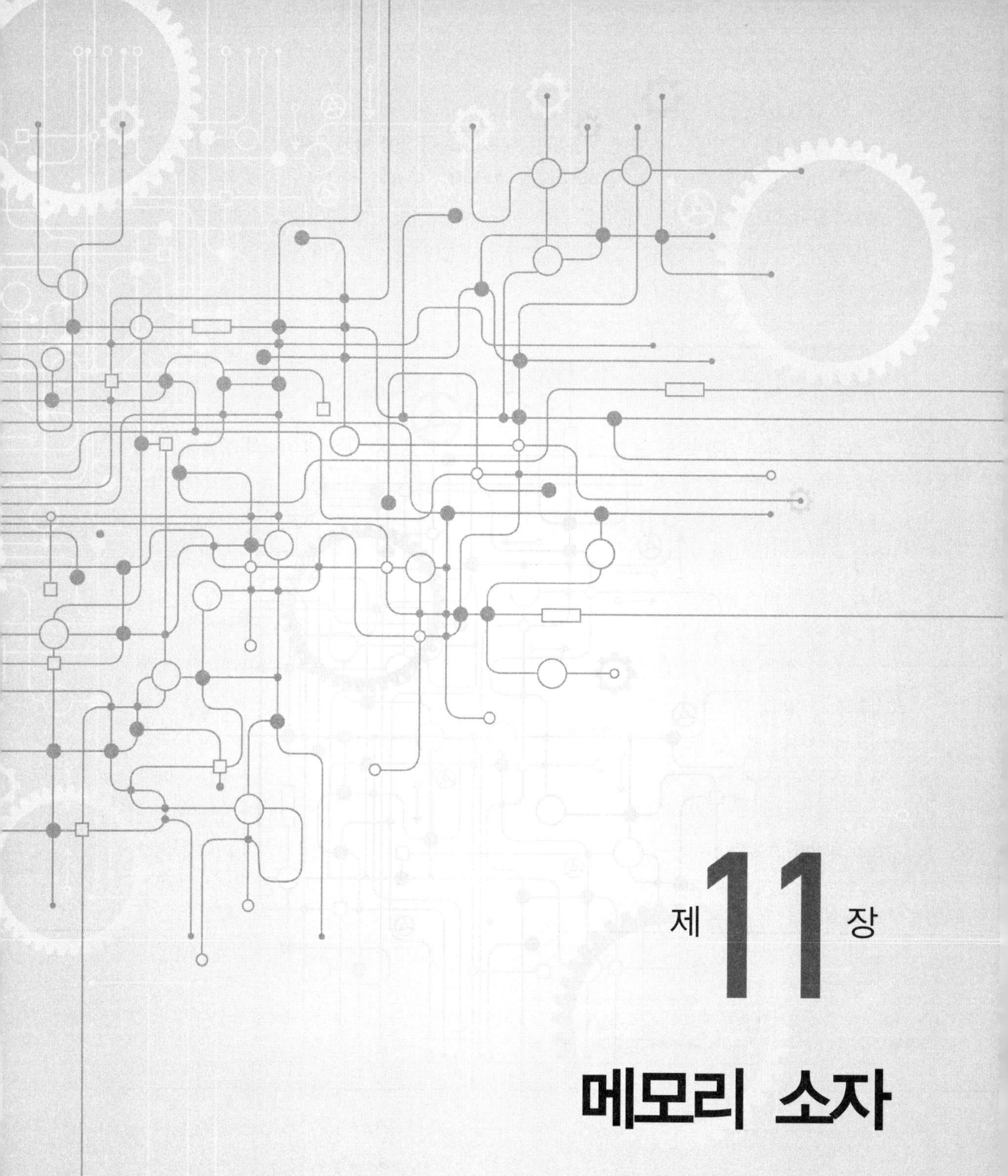

제 11 장

메모리 소자

본 장에서는 디지털 시스템에 사용되는 메모리를 특징에 따라 구분하고, 각각의 동작 원리 및 이를 사용한 응용분야에 대해 고찰한다. 중요한 메모리 소자의 특징을 체계적으로 살펴보고 이의 설계 및 활용을 위한 방안을 학습한다. 그리고 마지막으로 가상 메모리를 포함한 계층적 메모리와 고속 메모리 구성과 CPU와 인터페이스 방안도 학습한다.

11-1 | 개 론

메모리 소자는 컴퓨터 및 거의 대부분의 디지털 신호 처리장치에 데이터와 명령을 저장하는데 필수적이고, 모든 컴퓨터 시스템은 필요에 따라 여러 가지 메모리 소자를 혼용하여 사용하고 있다. 일반적으로 아날로그 시스템에 비해 디지털 시스템은 일정한 시간동안 많은 양의 디지털 데이터를 쉽게 저장할 수 있다는 장점을 갖는다. 다양한 메모리 저장 용량과 처리 속도에 따라 선택하여 사용함으로서, 여러 상황에 융통성 있고 적응 가능한 디지털 시스템을 만들어 준다. 예로 마이크로프로세서와 같은 디지털 컴퓨터내의 내부 메인 메모리는 속도가 빠른 메모리로 용량은 작으나 현재 실행되고 있는 명령어 프로그램과 데이터를 저장할 수 있고, 메인 메모리에 비해 가격은 싸고 저장 용량이 큰 하드디스크와 같은 보조 메모리 장치는 속도는 느리나 대용량의 데이터를 저장하는데 사용된다. 이처럼 이들 메모리 소자는 하나의 메모리 소자만을 사용하지 않고, 그의 가격 대비 성능 및 동작 특성에 따라 구분하여 사용한다. 이들 이외에도 그림 11-1에서 볼 수 있는 바와 같이 CPU와 메인 메모리 간의 데이터 효율을 높이기 위한 캐쉬 메모리나 자주 사용하지 않는 대용량의 데이터를 저장할 수 있는 보조기억장치인 CD(Compact Disc), MD(Magnetic Disc)와 같은 메모리 소자들을 혼용해서 사용한다.

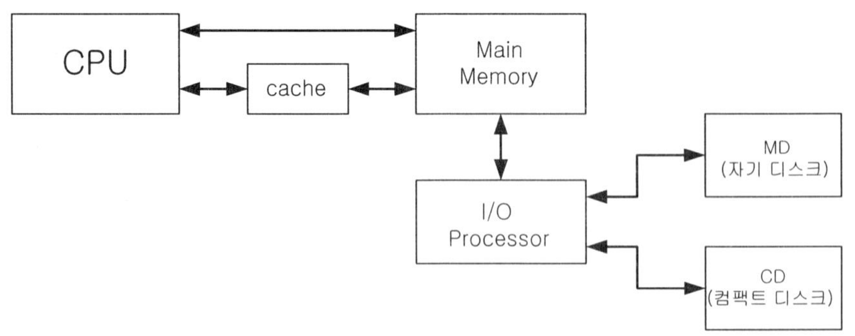

그림 11-1 디지털 시스템 구조

캐쉬 메모리는 메모리 중에서 동작 속도가 가장 빠르며 저장 용량 대비 가격도 가장 높다. 이는 고속 프로세서의 속도와 비슷하거나 이에 근접한 속도로 동작되어 프로세서의 성능 감소 없이 메모리에 접근할 수 있게 한다. 그러나 용량이 적기 때문에 소량의 데이터만을 저장할 수 있기에 CPU에서 요구하는 데이터를 저장하지 않은 경우, 이보다 느린 메인 메모리에서 데이터를 가져온다. 또한 현재 CPU에서 필요하지 않은 데이터는 보조기억장치에 저장하며, 만일 CPU가 이를 요구한다면, 하드디스크와 같은 보조 메모리 장치를 억세스하여 메인 메모리로 그 정보가 전송된다. 이러한 방식으로 한 가지 형태의 메모리 기술만을 적용하지 않고 여러 메모리 기술을 하나의 시스템 내에 적용하여 물리적 특징이 상이한 여러 메모리에 분산하여 데이터를 저장하며 이를 통해 최선의 성능을 얻는다. 컴퓨터 메모리는 위의 동작을 통해 다음 세 가지 그룹으로 구분한다.

1. **프로세서 내부 메모리 –** 명령어와 데이터를 일시적으로 저장하기 위해 작업 메모리로 사용되는 고속 레지스터 집합으로 CPU 내부에 존재한다.
2. **메인 메모리 –** 컴퓨터가 동작하는 동안 프로그램과 데이터를 저장하는데 사용되는 상대적으로 크고 빠른 메모리로 메인 메모리 내에 저장된 정보는 CPU 명령에 따라 직접적으로 그리고 빠르게 접근할 수 있다.
3. **보조 기억 장치 –** 일반적으로 메인 메모리보다 용량은 크나 훨씬 느리다. 이는 시스템 프로그램, 데이터 파일과 CPU가 연속적으로 요구하지 않는 데이터들을 저장하는데 사용되며, 메인 메모리의 용량이 초과 혹은 부족할 경우 입출력 프로세서에 의해 메인 메모리와 데이터를 교류하는 간접 접근 방식으로 사용되며, 대개 자기 디스크 및 광 디스크 등이 이에 포함된다.

이외에도 메인 메모리와 CPU간의 동작을 빠르게 하기 위해 캐쉬 메모리를 채택하여, CPU에서 자주 사용되는 명령어나 데이터를 미리 메인 메모리로부터 가져와서 CPU와 고속으로 데이터를 주고받는다. On-Chip 형태의 캐쉬뿐만 아니라 외부의 L2 캐쉬를 채택하는 이중 캐쉬 방식도 사용한다. 이러한 여러 메모리 소자를 선택하여 디지털 시스템을 구성할 경우 가격 대 성능 비 및 적합한 저장 용량을 고려하여야 한다. 이를 달성하기 위해 사용되는 방법은 다음과 같다.

1. 비트당 낮은 평균 가격으로 높은 평균 성능을 제공하기 위해 여러 메모리를 계층 구조를 통해 구성한다.
2. 저장 공간을 효과적으로 사용할 수 있는 저장 공간 할당 알고리즘을 채택한다.

3. 메모리 관리를 일반 유저가 신경 쓰지 않도록 가상 메모리 개념을 도입하여 물리적 메모리 구성과는 무관하게 동작시킨다.
4. 메모리에 접속된 모든 프로세서들이 최고의 성능을 얻도록 대역폭 및 중재 알고리즘을 설계한다.

11-2 | 메모리 설계 요소

본 장은 앞 절에서 설명된 메모리 설계를 위한 4가지 방법을 통해 메모리 시스템을 설계하기 위한 각 요소들의 특징을 설명하고 그 이후로 가장 일반적으로 사용되는 메모리 장치 및 시스템의 형태를 학습한다.

이미 전기적 메모리 장치인 플립플롭에 매우 익숙해져 있고 또한 레지스터라 불리는 플립플롭의 그룹이 정보를 저장하는데 어떻게 사용되는지 그리고 이 정보가 다른 장치로 어떻게 전송되는지를 보았다. 플립플롭 레지스터는 디지털 컴퓨터의 내부 동작에서 사용되는 고속 메모리 소자로서 이의 디지털 정보는 한 기기에서 다른 장치로 계속적으로 전송되어진다. 반도체 메모리를 설계하기 위해 많은 종류의 메모리 소자를 다루어야 하고, 이는 다음과 같은 특징으로 각각의 용도를 결정할 수 있다.

11-2-1 메모리 비용

메모리 소자의 가격은 이를 이용하여 시스템을 구성하려는 설계자에게 매우 중요한 요소이다. 가격은 단위 비트를 저장하는 셀 자체의 비용뿐만 아니라, 동작에 필요한 부가 회로의 비용도 포함하며, 메모리의 비용 c는 다음과 같이 정의한다.

$$c = \frac{C}{S} dollars/bit$$

LSI 및 VLSI 기술의 발달로 단일 칩상에 대규모의 플립플롭을 다양한 메모리-배열 구조로 집적할 수 있게 되었다. 이들 바이폴라 및 MOS 반도체 메모리는 LSI 기술의 발달에 따라 가장 빠르고 가격은 낮아지고 있다. 또한 각 메모리 소자의 억세스 시간과 가격의 관계는 그림 11-2에 예시된 것처럼 나타난다.

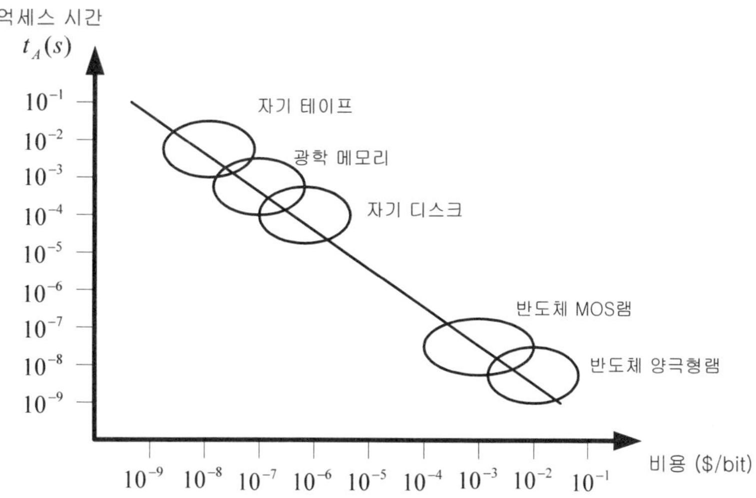

그림 11-2 메모리 소자의 가격대 억세스 속도 그래프

자기 테이프의 경우 가장 느린 억세스 시간과 가장 낮은 비용으로 구현 가능한 메모리 소자이며, 과거에 대용량의 정보 저장을 위해서만 사용되며, 현재 일반적으로 광학메모리와 자기디스크를 보조기억장치로 채택한다. 또한 반도체 RAM은 빠른 억세스 속도를 가지나 타 메모리에 비해 가격이 높기에 소규모 메인 메모리로 주로 사용된다.

11-2-2 메모리 억세스 시간

메모리의 성능은 초당 메모리로부터 읽고 쓸 수 있는 데이터의 양으로 나타낼 수 있다. 이는 한 워드의 데이터를 메모리로부터 읽는데 요구되는 평균시간으로 정의하고, 이를 억세스 시간 혹은 접근 시간이라 하며, t_A라 표기한다. 억세스 시간은 메모리 소자가 읽기 요구를 받은 후, 그 메모리 출력에 요구된 데이터가 나올 때까지의 시간으로 계산되며, 메모리 접근율 bA는 $1/t_A$로 정의되고 초당 워드 수로 측정된다.

최선의 메모리 시스템을 구성하는 요건은 낮은 비용으로 높은 접근율을 얻는 것이나, 이는 그림 11-2에서 나타낸바와 같이 상반되게 나타나기에 높은 접근율을 가진 메모리들은 가격이 비싸고 낮은 가격의 메모리 소자는 접근율이 낮다. 그러나 LSI 및 VLSI 기술의 발달로 과거에 비해 비용은 빠른 속도로 감소되고 억세스 시간은 점차 빨라지고 있다

11-2-3 억세스 방식

억세스를 원하는 정보가 저장된 메모리의 각 주소로 임의의 순서로 접근하고, 억세스 타임이 읽거나 쓰는 위치에 독립적이라면, 이러한 메모리를 랜덤 억세스 메모리(Random Access Memory)라고 하고 DRAM과 같은 대부분의 반도체 메모리는 이에 속한다. 이와는 달리 미리 정해진 순서에 따라 저장 위치를 접근할 수 있는 메모리를 직렬 접근 메모리(Serial Access Memory)라 하고 자기 테이프, 광학 메모리는 이에 속한다. 따라 랜덤 억세스 메모리는 그림 11-3(a)와 같이 모든 저장 위치에 독립적인 판독-기록 헤드가 있어, 메모리를 억세스 하는데 원하는 정보가 저장된 위치와 관련 없이 거의 동일한 시간이 요구되며, 그림 11-3(b)와 같은 자기 테이프처럼 저장된 위치를 순차적으로 찾아야 하는 직렬 접근 메모리는 하나의 판독-기록 헤드가 있고 저장 미디어가 순차적으로 이동하며, 원하는 데이터를 찾기 때문에 억세스 시간이 저장된 위치와 밀접한 관계를 갖는다.

직렬 억세스 메모리는 보통 순차 억세스 메모리(Sequential Access Memory: SAM)이라고도 하며, 이는 요구된 정보가 저장된 위치를 소자에서 찾기 위해 순차적으로 검사해야 된다는 것을 의미한다. 마그네틱 테이프의 경우 원하는 정보가 저장된 위치를 찾기 위해 테이프를 전후로 이동하며 검색해야만 한다. 순차 억세스 메모리는 억세스 하려는 연속적인 워드의 긴 시퀀스 내에 있을 때 유용하다.

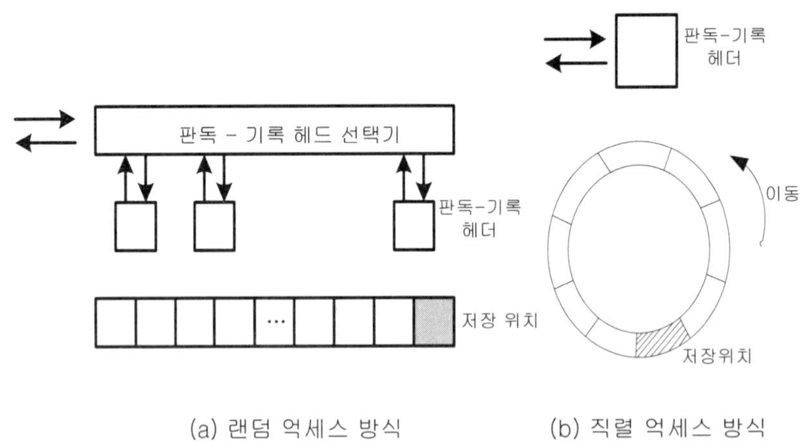

그림 11-3 억세스 방식에 따른 분류

11-2-4 저장의 불변성

메모리에 저장된 정보가 일정 기간이 지나면 잃어버릴 수도 있다. 우선 메모리 소자에 대한 전원 차단으로 정보를 잃는다면, 이를 휘발성 메모리라 하고 대부분의 반도체 메모리들은 휘발성 메모리임을 의미하며, 자기 디스크 또는 광학 메모리의 경우 전원이 차단되어도 정보를 유지하는 비휘발성 메모리이다. 또 어떤 메모리는 저장된 값이 커패시터에 충전된 전하로 1을 표현할 경우를 예를 들면 물리적인 감쇠로 전하가 누설되어 0으로 바뀌며 이를 방지하기 위해 리프레쉬라고 불리는 재충전을 수행한다. 리프레쉬를 요구하지 않는 메모리를 스태틱 메모리(static memory)라 하고 주기적으로 리프레쉬를 요구하는 메모리를 다이내믹 메모리(dynamic memory)라 한다. 전원이 제거되어도 저장된 정보를 유지해야 하는 경우에는 비휘발성 메모리를 사용하며, 전원이 제거되면 기존 정보를 모두 제거해도 되는 경우에는 반도체 RAM과 같은 휘발성 메모리를 사용한다.

11-2-5 사이클 시간과 데이터 전송률

11-2-2 절에서 메모리 소자가 읽기 신호를 받고 출력 단자에 요구된 데이터를 내보내는 데까지 필요한 시간을 억세스 시간 t_A로 정의하였다. 다이내믹 메모리의 경우 리프레쉬되는 동안은 다음 메모리 접근을 시작할 수 없고, 이는 두 연속적인 메모리 요구 간에 경과해야 하는 최소 시간이 t_A보다 커야함을 의미한다. 따라 이를 메모리의 사이클 시간 t_M으로 정의한다. 이는 메모리 소자에서 판독이나 기록 동작을 끝내는데 필요한 시간으로 정의하고, 매 초당 메모리에서 전송될 데이터의 최대량은 $1/t_A$이고 이를 데이터 전송율 혹은 대역폭 bM이라 한다.

11-2-6 메모리 기술 용어

메모리 소자에 대한 학습에 앞서 사용되는 소자의 특징 및 동작에 관한 몇 가지 기본 용어의 의미를 설명하는 것이 학습을 위해 효과적이다.

가. 메모리 셀

메모리 소자는 각각 저장 용량이 다양하나 가장 작은 저장 단위인 0 혹은 1의 단일 비트를 저장하는데 사용되는 기기 혹은 전기적 회로를 말한다. 이의 예로 DRAM과 SRAM의

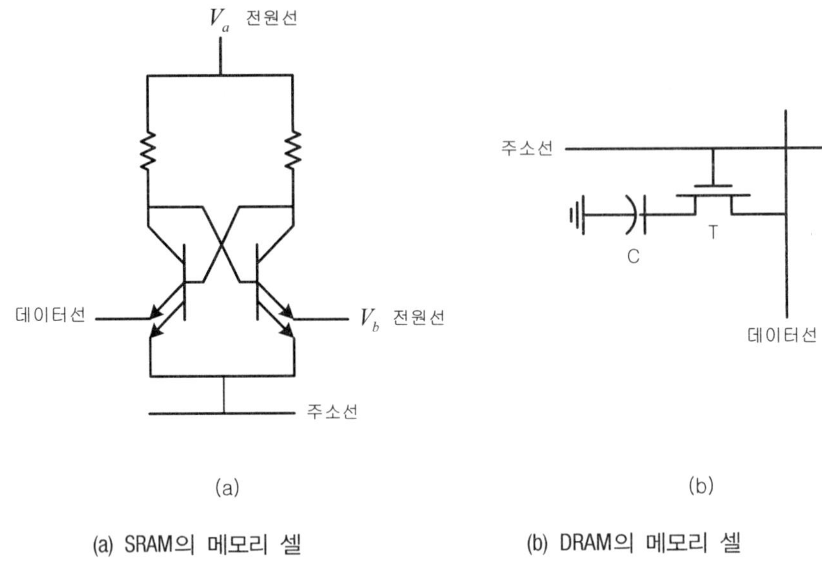

(a) SRAM의 메모리 셀　　　　(b) DRAM의 메모리 셀

그림 11-4 메모리 셀

단위 회로를 그림 11-4에 나타내었다. 이는 데이터 라인을 통해 전송된 1비트의 데이터를 저장할 수 있고 혹은 저장된 데이터를 전송할 수 있다. 또 이를 식별한 어드레스 라인이 필요하다.

나. 메모리 워드

메모리내의 비트들의 단위 그룹으로 한 단위의 명령어 혹은 데이터를 가리키며, 보통 1바이트를 가리킨다. 예로 8개의 플립플롭으로 구성된 레지스터는 8비트 워드를 저장하는 메모리로 간주할 수 있다. 현대 컴퓨터의 워드 사이즈는 일반적으로 컴퓨터의 크기와 버스 대역폭에 따라 4에서 64비트의 범위를 갖는다.

다. 저장용량

특정 메모리 소자 혹은 완전한 메모리 시스템에 저장할 수 있는 비트 혹은 바이트의 양을 말한다. 예를 들어 단위 워드가 8비트인 워드를 4096개의 저장할 수 있는 메모리 소자는 4096(워드 수)×8(비트/워드)로 계산되어 총 32768비트의 저장용량을 갖는다고 말한다. 또 이 메모리의 저장용량을 표기 시 4096×8로 나타낼 수 있다. 이런 식으로 표현할 때 첫 번째 수 4096은 몇 워드인가를 나타내고 두 번째 수 8은 워드당 비트 수 즉 워드 크기를 나타낸다. 일반적으로 메모리내의 워드 수는 종종 210인 1024의 배수로 나타낸다. 메모리의 용량을 나타낼 때 일반적으로 1024 바이트를 표기할 때 "1K Byte"라고 표기한다. 따라서 4K×8의 저장 용량을 갖는 메모리는 실제적으로 4096×8비트 메모리가 된다.

점점 메모리의 용량이 대용량화됨에 따라 2^{20}=1,048,576을 표시하기 위해 "1M" 혹은 1 메가(mega)라는 용어를 사용하고 2M×8의 저장 용량을 갖는 메모리의 실제 용량은 2,097,152×8비트의 용량을 갖는다. 마찬가지로 2^{30}=1,073,748,824를 나타내기 위해 "1G" 혹은 1기가(giga)를 사용하고 2^{40}을 표기하기 위해 "1T" 혹은 1 테라(tera)라고 한다.

라. 저장밀도

메모리 소자의 저장용량을 나타내는 또 다른 용어로 물리적인 크기를 결정하는 요소이다. 이는 단위 면적 혹은 단위 체적 당 저장 가능한 비트 수를 의미한다. 다른 메모리 장치보다 더 많은 밀도를 갖는 메모리 장치를 말할 때 이는 동일한 크기의 공간에 더 많은 비트를 저장할 수 있음을 의미하며 동일한 용량인 경우 메모리 소자의 크기가 줄어들게 된다. 이의 예로 CD를 들 수 있으며, 동일한 크기의 CD 미디어 내에 저장밀도의 차이로 인해 650메가, 700메가, 800메가 등 다양한 저장용량을 갖게 된다.

마. 어드레스

메모리 내에서 한 워드가 저장된 위치를 지시하는 숫자로 메모리 소자나 입출력 시스템에 저장된 각 워드는 고유한 어드레스를 갖고 구분된다. 어드레스는 디지털시스템 내에서 가끔 8, 16 그리고 10진수로 표시되나 일반적으로 이진수로써 표기된다. 그림 11-5는 8 워드로 구성된 메모리를 예시한다. 각 워드는 3비트의 어드레스로 각각 식별할 수 있다.

어드레스 (3비트)	내용
000	워드 0
001	워드 1
010	워드 2
011	워드 3
100	워드 4
101	워드 5
110	워드 6
111	워드 7

그림 11-5 어드레스에 따라 저장된 데이터

여덟 개의 각 워드의 위치를 구분하기 위해서는 8개의 주소가 필요하며 이를 위해 최소한 3비트 어드레스가 요구된다. 따라서 000에서 111의 범위로 각 워드가 저장된 위치를 구분한다. CPU나 IOP와 같은 블록들이 메모리내의 특정 워드를 요구할 때는 이의 어드레스를 메모리 소자로 전송하고, 메모리 소자는 지정된 어드레스에 저장된 데이터를 읽거나 쓰게 된다.

바. 읽기 동작

CPU나 혹은 다른 디바이스가 메모리에 저장된 정보를 가져오도록 요구하는 동작을 말하며, 이의 수행을 위해 메모리 소자로 원하는 정보가 저장된 위치 어드레스와 읽기 명령을 메모리 소자로 전송한다. 이 명령을 수신한 메모리 소자는 지정된 어드레스내의 데이터를 출력단에 위치시킨다. 그리고 이를 요구한 디바이스가 수신하는 단계까지의 전체의 동작을 말한다. 예를 들어 만일 어떤 목적을 위해 그림 11-5의 메모리에서 워드 4를 불러오려면 읽기 명령과 어드레스 100 번지를 메모리로 전송해야 한다. 그런 후 메모리는 100번지에 저장된 워드를 읽어 출력단에 위치시킨다. 읽기 동작은 자주 페치(fetch) 동작이라고도 하는데 이는 하나의 워드를 메모리로부터 가져오기 때문이며 이 두 용어는 상호 교환적으로 사용한다.

사. 쓰기 동작

새로운 워드가 특정 메모리 위치에 기록되는 동작으로 이는 저장 동작이라고도 한다. CPU나 다른 디바이스가 메모리의 내용을 갱신하기 위해서는 쓰기 명령과 저장하길 원하는 메모리 위치의 어드레스, 그리고 저장할 데이터를 메모리 소자로 전송한다. 이를 수신한 메모리는 받은 데이터를 지정된 어드레스 내에 저장한다. 이러한 동작을 가리켜 쓰기 동작이라 하고, 새로운 데이터 워드가 어드레스 된 메모리 영역에 쓰여질 때마다 이전에 이 영역에 저장된 워드와 대체된다.

아. 읽기 전용 메모리(ROM)

마이크로프로세서에서 명령어가 저장된 메모리는 읽기 동작만 수행하고 쓰기 동작은 전혀 수행하지 않는다. 이처럼 읽기 동작만이 필요한 메모리 어플리케이션을 위해 설계된 포괄적 영역의 반도체 메모리이다. 기술적으로 ROM은 단지 한번 쓰여 지고 이 동작은 일반적으로 반도체 공장에서 수행된다. 그 후 메모리로부터 읽기 동작만 가능하고 쓰기 동작은 허용되지 않는다. 이와 비슷한 종류의 ROM으로 한 번 이상 쓰기가 가능한 RMM(Read Mostly

Memories)이 있다. 그러나 쓰기 동작은 읽기 동작보다 더욱 복잡하고 자주 수행되지 않는다. 다양한 형태의 ROM은 이장의 나머지 부분에서 설명한다. 모든 ROM은 비휘발성이고 전원이 끊어져도 데이터는 저장된다.

자. 메인 메모리

컴퓨터의 작업 메모리라 불리며, 현재 CPU가 현재 작업 중인 명령어와 데이터를 저장한다. 이는 컴퓨터 내에서 가장 빠른 속도의 메모리이며 대부분 반도체 메모리다.

차. 보조 기억 장치

메인 메모리의 외부에서 대용량의 정보를 저장하기 때문에, 대용량 저장장치라 불리며 이는 메인 메모리보다 속도면에선 느리나 비휘발성이다. 마그네틱 디스크와 CD가 일반적인 보조 기억 장치이다.

11-3 | 일반 메모리 동작

비록 각 메모리의 종류에 따라 내부 동작이 차이가 있으나 읽기 및 쓰기와 같은 기본적인 동작 원리는 모든 메모리 장치에서 동일하다. 이 기본 개념들의 이해는 이후 각 개별 메모리 장치를 학습하는데 도움이 된다. 모든 메모리 장치는 다음에 나열된 기능을 수행하기 위해 몇 가지 다른 입력과 출력이 필요하다.

1. 읽기 또는 쓰기 동작 선택
2. 메모리 소자를 활성화시키기 위한 메모리 인에이블
3. 동작 수행할 메모리의 어드레스 선택
4. 쓰기 동작 동안 메모리에 저장될 입력 데이터 전송
5. 읽기 동작 동안 메모리에서 나오는 출력 데이터 수신

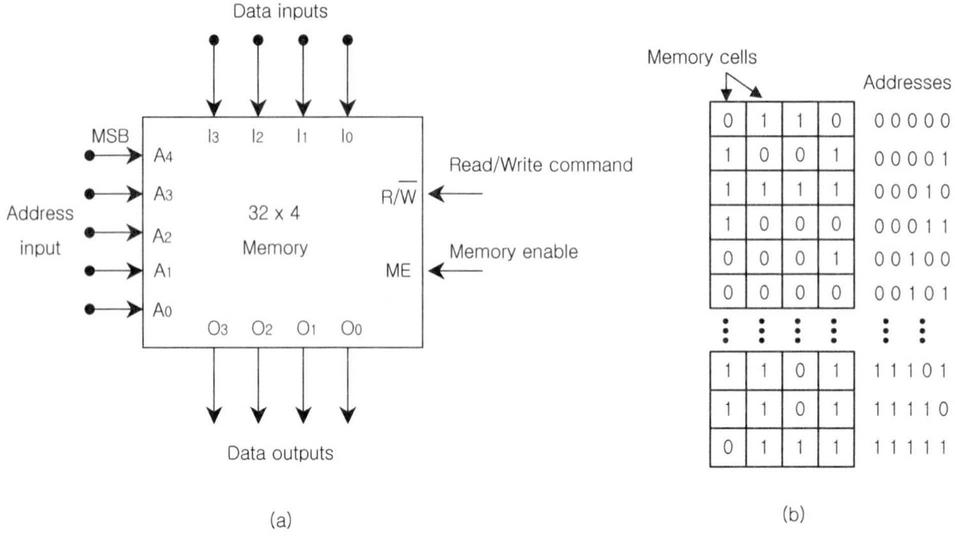

그림 11-6 (a) 32x4 메모리 블록도; (b) 32개의 4비트워드 메모리 셀의 가상적인 정렬

그림 11-6(a)는 32개의 4비트 워드를 저장하는 32×4 메모리의 단순화된 심볼로 메모리 소자의 입출력을 나타낸다. 워드 크기가 4비트이기 때문에 I_0에서 I_3의 4개의 데이터 입력선과 O_0에서 O_3의 4개의 데이터 출력선이 있다. 쓰기 동작 동안 메모리 인에이블 입력과, 쓰기 명령이 인가되고, 메모리에 저장될 데이터는 데이터 입력선에 인가되어야 한다. 읽기 동작동안 인에이블 신호와 읽기 명령이 인가되고, 메모리로부터 읽혀질 워드는 출력선에 나타난다.

11-3-1 어드레스 입력

그림 11-6(a)의 메모리가 32개의 다른 저장 영역을 가지고 각 영역마다 4비트의 워드를 저장하고 있기 때문에 32개의 어드레스를 구분하기 위해 $00000_2 \sim 11111_2$ (십진수로 0~31)까지 32개의 서로 다른 어드레스를 갖고 이는 5비트의 이진 어드레스를 필요로 한다. 따라서 32개의 어드레스 영역을 지정하기 위해 I_0에서 I_4의 5개 어드레스 입력이 필요하다. 이들 메모리 영역 중 한 어드레스에 접근하여 읽기나 쓰기 동작을 하기 위해서는 특정 어드레스에 해당하는 5비트의 어드레스 코드를 어드레스 입력에 인가해야 한다. 일반적으로 N개의 어드레스 입력이 2^N개의 워드 용량을 지닌 메모리에서 필요하다.

그림 11-6(a)의 메모리는 각 레지스터가 그림 11-6(b)에 예시된 것과 같이 4비트 워드를

유지하는 32 레지스터의 조합으로 볼 수 있다. 각 어드레스 영역은 그 위치에 4비트의 워드를 저장하기 위해, 1과 0로 구성되는 4개의 메모리 셀을 포함한다. 예를 들어 어드레스 00000에 4비트 데이터 워드 0110을 저장할 수 있고 또 어드레스 00001에 데이터 워드 1101을 저장할 수 있다.

11-3-2 R/$\overline{W}$ 입력

이 입력은 메모리 동작이 읽기(R) 혹은 쓰기($\overline{W}$)중 어느 동작을 시킬지를 결정한다. 입력은 R/$\overline{W}$ 로 표시되고 R 위에는 bar가 없다. 이는 R/$\overline{W}$ 입력이 1일 때 읽기 동작이 수행됨을 지시한다. W 위의 바는 R/$\overline{W}$ 입력이 0일 때 쓰기 동작이 진행됨을 지시한다. 다시 말해, 바는 입력이 LOW일 때 쓰기 동작이 수행되는 것을 지시하며 또 읽기 동작은 이 입력이 HIGH일 때 수행한다. 이는 메모리 소자에 따라 차이가 있을 수 있고 데이터 시트에서 확인을 해야만 한다.

그림 11-7(a)는 00011인 어드레스 영역의 메모리 레지스터로 데이터 0100이 쓰여지는 것을 나타낸다. 이 데이터 워드는 메모리의 데이터 입력 라인으로 적용되어지고 이전에 00011의 주소에 저장된 데이터를 대체한다. 그림 11-7(b)는 11110의 주소로부터 1101의

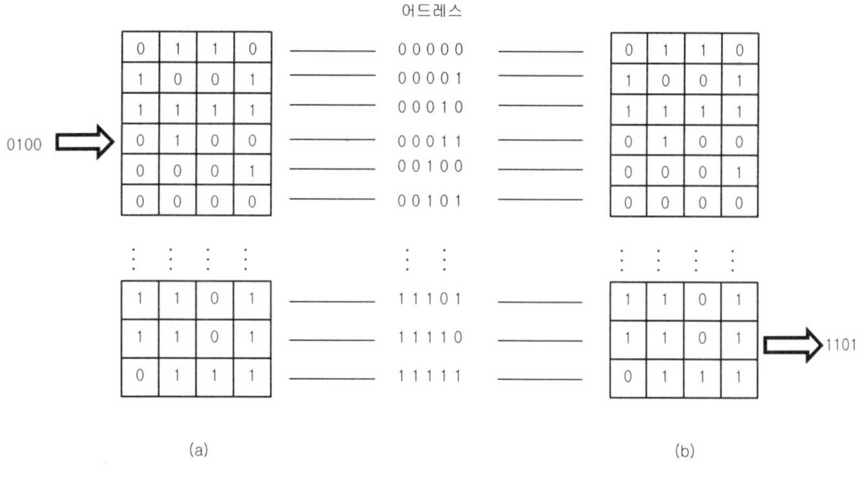

(a) 00011번지로 0100 쓰기　　　(b) 11110번지에서 1101 읽기

그림 11-7 읽기 및 쓰기 동작

데이터 워드가 읽혀짐을 보인다. 이 데이터 워드는 메모리의 데이터 출력 라인에 나타난다. 읽기 동작 후 데이터 워드 1101은 11110의 주소에 계속 저장되어진다. 다시 말해 읽기 동작은 저장된 데이터를 변화시키지 않는다.

11-3-3 메모리 인에이블(Memory Enable)

많은 메모리 장치뿐만 아니라 여러 디바이스들은 상관없는 입력에 동작하지 않도록 메모리 소자를 사용 불가능하게 만드는 입력을 가지고 있다. 다양한 디바이스에서 이를 위해 칩 인에이블(Chip Eable : CE) 혹은 칩 선택(Chip Select : CS)와 같은 다양한 표기명을 가지나 그림 11-6(a)에서는 메모리 인에이블(ME) 입력으로 나타내었다. 이 입력 단자는 HIGH를 유지할 때 메모리가 정상적인 동작을 수행하기 때문에 동적 HIGH(active High)라 한다. 단자에 LOW가 인가되면 메모리는 사용 불가능 상태가 되어 어드레스 입력단과 $R/\overline{W}$ 입력단의 입력 변화에 응답하지 않는다. 이런 종류의 입력은 몇 개의 메모리 모듈이 조합되어 대규모 메모리를 구성하여 상호 동작 시에 유용하며, 이후 이 개념을 설명하도록 한다.

11-4 | CPU-메모리 인터페이스

ROM 또는 RAM과 같은 반도체 메모리는 데이터 버스와 어드레스 버스를 통해 CPU와 연결되며, 이는 메인 메모리로서 동작하며 지속적으로 CPU와 데이터를 송수신한다. 본 절은 이 때 수행되는 CPU-메모리 인터페이스를 간략하게 설명함으로써 메모리 소자에 대한 이해를 더 잘 할 수 있도록 한다.

컴퓨터 메인 메모리는 세 종류의 신호선 혹은 버스로 CPU와 인터페이스 되는 RAM과 ROM IC로 구성되어진다. 이는 그림 11-8처럼 어드레스 버스, 데이터 버스 그리고 제어 버스로 구성된다. 이들 버스는 각각 몇 개의 선으로 구성되는데, 각 버스선의 수는 필요에 따라 다르다. 이 세 종류의 버스는 메모리에 데이터를 읽거나 쓰기 위해 CPU의 필요 부분을 동작시킨다. 컴퓨터가 명령 프로그램을 실행할 때 CPU는 (1) 실행될 동작을 나타내는 프로그램 코드 (2) 동작될 데이터를 갖고 있는 메모리에서 정보를 계속 읽는다. CPU는 프로그램 명령어에 의해 지시된 메모리 주소에 데이터를 저장하기도 한다. CPU가 특정 메모리 주소에 데이터를 쓸 때, 다음 단계로 수행된다.

11-4-1 읽기 동작

CPU가 특정 메모리 영역에서 데이터를 읽을 때는 다음 단계를 실행한다.

1. 어드레스 버스에 원하는 정보가 저장된 어드레스를 인가한다.
2. CPU는 메모리 읽기 동작을 위해 적절한 제어신호 선을 활성화시킨다.
3. 메모리 소자는 읽기 동작이 실행되는 위치를 선택하기 위해 이진 어드레스를 해독한다.
4. 메모리 소자는 선택된 메모리 위치로부터 데이터 버스에 데이터를 인가한다.

11-4-2 쓰기 동작

CPU가 특정 메모리 위치에 데이터를 저장시킬 경우 다음 단계를 실행한다.

1. CPU는 데이터가 저장될 메모리 위치에 이진 주소를 공급한다.
   어드레스 버스에 지정된 어드레스를 인가한다.
2. CPU는 데이터 버스에 저장될 데이터를 인가한다.
3. CPU는 메모리 쓰기 동작을 위해 제어신호를 인가한다.
4. 메모리 소자는 저장될 위치를 선택하기 위해 이진 어드레스를 해독한다.
5. 데이터 버스에 잇는 데이터는 선택된 메모리 위치로 전송된다.

각 버스들은 다음과 같은 기능을 수행한다.

- **어드레스 버스** : CPU에서 메모리 소자까지 어드레스 출력을 전달하는 단방향 버스이다.

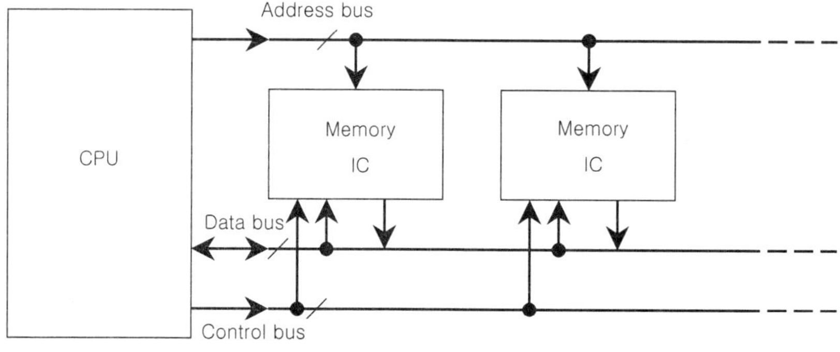

그림 11-8 CPU-메인메모리 인터페이스

- **데이터 버스** : 이는 CPU와 메모리 IC 사이에 데이터를 옮기는 양방향 버스이다.
- **제어 버스** : 이는 CPU에서 메모리 IC 까지 $R/\overline{w}$ 신호와 같은 제어신호를 전달한다.

만일 메모리의 용량을 더 늘리려면 적절한 메모리 소자를 더 연결하고 이들 칩의 선택을 위한 디코더를 설계해야 한다.

11-5 | 메모리 계층 구조

메모리 소자는 일반적으로 메모리 계층구조(M_1, M_2, M_3, ... M_n)를 형성하여 메모리 시스템을 구성한다. 각각의 M_i 메모리는 계층 구조상의 상위 메모리 요소 M_{i-1}에 종속된다. 이는 임의의 시간에 M_{i-1} 메모리에 저장된 정보는 Mi에도 저장되어 있으나, 그 반대는 성립하지 않는다. CPU와 다른 프로세서들은 계층구조의 첫 요소 M_i과 직접 통신하고 이에 요구된 데이터가 없을 경우, M_2 메모리를 억세스 한다. 각 메모리 레벨 M_i와 M_{i+1} 간에는 다음과 같은 관계가 성립한다. C는 비트당 가격이고, t_A 는 억세스 시간이며, S는 저장용량이다.

$$C_i > C_{i+1}$$

$$t_{Ai} < t_{Ai+1}$$

$$S_i < S_{i+1}$$

즉 가격은 계층 구조가 높을수록 비싸고, 동작속도는 느리고 저장용량은 작아진다. 그림 11-9는 일반적인 메모리 계층을 나타내며 보통 2계층을 그리고 캐쉬 메모리를 삽입한 경우 3계층 구조를 통해 메모리 시스템을 구성한다. 일반적으로 캐쉬 메모리를 위해 바이폴라 반도체 RAM이, 메인 메모리를 위해서는 MOS 반도체 RAM이 그리고 보조기억장치는 자기 디스크를 사용한다.

프로그램이 실행되는 동안 CPU는 연속적인 논리 주소 흐름을 발생시킨다. 이 주소들은 메모리 계층구조 전체에 분산되며, 메모리 계층구조의 성능을 증가시키기 위해서는 속도가 가장 빠른 M_1에서 CPU가 참조를 원하는 데이터를 얻어야 한다. 이를 위해 CPU에 참조되기 전에 M_1 메모리에 미리 저장할 수 있도록 해야 하며 찾는 경우 메모리 히트(hit), 만일 M_1에서 찾을 수 없다면, 이를 메모리 미스(miss)라 하고 다음 계층의 메모리인 M_2에서

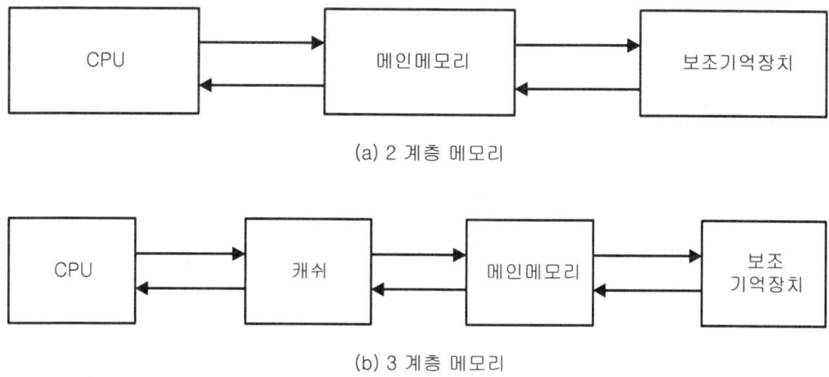

그림 11-9 메모리 계층 구조

데이터를 찾게 되며 이는 M_1 메모리에 비해 억세스 속도가 느리기 때문에 전체적인 성능이 감소된다. CPU가 참조할 데이터를 상위의 메모리 계층에 미리 저장시킬수록 전체적인 성능은 증가되며, 이는 참조의 지역성(locality)을 기반으로 랜덤하게 가져오는 경우보다 히트율을 더 높일 수 있다.

가. 공간 지역성(Locality in Space)

공간 지역성은 대부분의 컴퓨터 코드가 반복해서 작은 부분을 억세스한다는 점에 기반한다. 전형적인 프로그램이 짧은 기간 동안 발생시킨 어드레스는 작은 논리적인 주소 공간에 제한되는 경향이 있다는 사실을 의미한다. 공간 지역성이 일어나는 이유는 명령어와 자료들이 대략 필요한 순서대로 프로그램되어 메모리에 저장되기 때문이다. 즉 CPU가 현재 A 어드레스 공간의 명령을 수행하는 중이라면 다음 명령은 A+1의 어드레스의 명령어가 될 확률이 가장 높기 때문에 공간 지역성을 이용하여 미리 높은 계층 구조의 메모리에 가져다 놓는다면 히트율이 높아질 수 있다. 두 번째 이유는 프로그램 루프의 사용이다. 루프안의 명령은 반복적으로 실행되며, 이들 주소에 높은 빈도의 참조를 하게 된다. 따라서 루프가 실행될 경우 가능하다면 M_1 메모리에 루프내의 모든 명령문을 저장하도록 지시해야 한다.

나. 시간 지역성(Locality in Time)

지역성의 두 번째 주요 원리는 시간 지역성이다. 이는 실행될 명령어가 각각 시간에 대해 넓게 흩뿌려진 명령 즉 분기나 브랜치를 사용할 확률보다 순차적인 명령을 사용할 가능성이 높은 점에서 출발한다. 즉 참조될 메모리 위치는 시간상으로 매우 근접하며, 이를 시간 지역성이라 한다.

공간 지역성과 시간 지역성을 이용하여 M_1 메모리 내용의 대체 알고리즘을 구성해야 하며 몇 가지 대체 알고리즘이 존재한다. 그러나 이의 대체 알고리즘에 대한 설명은 매우 복잡하며, 다음 장의 캐쉬 메모리에 대해서 설명한다.

11-5-1 캐쉬 메모리

고성능 마이크로프로세서에서 캐쉬는 메모리 시스템의 성능을 좌우하는 중요한 구성 요소이다. 본 장에서는 캐쉬의 기본적인 동작 및 구조와 관리 방식을 다룬다.

CPU의 처리속도는 급격히 증가하나 반도체 메모리의 경우 서서히 증가하며, 현재 시스템에서 성능의 Bottleneck이 되고 있다. 기술 발전의 추세에 따르면 CPU 처리속도와 메모리 소자의 처리속도간의 차이는 점차 확대되며, 고속의 메모리 소자의 가격은 전체 시스템의 가격에 영향을 미칠 정도로 크기에 CPU 동작속도와 근접한 처리속도를 가진 메모리의 대량 사용은 비용면에서 불가능하다. 앞 절에서 살펴본 것처럼 CPU에서 수행되는 프로그램은 대부분 근접한 메모리 영역을 접근한다는 공간 지역성과 한번 접근한 메모리 영역은 다시 접근될 가능성인 시간 지역성으로 인해 CPU와 메인 메모리간에 고속의 캐쉬 메모리를 장착하여 메인 메모리의 느린 속도를 보상할 수 있다. 따라서 캐쉬는 CPU와 메모리의 중간에서 둘 간의 속도차이를 보상하는 역할을 수행한다. 지역성에 따라 한번 요구된 위치 주변에서 다시 요구가 발생할 확률이 높기 때문에 캐쉬는 캐쉬 미스시 미스를 일으킨 워드를 포함하는 블록 단위로 메모리에서 읽어오도록 설계되는 것이 일반적이다. 주어진 시스템에 맞는 캐쉬를 설계하기 위해 캐쉬의 크기와 블록 매핑 및 교환 방식이 고려되어야 한다.

가. 캐쉬 매핑(cache mapping)

캐쉬를 쓰는 목적은 시스템에서 빠른 처리를 위한 것이다. 캐쉬 메모리에 원하는 내용이 있는지를 탐색하는 작업은 실제 캐쉬 메모리 내의 데이터를 억세스하는 시간에 비해 상대적으로 아주 작은 시간 내에 수행되어야 캐쉬의 이득을 최대한 살릴 수 있다. 용량이 큰 메인 메모리의 주소 공간을 작은 캐쉬의 공간에 매핑하기 위한 규칙이 존재하며 이들은 가속화를 위해 하드웨어로 구현된다. 캐쉬의 주소 공간은 블럭 단위로 관리된다. 논리적인 주 메모리 상의 각 블럭과 캐쉬 메모리의 각 블럭의 매핑 관계에 따라 완전 연관 방식, 직접 사상 방식, 집합 연관 방식 이렇게 3가지 타입으로 분류된다.

나. 완전 연관 캐쉬(Fully Associative Cache)

논리적으로 가장 이상적인 캐쉬는 완전 연관 매핑을 갖는 구조를 가지고 있는 캐쉬다. 완전 연관 캐쉬구조에서 메인 메모리의 데이터가 들어 갈 수 있는 캐쉬 위치는 아무런 상관관계를 가지고 있지 않다. 그림 11-10에서 보는 바와 같이 주 메모리의 임의의 블럭은 캐쉬 내의 블럭 L_0부터 L_{N-1}까지 N개의 블럭의 어느 위치에 들어갈 수 있으며 이런 구조를 가지고 있기 때문에 빠른 속도를 낼 수 있다.

완전 연관 캐쉬 구조에서 저장된 데이터의 내용을 관리하기 위해 캐쉬 내의 정보를 담고 있는 각 블럭에 대해 데이터와 함께 주 메모리 상의 블럭 단위 주소, 즉 태그를 저장한다. 태그는 캐쉬 메모리의 각 라인에 주 메모리 상의 어느 블럭의 복사본이 들어와 있는지를 나타내며, 캐쉬 엑세스 시에 읽기 또는 쓰기 주소와 비교되어 캐쉬 내의 원하는 데이터가 있는지를 확인하는데 쓰인다. CPU가 메모리를 참조할 때 캐쉬에서 이를 찾을 경우 히트(hit)라 부르며, 캐쉬에서 찾지 못하고 주기억장치에 있을 때에는 이를 미스(miss)라 부른다. 완전 연관 캐쉬에서 태그는 라인 내의 바이트의 위치를 지정하는 주소의 하위부분을 제외한 전 부분이 된다.

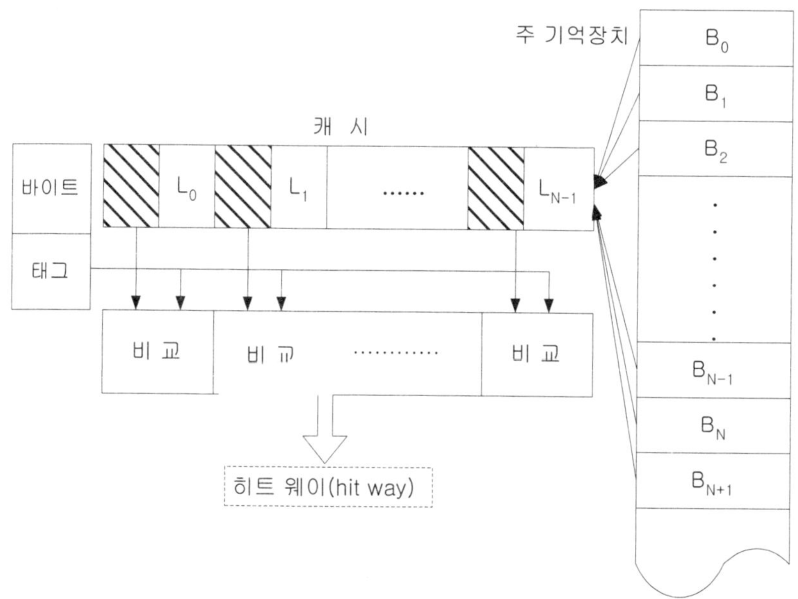

그림 11-10 완전 연관 캐쉬

다. 직접 사상 캐쉬(Direct-Mapped Cache)

완전 연관 캐쉬는 캐쉬 내의 모든 라인을 제한 없이 사용할 수 있게 함으로써 같은 크기의 다른 캐쉬 구조에 비해 보다 효율적으로 캐쉬 블럭들을 관리하는 것이 가능하지만 면적이나 엑세스 속도 등 구현에 있어 많은 문제점을 안고 있다. 이에 반해 직접 사상 캐쉬는 주 메모리상의 임의의 한 라인에 대해 캐쉬 내의 고정된 하나의 위치만을 제공함으로써 빠른 엑세스 속도와 손쉬운 구현을 제공한다.

N개의 블럭을 저장할 수 있는 직접 사상 캐쉬는 메인 메모리 블럭 주소 2^N를 캐쉬 내의 위치로 매핑시킨다. 메인 메모리의 블럭이 2^N이라 하면 N비트가 바로 캐쉬에 매핑 될 때 캐쉬에 저장되는 위치를 나타낸다. 직접 사상 캐쉬 역시 라인 데이터와 함께 그 라인 데이터가 메인 메모리상의 어느 라인의 복사본인지를 알 수 있도록 주소의 일부인 태그를 저장하며 이때 태크는 라인 단위 주소에서 하위 N비트를 제외한 부분이 된다.

그림 11-11은 직접 사상 캐쉬의 매핑 관계를 보여준다. 직접 사상 캐쉬는 매핑 규칙이 간단하여 빠르다는 장점이 있지만, 메인 메모리의 주소에 따라 매핑될 수 있는 캐쉬 라인이 하나밖에 존재하지 않기 때문에 충돌에 의한 캐쉬 미스로 인해 성능이 많이 떨어질 수 있다.

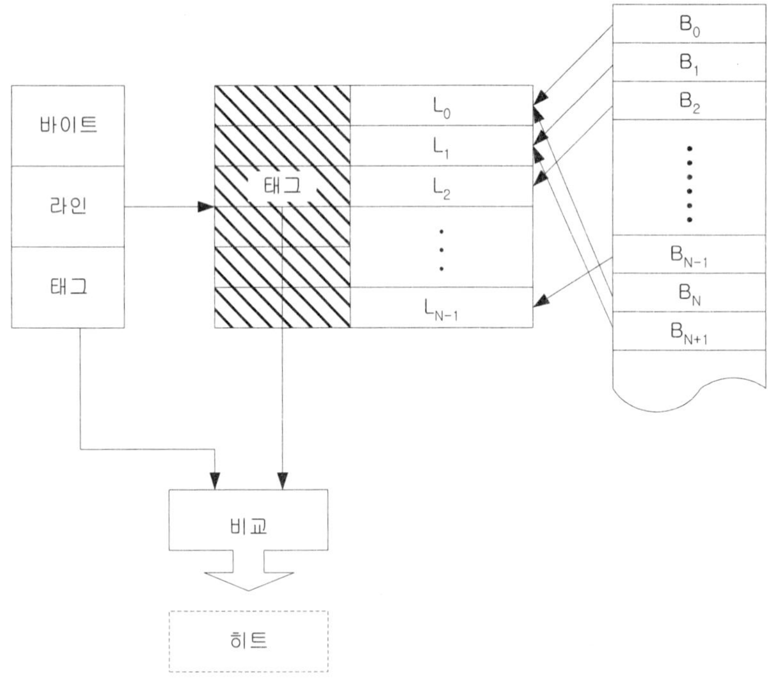

그림 11-11 직접 사상 캐쉬

같은 캐쉬 라인 인덱스를 갖는 복수개의 메모리 주소를 번갈아 사용하는 경우가 그 좋은 예이다. 따라서 직접 사상 캐쉬 방식을 이러한 효과가 작은 충분히 큰 크기를 갖는 캐쉬에 적용하는 것이 일반적이며 빠른 엑세스 속도를 요구하는 고성능 프로세서의 일차 캐쉬에 주로 사용된다.

라. 집합 연관 캐쉬(Set-Associative Cache)

위에서 제시한 2가지 방법(완전 연관 캐쉬, 직접사상 캐쉬)을 상호 보완하여 메인 메모리의 라인이 캐쉬의 특정 블럭 집합에 매핑될 수 있도록 한 방법이 집합 연관 캐쉬이다. 집합 연관 캐쉬는 주 메모리의 한 라인이 매핑 될 수 있는 영역을 하나의 블럭이 아닌 몇 개의 라인으로 구성된 집합으로 넓힘으로써 충돌에 의한 캐쉬 미스의 증가를 막는다. 이것은 직접 사상 캐쉬의 단점을 보완한 것이다. 또한 집합 내의 제한된 수의 라인 엔트리만을 비교 대상으로 하므로 직접 사상 캐쉬에 견줄 수 있는 정도의 처리 속도를 낼 수 있다.

그림 11-12는 라인 집합의 크기가 M이고 전체의 집합의 수가 N인 집합 연관 캐쉬에서의 매핑 관계를 보여주고 있다 이때 메인 메모리 라인 주소 2^N의 집합 인덱스를 갖는 라인

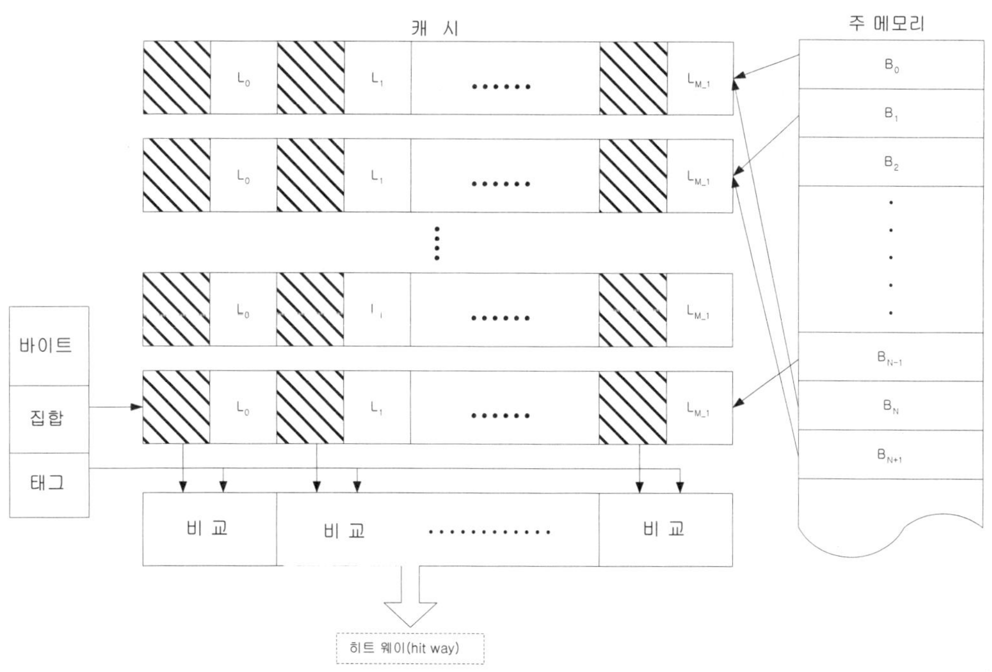

그림 11-12 집합 연관 캐쉬

집합으로 매핑된다. 여기서 주소 2^N가 가리키는 메인 메모리 라인은 집합 내의 임의의 한 블럭으로 매핑이 될 수 있다.

여기서 주소 2^N이 가리키는 메인 메모리 라인은 집합 내의 임의의 한 라인으로 매핑이 될 수 있다. 집합 연관 캐쉬 역시 라인 데이터와 함께 태그 값을 같이 저장하기 되는데 태그의 크기는 직접 사상 캐쉬의 경우와 같다. 단 집합 연관 캐쉬의 경우, 직접 사상 캐쉬에서 캐쉬 내의 블럭 인덱스에 해당하는 필드가 캐쉬 내의 집합 인덱스로 사용된다는 것이 다르다. 곧 같은 폭의 필드 구분을 가지고 집합 연관 캐쉬는 집합의 크기, 즉 웨이 수를 곱한 만큼 더 큰 캐쉬를 관리하게 된다.

11-5-2 보조 기억 장치

보조기억 장치는 주기억장치의 용량 부족을 해결하기 위해 대용량의 기억장치를 외부에 장착하는 것으로 주기억장치보다 용량은 크지만 속도는 느리다. 일반적인 보조기억 장치의 종류에는 자기디스크, 자기테이프, 광 디스크, 자기드럼 그리고, 자기버블기억장치 등이 있다.

가. 자기디스크

자기디스크는 직접 접근 기억장치(direct access storage device: DASD)라고도 하는데 주소에 의해 임의의 위치에 직접 접근이 가능하다. 자기디스크는 일반적으로 금속 또는 플라스틱 원반의 표면에 자성 물질이 얇게 코팅된 구조로 되어 있다.

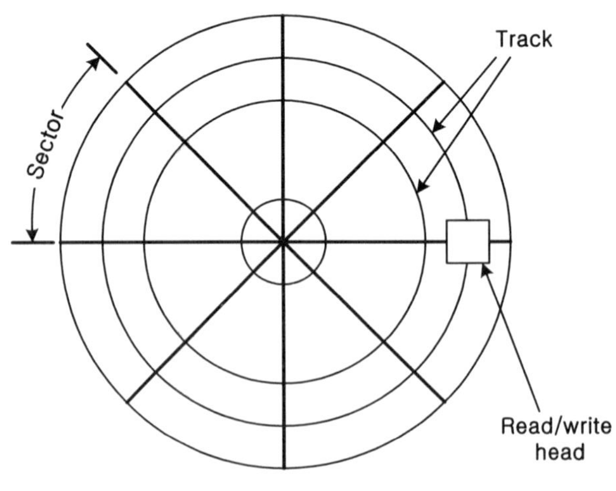

그림 11-13 자기 디스크

원반의 중심원을 따라 자화된 표면에 있는 지정된 비트들을 트랙이라 부르고, 각 디스크 원반의 같은 위치에 있는 트랙들을 실린더라 부른다. 트랙은 다시 시스템에서 전달 될 수 있는 최소의 정보량인 섹터로 나누어진다.

자기디스크의 주요한 특징은 시크시간(seek time), 헤드 교환시간 (head switch time), 평균 접근 시간, 디스크의 주소 등으로 나타낼 수 있다. 시크는 헤드가 현재의 위치에서 정보를 읽어올 위치로 이동하는 것을 말하는 것으로 이에 걸리는 시간을 시크시간 이라고 부른다. 헤드 교환시간은 현재 활성화되어 있는 헤드와 정보를 읽어올 트랙의 헤드가 서로 다른 경우에 새로운 헤드를 활성화시킬 때 걸리는 시간을 말한다. 일반적으로 헤드 교환시간은 시크시간에 비하여 매우 작다. 평균 접근 시간은 메모리내의 기억 장소에 도달하여 그 내용을 얻는데 요구되는 평균시간을 말한다.

드럼이나 디스크, 테이프와 같이 헤드가 움직이는 장치에서 평균 접근 시간은 헤드 교환시간과 시크시간을 포함한다. 디스크의 주소는 디스크의 구동기 번호, 디스크표면번호, 실린더 혹은 트랙번호, 섹터 번호를 나타낸다.

나. 광학 디스크

광학 디스크는 기계적으로 회전하는 디스크 상에 정보를 기록한다는 면에서 자기디스크와 매우 유사하다. 자기디스크가 데이터를 저장하기 위해 자성물질을 사용하는 반면 광학 디스크는 레이저를 사용하여 정보를 저장하게 된다. 광학 디스크는 극히 높은 저장 용량을 제공한다. 광학 디스크에서는 2진 데이터가 원형 트랙 상에 핏츠(pits)와 파이지 않은 평지(land)의 형태로 저장된다. 저장된 정보를 읽어올 때는 트랙에 레이저를 쏘고 반사되어 나온 빛을 전기 신호로 변환하여 처리하게 된다.

11-6 | 읽기 전용 메모리(ROM)

ROM은 1개의 IC내에 디코더와 레지스터를 포함하고 있는 장치이다. 본질적으로 ROM은 고정된 이진 정보의 집합이 저장되어 있는 메모리이다. 이진 정보는 먼저 사용자에 의해 명시되어야 하며 그리고 나서 ROM 속에 기록되어 진다. ROM은 특별한 내부 연결고리들을 가지고 있다. 요구되는 회로를 형성하기 위해 이 연결 고리들을 끊어 버리거나 연결된 채 두게 된다. 일단 완성되어지면 ROM은 전원이 들어가거나 나가더라도 항상 일정한 정보가 남아 있게 된다. 그림 11-14는 ROM의 블럭도를 나타낸 것이며 n 비트의 입력이 들어오면

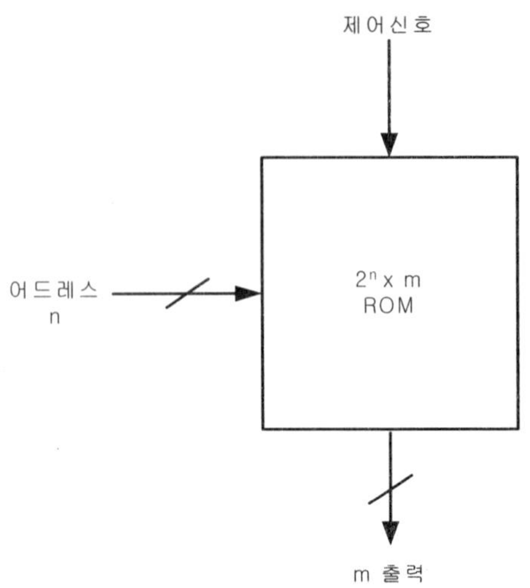

그림 11-14 n 비트 입력에 m 비트 출력을 나타내는 ROM 블록도

출력으로 m비트가 출력으로 나오게 되며 출력으로 나오는 m 비트를 워드(word)라고 불린다. 입력으로 n 비트가 들어오게 되면 생성될 수 있는 주소번지는 2^n 개가 되며 ROM은 2^n 개의 서로 다른 워드가 저장되어 있다. 임의의 시간에 출력으로 나타나는 워드는 입력선에 인가된 어드레스에 따라서 결정된다. ROM은 워드의 수인 2^n 개와 워드 당 비트 수인 m개의 곱으로 구분될 수 있다. 어드레스가 들어오면 디코더에 의해서 2^n 개의 어드레스 번지가 생성되며 그 어드레스 번지를 워드라 하며 그 워드에 저장되어 있는 비트 수가 출력으로 내보내게 된다.

보통 자주 바뀌지 않는 데이터를 ROM에 저장해 놓고 데이터를 읽는 형태로 많이 사용되고 있으며 정상적인 동작 중에는 ROM 내에 새로운 데이터를 써넣을 수 없지만 읽어낼 수는 있다. 일반적인 ROM의 경우 저장된 데이터의 저장은 제조과정 중에 이루어져야 한다 .어떤 ROM은 한 번 프로그램 되면 데이터를 바꿀 수 없지만 또 다른 어떤 ROM은 다시 프로그램 할 수 있는 ROM이 있다. 뒤에서 여러 종류의 ROM을 자세하게 살펴볼 것이다.

11-6-1 ROM 구조

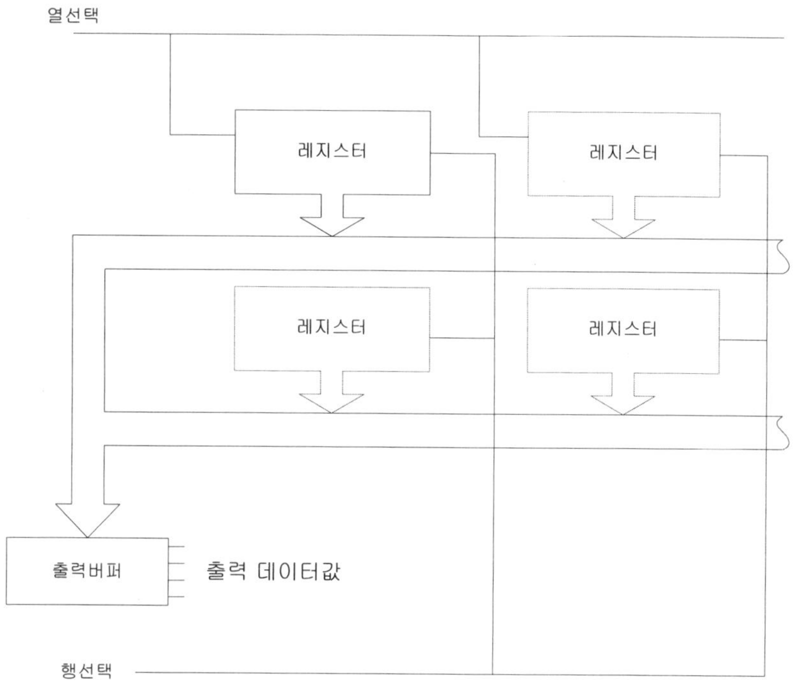

그림 11-15 ROM의 구조

ROM의 내부구조는 그림 11-15와 같이 4개의 기능 블럭을 가지고 있다. 이 4개의 블럭은 열 디코더, 행 디코더, 레지스터 배열, 출력버퍼이다. 열 디코더는 레지스터(기억소자)를 선택하는 부분이다. 즉, 입력 비트 n이 들어오면 2^n 개의 주소번지가 디코더에 의해서 생성되고 그 주소번지가 레지스터를 선택하게 된다. 마찬가지로 행 디코더 역시 원하는 위치의 행을 선택하고 따라서, 열 선택과 함께 행 디코더에 의해서 행이 선택되면 해당 레지스터가 선택이 완료되는 것이다. 선택된 레지스터는 저장되어 있던 값은 출력버퍼에 전달을 하며 출력버퍼는 외부로 값을 넘겨준다.

가. 레지스터 배열

그림 11-15를 보면 레지스터들이 행과 열을 지면서 배열되어 있다. 이 레지스터들은 프로그램된 데이터를 가지고 있으며, 각 레지스터는 워드 당 비트 수의 크기와 같은 수의 메모리 블럭을 갖는나. 레시스터는 대부분의 반도체 칩에서처럼 정방행렬 배열로 구성된다. 특정한

행과 특정 열에 메모리 셀이 존재하므로 각 레지스터의 위치를 지정할 수 있다. 레지스터는 열과 행을 선택해야 되므로 2개의 인에이블 입력을 갖고 있다. 즉, 행과 열이 선택되면 그 인에이블이 HIGH가 되며 그때 레지스터가 가지고 있던 값을 내부 데이터 버스에 의해서 출력버퍼로 전달된다.

나. 주소 디코더

입력된 주소비트 $A_3A_2A_1A_0$중 A_1, A_0는 1-of-4 디코더를 통과해서 4개의 열을 선택하며 A_3, A_2도 마찬가지로 1-of-4 디코더를 통과해서 4개의 행을 선택한다. 입력 비트가 4비트 이므로 선택할 수 있는 레지스터는 16개로 된다. 결과적으로 주소 디코더는 메모리 배열 내의 어떤 레지스터에 데이터 워드당 비트 수를 버스에 보낼 수 있도록 인에이블시킬 것인가를 결정한다.

다. 출력버퍼

입력된 비트가 주소 디코더에 의해 열과 행을 만족하는 레지스터가 선택되고 그 레지스터가 가지고 있는 데이터를 데이터 버스에 보낸다. $\overline{CS}$가 LOW 상태가 되면 데이터를 외부로 출력하는 출력버퍼에 데이터가 보내진다. $\overline{CS}$가 HIGH이면, 출력버퍼는 HI-Z 상태가 된다.

11-6-2 ROM 타이밍

모든 반도체 소자들은 입력과 출력사이에 전달 지연이 있다. ROM로 읽기 동작 시에 전달지연이 생긴다. ROM의 동작속도는 억세스 시간(t_{ACC})에 의해서 생기며 최소한 데이터를 읽기 위해서는 억세스 시간만큼이 걸린다. 그림 11-16은 ROM에서 데이터를 읽을 때의 타이밍도를 나타낸 것이다.

초기시간에서 어드레스 입력이 몇몇은 특정한 레벨 몇몇은 HIGH 나머지는 LOW에 존재한다. $\overline{CS}$가 HIGH가 되면 ROM데이터는 HI-Z상태가 된다. $\overline{CS}$가 LOW이면 ROM은 저장되어 있던 데이터를 출력을 한다. 시간 t_1 이후 $\overline{CS}$가 LOW이기 때문에 입력주소에 해당하는 비트를 디코더에 의해서 디코드 하기 시작하고 ROM은 억세스 시간 t_{ACC}이후 즉, t_3가 되면 데이터가 외부로 나가게 되는 것이다. 새로운 주소가 유효하게 되어 데이터 출력이 확실하게 되었을 때 t_1과 t_3사이의 시간 지연은 억세스 시간 t_{ACC}이 된다. 전형적인 바이폴라 ROM은

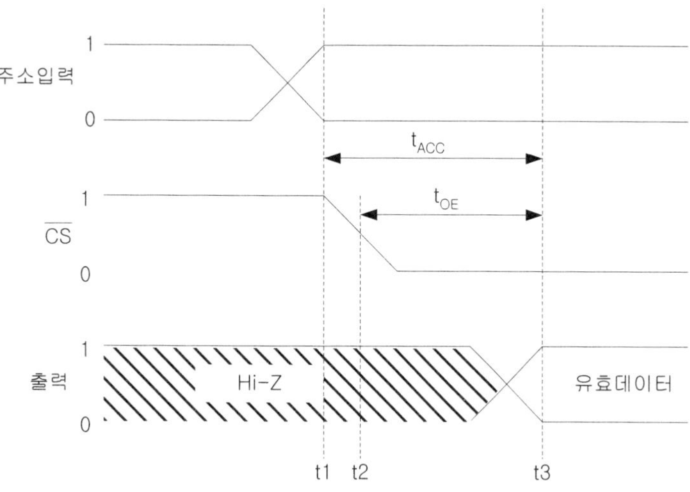

그림 11-16 ROM의 데이터를 읽기 위한 타이밍도

30에서 90ns의 억세스시간을 갖는다. NMOS 소자들은 35에서 500ns 범위에 있게 된다. 다른 중요한 시간변수는 $\overline{CS}$입력과 알맞은 데이터 출력 사이의 지연시간인 출력 인에이블 시간 t_{OE}이다. 전형적인 t_{OE}의 값은 바이폴라 ROM의 경우 10에서 20ns이고 MOS의 경우에는 25에서 100ns이다. 이 시간변수는 주소 입력이 새로운 값으로 이미 세트된 상황에서는 유효하지만 ROM의 출력은 아직 인에이블 되지 않는다. $\overline{CS}$가 출력을 인에이블하기 위해 LOW로 될 때 지연은 t_{OE}가 될 것이다.

11-6-3 ROM의 종류

가. 마스크 ROM(MROM)

IC제조공정에서는 여러 개의 마스크를 사용하여 사진식각 기술에 의하여 칩상 원하는 위치에 트랜지스터, R, C등의 소자를 형성하고 상호 연결한다. 제조공정에서 마스크에 의해서 메모리 내용이 이미 결정된 것을 마스크 ROM이라 한다.

그림 11-17은 8 워드×4비트 NMOS MROM의 구조를 나타낸다. 지금 어느 특정 워드선이 선택되었을 때 그 선에 연결된 NMOS 트랜지스터 ON되므로 그 드레인은 LOW가 되고 트랜지스터가 연결 안된 데이터선은 HIGH가 된다. 즉, 입력 $A_0A_1A_2$가 000이 들어오면 행 디코더에 의해서 워드0이 HIGH가 되며 워드0이 HIGH가 되면 $D_3D_2D_1D_0$는 0101이 된다. 이과 같이 프로그램 하는 것을 마스크 프로그래밍이라 불리며 이 경우 ROM은 마지막

조립 과정에서 제작자에 의해 프로그래밍 되어진다. ROM을 조립할 때 주문자는 ROM의 진리표를 제작자에게 제출하며 이때 진리표는 제작자가 제공한 특별한 형태를 가져야 한다. 이 과정은 주문자가 임의로 ROM의 통로를 요구하기 때문에 매우 비싸며, 마스크 프로그래밍은 많은 양의 동일한 ROM을 구성할 경우만 경제적이다. 이러한 종류의 ROM들은 어떠한 수학적 표들과 CRT 디스플레이에 대한 문자 생성 코드들과 같은 공통적으로 사용되는 정보나 데이터로 미리 프로그램 된 소자에 유용하다. 이러한 ROM의 가장 큰 결점은 저장된 데이터의 변형을 요구하는 설계 변경의 문제에 있어서 다시 프로그램 할 수 없다는 것이다. 데이터를 변경하고자할 때는 새로운 ROM으로 바꿔주어야 한다. 사용자 프로그램 ROM의 여러 형태들은 이러한 불리한 점들을 개선해오고 있다. 그러나 마스크 프로그램 ROM은 동일한 프로그램 ROM들이 상당수 필요할 때 가장 경제적이므로 여전히 사용하고 있다.

바이폴라 MROM중 7488A는 32×8의 용량과 45ns의 억세스 시간을 갖는다. 그림 x-4는 7488A의 핀 배치도를 나타낸 것이며. 입력번지로 $A_4A_3A_2A_1A_0$인 5비트가 들어가므로 2^5개 즉 32개 주소번지(32워드)가 있으며 그 주소번지에는 8비트를 저장 할 수 있는 기억소자로 되어있다. 그래서 출력데이터로는 8비트 데이터가 나오게 된다.

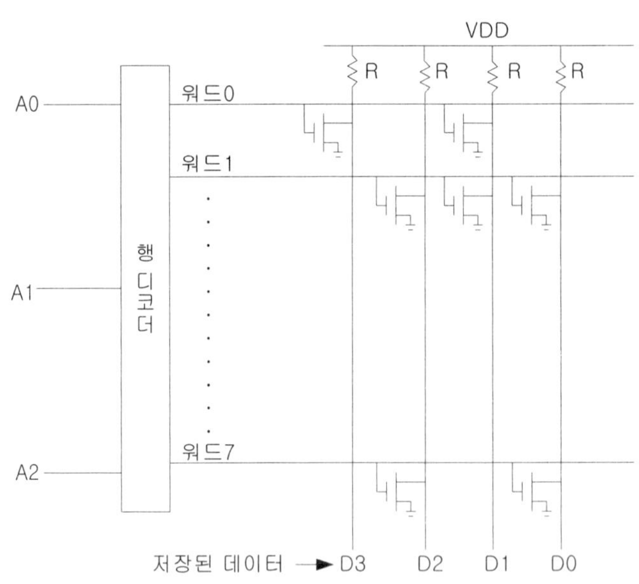

그림 11-17 8 워드-4비트 마스크 롬의 구조

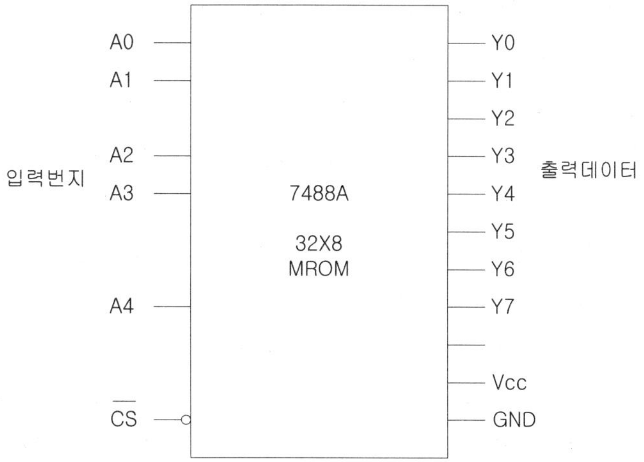

그림 11-18 7488A MROM 핀 배치도

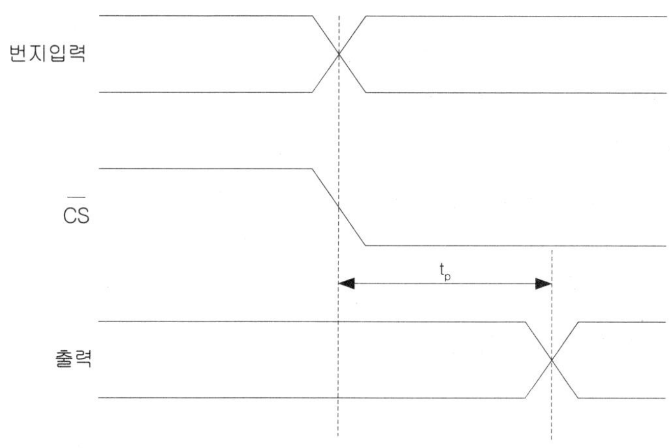

그림 11-19 ROM 읽기 타이밍도

$\overline{CS}$는 액티브 LOW이며 ROM데이터를 읽어낼 때에는 그림 x-5와 같이 주소비트를 가함과 동시에 $\overline{CS}$를 LOW로 하면 tp 후에 데이터가 나온다.

즉 기억소자가 번지선에 의해서 선택되고 $\overline{CS}$ 에 의해서 LOW가 되면 해당 기억소자에 저장된 데이터는 출력으로 나오며 그때까지 걸리는 시간은 tp 시간이 되는 것이다.

나. PROM(programmable ROM)과 EPROM(erasable ROM)

저은 량이 ROM을 구성할 경우 PROM이라 불리는 ROM을 사용하는 것이 더 경제저이다. 주문되었을 시 PROM 장치 내에 저장된 비트들은 전부 0이거나 모두 1이다. 출력 단자들을 통해 전류 펄스를 공급함으로써 PROM의 연결 고리들을 끊을 수 있다. 끊어진 연결 고리는 하나의 2진 상태를 나타내고 끊어지지 않은 연결 고리는 다른 2진 상태를 나타낸다. 따라서 사용자는 그 자신의 실험실에서 입력번지와 저장된 워드 사이의 바람직한 관계를 이루기 위해 이장치를 프로그램 할 수 있다. 상업적으로 이용할 수 있는 PROM 프로그래머라 불리는 특별한 장치는 이 과정을 쉽게 해준다. 어떤 경우에서든 ROM을 프로그래밍하는 것은 비록 프로그래밍이라는 말이 사용되기는 하지만 이것은 분명 하드웨어 과정이다. ROM 또는 PROM을 프로그래밍하기 위한 하드웨어 과정은 거꾸로 할 수 없고 일단 프로그래밍 되면 ROM내에 저장된 비트들의 값은 변경할 수 없다. 입력된 데이터를 지우고 다시 프로그래밍이 가능한 ROM이 있는데 바로 EPROM(erasable ROM) 이다. EPROM은 그 전의 비트 값들이 변경되어졌다 하더라고 초기화로 재구성할 수 있다.

이런 ROM은 개발 및 연구단계에서는 ROM의 내용을 자주 바꿀 필요가 생기기 때문에 흔히 사용된다. 하나의 EPROM 칩을 프로그램 하는데 수 분 정도가 소요되며 EPROM에 있는 저장 셀은 전기적 접점(부동게이트)이 없는 실리콘게이트로 된 MOSFET 트랜지스터이다. 정상과정에서 각 트랜지스터는 off 되고 각 셀에는 논리 1이 저장된다. 트랜지스터는 고전압 프로그램 펄스를 인가함으로써 on 시킬 수 있다. 이들 전자들은 펄스가 종결되어도 이 지역 내에 남아 있다. 왜냐하면 방전통로가 없기 때문이다. 이것은 전원이 소자에서 제거될 때에도 트랜지스터를 on 상태로 유지하고 셀은 논리 0으로 저장된다. 프로그램 과정에 EPROM 어드레스와 데이터 핀은 메모리 셀이 0으로 프로그램 되었는지 아니면 1로 프로그램 되는지를 선택할 때에 사용된다.

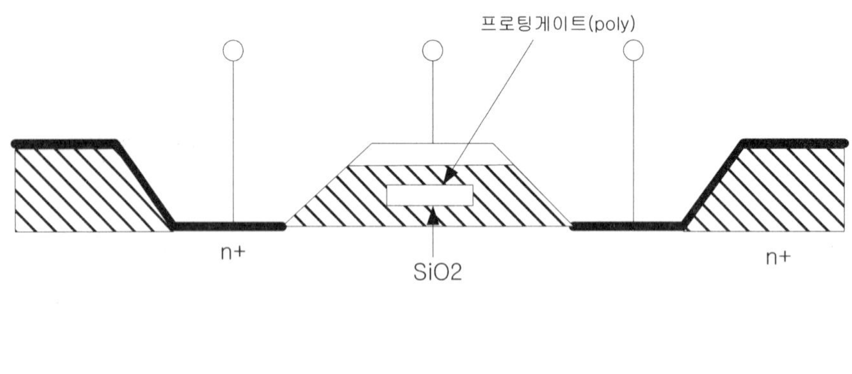

그림 11-20 nMOS에 의한 EPROM의 구조

그림 11-20은 EPROM의 구조를 나타낸 것이며, 자외선(UV)을 쪼임으로써 프로팅게이트로부터 SiO_2를 통하여 기판에 광전류를 흘려 게이트에 축적된 전하를 방전시킨다. 이와 같이 하여 그 전의 비트 값들을 지워 없애면 ROM은 초기 상태로 되돌아가게 되므로 다시 프로그래밍 할 수 있다.

다. 2716(2k×8 EPROM)

Intel사의 2716은 2048워드×8비트의 용량을 갖는 UV EPROM이다. TTL와 완전히 호환하며 엑세스 시간은 450ns 이하이다.

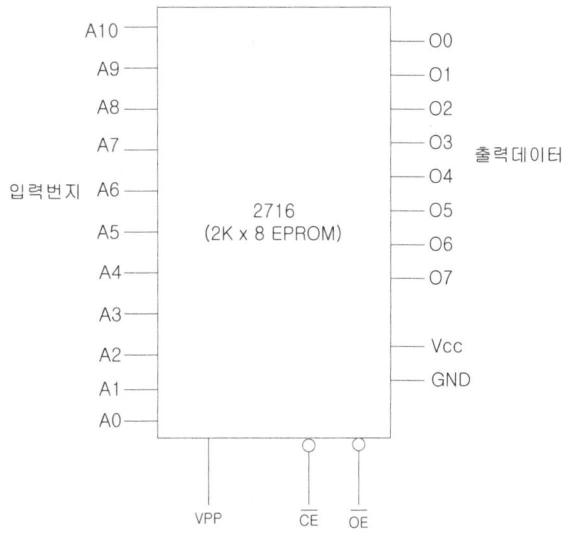

그림 11-21 2716 핀 배치도

그림 11-21은 2716 (EPROM)의 핀 배치도이며 입력 11비트 즉 2^{11} = 2048 주소번지를 해당할 수 있으며 각 주소번지에 의해서 선택되는 기억소자는 8비트를 기억하고 있다. 즉 11비트의 입력이 가해지면 2048워드 중 하나가 선택되고 각 워드는 8비트이며, $\overline{CE}$와 $\overline{OE}$가 LOW일 때 출력에 나타난다. 그림 11-22는 2716의 타이밍도를 나타내며 번지입력이 들어 왔을 때 $\overline{CE}$와 $\overline{OE}$가 LOW로 된 후 t_{CE}, t_{OE}의 시간이 흘러야 출력으로 유효한 데이터가 나오게 된다. $\overline{CE}$, $\overline{OE}$가 HIGH이면 데이터는 유효하지 않은 데이터이다.

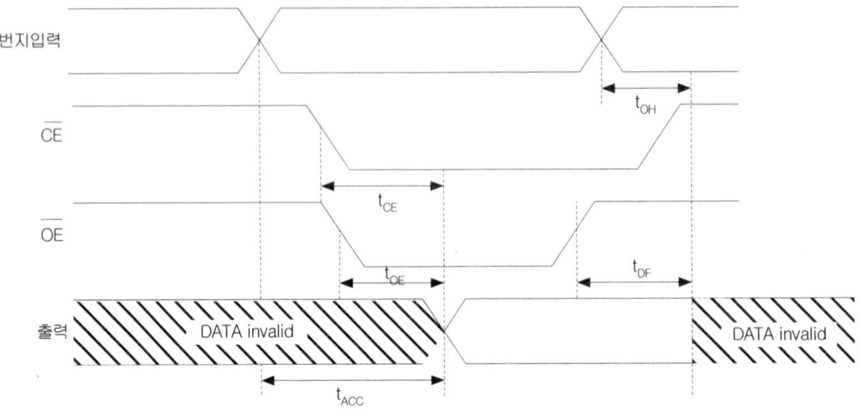

그림 11-22 2716의 타이밍도

EEPROM 전기적으로 내용을 지울 수 있는 EEPROM은 컴퓨터의 CPU에 의하여 프로그램을 한다. 즉 CPU가 번지를 주고 새로운 데이터를 써넣으면 그 자리에 있던 이전 데이터는 지워진다. EEPROM은 제조 시부터 한 칩에 두 메모리 판을 가지고 있으며 하나는 보통의 RAM이고 또 하나는 이와 똑같은 구성을 갖는 EEPROM이다. 그래서 전원고장이 발생하는 경우 고장임박을 탐지하여 RAM의 내용을 EEPROM에 재빨리 옮겨서 보관하였다가 나중에 다시 RAM에 옮긴다. EEPROM은 이와 같이 전원 백업 장치에 많이 사용된다.

초기 EEPROM으로 Intel 2816이 있는데 이는 1981년 Intel 사에서 개발되었으며, 2K×8의 용량과 250ns의 억세스 시간을 가지고 있었다. 그 이래로 EEPROM 설계상에 많은 발전이 있었다. 2864는 지우기와 프로그래밍 동작을 위한 높은 전압을 발생하는 on 칩 회로를 포함하는 8K×8 EEPROM이다. 그래서 칩은 다시 +Vcc 전력 핀만을 요구한다. EEPROM은 비휘발성으로 전압이 꺼져도 제거되어도 모든 것은 그대로 갖고 있다.

그림 11-23은 주요 동작 모드시 2864 EEPROM에 대한 기호를 나타낸다. 소자의 데이터 핀들은 동작모드에 따라 데이터 입력이나 출력으로 사용될 수 있기 때문에 데이터 I/O는 칩을 인에이블 하거나 디스에이블 하는데 사용된다. 디스에이블 될 때 칩은 저전압 준비모드에 있게 될 것이다. $\overline{OE}$는 데이터 출력 버퍼를 인에이블 하거나 디스에이블 하는 데 사용된다. 읽기 동작 때, $\overline{OE}$=0은 출력 버퍼를 인에이블 시키고 쓰기동작 때 $\overline{OE}$=1은 출력버퍼를 디스에이블 시킨다. 그래서 데이터 입력은 I/O 핀으로 인가되어질 수 있다. $\overline{WE}$는 쓰기나 읽기 모드를 선택한다. 쓰기 모드에서 $\overline{WE}$는 쓰여진 데이터가 I/O핀으로 인가될 때 LOW로 펄스가 인가된다. 내부회로에 의해 새로운 데이터를 쓰기 전에 어드레스 위치에 있는 셀의 내용을 자동으로 지운다.

그림 11-23은 2864 (8K×8) EEPROM의 핀 배치도이며 입력 13비트에 의해서 선택될 수 있는 주소번지는 2^{13}은 8192이므로 8192개의 서로 다른 워드를 저장할 수 있다. 각 기억소자는 8비트를 저장하고 있다. 이 칩은 읽기 동작을 하기 위해서 $\overline{CE}$, $\overline{OE}$는 LOW여야 하며 $\overline{WE}$는 HIGH여야 한다. 쓰기 동작을 하기 위해서 $\overline{CE}$는 LOW $\overline{OE}$는 HIGH여야

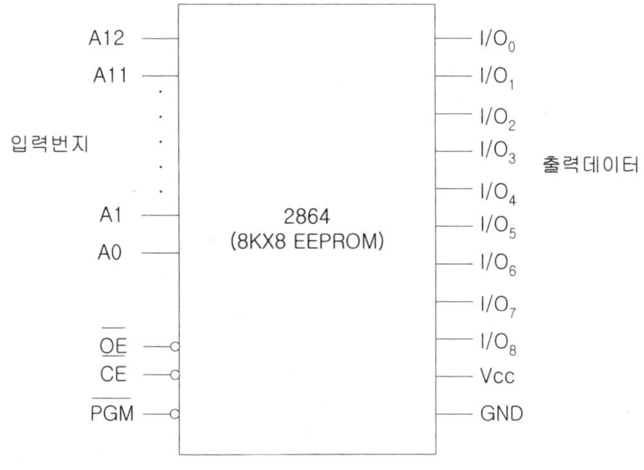

그림 11-23 2864 EEPROM핀배치도

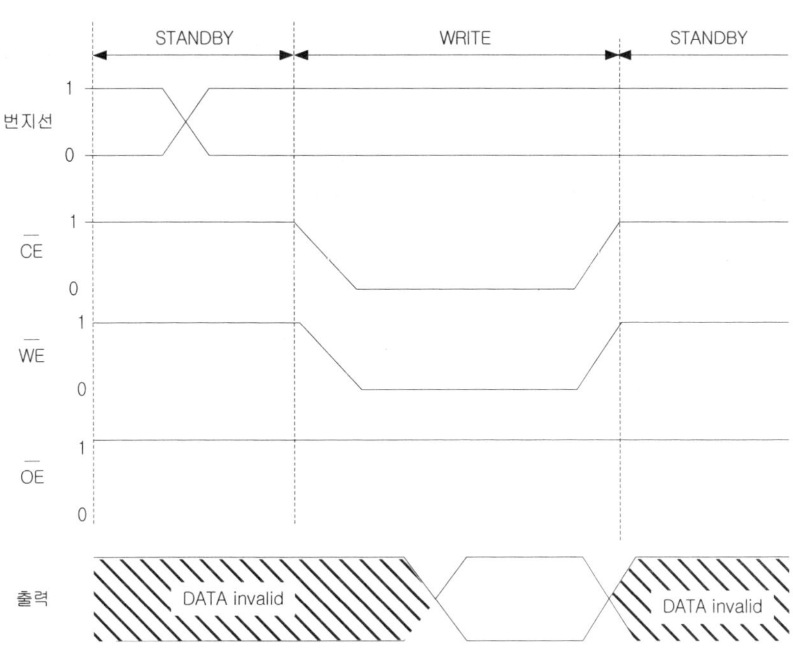

그림 11-24 2864 EEPROM의 타이밍도

하며 $\overline{WE}$는 LOW이면 작동을 하게 된다. STANDBY상태를 유지하기 위해서 $\overline{CE}$는 HIGH이면 된다. 그림 x-x4의 출력은 2864 EEPROM의 타이밍도를 나타낸 것이며 출력에서 데이터 데이터가 유효한 범위가 WRITE 구간에서 앞부분부터 시작하지 않은 이유는 t_{CE}, t_{OE} 시간이 있기 때문이다.

11-7 | 프로그램 가능 논리 배열(PLA)

조합회로는 때때로 redundancy 조건들을 가진다. ROM으로 조합 회로를 실현할 경우 redundancy 조건은 결코 일어나지 않을 입력 번지이다. Redundancy 항 번지에 대응하는 워드는 프로그래밍 할 필요가 없으며 처음 상태대로 놓아두게 된다. 따라서 ROM에서 이용할 수 있는 비트 조합들이 전부 사용되는 것은 아니며 안 쓰이는 것이 있게 된다. 이것은 이용할 수 있는 장치의 낭비라 볼 수 있다. 이런 낭비를 없애기 위해서 PLA로 불려지는 LSI부품을 사용하는 것이 좀 더 경제적이다. PLA는 개념적으로 ROM과 비슷하다. 그러나 PLA는 변수들을 전체를 디코딩하지 않고 ROM처럼 모든 민텀들을 만들지도 않는다. PLA에서 디코더는 AND 게이트들의 집합으로 되어 있고 입력 함수들의 곱의 항을 만들어 낸다. PLA 내부에서 AND 게이트들과 OR 게이트들은 그들 사이에 있는 연결 고리들이 처음부터 모두 연결되어 있다. 특정 부울 함수들은 필요 없는 연결 고리들을 끊고 필요한 연결 고리들은 그대로 남겨 둠으로써 곱의 합으로 실현할 수 있다.

위의 PLA는 n개의 입력, m개의 출력, k개의 곱항, m개의 합항들로 구성한다. 곱항들은 k개의 AND 게이트로 구성되며 합항들은 m개의 OR 게이트로 이루어진다. PLA의 크기는 입력수, 곱항들의 수, 출력들의 수에 의해 명시한다. 대표적인 PLA는 16개의 입력, 48개의 곱항 그리고 8개의 출력을 가진다. 이때 연결 고리의 갯수는 $2n \times K + K \times m + m$이다. 반면에 ROM의 연결 고리는 $2^n \times m$개이다. 그림 11-26은 4입력 4출력의 PLA구조를 나타낸

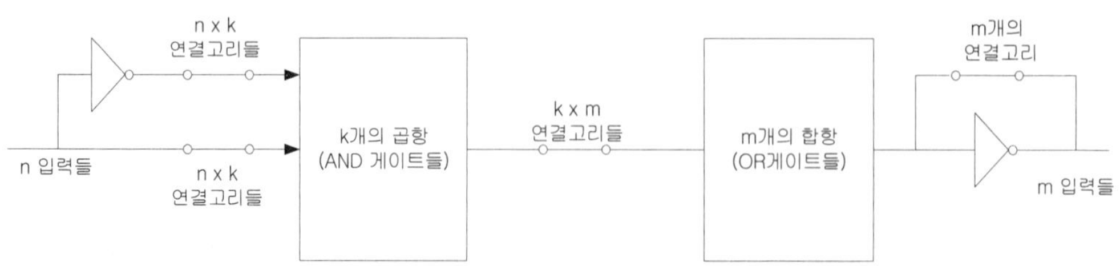

그림 11-25 n 입력 m 출력의 x-4 PLA의 블럭도

것이며 x표는 수평선과 수직선 간의 휴즈-링크를 나타낸 것이다. 입력은 반전버퍼를 가지고 있고 각 AND게이트는 휴즈-링크가 붙은 8개의 입력 I_1, $\overline{I_1}$, I_2, $\overline{I_2}$, …, I_4, $\overline{I_4}$를 가지고 있다. AND게이트의 수는 2^4=16개이고 각 AND게이트의 출력은 휴즈-링크를 거쳐서 각 OR게이트의 입력에 연결되어 있다. 그러므로 프로그램하기 전에는 각 OR게이트 출력은 $I_{3,}\overline{I_{3,}}I_{2,}\overline{I_{2,}}I_{1,}\overline{I_{1,}}I_{0,}\overline{I_0}$와 같은 논리적을 16개 합한 것과 같다.

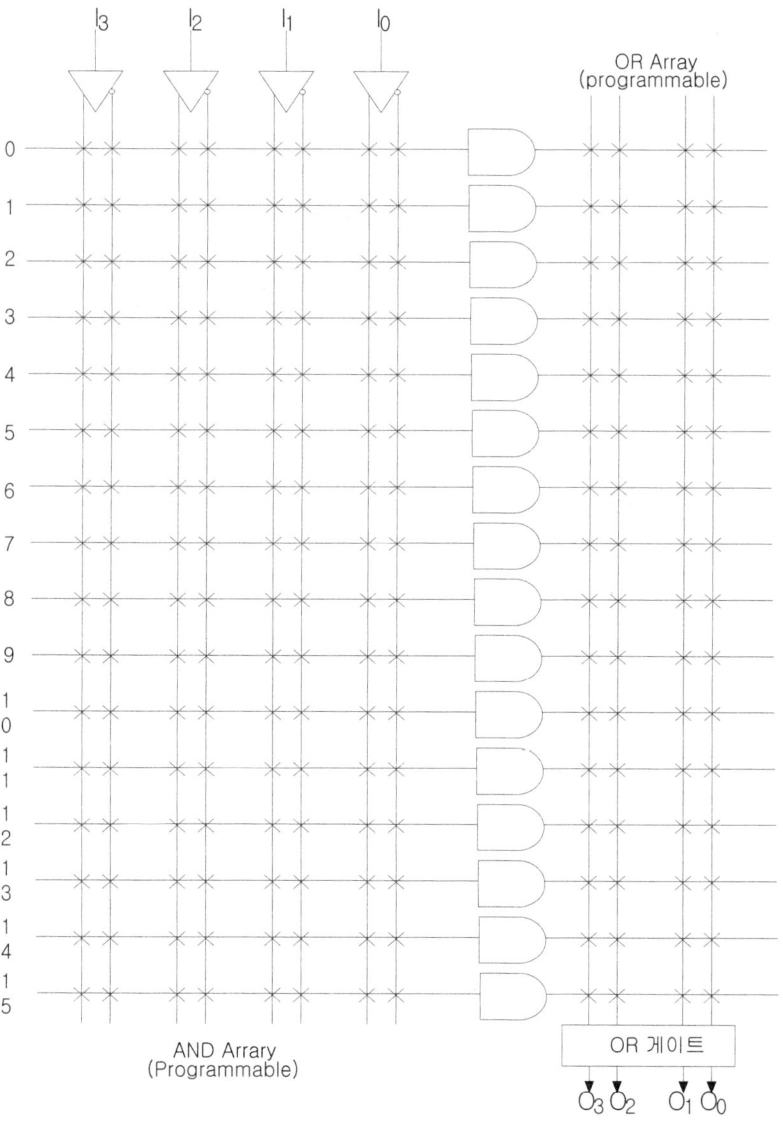

그림 11-26 PLA 구조

11-8 | 플래쉬 메모리

반도체 기반의 마이크로프로세서 시스템에서 중요한 제한 사항 중 하나는 비휘발성의 읽기-쓰기 메모리가 없다는 것이다. 낮은 전력을 소모하고, 배터리로 작동시킬 수 있는 마이크로프로세서에 대한 수요가 갈수록 증대되고 있으며, 이에 더하여 대규모 메모리와 대용량 저장장치 또한 필요로 하고 있다. 한 가지 예로 휴대용 컴퓨터나 자료 수집 장치는 배터리로 작동되어야 한다. 이런 제품들에서는 하드디스크나 플로피디스크 드라이브의 전력 소비를 감당할 수 없으며, 드라이브의 물리적인 크기 또한 제품에 비해 너무 크다.

프로그램을 지울 수 있는 ROM(EPROM)은 반도체 메모리 시스템의 초기에 나왔다. 그러나 EPROM은 읽을 수만 있는 메모리이고 읽고 쓸 수 있는 메모리는 아니다. 즉, EPROM의 내용을 변경시키려면 상당히 어려운데, EPROM에 장시간 동안 강한 자외선 빛에 조사해서 내용을 지운 후에, 높은 전압을 발생하는 특수 회로를 사용해서 새로운 내용을 써야 한다.

전기적으로 프로그램을 지울 수 있는 ROM(EEPROM)은 EPROM보다는 크게 개선되었다고 하지만, 지우는 과정은 특별한 전기 신호가 필요하고 또 오랜 시간이 소요된다. 쓰는 시간 또한 느린데 자료를 안정적으로 저장시키기 위해서 메모리 셀에 여러 번 반복해서 써야만 하기 때문이다. 일반적으로 EEPROM의 기억용량은 작다(제한된 비트수를 가지고 있다). 따라서 시스템 정보에 관한 메모리, 특수 목적의 스크레치 메모리 또는 작은 시스템에서 프로그램 메모리 등으로 사용된다.

플래쉬 메모리는 EEPROM 기술로부터 발전하였다. 플래쉬 메모리는 디스크 드라이브를 대치하기 위한 반도체 소자를 개발하려는 목적으로 개발되었다. 비록 플래쉬 메모리는 하드디스크만큼 큰 저장 용량을 가지고 있지는 않지만 드라이브와 같은 기계 부품을 사용하지 않으면서도 디스크 드라이브와 같은 대용량 저장 장치가 가지는 많은 장점을 가진다.

기본적으로 플래쉬 메모리는 특별한 EEPROM이다. 따라서 플래쉬 메모리의 메모리 셀에 데이터를 쓰기 전에, 기억 내용을 지워야 한다. 즉, 각 비트의 내용을 논리 '0'으로 만들어 놓아야 한다. 그리고 EEPROM과 같이, 각 비트를 여러 번 써야 한다. 논리 '1'을 저장하려면 반도체 접합부 상태를 확실하게 수정하는 것이 필요하기 때문이다. 만약 논리 '0'을 저장하려면 아무런 동작도 필요하지 않다. 반도체 접합부를 확실하게 수정하는 것이 논리 '1'을 메모리 셀에 기억시키는 것이다. 이 과정은 일반 메모리에서 읽기-쓰기와 동일하지만 플래쉬 메모리에서는 프로그래밍이라고 불린다.

EPROM과 같이 플래쉬 메모리는 한 비트나 한 단어를 지울 수 없다. 대부분의 경우 전체 메모리를 지워야 하고 그 후 각 비트 또는 단어를 프로그램 할 수 있다. 어떤 플래쉬

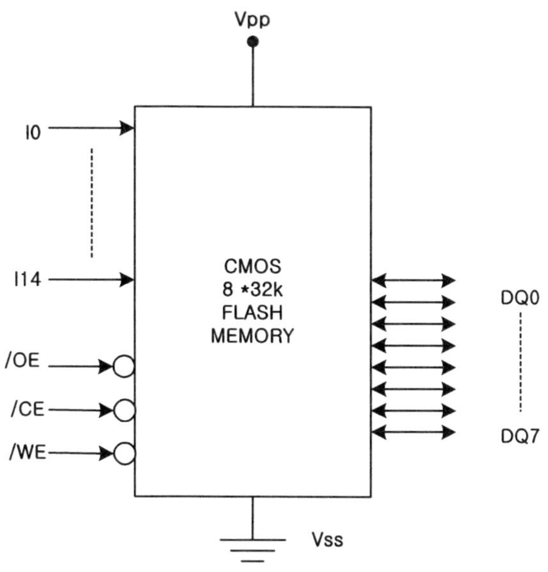

그림 11-27 플래시메모리의 심볼

메모리 IC는 IC의 일정 부분을 지울 수 있다.

보통 플래쉬 메모리는 마이크로프로세서에 사용할 수 있는 규격으로 생산된다. 가장 일반적인 규격으로 바이트 단위가 있다. 그림 11-27에 전형적인 플래쉬 메모리 IC의 심볼을 나타내었다.

또한 그림 11-28은 플래쉬 메모리의 다른 특징들을 보여준다. 첫째, 플래쉬 메모리는 전형적인 마이크로프로세서 시스템에 사용하기에 적합한 접근 시간을 가진다. 플래쉬 메모리는 45ns에서 70ns 범위의 접근 시간으로 대부분의 DRAM만큼 빠르다.

둘째, EPROM과 같이 플래쉬 메모리는 쓰기 횟수가 제한되어 있다. 예전에는 10,000번 쓰기 횟수로 제한되었으나 근래에는 100,000번 또는 그 이상의 쓰기 횟수를 가지고 있다. 사용하기에 따라 쓰기 횟수의 수가 제약될 수도 있으나, 아닐 수도 있다.

그림 11-27은 CMOS 플래시메모리 칩의 논리 심볼을 나타내며 8×32K의 저장용량을 갖는다. 32K=32768개의 메모리 주소를 선택하기 위해 15개의 주소 입력이 필요하다. 메모리 동작간의 입력으로 메모리 읽기 동작간의 출력으로 8개의 데이터 입/출력 핀이 사용된다. 칩이 선택되지 않거나 또는 출력이 사용 불가능할 때 이 데이터 핀은 High-Z상태로 된다. 메모리 쓰기 동작을 제어하기 위해 $\overline{W}$ 를 쓴다. Vpp는 +12V의 전압을 지우거나 프로그래밍을 위해 사용한다. 최근을 플래시 칩은 Vpp를 내부적으로 생성하고 단지 하나의 공급 전압만을 필요로 한다. 최신의 저전압 회로는 단지 1.8V에서도 동작한다.

	Inputs			
Mode	/CE	/OE	/WE	Datab pins
READ	LOW	LOW	HIGH	DATAout
STANBY	HIGH	X	X	High X
WRITE	LOW	HIGH	LOW	DATAin

그림 11-28 플래쉬 메모리 특징

제어입력 $\overline{CE}$,$\overline{OE}$, $\overline{WE}$은 데이터 핀에서 발생하는 일을 제어한다. 데이터 핀들은 데이터 버스와 연결되어 있고, 쓰기 동작동안에 데이터는 버스를 통해 칩으로 전송된다. Vpp핀이 6.5V 이산의 전야에서 홀드하지 않으면, 쓰기 동작은 수행되지 않고 칩은 읽기 동작만 가능해지며, 메모리의 내용은 변하지 않는다.

내부 구조를 살펴보면 플래쉬 메모리칩의 동작을 이해하기 쉽다. 그림 11-29는 칩의 내부 기능 블록을 보여준다. 이 구조의 특징은 명령어 레지스터이다. 명령어 레지스터는 칩의 모든 기능을 제어하는데 사용된다. 명령어 코드는 이 레지스터에서 쓰여져 칩 내부에서 발생하는 동작들을 제어한다. 이들 명령어 코드들은 마이크로프로세서로부터 데이터 버스를 통해 전송된다. 상태 제어 논리는 명령어 레지스터의 내용을 체크하고 동작 동안 칩 내부회로의 나머지를 다음 단계로 이동하기 위해 제어 신호와 논리를 발생한다. 몇 가지 명령어에서 이것이 어떻게 수행하는가를 살펴보기로 하자.

쓰기 명령

먼저 명령어 레지스터 내로 모두 “0” 를 기록하여 쓰기 명령어를 위해 칩을 셋업 한다.

이는 데이터 핀에 00_{16}을 적용하고 $\overline{CE}$가 Low이고 $\overline{OE}$가 High인 동안 $\overline{WE}$를 Low로 펄스를 부여함으로써 수행된다. 이 주소 입력은 입력 데이터가 자동적으로 명령어 레지스트로 라우팅 되어지기 때문에, 이 단계를 위한 어떤 상태로 들어가게 된다. 한번 수행되면, 디바이스는 262,144bit의 메모리 배열로부터 데이터 읽기로 set된다. 메모리 데이터는 보통의 방법으로 읽혀진다.

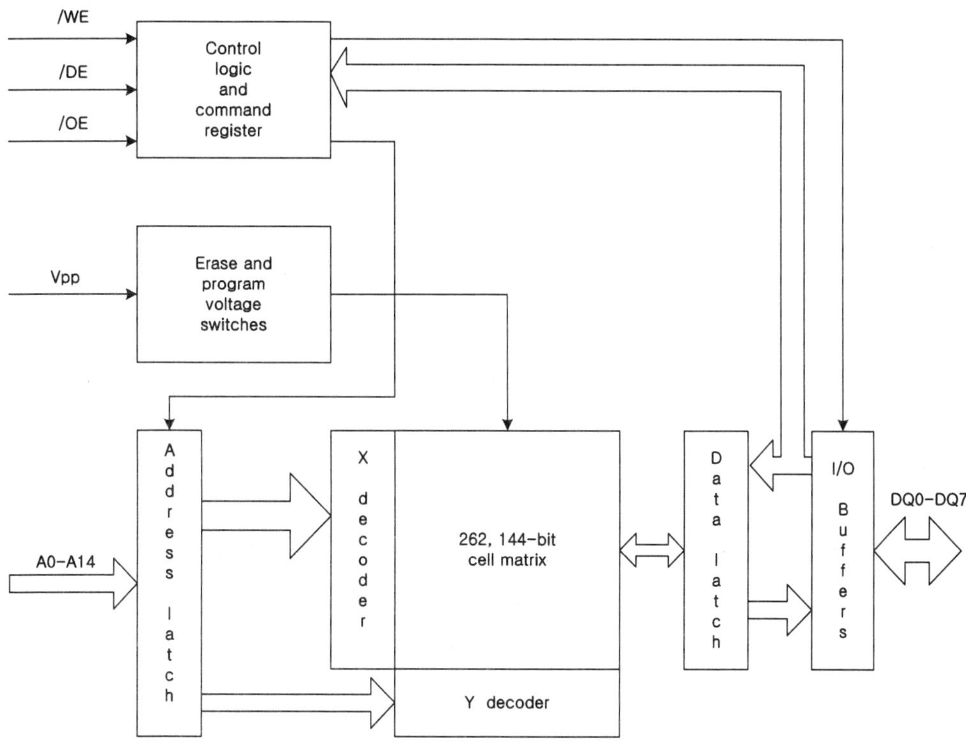

그림 11-29 플래쉬 메모리 칩의 내부 구조 블럭도

1) $\overline{WE}$는 High, $\overline{CE}$는 Low, $\overline{OE}$는 Low로 펄스하여 셀 배열로부터 데이터 출력 핀으로 데이터를 넘겨주기 위해 출력 버퍼를 인에이블한다. 이 플래쉬 메모리를 위한 읽기 억세스 시간은 최대 120ns 정도이다. 회로는 명령어 레지스터의 내용이 0016으로 남아 있는 동안 메모리 읽기 동작을 사용 가능한 상대로 유지한다.

지움 셋업/지움 명령어: 메모리 배열의 전체 내용을 지우기 위해 다음 두 절차가 필요하다.

1) 지움 동작을 위해 칩을 셋업하기 위해 명령어 레지스터로 2016의 코드를 기록한다.
2) 지움 동작을 시작하기 위해 명령어 레지스터로 2016의 코드를 다시 기록한다.

이 두 단계의 절차는 메모리 내용이 임의적으로 지워지는 것을 방지한다. 두 번째 명령어 코드가 쓰여진 후, Vpp로부터 12V가 배열내의 모든 셀을 지우기 위해 사용된다. 이 과정은 약 10ms가량 걸린다.

지움/수정 명령어: 지움 명령 후, 모든 메모리 셀이 지워지도록 수정하는 과정이 필요하다. 이는 모든 바이트가 $11111111_2 = FF_{16}$으로 한다. 지움-수정 동작은 각 바이트 주소에서 수행되어져야 한다. 이는 명령어 레지스터를 A_{16}으로 쓰기하면서 초기화되어진다. 읽기 동작이 수정되어질 주소 상에서 수행되어진 후, 출력 데이터 값은 그것이 FF_{16}과 동일한지를 비교한다. 이들 두 단계는 각 어드레스에서 수행되어지고 모든 주소를 수정하는데 사용되는 총 시간은 1초 가량이다. 만일 주소에서 데이터가 FF로 보이지 않는다면, 위의 지움 명령어 순서를 다시 사용하여 지워야만 한다.

프로그램 셋업/프로그램 명령어: 플래쉬 메모리 장치는 명령어 레지스터를 40_{16}의 코드로 쓰기함으로써 프로그래밍을 위해 셋업될 수 있다. 이는 원하는 주소로 프로그램되는 데이터를 기록함으로써 수행되어진다.

프로그램/수정 명령어: 바이트가 주소 내로 프로그램 된 후, 그 주소의 내용은 성공적으로 프로그램 되었음을 확인하기 위해 수정되어져야만 하고 명령어 레지스터에 $C0_{16}$을 기록함으로써 수정 동작을 셋업 시킨다. 이는 원하는 데이터와 비교될 수 있도록 하기 위해 방금 프로그램 된 주소로부터의 데이터의 출력과 비교하는 읽기 동작에 선행한다.

프로그래밍과 각 어드레스 위치의 수정을 완료하는데는 플래시메모리 칩에서 500ms 가량 소요된다.

11-9 | 반도체 RAM

RAM이란 용어는 랜덤 엑세스 메모리를 나타내며, 그 의미는 메모리 내의 어떤 어드레스(address)도 쉽게 접근 가능하다는 뜻이라는 것을 상기해 보기 바란다. 많은 종류의 메모리가 랜덤 엑세스를 할 수 있는 부류에 속하지만 반도체 메모리에 RAM이란 용어가 사용될 때, 그것은 통산 ROM과 반대되는 RWM(read/write memory)을 의미한다. RAM은 반도체 RWM을 의미하는 것이 통상적이므로 다음 설명부터는 그런 의미로 계속 사용하기로 한다.

RAM은 프로그램과 데이터를 일시적으로 저장하는 컴퓨터에서 사용된다. 많은 RAM 번지에 있는 내용은 컴퓨터가 프로그램을 실행함에 따라 계속적으로 변하게 된다. 따라서 컴퓨터의 동작속도를 늦추지 않으려면 RAM의 읽기, 쓰기 시간도 빨라져야 한다.

RAM의 주된 단점은 휘발성이어서 전원이 꺼지거나 차단되면 저장정보를 모두 잃어버린다는 점이다. 그러나 몇 종류의 RAM은 대기모드(읽기/쓰기 동작이 없는 경우)에서 매우 소량의 전력을 사용하기 때문에 주 전원이 차단될 때마다 배터리로부터 전원을 공급받을 수 있다. 물론 RAM의 주된 장점은 읽기와 쓰기가 동일하게 쉽고, 속도가 빠르다는 점이다.

다음부터 나오는 RAM에 대한 설명은 ROM에서 다루었던 몇 가지 주제는 제외할 것이다. 왜냐하면 많은 기본 개념이 두 메모리 형태에 대해 공통적이기 때문이다.

11-9-1 RAM의 구조

ROM과 마찬가지로 RAM은 다수의 레지스터로 구성되어 각 레지스터가 단일 데이터 워드씩 저장하고, 각 레지스터마다 고유번지를 갖고 있다고 간주하는 것이 좋다. 전형적으로 RAM은 워드용량이 1K, 4K, 8K, 16K, 256K 또는 그 이상이고 워드크기는 1, 4, 8비트이다. 나중에 살펴보도록 하겠지만 워드용량과 워드크기는 메모리칩을 조합하여 확장시킬 수 있다.

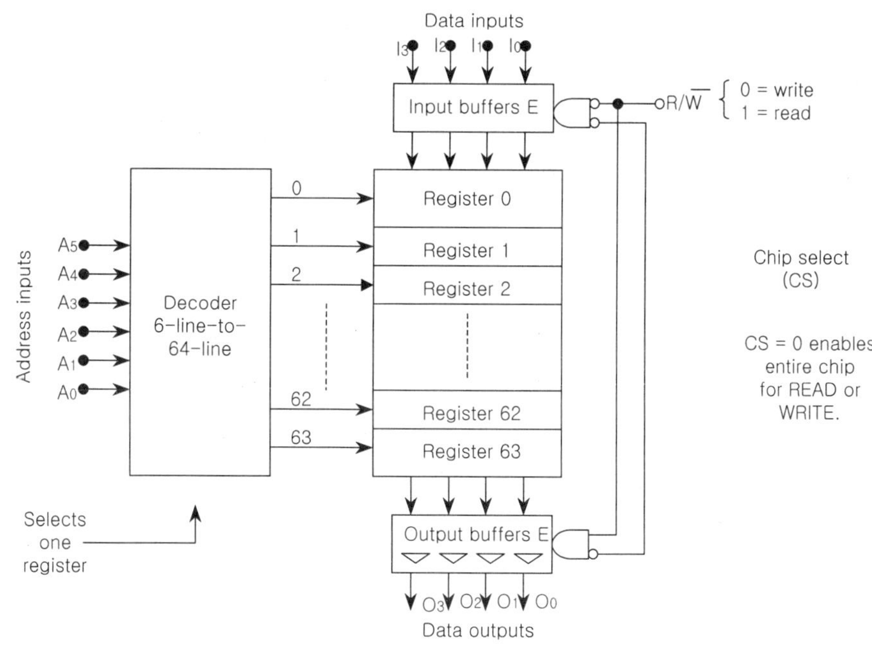

그림 11-30 내부적으로 조직화된 64×4 RAM

그림 11-30은 4비트에 64 워드(즉 64×4 메모리)를 저장하는 RAM의 구조를 간략하게 보여준다. 이들 워드는 0번지~63_{10} 번지까지 주소(address)를 갖는다. 64개의 어드레스 중 하나를 선택하여 읽거나 쓰기를 하려면 이진 어드레스 코드를 디코더(decoder)회로에 인가해야 한다. $64 = 2^6$ 이므로 디코더는 6 비트 입력코드가 필요하다. 각 어드레스코드는 특정 디코더 출력 하나를 동작시켜, 차례차례 그것에 대응하는 레지스터를 동작가능 상태로 만든다.

예를 들어, 인가되는 어드레스코드가 다음과 같다고 하자.

$$A_5 A_4 A_3 A_2 A_1 A_0 = 011010$$

$011010_2 = 26_{10}$ 이므로 디코더 출력 26이 HIGH가 되고 레지스터 26이 선택되어 읽기 또는 쓰기 동작을 하게 된다.

가. 읽기동작

어드레스 코드는 메모리칩에 있는 레지스터 1개를 선택하여 읽기와 쓰기를 한다. 선택된 레지스터의 내용을 읽으려면, READ/WRITE(R/W)의 입력이 1이어야 하고 CHIP SELECT(CS) 입력이 동작 중이어야 한다. (이 경우에는 1이어야 한다) $R/\overline{W}$ =1이고 CS=1이면 선택된 레지스터의 내용이 4개의 데이터 출력단에 나타나도록 출력버퍼가 동작가능 상태(enable)가 된다. $R/\overline{W}$ =1 이면 또한 데이터 입력단의 변화가 읽기 동작 동안 메모리에 아무런 영향을 미치지 않도록 입력버터가 동작 불가능 상태(disable)가 된다.

나. 쓰기동작

새로운 4비트 워드를 선택된 레지스터에 쓰기 위해서는 $R/\overline{W}$ = 0, CS=1이 되어야 한다. 이렇게 하면 데이터 입력단자에 인가된 4비트 워드가 선택된 레지스터에 적재되도록 입력버퍼가 동작가능 상태가 된다. $R/\overline{W}$ =0이면 또한 출력버퍼가 동작 불가능 상태, 즉 3-상태가 되고 데이터 출력은 쓰기동작 동안 Hi-Z상태를 유지한다. 쓰기동작은 물론 이전에 그 어드레스에 저장되어 있던 워드를 소멸시킨다.

다. 칩 선택

대부분의 메모리칩은 칩 전체를 동작가능(enable) 혹은 완전히 불가능(disable)하게 하는데 사용되는 1개 이상의 CS 입력이 있다. 동작 불가는 모드에서는 모든 데이터 입, 출력이 불가능하게 되어(Hi-Z상태)읽기, 쓰기 동작을 할 수 없다. 이 모드에서 메모리의 내용은 외부에 의해 영향을 받지 않는다. CS 입력을 갖는 이유는 메모리칩을 조합하여 더 큰 용량의 메모리를 만들려고 할 때 명백해진다. 많은 제조업체는 이런 입력을 CS라기 보다 CHIP ENABLE(CE)이라고 부른다는 사실을 주의하라.

라. 공통 입/출력핀

IC의 핀 개수를 줄이기 위해 제조업체에서는 가끔 공통 입/출력(common I/O)을 사용하여 데이터 입력과 출력기능을 결합시킨다. $R/\overline{W}$ 입력은 이런 공통 입/출력 핀의 기능을 제어한다. 읽기 동작 동안, 입/출력 핀은 선택된 어드레스에 있는 내용을 꺼내는 데이터 출력 함으로써 역할을 수행한다. 쓰기 동작 동안, 입/출력 핀은 데이터 입력함으로써 역할을 수행한다.

그림 11-30에 나온 칩을 참고하여 앞에서 언급한 내용이 어떻게 이루어지는지 알 수 있다. 분리된 입력과 출력 핀을 사용하면, 총 18핀이 필요하게 되고(접지와 전원공급 핀을 포함하여), 4개의 공통 입/출력 핀을 사용하면, 단지 14개의 핀만 필요하다. 핀을 절약한 효과는 칩이 더 큰 워드 크기일 때 좀더 두드러진다.

11-9-2 동적 RAM (DRAM)

동적 RAM은 MOS 기술에 의해서 제작된다. 그리고 고용량의 저장용량과 저전력이며, 그리고 알맞은 동작 속도를 가지고 있다. 정적 RAM과 다르게 동적 RAM은 작은 MOS 커패시터(일반적으로 몇 피코패럿)가 차지하는 것과 같게 1과 0을 저장한다. 그렇기 때문에 일정주기 시간 후에 차지 된 것이 방전되는 경향이 있다. 그렇기 때문에 동적 RAM은 일정한 시간동안 대개 2, 4 또는 8ms 리플래쉬 해야만 한다. 그렇지 않으면 데이터는 잃어버리게 된다.

정적 RAM에 비해 동적 RAM의 단점은 데이터를 유지하기 위해 주기적인 리플래쉬가 필요하고 따라 부가적인 회로가 필요하다는 점이다. 몇 가지 동적 RAM 칩은 리플래쉬 회로를 내부에 포함하고 있다. 그래서 별도의 외부적인 하드웨어가 필요하지 않다. 그러나 칩의 입력제어 신호의 구체적인 시간이 요구된다. 부가적으로 동적 RAM의 주소입력이 정적 RAM보다 덜 직선적이어서 조정을 해줘야 한다. 종합적으로 동적RAM을 가지고 시스템을 구축할 때 정적 RAM보다 더 복잡하다. 그러나 많은 용량과 낮은 전력을 요구하는 시스템일 경우 동적 RAM을 사용해야 한다.

메모리 응용 분야에서 속도와 복잡도가 가격보다 중요할 때 그리고 전력이 고려되었을 때 정적 RAM이 가장 좋다. 일반적으로 동적 RAM보다 정적 RAM이 빠르며 리플래쉬 하지 않아도 되고 쉽게 설계 할 수 있기에 고용량과 낮은 전력을 사용하는 동적 RAM과 비교할 수가 없다.

동적 RAM은 간단한 셀 구조를 가지고 있기 때문에 정적 RAM보다 4 배 이상의 용량을 가지고 있다. 동적 RAM의 비트당 가격은 일반적으로 정적RAM에 비해 5분에 1 또는 4분에 가격이 낮다. 더욱이 낮은 전력을 사용하기 때문에 정적RAM보다 6분에 1 또는 5분에 1정도 전력을 아낄 수 있으며 더 작게 그리고 더 낮은 전력을 공급으로 동작할 수 있다.

정적 RAM의 주요 응용분야는 작은 량의 메모리가 고속으로 동작할 때 사용한다. 많은 마이크로프로세서에 의해 제어되는 기구와 장치는 매우 낮은 메모리 용량이 요구된다.

개인용 컴퓨터의 내부 중요 메모리는 동적 RAM을 사용한다. 왜냐하면 높은 용량과 낮은 전력을 소모하기 때문이다. 그러나 이러한 컴퓨터는 때때로 비디오 그래픽 그리고 캐쉬 메모리와 같은 최고의 속도를 내기 위해서 약간의 정적 RAM을 사용하기도 한다.

11-9-3 DRAM 구조와 동작

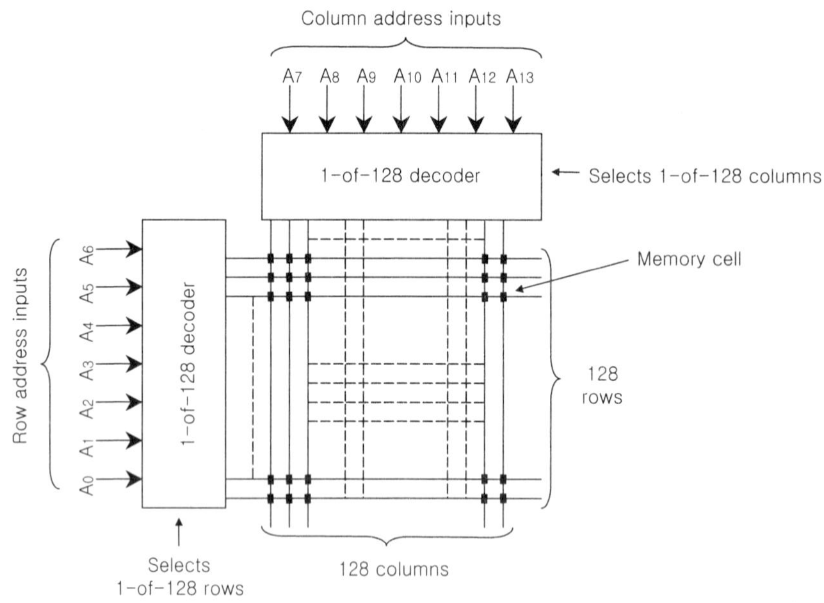

그림 11-31 16×1 동적 RAM의 셀 배열

DRAM의 내부 구조는 그림 11-4(b)에 예시된 것 같은 1비트 셀이 그림 11-31과 같이 어레이로 구성된다. 여기서는 16,384개의 셀이 128×128 어레이에 배열되어 있다. 각 셀은 어레이내에서 특정한 행과 열에 위치해 있다. 16,384(2^{14} = 16,384)개의 셀을 구분하기 위해 14비트의 어드레스 코드가 필요하며, 정방행렬의 어레이를 갖기 때문에 각각 상위와 하위를 열과 행을 식별하는 어드레스 코드로 사용한다. 즉 총 14개의 어드레스 입력에 의해 셀이 선택되고, 어드레스 코드의 MSB 6비트 즉 $A_0 \sim A_6$은 메모리 셀이 위치한 열을 선택하고, LSB 6비트 즉 $A_7 \sim A_{13}$은 행을 선택한다. 각 14비트 어드레스는 읽혀지거나 쓰여질 특정한 셀을 선택한다. 이후에 기술하겠지만, 워드 크기는 적절한 배열로 몇 개의 칩들을 조합함으로써 얻을 수 있다.

그림 11-32는 DRAM 셀과 회로기호를 나타낸다. 그림의 커패시터에 전하의 충전 여부로 0과 1의 데이터를 나타낼 수 있고, 스위치 S1에서 S4는 여러 어드레스 디코더 출력과 $R/\overline{W}$ 신호에 의해 제어되는 MOSFET이다.

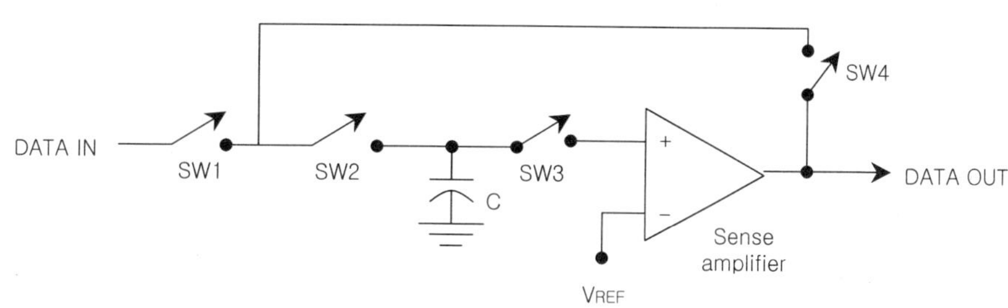

그림 11-32 동적 RAM의 심볼 표시

가. 읽기 동작

셀에서 데이터를 읽기 위해, 스위치 S2, S3, S4를 닫고 S1은 개방한다. 이것은 센스 증폭기에 저장된 커패시터 전압을 연결하는 것이다. 센스 증폭기는 논리가 0인지 1인지를 결정하기 위해서 몇 가지 참조 값과 전압을 비교하고, 데이터 출력에 대하여 0이나 5V를 만든다.

이 데이터 출력은 또한 C에 연결되고 재충전이나 재방전에 의하여 커패시터 전압을 리프레시 한다. 다시 말하면 메모리 셀에 있는 데이터 비트는 판독될 때마다 리프레시 된다.

나. 쓰기 동작

셀에 데이터를 쓰기 위하여, S3과 S4가 개방되어 있는 동안 어드레스 디코딩으로부터의 신호와 읽기/쓰기 입력은 S1과 S2를 스위치를 열어 단락 시킨다.. 이는 C에 입력 데이터를 연결시킨다. 데이터 입력에 논리 1이 C에 충전되고, 논리 0은 방전한다. C는 충전되어 있지만 스위치가 오프 될 때는 점진적으로 방전된다.

다. 어드레스 멀티플렉싱

그림 11-31 16K×1 DRAM 배열은 14비트의 어드레스입력을 갖는다. 64 K×1 DRAM 배열은 16비트의 어드레스 입력을 갖는다. 각 어드레스 입력이 분리되어 잇는 핀을 필요로 한다면 많은 핀들이 필요하며, 이를 절약하기 위해 각 어드레스 입력핀이 2개의 다른 어드레스 비트를 조합할 수 있는 어드레스 멀티플렉싱(address multiplexing)개념을 도입하였다. 이를 이용하여 핀의 수를 줄임으로써 IC의 크기가 현저하게 축소되었다. 하나의 보드상에 기억장소를 최대화하기 위해서는 HIGH 커패시터 메모리가 매우 중요하다. 우리는 이장에서 주소가 DRAM 칩 안에서 멀티플렉싱 되는 순서를 설명할 것이다.

낮은 차수의 주소는 첫 번째 행을, 높은 차수의 주소는 열로 규정한다. 때로 반대되는 규정을 사용하기도 한다. 즉, 높은 차수 비트가 행 주소를 그리고, 낮은 차수의 비트가 열 주소를 나타내기도 한다.

4M×1 DRAM을 사용해서 DRAM 칩 동작 설명을 할 것이다.

그림 11-33(a)에서 나타낸 것은 이 칩의 내부구조의 기능적인 블록다이어그램이며 이 다이어그램의 메모리 배열의 레이아웃은 언뜻 보기에 복잡해 보일지 모르나 이것은 그림 11-31 안에 있는 16K×1 DRAM의 확장으로 생각해 볼 수 있다. 기능적으로 이것은 2048열과 2048행의 셀들이 재정리 된 것이다. 하나의 행은 주소 디코더 회로소자에 의해서 선택된다. 마치 1-2048 디코더로 생각할 수 있을 것이다. 이와 비슷하게 하나의 열은 효과적인 1-2048 디코더에 의해서 선택된다.

어드레스 선은 다중채널화 되어 있기 때문에 22비트 주소 전체는 동시에 표현 할 수 없고 단지 11개의 주소 선과 열과 행 주소 레지스터를 모두를 취한다.

각각의 2개의 주소 레지스터는 22비트 주소의 반을 저장한다. 행 레지스터는 위쪽 반을 저장하며 열 레지스터는 아래쪽 반을 저장한다. 2개의 중요한 스토로브(strobe) 입력은 레지스터에 클럭을 인가하기 위한 행, 열 어드레스 들이 포함된다. 행 어드레스 스트로브 $\overline{RAS}$ 는 11비트 행 어드레스 레지스터에 클럭을 인가하고 열 어드레스 스트로브 $\overline{CAS}$ 는 11비트 열 어드레스 레지스터에 클럭을 인가한다.

22비트 어드레스는 $\overline{RAS}$와 $\overline{CAS}$를 이용하여 DRAM에 두 단계로 인가된다. 그 타이밍도는 그림 11-33(b)와 같다.

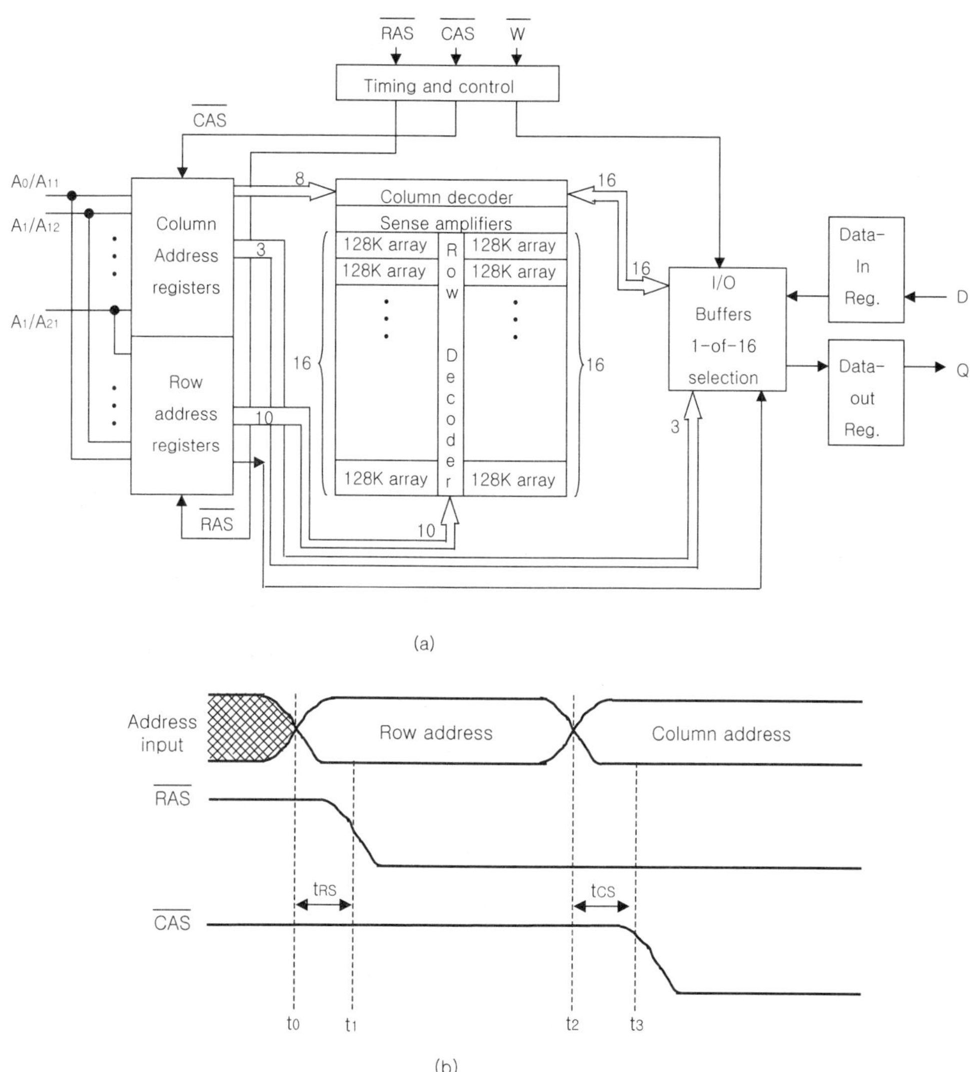

그림 11-33 (a) 4Mx1 동적 RAM의 구조 (b) $\overline{RAS}/\overline{CAS}$ 타이밍도

초기에, $\overline{RAS}$ 와 $\overline{CAS}$는 모두 HIGH상태이다. 시간 t_0에서 11비트 행 어드레스 (A_{11} ~ A_{21})가 어드레스 입력에 인가된다. 어드레스를 가해주어야 할 지속시간인 셋업 시간(tRC)만큼 경과한 후, $\overline{RAS}$입력은 t_1에서 LOW가 된다. 이 천이를 통해 행 어드레스 레지스터에 행 어드레스를 인가하고, 디코더를 인에이블 시켜서 행 어드레스를 디코드 하고 또한 하나의 행 배열을 선택한다. 시간 t_2에서 11비트 열 어드레스(A_0 ~ A_{10})가 어드레스 입력에 인가된다. t_3에서 $\overline{CAS}$입력은 열 어드레스 레지스터에 열 어드레스를 인가하기 위하여

LOW로 천이하고 이는 열 디코더를 인에이블 하여서 열 어드레스를 디코드 하고, 현재의 열 배열을 선택할 수 있다.

11-9-4 DRAM 읽기 / 쓰기 사이클

DRAM의 읽기와 쓰기 동작에 대한 타이밍은 SRAM보다 더 복잡하며, DRAM메모리 설계자가 고려해야 할 중요한 타이밍 요건이 많이 있다. 우선 DRAM 시스템에 대한 읽기와 쓰기 동작을 위한 기본적인 순서를 알아보자.

DRAM 쓰기 사이클

그림 11-34는 DRAM 쓰기 동작 동안의 신호 발생을 나타낸다. 동작순서는 다음과 같다.

- t_0 : MUX의 LOW는 DRAM입력에 행어드레스를 위치시킨다.
- t_1 : $\overline{RAS}$의 NGT는 DRAM의 행어드레스에 클럭을 인가한다.
- t_2 : MUX는 DRAM입력에 열어드레스를 위치시키기 위해 HIGH상태가 된다.
- t_3 : $\overline{CAS}$의 NGT는 열어드레스를 DRAM으로 래치한다.
- t_4 : 쓰여진 데이터는 DATA IN 선에 놓여진다.
- t_5 : $R/\overline{W}$ 는 선택된 셀에 데이터를 쓰기 위하여 LOW로 펄스가 인가된다.
- t_6 : 입력데이타는 DATA IN으로부터 제거된다.
- t_7 : MUX, $\overline{RAS}$, $\overline{CAS}$, $R/\overline{W}$는 초기상태로 되돌아 온다.

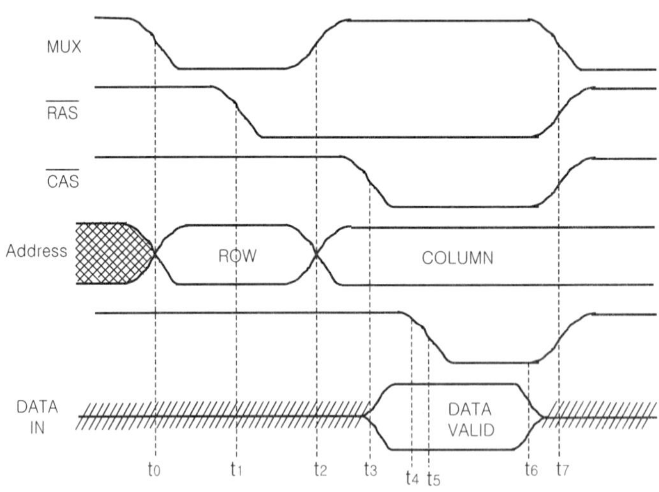

그림 11-34 동적 RAM에서 쓰기 동작을 위한 신호의 활성도

DRAM 읽기 사이클

DRAM 읽기 사이클 그림 11-35은 읽기동작 동안의 신호발생을 나타낸다. $R/\overline{W}$는 동작이 이루어지는 동안 HIGH상태에 있다고 가정한다. 다음은 다이어그램 상에서 그려진 타이밍 도에서 일어나는 동작을 단계별로 설명한다.

- t_0 : MUX 는 DRAM어드레스 입력에서 행 어드레스 비트 (A_8에서 A_{15})를 인가하기 위하여 LOW로 된다.
- t_1 :$\overline{RAS}$ 는 DRAM에서 행 어드레스를 래치하기 위하여 LOW가 된다.
- t_2 : MUX는 DRAM어드레스 입력에서 열어드레스를 인가시키기 위하여 HIGH상태가 된다.
- t_3 :$\overline{CAS}$는 DRAM으로 열어드레스를 래치하기 위하여 LOW가 된다.
- t_4 : DRAM은 유효데이타를 선택된 메모리 셀에서 DATA OUT 선으로 실어줌으로써 응답한다.
- t_5 : MUX, $\overline{RAS}$, $\overline{CAS}$, DTA OUT은 초기상태로 되돌아간다.

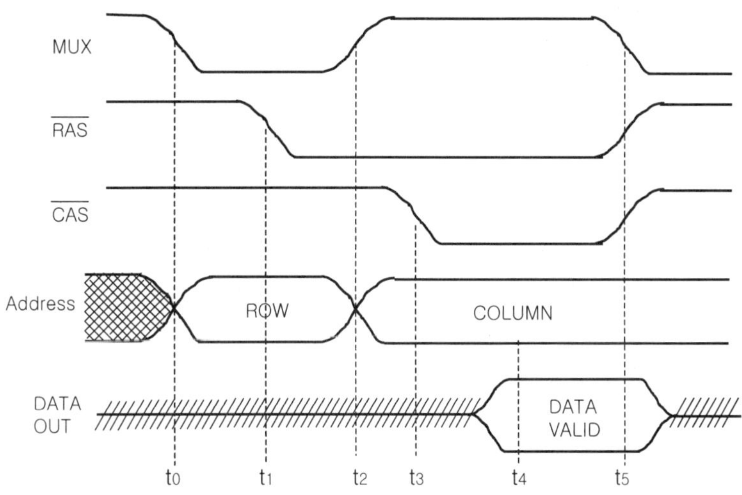

그림 11-35 동적 RAM에서 읽기 동작을 위한 신호의 활성도

11-10 | 워드 크기와 용량 확장

대부분의 메모리 소자 응용 분야에 있어서, 요구되는 메모리 저장용량이나 워드크기는 하나의 메모리칩으로는 만족될 수 없고 설계자가 메모리를 설계하기 위해서 m×n 비트 RAM IC 설계를 위해 몇 개의 메모리 IC를 조합하여 원하는 저장용량 혹은 원하는 워드크기로 배열하여 설계한다.

11-10-1 워드 크기 확장

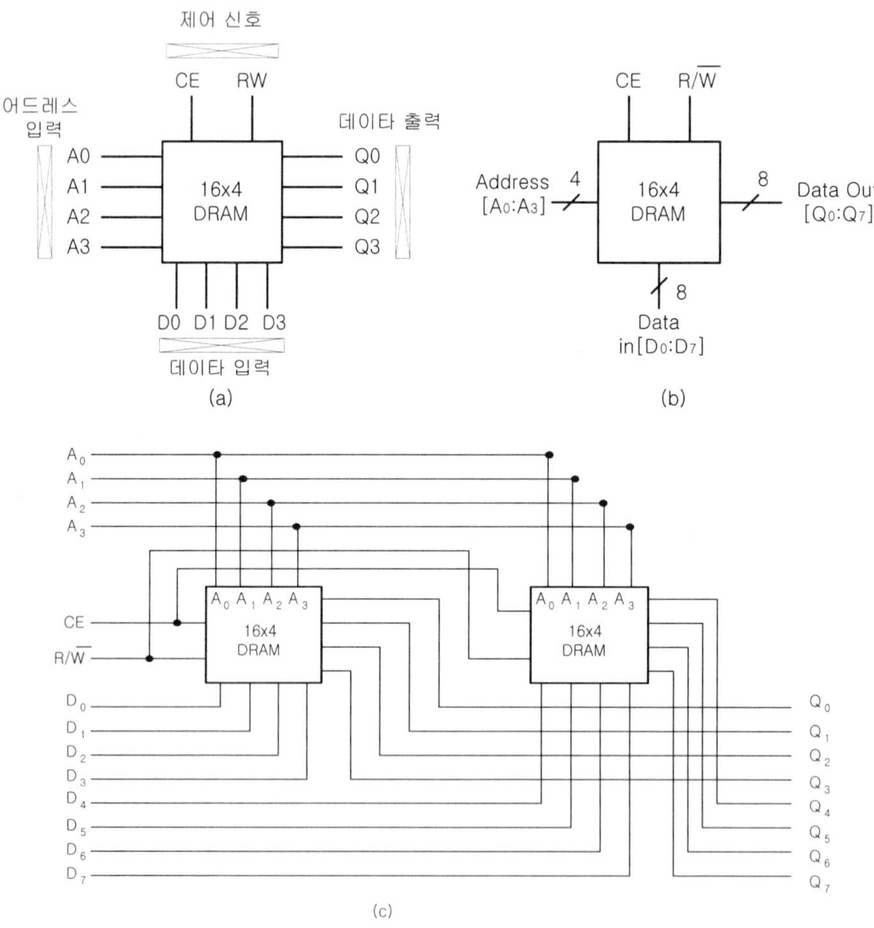

(a) 16×4 RAM 심볼 (b) 16×8 RAM 심볼 (c) 16×8 내부 회로도

그림 11-36 16×8 모듈을 위한 2개의 16×4 RAM 조합

16×8비트 워드를 저장 할 수 있는 메모리가 필요한데, 공통 I/O선의 16×4 메모리 IC를 가지고 있다고 가정하자. 원하는 메모리를 만들기 위하여 16×4 칩 2개를 배열하여 16×8 메모리를 구성할 수 있다. 그림 11-36은 두 개의 16×4 메모리의 조합을 통해 16×8 메모리를 구성한 예를 나타내었다.

16×4 메모리 IC는 1×2 메모리 조합을 통해 16×8 메모리 모듈로 동작하도록 설계하였다.

그림 11-36의 구조를 자세히 살펴보면, 그림 11-36(a)는 16×4 RAM 모듈의 심볼을 나타내고 있으며, 그림 11-36(b)는 설계를 원하는 16×8 RAM 모듈의 심볼을 나타내었다. 이를 살펴보면, 어드레스 입력 및 두 제어선은 공통으로 사용되며, 단지 데이터 입출력이 따로따로 사용되어 4비트 워드가 아닌 8비트 워드로 표현됨을 알 수 있다. 이를 기반으로 그림 11-36(c)와 같은 내부 회로를 구현할 수 있다. 각 칩은 16개의 4비트 워드를 저장 할 수 있고, 원하는 메모리 모듈은 16개의 8비트 워드를 저장할 수 있는 메모리이기 때문에 각각의 칩이 각 워드의 반을 저장하도록 해야 한다. 즉, RAM-0은 16워드의 4개의 상위 비트를 저장하고, RAM-1은 4개의 하위 비트를 저장하도록 구성한다.

16개의 워드 중 하나는 4비트 어드레스 버스 (A_3, A_2, A_1, A_0)에 적절한 어드레스코드를 인가함으로써 선택된다. 어드레스 버스와 제어 신호는 두 RAM 모듈에 공통으로 인가되었다. 일단 어드레스코드가 어드레스 버스에 실리면, 같은 어드레스코드가 두 칩에 인가되어서 각 칩에 대해서 동일 위치와 동일시간에 억세스 된다는 것을 의미하며, 단지 상위 4비트와 하위 4비트를 두 모듈에 따로 저장하고 따로 읽는 동작을 수행한다.

11-10-2 용량확장

32개의 4비트 워드를 저장할 수 있는 메모리가 필요하고, 16×4칩을 가지고 있다고 가정하자. 그림 11-37에 나타낸 것과 같이 2개의 16×4칩을 연결함으로써 원하는 메모리를 만들 수 있다.

각 RAM은 16개의 4비트 워드를 저장하기 위해 사용된다. 각 RAM의 데이터 I/O핀은 4개의 선 데이터 버스로 연결된다. RAM칩은 한 번에 하나만이 선택되므로 버스 충돌은 없다. 이것은 서로 다른 논리 신호에 의해 $\overline{CS}$ 입력을 구동시킴으로써 보장된다.

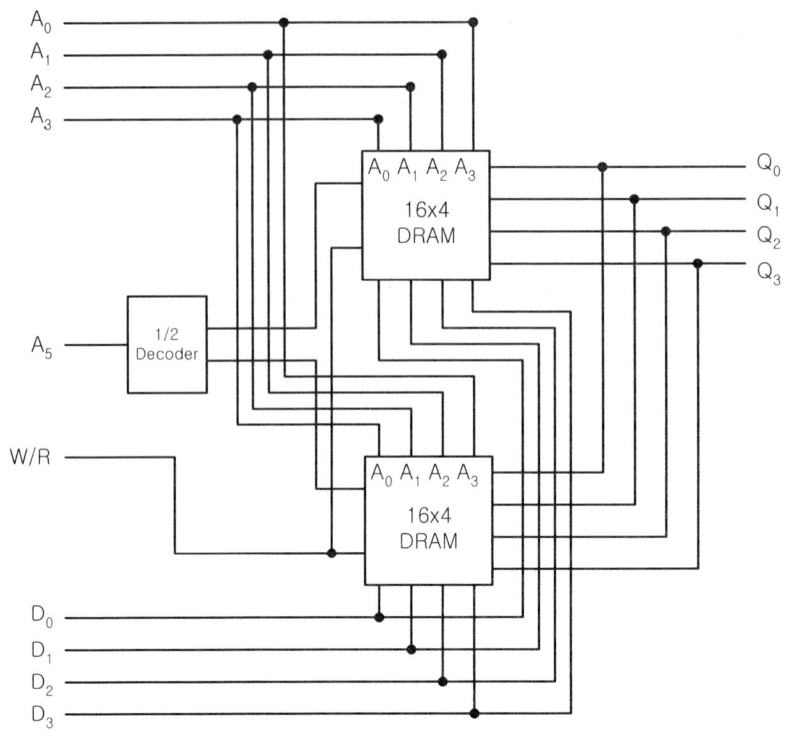

그림 11-37 32×4의 저장용량을 갖는 RAM 모듈 내부 회로

이 메모리 모듈의 전체 용량이 32×4이므로 32개의 다른 어드레스가 존재한다. 이것은 5비트의 어드레스 버스를 필요로 하며, 기존의 4비트 어드레스 버스에 추가로 하나의 어드레스 버스를 필요로 한다. 상위 어드레스 선 A_4는 읽거나 쓰여지게 되는 RAM중의 하나를 선택하기 위하여 사용되며 이의 입력은 디코더를 통해 출력되어 두 모듈 중의 하나를 선택할 수 있도록 동작한다. 다른 4개의 어드레스선 A_0 ~ A_3은 선택된 RAM 모듈에 대해서 16개의 메모리위치 중 하나를 선택할 때 사용된다.

A_4=0일 때, RAM-0의 $\overline{CS}$는 읽거나 쓰기가 가능하도록 칩을 인에이블 시킨다. 따라서 RAM-0에 있는 어드레스 위치는 A_0에서 A_3의 어드레스 코드에 의하여 억세스 된다. 뒤의 4개 어드레스 선들은 원하는 위치를 선택하기 위하여 0000에서 1111까지 범위를 갖는다. 따라서 RAM-0에서 어드레스 위치 범위는 아래와 같다.

$$A_4A_3A_2A_1A_0 = 00000 \text{ 에서 } 01111$$

주의할 것은 A_4=0일 때, RAM-1의 $\overline{CS}$ 는 HIGH가 되어 I/O선들은 디스에이블되고 데이터 버스와 통신할 수 없다는 것이다. A_4=1일 때 클리어되어 RAM-0과 RAM-1의 역할이 교환된다. RAM-1은 인에이블 되어 A_0~A_3까지 선들은 이들 위치 중 하나를 선택한다. 따라서 RAM-1에 있는 어드레스 범위는 다음과 같다.

$$A_4A_3A_2A_1A_0 = 10000\text{에서 } 11111$$

모든 범위에서 어드레스 가능한 모듈로 동작하기에, 이는 32×4 메모리 모듈로 동작한다. 용량 및 워드 길이를 모두 확장할 수도 있다. 이는 메모리 모듈을 직렬로 그리고 병렬로 어레이로 구현함으로써 확장할 수 있다.

연습문제

11-1 5 M×8 메모리와 16비트의 워드 크기를 가질 때 1M 워드를 저장할 수 있는 메모리 중 가장 많은 비트를 저장할 수 있는 메모리는 무엇인가?

11-2 다음 용어를 정의하시오.

(a) 메모리 셀

(b) 메모리 워드

(c) 주소

(d) 바이트

(e) 억세스 시간

11-3 어떤 메모리의 용량이 8K×16이다. 각 워드는 몇 비트로 구성되는가? 얼마나 많은 워드가 저장되는가? 이 메모리는 얼마나 많은 메모리 셀을 담는가?

11-4 읽기(페치)와 쓰기(저장) 동작간의 차이를 설명하시오.

11-5 어떤 메모리가 4K×8 저장 용량을 갖는다.

(a) 데이터 입력 및 출력선은 몇 개인가?

(b) 어드레스 입력의 수는 몇 개인가?

(c) 이 메모리의 용량은 바이트로 얼마인가?

11-6 16K×12 메모리에 필요한 주소 입력 및 데이터 입력 그리고 데이터 출력선은 몇 개가 필요한가?

11-7 CPU와 내부 메모리를 연결하는 신호 그룹의 이름을 기술하라.

11-8 CPU가 메모리로부터 데이터를 읽을 때 발생하는 단계들을 기술하라.

11-9 CPU가 메모리에 데이터를 쓸 때 발생하는 단계들을 기술하라.

11-10 ROM으로부터 데이터를 읽어들이는 과정을 설명하라.

11-11 ROM 구조에서 행선택 디코더, 열선택 디코더, 출력버퍼의 기능을 설명하라.

11-12 4K 바이트를 저장하는 정방 레지스터 어레이를 사용하는 ROM의 내부 구조를 설명하라.

11-13 EEPROM에 의해 극복된 EPROM의 단점은 무엇인가?

11-14 EEPROM의 중요한 단점은 무엇인가?

11-15 플래쉬 메모리와 EPROMs의 좋은 점은 무엇인가?

11-16 4x1 크기의 NMOS RAM 2147H는 분리된 데이터 입/출력 단자와 LOW에서 동작하는 단일 CHIP ENABLE 입력단자를 갖고 있다. 이 칩에 대한 논리기호를 모든 핀 기능과 관련하여 그려라.

11-17 32k×8크기의 CMOS RAM MiCM6206C은 공통 입/출력 핀과 LOW에서 동작하는 CHIP ENABLE 입력단자를 갖고 있다. 이 칩에 대한 논리기호를 핀 기능과 관련하여 그려라.

11-18 64K×1 DRAM 배열 구조를 설명하라.

11-19 어드레스 멀티플렉싱의 장점은 무엇인가?

11-20 1M×1 DRAM칩에는 얼마나 많은 어드레스 입력이 있는가?

11-21 8K×8의 용량을 필요로 하는 메모리가 회로가 있다. 2K×8 PROM을 결합시켜 이 회로를 구성하고자 한다. 몇 개의 PROM 칩이 필요한가? 그때 필요한 주소 버스 라인은 몇 개인가?

11-22 MCM6209C는 64K×4 정적 RAM 칩이다. 1M×4 모양이 되려면 몇 개가 필요한가?

11-23 64K×16에는 몇 개가 필요한가?

제 12 장

아날로그와 디지털 인터페이스

12-1 | 아날로그와 디지털 인터페이스

12-1-1 아날로그 신호와 디지털 신호

자연계의 물리적 변화량들은 아날로그 값을 가지는 데, 이는 연속적인 값이며 어떤 값이라도 취할 수 있다. 예를 들면, 온도, 압력, 광도, 음성신호, 순환속도, 유동률 등은 모두 아날로그 형태로 변동한다. 디지털 시스템은 디지털 회로와 디지털 연산을 사용하여 내부동작을 수행한다. 디지털 시스템에 입력되는 모든 값들은 디지털 형태를 가져야 하고, 출력 역시 디지털 형태이다. 컴퓨터와 같은 디지털 시스템이 물리적 처리과정을 제어하는 데 사용될 때, 처리되는 변화량들의 아날로그 성질과 컴퓨터의 디지털 성질 사이의 차이점을 해결하는 장치가 필요하다. 이렇게 아날로그와 디지털을 연결하는 기능을 하는 장치에는 아날로그-디지털 변환기(analog-to-digital converter; ADC)와 디지털-아날로그 변환기(digital-to-analog converter; DAC)가 있다.

아날로그와 디지털 인터페이스를 다루기 전에 우선 아날로그와 디지털 신호의 차이를 알아보자. 아날로그 값은 연속적인 값으로 이루어져 있으며 특정화된 정확한 값을 얻어낼 수 있다. 예를 들면, 아날로그 온도-전압변환기의 출력이 2.5V로 측정되었다면, 이는 25℃의 특정 온도를 나타낸다. 만약 전압이 2.34V나 3.78V등의 다른 값으로 출력된다면, 이는 완전히 다른 온도를 나타낸다. 다시 말해서, 각각의 아날로그 값들은 서로 다른 의미를 갖는다. 디지털은 아날로그의 부분집합이다. 즉 디지털은 대개 아날로그의 특수한 영역만을 사용하여 동작 수행에 대한 신뢰도를 높이기 위해 제안되었다. 그러나 앞에서도 언급했듯이 자연계의 신호들은 대부분 아날로그 신호들이므로 디지털 방식만을 사용할 수는 없다. 일단 아날로그를 디지털로 바꾸어 디지털 시스템 내에서 연산을 수행하고 수행된 결과를 다시 아날로그로 바꾸는 게 대부분이다. 디지털 양은 "0" 과 "1" 또는 LOW와 HIGH, TRUE와 FALSE 등과 같은 두 개의 가능한 값 중 하나의 값만을 가진다. 실제로 전압과 같은 디지털 양은 정해진 범위내의 전압 값은 모두 같은 디지털 양을 갖는다고 정의한다. TTL 로직에서는 0~0.8V까지의 전압은 모두 논리 0으로 정의하고 2~5V까지의 전압은 모두 논리 1로 정의한다. 디지털 회로는 주어진 범위 내의 모든 전압이 같은 값으로 응답하기 때문에 정확한 전압 값은 중요하지 않다.

12-1-2 일반적인 아날로그와 디지털 인터페이스 구조

그림 12-1은 전형적인 아날로그와 디지털 인터페이스의 구조를 나타낸다. 그림 12-1에서 물리적 변화량은 보통 비전기량이다. 트랜스듀서는 보통 비전기량인 물리적 변화량을 전기량으로 바꿔주는 소자이다. 일반적인 트랜스듀서로는 서미스터, 광전지, 발광다이오드, 유량계, 압력변환기, 속도계 등이 있다. 트랜스듀서의 전기적 출력은 물리적 변화량에 비례하는 전류나 전압이다. 트랜스듀서의 전기적 아날로그 출력은 A/D 변환기의 입력으로 공급되고, A/D 변환기는 이를 디지털로 바꾸어 출력하며, 이 출력은 아날로그 입력 값을 나타내는 여러 비트로 구성되어 있다. 처리량의 디지털 표현은 디지털 시스템으로 전송되는데, 디지털 시스템은 이 값을 저장하고, 프로그램에 의해 처리한다. 디지털 시스템으로부터의 출력은 D/A 변환기에 의해 그에 비례하는 값의 전압이나 전류로 바뀐다. D/A 변환기로부터의 아날로그 신호는, 물리적 변화량을 제어하기 위한 액추에이터로 연결되기도 한다.

12-2 | 샘플-홀드 회로(Sample-and-Hold Circuit)

12-2-1 샘플-홀드 회로의 원리

디지털 신호 처리에서 가장 기본이 되는 원리는 아날로그 신호를 샘플링하는 것이다. 아날로그 전압이 A/D 변환기에 직접 연결되는 경우, 변환과정 동안 아날로그 전압이 변환된다면 변환과정에 나쁜 영향을 끼치게 되는데, 이때 변환과정 동안 일정한 전압 값을 유지하기 위해 샘플-홀드(sample-and-hold; S/H) 회로를 사용해서 변화과정의 안정도를 개선할 수

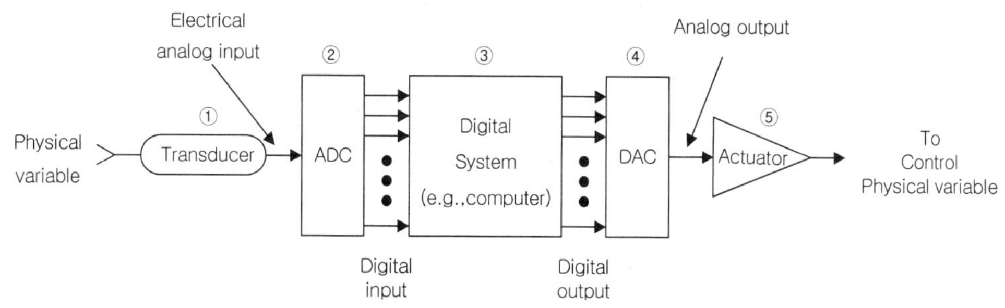

그림 12-1 아날로그와 디지털 인터페이스의 구조

있다. 그림 12-2는 간단한 샘플-홀드 회로를 나타내며 그림 12-3은 아날로그 신호를 샘플링하는 과정을 개념적인 형태로 나타낸 것이다. 스위치는 주기적인 펄스 신호(대개 클럭)의 제어에 의해 주기적으로 닫힌다. 스위치가 닫혀있는 시간 τ는 상대적으로 짧으며 얻어진 샘플들은 커패시터에 저장된다. 커패시터에 저장되어 있는 동안을 홀드(hold) 되었다고 한다. 그림 12-2에도 나타나 있듯이, 샘플-홀드 회로는 아날로그 스위치와 저장 커패시터, 그리고 그림에 나타내지는 않았지만 버퍼 증폭기(buffer amplifier)로 구성된다. 여기서 아날로그 스위치는 대개 MOSFET을 이용한 전송 게이트(transmission gate)로 구현된다. 샘플링 간격 사이 즉, 홀드 간격 동안 커패시터에 저장된 전압 값은 우리가 실제로 샘플링하는 신호를 나타낸다. 이렇게 샘플링된 전압 값들은 A/D 변환기의 입력으로 들어가 전압 값에 따른 N-비트의 이진 값으로 변환된다.

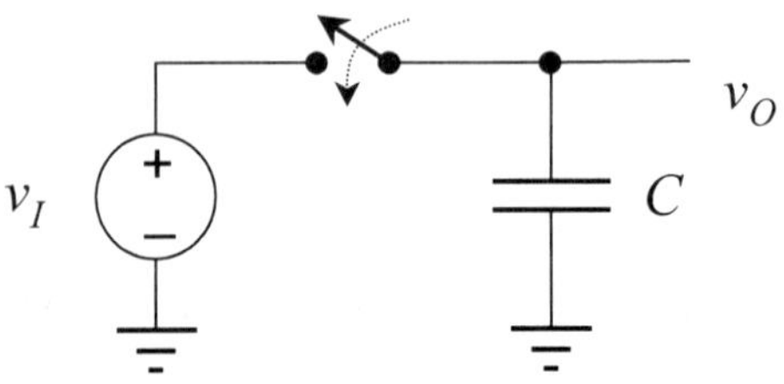

그림 12-2 간단한 샘플-홀드 회로

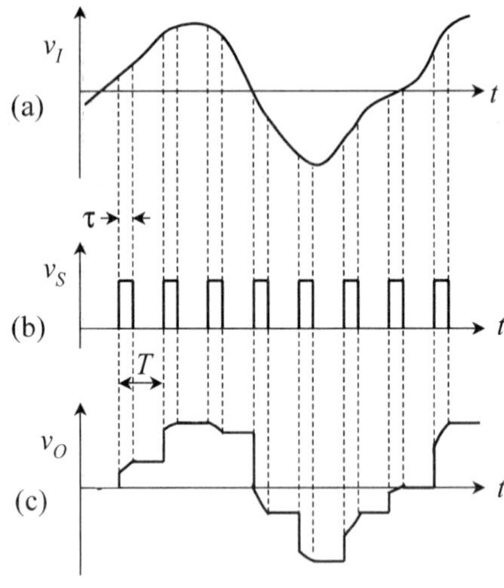

그림 12-3 샘플-홀드 과정

12-2-2 실제적인 샘플-홀드 회로

그림 12-4에 나타난 것과 같은 좀더 실제적인 샘플-홀드 회로를 고려해보자. 샘플-홀드 회로에서 단위이득증폭기 A_1은 아날로그 신호에 높은 임피던스 값을 제공하고 홀드 커패시터 C_h를 빠르게 충전시킬 수 있는 역할을 한다. 샘플 동작을 위해 디지털 제어 스위치가 닫히면 커패시터는 A_1의 출력에 연결되고, 연결된 시간은 C_h가 아날로그 입력에 해당하는 값만큼을 충전할 때까지 지속된다. 예를 들어 스위치가 시간 t_0에서 닫히면 A_1 출력은 C_h를 전압 V_0까지 빠르게 충전할 것이다. 스위치가 개방되면 C_h는 그때의 전압 값을 계속 유지하고, 증폭기 A_2는 이 값을 A/D 변환기 입력으로 인가시키게 된다. 증폭기 A_2는 높은 입력 임피던스를 갖기 때문에 A/D 변환과정 동안 커패시터 전압을 방전시키지 않게 되고, 결국 A/D 변환기는 dc 입력 전압 V_0를 공급받는 결과와 같게 된다. 컴퓨터 제어 데이터획득 시스템의 경우, 샘플-홀드 회로는 컴퓨터로부터의 디지털 신호에 의해 제어되는데, 이때 커패시터 C_h를 충전시키기 위해 스위치가 닫혀 있는 동안의 시간을 획득 시간이라 한다. 획득 시간은 C_h의 값과 샘플-홀드 회로의 특성에 따라 결정된다.

12-2-3 신호의 양자화

0에서 10V까지 변하는 아날로그 신호를 4비트의 디지털 신호로 바꾸기를 원한다고 하자. 잘 알고 있듯이, 4비트 이진수는 16가지의 서로 다른 값(0에서 15)을 표현할 수 있다. 따라서

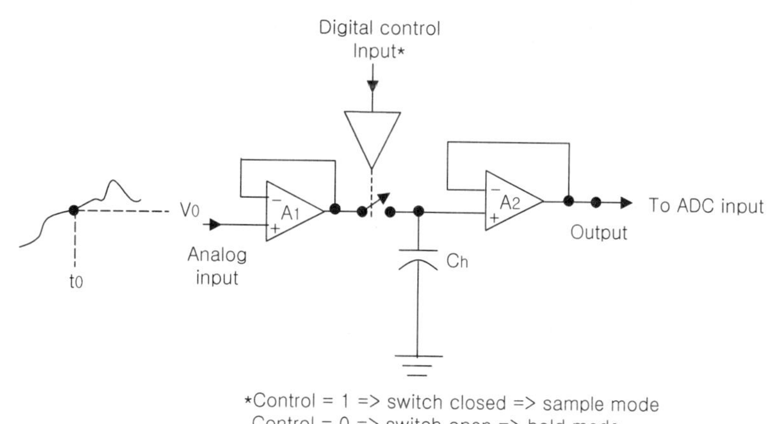

그림 12-4 좀더 실제적인 샘플-홀드 회로

해상도(resolution)는 10V/15=2/3V가 된다. 즉, 0V는 0000으로, 2/3V는 0001로, 6V는 1001로, 10V는 1111로 표현된다.

위의 모든 값은 2/3V의 정수 배에 해당된다. 만약 6.2V의 아날로그 신호가 인가되었다고 하면, 이 신호는 18/3과 20/3 사이에 있다. 그러나 6.2V는 18/3과 더 가깝기 때문에 마치 6V인 것처럼 취급하여 1001로 변환한다. 이러한 과정을 양자화라고 부른다. 분명히 양자화 과정 속에는 본질적으로 에러가 존재하며, 이 에러를 양자화 에러라고 한다. 아날로그 신호를 표현하기 위해 더 많은 비트를 사용하면 양자화 에러가 줄어들지만 회로의 복잡도는 증가한다.

12-3 | D/A 변환

12-3-1 D/A 변환의 개념

기본적으로 D/A 변환은 디지털 코드 값을 그 값에 비례하는 전압이나 전류로 바꾸는 과정이다. 이렇게 바뀐 전압이나 전류는 주어진 범위 내에서 매우 다양한 값을 나타내는 아날로그 값이다. 그림 12-5는 N-비트 D/A 변환기의 블록도를 나타낸다. 잘 알고 있듯이, N-비트의 디지털 입력이 D/A 변환기로 입력되면 이에 해당하는 아날로그 전압이 출력으로 나온다. D/A 변환기의 입력 비트의 개수는 무한정 증가할 수 있는 것이 아니고 나중에 나오겠지만 분해능 또는 해상도(resolution)라는 변수에 따라 결정된다. 일반적으로 많이 쓰이는 D/A 변환기의 입력 비트 수는 8비트에서 14비트 정도이다.

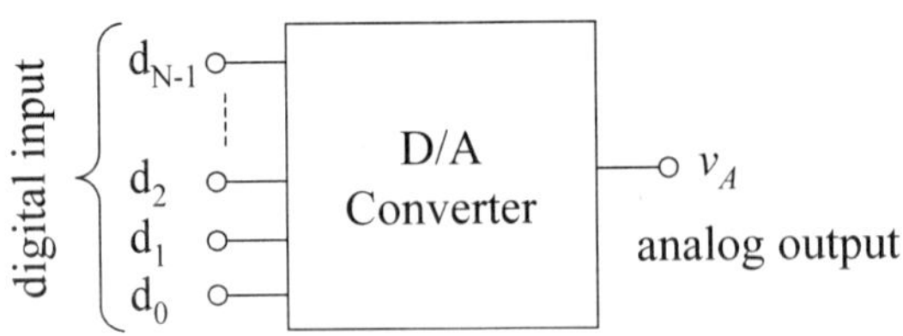

그림 12-5 N-비트 D/A 변환기의 블록도

12-3-2 4-비트 D/A 변환기의 동작 원리

그림 12-6(a)는 전형적인 4-비트 D/A 변환기의 블록도를 나타낸다. D/A 변환기 내부 회로에 대해서는 나중에 알아보기로 하고 지금은 여러 가지 입출력 관계를 검토해 보도록 한다.

그림 12-6(a)의 기준전압 입력 단자 V_{REF}는 기준 전압을 설정하기 위한 입력이다. 이 입력은 D/A 변환기가 만들어 내는 최대크기의 출력 또는 가장 큰 값을 결정해준다. 디지털 입력 d_3, d_2, d_1, d_0는 디지털 시스템의 출력 레지스터로부터 나온다. 24=16이므로 4비트로 표현할 수 있는 2진수는 그림 12-6(b)처럼 16가지이다. 각각의 입력 값에 따라 D/A 변환기의 출력전압은 다른 값이 된다. 이 경우 아날로그 출력 전압 v_A는 2진수 값에 전압의 크기를 붙인 것과 같게 된다. 이는 2진수의 두 배 또는 여러 배가 될 수도 있다. 마찬가지로 D/A 변환기의 출력 값이 전류 iA의 경우도 유효할 것이다.

일반적으로, 아날로그 출력 = K× 디지털 입력에서 K는 비례 상수이고 고정된 기준 전압에 연결된 D/A 변환기에 주어진 일정한 값이다. 아날로그 출력은 전압이나 전류가 될 수 있다. 아날로그 출력이 전압일 경우 K는 전압 단위가 될 것이고, 아날로그 출력이 전류일 경우 K는 전류 단위가 될 것이다. 예를 들어, 그림 12-6에의 D/A 변환기에서, K의 값은 1V이다. 따라서

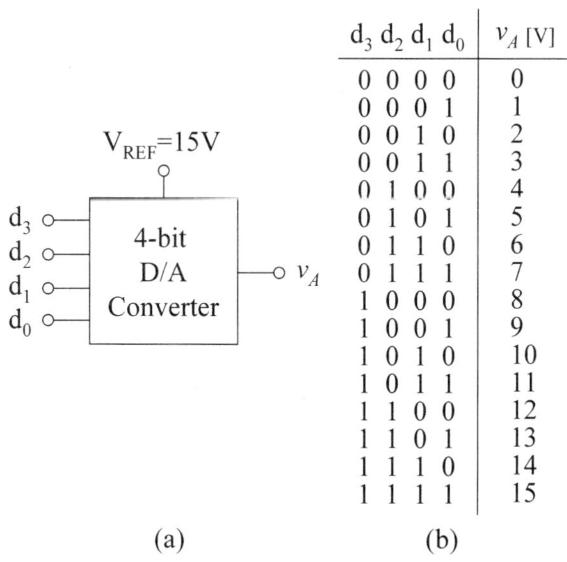

d_3 d_2 d_1 d_0	v_A [V]
0 0 0 0	0
0 0 0 1	1
0 0 1 0	2
0 0 1 1	3
0 1 0 0	4
0 1 0 1	5
0 1 1 0	6
0 1 1 1	7
1 0 0 0	8
1 0 0 1	9
1 0 1 0	10
1 0 1 1	11
1 1 0 0	12
1 1 0 1	13
1 1 1 0	14
1 1 1 1	15

그림 12-6 (a) 전형적인 4-비트 D/A 변환기의 블록도 (b) 입출력 관계

$$v_A \;=\; (1V) \times digital\ input$$

이고 이를 이용하여 디지털 입력에 대해 v_A를 계산할 수 있다. 만약 디지털 입력이 $1100_2 = 12_{10}$이면 다음과 같이 D/A 변환기 출력에서의 아날로그 값을 결정할 수 있다.

$$v_A = 1V \times 12 = 12V$$

12-3-3 입력 가중치

그림 12-6의 D/A 변환기에서 각각의 디지털 입력은 각기 다른 양만큼 아날로그 출력에 기여한다. 이러한 점은 각 비트 중 1비트만 HIGH인 경우를 검토해 본다면 쉽게 알 수 있다. 각 디지털 입력의 역할은 2진수에 있어서 각각 차지하는 자리에 의해 가중치(weight)로 작용한다. 즉 LSB인 d_0는 가중치가 1V이고, d_1은 2V, d_2는 4V, 그리고 MSB인 d_3는 8V의 가중치를 갖는다. 가중치는 LSB부터 시작하여 MSB 쪽의 비트로 갈수록 2배씩 증가한다. 따라서 D/A 변환기의 아날로그 출력 전압은 디지털 입력 비트들의 가중치에 대한 합이라고 할 수 있다. 예를 들어, 디지털 입력 0111에 대한 아날로그 출력 전압은 4V+2V+1V=7V와 같이 구할 수 있다.

12-3-4 분해능 또는 해상도(Resolution: step size)

D/A 변환기의 분해능은 디지털 입력의 변화에 따라 발생하는 아날로그 출력의 가장 작은 변화량으로 정의된다. 그림 12-6(b)의 표에서 분해능은 1V임을 알 수 있다. 왜냐하면 v_A는 입력코드가 바뀔 때 1V 이상 변할 수 있기 때문이다. 분해능은 항상 LSB의 가중치와 동일하며 스텝 크기(step size)라고도 한다. 이와 같은 스텝 크기는 그림 12-7에 좀 더 시각적으로 예시되어 있는데, 그림 12-7에서는 4비트의 2진 카운터에서 나온 출력이 디지털 입력에 공급되고 있다.

클럭이 입력되면 카운터는 계속적으로 16가지 상태로 변하면서 순환된다. D/A 변환기의 출력 파형은 카운터가 0000~1111로 증가할 때, 매 스텝마다 1V씩 증가하는 반복적인 계단파가 된다. 카운터가 다시 0000으로 돌아갈 때, D/A 변환기의 출력은 0V로 되돌아간다. 분해능은 계단파 한 개의 높이에 해당된다. 따라서 그림 12-7의 그림에서 각 스텝의 크기는 1V가 되고 이것이 기준전압으로 15V를 사용하는 4-비트 D/A 변환기의 분해능이 된다.

16개의 계단을 가지면 16개의 입력에 대응할 수 있지만, 0V에서 최대(1111)까지 단지

15단계만을 움직이게 된다. 일반적으로 N-비트 D/A 변환기에서 다른 레벨의 수는 2^N이고, 단계의 수는 2^{N-1}이 된다. 분해능은 D/A 변환기 입출력 관계에서 비례상수와 같음을 알 수 있다.

$$\text{아날로그출력} = K \times \text{디지털입력}$$

이 표현의 새로운 해석은 디지털 입력이 단계의 수와 같고, K는 스텝마다 전압(전류)의 합이다. 그리고 아날로그 출력은 K와 디지털 입력을 곱한 결과가 된다. 이제 D/A의 K의 값을 계산하는 편리한 방법을 얻었다.

$$\text{분해능} = K = \frac{A_{fs}}{(2^n - 1)}$$

여기서 A_{fs}는 아날로그 최대 출력이고 n은 비트의 수이다.

12-3-5 백분율 분해능(Percentage Resolution)

비록 분해능이 스텝마다 전압이나 전류의 양으로 표현될 수 있지만 가장 큰 출력에 대한 백분율로 표현하는 것이 더 유용하다. 예를 들어, 그림 12-7에 나오는 D/A 변환기는 최대 출력 전압이 15V이다. 스텝크기는 1V이므로 이것을 백분율 분해능으로 나타내면

$$\%\text{분해능} = \frac{\text{스텝크기}}{\text{가장 큰 출력}} \times 100\% = \frac{1\,V}{15\,V} \times 100\% = 6.67\%$$

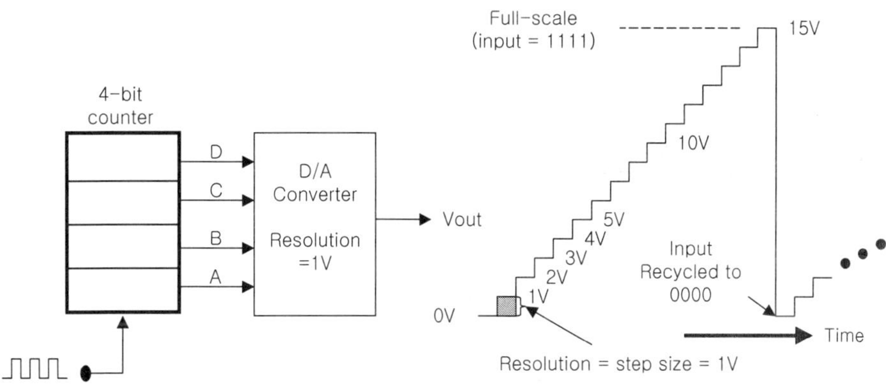

그림 12-7 2진 카운터를 입력으로 한 D/A 변환기의 출력 파형

백분율 분해능은 입력비트의 숫자를 증가시키면 점점 작아진다는 사실을 알 수 있다. 사실 백분율 분해능은 다음 식으로부터 또한 구할 수 있다.

$$\%\text{분해능} = \frac{1}{\text{총 스텝수}} \times 100\%$$

N-비트로 구성된 2진 입력코드는 총 스텝수가 $2^N - 1$이다. 예를 들어 N=10이라면,

$$\%\text{분해능} = \frac{1}{2^{10} - 1} \times 100\% = \frac{1}{1023} \times 100\% \approx 0.1\%$$

이것은 백분율 분해능이 단지 전체가 몇 비트로 구성되어 있느냐에 따라 결정된다는 것을 의미한다. 더 많은 비트는 스텝 수를 증가시켜 결국 최대출력을 증가시킨다. 따라서 각 스텝은 최대 출력전압의 더 작은 부분을 차지하게 된다. 대부분의 D/A 변환기에서는 분해능을 비트 수로 나타낸다.

12-3-6 바이폴라 D/A 변환기

지금까지 논의된 D/A 변환기들의 입력은 부호가 없는 2진수이고, 출력은 양의 전류 또는 전압 값이라고 가정해 왔다. 그러나 어떠한 변환기들은 양과 음의 값을 동시에 출력할 수 있도록 설계되기도 한다. 이와 같은 경우는 최상위 비트에 0으로 (+)를 나타내고, 1로 (-)를 나타내는 부호 비트를 더함으로써 이루어질 수 있다. 때로 2의 보수체계에 의해 음의 값을 나타내는 경우도 있는데, 예를 들어 2의 보수체계를 사용하고 0.2V의 분해능을 갖는 6비트 바이폴라 D/A 변환기를 가정하면, 100000(-32)에서 011111(+31)까지의 2진 입력은 -6.4V에서 +6.2V 아날로그 출력을 만들게 되고, 이 사이에는 0.2V크기의 63(=2^6-1)개의 계단이 있게 된다.

12-4 | D/A 변환기 회로

12-4-1 이진-가중치 저항을 이용한 N-비트 D/A 변환기

그림 12-8은 간단한 N-비트 D/A 변환기를 나타낸다. N-비트 D/A 변환기 회로는 기준전압 Vref, N개의 이진-가중치 저항들(R, 2R, 4R, 8R, ..., 2^{N-1}R), N개의 스위치(S_1, S_2,

..., S_N), 귀환저항 $R_f = R/2$를 갖는 연산 증폭기로 구성된다.

스위치들은 다음과 같은 N-비트 디지털 입력 워드 D에 의해서 제어된다.

$$D = \frac{b_1}{2^1} + \frac{b_2}{2^2} + \cdots + \frac{b_N}{2^N}$$

여기서 b_1, b_2, ..., b_N은 0이나 1인 비트 값이다. b_N 비트가 LSB이고 b_1 비트가 MSB임에 유의하라. 그림 12-8의 회로에서, b_1은 스위치 S_1을 제어하고, b_2는 스위치 S_2를 제어하는 식으로 각 비트들이 각각의 스위치를 제어한다. b_i가 0이면 스위치 S_i가 1의 위치에 있고 b_i가 1이면 스위치 S_i가 2의 위치에 있게 된다.

모든 스위치가 1의 위치에 있으면 접지와 연결되고 위치 2는 가상 접지(virtual ground)이므로 각각의 저항을 통해 흐르는 전류는 일정한 값을 갖는다. 가장 접지로 흘러 들어오는 전류들은 더해져서 그 합이 feedback 저항 R_f를 통해 흐르게 된다. 따라서 전체 전류 i_O는 다음과 같이 주어진다.

$$\begin{aligned} i_O &= \frac{V_{ref}}{R} b_1 + \frac{V_{ref}}{2R} b_2 + \cdots + \frac{V_{ref}}{2^{N-1}R} b_N \\ &= \frac{2V_{ref}}{R} \left(\frac{b_1}{2^1} + \frac{b_2}{2^2} + \cdots + \frac{b_N}{2^N} \right) \end{aligned}$$

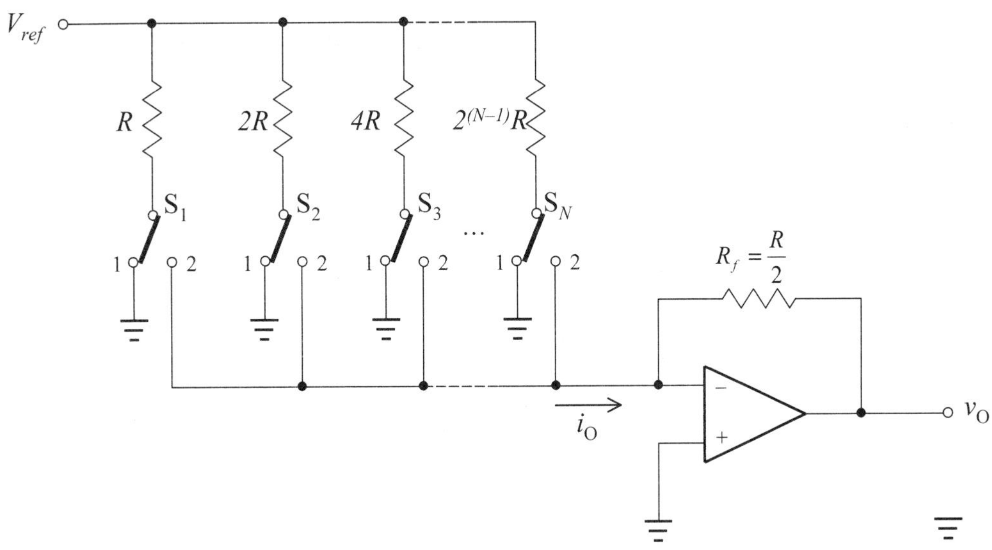

그림 12-8 이진-가중치 저항을 이용한 N-비트 D/A 변환기

즉, $i_O = \frac{2V_{ref}}{R}D$가 되고 따라서 출력 전압 v_O는 $v_O = -i_O R_f = -V_{ref}D$가 되어 디지털 워드 D에 비례하는 형태가 됨을 알 수 있다. 이러한 형태의 D/A 변환기의 정확도는 (1) V_{ref}의 정확도, (2) 이진-가중치 저항의 정밀도, (3) 스위치의 완전성에 따라 결정된다.

12-4-2 4비트 D/A 변환기

그림 12-9(a)는 4비트 D/A 변환기 중 한 유형의 기본회로를 나타낸다. 여기서 입력 A, B, C, D는 0V 또는 5V의 값을 갖는 2진 입력이다. 가산 증폭기의 역할을 위해 연산 증폭기가 사용되었는데, 이는 입력전압 가중치의 합을 만들어낸다. 가산 증폭기는 각 입력전압을 귀환저항 R_F와 입력저항 $R_{IN} = 1\text{k}\Omega$의 입력저항을 갖기 때문에, D입력을 전압 약화없이 통과시키고, 입력 C에서 $R_{IN} = 2\text{k}\Omega$이기 때문에 1/2로 약화되고, 입력 B는 1/4, 입력 A는 1/8로 약화된다. 따라서 증폭기출력은

$$V_{OUT} = -\left(V_D + \frac{1}{2} \times V_C + \frac{1}{4} \times V_B + \frac{1}{8} \times V_A\right)$$

이 된다. 가산 증폭기가 극성반전 증폭기이기 때문에 음의 부호가 나타나지만, 여기서 그것은 중요하지 않다.

가산 증폭기의 출력은 그림 12-9(b)의 표와 같이 디지털 입력 가중치의 합을 나타내는 아날로그 전압이다. 이 표는 가능한 모든 입력상태와 이에 따른 증폭기 출력전압을 나타내는데, 0V나 5V를 적절히 입력에 배분시킴으로써 어떠한 입력에 대해서도 출력을 구할 수 있다. 예를 들어, 디지털 입력이 1010이면 $V_D = V_B = 5\,V$, $V_C = V_A = 0\,V$이므로 위의 식을 이용해

$$V_{OUT} = -\left(5\,V + 0\,V + \frac{1}{4} \times 5\,V + 0\,V\right) = -6.25\,V$$

를 얻을 수 있다. 그림 12-9의 D/A 변환기에서 분해능은 최하위 비트의 가중치 $\frac{1}{8} \times 5\,V = 0.625\,V$와 같으며, 표에서 알 수 있듯이 아날로그 출력은 2진 입력이 한 계단식 증가됨에 따라 0.625V씩 증가한다.

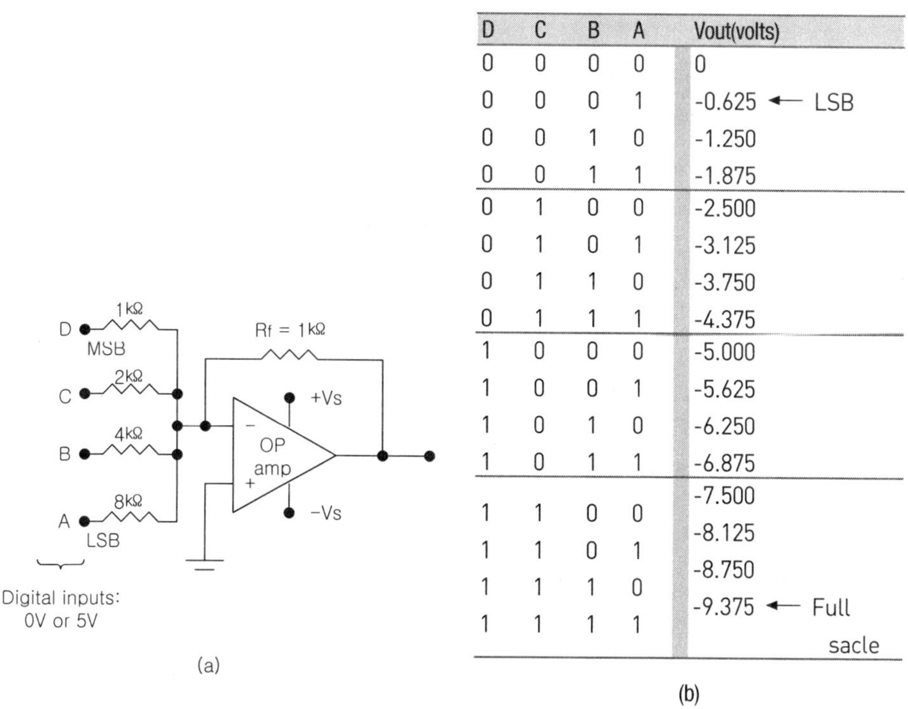

D	C	B	A	Vout(volts)
0	0	0	0	0
0	0	0	1	-0.625 ← LSB
0	0	1	0	-1.250
0	0	1	1	-1.875
0	1	0	0	-2.500
0	1	0	1	-3.125
0	1	1	0	-3.750
0	1	1	1	-4.375
1	0	0	0	-5.000
1	0	0	1	-5.625
1	0	1	0	-6.250
1	0	1	1	-6.875
1	1	0	0	-7.500
1	1	0	1	-8.125
1	1	1	0	-8.750
1	1	1	1	-9.375 ← Full sacle

그림 12-9 (a) 4비트 D/A 변환기의 구조 (b) 입출력 관계

12-4-3 변환 정밀도(conversion accuracy)

그림 12-9(b)의 표는 다양한 입력에 대한 이상적인 V_{OUT}값을 나타낸다. 회로 출력이 이들 값에 어느 정도 가깝게 되는가는 (1)입력과 귀환저항의 정밀도, (2)입력전압레벨의 정밀도 등에 의해 좌우된다. 저항은 트리밍(trimming)에 의해 비리는 값의 오차 0.01% 이내로 매우 정확하게 만들 수 있지만, 입력 전압 레벨은 다르게 조정되어야 한다. 플립플롭이나 논리 게이트의 논리레벨은 0V나 5V처럼 정확한 값이 아니라, 주어진 범위 안에서 변화하기 때문에 디지털 입력이 플립플롭이나 논리 게이트의 출력으로부터 곧바로 얻어질 수 없다는 것은 확실하다. 이러한 이유로 인해 그림 12-10와 같이 디지털 입력과 가산 증폭기의 입력저항 사이에 회로를 추가하는 것이 필요하다.

각각의 디지털 입력은 CMOS 전송 게이트와 같은 반도체 스위치를 제어한다. 입력이 HIGH일 때 스위치는 닫히고, 입력저항에 정밀기준전압을 연결하며, 입력이 LOW 일 때 스위치는 열린다. 기준전압은 정확한 아날로그 출력을 발생시키기 위해 안정하고 정확한 전압을 만들어낸다.

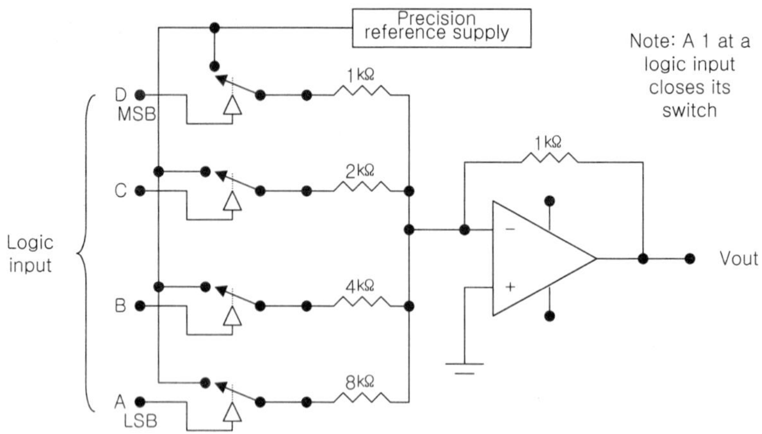

그림 12-10 정확한 기준 전압 공급기를 사용한 완전한 4비트 D/A 변환기

12-4-4 전류 출력 D/A 변환기

그림 12-11(a)는 2진 입력에 비례하는 아날로그 출력전류를 발생시키는 기본적인 회로를 나타낸다. 이 회로는 2진 가중치 저항을 사용한 4비트 D/A 변환기인데, 이는 CMOS 전송 게이트처럼 반도체 스위치에 의해 제어되는 4개의 병렬전류를 사용한다. 각 스위치의 상태는 2진 입력의 논리 레벨에 의해 제어되며, 각 경로를 통과하는 전류는 정확한 기준전압

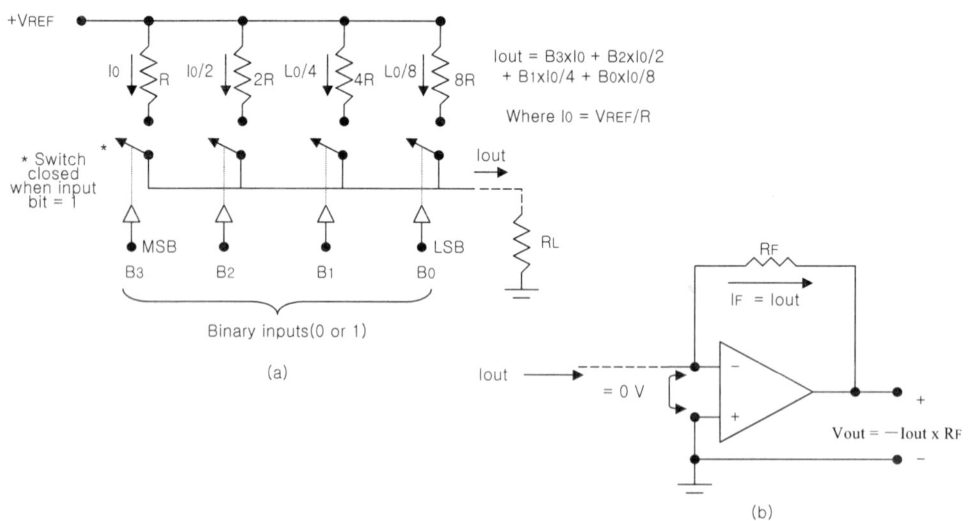

그림 12-11 (a) 기본적인 전류 출력 D/A 변환기 (b) 전류-전압 변환기 회로

V_{REF}와 경로상의 정밀저항에 의해 결정된다. 2진 가중치 저항을 갖기 때문에 여러 전류가 2진으로 가중될 것이고, 전류의 총합 I_{OUT}은 개개 전류 값의 합이 된다. 최상위 비트의 경로는 가장 작은 저항 R을 갖고, 다음 경로는 2R의 저항을 갖는다. 출력 전류는 R보다 매우 작은 저항 R_L을 통해 흐르도록 할 수 있으므로 전류 값에는 아무런 영향을 주지 않는데, 이때 R_L은 접지 되어야 한다.

12-4-5 R-2R 래더(ladders)

그림 12-12는 R-2R 래더를 이용한 D/A 변환기의 기본 배치도를 나타낸다. 저항 값이 작기 때문에 이 구조는 대개 N이 4보다 큰 이진-가중치 방법에 적당하다. R-2R 래더의 동작은 상당히 쉽다. 먼저 회로의 오른쪽에서 시작해서 왼쪽으로 진행하면서 등가 저항을 구해 나가면, 각 노드에서 오른쪽 편을 보면 등가적으로 2R의 저항이 보인다. 따라서, 각 노드에서 나와서 오른쪽으로 흐르는 전류는 접지로 흐르는 전류와 같다. 노드의 왼쪽으로 들어오는 전류는 오른쪽에 있는 서로 같은 값을 갖는 두 개의 저항으로 흘러간다. 즉, 저항 한 개에 흐르는 전류의 두 배의 전류가 노드의 왼쪽에서 흘러 들어온다. 이를 이용하면,

$$I_1 = 2I_2 = 4I_3 = \cdots = 2^{N-1}I_N$$

가 된다. 따라서 이진-가중치 저항을 이용한 D/A 변환기에서와 같이, 스위치에 의해 제어된 전류는 이진 가중치를 갖는다. 그러므로 출력 전류 i_O는 $i_O = \frac{V_{ref}}{R}D$와 같이 주어진다.

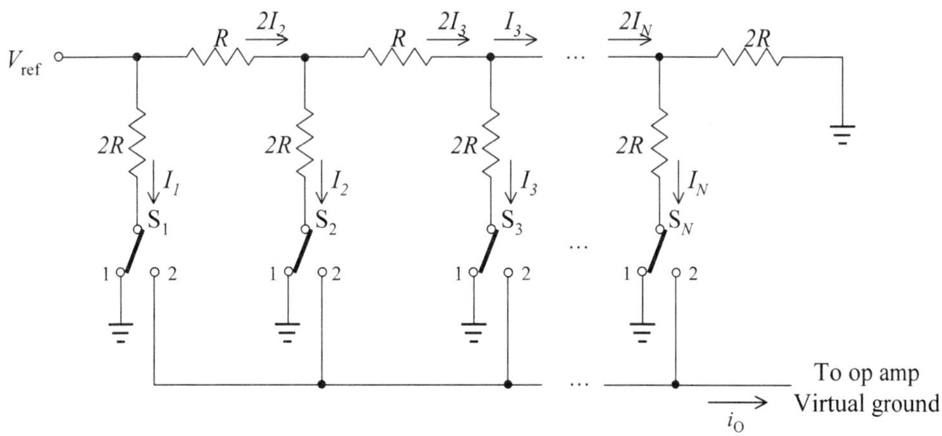

그림 12-12 R-2R 래더 회로

12-5 | D/A 변환기의 특성 변수들

12-5-1 분해능

D/A 변환기의 백분율 분해능은 입력비트 수에 의해 좌우된다. 따라서 10비트의 입력을 갖는 변환기는 8비트의 경우보다 더 작은 분해능을 갖는다. 정밀도를 나타내는 파라미터에는 최대오차와 선형오차가 있는데, 이는 변환기의 최대출력 백분율(%F.S.)로 표현된다. 최대오차는 최대출력에 대한 백분율로 나타내어지는 D/A 변환기 출력 기대값으로부터의 최대편차이다. 예를 들어, 그림 12-9의 D/A 변환기가 최대출력이 9.375V일 때 ±0.01% F.S.정밀도를 갖는다면,

$$\pm 0.01\% \times 9.375\,V = \pm 0.9375 mV$$

가 되고, 이는 변환기의 출력이 언제나 기대값으로부터 0.9375mV만큼의 오차가 있을 수 있음을 의미한다.

선형오차는 이상적인 계단 크기로부터의 계단 크기의 최대편차이다. 그림 12-9의 D/A 변환기는 0.625V의 계단크기 기대값을 갖는데, 이때의 선형오차가 ±0.01% F.S.라고 하면 이는 실제의 계단 크기가 0.9375mV만큼 오차가 발생할 수 있다는 것을 의미한다. 일부 고가의 D/A 변환기들은 0.001% F.S.의 낮은 최대오차와 선형오차를 갖지만, 일반적인 변환기들은 0.01% F.S.에서 0.1% F.S. 사이의 값을 갖는다.

D/A 변환기의 정밀도와 분해능이 양립한다는 것을 이해하는 것은 중요하다. 1%의 분해능과 0.1%의 정밀도를 갖는다거나, 또는 그 역이라고 말하는 것은 비논리성을 가진다. 따라서 어떤 기대값에 대해 0.1V 내의 아날로그 출력 전압을 만들어낼 수 있는 D/A 변환기를 완벽한 정밀도를 가진다고 가정한다. 분해능이 0.1V의 바라는 값으로 접근하는 것을 제한한다면, 최대 출력의 0.01% 만큼의 값비싼 정밀도는 의미가 없다.

12-5-2 오프셋 전압

D/A 변환기의 출력은 2진 입력비트의 값이 모두 0일 때 0V이어야 하지만, 실제로 이 경우에도 매우 작은 출력전압이 존재하는데, 이를 오프셋 전압이라고 하며, 이 값은 모든 입력 상태에서 D/A 변환기의 출력에 더해진다. 4비트 D/A 변환기가 +2 mA의 오프셋 전압과

100mV의 정확한 계단크기를 가질 때의 여러 입력에 대한 이상적인 출력과 실제 출력을 아래 표에 나타내었는데, 여기서 실제 출력이 이상적인 출력보다 2mV 더 큰 것은 오프셋 전압에 의한 것이다. 오프셋전압은 양의 값뿐만 아니라 음의 값도 가질 수 있다. 많은 D/A 변환기들은 오프셋 값을 0으로 만들 수 있는 방법을 가지고 있는데, 이는 변환기의 모든 입력에 0의 값을 주고, 출력 값이 0V에 가까워질 때까지 오프셋 조정 전위차계를 조작함으로써 가능하다.

입력 코드	이상적인 출력(mV)	실제 출력(mv)
0000	0	2
0001	100	102
1000	800	802
1111	1500	1502

12-5-3 정주시간(settling time)

D/A 변환기의 동작속도는 입력이 모두 0에서 1로 변화됨에 따라 출력이 0에서 최대출력에 이르기까지의 시간인 정주시간(settling time)에 의해 규정된다. 실제로 정수시간은 D/A 변환기의 출력이 최대출력에 $\pm\frac{1}{2}\times$계단크기 이내의 차이로 고정될 때까지 걸리는 시간이다. 예를 들어 D/A 변환기가 10 mV의 분해능을 갖는다면, 정주시간은 출력이 최대출력의 5 mV 이내까지 이루는데 걸리는 시간으로 측정된다. 일반적으로 정주시간은 50 ns에서 10 μs사이의 값을 취한다. 이러한 차이의 주요 원인은 전류-전압변환기로 사용되는 연산증폭기의 응답시간 때문이다.

12-6 | A/D 변환기

12-6-1 샘플링 이론

디지털 신호 처리(digital signal processing; DSP)를 시작한 이래로 A/D 변환기는 아날로그와 디지털 세계를 연결하는 매우 중요한 역할을 해오고 있다. A/D 변환기는 고정된 시간주기(주파수)에서 아날로그 신호를 디지털로 변환한다. 여기서 고정된 시간주기는 A/D 변환기의 속도를 의미하며 이 속도는 일반적으로 응용회로에 의해 결정된다. A/D 변환에서는 나이퀴스트의 샘플링 이론(Nyquist Sampling Theorem)이 중요한데 이는 다음과 같이 정의된다.

f_m 이상의 스펙트럼 성분을 가지지 않은 대역 제한된 신호는 T_s의 일정한 간격으로 sample된 값에 의해 유일하게 결정될 수 있다. 이때 $T_s \le \frac{1}{2f_m}$ 이다.

이러한 조건은 원래의 아날로그 신호를 완전하게 복원하기 위해 만족되어야 한다. 여러 가지 알고리즘들이 디지털 영역에서 매우 쉽게 구현되므로 샘플링된 신호들이 나이퀴스트의 샘플링 이론을 만족한다면, 입력 신호는 디지털 신호 처리 후에 완전히 복원될 수 있다. 그림 12-13(a)에서 A/D 변환기가 어떻게 아날로그 신호를 a, b, c, d점등에서 디지털화시키는 지를 볼 수 있다. 만약 디지털 데이터가 신호를 복원하기 위해서 사용된다면, 그 결과는 그림 12-13(b)와 같다. D/A 변환기의 출력은 간단한 저역통과 필터를 거치게 되어 본래의 아날로그 신호가 정확히 재생되는 것을 볼 수 있다. 이것은 아날로그 신호가 디지털화된 지점 사이에서 어떤 빠른 변화를 하지 않기 때문이다. 만약 아날로그 신호가 높은 주파수 변화를 갖는다면 A/D 변환기는 변화를 따를 수 없고 재생된 형태는 정확도가 떨어질 것이다.

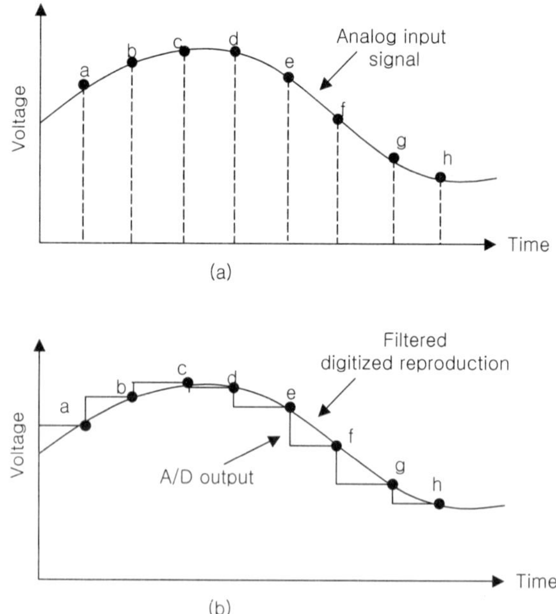

그림 12-13 (a) 양자화된 아날로그 신호 (b) 디지털 데이터로부터 복원된 신호

12-6-2 Feedback 형태의 A/D 변환기

그림 12-14는 비교기와 업-다운 카운터, D/A 변환기를 사용하여 구현한 간단한 A/D 변환기를 나타낸다. 비교기 회로는 0 또는 1을 출력한다. 즉, 차동 입력 신호가 양수이면 1을 출력하고 음수이면 0을 출력한다. 업-다운 카운터는 업-다운 제어 단자에 인가된 비트 값에 따라 업 또는 다운 카운트 동작을 수행한다. 그림 12-14의 A/D 변환기가 feedback loop에 D/A 변환기를 사용하므로 이러한 형태는 대개 feedback 형태의 A/D 변환기라고 한다. 먼저 카운터 출력이 0이면 D/A 변환기 출력 vO는 0V가 될 것이고 비교기는 1을 출력한다. 이러한 동작은 카운터로 하여금 클럭 펄스의 개수를 업 카운트 동작을 하도록 한다. 카운터의 카운트 값이 증가함에 따라, DAC 출력도 상승한다. 이 동작은 D/A 변환기의 출력이 아날로그 입력 전압과 같아질 때까지 계속된다. D/A 변환기의 출력과 아날로그 입력 전압이 같아지는 시점에서 비교기 출력은 0으로 바뀌어 카운터의 동작을 멈춘다. 이때의 카운터 출력은 아날로그 입력 전압에 대한 디지털 변환 값과 같다. 그림 12-14의 회로가 0부터 시작한다면 느리게 동작할 것이다. 그러나 입력 신호의 미세 변동에 대해서는 매우 빠르게 반응한다.

12-6-3 플래시 A/D 변환기

A/D 변환을 하는 가장 직관적인 방법은 샘플링된 아날로그 신호를 기준 전압과 비교하는 것이다. 그림 12-15에 플래시 A/D 변환기의 개념도가 나타나 있다. 처음에 입력 신호는 샘플-홀드(S/H) 회로에 샘플링된다. 홀드 사이클 동안, 비교기(C)들은 샘플링된 값이 기준 전압

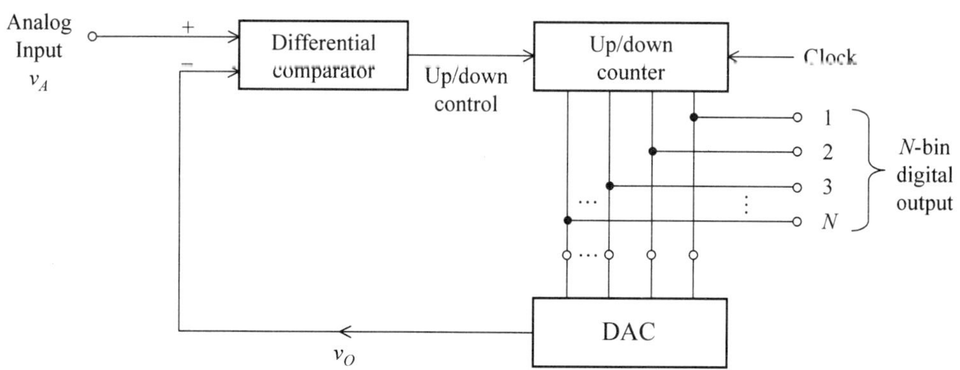

그림 12-14 Feedback 형태를 갖는 A/D 변환기

보다 큰 지 작은 지를 결정한다. 출력 데이터는 모아져서 샘플링된 아날로그 신호에 대한 디지털 표현을 구성하게 된다. 직접적인 비교를 하기 때문에, 각각의 기준 전압들은 1 LSB 만큼의 간격으로 구현될 필요가 있다. N-bit A/D 변환기를 필요로 한다면 요구되는 비교기의 개수는 2^N이 된다. 또 만약 입력 전압의 스윙 범위가 1V라면 LSB의 크기는 2^{-N}이 된다. 그러므로 비교기의 오프셋은 이 값보다 작아야 한다. 예를 들어 해상도가 10 bit라면 오프셋은 1mV보다 작아야 한다. 이러한 오프셋 요구조건은 실제 회로로 구현하기 어렵다. 비교기의 오프셋을 줄이기 위해 몇 가지 특별한 기술들이 필요하다. 그러나 이러한 기술들은 보통 전력소비가 많고 실제적이지 않을 수 있다. 그러므로 플래시 A/D 변환기는 8비트 이하의 해상도로 제한된다. 플래시(flash)라는 이름은 빠른 변환율(변환을 수행하는 데 1 clock만 필요)을 가지기 때문에 붙여졌다.

이러한 구조의 장점은 빠른 변환율에 있다. 낮은 해상도에 대해 플래시 구조를 이용하면 100MS/s 이상의 변환율을 달성할 수 있다. 그리고 변환시간이 1 clock cycle이기 때문에 즉시 데이터를 필요로 하는 응용에서 자주 이용된다. 반면에 오프셋에 민감하기 때문에, 해상도의 작아짐, 그리고 많은 수의 정밀회로 때문에 전력소비가 커진다는 문제점이 있다.

플래시 A/D 변환기의 동작원리를 좀 더 자세히 설명하기 위해서 3-비트 플래시 A/D 변환기의 동작을 알아보자. 그림 12-16(a)는 3비트 분해능과 1V의 계단크기를 갖는 플래시 변환기이다. 전압 분배기는 각 비교기의 참조레벨을 각각 1V, 2V, ..., 7V의 7개의 레벨에 맞추어준다. 아날로그 입력 VA는 각 비교기의 다른 입력에 연결되어 있다.

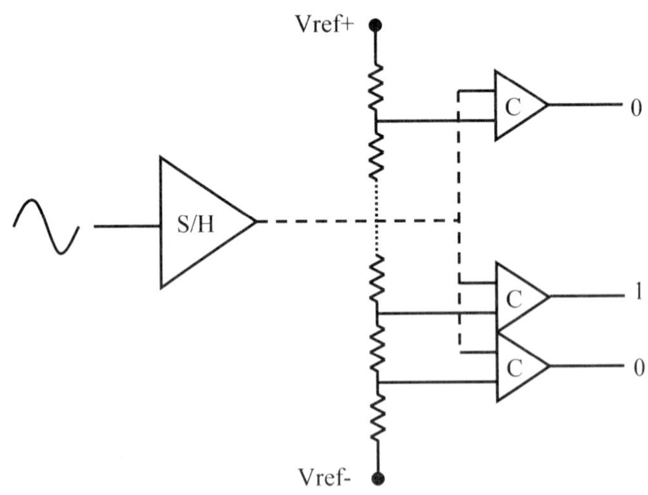

그림 12-15 플래시 A/D 변환기의 개념도

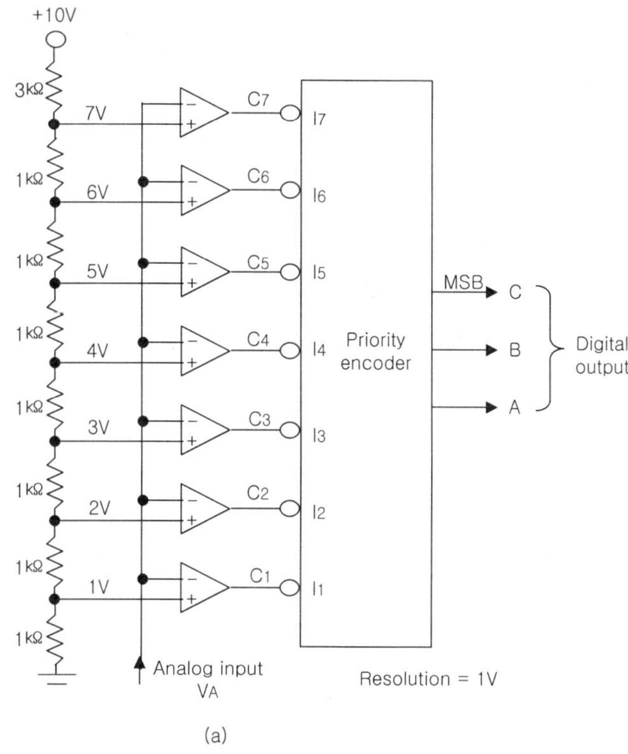

(a)

Analog in	comparator outputs							Digital outputs		
VA	C1	C2	C3	C4	C5	C6	C7	C	B	A
0-1V	1	1	1	1	1	1	1	0	0	0
1-2V	0	1	1	1	1	1	1	0	0	1
2-3V	0	0	1	1	1	1	1	0	1	0
3-4V	0	0	0	1	1	1	1	0	1	1
4-5V	0	0	0	0	1	1	1	1	0	0
5-6V	0	0	0	0	0	1	1	1	0	1
6-7V	0	0	0	0	0	0	1	1	1	0
→7V	0	0	0	0	0	0	0	1	1	1

(b)

그림 12-16 (a) 3비트 플래시 ADC (b) 진리표

V_A < 1V 일 때 C_1에서 C_7까지의 비교기 출력은 HIGH 상태가 되고, V_A > 1V 일 때 하나 이상의 비교기 출력이 LOW 상태가 된다. 비교기 출력은 활성 LOW 상태로 부호기에 공급되며, 이 때 부호기는 출력이 LOW 상태인 비교기들 중 가장 높은 단의 비교기 출력에 대해 2진 출력 값을 발생시킨다. 예를 들어, V_A가 3V에서 4V사이의 값이라고 하면 C_1, C_2, C_3의 출력이 LOW가 되고 나머지는 HIGH 상태로 만들게 된다. 이때 부호기는 C3의 LOW 출력에만 응답하여 분해능 1V이내에서 V_A의 디지털 값을 나타내는 2진 출력값 CBA=011을 나타내게 된다. V_A > 7V일 경우 C_1에서 C_7까지 모두 출력은 LOW가 되고 부호기는 CBA=111의 출력을 낸다. 그림 12-16 (b)의 표는 아날로그 입력에 대해 가능한 모든 값들에 대한 응답을 나타낸다.

12-6-4 2-step 플래시 구조

오프셋이 작은 비교기가 많이 필요하다는 것이 플래시 A/D 변환기의 가장 큰 문제점이었다. 그림 12-17은 비교기의 개수를 $2^{\frac{N}{2}+1}$으로 줄인 2-step 플래시 A/D 변환기의 블록도를 나타낸다. 플래시 A/D 변환기와 비슷하게 아날로그 입력은 처음에 S/H 회로에 샘플링된다. 홀드 기간에 첫 번째 플래시 A/D 변환기는 홀드된 아날로그 신호를 낮은 해상도로 양자화한다. 홀드된 신호는 또한 D/A 변환기의 출력으로부터 빼진다. 빼셈 수행을 결과는 변환기가 요구하는 완전한 해상도까지의 비트를 얻기 위해 다음으로 전달된다. 이 구조도 여전히 낮은 오프셋을 가진 비교기를 많이 필요로 하지만 요구되는 비교기의 수가 현저하게 줄어든다. 동시성 처리에 의해 이 구조는 플래시 A/D 변환기와 똑같은 처리율을 가진다. 그러나 정밀한 비교기 개수를 줄이기 위해 사용된 여분의 단(stage) 때문에, 변환된 출력은 2 clock cycle의 지연(latency)을 가진다.

2-step 플래시 A/D 변환기 장점은 정밀한 비교기의 개수가 줄어든다는 것이고, 따라서 전력소모도 적어진다는 것이다. 처리량은 동시성 처리에 의해 플래시 구조와 같지만 변환을 마치기까지는 2 step이 요구되므로 여분의 clock cycle이 1개 더 필요하다. 만약 시스템이 변환된 신호의 지연을 허락한다면 2-step 플래시 A/D 변환기는 더 적은 전력과 더 적은 면적에 구현될 수 있다. 단점은 완전한 해상도를 구현하기 위해 여전히 많은 개수의 정밀한 비교기가 필요하다는 점과 빼셈회로가 필요하다는 점이다. 앞에서 언급한 것처럼, CMOS에서는 오프셋을 보상하지 않고 8비트 이상의 해상도를 구현하기가 매우 어렵다.

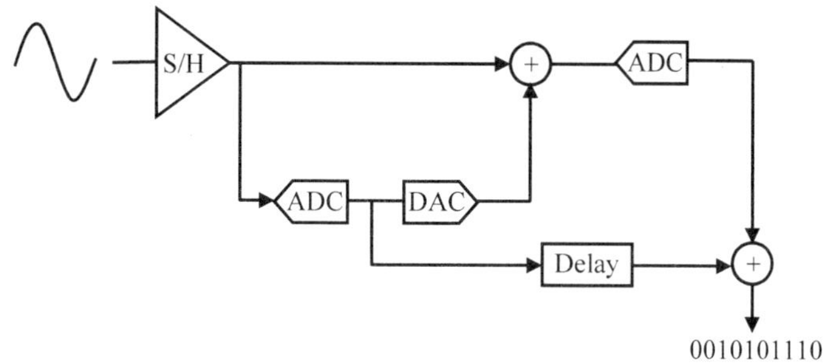

그림 12-17 2-step 플래시 A/D 변환기의 블록도

12-6-5 일반적인 파이프라인형 A/D 변환기의 구조

이제 일반적인 2-step 플래시 A/D 변환기의 구조에 대해서 기술하고자 한다. 이 구조에서 stage 사이의 이득은 두 번째 stage의 비교기에 대한 오프셋을 완화하기 위해 사용될 수 있다. 같은 방법으로 첫 번째 stage에서 빼진 나머지 신호를 최대 스윙 범위에 맞게 증폭한다면 두 번째 단의 비교기 오프셋을 완화시킬 수 있다. 그림 12-18은 stage 사이의 gain이 A인 2-step 플래시 A/D 변환기를 나타낸다. stage 사이의 gain은 첫 번째 stage의 해상도와 전체의 A/D 해상도에 따라 주의 깊게 설계되어야 한다. 예를 들어, 10bit 2-step 플래시 A/D 변환기는 스위치-커패시터 증폭기(switched capacitor interstage amplifier)를 사용한다. 이 증폭기는 $2^5 = 32$의 gain을 갖고 반 clock cycle만에 10bit 해상도를 결정하도록 요구된다. 고속의 스위치-커패시터(SC) 회로에서 이러한 조건을 만족시키기는 매우 어렵고 작은 feedback factor 때문에 많은 전력을 소모한다.

전력소모를 줄이기 위해, stage당 해상도를 줄이고 더 많은 stage를 직렬로 연결하여 요구되는 전체 해상도를 얻을 수 있다. 아날로그 입력 신호가 플래시 A/D 변환기(sub-ADC)와 stage 사이의 gain 블록으로 된 파이프라인을 지나가기 때문에 이런 특별한 구조를 파이프라인형 구조라고 부른다. 그림 12-19에 전형적인 파이프라인형 구조에 대한 블록도가 나타나 있다. 먼저 아날로그 신호가 S/H 회로에 샘플링되고 샘플링된 입력 신호는 B bit의 해상도로 변환된다. 동시에 이 샘플링된 신호는 현재 stage의 디지털 출력에 따라 D/A 변환된 신호와 뺄셈 연산을 하게 된다. 뺄셈의 나머지(residue)는 2^B 만큼 증폭되어 다음 stage로 전달된다. 동일한 동작이 각각의 stage에 대해 수행되고 디지털 출력은 M×B 비트의 전체 A/D 변환기 해상도를 표시하기 위해 적당히 결합된다.

이런 구조의 장점은 복잡성이 감소한다는 데에 있다. 주어진 stage 당 해상도를 이용해서

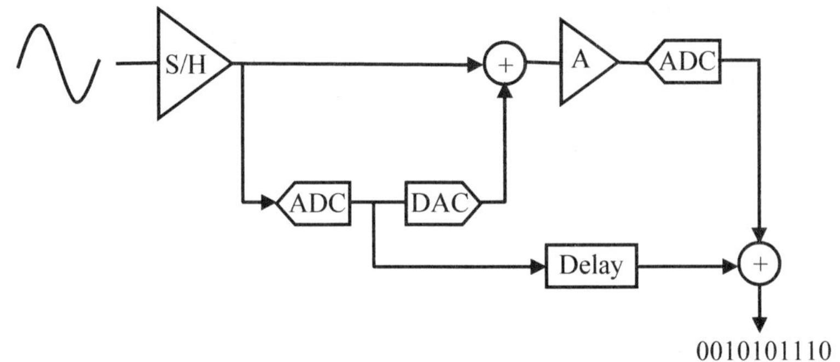

그림 12-18 stage 사이의 gain이 A인 2-step 플래시 A/D 변환기

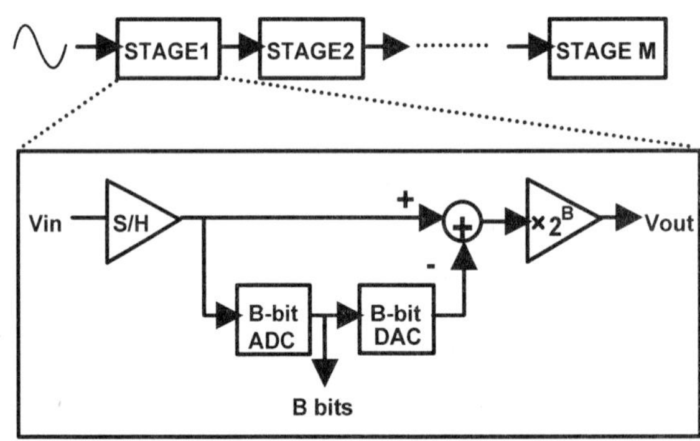

그림 12-19 일반적인 파이프라인형 구조

동일한 파이프라인형 stage를 여러 개 연결하면 원하는 A/D 변환기의 해상도를 달성할 수 있다. 그러므로 모든 조건이 만족된다면 하드웨어의 비용은 해상도가 높아질수록 증가할 것이다. 몇 가지 커패시터 교정(capacitor trimming) 기술이 SC 회로의 gain과 커패시터 부정합에 의한 이상적이지 못한 뺄셈 회로를 교정하기 위해 필요하다. 동시성 처리를 하면, 처리량은 플래시 구조와 같다. 파이프라인형 구조의 주된 단점은 변환기의 지연에 있다. 일반적으로 동시성 처리기술을 사용한다면, 변환기 전체의 지연은 N/2 clock cycle이 된다.

12-6-6 스위치-커패시터(SC) 회로

SC 회로는 파이프라인 A/D 변환기의 핵심이라고 할 수 있다. 거의 모든 작용이 SC 회로를 통해 수행된다. 그림 12-20에 SC 회로의 예가 나타나 있다. V_{DD}는 5V를 사용한다고 가정한다. 먼저 clk = 0에 따른 스위치의 동작에 따라 아날로그 입력이 커패시터 C1과 C2에

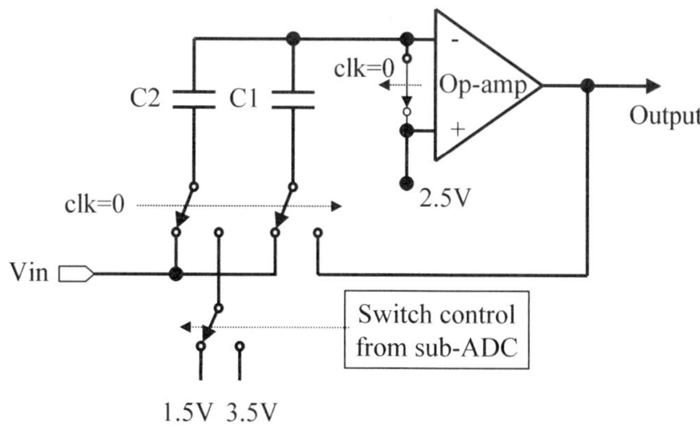

그림 12-20 SC 회로의 예

샘플링 된다. 이 때 Op-amp의 입력은 2.5V 전압에 묶인다. 따라서 Op-amp는 증폭작용을 하지 않는다. clk = 1이 되면 D/A 변환과 뺄셈, 그리고 증폭작용이 동시에 수행된다. D/A 변환과 뺄셈은 sub-ADC의 출력에 따라 스위칭되어 sub-ADC의 출력 비트 값이 0이면 1.5V로, 1이면 3.5V로 스위칭 된다. 또한 증폭 작용은 C1이 feedback loop를 형성함으로써 구현된다. C1과 C2 값은 동일하게 선택하여 gain이 2가 되도록 한다. 따라서 SC 회로는 최종적으로 양자화 에러 값을 증폭하여 다음 단으로 전파하게 된다. 파이프라인 구조의 A/D 변환기가 등장한 것은 바로 이러한 개념을 이용하였기 때문이다. 전체 해상도를 구현하는 데 걸리는 지연시간만 만족된다면 매우 큰 해상도도 구현이 가능한 것이다. 원하는 해상도를 구현하기 위해 할 일은 전체 출력 비트에 따른 stage의 개수만큼 직렬로 연결하는 것이다.

12-6-7 연속근사 A/D 변환기

연속근사 변환기는 가장 널리 쓰이는 ADC의 형태이다. 이것은 디지털-램프 ADC보다 회로가 더 복잡하나 더 짧은 변환시간을 요구한다. 또한 연속근사 변환기(SAC)는 변환시간이 아날로그 입력과는 무관하며 시간이 정해져 있다.

그림 12-21(a)에 나온 것처럼, 기본 배열은 디지털 계단파 ADC와 유사하다 그러나 SAC는 D/A 변환 블록에 입력을 제공하는 카운터를 사용하는 대신 레지스터를 사용한다. 논리제어기(control logic)는 레지스터의 내용을 매 비트마다 수정을 계속하다가 레지스터 전체의 데이터가 아날로그 입력 VA와 (변환기의 분해능 이내에서) 등가가 되는 수치가 될 때 멈춘다. 전체과정은 그림 12-21(b)의 순서도와 같다. 그림 12-22를 예를 들어 보자.

이 예를 위해 1V의 단계 크기를 갖는 간단한 4-비트 변환기를 선택했다. 비록 가장 실용적인 SAC가 이 예보다 더 많은 비트를 가지고 더 작은 분해능을 가지나 동작은 정확히 일치한다. 이 점에서 DAC에 공급되는 4개의 레지스터 비트가 각각 8, 4, 2, 1V의 크기를 가진다는 것을 정해야 된다.

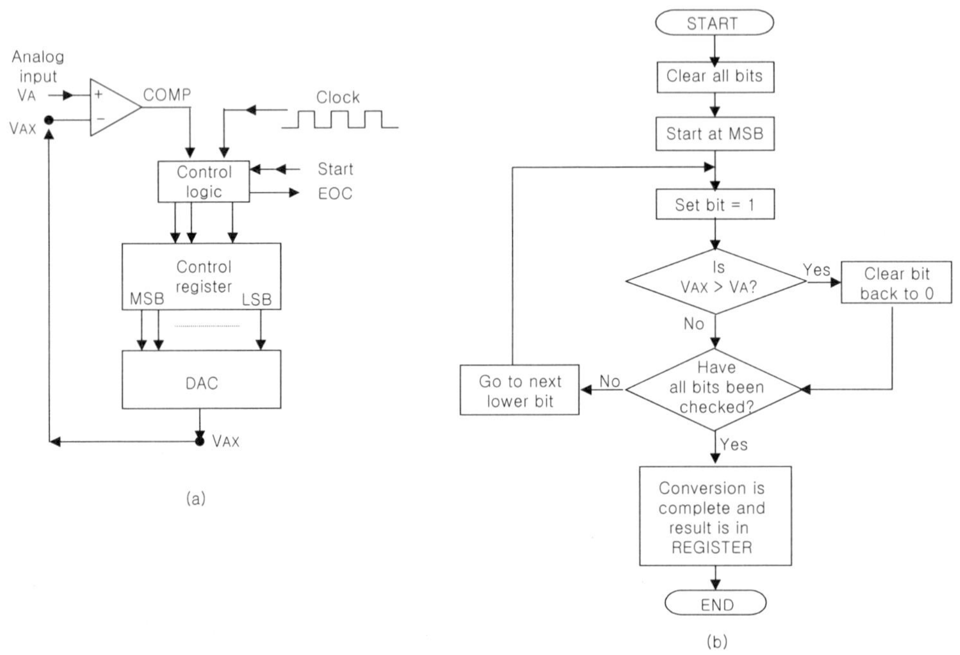

그림 12-21 연속근사 ADC; (a) 간단한 블록다이어그램 (b) 동작 순서도

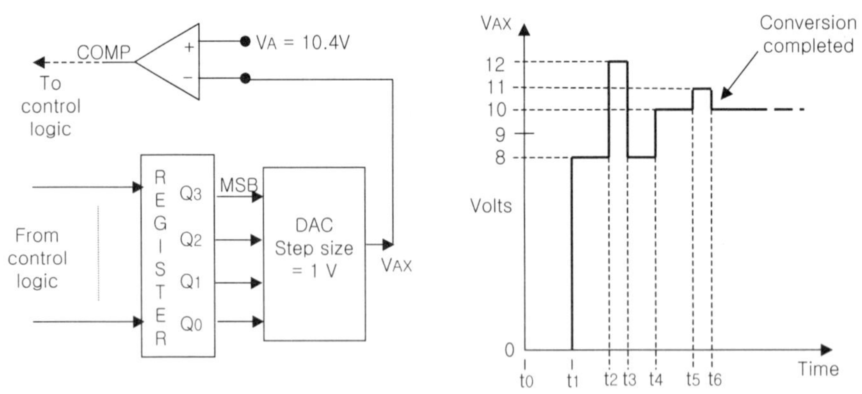

그림 12-22 DAC 스텝 사이즈 1V, VA = 10.4V를 사용한 4비트 SAC의 동작

아날로그 입력이 V_A = 10.4V이라고 가정하자. 동작은 모든 레지스터 비트를 0으로 하는 제어논리를 가지고 시작하고 이에 따라 Q3 = Q2 = Q1 = Q0 = 0가 된다. 이를 [Q] = 0000이라 표현하겠다. 이것은 그림 12-22의 타이밍도의 t_0에서 지시된 데로 DAC출력 $V_{AX} = 0V$로 만든다. $V_{AX} < V_A$일 때 비교기 출력은 HIGH가 된다.

다음 단계(time t1)에서 제어논리는 레지스터의 MSB를 1로 세트시키고 [Q] = 1000가 된다. 이것은 $V_{AX} = 8V$로 만든다. $V_{AX} < V_A$이기 때문에 COMP 출력은 여전히 HIGH가 된다. 이 HIGH는 MSB의 설정이 V_{AX}가 V_A를 초과하지 못하게 한다는 것을 말하며 MSB는 1을 유지한다.

제어 논리는 다음의 더 낮은 비트, Q2로 진행한다. 이것은 Q2를 [Q] = 1100, V_{AX} =12V를 만들기 위해 1로 세트시킨다. $V_{AX} > V_A$이기 때문에 COMP 출력은 LOW가 된다. V_{AX}의 값이 너무 커서 LOW가 제어논리에 전달된다. 이 때 제어논리는 t2에서 Q2를 다시 0으로 클리어(clear)시킨다. 그러므로 t3에서 레지스터 내용은 다시 1000으로 되고 V_{AX}는 8V로 되돌아간다.

다음 단계는 t4에서 발생하며 여기서 제어논리가 다음의 더 낮은 비트 Q1을 세트(set)시켜 [Q] = 1010, V_{AX} = 10V가 된다. $V_{AX} < V_A$이면 COMP는 HIGH가 되고 Q1을 1로 유지하기 위하여 제어논리를 구별한다.

마지막 단계는 t5에서 발생하며 여기서 제어논리는 다음의 더 낮은 비트 Q0를 세트시켜 [Q] =1011, V_{AX} = 11V가 된다. $V_{AX} > V_A$이기 때문에 COMP는 V_{AX}가 너무 커서 LOW로 된다. 그리고 제어논리는 Q0를 t6에서 다시 0으로 클리어 시킨다.

이 시점에서 모든 레지스터 비트는 처리되고 변환은 완료된다. 제어논리는 V_A의 디지털 값이 레지스터에 있기에 /EOC 출력을 활성화시킨다. 이 예에 대해 V_A = 10.4V의 디지털 출력 은 [Q] = 1010이 된다. 1010이 아날로그 입력보다 작은 실제 10V와 동일하다는 것에 주목하라. 이것이 연속근사 방법의 특징이다. 다시 말하면 디지털-램프 방법에서 디지털 출력은 항상 V_A의 상위 단계에 있는 전압에 상응한다.

앞에서 기술된 SAC의 동작에서 제어논리는 레지스터의 모든 비트에 대해서 논리 0이나 1로 세트시키며 1로 유지시킬 것인지 아닌지를 결정한다. 그리고 나서 다음 비트로 넘어간다. 각 비트의 처리는 한 클럭 사이클을 요구하며, N-비트 SAC의 전체 변환시간은 N-비트 클럭 사이클이 될 것이며 다음과 같다.

$$\text{SAC의 } t_C = N \times 1 \text{ 클럭 사이클}$$

변환시간은 V_A의 값에 관계없이 동일하다. 이것은 1이 요구되는지 아닌지를 판별하기 위해 각 비트를 제어논리가 반드시 처리하여야 하기 때문이다.

SAC가 상대적으로 빠른 변환시간을 갖기 때문에 데이터 획득에서 SAC의 사용은 주어진 시간동안 더 많은 데이터 값을 갖게 한다. 이것은 아날로그 데이터가 상대적으로 빠른 비율로 변화할 때 매우 중요하다.

12-6-8 그 밖의 A/D 변환방법

지금까지 사용된 A/D 변환방법들은 여러 가지가 있는데, 각각 장점과 단점들을 지나고 있다. 이제 이들 중 몇 가지에 대해 간단히 설명하고자 한다.

Up/Down 디지털 램프 A/D변환기

이미 보았듯이 디지털 램프 A/D 변환기는, 매 변환의 초기마다 카운터가 0으로 리셋되기 때문에 상대적으로 속도가 느리다. 계단은 항상 0V에서 시작되고 V_{AX}가 V_A을 초과하는 "스위칭 포인트(switching point)"까지 증가하고, 비교기 출력은 LOW가 된다. 계단이 0으로 리셋되고, 새로운 스위칭 포인트로 돌아가는 시간은 무의미한 시간이다. up/down 디지털 램프 A/D변환기는 이 쓸모없는 시간을 줄이기 위해 up/down 카운터를 사용한다.

Up/down 카운터는 D/A변환기에 공급되는 up 카운터를 대신한다. 이는 $V_{AX} < V_A$일 때 증가하고, $V_{AX} > V_A$일 때 감소되도록 설계되어 있다. 따라서 D/A 변환기출력은 항상 V_A값의 방향으로 나아간다. 비교기 출력이 상태를 전환하는 것은 V_{AX}가 V_A값과 교차된다는 것과, 변환이 종료되었음을 의미한다.

새로운 변환이 시작되었을 때 카운터는 0으로 리셋되지 않지만, 비교기출력에 따라 마지막 값에서 증가하거나 감소되는 방향으로 카운트를 시작한다. 이는 변환을 끝내기 위해 계단이 V_A와 교차될 때가지 계속된다. 그러면 V_{AX}의 파형은 V_A의 "자취"인 음의 방향의 천이나 양의 방향 천이의 계단을 모두 가지게 될 것이다. 이런 이유로 이 A/D 변환기는 때로 tracking A/D 변환기라 하기도 한다. 카운터가 매번 0부터 시작되지 않고, 바로 전의 값으로부터 증가하거나 감소하기 때문에 변환시간은 줄어든다. 물론 여전히 t_C의 값은 V_A의 값에 의존적이고 일정하지 않다.

이중경사 A/D 변환기

이중경사 A/D 변환기는 매우 느린 변환시간(일반적으로 10~100ms)을 갖지만, D/A 변환기나 VCO같은 정밀한 구성요소를 필요로 하지 않기 때문에 값이 매우 저렴하다. 이 변환기의 기본동작은 고정전류를 사용하는 커패시터의 선형 충전과 방전을 이용한다. 먼저 아날로그 입력전압 V_A로 유도되는 고정전류로부터 일정시간 동안 커패시터가 충전되는데, 이 시간이 지난 후의 커패시터 전압은 입력전압 V_A에 비례하게 된다. 여기서 커패시터는 V_{ref}에 의해 유도되는 고정전류로부터 방전하게 되고, 커패시터 전압이 0이 되면 방전을 끝낸다. 방전하는 동안의 주파수는 카운터에 공급되어 카운트되고, 방전이 끝났을 때 카운터에는 V_A에 비례하는 초기 커패시터 값에 비례하는 값이 남아 있게 된다.

추가적으로 낮은 비용과 이중경과 A/D변환기는 잡음에 민감하지 않은 특성이 있다. 느린 변환시간으로 인해 데이터획득응용에는 사용되지 않는다. 하지만 디지털 전압계, 회로분석기 등에 쓰이는 데는 문제가 없다.

전압-주파수 A/D 변환기

전압-주파수 변환기는 D/A변환기를 사용하지 않기 때문에 다른 A/D변환기에 비해 간단하다. 그 대신에 입력전압에 비례하는 출력주파수를 만들어내는 전압조정 발진기(VCO)를 사용한다. 변환된 아날로그전압은 출력주파수를 만들어내기 위해 VCO에 공급된다. 이 주파수는 고정된 시간 동안 카운트되는 카운터에 공급된다. 마지막 카운트는 아날로그 전압의 값에 비례하게 된다.

설명을 위하여, VCO가 각 입력전압마다 10 kHz의 주파수를 만들어낸다고 가정하자(1V는 10 kHz, 1.5V는 15 kHz, 2.73V는 27.3 kHz를 만들어내다). 만약 아날로그 입력전압이 4.54V이면, VCO 출력은 카운터를 10 ms동안 구동시키는 45.4 kHz신호가 될 것이다. 10ms의 카운트 간격 후에 카운터는 4.54V의 디지털 값을 나타내는 454에 맞추어져 있을 것이다.

이 방법이 간단한 변환방법이기는 하지만, 0.1%이상의 정밀도를 갖는 VCO를 설계하는 것이 어렵기 때문에, 높은 정밀도를 갖는 변환기를 만들기는 쉽지 않다. 이러한 형태의 변환기는 작은 아날로그 신호가 변환기회로에서 제어 컴퓨터로 전송되어야 하는, 잡음이 심한 작업 환경에서 유용하게 사용된다. 만약 작은 아날로그 신호가 제어 컴퓨터로 직접 전송된다면, 잡음에 의해 심각하게 영향을 받을 수 있다. 더욱 좋은 접근방법은 아날로그 입력에 따라 디지털 출력 주파수가 변화하는 VCO에 아날로그 신호를 공급하는 것이다. 이 디지털 신호는 컴퓨터로 전송되고 잡음에 의해 약간의 영향을 받게 된다. 제어 컴퓨터의 회로는 원래의 아날로그 입력과 같은 크기의 디지털 값을 얻기 위해 디지털 펄스를 카운트할 것이다.

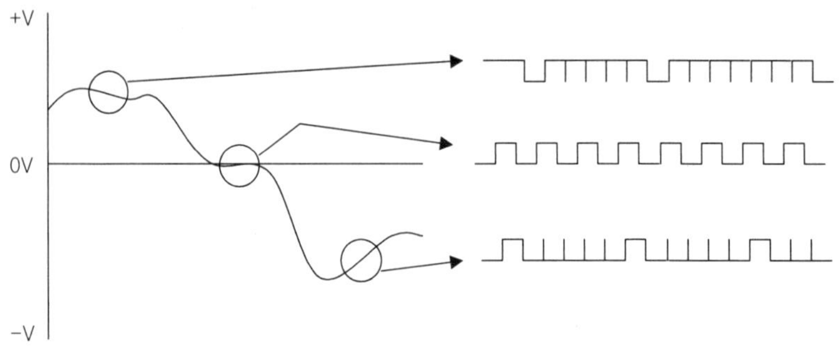

그림 12-23 시그마/델타 변조

시그마/델타 변조

디지털 형태에서 아날로그정보를 표현하는 다른 접근방법을 시그마/델타 변조하고 부른다. 시그마/델타 A/D변환기는 초과샘플링 장치이며, 최소의 샘플 주파수보다 더욱 자주 아날로그 정보를 샘플링하는 것을 의미한다. 최소 샘플 주파수는 아날로그 신호 중에서 가장 높은 주파수 보다 최소한 2배가 높다. 초과 샘플링은 최소의 샘플 주파수에서 신호간에 보간 데이터를 제공한다. 전압 대 주파수 같은 시그마/델타 접근은 각 샘플에서 다중 비트수를 만들지는 않는다. 대신에 직렬 데이터의 단일 비트 스트림처럼 논리신호 1을 가지고 여러 가지 밀도의 아날로그 전압을 표현한다. 웨이브 형태의 양의 일부를 표현하기 위해서는 A/D 변환기에 의해서 생성된 1로 높은 밀도(01111101111101111110111)의 단일 비트 스트림을 생성하게 된다. 음의 크기를 갖는 파형의 일부를 표현하기 위해서는 낮은 밀도(예를 들어, 00010001000010000010)로 생성된다. 그림 12-23은 아날로그 신호와 단일 비트 스트림의 관계를 보여준다.

12-7 | 대표적인 D/A 변환기와 A/D 변환기 ICs

12-7-1 집적회로 D/A 변환기

몇 개의 IC 제조사에서 나오는 CMOS IC AD7524는 R/2R ladder 네트워크를 이용한 8비트 DAC이다. 이것의 블록 심볼을 그림 12-24(a)에 나타낸다. DAC는 CHIP SELECT(/CS)와 WRITE(/WR) 입력의 제어 하에 내부적으로 래치 될 수 있다. 두 제어입력

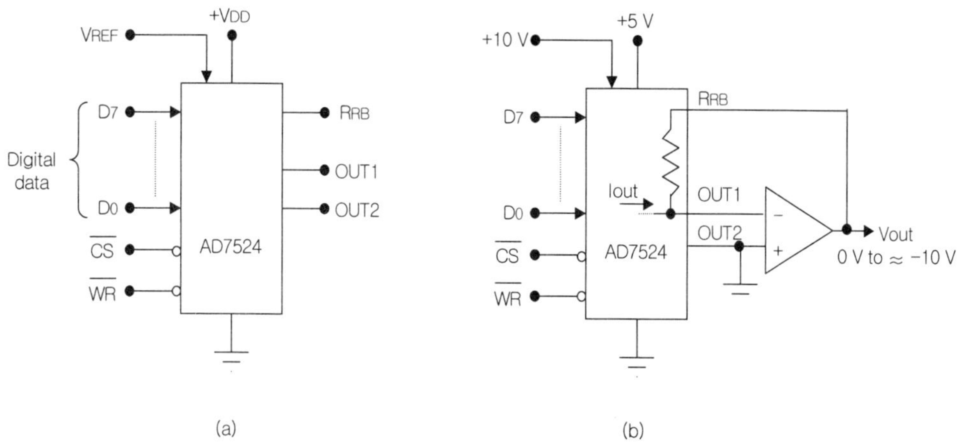

그림 12-24 (a) 래치된 입력을 가진 AD7524 8비트 DAC
(b) 0V에서 대략 −10V의 아날로그 출력 전압을 생성하기 위해 연결된 형태의 AD7524 IC

이 LOW일 때 디지털 데이터 입력 D7-D0는 아날로그 출력 전류 OUT1(OUT2는 보통 접지에 연결되어 있다)을 만든다. 한 쪽 제어입력이 HIGH로 될 때 디지털 입력 데이터는 래치되고 아날로그 출력은 래치된 디지털 데이터에 상응하는 레벨에 남아 있게 된다. 디지털 입력에서의 다음 변화는 이 래치된 상태의 OUT1영향을 미치지 않는다.

AD7524의 최대 안정시간은 보통 10ns이다. 그리고 전 범위 정확도는 ±0.2% F.S이다. VREF는 0~25V의 전압을 가지며, 양극단의 아날로그 출력 전류가 만들어진다. 출력전류는 그림 12-24(b)에 나타낸 바와 같이 연결된 OP-AMP을 사용하여 전압으로 변환된다. OP-AMP의 피드백 저항이 이미 DAC 칩에 내장되어 있는 점에 주목하라.

12-7-2 연속근사 A/D 변환기(ADC0804)

ADC는 몇 개의 IC 제조사로부터 넓은 동작 특징과 특성을 가지고 활용되어 진다. 시스템 응용에서 실제 사용되는 개념을 얻기 위해 가장 보편적인 장치에 대해 알아보겠다. 그림 12-25는 연속근사 방법을 사용하여 A/D 변환을 수행하는 20-pin CMOS IC인 ADC0804의 핀 배열이다. 이의 중요한 특징은 다음과 같다.

- 차동 입력(differential input)을 받아들이기 위해 두 아날로그 입력 $V_{IN}(+)$과 $V_{IN}(-)$을 갖는다. 다시 말하면 실제 아날로그 입력 V_{IN}은 이런 핀들[아날로그 $V_{IN} = V_{IN}(+) - V_{IN}(-)$]에 적용된 전압간의 차이다. 단상(single-ended)측성에서 아날로그 입력은

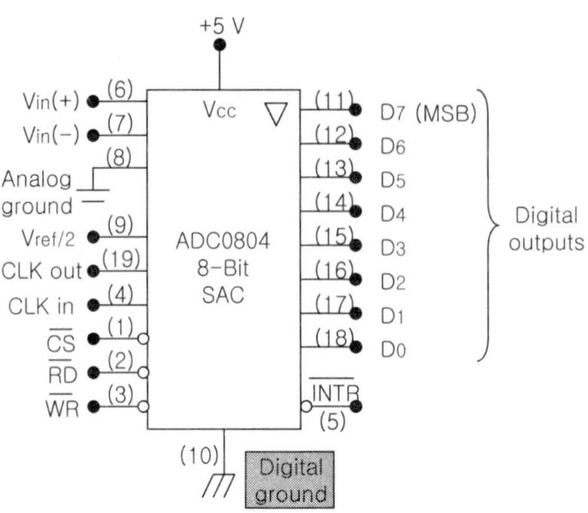

그림 12-25 ADC0804 3상 출력을 가진 8-비트 연속근사 ADC
(괄호 안의 숫자는 IC핀 번호이다).

$V_{IN}(+)$에 적용되고 반면에 $V_{IN}(-)$은 아날로그 접지에 연결된다. 동작이 진행되는 동안 변환기는 기준(reference)전압 V_{CC} =+5V를 사용하며 아날로그 입력은 0에서 5V의 범위를 갖는다.

- 이것은 아날로그 입력전압을 8-비트의 디지털 출력으로 변환한다. 디지털 출력은 3상태 버퍼링되어 쉽게 데이터 버스 배열에 연결될 수 있다. 8-비트에서 분해능은 5V/255 = 19.6mV이다.
- R과 C가 외부적으로 연결된 구성요소의 값일 때 f=1/(1.1RC)의 주파수를 만드는 내부 클럭 발생기 회로를 갖는다. 보통의 클럭 주파수는 606kHz이며 R = 10kΩ, C = 150pF을 사용한다. 만약 원한다면 CLK in 핀에 연결시켜 외부신호를 사용할 수 있다.
- 606kHz 클럭 주파수를 사용하면 변환시간은 대략 100μs가 된다. 디지털전압과 아날로그 전압을 분리된 접지에 연결한다. 8번 핀은 아날로그 전압을 생성하는 아날로그 회로의 공통 포인트에 연결된 아날로그 접지이다. 10번 핀은 시스템의 디지털 장치가 사용하는 디지털 접지이다(다른 접지에 대해 다른 표식이 사용된다는 점에 주목하라). 디지털 접지는 디지털 장치들이 상태를 전환할 때 일어나는 빠른 전류흐름 때문에 고유잡음을 갖고 있다. 비록 분리된 아날로그 접지를 사용할 필요는 없지만 사용한다면 디지털 접지의 잡음이 ADC 내부의 아날로그 비교기의 때 이른 전환을 야기하는 것을 방지할 수 있다.

이 IC는 마이크로프로세서의 데이터 버스로 쉽게 접속될 수 있도록 설계된다. 이런 이유로 ADC0804 입력과 출력 중 몇 가지 핀의 이름은 마이크로프로세서와의 접속기능에 의해 정해졌다. 입/출력의 기능은 다음과 같이 정의된다.

- $\overline{CS}$(Chip Select) : $\overline{RD}$나 $\overline{WR}$ 입력의 동작을 위해 입력은 LOW상태가 되어야 하고, 만약 HIGH상태를 유지한다면, 디지털 출력은 Hi-Z 상태가 되어 변환이 일어나지 않는다.
- $\overline{RD}$(Output Enable) : 이 입력은 디지털 값의 출력이 가능하도록 하기 위해 사용되는데, $\overline{CS}$ = $\overline{RD}$ = LOW인 상태에서 디지털 출력 단자 Q는 직전에 행해진 A/D변환의 결과를 나타내게 된다.
- $\overline{WR}$(Start Conversion) : 새로운 변환의 개시를 알리기 위해 이 입력단자에 LOW펄스가 공급된다.
- $\overline{INTR}$(End of Conversion) : 이 출력신호는 변환이 시작될 때 HIGH상태로 전환되고, 변환이 끝났음을 알리기 위해 LOW상태로 돌아간다.

Vref/2: 내부참조전압을 줄여서 변환기가 다룰 수 있는 아날로그 입력의 범위를 바꿀 수 있게 하는 임의의 입력단이다. 이 입력단이 연결되지 않으면 이는 2.5V(Vcc/2)로 간주되는데, 이는 Vcc가 참조전압으로 사용되기 때문이다. 외부전압을 이 핀에 연결시키는 것에 의해, 내부참조전압이 그 전압의 두 배만큼 변환되고, 거기에 따라 아날로그 입력 범위가 변환된다. 아래 표는 이를 나타낸다.

Vref/2	Analog Input Range(V)	Resolution(mV)
Open	0 - 5	19.6
2.25	0 - 4.5	17.6
2.0	0 - 4	15.7
1.5	0 - 3	11.8

- CLK OUT: 레지스터가 내부클럭을 사용하기 위해 이 핀과 연결되고, 이 핀에 클럭신호가 나타난다.
- CLK IN: 외부클럭입력을 위한 접속단으로 사용한다. 또는, 내부클럭이 사용될 때 커패시터 접속으로 사용한다.

그림 12-26(a)는 데이터를 획득하기 위해서 ADC0804와 마이크로 컴퓨터 사이를 연결한 경우를 나타내는데, 여기에서 마이크로 컴퓨터는 $\overline{CS}$와 $\overline{WR}$신호를 발생시킴으로서 변환이 시작되는 시기를 조정하고, 변환 종료를 알리는 $\overline{INTR}$의 NGT를 발견한 후 $\overline{CS}$와 $\overline{RD}$신호

를 발생시킴으로서 A/D 변환기의 출력데이터를 얻는다. 그림 12-26(b)의 파형은 데이터 획득 과정동안 신호들의 움직임을 나타낸다. $\overline{CS}$와 $\overline{WR}$가 LOW상태로 전환되면 $\overline{INTR}$ 신호는 HIGH상태로 전환되지만, $\overline{CS}$와 $\overline{WR}$가 HIGH로 되돌아올 때까지 변환과정은 시작되

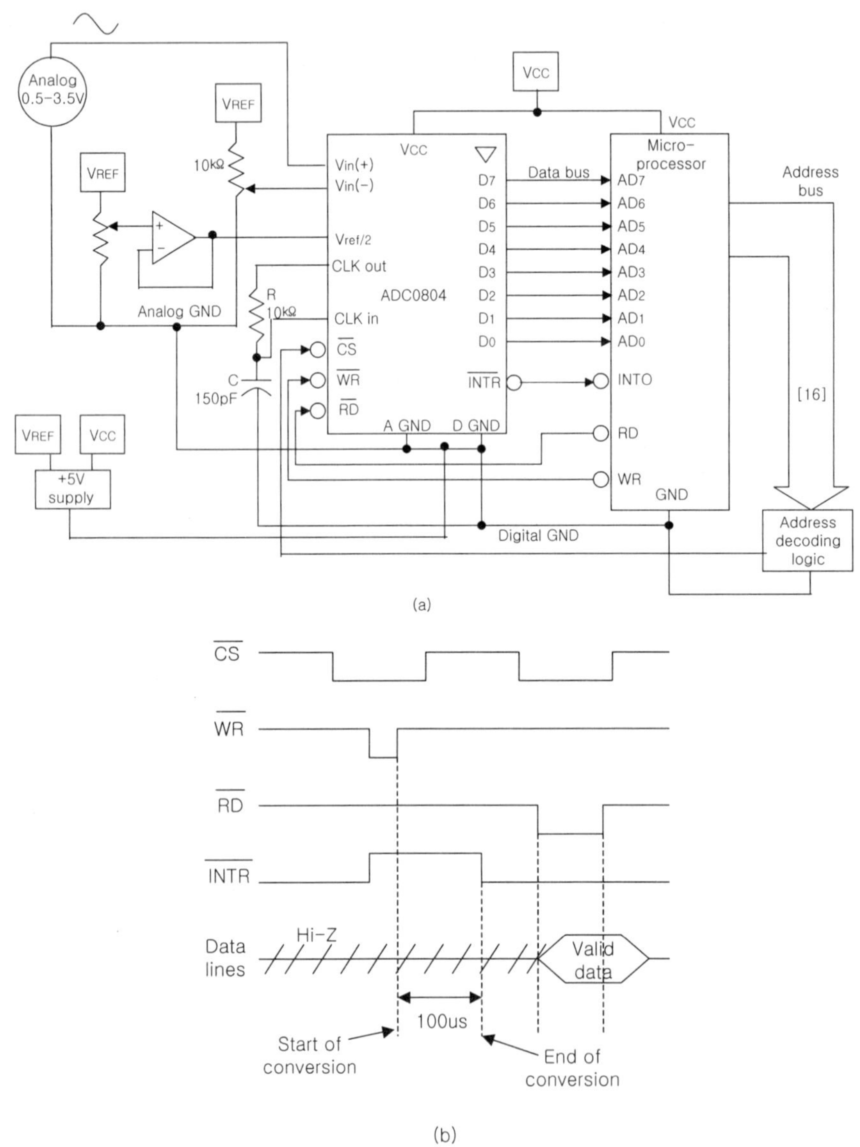

그림 12-26 (a) ADC0804의 응용 (b) 데이터를 획득하는 동안의 전형적인 타이밍 신호

지 않는다. 마이크로 컴퓨터가 $\overline{CS}$와 $\overline{RD}$를 활성화시킬 때까지 A/D 변환기의 출력 데이터 선은 Hi-Z 상태에 머물게 되고, $\overline{CS}$와 $\overline{RD}$가 활성화되면 데이터 버스를 통해 A/D 변환기의 데이터가 마이크로컴퓨터로 보내지고, $\overline{CS}$와 $\overline{RD}$가 HIGH 상태로 되돌아오면 데이터 선도 Hi-Z 상태로 돌아가게 된다.

ADC0804의 응용에서 입력 신호는 0.5에서 5V의 범위를 벗어나 변화한다. 8비트 분해능을 모두 사용하기 위해 A/D 변환기는 반드시 아날로그 신호특성과 부합되어야 한다. 0.5V에서 3.5V까지의 범위에서 동작시키기 위해서는, 0.5V의 오프셋은 음의 입력 VIN(−)에 적용되며 참조 값에 따라서 0으로 놓는다. 1.5V를 Vref/2에 적용시킴으로 인해 3.0V의 범위가 세트되며 이는 Vref를 3.0V로 만든다. 0.5V의 입력은 00000000의 디지털 값을 만들고, 3.5V의 입력은 11111111를 만든다.

디지털 신호와 아날로그 신호의 인터페이싱에서의 주요 관심사는 잡음이다. 디지털과 아날로그 접지경로가 분리되어 있다는 점에 주목하라. 이 두 접지는 A/D 변환기와 아주 가까운 지점에서 함께 묶여있다. 매우 낮은 저항경로간 이 지점을 직접적으로 전원의 음의 종단부에 연결한다. 양의 전원을 디지털과 아날로그로 분리해서 경로를 만드는 것과 칩의 전원과 접지와의 연결에 아주 가까운 곳에 위치한 커패시터를 멀리 띄어 놓는 것도 현명한 방법이다.

12-8 | A/D 변환기와 D/A 변환기의 응용

12-8-1 디지털 전압측정기

디지털 전압측정기는 아날로그 전압을 BCD값으로 변환시켜서 이 값을 디스플레이장치에 의해 표시한다. 그림 12-27은 3-비트 디지털 전압측정기 회로를 보여주는데 A/D 변환기의 디지털램프(점선 안쪽에서 보여준)에 사용한다. 세 개의 폭포모양과 같은 BCD 카운터는 10mV의 계단 크기와 9.99V의 최대출력을 갖는 세 자리 BCD 아날로그변환기의 입력을 공급한다. 각 BCD 카운터상태는 또한 디코더/구동기와 출력기에 공급되는 4비트 레지스터를 구동시킨다. BCD 카운터의 값은 변환주기가 종료되는 시점에서 레지스터로 전송되기 때문에, 디스플레이 장치에는 미지의 입력전압에 대한 출력 값만 나타나게 되고, 0으로 재조정되거나 카운트하는 과정 등은 나타나지 않는다.

그림 12-28에서와 같이 $V_{AX} < V_A$일 동안, COMP 출력은 HIGH를 유지하고, 클럭 펄스는 AND 게이트를 지나 카운터로 전달된다. 카운터의 값이 증가함에 따라 V_{AX} 신호는 V_A를 초과하게 될 때가지 한 계단에 10mV씩 증가한다. V_{AX}가 V_A를 초과하게 되면 COMP 출력이 LOW로 전환되고, 카운터가 멈추게 됨에 따라 변환이 종료된다. COMP 출력의 NGT는 Q_1에서 1μs의 펄스를 만들어내기 위해 OS1에 공급된다. Q_1의 PGT는 BCD카운터의 출력값을 저장하고 나타내기 위해 그들 각각의 레지스터로 전송한다. Q_1의 NGT는 모든 카운터를 0으로 재조정하는 펄스를 만들기 위해 OS2로 공급된다. 이것은 V_{AX}를 0으로 돌아가게 하고, COMP는 HIGH로 돌아가게 하여, 새로운 변환주기를 수행하도록 카운터가 펄스를 인가한다.

따라서 디지털전압계는 하나의 변환이 끝나면 즉시 또 다른 변환을 수행할 것이다. 물론 저장 레지스터는 변환과정으로부터 표시를 유지할 것이다. 만약 V_A가 바뀌면 이 표시는 바뀔 것이고, 다른 카운터 값이 변환주기가 끝난 시점에서 레지스터로 전송된다. 예를 들어

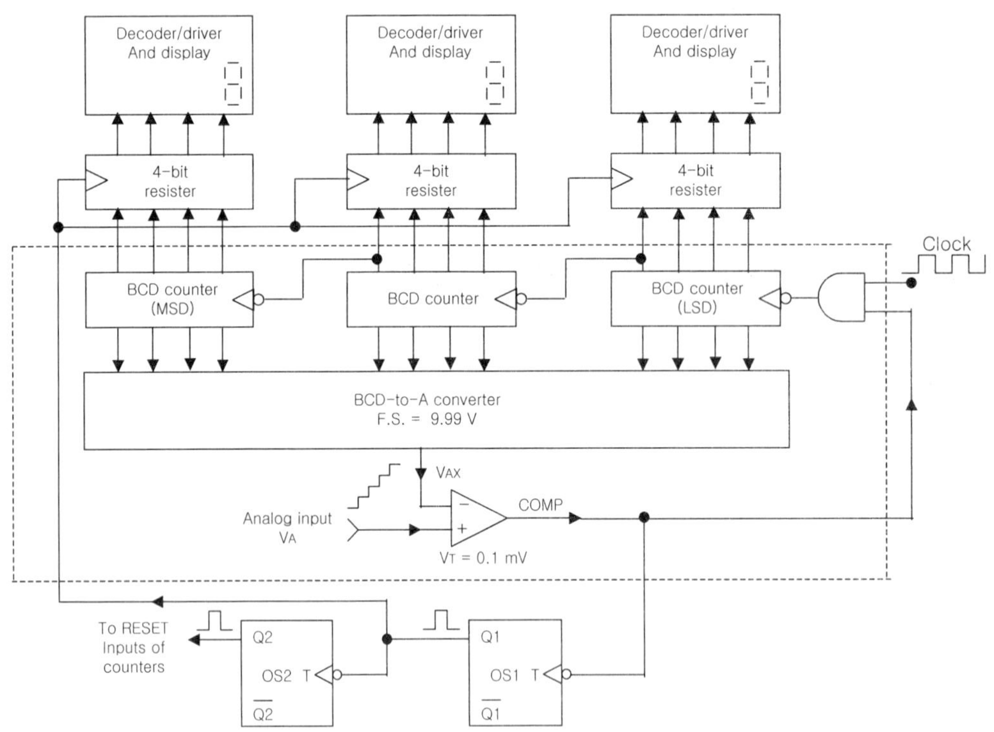

그림 12-27 디지털 램프 A/D 변환기를 사용한 연속 변환 디지털 전압 측정기

V_A는 6.372V라고 가정하면, COMP의 출력이 LOW로 전환되기 위해서 V_{AX}는 6.3721V 초과해야 하는데, D/A 변환기의 출력은 1계단에 10mV씩 증가하므로

$$\frac{6.3721\,V}{10m\,V} = 637.21 \quad \rightarrow \quad 638\text{계단}$$

이를 위해서는 638개의 계단이 필요하게 된다. 따라서 카운터는 638까지 카운트하게 되고, 이 값은 레지스터로 전송되어 표시소자에 의해 표시된다. 작은 LED를 사용하여 소수점을 표시함으로써 오퍼레이터는 6.38V라는 결과값을 볼 수 있게 된다.

디지털 전압 측정기는 V_A와 비교기 사이에 적당한 증폭기나 감쇄기를 사용하여 여러 범위에 걸쳐 입력 전압 값을 읽어낼 수 있도록 변형시킬 수 있는데, 예를 들어 V_A가 63.72V라고 가정하면, 이 값은 감쇠기에 의해 1/10으로 줄어들게 되어 비교기는 +입력에서 6.372V를 받아들이게 되며, 카운터는 변환 종료시에 638을 나타내게 된다. 이때 10진수 소수점 표시기는 최하위 수의 바로 앞에 위치하게 되기 때문에 디스플레이는 63.8V를 나타낸다. 또한 디지털 전압 측정기는 전압은 물론, 전류, 저항 값까지도 측정할 수 있는 디지털 멀티미터로 변형될 수도 있다. 전류 측정시에 미지의 전류값은 전압값을 만들어내기 위해 고정된

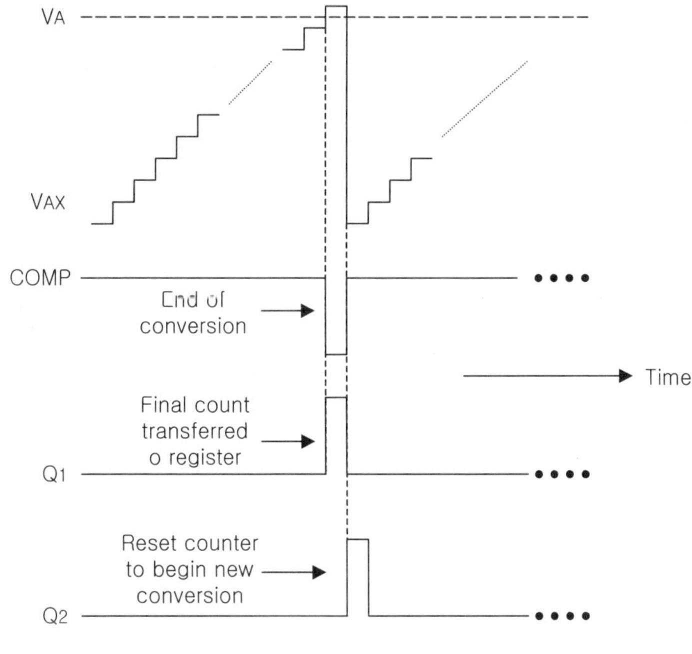

그림 12-28 디지털 전압 측정기의 파형

표준저항을 통해 흐르게 된다. 저항 측정시에는 고정된 전류가 전압값을 만들기 위해 미지의 저항을 통해 흐르게 된다. 위의 각 경우에서 얻어진 전압값은 그림 12-27과 같은 회로에 공급되어 측정되고 표시된다. 회로는 표시된 값이 측정된 값(전류나 저항)을 옳게 나타내도록 하기 위해 감쇠 비례 요소를 필요로 한다.

12-8-2 디지털 저장 오실로스코프

D/A, A/D 변환기 응용의 마지막 예로서 디지털 저장 오실로스코프에 대해 간단히 알아보자. 디지털 저장 오실로스코프(DSO)는 아날로그 파형을 디지털화하여 저장하고 표시하기 위해 A/D 변환기와 D/A 변환기의 두 가지 소자를 모두 사용한다. 디지털 저장 오실로스코프는 파형 영상을 전하의 형태로 CRT의 전자총과 인도금화면 사이의 그물화면상에 저장하며, 기존의 저장 오실로스코프(CSO)에 비해 많은 장점을 가진다.

- DSO는 디지털 값들이 디지털 메모리(플립플롭)에 저장되기 때문에 계속적으로 파형을 저장할 수 있다. CSO에서 그물화면의 전하가 천천히 중화됨에 따라 영상의 색이 점차로 바래게 된다.
- 많은 DSO들에서 저장된 파형은 CRT 화면 위에 어떤 곳이든 위치할 수 있고, 수직과 수평전체에 측정된 값을 바꿀 수 있다. 이것은 CSO에서는 불가능하다.
- DSO에서는 파형의 일부분만을 저장하거나 표시할 수 있다. 물론 CSO에서는 불가능하다.
- 많은 DSO는 몇 개의 파형을 저장하고 그것들을 기존 프린터로 프린트할 수 있다.

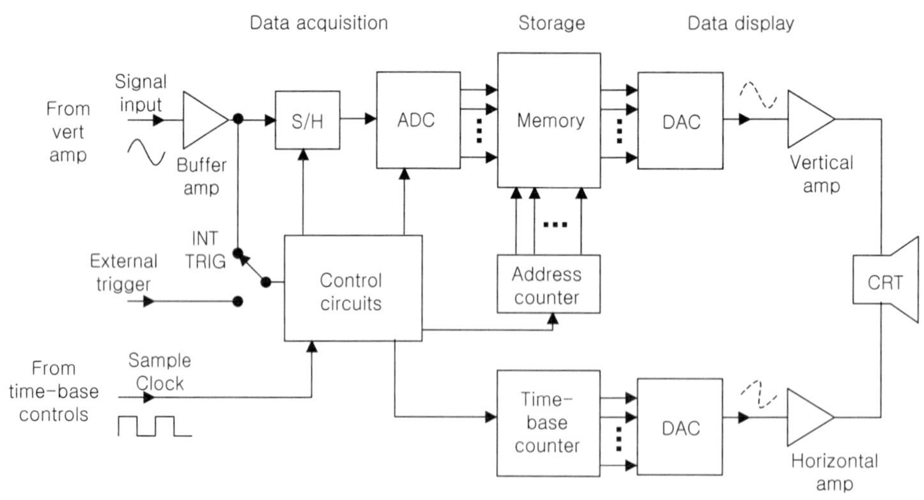

그림 12-29 디지털 저장 오실로스코프의 블록도

DSO의 블록다이어그램을 그림 12-29에 나타내었다. DSO의 전체적인 동작은 ROM에 저장된 제어프로그램에 의해 실행되는데, 이는 제어부에 의해 제어된다. 시스템의 데이터 획득 부분은 샘플 클럭에 의해 동작속도가 결정되는 입력신호를 반복적으로 추출하고 디지털화하는 A/D 변환기와 샘플-홀드 회로 등을 포함한다. 여기서 변환된 디지털 값들은 주소 카운터에 의해 정해진 메모리장소에 저장된다.

메모리의 저장장소가 모두 채워지게 되면, 첫 번째 장소에서부터 기존의 데이터 위에 겹쳐지게 된다. 이와 같은 데이터획득과정은 컨트롤 블록이 내부트리거나 외부트리거 신호를 받게 되면 종료되고, 메모리의 데이터는 CRT 화면에 출력된다.

표시동작은 CRT에 수직, 수평 편향전압을 공급하기 위해 2개의 D/A 변환기를 사용한다. 메모리로부터의 데이터는 전자선의 수직 편향을 만들어내고, TIME-BASE 카운터는 수평 편향을 공급한다. 제어부는 주소 카운터와 TIME-BASE 카운터를 동시에 증가시킴으로써 표시동작을 동기화하며, 전자선의 수평 성분이 메모리로부터 수직 성분의 D/A 변환기로의 새로운 데이터 값과 결합된다. 카운터는 계속 순환되고 저장된 데이터는 연속적으로 CRT화면에 출력된다. 화면표시는 다양한 데이터지점을 나타내는 별개의 점들로 이루어져 있지만, 점의 수가 매우 많기 때문에 서로 섞여지는 경향을 보이고, 완만하고 연속적인 파형으로 나타나게 된다.

표시동작은 사용자가 DSO가 새로운 데이터 획득을 시작하도록 하는 명령의 버튼을 누르는 것에 의해 해제된다.

연습문제

12-1 그림 10-23의 샘플-홀드 회로에서 V_{OUT}과 V_A가 동일하게 되는 조건은 무엇인가? 또 V_{OUT}이 0에 고정된다면 결함의 원인은 무엇인가?

12-2 A/D 변환기가 12비트의 분해능, 0.03% F.S.의 최대출력오차, +5V의 최대출력을 갖는다.

(a) 양자오차는 얼마인가?

(b) 오차의 총합은 얼마인가?

12-3 다음 물음에 답하라.

(a) D/A 변환기의 입출력에 대해 설명하라.

(b) D/A 변환기의 계단크기를 정의하라.

(c) D/A 변환기의 분해능을 정의하라.

(d) 최대출력을 정의하라.

(e) 백분율 분해능을 정의하라.

(f) 참 또는 거짓 : 10비트의 D/A 변환기는 같은 크기의 최대출력을 갖는 12비트 D/A 변환기에 비해 작은 분해능을 갖는다.

(g) 참 또는 거짓 : 10V의 최대출력을 갖는 10비트의 D/A 변환기는 12V의 최대출력을 갖는 10비트의 D/A 변환기에 비해 작은 백분율분해능을 갖는다.

12-4 01100100의 입력에 대해 2.0V의 출력을 내는 8비트 D/A 변환기에서,

(a) 10110011의 입력에 대한 출력 V_{OUT}은 얼마인가?

(b) 각각의 입력비트에 대한 가중치를 구하라.

(c) 분해능과 백분율분해능은 얼마인가?

12-5 최대출력이 5V인 10비트 D/A변환기의 분해능은 얼마인가?

12-6 D/A 변환기의 최대출력을 10 mA로 하고, 분해능을 40㎂보다 작게 하려면, 몇 개의 입력 비트가 필요한가?

12-7 그림 12-30의 D/A 변환기에서 최고계단이 2V일 때의 계단크기와 백분율분해능은 얼마인가?

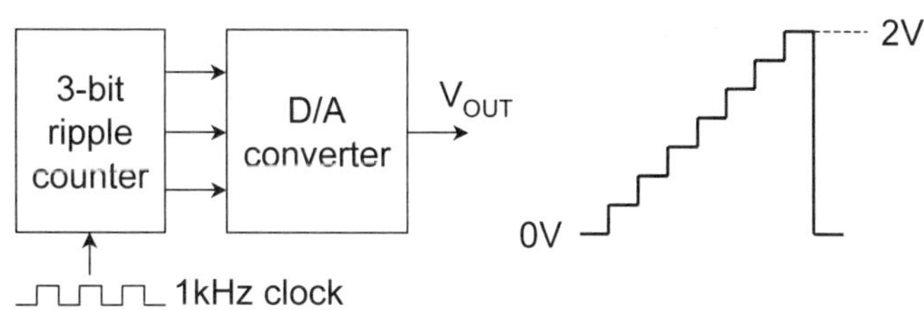

그림 12-30

12-8 그림 12-9의 D/A 변환기의 계단크기는 R_F의 값을 변화시킴으로써 변경시킬 수 있다. 계단크기 0.5V에 필요한 R_F의 값을 구하라. 새로운 R_F의 값은 백분율분해능을 변화시키는가?

12-9 그림 12-11 (a)에서 D/A 변환기의 출력이 그림 12-11 (b)의 연산증폭기에 연결되었다고 가정할 때,

(a) $V_{REF} = 5\,V, R = 20\text{k}\Omega, R_F = 10\text{k}\Omega$ 일 때, V_{OUT}의 계단크기와 최대출력을 구하라.

(b) V_{OUT}의 최대출력이 -2V가 되도록 R_F의 값을 변화시켜라.

(c) 위에서의 새로운 R_F의 값을 사용하여, $V_{OUT} = K(V_{REF} \times B)$에서의 비례인수 K의 값을 구하라.

12-10 다음을 설명하여라.

(a) 2진가중치 저항회로망을 정의하라.

(b) R/2R 사다리꼴 회로망을 정의하라.

(c) D/A 변환기의 정주시간을 정의하라.

(d) 최대출력오차를 정의하라.

(e) 오프셋 오차를 정의하라.

12-11 정확히 +5V의 공급전압이 사용될 때 0.1V의 분해능과 BCD출력을 갖는 4비트의 플래시 변환기의 회로도를 그려라.

12-12 그림 12-22의 SAC에서

(a) V_A=6.7V에 대한 V_{AX}의 파형을 구하라.

(b) V_A=16V에 대해 (a)를 반복하라.

12-13 8비트의 연속근사 변환기가 2.55V의 최대출력을 갖고, V_A=1V에서 80μs의 변환시간을 가질 때, V_A=1.5V에 대한 변환시간은 얼마인가?

12-14 아래의 사항은 디지털 램프 A/D변환기, SAC, 플래시 A/D변환기 중에서 어느 것에 해당하는 내용인가?

(a) 가장 빠른 변환방법이다.

(b) START펄스가 필요하다.

(c) 복잡한 회로가 필요하다.

(d) D/A변환기를 사용하지 않는다.

(e) 계단형 신호를 발생시킨다.

(f) 아날로그 비교기를 사용한다.

(g) V_A에 관계없이 고정된 변환시간을 갖는다.

연습문제 해답

제 2 장 | 수 체계와 수의 표현

2-1 (a) 42_{10} (b) 453_{10} (c) 99_{10} (d) 275_{10} (e) 29.6875_{10} (f) 15.90625_{10}

2-2 (a) 1100101.1_2 (b) 101100000.101_2 (c) 1011010000.001_2
(d) 11110000000.11_2

2-3 (a) 111100011_2, 483_{10} (b) 010101111_2, 175_{10} (c) $1010000100_2, 644_{10}$
(d) 011110111_2, 247_{10}

2-4 (a) $110100110_2, 646_8, 438_{10}$
(b) $1111111111101110_2, 177756_8, 65518_{10}$
(c) $11111101111_2, 3758_8, 2031_{10}$
(d) $1000011010101_2, 10325_8, 4309_{10}$
(e) $101101101100_2, 5554_8, 2914_{10}$

2-5 (a) $435.64_8, 11D.D_H$
(b) $066.76_8, 33.F8_H$
(c) $70.04_8, 38.1_H$
(d) $523.36_8, 153.78_H$

2-6 $2^{16} - 1 = 2^{10} \times 2^6 - 1 \equiv 655535\ (64K)$

2-7 $24 \div 4 = 6$ Hex 디지트, 가장 큰 수 = $FFFFFF_H$

2-8 (a) 128Mega bits = $2^7 \times 2^{20} = 2^{27}$ 따라서, 비트단위의 어드레싱에는 27비트가 필요함.
(b) 256 Giga bits = $2^8 \times 2^{10} \times 2^{10} \times 2^{10} = 2^{38}$, 따라서 비트단위의 어드레싱에는 38비트가 필요함.

2-9 (a) 87655, (b) 83211000, (c) 786641, (d) 10000

2-10 (a) 1의 보수 = 01010001, 2의 보수 = 01010010

(b) 1의 보수 = 11110000, 2의 보수 = 11110001

(c) 1의 보수 = 01111111, 2의 보수 = 10000000

(d) 1의 보수 = 10010100, 2의 보수 = 10010101

2-11 (a)1001101100_2, 1의 보수 = 0110010011, 2의 보수 = 0110010100

(b) 1010000_2, 1의 보수 = 0101111, 2의 보수 = 0110000

(c) 1000000000_2, 1의 보수 = 0111111111, 2의 보수 = 1000000000

(d) 101100100_2, 1의 보수 = 010011011, 2의 보수 = 010011100

2-12 (a) 양수이므로 부호와 크기 표현 및 1의 보수, 2의 보수에 의한 표현이 모두 동일함

$73_{10} = 000001001001_2$

(b) (a)와 같은 성질에 의해, $1209_{10} = 010010111001_2$

(c) 음수이므로,

(1) 부호와 크기에 의한 표현 : 1 00001111111

(2) 1의 보수에 의한 표현 : 1 11110000000

(3) 2의 보수에 의한 표현 : 1 11110000001

(d) 음수이므로,

(1) 부호와 크기에 의한 표현 : 1 11110000000

(2) 1의 보수에 의한 표현 : 1 00001111111

(3) 2의 보수에 의한 표현 : 1 00010000000

2-13 (a) $+33_{10}$, (b) -280_{10}, (c) -1_{10}

2-14 (a) $+34_{10}$, (b) -281_{10}, (c) 2_{10}

2-15 (a) $0001\,0010\,0000\,0100_{BCD}$

(b) $0101\,0110\,0111\,1001_{BCD}$

(c) $0100\,0000\,0000.0111\,0011_{BCD}$

(d) $0010\,0111\,1000\,1001.0000\,0001\,0100_{BCD}$

2-16 (a) 9583_{10}, (b) 2467.1_{10}, (c) 805.29_{10}

2-17 (a) 8비트, 7비트 (b) 12비트, 8비트 (c) 16비트, 10비트 (d) 16비트, 12비트

2-18 (a) 111000101011_{gray}

(b) 010100110010_{gray}

(c) 110101101100_{gray}

2-19 (a) 11010001_2

(b) 10000000_2

(c) 01010111_2

(d) 00100001_2

2-20 DIGITAL = $44_H, C9_H, 47_H, C9_H, D4_H, 41_H, CC_H$

SP = $A0_H$

DESIGN = $44_H, C5_H, 53_H, C9_H, 47_H, 4E_H$

2-21 DIGITAL = $89_H, 92_H, 8F_H, 92_H, A8_H, 83_H, 98_H$

SP = 40_H

DESIGN = $89_H, 8A_H, A7_H, 92_H, 8F_H, 9D_H$

2-22 (a) $r = 13$, (b) $r = 9$

제 3 장 | 논리 게이트와 부울대수

3-1

입 력				출 력
x_4	x_3	x_2	x_1	
0	0	0	0	1
0	0	0	1	1
0	0	1	0	1
0	0	1	1	1
0	1	0	0	1
0	1	0	1	0
0	1	1	0	0
0	1	1	1	1
1	0	0	0	1
1	0	0	1	0
1	0	1	0	0
1	0	1	1	1
1	1	0	0	1
1	1	0	1	1
1	1	1	0	1
1	1	1	1	1

3-2 (a) $Y = B + 0 = B$, (b) $Y = B + V_{cc} = V_{cc}$ (HIGH)

3-3 $Y = A' + B$

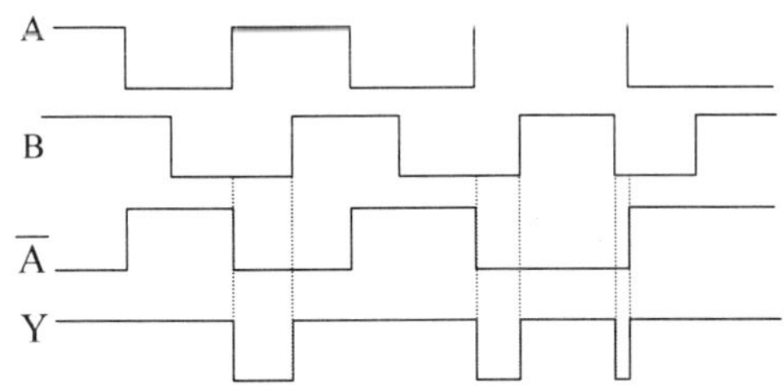

3-4 (a) $Y = B \cdot 0 = 0$, (b) $Y = B \cdot 1 = B$

3-5

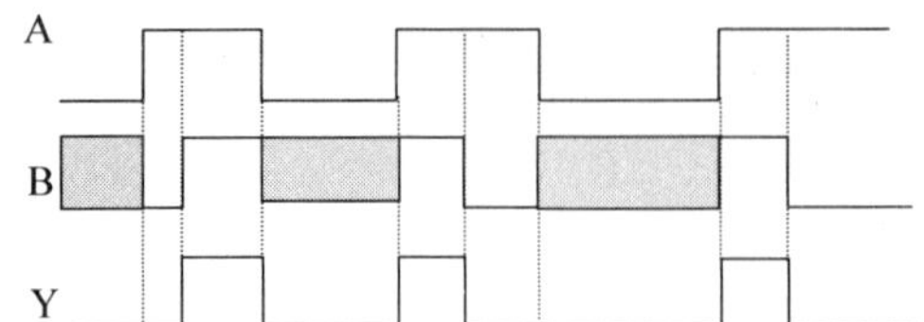

단, 음영부분에서 B는 LOW 또는 HIGH 어느 레벨이 되어도 출력에는 영향을 미치지 않음.

3-6 $Y=\overline{A+B}\cdot C\cdot \overline{D}=\overline{A}\ \overline{B}\ C\overline{D}$, 따라서 $(A,B,C,D)=(0,0,1,0)$에서 출력 Y는 HIGH가 됨

3-7 그림 3-26의 진리표에서 $(A,B,C)=(0,0,1)$일 때만, Y=LOW이므로,

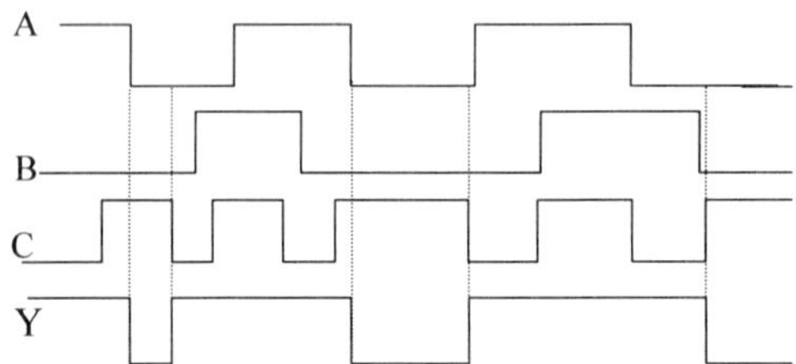

3-8 (a) $Y=ABCD,\quad \therefore (A,B,C,D)=(1,1,1,1)$

(b) $Y=A'+B+C$, 따라서 B 또는 C가 HIGH이거나 A가 LOW일 때, Y=HIGH 임

3-9 (a) $Y=\overline{(A+B)(C+D)}$

(b) $Y=\overline{\overline{\overline{AB}\ C}\ D}$

(c) $Y=\overline{\overline{\overline{(A+B)}+C}+D}$

(d) $Y=\overline{\overline{AB}+\overline{CD}}$

입 력				출력			
A	B	C	D	(a)	(b)	(c)	(d)
0	0	0	0	1	1	1	0
0	0	0	1	1	0	0	0
0	0	1	0	1	1	1	0
0	0	1	1	1	1	0	0
0	1	0	0	1	1	0	0
0	1	0	1	0	0	0	0
0	1	1	0	0	1	1	0
0	1	1	1	0	1	0	0
1	0	0	0	1	1	0	0
1	0	0	1	0	0	0	0
1	0	1	0	0	1	1	0
1	0	1	1	0	1	0	0
1	1	0	0	1	1	0	0
1	1	0	1	0	0	0	0
1	1	1	0	0	1	1	0
1	1	1	1	0	0	0	1

3-10 (a)

(c)

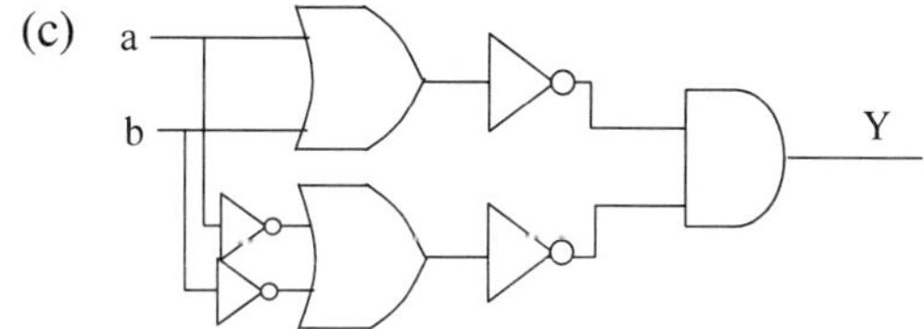

3-11 (a) $A'B' + C'D'$

(b) $(A' + B')C + D'$

(c) $(A'B' + C)D'$

(d) $ABCD$

3-12 (a) 우변을 정리하면 간단하게 성립함.

(b) $AB + A\overline{B} + \overline{A}\ \overline{B}$

$$= A(B+\overline{B})+\overline{A}\ \overline{B}$$

$$= A+\overline{A}\ \overline{B}= A+\overline{B}$$

(c) $a'+ab+ac'+ab'c'$

$$= a'+ab+ac'(1+b')= a'+ab+ac'$$

$$= (a'+ab)+(a'+ac')= a'+b+c'$$

(d) $yz'+x'z'+x'y'= yz'+x'yz'+x'y'z'+x'y'= yz'+x'y'$

3-13 (a) $ab+a'b'$

(b) $((x+y')z'+w')v$

(c) $a'c+bc'+ac'$

(d) $y'z'+wx'+w'x+w'z'+wyz$

3-14 NOR 게이트의 입력을 A, B라 하면, 출력은 $Y=\overline{A+B}=\overline{\overline{\overline{A}\ \overline{B}}}$ 가 되므로, NAND 게이트에 의한 회로구성은 다음과 같다.

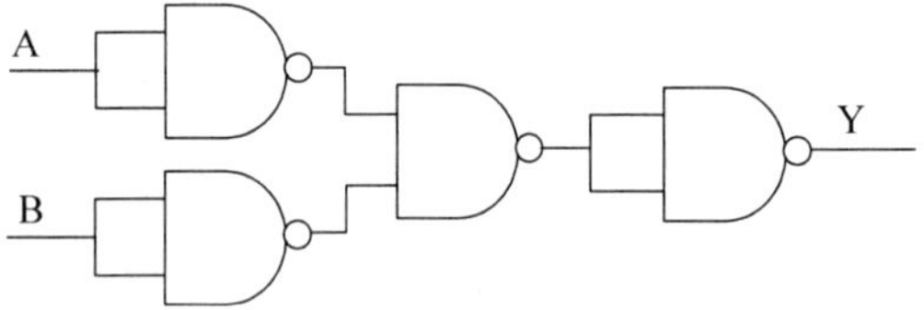

3-15 NAND 게이트의 입력을 A, B 라 하면, 출력은 $Y=\overline{A\cdot B}=\overline{A}+\overline{B}=\overline{\overline{\overline{A}+\overline{B}}}$ 이므로 NOR 게이트에 의한 회로구성은 다음과 같다.

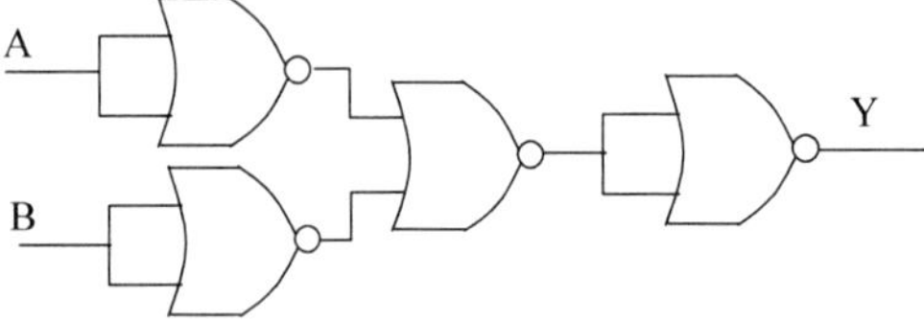

3-16 $Y= AB'+CD$

(a)

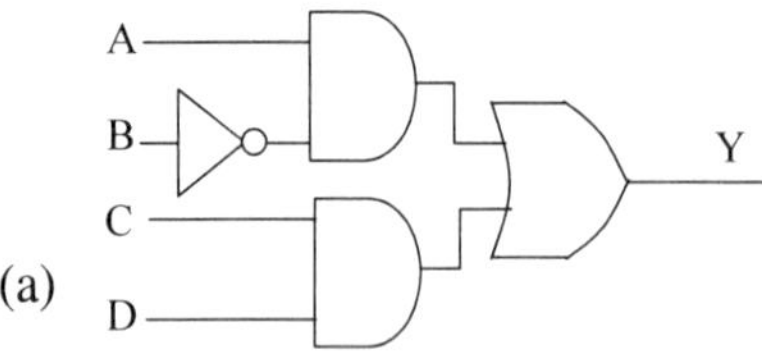

(b) $Y= AB'+CD=((AB')(CD)')'$

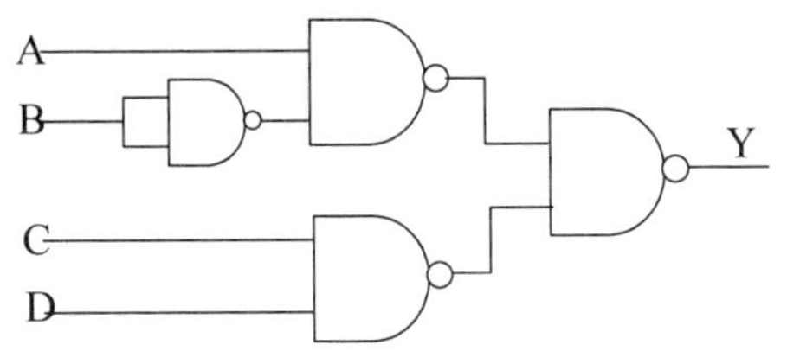

(c) $Y = AB' + CD = \overline{(\overline{(\overline{A} + B)} + \overline{(\overline{C} + \overline{D})})}$

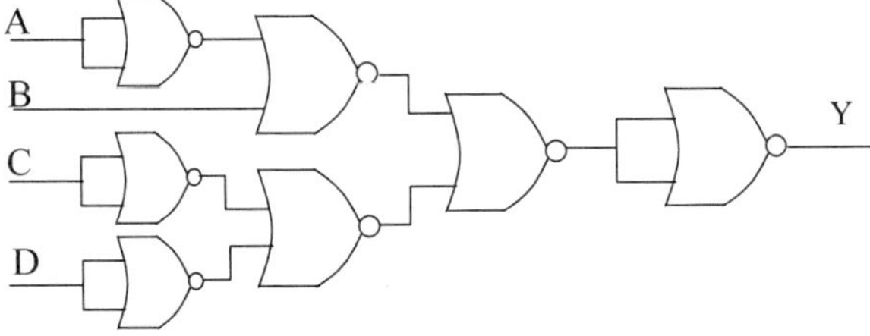

3-17 (a) B

(b) $A'B'$

(c) $C(A+B)$

(d) $B' + A'C'D'$

$\because \quad AB' + A'C'D' + A'B'D + A'B'CD'$

$= AB' + A'B'(D + CD') + A'D'(C' + CD')$

$= B'(A + A'C + A'D + A'D') + A'C'D'$

$= B' + A'C'D'$

3-18 (c) $x'y'z + x'yz'$

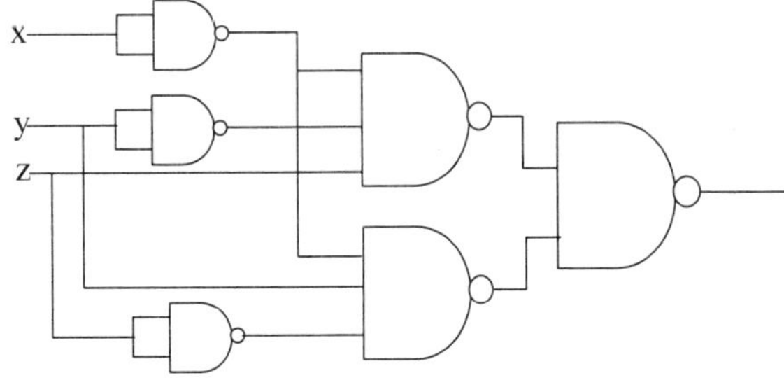

(d) $a'b+bd+cd'$

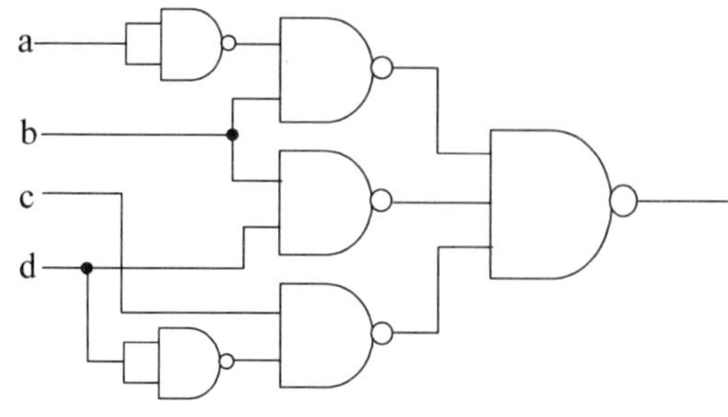

(e) $yz'+x'y$

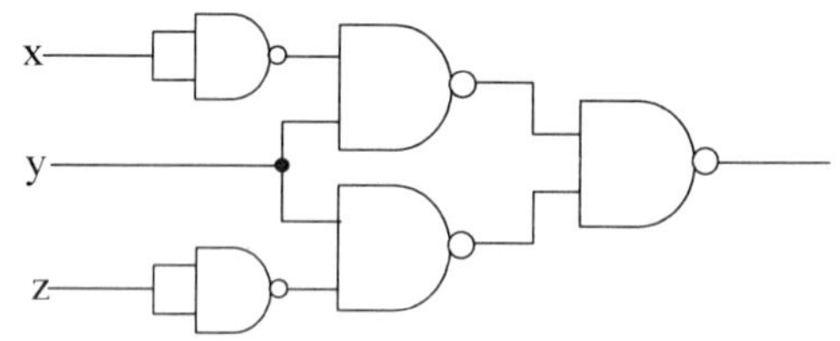

3-19 (c) $x'y'z+x'yz' = (((x+y+z')'+(x+y'+z)')')'$

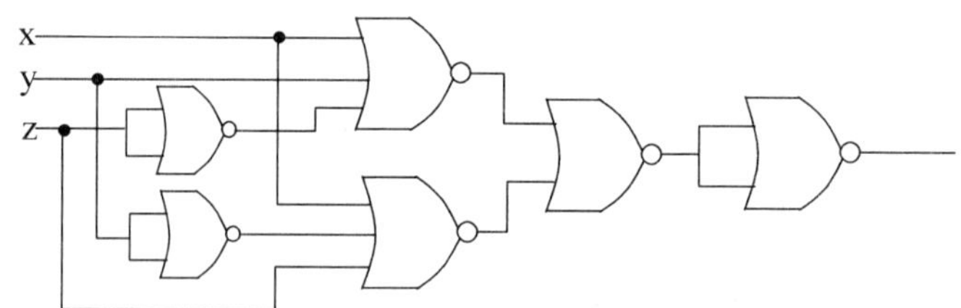

(d) $a'b+bd+cd' = (((a+b')'+(b'+d')'+(c'+d)')')'$

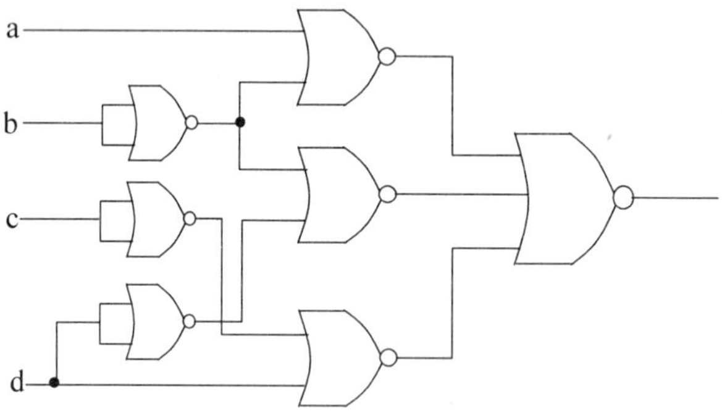

(e) $yz' + x'y = (((x + y')' + (y' + z)')')'$

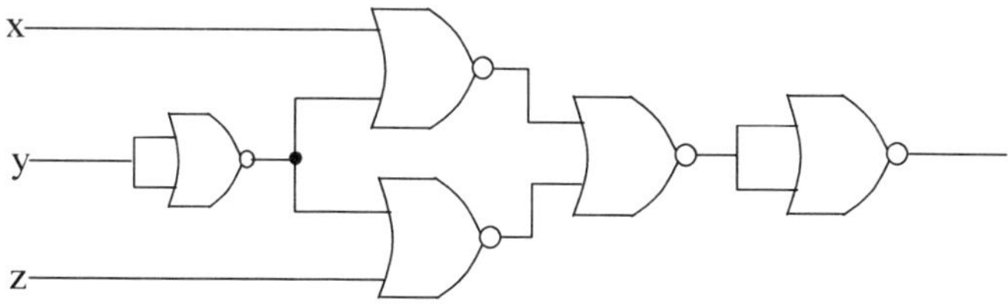

3-20 (a) 패리티 발생기

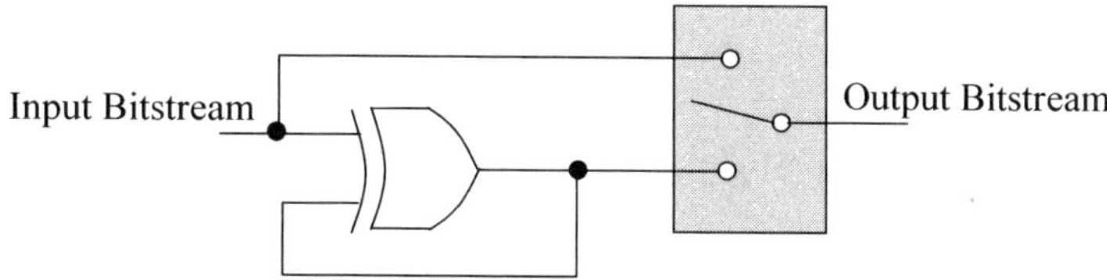

(b) 수신측의 패리티 검사기

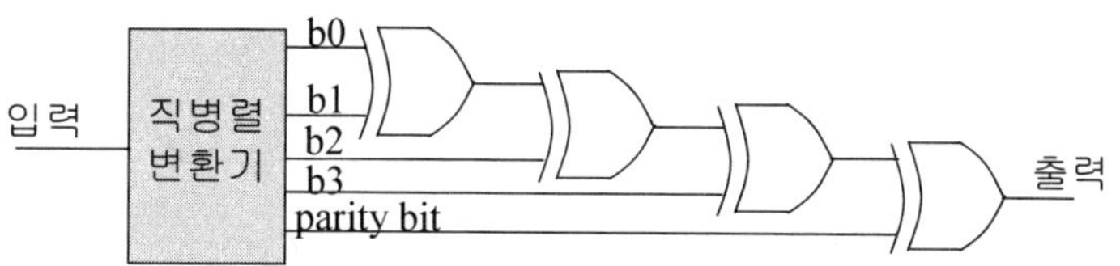

4-1 (a) $f = xyz + xy'z + x'$

$= xyz + xy'z + x'(y+y')(z+z')$

$= xyz + xy'z + x'yz + x'yz' + x'y'z + x'y'z'$

(b) $f = \overline{abc}\ \overline{(a+b+c)}$

$= a'b'c'$

(c) $f = \overline{(A+B)}\ (\overline{A} + \overline{B})$

$= \overline{A}\ \overline{B}$

(d) $y = (a'+b)(c+d')$

$= (a'+b+c+d)(a'+b+c+d')(a'+b+c'+d)(a'+b+c'+d')$

$\cdot\ (a+b+c+d')(a+b'+c+d')(a'+b'+c'+d')$

(e) $y = \overline{(AB)}\ \overline{(CD)}$

$= (\overline{A} + \overline{B})(\overline{C} + \overline{D})$

$= (\overline{A} + \overline{B} + C + D)(\overline{A} + \overline{B} + C + \overline{D})(\overline{A} + \overline{B} + \overline{C} + D)$

$\cdot\ (\overline{A} + \overline{B} + \overline{C} + \overline{D})(A + B + \overline{C} + \overline{D})(A + \overline{B} + \overline{C} + \overline{D})$

$\cdot\ (\overline{A} + B + \overline{C} + \overline{D})$

4-2 (1) 입력변수에 의한 표현

(a) Minterm에 의한 표현

$f_1 = w'x'y'z' + w'x'yz' + w'x'yz + w'xy'z$
$\quad + w'xyz + wx'y'z + wxy'z + wxyz'$

$f_2 = w'x'y'z + w'x'yz' + w'xyz' + wx'y'z$
$\quad + wx'yz + wxy'z' + wxyz$

$f_3 = w'x'y'z + w'x'yz + w'xy'z + w'xyz'$
$\quad + wx'y'z + wx'yz' + wx'yz + wxy'z + wxyz'$

$f_4 = w'x'y'z' + w'x'yz + w'xy'z + wx'y'z'$
$\quad + wx'y'z + wx'yz + wxyz' + wxyz$

(b) Maxterm에 의한 표현

$$f_1 = (w+x+y+z')(w+x'+y+z)(w+x'+y'+z)(w'+x+y+z)$$
$$(w'+x+y'+z)(w'+x+y'+z')(w'+x'+y+z)$$
$$(w'+x'+y'+z')$$

$$f_2 = (w+x+y+z)(w+x+y'+z')(w+x'+y+z)$$
$$(w+x'+y+z')(w+x'+y'+z')(w'+x+y+z)$$
$$(w'+x+y'+z)(w'+x'+y+z')(w'+x'+y'+z)$$

$$f_3 = (w+x+y+z)(w+x+y'+z)(w+x'+y+z)$$
$$(w+x'+y'+z')(w'+x+y+z)(w'+x'+y+z)$$
$$(w'+x'+y'+z')$$

$$f_4 = (w+x+y+z')(w+x+y'+z)(w+x'+y+z)$$
$$(w+x'+y'+z)(w+x'+y'+z')(w'+x+y'+z)$$
$$(w'+x'+y+z)(w'+x'+y+z')$$

(2) minterm이나 maxterm의 번호의 사용에 의한 표현

(a) Minterm에 의한 표현

$$f_1 = \sum m(0,2,3,5,7,9,13,14)$$

$$f_2 = \sum m(1,2,6,9,11,12,15)$$

$$f_3 = \sum m(1,3,5,6,9,10,11,13,14)$$

$$f_4 = \sum m(0,3,5,8,9,11,14,15)$$

(b) Maxterm에 의한 표현

$$f_1 = \prod M(1,4,6,8,10,11,12,15)$$

$$f_2 = \prod M(0,3,4,5,7,8,10,13,14)$$

$$f_3 = \prod M(0,2,4,7,8,12,15)$$

$$f_4 = \prod M(1,2,4,6,7,10,12,13)$$

4-3 (a) $x'+z$

(b) $a'b'c'$

(c) $\overline{A}\ \overline{B}$

(d) $a'c+a'd'+bc+bd'$

(e) $A''C'+A'D'+B'C'+B'C'$

4-4 (a) $ac+bc+b'c'$ 또는 $ab'+bc+b'c'$

(b) $bc+b'c'+ab'$

(c) $y'z+w'x$

(d) $D'+AB'C'$

(e) $AB+A'B'C$

4-5 (a) $X=\sum m(0,1,2,5,6)$

$= x'y'z'+x'y'z+x'yz'+xy'z+xyz'$

$Y=\sum m(2,3,6,7)$

$= x'yz'+x'yz+xyz'+xyz$

(b) $X=x'y'+y'z+yz'$ 또는 $X=y'z+yz'+x'z'$

$Y=y$

(c)

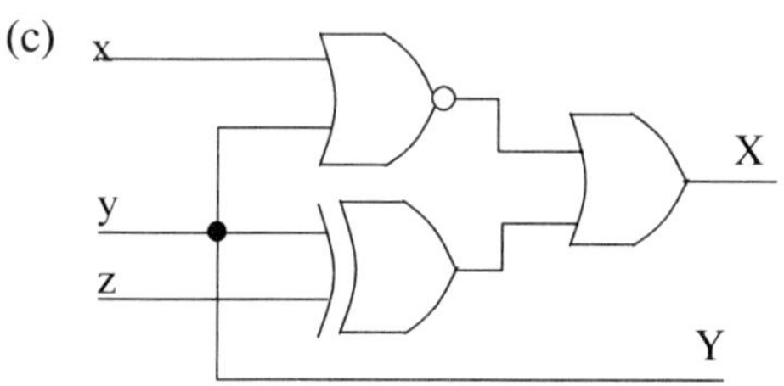

또는

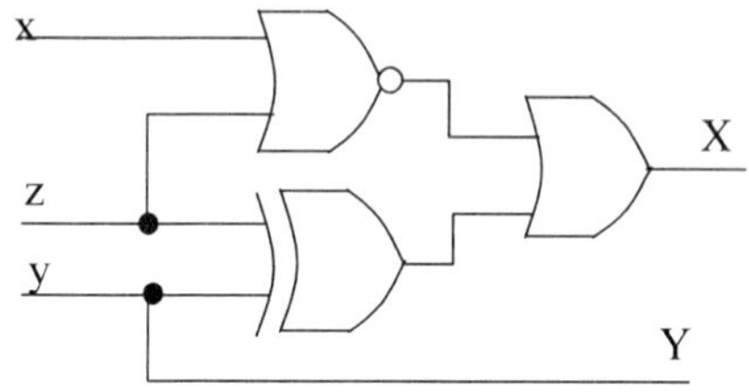

4-6 (a) $f(a,b,c)=\sum m(0,1,2,4,6)$

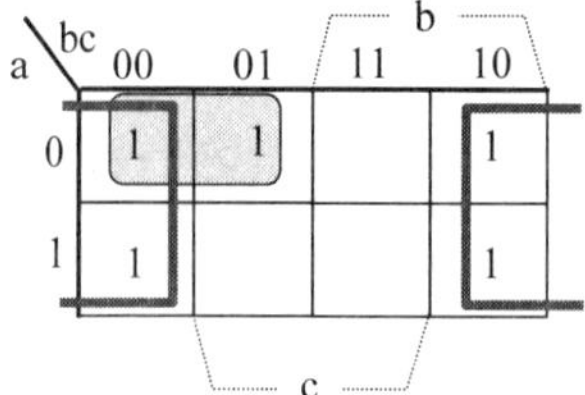

$f(a,b,c)=c'+a'b'$

(b) $f(x,y,z) = \sum m(0,3,4,5,7)$

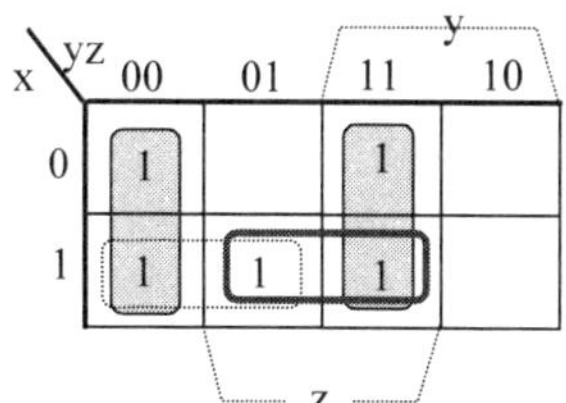

$$f(x,y,z) = yz + y'z' + xz$$

또는

$$f(x,y,z) = yz + y'z' + xy'$$

(c) $f(x_1,x_2,x_3) = \prod M(0,1,2,3,4,6)$

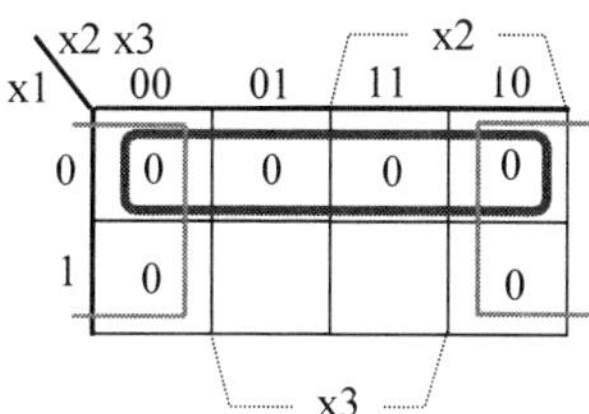

$$\overline{f(x_1,x_2,x_3)} = x_1' + x_3'$$

$$\therefore \quad f(x_1,x_2,x_3) = x_1x_3$$

(d) $f(a,b,c) = \prod M(0,2,4,5,6)$

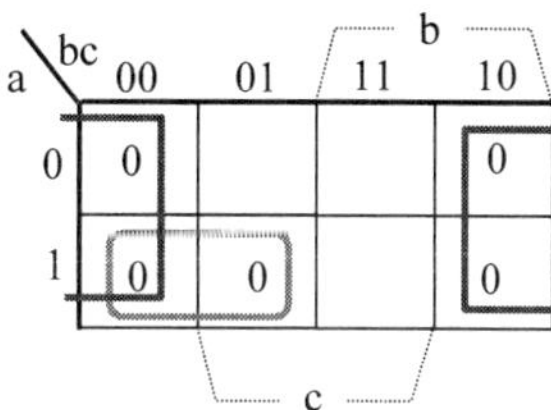

$$\overline{f(a,b,c)} = c' + ab'$$

$$\therefore \quad f(a,b,c) = c(a' + b)$$

4-7 (a) $f(a,b,c,d) = \sum m(1,3,4,6,7,13,15)$

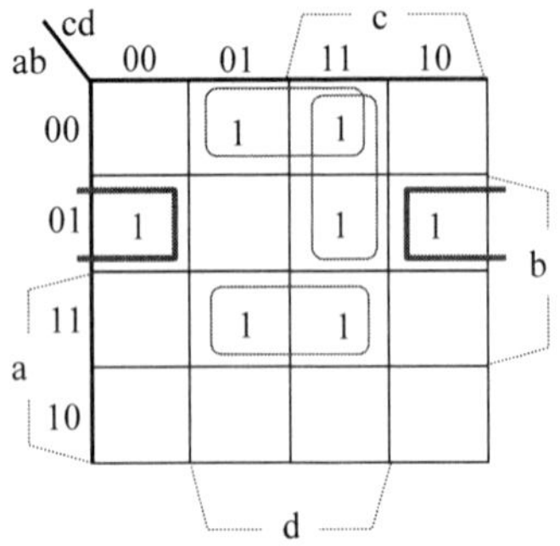

$f(a,b,c,d) = a'b'd + a'cd + abd + a'bd'$

(b) $f(w,x,y,z) = \sum m(0,1,2,5,8,10,11,13)$

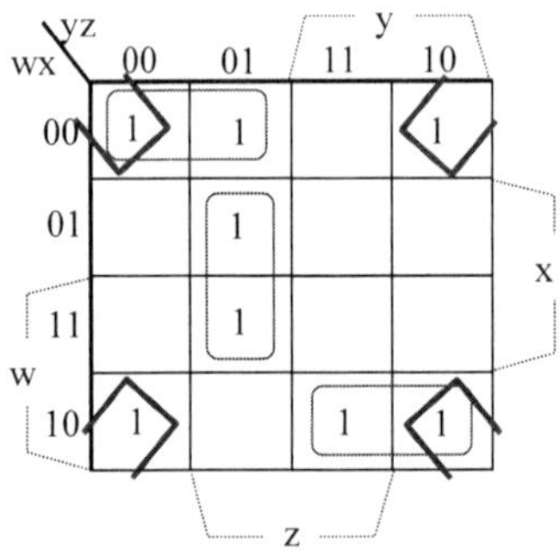

$f(w,x,y,z) = x'z' + w'x'y' + xy'z + wx'y$

(c) $Y(A,B,C,D) = \sum m(0,2,4,6,7,8,10,13,15)$

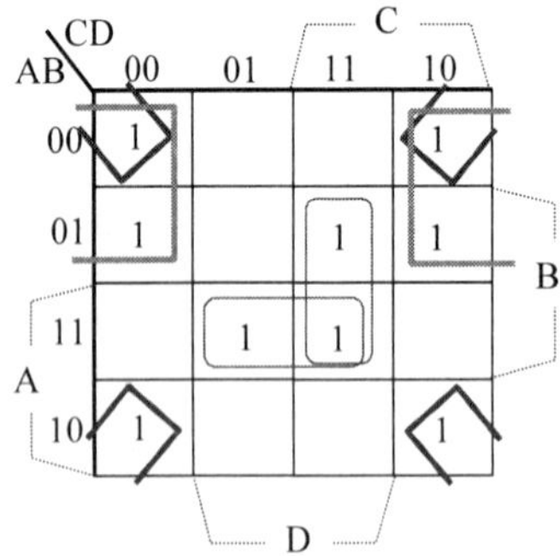

$Y(A,B,C,D) = B'D' + A'D' + BCD + ABD$

(d) $Y(W,X,Y,Z) = \sum m(1,3,9,11,12,13,14,15)$

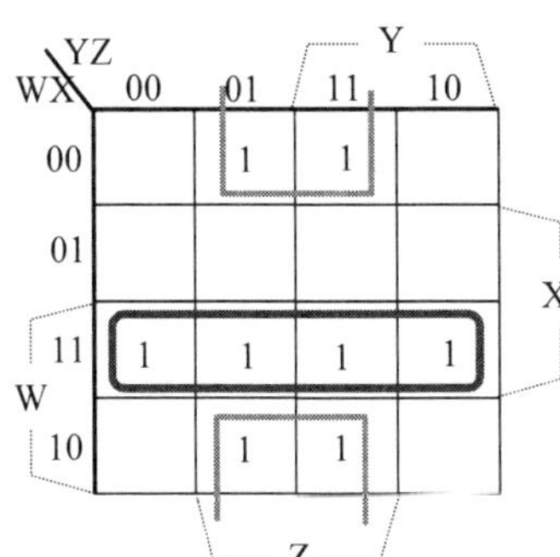

$Y(W,X,Y,Z) = W\ X + X'Z$

4-8 (a)

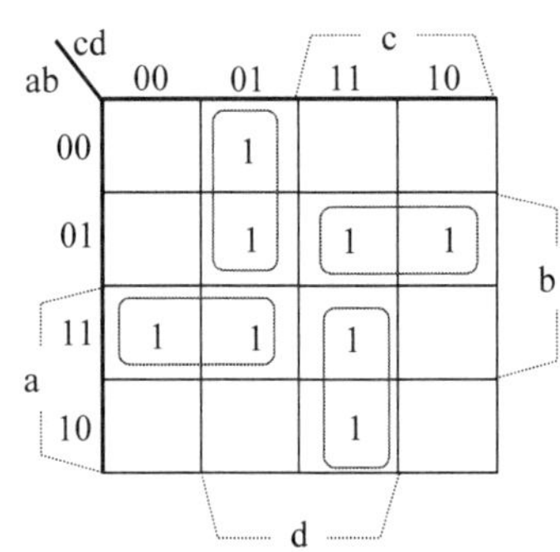

$f(a,b,c,d) = a\,b\,c' + a'c'd + a'b\,c + a\,c\,d$

(b)

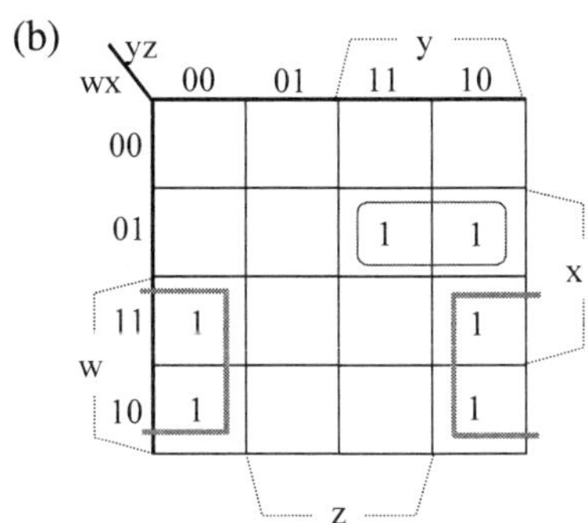

$f(w,x,y,z) = w\ \ z' + w'x\,y$

(c)

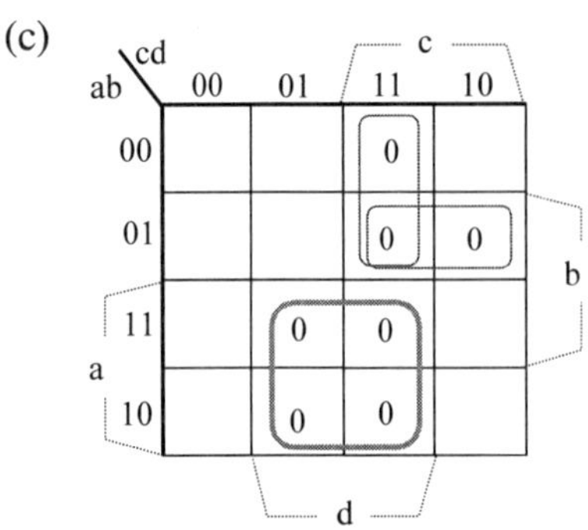

$f(a,b,c,d) = (a' + d')(a + b' + c')(b + c' + d')$

(d)

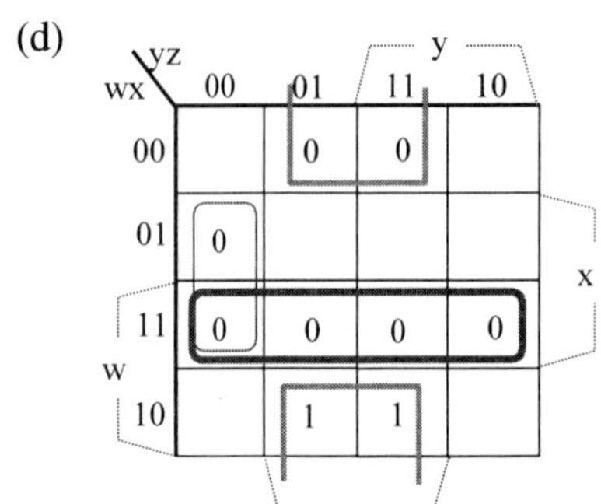

$f(w,x,y,z) = (w' + x')(x + z')(x' + y + z)$

4-9 (a)

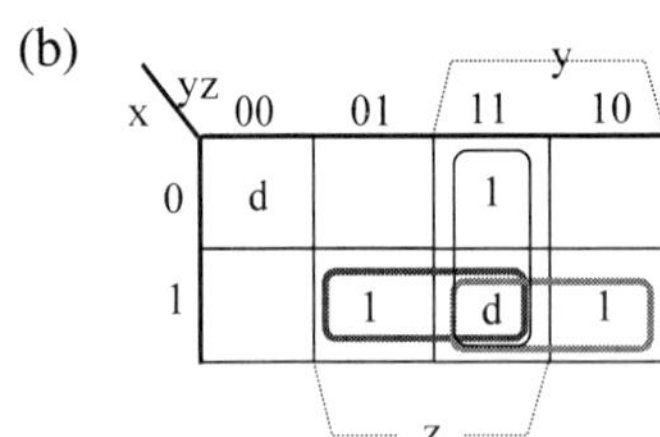

$f(a,b,c) = 1$

(b)

x \ yz	00	01	11	10
0	d		1
1		1	d	1

$f(x,y,z) = xy + xz + yz$

(c)

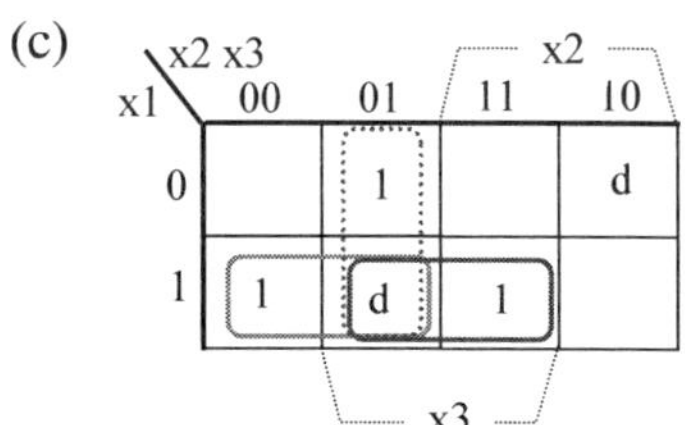

$$f(x_1,x_2,x_3) = x_1x_2{}' + x_1x_3 + x_2{}'x_3$$

4-10 (a)

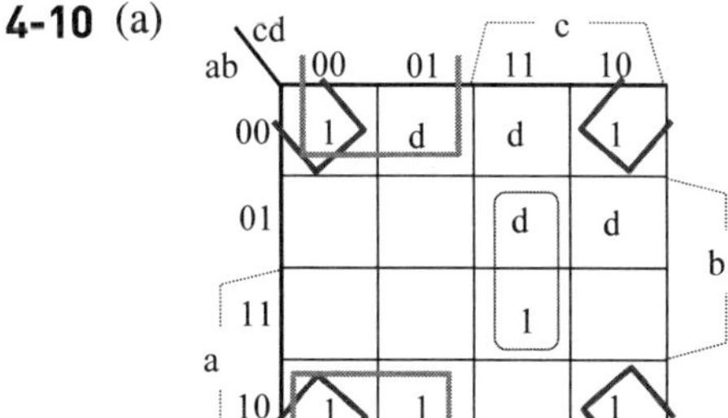

$$f(a,b,c,d) = b'd' + b'c' + bcd$$

(b)

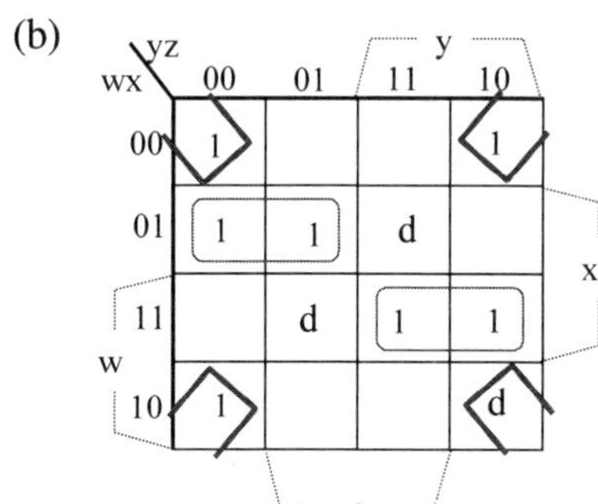

$$f(w,x,y,z) = x'z' + w'xy' + wxy$$

(c)

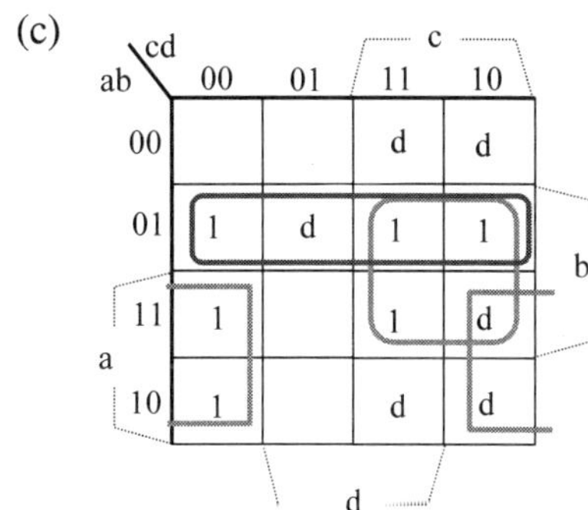

$f(a,b,c,d) = cd + bd' + ac'd'$

4-11 (a)

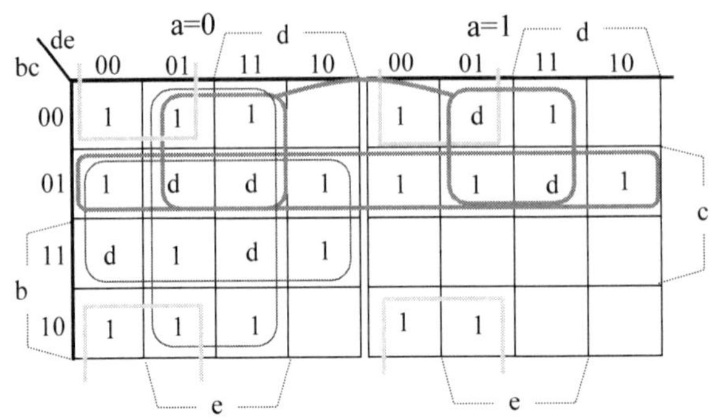

$f(a,b,c,d,e) = a'e + a'c + b'c + b'e + c'd'$

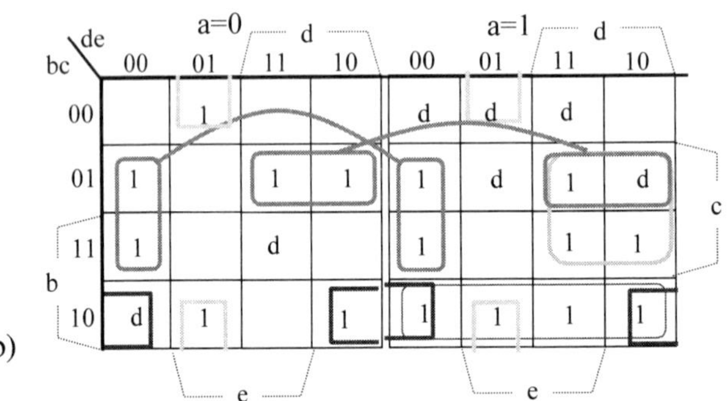

(b)

$f(a,b,c,d,e) = abc' + acd + b'cd + cd'e' + c'd'e + bc'e'$

4-12 (a)

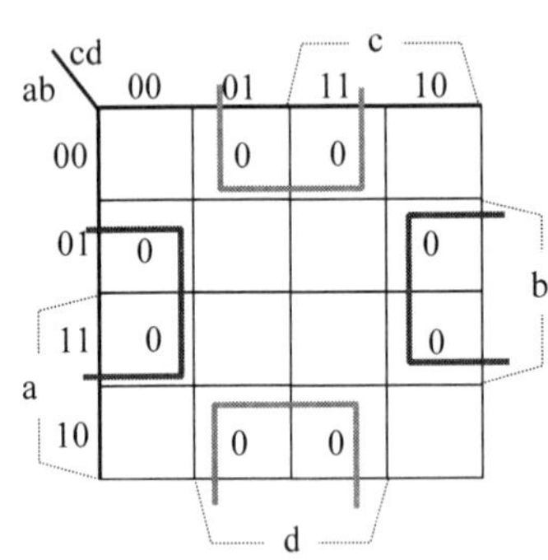

$f(a,b,c,d) = (b + d')(b' + d)$

(b)

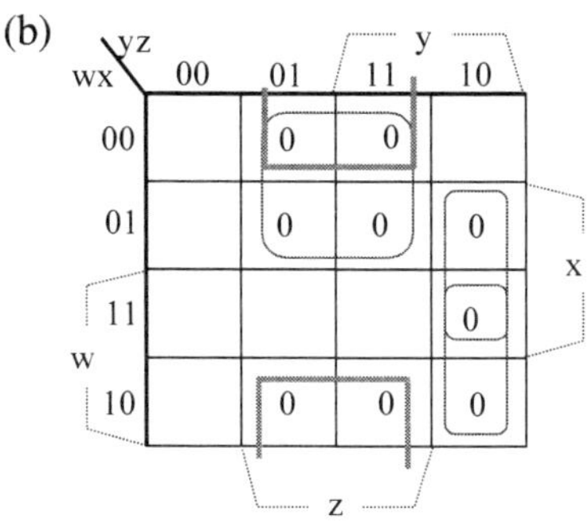

$f(w,x,y,z)=(w+z')(x+z')(w'+y'+z)(x'+y'+z)$

4-13 (a)

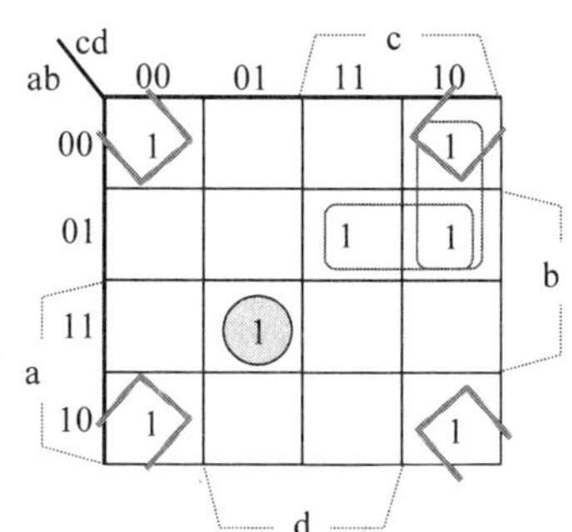

(b) 임플리컨트 : 14개

2^0개 : 7개 ($a'b'c'd', a'b'cd', a'bcd', a'bcd, ab'c'd', ab'cd', abc'd$)

2^1개 : 6개 ($a'bc, a'cd', ab'd', b'c'd', a'b'd', b'cd'$)

2^2개 : 1개 ($b'd'$)

주 임플리컨트(PI) : 4개, $b'd', a'bc, a'cd', abc'd$

핵심 주 임플리컨트(EPI) : 3개, $b'd'$, $a'bc$, $abc'd$

(c) $f(a,b,c,d)=b'd'+a'bc+abc'd$

4-14 (a)

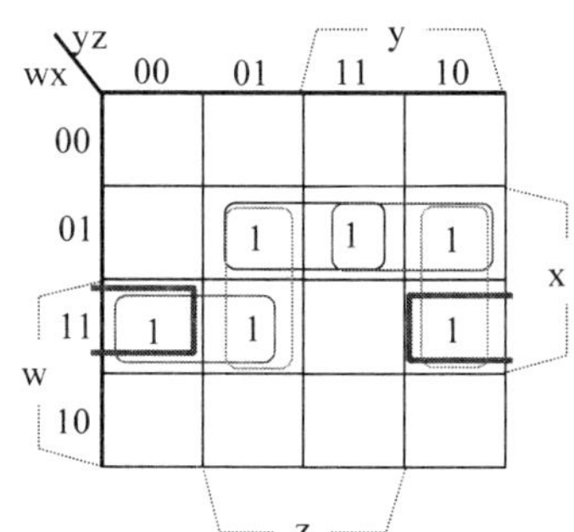

(b) 임플리컨트 : 12개

2^0개: 6개 ($w'xyz'$, $w'xyz'$, $w'xyz$, $wxy'z'$, $wxy'z$, $wxyz'$)

2^1개: 6개 (wxy', $xy'z$, $w'xz$, $w'xy$, xyz',wxz')

주 임플리컨트(PI): 6개, wxy', $xy'z$, $w'xz$, $w'xy$, xyz',wxz'

핵심 주 임플리컨트(EPI) : 없음

(c) 주 임플리컨트 중에서 전체 minterm을 포함시키는 임의의 것을 선택하면 됨.

예: wxy', $w'xz$, xyz'

4-15

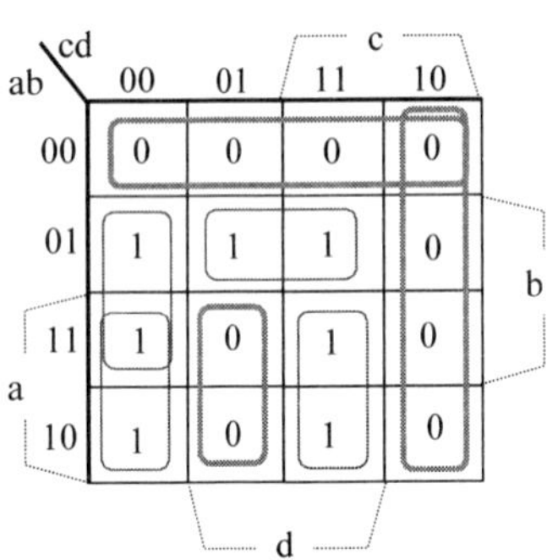

(a) SOP 형식의 논리식 (그림에서 나타낸 K-map의 경우)

$f(a,b,c,d) = ac'd' + bc'd' + a'bd + acd$

회로구성 : 생략

(b) POS 형식의 논리식

$f(a,b,c,d) = (a+b)(c'+d)(a'+c+d')$

회로구성 : 생략

(c) SOP 형식의 논리회로 :

3 입력 AND 게이트 4개,

4 입력 OR 게이트 1개

입력선의 수 : 16 line

전체 구성 비용 : 4+1+16 = 21

POS 형식의 논리회로 :

OR 게이트 : 3개 (2입력 OR게이트 2개 및 3입력 OR 게이트 1개)

AND 게이트 : 1개 (3입력)

입력선의 수 : 10개

전체 구성 비용 : 3+1+10 = 14

따라서 POS 형식의 논리회로가 보다 경제적인 회로구성이 됨.

4-16 (a) 진리표

(b) 논리식

$f_1 = f_2 = f_3 = 1(HIGH)$

$f_4 = b_0$

$f_5 = b_0'$

(c) 논리회로

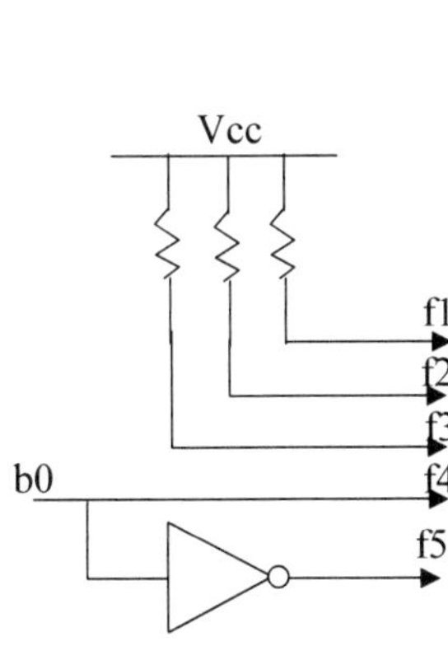

입 력				출력				
b3	b2	b1	b0	f1	f2	f3	f4	f5
0	0	0	0	1	1	1	0	1
0	0	0	1	1	1	1	1	0
0	0	1	0	1	1	1	0	1
0	0	1	1	1	1	1	1	0
0	1	0	0	1	1	1	0	1
0	1	0	1	1	1	1	1	0
0	1	1	0	1	1	1	0	1
0	1	1	1	1	1	1	1	0
1	0	0	0	1	1	1	0	1
1	0	0	1	1	1	1	1	0
1	0	1	0	1	1	1	0	1
1	0	1	1	1	1	1	1	0
1	1	0	0	1	1	1	0	1
1	1	0	1	1	1	1	1	0
1	1	1	0	1	1	1	0	1
1	1	1	1	1	1	1	1	0

4-17 (a) 임플리컨트 테이블

Group	Minterm	입력변수 a	b	c	d	e	
1	m2	0	0	0	0	1	
	m4	0	0	1	0	0	
2	m3	0	0	0	1	1	(d):dont't care
	m5	0	0	1	0	1	
	m10	0	1	0	1	0	
	m18	1	0	0	1	0	(d): dont' care
3	m7	0	0	1	1	1	
	m11	0	1	0	1	1	
	m21	1	0	1	0	1	
	m28	1	1	1	0	0	

주 임플리컨트 (PI) 테이블

PI terms	Minterm 번호	출력이 1인 minterm 2	4	5	7	10	11	21	28
$abcd'e'$	28								X
$b'c'de'$	2	X							
$a'b'cd'$	4, 5		X	X					
$a'b'de$	7				X				
$a'b'ce$	5, 7			X	X				
$b'cd'e$	5, 21			X				X	
$a'bc'd$	10, 11					X	X		
$a'c'd$	2, 10, 11	X				X	X		

(b) 간략화된 논리식

$$f(a,b,c,d,e) = abcd'e' + a'b'cd' + b'cd'e + a'c'd + a'b'ce$$

4-19

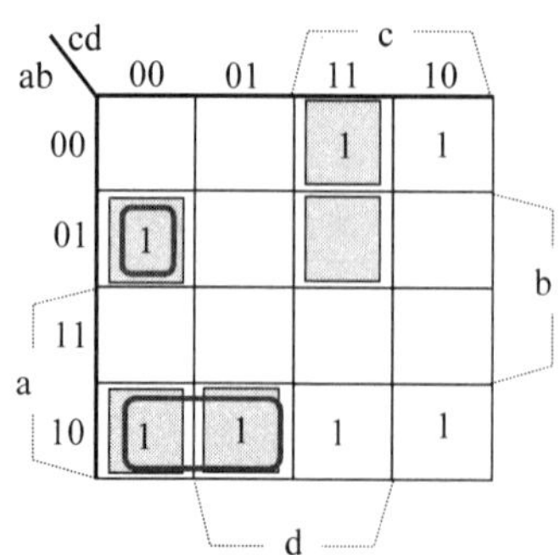

(a) $f_1(a,b,c,d) = a\,b' + b'c + a'b\,c'd'$

$f_2(a,b,c,d) = a\,b'c' + a'c\,d + a'b\,c'd'$

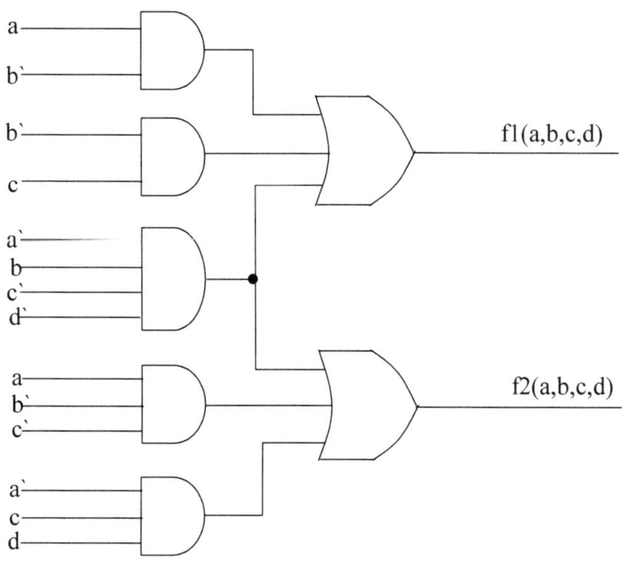

(b) $f_1(a.b.c.d) = a\,b'c' + a'b\,c'd' + b'c$

$f_2(a,b,c,d) = a\,b'c' + a'b\,c'd' + a'c\,d$

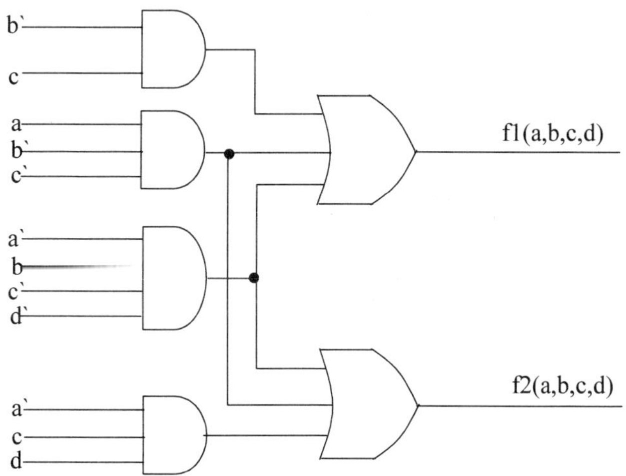

(c) (a)의 구성에서,

입력선의 수 = 20, 게이트 수 = 7, 따라서 비용함수의 값 : 20+7 = 27

(b)의 구성에서는

입력선의 수 = 18, 게이트 수 = 6, 따라서 비용함수의 값 : 18+6 = 24

그러므로, (b)의 구성이 보다 더 경제적임

4-20

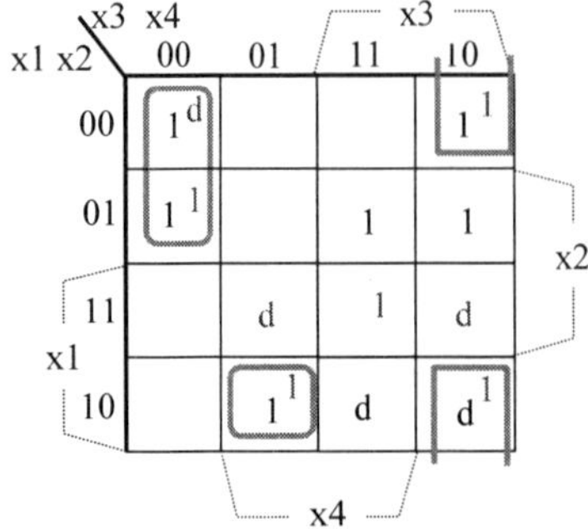

(a) $f(x_1,x_2,x_3,x_4) = x_1{'}x_3{'}x_4{'} + x_1\,x_2{'}x_4 + x_1{'}x_2\,x_3 + x_1{'}x_3\,x_4{'}$

$g(x_1,x_2,x_3,x_4) = x_1{'}x_3{'}x_4{'} + x_1\,x_3{'}x_4 + x_1\,x_2\,x_3 + x_2{'}x_3\,x_4{'}$

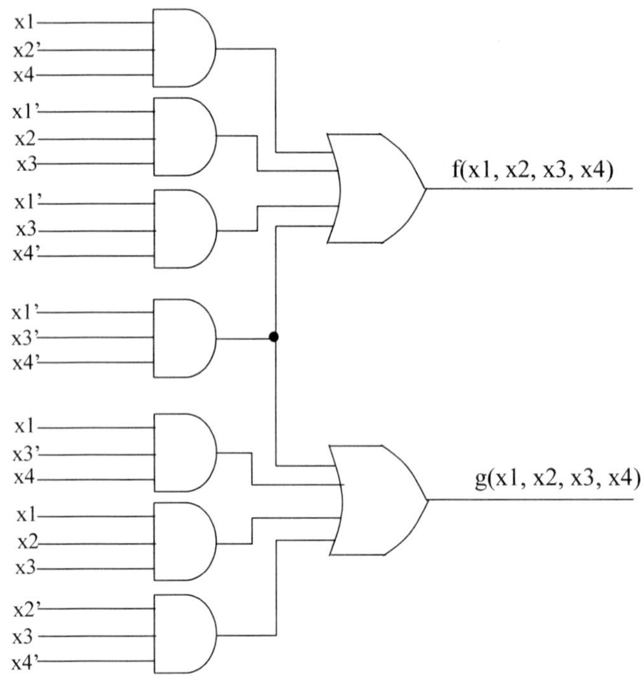

(b) $f(x_1, x_2, x_3, x_4) = x_1{}'x_3{}'x_4{}' + x_2{}'x_3\,x_4{}' + x_1\,x_2{}'x_3{}'x_4 + x_1{}'x_2\,x_3$

$g(x_1, x_2, x_3, x_4) = x_1{}'x_3{}'x_4{}' + x_2{}'x_3\,x_4{}' + x_1\,x_2{}'x_3{}'x_4 + x_1\,x_2\,x_3$

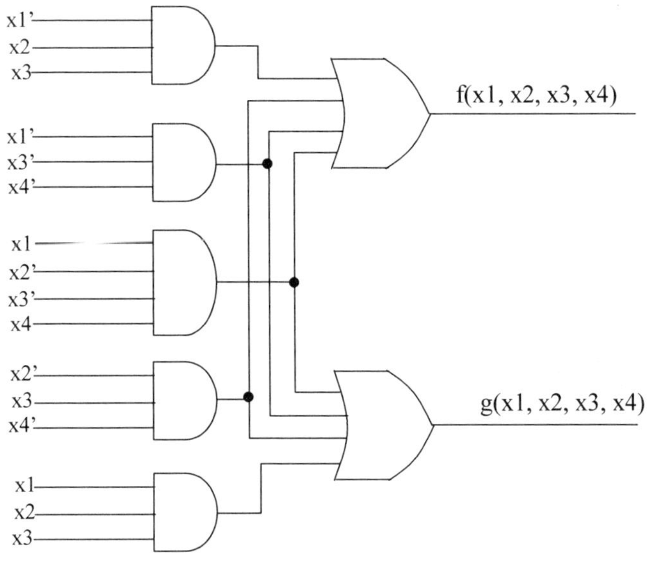

(c) (a)의 구성에 대한 비용함수는 37, (b)의 구성에서의 비용함수는 29이므로 (b) 쪽이 더 경제적인 구성이다.

4-21 (a)

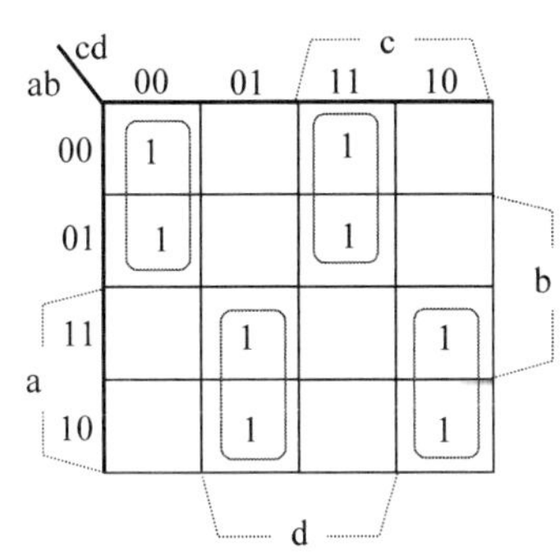

$f(a,b,c,d) = a'c'd' + a'c\,d + a\,c'd + a\,c\,d''$

$= a'(c'd' + c\,d) + a\,(c'd + c\,d')$

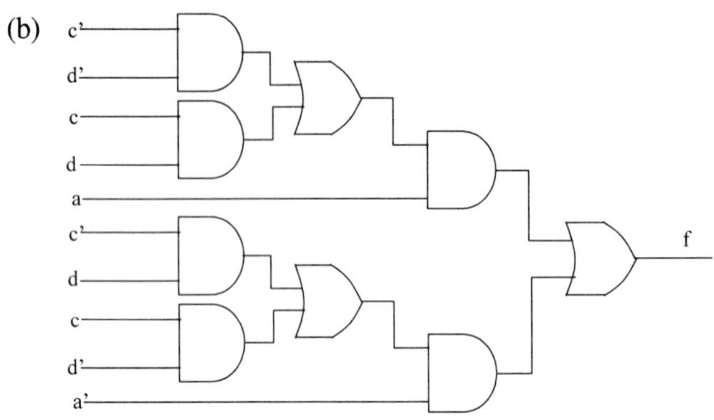
(b)
c'
d'
c
d
a
c'
d
c
d'
a'
f

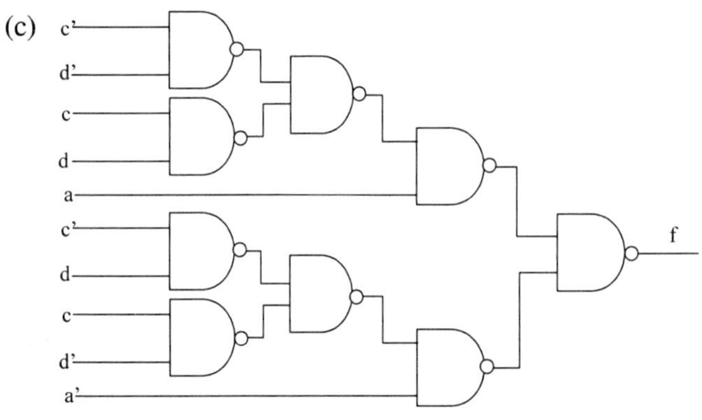
(c)
c'
d'
c
d
a
c'
d
c
d'
a'
f

4-22

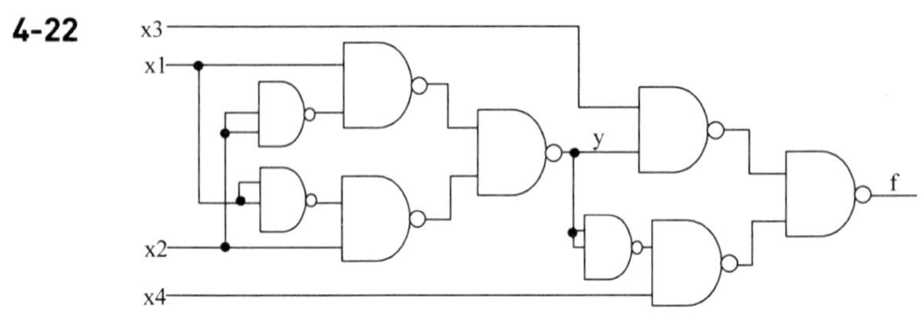
x3
x1
y
f
x2
x4

4-23 (a)

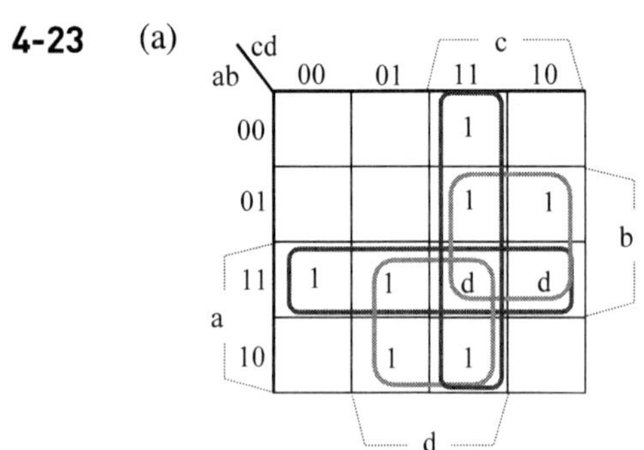
cd
ab
00
01
11
10
c
00
01
11
10
b
a
d
1
1
1
1
1
d
d
1
1

$$f(a,b,c,d) = a\,b + a\,d + c\,d + b\,c$$

(b)

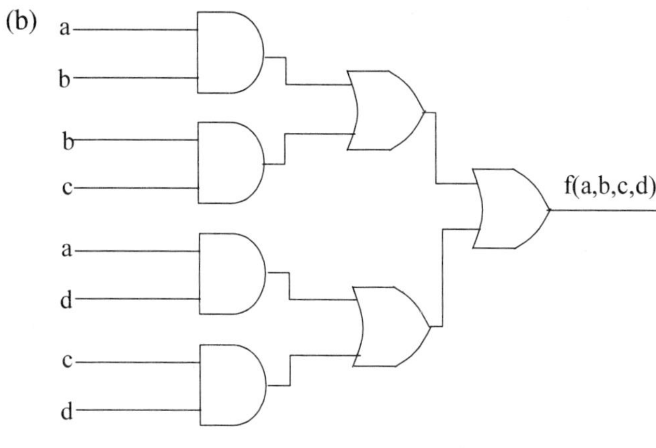

(c)

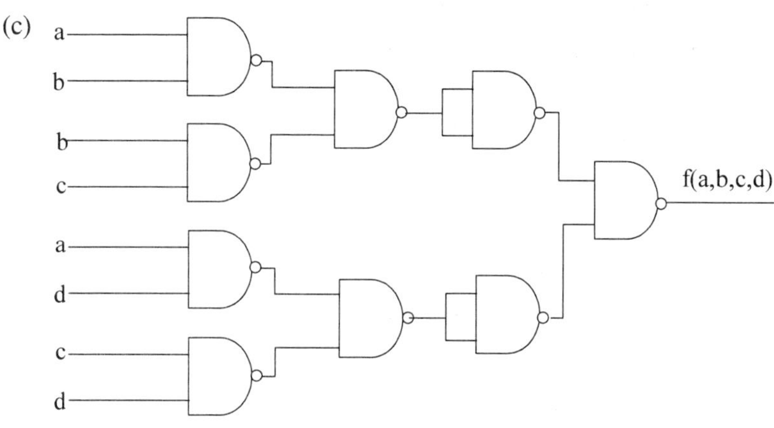

(d) $f = \overline{\overline{\overline{a'+b'} + \overline{a'+d'} + \overline{c'+d'} + \overline{b'+c'}}}$

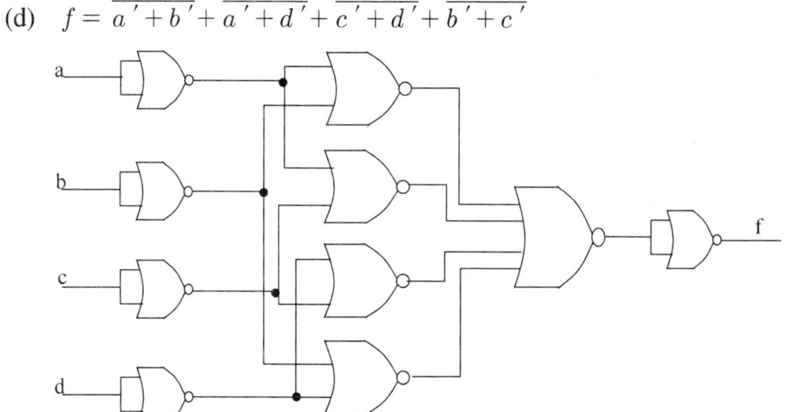

제 5 장 | 디지털 산술연산과 논리회로

5-1 

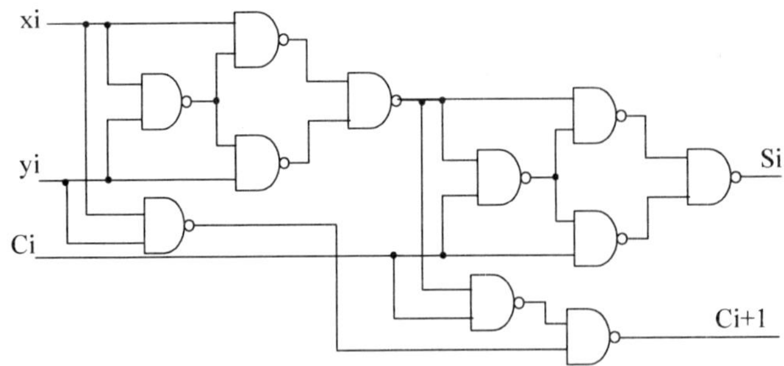

5-2 (a)

Inputs			Outputs	
xi	yi	Bin	Si	Bout
0	0	0	0	0
0	0	1	1	1
0	1	0	1	1
0	1	1	0	1
1	0	0	1	0
1	0	1	0	0
1	1	0	0	0
1	1	1	1	1

(b) $S_i = x_i \oplus y_i \oplus B_{\in}$

$B_{\text{out}} = x_i{}' y_i + x_i{}' B_{\in} + y_i B_{\in}$

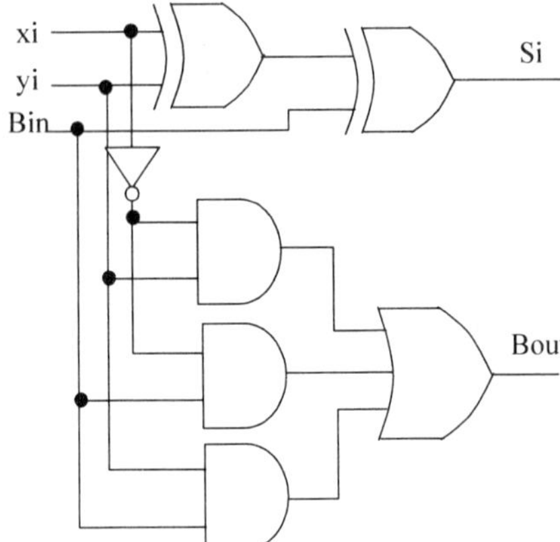

5-3

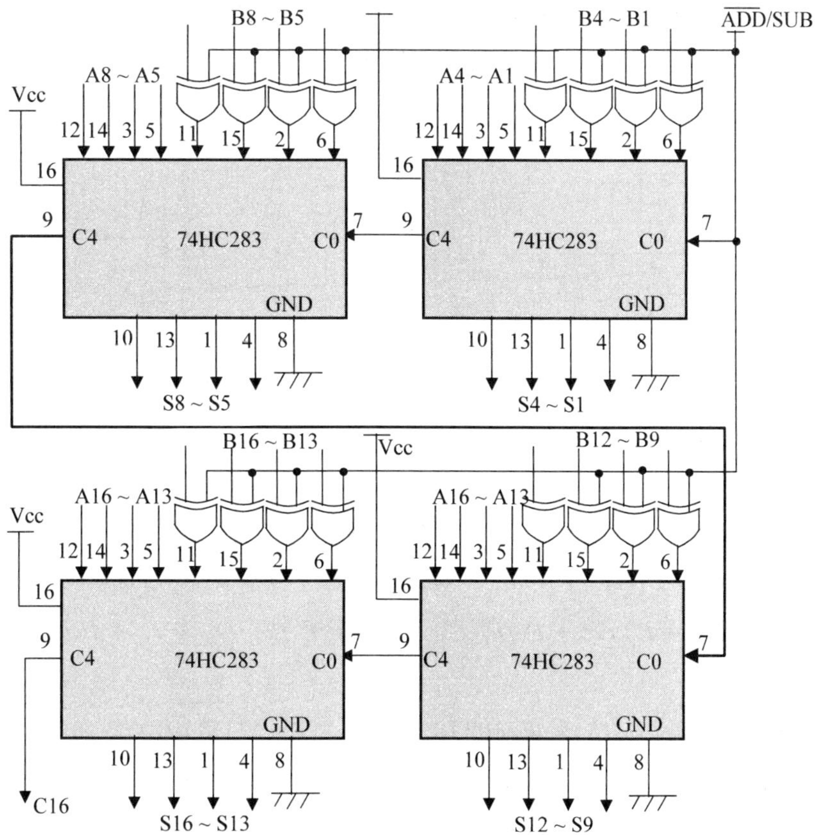

5-4 식 5-8 참조

5-5 $C_3 = G_2 + P_2G_1 + P_2P_1G_0 + P_2P_1P_0C_0$

단, $G_i = A_iB_i, P_i = A_i + B_i \quad (i = 0,1,2,)$

5-6 AND게이트 수 :

캐리 전파함수의 발생을 위해, $1+2+3+\cdots+n = \sum_{k=1}^{n} k = \frac{n(n+1)}{2}$

캐리 발생함수의 계산 : n

전체 AND 게이트 수 = $n + \frac{n(n+1)}{2} = \frac{1}{2}n(n+3)$

OR 게이트 수 : $2n$

XOR게이트 수 : n

5-7 AND 게이트 : 57개, OR 게이트 25개, XOR 게이트: 8개

전체 : 57 + 25 + 8 = 90개 게이트가 필요함.

5-8

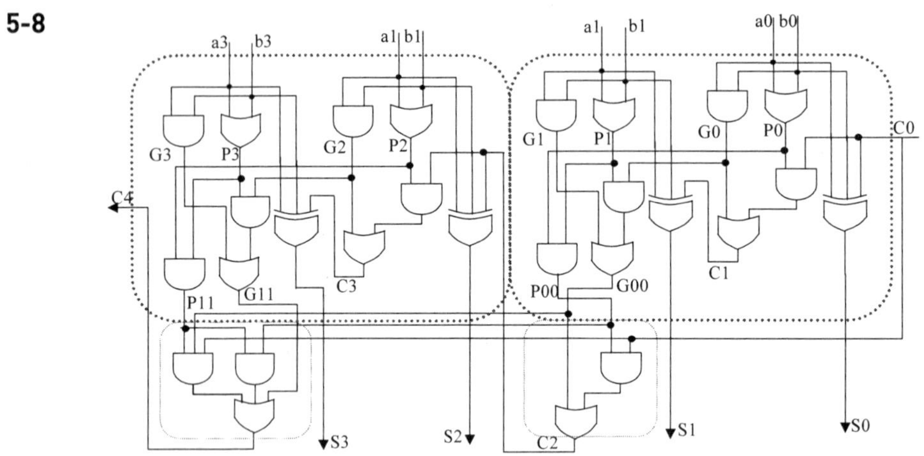

$C_2 = G_1 + P_1G_0 + P_1P_0C_0 = G_{00} + P_{00}C_0 \quad (P_{00} = P_1P_0,\ G_{00} = G_1 + P_1G_0)$

$C_4 = G_{11} + P_{11}G_{00} + P_{11}P_{00}C_0, \quad (P_{11} = P_3P_2,\ G_{11} = G_3 + P_3G_2)$

5-9 (a) $(+14)+(-17) = 00001110 + 11101111 = 11111101 = (-3_{10})$

(b) $(+47)-(+51) = 00101111 + 11001101 = 11111100 = (-4_{10})$

(c) $(+19)+(-17) = 00010011 + 11101111 = 00000010 = (+2_{10})$

(d) $(-36)-(-15) = 11011100 + 00001111 = 11101011 = (-21_{10})$

(e) $(-45)+(-80) = 11010011 + 10110000 = 10000011 = (-125_{10})$

(f) $(+15)-(-17) = 00001111 + 00010001 = 00100000 = (+32_{10})$

5-10 (a) $(+47)+(+95) = 00101111 + 01011111 = 10001110 = (-114_{10})$

Overflow 발생에 의해 잘못된 연산결과가 얻어짐.

(b) $(-47)+(-95) = 11010001 + 10100001 = 1\ 01110010 = (+114_{10})$

한 비트의 overflow가 발생하고 잘못된 연산결과가 얻어짐.

5-11 (a)

$$\begin{array}{r} 58 = 0101\ 1000 \\ +37 = 0011\ 0111 \\ \hline 0101\ 1111 \\ +\ 0011\ 0110 \\ \hline 1001\ 0101 = 95 \end{array}$$

(b)

$$\begin{array}{r} 23 = 0000\ 0010\ 0011 \\ +678 = 0110\ 0111\ 1000 \\ \hline 0000\ 0010\ 1011 \\ +\ 0110\ 0111\ 0110 \\ \hline 0000\ 1010\ 0001 \\ +\ 0110\ 0110 \\ \hline 0111\ 0000\ 0001 = 701 \end{array}$$

(c)

$$\begin{array}{r} 12 = 0001\ 0010 \\ +45 = 0100\ 0101 \\ \hline 0101\ 0111 = 57 \end{array}$$

(d)

$$\begin{array}{r} 147 = 0001\ 0100\ 0111 \\ +380 = 0011\ 1000\ 0000 \\ \hline 0001\ 1100\ 0111 \\ +\ 0011\ 0110 \\ \hline 0101\ 0010\ 0111 = 527 \end{array}$$

(e)

$$\begin{array}{r} 13 = 0000\ 0001\ 0011 \\ +765 = 0111\ 0110\ 0101 \\ \hline 0111\ 0111\ 1000 = 778 \end{array}$$

(f)

$$\begin{array}{r} 34 = 000\ 0011\ 0100 \\ +567 = 0101\ 0110\ 0111 \\ \hline 000\ 0011\ 1011 \\ +\ 0101\ 0110\ 0110 \\ \hline 0110\ 0000\ 0001 = 601 \end{array}$$

5-12 그림 5-19의 병렬연결

5-13 그림 5-26의 2단 병렬연결

5-14 (a) 0100, (b) 1010, (c) 1111, (d) 0111

5-15

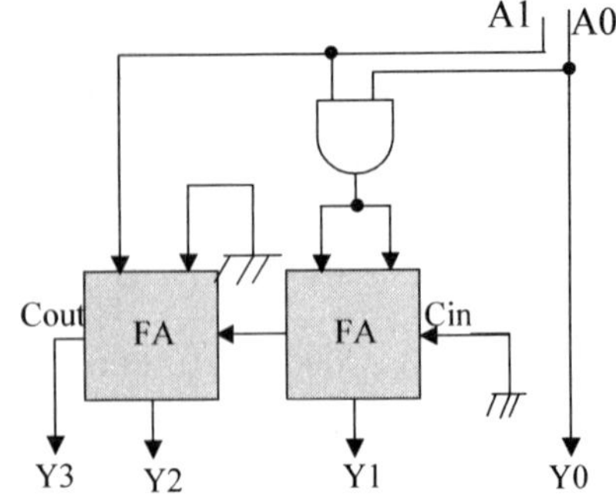

5-16 그림 4-24에서, $f = Q_{X=Y}$인 회로와 동일함.

제 6 장 | 조합논리회로의 해석과 설계

6-1 4비트의 입력 변수를 (a,b,c,d)로 하고, 그 출력을 $f(a,b,c,d)$로 한다.

(진리표)

입력 a	b	c	d	출력 f
0	0	0	0	0
0	0	0	1	0
0	0	1	0	0
0	0	1	1	0
0	1	0	0	0
0	1	0	1	0
0	1	1	0	0
0	1	1	1	1
1	0	0	0	0
1	0	0	1	0
1	0	1	0	0
1	0	1	1	1
1	1	0	0	0
1	1	0	1	1
1	1	1	0	1
1	1	1	1	1

간략화 된 논리식 : $f(a,b,c,d) = a\,b + a\,d + b\,c + c\,d$

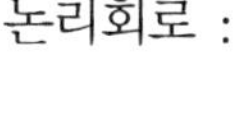

논리회로 :

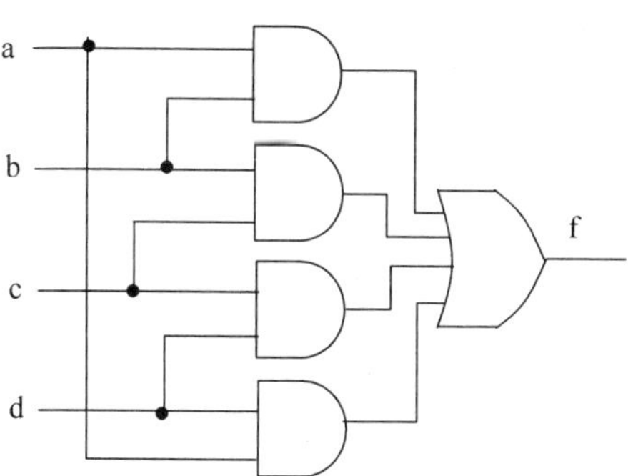

6-2 4비트의 입력변수를 (a, b, c, d)로 하고, 2의 보수의 출력을 (A, B, C, D)로 하면,

(진리표)

입력				출력			
a	b	c	d	A	B	C	D
0	0	0	0	0	0	0	0
0	0	0	1	1	1	1	1
0	0	1	0	1	1	1	0
0	0	1	1	1	1	0	1
0	1	0	0	1	1	0	0
0	1	0	1	1	0	1	1
0	1	1	0	1	0	1	0
0	1	1	1	1	0	0	1
1	0	0	0	1	0	0	0
1	0	0	1	0	1	1	1
1	0	1	0	0	1	1	0
1	0	1	1	0	1	0	1
1	1	0	0	0	1	0	0
1	1	0	1	0	0	1	1
1	1	1	0	0	0	1	0
1	1	1	1	0	0	0	1

논리식 : $A = a'(b+c+d), \quad B = bc'd' + b'd + b'c$

$C = c'd + cd', \quad D = d$

논리회로 :

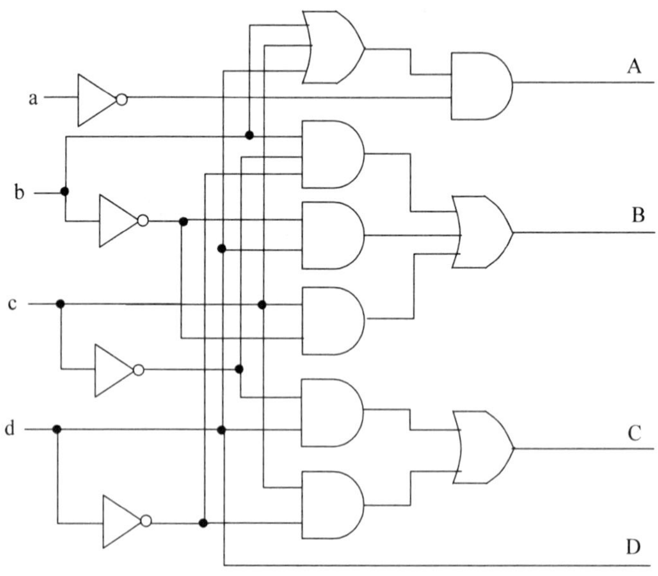

6-3 (진리표)

입력 a	b	c	d	출력 f
0	0	0	0	0
0	0	0	1	0
0	0	1	0	0
0	0	1	1	0
0	1	0	0	0
0	1	0	1	0
0	1	1	0	0
0	1	1	1	0
1	0	0	0	0
1	0	0	1	0
1	0	1	0	1
1	0	1	1	1
1	1	0	0	1
1	1	0	1	1
1	1	1	0	1
1	1	1	1	1

(논리식) : $f(a,b,c,d) = a\,b + a\,c + = a\,(b + c)$

논리회로 :

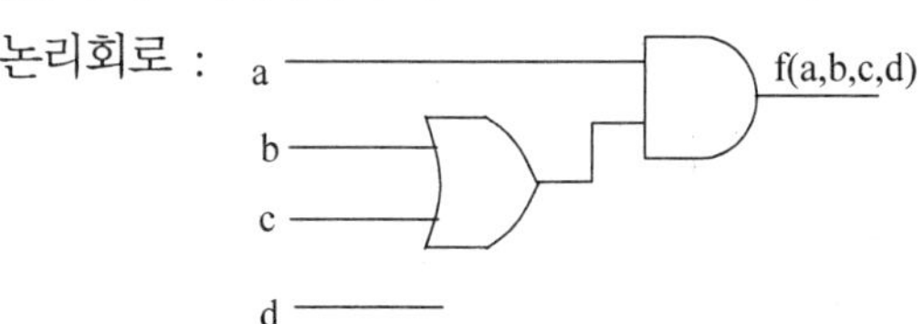

6-4 $Y = Z(A \oplus B) = Z(A'B + A\,B')$

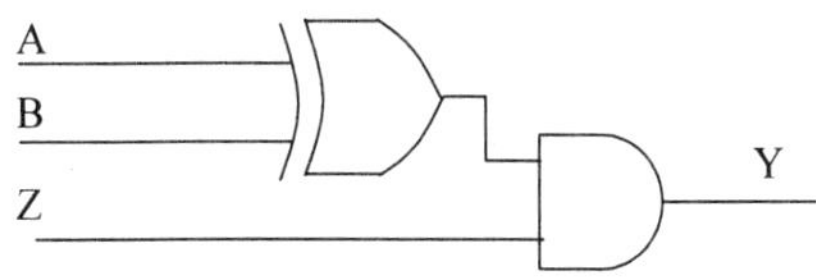

6-5 $Y = S(AB + AC + BC)$

논리회로 :

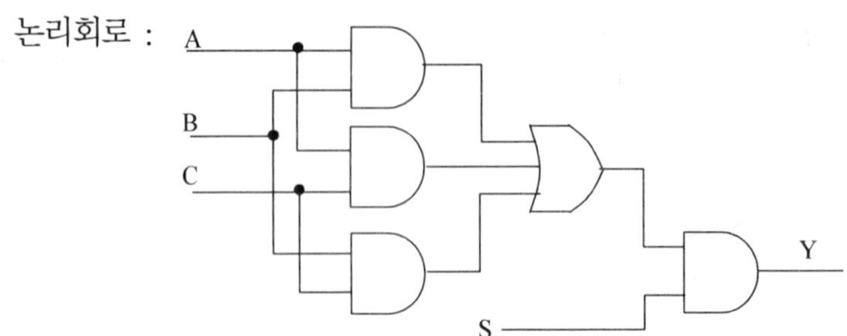

6-6

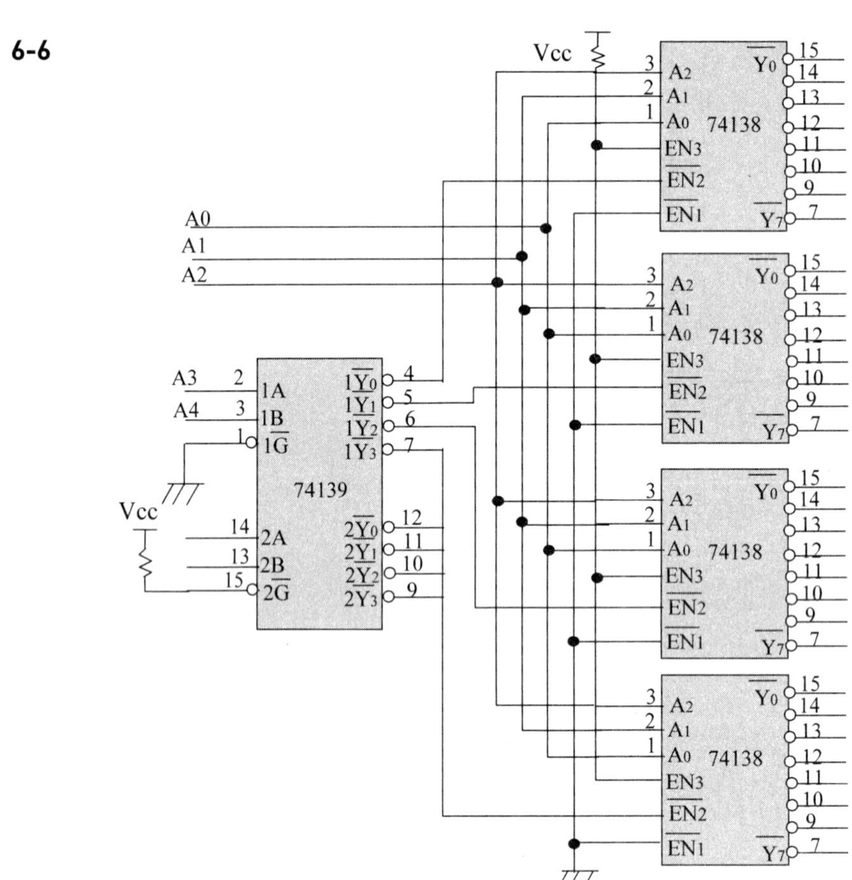

6-8

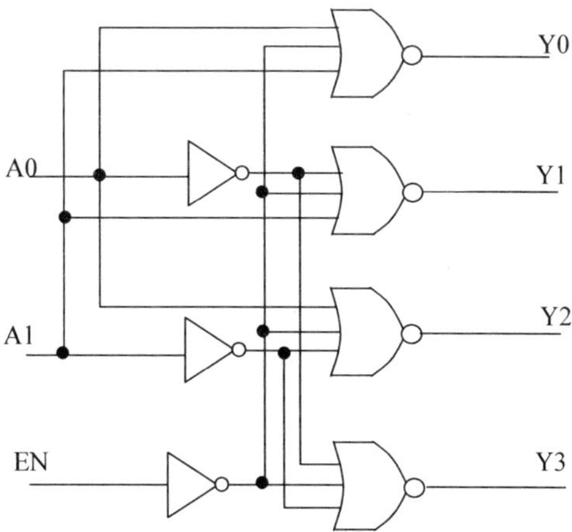

6-9

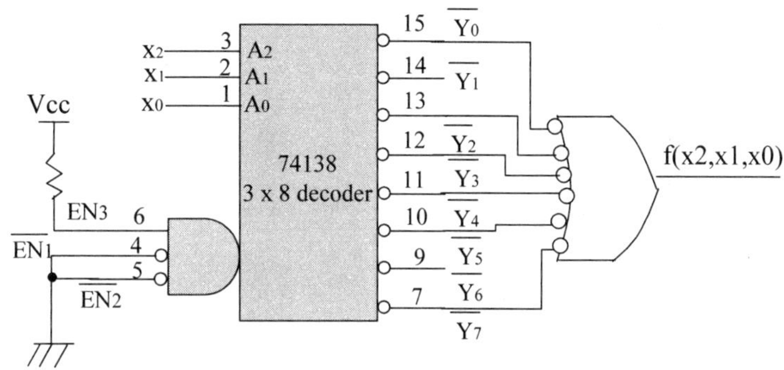

6-10

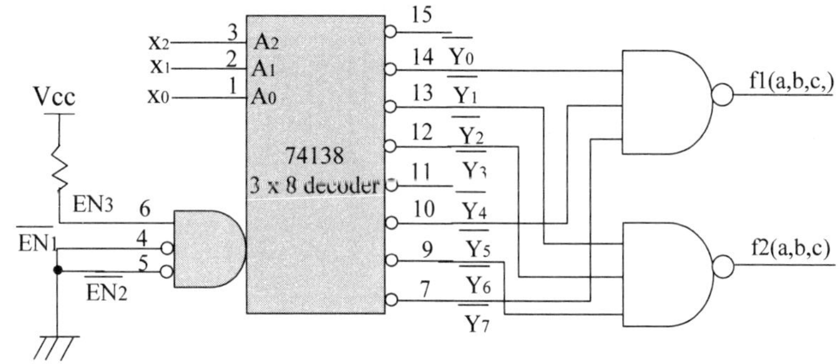

6-11 (a) $(A_3, A_2, A_1, A_0) = (0,0,0,0)$

(b) $(A_3, A_2, A_1, A_0) = (0,0,1,0)$

(c) $(A_3, A_2, A_1, A_0) = (0,0,1,1)$

(d) $(A_3, A_2, A_1, A_0) = (0,1,1,0)$

6-14 $Y(x_2, x_1, x_0) = \sum m(1,3,5,6)$

$Z(x_2, x_1, x_0) = \sum m(0,3,5,7)$

6-15 (a) 9개

(b)

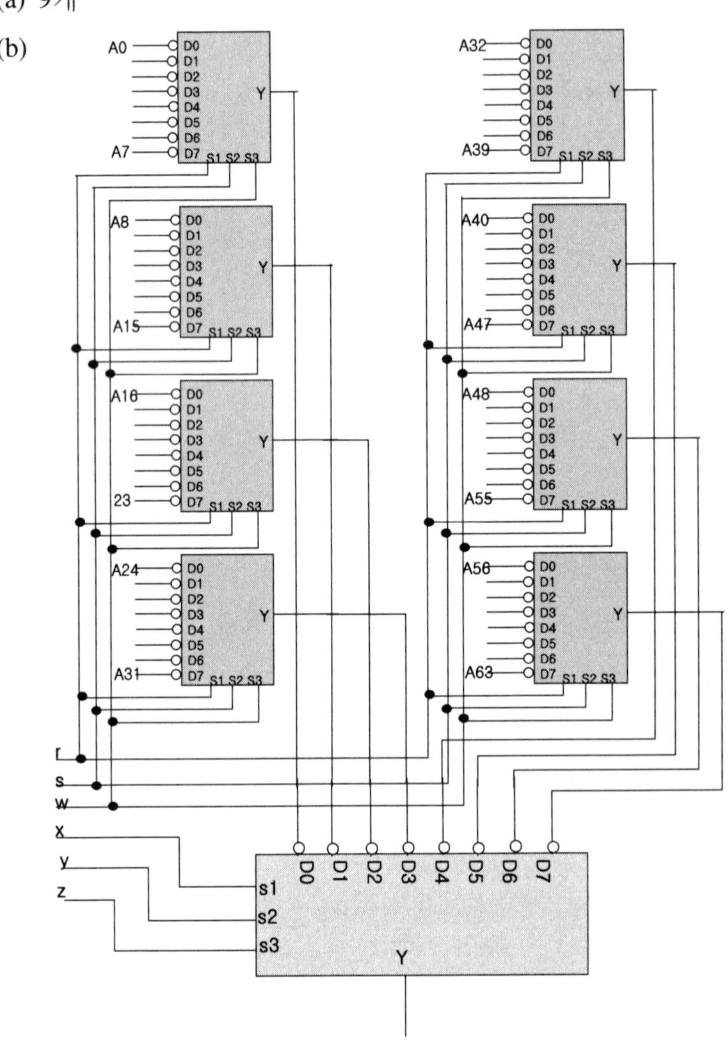

6-16

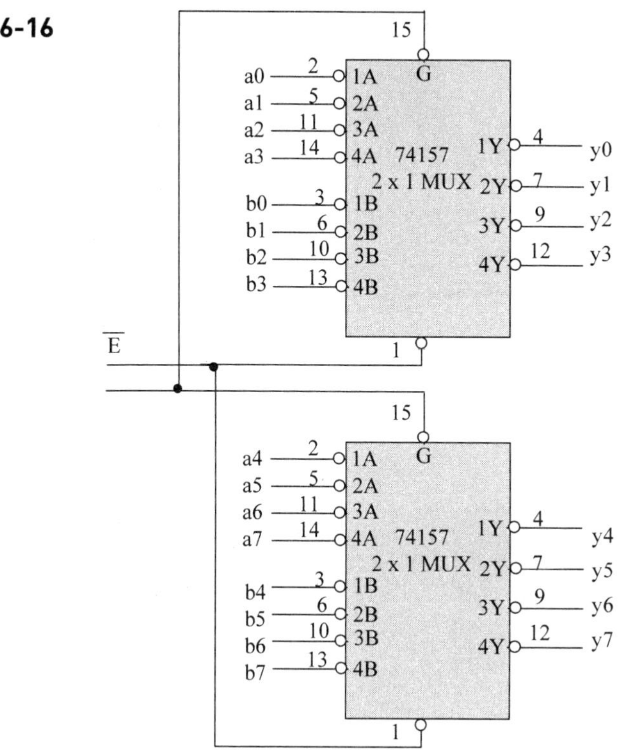
15
a0
a1
a2
a3
2
5
11
14
1A
2A
3A
4A
G
74157
2 x 1 MUX
1Y
2Y
3Y
4Y
4
7
9
12
y0
y1
y2
y3
b0
b1
b2
b3
3
6
10
13
1B
2B
3B
4B
Ē
1
15
a4
a5
a6
a7
b4
b5
b6
b7
y4
y5
y6
y7

6-17

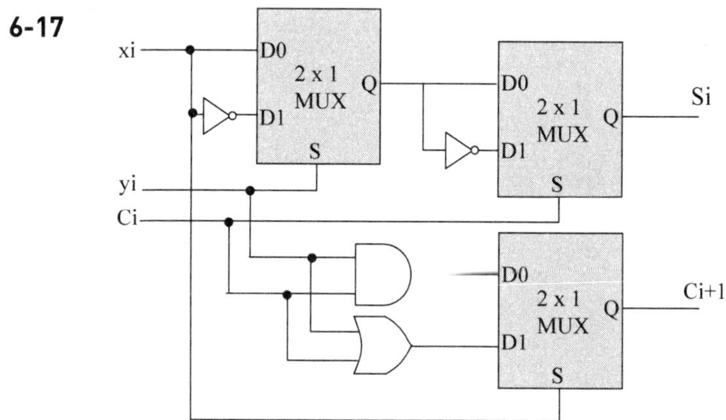
xi
D0
2 x 1
MUX
Q
D1
S
yi
Ci
Si
Ci+1

6-18 (a) (b)

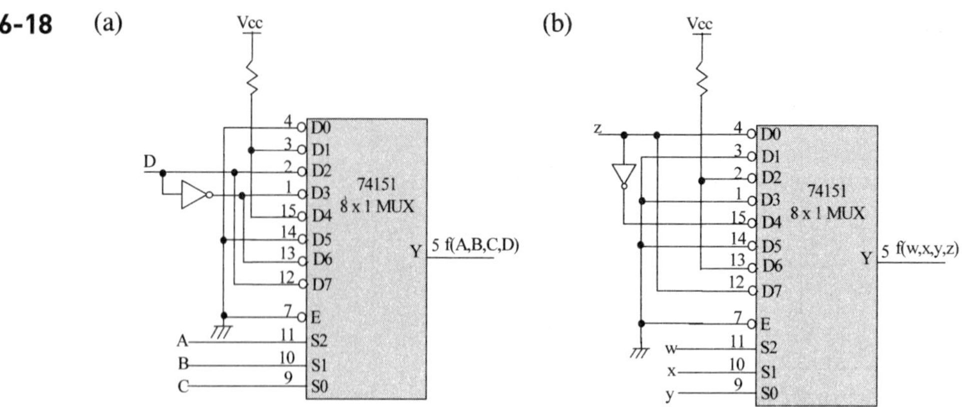

6-19 (a) $f = x_2{}'(x_3{}'x_1{}') + x_2(x_1{}' + x_3{}')$ (b)

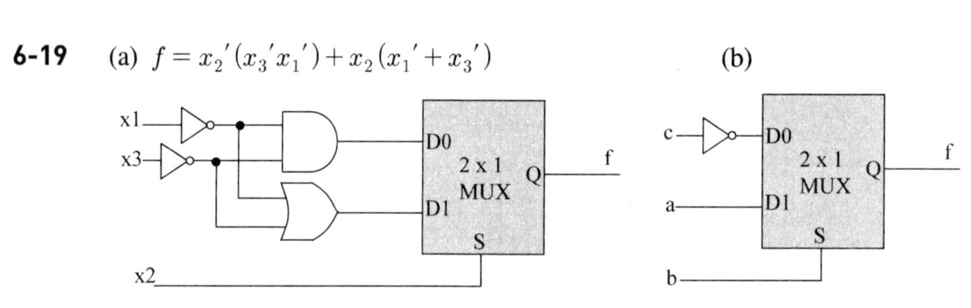

7-1 (a) 회로구성

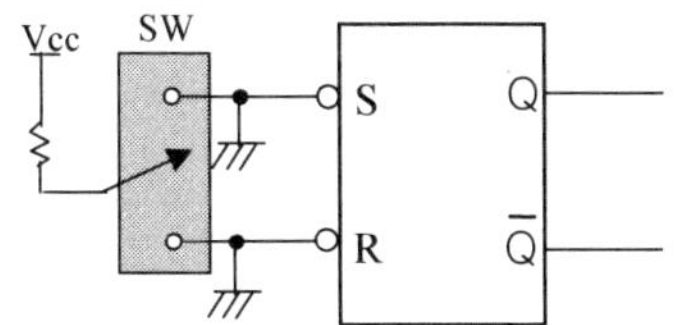

(b) 파형 : 그림 7-10(b)와 동일함

7-2 (a) 회로구성

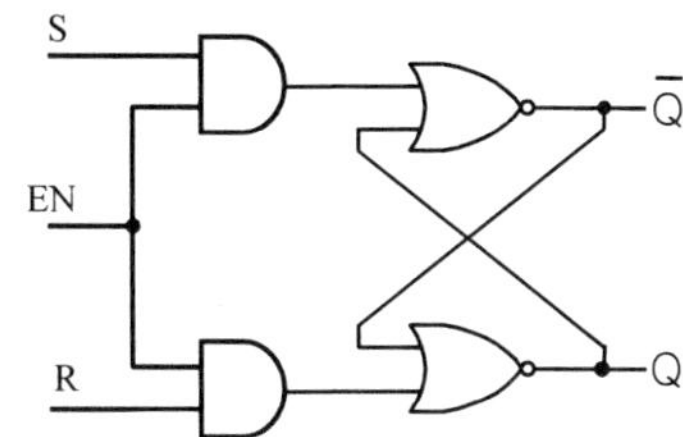

(b) 진리표 및 파형 : 그림 7-11(c) 및 그림 7-12와 동일

7-3

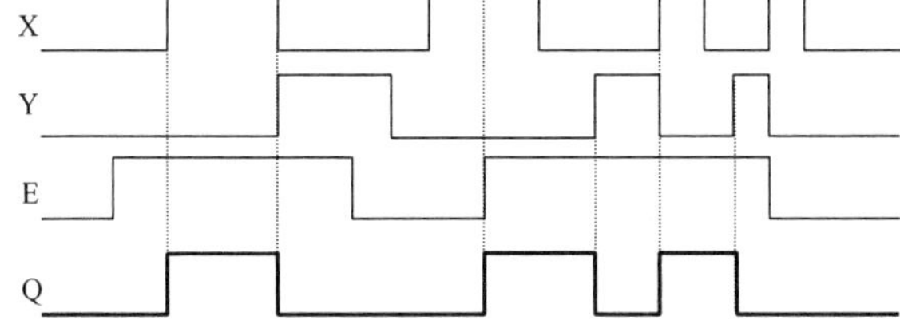

7-4 (a)

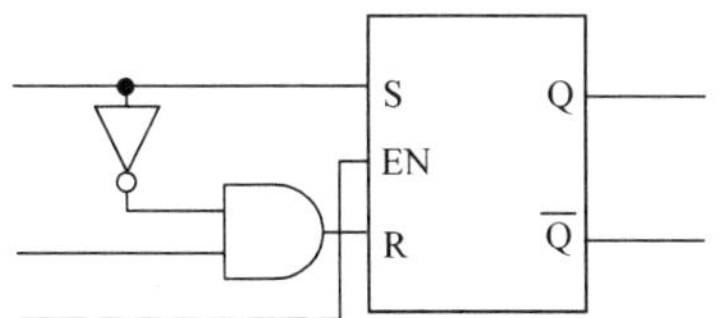

(b)

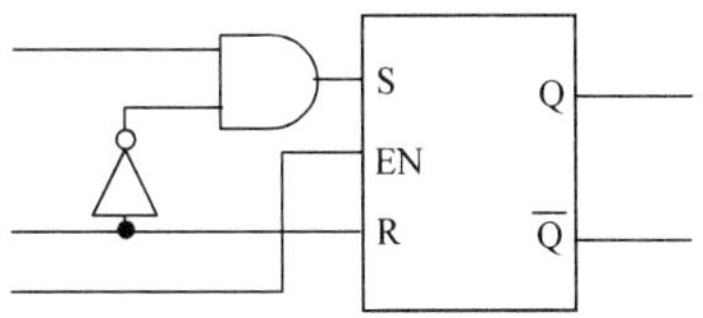

7-5

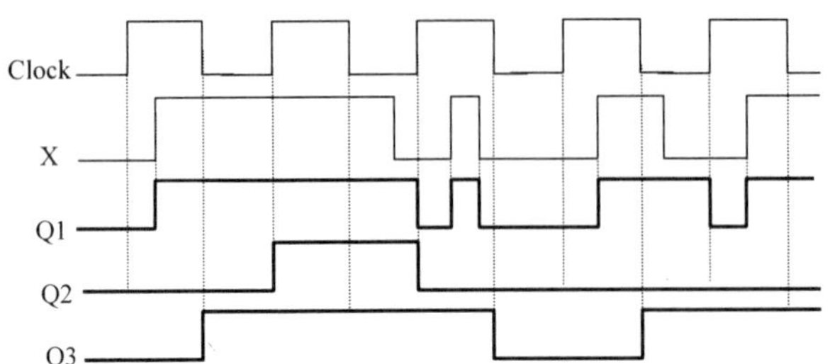

7-6

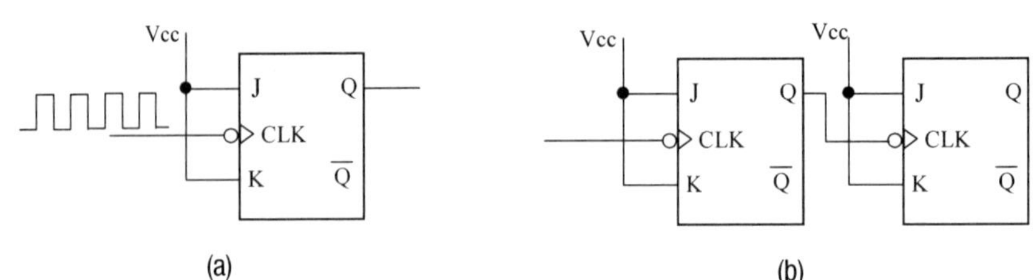

(a) (b)

파형:

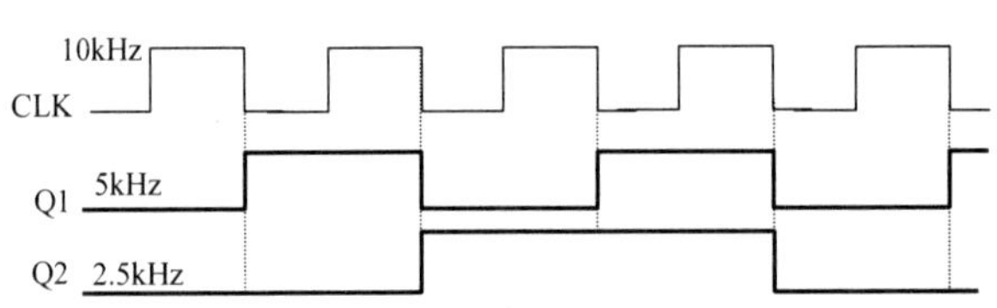

7-7 (a) $Q(t+1) = D = S + \overline{R}\,Q(t)$

(b)

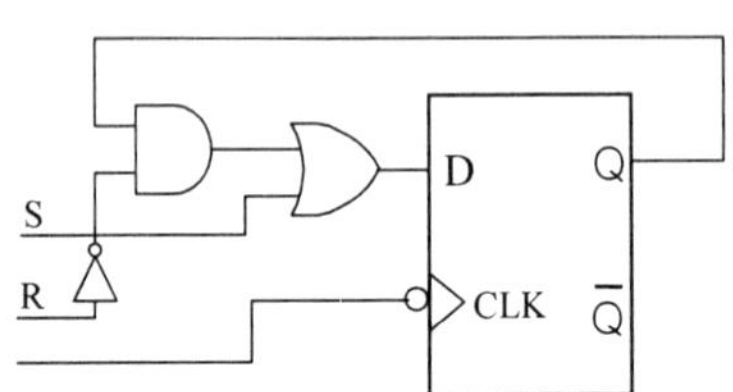

7-8 (a)

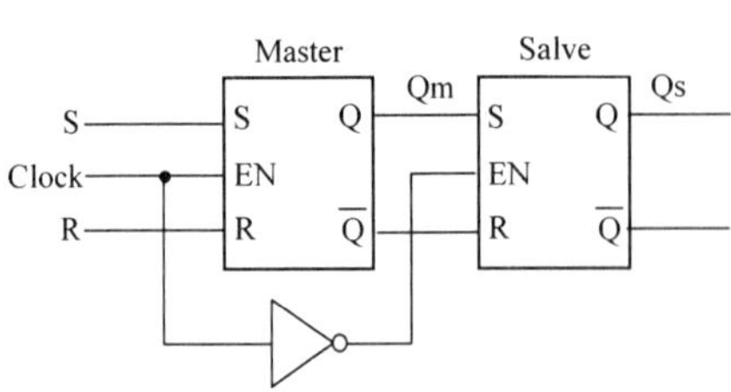

(b)

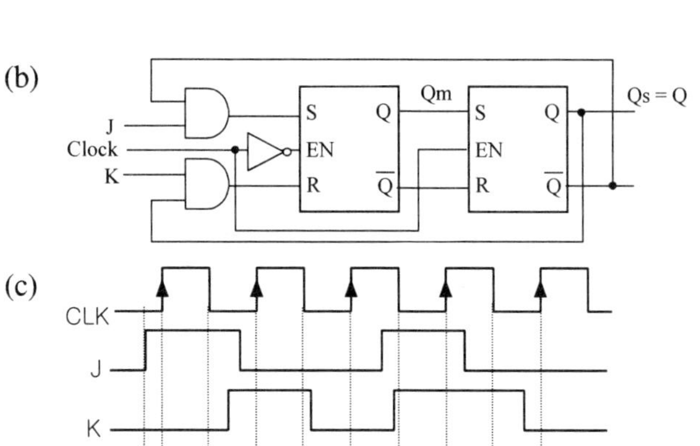

(c)

7-9

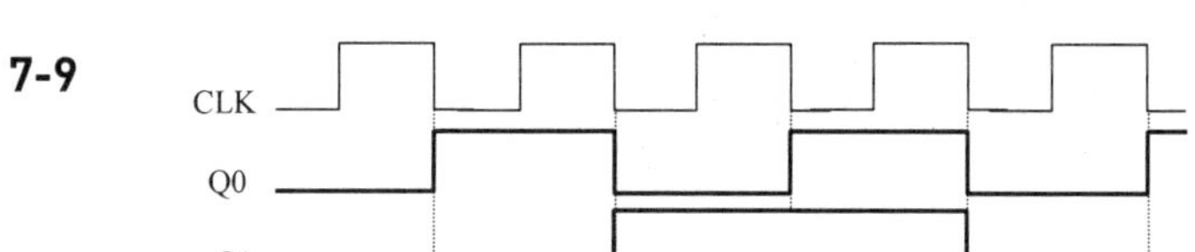

7-10

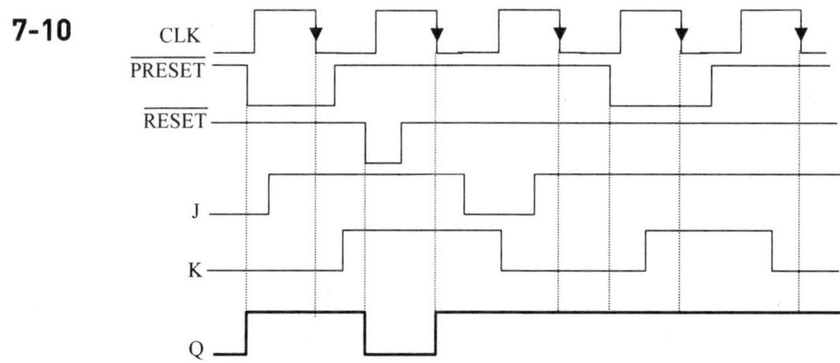

7-11

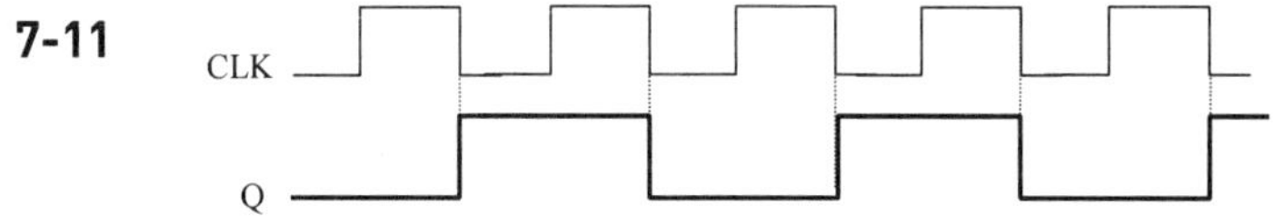

7-12

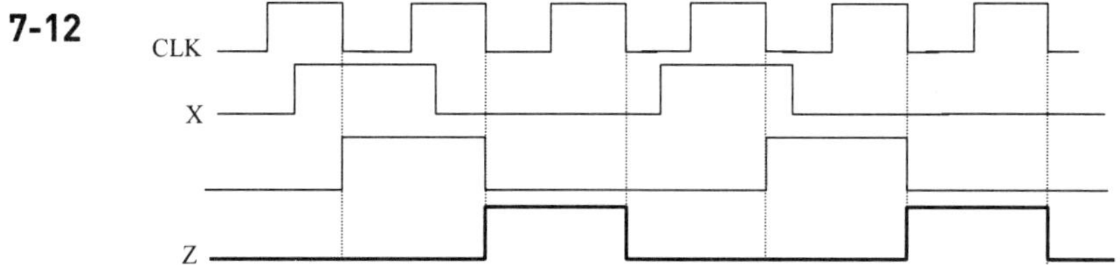

7-13 (a)

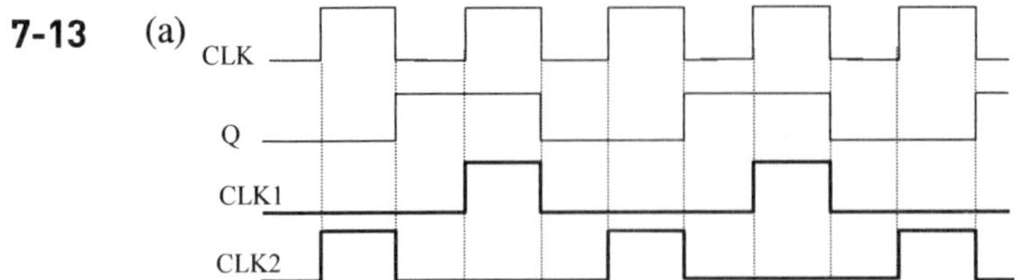

(b) Duty Ratio = 25%

7-14 $D=\overline{\mathrm{x}} \cdot \overline{\mathrm{Q(t)}}+\mathrm{Y} \cdot \mathrm{Q(t)}$

7-15

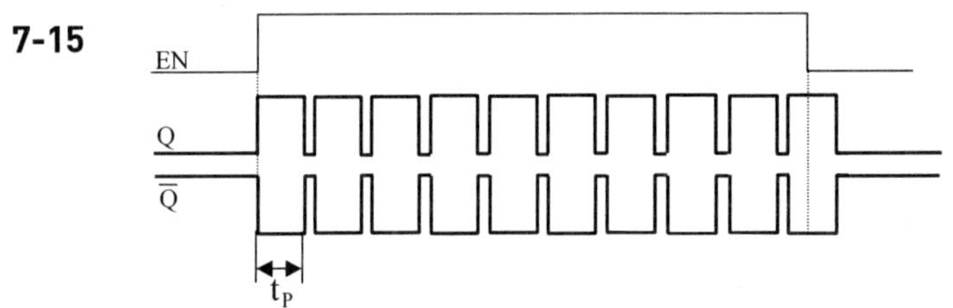

7-16 (a)

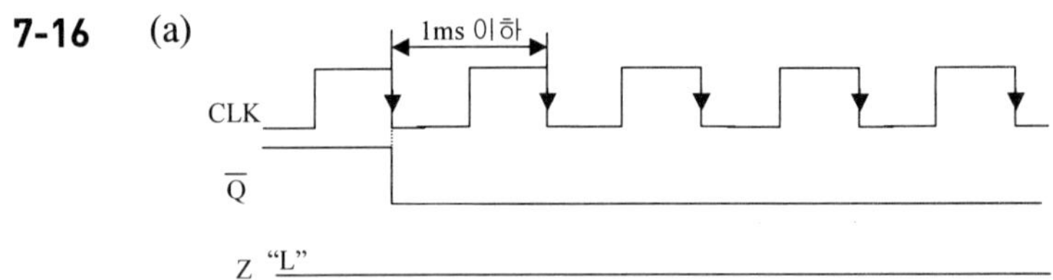

(b)

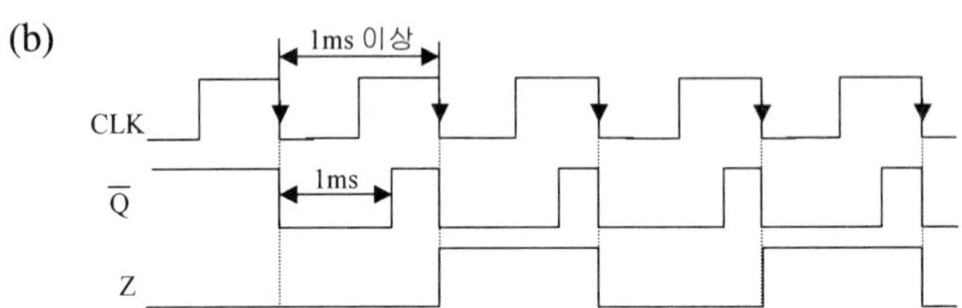

7-17 (a) 캐패시터 방전시 : $V_{\in} = V_{cc}\, e^{-t/RC}$

캐패서터 충전시 : $V_{\in} = V_{cc}(1-e^{-t/RC})$

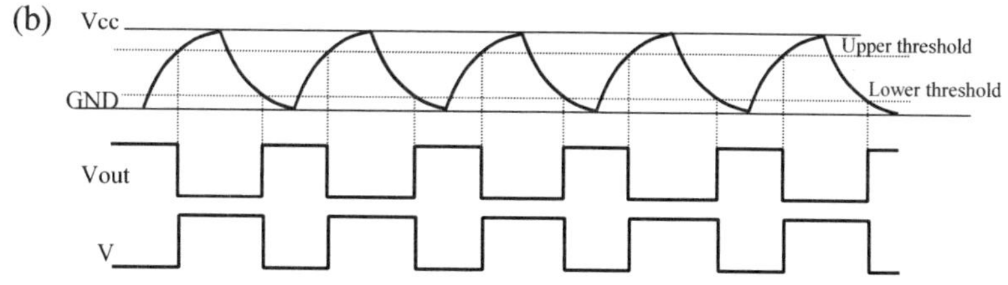

7-18 논리회로를 구성하는 각종 게이트의 전반지연시간으로 인해, 각 플립플롭에 입력되는 클럭의 시간이 동일하지 않을 때 발생하는 것으로 동기식 회로의 오동작을 일으키는 주요 원인의 하나이다. 이와 같은 클럭 스큐는 회로내 전반지연시간의 차이뿐만 아니라, 플립플롭의 타이밍 계수, 주위온도, 접속선의 길이, 공급전압 및 부하의 상태 등 다양한 요소의 원인에 의해 발생한다.

8-1 (a) 9개 (b) 512 (c) 1 MHz (d) $00B_H$

8-2 (a)

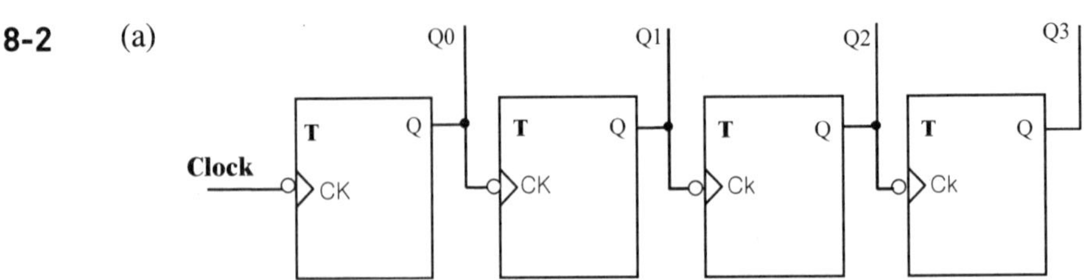

(b) 1101_2 (d) 12.5 MHz

8-3

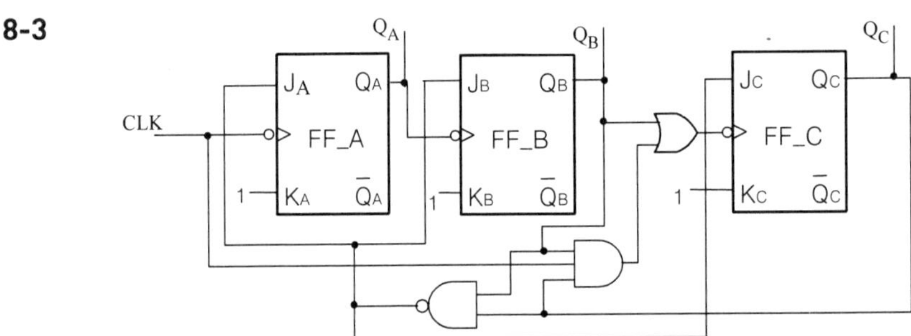

8-4

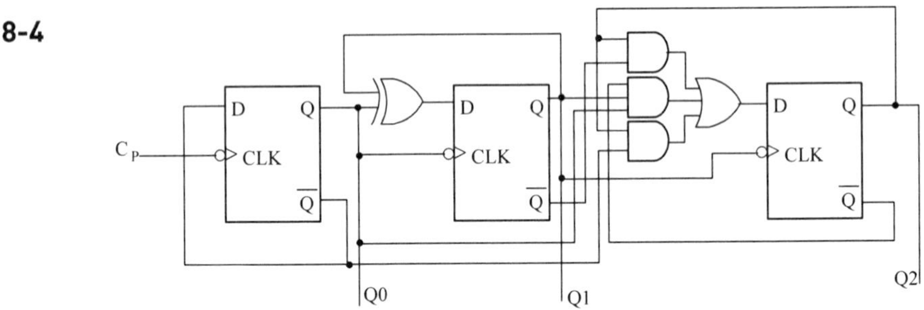

8-5 (a) MOD-6 카운터

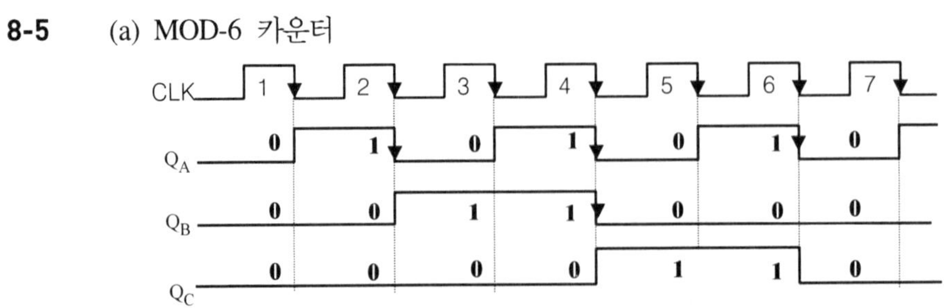

(b) 000→001→010→011→100→101→000→001→ ⋯

8-6 (a) 2진 카운터×5진 카운터의 MOD-10 업 카운터

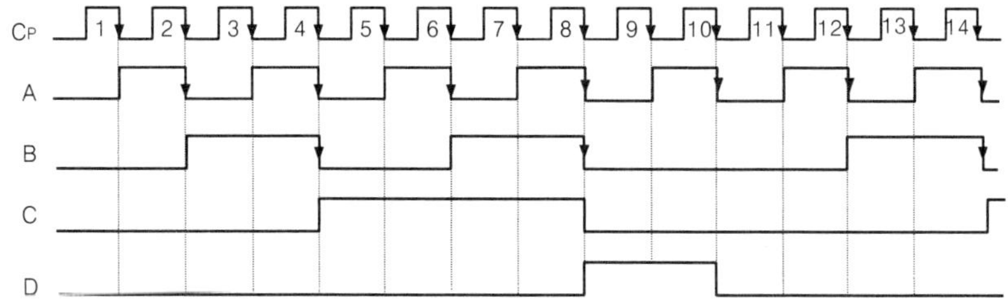

(b) 0000→0001→0010→0011→0100→0101→0110
→0111→1000→1001→0000→0001→ ⋯

8-7

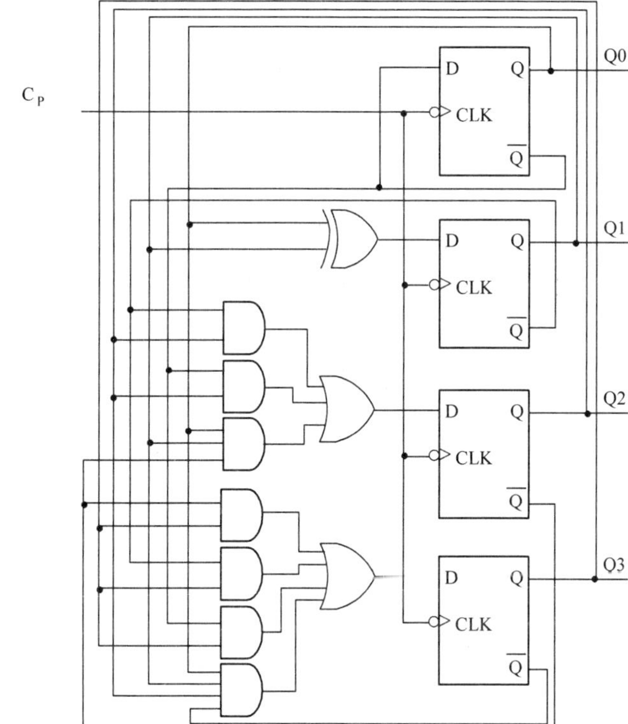

8-8

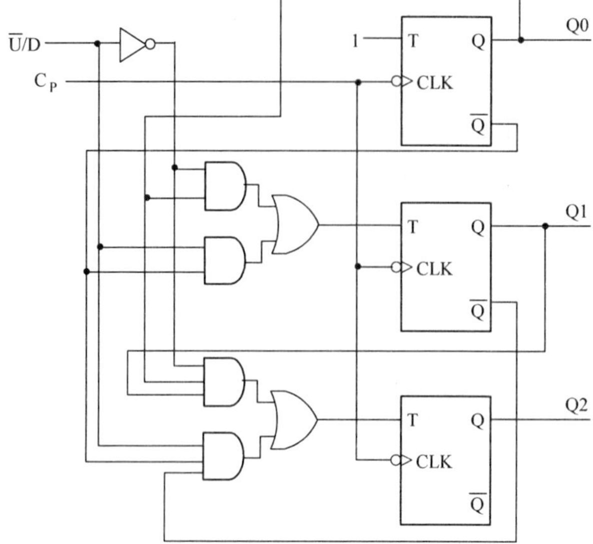

8-9 (a) 6개, (b) 20개

8-10

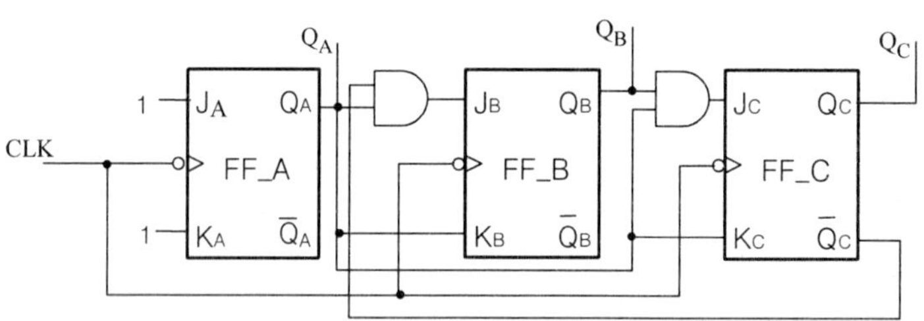

8-11 (c) $T_2 = Q_2(t)Q_1(t) + \overline{Q_2(t)}Q_0(t)$

$$T_1 = Q_2(t) + \overline{Q_1(t)} + Q_0(t)$$

$$T_0 = Q_2(t)Q_0(t) + \overline{Q_2(t)}Q_1(t)\overline{Q_0(t)}$$

(d)

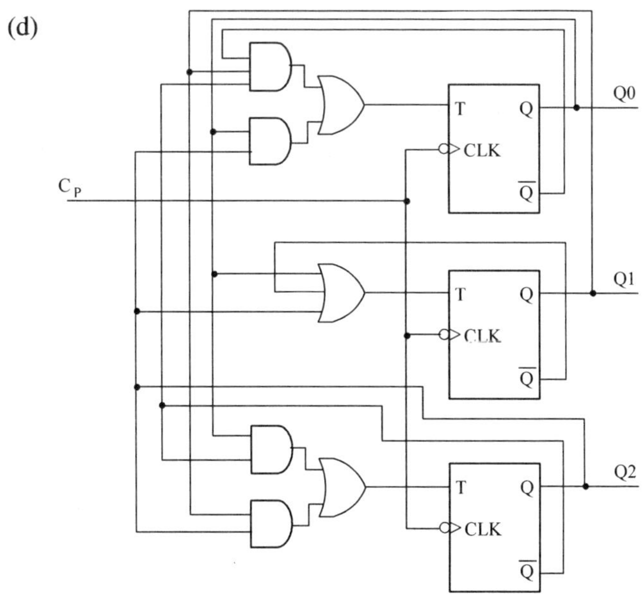
Q0
T
Q
CLK
Q
C P
Q1
T
Q
CLK
Q
Q2
T
Q
CLK
Q

8-12

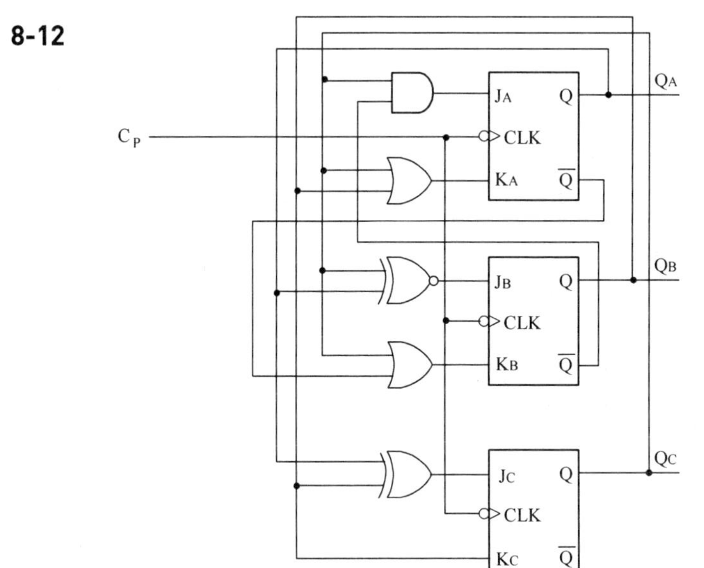
QA
JA
Q
C P
CLK
KA
Q
QB
JB
Q
CLK
KB
Q
QC
JC
Q
CLK
KC
Q

8-13 125kHz

현재상태 Q2 Q1 Q0	다음상태 Q2 Q1 Q0	여기입력 T2 T1 T0
0 0 0	0 1 0	0 1 0
0 0 1	x x x	x x x
0 1 0	0 1 1	0 0 1
0 1 1	1 0 1	1 1 0
1 0 0	x x x	x x x
1 0 1	1 1 0	0 1 1
1 1 0	0 0 0	1 1 0
1 1 1	x x x	x x x

8-15

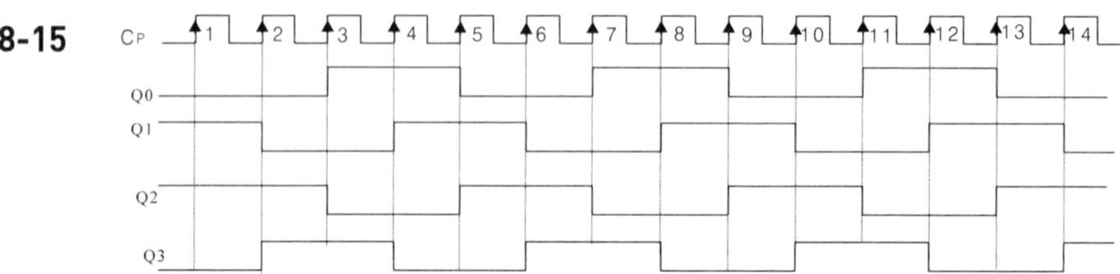

8-16

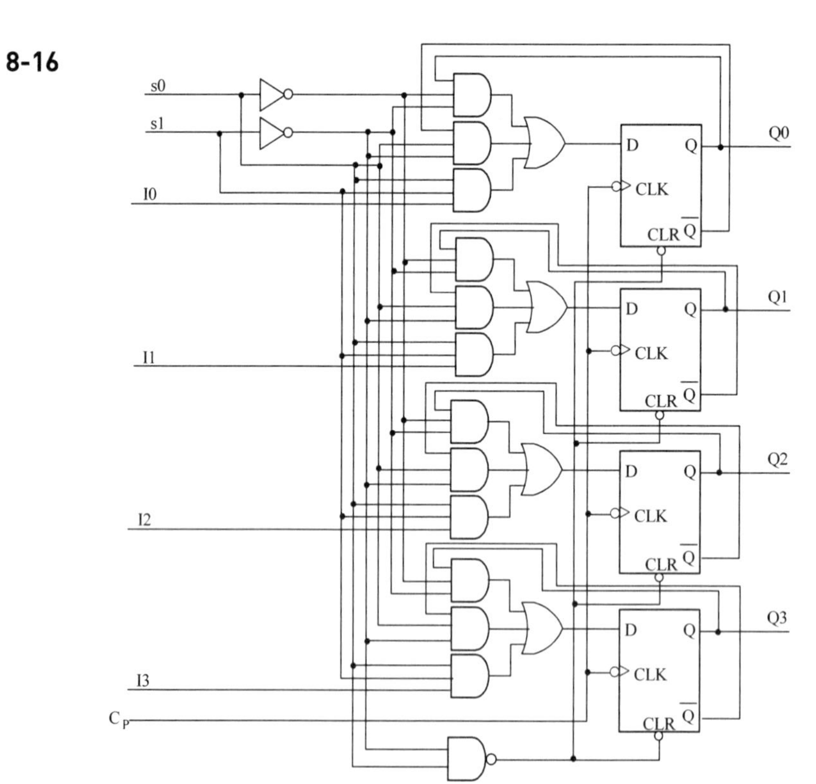

제9장 | 순서회로의 해석과 설계

9-1 (a) $J_A = x, K_A = x \cdot \overline{B}$

$J_B = x, K_B = x \oplus \overline{A}$

(b)

현재상태		입력	제어입력				다음상태		출력
A	B	x	JA	KA	JB	KB	A	B	z
0	0	0	0	0	0	1	0	0	0
0	0	1	1	1	1	0	1	1	0
0	1	0	0	0	0	1	0	0	1
0	1	1	1	0	1	0	1	1	1
1	0	0	0	0	0	0	1	0	0
1	0	1	1	1	1	1	0	1	0
1	1	0	0	0	0	0	1	1	1
1	1	1	1	0	1	1	1	0	1

(c)

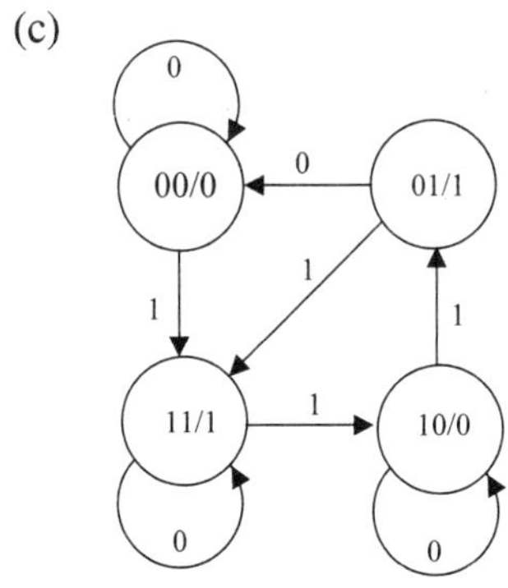

9-2 (a) $J_A = x \cdot B, K_A = x \qquad J_B = x,\ K_B = x \cdot A$

$z = x \cdot \overline{A} + x \cdot A + \overline{x} \cdot \overline{A} \cdot B$

(b)

현재상태		입력	제어입력				다음상태		출력
A	B	x	JA	KA	JB	KB	A	B	z
0	0	0	0	0	0	0	0	0	0
0	0	1	0	1	1	0	0	1	1
0	1	0	0	0	0	0	0	1	1
0	1	1	1	1	1	0	1	1	0
1	0	0	0	0	0	0	1	0	0
1	0	1	0	1	1	1	0	1	1
1	1	0	0	0	0	0	1	1	0
1	1	1	1	1	1	1	0	0	1

(c)

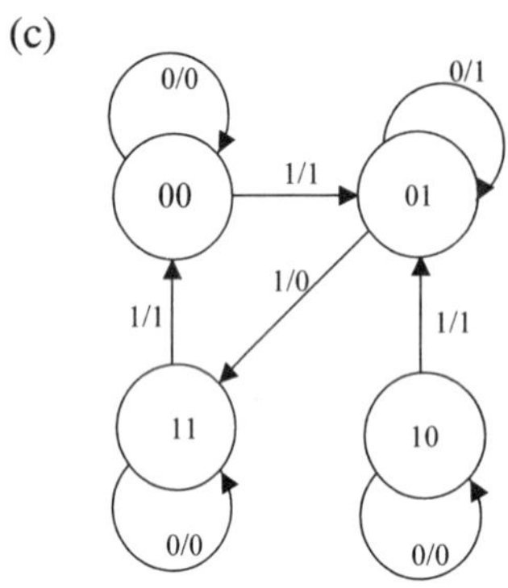

9-3 (a) $D_a = S = x \oplus y \oplus Q_b(t)$

$D_b = C_{i+1} = x\,y + x\,Q_b(t) + y\,Q_b(t)$

$z = Q_a(t)$

(b) 상태표 : A=00, B=01, C=10, D=11

현재상태 Qa(t) Qb(t)	다음상태(Qa(t+1) Qb(t+1)) xy=00	xy=01	xy=10	xy=11	출력 z
A	A	C	C	B	0
B	C	B	B	D	0
C	A	C	C	B	1
D	C	B	B	D	1

상태 천이도

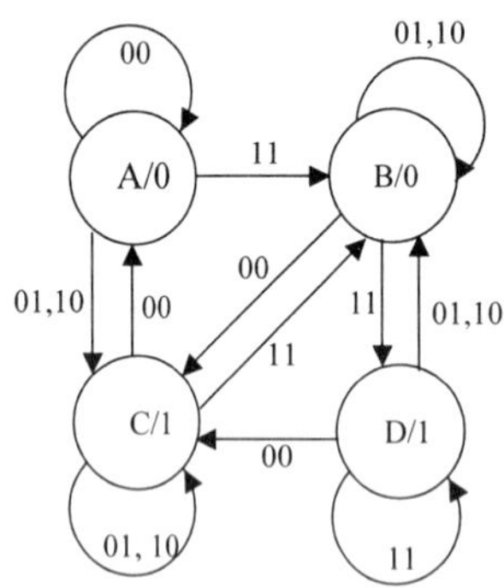

9-4 (a) $J_A = Q_B(t),\ K_A = \overline{Q_B(t)}$

$J_B = K_B = x \odot Q_A(t)$

$z = x \oplus Q_A(t) \oplus Q_B(t)$

(b) A=00, B=01, C=10, D=11

현재상태 QA(t) QB(t)	다음상태(QA(t+1) QB(t+1)) x=0	x=1	출력 z x=0	x=1
A	B	A	0	1
B	B	A	1	0
C	D	C	1	0
D	D	C	0	1

상태 천이도

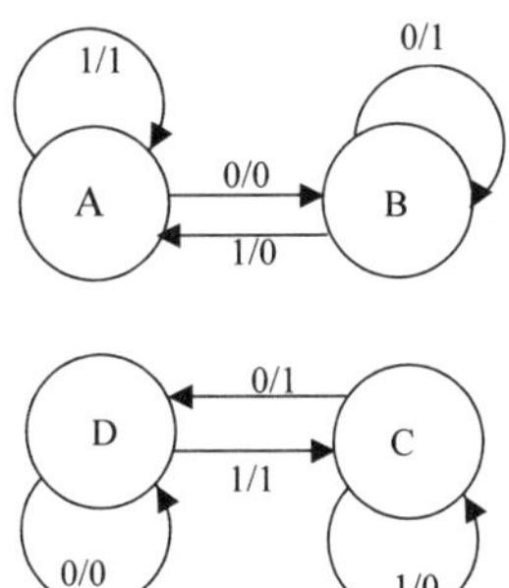

9-5 (a)

현재상태	다음상태 00	01	10	11	출력 00	01	10	11
A	B	C	A	B	0	0	0	1
B	E	C	D	B	0	0	1	1
C	A	B	D	C	0	0	1	1
D	C	D	B	A	0	0	0	1
E	C	C	E	C	0	0	0	1

(b) 등가 상태 : $A \equiv E,\quad B \equiv C$

(c)

현재상태	다음상태 00	01	10	11	출력 00	01	10	11
A	B	B	A	B	0	0	0	1
B	A	B	D	B	0	0	1	1
D	B	D	B	A	0	0	0	1

- 상태 할당 : A=00, B=10, D=01

현재상태	다음상태 00	01	10	11	출력 00	01	10	11
00	10	10	00	10	0	0	0	1
10	00	10	01	10	0	0	1	1
01	10	01	10	00	0	0	0	1

(d) 입력변수 : x, y

상태변수 : Qa, Qb

출력변수 : z

$J_a = \overline{x} \cdot \overline{y} + y \cdot \overline{Q_b} + \overline{y} \cdot Q_b$

$K_a = \overline{y}$

$J_b = x \cdot \overline{y} \cdot Q_a$

$K_b = x + \overline{y}$

$z = x\,y + x \cdot Q_a$

9-6 등가 상태 : $a \equiv d, \quad c \equiv e \equiv g$

현재상태	다음상태 x=0	x=1	출력 z
a	b	c	1
b	a	f	1
c	f	c	0
f	c	a	0

상태 할당 : a=00, b=10, c=01, f=11

상태변수 : Q1, Q0

논리함수식 : $D_1 = \overline{x} \cdot \overline{Q_1} + x \cdot Q_1 \cdot \overline{Q_0}$

$D_0 = \overline{x} \cdot Q_0 + x \cdot \overline{Q_1} + x \cdot \overline{Q_0}$

$z = \overline{Q_0}$

9-7 (a) 등가 상태 : $a \equiv b \equiv h, c \equiv d, e \equiv f$

현재상태	다음상태 x=0	다음상태 x=1	출력 z x=0	출력 z x=1
a	c	e	0	0
c	a	g	0	0
e	e	a	0	1
g	c	a	0	1

(b) 출력 $z = 0010000$, 상태 천이: $a \to c \to g \to g \to c \to a \to e \to a$

9-8 - 등가 상태 : $a \equiv b, d \equiv g \equiv i, c \equiv e, f \equiv h$

현재상태	다음상태 x=0	다음상태 x=1	출력 z
a	c	c	1
c	d	f	0
d	f	a	1
f	c	d	0

- 상태 할당 : a=00, c=01, d=11, f=10
- 순서회로

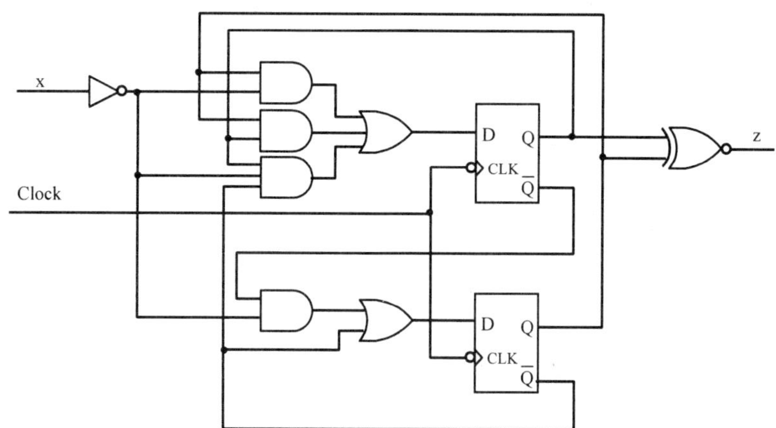

9-11 (b) SR 플립플롭에 의한 회로구성

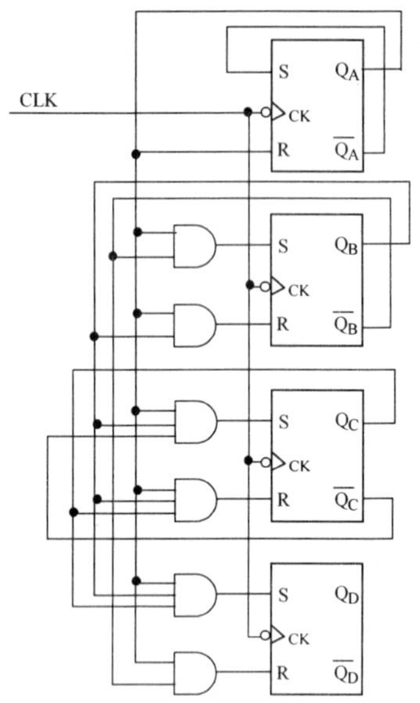

(c) D 플립플롭에 의한 회로구성

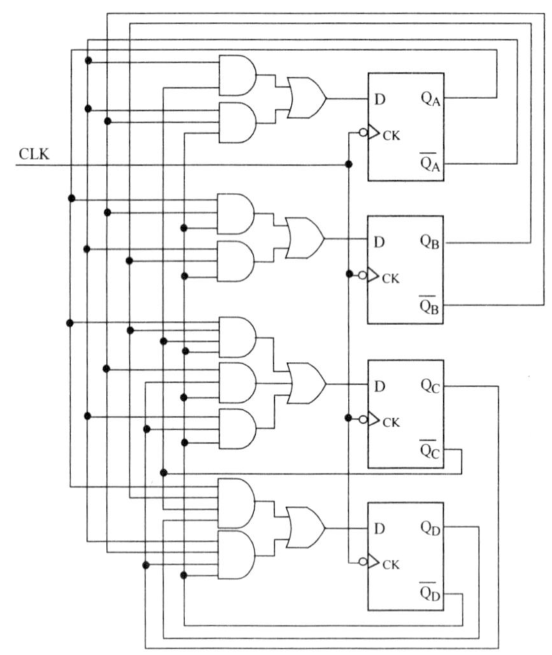

9-12 (a)

현재상태 Q(t)	다음상태 Q(t+1)	M	N
0	0	0	1
0	1	1	1
1	0	0	0
1	1	0	1

(b)

현재상태	다음상태	AM	AN	BM	BN	CM	CN
000	001	0	1	0	1	1	1
001	011	0	1	1	1	0	1
011	111	1	1	0	0	0	1
111	101	0	1	0	1	0	1
101	100	0	1	0	1	0	0
100	000	0	0	0	1	0	1

$AM = \overline{A}\,C,\ \ AN = \overline{A} + C$

$BM = \overline{A}\ \overline{B}\ C, BN = A + \overline{B}$

$CM = A + C, CN = \overline{A} + B + \overline{C}$

9-17 (a)

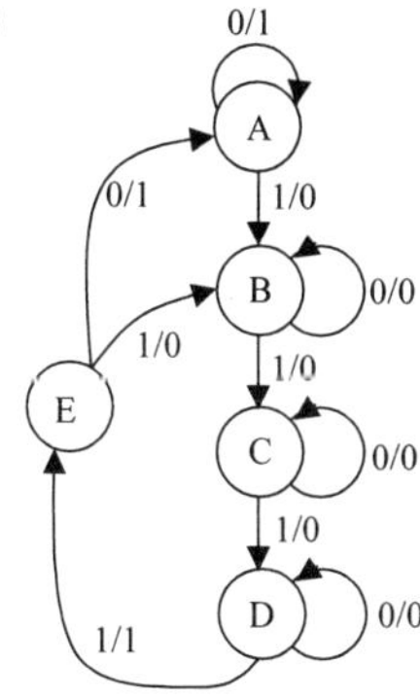

9-18

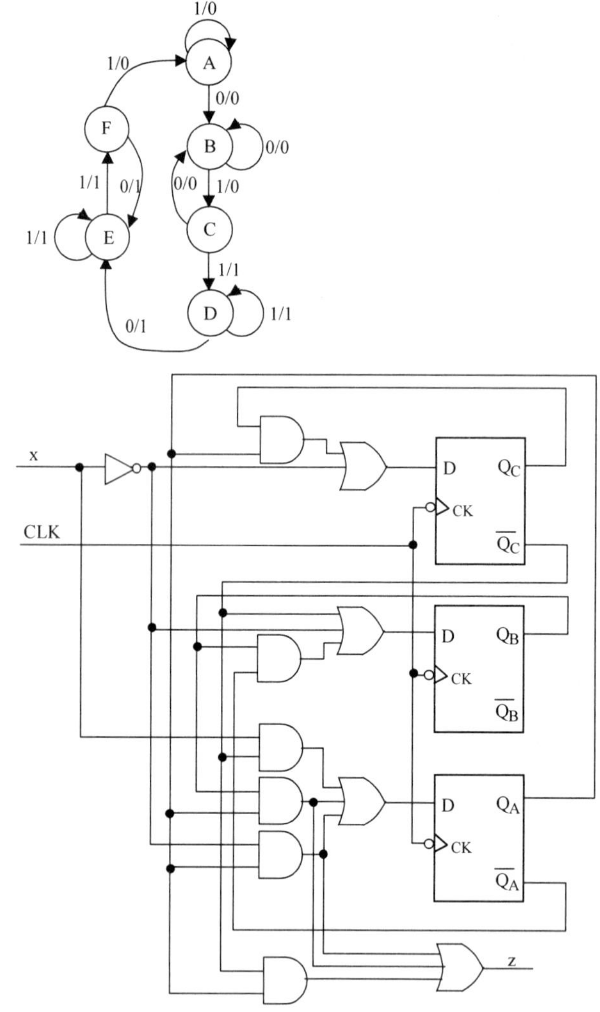

9-19 (a) $Y_1 = \overline{x_1} + y_1\overline{y_2}$

$$Y_2 = x_1 y_2 + \overline{x_2} + \overline{y_1}$$

$$z_1 = \overline{y_1},\ z_2 = \overline{y_2}$$

(b) Flow Table

Present State y2 y1	Next State (Y2, Y1) x2x1=00	x2x1= 01	x2x1=11	x2x1=10	Output z2 z1
A	D	C	C	D	1 0
B	D	D	(B)	(B)	1 0
C	D	(C)	(C)	D	0 1
D	(D)	C	C	B	0 0

State transition diagram

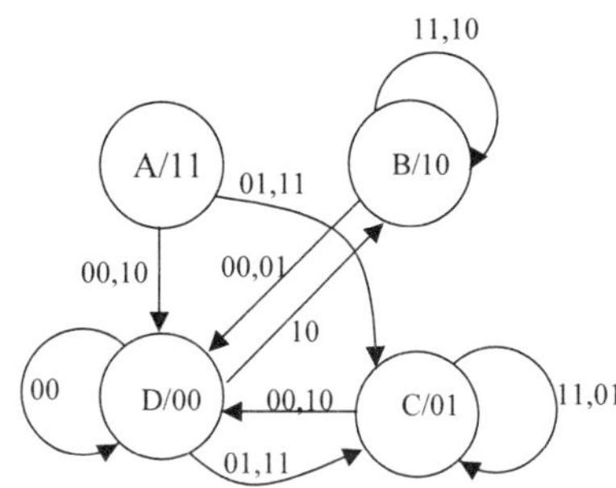

9-20 (a) 상태 할당 : A=000, B= 001, C=011, D=010, E=110, F=111, G=101, H=100

Excitation Table

Present State y3y2y1	Next State (Y3Y2 Y1) x=0	x=1	Output z2 z1
000	(000)	001	0 0
001	011	(001)	0 1
011	(011)	010	0 1
010	110	(010)	1 0
110	(110)	111	1 0
111	101	(111)	1 1
101	(101)	100	1 1
100	000	(100)	0 0

(b) 논리식

$$Y_1 = \overline{x}\, y_1 + (x + y_1)(y_2 y_3 + \overline{y_2}\ \overline{y_3})$$

$$Y_2 = x y_2 + \overline{x}\ y_1 \overline{y_3} + \overline{y_1} y_2 + y_2 \overline{y_3}$$

$$Y_3 = x y_3 + y_1 y_3 + \overline{y_1} y_2 \overline{x} + y_2 y_3$$

$$z_1 = y_1, \quad z_2 = y_1 y_3 + \overline{y_1} y_2$$

제10장 | 논리회로 패밀리

10-1 a, b, c, d, e, f, g, i

10-2 낮은 출력저항은 출력단의 용량성 부하를 빠른 시정수로 충전시킬 수 있으며, 이러한 동작은 TTL 출력단의 파형이 빠른 상승시간을 가질 수 있게 해준다.

10-3 74HCT 시리즈

10-4 4000B 시리즈는 어떤 계열의 단일 TTL을 구동시키는 데 어려움이 있다. LOW IOL은 74나 74AS 시리즈의 1개의 입력을 구동하기에도 불충분하기 때문에 버퍼를 사용한다.

10-5 외적으로 연결된 별개의 회로 또는 함수로 그들의 출력을 결합하여 'AND'의 기능을 얻는 것. 집약 논리곱이라고도 한다. 각 회로가 연결되는 출력은 입력의 모든 회로가 '1'이면 출력은 '1'이 된다. 이것은 능동 소자를 이용하지 않고 게이트들의 출력 단자들을 직접 연결함으로써 논리곱의 기능을 발휘할 수 있도록 한 것으로서, 회로의 비용을 절감하고 하나의 기판 또는 카드에 좀 더 많은 노리기능을 포함시킬 수 있는 장점이 있다.

10-6 풀업저항을 포트 핀에 사용한다면 그 최소 사양은 IOL 사양으로부터 결정한다.

10-7 HIGH, LOW, Z(hi-impedance)

10-8 TTL에 비해 고속동작 및 저전력이지만 정전기에 민감한 단점이 있다.

제11장 | 메모리 소자

11-1 5M×8를 가지는 메모리의 총 비트수는 5 · 220 · 8비트이며, 1M×16을 가지는 메모리의 총 비트수가 1 · 220 · 16비트이므로 5M×8크기를 가지고 있는 메모리가 더 많은 비트수를 저장 할 수 있다.

11-2 (a) 메모리 셀

가장 작은 단위인 0 혹은 1의 단일 비트를 저장하는 데 사용되는 전기적 회로

(b) 메모리 워드

메모리내의 비트들의 단위 그룹으로 한 단위의 명령어 혹은 데이터를 가리키며, 보통 1바이트이다.

(c) 주소(Address)

메모리 내에서 한 워드가 저장된 위치를 지시하는 숫자로 일반적으로 이진수로 표기된다.

(d) 바이트

대부분의 컴퓨터 시스템에서, 8비트 길이를 가지는 정보의 기본 단위를 바이트라고 한다.

(e) 엑세스 시간

어떤 저장장치에 대해 접근이 시작된 시각으로부터 다음번 접근이 시작될 수 있는 시각까지를 말한다.

11-3 메모리의 용량은 (워드수)×(비트/워드)로 표시 하므로 각 워드는 16비트로 구성되어 있으며 워드크기가 16이며 8K의 워드수를 가지고 있으므로 총 8x1024x16 = 131072비트의 저장용량을 가지고 있다. 메모리 셀은 단위 비트를 저장하므로 131072개의 메모리셀을 가지고 있다.

11-4 (a) 읽기동작

CPU나 혹은 다른 장치(Device)가 메모리에 저장된 정보를 가져오도록 요구하는 동작을 말하며, 이를 수행을 위해 메모리 소자로 원하는 정보가 저장된 위치 어드레스와 읽기 명령을 메모리 소자로 전송한다.

(b) 쓰기동작

CPU나 혹은 장치가 메모리의 내용을 갱신하기 위해서는 쓰기 명령과 저장하길

원하는 메모리 위치의 어드레스, 그리고 저장할 데이터를 메모리 소자로 전송한다. 이를 수신한 메모리는 받은 데이터를 지정된 어드레스 내에 저장한다. 새로운 워드가 특정 메모리 위치에 놓여지는 동작으로 이는 저장 동작이라고 한다.

11-5 (a) 데이터 입력 및 출력선은 몇 개인가?

메모리의 워드 크기가 8이므로 데이터 입력 및 출력은 8비트가 되고 출력선은 8개가 된다.

(b) 어드레스 입력의 수는 몇 개인가?

워드수가 4*1024 = 212이므로 어드레스 n은 2n = 212를 만족해야 한다. 그러므로 어드레스 입력수는 12개

(c) 이 메모리의 용량은 바이트로 얼마인가?

메모리의 용량은 4 · 1024 · 8비트이고 8비트가 1바이트이므로 4096 · (8/8) = 4096바이트가 된다.

11-6 워드수가 16*1024 = 214이므로 주소 입력 n은 2n = 214을 만족해야 하므로 주소 입력은 14개가 된다. 워드 크기는 12비트이므로 데이터 입력 및 출력선은 12개가 된다.

11-7 어드레스 버스 : CPU에서 메모리 소자까지 어드레스 출력을 전달하는 단방향 버스이다.

데이터 버스 : CPU와 메모리 IC 사이에 데이터를 옮기는 양방향 버스이다.

제어 버스 : CPU에서 메모리 IC까지 $R/\overline{w}$ 신호와 같은 제어신호를 전달한다.

11-8
1. 어드레스 버스에 원하는 정보가 저장된 어드레스를 인가하다.
2. CPU는 메모리 읽기 동작을 위해 적절한 제어신호 선을 활성화시킨다.
3. 메모리 소자는 읽기 동작이 실행되는 위치를 선택하기 위해 이진 어드레스를 해독한다.
4. 메모리 소자는 선택된 메모리 위치로부터 데이터 버스에 데이터를 인가한다.

11-9 CPU가 메모리에 데이터를 쓸 때 발생하는 단계를 기술하라.
1. CPU는 데이터가 저장될 메모리 위치에 이진 주소를 전달하고 어드레스 버스에 지정된 어드레스를 인가한다.
2. CPU는 데이터 버스에 저장될 데이터를 인가한다.

3. CPU는 메모리 쓰기 동작을 위해 제어신호를 인가한다.
4. 메모리 소자는 저장될 위치를 선택하기 위해 이진 어드레스를 해독한다.
5. 데이터 버스에 있는 데이터는 선택된 메모리 위치로 전송된다.

11-10 ROM은 워드의 수인 2n개와 워드당 비트수인 m개의 곱으로 구분될 수 있다. 어드레스가 들어오면 디코더에 의해서 2n개의 어드레스 번지가 생성되며 그 어드레스 번지를 워드라 하며 그 워드에 저장되어 있는 비트 수가 출력으로 내보내게 된다.

11-11 입력된 주소비트는 행, 열 디코더를 통해서 레지스터의 행과 열을 선택하게 되며 선택된 레지스터는 인에이블 되어서 기억된 데이터가 데이터 버스에 보낼 수 있도록 한다.
출력버퍼는 데이터 버스에 실린 데이터를 출력데이터 값으로 보내기 위해 데이터를 모으는 버퍼이다.

11-12 ROM의 내부 구조는 디코더와 레지스터 배열, 출력버퍼로 구성되어 있으며, 레지스터 배열은 보통 정방 행렬 배열로 구성되어 있으며 같은 크기와 같은 수의 메모리 블록으로 구성되어 있다. 메모리가 저장할 수 있는 총 비트수는 4K · 8비트 이며 레지스터에는 8비트가 저장할수 있다면 행과 열이 같으므로 4 · 1024 = 4096를 행과 열을 곱한값은 4096이 되어야 하므로 행과 열은 각각 64개가 된다.

11-13 EPROM은 프로그램된 데이터를 지우기 위해서 UV(자외선)을 쪼여야 되므로 Device에서 빼낼 필요가 없다.

11-14 EEPROM 칩은 일부 내용을 선택적으로 수정할 수는 없으며, 전체 내용을 지우고 다시 프로그램 해야만 한다. 이것은 또한, 사용할 수 있는 수명에도 제한이 있는데, 다시 프로그램할 수 있는 횟수가 10만회 미만으로 제한될 수 있다. 컴퓨터가 사용되는 동안 자주 다시 프로그래밍되는 EEPROM에서는, EEPROM의 수명이 아주 중요한 설계 고려사항이 될 수 있다.

11-15 플래쉬 메모리는 EEPROM기술로부터 발전하였으며 읽고 쓸 수 있는 메모리이다. EPROM은 프로그램을 지울 수 있는 ROM이다.

11-16 RAM 2147H는 4K×1의 크기를 가지고 있으므로 워드 수가 4K이므로 입력 어드레스는 n은 2n = 22*210 = 212를 만족해야 하므로 12비트가 되어야 하며 워드크기가

1비트이므로 입력 및 출력 비트는 1비트이다.

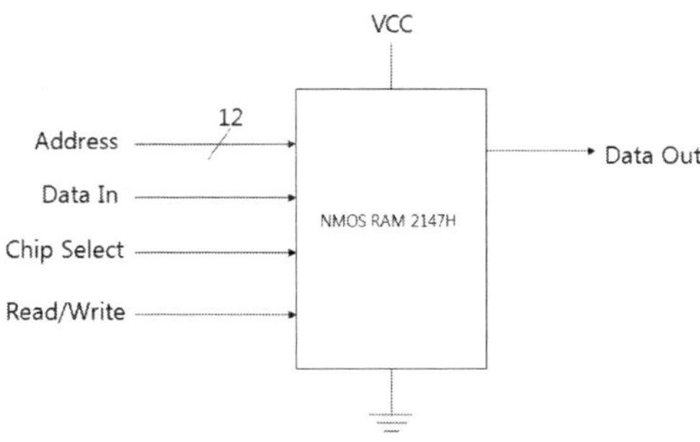

11-17 CMOS RAM MiCM6206C는 32k×8의 크기를 가지고 있으므로 32K×1의 크기를 가지고 있으므로 워드 수가 32K이므로 입력 어드레스는 n은 2n = 25*210 = 215를 만족해야 하므로 15비트가 되어야 한다. 워드크기는 8이므로 입력 및 출력 데이터는 8비트이다.

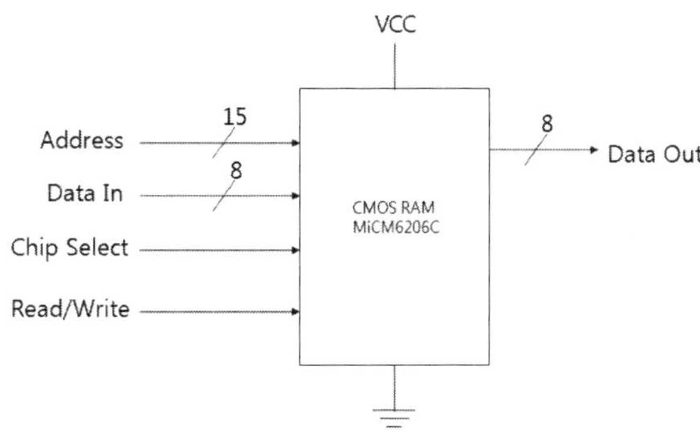

11-18 메모리의 워드수가 64k=216이며 워드크기가 1비트이므로 워드수가 216이고, 16비트로 216개의 워드를 제어할 수 있다. 그렇기 때문에 어드레스 비트는 16비트가 된다. 입력 및 출력은 워드 크기가 1비트이므로 1비트이다.

제12장 | 아날로그와 디지털 인터페이스

12-1 커패시터 접지 측의 단락, 커패시터 양단자의 쇼트

12-2 (a) ±0.006 (b) ±0.0075

12-3 (a) 디지털 코드에 해당되는 입력값에 대해 그 코드에 비례하는 전압이나 전류로 출력한다.

(b) 디지털 입력의 변화에 따라 발생하는 아날로그 출력의 가장 작은 변화량

(c) 디지털 입력의 변화에 따라 발생하는 아날로그 출력의 가장 작은 변화량

(d) 디지털 입력의 값만큼 스텝당 전압의 합이 최대로 출력되는 양

(e) 가장 큰 출력에 대해 분해능을 백분율로 정의한 양

(f) 거짓

(g) 거짓

12-4 (a) 3.58[V] (b) 0.02[V] (c) 0.39%

12-5 9.7752e-4 or 0.00097752

12-6 12bit

12-7 0.2857, 14.29%

12-8 0.8k, 변화시키지 않는다.

12-9 (a) 6.25, 93.75 (b) 0.2133k (c) 0.1333

12-10 (a) 각 경로의 저항값이 2진 가중치 되어져 각 경로가 2진으로 가중된 전류를 갖는 회로망 구조

(b) 각 경로에는 2R을 경로와 경로 사이에는 저항 R을 두어 전류를 가중시키는 사다리꼴 구조

(c) 입력이 모두 0에서 1로 변화됨에 따라 출력이 0에서 최대출력에 이르기까지의 시간

(d) 최대출력에 대한 백분율로 나타내어지는 D/A 변환기 출력 기댓값으로부터의 최대 편차

(e) 입력값이 모두 0일 때 출력값 0V에 대해 미약한 출력전압과의 편차

12-11 (a)

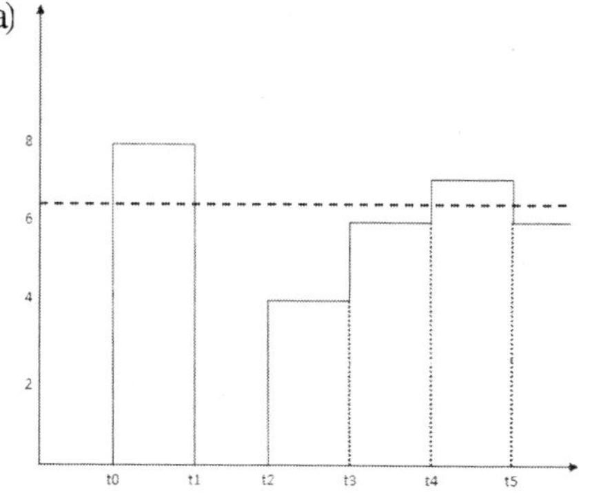

(b)

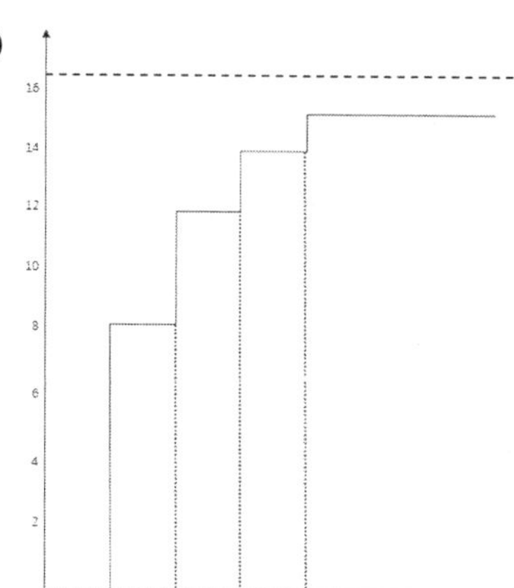

12-13 $80\mu s$

12-14 (a) 플래시 A/D 변환기

(b) SAC

(c) 플래시 A/D 변환기

(d) 플래시 A/D 변환기

(e) 디지털램프 A/D 변환기

(f) 플래시 A/D 변환기

(g) SAC

참고문헌

[1] M. Morris Mano and Charles R. Kime, *Logic and Computer Design Fundamentals*, Prentice Hall 1997.

[2] Stephen Brown and Zvonko Vranesic, *Fundamentals of Digital Logic with VHDL Design*, McGraw Hill, 2000.

[3] Ronald J. Tocci and Neal S. Widmer, *Digital Systems, Principles and Applications*, Prentice Hall, 2001.

[4] Randy H. Katz, *Contemporary Logic Design*, Benjamin/Cummings Publishing Company, Inc., 1992.

[5] John M. Yarbrough, *Digital Logic Applications and Design*, PWS Publishing Company. 1997.

[6] J. F. Wakerly, *Digital Design Principles and Practices*, Prentice Hall, 1990.

[7] Allen Dewey, *Analysis and Design of Digital Systems with VHDL*, PWS Publishing Co., 1997.

[8] Milos D. Ercegovac, Tomas Lang, and Haime H. Moreno, *Introduction to Digital System*, John Wiley & Sons, Inc., 1999.

[9] M. Morris Mano, *Digital Design*, Prentice Hall, 2002.

[10] 황의철, *디지털 논리설계*, 도서출판 아진, 2000.

[11] 이희규, 김태식 외, *디지털 공학*, 복두출판사, 2000.

[12] 김기준, 배상준, 조순계, *디지털 공학*, (주) 북스힐, 2001.

[13] 김익수, *마이크로프로세서*, 정익사, 1999.

[14] 박명순, 김병기, 하순회 장훈 공역, *컴퓨터 구조 및 설계*, 사이텍 미디어, 1999.

[15] 김종현 역, *컴퓨터 조직과 구조*, 사이텍 미디어, 1998.

[16] 권장우, 노태정, 이응혁, 장원석, 한영환, 홍승홍 공역, *디지털공학-이론 및 PLD 실습*, 사이텍미디어, 2001.

[17] 김도현, 신재호, 손영선, 오하령, 최홍섭, 홍유표 공역, *디지털설계-이론과 실습*, 에드텍, 2001.

[18] 임석구, 홍경호, *디지털 논리회로-이론, 실습, 시뮬레이션*, 한빛미디어, 2011.

찾아보기

기타

10진수 체계 10
16진수 15
2진 논리 51
2진 소수점 22
2진수 12
8진수 14

A

active state 96
Analog-to-Digital Converter 3
analog-to-digital converter 536
Asynchronous Counter 306
Asynchronous Sequential Circuit 252

B

BCD 코드 36
Binary Magnitude Comparator 206
Binary Number 12
binary point 22
bit string 5

C

cache mapping 496
carry 178
carry generation function 190
Carry Look-Ahead Adder 190
carry propagation function 190
code 36
Code Converter 240
combinational logic circuit 7, 112
conversion accuracy 547

D

D 플립플롭 269
decimal number system 10
decimal point 11
Device Under Test 349
digital-to-analog converter 536
direct access storage device 500
Direct-Mapped Cache 498
don't care condition 150
dynamic memory 485

E

Equivalence 게이트 70
Essential Prime Implicant 143
excitation input variable 372, 381
Excitation Table 285

F

falling-edge 264
fan-in 102
fan-out 102
Finite State Machine 371
fixed point 34
Flip-Flip 264
floating point 34
fractional number 34
Full Adder 181
Full Comparator 208

Fully Associative Cache 497

▸G

Gray code 39

▸H

Half Adder 179
Half Comparator 206
Hexadecimal Number 15

▸I

inactive state 96
Integrated Circuits 98

▸J

JK 플립플롭 271
Johnson counter 339

▸L

Latch-Up 454
Least Significant Digit 11
literal 142
Locality in Space 495
Locality in Time 495

▸M

Maxterm 121
Most Significant Digit 11
multiplicand 203
multiplier 203
multivibrator 290

▸N

negative edge 264
negative logic gate 52
next state 381
noise margin 102
non-weighted code 37
number system 10

▸O

Octal Number 14
oscillator 290

▸P

positive edge 264
Power Dissipation 452
power dissipation 102
present state 381
Prime Implicant 143
principle of duality 146
Printed Circuit Board 4
Product of Sum 116
Programmable Logic Device 8
prohibited code 37
Propagation Delay Time 279
propagation delay time 419
pulse wave 5

▸R

Random Access Memory 484
reference point 11
ring counter 337
Ripple Carry Adder 182
rising-edge 264

▸S

Sample-and-Hold Circuit 537
Sequential Access Memory 484
sequential logic circuit 7
Serial Access Memory 484
Set-Associative Cache 499
short circuit current 453
square wave 5
SR 플립플롭 266
state 381
state assignment 399
state equivalence 391
state reduction 390
state table 384
state transition diagram 382
state transition table 384
state variable 381
static memory 485
Sum of Product 113
switch tail counter 339
Switching Speed 451
synchronous counter 325
Synchronous Sequential Circuit 252

▸T

Time Constant 279
Toggle 271
transmission gate 456
truncation error 21
truth table 53

▸W

weighted code 37

▸ㄱ

가중치를 갖는 코드 37
고정소수점 34
곱의 합 형식 113
공간 지역성 495
구형파 5
그레이 코드 39
금지된 코드 37
기준점 11

▸ㄴ

논리게이트 52
논리회로 7

▸ㄷ

다음상태 381
다이내믹 메모리 485
다중레벨 163
단락전류 453
단안정 멀티바이브레이터 291
데이터 버스 494
동기식 다운 카운터 326
동기식 순서회로 252
동기식 업 카운터 325
동기식 카운터 325
동작속도 451
드 모르강의 정리 81
디지털 시스템 2
디지털 하드웨어 7
디지털 회로 7
디지털-아날로그 변환기 536

▸ㄹ

래치-업 454

랜덤 억세스 메모리 484
리셋형 비동기 카운터 315
리터럴 142
리플 캐리 덧셈기 182
링 카운터 337

▸ ㅁ

멀티바이브레이터 290
무상관 조건 150
묶음(looping) 135

▸ ㅂ

반가산기 179
반비교기 206
발진기 290
변환 정밀도 547
부 에지 264
부논리 게이트 52
부동소수점 34
부울대수 73, 75
부울변수 51
비가중치 코드 37
비동기식 순서회로 252
비동기식 카운터 306
비트 5
비트 스트링 5
비활성상태 96

▸ ㅅ

상승에지 264
상태 381
상태 감소 390
상태 천이도 382
상태 천이표 384
상태 할당 399
상태등가 391
상태변수 381
상태표 384
샘플-홀드 회로 537
소수 34
소수점 11
소형화 4
수 체계 10
순서논리회로 7
순차 억세스 메모리 484
슈미트 트리거 입력 288
스위치 테일 카운터 339
스태틱 메모리 485
시간 지역성 495
시정수 279
시험 대상 장치 349
신호 4
쌍대성의 원리 146

▸ ㅇ

아날로그 시스템 2
아날로그-디지털 변환기 3, 536
알파뉴메릭 코드 40
어드레스 멀티플렉싱 524
어드레스 버스 493
업 카운터 307
여기입력 변수 372, 381
여기표 285
완전 연관 캐쉬 497
유한 상태 머신 371
인쇄회로 기판 4

▸ ㅈ

잡음 여유도 102
저가격화 4
전가산기 181

전기신호 4
전력 소비 452
전력소모 102
전반지연시간 279, 419
전비교기 208
전송게이트 456
정 에지 264
정논리 게이트 52
제어 버스 494
조합논리회로 7, 112
존슨 카운터 339
주 임플리컨트 143
직렬 접근 메모리 484
직렬 카운터 306
직접 사상 캐쉬 498
직접 접근 기억장치 500
진리표 53
집적회로 98
집합 연관 캐쉬 499

▸ ㅊ

최대 클럭 주파수 279
최대항 121

▸ ㅋ

캐리 178
캐리발생함수 190
캐리전파함수 190
캐쉬 매핑 496
캐쉬 메모리 496
코드 36
코드변환 240

▸ ㅌ

타이밍도 5
토글 271
트란케이션 에러 21

▸ ㅍ

팬 아웃 102
팬 인 102
펄스파형 5
프로그램 가능한 논리소자 8
플립플롭 264
피승수 203

▸ ㅎ

하강에지 264
합의 곱 형식 116
핵심 주 임플리컨트 143
현재상태 381
활성상태 96